Das Tierreich

Eine Zusammenstellung und Kennzeichnung der rezenten Tierformen

Gegründet von der Deutschen Zoologischen Gesellschaft

Im Auftrage der

Preußischen Akademie der Wissenschaften zu Berlin

herausgegeben von

F. E. Schulze (†), W. Kükenthal (†), K. Heider (†)

fortgesetzt von **R. Hesse**

„Πάντα ῥεῖ“ *„Sine systemate chaos“*

---

70. Lieferung

Myriapoda 3

Polydesmoidea III

Fam. Polydesmidae, Vanhoeffeniidae, Cryptodesmidae, Oniscodesmidae, Sphaerotrichopidae, Peridontodesmidae, Rhachidesmidae, Macellolophidae, Pandirodesmidae

bearbeitet von

Dr. Graf **Attems**

Wien

Mit 719 Abbildungen

Berlin und Leipzig 1940

Walter de Gruyter & Co.

vormals G. J. Göschen'sche Verlagshandlung — J. Guttentag, Verlagsbuchhandlung Georg Reimer — Karl J. Trübner — Veit & Comp.

Ausgegeben August 1940

Das Tierreich

Im Auftrage der

Preußischen Akademie der Wissenschaften zu Berlin

herausgegeben von

F. E. Schulze (†), W. Kükenthal (†), K. Heider (†)

fortgesetzt von **R. Hesse**

70. Lieferung

Myriapoda 3

Polydesmoidea III

Fam. Polydesmidae, Vanhoeffeniidae, Cryptodesmidae, Oniscodesmidae, Sphaerotrichopidae, Peridontodesmidae, Rhachidesmidae, Macellolophidae, Pandirodesmidae

bearbeitet von

Dr. Graf **Attems**
Wien

Mit 719 Abbildungen

Berlin und Leipzig 1940

Walter de Gruyter & Co.

vormals G. J. Göschen'sche Verlagshandlung — J. Guttentag, Verlagsbuchhandlung
Georg Reimer — Karl J. Trübner — Veit & Comp.

Ausgegeben August 1940

Printed in Germany
Druck: August Hopfer, Burg b. M.
Archiv-Nr. 52 48 40

Inhalt

Die Literatur wurde bis Ende des Jahres 1939 berücksichtigt.

Literatur-Kürzungen

Abh. Mus. Dresden — Abhandlungen und Berichte des Königlichen zoologischen und anthropologisch-ethnographischen Museums zu Dresden. Berlin. 4.
Abh. Senckenb. Ges. — Abhandlungen, herausgegeben von der Senckenbergischen naturforschenden Gesellschaft. Frankfurt a. M. 4.
Agassiz, Nomencl. zool. — Nomenclator zoologicus, continens Nomina systematica Generum Animalium tam viventium quam fossilium. Auctore L. Agassiz. 1 Vol. & Index universalis. Soloduri. 1842—46, 46. 4.
Agassiz, Selecta Pisc. Bras. — Selecta Genera et Species Piscium, quos in Itinere per Brasiliam Annis 1817—20 ... peracto collegit et pingendos curavit J. B. de Spix ...; digessit descripsit et Observationibus anatomicis illustravit ... L. Agassiz; praefatus est et edidit ... C. F. P. de Martius (Memoriae J. B. de Spix). Monachii. 1829—31. 2.
Albers, Helic. — Joh. Christ. Albers, Die Heliceen, nach natürlicher Verwandtschaft systematisch geordnet. Berlin. 1850. 8.
Allatt. Közlem. — Allattani Közlemények a Kir. M. Természettudományi Társulat állattani szakosztályának folyóirata. Budapest. 8. (Zoologische Mitteilungen.)
Alluaud & Jeannel, Voy. Afr. Or. — Voyage de Ch. Alluaud et R. Jeannel en Afrique Orientale 1911—1912. Résultats scientifiques. Paris. 1914—.... 8.
Amer. J. Sci. — The American Journal of Science and Arts. New Haven (New York). 8.
Amer. Mus. Nov. — American Museum Novitates. New York. 8.
Amer. Natural. — The American Naturalist. Salem (Philadelphia) (Boston). 8.
An. Mus. Buenos Aires — Anales del Museo publico de Buenos Aires. Buenos Aires. 4 (8).
An. Univ. Chile — Anales de la Universidad de Chile. Santiago. 8.
Ann. ent. Soc. Amer. — Annals of the entomological Society of America. Columbus. 8.
Ann. Mus. Genova — Annali del Museo civico di Storia naturale di Genova. Genova. 8.
Ann. Mus. Paris — Annales du Muséum [national] d'Histoire naturelle. Paris. 4.
Ann. Mus. Wien — Annalen des Naturhistorischen Museums in Wien. Wien. 8.
Ann. Mus. zool. Polon. — Annales zoologici Musei Polonici historiae naturalis. Warschau. 8.
Ann. nat. Hist. — The Annals and Magazine of natural History, including Zoology, Botany, and Geology. London. 8.
Ann. Natal Mus. — Annals of the Natal Museum. London. 8.
Ann. N. York Ac. — Annals of the New York Academy of Sciences, late Lyceum of natural History. New York. 8.
Ann. S. Afr. Mus. — Annals of the South African Museum. Cape Town. 8.
Ann. Sci. nat. — Annales des Sciences naturelles. — [Sér. 2—4:] Zoologie ([Sér. 5 & sequ.:] Zoologie et Paléontologie). Paris. 8.
Ann. Soc. ent. Belgique — Annales de la Société entomologique de Belgique. Bruxelles. 8.
Ann. Soc. ent. France — Annales de la Société entomologique de France. Paris. 8.
Ann. Soc. Linn. Lyon — Annales de la Société Linnéenne de Lyon. Lyon (Paris). 8.
Annuaire Mus. St.-Pétersb. — Annuaire du Musée zoologique de l'Académie Impériale des Sciences de St.-Pétersbourg. St.-Pétersbourg. 8.
Annuario Soc. Modena — Annuario della Società dei Naturalisti di Modena. Modena. 8.
Arch. ent. — Archives entomologiques ou Recueil contenant des Illustrations d'Insectes nouveaux ou rares. Paris. 8.
Arch. Hydrobiol. — Archiv für Hydrobiologie und Planktonkunde. (Neue Folge der Forschungsberichte aus der Biologischen Station zu Plön.) Stuttgart. 8.

Arch. Landesdf. Böhmen — Archiv für die naturwissenschaftliche Landesdurchforschung von Böhmen. Hrsg. von den beiden Comités für die Landesdurchforschung. Prag. 8.
Arch. mikr. Anat. — Archiv für mikroskopische Anatomie ([*v.* 44 & sequ.:] Archiv für mikroskopische Anatomie und Entwicklungsgeschichte). Bonn. 8.
Arch. Mus. Paris — Archives du Muséum d'Histoire naturelle. Paris. 4.
Arch. Naturg. — Archiv für Naturgeschichte. Berlin. 8.
Arch. Sci. phys. nat. — Archives des Sciences physiques et naturelles, Supplément à la Bibliothèque universelle et Revue Suisse. Genève. 8.
Arch. Zool. expér. — Archives de Zoologie expérimentale et générale. Paris. 8.
Ark. Zool. — Arkiv för Zoologi utgifvet af K. Svenska Vetenskaps-Akademien. Stockholm. 8.
Atti Mus. Trieste — Atti del Museo civico di Storia naturale di Trieste. Trieste. 8.
Atti Soc. Ital. — Atti della Società Italiana di Scienze naturali. Milano. 8.
Atti Soc. Veneto-Trent. — Atti della Società Veneto-Trentina di Scienze naturali, residente in Padova. Padova. 8.
Bell, Monogr. foss. malacost. Crust. Brit. — A Monograph of the fossil malacostracous Crustacea of Great Britain by Thomas Bell. *v.* 1, 2. London. 1857, 62. 4.
Berlese, A. M. S. — Antonii Berlesii, Acari, Myriopoda et Scorpiones hucusque in Italia reperta. Fasc. 1—101. Patavii, Portici. 1882—1903. 8.
Berlin. ent. Z. — Berliner entomologische Zeitschrift. Berlin. 8.
Bih. Svenska Ak. — Bihang till Kongl. Svenska Vetenskaps-Akademiens Handlingar. — Afdelning 4, Zoologi. Stockholm. 8.
Bijdr. Dierk. — Bijdragen tot de Dierkunde. Uitgegeven door het |Koninklijk zoologisch| Genootschap Natura Artis Magistra|, te Amsterdam|. Amsterdam. 4.
Biol. Centr.-Amer. — Biologia Centrali-Americana; or, Contributions to the Knowledge of the Fauna and Flora of Mexico and Central-America. Edited by F. Ducane Godman |and Osbert Salvin|. London. 4.
Bol. Soc. Españ. — Boletin de la Sociedad Española de Historia natural. Madrid. 8.
Boll. Labor. Zool. Portici — Bollettino del Laboratorio di Zoologia generale e agraria della R. Scuola superiore d'Agricoltura in Portici. Portici. 8.
Boll. Mus. Torino — Bollettino dei Musei di Zoologia ed Anatomia comparata della Reale Università di Torino. Torino. 8.
Boll. Soc. ent. Ital. — Bollettino della Società entomologica Italiana. Firenze. 8.
Boll. Soc. Rom. zool. — Bollettino della Società Romana per gli Studi zoologici. Roma. 8.
Brandt, Recu. Mém. — Recueil de Mémoires relatifs à l'Ordre des Insectes Myriapodes et lus à l'Académie Impériale des Sciences de St.-Pétersbourg. St.-Pétersbourg & Leipsik. 1841. 8.
Extrait du Bulletin scientifique publié par l'Académie Impériale des Sciences de St.-Pétersbourg. *v.* 5—9.
Bronn, Kl. Ordn. — H. G. Bronn's Klassen und Ordnungen des |Thier |Tier |-Reichs, wissenschaftlich dargestellt in Wort und Bild. Leipzig, Heidelberg. 8.
Bull. Ac. St.-Pétersb. — Bulletin de l'Académie Impériale des Sciences de St.-Pétersbourg. St.-Pétersbourg. 4 (8).
Bull. Amer. Mus. — Bulletin of the American Museum of natural History. New York. 8.
Bull. Liverp. Mus. — Bulletin of the Liverpool Museum. Liverpool. 8.
Bull. Mus. Harvard — Bulletin of the Museum of comparative Zoology at Harvard College, in Cambridge. Cambridge, Mass., U. S. A. 8.
Bull. Mus. Monaco — Bulletin du Musée océanographique de Monaco. Monaco. 8.
Bull. Mus. Paris — Bulletin du Muséum d'Histoire naturelle. Paris. 8.
Bull. Soc. Afr. Nord — Bulletin de la Société d'Histoire naturelle de l'Afrique du Nord. Alger. 8.
Bull. Soc. ent. France — Bulletin des Séances et Bulletin bibliographique de la Société entomologique de France. Paris. 8.
Bull. Soc. ent. Ital. — Bullettino della Società entomologica Italiana. Firenze. 8.

Bull. Soc. Maroc — Bulletin de la Société des Sciences naturelles du Maroc. Rabat, Paris, London. 8.
Bull. Soc. Moscou — Bulletin de la Société Impériale des Naturalistes de Moscou. Moscou. 8.
Bull. Soc. philom. — Bulletin des Sciences, par la (Bulletin de la) Société philomat(h)ique de Paris. Paris. 4 (8).
Bull. Soc. Rouen — Bulletin de la Société des Amis des Sciences naturelles de Rouen. Rouen. 8.
Bull. Soc. Sci. France — Bulletin de la Société des Sciences naturelles de France. Paris. 1835. 4.
Bull. Soc. Toulouse — Bulletin de la Société d'Histoire naturelle de Toulouse. Toulouse. 8.
Bull. Soc. zool. France — Bulletin de la Société zoologique de France. Paris. 8.
Bull. U. S. geol. geogr. Surv. Terr. — Department of the Interior. Bulletin of the United States geological and geographical Survey of the Territories. Washington. 8.
Bull. U. S. Mus. — Bulletin of the United States National Museum. Washington. 8.
Canad. Ent. — The Canadian Entomologist. Toronto (London). 8.
Carinthia II — Carinthia II. Mitteilungen des Naturhistorischen Landesmuseums für Kärnten. Klagenfurt. 8.
Cook, Brandtia — Brandtia. A Series of occasional Papers on Diplopoda and other Arthropoda. By O. F. Cook. Huntington, New York. 1896, 97. 8.
Cotteau & Triger, Echinid. Sarthe — G. H. Cotteau & J. Triger, Echinides du Département de la Sarthe, considérés au Point de Vue zoologique et stratigraphique, etc. Paris. 1855—69. 8.
Cuvier, Règne an. — Le Règne animal distribué d'après son Organisation, pour servir de Base à l'Histoire naturelle des Animaux et d'Introduction à l'Anatomie comparée. Par [Georges] Cuvier. Tom. 1—4. Paris. 1817. 8.
Daday, Myr. Regni Hungar. — Myriopoda Regni Hungariae. E Commissione Regiae Societatis Hungaricae Scientiarum Naturalium. Elaboravit Eugenius Daday de Deés. Budapest. 1889. 4.
Decken's Reis. O.-Afr. — Baron Carl Claus von der Decken's Reisen in Ost-Afrika in den Jahren 1859—65. Herausgegeben im Auftrage der Mutter des Reisenden, Fürstin Adelheid von Pless. — Wissenschaftlicher Theil. Band 3. Abtheilung II. Gliederthiere (Insekten, Arachniden, Myriopoden und Isopoden). Bearbeitet von A. Gerstaecker. Leipzig und Heidelberg. 1873. 4.
Dejean, Cat. Col. — Catalogue des Coléoptères de la Collection de [P. F. M. Auguste] Dejean. Ed. 1—3. Paris. 1802, 21, 34, 35, 36, 37. 8.
Denk. Ak. Wien — Denkschriften der Kaiserlichen Akademie der Wissenschaften. — Mathematisch-naturwissenschaftliche Classe. Wien. 4.
Denk. Ges. Jena — Denkschriften der medicinisch-naturwissenschaftlichen Gesellschaft zu Jena. Jena. 4.
Dep. Inter.-Rep. U. S. geol. Surv. Terr., Syn. Vert. — Department of the Interior. Report of the U. S. geological Survey of the Territories. F. V. Hayden, U. S. Geologist-in-Charge. Washington. 4.
Desor, Syn. Echinid. — P. J. E. Desor, Synopsis des Échinides fossiles. Paris, Wiesbaden. 1858. 8.
Dict. univ. Hist. nat. — Dictionnaire universel d'Histoire naturelle ....; par Arago, Bazin, ... etc., dirigé par Charles d'Orbigny. Tome 1—12; Atlas 1—3. Paris. 1841—48; 1849[1]). 8.
Drury, Ill. nat. Hist. — Illustrations of natural History. Wherein are exhibited upwards of .... Figures of exotic Insects, according to their different Genera; ... With a particular Description of each Insect: interspersed with Remarks and Reflections on the Nature and Properties of many of them. By D. Drury. Vol. 1—3. London. 1770, 73, 82. 4.

---

[1]) Cfr.: C. Davies Sherborn & T. S. Palmer 1899 in: Ann. nat. Hist., ser. 7 *v.* 3 p. 350.

D. Südp.-Exp. — Deutsche Südpolar-Expedition 1901—1903. Im Auftrage des Reichsamtes des Innern herausgegeben von Erich von Drygalski. Zoologie. Berlin. 4.

Eichwald, Zool. spec. — Zoologia specialis quam expositis Animalibus tum vivis, tum fossilibus potissimum Rossiae in Universum, et Poloniae in Specie, ... edidit Eduardus Eichwald. Pars 1—[3]. Vilnae. 1829, 30, 31. 8.

Enc. méth. — Encyclopédie méthodique, ou par Ordre de Matières; par une Société de Gens de Lettres, de Savans et d'Artistes. — Histoire naturelle. Tom. 4—10; Insectes (Entomologie). Paris, Liège (Paris). 1789, 90, 91, 92, 1811 [& 1812VII], 19 [& 1824VII], 25 [& 1828][1]). 4.

Ent. Amer. — Entomologica Americana. Published by the Brooklyn entomological Society. Brooklyn, N. Y. 8.

Ent. Meddel. — Entomologiske Meddelelser udgivne af entomologisk Forening. Kjöbenhavn. 8.

Ent. News Philad. — Entomological News |and Proceedings of the entomological Section of the Academy of natural Sciences of Philadelphia|. Philadelphia. 8.

Ent. Tidskr. — Entomologisk Tidskrift. På Föranstaltande af entomologiska Föreningen i Stockholm. Stockholm. 8.

Ergeb. D. Zentr.-Afr.-Exp. — Wissenschaftliche Ergebnisse der Deutschen Zentral-Afrika-Expedition 1907—1908 unter Führung Adolf Friedrichs, Herzogs zu Mecklenburg. Leipzig. 8.

Ergeb. Schwed. Exp. Kilimandjaro — Wissenschaftliche Ergebnisse der Schwedischen zoologischen Expedition nach dem Kilimandjaro, dem Meru und den umgebenden Massaisteppen Deutsch-Ostafrikas 1905—1906, unter Leitung von Yngve Sjöstedt. Herausgegeben mit Unterstützung von der Königl. Schwedischen Akademie der Wissenschaften. Stockholm. 4.

Expl. Algérie — Exploration scientifique de l'Algérie pendant les Années 1840, 41, 42. Publiée par Ordre du Gouvernement et avec le Concours d'une Commission académique. — Sciences physiques. Zoologie. I—IV. Histoire naturelle des Animaux articulés par H. Lucas. Partie 1—3; Atlas. Paris. 1849 [1845—49]. 4.

Fabricius, Mant. Ins. — Ioh. Christ. Fabricii Mantissa Insectorum sistens eorum Species nuper detectas adiectis Characteribus genericis, Differentiis specificis, Emendationibus, Observationibus. Tom. 1, 2. Hafniae. 1787. 8.

Fabricius, Spec. Ins. — Ioh. Christ. Fabricii Species Insectorum exhibentes eorum Differentias specificas, Synonyma Auctorum, Loca natalia, Metamorphosin adiectis Observationibus, Descriptionibus. Tom. 1, 2. Hamburgi et Kilonii 1781. 8.

Fabricius, Syst. Ent. — Io. Christ. Fabricii Systema Entomologiae, sistens Insectorum Classes, Ordines, Genera, Species, adiectis Synonymis, Locis, Descriptionibus, Observationibus. Flensburgi et Lipsiae. 1775. 8.

Fauna Haw. — Fauna Hawaiiensis or the Zoology of the Sandwich (Hawaiian) Isles: Being Results of the Explorations instituted by the Joint Committee appointed by the Royal Society of London for promoting natural Knowledge and the British Association for the Advancement of Science and carried on with the Assistance of those Bodies and of the Trustees of the Bernice Pauahi Bishop Museum at Honolulu. Edited by David Sharp. Vol. 1—3. Cambridge. 1899—1913. 4.

Fauna S. W.-Austral. — Die Fauna Südwest-Australiens. Ergebnisse der Hamburger Südwestaustralischen Forschungsreise 1905, herausgegeben von W. Michaelsen und R. Hartmeyer. Jena. 8.

Feuille Natural. — La Feuille des jeunes Naturalistes. |Revue mensuelle d'Histoire naturelle.| |Fondée à Mulhouse en 1870.| Paris. 8.

---

[1]) Cfr.: C. Davies Sherborn & B. B. Woodward in: P. zool. Soc. London, 1893 p. 583 & 1899 p. 595.

Fitzinger, *Syst. Rept.* — Systema Reptilium Auctore Leopoldo Fitzinger. Vindobonae. 1843. 8.

Forbes, *Nat. Hist. Sokotra* — The natural History of Sokotra and Abd-el-Kuri. Being the Report upon the Results of the Conjoint Expedition to these Islands in 1898—99, by W. R. Ogilvie-Grant, of the British Museum, and H. O. Forbes, of the Liverpool Museums, together with Information from other available Sources. Forming a Monograph of the Islands. Edited by Henry O. Forbes. Liverpool, London. 1903. 8.

Geoffroy, *Hist. Ins.* — Histoire abrégée des Insectes, qui se trouvent aux Environs de Paris; dans laquelle ces Animaux sont rangés suivant un Ordre méthodique. [Auctor: Etienne Louis Geoffroy.] Tome 1, 2. Paris. 1762. 4.

Gervais & Ameghino, *Mam. foss. Amér. Sud* — Henri Gervais & Florentini Ameghino, Les Mammifères fossiles de l'Amérique du Sud. Paris & Buenos-Aires. 1880. 8.

Gmelin-Linné, *Syst. Nat.*, *ed. 13* — Caroli a Linné Systema Naturae per Regna tria Naturae, secundum Classes, Ordines, Genera, Species, cum Characteribus, Differentiis, Synonymis, Locis. Editio XIII, aucta, reformata. Cura Jo. Frid. Gmelin. — Tomus I. Pars 1—7. Lipsiae. 1788 [Pars 6 & 7: 1791, 92]. 8.

Göteborgs Vetensk. Handl. — Göteborgs (Götheborgs) |Kongl.| Vetenskaps och Vitterhets Samhälles Handlingar. Göteborg (Götheborg). 8.

Göteborgs Vetensk. n. Handl. — Göteborgs (Götheborgs) |Kongl.| Vetenskaps- och Vitterhets-Samhälles nya Handlingar. Göteborg (Götheborg). 8.

Gravenhorst, *Ichneum.* — Ichneumonologia Europaea; Auctore J. L. C. Gravenhorst. *v.* 1—3. Vratislaviae. 1829. 8.

Griffith-Cuvier, *An. Kingdom* — The Animal Kingdom arranged in Conformity with its Organization, by the Baron [Georges] Cuvier, with additional Descriptions of all the Species hitherto named, and of many not before noticed (with supplementary Additions to each Order), by Edward Griffith and others. Vol. 1—15, Index. London. 1827—35. 8.

Günther, *Cat. Fish. Brit. Mus.* — Catalogue of the Fishes in the British Museum. By Albert Günther. *v.* 1—8. London. 1859—70. 8.

Harriman Alaska Exp. — Harriman Alaska Expedition. With Cooperation of Washington Academy of Sciences. Alaska, New York. 8.

Hawle & Corda, *Prodr. Böhm. Tril.* — Prodrom einer Monographie der böhmischen Trilobiten. Von Ignaz Hawle ... und A. J. C. Corda ... Prag. 1847. 4.

Hist. An. artic. — Histoire naturelle des Animaux articulés, Annelides, Crustacés, Arachnides, Myriapodes et Insectes. — Histoire naturelle des Crustacés, des Arachnides et des Myriapodes, par [Hippolyte] Lucas. Paris. 1840. 8.

Hist. Madag. — Histoire physique, naturelle et politique de Madagascar. Publiée par Alfred Grandidier. Paris. 4.

Il Ruwenzori — S. A. R. il Principe Luigi Amedeo di Savoia, Duca degli Abruzzi. Il Ruwenzori, Parte scientifica. Risultati delle Osservazioni e Studi compiuti sul Materiale raccolto dalla Spedizione. *v.* 1. Zoologia, Botanica. Milano. 1909. 4.

Index zool. — Index zoologicus. An alphabetical List of Names of Genera and Subgenera proposed for Use in Zoology as recorded in the „Zoological Record" ... together with other Names ... Compiled (for the zoological Society of London) by Charles Owen Waterhouse and edited by David Sharp. *v.* 1, 2. London. 1902, 12. 8.

Inst. Parcs Nat. Congo Belge — Institut des Parcs Nationaux du Congo Belge. Exploration du Parc National Albert Mission G. F. de Witee (1933 - 35). Bruxelles.

Institut — L'Institut. Journal général des Sociétés et Travaux scientifiques de la France et de l'Étranger (Journal universel des Sciences et des Sociétés savantes en France et à l'Étranger). — I. Section. Sciences mathématiques, physiques et naturelles. Paris. 4.

Isis — Isis |Encyklopädische Zeitschrift, vorzüglich für Naturgeschichte, vergleichende Anatomie und Physiologie| von [Lorenz von] Oken. Leipzig. 4.

J. Ac. Lisboa — Jornal de Sciencias mathematicas, physicas e naturaes, publicado sob os Auspicios da Academia Real das Sciencias de Lisboa. Lisboa. 8.

J. Ac. Philad. — Journal of the Academy of natural Sciences of Philadelphia. Philadelphia. 8 (4).

J. Bombay Soc. — The Journal of the Bombay Natural History Society. Bombay. 8.

J. Linn. Soc. London — The Journal of the Linnean Society. — Zoology. London. 8.

J. Straits Asiat. Soc. — Journal of the Straits Branch of the Royal Asiatic Society. Singapore. 8.

J. Washington Ac. Sci. — Journal of the Washington Academy of Sciences. Washington.

Jahrb. Mus. Kärnten — Jahrbuch des naturhistorischen Landes-Museums von Kärnten. Klagenfurt. 8.

Jahresh. Ver. Württemb. — Jahreshefte des Vereins für vaterländische Naturkunde in Württemberg. Stuttgart. 8.

Jena. Z. — Jenaische Zeitschrift für Naturwissenschaft. Leipzig (Jena). 8.

Koch, C. M. A. — Deutschlands Crustaceen, Myriapoden und Arachniden. Ein Beitrag zur Deutschen Fauna von C. L. Koch. Heft 1—40. Regensburg. [1835—44]. 16. [= C. L. Koch in: Panzer (Herrich-Schäffer), Faun. Ins. Germ., Heft 132 etc.]

Koch, Myr. — Die Myriopoden. Getreu nach der Natur abgebildet und beschrieben von C. L. Koch. *v.* 1, 2. Halle. 1863. 8.

Koch-Panzer, Krit. Revis. — C. L. Koch (Panzer's) Kritische Revision der Insektenfauna Deutschlands. 3. Bändchen, enthaltend Deutschlands Crustaceen, Arachniden und ein System der Myriapoden. Regensburg. 1847. 8.

Koch, Syst. Myr. — Karl Ludwig Koch, System der Myriapoden, mit den Verzeichnissen und Berichtigungen zu Deutschlands Crustaceen, Myriapoden und Arachniden. Regensburg. 1847. 8.

Kükenthal & Krumbach, Handb. Zool. — Handbuch der Zoologie. Eine Naturgeschichte der Stämme des Tierreichs. Gegründet von Willy Kükenthal, unter Mitarbeit zahlreicher Fachgelehrten herausgegeben von Thilo Krumbach. Berlin, Leipzig. 1923—. 8.

Lamarck, Hist. An. s. Vert. — Histoire naturelle des Animaux sans Vertèbres, présentant les Caractères généraux et particuliers de ces Animaux, . . .; précédée d'une Introduction . . . Par [Jean Baptiste] de Lamarck. Tom. 1—5, 6 I & II, 7. Paris. 1815 III, 16 III, 16 VIII, 17 III, 18 VII, 19 II—VI, 22 IV, 22 VIII. 8.

Laporte-Castelnau, Exp. Amér. Sud — Animaux nouveaux ou rares recueillis pendant l'Expédition dans les Parties centrales de l'Amérique du Sud, de Rio de Janeiro à Lima et de Lima au Para; exécutée par Ordre du Gouvernement Français pendant les Années 1843—47, sous la Direction du Comte Francis de Castelnau. Part. VII. *v.* 1—3. Paris. 1855, 55, 57, 59. 4.

Latreille, Hist. Crust. Ins. — Histoire naturelle, générale et particulière, des Crustacés et des Insectes. Ouvrage faisant Suite aux Oeuvres de Leclerc de Buffon, et Partie du Cours complet d'Histoire naturelle rédigé par C. S. Sonnini. Par P. A. Latreille. Tom. 1—14. Paris. X—XIII [1802—1805]. 8.

Latzel, Myr. Österr.-Ung. — Die Myriopoden der Österreichisch-Ungarischen Monarchie von Robert Latzel. *v.* 1, 2. Wien. 1880, 84. 8.

Lesson, Ill. Zool. — Illustrations de Zoologie, ou Recueil de Figures d'Animaux peintes d'après Nature, par R. P. Lesson . . . Ouvrage orné de Planches . . . Paris. (1831—34). 8.

Linn. ent. — Linnaea entomologica. Zeitschrift herausgegeben von dem entomologischen Vereine in Stettin. Berlin (Leipzig). 8.

Linné, Fauna Svec., ed. 2 — Caroli Linnaei Fauna Svecica sistens Animalia Sveciae Regni: Mammalia, Aves, Amphibia, Pisces, Insecta, Vermes. Distributa per Classes & Ordines, Genera & Species, cum Differentiis Specierum, Synonymis Auctorum, Nominibus Incolarum, Locis Natalium, Descriptionibus Insectorum. Editio altera, auctior. Stockholmiae. 1761. 8.

Linné, Syst. Nat., ed. 10 — Caroli Linnaei Systema Naturae per Regna tria Naturae, secundum Classes, Ordines, Genera, Species, cum Characteribus, Differentiis, Synonymis, Locis. Editio X, reformata. — Tomus I. Holmiae. 1758. 8.

Mag. Ent. Germar — Magazin der Entomologie, herausgegeben von Ernst Friedrich Germar. Halle. 8.

Mag. Zool. — Magasin de Zoologie |[Sér. 2:], d'Anatomie comparée et de Paléontologie|. Paris. 8.

Malak. Bl. — Malakozoologische Blätter. Als Fortsetzung der Zeitschrift für Malakozoologie. Herausgegeben von Karl Theodor Menke, Louis Pfeiffer, W. Kobelt, S. Clessin. Cassel. 8.

Marschall, Nomencl. zool. — Nomenclator zoologicus continens Nomina systematica Generum Animalium tam viventium quam fossilium, secundum Ordinem alphabeticum disposita. Conscriptus a Comite Augusto de Marschall. Vindobonae. 1873. 8.

Mém. Ac. St.-Pétersb. — Mémoires de l'Académie Impériale des Sciences de St.-Pétersbourg. — [Sér. 6:] Sciences mathématiques, physiques et naturelles. St.-Pétersbourg. 4.

Mém. Ac. Ukraine — Académie des Sciences de l'Ukraine. Mémoires de la Classe des sciences, physiques et mathématiques. Kiew. 8.

Mem. Ind. Mus. — Memoirs of the Indian Museum. Calcutta. 4.

Mém. Mus. Paris — Mémoires du Muséum d'Histoire naturelle. Paris. 4.

Mem. Soc. Españ. — Memorias de la Sociedad Española de Historia natural. Madrid. 8.

Mém. Soc. Genève — Mémoires de la Société de Physique et d'Histoire naturelle de Genève. Genève. 4.

Mém. Soc. Moscou — Mémoires de la Société Impériale des Naturalistes de Moscou ([Tome 1:] Mémoires de la Société des Naturalistes de l'Université Impériale de Moscou). Moscou. 4.
Tome 1—6: 1806—23. [sequ.: *N. Mém. Soc. Moscou.*]

Mém. Soc. Neuchâtel — Mémoires de la Société des Sciences naturelles de Neuchâtel. Tome 1—4. Neuchâtel. 1835—74. 4. Mémoires de la Société neuchâteloise des Sciences naturelles. Tome 5 II. 1914 (? Sep. 1912). Neuchâtel. 4.

Mém. Soc. zool. France — Mémoires de la Société zoologique de France. Paris. 8.

Miss. Arc Mérid. — Ministère de l'Instruction publique. Mission du Service géographique de l'Armée pour la Mesure d'un Arc de Méridien équatorial en Amérique du Sud 1899—1906. Paris. 4.

Miss. Mex. — Mission scientifique au Mexique et dans l'Amérique centrale, Ouvrage publié par Ordre du Ministre de l'Instruction publique. — Recherches zoologiques . . . publiées sous la Direction de [Henri] Milne Edwards. Paris. 4.

Miss. sci. Omo — Mission scientifique de l'Omo. Publié sous la Direction de R. Jeannel. Paris. 8.

Monber. Ak. Berlin — Monatsberichte der Königlich Preußischen Akademie der Wissenschaften zu Berlin. Berlin. 8.

Mt. Bulgar. Ent. Ges. — Mitteilungen der Bulgarischen Entomologischen Gesellschaft in Sofia. Sofia. 8.

Mt. Höhlen- und Karstforsch. — Mitteilungen über Höhlen- und Karstforschung. Zeitschrift des Hauptverbandes Deutscher Höhlenforscher. Berlin. 8.

Mt. Inst. Sofia — Mitteilungen aus den Königl. Naturwissenschaftlichen Instituten in Sofia-Bulgarien. Sofia. 8.

Mt. Münch. ent. Ver. — Mittheilungen des Münchener entomologischen Vereins. München. 8.

Mt. Mus. Berlin — Mitteilungen aus der zoologischen Sammlung des Museums für Naturkunde in Berlin. Berlin. 4.

Mt. Mus. Hamburg — Mitteilungen aus dem naturhistorischen Museum in Hamburg. Aus dem (Beiheft zum) Jahrbuch der Hamburgischen wissenschaftlichen Anstalten. Hamburg. 8.

Murray, Econ. Ent. Apt. — Economic Entomology, by Andrew Murray. Aptera. South Kensington Museum. Science Handbooks. London. 1877. 8.

N. Acta Ac. Leop. — Nova Acta |physico-medica| Academiae Caesareae Leopoldino-Carolinae |Germanicae| Naturae Curiosorum. [*v.* 9 & sequ.:] Verhandlungen (Abhandlungen) der |Kaiserlichen| Leopoldinisch-Carolinischen Akademie der Naturforscher. Norimbergae (Erlangen) (Bonn) . . . 4.

N. Caledonia — Nova Caledonia. Forschungen in Neu-Caledonien und auf den Loyalty-Inseln. Herausgegeben von Fritz Sarasin und Jean Roux. Wiesbaden, Berlin, München. 4.

N. Schr. Ges. Danzig — Neueste Schriften der naturforschenden Gesellschaft in Danzig. Halle (Danzig). 4.

Nat. Hist. Juan Fernandez — The natural History of Juan Fernandez and Easter Island, edited by Carl Skottsberg. *v.* 3. 1924. 8.

Natural. Sicil. — Il Naturalista Siciliano. Giornale di Scienze naturali. Palermo. 4.

Naturh. Tidsskr. — Naturhistorisk Tidsskrift. Kjøbenhavn. 8.

Natuurk. Verh. Haarlem — Natuurkundige Verhandelingen uitgegeven door (van) de Hollandsche Maatschappij der Wetenschappen te Haarlem. Haarlem. 8 (4).

Nova Guinea — Nova Guinea. Résultats (géologiques, botaniques, zoologiques, anthropologiques et ethnographiques) des Expéditions scientifiques Néerlandaises à la Nouvelle-Guinée en 1903, 1907—09 et 1912—13. Zoologie. Leide. 4.

Occas. Papers Mus. Zool. Michigan — Occasional Papers of the Museum of Zoology, University of Michigan. Published by the University. Michigan. 8.

Öfv. Ak. Förh. — Öfversigt af Kongliga Vetenskaps-Akademiens Förhandlingar. Stockholm. 8.

P. Ac. Philad. — Proceedings of the Academy of natural Sciences of Philadelphia. Philadelphia. 8.

Palaeontogr. — Palaeontographica. Beiträge zur Naturgeschichte der Vorwelt (Vorzeit). Herausgegeben von Wilh. Dunker und Hermann von Meyer (Wilh. Dunker) (Wilhelm Dunker und K. A. Zittel) Karl A. v. Zittel. Cassel (Stuttgart). 4.

Palisot, Ins. Afr. Amér. — Insectes recueillis en Afrique et en Amérique, dans les Royaumes d'Oware et de Benin, à Saint-Domingue et dans les États-Unis, pendant les Années 1786—97; par A.-M.-F.-J. Palisot de Beauvois. Paris. 1805—21. 2.

Pan-Pacif. Ent. San Francisco — The Pan-Pacific Entomologist. Published by the Pacific Coast Entomological Society in Cooperation with the California Academy of Sciences. San Francisco. 8.

P. biol. Soc. Washington — Proceedings of the biological Society of Washington. Washington. 8.

P. Calif. Ac. — Proceedings of the California Academy of |natural| Sciences. — [Ser. 3:] Zoology. San Francisco. 8.

P. ent. Soc. Washington — Proceedings of the entomological Society of Washington. Washington. 8.

P. U. S. Mus. — Proceedings of the United States national Museum. Washington. 8.

P. zool. Soc. London — Proceedings of the zoological Society of London. London. 8.

Perty, Delect. An. artic. — Delectus Animalium articulatorum, quae in Itinere per Brasiliam Annis 1817—20 Jussu et Auspiciis Maximiliani Josephi I. Bavariae Regis augustissimi peracto collegerunt J. B. de Spix et C. F. Ph. de Martius. Digessit, descripsit, pingenda curavit Maximilianus Perty, praefatus est et edidit Carol. Frideric. Philip. de Martius. Monachii. 1830—34. 2.

Peters, Reise Mossamb. — Naturwissenschaftliche Reise nach Mossambique auf Befehl Sr. Maj. des Königs Friedrich Wilhelm IV. in den Jahren 1842 bis 48 ausgeführt von W. Peters. — Zoologie. *v.* 1, 3, 4, 5. Berlin. 1852, 82, 68, 62. 4.

Pomona — Pomona College Journal of Entomology. Published by the Department of Biology of Pomona College. Claremont, California.

Progr. Ginn. Zara — Programma del Ginnasio superiore in Zara.

Psyche — Psyche. Organ of (Published by) the Cambridge entomological Club (a Journal of Entomology). Cambridge, Mass. 8.
Quart. J. geol. Soc. London — The quarterly Journal of the geological Society of London. London. 8.
Rafinesque, Anal. Nat. — Analyse de la Nature ou Tableau de l'Univers et des Corps organisés. Par C. S. Rafinesque. Palerme. 1815. 8.
Rafinesque, Caratt. nuovi Gen. — Caratteri di alcuni nuovi Generi e nuove Specie di Animali e Pianti della Sicilia, con varie Osservazioni sopra i Medesimi. Opusculo del C. S. Rafinesque Schmaltz. Palermo. 1810. 8.
Rec. Austral. Mus. — Records of the Australian Museum. Sydney. 8.
Rec. Ind. Mus. — Records of the Indian Museum (A Journal of Indian Zoology). Calcutta. 8.
Redia — „Redia". Giornale di Entomologia pubblicato dalla R. Stazione di Entomologia agraria in Firenze. Firenze. 8.
Reichenbach, Av. Syst. — Avium Systema naturale. Das natürliche System der Vögel. Auctor Ludovicus Reichenbach. Dresden und Leipzig. 1849, 50, [52]. 4.
Reise Novara — Reise der Österreichischen Fregatte „Novara" um die Erde in den Jahren 1857, 1858, 1859 unter den Befehlen des Commodore B. von Wüllerstorf-Urbair. Wissenschaftlicher Theil. — Zoologischer Theil. *v.* 1, 2. Wien. 1864—75. 4.
Résult. sci. Voy. Ind. Or. Néerl. — Résultats scientifiques du Voyage aux Indes Orientales Néerlandaises de LL. AA. RR. le Prince et la Princesse Léopold de Bélgique publiés par V. van Straelen. Bruxelles. 4. (= Mémoires du Musée Royal d'Histoire Naturelle de Belgique.)
Rev. biol. Nord France — Revue biologique du Nord de la France. Lille. 8.
Rev. Mag. Zool. — Revue et Magasin de Zoologie pure et appliquée. Paris. 8.
Rev. Suisse Zool. — Revue Suisse de Zoologie et Annales du Musée d'Histoire naturelle de Genève. Genève. 8.
Rev. zool. — Revue zoologique, par la Société Cuvierienne. Paris. 8.
Rev. zool. Afr. — Revue zoologique Africaine. Bruxelles. 8.
Revista Mus. Paul. — Revista do Museu Paulista. Publicada por H. von Ihering. São Paulo. 8.
Rozpr. České Ak. — Rozpravy České Akademie Císaře Františka Josefa pro Vědy, Slovesnost a Umění. — Třída II (Mathematicko-Přírodnická). V Praze. 8.
Sapiski Nowoross. Obschtsch. — Записки Новороссійскаго Общества Естествоиспытателей. Одесса. 8. [Denkschriften der Neurussischen Gesellschaft der Naturforscher. Odessa.]
Saussure, Mém. Mex. — Mémoires pour servir à l'Histoire naturelle du Mexique, des Antilles et des États-Unis par Henri de Saussure. Genève et Bale. 1858–71. 4.
SB. Ak. Wien — Sitzungsberichte der Kaiserlichen Akademie der Wissenschaften. — Mathematisch-naturwissenschaftliche Classe. Wien. 8.
SB. Böhm. Ges. — Sitzungsberichte der Königl. Böhmischen Gesellschaft der Wissenschaften |in Prag|. — [ann. 1885 & sequ.:] Mathematisch-naturwissenschaftliche Classe. Prag. 8.
SB. Ges. Fr. Berlin — Sitzungsberichte der Gesellschaft naturforschender Freunde zu Berlin. Berlin. 4, 8.
Schr. Ver. Schleswig-Holstein — Schriften des naturwissenschaftlichen Vereins für Schleswig-Holstein. Kiel. 8.
Senckenbergiana — Senckenbergiana. Wissenschaftliche Mitteilungen, herausgegeben von der Senckenbergischen Naturforschenden Gesellschaft in Frankfurt a. Main. Frankfurt a. Main. 8.
Silvestri, Diplopoda — Acari Myriopoda et Scorpiones hucusque in Italia reperta. Classis Diplopoda. Auctore Philippo Silvestri. Vol. I-Anatome. Pars la — Segmenta, Tegumentum, Musculi. Portici. 1903. 8.
Smith, Unknown Afr. Countries — Through unknown African Countries. The first Expedition from Somaliland to Lake Rudolf und Lamu by A. Donaldson Smith. London, New York. 1897. 8.

Smithson. Collect. — Smithsonian miscellaneous Collections. Washington. 8.
Spix & Martius, Reise Bras. — J. B. v. Spix & C. F. P. v. Martius, Reise in Brasilien ... in ... 1817 bis 1820 gemacht und beschrieben. *v.* 1—3 & Atlas. München. 1823—31. 4 & 2.
Sprawozd. Kom. fizyogr. — Akademia Umiejętności w Krakowie. Sprawozdanie Komisyi fizyograficznej C. K. Towarzystwa naukowego Krakowskiego obejmujące pogląd .... oraz Materyały dla Fizyografii Galicyi (Krajowej). Kraków. 8.
Stephens, Cat. Brit. Ins. — A systematical Catalogue of British Insects: being an Attempt to arrange all the hitherto discovered indigenous Insects in Accordance with their natural Affinities. Containing also the References to every English Writer on Entomology, and to the principal foreign Authors. With all the published British Genera to the present Time. By James Francis Stephens. Part 1, 2. London. 1829. 8.
Swainson, Hist. Classif. Fish. — The Cabinet Cyclopaedia. Conducted by Dionysius Lardner, ... Natural History. On the natural History and Classification of Fishes, Amphibians, and Reptiles. By William Swainson. *v.* 1, 2. London. 1838, 39. 8.
Swainson, Zool. Ill. — Zoological Illustrations, or original Figures and Descriptions of new, rare, or interesting Animals, selected chiefly from the Classes of Ornithology, Entomology, and Conchology, and arranged on the Principles of Cuvier and other modern Zoologists. By William Swainson. Vol. 1—3; Ser. 2 Vol. 1—3. London. 1820/21, 21/22, 22/23; 29, 31/32, 32/33. 8.
Termész. Füzetek — Természetrajzi Füzetek [az Állat-, Növény-, Ásvány-, és Földtan Köréböl]. Kiadja a Magyar nemzeti Múzeum. Budapest. 8.
Tierreich — Das Tierreich. Gegründet von der Deutschen Zoologischen Gesellschaft. Herausgegeben von der Preußischen Akademie der Wissenschaften zu Berlin. Berlin. 8.
Tierw. Deutschl. — Die Tierwelt Deutschlands und der angrenzenden Meeresteile nach ihren Merkmalen und nach ihrer Lebensweise. Begründet von Friedrich Dahl. Herausgegeben von Maria Dahl und Hans Bischoff. Jena. 8.
Todd, Cycl. Anat. Physiol. — The Cyclopaedia of Anatomy and Physiology, edited by Robert B. Todd. *v.* 1—4. London. 1836—52. 8.
Tr. Amer. ent. Soc. — Transactions of the American entomological Society. Philadelphia. 8.
Tr. Amer. phil. Soc. — Transactions of the American philosophical Society, held at Philadelphia, for promoting useful Knowledge. Philadelphia. 4.
Tr. Linn. Soc. London — The Transactions of the Linnean Society of London. — [Ser. 2:] Zoology. London. 4.
Tr. N. Zealand Inst. — Transactions and Proceedings of the New Zealand Institute. Wellington (Wellington, London). 8.
Tr. nat. Hist. Soc. Northumb. — Transactions of the natural History Society of Northumberland, Durham, and Newcastle-upon-Tyne. Newcastle and London. 4.
Tr. Sapporo Soc. — Transactions of the Sapporo Natural History Society. Sapporo. 8.
Trav. Mus. Kiew — Académie des Sciences de l'Ukraine. Mémoires de la Classe des sciences, physiques et mathématiques. Travaux du Musée zoologique. Kiew. 8.
Trav. Soc. Bulgare — Travaux de la Société Bulgare des Sciences naturelles. Sofia. 8.
Trav. Soc. Nat. Charkow — Travaux de la Société des Naturalistes de Charkow. Charkow. 8.
Treubia — Treubia. Recueil de Travaux zoologiques, hydrobiologiques et océanographiques rédigé par W. M. Doctors van Leeuwen, K. W. Dammerman et A. L. J. Sunier. Department van Landbouw, Nijverheid en Handel. „S Lands Plantentuin.“ [Instituts scientifiques de Buitenzorg]. Weltenvreden —. Batavia. 8.
Univ. Calif. Publ. — University of California Publications. Zoology. Berkeley. 8.
Verh. Ges. Basel — Verhandlungen der naturforschenden Gesellschaft in Basel. Basel. 8.
Verh. Ges. Wien — Verhandlungen der kaiserlich-königlichen zoologisch-botanischen Gesellschaft in Wien. Wien. 8.

Verh. Ver. Rheinlande — Verhandlungen des naturhistorischen Vereines der Preußischen Rheinlande. Bonn. 8.

Verhoeff, Diplop. Deutschl. — K. W. Verhoeff, Die Diplopoden Deutschlands, zusammenfassend bearbeitet, zugleich eine allgemeine Einführung in die Kenntnis der Diplopoden-Systematik, der Organisation, Entwicklung, Biologie und Geographie. Leipzig. 1912—15. 8.

Voy. Favorite — Voyage autour du Monde par les Mers de l'Inde et de Chine exécuté sur la Corvette de l'État La Favorite 1830—1832 sous le Commandement de Laplace. Paris. 8.

Voy. zool. Asie Mineure — Voyage zoologique H. Gadeau de Kerville en Asie Mineure (Avril-Mai 1912). Rouen. 1932. 8.

Voy. zool. Gadeau de Kerville Syrie — Voyage zoologique H. Gadeau de Kerville en Syrie. (Avril-Juin 1908). *v.* 1—4. Paris. 1921—26. 8.

Walckenaer (& Gervais), Hist. Apt. — Histoire naturelle des Insectes. Aptères. Par [Charles Athanasie de] Walckenaer. [Tome 3:] Par Paul Gervais. [Tome 4:] Par Walckenaer et Paul Gervais. Tome 1—4; Atlas. Paris. 1837, 37, 44, 47. 8.

Weber, Ergeb. Reise Niederl. O.-Ind. — Zoologische Ergebnisse einer Reise in Niederländisch Ost-Indien. Herausgegeben von Max Weber. Band 1—4. Leiden. 1890—1907. 8.

Willey, Zool. Results — Zoological Results based on Material from New Britain, New Guinea, Loyalty Islands and elsewhere, collected during the Years 1895, 96 and 97 by Arthur Willey. (Part) 1—6. Cambridge. 1898—1902. 4.

Wiss. Beil. Ber. Mus. Hamburg — Naturhistorisches Museum zu Hamburg. Bericht des Direktor .... für das Jahr 1884, abgestattet in dem Jahrbuch der wissenschaftlichen Anstalten zu Hamburg für 1884. Wissenschaftliche Beilagen. Hamburg. 1885. 8.

Wiss. Ergeb. Niederl. Exp. Karakorum — Wissenschaftliche Ergebnisse der Niederländischen Expeditionen in den Karakorum und die angrenzenden Gebiete in den Jahren 1922, 1925 und 1929/30. Herausgegeben von Ph. C. Visser und Jenny Visser-Hooft. *v.* 1. Leipzig. 1935. 8.

Z. Ent. Breslau — Zeitschrift für Entomologie, herausgegeben vom Verein für Schlesische Insektenkunde zu Breslau. Breslau. 8.

Z. Morphol. Ökol. — Zeitschrift für Morphologie und Ökologie der Tiere. Berlin. 8.

Z. Naturw. — Zeitschrift für Naturwissenschaften ([Band 1—54:] Zeitschrift für die gesammten Naturwissenschaften). Halle (Berlin) (Leipzig). 8.

Z. wiss. Zool. — Zeitschrift für wissenschaftliche Zoologie. Leipzig. 8.

Zool. — Zoologica. Original-Abhandlungen aus dem Gesamtgebiete der Zoologie. Stuttgart. 4.

Zool. Anz. — Zoologischer Anzeiger. Leipzig. 8.

Zool. J. — The zoological Journal. London. 8.

Zool. Jahrb., Suppl. — Zoologische Jahrbücher. Supplement. Jena. 8.

Zool. Jahrb., Syst. — Zoologische Jahrbücher. — Abtheilung für Systematik, Geographie und Biologie der Thiere. Jena. 8.

Zool. Mededeel. Mus. Leiden — Zoologische Mededeelingen uitgegeven vanwege 's Rijks Museum van Natuurlijke Historie te Leiden. Leiden. 8.

Zool. N. York — Zoologica. Scientific Contributions of the New York zoological Society. New York. 8.

Zool. Rec. — The zoological Record. London. 8.

Systematischer Index

Nachtrag zum 1. Band.

Nachtrag zum 2. Band

Nachtrag zum 3. Band

6. Fam. **Polydesmidae** Att.

1898 *Eupolydesminae*, Attems in: Denk. Ak. Wien, *v.* 67 p. 416 | 1914 *Polydesmidae*, Attems in: Arch. Naturg., *v.* 80 A 4 p. 155 | 1926 *P.*, Attems in: Kükenthal & Krumbach, Handb. Zool., *v.* 4 p. 132.

♂ und ♀ mit 20 oder 19 oder ♂ mit 19, ♀ mit 20 Segmenten. Porenformel normal. Hüften der Gonopoden meist in der Medianen auf längerer Strecke in einer Naht zusammenstoßend (sollen bei *Jaxartes* frei sein), lateral vorragend und das Telopodit in der median gerichteten Höhlung der Hüfte inseriert. Die Samenrinne *(Sr)* bildet vor ihrem Ende eine ampullenförmige Erweiterung: die Samenblase *(Sb)*, die dann erst nach außen mündet; die Mündung befindet sich meist auf einem kleinen Höcker und ist von feinen Spitzchen, dem Haarpolster *(Hp)* umgeben (Fig. 1). Selten fehlen diese Spitzchen und noch seltener ist sekundär die Samenblase rückgebildet; die Zugehörigkeit dieser Formen zur Familie Polydesmidae wird trotz des Fehlens des Hauptcharakteristikums der Familie aus der sonstigen Ähnlichkeit geschlossen. Ein Rinnenast meist gut ausgebildet, doch kann die Samenrinne auch auf dem Hauptstamme des Femur münden oder es kann ein Femoralfortsatz ganz fehlen. Metazoniten meist mit gut ausgebildeten Seitenflügeln, (fehlen bei *Turanodesmus*) und meist mit 3 Querreihen flacher Buckeln, die lateralen der ersten 2 Reihen verschmelzen meist zur sogenannten Seitenbeule. In der ersten Reihe ist oft nur die Medianfurche ausgebildet; bei kleineren Formen ist die ganze Skulptur meist mehr oder weniger verwischt. Selten sind zahlreichere Reihen vieler kleiner borstentragender Tuberkeln vorhanden. Schwänzchen zylindrisch oder kegelig, mit den gewöhnlichen Borsten.

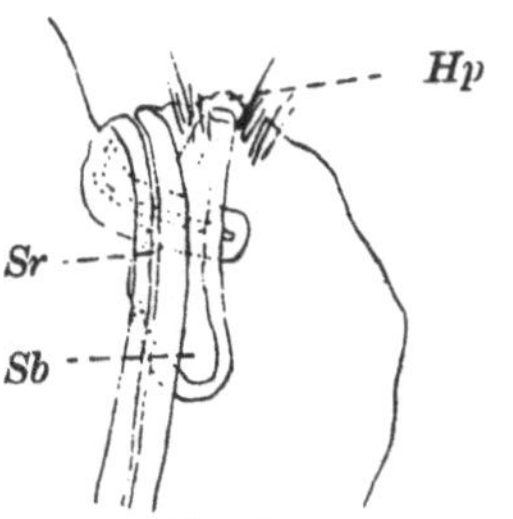

Fig. 1.
Polydesmus collaris C. L. Koch.
Teil des Gonopoden.

Hauptsächlich Palaearktische Region, aber auch Indoaustralische Region und Nordamerika.

14 Gattungen mit 155 sicheren, 38 unsicheren Arten und 97 Unterarten.

Übersicht über die Gattungen:

1 { ♂ und ♀ mit 20 Segmenten — **2**
  { ♂ mit 19, ♀ mit 19 oder 20 Segmenten — **10**

2 { In den Seiten der Metazoniten nur allseits runde Auftreibungen, keine Seitenflügel. Poren am Hinterrand der Metazoniten . . . . 2. Gen. **Turanodesmus**
  { Gut entwickelte Seitenflügel vorhanden — **3**

3 { Beide Gonopoden völlig voneinander getrennt, die Hüften nicht zusammenhängend . . . . 8. Gen. **Jaxartes**
  { Beide Gonopoden durch breite Brücken fest miteinander verbunden — **4**

4 Metazoniten mit 3 Querreihen flacher Beulen zu 4, 4, 6, auf den Seitenflügeln eine oft in 2 geteilte große flache Beule (den lateralen Beulen der 1. und 2. Reihe entsprechend), manchmal in der 1. Reihe nur die Medianfurche oder die ganze Skulptur verwischt — **5**
Metazoniten mit 3 oder mehr Querreihen kleiner, stark gewölbter, meist runder Tuberkeln, die bis an den Seitenrand der Seitenflügel reichen, in jeder Reihe zahlreiche Tuberkeln — **9**

5 Die Samenrinne zieht erst ein gutes Stück auf dem Femur distalwärts hin und biegt dann wieder basalwärts um, so daß das Haarpolster nahe dem Grunde des Femur liegt — **13**
Die Samenrinne zieht im großen ganzen in mehr gerader Richtung hin und macht meist kurz vor der Einmündung in die Samenblase eine kleine Schlinge — **6**

6 Gonopoden mit deutlichem Tibiotarsalteil — **7**
Gonopode ohne Tibiotarsus und ohne Femoralfortsatz. Die Samenrinne mündet direkt in den Grund der schmalen Samenblase, ohne eine Schleife zu bilden. Kein Haarpolster. Rücken sehr hoch gewölbt . . . . 14. Gen. **Cottodesmus**

7 Samenblase klein rundlich, eiförmig. Haarpolster klein, fehlt manchmal sekundär (Paläarkt. Region) — **8**
Samenblase sehr groß, schlauchförmig, fast bis zum Grund des Femur herabreichend. Haarpolster sehr groß (Nordamerika) . . . . . . 4. Gen. **Pseudopolydesmus**

8 Hinterecken der Seitenflügel nicht gespalten. Die Furchen zwischen den Feldern der 2. und 3. Reihe des Rückens alternieren. Körper meist größer und gut pigmentiert . . . . . 1. Gen. **Polydesmus**
Hinterecken der Seitenflügel gespalten. Die Furchen zwischen den Feldern der 3. Reihe des Rückens sind die geraden Fortsetzungen der Furchen der 2. Reihe, so daß die Felder hintereinander stehen und die Tergite auffallend längsgestreift erscheinen. Körper sehr klein, 5—6 mm lang, weiß . . . . 13. Gen. **Brembosoma**

9 Metazoniten mit 3 Reihen von zahlreichen borstentragenden Tuberkeln. Gonopode tief gegabelt in Rinnenast und Tibiotarsus, der Rinnenast manchmal mit Seitenast . . . . 11. Gen. **Archipolydesmus**
Metazoniten mit 3 Reihen von je 6 borstentragenden Knötchen. Gonopode unverästelt, das Haarpolster nahe dem Ende der einfachen Sichel. Poren nahe dem Hintereck, dem Hinterrand genähert . . . . 10. Gen. **Opisthoporodesmus**

10 (1) Metazoniten mit 3 Querreihen von 4, 4, 6 flachen Buckeln, die der ersten Reihe oft verwischt, manchmal die ganze Skulptur undeutlich, auf den Seitenflügeln meist eine große Beule — **11**
Metazoniten mit 4—6 Querreihen kleiner borstentragender runder Tuberkeln . . . . 12. Gen. **Scytonotus**

11	Telopodit des Gonopoden quer zur Längsachse, mit seiner Spitze die Basis des 8. Beines umfassend. Poren nahe dem Hinterrand, zwischen dem Hintereck und einem Borstenhöcker medial vom Hintereck (Indien)	9. Gen. **Opisotretus**
	Telopodit des Gonopoden in der Sagitalebene des Rumpfes liegend. Poren nahe dem Seitenrand, vom Hintereck ein gutes Stück entfernt (Paläarkt. Region) — **12**	
12	Männchen mit 19, Weibchen mit 20 Segmenten. Femur des Gonopoden mit langem Fortsatz, an dessen Ende das Haarpolster sitzt (Gonopoden im wesentlichen denen von *Polydesmus* ähnlich)	7. Gen. **Perapolydesmus**
	Männchen und Weibchen mit 19 Segmenten. Femoralfortsatz des Gonopoden kurz bis fehlend	3. Gen. **Brachydesmus**
13 (5)	Die großen Endäste des Gonopoden gehören dem Tibiotarsus an	5. Gen. **Epanerchodus**
	Die großen Endäste des Gonopoden sind Femoralfortsätze, der Tibiotarsus ist zu einer kleinen Lamelle verkümmert	6. Gen. **Usbekodesmus**

1. Gen. **Polydesmus** Latr.

1802 *P.*, Latreille, Hist. Crust. Ins., *v.* 3 p. 44 | 1804 *P.*, Latreille, ibid., *v.* 7 p. 77 | 1847 *P.*, C. L. Koch in: Koch-Panzer, Krit. Revis., *v.* 3 p. 59, 132 | 1868 *P.*, Meinert in: Naturh. Tidsskr., ser. 3 *v.* 5 p. 24 | 1883 *P.*, Ant. Berlese, A. M. S., fasc. 9 nr. 6 | 1884 *P.*, Latzel, Myr. Österr.-Ung., *v.* 2 p. 136 | 1889 *P.*, Daday, Myr. Regni Hungar., p. 66 | 1895 *P.* + *Propolydesmus*, K. W. Verhoeff in: Zool. Anz., *v.* 18 p. 222 | 1896 *Polydesmus*, K. W. Verhoeff, ibid., *v.* 19 p. 313 | 1898 *P.*, Attems in: Denk. Ak. Wien, *v.* 67 p. 419 | 1914 *P.*, Attems in: Arch. Naturg., *v.* 80 A4 p. 157 | 1925 *P.*, K. W. Verhoeff in: Zool. Jahrb., Syst. *v.* 50 p. 94 | 1926 *P.*, Attems in: Arch. Naturg., *v.* 92 A1 p. 52 | 1926 *P.*, Attems in: Kükenthal & Krumbach, Handb. Zool., *v.* 4 p. 133 | 1931 *P.*, K. W. Verhoeff in: Zool. Jahrb., Syst. *v.* 61 p. 416 | 1934 *P.*, O. Schubart in: Tierw. Deutschl., Teil 28 p. 151.

20 Segmente, Porenformel normal. Seitenflügel gut ausgebildet, die vorderen nicht schmäler als die anderen, der Seitenrand glatt oder gezähnt, das Hintereck zackig oder seltener gerundet, die Poren auf der Oberseite nahe dem Seitenrand, vom Hintereck ein gutes Stück entfernt. Metazoniten mit 3 Querreihen flacher Beulen, in der 1. und 2. Reihe je 4, in der 3. Reihe 6 Beulen, die der 1. Reihe oft verwischt. Auf der Oberfläche des Seitenflügels eine oft in zwei geteilte Beule, vom Hintereck zieht der Fingerwulst schräg nach vorn. Am Hinterrand der Metazoniten ein Besatz von dünnen dornartigen Spitzen. Antennen lang keulig, vom 4. Glied an allmählich dicker werdend, 4. und 5. Glied wenigstens doppelt so lang wie breit, das 5. nur wenig kürzer als das 6. Analsegment kegelig, Schuppe trapezisch mit 2 kleinen Borstenwarzen. Sternite mit tiefem Quereindruck oder muldigem Kreuzeindruck, auf dem 8. werden die Quadranten zu runden Hügeln. Sternite beborstet. Vom Femur des Gonopoden ist entweder ein Fortsatz, der Rinnenast, abgespalten, auf dem das Haarpolster sitzt, distal vom Haarpolster ist der Rinnenast meist in einen gewöhnlich stachelartigen oder hakigen Zacken *(p)* verlängert, oder das Haarpolster sitzt auf dem Hauptstamm des Femur. In diesem Fall kann ein dem Endzacken des Rinnenastes entsprechender Fortsatz *(p)*, Endomerit genannt, vorhanden sein oder auch dieser fehlt. Der

Unterschied, Vorhandensein oder Fehlen eines Rinnenastes, ist systematisch gewiß wichtig, aber die Arten ohne Rinnenast mit Endomerit können nicht ohne weiteres in ein Subgenus zusammengefaßt werden, weil sie so verschiedene Typen aufweisen, daß sie auf mehrere Subgenera verteilt werden müssen. Dagegen ist das Vorhandensein oder Fehlen eines Endomerit systematisch bedeutungslos, weil mehrere Artgruppen, hier als Subgenera aufgeführt, die untereinander sicher sehr nahe verwandte Arten enthalten, Arten mit und ohne Endomerit besitzen. Deswegen können die Subgenera *Aneumeritius* Verh. und *Apomeritius* Verh., ersteres für Arten ohne Rinnenast und ohne Endomerit, letzteres für Arten ohne Rinnenast mit Endomerit, nicht anerkannt werden. Die Samenrinne beginnt auf der Medialfläche des Telopodit, tritt auf den Rinnenast über, wenn ein solcher vorhanden ist, zieht an seine Vorderkante, biegt quer auf die Lateralfläche hinüber und endet in der Samenblase, die auf dem Haarpolster mündet (Fig. 1). Sekundär können bei einigen wenigen Arten Samenblase und Haarpolster rückgebildet werden. Wenn kein Rinnenast vorhanden ist, macht die Samenrinne ebenfalls einen Bogen von der Medialfläche auf die Lateralfläche. Ein Endomerit, falls es vorhanden ist, steht immer in diesem Bogen der Samenrinne und man kann daher leicht entscheiden, ob ein Fortsatz ein Endomerit ist oder nicht. In manchen Beschreibungen wurden andere Zacken für Endomerite gehalten. Bei den Subgenera ohne Rinnenast ist die Trennungsfläche zwischen Femur und Tibiotarsus oft in sagittaler Richtung sehr schräg gestellt, so daß der Tibiotarsus auf der Lateralseite viel weiter basalwärts herabreicht als auf der Medialseite. Der Tibiotarsus (immer mit *T* bezeichnet) ist am Grunde entweder deutlich gegen das Femur abgegrenzt oder beide gehen ohne jegliche Grenze ineinander über. Der Tibiotarsus hat meist ungefähr in der Mitte einen Zahn, den Mittelzahn (immer mit *z* bezeichnet), und vor dem Ende oft einen Zahn, den Subapicalzahn (immer mit *s* bezeichnet). Bei einem Subgenus hat er nahe der Basis einen langen Stachel, den Grundstachel (immer mit *g* bezeichnet).

8 Subgenera mit 67 sicheren, 17 unsicheren Arten und 58 Unterarten.

Typus: *P. complanatus L.*

Verbreitung: Europa mit einzelnen Ausstrahlungen nach Algier und den Azoren. Im Norden (Skandinavien etc.) einerseits, sowie in Süditalien und Südbalkan andrerseits nur sehr vereinzelt. Aus der Türkei nicht bekannt, im europäischen Rußland nur vereinzelte Funde.

Von den Subgenera sind ***Polydesmus*** und ***Nothybus*** über das ganze Gebiet verbreitet; ***Hormobrachium*** und ***Propolydesmus*** (auch systematisch engstens verwandt) sind überwiegend westlich, ***Spanobrachium, Basicentrus*** und ***Acanthotarsius*** östlich, nach Westen nur bis Oberitalien reichend, ***Mastuchus*** lebt in den Ostalpen.

Übersicht über die Subgenera:

1 { Am Ende des Gonopodenfemur sind der Rinnenast oder wenn ein solcher fehlt, die Stelle, wo die Samenrinne mündet hinten und die Basis des Tibiotarsus vorn durch eine größere Lücke getrennt — **2**

Die Basis des Rinnenastes oder wenn ein solcher fehlt, die Stelle mit dem Haarpolster und die Basis des Tibiotarsus decken sich im Profil mehr oder weniger, jedenfalls sind sie nicht durch eine größere Lücke getrennt — **3**

2	Kein Rinnenast und kein Haarpolster	d) Subgen. **Propolydesmus**
	Mit Rinnenast, Haarpolster meist vorhanden, fehlt nur bei *P. mistrei*	c) Subgen. **Hormobrachium**
3	Kein Rinnenast — **4**	
	Rinnenast vorhanden — **7**	
4	Tibiotarsus des Gonopoden mit zahlreichen kammförmig gestellten Stacheln	h) Subgen. **Acanthotarsius**
	Tibiotarsus nur mit einzelnen Zähnen, meist nur mit Mittelzahn und Subapicalzahn, die auch fehlen können, selten einige weitere Zähnchen, aber nie zahlreiche schlanke Stacheln — **5**	
5	Tibiotarsus mit einem langen Stachel am Grunde *(g)*	f) Subgen. **Basicentrus**
	Tibiotarsus ohne solchen Grundstachel — **6**	
6	Das ganze Telopodit des Gonopoden sehr kurz und dick, mit einem starken nach vorn gerichteten Zahn auf der Medialfläche des Femur .	g) Subgen. **Mastuchus**
	Telopodit schlanker, ohne solchen Zahn auf der Medialseite des Femur	e) Subgen. **Spanobrachium**
7	Femur und Tibiotarsus des Gonopoden ohne Grenze ineinander übergehend	a) Subgen. **Polydesmus**
	Femur und Tibiotarsus deutlich gegeneinander abgegrenzt	b) Subgen. **Nomarchus**

a) Subgen. **Polydesmus** Latr.

[1931 Subgen. *P.*, K. W. Verhoeff in: Zool. Jahrb., Syst. *v.* 61 p. 419 entspricht nicht dem Subgenus *P.*, wie es hier gefaßt ist.]

Rinnenast gut entwickelt, Grenze zwischen Femur und Tibiotarsus des Gonopoden nicht sichtbar, Tibiotarsus nur mit Mittelzahn und eventuell Subapicalzahn, manchmal am Ende ein Büschel von Stacheln.

12 Arten mit 15 Unterarten.

Typus: *P. complanatus* Latr.

Übersicht über die Arten:

1	Am Ende des Tibiotarsus des Gonopoden ein Büschel von mehr oder weniger zahlreichen, nach allen Seiten abstehenden Stacheln — **2**	
	Spitze des Tibiotarsus einfach oder ein Subapicalzahn vor der Spitze — **3**	
2	Länge 18—19 mm, Breite 3—3,3 mm. Die mittleren Segmente haben merklich breitere Seitenflügel als die vorderen und hinteren. Die Stacheln des Tibiotarsus des Gonopoden stehen alle ganz am Ende	12. **P. (P.) abchasius**
	Länge 10—12,5 mm, Breite 1,5—1,7 mm. Körper ziemlich parallelrandig. Die Stacheln des Tibiotarsus stehen auf einer längeren Strecke des Endes	11. **P. (P.) lignaui**
3	Auf dem Praefemur des Gonopoden oder an der Grenze von Praefemur und Femur ein großer Vorsprung, runder Lappen oder spitzer Zacken — **4**	
	An dieser Stelle kein größerer Vorsprung — **6**	
4	Dieser Vorsprung ist ein spitzer, schon auf dem Femur stehender Zahn (Griechenland, Kreta, Syra)	9. **P. (P.) graecus**
	Dieser Vorsprung ist ein runder beborsteter Lappen und steht auf dem Praefemur — **5**	

5 Tibiotarsus ein breiter, stark eingekrümmter Haken. Rückenborsten größer, leicht keulig. Rumpf erdbraun (Krim) . . . . 7. **P. (P.) stuxbergi**
— Tibiotarsus schlank, schwach gebogen. Rückenborsten der meisten Segmente mikroskopisch kleine Stäbchen. Rumpf ganz weiß (Oberitalien) 8. **P. (P.) lambranus**

6 Tibiotarsus des Gonopoden relativ kurz und breit, nur schwach gebogen mit 2 ungefähr gleich großen Seitenzähnen . . . . 10. **P. (P.) dadayi**
— Tibiotarsus länger und schlanker, eingeklappt oder peitschenförmig gebogen, die Zähne viel kleiner — **7**

7 Ende des Rinnenastes gerade oder leicht gegen den Tibiotarsus zu gebogen. Mittelzahn groß. Endhälfte des Tibiotarsus kurz und schlank, mit großem Subapicalzahn. Auf der Medialseite des Tibiotarsus keine bogig vorragende Lamelle . . . . 2. **P. (P.) verhoeffi**
— Ende des Rinnenastes hakig nach hinten gekrümmt — **8**

8 Endhälfte des Tibiotarsus nach der Biegung dicker als sonst. Mittelzahn nach der Krümmung. Auf der Medialseite des Tibiotarsus keine vorragende Lamelle. Körperbreite 1,6 mm . . . . 5. **P. (P.) hamatus**
— Endhälfte des Tibiotarsus schlank, eventuell mit Lappen in der Mitte. Mittelzahn vor der Biegung. Körperbreite 2 und mehr mm — **9**

9 Endhälfte des Tibiotarsus kurz, ganz gerade, ohne Subapicalzahn. Auf der Medialseite des Tibiotarsus keine vorragende Lamelle . . . . 6. **P. (P.) hercegovinensis**
— Endhälfte des Tibiotarsus länger und sanft gebogen — **10**

10 Kein Subapicalzahn. Auf der Medialseite des Tibiotarsus eine wenig vorragende Lamelle . . . . 4. **P. (P.) monticola**
— Mit Subapicalzahn — **11**

11 Die Kante auf der Medialseite in der ersten Hälfte des Tibiotarsus ist nur schwach und springt nicht ohrlappenartig vor. Auf der Vorderseite des Telopodit kein Vorsprung. Endhälfte des Tibiotarsus mit einem Lappen . . . . 1. **P. (P.) complanatus**
— Die Kante auf der Medialseite des Tibiotarsus ist breiter und springt ohrlappenartig vor. Auf der Vorderseite des Telopodit ein Vorsprung, niedrig zackig bis spitzzähnig . . . . 3. **P. (P.) montanus**

1. **P. (P.) complanatus** L. 1761 *P. c.*, Linné, Fauna Svec., ed. 2 p. 502 | 1871 *P. c.*, Porath in: Öfv. Ak. Förh., *v.* 27 p. 820 t. 10 f. 8 | 1884 *P. c.*, Latzel, Myr. Österr.-Ung., *v.* 2 p. 150 t. 5 f. 51, 54, 55 | 1889 *P. c.*, Daday, Myr. Regni Hungar., p. 68 t. 2 f. 1—5, 7 | 1893 *P. illyricus*, K. W. Verhoeff in: Berlin. ent. Z., *v.* 38 p. 273 | 1925 *P. complanatus*, Lohmander in: Göteborgs Vetensk. Handl., *v.* 30 p. 17 | 1926 *P. c.*, O. Schubart in: Ent. Meddel., *v.* 16 p. 61 | 1934 *P. c. complanatus* + *illyricus*, O. Schubart in: Tierw. Deutschl., Teil 28 p. 160, 161 f. 260.

Erdfarben oder mehr oder weniger rötlichbraun, zuweilen lehmgelb, bei dunkleren Exemplaren sind die Seitenflügel der porenlosen Segmente mehr oder weniger deutlich aufgehellt, Antennen von der Farbe des Rückens. Länge 18—28,5 cm, Breite 2,8—5 mm. Kopf bis zu den Antennen hinauf dicht und kurz beborstet; Scheitel mit deutlicher Medianfurche und

2 + 2 Borsten in einer Querreihe, sonst kahl. Antennen lang, schwach keulig. Das 3. Glied das längste, Länge der Glieder 1—6: 0,2, 0,4, 0,9, 0,6, 0,6, 0,55, das 7. und 8. Glied zusammen 0,2 mm. Halsschild breit, meist so breit wie die Backen. Vorder- und Hinterrand fast gerade. Die Seiten breit mit abgerundeten Ecken, wagrecht abstehend, nicht an die Körperseiten angedrückt; 2 Querfurchen, die Oberfläche höckerig, aber mit wenig ausgesprochener Skulptur, mit 3 Querreihen von Börstchen. Seitenflügel hoch angesetzt. Rücken mehr oder weniger flach oder in den vorderen Segmenten dadurch, daß die Seitenflügel leicht aufwärts gerichtet sind, mehr oder weniger deutlich hohl. Umriß der Seitenflügel eckig, Vorderrand auf den vorderen Segmenten schwach konvex und etwas nach vorn gerichtet, dann wird er mehr gerade und zieht je weiter caudalwärts um so deutlicher schräg nach hinten; Vordereck meist eckig, seltener abgerundet. Seitenrand mit 3 (porenlose Segmente) oder 4 (porentragende Segmente) kleinen Kerben, die erste derselben gleich hinter dem Vordereck. Das Hintereck beginnt vom 8. Segment oder erst weiter caudal zackig zu werden und bildet auf den hinteren Segmenten einen großen Zacken. Skulptur der Metazoniten gut ausgeprägt, in der ersten Reihe nur die Medianfurche, in der 2. Reihe 4, in der 3. Reihe 6 Felder resp. flache Beulen, jede trägt am Hinterrand eine winzige Borste; in der ersten Reihe stehen 4 Borsten in der Mitte; die Beule, entsprechend den lateralen Feldern der 1. und 2. Reihe, ist nicht oder sehr undeutlich in 2 hintereinander liegende Hälften geteilt. Fingerwulst deutlich. Die Borsten in den Seitenrandkerben sind ebenso winzig wie die Rückenborsten; die Borsten am Hinterrand des 19. Segments sind größer als die anderen. Am Hinterrand der Metazoniten ein Spitzchensaum; jede Spitze ist einfach oder in mehrere Spitzen zerteilt. Die Saftlöcher liegen nahe dem Seitenrand zwischen der 3. und 4. Kerbe, schräg nach außen und oben gerichtet, ihre Umgebung ist etwas verdickt. Vordere 2 Drittel der Prozoniten fein chagriniert, hinteres Drittel glatt, die Quernaht deutlich eingeschnürt, ohne deutliche Skulptur. Keine Pleuralkiele. Analsegment relativ lang beborstet (lang im Verhältnis zu den Rückenborsten). Der Ringteil hat vorn 8 Borsten, die in 2 schrägen Reihen stehen, so daß die paramedianen viel weiter hinten stehen als die lateralen; hinten 4 Borsten, von denen die lateralen auf kleinen Wärzchen am Seitenrand, die medianen viel weiter hinten dorsal stehen; das Schwänzchen verschmälert sich, ist zuletzt zylindrisch und am Ende gerade abgeschnitten; auf dieser Endscheibe 4 Borsten im Viereck. Analklappen gewölbt, der Medialrand wulstig verdickt, neben der Mitte des Randwulstes eine Borste, am oberen (hinteren) Ende des Wulstes eine zweite. Analschuppe abgerundet 3eckig mit 2 Borstenwarzen. Sternite beborstet mit kahlem Kreuzeindruck; beim Männchen zwischen den Beinen des 4. Segments 2, auf dem 5. Segment 4, auf dem 6. Segment zwischen den Beinen des vorderen Paares 2, auf dem 8. Segment zwischen den Beinen des vorderen Segments 2 mehr oder weniger schlanke beborstete Fortsätze oder niedrige Hügel. Das Sternit 6 des Männchens ist zwischen den hinteren Beinen muldig eingedrückt und die Hüften sind etwas weiter voneinander entfernt als die des vorderen Paares. Hüfte der Beine nur

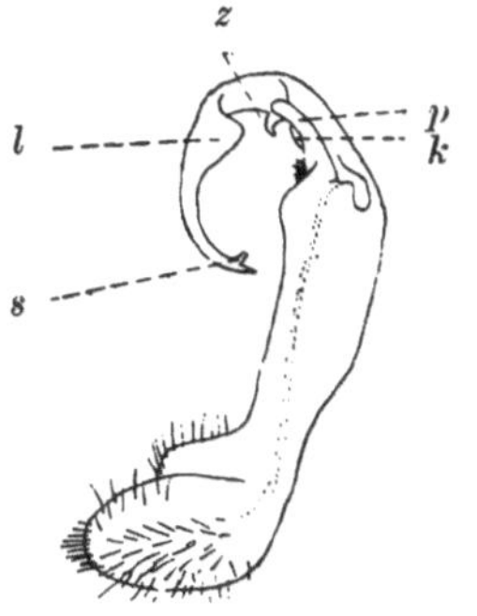

Fig. 2. **Polydesmus (P.) complanatus L.** (Graz). Gonopodentelopodit.

spärlich beborstet. Die anderen Glieder ziemlich gleichmäßig und reichlich, Hüfte und Praefemur mit einer ventralen, Tibia mit einer dorsalen Macrochaete. Postfemur, Tibia und Tarsus des Männchens ventral mit Kugelborsten. Gonopoden: zwischen dem lang und stark beborsteten Praefemur und dem Femur eine deutliche Einschnürung. Rinnenast gut ausgebildet, an der Basis hinten mehr oder weniger vorgewölbt, das Ende leicht hakig gekrümmt und abgestumpft oder mehr schlank hakig, Femur und Tibiotarsus nicht gegeneinander abgesetzt. Tibiotarsus lang, peitschenförmig, bis über das Haarpolster reichend, beide Tibiotarsen kreuzen sich in der Ruhelage etwas. Vor der Biegung auf der Medialseite des Tibiotarsus eine rund vorspringende Kante *(k)* und der kleine, etwas abwärts gekrümmte Mittelzahn *(z)*, nach der Biegung ein runder Lappen *(l)*, durch den sich *P. complanatus* hauptsächlich von dem ihm sehr ähnlichen *P. verhoeffi* unterscheidet, auch ist der Teil nach der Biegung bedeutend länger als bei *P. verhoeffi*. Vor der Spitze ein Subapicalzahn *(s)* (Fig. 2).

Europa von Skandinavien bis Italien, Rumänien, Albanien, mit Ausschluß des Westens, im Süden bis Riviera, in Deutschland bis etwa Thüringen. Östliche Art, die in Thüringen mit der nächst verwandten westlichen Art, *P. verhoeffi*, zusammentrifft.

Übersicht über die Subspecies und Varietäten:

1 { Seitenflügel breiter, Breite der Prozoniten: Metazoniten = 1:2. Seitenflügel eckiger, das Vordereck schärfer, der Hintereckzahn größer. Halsschild so breit wie die Backen. Körper vorn nicht verschmälert . . . . 1a. **P. (P.) complanatus complanatus** : 2
Seitenflügel schmäler, Breite der Prozoniten: Metazoniten = 1:1,5. Seitenflügel im Vordereck etwas abgerundet, der Zacken des Hinterecks etwas kürzer. Vordere Seitenflügel horizontal. Körper vorn, besonders im 3. Segment sehr deutlich verschmälert . . . . 1b. **P. (P.) complanatus constrictus**

2 { Die vorderen Seitenflügel horizontal — **3**
Die vorderen Seitenflügel leicht aufwärts gerichtet, so daß der Rücken etwas hohl erscheint — **4**

3 { Rücken dunkler braun. Die porenlosen Seitenflügel mehr oder weniger deutlich aufgehellt. Das Männchen ist viel schmäler als das Weibchen . . . . var. **complanatus**
Rücken einfarbig lehmgelb. Männchen und Weibchen ungefähr gleich breit . . . . var. **fluviatilis**

4 { Die porenlosen Seitenflügel vom 2. Segment an meist ein wenig heller als die anderen, aber nicht sehr unauffällig. Halsschild immer dunkel var. **illyricus**
Halsschild und 2. Tergit hellgelblichweiß, die anderen porenlosen Seitenflügel deutlich aufgehellt . . . . var. **szinnensis**

1a. **P. (P.) complanatus complanatus** L. 1761 *P. c.*, Linné, Fauna Svec., ed. 2 p. 502 | 1907 *P. illyricus balticus + fluviatilis + genuinus*, K. W. Verhoeff in: Mt. Mus. Berlin, *v.* 3 p. 295, 296 | 1925 *P. i. b.*, O. Schubart in: Zool. Jahrb., Syst. *v.* 49 p. 549 | 1925 *P. complanatus*, Lohmander in: Göteborgs Vetensk. Handl., *v.* 30 p. 17 | 1926 *P. c.*, O. Schubart in: Ent. Meddel., *v.* 16 p. 61.

Seitenflügel breiter als bei *P. complanatus constrictus*. Die vorderen horizontal oder etwas aufwärts gerichtet und der Rücken dadurch etwas hohl. Breite der Prozoniten : Metazoniten = 1 : 2. Körper vorn nicht verschmälert, der Halsschild so breit wie die Backen. Die Seitenflügel im allgemeinen eckiger, das Vordereck schärfer, die Zacken des Hinterecks größer.

Europa von Skandinavien bis Italien, Rumänien, Albanien, mit Ausschluß des Westens.

var. **complanatus** L. 1761 *P. c.*, Linné, Fauna Svec., ed. 2 p. 502 | 1907 *P. illyricus balticus*, K. W. Verhoeff in: Mt. Mus. Berlin, *v.* 3 p. 295 | 1925 *P. i. b.*, O. Schubart in: Zool. Jahrb., Syst. *v.* 49 p. 549 | 1925 *P. complanatus*, Lohmander in: Göteborgs Vetensk. Handl., *v.* 30 p. 17 | 1926 *P. c.*, O. Schubart in: Ent. Meddel., *v.* 16 p. 61.

Vordere Seitenflügel horizontal. Grundfarbe des Rückens mehr oder weniger braun, die porenlosen Seitenflügel vom 2. oder 6. an leicht aufgehellt, Halsschild dunkel. Männchen schmäler als das Weibchen.

Pommern, Brandenburg, Dänemark, Schweden.

var. **fluviatilis** Verh. 1907 *P. illyricus f.*, K. W. Verhoeff in: Mt. Mus. Berlin, *v.* 3 p. 296 | 1925 *P. complanatus f.*, Lohmander in: Göteborgs Vetensk. Handl., *v.* 30 p. 17.

Vordere Seitenflügel horizontal. Körper einfarbig lehmgelb. Männchen und Weibchen gleich breit.

Heuscheuer und Goldkuppe bei Freiwaldau, Schlesien. Essegg. Semlin, Kronstadt.

var. **illyricus** Verh. 1884 *P. complanatus*, Latzel, Myr. Österr.-Ung., *v.* 2 p. 150 t. 5 f. 51, 54, 55, t. 6 f. 67 | 1889 *P. c.*, Daday, Myr. Regni Hungar., p. 68 t. 2 f. 1—5, 7 | 1893 *P. illyricus*, K. W. Verhoeff in: Berlin. ent. Z., *v.* 38 p. 273 t. 7 f. 1 | 1894 *P. complanatus*, Attems in: SB. Ak. Wien, *v.* 103 p. 50 f. 20—24, 35 | 1894 *P. illyricus*, K. W. Verhoeff in: Verh. Ges. Wien, *v.* 44 p. 18 | 1894 *P. i.*, K. W. Verhoeff in: Zool. Anz., *v.* 17 p. 408 | 1895 *P. complanatus*, Attems in: SB. Ak. Wien, *v.* 104 p. 180 | 1895 *P. illyricus*, K. W. Verhoeff in: Verh. Ges. Wien, *v.* 45 p. 291 | 1898 *P. i.*, Attems in: Denk. Ak. Wien, *v.* 67 p. 439 t. 9 f. 206, 207, t. 10 f. 245, 246 | 1900 *P. i.*, Rothenbühler in: Rev. Suisse Zool., *v.* 8 p. 173 | 1904 *P. complanatus illyricus*, Attems in: Arch. Naturg., *v.* 70 I p. 181 | 1907 *P. i. genuinus*, K. W. Verhoeff in: Mt. Mus. Berlin, *v.* 3 p. 296 | 1916 *P. i.*, K. W. Verhoeff in: Z. wiss. Zool., *v.* 116 p. 574 | 1925 *P. i.*, K. W. Verhoeff in: Zool. Jahrb., Syst. *v.* 50 p. 98 | 1925 *P. complanatus i.*, Lohmander in: Göteborgs Vetensk. Handl., *v.* 30 p. 17.

Vordere Seitenflügel leicht aufgekrempt, der Rücken daher ein wenig hohl. Grundfarbe recht dunkelbraun, die porenlosen Seitenflügel heben sich durch ihre hellere Farbe deutlich ab, Halsschild immer dunkel. Männchen und Weibchen gleich breit. Bis 29 mm lang (Fig. 2).

Alpenländer (Tirol, Oberösterreich, Niederösterreich, Steiermark, Kärnten, Krain), Kroatien, Ungarn, Siebenbürgen, Bosnien, Herzegowina, Görz, Istrien, Montenegro, Albanien, Bulgarien, Rumänien, Italien. Der häufigste Polydesmide dieser Länder.

Die var. *deesiensis* und *austriacus* (1907 K. W. Verhoeff in: Mt. Mus. Berlin, *v.* 3 p. 296) lassen sich nicht unterscheiden. Die var. *marcomannius* (ebenda) gehört wohl nicht zu *illyricus*.

var. **szinnensis** Att. 1898 *P. illyricus* var. *S.*, Attems in: Denk. Ak. Wien, *v.* 67 p. 442.

Halsschild und 2. Tergit ganz hell gelblichweiß. Die anderen porenlosen Seitenflügel deutlich aufgehellt. Grundfarbe braun. Vordere Seitenflügel ebenso aufgekrempt wie bei var. *illyricus*.

Berg Vihorlat bei Szinna im Zempliner Komitat, Oberungarn.

1b. **P. (P.) complanatus constrictus** Latz. 1884 *P. c.* var. *constrictus*, Latzel, Myr. Österr.-Ung., *v.* 2 p. 153 | 1886 *P. c.* var. *c.*, E. Haase in: Z. Ent. Breslau, ser. 2 *v.* 11 p. 45 | 1898 *P. c.* var. *c.*, Attems in: Denk. Ak. Wien, *v.* 67 p. 439 | 1907 *P. illyricus constrictus*, K. W. Verhoeff in: Mt. Mus. Berlin, *v.* 3 p. 295 | 1925 *P. complanatus constrictus*, Lohmander in: Göteborgs Vetensk. Handl., *v.* 30 p. 17.

♂ Länge 19 mm (18—21,5 mm). Breite des Kopfes samt Backen 1,7 mm, Halsschild 1,3 mm, 2. Segment 1,6 mm, 3. Segment 1,6 mm, 4. Segment 1,8 mm, 5. Segment 2 mm. Körpermitte 2,2 mm, der Rumpf also vorn deutlich verschmälert und der Halsschild merklich schmäler als der Kopf. Seitenflügel relativ merklich schmäler als bei var. *illyricus*. Der Hinterrand der Seitenflügel beginnt vom 6. Segment an etwas konkav zu werden, dadurch das Hintereck zackig, der Zacken wird auf den hinteren Segmenten zwar nicht groß, doch ist kein bedeutender Unterschied gegenüber var. *illyricus* vorhanden. Fingerwulst ganz undeutlich, bis gar nicht ausgeprägt. Kerben des Seitenrandes sehr seicht. Vordere Seitenflügel horizontal.

Schlesisch-böhmisches Grenzgebirge. Tatra. Herkulesbad.

2. **P. (P.) verhoeffi** Lohm. 1894 *P. complanatus*, A. Humbert (nec Linné) in: Mém. Soc. Genève, *v.* 32 p. 1 t. 1, 2 f. 1—42 | 1898 *P. c.*, Attems in: Denk. Ak. Wien, *v.* 67 p. 437 t. 9 f. 205, t. 10 f. 247 | 1901 *P. c.*, Brölemann in: Bull. Soc. ent. France, p. 239 | 1910 *P. c.*, Brölemann in: Arch. Zool. expér., ser. 5 *v.* 5 p. 346 t. 4 f. 12—16 | 1921 *P. c.*, K. W. Verhoeff in: Arch. Naturg., *v.* 87 A 2 p. 7 | 1925 *P. c.*, K. W. Verhoeff in: Zool. Jahrb., Syst. *v.* 50 p. 99 | 1925 *P. verhoeffi*, Lohmander in: Göteborgs Vetensk. Handl., *v.* 30 p. 18 | 1934 *P. angustus*, O. Schubart in: Tierw. Deutschl., Teil 28 p. 157 f. 259.

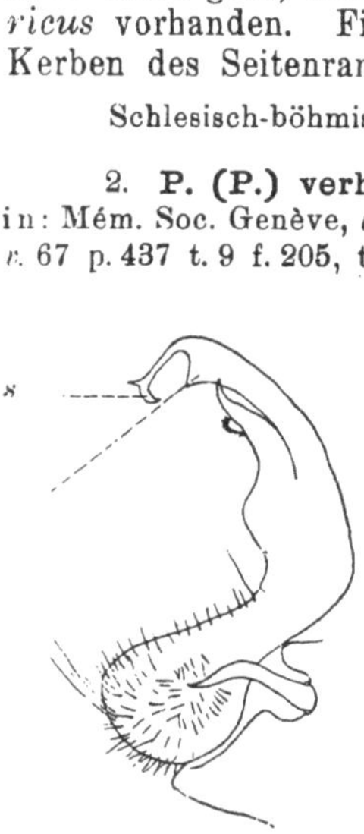

Fig. 3.
Polydesmus (**P.**) **verhoeffi** Lohm. (Frankreich).

Erdbraun, Antennen dunkel. Länge 15—26 mm, Breite bis 3 mm. Rücken matt. Äußerlich dem *P. complanatus* sehr ähnlich. Halsschild etwas schmäler als der Kopf. Seitenflügel je nach den Varietäten breiter oder schmäler, im Hintereck auf den vorderen Segmenten eckig oder gerundet, auf den hinteren Segmenten zackig, spitz oder stumpf, der Seitenrand mehr oder weniger gekerbt. Skulptur der Metazoniten im allgemeinen gut ausgeprägt, bei manchen Varietäten auch schwach. Gonopodentibiotarsus Teil distal von der Knickung ohne lappige Vorragung, zurückgelegt das Haarpolster nicht überragend, der Teil vor der Knickung ohne vorragende Lamelle, vor dem Mittelzahn *(z)* manchmal ein niedriger, stumpfer, zweiter Zahn, Subapicalzahn *(s)* vorhanden (soll manchmal fehlen). Rinnenast ganz gerade oder leicht gegen den Tibiotarsus zurückgebogen (Fig. 3).

Westliches Mitteleuropa und westliches Mediterrangebiet, Riviera bis inkl. Ligurien.

Wird in mehrere Varietäten geteilt, die z. T. bisher erst auf einzelne Individuen begründet sind. Die Konstanz der Merkmale und Stichhaltigkeit der verschiedenen Formen ist z. T. zweifelhaft.

Übersicht über die Varietäten:

1 { Seitenflügel breiter, auf den vorderen Segmenten im Hintereck eckig, auf den hinteren Segmenten spitzzackig — **2**
Seitenflügel schmäler, Hintereck auf den vorderen Segmenten abgerundet, auf den hinteren Segmenten kurz stumpfzackig — **5**

2 Seitenflügel des 2.—4. Segments horizontal — 3
Seitenflügel des 2.—4. Segments etwas emporgerichtet — 4

3 Skulptur von Halsschild und Tergiten kräftig. Halsschild mit deutlicher Querfurche. Fingerwulst und Beule kräftiger entwickelt . . . . var. **verhoeffi**
Skulptur von Halsschild und Tergiten schwach, Halsschild ohne Querfurche. Fingerwulst und Beule schwächer, letztere namentlich auf dem 2.—4. Segment undeutlich var. **salicis**

4 Vor dem großen Zahn vor der Knickungsstelle des Gonopodentarsus ein zweites kleineres Zähnchen. Felderung der Metazoniten sehr flach und undeutlich. Seiten des Halsschildes etwas emporgehoben . . . . var. **platynotus**
Gonopodentarsus vor der Knickung mit einem einzigen Zahn. Felderung der Metazoniten kräftiger. Seiten des Halsschildes nicht emporgerichtet . . . . var. **savonensis**

5 Gonopodentarsus vor der Knickung mit einem einzigen Zahn . . . . var. **angustus**
Vor dem großen Zahn des Gonopodentarsus ein zweiter niedriger stumpfer Zahnhöcker . . . . var. **pseudinteger**

2a. **P. (P.) verhoeffi** var. **verhoeffi** Lohm. 1898 *P. complanatus,* Attems in: Denk. Ak. Wien, *v.* 67 p. 437 t. 9 f. 205, t. 10 f. 247 | 1910 *P. c.,* Brölemann in: Arch. Zool. expér., ser. 5 *v.* 5 p. 346 t. 4 f. 12—16 | 1921 *P. c. complanatus,* K. W. Verhoeff in: Arch. Naturg., *v.* 87 A 2 p. 7.

Seitenflügel relativ breiter, horizontal, die Hinterecken auf den vorderen Segmenten eckig, auf den hinteren Segmenten spitzzackig. Skulptur von Halsschild und Tergiten kräftig, Fingerwulst und Beule deutlich, erstere durch eine seichte Querlinie geteilt.

Nordwestdeutschland, Frankreich.

2b. **P. (P.) verhoeffi** var. **salicis** Verh. 1921 *P. v. s.,* K. W. Verhoeff in: Arch. Naturg., *v.* 87 A 2 p. 6.

Seitenflügel breiter, horizontal, die Hinterecken auf den vorderen Segmenten eckig, auf den hinteren Segmenten spitzzackig. Skulptur von Halsschild und Tergiten schwächer. Fingerwulst und Beule namentlich auf dem 2.—4. Segment undeutlich.

Flußgebiet des Var.

2c. **P. (P.) verhoeffi** var. **platynotus** Poc. 1894 *P. p.,* Pocock in: Ann. Mus. Genova, *v.* 34 p. 504 f. 20 | 1898 *P. p.,* Attems in: Denk. Ak. Wien, *v.* 67 p. 443 t. 9 f. 226 | ? 1921 *P. complanatus elevatus,* K. W. Verhoeff in: Arch. Naturg., *v.* 87 A 2 p. 6 | 1924 *P. platynotus,* Brölemann in: Bull. Soc. Toulouse, *v.* 52 p. 107 | 1925 *P. verhoeffi p.,* Lohmander in: Göteborgs Vetensk. Handl., *v.* 30 p. 18 | 1926 *P. p.,* Attems in: Arch. Naturg., *v.* 92 A 1 p. 64.

Seitenflügel groß, die des Halsschildes und der Segmente 2—4 etwas emporgerichtet. Felderung der Metazoniten sehr flach und undeutlich. Seitenrand mit 3—4 Kerben. Hintereck der vorderen Segmente eckig, der hinteren Segmente spitzzackig. Gonopodentarsus mit einem kleinen Zähnchen vor dem normalen großen Zahn nahe der Knickung.

Ligurien.

2d. **P. (P.) verhoeffi** var. **savonensis** Verh. 1907 *P. s.,* K. W. Verhoeff in: Zool. Anz., *v.* 32 p. 346 f. 17, 18 | 1921 *P. complanatus s.,* K. W. Verhoeff in: Arch. Naturg., *v.* 87 A 2 p. 6 | 1926 *P. s.,* Attems, ibid., *v.* 92 A 1 p. 64.

Seitenflügel breit, die Hinterecken auf den vorderen Segmenten eckig, auf den hinteren Segmenten spitzzähnig. Seitenflügel 2—4 etwas emporgerichtet, Seiten des Halsschildes horizontal. Skulptur von Halsschild und Tergiten kräftig, Halsschild mit tiefer Querfurche.

Mentone.

2e. **P. (P.) verhoeffi** var. **angustus** Latz. 1884 *P. complanatus* var. *a.*, Latzel in: Bull. Soc. Rouen, ser. 2 *v.* 19 p. 262, 267 | 1910 *P. c.* forma *a.*, Brölemann in: Arch. Zool. expér., ser. 5 *v.* 5 p. 349 t. 4 f. 13—18 | 1921 *P. c. a.*, K. W. Verhoeff in: Arch. Naturg., *v.* 87 A 2 p. 7.

Seitenflügel schmal, der Körper schlanker. ♂ Länge 13—16 mm, Breite (bei 16 mm Länge) Metazoniten 2,2, Prozoniten 1,4 mm. Seitenrand der Seitenflügel deutlich konvex mit 3—4 sehr kleinen Kerben; vordere Kiele hinten abgerundet, der Hinterrand beginnt vom 7. oder 8. Segment an konkav zu werden und das Hintereck dadurch etwas zackig; es bleibt überall relativ stumpf. Buckeln der 2. und 3. Reihe der Tergite gut ausgebildet; Beule und Fingerwulst fließen mehr oder weniger zusammen, so daß eigentlich kein deutlicher Fingerwulst sichtbar ist. Am Gonopodentarsus nur der eine starke Zahn in der Mitte.

Normandie und Südostfrankreich (Dep. Ardèche).

2f. **P. (P.) verhoeffi** var. **pseudinteger** Bröl. 1910 *P. complanatus* forma *typica* var. *p.*, Brölemann in: Arch. Zool. expér., ser. 5 *v.* 5 p. 347 t. 4 f. 9—12.

Länge ♂ 20 mm, ♀ 21—22 mm, Breite ♂ 3 mm, ♀ 3,2 mm. Seitenflügel 2—4 horizontal, seitlich seicht gekerbt; Vordereck des 6. Seitenflügels ganz abgerundet, die Hinterecken stumpf, Seitenrand konvex, die Kerbung sehr seicht. Auch auf den folgenden Segmenten sind die Seitenflügel gerundeter als sonst und sehr schwach gekerbt. Auf dem Gonopodentarsus vor dem großen stumpfen Zahn nahe der Krümmung ein niedriger stumpfer Zahnhöcker.

Südostfrankreich, Dep. Aveyron.

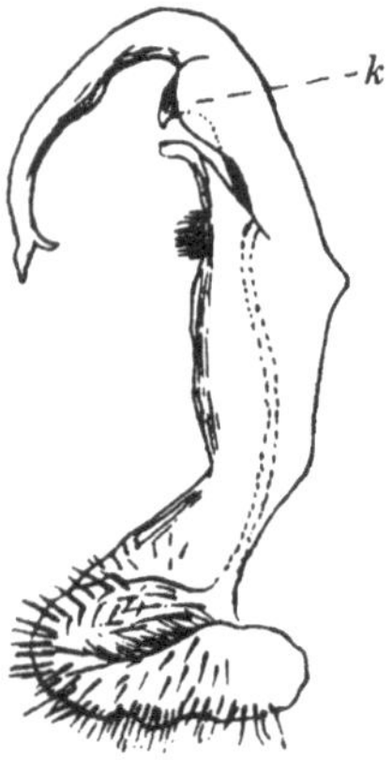

Fig. 4.
Polydesmus (P.) montanus
Daday (Schulergebirge).

3. **P. (P.) montanus** Daday 1889 *P. m.*, Daday, Myr. Regni Hungar., p. 67 t. 2 f. 6 | 1897 *P. illyricus m.*, K. W. Verhoeff in: Zool. Anz., *v.* 20 p. 87 f. 1 | 1898 *P. i. m.*, K. W. Verhoeff in: Arch. Naturg., *v.* 64 I p. 369 | 1898 *P. i. m.*, Attems in: Denk. Ak. Wien, *v.* 67 p. 441 t. 9 f. 208 | 1907 *P. m.*, K. W. Verhoeff in: Mt. Mus. Berlin, *v.* 3 p. 293 | 1926 *P. m.*, Attems in: Arch. Naturg., *v.* 92 A 1 p. 64.

Erdbraun oder rotbraun. ♂ Länge 22 mm, Breite der Metazoniten 2,8 mm, der Prozoniten 1,5 mm. Halsschild fast so breit wie das folgende Tergit, seine Form gleich wie bei *P. complanatus*. Seitenflügel im allgemeinen eckig, die vorderen flach, fast schon ein wenig aufwärts gerichtet; der Hinterrand beginnt vom 6. Segment an etwas konkav zu sein. Das Hintereck ist schon vom ca. 14. Segment an ein ganz ansehnlicher Zacken; Seitenrand konvex, mit 3 (auf den porenlosen) oder 4 (auf den porentragenden Segmenten) kleinen Kerben; die Zähne mit einem winzigen Börstchen. Felderung der Metazoniten deutlich, auch der Fingerwulst; die Börstchen der letzten Reihe des 19. Segments etwas länger. Sternite und Analschuppe wie bei *P. complanatus*. Die Beborstung des Gonopodentelopodit reicht nicht über das dicke Praefemur hinaus; das Acropodit beginnt mit einer dünneren Stelle und verbreitert sich dann allmählich bis zur Gabelung in Femoralfortsatz und Tibiotarsus; die vordere Kante ist stumpfwinklig abgerundet oder mehr oder weniger spitzzackig; Rinnenast schlank, hakig gekrümmt. Tibiotarsus an der Basis nicht durch eine Naht abgesetzt, auf der Medialseite mit einer Lamelle *(k)*, die an der Knickung des Tibiotarsus plötzlich abgerundet endet; lateral von ihr der Zahn; der Tarsalteil distal von der Knickung reicht bis zum Haarpolster oder überragt es, er hat keine oder eine deutliche lappige Vorwölbung. Subapicaldorn stets deutlich (Fig. 4).

Siebenbürgen, Rumänien, Ukraine.

Übersicht über die Subspecies:

1	Gonopodentarsus ohne lappige Vorragung distal von der Knickung. Er überragt nicht das Haarpolster — **2**	
	Gonopodentarsus mit einer lappigen Vorragung distal von der Knickung. Er überragt deutlich das Haarpolster	3c. **P. (P.) montanus ukrainicus**
2	Der Vorsprung auf der Vorderseite des Gonopodentelopodit ist abgerundet oder stumpfzähnig. Die Buckeln auf den Seitenflügeln sind beim Männchen stärker gewölbt, beim Weibchen nur flach	3a. **P. (P.) montanus montanus**
	Der Vorsprung auf der Vorderseite des Gonopodentelopodit ist spitzzackig. Die Buckeln auf den Seitenflügeln sind schwächer gewölbt und bei Männchen und Weibchen gleich	3b. **P. (P.) montanus walachicus**

3a. **P. (P.) montanus montanus** Daday 1907 *P. m. genuinus*, K. W. Verhoeff in: Mt. Mus. Berlin, *v.* 3 p. 294 | 1926 *P. m. montanus*, Attems in: Arch. Naturg., *v.* 92 A 1 p. 64.

Gonopodentarsus distal von der Knickung ohne lappige Vorragung, er überragt das Haarpolster nicht (Fig. 4). Gonopodentelopodit vorn stumpfwinklig abgerundet. Beule der Seitenflügel beim Männchen stärker gewölbt, beim Weibchen flacher.

Siebenbürgen: Rodnaergebirge, Südkarpaten.

3b. **P. (P.) montanus walachicus** Verh. 1907 *P. m. w.*, K. W. Verhoeff in: Mt. Mus. Berlin, *v.* 3 p. 294 | 1926 *P. m. w.*, Attems in: Arch. Naturg., *v.* 92 A 1 p. 64.

Gonopodentarsus distal von der Knickung ohne lappige Vorragung, überragt das Haarpolster nicht. Gonopodentelopodit vorn mit einem spitzen Zahn. Beule der Metazoniten bei Männchen und Weibchen gleich schwach gewölbt. Eine sehr schwach charakterisierte Subspecies, deren Berechtigung noch nachzuprüfen ist.

Südkarpaten: Sinaia.

3c. **P. (P.) montanus ukrainicus** Lohm. 1928 *P. m. u.*, Lohmander in: Mém. Ac. Ukraine, *v.* 6 p. 532 f. 2.

Gonopodentarsus distal von der Knickung mit einer lappigen Vorragung wie bei *P. complanatus;* er überragt das Haarpolster deutlich. Gonopodentelopodit vorn mit einem spitzen Zahn (Fig. 5).

Ukraine: Kiew.

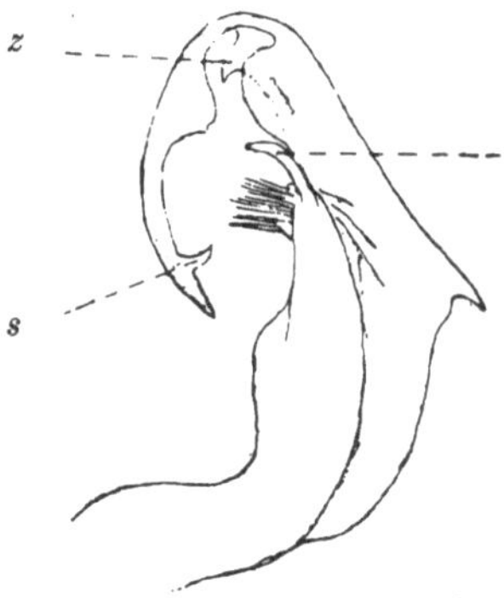

Fig. 5.
Polydesmus (**P.**) **montanus ukrainicus** Lohm. (Lohmander, 1928).

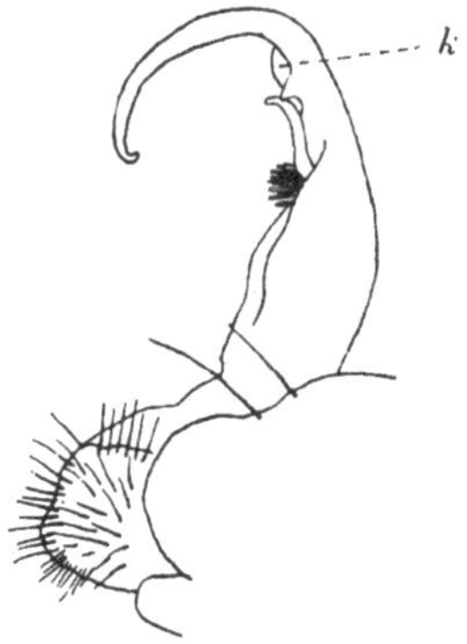

Fig. 6.
Polydesmus (**P.**) **monticola** Latz. (Franzenshöhe). Gonopode, Lateralseite.

4. **P. (P.) monticola** Latz. 1884 *P. complanatus* var. *monticola,* Latzel, Myr. Österr.-Ung., *v.* 2 p. 153 | 1898 *P. c.* var. *m.,* Attems in: Denk. Ak. Wien, *v.* 67 p. 439 | 1904 *P. c. intermedius,* Attems in: Arch. Naturg., *v.* 70 I p. 181 t. 9 f. 4, 5 | 1907 *P. monticola,* K. W. Verhoeff in: Mt. Mus. Berlin, *v.* 3 p. 293 | 1907 *P. m.,* K. W. Verhoeff in: Zool. Anz., *v.* 32 p. 348 | 1913 *P. monticolus,* K. W. Verhoeff, ibid., *v.* 43 p. 109 | 1925 *P. m.,* K. W. Verhoeff in: Zool. Jahrb., Syst. *v.* 50 p. 98 | 1926 *P. monticola,* Attems in: Arch. Naturg., *v.* 92 A 1 p. 63 | 1934 *P. monticolus.* O. Schubart in: Tierw. Deutschl., Teil 28 p. 163 f. 261.

♂ Länge 13—16 mm, Breite Metazoniten 2—2,2 mm, Prozoniten 1 mm. Seitenflügel breit, die vorderen etwas emporgerichtet, so daß der Rücken vorn ein wenig hohl ist, Seitenrand deutlich gezähnt; der Hinterrand beginnt ungefähr in der Körpermitte etwas konkav zu werden; 17.—19. Segment mit großen spitzen Hintereckzacken. Halsschild ungefähr so breit wie der Kopf, flachhöckerig, mit 3 Reihen kleiner Borsten. Skulptur der Metazoniten flach, Beule deutlich, Fingerwulst sehr wenig hervortretend. Sternite wie bei *P. complanatus* reichlich beborstet mit kahlem Furchenkreuz; die vier dadurch gebildeten Borstenfelder treten auf den Segmenten 5, 6 und 8 mehr oder weniger kugelartig vor. Die Beborstung des Gonopodentelopodit reicht nicht über das mäßig dicke Praefemur hinaus, Acropodit am Anfang mäßig verengt, in der Mitte mäßig verbreitert. Femur lateral mit einer Lamelle, Tibiotarsus medial mit einer am Ende schräg endigenden Lamelle *(k),* lateral noch vor der Biegung mit einem 3eckigen Mittelzahn *(z),* das Ende des Tibiotarsus reicht ungefähr bis zum Haarpolster, ohne Subapicalzahn. Rinnenast hakig gebogen. Tibiotarsus am Grunde nicht durch eine Naht abgesetzt (Fig. 6).

Ostalpen.

Übersicht über die Subspecies:

Seitenflügel der vorderen Segmente unter ca. 30° nach oben gerichtet, nicht breiter als der mittlere Teil und nicht

1	nach vorn gedreht. Vorderrand des Halsschildes ein einfacher Bogen — 2	
	Seitenflügel der vorderen Segmente unter ca. 45° nach oben gerichtet, breiter als der mittlere Teil und nach vorn gedreht, Seiten des Halsschildes nach vorn herausgebogen und gegen die Mitte abgesetzt	4c. **P. (P.) monticola concavalatus**
2	Halsschild mit 2 Reihen warziger Buckeln. Hinterrand des 2. Segmentes stumpfwinklig	4a. **P. (P.) monticola monticola**
	Halsschild ohne warzige Buckeln. Hinterrand des 2. Segments fast rechtwinklig	4b. **P. (P.) monticola vallicola**

4a. **P. (P.) monticola monticola** Latz. 1913 *P. monticolus*, K. W. Verhoeff in: Zool. Anz., *v.* 43 p. 109 | 1926 *P. monticola* var. *monticola*, Attems in: Arch. Naturg., *v.* 92 A 1 p. 63.

Halsschild mit 2 deutlichen Reihen warziger Buckel. Hinterecken des 2. Segments stumpfwinklig, der hinteren Segmente kürzer, namentlich auf dem 13. und 14. Segment rechteckig.

Franzenshöhe auf dem Stilfserjoch; S. Martino di Castrozza.

4b. **P. (P.) monticola vallicola** Verh. 1913 *P. monticolus vallicolus*, K. W. Verhoeff in: Zool. Anz., *v.* 43 p. 109 | 1926 *P. monticola* var. *vallicola*, Attems in: Arch. Naturg., *v.* 92 A 1 p. 64.

Halsschild ohne warzige Buckel oder sie sind nur teilweise angedeutet. Hinterecken des 2. Segments fast rechtwinklig, die der anderen Segmente kräftiger entwickelt, die des 13. und 14. Segments nach hinten vortretend.

Salzkammergut, Innviertel bei Reichenhall, Kufstein, Radstadt, Gastein.

4c. **P. (P.) monticola concavalatus** Verh. 1937 *P. c.*, K. W. Verhoeff in: Zool. Jahrb., Syst. *v.* 70 p. 134.

Länge ♂ 16,5—17,5 mm, ♀ 17,5 mm. Seitenflügel der Segmente 2—5 beim Männchen unter 45° nach oben gerichtet, etwas weniger auf den Segmenten 6—8 und auf den hinteren Segmenten. Seitenflügel breiter, bei Männchen und Weibchen auf den Segmenten 3—5 breiter als der tergale Mittelteil. Vorderrand des Halsschildes bei Männchen und Weibchen seitlich etwas herausgebogen und gegen die Mitte abgesetzt, Gonopoden wie bei *P. monticolus*.

Bergamasker Alpen: am Iseo-See und östlich von Albino im Val Seriana.

5. **P. (P). hamatus** Verh. 1897 *P. h.*, K. W. Verhoeff in: Zool. Anz., *v.* 20 p. 87 f. 2 | 1898 *P. h.*, K. W. Verhoeff in: Arch. Naturg., *v.* 64 I p. 370 | 1898 *P. h.*, Attems in: Denk. Ak. Wien, *v.* 67 p. 455 t. 9 f. 209 | 1925 *P. h.*, K. W. Verhoeff in: Zool. Jahrb., Syst. *v.* 50 p. 107 | 1926 *P. h.*, Attems in: Arch. Naturg., *v.* 92 A 1 p. 63.

Graubraun, glanzlos. Länge ♂ 11—11,5 mm, ♀ 12,5 mm, Breite ♂ 1,6 mm. Halsschild schmäler als der Kopf. Seitenflügel eckig, Seitenrand schwach konvex, sehr kräftig gezähnt, viel stärker als *P. complanatus*, mit 3 oder 4 Kerben, die Zähne mit kleinen Börstchen; Hinterrand von der Körpermitte an konkav, der Hintereckzacken schon vom 7. Segment an angedeutet, vom 14. Segment an lang und spitz. Skulptur der Metazoniten deutlich, die Buckeln mit kleinen Börstchen; auf den porenlosen Segmenten lateral von der Beule ein kleines börstchentragendes Knötchen, wie solche auf jedem Buckel stehen; Fingerwulst wenig auffallend. Die Beborstung des Gonopodentelopodit reicht nicht über das Praefemur hinaus; Acropodit am Beginn etwas verdünnt, nach der Mitte zu ein wenig verbreitert. Der Hinterrand vor dem Haarpolster kaum etwas vorragend. Das Haarpolster sitzt fast noch auf dem Hauptstamm. Rinnenast lang, schlank, am Ende hakig gekrümmt. Tibiotarsus am Grunde nicht durch Naht abgesetzt, im ganzen ungefähr halbkreisförmig gebogen, in der Mitte eine kleine Einschnürung, distal von dieser ein spitzer Zahn *(z)*. Der Endteil breit, aber ohne lappige Vorragung unten, mit oder ohne Subapicalzahn (Fig. 7).

Siebenbürgen, von Rodna in Nordsiebenbürgen bis Kronstadt und Bucsecs in Südsiebenbürgen.

Übersicht über die Subspecies:

1	Gonopodentarsus gleichmäßig gebogen	5a. **P. (P.) hamatus hamatus**
	Gonopodentarsus durch eine Knickung in 2 Abschnitte geteilt — **2**	
2	Subapicalzahn kaum angedeutet. Femoralfortsatz ohne Längsleiste	5b. **P. (P.) hamatus burzenlandicus**
	Subapicalzahn kräftig. Femoralfortsatz mit einer kräftigen Längsleiste . . .	5c. **P. (P.) hamatus furculatus**

5a. **P. (P.) hamatus hamatus** Verh. 1897 *P. h.*, K. W. Verhoeff in: Zool. Anz., *v.* 20 p. 87 f. 2 | 1925 *P. h.*, K. W. Verhoeff in: Zool. Jahrb., Syst. *v.* 50 p. 107 | 1926 *P. h. h.*, Attems in: Arch. Naturg., *v.* 92 A 1 p. 63.

Tibiotarsus des Gonopoden fast halbkreisförmig gebogen, eine Knickung nur schwach angedeutet. Subapicalzahn vorhanden. Tibialfortsatz lang und schlank, ohne deutliche Längsleiste (Fig. 7).

Hohe Rinne bei Hermannstadt.

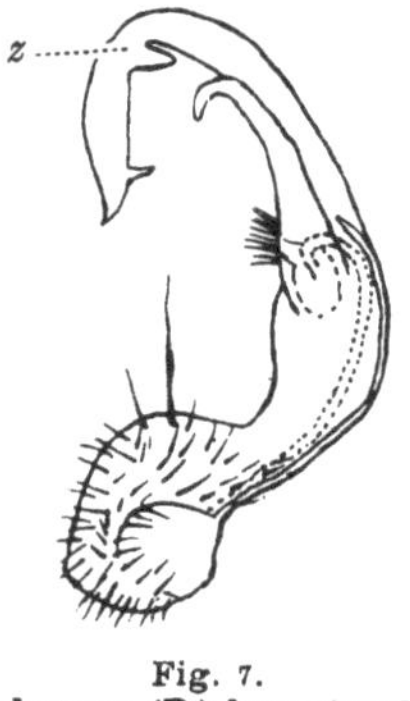

Fig. 7.
Polydesmus (P.) hamatus Verh.
(Schulergebirge).

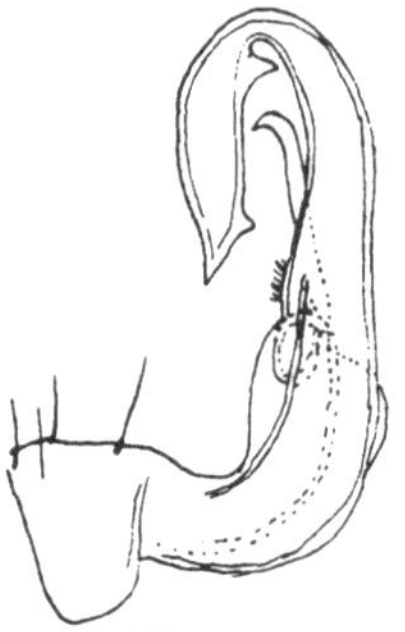

Fig. 8.
Polydesmus (P.) hamatus burzenlandicus Verh.
(K. W. Verhoeff, 1925).

5b. **P. (P.) hamatus burzenlandicus** Verh. 1925 *P. h. b.*, K. W. Verhoeff in: Zool. Jahrb., Syst. *v.* 50 p. 108 t. 4 f. 31 | 1926 *P. h. b.*, Attems in: Arch. Naturg., *v.* 92 A 1 p. 63.

Tibiotarsus des Gonopoden durch Knickung in 2 Abschnitte abgesetzt, an der Knickung halsartig eingeschnürt und hier noch nicht halb so breit wie in seinem mittleren Teil: Subapicaldorn nur schwach angedeutet. Femoralfortsatz lang und schlank, ohne deutliche Längsleiste (Fig. 8).

Südostsiebenbürgen: Bucsecs, Krähenstein und angrenzendes Rumänien.

5c. **P. (P.) hamatus furculatus** Verh. 1925 *P. f.*, K. W. Verhoeff in: Zool. Jahrb., Syst. *v.* 50 p. 109 t. 3 f. 30 | 1926 *P. hamatus f.*, Attems in: Arch. Naturg., *v.* 92 A 1 p. 63.

Tibiotarsus des Gonopoden durch Knickung in 2 Abschnitte abgesetzt innen an der Basis eingeschnürt, außen so breit mit dem Femur verwachsen, daß er sich von da an endwärts allmählich verschmälert. Subapicalzahn kräftig. Femoralfortsatz *(p)* gedrungener, mit einer kräftigen Längsleiste *(z)*, die kurz vor dem hakigen Endteil aufhört (Fig. 9).

Vala Vinului bei Altrodna in Nordsiebenbürgen.

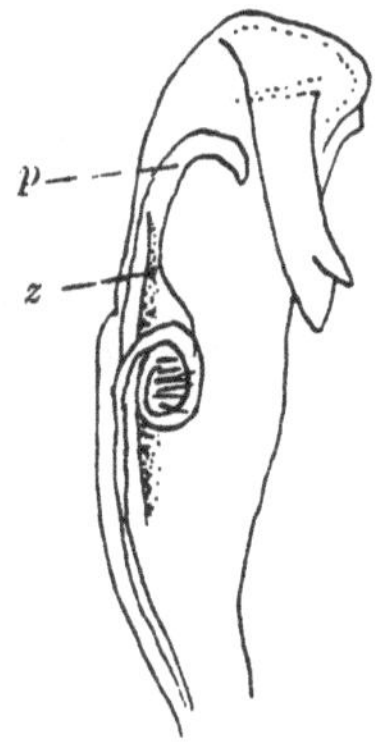

Fig. 9.
Polydesmus (P.) hamatus furculatus Verh.
(K. W. Verhoeff, 1925).

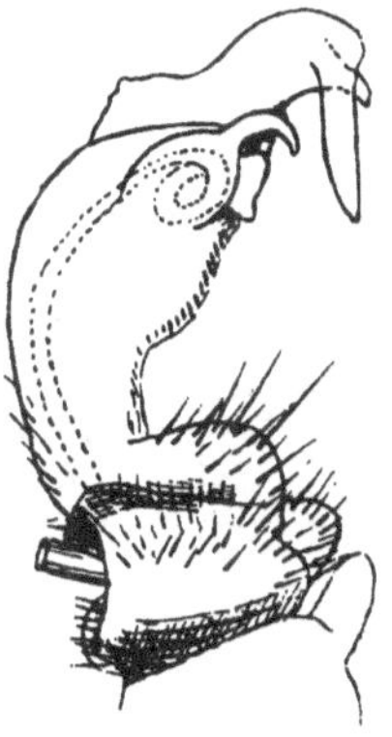

Fig. 10.
Polydesmus (P.) hercegovinensis Verh.

6. **P. (P.) hercegovinensis** Verh. 1897 *P. h.*, K. W. Verhoeff in: Arch. Naturg., *v.* 63 I p. 144 | 1898 *P. insulanus* + *P. herzegowinensis*, Attems in: Denk. Ak. Wien, *v.* 67 p. 442 t. 8 f. 173, p. 457 | 1899 *P. Herzegovinensis*, Attems, ibid., *v.* 68 p. 430 | 1926 *P. h.*, Attems in: Arch. Naturg., *v.* 92 A 1 p. 63 | 1934 *P. elchowensis gladiatus*, O. Schubart in: Zool. Anz., *v.* 108 p. 179 f. 1, 2.

Gelbbraun. Länge 16—20 mm, Breite ♂ 2,7 mm, ♀ 3 mm. Antennen grauschwarz. Halsschild ungefähr so breit wie der Kopf, Seitenränder beim Männchen fast parallel, beim Weibchen nach hinten etwas divergierend, mit 3 Querreihen von 10, 6, 8 Tuberkeln. Seitenflügel breit, die vorderen etwas emporgerichtet, beim Männchen stärker als beim Weibchen, eckig, der Seitenrand fast gerade, grob gezähnt, Hinterrand vom 5. Segment an konkav. Das Hintereck vom 3. oder 5. an zackig. Skulptur der Metazoniten sehr deutlich ausgeprägt. Fingerwulst und Beule deutlich getrennt; lateral von der Beule auf den porenlosen Segmenten ein Knötchen mit einer Borste; auf den porentragenden Segmenten steht die kleine Borste auf dem Porenhügel. Borsten des Halsschildes und am Hinterrand der letzten Segmente etwas länger als die anderen. Sternite nur der Quere nach deutlich eingedrückt, reichlich beborstet. 8. und 9. Sternit ohne hügelartige Erhebung der Borstenfelder. Acropodit des Gonopoden am Beginn stark eingeschnürt, in der Mitte verbreitert; das Haarpolster sitzt schon auf dem Rinnenast, der hakig endet, mit schwacher Andeutung eines Seitenzähnchens; unterhalb des Haarpolsters keine Vorwölbung. Tibiotarsus an der Basis nicht abgesetzt, in der Mitte geknickt, kurz davor ein großer Zahn, das Ende nach der Knickung ganz gerade, allmählich zugespitzt, ohne Subapicalzahn (Fig. 10).

Herzegowina (Mostar, Radopolje-Tal). Epirus, Mittelgriechenland (Anomusinitza, Klisura Sikia). Thessalien. Albanien (Rapša, Korab, Jablanice, Šar Crni Kamen). Lissa.

7. **P. (P.) stuxbergi** Att. 1907 *P. s.*, Attems in: Ark. Zool., *v.* 3 nr. 25 p. 11 t. 1 f. 8—10 | 1926 *P. s.*, Attems in: Arch. Naturg., *v.* 92 A 1 p. 63.

Einfarbig erdbraun. Länge 10—11 mm, Breite 1,4 mm. Halsschild fast so breit wie das folgende Tergit, querelliptisch, die Seiten etwas aufgebogen, grob skulpturiert. Rücken glatt und glänzend, mit recht derber Skulptur; die Größe der Tuberkel nimmt von der 1. zur 3. Reihe an wenig zu. Seitenflügel eckig, die vordersten sind nicht ausgesprochen nach vorn gezogen, mit scharfem Hintereck; vom 6. oder 7. Segment an wird das Hintereck zackig. Seitenrand schwach konvex, mit 2 oder 3 Kerben; die Börstchen der Zähnchen sowie die der Rückentuberkel leicht keulig. Gonopoden (Fig. 11) vom Typus des *P. complanatus.* Zwischen Praefemur und Femur keine deutliche Grenze. Praefemur mit großem, kegeligem, mit einigen langen Borsten besetztem Vorsprung; distal von ihm am Beginn des Acropodit eine leichte Einschnürung. Das Haarpolster sitzt nahe der Basis des Rinnenastes, der mit einem schlanken 2spitzigen Spieß endigt. Tibiotarsus an der Basis nicht durch Naht abgesetzt, lang, in der Mitte stark eingebogen. Die proximale Hälfte medial mit einer lamellösen Kante, lateral mit kräftigem Zahn. Die distale Hälfte unten etwas lappig vortretend, ohne Subapicalzahn.

Krim: Jalta, Simferopol, Aluschta, Tschatyr Dagh.

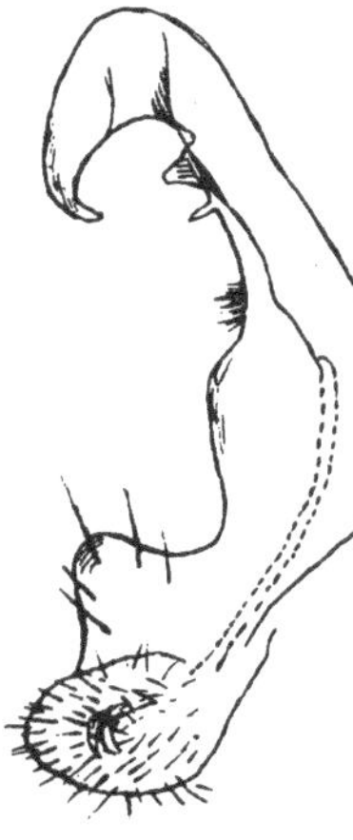

Fig. 11.
Polydesmus (**P.**) **stuxbergi** Att.

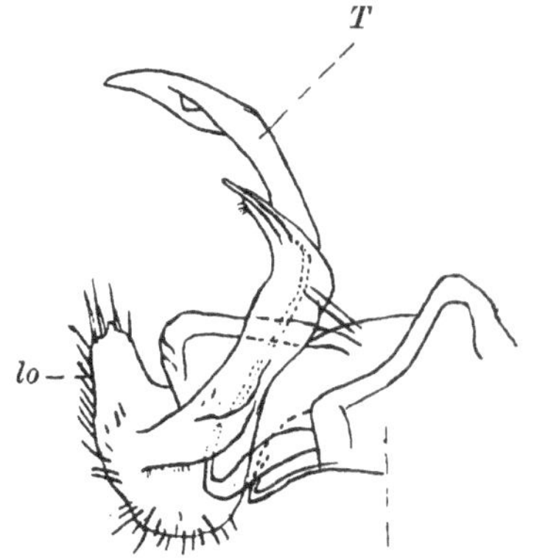

Fig. 12.
Polydesmus (**P.**) **lambranus** Verh.
(K. W. Verhoeff, 1936).

8. **P. (P.) lambranus** Verh. 1936 *P. l.*, K. W. Verhoeff in: Zool. Jahrb., Syst. *v.* 68 p. 218 t. 3 f. 12—14.

Ganz weiß und auffallend schlank, Länge $8^{1}/_{3}$—$8^{2}/_{3}$ mm. Rücken ziemlich glänzend mit typischer Felderung, die Felder etwas höckerig. Seitenflügel nur sehr schwach gekerbt, Borsten der 3 letzten Segmente sehr kurz, die der anderen Segmente mikroskopisch kleine Stäbchen, 4.—6. Glied der Antennen an der Basis stark eingeschnürt und keulig. Borste der vorderen Beine des Männchens an der Basis mit Knötchen. Gonopoden: Praefemur mit ungewöhnlich starkem beborstetem Lappen *(lo)*, Telopodit sehr schlank, sichelartig. Haarpolster nahe der Spitze des Rinnenastes, die von einem schmalen, stabartigen Fortsatz überragt wird. Tibiotarsus *(T)* am Grunde nicht abgegliedert, am Ende hakig, davor kantenartig erweitert, neben der Kante ein 3eckiger Zahn (Fig. 12).

Bei Castelmarte im Lambrotal, nördlich von Erba, 370 m.

9. **P. (P.) graecus** Daday 1889 *P. g.*, Daday in: Termész. Füzetek, *v.* 12 p. 139 t. 5 f. 24 | 1898 *P. g.*, Attems in: Denk. Ak. Wien, *v.* 67 p. 459 t. 10 f. 231 | 1900 *P. g.*, K. W. Verhoeff in: Zool. Jahrb., Syst. *v.* 13 p. 187 | 1902 *P. g.*, Attems in: SB. Ak. Wien, *v.* 111 I p. 583 t. 1 f. 13, 14 | 1926 *P. g.*, Attems in: Arch. Naturg., *v.* 92 A 1 p. 93.

Dunkelrotbraun, Bauch heller. Länge 8,5—10 mm, Breite 0,8—0,9 mm. Halsschild stark gewölbt, querelliptisch, merklich schmäler als das folgende Tergit. Die Borsten etwas länger als auf den anderen Tergiten. Rücken glatt, glänzend. Vordere Tergite nach vorn gezogen, hinten stumpfwinklig bis abgerundet. Seitenflügel schmal, Vordereck vom 3. an abgerundet. Hintereck erst vom 7. Segment an ein kleines, den Hinterrand kaum überragendes Zähnchen bildend; Seitenrand stark konvex, fein gezähnt, die Zähnchen mit winzigen, nicht kolbigen Borsten. Skulptur der Metazoniten ziemlich flach. Die Grenze zwischen Praefemur und Femur des Gonopoden nicht scharf; die Beborstung reicht nicht über den eiförmigen Praefemoralabschnitt hinaus. Am Beginn des Acropodit steht ein spitzer Zahn. Das Haarpolster sitzt nahe dem Ende des Rinnenastes, distal von ihm nur mehr ein kleines, schwach gebogenes Häkchen. Tibiotarsus nicht durch Naht oder dergleichen gegen das Femur abgegrenzt, auf der Medialseite eine Reihe von Zähnchen.

Griechenland, Kreta, Syra.

9a. **P. (P.) graecus graecus** Daday 1889 *P. g.*, Daday in: Termész. Füzetek, *v.* 12 p. 139 t. 5 f. 24 | 1898 *P. g.*, Attems in: Denk. Ak. Wien, *v.* 67 p. 459 t. 10 f. 231 | 1900 *P. g.*, K. W. Verhoeff in: Zool. Jahrb., Syst. *v.* 13 p. 187 | 1902 *P. g.*, Attems in: SB. Ak. Wien, *v.* 111 I p. 583 t. 1 f. 13, 14 | 1926 *P. g. graecus*, Attems in: Arch. Naturg., *v.* 92 A 1 p. 63.

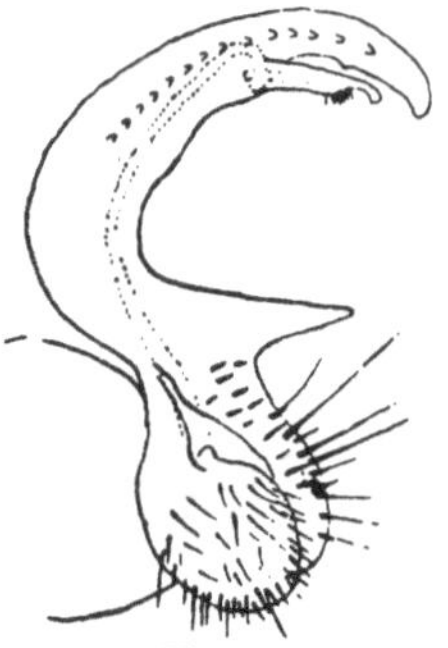

Fig. 13.
Polydesmus (**P.**) **graecus** Daday (Kreta).

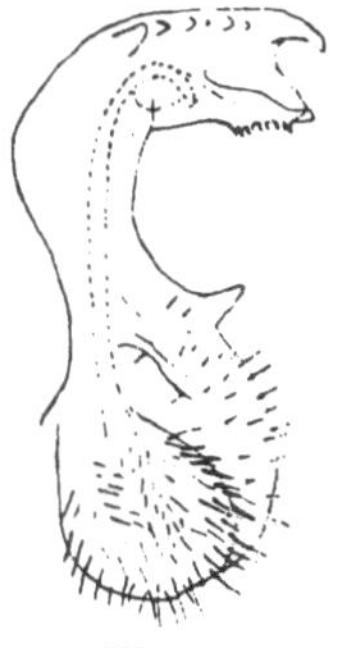

Fig. 14.
Polydesmus (**P.**) **graecus syrensis** Verh. (Syra).

Tibiotarsus des Gonopoden einfach schlank, zugespitzt, die Spitze des Rinnenastes bedeutend überragend, auf seiner Innenfläche eine größere Zahl kleiner, stumpfer Höcker. Der Zahn am Anfang des Acropodit ist sehr groß und spitz (Fig. 13).

Griechenland (Pentelikon, Kephisia, Kalamata), Kreta.

9b. **P. (P.) graecus syrensis** Verh. 1903 *P. g. s.*, K. W. Verhoeff in: Arch. Naturg., *v.* 69 I p. 151 t. 7 f. 19 | 1926 *P. g. s.*, Attems, ibid., *v.* 92 A 1 p. 63.

Tibiotarsus des Gonopoden bedeutend kürzer, den Rinnenast kaum überragend, und breiter, am Ende tief 2zackig; auf der Innenfläche nur 4 Zähnchen. Der Zahn am Beginn des Acropodit merklich kleiner (Fig. 14).

Syra.

10. **P. (P.) dadayi** Silv. 1895 *P. D.*, Silvestri in: Zool. Anz., *v.* 18 p. 179 | 1898 *P. D.*, K. W. Verhoeff in: Arch. Naturg., *v.* 64 I p. 366 t. 9 f. 4, 5 | 1926 *P. D.*, Attems, ibid., *v.* 92 A 1 p. 80 f. 38.

Graubraun, etwas glänzend, Vorderende rosig überlaufen. Länge 8,5—12,5 mm. Halsschild ein wenig schmäler als Kopf samt Backen. Seitenflügel horizontal, ihr Hinterrand schon vom 5. Segment an konkav, Hintereck des 2.—4. Segments rechtwinklig, auf den hinteren Segmenten lang und spitzzähnig. Seitenrand gezähnt mit 3 oder 4 Kerben. Skulptur der Metazoniten entsprechend der geringen Größe des Tieres etwas undeutlich, Fingerwulst vorhanden. Die Borsten am Hinterrand des 19. Segments etwas länger, wie gewöhnlich. Der ganze Tibiotarsus des Gonopoden bildet eine breite, starke Sichel, in der keine Grenze mehr sichtbar ist zwischen Femur und Tibiotarsus. Femur anfangs schlank. Rinnenast *(p)* am Ende 2zackig. Tibiotarsus *(T)* mit einer schlanken Endspitze und 2 breiteren Seitenzacken (Fig. 15).

Siebenbürgen: Nordsiebenbürgen, Vala Vinului im Rodnaer Gebirge; Marmaros; Mittelsiebenbürgen, Dées. Südkarpaten: Sinaia.

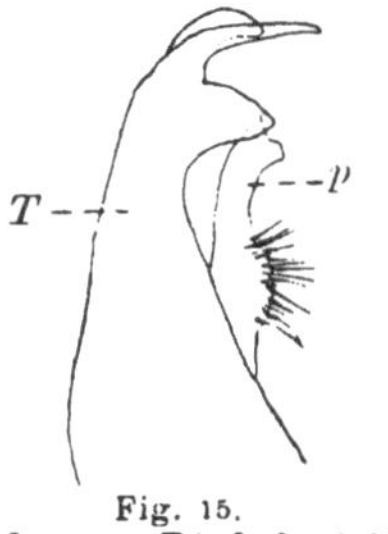

Fig. 15.
Polydesmus (P.) dadayi Silv.
Gonopodenende, Lateralseite.

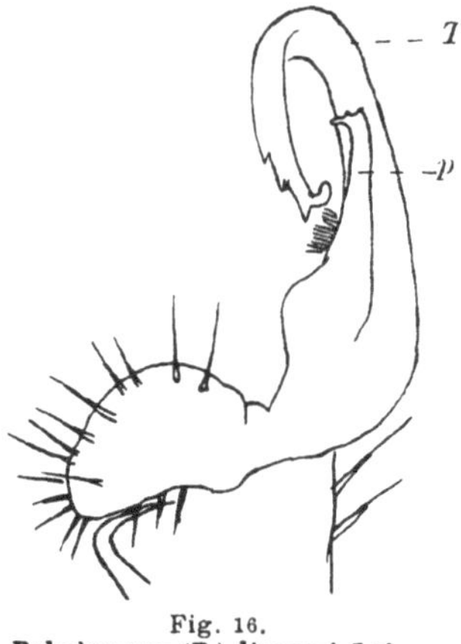

Fig. 16.
Polydesmus (P.) lignaui Lohm.
(Lignau, 1914).

11. **P. (P.) lignaui** Lohm. 1914 *P. minor*, Lignau (nec Bollman 1888) in: Annuaire Mus. St.-Pétersb., *v.* 19 p. 374 f. 9—11 t. 4 f. 3 | 1936 *P. lignaui*, Lohmander in: Göteborgs Vetensk. Handl., ser. 5 B *v.* 5 p. 11.

Graubraun, bräunlichgrau, im vorderen Drittel rosabraun oder heller graubraun, vorn gelbbraun. Länge ♂ 10—12,5 mm, ♀ 9,5—13 mm, Breite ♂ 1,25—1,7 mm, ♀ 1,4—2 mm. Skulptur der Metazoniten schärfer ausgeprägt als bei *P. abchasius.* Seitenflügel kleiner, die Verschmälerung der Körperenden schwächer ausgedrückt, der Körper mehr parallelrandig. Die Gonopoden (Fig. 15) sehr ähnlich denen des *P. abchasius:* Unterschiede:

die Seitenspitzen beginnen schon ein Stück vor dem Ende des Tibiotarsus *(T)*, ein Subapicalzahn deutlich; Rinnenast *(p)* etwas gedrungener, sein Ende nur leicht gebogen und in 2—3 kleine Zähne geteilt (Fig. 16).

Küstenländer des westlichen Kaukasus, Abchasien.

11a. **P. (P.) lignaui lignaui** Lohm. Literatur wie oben.

11b. **P. (P.) lignaui muralewiczi** Lohm. 1936 *P. m.*, Lohmander in: Göteborgs Vetensk. Handl., ser. 5 B *v.* 5 p. 9 f. 1.

Rücken braungelb, Kopf hellgelb, Antennen teilweise violett pigmentiert. Beine gelblichweiß. Länge ♂ 12 mm, Breite 1,25 mm, Kopf fein und dicht beborstet. Halsschild deutlich schmäler als der Kopf und die folgenden Tergite, unregelmäßig queroval. Skulptur der Oberfläche derb. Rumpf ziemlich gleich breit, schlank, die vordersten Tergite nur wenig schmäler als die folgenden. Seitenflügel nur mäßig stark entwickelt, die der Segmente 2—4 deutlich aufgekrümmt, Seitenrand schwach konvex bis fast gerade, mit 3 oder 4 Zähnen, der vorderste sehr klein, die anderen kräftig und spitz, Hinterecken vom 5. an spitzwinklig, auf den letzten Segmenten stärker zahnartig. Borsten der 1. Reihe des Halsschildes und des Hinterrandes des 19. Segmentes lang und stäbchenförmig, die anderen kürzer und schwach keulig. Gonopoden: Femur am Anfang stark eingeschnürt, dann wieder verbreitert, unmittelbar distal vom Haarpolster ein schlanker, am Ende sichelförmig gekrümmter und zugespitzter Femoralzacken. Tibiotarsus lang, vor der Biegung hinten ein großer 3eckiger Zahn, nach der Biegung schlank, gerade, nahe dem Ende 2 Seitenzähne. Der Tibiotarsus erreicht das Haarpolster nicht (Fig. 17).

Nordkaukasien: Kuban-Gebiet, Stat. Psebai.

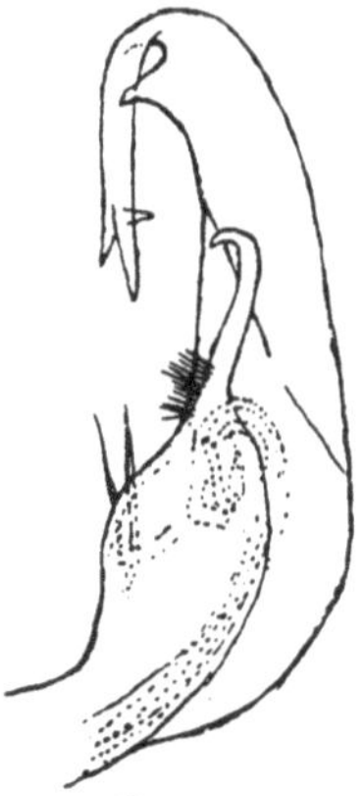

Fig. 17.
Polydesmus (P.) lignaui muralewiczi Lohm.
(Lohmander, 1936).

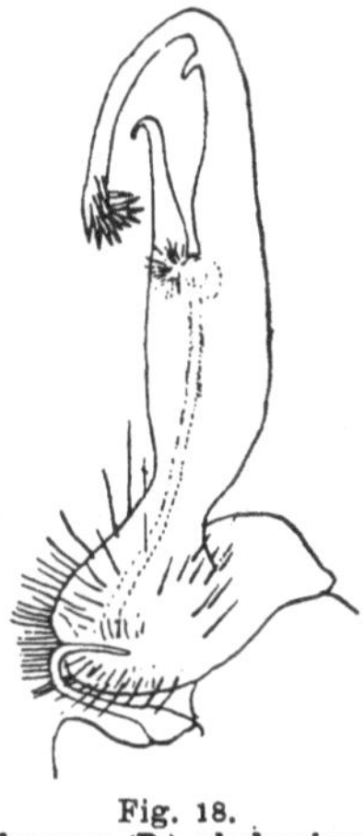

Fig. 18.
Polydesmus (P.) abchasius Att.

12. **P. (P.) abchasius** Att. 1898 *P. a.*, Attems in: Denk. Ak. Wien, *v.* 67 p. 437 t. 8 f. 174, 175 | 1903 *P. a.*, Lignau in: Sapiski Nowoross. Obschtsch., *v.* 25 p. 51 | 1914 *P. a.*, Lignau in: Annuaire Mus. St.-Pétersb., *v.* 19 p. 372 f. 6—8 t. 4 f. 2.

Rotbraun, terrakottafarben oder rosa, Antennen schwarzbraun. Länge ♂ 18—19 mm, Breite 3—3,3 mm. Halsschild ungefähr so breit wie der Kopf, die Seitenlappen etwas in die Höhe gerichtet. Seitenflügel breit, auch die vorderen nicht verschmälert, etwas emporgerichtet, so daß der Rücken hohl wird, vom 6. Segment an horizontal, Vordereck abgerundet, Hintereck spitzwinklig, aber nicht lang zahnartig. Seitenrand mit 2 oder 3 kleinen Kerben. Skulptur der Metazoniten flach, Oberfläche glanzlos. Gonopoden vom Typus des *P. complanatus*. Der Tibiotarsus mit einer leichten Verdünnung beginnend, gegen die Mitte nur wenig verdickt. Das Haarpolster liegt nahe der Basis des Femoralfortsatzes; dieser ist distal vom Haarpolster lang und dünn, ganz am Ende hakig eingekrümmt. Tibiotarsus am Grunde nicht durch Naht abgesetzt, in der Mitte plötzlich eingeknickt, vor der Biegung ein großer Zahn, am Ende eine größere Anzahl nach allen Richtungen abstehender schlanker spitzer Zähne (Fig. 18).

Kaukasus: Abchasien und Küstengebiet bis 1400 m.

b) Subgen. **Nomarchus** nom. nov.

Rinnenast des Gonopoden gut ausgebildet. Tibiotarsus am Grunde gegen das Femur abgesetzt, Basen von Rinnenast und Tibiotarsus eng nebeneinander liegend und im Profil beide meist mehr oder weniger sich deckend.

21 Arten mit 20 Unterarten und 1 unsicheren Art.

Typus: *P. denticulatus* C. L. Koch.

Übersicht über die Arten:

1 { An der Grenze von Praefemur und Femur des Gonopoden oder nur auf dem Femur eine große Vorragung, Lappen oder spitzer Zahn — **2**
An dieser Stelle keine große Vorragung — **6** }

2 { Diese Vorragung befindet sich am Ende des Praefemur oder am Grunde des Femur — **3**
Diese Vorragung befindet sich etwas weiter distal auf dem Femur — **5** }

3 { Tibiotarsus des Gonopoden mit einem schlanken Zähnchen vor dem hakigen Ende. Endhaken des Rinnenastes sehr groß, mit einem starken Seitenzacken. Das Haarpolster sitzt näher der Basis des Rinnenastes — **4**
Ende des Tibiotarsus einfach, ohne Zähnchen. Endzacken des Rinnenastes klein und ohne Seitenzacken. Das Haarpolster sitzt nahe dem Ende des Rinnenastes . . . . 31. **P. (N.) barberii** }

4 { Das Ende des Rinnenastes ist gerade. Der große Vorsprung am Grunde des Telopodit wird von Praefemur und Femur zusammen gebildet . . . . 32. **P. (N.) genuensis**
Das Ende des Rinnenastes ist gegen den Tibiotarsus zu gekrümmt. Der Vorsprung an der Basis wird nur vom Femur gebildet . . . . 30. **P. (N.) pulcher** }

5 { Ungefähr in der Mitte des Femur ein großer runder Lappen und ein spitzer Zacken. Rinnenast von mittlerer Größe, kleiner als der Tibiotarsus, letzterer mit einem Mittelzahn . . . . 29. **P. (N.) raffardi**
Femur mit einem sehr großen runden Lappen knapp vor dem Haarpolster. Rinnenast sehr groß, größer als der kleine Tibiotarsus, dieser ohne Mittelzahn . . . . 33. **P. (N.) phantasma** }

6 Mittelzahn des Tibiotarsus sehr vergrößert, so groß oder größer als die Endspitze — **7**
Mittelzahn klein oder fehlend — **9**

7 Rinnenast mit einem Zähnchen auf der dem Tibiotarsus zugewendeten Seite . . . . . . 13. **P. (N.) denticulatus**
Rinnenast ohne Zähnchen an dieser Stelle — **8**

8 Der Mittelzahn des Tibiotarsus ist so groß, daß er den Endteil an Größe übertrifft. Seitenrand der Seitenflügel kräftig gezähnt . . . 14. **P. (N.) subscabratus**
Der Mittelzahn des Tibiotarsus ist, wenn auch groß, doch nicht größer als der Endhaken. Seitenrand der Seitenflügel nur mit seichten Kerben . . . . 15c. **P. (N.) gallicus reflexus**

9 Borsten des Haarpolsters stiftartig derb. Spitze des Rinnenastes gegen den Tibiotarsus zu gekrümmt (wie bei *P. pulcher*) . . . . . . 27. **P. (N.) subulifer**
Borsten des Haarpolsters haarartig fein — **10**

10 Tibiotarsus mit Mittelzahn — **11**
Tibiotarsus ohne Mittelzahn — **13**

11 Ein kräftiger Subapicalzahn vorhanden. Endzacken des Rinnenastes ganz gerade, schlank und spitz . . . . 17. **P. (N.) incisus**
Ohne Subapicalzahn. Ende des Rinnenastes hakig gebogen — **12**

12 Außer dem Endhaken des Rinnenastes eine 2. Spitze in entgegengesetzter Richtung. Mittelzahn klein, 3eckig . . . . 16. **P. (N.) coriaceus**
Rinnenast mit einfacher Endspitze. Mittelzahn sehr groß, lappig, fast 4eckig . . . . 15. **P. (N.) gallicus** (**15a. g. gallicus** und **15b. g. atlanticus**)

13 Tibiotarsus in der Mitte geknickt, das Ende ganz basalwärts herabgeklappt und dem Rinnenast anliegend . . . . 28. **P. (N.) schässburgensis**
Tibiotarsus gleichmäßig sanft gebogen oder fast gerade — **14**

14 Die ersten 2 Drittel des Tibiotarsus breit, das Enddrittel viel schlanker, am Ende des breiten Teiles 2 kleine Wülste. Endhaken des Rinnenastes einfach, lang, schlank, schwach gebogen . . . . 26. **P. (N.) wardaranus**
Tibiotarsus in seiner ganzen Länge ungefähr gleich breit — **15**

15 Tibiotarsus schlank — **16**
Tibiotarsus sehr breit — **18**

16 Ein Subapicalzahn vorhanden. Ende des Rinnenastes 2spitzig . . . . 25. **P. (N.) mediterraneus**
Kein Subapicalzahn — **17**

17 Am Ende des Rinnenastes ein einfacher, schlanker, schwach gebogener Haken, das ganze Telopodit überhaupt schlank . . . . 18. **P. (N.) hanseaticus**
Am Ende des Rinnenastes ein breiter, quer nach hinten gerichteter Haken und neben ihm eine Lamelle. Telopodit etwas breiter 19. **P. (N.) brevimanus**

18 { Rinnenast bis fast zum Grund herab dicht fein und kurz behaart, das Ende 2spitzig. Tibiotarsus am Ende einfach hakig. Zähne der Seitenflügel relativ lang und spitz. Blaß gelblichweiß. Länge Männchen 5 mm, Weibchen 5,7 mm . . . . 22. **P. (N.) fissilobus**
Rinnenast weniger behaart, mit enger begrenztem Haarpolster, am Ende 1spitzig. Länge 7,5 mm und mehr — **19**

19 { Rinnenast am Ende leicht hakig gebogen. Das Haarpolster ziemlich weit vom Ende des Rinnenastes entfernt . . . . 23. **P. (N.) taranus**
Rinnenast am Ende ganz gerade — **20**

20 { Femur hinten vor dem Haarpolster nicht vorgebaucht. Haarbüschel klein . . . . 24. **P. (N.) polygamiae**
Femur hinten vor dem Haarpolster mehr oder weniger winklig vorgewölbt — **21**

21 { Seitenrand der Seitenflügel trotz der geringen Körpergröße kräftig gezähnt. Hintereck der Segmente 2- bis 7eckig, vom 10. Segment an einen spitzen Zahn bildend. Beborstung stärker. Haarpolster kurz, bei *P. (N.) clavator susensis* ganz fehlend . . . . 21. **P. (N.) clavator**
Seitenrand der Seitenflügel vom 6. an sehr schwach gezähnt, Hinterecken 2—7 abgerundet, erst auf den letzten Segmenten einen stärkeren Zahn bildend. Beborstung schwächer. Haarpolster sehr lang gestreckt, fast die ganze Hinterseite des Rinnenastes einnehmend . . . . 20. **P. (N.) asthenestatus**

13. **P. (N.) denticulatus** C. L. Koch 1847 *P. d.* + *scabratus,* C. L. Koch in: Koch-Panzer, Krit. Revis., *v.* 3 p. 135, 136 | 1851 *P. acutangulus,* F. A. Menge in: N. Schr. Ges. Danzig, *v.* 4 p. 9 | 1863 *P. denticulatus* + *scabratus,* C. L. Koch, Myr., *v.* 2 p. 2, 5 f. 127, 129 | 1882 *P. d.,* Karlinski in: Sprawozd. Kom. fizyogr., *v.* 17 p. 236 | 1884 *P. d.,* Latzel, Myr. Österr.-Ung., *v.* 2 p. 141 t. 5 f. 59, 60 | 1886 *P. d.* + var. *scabratus,* E. Haase in: Z. Ent. Breslau, ser. 2 *v.* 11 p. 43, 44 | 1889 *P. d.,* Porat in: Ent. Tidskr., *v.* 10 p. 52 | 1889 *P. d.,* Daday, Myr. Regni Hungar., p. 69 | 1891 *P. d.* + var. *germanicus,* K. W. Verhoeff in: Berlin. ent. Z., *v.* 36 p. 122 | 1896 *P. d.,* K. W. Verhoeff in: Zool. Anz., *v.* 19 p. 3 | 1896 *P. d.,* K. W. Verhoeff in: Verh. Ver. Rheinlande, *v.* 53 p. 251 | 1898 *P. d.,* Attems in: Denk. Ak. Wien, *v.* 67 p. 443 t. 8 f. 185, 186 | 1910 *P. d.,* Brölemann in: Arch. Zool. expér., ser. 5 *v.* 5 p. 354 | 1910 *P. d.,* K. W. Verhoeff in: Isis, p. 44 | 1925 *P. d.,* K. W. Verhoeff in: Zool. Jahrb., Syst. *v.* 50 p. 96 | 1926 *P. d.,* Attems in: Arch. Naturg., *v.* 92 A 1 p. 60 | 1934 *P. d.,* O. Schubart in: Tierw. Deutschl., Teil 28 p. 164 f. 262, 263.

Rücken gelblichbraun bis dunkelbraun, wenig glänzend, fast matt, Bauchseite heller. Länge 10—16 mm, Breite 1,5—2,6 mm. Halsschild querelliptisch, schmäler als Kopf samt Backen, mit 3 Querreihen von borstentragenden Tuberkeln. Seitenflügel des 2. Segments nach vorn gezogen, seitlich 2- bis 3zähnig. Seitenflügel eckig, seitlich mit 2—4 Kerben, jeder Zahn mit einer keuligen Borste; Hinterecken des 2.—5. Segments rechteckig, weiterhin zackig, je weiter caudalwärts, um so langzackiger. Skulptur der Metazoniten sehr ausgeprägt, die Tuberkeln der 3. Reihe höher, spitzer und kleiner als die der 2. Reihe, jede Tuberkel mit einer Borste; Beule sehr groß. Fingerwulst dagegen sehr klein. Praefemur und Femur des Gonopoden gehen in einer schwachen Einschnürung ineinander über, auf die sich die Beborstung teilweise fortsetzt. Rinnenast und Tibiotarsus stehen fast im rechten Winkel zum Basalteil des Telopodit. Rinnenast breit, trägt das Haarpolster nahe dem Ende; Endhaken dick und stumpf; auf der dem Tarsus zugewandten Seite ein kleiner spitzer Zahn *(i)*. Tibiotarsus am Grunde sehr deutlich durch eine Naht abgesetzt; der Mittelzahn *(z)* ist hier ganz besonders groß, so daß der Tibiotarsus gegabelt aussieht; er ist entweder einfach (Fig. 19 vom Rheinland) oder hat 1 oder 2 Seitenzähne (Fig. 20 von West-Ungarn), an der Basis kann er mehr oder weniger ein-

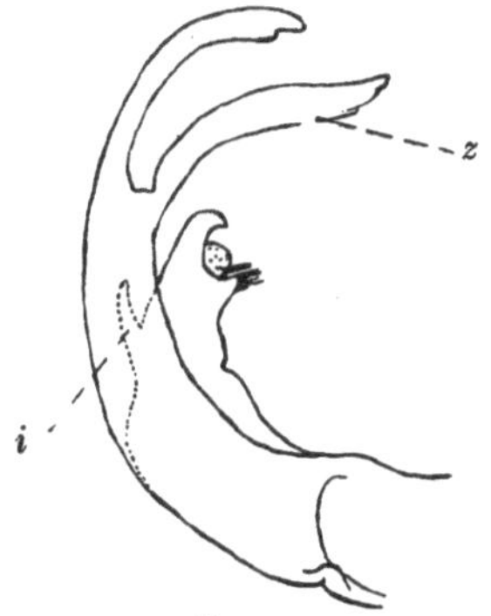

Fig. 19.
Polydesmus (N.) denticulatus C. L. Koch (Rheinland).

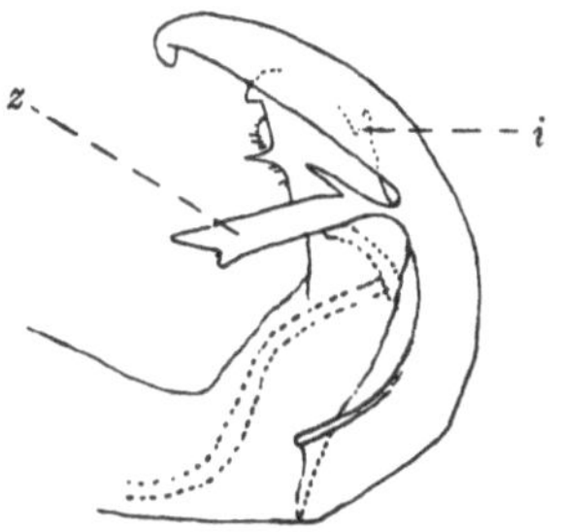

Fig. 20.
Polydesmus (N.) denticulatus C. L. Koch (Westungarn).

geschnürt sein; seine Richtung ist auch individuell verschieden, bald dem Tarsusende angedrückt, bald basalwärts zurückgerichtet.

Ganz Mitteleuropa, nördlich bis Schweden und Norwegen, südlich bis Frankreich. Kroatien, Siebenbürgen. Nischnij Nowgorod.

14. **P. (N.) subscabratus** Latz. 1884 *P. s.*, Latzel, Myr. Österr.-Ung., *v.* 2 p. 147 t. 6 f. 65 | 1889 *P. s.*, Daday, Myr. Regni Hungar., p. 69 | 1889 *P. banaticus*, Daday, ibid., p. 70 t. 2 f. 8, 9 | 1898 *P. subscabratus*, Attems in: Denk. Ak. Wien, *v.* 67 p. 435 t. 8 f. 187—189 | 1898 *P. banaticus*, K. W. Verhoeff in: Arch. Naturg., *v.* 64 I p. 367 t. 9 f. 13, 14 | 1925 *P. subscabratus genuinus* + *s. banaticus* + *s. serbicus* + *s. spelaeorum*, K. W. Verhoeff in: Zool. Jahrb., Syst. *v.* 50 p. 111, 112 | 1926 *P. subscabratus*, Attems in: Arch. Naturg., *v.* 92 A 1 p. 74 f. 27—30 | 1929 *P. s.*, K. W. Verhoeff in: Zool. Jahrb., Syst. *v.* 57 p. 630.

Erdbraun, Seiten- und Hinterränder der Tergite manchmal bräunlich verdunkelt. Länge 15—18 mm, Breite 2,2—2,7 mm. Halsschild fast so breit wie Kopf samt Backen, seitlich stumpfeckig, mit 3 Querreihen borstentragender Tuberkeln zu 10, 6, 8. Skulptur der Metazoniten derb, die Beule sehr groß, ein Fingerwulst kaum entwickelt. Seitenflügel der vorderen Segmente stark nach vorn gezogen, alle mit winkligem Vordereck, mehr oder weniger kräftig gezähntem Seitenrand und zackigem Hintereck. Sternite höckerig, weitschichtig beborstet. Das Femur des Gonopoden beginnt mit einer verschmälerten Stelle, das Haarpolster sitzt auf dem Rinnenast, der mit einem einfachen oder 2spitzigen Haken endigt. Der Tibiotarsus ist am Grunde durch eine Naht abgesetzt; er hat einen sehr großen, die eigentliche Endspitze übertreffenden Zahn *(z)* mit einem kleinen Nebenzahn an seiner Basis distal.

Südungarn (Herkulesbad, Orsova), Siebenbürgen (Retyezat), Rumänien, Serbien. Bulgarien.

Übersicht über die Subspecies:

1
- Seitenrand der Seitenflügel grob gezähnt. Der Femoralfortsatz des Gonopoden hat einen einfachen Endhaken — **2**
- Seitenrand der Seitenflügel sehr seicht gezähnt. Endhaken des Femoralfortsatzes 2spitzig . . . . 14b. **P. (N.) subscabratus bifidus**

2
- Das Ende des Gonopodentelopodit ist basalwärts gekrümmt und kurz 2spitzig — **3**
- Das Ende des Gonopodentelopodit ist gerade vorgestreckt, schlank, einfach . . . . 14d. **P. (N.) subscabratus renschi**

3
- Proximal vom Haarpolster auf dem Femur kein vorragender Seitenzapfen . . . . 14a. **P. (N.) subscabratus subscabratus**
- Proximal vom Haarpolster ein quer vorstehender Zapfen. Höhlenbewohner . . . . 14c. **P. (N.) subscabratus spelaeorum**

14a. **P. (N.) subscabratus subscabratus** Latz. 1884 *P. s.*, Latzel, Myr. Österr.-Ung., *v.* 2 p. 147 t. 6 f. 65 | 1889 *P. s.* + *banaticus*, Daday, Myr. Regni Hungar. p. 69, 70 t. 2 f. 8, 9 | 1898 *P. b.*, K. W. Verhoeff in: Arch. Naturg., *v.* 64 I p. 367 t. 9 f. 13, 14 | 1925 *P. subscabratus genuinus* + *s. banaticus* + *s. serbicus*, K. W. Verhoeff in: Zool. Jahrb., Syst. *v.* 50 p. 111, 112 | 1926 *P. s. subscabratus*, Attems in: Arch. Naturg., *v.* 92 A 1 p. 74 f. 27, 28.

Seitenrand der Seitenflügel deutlicher gezähnt. Endomerit des Gonopoden einfach. Proximal vom Haarpolster auf dem Femur kein vorragender Zapfen (Fig. 21).

Südungarn (Herkulesbad, Orsova), Rumänien, Serbien.

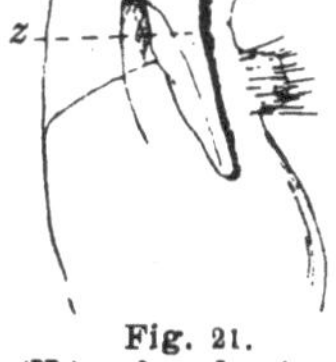

Fig. 21.
Polydesmus (N.) subscabratus subscabratus
Latz. (Herkulesbad).

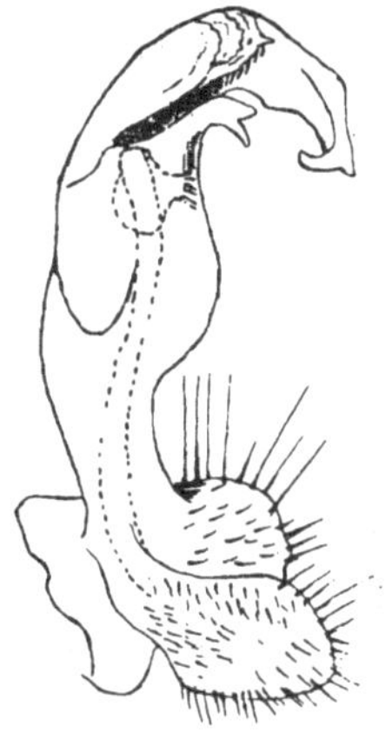

Fig. 22.
Polydesmus (N.) subscabratus bifidus
Att. (Retyezat).

14b. **P. (N.) subscabratus bifidus** Att. 1926 *P. s. b.*, Attems in: Arch. Naturg., *v.* 92 A 1 p. 75 f. 29, 30.

Seitenrand der Seitenflügel sehr seicht gezähnt. Endomerit am Ende 2spitzig. Proximal vom Haarpolster auf dem Femur kein Zapfen (Fig. 22).

Siebenbürgen: Retyezat, Kiul mare.

14c. **P. (N.) subscabratus spelaeorum** Verh. 1896 *P. spelaeorum*, K. W. Verhoeff in: Verh. Ges. Wien, *v.* 46 p. 254 f. 1—3 | 1925 *P. subscabratus spelaeorum*, K. W. Verhoeff in: Zool. Jahrb., Syst. *v.* 50 p. 112 | 1926 *P. s. s.*, Attems in: Arch. Naturg., *v.* 92 A 1 p. 60.

Proximal vom Haarpolster auf dem Femur des Gonopoden ein quer vorstehender Zapfen *(a)*. Seitenrand der Seitenflügel grob gezähnelt. Endomerit einfach (Fig. 23).

Räuberhöhle bei Herkulesbad.

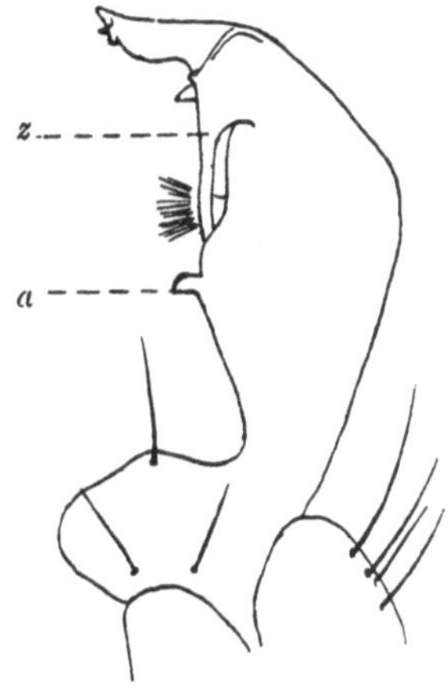

Fig. 23.
Polydesmus (N.) subscabratus spelaeorum Verh. (K. W. Verhoeff, 1926).

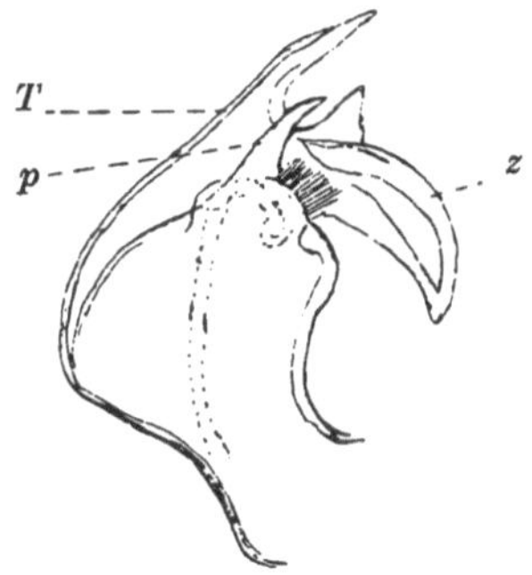

Fig. 24.
Polydesmus (N.) subscabratus renschi Schubart (O. Schubart, 1934).

14d. **P. (N.) subscabratus renschi** Schubart 1934 *P. r.*, O. Schubart in: Mt. Inst. Sofia, *v.* 7 p. 41 f. 7.

Stumpf graubraun, Unterseite etwas heller. Antennen dunkelbraun. Länge 15,5 mm, Breite 2,6 mm. Hinterecken des Halsschildes und der vorderen 4—5 Segmente leicht aufgebogen. Seitenflügel breit, Seitenrand der porentragenden mit 4, der porenlosen mit 3 Zähnen. Gonopoden: zwischen Praefemur und Femur stark eingeschnürt, distal vom Haarpolster ein großer leicht gekrümmter Haken *(p)*. Das Ende des Tibiotarsus *(T)* fast gerade vorgestreckt, der Mittelzahn *(z)* sehr groß, größer als der Enddolch, an seiner Basis ein 3eckiger Zahn (Fig. 24).

Bulgarien: Tscham-Kuria im Rila-Gebirge ober Samokov. Haidusch-Dupka-Höhle im Isker-Durchbruch, Seewa-Dupka-Höhle bei Malka Brestnitza.

15. **P. (N.) gallicus** Latz. 1884 *P. g.*, Latzel in: Bull. Soc. Rouen, ser. 2 *v.* 19 p. 268 | 1893 *P. g.*, Daday in: Termész. Füzetek, *v.* 16 p. 104 t. 5 f. 1—4 | 1898 *P. g.*, Attems in: Denk. Ak. Wien, *v.* 67 p. 450 t. 8 f. 194, 195 | 1910 *P. g.*, Brölemann in: Arch. Zool. expér., ser. 5 *v.* 5 p. 349 f. 19—26 | 1910 *P. g.*, Brolemann in: Bull. Soc. Toulouse, *v.* 43 p. 61 f. 1—44 | 1926 *P. g.*, Attems in: Arch. Naturg., *v.* 92 A 1 p. 62.

Erdbraun oder rotbraun. Bauchseite heller, Rücken glänzend. Länge 17—29 mm, Breite 2,1—4 mm. Halsschild schmäler als die Backen, beinahe querelliptisch, längs des Vorderrandes eine Reihe kleiner Börstchen, längs des Hinterrandes eine Reihe größerer Tuberkeln. Seitenflügel nur mäßig breit, horizontal, Vordereck überall abgerundet, je weiter caudalwärts um so mehr. Seitenrand mäßig konvex mit 3—4 seichten Zahnkerben, Hinterrand von der Körpermitte an konkav, das Hintereck stumpfzackig, auf den hinteren Segmenten spitzzackig, vom 14. Segment an den Hinterrand überragend. Skulptur der Metazoniten deutlich, aber nicht derb, jede Tuberkel mit einem winzigen Börstchen, Beule flach. Fingerwulst kaum ausgebildet. Sternite mit Querfurche; reichlich kurz beborstet. Hüfte der hinteren Beine fast kahl, die anderen Beinglieder ringsum dicht kurz beborstet. Gonopodentelopodit als Ganzes sichelförmig gebogen oder an der Gabelung in Rinnenast und Tibiotarsus knieförmig abgebogen. Rinnenast kräftig, trägt das Haarpolster, nahe dem Ende, neben dem Haarpolster meist ein kurzer Zacken *(p)* oder eine quere Lamelle, das Ende leicht gekrümmt und einfach. Tibiotarsus am Grunde deutlich durch eine Naht abgesetzt, mit einem kräftigen Mittelzahn *(z)* von variierender Größe und Form, ohne Subapicalzahn.

Frankreich von Normandie bis Pyrenäen, Spanien, Azoren. Im Freien und oft auch in Grotten.

Übersicht über die Subspecies:

1	Tibiotarsus des Gonopoden auf der Medialseite zwischen Mittelzahn und Endspitze mit einem Kegelzahn	15a. **P. (N.) gallicus gallicus**
	An der angegebenen Stelle kein Zahn — 2	
2	Mittelzahn *(z)* des Gonopodentibiotarsus kurz und breit, fast quadratisch	15b. **P. (N.) gallicus atlanticus**
	Mittelzahn sehr lang, mehrmals länger als breit, schräg basalwärts gerichtet	15c. **P. (N.) gallicus reflexus**

15a. **P. (N.) gallicus gallicus** Latz. 1884 *P. g.*, Latzel in: Bull. Soc. Rouen, ser. 2 *v.* 19 p. 268 | 1910 *P. g. typicus* + var. *tolosana*, Brolemann in: Bull. Soc. Toulouse, *v.* 43 p. 65, 68 f. 1—17.

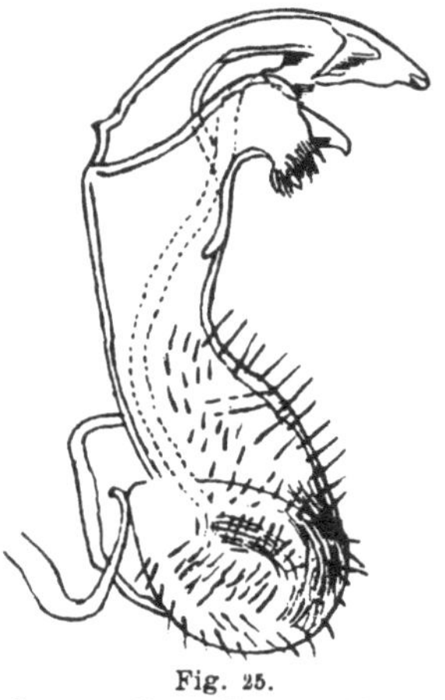

Fig. 25.
Polydesmus (N.) gallicus gallicus Latz. (Rheinland).

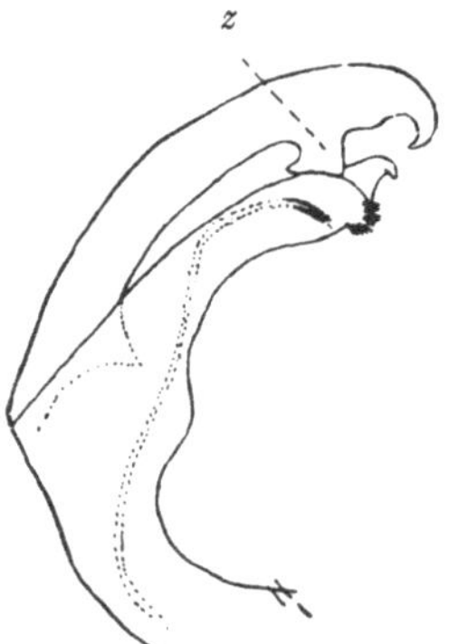

Fig. 26.
Polydesmus (N.) gallicus atlanticus Brol. (Azoren).

Auf der Medialseite des Tibiotarsus des Gonopoden zwischen Mittelzahn und Ende ein kegeliger Zahn. Endhaken des Tibiotarsus kurz und gedrungen, rasch sich verjüngend, seine Spitze weit von der des Rinnenastes entfernt bleibend. Mittelzahn *(z)* kurz und breit, fast quadratisch, quer zur Längsachse (Fig. 25).

Frankreich: Normandie, Eure, Charente, Deux-Sèvres, Haute Garonne, Ariège, Savoyen. Rheinland.

15b. **P. (N.) gallicus atlanticus** Brol. 1910 *P. g.* subsp. *atlantica* + subsp. *reflexa* var. *arcuata* + var. *Jeanneli* + var. *solitaria* + var. *catalonica,* Brolemann in: Bull. Soc. Toulouse, *v.* 43 p. 66, 69, 70, 72 f. 18—26, 28—44.

Tibiotarsus des Gonopoden ohne Kegelzahn vor dem Ende. Endhaken des Tibiotarsus von kurz und gedrungen (Fig. 26, von den Azoren, wie bei *P. gallicus*) bis lang und schlank und dann bis zum Haarpolster reichend (Fig. 27, von Spanien) mit allen Übergängen, so daß eine scharfe Scheidung von Formen mit kurzem gedrungenem Endhaken und solchen mit langem dünnem nicht möglich ist. Im allgemeinen scheint der lange dünne Endhaken zu überwiegen; am längsten ist er bei den Individuen aus Spanien und den Ostpyrenäen.

Pyrenäen (Hautes et Basses Pyrenées), Garonne. Spanien: Olot, Vilanova de Majo, Pablo de Segur. Azoren.

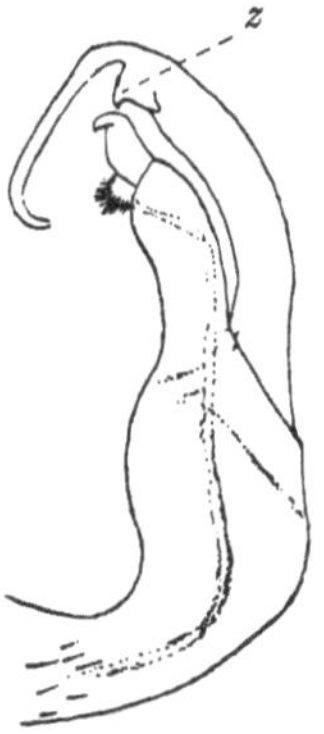

Fig. 27.
Polydesmus (N.) gallicus atlanticus Brol.
(Spanien, Vilanova de Majo).

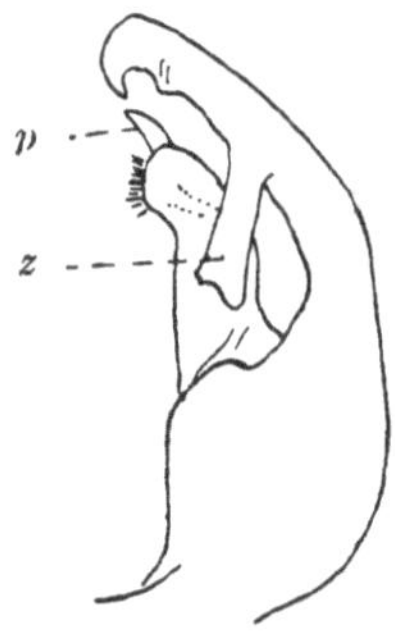

Fig. 28.
Polydesmus (N.) gallicus reflexus Bröl.
(Brölemann, 1910).

15c. **P. (N.) gallicus reflexus** Bröl. 1910 *P. g. r.*, Brölemann in: Arch. Zool. expér., ser. 5 *v.* 5 p. 350 t. 5 f. 19—26 | 1910 *P. g.* subsp. *reflexa,* Brolemann in: Bull Soc. Toulouse, *v.* 43 p. 68 f. 27.

Tibiotarsus des Gonopoden ohne Kegelzahn vor dem Ende. Endhaken des Tibiotarsus kurz und gedrungen, wie bei *P. gallicus.* Mittelzahn *(z)* sehr lang, mehrmals länger als breit, schräg basalwärts gerichtet (Fig. 28).

Frankreich: Aude, Ostpyrenäen.

16. **P. (N.) coriaceus** Por. 1871 *P. c.*, Porath in: Öfv. Ak. Förh., *v.* 27 p. 819 f. 7 | 1884 *P. inconstans,* Latzel in: Bull. Soc. Rouen, ser. 2 *v.* 19 p. 269 t. 1 f. 3 | 1888 *P. distractus,* Latzel in: Bull. Soc. Toulouse, p. 7 | 1889 *P. coriaceus* var. *borealis,* Porat in: Ent. Tidskr., *v.* 10 p. 71 | 1891 *P. rhenanus,* K. W. Verhoeff in: Berlin. ent. Z., *v.* 36 p. 121 t. 5 f. 1 | 1894 *P. pilidens,* A. Humbert in: Mém. Soc. Genève, *v.* 32 p. 14 t. 2 f. III 1—9 | 1896 *P. coriaceus* + *inconstans* + *rhenanus,* K. W. Verhoeff in: Verh. Ver. Rheinlande, *v.* 53 p. 252 | 1898 *P. pilidens* + *coriaceus* + *inconstans* + *distractus,* Attems in: Denk. Ak. Wien, *v.* 67 p. 448, 453, 454, 459 t. 8 f. 184, t. 9 f. 216, 219 | 1900

P. coriaceus, Rothenbühler in: Rev. Suisse Zool., *v.* 8 p. 171 t. 13 f. 6 | 1902 *P. c.*, Faes, ibid., *v.* 10 p. 75 t. 1 f. 15, 16 | 1910 *P. c.*, K. W. Verhoeff in: Isis, p. 46 | 1925 *P. c.*, O. Schubart in: Zool. Jahrb., Syst. *v.* 49 p. 547 f. A, B | 1925 *P. c.* + var. *rhenanus* + var. *valesiacus*, K. W. Verhoeff, ibid., *v.* 50 p. 100, 106, 107 | 1925 *P. c.*, Lohmander in: Göteborgs Vetensk. Handl., *v.* 30 p. 19 f. 4 | 1926 *P. c.*, Attems in: Arch. Naturg., *v.* 92 A 1 p. 62 | 1934 *P. c.*, O. Schubart in: Tierw. Deutschl., Teil 28 p. 165 f. 264.

Rücken dunkelbraun, Bauch und Beine heller. Länge 10—16 mm, Breite 1,2—1,6 mm. Halsschild schmäler als die Backen, querelliptisch, seitlich ganz abgerundet, am Vorderrand eine Reihe von Börstchen, dahinter 2 durch eine tiefe Furche getrennte Reihen von borstentragenden Höckerchen. Seitenflügel schmal, der Rücken rundlich, Skulptur derb, Beule groß, Fingerwulst deutlich. Vordereck der Seitenflügel vom 5. an abgerundet, Hintereck in der vorderen Körperhälfte ebenfalls, dann wird es stumpfzackig, überragt den Hinterrand erst vom (15.) 17. Segment. Seitenrand schwach konvex, mit 2 oder 3 seichten runden Kerben, die, sowie die Rückentuberkeln, kurze, stumpfe Borsten tragen. Sternite reichlich beborstet. Die Beborstung des Gonopodenpraefemur ist dicht, aber dünn und kurz, sie setzt sich schütterer auch auf die Einschnürung zwischen Praefemur und Femur fort. Das Femur beginnt dünn, ist gegen die Mitte stark verdickt. Rinnenast lang; das Haarpolster sitzt nahe seinem Ende, das ungefähr hutpilzförmig geformt ist, mit 2 Spitzen: außer der gewöhnlichen, nach hinten gerichteten ist noch eine zweite ihr entgegengesetzte vorhanden *(q)*. Tibiotarsus am Grunde durch eine Naht abgesetzt, schlank, gleichmäßig gebogen, mit einem kleinen Mittelzahn *(z)*, ohne Subapicalzahn (Fig. 29).

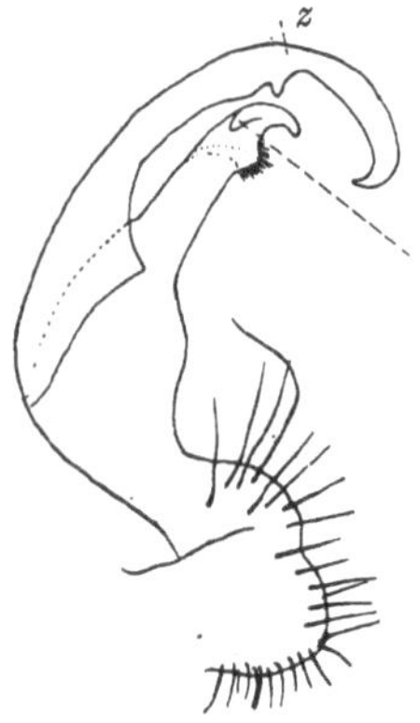

Fig. 29.
Polydesmus (N.) coriaceus Por. (Carcassonne).

Deutschland: Rheinland, Hannover, Schleswig-Holstein, Mecklenburg, Brandenburg, Pommern, Rügen, Ostpreußen, Schlesien, Sachsen, Thüringen. Frankreich bis Pyrenäen. Schweiz. Irland. Schottland. England. Dänemark. Norwegen. Schweden. Südfinnland. Rußland: Kiew, Saratow. Zentralrußland. Lettland. Estland. Polen. Nordböhmen.

17. **P. (N.) incisus** Bröl. 1921 *P. i.*, Brolemann in: Bull. Soc. Toulouse, *v.* 49 p. 320 f. 1—9.

Gleichmäßig erdbraun, manchmal etwas rosa. Länge ♂ 12—15,5 mm, ♀ 13—16 mm. Breite ♂ 1,6—2,2 mm, ♀ 1,85—2,25 mm. Halsschild schmäler als der Kopf, seitlich abgerundet-eckig. Seitenflügel horizontal, der Rücken flach. Seitenrand fast gerade, mit 3 oder 4 kleinen Kerben. Die dadurch gebildeten Zähne stumpf. Der Hinterrand beginnt vom 5. Segment an konkav zu werden; das Hintereck dadurch zackig, überragt den Hinterrand vom 13. oder 14. Segment an. Oberfläche matt, sehr fein chagriniert mit schwacher Skulptur; die Börstchen sind winzig und verschwinden fast gegen das Caudalende zu. Gonopodentelopodit distal vom Praefemur stark eingeschnürt, dann bis zur Gabelung in Femoralfortsatz und Tibiotarsus verbreitert; diese Gabelung ist relativ weit basalwärts gelegen; Femoralfortsatz relativ lang, bis über das Haarpolster hinaus gleich dick bleibend, oder in der Mitte eingeschnürt, am Ende eine flache Lamelle, die im Profil als schlanker Ast erscheint. Tibiotarsus in der Knickung mit einem Zahn, ohne Lamelle im proximalen Teil; distal von der Knickung keine lappige Vorwölbung; Subapicalzahn kräftig, die Endspitze selbst rudimentär.

Frankreich, Pyrénées orientales, Haute Garonne, Basses Pyrénées.

17a. **P. (N.) incisus incisus** Brol. 1921 *P. i.*, Brolemann in: Bull. Soc. Toulouse, *v.* 49 p. 320 f. 1—7.

Femoralfortsatz des Gonopoden bis über das Haarpolster hinaus gleich dick. Endspitze des Tarsus des Gonopoden klein, aber deutlich (Fig. 30).

Pyrénées orientales, Haute Garonne, Hautes Pyrénées.

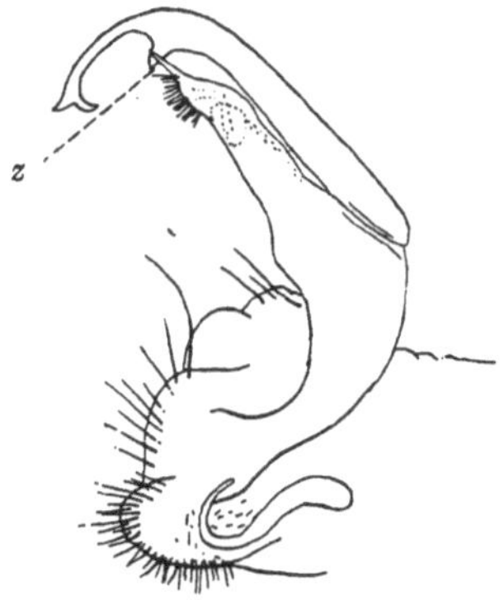

Fig. 30.
Polydesmus (N.) incisus Bröl.
(Pyrenäen, Bagnères de Luchon).

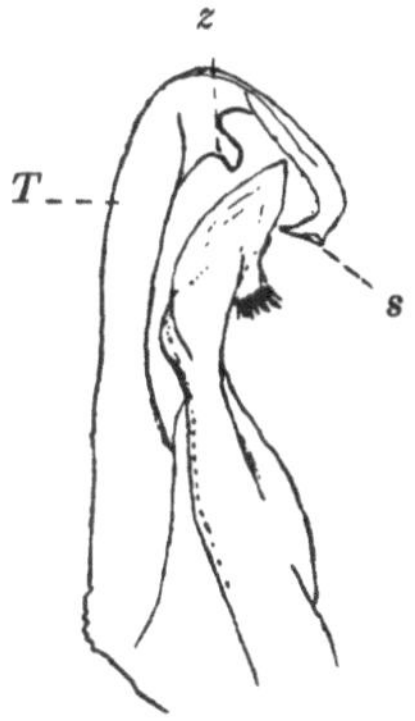

Fig. 31.
Polydesmus (N.) incisus occidentalis
Brol. (Brolemann, 1921).

17b. **P. (N.) incisus occidentalis** Brol. 1921 *P. i. o.*, Brolemann in: Bull. Soc. Toulouse, *v.* 49 p. 325 f. 8—9.

Femoralfortsatz des Gonopoden distal vom Haarpolster fast ebenso lang wie proximal von ihm; der distale Teil an der Basis etwas verdickt, dicker als der vorangehende Teil, am Ende rasch verjüngt und zugespitzt. Subapicalzahn (*s*) groß, die eigentliche Endspitze sehr klein bis ganz fehlend (Fig. 31).

Basses Pyrénées.

18. **P. (N.) hanseaticus** Att. 1926 *P. h.*, Attems in: Arch. Naturg., *v.* 92 A 1 p. 79 f. 3, 36.

Farbe jetzt nach langem Liegen in Alkohol schmutzig licht bräunlichgelb. Breite ♂ 1,3 mm. Halsschild merklich schmäler als der Kopf samt Backen. Skulptur der Metazoniten ziemlich derb. Die 2 Felder jeder Seite der 1. Reihe mehr oder weniger zusammenfließend, die 4 Felder der 2. Reihe und die 6 Felder der 3. Reihe, Beule und Fingerwulst deutlich. 3 Reihen sehr kleiner Borsten vorhanden. Seitenrand der Seitenflügel konvex mit seichten Kerben. Das Hintereck wird erst vom ca. 13. Segment an zackig. Äußerlich ist diese Art von *P. brevimanus* Brol. mit Sicherheit nicht zu unterscheiden. Die Gonopoden sind zwar auch nach dem Typus von *P. coriaceus* und *P. brevimanus* gebaut, zeigen aber doch merkliche Unterschiede. Das Telopodit ist in allen Teilen ziemlich schlank, eine bauchige

Vorwölbung auf der Hinterseite fehlt völlig. Tarsus ohne Mittelzahn und ohne Subapicalzahn, dafür ist die Lateralkante etwas lamellös vorgezogen. Tibiotarsus am Grunde deutlich durch eine Naht abgesetzt. Der Rinnenast endet mit einem einfachen, schwach gebogenen Haken, neben ihm keine Lamelle und keine 2. Spitze (Fig. 32).

Eimsbüttel bei Hamburg.

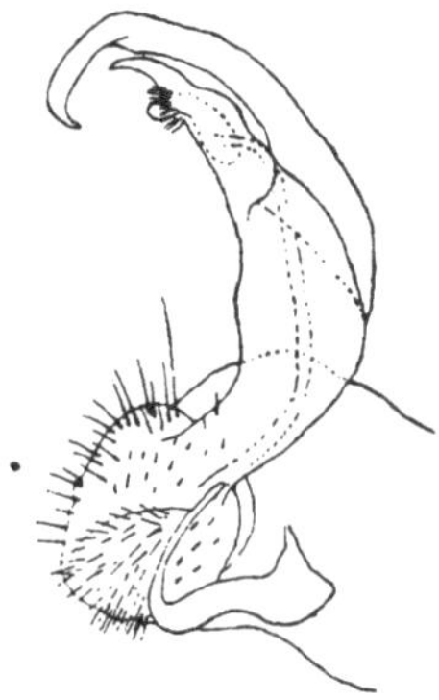

Fig. 32.
Polydesmus (N.) **hanseaticus** Att. (Hamburg).

Fig. 33.
Polydesmus (N.) brevimanus Brol. Medialseite.

19. **P. (N.) brevimanus** Brol. 1892 *P. b.*, Brolemann in: Ann. Soc. Linn. Lyon, n. ser. *v.* 39 p. 13 t. 1 f. 3 | 1898 *P. b.*, Attems in: Denk. Ak. Wien, *v.* 67 p. 445 t. 8 f. 183 | 1925 *P. b.*, K. W. Verhoeff in: Zool. Jahrb., Syst. *v.* 50 p. 99, 105 | 1926 *P. b.*, Attems in: Arch. Naturg., *v.* 92 A 1 p. 79 f. 8, 37.

Rotbraun oder bräunlich-aschgrau. Bauch und Beine blasser, fast weißlich, glatt und glänzend. Länge 10—17 mm, Breite 1,3—1,9 mm. Halsschild viel schmäler als die Backen, fast querelliptisch, seitlich ganz abgerundet, längs des Hinterrandes eine Reihe von flachen Tuberkeln, davor eine Querfurche. Seitenflügel abgerundet, die des 2.—4. Segments unmerklich nach vorn gezogen, vom 6. an wird der Hinterrand etwas konkav und das Hintereck stumpfzackig, erst auf den letzten Segmenten spitzzackig. Seitenrand konvex mit kaum sichtbaren Kerben. Metazoniten mit deutlicher Skulptur. Die Tuberkeln mit einer winzigen Borste; Beule deutlich, ungeteilt, Fingerwulst deutlich. Praefemur des Gonopoden dicht beborstet, die Borsten dünn und kurz, nur eine längere. Femur des Gonopoden am Grunde schlank, dann rasch und stark verdickt, hinten in der Mitte vorgebaucht. Rinnenast gedrungen, auf der Medialseite neben dem Endzahn eine unregelmäßig gezackte Lamelle oder Leiste. Tarsus am Grunde durch eine Naht sehr deutlich abgegrenzt; ohne Mittelzahn und ohne (?) Subapicalzahn (nach Brolemanns Abbildungen wäre das Ende als Subapicalzahn zu deuten und das eigentliche Ende fast oder ganz reduziert).

Lombardei, Wallis, Piemont.

19a. **P. (N.) brevimanus brevimanus** Brol. Literatur wie oben.

Rinnenast breit, mit kurzem Endhaken, neben diesem eine gezackte Lamelle.

Lombardei, Wallis.

var. **brevimanus** Brol. 1925 *P. b. typicus,* K. W. Verhoeff in: Zool. Jahrb., Syst. *v.* 50 p. 105.

Länge 10—15 mm. Die Leiste am Ende des Rinnenastes bleibt kurz und greift nicht über den zahnartigen Endlappen hinaus (Fig. 33).

Lombardei: Pavia, Erba, Malnate, Olgiate, Carate, Monbegro Sondrio, Bellinzona am Lago di Como, Intra.

var. **dufouri** Faes 1902 *P. D.,* Faes in: Rev. Suisse Zool., *v.* 10 p. 178 t. 1 f. 12 | 1925 *P. brevimanus* var. *d.,* K. W. Verhoeff in: Zool. Jahrb., Syst. *v.* 50 p. 106 t. 3 f. 28 | 1926 *P. b.* var. *d.,* Attems in: Arch. Naturg., *v.* 92 A 1 p. 62.

Länge 14—17 mm. Die Leiste am Ende des Rinnenastes ist in einen mehr oder weniger weit vorragenden, über den hakigen Endlappen *(p)* hinwegreichenden Zapfen *(q)* ausgezogen (Fig. 34).

Wallis.

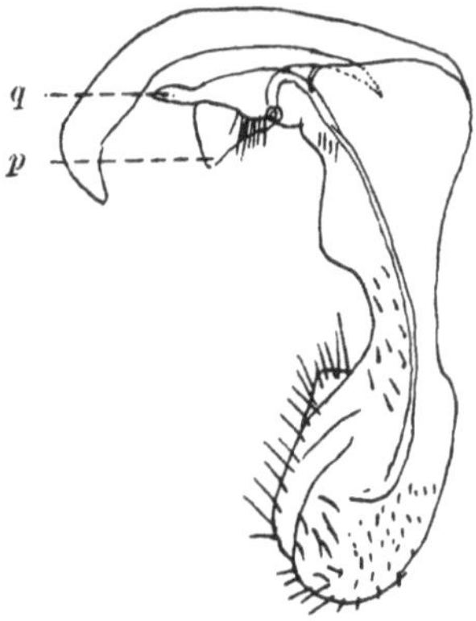

Fig. 34.
Polydesmus (N.) brevimanus var. **dufouri** Faes (K. W. Verhoeff, 1925).

Fig. 35.
Polydesmus (N.) brevimanus pellicensis Verh. (K. W. Verhoeff, 1936).

19b. **P. (N.) brevimanus pellicensis** Verh. 1932 *P. p.,* K. W. Verhoeff in: Arch. Naturg., n. F. *v.* 1 p. 615 f. 30 | 1936 *P. p.* + var. *cottianus,* K. W. Verhoeff in: Zool. Jahrb., Syst. *v.* 68 p. 364 t. 7 f. 20, t. 8 f. 21.

Länge 18—20 mm. Der Rinnenast läuft von breiter Basis in eine 3eckige Spitze aus, deren Ende nicht hakig ist und neben der keine gezackte Lamelle sich befindet (Fig. 35).

Piemont: Torre Pellice. Kottische Alpen: Barge, Crissolo.

20. **P. (N.) asthenestatus** Poc. 1894 *P. a.,* Pocock in: Ann. Mus. Genova, *v.* 34 p. 519 f. 8 | 1898 *P. a.,* Attems in: Denk. Ak. Wien, *v.* 67 p. 448 t. 9 f. 224 | 1902 *P. fissilobus asthenestatus* + *fissilobus albanensis,* K. W. Verhoeff in: Arch. Naturg., *v.* 68 I p. 187 t. 9 f. 5 | 1926 *P. asthenestatus,* Attems, ibid., *v.* 92 A 1 p. 74 f. 26 | 1926 *P. asthenestatus albanensis,* K. W. Verhoeff in: Zool. Jahrb., Syst. *v.* 50 p. 101.

Gelblich. Klein und schlank. Länge 8—9 mm. Halsschild schmäler als die Backen, fast halbkreisförmig mit abgerundeten Ecken; mit 3 Reihen borstentragender Tuberkeln. Seitenflügel des 2.—4. Segments mit winkligen, die anderen mit abgerundeten Vorderecken. Seitenrand auf dem 2.—5. Segment kräftig gezähnt, konvex, vom 6. Segment an nur äußerst schwach gezähnt, jedes Zähnchen mit einer Borste. Hinterecken bis zum 10. Segment abgerundet, dann winklig, vom 14. an zackig, erst kurz und stumpfzackig, auf den letzten spitz. Seitenflügel horizontal. Metazoniten mit 3 Querreihen von je 6, eine kleine Borste tragenden Tuberkeln. Fingerwulst nur auf den porentragenden Segmenten deutlich. Sternite beborstet, quer eingedrückt. Zwischen Praefemur und Femur des Gonopoden nur eine sehr schwache Einschnürung, Femur kurz und breit, hinten bauchig vorgewölbt. Rinnenast fast 3eckig oder fingerartig schlank, das Haarpolster nimmt fast die ganze Länge der hinteren Seite ein. Tibiotarsus am Grunde abgegrenzt, kurz und breit; am Ende sind durch eine Bucht 2 Zähnchen getrennt, daneben ein 3eckiger Lappen (Fig. 36).

Mittelitalien (Toscana, Umbrien, Rom), Süditalien (Neapel), Sardinien, Korsika.

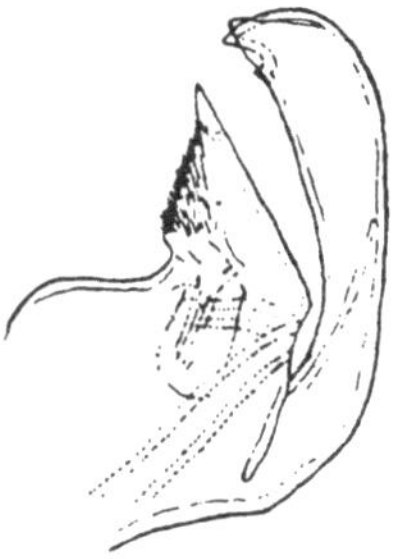

Fig. 36.
Polydesmus (N.) asthenestatus Poc.
(Camerata vecchia). Medialseite.

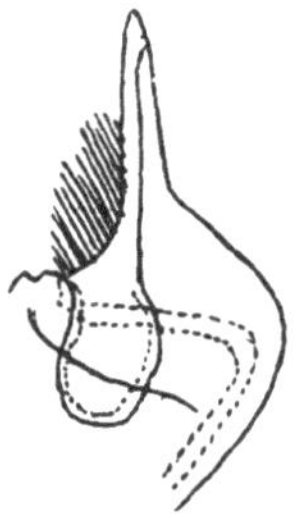

Fig. 37.
Polydesmus (N.) asthenestatus borgotarensis Verh. (K. W. Verhoeff, 1936).

20a. **P. (N.) asthenestatus asthenestatus** Poc. Literatur wie oben.

Rinnenast 3eckig, am Grunde breit, die dem Tibiotarsus zugekehrte Seite bucklig vorgewölbt (Fig. 36).

Toscana, Umbrien, Rom, Neapel. Korsika. Sardinien.

20b. **P. (N.) asthenestatus borgotarensis** Verh. 1936 *P. a. b.*, K. W. Verhoeff in: Zool. Jahrb., Syst. *v.* 68 p. 362 t. 7 f. 16—18.

Äußerlich dem *P. asthenestatus* gleichend. Länge 8½—9½ mm. Unterscheidet sich nur durch die Gestalt des Femoralfortsatzes; er ist fingerartig schmal, ohne Einschnürung an der Basis (Fig. 37).

Borgotaro, 430—500 m.

21. **P. (N.) clavator** Verh. 1902 *P. fissilobus*, K. W. Verhoeff (nec Brölemann) in: Arch. Naturg., *v.* 68I p. 187 t. 9 f. 6 | 1925 *P. clavator*, K. W. Verhoeff in: Zool. Jahrb., Syst. *v.* 50 p. 96, 101 t. 3 f. 27 | 1926 *P. c.*, Attems in: Arch. Naturg., *v.* 92 A 1 p. 59.

Länge ♂ 7,5 mm, ♀ 8,5 mm. Äußerlich von *P. fissilobus* außer durch die etwas bedeutendere Größe nicht zu unterscheiden. Die Beborstung des Gonopodenpraefemur greift auf den nicht wesentlich verschmälerten Anhang des Femur über; dieser hinten an der Gabelung in Rinnenast und Tibiotarsus bauchig vorgewölbt; Rinnenast ziemlich breit geradlinig begrenzt, am Ende schräg abgeschnitten, spitz auslaufend und nur dieses relativ kurze Stück mit dem Haarpolster. Tibiotarsus in den distalen 2 Dritteln löffelartig ausgehöhlt, der äußere Rand gerade, erst vor der Spitze kurz eingebuchtet, der innere Rand weit ausgebuchtet, vor dem Ende gerundet vortretend (Fig. 38—40).

Westlicher Teil Oberitaliens.

Übersicht über die Subspecies:

1	Femoralfortsatz breiter gebaut, am Ende schief abgeschnitten, das Haarpolster sitzt an seinem Ende. Samenblase schmal, aber an der Basis doch etwas basalwärts bauchig erweitert (Fig. 38)	21 a. **P. (N.) clavator clavator**
	Femoralfortsatz schmal, spitz auslaufend. Samenblase rinnenartig schmal und an der Basis nicht erweitert — **2**	
2	Femoralfortsatz ganz ohne Haarpolster. Tibiotarsus am Ende ohne deutliche Spitze (Fig. 39)	21 b. **P. (N.) clavator susensis**
	Femoralfortsatz vor dem Ende mit Haarpolster. Tibiotarsus am Ende mit Zahnspitze (Fig. 40)	21 c. **P. (N.) clavator sturanus**

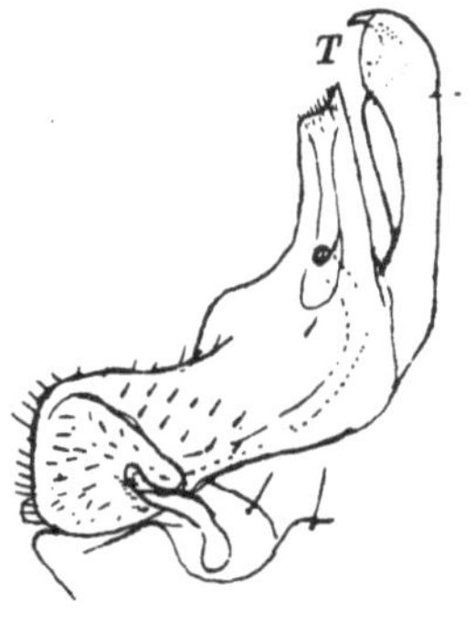

Fig. 38. **Polydesmus (N.) clavator** Verh. (K. W. Verhoeff, 1925).

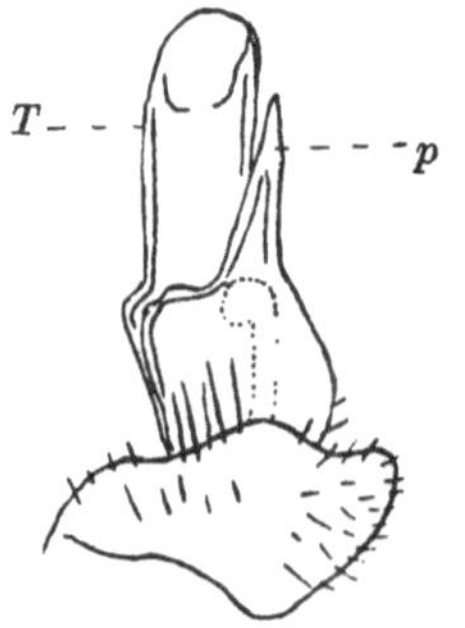

Fig. 39. **Polydesmus (N.) clavator susensis** Verh. (K. W. Verhoeff, 1932).

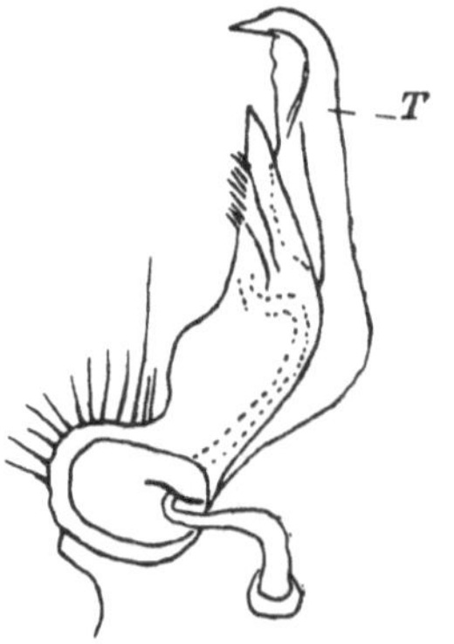

Fig. 40. **Polydesmus (N.) clavator sturanus** Verh. (K. W. Verhoeff, 1936).

21 a. **P. (N.) clavator clavator** Verh. 1925 *P. c.*, K. W. Verhoeff in: Zool. Jahrb., Syst. *v.* 50 p. 101 (Fig. 38).

Bellinzona.

21 b. **P. (N.) clavator susensis** Verh. 1932 *P. s.*, K. W. Verhoeff in: Arch. Naturg., n. F. *v.* 1 p. 618 f. 33 | 1936 *P. s.* + *P. clavator* var. *s.*, K. W. Verhoeff in: Zool. Jahrb., Syst. *v.* 68 p. 364, 219 (Fig. 39).

Susa.

21 c. **P. (N.) clavator sturanus** Verh. 1936 *P. susensis sturanus*, K. W. Verhoeff in: Zool. Jahrb., Syst. *v.* 68 p. 363 t. 7 f. 19 | 1936 *P. clavator* var. *sturanus*, K. W. Verhoeff, ibid., *v.* 68 p. 219. (Verhoeff bezieht sich p. 219 auf die Publikation p. 363) (Fig. 40).

Biella, Cosella, Ceres, Ala di Stura, Pinerolo.

22. **P. (N.) fissilobus** Bröl. 1892 *P. f.*, Brölemann in: Ann. Soc. Linn. Lyon, n. ser. *v.* 39 p. 16 t. 1 f. 2 | 1898 *P. f.*, Attems in: Denk. Ak. Wien, *v.* 67 p. 456 t. 9 f. 229 | 1926 *P. f.*, Attems in: Arch. Naturg., *v.* 92 A 1 p. 59.

Blaß gelblichweiß, der Darm schimmert zuweilen als dunkle Längsbinde durch, glänzend. Länge ♂ 5 mm, ♀ 5—7 mm, Breite ♂ 0,7 mm, ♀ 0,7—0,8 mm, sehr zart, parallelseitig. Backen bei Männchen und Weibchen stark aufgetrieben, Halsschild bedeutend schmäler als die Backen, wenig schmäler als das folgende Tergit, seitlich abgerundet, mit 3 Querreihen kleiner, nach vorn gerichteter Borsten, Skulptur undeutlich. Metazoniten mit 3 Querreihen von je 6 Tuberkeln, die der 1. Reihe weniger scharf getrennt, die der 2. Reihe die größten, alle mit einer kleinen glashellen Borste. Seitenflügel im allgemeinen eckig, trotz des abgerundeten Vorderecks; Seitenrand schwach konvex mit 2 oder 3 Kerben; der durch die letzte Kerbe gebildete Zahn steht so nahe dem Hintereck, daß dieses in 2 Spitzen gespalten erscheint; die Zähne relativ lang und spitz, jeder mit einem Börstchen. Rinnenast des Gonopoden schlank kegelförmig, am Ende kurz 2spitzig, ringsum fast in seiner ganzen Länge kurz und fein behaart, Tibiotarsus mit einer niedrigen runden Vorwölbung in der Mitte (Mittelzahn), das Ende papageienschnabelförmig (Fig. 41).

Fig. 41. **Polydesmus (N.) fissilobus** Bröl. (Brölemann, 1892).

Oberitalien: Cernobbio, Santa Catarina del Sasso, Malnate, Lambrugo, Canonica d'Adda, Milano, Erba, Carate, Baveno.

23. **P. (N.) taranus** Verh. 1936 *P. t.*, K. W. Verhoeff in: Zool. Jahrb., Syst. *v.* 68 p. 361 t. 7 f. 15.

Graubraun. Länge 10—11 mm. Rücken ziemlich glänzend. Seitenflügel stark abgerundet. Hinterecken erst vom 16. Segment an nach hinten vortretend. Seitenrand schwach 3mal gekerbt, in den Kerben kurze Stäbchen. Beborstung der meisten Tergite nur am Hinterrand deutlich. Felderung kräftig. Femoralfortsatz *(p)* des Gonopoden am Ende hakig umgebogen mit kräftiger scharfer Spitze. Tibiotarsus *(T)* mit Basalgelenk und Subapicalzahn, der ganze Tibiotarsus relativ breit.

Nord-Apenninen.

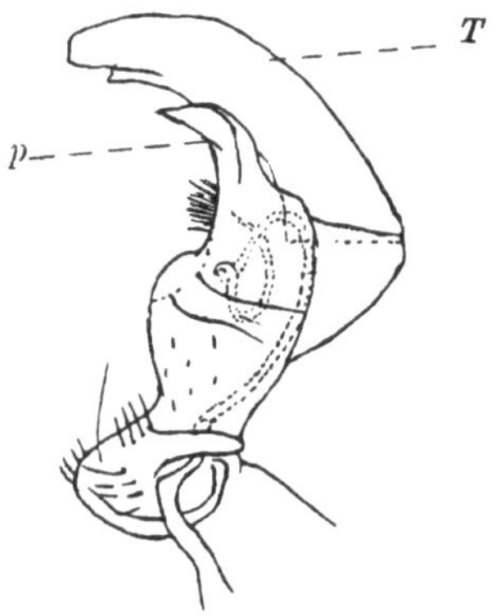

Fig. 42. **Polydesmus (N.) taranus** Verh. (K. W. Verhoeff, 1936).

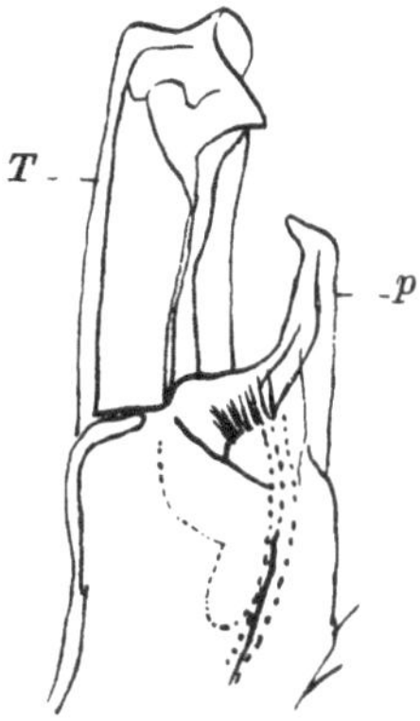

Fig. 43. **Polydesmus (N.) taranus vescarum** Verh. (K. W. Verhoeff, 1937).

23a. **P. (N.) taranus taranus** Verh. 1936 *P. t.*, K. W. Verhoeff in: Zool. Jahrb., Syst. *v.* 68 p. 361 t. 7 f. 15.

Tibiotarsus des Gonopoden etwas länger und schmäler, an der Basis mit gelenkiger Absetzung. Das Ende des Rinnenastes *(p)* etwas stärker umgebogen. Kerbung der Seitenflügel etwas schmäler (Fig. 42).

Bei Borgotaro am Taro.

23b. **P. (N.) taranus vescarum** Verh. 1937 *P. v.*, K. W. Verhoeff in: Zool. Jahrb., Syst. *v.* 70 p. 133 t. 2 f. 14—16.

Tibiotarsus *(T)* etwas kürzer und breiter, ohne (?) gelenkige Absetzung an der Basis. Das Ende des Rinnenastes *(p)* etwas weniger umgebogen. Kerbung der Seitenflügel etwas stärker (Fig. 43).

Gebirge bei Albissola, östl. von Savona (1 einziges Männchen).

24. **P. (N.) polygamiae** Verh. 1932 *P. p.*, K. W. Verhoeff in: Arch. Naturg., n. F. *v.* 1 p. 617 f. 32.

Länge ♂ 8,5 mm, ♀ 9 mm, äußerlich *P. asthenestatus* und Verwandten gleichend. Seitenränder der Seitenflügel beim Männchen vorn stärker als beim Weibchen eingebogen. Femur des Gonopoden vor dem Haarpolster nicht bucklig vorgewölbt, Haarpolster klein, nicht so in die Länge gezogen wie bei *P. asthenestatus* (Fig. 44).

Ligurien: Ronco und Mele (auf 100 Weibchen nur 1 Männchen).

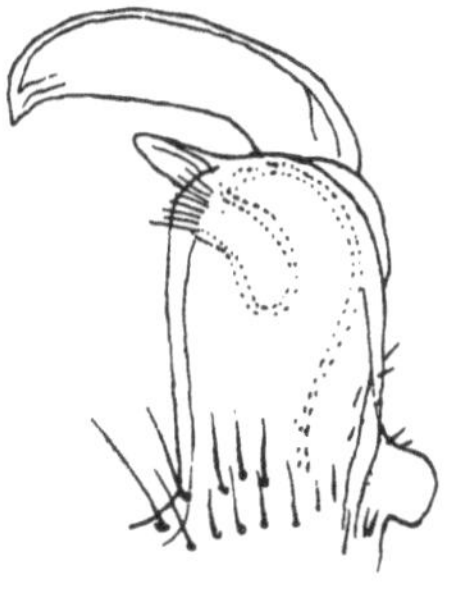

Fig. 44.
Polydesmus (N.) polygamiae Verh.
(K. W. Verhoeff, 1932).

Fig. 45.
Polydesmus (N.) mediterraneus Daday
(Griechenland).

25. **P. (N.) mediterraneus** Daday 1889 *P. m.*, Daday in: Termész. Füzetek, *v.* 12 p. 140 t. 5 f. 25—27 | 1898 *P. m.*, Attems in: Denk. Ak. Wien, *v.* 67 p. 451 t. 10 f. 230 | 1901 *P. m. örtzeni*, K. W. Verhoeff in: Arch. Naturg., *v.* 67 I p. 254 t. 14 f. 27 | 1903 *P. montenegrinus*, Attems in: Zool. Jahrb., Syst. *v.* 18 p. 124 t. 8 f. 7, 8 | 1926 *P. mediterraneus*, Attems in: Arch. Naturg., *v.* 92 A 1 p. 78 f. 35.

Heller oder dunkler braun. Länge 8—16 mm. Halsschild bedeutend schmäler als die Backen, querelliptisch, seitlich ganz abgerundet, Skulptur etwas undeutlich. Seitenflügel im allgemeinen rundlich. Vordereck überall rund. Hintereck von der Körpermitte an stumpfzackig, erst vom 16. Segment an etwas spitzer, Seitenrand konvex, die Kerben mehr auf der Oberseite in einem kleinen Wulst. Skulptur der Metazoniten ziemlich derb, auf den Tuberkeln und in den Kerben kleine, spitze Borsten, Oberfläche glatt und glänzend. Gonopodentelopodit sehr gedrungen, das Femur gleich am Grunde sehr dick, hinten etwas vorgewölbt. Rinnenast mit langem Haarpolster, das Ende kurz 2hakig. Tibiotarsus am Grunde durch Naht abgesetzt, schwach gebogen, in der Mitte manchmal leicht angeschwollen, ohne Mittelzahn, mit Subapicalzahn (Fig. 45).

Korfu, Patras, Montenegro (Vada ribnica), Scoglio Gali bei Lussin. Zante. Serbien.

26. **P. (N.) wardaranus** Verh. 1937 *P. w.*, K. W. Verhoeff in: Mit. Höhlen- und Karstforsch., p. 93 f. 1—3.

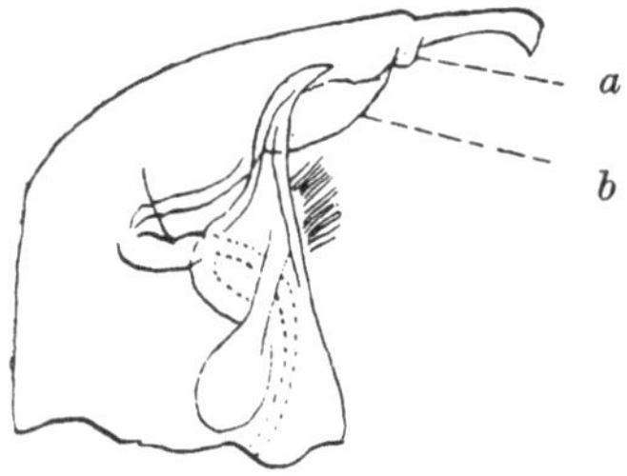

Fig. 46.
Polydesmus (N.) wardaranus Verh.
(K. W. Verhoeff, 1937).

Graugelblich, Rücken glänzend. Länge 12,5—13 mm. Ränder der Seitenflügel sehr schwach gekerbt, fast glatt; eine deutliche Beborstung nur auf den letzten 3 Segmenten. Hinterecken der Seitenflügel auf den vorderen Segmenten stumpfwinklig, dann rechtwinklig, vom 14. Segment an treten sie als Fortsätze nach hinten vor. Halsschild mit 2 Feldern vor dem Hinterrand. 1. Felderreihe der Tergite verwischt. Tibiotarsus des Gonopoden in 3 Abschnitte zerlegt, d. h. die ersten 2 Drittel breit, mit einer kleinen Einbuchtung in der Mitte, das Enddrittel bedeutend schlanker; am Ende des mittleren Abschnittes 2 kleine Wülste *(a, b)*. Kein spitzer Mittelzahn und kein Subapicalzahn. Endhaken des Rinnenastes schlank, spitz, schwach gebogen. Auf der Lateralseite eine starke Leiste, die schräg vom Praefemur zur Basis des Tibiotarsus zieht (Fig. 46).

In einem Brunnen bei Skoplje (Üsküb).

27. **P. (N.) subulifer** Bröl. 1892 *P. s.*, Brölemann in: Ann. Soc. Linn. Lyon, n. ser. *v.* 39 p. 10 t. 1 f. 4 | 1898 *P. s.*, Attems in: Denk. Ak. Wien, *v.* 67 p. 451 t. 8 f. 182 | 1900 *P. s.*, Rothenbühler in: Rev. Suisse Zool., *v.* 8 p. 174 | 1902 *P. s.*, Faes, ibid., *v.* 10 p. 76 t. 1 f. 13 | ? 1908 *P. carraranus*, K. W. Verhoeff in: Arch. Naturg., *v.* 73 I p. 470 f. 31 | 1925 *P. subulifer*, K. W. Verhoeff in: Zool. Jahrb., Syst. *v.* 50 p. 99 | 1926 *P. s.*, Attems in: Arch. Naturg., *v.* 92 A 1 p. 59 f. 7 | ? 1937 *P. carraranus finalensis*, K. W. Verhoeff in: Zool. Jahrb., Syst. *v.* 70 p. 132 t. 2 f. 12, 13.

Die sichere Entscheidung, ob *P. carraranus* mit *P. subulifer* identisch ist, ist nicht möglich, weil über die Beschaffenheit der Borsten des Haarpolsters von *P. carraranus* nichts bekannt ist. Möglicherweise fällt *P. carraranus* mit *P. incisus* zusammen. *P. carraranus* und *P. finalensis* (letzterer nur in einem einzigen Männchen bekannt) sind nur durch minimale Verschiedenheiten der Gonopoden getrennt, die auch auf individueller Variation beruhen können.

Lichter oder dunkler erdbraun oder rotbraun, Bauchseite heller. Sehr glatt und glänzend. Länge 18—22,5 mm, Breite 2,7—3,9 mm. Halsschild bedeutend schmäler als die Backen, querelliptisch, seitlich ganz abgerundet, mit undeutlicher Skulptur. Seitenflügel im allgemeinen abgerundet, das Vordereck überall abgerundet, das Hintereck auf den vorderen Segmenten ebenfalls, weiterhin stumpfzackig dadurch, daß der Hinterrand seicht konkav wird, erst auf den hintersten Segmenten ist es spitzer. Seitenrand gar nicht oder kaum merklich gekerbt. Tuberkeln der 2. und 3. Reihe der Metazoniten deutlich, Beule groß, nicht durch eine Querfurche geteilt, Fingerwulst sehr deutlich. Sternite mit langen, etwas weitschichtig gestellten Borsten. Rückentuberkeln, Seitenrand und Hinterrand ohne Borsten. Die Beborstung des Gonopodentelopodit setzt sich auch auf die schlankere Stelle distal von der dicken Basis fort, eine deutliche Grenze zwischen Praefemur und Femur nicht sichtbar. Rinnenast und Tibiotarsus stehen im rechten Winkel zur basalen Hälfte des Telopodit. Der Rinnenast ist nicht wie sonst meistens vom Tarsus weg, sondern gegen diesen hin gekrümmt; das Haarpolster besteht aus starken Stiften, nicht aus feinen dünnen Haaren. Der Tibiotarsus ist am Grunde deutlich abgesetzt; in der Mitte hat er einen spitzen Zahn, vor dem wie abgeschnittenen Ende ein kleiner runder Lappen (Fig. 47).

Lombardei, Wallis.

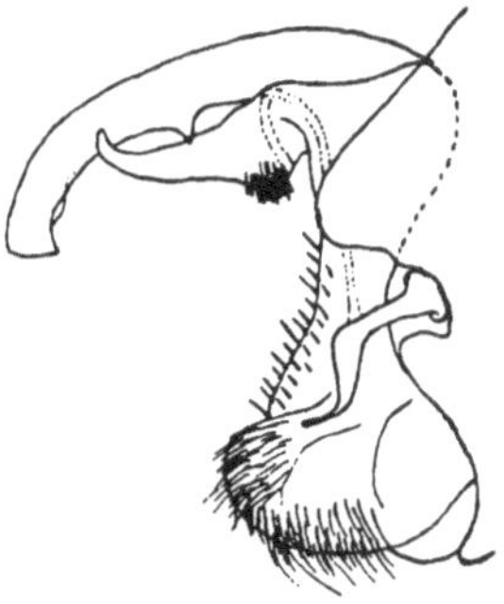

Fig. 47.
Polydesmus (**N.**) **subulifer** Bröl. (Levo).

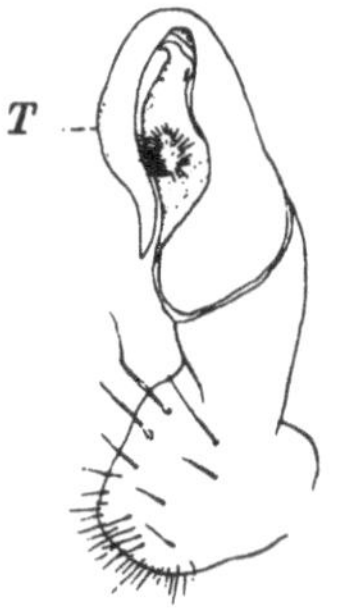

Fig. 48.
Polydesmus (**N.**) **schässburgensis** Verh.

28. **P.** (**N.**) **schässburgensis** Verh. 1898 *P. s.*, K. W. Verhoeff in: Arch. Naturg., *v.* 64 I p. 365 t. 9 f. 1—3 | 1899 *P. s.*, Attems in: Denk. Ak. Wien, *v.* 68 p. 431 | 1926 *P. s.*, Attems in: Arch. Naturg., *v.* 92 A 1 p. 61.

Licht erdbraun. Länge 8,5—15 mm, Breite 1—2 mm. Halsschild schmäler als die Backen, fast halbkreisförmig mit gut ausgeprägten Hinterecken, mit 3 Querreihen borstentragender Tuberkeln. Rücken flach, die Seitenflügel horizontal, schon vom 2. an seitlich recht kräftig gezähnt, mit 3—4 Kerben und 4—5 Zähnen, Hintereck auf dem 2. und 3. Segment rechtwinklig, vom 4. an beginnt es zackig zu werden, Vorderrand an der Basis eine Schulter bildend, dann schräg nach außen ziehend, die 1. Seitenkerbe gleich hinter dem Ende des Vorderrandes; in den Kerben winzige Börstchen. Oberfläche matt, Skulptur gut ausgeprägt, Fingerwulst etwas undeutlich; alle Tuberkeln mit Börstchen besetzt. Das Femur des Gonopoden beginnt mit einer leichten Einschnürung, gegen die Mitte ist er etwas verdickt und hinten schwach vorgebaucht. Rinnenast ziemlich lang, trägt das Haarpolster nahe der Basis, endet 2spitzig. Tibiotarsus *(T)* am Grunde durch eine Naht abgegrenzt, ist lang, schlank, peitschenförmig eingebogen, so daß er bis über das Haarpolster zurückreicht, ganz ohne Zähne (Fig. 48).

Siebenbürgen: Schässburg, Kronstadt, Torda, Garesin-Tal. Ruma.

29. **P.** (**N.**) **raffardi** Bröl. 1905 *P. R.*, Brölemann in: Bull. Mus. Monaco, nr. 23 p. 3 f. 1, 2 | 1926 *P. R.*, Attems in: Arch. Naturg., *v.* 92 A 1 p. 61.

Blaßrosa, die Jungen gelblich. Länge 12—13,5 mm, Breite 1,4 bis 1,5 mm. Halsschild schmäler als der Kopf, mehr oder weniger halbkreisförmig, glatt mit 2 undeutlichen Quereindrücken, ringsum kurz weitschichtig beborstet. Seitenflügel des 2. und 3. Segments schwach nach vorn gezogen, im Vordereck ein kleines spitzes Zähnchen, seitlich 2 schwache borstentragende Kerben, im Hintereck abgerundet; auf den folgenden Seitenflügeln das Vordereck abgerundet, Seitenrand konvex mit 2 mehr oder weniger deutlichen

Kerben mit kurzer Borste. Metazoniten glänzend, mit deutlicher Skulptur, jede Tuberkel mit einer sehr kurzen Borste. Sternite zerstreut langborstig mit Furchenkreuz. Femur des Gonopoden am Grunde nicht eingeschnürt, etwas vorgewölbt *(b)*, in der Mitte ein breit abgerundeter Lappen *(a)* und ein spitzer Zacken *(c)*. Haarpolster nahe dem Ende des mit einfacher kurzer Spitze endigenden Rinnenastes *(p)*. Tibiotarsus *(T)* schlank, sichelförmig gebogen, mit einem schlanken Mittelzahn *(z)*, ohne Subapicalzahn (Fig. 49).

Riviera: Beaulieu (Murta-Tal), Esterelgebirge (Théoule).

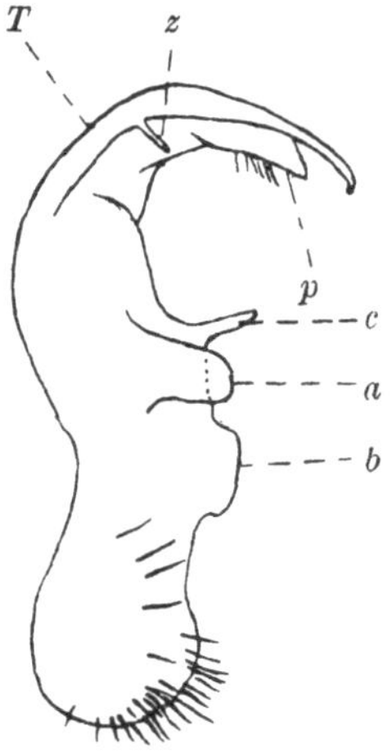

Fig. 49.
Polydesmus (N.) raffardi Bröl.
(Brölemann, 1905).

Fig. 50.
Polydesmus (N.) pulcher Silv. (Lago Albano).

30. **P. (N.) pulcher** Silv. 1894 *P. p.*, Silvestri in: Boll. Soc. Rom. zool., *v.* 3 p. 43 | 1902 *P. p.*, Ant. Berlese, A. M. S., fasc. 94 nr. 2 | 1921 *P. p.*, K. W. Verhoeff in: Arch. Naturg., *v.* 87 A 2 p. 62 t. 3 f. 68 | 1926 *P. p.*, Attems, ibid., *v.* 92 A 1 p. 76 f. 31.

Äußerlich von *P. barberii* und *P. genuensis* nicht zu unterscheiden. Am Beginn des Gonopodenfemur ein großer abgerundeter, stumpf zackiger Vorsprung, an dessen Bildung sich das Praefemur nicht beteiligt. Rinnenast groß, viel breiter als der Tarsus; medial vom Haarpolster springt er rundlappig vor; auf der Kante dieser Lamelle distal vom Haarpolster ein spitzes Zähnchen; vor dem Haarpolster kein Zahn. Das Ende des Rinnenastes ist 3spitzig. Die längste vordere Spitze ist nach vorn, gegen den Tarsus zu gekrümmt. Tarsus am Grunde deutlich abgesetzt, sehr schlank, drehrund, in der Mitte gerundet, um 90° gebogen, vor dem Ende ein kleiner, sehr dünner Subapicalzahn, das Ende hakig gekrümmt (Fig. 50).

Mittelitalien: Umbrien (Bevagna, Orvieto), Lazio (Subiaco, Albaner-Gebirge). Romagna (Viterbo).

30a. **P. (N.) pulcher pulcher** Silv. Literatur wie oben.

Distal vom Haarpolster fast nebeneinander 2 spitze Zähne, der eine setzt sich in eine flache Lamelle medial vom Haarpolster fort. Neben dem Haarpolster keine Zähnchen. Subapicalzahn und Endspitze ungleich groß, einmal die eine, ein anderes Mal die andere stärker (Fig. 50).

Umbrien: Bevagna, Orvieto. Lazio: Subiaco, Albaner-Gebirge.

30b. **P. (N.) pulcher ciminiensis** Verh. 1930 *P. p. c.*, K. W. Verhoeff in: Zool. Jahrb., Syst. *v.* 60 p. 319 t. 3 f. 59.

Länge ♂ 12,5 mm, ♀ 15 mm, äußerlich mit *P. pulcher pulcher* ganz übereinstimmend. Die beiden 3eckigen Zähne, die sich vorn am Femoralfortsatz zwischen dem Haarpolster und dem Ende befinden, liegen völlig hintereinander, der proximale ist nicht in eine Lamelle fortgesetzt. Neben dem Haarpolster einige kleine Zähnchen. Subapicalzahn und Endspitze fast gleich stark (Fig. 51).

Romagna: Viterbo am Mt. Cimino.

Fig. 51.
Polydesmus (N.) pulcher ciminiensis Verh.
(K. W. Verhoeff, 1930).

31. **P. (N.) barberii** Latz. 1889 *P. b.*, Latzel in: Ann. Mus. Genova, *v.* 27 p. 361 | 1898 *P. B.*, Attems in: Denk. Ak. Wien, *v.* 67 p. 449 t. 8 f. 180, t. 10 f. 254 | 1905 *P. B.*, Brölemann in: Bull. Mus. Monaco, nr. 23 p. 6 f. 3 | 1921 *P. b.*, K. W. Verhoeff in: Arch. Naturg., *v.* 87 A 2 p. 57 t. 3 f. 45—47 | 1926 *P. B.*, Attems, ibid., *v.* 92 A 1 p. 60.

Weißlich, Kopf und vorderste Segmente gelblich. Länge 10—14 mm, Breite 1—1,3 mm, schlank. Halsschild bedeutend schmäler als die Backen, halbkreisförmig, Hinterrand gerade, Hinterecken abgestumpft, Fläche glatt oder unmerklich uneben, längs des Vorderrandes eine Reihe größerer Borsten. Vordereck aller Seitenflügel abgerundet, Hintereck auf den vorderen Segmenten ebenfalls; nach und nach wird es eckiger und bildet vom 8. Segment an einen kräftigen spitzen Zahn; Seitenrand konvex, schwach gezähnelt, mit 2 oder 3 winzigen Kerben, jedes Zähnchen mit einer kleinen Borste. Skulptur der Metazoniten flach, eigentlich ist nur die Furche zwischen 1. und 2. Felderreihe deutlich; die Börstchen der 3 Reihen sind winzig, sie stehen nur in der 3. Reihe des 16.—19. Segments auf Knötchen. Metazoniten glänzend. An der Grenze von Praefemur und Femur des Gonopoden ein spitzzackiger Vorsprung; Rinnenast mit einem runden Lappen in der Mitte der Aboralseite vor dem nahe dem Ende stehenden Haarpolster, das Ende in 2 Spitzen gespalten oder kurz 2zackig; der Tarsus *(T)*, gleichmäßig gekrümmt, ohne Mittelzahn und ohne Subapicalzahn, überragt den Rinnenast (Fig. 52).

Ligurien: in Grotten und oberirdisch an der westlichen Riviera.

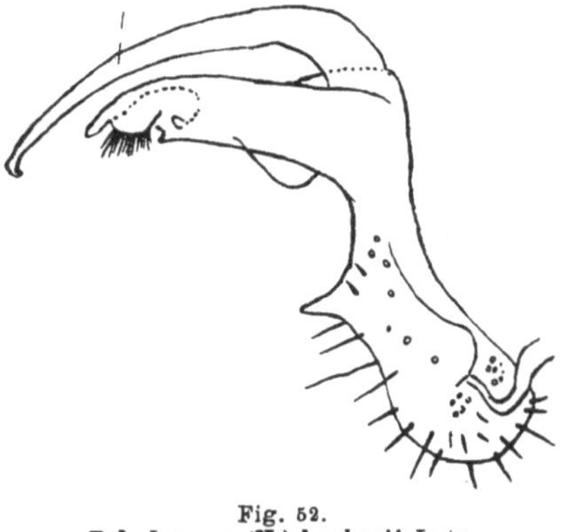

Fig. 52.
Polydesmus (N.) barberii Latz.
(K. W. Verhoeff, 1921).

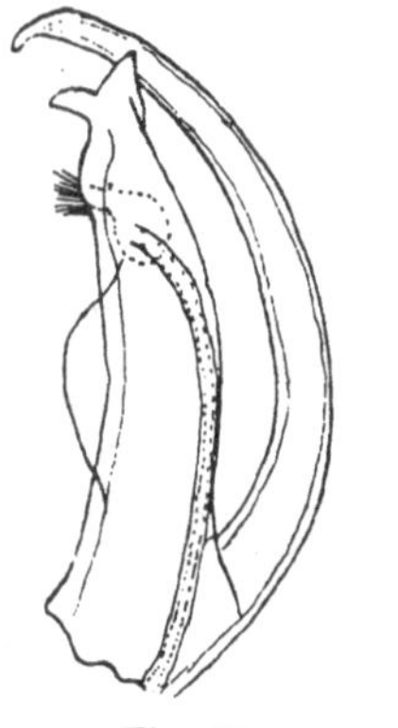

Fig. 53.
Polydesmus (N.) barberii pegliensis Verh.
(K. W. Verhoeff, 1921).

31a. **P. (N.) barberii** var. **barberii** Verh. 1921 *P. b.*, K. W. Verhoeff in: Arch. Naturg., *v.* 87 A 2 p. 57 t. 3 f. 45, 47.

Ende des Rinnenastes des Gonopoden in 2 Spitzen gespalten, Tibiotarsus etwas länger als bei var. *pegliensis*.

Westliche italienische Riviera.

31b. **P. (N.) barberii** var. **pegliensis** Verh. 1921 *P. b.* var. *p.*, K. W. Verhoeff in: Arch. Naturg., *v.* 87 A 2 p. 61 t. 3 f. 46.

Ende des Rinnenastes nicht in 2 Spitzen gespalten, sondern ohne Spaltung mit Doppelzahn. Tibiotarsus des Gonopoden etwas kürzer als bei var. *barberii* (Fig. 53).

Pegli.

32. **P. (N.) genuensis** Poc. 1894 *P. g.*, Pocock in: Ann. Mus. Genova, *v.* 34 p. 509 f. 1 | 1898 *P. g.*, Attems in: Denk. Ak. Wien, *v.* 67 p. 459 t. 9 f. 225 | 1921 *P. g.*, K. W. Verhoeff in: Arch. Naturg., *v.* 87 A 2 p. 62 t. 3 f. 49 | 1926 *P. g.*, Attems, ibid., *v.* 92 A 1 p. 76 f. 32, 33.

Gewöhnlich ein wenig größer als *P. barberii* und *P. pulcher*, aber sonst äußerlich von diesen nicht zu unterscheiden, durch die Gonopoden unterscheiden sich die 3 Arten leicht. Bei *P. genuensis* (Fig. 54) hat das Telo-

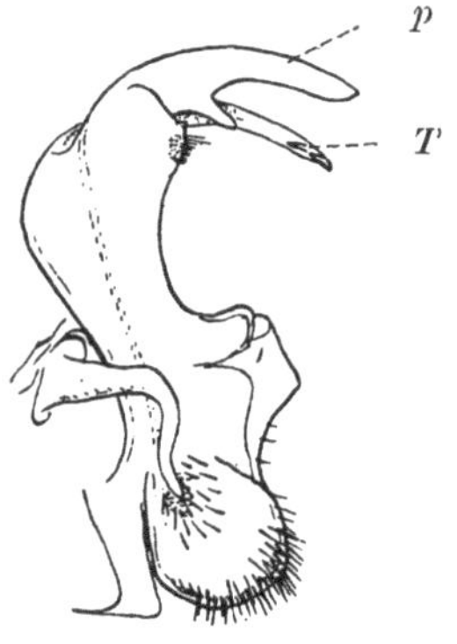

Fig. 54.
Polydesmus (**N.**) **genuensis** Poc. (Riviera)
Medialseite.

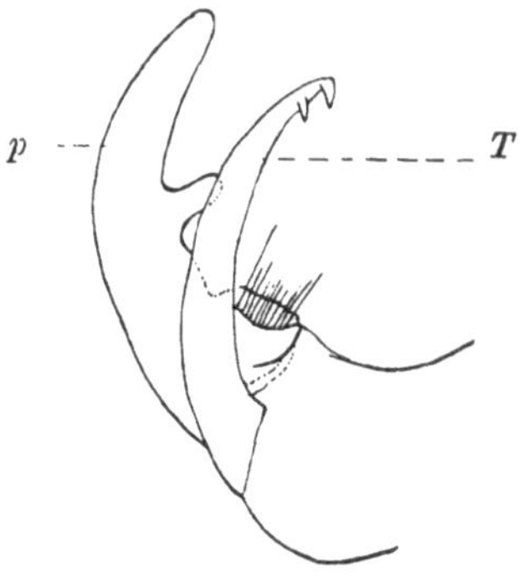

Fig. 55.
Polydesmus (**N.**) **genuensis** Poc. (Riviera)
Lateralseite.

podit an der Grenze von Praefemur und Femur einen großen abgerundeten Vorsprung, der zur Hälfte vom Praefemur und zur Hälfte vom Femur gebildet wird, die Grenze zwischen Praefemur und Femur läuft mitten durch diesen Vorsprung. Rinnenast groß, breiter als der schlanke Tibiotarsus und mit seiner Spitze ebenso weit vorragend wie dieser; proximal vom Haarpolster, das nahe der Basis des Rinnenastes steht, ein kurzer gerader Zahn; das leicht gekrümmte Ende des Rinnenastes *(p)* hat in der Mitte einen breiten, etwas stumpfen Seitenzahn (Fig. 54). Das Haarpolster wird auf der Medialseite von einer kurzen Lamelle flankiert, die einen kleinen Zacken bildet. Der Tibiotarsus *(T)* ist an seiner Basis deutlich abgesetzt; er ist sehr schlank, etwas weniger gebogen als bei *P. pulcher*; wie dieser hat er vor dem Ende einen sehr schlanken, spitzen Subapicalzahn (Fig. 55).

Ligurien: westliche italienische Riviera, bei Genua, Busalla, Portofino, Santa Margherita, Pontremoli.

33. **P. (N.) phantasma** Verh. 1925 *P. p.*, K. W. Verhoeff in: Zool. Jahrb., Syst. *v.* 50 p. 112 t. 4 f. 32 | 1926 *P. p.*, Attems in: Arch. Naturg., *v.* 92 A 1 p. 60 | 1931 *P. (Schizomeritius) p.*, K. W. Verhoeff in: Zool. Jahrb., Syst. *v.* 61 p. 419.

Hell graubräunlich. Länge ♂ 17,5 mm, ziemlich glänzend. 4 Felder in der 2., 6 Felder in der 3. Reihe der Metazoniten. Die meisten Seitenflügel mit tiefer, fast bis zum Vorderrand durchziehender Längsfurche, die einen schmäleren Fingerwulst von einer breiteren Beule trennt. Seitenrand der Seitenflügel fast glatt, nur mit Spuren von Kerbung. Hinterecken des 2.—4. Segments abgerundet-stumpfwinklig, vom 5. an treten die Hinterecken mehr und mehr eckig vor und vom 9. an ragen sie mehr und mehr als Zipfel nach hinten hinaus. Beborstung äußerst schwach, am Halsschild sehr kurz, auf den meisten Tergiten selbst im Profil und am Hinterrand nicht erkennbar; nur der Hinterrand des 18. mit kurzen, der des 19. Tergits mit etwas längeren Borsten. Die Beborstung des Gonopodenpraefemur greift auf den Femoralabschnitt über; dieser hat hinten einen riesigen, abgerundeten Lappen *(d)*, das Haarpolster sitzt nahe der Basis des Rinnenastes, der mit 2 großen Spitzen endet, einer längeren *(a)*, dem breiten Lappen parallelen, und einer zweiten, hakig gegen den Tarsus gekrümmten *(b)*. Tibiotarsus *(T)* viel kleiner und schlanker als der sehr stark entwickelte Rinnenast; er verjüngt sich von breiter Basis in eine dünne Spitze (Fig. 56).

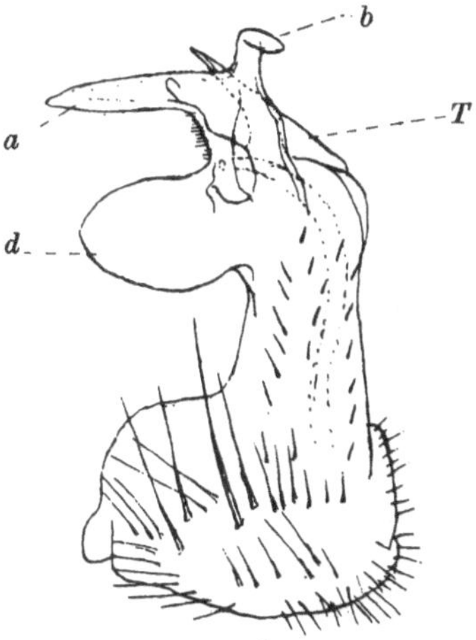

Fig. 56.
Polydesmus (N.) phantasma Verh.
(K. W. Verhoeff, 1925).

Südspanien: Cercedilla.

Unsichere Art:

P. dispar Silv. 1894 *P. d.*, Silvestri in: Boll. Soc. Rom. zool., *v.* 3 p. 43 | 1894 *P. d.*, Brölemann in: Mém. Soc. zool. France, *v.* 7 p. 449 t. 12 f. 16—18 | 1898 *P. d.*, Attems in: Denk. Ak. Wien, *v.* 67 p. 453 t. 9 f. 227 | 1902 *P. d.*, Ant. Berlese, A. M. S., fasc. 94 nr. 1 | 1926 *P. asthenestatus dispar*, Attems in: Arch. Naturg., *v.* 92 A 1 p. 59, 74.

Ist mit *P. asthenestatus* nahe verwandt, doch sollen nach Silvestri und Berlese die Seitenränder der Seitenflügel stärker gezähnt sein. Über die Gonopoden ist nichts Genaues bekannt.

Rom, Albano, Apennin (Borgotaro-Emilia).

c) Subgen. **Hormobrachium** nom. nov.

Am Endrand des Gonopodenfemur hinten der gut ausgebildete Rinnenast, vorn der Tibiotarsus entspringend, beide durch eine größere Lücke getrennt. Das Haarpolster fehlt bei *P. mistrei*, sonst stets vorhanden. Femur und Tibiotarsus des Gonopoden deutlich gegeneinander abgesetzt.

Westeuropa, Schweiz, Südeuropa, Pyrenäen, Spanien, Algier, Korsika, Oberitalien.

10 Arten mit 6 Unterarten.

Typus: *P. helveticus* Verh.

Übersicht über die Arten:

1	Ein Haarpolster fehlt. Ganz unpigmentiert. Höhlenbewohner	41. **P. (H.) mistrei**
	Haarpolster vorhanden, bei *P. germanicus* undeutlich — **2**	
2	Rumpf ganz unpigmentiert — **3**	
	Rumpf pigmentiert — **4**	
3	Länge 5,5—7,5 mm. Tibiotarsus des Gonopoden in der Mitte verdickt. Im Freien lebend	42. **P. (H.) germanicus**
	Länge 10—12 mm. Tibiotarsus des Gonopoden nicht in der Mitte verdickt. Höhlenbewohner	43. **P. (H.) troglobius**
4	Der Rinnenast endet wie abgeschnitten, kein diesen Endrand überragender Haken vorhanden, winzige Zacken können vorhanden sein	35. **P. (H.) subinteger**
	Der Rinnenast hat distal vom Haarpolster 1 oder 2 kräftige Zacken *(p)* — **5**	
5	Der Rinnenast hat 1 oder 2 quer zur Längsrichtung des Telopodit gerichtete Endzacken und einen runden, gegen den Tibiotarsus zu gerichteten Buckel — **6**	
	Der Rinnenast hat einen mit dem Tibiotarsus parallelen Endfortsatz und vorn keinen runden Buckel — **9**	
6	Die Endzacken des Rinnenastes stehen in der Höhe des Haarpolsters — **7**	
	Der einfache oder 2 spitzige Endzacken des Rinnenastes überragt das Haarpolster merklich — **8**	
7	Tibiotarsus ohne Mittelzahn und Subapicalzahn . .	37. **P. (H.) corsicus**
	Tibiotarsus mit Mittelzahn und Subapicalzahn . . .	38. **P. (H.) harpagonifer**
8	Auf der konvexen Vorderkante des Tibiotarsus 2 kleine Zähnchen. Kein Subapicalzahn	36. **P. (H.) racovitzai**
	Auf der Vorderkante des Tibiotarsus kein Zähnchen. Subapicalzahn sehr groß	34. **P. (H.) helveticus**
9	Der schlanke Fortsatz am Ende des Rinnenastes ist länger, etwas gebogen und hat mehrere kurze, stumpfe Zacken. Der Tibiotarsus hat auf der Außenseite einen stumpfen 3eckigen Höcker . .	40. **P. (H.) dismilus**
	Der Fortsatz am Ende des Rinnenastes ist einfach, gerade, am Ende wie abgeschnitten. Auf der Außenseite des Tibiotarsus kein Höcker	39. **P. (H.) heroldi**

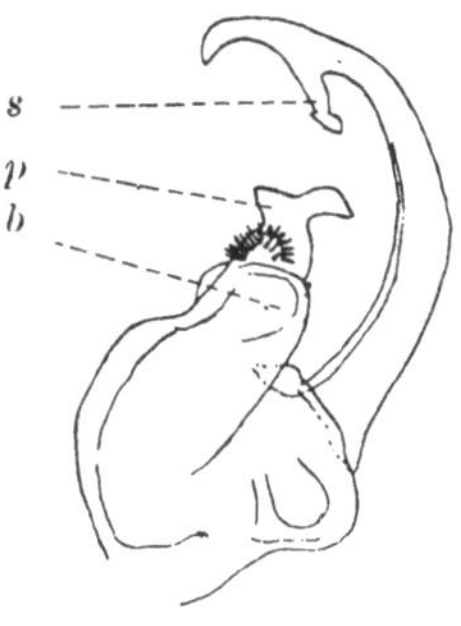

Fig. 57.
Polydesmus (H.) helveticus Verh. (Rheinland). Gonopode, Lateralseite.

34. **P. (H.) helveticus** Verh. 1894 *P. h.,* K. W. Verhoeff in: Berlin. ent. Z., *v.* 39 p. 284 t. 21 f. 7 | 1894 *P. Thomasii,* Pocock in: Ann. Mus. Genova, *v.* 34 p. 519 f. 7 | 1898 *P. helveticus,* Attems in: Denk. Ak. Wien, *v.* 67 p. 447 t. 8 f. 191 | 1899 *P. h.,* Rothenbühler in: Rev. Suisse Zool., *v.* 6 p. 224 t. 5 f. 1—4a | 1902 *P. h.,* Faes, ibid., *v.* 10 p. 74 t. 1 f. 10 | 1925 *P. h.,* K. W. Verhoeff in: Zool. Jahrb., Syst. *v.* 50 p. 100 | 1926 *P. h.,* Attems in: Arch. Naturg., *v.* 92 A 1 p. 61.

Rotbraun oder gelbbraun, glatt und glänzend. Länge 11,5—19,5 mm. Im übrigen von *P. subinteger* äußerlich schwer zu unterscheiden. Halsschild schmäler als die Backen, seitlich mehr oder weniger gerundet. Seitenflügel des 2.—4. Segments schmäler und kürzer als die folgenden, das Vordereck überall gerundet, der Seitenrand konvex mit 3 oder 4 sehr kleinen

Kerben; Hintereck vom 5. Segment an stumpfzackig dadurch, daß der Hinterrand etwas konkav wird, erst vom 17. Segment an lang spitzzackig. Skulptur deutlich, die Beule groß, nicht durch eine Querfurche geteilt, vom großen deutlichen Fingerwulst durch eine tiefe Furche getrennt. Borsten der Tuberkeln und Seitenkerben winzig klein. Acropodit des Gonopoden in der Mitte ungefähr doppelt so breit wie am Grunde; hinten entspringt der Rinnenast, der nach vorn eine rundliche Vorbauchung (*b*) hat; vorn sitzt am Grunde durch eine Naht deutlich abgegrenzt der Tibiotarsus, beide sind durch eine breite geradlinige Lücke voneinander getrennt. Der Rinnenast trägt das Haarpolster nahe dem Ende und endigt mit 2 divergierenden kurzen kräftigen Spitzen (*p*). Tibiotarsus schlank, erst gerade, dann gebogen; der große Subapicalzahn (*s*) bildet einen kräftigen Widerhaken (Fig. 57).

Schweiz: Genfer See, Luzern, Bern, Villeneuve, Jura, Sion, Bex, Wallis, Graubünden, Basel.

34a. **P. (H.) helveticus helveticus** Verh. 1911 *P. h. genuinus*, K. W. Verhoeff in: SB. Ges. Fr. Berlin, nr. 6 p. 299.

Dunkler gefärbt. Länge ♂ 18,5—19,5 mm, ♀ 15—18 mm. 8. Beinpaar des Männchens innen an der Tibia mit 5—6 größeren und außerdem mit einer Anzahl kleinerer Borstenhöcker, Tarsus namentlich in der Grundhälfte mit stärkeren Borstenhöckern. Coxite der Gonopoden gegen den Grund hinter der Aushöhlung abgerundet. Gonopoden zwischen Praefemur und Femur stark eingeschnürt, vor dem Gelenk mit dem Tibiotarsus in abgerundeter Anschwellung nach vorn vorragend. 8. Beinpaar des Männchens am Femur innen deutlich bogig ausgehöhlt, Praefemur innen sehr dicht mit Stäbchenborsten besetzt, welche ein kleines Nebenspitzchen besitzen. Rumpf in der Mitte 2—2,5 mm breit.

Schweiz wie oben.

34b. **P. (H.) helveticus geyeri** Verh. 1911 *P. h. g.*, K. W. Verhoeff in: SB. Ges. Fr. Berlin, nr. 6 p. 299 | 1926 *P. h. g.*, Attems in: Arch. Naturg., *v.* 92 A 1 p. 61.

Heller gefärbt. Länge ♂ 11,5, ♀ 12,25 mm. Rumpf in der Mitte 1—1 1/3 mm breit. Die Knötchen in der 1. Felderreihe sind relativ deutlicher als bei *P. helveticus*. 8. Beinpaar des Männchens innen an der Tibia mit 2—3 größeren und 3—4 kleineren Borstenhöckern, ebenso am 6. und 7. Beinpaar; der Tarsus nur mit schwachen und spärlichen Borstenhöckern. Die Coxite der Gonopoden springen gegen den Grund hinter der Aushöhlung mit zahnartiger Ecke vor. Gonopoden zwischen Praefemur und Femur weniger eingeschnürt und vor dem Gelenk mit dem Tibiotarsus nicht angeschwollen. 8. Beinpaar des Männchens am Femur innen fast gerade, Praefemur innen nur mäßig dicht mit Stäbchenborsten besetzt (Abbildung der Gonopoden nicht publiziert).

Pilatus, 1850 m.

35. **P. (H.) subinteger** Latz. 1884 *P. s.*, Latzel in: Bull. Soc. Rouen, ser. 2 *v.* 19 p. 268 | 1891 *P. s.*, K. W. Verhoeff in: Berlin. ent. Z., *v.* 36 p. 123 t. 5 f. 2 | 1894 *P. macilentus*, A. Humbert in: Mém. Soc. Genève, *v.* 32 p. 10 t. 2 f. 2 | 1898 *P. subinteger*, Attems in: Denk. Ak. Wien, *v.* 67 p. 446 t. 8 f. 181 | 1899 *P. s.* var. *Humberti*, Rothenbühler in: Rev. Suisse Zool., *v.* 6 p. 226 t. 5 f. 5 | 1910 *P. s.*, Brölemann in: Arch. Zool. expér., ser. 5 *v.* 5 p. 356 f. 39—43 | 1915 *P. testaceus*, K. W. Verhoeff in: Jahresh. Ver. Württemb., *v.* 71 p. 24 | 1925 *P. t.*, K. W. Verhoeff in: Zool. Jahrb., Syst. *v.* 50 p. 97 | 1926 *P. subinteger*, Attems in: Arch. Naturg., *v.* 92 A 1 p. 59 | 1930 *P. testaceus*, K. W. Verhoeff in: Zool. Jahrb., Syst. *v.* 59 p. 399.

Erdfarben oder rotbraun. Länge ♂ 14,5—20 mm, Breite ♂ bis 3 mm, ♀ bis 3,5 mm. Glatt und glänzend. Halsschild schmäler als die Backen, querelliptisch, seitlich abgerundet, mit 3 Borstenreihen, 2 Querfurchen, die durch eine sehr seichte Längsfurche verbunden sind. Seitenflügel des 2., 3. ev. auch 4. Segments ganz schwach nach vorn gezogen und etwas eckiger und seitlich deutlicher gezähnt als die anderen. Vordereck auf den folgenden Segmenten abgerundet. Seitenrand gewölbt mit 3 oder 4 winzigen, ganz undeutlichen Kerben, fast glatt. Hintereck des 2. Segments stumpfwinklig, vom 6. oder 7. an stumpf-zackig mit etwas konkavem Hinterrand; auf den letzten Segmenten wird der Zahn lang und spitz. Skulptur der Metazoniten im Verhältnis zur Größe des Tieres schwach. Die Tuberkeln flach; Beule groß und flach, durch eine feine Querlinie geteilt; Fingerwulst ganz undeutlich. Die 3 Börstchenreihen sind zwar sichtbar, aber die meisten Börstchen sind winzig klein. Zwischen Praefemur und verdickter Mitte des Gonopodentelopodit nur eine schwache, etwas beborstete Einschnürung. Rinnenast sehr dick, am Ende quer abgestutzt; das Haarpolster sitzt ganz am Ende hinten. Die Borsten sind stiftartig (Fig. 58). Tibiotarsus gleichmäßig gebogen mit Mittelzahn *(z)* und Subapicalzahn, am Grunde deutlich abgesetzt.

Frankreich. Rheinprovinz. Schweiz. Süddeutschland. Westliche Riviera.

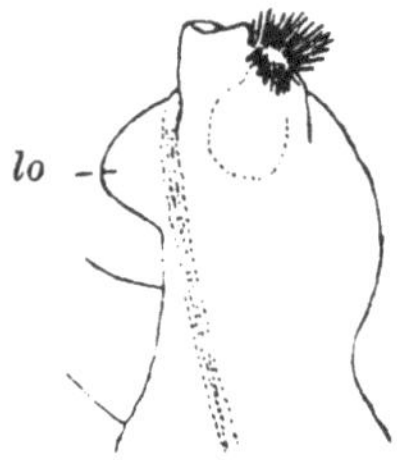

Fig. 58.
Polydesmus (**H.**) **subinteger** Latz.
Rinnenast.

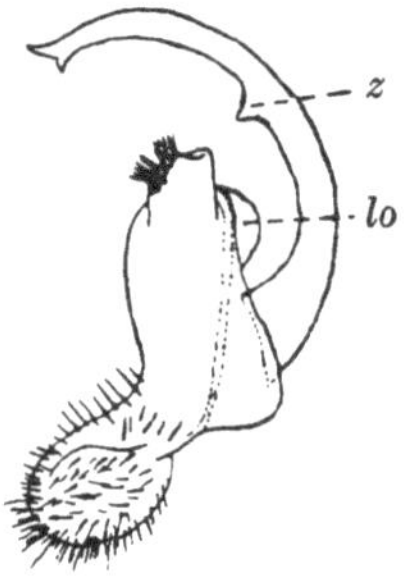

Fig. 59.
Polydesmus (**H.**) **subinteger** Latz.
Gonopode.

Übersicht über die Unterarten:

1	Am Ende des Rinnenastes keine zahnartige Vorragung — **2**	
	Am Ende des Rinnenastes 1 oder 3 kurze zahnartige Vorragungen	35d. **P. (H.) subinteger laurae**
2	Rinnenast mit einer großen, runden, gegen den Tibiotarsus zu gerichteten Vorwölbung *(lo)* — **3**	
	Rinnenast ohne diese Vorwölbung . .	35c. **P. (H.) subinteger taurinorum**
3	Tibiotarsus des Gonopoden länger, der Mittelzahn vom Subapicalzahn weiter entfernt	35a. **P. (H.) subinteger subinteger**
	Tibiotarsus des Gonopoden kürzer, der Mittelzahn nahe dem Subapicalzahn	35b. **P. (H.) subinteger dervillei**

35a. **P. (H.) subinteger subinteger** Latz. Literatur wie oben.

Der Rinnenast mit einer großen bauchigen Vorwölbung *(lo)*, die nach vorn vorragt und im Profil sehr gut sichtbar ist. Das Ende des Rinnenastes quer abgeschnitten ohne vorragende Spitze. Mittelzahn des Tarsus in der

Mitte sitzend. Subapicalzahn so groß wie die Endspitze. Ventralrand des 3. Segments des Weibchens mit einem medianen Zacken (Fig. 59).

Nordwest- und Westfrankreich. Schweiz (Genf, Wallis, Graubünden, Basel). Rheinprovinz, Süddeutschland (Neckartal, Heidelberg, Blaubeuren, Rottweil).

35b. **P. (H.) subinteger dervillei** Brol. 1920 *P. s. D.*, Brolemann in: Bull. Soc. Toulouse, *v.* 48 p. 41 f. 1—3 | 1926 *P. s. d.*, Attems in: Arch. Naturg., *v.* 92 A 1 p. 59.

Rinnenast in der Länge zwischen dem von *P. subinteger* und *s. laurae* stehend; die große bauchige Vorwölbung *(lo)* wie bei *P. subinteger;* das Ende des Rinnenastes ohne vorragende Spitze. Der Mittelzahn *(z)* des Tibiotarsus sitzt noch näher dem Ende als bei *s. laurae.* Subapicalzahn größer als die etwas reduzierte Endspitze (Fig. 60).

Frankreich: Dep. Ardèche, 'La Louvèse par Annonay.

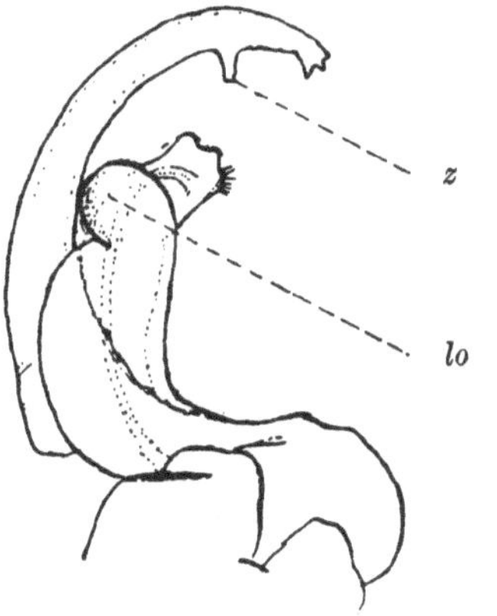

Fig. 60.
Polydesmus (H.) **subinteger dervillei** Brol. (Brolemann, 1920).

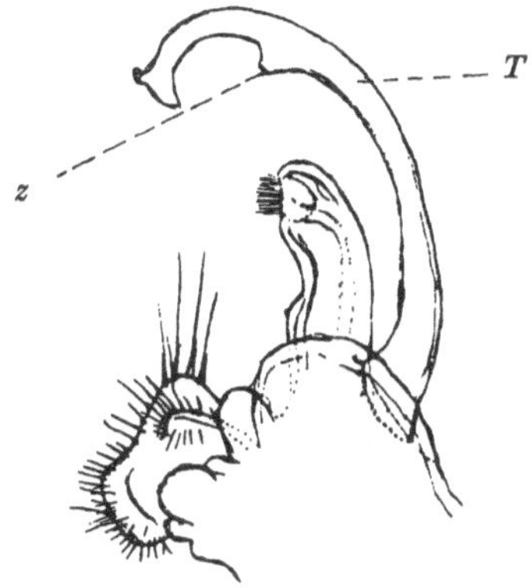

Fig. 61.
Polydesmus (H.) **subinteger taurinorum** Verh. (K. W. Verhoeff, 1930).

35c. **P. (H.) subinteger taurinorum** Verh. 1930 *P. t.*, K. W. Verhoeff in: Zool. Jahrb., Syst. *v.* 59 p. 400 t. 15 f. 23.

Länge ♂ 18,5—22 mm, ♀ 21—22 mm. Stimmt, abgesehen von den Gonopoden, namentlich in der rötlich-gelbbraunen Farbe mit *P. s. laurae* überein. Rinnenast des Gonopoden etwas länger als bei *laurae,* am Ende abgestutzt ohne Zahn und ohne Querwulst. Tarsus stärker gekrümmt als bei *laurae,* der Mittelzahn in derselben Entfernung vom Subapicalzahn wie dort, neben dem Subapicalzahn manchmal ein dritter Zahn (Fig. 61).

Piemont: Val Salice bei Turin, Mondovi, Burgberg bei Ceva.

35d. **P. (H.) subinteger laurae** Poc. 1891 *P. L.*, Pocock in: Ann. Mus. Genova, *v.* 30 p. 399 | 1891 *P. eximius*, Ant. Berlese, A.M.S., fasc. 59 nr. 8 | 1898 *P. Laurae*, Attems in: Denk. Ak. Wien, *v.* 67 p. 452 | 1900 *P. subinteger Steckii*, Rothenbühler in: Rev. Suisse Zool., *v.* 8 p. 172 t. 13 f. 15 | 1910 *P. subinteger Laurae*, Brölemann in: Arch. Zool. expér., ser. 5 *v.* 5 p. 358 t. 6 f. 44—48 | 1921 *P. testaceus l.*, K. W. Verhoeff in: Arch. Naturg., *v.* 87 A 2 p. 63 | 1925 *P. t. l.*, K. W. Verhoeff in: Zool. Jahrb., Syst. *v.* 50 p. 97 | 1926 *P. subinteger L.*, Attems in: Arch. Naturg., *v.* 92 A 1 p. 59.

Die bauchige Vorwölbung des Rinnenastes *(lo)* ist zwar vorhanden, aber schwächer abgesetzt und mehr lateral gelegen, so daß sie im Profil nicht oder nur wenig sichtbar ist. Rinnenast im ganzen weniger gedrungen und etwas länger, am Ende mit einer kleinen Spitze. Der Mittelzahn *(z)* des Tarsus liegt dem Ende viel näher als bei *P. subinteger*. Subapicalzahn ungefähr so groß wie die Endspitze. Ventralrand des 3. Segments des Weibchens in der Mitte ohne Zacken (Fig. 62).

Französische Riviera. Kottische Alpen. Tarantaise. Ligurien (Busalla).

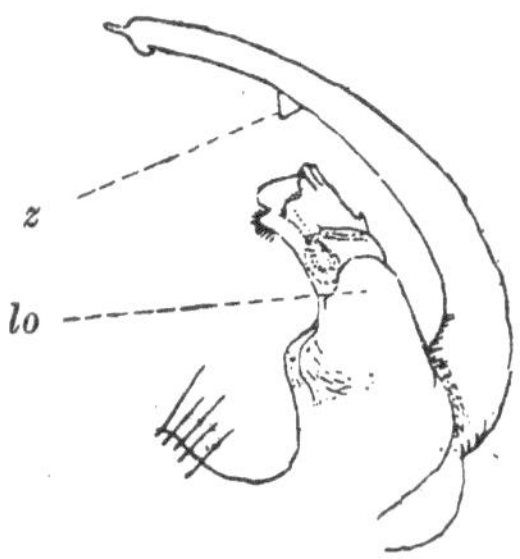

Fig. 62.
Polydesmus (H.) subinteger laurae Poc.
(Brölemann, 1910).

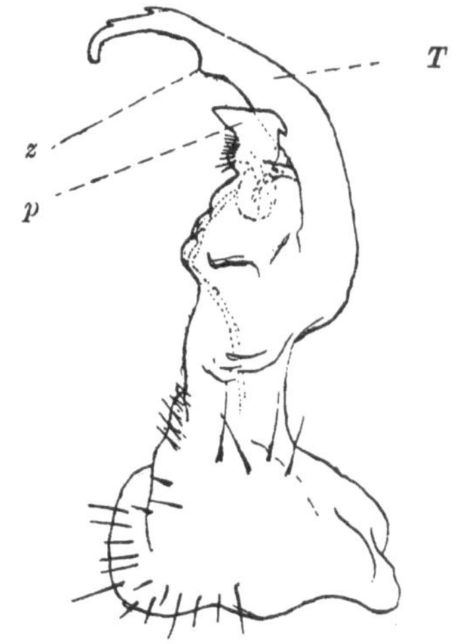

Fig. 63.
Polydesmus (H.) racovitzai Bröl.
(Brölemann, 1910).

36. **P. (H.) racovitzai** Bröl. 1910 *P. R.*, Brölemann in: Arch. Zool. expér., ser. 5 *v.* 5 p. 352 t. 5 f. 27—33 | 1926 *P. R.*, Attems in: Arch. Naturg., *v.* 92 A 1 p. 62.

Einfarbig. Länge ♂ 13 mm, ♀ 14 mm. Breite ♂ 1,5 mm, ♀ 1,9 mm. Halsschild schmäler als die Backen, seitlich abgestutzt mit einem winzigen Zähnchen am Beginn des Seitenrandes; mit 2 deutlichen und einer vorderen undeutlichen Querreihe von borstentragenden Tuberkeln. Seitenflügel horizontal, die des 2. Segments nach vorn gezogen, die des 3. und 4. Segments weniger nach vorn gerichtet; vom 8. Segment an wird der Hinterrand konkav; das Hintereck überragt den Hinterrand in der Mitte des Körpers kaum; auf den 5 oder 6 letzten Segmenten deutlich. Skulptur der Metazoniten deutlich; alle Tuberkeln borstentragend. Sternite fein beborstet mit Furchenkreuz. Gonopoden nach dem Typus des *P. coriaceus*. Am Beginn des Femur etwas eingeschnürt, dann verdickt. Rinnenast kurz und dick, das Ende *(p)* distal vom Haarpolster einigermaßen halbmondförmig dadurch, daß der dicken Hauptspitze entgegengesetzt ein kleines Spitzchen, gegen den Tibiotarsus zu gerichtet, vorhanden ist. Tibiotarsus *(T)* lang und schlank, mit 3eckigem Mittelzahn *(z)* oder 3 kleinen Zähnchen auf der konvexen Vorderseite nahe dem Ende, ohne Subapicalzahn (Fig. 63).

Pyrénées orientales: Banyuls-sur-Mer.

37. **P. (H.) corsicus** Schubart 1931 *P. c.*, O. Schubart in: Zool. Anz., *v.* 94 p. 4 f. 1, 2.

Männchen dunkel glänzend rötlichbraun, Weibchen dunkel braungrau. Länge ♂ 14—14,5 mm, ♀ 15,9—17,9 mm. Enden der Seitenflügel gelblich aufgehellt. Halsschild nierenförmig, schwach runzelig gefeldert. Seitenflügel schmal, der Seitenrand mit 3 undeutlichen Zähnchen. In der ersten Felderreihe der Metazoniten nur die Medianfurche deutlich, 2. und 3. Felderreihe gut ausgeprägt. Beborstung gering. Gonopoden: Praefemur stark beborstet, Rinnenast vorn stark bauchig vorgewölbt *(lo)*, distal davon ein spitzer, leicht basalwärts gewinkelter Zahn *(p)*, das Haarpolster am Ende, hinten eine Einbuchtung. Tibiotarsus *(T)* am Grunde deutlich abgegliedert, gebogen, ohne größeren Zahn (Fig. 64).

Korsika: Monte Rotondo am Timozzo-Bach unter Steinen, 2000 m.

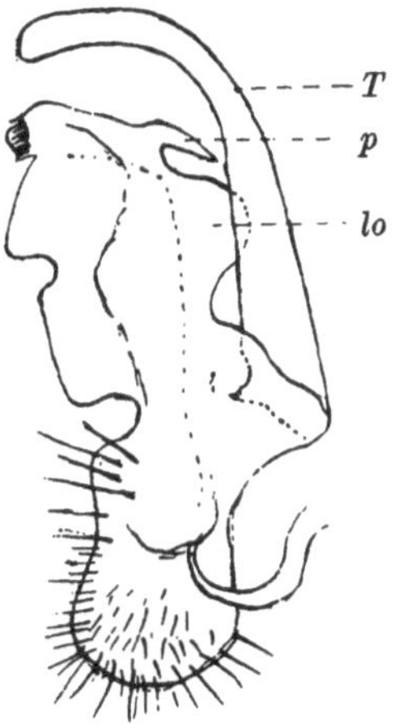

Fig. 64.
Polydesmus (**H.**) **corsicus** Schubart
(O. Schubart, 1931).

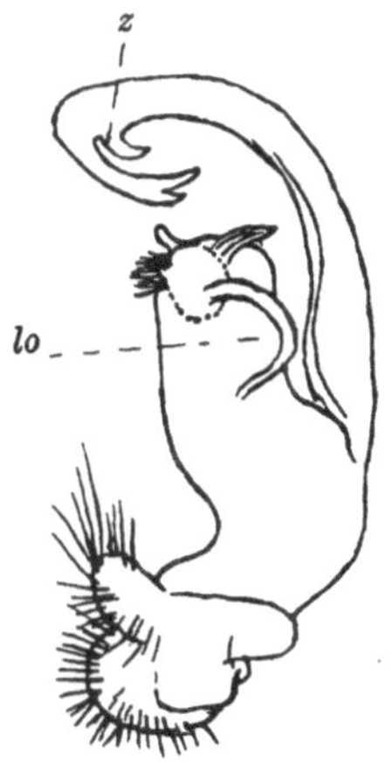

Fig. 65.
Polydesmus (**H.**) **harpagonifer** Verh.
(K. W. Verhoeff, 1930). *z* Mittelzahn.

38. **P.** (**H.**) **harpagonifer** Verh. 1930 *P. h.*, K. W. Verhoeff in: Zool. Jahrb., Syst. *v.* 59 p. 401 t. 15 f. 24, 25.

Länge ♂ 19 mm. Äußerlich vollkommen mit *P. subinteger taurinorum* übereinstimmend. Am Rinnenast des Gonopoden außen ein großer, runder, gegen die Basis des Tibiotarsus vorragender Lappen *(lo)*, am Ende hinten 2 Knoten, vorn ein quer gegen den Tarsus zu gerichteter dicker Zahn mit einem Nebenzähnchen. Tibiotarsus am Grunde etwas eingeschnürt, das Ende stark gebogen und schon nahe dem Rinnenast (Fig. 65).

Oberitalien, Limone in den Seealpen.

39. **P.** (**H.**) **heroldi** Schubart 1931 *P. h.*, O. Schubart in: Zool. Anz., *v.* 94 p. 9 f. 9, 10.

Hellbraun, Beine gelbbraun. Länge ♂ 22 mm, ♀ 18—21 mm, Breite ♂ 2,9 mm, ♀ 2,5—2,9 mm. Halsschild querelliptisch, am Hinterrand eine nur leicht angedeutete Tuberkelreihe. Seitenflügel der ersten 3—4 Segmente leicht aufgebogen. Seitenrand schwach konvex, mit 3 schwachen Zähnchen, Vorderecken rechteckig, Hinterecken bis zum 7. Segment ebenso, dann mit einem kleinen Zahnfortsatz, erst auf den letzten 3 Segmenten deutlich zahnartig. Beborstung sehr gering. Gonopoden (Fig. 64) sehr ähnlich denen von *P. miguelinus*. Der Rinnenast trägt an seinem schwach keulig angeschwollenen Ende das Haarpolster, davor 2 kurze zahnartige Fortsätze und daneben ein längerer, stumpf endender hyaliner Fortsatz *(p)*. Tibiotarsus *(T)* nur mit einem Mittelzahn (*z*, Fig. 66).

Spanien: Sevilla.

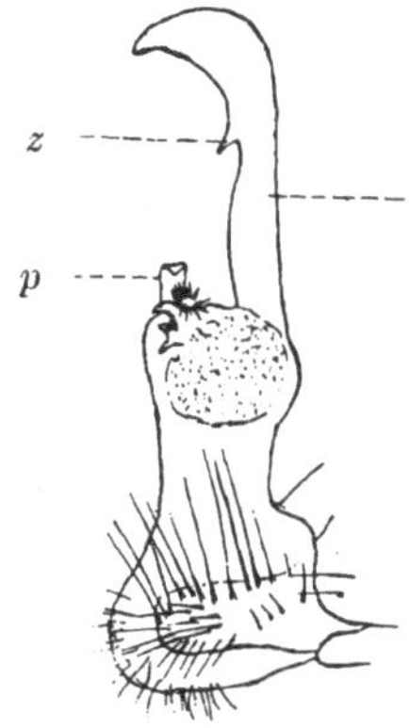

Fig. 66.
Polydesmus (H.) heroldi Schubart
(O. Schubart, 1931).

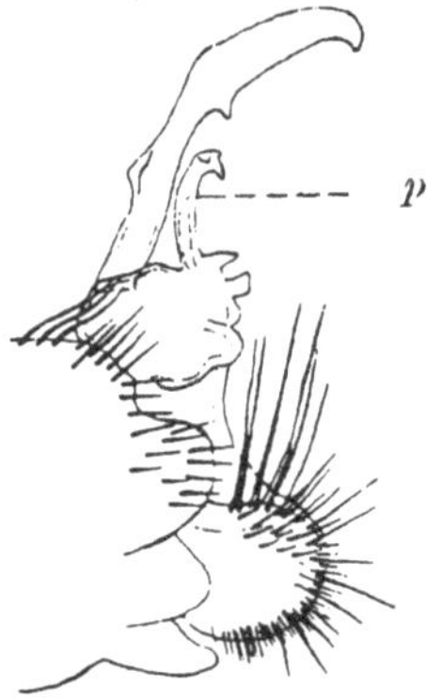

Fig. 67.
Polydesmus (H.) dismilus Berl.
(Ant. Berlese, 1891).

40. **P. (H.) dismilus** Berl. 1891 *P. d.*, Ant. Berlese, A. M. S., fasc. 59 nr. 9 | 1898 *P. d.*, Attems in: Denk. Ak. Wien, *v.* 67 p. 447 t. 9 f. 215 | 1907 *P. bolivari*, K. W. Verhoeff in: Zool. Anz., *v.* 32 p. 348 f. 14—16 | 1910 *P. dismilus*, Brölemann in: Arch. Zool. expér., ser. 5 *v.* 5 p. 360 t. 7 f. 51, 52 | 1926 *P. d.*, Attems in: Arch. Naturg., *v.* 92 A 1 p. 61.

Rotbraun oder gelbbraun. Länge ♂ 15—23,6 mm, ♀ 13,5—21 mm, Breite ♂ 2,5 mm. Seitenrand der Seitenflügel konvex mit 2—3 schwachen Kerben zwischen Vordereckkerbe und Hintereck, Hintereck der ersten 6 Segmente abgerundet. Metazoniten unbeborstet, Skulptur deutlich aber nicht tief, in der 1. Reihe die Medianfurche und 4 Knötchen, in der 2. Reihe 4, in der 3. Reihe 6 Felder, wie gewöhnlich, die Beule groß. Praefemur und Femur des Gonopoden nicht gegeneinander abgesetzt; Praefemur proximal lang und stark beborstet, distal nur auf der Medialseite mit winzigen Borsten. Das Femur ist am Ende unregelmäßig quer abgegrenzt; im Profil gesehen sind die Basis des Rinnenastes und des Tibiotarsus durch eine Lücke getrennt. Der Rinnenast trägt nahe seiner Basis 2 stumpfe Zacken. Die von Haaren umgebene Mündung der Samenblase befindet sich neben diesen Zacken; das Ende des Rinnenastes *(p)* ist 2zähnig, in der Mitte noch ein kurzer Seitenzacken. Der Tibiotarsus ist sehr scharf gegen das Femur abgesetzt, er trägt auf der Außenseite der schwachen Krümmung einen niedrigen stumpfen Höcker, dann auf der Innenseite einen spitzen Mittelzahn, das Ende ist einfach hakig (Fig. 67).

Italien: Florenz. Spanien: Valencia; Cuevas de las Devotas, Provinz Huesca. Algier: Constantine, Rhar Ahdid in der Gemeinde Tababort.

41. **P. (H.) mistrei** Bröl. 1902 *P. m.*, Brölemann in: Ann. Soc. ent. France, *v.* 71 p. 448 f. I—IV.

Weiß, farblos. Länge ♂ 13,5—14 mm, ♀ 13—15 mm, Breite 1,5 bis 1,7 mm. Halsschild halbkreisförmig, unregelmäßig höckerig ohne ausgesprochene Skulptur, längs des Vorderrandes eine Reihe sehr kurzer Borsten. Seitenflügel eckig, mit fast geradem Seitenrand, das Hintereck vom 2. Segment an spitz, je weiter caudal, um so stärker zackig ausgezogen. Im Vordereck ein kleines Zähnchen, zwischen diesem und dem Hintereck auf den porentragenden Segmenten 3, auf den porenlosen Segmenten 2 borstentragende Kerben. Skulptur der Metazoniten schwach und etwas undeutlich. Sternite lang und schmal, der Quere nach tief, der Länge nach nur undeutlich eingedrückt. Gonopodentelopodit zwischen Praefemur und Femur eingeschnürt, dann stark verbreitert. Rinnenast kurz, gedrungen mit einem kegeligen Zahn und einem starken Endzacken *(p)*. Die Samenblase mündet neben dem Zahn; ihre Mündung ist nur von einigen sehr kurzen Borsten kranzförmig umgeben, ohne deutliches Haarpolster. Tibiotarsus lang, schlank, 2mal gebogen, mit Mittelzahn *(z)*, Subapicalzahn *(s)* und einigen winzigen Zähnchen am Ende (Fig. 68).

Frankreich: Grotte de la Lioure bei Claviers; Grotte de Saint Jeannet bei Vence, Alpes Maritimes; Baume Granet bei Roquefort, Alpes Maritimes.

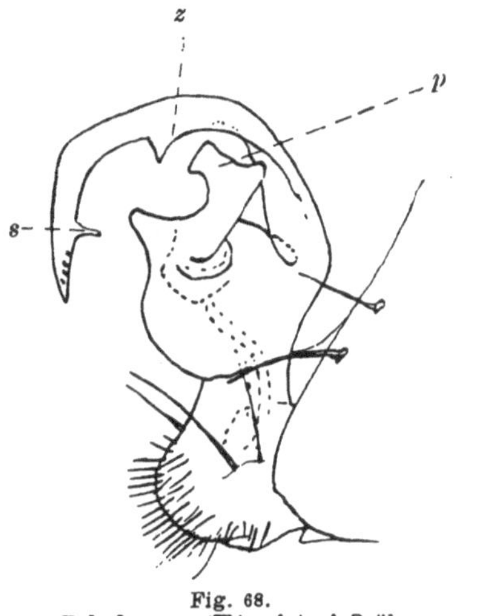

Fig. 68.
Polydesmus (H.) mistrei Bröl.
(Brölemann, 1902).

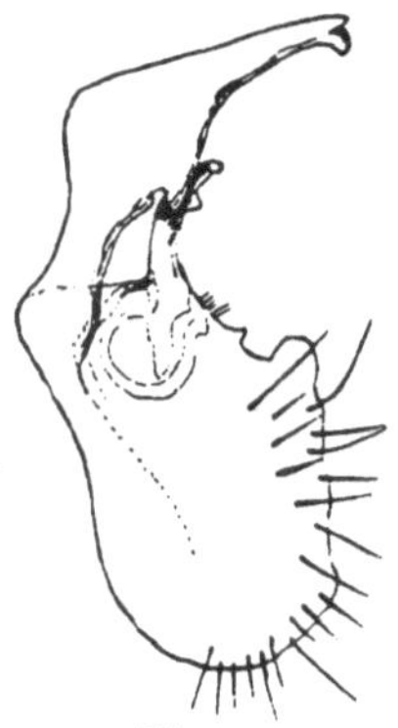

Fig. 69.
Polydesmus (H.) germanicus Verh. (Rheinland).
Gonopode, Lateralseite.

42. **P. (H.) germanicus** Verh. 1896 *P. g.*, K. W. Verhoeff in: Zool. Anz., *v.* 19 p. 314 f. 1—4 | 1896 *P. g.*, K. W. Verhoeff in: Verh. Ver. Rheinlande, *v.* 53 p. 253 | 1898 *P. g.*, Attems in: Denk. Ak. Wien, *v.* 67 p. 423 t. 9 f. 222, 223 | 1902 *P. g.*, Faes in: Rev. Suisse Zool., *v.* 10 p. 77 t. 1 f. 11 | 1925 *P. g.*, K. W. Verhoeff in: Zool. Jahrb., Syst. *v.* 50 p. 97 | 1926 *P. g.*, Attems in: Arch. Naturg., *v.* 92 A 1 p. 58.

Schneeweiß, wenig glänzend. Länge ♂ 5,5—7,5 mm, ♀ 7—8,5 mm, Breite 0,6—0,75 mm. Halsschild schmäler als die Backen, halbkreisförmig, mit 3 Reihen von Börstchen. Rücken gewölbt, Seitenflügel lang und schmal. mit geradem Seitenrand, der 3 Einkerbungen hat mit je einem feinen Stiftchen, ein 4. Stiftchen steht vor dem nur wenig vorspringenden Hintereck. Vordereck auf den Segmenten 2 und 3 abgerundet; auf den folgenden Segmenten winklig. Hintereck vom 5. an zackig, vom 11. an den Hinterrand überragend. Metazoniten mit 3 Querreihen von Borsten und sehr verwischter Skulptur. Sternite beborstet, der Quere nach eingedrückt. Beine des Männchens wesentlich dicker als die des Weibchens, besonders Femur und Tibia sind verdickt. Praefemur des Gonopoden (Fig. 69) nicht deutlich vom sehr kurzen Femoralteil abgesetzt; die Samenblase mündet an der Basis des schlanken Rinnenastes, ihre Mündung ist von wenigen kurzen Borsten umstellt, ohne daß ein deutliches Haarpolster gebildet würde. Der Tibiotarsalast ist durch eine deutliche Querkante gegen den Femoralabschnitt abgesetzt; er schwillt in der Mitte an und verschmälert sich wieder gegen das in 2 Spitzen gegabelte Ende; an der Anschwellungsstelle stehen 3 proximalwärts gerichtete Spitzen (Fig. 70).

Oberkassel am Rhein; Zwingenberg, Odenwald; Villeneuve, Wallis.

Fig. 70.
Polydesmus (H.) germanicus Verh.
Gonopodenende, Medialseite.

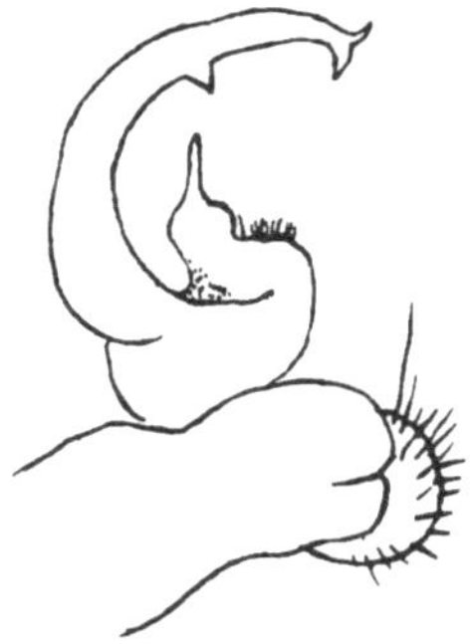

Fig. 71.
Polydesmus (H.) troglobius Latz.
(Latzel, 1889).

43. **P. (H.) troglobius** Latz. 1889 *P. t.*, Latzel in: Ann. Mus. Genova, *v.* 27 p. 360 f. 1 | 1898 *P. t.*, Attems in: Denk. Ak. Wien, *v.* 67 p. 456 t. 8 f. 176 | 1926 *P. t.*, Attems in: Arch. Naturg., *v.* 92 A 1 p. 59.

Farblos, glatt und glänzend. Länge 10—12 mm, Breite 1,3—1,5 mm, schlank, parallelseitig. Halsschild schmäler als die Backen, seitlich abgestutzt mit einem kleinen, eine Borste tragenden Zähnchen, Hinterecken rechtwinklig. Vordereck der vordersten Seitenflügel ziemlich eckig, Vorderrand immer mehr konvex, das Vordereck stärker gerundet, mit einem kleinen Zähnchen, Seitenrand schwach gezähnt, Hintereck vom 2. Segment an zackig, vom 6. an lang und spitzzähnig. Skulptur der Metazoniten schwach. Beule klein, Fingerwulst deutlich. Rinnenast des Gonopoden kurz und breit, Tibiotarsus schlank, gleichmäßig gebogen mit Mittelzahn und Subapicalzahn (Fig. 71).

Piemont, Provinz Mondovi in Grotten; Grotte du Cap d'Ail.

d) Subgen. **Propolydesmus** Verh.

1895 *P.*, K. W. Verhoeff in: Zool. Anz., *v.* 18 p. 222 | 1931 Subgen. *P.*, K. W. Verhoeff in: Zool. Jahrb., Syst. *v.* 61 p. 418.

Femur des Gonopoden sehr breit und kurz. Am Ende des Femur ganz hinten mündet die Samenrinne, kein Haarpolster und kein Rinnenast; ein dünnes, stark gebogenes und quer gerichtetes Endomerit neben der Mündung der Samenrinne. Von dieser Stelle durch einen breiten Zwischenraum getrennt, ganz vorn am Endrand des Femur der Tibiotarsus. Grenzen zwischen Praefemur und Femur sowie zwischen Femur und Tibiotarsus deutlich. Unterscheidet sich von *Hormobrachium* durch das Fehlen eines Rinnenastes. Das Fehlen eines Haarpolsters kommt auch bei *P. (Hormobrachium) mistrei* mit Rinnenast vor. Gemeinsam ist beiden Subgenera die relativ weite Entfernung zwischen Samenblase und Basis des Tibiotarsus.

2 Arten.

Typus: *P. pectiniger* Verh.

Übersicht über die Arten:

1	Grenze zwischen Praefemur und Femur sehr scharf markiert. Am Ende des Tibiotarsus ein Kamm von 5 Zähnen	44. **P. (P.) pectiniger**
2	Grenze zwischen Praefemur und Femur nicht stärker ausgeprägt als sonst oft. Vor dem Ende des Tibiotarsus nur ein Subapicalzahn	45. **P. (P.) miguelinus**

44. **P. (P.) pectiniger** Verh. 1893 *P. p.*, K. W. Verhoeff in: Zool. Anz., *v.* 16 p. 168 | 1895 *P. (Propolydesmus) p.*, K. W. Verhoeff, ibid., *v.* 18 p. 222 | 1896 *Polydesmus p.*, K. W. Verhoeff, ibid., *v.* 19 p. 315 f. 5 | 1898 *P. p.*, Attems in: Denk. Ak. Wien, *v.* 67 p. 424 t. 9 f. 217 | 1925 *P. (Propolydesmus) p.*, K. W. Verhoeff in: Zool. Jahrb., Syst. *v.* 50 p. 95 | 1926 *Polydesmus p.*, Attems in: Arch. Naturg., *v.* 92 A 1 p. 58 | 1931 *P. (Propolydesmus) p.*, K. W. Verhoeff in: Zool. Jahrb., Syst. *v.* 61 p. 419.

Einfarbig graubraun, glänzend. Länge 13,5 mm. Unbeborstet, auch Halsschild und letzte Tergite so. Seitenkanten der Seitenflügel fast glatt, nur sehr schwach 3- bis 4mal eingekerbt; nur der Fingerwulst hinten angedeutet; Felder der 1. Reihe auf den Metazoniten undeutlich, 4 Felder der 2. Reihe und 6 Felder der 3. Reihe deutlich, zwischen 1. und 2. Reihe eine tiefe Furche. Praefemur des Gonopoden durch eine Ringfurche vom Femur abgesetzt, beborstet. Femoralabschnitt kurz und gedrungen; die Samenblasenmündung ist nicht von Borsten umgeben und liegt im dicken Hauptstamm des Femur; der Femoralfortsatz ist ein dünnes, quer gerichtetes Hörnchen *(p)*. Tibiotarsalast *(T)* schlank, in der Mitte mit einem kräftigen Zahn *(z)*, vor der Endspitze 4 lange spitze Zähne, die einen Kamm bilden (Fig. 72).

Portugal: Coimbra.

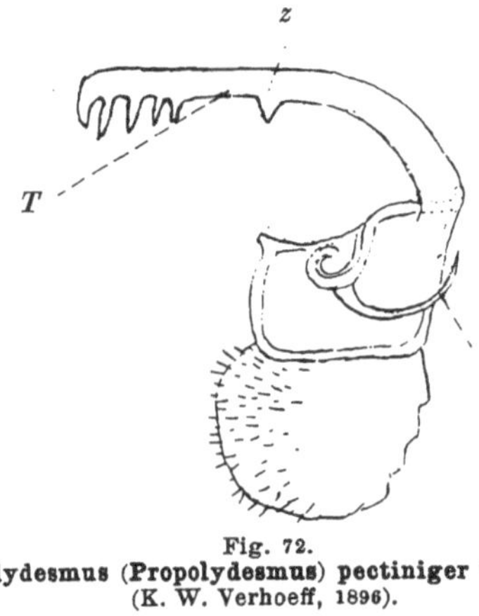

Fig. 72.
Polydesmus (Propolydesmus) pectiniger Verh.
(K. W. Verhoeff, 1896).

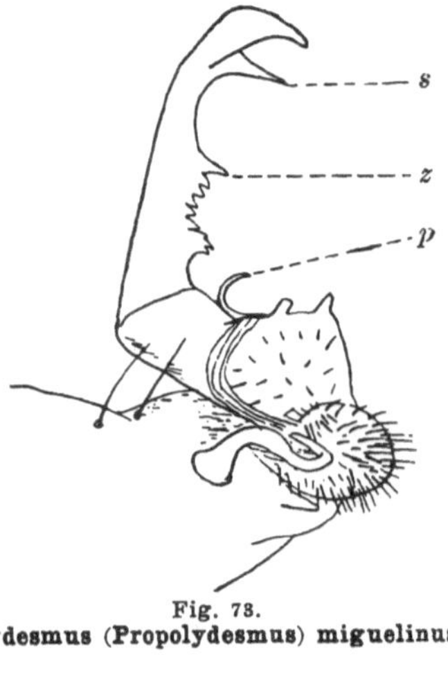

Fig. 73.
Polydesmus (Propolydesmus) miguelinus Att.

45. **P. (P.) miguelinus** Att. 1908 *P. m.*, Attems in: D. Südp. Exp., *v.* 9 Zool. p. 428 t. 44 f. 2 | 1926 *P. m.*, Attems in: Arch. Naturg., *v.* 92 A 1 p. 77 f. 34 | 1931 *P. (Propolydesmus) m.*, K. W. Verhoeff in: Zool. Jahrb., Syst. *v.* 61 p. 418.

Lichterdbraun, Breite der Metazoniten 1 mm, der Prozoniten 0,6 mm. Größe etwa die eines kleinen *P. denticulatus.* Halsschild halbkreisförmig, viel schmäler als die Backen. Vordereck der Seitenflügel überall stark abgerundet, Seitenrand mit 2 oder 3 seichten Kerben, in denen je ein winziges dünnes Härchen steht, Hintereck auf den vorderen Segmenten stark abgestumpft, vom 8. Segment an wird es zackig. Metazoniten sehr glänzend mit relativ derber Skulptur, die Mittelknötchen sehr unscheinbar, die Borsten so klein wie die der Seitenkerben; die Felder der 3. Reihe kleiner als die der 2. Reihe. Fingerwulst und Seitenbeule deutlich. Telopodit des Gonopoden zwischen Praefemur und Femur leicht eingeschnürt, aber ohne sonstige Abgrenzung. Femur kurz und gedrungen, distal verbreitert, am Endrand mündet die Samenblase, neben ihrer Mündung ein schlankes, quer zur Längsachse des Telopodit gerichtetes Hörnchen *(p)* und auf ihrer anderen Seite 2 spitze Zacken. Die Beborstung reicht auf der Medialseite bis nahe an den Endrand des Femur. Ganz getrennt von dem einen Femoralfortsatz repräsentierenden Hörnchen *(p)* entspringt vorn am Endrand des Femur, auf der Medialseite sehr deutlich gegen dieses abgesetzt, der Tibiotarsus; er ist ziemlich schlank, hat vor dem kräftigen Mittelzahn *(z)* einige Kerbzähne und zwischen Mittelzahn *(z)* und hakigem Ende einen langen schlanken spitzen Stachel *(s)* (Fig. 73).

Azoren: St. Miguel.

e) Subgen. **Spanobrachium** nom. nov.

Kein Rinnenast, das Haarpolster sitzt auf dem Hauptstamm des Femur. Ein Endomerit kann vorhanden sein oder fehlen. Telopodit im ganzen eher schlank, jedenfalls nicht besonders dick. Tibiotarsus ohne Grundstachel.

12 Arten mit 9 Unterarten.

Überwiegend östlich: Karpatenländer, Bulgarien, Kleinasien, Kroatien, Istrien, Bosnien, aber auch Kärnten, Oberitalien.

Typus: *P. collaris* C. L. Koch.

Übersicht über die Arten:

1	Telopodit des Gonopoden in 2 schlanke, im Profil sich deckende Äste gegabelt, von denen nach dem Verlauf der Samenrinne keiner ein Rinnenast ist. Das Haarpolster sitzt in der Gabelung. In einiger Entfernung vor dem Haarpolster ein spitzer, dünner Seitenast. Kleinasien	57. **P. (S.) escherichii**
	Telopodit nicht in dieser Weise gegabelt. Vor dem Haarpolster kein längerer Seitenast — **2**	
2	Am Ende der Gonopodenhüfte lateral ein großer Haken (Tatra)	51. **P. (S.) tatranus**
	Gonopodenhüfte ohne solchen Haken — **3**	
3	Tibiotarsus des Gonopoden mit einem langen, schlanken, am Ende 3spitzigen Seitenast, der gegen die Basis zu gerichtet ist (Bulgarien) . . .	56. **P. (S.) bureschi**
	Tibiotarsus ohne solchen Seitenast — **4**	
4	Der Tibiotarsus ist als kräftiger Haken parallel mit dem Femur basalwärts gerichtet — **5**	
	Tibiotarsus sichelförmig endwärts gebogen — **6**	
5	Auf der vorderen Kante des Telopodit eine gezähnte Leiste. Endomerit gerade endwärts gerichtet (Bulgarien)	55. **P. (S.) elchowensis**
	Auf der vorderen Kante des Telopodit keine solche Leiste. Endomerit hakig (Bulgarien)	54. **P. (S.) zonkowi**

6	An der Grenze von Praefemur und Femur hinten 2 spitze, beborstete Zähne (Südungarn, Siebenbürgen)	50. **P. (S.) macilentus**
	Telopodit ohne solche Zähne — **7**	
7	Zahl der Zähne des Telopodit etwas vermehrt. Körper grauweiß. Klein, bis 12 mm — **8**	
	Tibiotarsus auf der Hohlseite nur mit einem Zahn. Stärker pigmentiert. Länge 20 mm und mehr — **10**	
8	Ein Endomerit fehlt völlig (Siebenbürgen)	47. **P. (S.) griseoalbus**
	Ein Endomerit vorhanden, wenigstens als kurzer Zacken — **9**	
9	Endomerit lang, dünn, im rechten Winkel gebogen (Oberitalien)	49. **P. (S.) longicornis**
	Endomerit ein sehr kurzer, gerader Zacken	48. **P. (S.) transsilvanicus**
10	Ein Endomerit fehlt völlig. Grundfarbe dunkel kastanienbraun, Seitenflügel 4, 6, 8, 11 eiergelb. Große Art	46. **P. (S.) collaris**
	Endomerit vorhanden. Kleine und wenig auffällig gefärbte Arten — **11**	
11	Auf der Vorderseite des Telopodit kein Zacken, nahe dem Ende ein runder Lappen. Endomerit hakig (Galizien, Siebenbürgen)	52. **P. (S.) polonicus**
	Auf der Vorderseite des Telopodit ein Zacken. Mittelzahn in der Mitte der Krümmung und spitz. Endomerit ganz gerade (Kärnten)	53. **P. (S.) strouhali**

46. **P. (S.) collaris** C. L. Koch 1847 *P. c.*, C. L. Koch in: Koch-Panzer, Krit. Revis., *v.* 3 p. 133 | 1863 *P. c.*, C. L. Koch, Myr., *v.* 1 p. 6 f. 7 | 1869 *P. c.*, A. Humbert & Saussure in: Verh. Ges. Wien, *v.* 19 p. 692 | 1876 *P. c.*, Latzel in: Jahrb. Mus. Kärnten, *v.* 12 p. 99 | 1883 *P. c.*, Ant. Berlese, A. M. S., fasc. 3 nr. 9 | 1884 *P. c.*, Latzel, Myr. Österr.-Ung., *v.* 2 p. 157 t. 5 f. 52, 53, 56, 57 | 1889 *P. c.*, Daday, Myr. Regni Hungar., p. 68 | 1895 *P. c.*, Attems in: SB. Ak. Wien, *v.* 104 p. 181 | 1898 *P. c.*, Attems in: Denk. Ak. Wien, *v.* 67 p. 425 t. 9 f. 210—213, t. 10 f. 252 | 1926 *P. c.*, Attems in: Arch. Naturg., *v.* 92 A 1 p. 57 | 1929 *P. c.*, K. W. Verhoeff in: Zool. Jahrb., Syst. *v.* 57 p. 629 t. 6 f. 31, 32 | 1931 *P. (Aneumeritius) c.*, K. W. Verhoeff in: Zool. Jahrb., Syst. *v.* 61 p. 418.

Bräunlichrot, rötlichbraun, seltener kastanienbraun; der ganze Halsschild und die Seitenflügel des 4., 6., 8., 11. und 14. Segments oben und unten lebhaft gelb, zuweilen auch die Seitenflügel des 2. Segments, hin und wieder sogar aller Segmente gelb. Länge 22—34 mm, Breite 3—5 mm, Körper parallelrandig, glatt und glänzend, Rumpf der Erwachsenen fast unbeborstet, bei jüngeren Tieren mehr oder weniger beborstet. Halsschild fast so breit wie die Backen, querelliptisch, hinten seicht eingebuchtet mit sehr undeutlicher Skulptur. Vorderecken des 2. und 3. Segments eckig nach vorn ausgezogen, der Seitenrand stumpf gezähnt. Vom 4. Segment an sind die Seitenflügel stark abgerundet, besonders im Vordereck, Hintereck bis zur Körpermitte abgerundet, dann kurzzackig, nur auf den letzten Segmenten, 17 und 18, ist der Zacken lang und spitz. Seitenrand konvex, bei Erwachsenen fast ganz glatt, bei Jungen mehr oder weniger gekerbt. 2. und 3. Felderreihe der Metazoniten deutlich. Beule groß und hoch, die Seitenflügel dadurch noch mehr rundlich erscheinend. Fingerwulst gut ausgeprägt. Sternite fein behaart. Die Beborstung des Gonopodentelopodit reicht ein gutes Stück über das eiförmige Praefemur hinaus, Femur hinten ein wenig rundbauchig vorgewölbt. Haarpolster auf dem Hauptstamm des Femur, gar kein Rinnenast. An der Grenze von Femur und Tibiotarsus auf der vorderen, konvexen Seite des Telopodit ein Zacken von variierender Größe; er kann niedrig und rund bis groß und spitz, auf beiden Gonopoden desselben Individuums verschieden sein (Fig. 74, *a, b*), manchmal auch ganz fehlen (Fig. 74 *c*). Auf der Lateralfläche reicht der Tibiotarsus viel weiter basalwärts als auf der Medialseite und ist gegen das Femur gut abgegrenzt. Die laterale Kante des Tibiotarsus bildet an der Stelle, wo sonst der Mittelzahn steht, einen Absatz. Ende des Tibiotarsus einfach gekrümmt, ohne Subapicalzahn. Nach

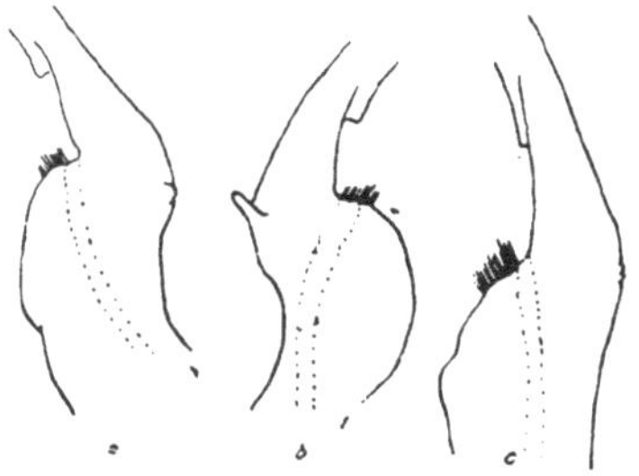

a *b* *c*

Fig. 74.
Polydesmus (S.) collaris collaris C. L. Koch. Mitte des Gonopoden, *a* und *b* vom selben ♂ von Graz, *c* ♂ von Podgora.

der Größe des Zackens auf der Vorderseite des Tibiotarsus und nach der Stellung des Mittelzahnabsatzes wurden mehrere Subspecies unterschieden, doch variieren diese Merkmale und es sind gleitende Übergänge vorhanden, so daß nicht alle Subspecies haltbar sind.

Süd- und Mittelsteiermark nördlich bis Graz, Kärnten, Krain, Kroatien, Istrien, Bosnien, Herzegowina, Montenegro, Albanien, West- und Südungarn, Serbien, Ober- und Mittelitalien, Ligurischer Apennin.

Übersicht über die Subspecies:

1	Mittelzahnabsatz näher dem Haarpolster als der Endspitze, höchstens in der Mitte — **2**	
	Mittelzahnabsatz distal von der Mitte . .	46c. **P. (S.) collaris tussilaginis**
2	Zahn auf der Vorderseite des Tibiotarsus mäßig groß bis klein, manchmal ganz fehlend. Körperlänge 28—34 mm, Breite 4—5 mm. Grundfarbe hellbraun . . .	46a. **P. (S.) collaris collaris**
	Zahn auf der Vorderseite des Tibiotarsus sehr groß und spitz. Körperlänge höchstens 23 mm. Breite 3 mm. Grundfarbe dunkelbraun	46b. **P. (S.) collaris rannensis**

46a. **P. (S.) collaris collaris** C. L. Koch 1847 *P. c.*, C. L. Koch in: Koch-Panzer, Krit. Revis., *v.* 3 p. 133 | 1929 *P. c. c.*, K. W. Verhoeff in: Zool. Jahrb., Syst. *v.* 57 p. 629 t. 6 f. 31 | 1932 *P. c. salamandrinus*, K. W. Verhoeff in: Arch. Naturg., n. F. *v.* 1 p. 616 f. 31 | 1932 *P. c. c.* + *c. salamandrinus*, K. W. Verhoeff in: Zool. Jahrb., Syst. *v.* 63 p. 348 t. 7 f. 36.

Mittelzahnabsatz meist bedeutend näher dem Haarpolster als der Endspitze, auf ungefähr ein Drittel der Länge, bei den oberitalienischen Stücken mehr der Mitte genähert. Zahn auf der Vorderseite des Tibiotarsus mittelgroß oder klein, manchmal fehlend (Fig. 75). Körperlänge 28—34 mm, Breite 4—5 mm. Grundfarbe hellbraun.

Süd- und Mittelsteiermark, Kärnten, Krain, Kroatien, Istrien, Bosnien, Herzegowina, Montenegro, Albanien, West- und Südungarn. Serbien. Oberitalien. Ligurischer Apennin.

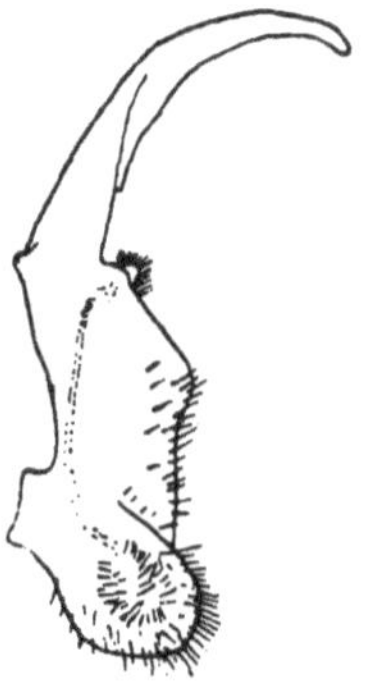

Fig. 75.
Polydesmus (S.) collaris collaris C. L. Koch (Zelesnica, Kroatien). Medialseite.

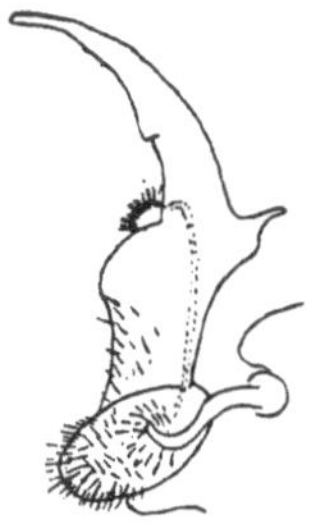

Fig. 76.
Polydesmus (S.) collaris rannensis Att. (Rann).

46b. **P. (S.) collaris rannensis** Att. 1895 *P. c.* var. *r.*, Attems in: SB. Ak. Wien, *v.* 104 p. 182 | 1898 *P. c.* var. *R.*, Attems in: Denk. Ak. Wien, *v.* 67 p. 426 | 1926 *P. c.* var. *r.*, Attems in: Arch. Naturg., *v.* 92 A 1 p. 57 | 1932 *P. c. anienanus*, K. W. Verhoeff in: Zool. Jahrb., Syst. *v.* 63 p. 348 t. 7 f. 35.

Mittelzahnabsatz dem Haarpolster viel näher als dem Ende. Zahn auf der Vorderseite des Tibiotarsus besonders groß und spitz (Fig. 76). Grundfarbe sehr dunkel, fast schwarzbraun. 2. Tergit häufig ganz gelb, manchmal dunkel wie die Grundfarbe, gewöhnlich nur seine Seitenflügel gelb. Körperlänge höchstens 23 mm, Breite 3,5 mm, meist noch kleiner.

Steiermark: Rann. Am Aniene bei Subiaco und Tivoli.

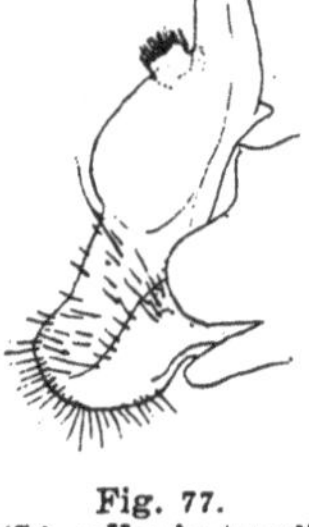

Fig. 77.
Polydesmus (S.) collaris tussilaginis Verh. (Banjaluka). Lateralseite.

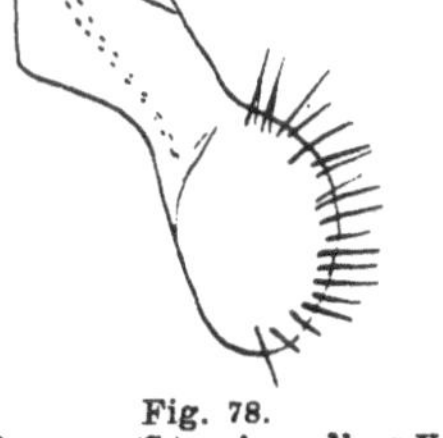

Fig. 78.
Polydesmus (S.) griseoalbus Verh. (K. W. Verhoeff, 1898). (Von Dées).

46c. **P. (S.) collaris tussilaginis** Verh. 1929 *P. c. t.*, K. W. Verhoeff in: Zool. Jahrb., Syst. *v.* 57 p. 629 t. 6 f. 32 | 1932 *P. c. t.*, K. W. Verhoeff, ibid., *v.* 63 p. 348.

Mittelzahnabsatz etwas distal von der Mitte. Zahn auf der Vorderseite des Tibiotarsus kräftig (Fig. 77).

Kroatien: An den Plitvicer Seen. Bosnien: Banjaluka, Trebevič, Bosna-Quelle. Albanien: Schardagh, Crni Kamen.

47. **P. (S.) griseoalbus** Verh. 1898 *P. g.*, K. W. Verhoeff in: Arch. Naturg., *v.* 64 I p. 366 t. 9 f. 11, 12 | 1926 *P. g.*, Attems, ibid., *v.* 91 A 1 p. 58.

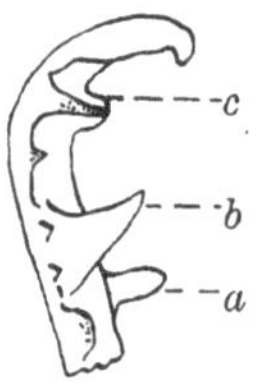

Fig. 79. **Polydesmus (S.) griseoalbus** Verh. (K. W. Verhoeff, 1898) (Kronstadt).

Weiß bis grauweiß glänzend. Länge 10 mm, Breite $^3/_4$—$^4/_5$ mm. Dem *P. transsilvanicus* sehr ähnlich, doch ist die Felderung der 2. und 3. Reihe der Tergite etwas schwächer, die Hinterecken sind weniger spitz, an den vorderen Segmenten sogar abgerundet. Beborstung deutlich, aber spärlicher. Gonopoden in der allgemeinen Sichelgestalt mit denen von *P. transsilvanicus* übereinstimmend, aber sehr abweichend bezahnt. Das Ende ist nicht abgestutzt, sondern ein wenig eingekrümmt. Haarpolster auf dem Hauptstamm. Ein Endomerit fehlt. Tibiotarsus mit einem großen 3eckigen Stachel *(b)*, vor und hinter diesem ein abgerundetes Läppchen *(a* und *c)*, neben dem proximalen Läppchen *(a)* ein 2. Läppchen; auf einer Kante ein spitzer Stachel (in der Höhe von *c*) und mehrere kleine Spitzen (Fig. 78, 79).

Siebenbürgen, Kronstadt, Dées, Tordaer Klause.

48. **P. (S.) transsilvanicus** Daday 1889 *P. t.*, Daday, Myr. Regni Hungar., p. 69 t. 2 f. 13 | 1898 *P. transsylvanicus*, Attems in: Denk. Ak. Wien, *v.* 67 p. 437 t. 9 f. 221 | 1898 *P. frondivagus*, K. W. Verhoeff in: Arch. Naturg., *v.* 64 I p. 366 t. 9 f. 10 | 1899 *P. transsilvanicus*, Attems in: Denk. Ak. Wien, *v.* 68 p. 430 | 1926 *P. t.*, Attems in: Arch. Naturg., *v.* 92 A 1 p. 73 f. 24 | 1931 *P. (Aneumeritius) t.*, K. W. Verhoeff in: Zool. Jahrb., Syst. *v.* 61 p. 418.

Weiß bis grauweiß oder verwaschen bräunlichgelb. Länge 7—15 mm, Breite 0,9—1,3 mm. Halsschild viel schmäler als die Backen, ohne deutliche Skulptur. Seitenflügel schmal, Hintereck der vordersten bis zum 4. mehr oder weniger abgerundet, dann eckig, in der hinteren Körperhälfte kurz spitzzackig. Seitenrand der Seitenflügel deutlich gekerbt, zwischen Vorder- und Hintereck 2 (porenlose) oder 3 (porentragende Segmente) Kerben. Tergite mit 3 Querreihen relativ langer Borsten. Skulptur der Metazoniten zwar deutlich, aber der geringen Körpergröße entsprechend wenig auffällig. Gonopoden: Praefemur kugelig rund, langborstig, das Femur beginnt mit einem stielartig schlanken Stück, verbreitert sich dann beträchtlich, um sich bis zum Haarpolster wieder zu verschmälern. Das Haarpolster sitzt dem Hauptstamm des Femur auf, knapp distal von ihm ein winziges Endomerit *(p)*. Bezahnung des Tibiotarsus etwas vom häufigsten Schema abweichend.

Siebenbürgen, Südungarn. Rumänien.

48a. **P. (S.) transsilvanicus transsilvanicus** Daday Literatur wie oben.

Tibiotarsus des Gonopoden mit einem großen Mittelzahn *(z)* und einem kleinen Zahn daneben. Das Ende beilförmig abgestutzt. Vor dem Ende vorn 2 kleine Zähnchen (Fig. 80).

Siebenbürgen, Kom. Hunyad: Hátszeg, Déva. Temesvár.

48b. **P. (S.) transsilvanicus motaşi** Jawl. 1933 *P. griseoalbus m.*, Jawlowski in: Ann. Mus. zool. Polon., *v.* 9 p. 359 t. 49 f. 1, 2.

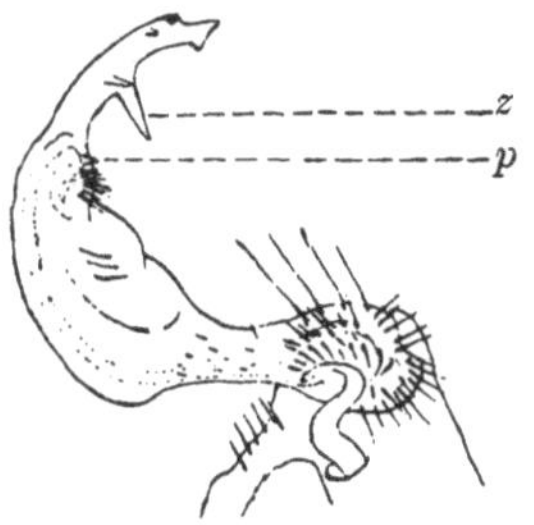

Fig. 80.
Polydesmus (S.) transsilvanicus Daday (Ungarn).

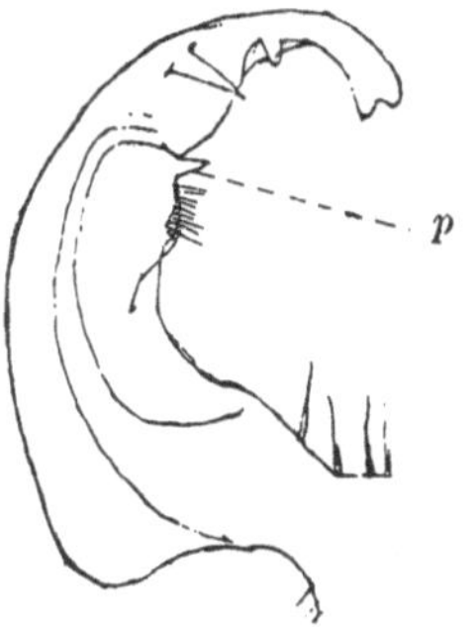

Fig. 81.
Polydesmus (S.) transsilvanicus motasi Jawl. (Jawlowski, 1933).

Farbe weiß, leicht gelblich. Länge 9—10 mm. Tuberkel nicht sehr deutlich. Seitenflügel nicht groß, Hinterecken mit kleinen Zähnen. Gonopoden: Zwischen Praefemur und Femur eine Einschnürung. Das Femur bildet am Grunde vorn einen runden Vorsprung. Distal vom Haarpolster ein kleiner Stachel *(p)*. Tibiotarsus in der Mitte medial mit einem Dorn, zwischen diesem und dem kurz gegabelten Ende ein rundes Läppchen. (Fig. 81).

Rumänien: Socola bei Jasi.

49. **P. (S.) longicornis** Silv. 1894 *P. l.*, Silvestri in: Ann. Mus. Genova, *v.* 34 p. 580 | 1930 *P. l.*, P. Manfredi in: Atti Soc. Ital., *v.* 69 p. 281 f. 1, 2.

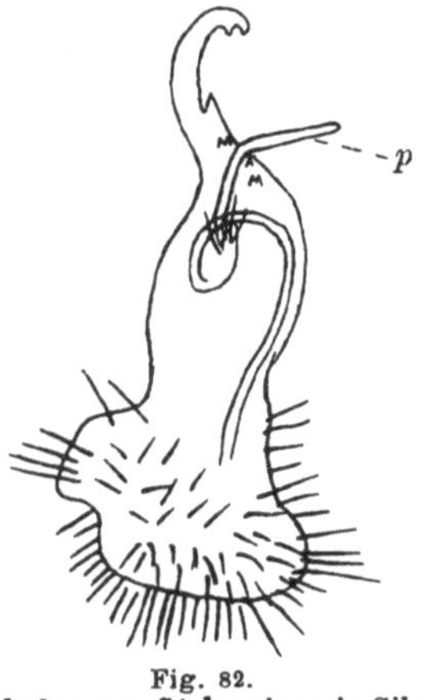

Fig. 82.
Polydesmus (S.) longicornis Silv. (P. Manfredi, 1930).

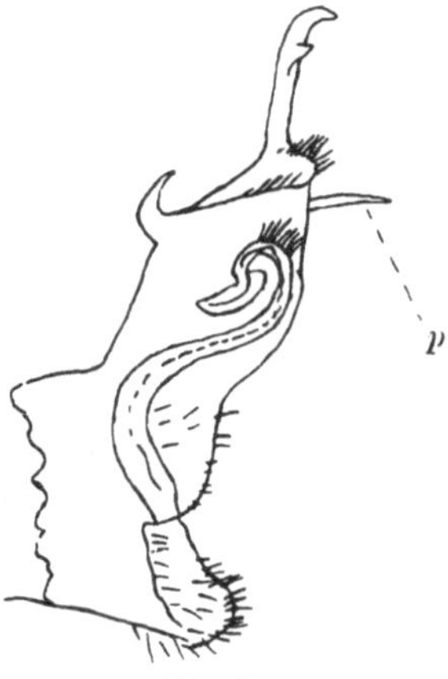

Fig. 83.
Polydesmus (S.) longicornis chiesai Manfr. (P. Manfredi, 1931).

Gelbweiß oder hellgrau. Länge ♂ 12 mm, ♀ 16 mm, Breite ♂ 1,5 mm, ♀ 2 mm. Halsschild fast elliptisch, mit borstentragenden Körnchen. Hinterecken der Seitenflügel vom 4. an spitzzackig. Seitenrand ziemlich tief gezahnt. Beine sehr lang. Metazoniten mit borstentragenden Tuberkeln. Telopodit des Gonopoden zwischen Praefemur und Femur leicht eingeschnürt. Der Femoralfortsatz ist sehr lang, dünn und vom Grund an gebogen. Tibiotarsus mit einer Anzahl kleiner Zähnchen proximal vom Mittelzahn und einem kleinen Subapicalzahn.

Höhle „dell'Orso" bei Laglio am Lago di Como. Careno am Lago di Como. Grotta delle Ferriere ober Mandello am Lago di Lecco. Grotta del Cainallo sulla Grigna, Lecco.

49a. **P. (S.) longicornis longicornis** Silv. 1930 *P. l.*, P. Manfredi in: Atti Soc. Ital., *v.* 69 p. 281 f. 1.

Telopodit des Gonopoden im ganzen schlanker, Femoralfortsatz sehr dünn, im rechten Winkel gebogen (Fig. 82). Länge 12 mm, Breite 1,5 mm.

Grotta del Orso, Laglio. Carene, Lago di Como.

49b. **P. (S.) longicornis chiesai** Manfr. 1931 *P. l. c.*, P. Manfredi in: Atti Soc. Ital., *v.* 70 p. 257 f. 1—3.

Telopodit des Gonopoden breiter, Femoralfortsatz dicker, gerade. Von einem großen Zahn auf der Außenseite geht eine bestachelte Kante ab, die sich in einer halben Spirale um das Telopodit windet (Fig. 83). Länge 15 mm, Breite 2 mm.

Grotta di Val d'Adda, Val Imagna, Bergamo.

50. **P. (S.) macilentus** C. L. Koch-Daday ? 1844 *P. m.*, C. L. Koch, C. M. A., Heft 40 t. 12 | ? 1847 *P. testaceus*, C. L. Koch in: Koch-Panzer, Krit. Revis., *v.* 3 p. 135 | ? 1863 *P. t.*, C. L. Koch, Myr., *v.* 1 p. 86 f. 75 | ? 1863 *P. macilentus*, C. L. Koch, Myr., *v.* 2 p. 17 f. 141 | 1889 *P. m.*, Daday, Myr. Regni Hungar., p. 67 t. 2 f. 10 | 1898 *P. m.*, Attems in: Denk. Ak. Wien, *v.* 67 p. 430 t. 9 f. 228 | 1926 *P. m.*, Attems in: Arch. Naturg., *v.* 92 A 1 p. 72.

Fig. 84. **Polydesmus** (S.) **macilentus** C. L. Koch-Daday (Daday, 1889).

Die Beschreibungen C. L. Kochs genügen nicht zu einer Identifizierung und es ist nicht möglich zu entscheiden, ob Daday dieselbe Art vor sich hatte wie Koch. Dadays Beschreibung lautet: Corpore sat gracili, angusto, antice posticeque attenuato, subnitido, brunneo, subtus pallidior; antennis fuscescentibus; scuto primo dorsali subreniformi, sculptura evidenti, tuberculis seriei anterioris sculptura sat distincta, angulis rotundatis; scutis ceteris obliteratis in lateribus valde inflatis laevigatisque, angulis posticis scutorum 6 anteriorum subrotundatis, ceterorum productis, pedibus longis, fulvis; pedibus copulatoriis in mare hamatis, in parte concava uni dentatis pulvilloque piligero instructis, in parte convexa tridentatis, dente apicali lato, cariniformi, ceteris multo minoribus, angustis in latere exteriore processu spiniformi armatis. Long. corp. 15—17 mm. latit. corp. 1,8—2,2 mm (Fig. 84). Etwas zweifelhafte Art, die der Nachuntersuchung bedarf.

Südungarn: Kazán, Mehádia, Orsova; Siebenbürgen: Dées, Segesvár. (? Bayern, Regensburg). Identität der von Koch beschriebenen mit den ungarischen Tieren sehr unwahrscheinlich.

51. **P. (S.) tatranus** Latz. 1882 *P. t.*, Latzel in: Verh. Ges. Wien, *v.* 32 p. 281 | 1882 *P. t.*, Karlinski in: Sprawozd. Kom. fizyogr., *v.* 17 p. 90, 236 | 1884 *P. t.*, Latzel, Myr. Österr.-Ung., *v.* 2 p. 156 t. 6 f. 66 | 1889 *P. t.*, Daday, Myr. Regni Hungar., p. 68 | 1898 *P. t.*, Attems in: Denk. Ak. Wien, *v.* 67 p. 427 t. 9 f. 220 | 1926 *P. t.*, Attems

in: Arch. Naturg., *v.* 92 A 1 p. 68 f. 16 | 1931 *P. (Merioceratium) t.*, K. W. Verhoeff in: Zool. Jahrb., Syst. *v.* 61 p. 419.

Rücken größtenteils braun, Seitenflügel des 2., 3., 4., 6., 8., 11. und 14. Segments oben und unten lebhaft gelb oder weißlichgelb, Bauchseite und Beine sehr blaß, Antennen braun. Länge ♂ 11 mm, ♀ 12—15 mm, Breite ♂ 1,5 mm, ♀ 1,7—2 mm. Halsschild beiderseits gerundet, hinten schwach ausgerandet, mit derber Skulptur wie die folgenden Tergite, bedeutend schmäler als die Backen. Seitenflügel des 2. Segments schwach gezähnelt, die anderen fast oder ganz ungezähnt, ihr Hinterrand vom 9. Segment an konkav, der Hintereckszahn überragt erst vom 15. oder 16. Segment an den Hinterrand. Beine des Männchens mit kurzen, sehr steifen Borsten besetzt. Hüfte des Gonopoden lateral mit einem großen, nach vorn gebogenen Haken *(h)*. Das Telopodit bildet eine dicke, einheitliche Sichel. Neben dem Haarpolster ein quer abstehendes kleines Endomerit in Gestalt eines schlanken geraden Zahnes *(p)*.

Hohe Tátra, ungarische und galizische Seite, Oberungarn, Nordsiebenbürgen.

51a. **P. (S.) tatranus tatranus** Latz. Literatur wie oben.

Das ganze Telopodit des Gonopoden breiter, seine Endhälfte steht fast im rechten Winkel zur Grundhälfte, die Biegungsstelle vorn erscheint breit vorgebaucht. Das Femur ist am Grunde hinten nicht vorgebaucht. Tibiotarsus mit großem, spitzem Mittelzahn *(z)* (Fig. 85).

Hohe Tátra, ungarische und galizische Seite, Stowiaž im oberen Kohlbachtal. Kabolapoljana, Marmaros. Szinnaikö im Zempliner Komitat.

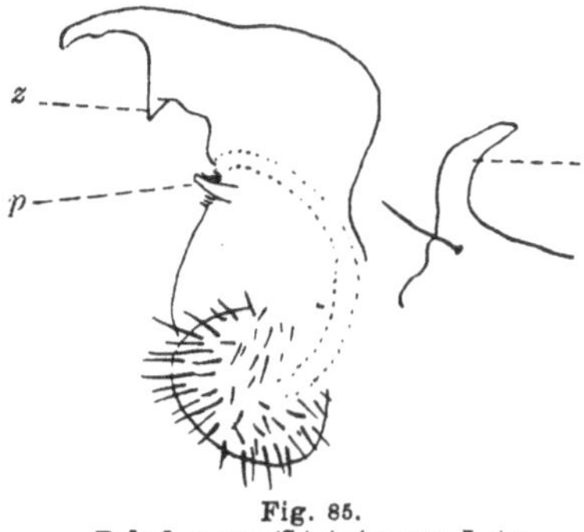

Fig. 85.
Polydesmus (S.) tatranus Latz.
Gonopode, Medialseite (Typus).

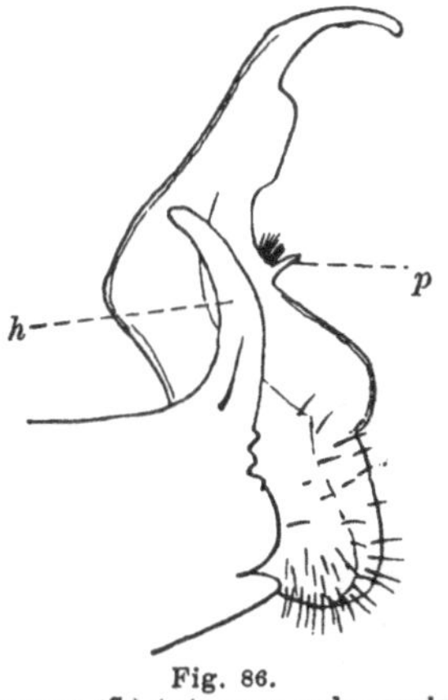

Fig. 86.
Polydesmus (S.) tatranus rodnaensis Verh.
Lateralseite.

51b. **P. (S.) tatranus rodnaensis** Verh. 1898 *P. t. r.*, K. W. Verhoeff in: Arch. Naturg., *v.* 64 I p. 368 t. 9 f. 18—22 | 1926 *P. t. r.*, Attems, ibid., *v.* 92 A 1 p. 69 f. 17.

♂ ♀ Länge 16 mm, Breite 2 mm. In Farbe und Skulptur mit *P. tatranus* übereinstimmend. Das ganze Gonopodentelopodit ist schlanker und weniger gebogen, daher erscheint es vorn in der Biegung weniger vorgewölbt. Dagegen ist das Femur am Grunde hinten stärker vorgebaucht. Tibiotarsus in der Mitte mit einer niedrigen Längslamelle, Vorsprung der lateralen Kante, an Stelle eines Mittelzahnes. Endomerit wie bei *P. tatranus,* vielleicht etwas schlanker und länger (Fig. 86).

Nordsiebenbürgen: Rodnaer Gebirge bei Vala Vinului, Borgo Prund, Ceahlau, Nagy Hagymas.

1884 *P. tatranus* var. *balcanus*, Latzel, Myr. Österr.-Ung., *v.* 2 p. 157.

Nur nach einem weiblichen Exemplar beschrieben, gehört vermutlich gar nicht zu dieser Art.

Serbien.

52. **P. (S.) polonicus** Latz. 1884 *P. p.*, Latzel, Myr. Österr.-Ung., *v.* 2 p. 160 t. 5 f. 64 | 1898 *P. p.*, Attems in: Denk. Ak. Wien, *v.* 67 p. 427 t. 8 f. 192, 193 | 1898 *P. p.*, K. W. Verhoeff in: Arch. Naturg., *v.* 64 I p. 368 | 1926 *P. p.*, Attems, ibid., *v.* 92 A I p. 57 | 1931 *P. (Aneumeritius) p.*, K. W. Verhoeff in: Zool. Jahrb., Syst. *v.* 61 p. 418.

Blaß rötlichbraun, Seitenflügel des 2., 3., 4., 6., 8., 11. und 14. Segments blaßgelb bis weiß, die des 2. Segments nur am Rande hell. ♂ Länge 26,5 mm, Breite 4 mm. Halsschild schmäler als das 2. Tergit, seitlich ganz abgerundet, querelliptisch oder schwach nierenförmig, mit 2 undeutlichen Querfurchen. Rücken sehr glatt und glänzend, die Felder der 2. und 3. Reihe niedrig aber deutlich abgegrenzt. Beule sehr groß, Fingerwulst bis über die

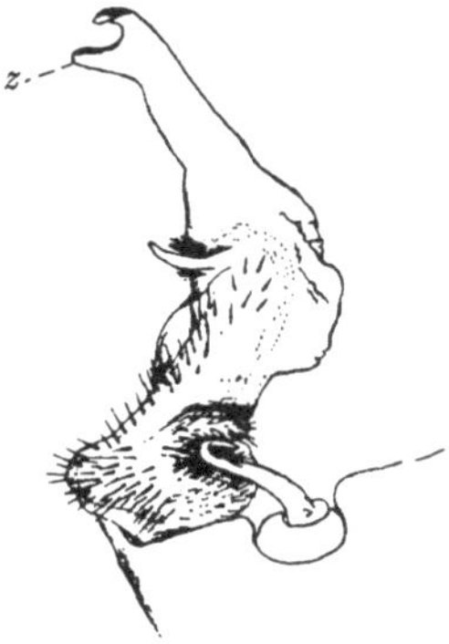

Fig. 87.
Polydesmus (S.) polonicus Latz.
(Vala Vinului) Medialseite.

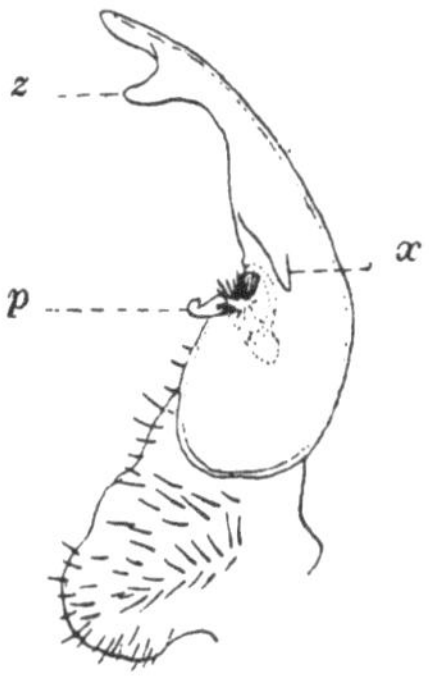

Fig. 88.
Polydesmus (S.) polonicus Latz.
Lateralseite.

Mitte des Seitenrandes reichend. Vorderecken aller Seitenflügel abgerundet, Hintereck der ersten 8—10 Segmente ebenfalls abgerundet, die folgenden etwas stumpfeckig, einen kurzen Zahn bildet das Hintereck aber erst vom 16. Segment an. Seitenrand konvex, sehr schwach gezähnelt. Sternite und Beine fein und kurz behaart. Beine des Männchens lang und ziemlich dick. Gonopoden: Zwischen Praefemur und Femur keine Einschnürung. Femur kurz und breit. Auf der Medialseite (Fig. 87) sieht man vorn in der Höhe des Haarpolsters die Grenze zwischen Femur und Tibiotarsus als feine, etwas gezackte Kante. Das Endomerit *(p)* ist schlank, schwach gebogen. Auf der Lateralseite (Fig. 88) reicht der Tibiotarsus viel weiter basalwärts herab und seine Grenze gegen das Femur ist als doppelt konturierte Linie deutlich sichtbar. Nur in der Gegend des Haarpolsters verschwindet die Grenzlinie, so daß es fast aussieht, als säße das Haarpolster auf dem Tibiotarsus. Distal vom Haarpolster auf der Lateralseite ein kleiner, eng anliegender Zacken *(x),* der auch fehlen kann. Der große runde Lappen vor dem Ende dürfte einem verlagerten Mittelzahn entsprechen *(z)*. Es wäre auch möglich, daß der Zacken *(x)* ein Mittelzahn und der Lappen vor dem Ende *(z)* ein Subapicalzahn ist.

Galizien: Przemysl. Siebenbürgen: Vala Vinului im Rodnaer Gebirge.

53. **P. (S.) strouhali** Verh. 1938 *P. s.*, K. W. Verhoeff in: Carinthia II, *v.* 128 p. 103 f. (ohne Nr.).

Nach Größe, Gestalt, Skulptur und Färbung mit *P. rangifer* übereinstimmend. Endomerit *(p)* gerade und dolchartig. Auf der Vorderseite des Tibiotarsus ein Zähnchen *(d)*. Der Tibiotarsus ist vorn nicht gleichmäßig gewölbt, sondern hinter dem Grunddrittel etwas eingebuchtet, weil nur das Grunddrittel, nicht die Grundhälfte erweitert ist (Fig. 89).

Kärnten: In einer Kaverne auf der Napoleonswiese bei Warmbad Villach.

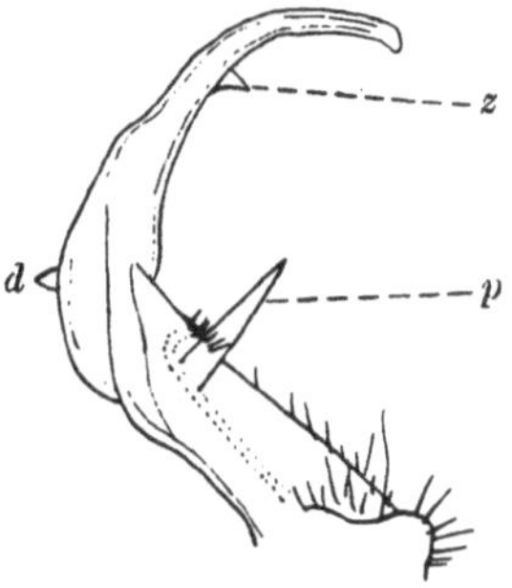

Fig. 89.
Polydesmus (S.) strouhali Verh.
(K. W. Verhoeff, 1932).

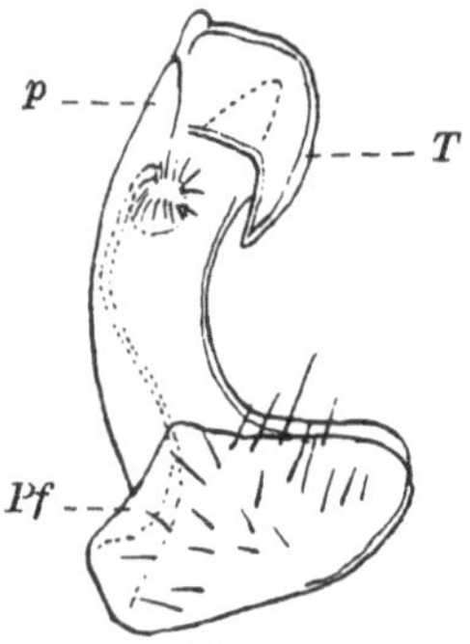

Fig. 90.
Polydesmus (S.) zonkowi Verh.
(K. W. Verhoeff, 1937).

54. **P. (S.) zonkowi** Verh. 1937 *P. z.*, K. W. Verhoeff in: Mt. Inst. Sofia, *v.* 10 p. 104 f. 11.

Rücken völlig matt. Seitenflügel deutlich gezähnt, die des 2.—4. Segmentes nur unbedeutend nach vorn gebogen. Nur die 2. und 3. Felderreihe gut ausgeprägt, vom 8.—18. Segment die Hinterecken als 3eckige Zipfel nach hinten vorgezogen. Äußerlich dem *P. subscabratus renschi* sehr ähnlich. Gonopoden: Praefemur *(Pf)* breit, ein kurzes dem Stamm angedrücktes Endomerit *(p)* vorhanden. Der Tibiotarsus *(T)* hat die Gestalt eines am Ende spitzen, am Grunde breiten und in der Mitte fast rechtwinklig eingebogenen Hakens, an seiner Basis ein kleiner knotiger Vorsprung (Fig. 90).

Bulgarien: Höhle Zmejowi Dupki bei Sliven.

55. **P. (S.) elchowensis** Verh. 1928 *P. e.*, K. W. Verhoeff in: Mt. Inst. Sofia, *v.* 1 p. 29 f. 1.

Grau mit mattem Rücken. ♂ Länge 15,5—18 mm, Breite 2—2,5 mm. Beborstung äußerst kurz, nur auf dem Halsschild und den 2 letzten Segmenten länger. Halsschild mit 3 Reihen von Höckerchen. Die Seiten abgestutzt, die Hinterecken stumpfwinklig. Tergite mit 3 deutlichen Felderreihen, die 1. mit schwachen Knötchen, die 2. und 3. mit kräftigeren, die warzenartig nach hinten gerückt sind, Seiten der Seitenflügel deutlich 3- bis 4zähnig gekerbt; Hintereck im 2. Segment schwach zackig, vom 5. Segment an deutliche Zipfel, die caudalwärts immer spitzer werden; im 8.—10. Segment sind es schon kräftige Dreiecke. Der auf den dicken, stark beborsteten Grundabschnitt des Gonopodentelopodit folgende dünnere Teil mit einigen Borsten. Das Haarpolster sitzt auf dem Hauptstamm des Femur; distal von ihm ein kurzer Haken *(p)*, ein rudimentärer Femoralfortsatz. Das Ende des Telepodit ist ein starker, gegen die Basis zu gerichteter Haken *(T)*, neben seiner Krümmung ein großer 3eckiger Zahn *(z)*, auf der Medialseite eine gezähnelte Kante (Fig. 91).

Bulgarien: Höhle Stara Sweta Troitza bei Elchowo in der Sakar Planina.

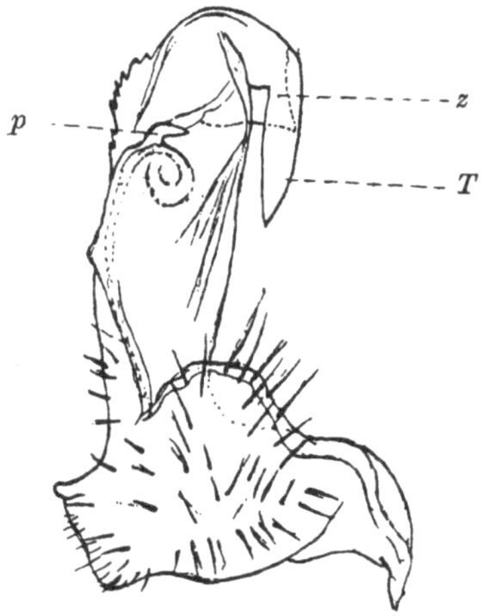

Fig. 91.
Polydesmus (S.) elchowensis Verh.
(K. W. Verhoeff, 1921).

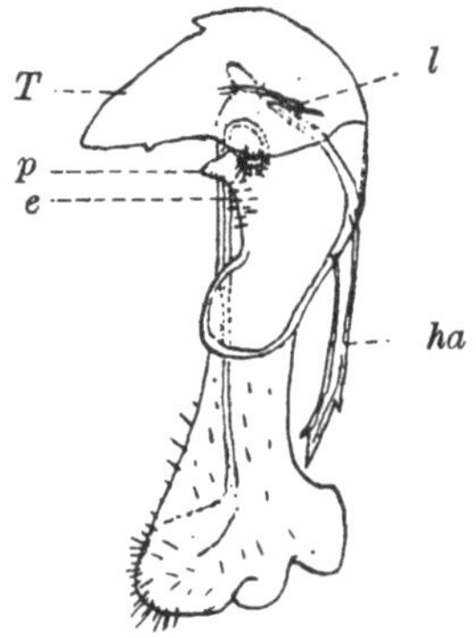

Fig. 92.
Polydesmus (S.) bureschi Verh.
Lateralseite (K. W. Verhoeff, 1928).

56. **P. (S.) bureschi** Verh. 1928 *P. b.*, K. W. Verhoeff in: Mt. Inst. Sofia, *v.* 1 p. 31 f. 2.

♂ ♀ Länge 15,5 mm, Breite 1,5 mm. Grauweiß, Rücken glatt und glänzend. Halsschild glatt, gewölbt, nur die 3. Felderreihe angedeutet, Seiten und Hinterecken abgerundet. Hinterecken der Seitenflügel vom 6. Segment an in 3eckige Zipfel ausgezogen, die caudalwärts immer stärker werden, Seitenrand völlig ungekerbt. Beborstung der Tergite rudimentär, nur auf den 2 letzten Ringen deutlicher. Femur des Gonopoden viel länger als breit, endwärts schnell verschmälert; zwischen Femur und Tibiotarsus eine wulstige Abgrenzung. Tibiotarsus mit einem langen stachelartigen Nebenast *(ha)*, der bis zur Mitte des Femur zurückreicht und am Ende 2—3 Nebenzähnchen hat; neben dem Haarpolster ein 3eckiger Zahn *(p)*, vor dem Haarpolster eine Gruppe zerstreuter Stifte *(e)*, Tibiotarsus *(T)* breit, 3eckig-schaufelartig, am Rande mit einigen kleinen Zähnchen (Fig. 92), am Grund mit einer Querleiste *(l)*.

Bulgarien: Kaltschowa Höhle bei Trnovo.

57. **P. (S.) escherichii** Verh. 1896 *P. e.*, K. W. Verhoeff in: Arch. Naturg., *v.* 62 I p. 13 t. 2 f. 13 | 1898 *P. E.*, Attems in: Denk. Ak. Wien, *v.* 67 p. 430 t. 8 f. 179 | 1926 *P. e.*, Attems in: Arch. Naturg., *v.* 92 A 1 p. 57.

Bräunlich. Länge 16—17 mm, Breite $1^2/_3$ mm; ziemlich glänzend, unbeborstet. Halsschild queroval, schmäler als die Backen, sehr glatt und glänzend, nur mit einer Quervertiefung im hinteren Drittel und einer von ihr ausgehenden kurzen Längsgrube. Seitenflügel schmal, Vorderecken abgerundet, Seitenrand konvex mit 4—5 winzig kleinen Zähnen, nur die der hinteren Körperhälfte tragen Börstchen, Hintereck spitz 3eckig. Metazoniten mit den gewöhnlichen 2 Felderreihen, die keine Mittelknötchen haben, Beule groß, Fingerwulst deutlich. Sternite mit Kreuzeindruck, reichlich und kurz beborstet. Gonopodentelopodit sehr schlank, eine stark gekrümmte Sichel bildend, die keine deutliche Gliederung in Abschnitte zeigt. Auf den dicken beborsteten Praefemoralteil folgt ein schlankerer Abschnitt, auf den sich die Beborstung schütter fortsetzt. Am Ende dieser Strecke ist das Telopodit vorn vorgebaucht und dadurch dicker. Das Ende ist in 2 schlanke, im Profil sich deckende Äste gegabelt, von denen keiner nach dem Verlauf der Samenrinne ein Femoralfortsatz ist. Der mediale Ast ist bedeutend kürzer, beide Äste sind am Ende kurz hakig. Das Haarpolster sitzt in der Gabel zwischen den beiden Ästen; die Samenrinne verläuft hinter dem medialen Endast; wäre der mediale Ast ein Femoralfortsatz, müßte er in der von der Samenrinne gebildeten Endkurve hinter der Samenrinne stehen. Proximal vom Haarpolster ein schlanker, schräg endwärts gerichteter Dorn (Fig. 93).

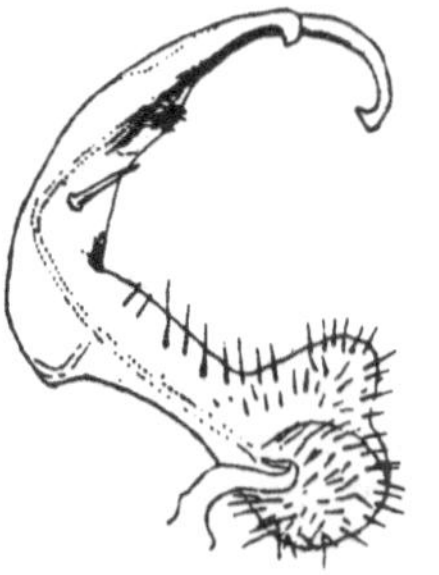

Fig. 93.
Polydesmus (S.) escherichii Verh. (Krim).

Kleinasien: Skutari, Haidar Pascha, Brussa. Pera. Krim: Alupka.

f) Subgen. **Basicentrus** nom. nov.

Tibiotarsus des Gonopoden am Grunde mit einem starken, nach hinten gerichteten Seitenast. Rinnenast fehlt vollständig, Endomerit meist auch, nur bei *P. rangifer* vorhanden.

5 Arten mit 5 Unterarten.

Südostalpine Länder, Istrien, Fiume, Oberitalien.

Typus: *P. tridentinus* Latz.

Übersicht über die Arten:

1	Kein Endomerit. Der Grundstachel des Tibiotarsus ragt distal vom Haarpolster vor — 2	
	Endomerit vorhanden. Der Grundstachel des Tibiotarsus ragt proximal vom Haarpolster vor	62. **P. (B.) rangifer**
2	Mittelzahn des Tibiotarsus ungewöhnlich groß, so daß der Tibiotarsus wie gegabelt aussieht	60. **P. (B.) falcifer**
	Mittelzahn klein — 3	
3	Der Mittelzahn ist ein langer dünner Haken. Rumpf breiter, Skulptur schwächer, besonders die Knötchen der 3. Reihe und die Seitenbeulen. Beborstung des Halsschildes kürzer	59. **P. (B.) rupicursor**
	Mittelzahn klein, 3eckig. Rumpf schlanker. Rückenskulptur stärker, besonders die Knötchen der 3. Reihe und die Seitenbeule beim Männchen stark ausgebildet. Borsten des Halsschildes länger — 4	
4	Grundstachel des Tibiotarsus sehr lang und quer abstehend, so daß er das Ende des Tibiotarsus erreicht. Mittelzahn distal von der Krümmung	58. **P. (B.) tridentinus**
	Grundstachel kurz und basalwärts gerichtet. Mittelzahn vor der Krümmung	61. **P. (B.) hessei**

58. **P. (B.) tridentinus** Latz. 1884 *P. t.,* Latzel, Myr. Österr.-Ung., *v.* 2 p. 140 | 1892 *P. bigeniculatus,* Brölemann in: Ann. Soc. Linn. Lyon, n. ser. *v.* 39 p. 20 t. 1 f. 5 | 1896 *P. tridentinus,* K. W. Verhoeff in: Arch. Naturg., *v.* 62 I3 p. 198 t. 13 f. 36 | 1898 *P. t.,* Attems in: Denk. Ak. Wien, *v.* 67 p. 436 t. 9 f. 214 | 1925 *P. t.,* K. W. Verhoeff in: Zool. Jahrb., Syst. *v.* 50 p. 96, 100 | 1926 *P. t.,* Attems in: Arch. Naturg., *v.* 92 A 1 p. 58 | 1931 *P. (Aneumeritius) t.,* K. W. Verhoeff in: Zool. Jahrb., Syst. *v.* 61 p. 418.

Erdbraun. Länge ♂ 8—11 mm, ♀ 8,5—13 mm, Breite 1,1—1,5 mm. Halsschild breit, jedoch etwas schmäler als die Backen, halbkreisförmig, mit ausgeprägten Hinterecken, längs des Hinterrandes 6 Tuberkeln. Die vordersten 3 Seitenflügel sind nach vorn gezogen, mit recht- bis stumpfwinkligen Hinterecken, Vorderecken des 2. Segments spitz, die folgenden ungefähr rechtwinklig, vom 4. an mehr abgerundet, bleiben jedoch immer winklig. Die Seitenflügel überhaupt sehr eckig, Seitenrand leicht konvex mit 3 oder 4 borstentragenden Kerben. Hintereck je weiter caudalwärts um so zackiger, vom 14. oder 15. Segment an sehr spitz. Skulptur der Metazoniten sehr deutlich, die Tuberkeln der 3. Reihe etwas spitz. Gonopoden sehr ähnlich denen von *P. rupicursor*, Telopodit ziemlich schlank, stark peitschenförmig gebogen, das Haarpolster auf dem Hauptstamm des Femur. Kein Rinnenast. Femur und Tibiotarsus ohne Grenze ineinander übergehend. Tibiotarsus ziemlich am Anfang mit einem geraden schlanken Spieß *(g),* dem Grundstachel, in gleicher Höhe vorn ein Zähnchen, Mittelzahn *(z)* klein. Endspitze nach dem Subapicalzahn *(s)* ganz gerade (Fig. 94).

Südtirol: Rovereto, Kalterer Seebecken, Riva, Salò, Ala, Arco. Lombardei: Lugano, Erba, Gavirate, Nesso, Gromo, Girola.

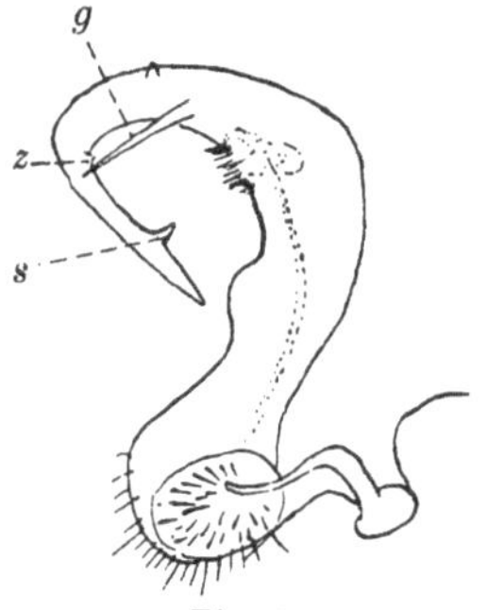

Fig. 94.
Polydesmus (B.) tridentinus Latz.

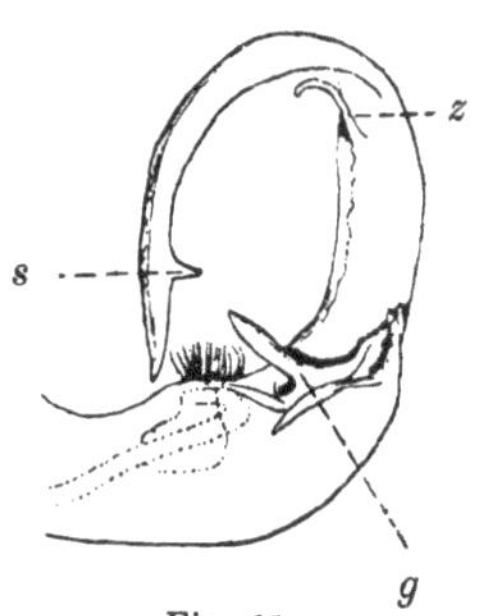

Fig. 95.
Polydesmus (B.) rupicursor Verh.
Medialseite.

59. **P. (B.) rupicursor** Verh. 1907 *P. r.,* K. W. Verhoeff in: Zool. Anz., *v.* 32 p. 344 f. 13 | 1925 *P. r.,* K. W. Verhoeff in: Zool. Jahrb., Syst. *v.* 50 p. 96, 100 | 1926 *P. r.,* Attems in: Arch. Naturg., *v.* 92 A 1 p. 58 | 1931 *P. (Aneumeritius) r.,* K. W. Verhoeff in: Zool. Jahrb., Syst. *v.* 61 p. 418.

Schmutzig weiß. Länge ♂ 12,5—13,5 mm, ♀ 13—17 mm. Halsschild schmäler als die Backen, mit sehr schwacher Skulptur. Rücken matt, vordere Seitenflügel horizontal, der Rücken flach. Seitenflügel eckig, der Seitenrand fast gerade, mit 3 (porenlose Segmente) oder 4 (porentragende Segmente) kleinen Kerben, in denen je eine winzige stiftartige Borste steht, ebenso klein sind auch die Stiftchen der Rückentuberkel. Hintereck auf den vorderen Segmenten rechtwinklig, dann immer mehr ausgezogen, auf den hinteren Segmenten einen langen spitzen 3eckigen Zacken bildend, Skulptur der Metazoniten seicht. Gonopodentelopodit an der Grenze von Praefemur und Femur mit einem vorspringenden stumpfen Höcker. Das Haarpolster sitzt dem Hauptstamm des Femur, der relativ schlank ist, auf, ein Femoralfortsatz fehlt. Distal vom Haarpolster eine starke Biegung, in der ein schräg basalwärts gerichteter Spieß *(g)* steht, weiterhin ein schlankes Hörnchen *(z,* Mittelzahn), Subapicalzahn *(s)* sehr klein, Endspitze gerade; der Tarsus ist so gekrümmt, daß die Spitze nahe dem Höcker an der Femoralgrenze zu stehen kommt (Fig. 95).

Oberitalien: Monte Brunate bei Como, Bergamo, Lecco.

60. **P. (B.) falcifer** Latz. 1884 *P. f.*, Latzel, Myr. Österr.-Ung., *v.* 2 p. 146 t. 5 f. 63 | 1895 *P. brachydesmoides*, K. W. Verhoeff in: Verh. Ges. Wien, *v.* 45 p. 290 | 1898 *P. falcifer*, Attems in: Denk. Ak. Wien, *v.* 67 p. 434 t. 8 f. 177 | 1899 *P. f.* var. *brachydesmoides*, K. W. Verhoeff in: Arch. Naturg., *v.* 65 I p. 227 | 1926 *P. f.*, Attems, ibid., *v.* 92 A 1 p. 73 f. 25 | 1931 *P. (Apomeritius) f.*, K. W. Verhoeff in: Zool. Jahrb., Syst. *v.* 61 p. 421 t. 7 f. 36.

Schmutzigweiß bis dunkel kastanienbraun, bei den dunkler gefärbten Exemplaren bleiben die Seitenflügel 6, 8, 11 und 14 heller als die Grundfarbe des Rückens. ♂ Länge 15,5 mm, Breite 2,5 mm, ♀ Länge 18 mm, Breite 2,8 mm. Rücken glänzend, beim Weibchen flach, beim Männchen etwas hohl, dadurch, daß die Seitenflügel, besonders die vorderen ein wenig aufwärts gebogen sind. Halsschild schmäler als die Backen, seitlich abgerundet, hinten seicht eingebuchtet, längs des Hinterrandes 8 Tuberkel, in der Mitte 2 Buckel, vor diesen eine Querfurche. Seitenflügel eckig, die Vorderecken rechtwinklig. Seitenrand gezähnelt, Hinterecken vorn rechtwinklig, caudalwärts immer mehr ausgezogen, zuletzt lang und spitz. Skulptur der Metazoniten flach, Fingerwulst deutlich. Telopodit des Gonopoden 2mal ungefähr im rechten Winkel gebogen, das Haarpolster sitzt auf dem Hauptstamm des Femur. Ein Rinnenast fehlt völlig. Femur und Tibiotarsus ohne Grenze ineinander übergehend. Neben der Samenrinne eine fein gezähnelte Kante. Am Grunde des Tibiotarsus ein schräg basalwärts gerichteter gerader Stachel *(g)*. Mittelzahn ungewöhnlich groß, so daß der Tibiotarsus tief gegabelt erscheint.

Istrien, Görz, Fiume, Krain.

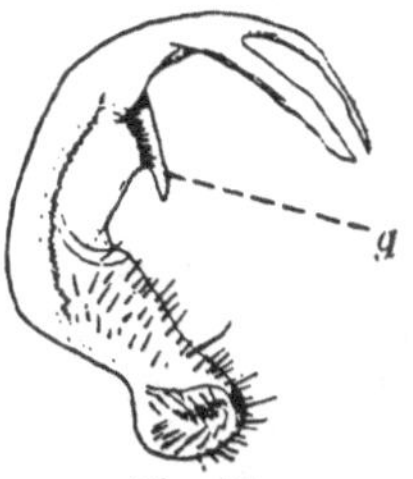

Fig. 96.
Polydesmus (B.) falcifer Latz.
(St. Florian bei Görz).

60a. **P. (B.) falcifer falcifer** Latz. Literatur wie oben.

Grundstachel des Tibiotarsus lang und schlank, am Ende einfach oder 2- bis mehrspitzig, schräg basalwärts gerichtet. Proximal vom Haarpolster kein Fortsatz. Mittelzahn so lang wie das Ende des Tibiotarsus (Fig. 96).

Istrien: Barcola bei Triest, Basovizza, Gabrovizza, Lippiza, Castua bei Abbazia. Fiume. Görz: St. Florian, Podgora, Höhle von Jamiano bei Monfalcone.

60b. **P. (B.) falcifer idriensis** Verh. 1931 *P. (Apomeritius) f. i.*, K. W. Verhoeff in: Zool. Jahrb., Syst. *v.* 61 p. 421 t. 7 f. 37.

Proximal vom Haarpolster ein dicker stumpfer Fortsatz *(k)*, Grundstachel *(g)* des Tibiotarsus kürzer und quer abstehend. Mittelzahn kürzer als die Endspitze (Fig. 97).

Krain: am Idria-Ufer bei Slap.

61. **P. (B.) hessei** Verh. 1931 *P. (Aneumeritius) h.*, K. W. Verhoeff in: Zool. Jahrb., Syst. *v.* 61 p. 414 t. 7 f. 24, 25.

Länge $9\frac{1}{2}$—$10\frac{2}{3}$ mm. Mit *P. tridentinus* äußerlich übereinstimmend und nur durch die Gonopoden zu unterscheiden: der Stachelfortsatz *(g)* nach

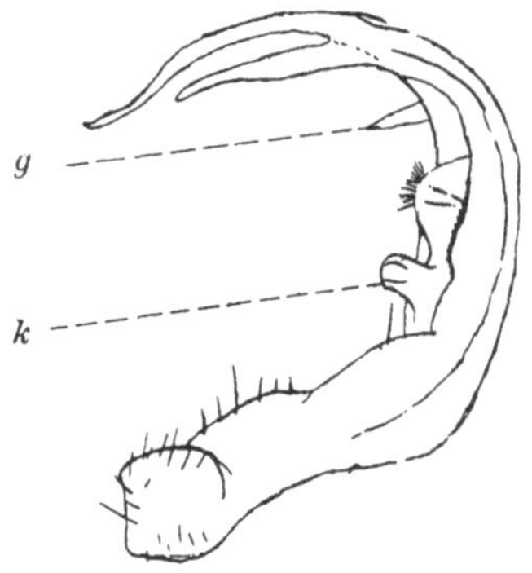

Fig. 97.
Polydesmus (B.) falcifer idriensis Verh.
(K. W. Verhoeff, 1931).

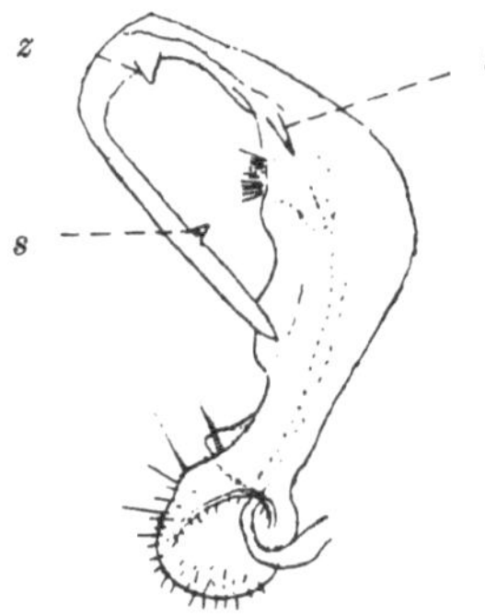

Fig. 98.
Polydesmus (B.) hessei Verh.
(K. W. Verhoeff, 1931).

dem Haarpolster ist kurz und gegen die Basis zurückgebogen, der Tibiotarsus krümmt sich distal vom Fortsatz nicht sofort um, sondern läuft zuerst eine Strecke nach vorn und endwärts. Von den 3 Zähnen des Tibiotarsus steht der proximale *(z)* vor der großen Biegung, der distale *(s)* dem Haarpolster gegenüber (Fig. 98).

Oberitalien: Monte Alto bei Sarnico. Pizzo del Orto bei Iseo. Pisogne am Iseo-See. Poschiavo-See. Toline. Edolo.

62. **P. (B.) rangifer** Latz. 1884 *P. r.*, Latzel, Myr. Österr.-Ung., *v.* 2 p. 148 t. 5 f. 61, 62 | 1893 *P. abbazianus*, K. W. Verhoeff in: Berlin. ent. Z., *v.* 38 p. 276 | 1898 *P. rangifer*, Attems in: Denk. Ak. Wien, *v.* 67 p. 433 t. 8 f. 171, 172 | 1926 *P. r.* + *istrianus* + *confinus*, Attems in: Arch. Naturg., *v.* 92 A 1 p. 57, 70, 71 f. 20—23 | 1929 *P. r.* + *r. hofheinzi*, K. W. Verhoeff in: Zool. Jahrb., Syst. *v.* 57 p. 628 t. 6 f. 33, 34.

Blaß rötlichbraun, gewisse Seitenflügel können gelblich aufgehellt sein. Breite 2—3,5 mm. Seitenrand der Seitenflügel konvex mit kleinen Kerben. Hinterecken auf den vorderen Segmenten stumpf- bis rechtwinklig, erst auf den hinteren Segmenten spitzzackig. Rückenskulptur der Metazoniten gut ausgeprägt. Borsten der Rückentuberkeln und Seitenrandkerben so winzig, daß sie meist gar nicht sichtbar sind. Gonopoden: Zwischen Praefemur und Femur keine Einschnürung, Femur breit. Ein langes schlankes Endomerit *(p)* vorhanden, das einfach oder mit kleinen Seitenspitzen versehen oder tief gegabelt sein kann, manchmal sind die 2 Gonopoden desselben Individuums diesbezüglich verschieden. Es ist gleich am Grunde etwas gekrümmt und sodann gerade, quer nach hinten gerichtet. Die Grenze von Femur und Tibiotarsus ist vorn durch einen Absatz am Ende des Femur, der sich in eine Kante auf der Medialfläche fortsetzt, angegeben. Bei einer Subspecies fehlt der Absatz. Auf der Lateralseite geht der Tibiotarsus viel weiter basalwärts herab als auf der Medialseite; er hat hier nahe dem Grunde einen großen Seitenast, den Grundast *(g)*, der je nach den Subspecies näher der hinteren oder vorderen Kante entspringt, proximal vom Haarpolster nach hinten vorragt und etwas verschieden gestaltet ist. Ein kräftiger Mittelzahn *(z)* vorhanden. Kein Subapicalzahn.

Görz, Istrien, Kärnten, Krain, Kroatien, Monte Cavallo.

Übersicht über die Subspecies:

1 { Der Grundstachel des Gonopoden-Tibiotarsus entspringt nahe der vorderen Kante und ist ganz gerade. Grenze zwischen Femur und Tibiotarsus verwischt, auf der Vorderseite kein Absatz an seiner Stelle. Gewisse Seitenflügel sind aufgehellt. Körperbreite 2 mm . . . . 62c. **P. (B.) rangifer confinus**

Der Grundstachel entspringt näher der hinteren Kante. Grenze zwischen Femur und Tibiotarsus durch einen Absatz markiert. Körperbreite 3—3,5 mm — **2**

2 { Der Grundstachel des Tibiotarsus entspringt ganz hinten. Vorn am Ende des Femur nur ein runder Absatz. Seitenflügel 2, 3, 4, 8, 11, 14 blaßgelblich aufgehellt . . . 62a. **P. (B.) rangifer rangifer**

Der Grundstachel entspringt auf der Lateralfläche, näher dem Hinterrand als dem Vorderrand. Am Ende des Femur vorn ein runder Absatz und am Beginn des Tibiotarsus ein spitzes Zähnchen. Einfarbig erdbraun . . . . 62b. **P. (B.) rangifer istrianus**

62a. **P. (B.) rangifer rangifer** Latz. 1886 *P. r.*, Latzel, Myr. Österr.-Ung., *v.* 2 p. 148 | 1898 *P. r.*, Attems in: Denk. Ak. Wien, *v.* 67 p. 433 t. 8 f. 171, 172 | 1926 *P. r.*, Attems in: Arch. Naturg., *v.* 92 A 1 p. 57 | 1929 *P. r.*, K. W. Verhoeff in: Zool. Jahrb., Syst. *v.* 57 p. 628 t. 6 f. 33.

Blaß rötlichbraun, Seitenflügel des 2., 3., 4., 6., 8., 11., 14. blaß gelbweiß oder rotgelb aufgehellt. Die letzten Tergite haben gelbliche Hinter-

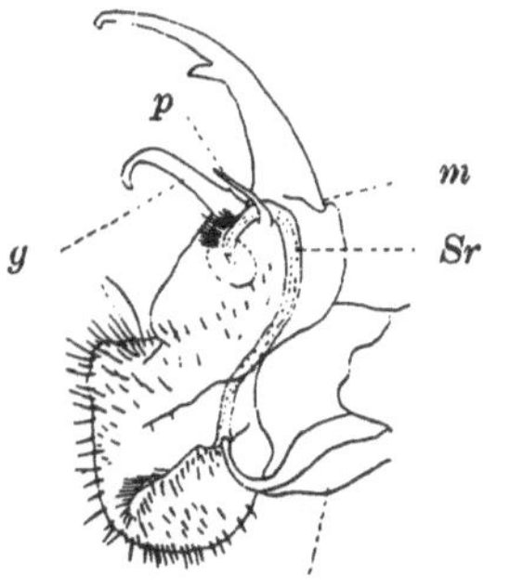

Fig. 99.
Polydesmus (B.) rangifer rangifer Latz.
Medialseite.

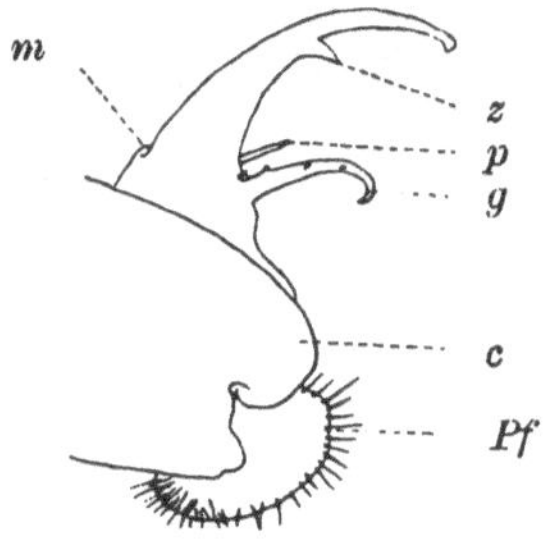

Fig. 100.
Polydesmus (B.) rangifer rangifer Latz.
Lateralseite.

ecken. Rücken glänzend. Länge ♂ 18—25 mm, ♀ 20—23 mm, Breite ♂ 2,9—3,6 mm, ♀ 3—3,5 mm. Halsschild fast querelliptisch. Seitenflügel horizontal, die der vorderen Segmente mit kräftig ausgezogenen Vorderecken, die übrigen Vorderecken mäßig abgerundet; Seitenrand konvex, fein gekerbt. Hintereck auf den vorderen Segmenten rechtwinklig, auf den anderen mehr und mehr spitzzackig. Gonopoden: Die Grenze zwischen Femur und Tibiotarsus beginnt vorn bei einem kleinen runden Absatz *(m)* am Ende des Femur und setzt sich in eine Kante auf der Medialfläche fort. Der Grundast *(g)* des Tibiotarsus entspringt nahe der hinteren Kante und ist hakig gebogen. Neben seiner Basis ein schlankes Zähnchen. Er kann kleine Seitenzähne haben (Fig. 99, 100).

Görz, Istrien, Krain, Kärnten, Kroatien.

62b. **P. (B.) rangifer istrianus** Att. 1926 *P. i.*, Attems in: Arch. Naturg., *v.* 92 A 1 p. 70 f. 20, 21.

Erdbraun. Länge 17 mm, Breite 3,3 mm, Prozonit 1,8 mm. Seitenflügel der vorderen Segmente leicht aufgebogen, der Rücken daher etwas hohl. Glatt und glänzend. Vordere Hinterecken bis 7. Segment stumpfwinklig, vom 8. Segment an allmählich zackig. An der Grenze von Femur und Tibiotarsus des Gonopoden am Ende des Femur ein runder Absatz, am Beginn des Tibiotarsus ein spitzes Zähnchen *(d)*. Der Grundast *(g)* entspringt auf der Lateralfläche, näher der hinteren als der vorderen Kante und ist am Ende hakig gebogen. Neben seinem Grund ein kleines Zähnchen, das aber einseitig fehlen kann (Fig. 101).

Istrien: Rovigno.

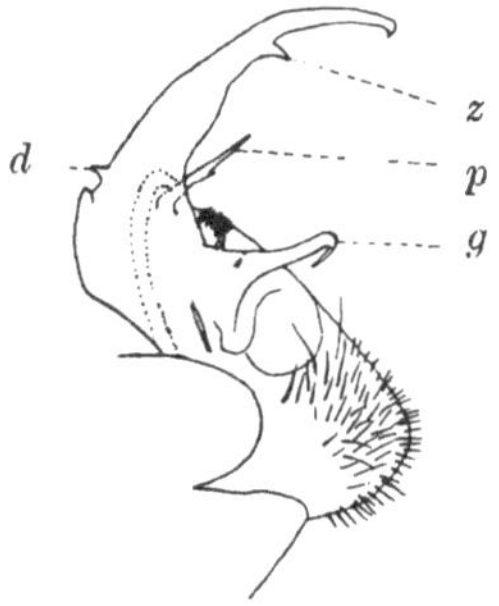

Fig. 101.
Polydesmus (B.) rangifer istrianus Att.
Lateralseite.

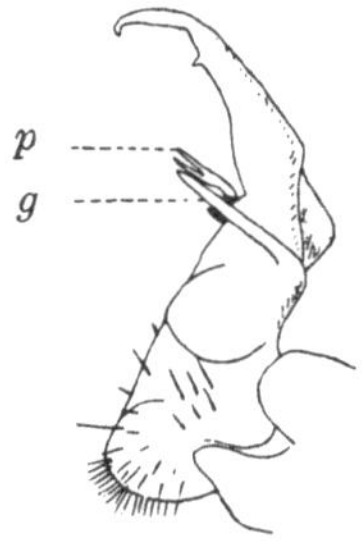

Fig. 102.
Polydesmus (B.) rangifer confinus Att.
(Wolayer-See). Lateralseite.

62c. **P. (B.) rangifer confinus** Att. 1926 *P. c.*, Attems in: Arch. Naturg., *v.* 92 A 1 p. 71 f. 22, 23.

Dunkel kastanienbraun. Seitenflügel 2, 3, 4, 6, 8, 11, 14 ein wenig aufgehellt. Breite 2 mm. Prozonit 1,4 mm, Seitenflügel horizontal. Die Grenze zwischen Femur und Tibiotarsus des Gonopoden ist vorn und auf der Medialfläche nicht deutlich sichtbar, auch kein Absatz vorn vorhanden. Der Grundast *(g)* entspringt nahe der vorderen Kante, ist sehr schlank und ganz gerade (Fig. 102).

Kärnten: am Wolayer-See. Gartnerkofel in den Karnischen Alpen. Goldegg bei Spittal. Monte Cavallo.

g) Subgen. **Mastuchus** nom. nov.

Femur des Gonopoden auf der Medialseite in der Höhe des Haarpolsters mit einem starken nach vorn gerichteten kegeligen Fortsatz. Kein Rinnenast, Endomerit vorhanden oder fehlend, das ganze Telopodit sehr kurz und dick.

Typus: *P. stiphropus* Att.

3 Arten.

Venetien, Friaul, Oberösterreich.

Übersicht über die Arten:

1	Ein Endomerit vorhanden — 2	
	Kein Endomerit	65. **P. (M.) xanthocrepis**
2	Auf der Lateralfläche des Gonopodentelopodit ein Stachel *(b)*, weder ein Mittelzahn noch ein Subapicalzahn vorhanden. Rücken gleichmäßig erdbraun ohne Aufhellung gewisser Seitenflügel . .	63. **P. (M.) stiphropus**
	Auf der Lateralfläche des Gonopoden kein solcher Stachel. Ein Mittelzahn und ein zweiter kleiner Zahn auf dem Tibiotarsus vorhanden. Seitenflügel 4, 6, 8, 11, 14 gelblich aufgehellt . . .	64. **P. (M.) noricus**

63. **P. (M.) stiphropus** Att. 1926 *P. s.*, Attems in: Arch. Naturg., *v.* 92 A I p. 69 f. 18, 19 | 1937 *P. s.*, Strasser in: Atti Mus. Trieste, *v.* 13 p. 64.

Farbe erdbraun ohne merkliche Aufhellung gewisser Seitenflügel. Breite ♂ 1,6 mm, Länge ♀ 18 mm. Halsschild merklich schmäler als der Kopf

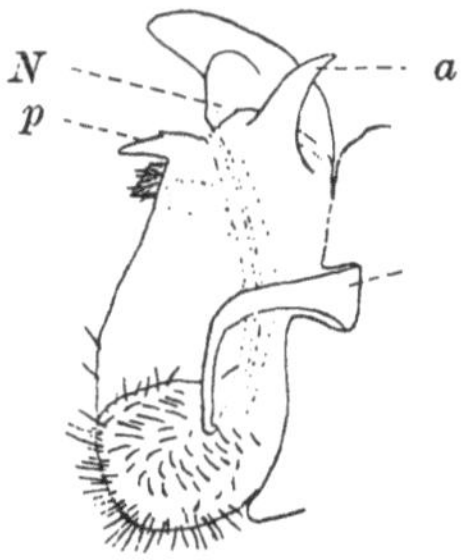

Fig. 103.
Polydesmus (M.) stiphropus Att.
Medialseite.

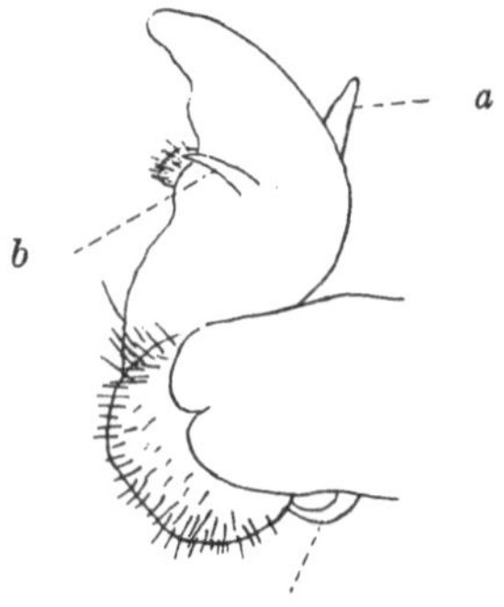

Fig. 104.
Polydesmus (M.) stiphropus Att.
Lateralseite.

samt den Backen. Vordereck der Seitenflügel abgerundet, je weiter caudalwärts um so mehr, da der vorn im rechten Winkel zur Längsachse gerichtete Vorderrand weiter hinten schräg nach hinten zieht. Der Seitenrand ist leicht konvex mit 3 (auf den porentragenden) oder 4 (porenlosen Segmenten) sehr seichten Kerben. Die erste Kerbe des Seitenrandes, die ein kleines Zähnchen bildet, befindet sich bereits hinter der runden Eckschulter. Das Hintereck bildet vom 4. oder 5. Segment an einen sehr kurzen stumpfen Zacken. Die Knötchen der 2. und 3. Reihe und der Fingerwulst sind dunkel. Die vorderen Seitenflügel sind horizontal. Gonopoden sehr kurz und gedrungen, fast an die mancher *Brachydesmus* erinnernd. Zwischen Praefemur und Femur keine Einschnürung. Die Samenrinne verläuft wie gewöhnlich auf der Medialseite schräg an den Vorderrand und schlägt sich hier auf die Lateralfläche hinüber. In diesem von ihr gebildeten Bogen sitzt das Haarpolster und neben ihm ein quer gerichteter Zacken *(p)*. Femur und Tibiotarsus sind auf der Medialfläche sehr deutlich durch eine doppellinige Naht *(N)* im Chitin gegeneinander abgegrenzt. Auf der Medialfläche (Fig. 103) des Femur ein großer, schräg nach vorn gerichteter Zahn *(a)*. Auf der Lateralfläche (Fig. 104) ein

2. Stachel *(b)*. Da hier keine Grenze zwischen Femur und Tibiotarsus sichtbar ist, kann dieser Stachel *(b)* nur vermutungsweise dem Femur zugerechnet werden. Möglicherweise reicht der Tibiotarsus auf der Lateralseite weiter herab und gehört der Stachel *(b)* dem Tibiotarsus an. Tibiotarsus sehr kurz und breit, ohne Mittelzahn und ohne Subapicalzahn.

Monte Cavallo. Friaul: Casera Ressetum, Claut.

64. **P. (M.) noricus** Latz. 1884 *P. n.*, Latzel, Myr. Österr.-Ung., *v.* 2 p. 144 | 1898 *P. n.*, Attems in: Denk. Ak. Wien, *v.* 67 p. 431 t. 8 f. 168—170 | 1926 *P. n.*, Attems in: Arch. Naturg., *v.* 92 A 1 p. 56 | 1931 *P. (Aneumeritius) n.*, K. W. Verhoeff in: Zool. Jahrb., Syst. *v.* 61 p. 418.

Grundfarbe bräunlichrot bis rotbräunlich, Seitenflügel des 4., 6., 8., 11. und 14. Segments blaßgelb; am 2. und 3. Segment, sowie an den Hinter-

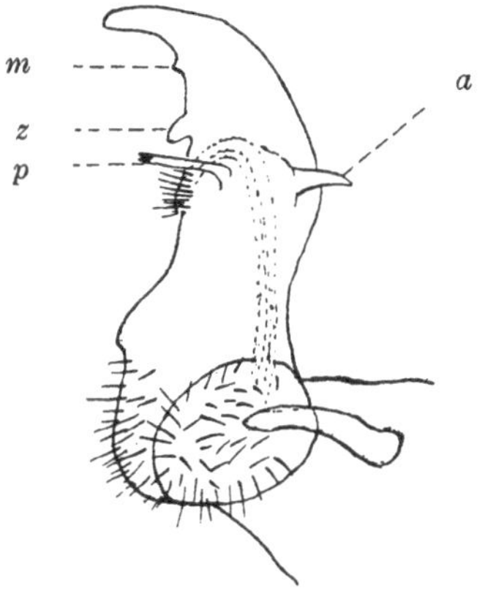

Fig. 105.
Polydesmus (M.) noricus Latz.
Type vom Obir. Medialseite.

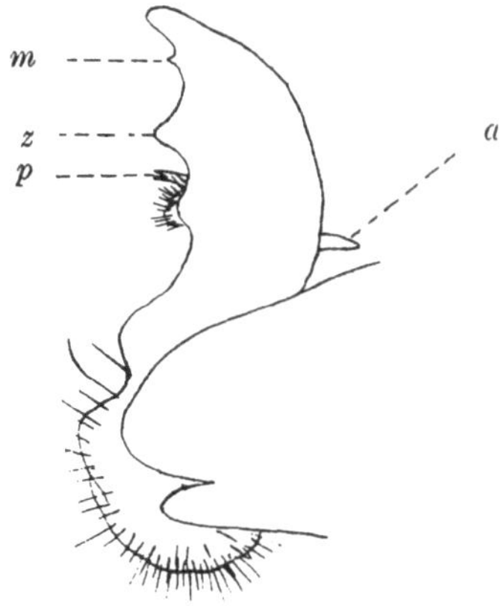

Fig. 106.
Polydesmus (M.) noricus Latz.
Lateralseite.

ecken einiger Endsegmente können ebenfalls Spuren von Aufhellung auftreten. Länge ♂ 12 mm, ♀ 13—15 mm, Breite ♂ 1,8 mm, ♀ 2 mm, schlank und schmal, überall gleich breit. Halsschild schmäler als der Kopf, schwach nierenförmig, am Vorderrand eine Reihe kleiner Borsten, von Tuberkeln sind nur die der hintersten Reihe halbwegs deutlich. Skulptur der Metazoniten deutlich, die Knötchen mit Borsten, Fingerwulst bis zur Mitte des Seitenrandes reichend. Vordereck der Seitenflügel mit einem Zähnchen gerade im Eck, Seitenrand sehr schwach konvex, beim Männchen kaum merkbar, beim Weibchen deutlicher gekerbt, mit je einer Borste in den Kerben. Hintereck auf den vorderen Segmenten rechtwinklig oder abgestumpft, weiterhin immer mehr zackig werdend. Die Gonopoden haben große Ähnlichkeit mit denen von *P. stiphropus*. Praefemur und Femur breit, ohne Einschnürung ineinander übergehend. Die Grenze zwischen Femur und Tibiotarsus ist hier ganz verwischt, man kann daher nur per analogiam mit *P. stiphropus* sagen, daß der große, quer nach vorn abstehende Zahn *(a)* auf der Medialfläche (Fig. 105) in der Höhe des Haarpolsters dem Femur angehört. Der Zacken *(p)*, ein Endomerit, ist ein schlanker Ast von etwas wechselnder Form, bald 2spitzig, bald mit mehreren kleinen Seitenzähnchen. Der Tibiotarsus hat auf der Hinterseite einen größeren Mittelzahn *(z)*, auf der Medialkante und weiterhin auf der Lateralkante einen 2. kleineren Zahn *(m)*. Ein dem Stachel *(b)* von *P. stiphropus* entsprechender Stachel auf der Lateralfläche ist nicht vorhanden (Fig. 106).

Kärnten: Gipfel des Obir, 2050 m.

65. **P. (M.) xanthocrepis** Att. 1898 *P. xanthocrepis*, Attems in: Denk. Ak. Wien, *v.* 68 p. 432 t. 8 f. 178 | 1926 *P. xanthocrepis*, Attems in: Arch. Naturg., *v.* 92 A 1 p. 57.

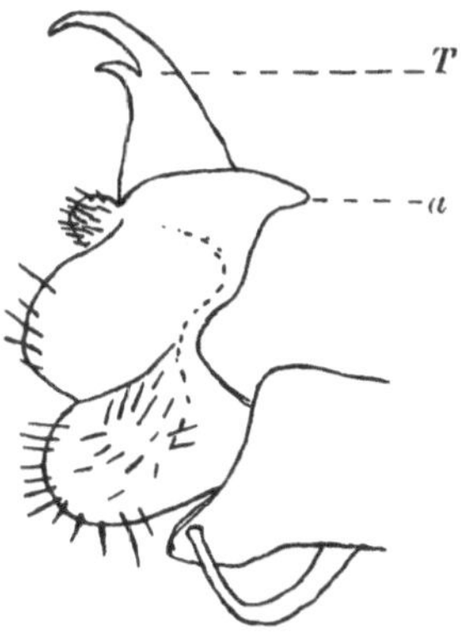

Fig. 107. **Polydesmus (M.) xanthocrepis** Att. (Attems, 1898).

Antennen, Kopf und Rücken dunkelbraun bis schwarzbraun, Seitenflügel des 3., 4., 6., 8., 11. und 14. Segments schön gelb. Bauch und Beine licht gelbbraun. Länge 17 mm, Breite 2,7 mm. In der Gestalt an *P. complanatus* erinnernd. Rücken fast nackt, nur die vordersten und letzten Tergite mit einigen Börstchen. Halsschild breit, ziemlich flach, Vorderrand in der Mitte mäßig, seitlich stark bogig gekrümmt, Hinterrand in der Mitte seicht eingebuchtet, seitlich schräg nach vorn ziehend. Rücken in der vorderen Körperhälfte etwas hohl, indem die Seitenflügel ein wenig aufgebogen sind; mäßig glänzend, Skulptur gut ausgeprägt. Felder der 2. und 3. Reihe scharf abgegrenzt, Fingerwulst schräg medianwärts bis zur Mitte des Seitenflügels ziehend. Seitenflügel eckig, das Vordereck rechtwinklig, erst vom 15. Segment an abgestumpft, Seitenrand ganz gerade mit 3 oder 4 kleinen Zähnchen, Hinterecken des 2. und 3. Segments rechtwinklig, dann immer mehr zackig. Femoralteil des Gonopoden kurz und dick, das Haarpolster sitzt diesem dicken Hauptstamm auf, ein Rinnenast fehlt ganz; vorn ein kräftiger kegeliger Zahn *(a)*. Tibiotarsus *(T)* mit einem spitzen Mittelzahn, das schlanke Ende leicht gekrümmt (Fig. 107).

Oberösterreich: Weyer a. d. Enns.

h) Subgen. **Acanthotarsius** Verh.

1931 *Polydesmus (A).*, K. W. Verhoeff in: Zool. Jahrb., Syst. *v.* 61 p. 418.

Tibiotarsus des Gonopoden gegen das Femur nicht abgegliedert, mit einer Anzahl kammförmig oder büschelig gestellter großer Stacheln. Das Haarpolster sitzt auf dem Hauptstamm des Femur am Grunde des kleinen Femoralfortsatzes oder Endomerit.

2 Arten, eine davon mit 3 Unterarten und 11 Varietäten.

Ostalpen, Südtirol, Kroatien, Bosnien, Oberitalien.

Typus: *P. edentulus* C. L. Koch.

Übersicht über die Arten:

1 { Tibiotarsus des Gonopoden schlanker und länger, seine Stacheln kammförmig hintereinander gestellt. Der zurückgebogene große Zahn ist relativ kleiner und reicht nicht über das Haarpolster hinaus. Körper mehr oder weniger pigmentiert . . . . . 66. **P. (A.) edentulus**

Tibiotarsus kurz und gedrungen, die Stacheln stehen gebüschelt. Der zurückgebogene Zahn ist riesig groß und reicht über das Haarpolster hinaus. Körper ganz weiß . . . . 67. **P. (A.) robiniarum**

66. **P. (A.) edentulus** C. L. Koch 1847 *P. e.*, C. L. Koch in: Koch-Panzer, Krit. Revis., *v.* 3 p. 134 | 1863 *P. e.*, C. L. Koch, Myr., *v.* 2 p. 4 f. 128 | 1877 *P. e.*, Fedrizzi in: Annuario Soc. Modena, *v.* 11 p. 109 | 1884 *P. e.*, Latzel, Myr. Österr.-Ung., *v.* 2 p. 154 t. 5 f. 158 | 1884 *P. pennsylvanicus + e. + testaceus*, Ant. Berlese, A. M. S., fasc. 12 nr. 7, 8, 9 | 1889 *P. e.*, Daday, Myr. Regni Hungar., p. 67 | 1894 *P. e.*, Attems in: SB. Ak. Wien, *v.* 103 p. 51 t. 4 f. 34 | 1895 *P. e.*, Attems, ibid., *v.* 104 p. 180 | 1895 *P. e.*, K. W. Verhoeff in: Zool. Anz., *v.* 18 p. 222 f. 2, 3 | 1898 *P. e.*, Attems in: Denk. Ak. Wien, *v.* 67 p. 428 t. 9 f. 196—204 | 1907 *P. e.*, K. W. Verhoeff in: Zool. Anz., *v.* 32 p. 349 | 1914 *P. e.*, K. W. Verhoeff, ibid., *v.* 45 p. 224 f. 5—7 | 1925 *P. e.*, K. W. Verhoeff in: Zool. Jahrb., Syst. *v.* 50 p. 100 | 1926 *P. e.*, Attems in: Arch. Naturg., *v.* 92 A 1 p. 65 f. 10—15 | 1937 *P. e.*, Strasser in: Atti Mus. Trieste, *v.* 13 p. 62.

Lichter oder dunkler braun, gewöhnlich um so dunkler, je größer die Tiere sind. Seitenflügel des 4., 6., 8., 10., 14. und manchmal auch des 3. Segments gelblich oder weiß, und zwar ganz weiß oder nur gefleckt; der Farbunterschied ist um so deutlicher, je dunkler die Grundfarbe ist. Länge ♂ 10,5—17 mm, ♀ 14—19 mm, Breite 1,5—2,5 mm. Halsschild querelliptisch bis nierenförmig, seitlich abgerundet, schmäler als die Backen, mit 3 Reihen winziger Börstchen, längs des Hinterrandes eine Reihe kleiner Tuberkeln. Seitenflügel des 2. Segments nach vorn gezogen, mit winzigen Zähnchen, Hintereck stumpfwinklig. Vorderecken der übrigen Segmente abgerundet, Hinterecken bis zum 8. oder 9. Segment ebenfalls, dann durch eine schwache Einbuchtung des Hinterrandes winklig, vom 15. Segment an spitzzähnig; Seitenrand konvex mit 3 oder 4 winzigen, eine kleine Borste tragenden Kerben. Tuberkeln der 2. und 3. Reihe der Metazoniten ziemlich gleich groß, jede mit einem winzigen Börstchen; Beule durch eine Querfurche geteilt, jede Hälfte mit einem Mittelknötchen, Fingerwulst sehr deutlich, bis zum vorderen Drittel reichend. Rücken glatt und glänzend. Sternite mit tiefem Quer- und seichtem Längseindruck, reichlich beborstet. Gonopoden kurz und gedrungen, sichelförmig, von der Basis endwärts allmählich verjüngt. Das Haarpolster sitzt auf dem Hauptstamm des Femur, neben ihm ein senkrecht zur Ebene der Telopoditsichel stehendes zugespitztes Endomerit *(p)*. Femur und Tibiotarsus allmählich ohne sichtbare Grenze ineinander übergehend. Die vordere Kante des Telopodit macht an der Grenze von Femur und Tibiotarsus bei den meisten Arten einen fast rechtwinkligen Absatz (z. B. *P. e. bidentatus* von Campo Grosso); bei *P. e. bidentatus* var. *spelaeus* ist dieser Absatz sehr schwach, bei *P. e. plitvicensis* var. *cavallus* ist der ganze Vorderrand gleichmäßig gebogen ohne jeden Absatz. Die vordere Kante des Tibiotarsus ist meist, wenigstens teilweise, gezähnelt oder die Zähnchen stehen auf der Medialfläche neben der Kante. Der Tibiotarsus hat einen großen Dreieckzahn *(z)*, entsprechend dem Mittelzahn anderer Arten und eine wechselnde Anzahl von schlanken, einfachen oder gegabelten Stacheln. Der erste Stachel ist bei den meisten Arten bedeutend stärker als die anderen und mehrspitzig, sowie schräg basalwärts gerichtet. Die Zahl der Stacheln schwankt von 3 bis etwa 20, ihre Zahl läßt sich nur sehr beschränkt zur Charakterisierung der Unterarten benutzen, weil sie individuell variiert und rechts und links beim selben Männchen verschieden sein kann.

Südtirol, Osttirol, Oberösterreich, Niederösterreich, Kärnten, Steiermark, Krain, Kroatien, Bosnien, Oberitalien.

Übersicht über die Subspecies und Varietäten:

1 { Der Dreieckzahn des Gonopoden ist einfach 3eckig, ohne Verlängerung seiner Basis distal . . . . 66a. **P. (A.) edentulus edentulus**
Der Dreieckzahn hat eine distale Verlängerung seiner Basis oder ist 2zackig — 2

2 { Der Dreieckzahn hat eine niedrige kurze bis längere Verlängerung seiner Basis distal . . . . 66b. **P. (A.) edentulus bidentatus**
Der Dreieckzahn ist 2zackig . . . . . . 66c. **P. (A.) edentulus plitvicensis**

66a. **P. (A.) edentulus edentulus.**

1 { Der 1. Stachel des Tibiotarsus ist nicht stärker als die anderen . . . . var. **brembanus**
Der 1. Stachel ist viel stärker als die anderen und meist mehrspitzig — 2

2 { Zwischen Dreieckzahn und Endomerit ein runder Buckel var. **spinalensis**
Zwischen Dreieckzahn und Endomerit kein Buckel — 3

3 { Seitenflügel 1—5 des Männchens etwas aufwärts gebogen var. **edentulus**
Alle Seitenflügel wagrecht . . . . var. **vajolettanus**

66b. **P. (A.) edentulus bidentatus.**

1 { Die Verlängerung des Dreieckzahns ist kurz — 2
Die Verlängerung ist eine längere, schwach gezähnte niedere Leiste — 3

2 { Telopodit des Gonopoden vorn an der Grenze von Femur und Tibiotarsus mit starkem, oft winkligem Absatz. Männchen Länge 16—17 mm, Breite 2 mm. Braun pigmentiert. Der 1. Stachel des Tibiotarsus ist meist mehrspitzig . . var. **bidentatus**
Vordere Wölbung des Gonopodentelopodit nur mit sehr seichter Einbuchtung. Männchen Länge 11—12 mm, Breite 1,5 mm. Weißlich, das Vorderende rötlich. Der 1. Stachel des Tibiotarsus einfach. Höhlenbewohner . . var. **spelaeus**

3 { Vordere Wölbung des Tibiotarsus sehr kräftig gezähnelt var. **collinus**
Vordere Wölbung des Tibiotarsus nicht gezähnelt . . . . var. **angustiarum**

66c. **P. (A.) edentulus plitvicensis.**

1 { Telopodit des Gonopoden vorn ganz gleichmäßig gerundet, ohne Absatz. Tibiotarsus vorn ungezähnt. Der 1. Stachel nicht verstärkt . . . . var. **cavallus**
Telopodit des Gonopoden an der Grenze von Femur und Tibiotarsus mit starkem Absatz. Tibiotarsus vorn gezähnelt — 2

2 { Tibiotarsus vorn nur in der Mitte gezähnelt. Alle oder die meisten Stacheln einfach . . . . var. **plitvicensis**
Tibiotarsus in seiner ganzen Länge vorn gezähnelt. Die meisten Stacheln in 2—4 Spitzen geteilt . . . . var. **cruciator**

66a. **P (A.) edentulus edentulus** C. L. Koch 1895 *P. e.,* K. W. Verhoeff in: Zool. Anz., *v.* 18 p. 222 f. 2 | 1907 *P. e. genuinus,* K. W. Verhoeff, ibid., *v.* 32 p. 352 | 1914 *P. e. g.,* K. W. Verhoeff, ibid., *v.* 45 p. 226 | 1926 *P. e. edentulus,* Attems in: Arch. Naturg., *v.* 92 A 1 p. 66.

Der Dreieckzahn des Gonopoden ist einfach, ohne Verlängerung an der distalen Seite seiner Basis. Vordere Wölbung an der Femur-Tibiotarsusgrenze immer mit starkem Absatz.

Süd- und Osttirol. Steiermark. Trentino.

var. **edentulus** Verh. 1914 *P. e. genuinus,* K. W. Verhoeff in: Zool. Anz., *v.* 45 p. 226 | 1926 *P. e. e.* var. *edentulus,* Attems in: Arch. Naturg., *v.* 92 A 1 p. 66.

Seitenflügel der Segmente 1—5 des Männchens nach oben gewendet, beim Weibchen horizontal oder nur schwach emporgebogen. Gonopoden wie bei var. *vajolettanus.*

Täler von Südtirol.

var. **vajolettanus** Verh. 1907 *P. edentulus v.* + *multidentatus*, K. W. Verhoeff in: Zool. Anz., *v.* 32 p. 352 | 1914 *P. e. v.* + *m.* + *dolomiticus*, K. W. Verhoeff, ibid., *v.* 45 p. 227 f. 5—7 | 1926 *P. e. e.* var. *vajolettanus*, Attems in: Arch. Naturg., *v.* 92 A 1 p. 66 f. 10, 12.

Seitenflügel bei Männchen und Weibchen wagrecht. Zwischen Endomerit und Dreieckzahn des Gonopoden kein Buckel. 1. Stachel des Tibiotarsus stärker als die anderen. Zahl der Stacheln 4—14, meist 7—8 (Fig. 108).

Südtirol, Dolomiten. Kerschbaumeralpe bei Lienz. Steiermark: Plawutsch bei Graz. Rax. Trentino: Monte Bordone.

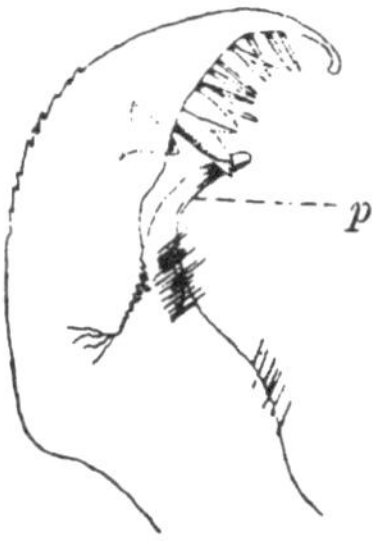

Fig. 108.
Polydesmus (A.) edentulus edentulus var. **vajolettanus** Verh. (Plawutsch.)

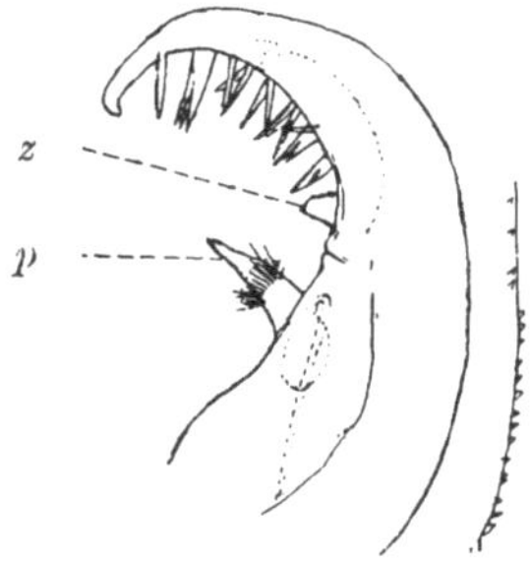

Fig. 109.
Polydesmus (A.) edentulus edentulus var. **brembanus** Verh. (K. W. Verhoeff, 1931).

var. **spinalensis** Verh. 1908 *P. edentulus s.*, K. W. Verhoeff in: Arch. Naturg., *v.* 73 p. 470 t. 16 f. 27 | 1914 *P. e. s.*, K. W. Verhoeff in: Zool. Anz., *v.* 45 p. 227 f. 3 | 1926 *P. e. e.* var. *s.*, Attems in: Arch. Naturg., *v.* 92 A 1 p. 66.

Seitenflügel bei Männchen und Weibchen wagrecht. Zwischen Endomerit und Dreieckzahn springt ein runder Buckel vor.

Südtirol: Monte Spinale.

var. **brembanus** Verh. 1931 *P. (Acanthotarsius) edentulus* var. *brembanus*, K. W. Verhoeff in: Zool. Jahrb., Syst. *v.* 61 p. 420 t. 7 f. 26—28.

Seitenflügel wie bei var. *edentulus* etwas aufwärts gerichtet. Distal vom Dreieckzahn des Gonopoden ist keiner der Zähne besonders verstärkt; an seiner Stelle nur ein den übrigen gleichender Stachelzahn (Fig. 109).

Bergamasker Alpen: Pizzo del'Orto bei Iseo, Breno, Edolo, Toline, Brescia.

66b. **P. (A.) edentulus bidentatus** Verh. 1895 *P. e. b.*, K. W. Verhoeff in: Zool. Anz., *v.* 18 p. 222 | 1907 *P. e. b.*, K. W. Verhoeff, ibid., *v.* 32 p. 351 | 1914 *P. e. b.*, K. W. Verhoeff, ibid., *v.* 45 p. 228 | 1926 *P. e. b.*, Attems in: Arch. Naturg., *v.* 92 A 1 p. 66.

Der Dreieckzahn des Gonopoden hat distal eine Verlängerung seiner Basis.

Ostalpen (Oberösterreich, Niederösterreich, Steiermark); Tirol (Brenner, Meran), Kroatien, Bosnien, Oberitalien.

var. **bidentatus** Verh. 1895 *P. edentulus b.*, K. W. Verhoeff in: Zool. Anz., *v.* 18 p. 222 | 1913 *P. e. noricus*, K. W. Verhoeff, ibid., *v.* 43 p. 110 | 1914 *P. e. bidentatus* + *n.*, K. W. Verhoeff, ibid., *v.* 45 p. 228 | 1926 *P. e. b.* var. *b.*, Attems in: Arch. Naturg., *v.* 92 A 1 p. 67.

Die Verlängerung der Basis des Dreieckzahnes ist kurz. Die vordere Wölbung des Telopodit macht an der Femur-Tibiotarsusgrenze einen kräftigen Absatz (Fig. 110), der ein runder Buckel sein kann (Fig. 111). Tibiotarsus vorn gezähnelt, mit 3 bis 14 Stacheln.

Oberösterreich: Ischl, Hallstatt, Aussee. Steiermark: Graz, Rein, Weiz, Riegersburg, Gstatterboden, Marburg. Niederösterreich: Piestingtal, Gaming. Nordwestkroatien: Vidovec, Ivanščica. Bosnien: Maklen. Oberitalien: Campo Grosso.

Fig. 110.
Polydesmus (A.) edentulus bidentatus var. **bidentatus** Verh. (Graz). Medialseite

Fig. 111.
Polydesmus (A.) edentulus bidentatus var. **bidentatus** (Campo Grosso).

var. **collinus** Att. 1926 *P. edentulus* var. *e.*, Attems in: Arch. Naturg., *v.* 92 A 1 p. 67 f. 14 | 1930 *P. e. angustiarum* var. *tomaticensis*, K. W. Verhoeff in: Z. Morphol. Ökol., *v.* 18 p. 642 f. 22 | 1937 *P. edentulus bidentatus* var. *collinus*, Strasser in: Atti Mus. Trieste, *v.* 13 p. 64 f. 22.

Der Dreieckzahn *(z)* ist an seiner Basis distal in eine längere, fein gezähnte Leiste verlängert Telopodit vorn an der Femur-Tibiotarsusgrenze mit starkem Absatz. Tibiotarsus vorn kräftig gezähnt, mit 19—20 Stacheln. 1. Stachel *(d)* 4spitzig, mit oder ohne Nebenstachel (Fig. 112). Rücken des Männchens vorn flach. ♂ Länge 13,5 mm.

Oberitalien: Colli Euganei bei Padua. Venetien: Feltre, Belluno, Schlucht am Monte Tomatico. Friaul.

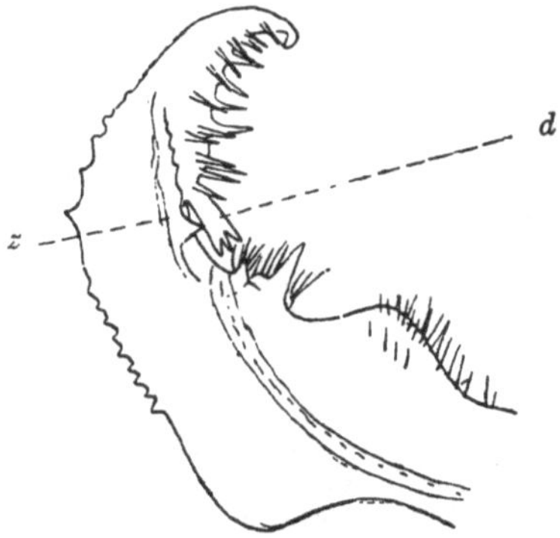

Fig. 112.
Polydesmus (A.) edentulus bidentatus var. **collinus** Att. (Euganeen). Medialseite.

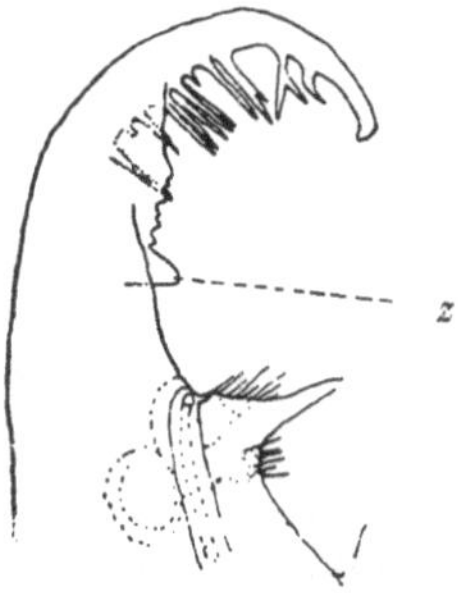

Fig. 113
Polydesmus (A.) edentulus bidentatus var. **angustiarum** Verh. (Meran).

var. **angustiarum** Verh. 1914 *P. edentulus a.*, K. W. Verhoeff in: Zool. Anz., *v.* 45 p. 226 f. 4 | 1926 *P. e. bidentatus* var. *a.*, Attems in: Arch. Naturg., *v.* 92 A 1 p. 67 f. 12.

Verlängerung der Basis des Dreieckzahnes *(z)* wie bei var. *collinus*. Telopodit vorn an der Femur-Tibiotarsusgrenze deutlich abgesetzt. Tibiotarsus vorn nicht gezähnelt, mit 8—9 Stacheln (Fig. 113). ♂ Länge 12,5—15 mm.

Brenner, Meran.

var. **spelaeus** Att. 1895 *P. edentulus* var. *spelaea*, Attems in: SB. Ak. Wien, *v.* 104 p. 180 | 1898 *P. e.* var. *s.*, Attems in: Denk. Ak. Wien, *v.* 67 p. 430.

Gleicht in Größe und Farbe ganz dem ältesten Larvenstadium der in der Umgebung des Lurlochs im Freien lebenden var. *bidentatus*. Gelbweiß, Kopf und vorderste Segmente mehr oder weniger rötlich überlaufen. ♂ Länge 11—12 mm, Breite 1,5 mm. Skulptur der Tergite etwas verwischter als bei var. *bidentatus*. Telopodit des Gonopoden vorn fast gleichmäßig gewölbt, der Absatz an der Femur-Tibiotarsusgrenze nur sehr schwach. Tibiotarsus mit wenigen Stacheln, der 1. *(d)* einfach, größer als die anderen, neben der vorderen Kante eine Reihe von Zähnchen (Fig. 114).

Lurloch, Höhle bei Peggau in Steiermark.

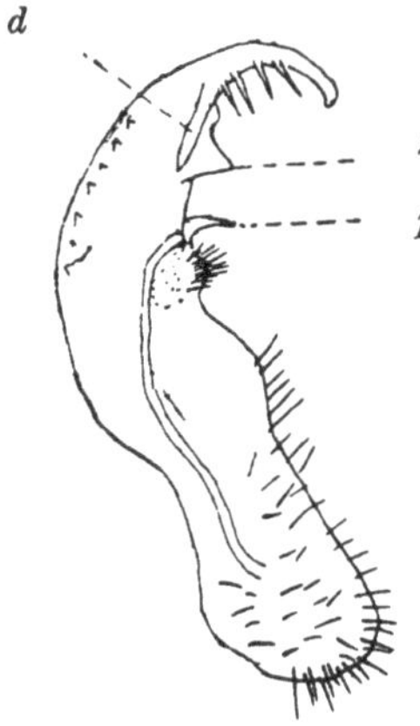

Fig. 114.
Polydesmus (A.) edentulus bidentatus var. **spelaeus** Att. (Lurloch).

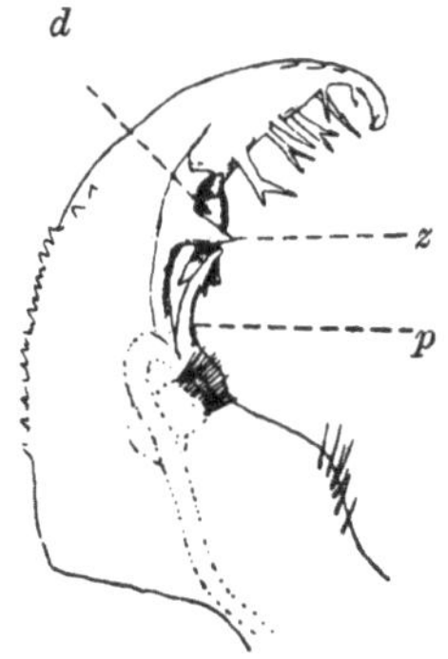

Fig. 115.
Polydesmus (A.) edentulus plitvicensis var. **plitvicensis** Verh. (Gottschee)

66c. **P. (A.) edentulus plitvicensis** Verh. 1907 *P. p.*, K. W. Verhoeff in: Zool. Anz., *v.* 32 p. 349 | 1914 *P. edentulus p.*, K. W. Verhoeff, ibid., *v.* 45 p. 226 | 1926 *P. e. p.*, Attems in: Arch. Naturg., *v.* 92 A 1 p. 67 f. 15.

Der Dreieckzahn ist 2spitzig, d. h. die Kante, welche die Verlängerung auf der distalen Seite bildet, erhebt sich zu einem 2. Zacken.

Kroatien, Bosnien, Venetien.

var. **plitvicensis** Verh. 1898 *P. edentulus p. p.*, Attems in: Denk. Ak. Wien, *v.* 67 p. 429 t. 9 f. 200 | 1907 *P. plitvicensis*, K. W. Verhoeff in: Zool. Anz., *v.* 32 p. 351 | 1914 *P. edentulus p.*, K. W. Verhoeff, ibid., *v.* 45 p. 226 | 1926 *P. e. p.*, Attems in: Arch. Naturg., *v.* 92 A 1 p. 67 f. 15.

Telopodit vorn an der Grenze von Femur und Tibiotarsus deutlich winklig abgesetzt. Tibiotarsus vorn nur in der Mitte gezähnelt. Stacheln des Tibiotarsus alle einfach oder es sind nur einige wenige gegabelt, 1. *(d)* verstärkt (Fig. 115).

Kroatien: Umgebung der Plitvicer Seen, Velebitgebirge (Stirovača, Mali Rainac), Delnice. Krain: Gottschee.

var. **cruciator** Verh. 1907 *P. c.*, K. W. Verhoeff in: Zool. Anz., *v.* 32 p. 349 f. 11, 12 | 1914 *P. edentulus c.*, K. W. Verhoeff, ibid., *v.* 45 p. 224, 226 | 1926 *P. e. plitvicensis* var. *c.*, Attems in: Arch. Naturg., *v.* 92 A 1 p. 68.

Telopodit vorn, an der Grenze von Femur und Tibiotarsus mit Absatz. Tibiotarsus fast der ganzen Länge nach gezähnelt. Mehrzahl der Stacheln in 2, 3 oder 4 Spitzen geteilt.

Bosnien, Trebević oder Adelsberg.

var. **cavallus** Att. 1926 *P. edentulus plitvicensis* var. *c.*, Attems in: Arch. Naturg., *v.* 92 A 1 p. 68.

Telopodit des Gonopoden vorn ganz gleichmäßig gewölbt (Fig. 116), ohne Absatz an der Grenze von Femur und Tibiotarsus. Tibiotarsus vorn ungezähnt, nur mit einem kleinen, stumpfen Läppchen in der Höhe des Dreieckzahnes. Tibiotarsus vorn ungezähnelt, mit 11—15 Stacheln, die zum Teil mit ihren Basen zu Gabeln verwachsen. 1. Stachel 2- bis 6spitzig, nicht besonders verdickt. Ende des Tibiotarsus schlank und mäßig eingekrümmt. Seitenflügel der vorderen Segmente horizontal.

Italien, Venetien: Monte Cavallo bei Belluno, Zoldotal, Cortina, Piavetal bei Longarone.

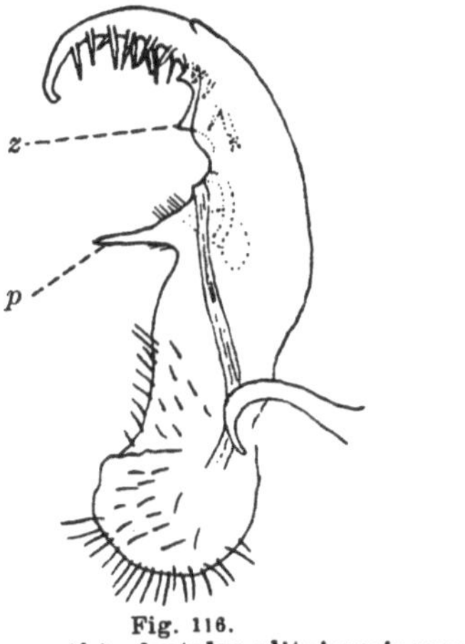

Fig. 116.
Polydesmus (A.) edentulus plitvicensis var. **cavallus** Att. (Monte Cavallo).

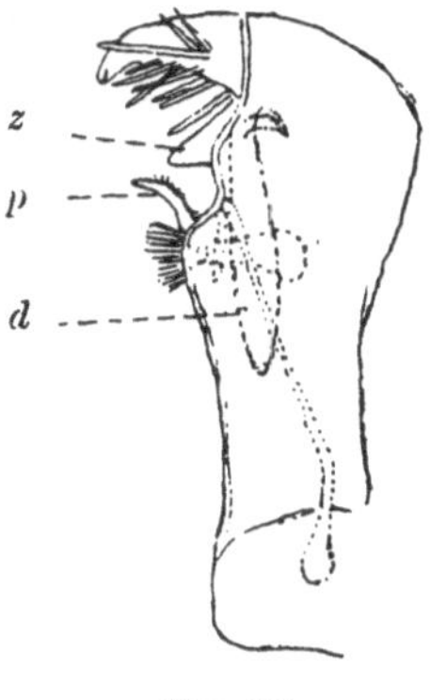

Fig 117.
Polydesmus (A.) robiniarum Verh. **Medialseite** (K. W. Verhoeff, 1926).

67. **P. (A.) robiniarum** Verh. 1926 *P. r.*, K. W. Verhoeff in: Zool. Anz., *v.* 68 p. 115 f. 16, 17 | 1926 *P. r.*, Attems in: Arch. Naturg., *v.* 92 A 1 p. 55.

Rein weiß. Länge ♂ 10,5—12 mm, ♀ 12—13 mm. Äußerlich ganz mit *P. edentulus* übereinstimmend. Der Tibiotarsalabschnitt des Gonopoden ist viel gedrungener und kürzer als bei *P. edentulus*, der zurückgekrümmte Zahn *(d)* ist kolossal entwickelt und ragt basalwärts noch über das Polster hinaus, die Stachelfortsätze sind fast büschelförmig zusammengedrängt. Das Endomerit *(p)* ist sehr klein und blaß, fast hakig gebogen, neben ihm ein 3eckiger Zahn. Praefemur und Femur sind durch eine Einschnürung deutlich gegeneinander abgesetzt (Fig. 117).

Oberitalien: Berische und Euganeische Berge, Montebello, Vicenza, Tavernelle, Torreglia.

Unsichere Arten:

P. albidus Daday 1889 *P. a.*, Daday, Myr. Regni Hungar., p. 67 | 1898 *P. a.*, Attems in: Denk. Ak. Wien, *v.* 67 p. 458.
Zilah, Szilagyer Kom.

P. alticola Verh. 1894 *P. a.*, K. W. Verhoeff in: Berlin. ent. Z., *v.* 39 p. 286 | 1898 *P. a.*, Attems in: Denk. Ak. Wien, *v.* 67 p. 459.
Schweiz, Gemmijoch.

P. fanzagoi Fedr. 1877 *P. F.*, Fedrizzi in: Annuario Soc. Modena, *v.* 11 p. 107.
Prov. Treviso, Rovereto.

P. klisurensis Verh. 1903 *P. k.*, K. W. Verhoeff in: Arch. Naturg., *v.* 69 p. 150.
Mittelgriechenland: Klisura Sikia.

P. lusitanicus Peters 1864 *P. l.*, Peters in: Monber. Ak. Berlin, p. 538.
Portugal.

P. lusitanus Verh. 1892 *P. l.*, K. W. Verhoeff in: Zool. Anz., *v.* 15 p. 389 | 1898 *P. l*, Attems in: Denk. Ak. Wien, *v.* 67 p. 452.
Portugal: Coimbra.

P. nanus C. L. Koch 1847 *P. n.*, C. L. Koch in: Koch-Panzer, Krit. Revis., *v.* 3 p. 137 | 1863 *P. n.*, C. L. Koch, Myr., *v.* 2 p. 6 t. 63 f. 130 | ? 1889 *P. n.*, Daday in: Termész. Füzetek, *v.* 12 p. 139 | 1898 *P. n.*, Attems in: Denk. Ak. Wien, *v.* 67 p. 457 t. 10 f. 232.
Korfu.

P. niveus Bröl. 1900 *P. n.*, Brölemann in: Ann. Soc. ent. France, *v.* 69 p. 80.
Basses Pyrénées, Grotte de Betharram.

P. pilidens C. L. Koch 1847 *P. p.*, C. L. Koch in: Koch-Panzer, Krit. Revis., *v.* 3 p. 136 | 1863 *P. p.*, C. L. Koch, Myr., *v.* 1 p. 74.
Regensburg.

P. rubellus Att. 1902 *P. r.*, Attems in: SB. Ak. Wien, *v.* 111 I p. 584.
Kreta: Nerokuri.

P. tabescens Stuxb. 1876 *P. t.*, Stuxberg in: Öfv. Ak. Förh., *v.* 33 nr. 2 p. 35 | 1876 *P. t.*, Stuxberg in: Ann. nat. Hist., ser. 4 *v.* 17 p. 316.
Sibirien am Jenissei bei 63 30′.

P. tenuis Peters 1864 *P. t.*, Peters in: Monber. Ak. Berlin, p. 538.
Berlin.

P. sastianus Chamb. 1910 *P. s.*, Chamberlin in: Ann. ent. Soc. Amer., *v.* 3 p. 251 t. 39 f. 2, 3.
Kalifornien, Shasta Springs.

P. socarnius Chamb. 1910 *P. s.*, Chamberlin in: Ann. ent. Soc. Amer., *v.* 3 p. 252 t. 39 f. 4, 5.
Utah, Salt Lake City.

P. anderisus Chamb. 1910 *P. (Kepolydesmus)*[1] *a.*, Chamberlin in: Ann. ent. Soc. Amer., *v.* 3 p. 246 t. 36 f. 6—9, t. 37 f. 1—4.
Idaho, Kendrick.

P. sontus Chamb. 1910 *P. (Kepolydesmus)*[1] *s.*, Chamberlin in: Ann. ent. Soc. Amer., *v.* 3 p. 247 t. 37 f. 5—7, t. 38 f. 1—3.
Kalifornien: Los Angeles.

---

[1]) Die Untergattung *Kepolydesmus* wurde nicht definiert, zur Gattung *Polydesmus* gehören alle diese Arten nicht.

2. Gen. **Turanodesmus** Verh.

1899 *Trachynotus*, Timotheew (nec Kramer 1876) in: Trav. Soc. Nat. Charkow, *v.* 31 p. 275 | 1931 *Turanodesmus*, K. W. Verhoeff in: Zool. Jahrb., Syst. *v.* 61 p. 417 (mit den Subgen. *Turanodesmus, Schizoturanius, Telopoditius*) | 1933 *T. (Kirgisdesmus + Schizoturanius)*, Lohmander in: Ark. Zool., *v.* 25A nr. 6 p. 9.

20 Segmente. Porenformel normal. In den Seiten der Metazoniten nur niedrige runde Auftreibungen, manchmal mit einer niedrigen Seitenleiste. Rücken mit mehr oder weniger deutlicher polygonaler Felderung, mit 2 oder 3 Reihen flacher Buckeln, jeder mit einem winzigen Börstchen oder glatt und unbeborstet. Poren fast oder ganz am Hinterrand, am Ende der runden seitlichen Auftreibung. Am Hinterrand der Metazoniten ein dichter Besatz schlanker Spitzchen. Schwänzchen zylindrisch, gerade, die 2 Reihen von Borsten und die Terminalborsten wie gewöhnlich. Gonopoden mit gut entwickeltem Rinnenast, seltener mündet die Samenrinne an der Basis des Femoralfortsatzes, die Mündung kann von wenigen winzigen Spitzchen umgeben sein oder ein Haarpolster fehlt ganz. Tibiotarsus am Grunde nicht gegen das Femur abgesetzt.

Turkestan, Rußland.

6 sichere Arten und 2 unsichere Arten.

Typus: *T. almassyi* (Att.).

Übersicht über die Arten:

1	In der Mitte des Gonopodenfemur auf der Hohlseite der Krümmung ein langer Seitenast, in den Seiten der Metazoniten nur schwache Auftreibungen — 4	
	An dieser Stelle des Gonopoden kein Seitenast — 2	
2	Seitenbeulen vom 5. Segment an ganz fehlend. Rinnenast des Gonopoden ohne Seitenbörstchen. Erdbraun. Metazoniten mit 2 etwas undeutlichen vorderen und einer hinteren Reihe von 8 sehr gut ausgeprägten Buckeln	1. **T. almassyi**
	Seitenbeulen deutlich, fast schon als Seitenflügel zu bezeichnen. Rinnenast mit feinen Seitenbörstchen besetzt. Gelbweiß, das Vorderende manchmal schwach rotbraun — 3	
3	Seitenrand der Seitenbeulen nicht gekerbt. Metazoniten mit sehr schwacher Skulptur, nur auf den vordersten Segmenten sind Querreihen von Beulen angedeutet. Borsten spitz. Am Grunde des Tibiotarsus des Gonopoden kein Zahn. Rinnenast nur wenig länger als der Tibiotarsus . . .	2. **T. stummeri**
	Seitenrand der Seitenbeulen deutlich gekerbt und gezähnt. Skulptur der Metazoniten derber. Borsten kurz stäbchenförmig bis keulig. Am Grunde des Tibiotarsus des Gonopoden ein 3eckiger Zahn. Der Rinnenast überragt weit den Tibiotarsus . .	3. **T. inermis**
4	Seitenast des Gonopodenfemur stumpf und schräg basal gerichtet — 5	
	Seitenast eine distal gerichtete, stark gekrümmte, spitze Sichel	6. **T. dmitriewi**
	Tibiotarsus des Gonopoden breit und stumpf. Proximal vom Haarpolster eine quergeriefte Lamelle. Das Ende des Rinnenastes mehrspitzig. Tergite mit etwas deutlicheren Beulenreihen . .	4. **T. strongylosomoides**

5 Tibiotarsus mit einem schlanken Haken endigend. Proximal vom Haarpolster keine Querriefung. Das Ende des Rinnenastes eine einfache Spitze. Felderung der Tergite schwach, manchmal ganz verwischt . . . . 5. **T. montivagus**

1. **T. almassyi** (Att.) 1904 *Polydesmus a.*, Attems in: Zool. Jahrb., Syst. *v.* 20 p. 125 t. 9 f. 13—15 | 1926 *P. a.*, Attems in: Arch. Naturg., *v.* 92 A 1 p. 65 | 1931 *Turanodesmus a.*, K. W. Verhoeff in: Zool. Jahrb., Syst. *v.* 61 p. 417.

Erdbraun, Rückenmitte und Hinterrand der Metazoniten etwas verdunkelt. Matt. Breite ♂ 1,5 mm, ♀ 2 mm. Kopf mit winzigen Härchen, Rumpf unbehaart. Halsschild so breit wie das folgende Tergit, seitlich abgerundet. Seitenflügel nur auf den vordersten Segmenten deutlich, vom 5. Segment an haben die Metazoniten einen größeren Umfang als die Prozoniten und sind in den Seiten etwas aufgetrieben mit einer niedrigen Seitenleiste. Segmente in der Quernaht stark eingeschnürt. Die Gestalt erinnert mehr an *Strongylosoma* als an *Polydesmus*. Die 2 vorderen Beulenreihen der Metazoniten sind nur durch eine schwache undeutliche Felderung angedeutet, die 8 der 3. Reihe sind deutlich und ragen als kleine Zacken über den Hinterrand vor. Poren am Ende der niedrigen Seitenleiste. Gonopoden: Telopodit zwischen Praefemur und Femur stark eingeschnürt, Femur vorn an der Basis rund vorgebaucht, Rinnenast lang und schlank, leicht gekrümmt, spitz auslaufend, an seiner Basis die Mündung der Samenblase, die nicht von Haaren umgeben ist. Tibiotarsus nicht gegen das Femur abgegrenzt, am Ende in 2 Lappen geteilt, einen breiteren abgerundeten und einen schlankeren, etwas hakigen (Fig. 118).

Ostturkestan: Almaty-Paß, Aksu-Tal bei Przewalsk.

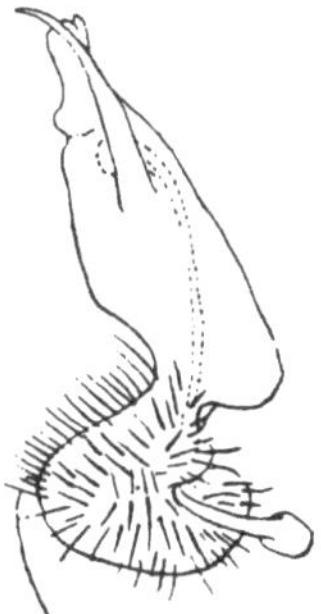

Fig. 118.
Turanodesmus almassyi (Att.).

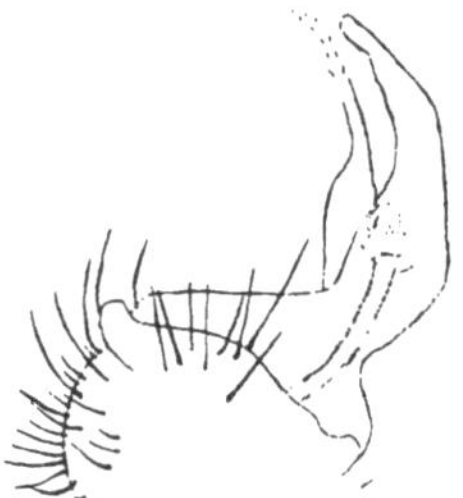

Fig. 119.
Turanodesmus stummeri (Att.).
Gonopode, Lateralseite.

2. **T. stummeri** (Att.) 1904 *Polydesmus s.*, Attems in: Zool. Jahrb., Syst. *v.* 20 p. 128 t. 9 f. 19 | 1926 *P. s.*, Attems in: Arch. Naturg., *v.* 92 A 1 p. 64 | 1931 *Turanodesmus s.*, K. W. Verhoeff in: Zool. Jahrb., Syst. *v.* 61 p. 417.

Schmutzig gelbweiß, Kopf und die ersten 4—5 Segmente rotbräunlich. Länge 8 mm, Breite 0,6—0,7 mm. Kopf mit schütteren kleinen, spitzen Härchen. Halsschild bedeutend schmäler als der Kopf und die folgenden Tergite, seitlich gleichmäßig verschmälert und abgerundet. Rücken stark gewölbt, die schmalen Seitenflügel folgen dieser Wölbung, ihr Vordereck abgerundet, der Seitenrand konvex und nicht gekerbt, das Hintereck auf den vorderen und mittleren Segmenten auch abgerundet, auf den hinteren stumpfzackig. Prozoniten fein chagriniert, Metazoniten glänzend mit sehr schwacher Skulptur, nur auf den vorderen Segmenten sind die Beulenreihen angedeutet; 3 Reihen winziger, spitzer Borsten, die der 3. Reihe die stärksten. Die Umgebung der Samengrube des Gonopoden ist napfförmig vorgewölbt. An der Grenze von Praefemur und Femur ein stumpfer Doppelzacken. Rinnenast lang und schlank, ebenso lang wie der Tibiotarsus, mit Spitzchen besetzt; die Samenblase mündet an seiner Basis, ein Haarpolster fehlt. Tibiotarsus am Grunde nicht abgesetzt, ohne Seitenzähne (Fig. 119).

Ost-Turkestan: Aksu-Tal bei Przewalsk.

3. **T. inermis** Lohm. 1933 *T. i.*, Lohmander in: Ark. Zool., *v.* 25A nr. 6 p. 5 f. 1—4.

Ganz gelblichweiß oder die vorderen Tergite und der Kopf schwach rotbraun. Länge ♂ 9—9,5 mm, ♀ 9—10,5 mm, Breite ♂ 1,05 mm, ♀ 1,1 bis 1,25 mm. Kopf dicht fein beborstet. Halsschild schmäler als der Kopf und die folgenden Tergite, quer elliptisch, seitlich etwas zugespitzt, mit 3 Höckerreihen und 3 Reihen von Keulenborsten. Rücken stark gewölbt. Seitenflügel schmal, tief angesetzt aber deutlich, ihr Seitenrand deutlich gekerbt und gezähnt. Spitze Hinterzipfel nur auf den hintersten Segmenten entwickelt und auch hier den Hinterrand nur wenig überragend. Skulptur der Tergite derb, die Buckel klein, von gleicher Größe, in 3 Querreihen. Die Borsten kurz stäbchenförmig oder schwach keulig. Gonopoden denen von *T. stummeri* sehr ähnlich. Der Femoralfortsatz *(f)* wird am Grunde vom Tibiotarsus z. T. umfaßt, ist ein Drittel länger als dieser, in der Endhälfte fast peitschenförmig und erst nahe dem Ende mit vereinzelten kleinen Borsten besetzt; an seinem Grunde mündet die Samenblase. Ein Haarpolster fehlt ganz. Der Tibiotarsus hat lateral nahe dem Grunde einen 3eckigen Zahn, eine ausgehöhlte und etwas geriefte Hinterfläche und ist endwärts ein wenig nach hinten gekrümmt und am Ende schmal, fingerförmig gestaltet (Fig. 120).

Turkestan: Golodnaja-Steppe, Sardaba.

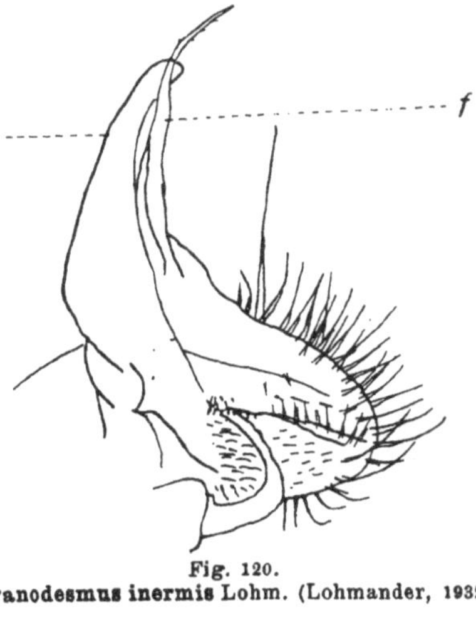

Fig. 120.
Turanodesmus inermis Lohm. (Lohmander, 1932).

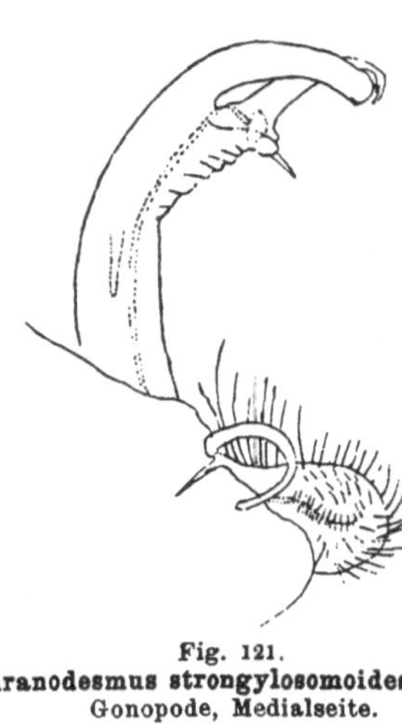

Fig. 121.
Turanodesmus strongylosomoides (Att.).
Gonopode, Medialseite.

4. **T. strongylosomoides** (Att.) 1904 *Polydesmus s.*, Attems in: Zool. Jahrb., Syst. *v.* 20 p. 124 t. 9 f. 16, 17 | 1926 *P. s.*, Attems in: Arch. Naturg., *v.* 92 A 1 p. 64 | 1933 *Schizoturanius s.*, Lohmander in: Ark. Zool., *v.* 25 A nr. 6 p. 15 f. 11, 12.

Braungelb oder erdbraun, die Metazoniten dunkler als die Prozoniten, bei manchen Exemplaren sind die Prozoniten licht braungelb, die Metazoniten erdbraun mit lichter Marmorierung. Glänzend. Länge 10—11 mm, Breite 1,1—1,3 mm. Die Prozoniten haben einen viel kleineren Durchmesser als die Metazoniten, die in den Seiten rundbeulig aufgetrieben sind ohne deutliche Seitenflügel. Segmente in der Quernaht stark eingeschnürt. Prozoniten sehr fein chagriniert. Metazoniten mit undeutlicher Felderung, durch die 2 Querreihen von Beulen angedeutet sind, 3 Querreihen winziger spitzer Borsten. Praefemur der Beine des Männchens oben rundbauchig aufgetrieben. Gonopoden: Praefemur stark beborstet, das Acropodit schlank, sichelförmig gekrümmt, in der Mitte des Femur ein gerader schräg basal gerichteter, schlanker Spieß, auf der Medialseite eine vorspringende Lamelle, deren freier Rand stumpf gekerbt ist. Das Haarpolster sitzt auf dem Femoralfortsatz in einiger Entfernung von dessen Grund und besteht nur aus wenigen zarten Haaren; neben ihm ein schlanker gerader Zahn. Das Ende des Fortsatzes mit einigen Nebenspitzen. Tibiotarsus nicht gegen das Femur abgesetzt ganz einfach gestaltet ohne Seitenzähne, relativ breit (Fig. 121).

Przewalsk, Kokdschajak und Semiretshje.

5. **T. montivagus** (Lohm.) 1933 *Schizoturanius m.*, Lohmander in: Ark. Zool., *v.* 25 A nr. 6 p. 12 f. 10.

Licht rötlich gelbbraun, vordere Tergite, vor allem der Halsschild, etwas verdunkelt, Beine gelblichweiß. Länge 9 mm, Breite 1,05 mm. Scheitel kurz und sehr spärlich, Stirn und Clypeus reichlicher und länger beborstet. Halsschild bedeutend schmäler als der Kopf, etwas nierenförmig, mit 3 Querreihen kurzer, spitzer Borsten. An Stelle der Seitenflügel nur schwach abgegrenzte Längswülste mit flach abgerundetem Seitenrand, der auf dem 2. Segment 2 kleine Zähnchen, auf den 2 folgenden Segmenten 2 kaum angedeutete Kerben hat und auf allen anderen ganz oder fast ganz glatt ist. Auf den Segmenten 16—18 kleine Hintereckzacken. Felderung der stark gewölbten Tergite schwach, bisweilen ganz verwischt, Borsten in 3 Querreihen, spitz und sehr kurz, nur auf dem 19. Segment stäbchenförmig oder keulig und länger. Praefemur der Beine des Männchens fast kugelförmig verdickt. Gonopoden: auf der lateralen Seite des Femur ein schlanker nach innen gekrümmter Sichelhaken *(S)*, der am Ende mit spitzen Wärzchen besetzt ist und auf der Außenseite der Krümmung eine Reihe kleiner Höckerchen trägt. Auf der Medianseite ihm gegenüber ein breit 3eckiger Lappen *(l)*. Rinnenast schlank, das einfache Ende *(p)* stark hakig gebogen; nur schwache Spuren eines Haarpolsters. Tibiotarsus *(T)* wesentlich kürzer als der Rinnenast, auch schlank und am Ende stark hakig umgebogen (Fig. 122).

Bezirk Pischpek am Fluß Utschimtschik, Semiretshje.

6. **T. dmitriewi** (Tim.) 1899 *Trachynotus d.*, Timotheew in: Trav. Soc. Nat. Charkow, *v.* 31 p. 276 t. 6 f. 1—20 | 1926 *Polydesmus melanchthonius*, Attems in: Arch. Naturg., *v.* 92 A 1 p. 81 f. 39, 40 | 1931 *Turanodesmus (Telopoditius) m.*, K. W. Verhoeff in: Zool. Jahrb., Syst. *v.* 61 p. 418.

Dunkelrotbraun. Antennen und Beine gelblichweiß. Breite 1 mm. Metazoniten mit 3 Querreihen runder, flacher Buckeln, die auf den vordersten Segmenten am deutlichsten, auf den hinteren nur in der hinteren Reihe undeutlich sichtbar sind. In den Seiten der Metazoniten nur schwache, allseitig allmählich verstreichende Aufblähungen. Quernaht stark eingeschnürt. Prozoniten fein chagriniert. Metazoniten sehr glänzend. Gonopoden (Fig. 123) an die von *T. strongylosomoides* erinnernd. Telopodit lang, sehr schlank,

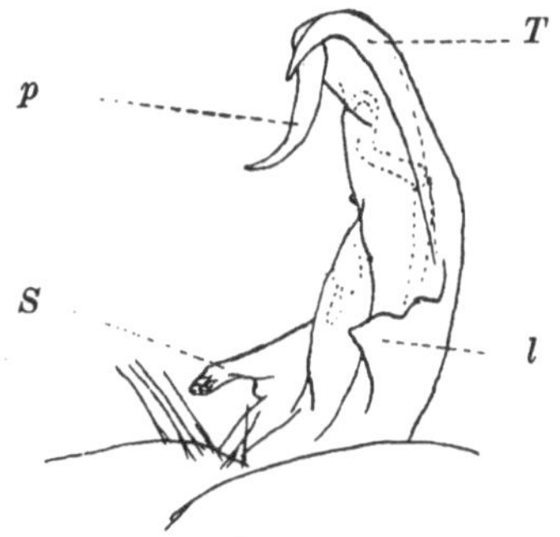

Fig. 122.
Turanodesmus montivagus (Lohm.)
(Lohmander, 1932).

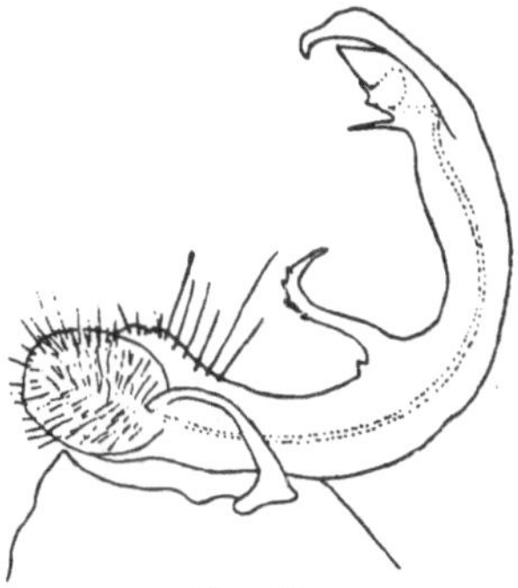

Fig. 123.
Turanodesmus dmitriewi (Tim.).

sichelförmig gebogen, in der Mitte des Femur ein großer schlanker Sichelhaken, der endwärts gekrümmt ist und auf der Außenseite der Krümmung eine Anzahl kleiner Zähne trägt. Der gut ausgebildete Rinnenast endigt mit einem kurzen 3eckigen spitzen Lappen. Die Samenrinne mündet auf dem Rinnenast, knapp vor der Samenblase ein schlanker gerader Dorn. An Stelle des Haarpolsters nur einige winzige Spitzchen. Der Tibiotarsus ist ein einfacher, am Ende dünn auslaufender Haken, der am Grunde gegen das Femur nicht abgesetzt ist.

Rußland: Charkow. Waluiki, Gouvernement Woronesch.

Unsichere Arten:

T. elevatus Lohm. 1933 *T. (Kirgisdesmus) e.*, Lohmander in: Ark. Zool., *v.* 25A nr. 6 p. 9 f. 6, 8, 9.

Rötlich gelbbraun, Beine gelblichweiß. Länge 10,5—11,5 mm. Scheitel sehr kurz und spärlich beborstet. Halsschild breit querelliptisch. Rücken sehr gewölbt, Seitenflügel tief in den Seiten angesetzt, ihr Seitenrand leicht konvex mit sehr seichter Kerbung, Hinterecken auf den meisten Segmenten stumpfwinklig, nur auf dem 16. und 17. spitz. Skulptur von Halsschild und Tergiten ungefähr wie bei *T. inermis*, nur etwas schwächer, die lateralen Buckel der 1. Felderreihe sind etwas vergrößert, die Buckel der 3. Reihe treten stark nach hinten vor, besonders der am meisten lateral gelegene Höcker. Hat mit *T. inermis* große Ähnlichkeit, auch in den Vulven, doch ist das Zahnleistenfeld im hinteren Teil weniger stark gekräuselt und der Hügelabschnitt fällt nicht gerade ab sondern ist zuerst tief eingebuchtet, dann wieder vorgewölbt. — Männchen unbekannt, kann daher nicht in der Tabelle eingereiht werden.

Ostturkestan: Semiretsbje, 5 Werst aufwärts von der Stelle, wo Canion Schamsi sich in Tugok und Schamsi teilt.

T. clavatipes (Stuxb.) 1876 *Polydesmus c.*, Stuxberg in: Öfv. Ak. Förh., *v.* 33 nr. 2 p. 34 | 1876 *P. c.*, Stuxberg in: Ann. nat. Hist., ser. 4 *v.* 17 p. 316 | 1933 *Turanodesmus c.*, Lohmander in: Ark. Zool., *v.* 25A nr. 6 p. 27.

Sibirien, zwischen Atschinsk und Marinsk.

3. Gen. **Brachydesmus** Heller

1858 *B.*, Cam. Heller in: SB. Ak. Wien, *v.* 26 p. 318 | 1884 *B.*, Latzel, Myr. Österr.-Ung., *v.* 2 p. 127 | 1886 *B.*, E. Haase in: Z. Ent. Breslau, ser. 2 *v.* 11 p. 40 | 1889 *B.*, Daday, Myr. Regni Hungar., p. 70 | 1911 *B.*, Attems in: Verh. Ges. Wien, *v.* 61 p. 408 | 1914 *B.*, Attems in: Arch. Naturg., *v.* 80 A 4 p. 156.

19 Segmente. Erwachsene Männchen mit 28, Weibchen mit 29 Laufbeinpaaren. Im Habitus sehr an *Polydesmus* erinnernd, aber im allgemeinen kleiner, selten über 15 mm lang. Kopf reichlich und kurz beborstet, Antennen lang, keulig. Halsschild meist viel schmäler als die Backen, ungefähr querelliptisch. Seitenflügel stets gut entwickelt, meist hoch angesetzt und horizontal, selten aufwärts gerichtet, so daß der Rücken hohl ist, entweder eckig mit geradem, quer zur Längsachse gerichtetem Vorderrand und geradem, gezähntem Seitenrand oder abgerundet mit stark abgerundetem Vordereck, konvexem und wenig oder gar nicht gekerbtem Seitenrand und mit allen Zwischenstufen. Hintereck der vorderen Segmente rechtwinklig oder abgestumpft, der mittleren und hinteren Segmente mehr und mehr zackig. Meist sind die Segmente 2—4 kürzer und oft auch schmäler als die folgenden. Skulptur der Metazoniten bei den größeren Arten meist gut ausgebildet, bei den kleinen mehr verwischt. In der 1. Reihe meist nur die Medianfurche deutlich, in der 2. Reihe 4, in der 3. Reihe 6 Tuberkeln. Fingerwulst und Beule deutlich oder verwischt. Auf den Rückentuberkeln und den Seitenrandzähnen meist kleine Borsten, die aber auch fehlen können. Farbe oft weiß oder besonders am Vorderende mit bräunlichem Anflug, manchmal dunkler pigmentiert bis kastanienbraun. Gonopoden: Hüfte median bedeutend niedriger als lateral. Samengrube tief kelchartig eingesenkt und behaart, ihre distale Wand in einen allmählich sich verflachenden Wulst, den Samengrubenwulst, auslaufend, der mit kurzen spitzen Höckerchen an Stelle der das Praefemur sonst bedeckenden langen Borsten besetzt ist. Ungefähr parallel mit dieser Wand und durch eine tiefe Einsenkung von ihr getrennt erhebt sich ein Kamm, auf dem die parabothrine Leiste steht, distal und lateral von ihr erhebt sich der Praefemoralzacken. Die Samenrinne verläuft auf der Medialseite bis in die Nähe des Haarpolsters und schlägt sich dann auf die Lateralseite hinüber; aus der so gebildeten Schlinge erhebt sich oft ein deutlicher Femoralfortsatz, manchmal nur ein kleiner Zacken, manchmal fehlt auch dieser. Proximal vom Haarpolster steht auf der Hinterseite oft der Subpulvillardorn und außer diesem können auch noch andere Dornen proximal vom Haarpolster vorkommen. Distal von diesem ist meist ein großer Fortsatz, der Lappendorn, vorhanden. Der Tibiotarsus ist je nach den Subgenera sehr verschieden gestaltet. Oberirdisch oder cavernicol, manche Arten beides.

8 Untergattungen mit 54 sicheren, 8 unsicheren Arten und 35 Unterarten.

Palaearktische Region, die meisten Arten in Jugoslavien.

Typus: *B. subterraneus* Heller.

Übersicht über die Untergattungen:

1 Auf den porentragenden Segmenten sind die Hinterecken der Seitenflügel gespalten, die weißen Tiere von nur 4,5—5,5 mm Länge besitzen nur schwache Andeutung einer Rückenskulptur. Gonopoden weder mit Samenblase noch mit Haarpolster, doch mündet die Samenrinne an der gewohnten Stelle auf einem kurzen Fortsatz . . . . h) Subgen. **Kerkosoma**

Hinterecken der Seitenflügel einfach, ungespalten, Körper nur sehr selten unter 6 mm Länge. Rückenskulptur, 2—3 Felderreihen, mehr oder weniger deutlich ausgeprägt. Gonopoden mit Haarpolster und Samenblase — **2**

2 Femur des Gonopoden außer dem Haarpolster mit einer Beborstung in verschiedener Form — **3**
Femur des Gonopoden ohne Borsten außer dem Haarpolster — **4**

3 Tarsus des Gonopoden mit einem helmraupenartigen Wulst von dichtgedrängten Stiften oder Borsten, Femur ohne besondere Borsten . . . . f) Subgen. **Lophobrachydesmus**
Femoralabschnitt des Gonopoden bis fast zum Ende fein behaart, Tarsus ohne Wulst von Borsten . . . . g) Subgen. **Haplobrachydesmus**

4 Auf dem Praefemur der Gonopoden außer den gewöhnlichen zarteren Borsten ein Feld von stärkeren stumpfen Stiften oder Stachelborsten . . . . c) Subgen. **Stylobrachydesmus**
Praefemur der Gonopoden nur mit den gewöhnlichen zarten Borsten — **5**

5 Das tarsale Ende des Gonopoden ist nach vorn gebogen . . . . e) Subgen. **Bosniodesmus**
Das Ende des Gonopoden ist gerade oder nach hinten gebogen — **6**

6 Telopodit des Gonopoden einheitlich, keine Teilung in Femoral- und Tarsalast erkennbar, das ganze Telopodit schlank . . . . d) Subgen. **Eubrachydesmus**
Telopodit des Gonopoden mehr oder weniger deutlich in Femoral- und Tibiotarsalast geteilt, weniger schlank, oft sehr breit und gedrungen — **7**

7 Tibiotarsus des Gonopoden mit einem basalwärts gerichteten Ast und einem Endast, am Ende des Femur meist zwei Fortsätze. Körper meist mehr oder weniger stark pigmentiert . . . . b) Subgen. **Chromobrachydesmus**
Tibiotarsus des Gonopoden ohne solchen basalwärts gerichteten Ast, am Ende des Femur höchstens ein Fortsatz. Körper meist weiß oder sehr wenig, selten stärker pigmentiert a) Subgen. **Brachydesmus**

a) Subgen. **Brachydesmus** (Heller) Att.

1912 *Eubrachydesmus*, Attems in: Verh. Ges. Wien, *v.* 61 p. 410 | 1926 *Schizobrachydesmus*, K. W. Verhoeff in: Trav. Soc. Bulgare, *v.* 12 p. 74 | 1927 *Brachydesmus*, Attems in: Abh. Senckenb. Ges., *v.* 39 p. 259 | 1929 *Schizobrachydesmus*, K. W. Verhoeff in: Zool. Jahrb., Syst. *v.* 57 p. 623 | 1930 *S.*, K. W. Verhoeff in: Bronn, Kl. Ordn., *v.* 5 II 2 p. 1560.

Gonopodentelopodit breit und gedrungen, Praefemur nur mit den gewöhnlichen spitzen Borsten ohne Stifte, Femur außer dem Haarpolster ohne Borsten. Telopodit mehr oder weniger deutlich in Femoralast und Tibiotarsalast gespalten, der Femoralabschnitt manchmal mit einem deutlichen Fortsatz, der von der Samenrinnenschlinge umzogen wird. Samenrinne und Haarpolster typisch entwickelt, das Haarpolster sitzt auf dem Hauptstamm des Femur oder auf einem zapfenartigen Fortsatz. Ein gerader Subpulvillardorn vorhanden oder fehlend, außerdem kann knapp neben dem Haarpolster ein krummer Dorn vorhanden sein. Auf der Medialseite des Femur selten eine gezähnelte Kante. Tibiotarsus einfach kegelig oder mit 1 oder 2 Seitenkegeln, nicht mit einem basal gerichteten Ast. Hinterecken der Seitenflügel einfach zackig, Rückenskulptur deutlich, selten mehr oder weniger verwischt.

Albanien, Dalmatien, Herzegowina, Istrien, Bosnien, Kroatien, Görz, Krain, Südsteiermark, Kärnten, Südungarn.

22 Arten mit 9 Unterarten.

Typus: *B. subterraneus* Heller.

Übersicht über die Arten:

1	Knapp vor oder neben dem Haarpolster kein Dorn, in einiger Entfernung vom Haarpolster kann ein gerader Subpulvillardorn vorkommen — **2**	
	Knapp vor oder neben dem Haarpolster steht ein Dorn; in einiger Entfernung vom Haarpolster kann außerdem ein Subpulvillardorn vorkommen — **14**	
2	Kein deutlicher Femoralfortsatz vorhanden — **3**	
	Ein deutlicher Femoralfortsatz vorhanden — **19**	
3	Kein Subpulvillardorn — **4**	
	Ein Subpulvillardorn vorhanden — **7**	
4	Gonopodentelopodit auf der Medialseite mit einer gezähnelten Kante, die im Bogen bis in die Nähe des Haarpolsters zieht; an der Grenze von Praefemur und Femur 2 kräftige Zacken	1. **B. (B.) subterraneus**
	Gonopodentelopodit ohne solche gezähnelte Kante, höchstens mit ganz kurzer Längskante. Kein Femoralzacken — **5**	
5	Körperlänge 12 mm, Seitenflügel eckig. Gonopodentibia auf der Medialseite mit kurzer schwach gezähnter Längskante, Tarsus aus 3 großen Zähnen bestehend	2. **B. (B.) parallelus**
	Körperlänge 5—7 mm. Seitenflügel abgerundet. Gonopodenfemur ohne Längskante — **6**	
6	Gonopodentarsus aus 2 großen langen, schlanken Zähnen bestehend. Rückenborsten leicht kolbig. Skulptur der Metazoniten deutlich . . .	3. **B. (B.) amblyotropis**
	Gonopodentarsus aus einem größeren Zahn und einem kleinen Höckerchen bestehend. Rückenborsten zugespitzt. Skulptur der Metazoniten sehr verwischt	4. **B. (B.) velebiticus**
7	Rumpf rotbraun, Antennen schneeweiß. Körperlänge 6 mm	11. **B. (B.) frangipanus**
	Antennen von der Farbe des Rumpfes, dieser bei Arten von geringer Größe weiß — **8**	
8	Auf der vorderen konvexen Kante des Gonopodentelopodit ein Absatz	12. **B. (B.) troglobius**
	Gonopodentelopodit vorn gleichmäßig gebogen ohne Absatz — **9**	
9	Das Haarpolster sitzt auf einem dicken zapfenartigen Vorsprung — **10**	
	Das Haarpolster sitzt nicht auf einem Vorsprung — **13**	

10	Ränder der Seitenflügel glatt, besonders auch die vordersten Segmente mit konvexem, glattem Seitenrand. Tarsus des Gonopoden ohne Seitendorn. Körper braun, 11—11,5 mm lang . . .	5. **B. (B.) glabrimarginalis**
	Seitenflügel mehr oder weniger gezähnelt, besonders die vorderen deutlich. Gonopodentarsus mit Seitendorn. Körper weiß bis lichtgelblich — **11**	
11	Länge 6,5 mm. Gonopodenfemur hinten breit rundbauchig	7. **B. (B.) institor**
	Länge $11^{1}/_{2}$—14 mm In der Mitte des Femur hinten ein kleiner spitzer Zacken	6. **B. (B.) dolinensis : 12**
12	Länge 14 mm. Gonopodentelopodit auf der Vorderseite gleichmäßig gebogen	6a. **B. (B.) dolinensis dolinensis**
	Länge $11^{1}/_{2}$ mm. Gonopodentelopodit vorn in 2 Buckel abgesetzt	6b. **B. (B.) dolinensis sesanensis**
13	Distal vom Haarpolster außerhalb der Samenrinnenschlinge ein kräftiger Zacken. Hintereck der Seitenflügel vom 5. oder 6. an spitzzackig . . .	8. **B. (B.) carniolensis**
	Distal vom Haarpolster kein Zacken. Hintereck der Seitenflügel ohne deutliche Zähne	9. **B. (B.) bosniensis** 10. **B. (B.) doboiensis**
14 (1)	Das Haarpolster sitzt auf einem ziemlich tief abgespaltenen Femoralfortsatz. Knapp proximal vom Haarpolster ein gerader spitzer Dorn. Gonopodentelopodit ziemlich breit und gedrungen. In der Mitte des Femur hinten kein Dorn	22. **B. (B.) assimilis**
	Das Haarpolster sitzt mehr oder weniger dem Hauptstamm des Telopodit auf, nicht auf einem tief abgespaltenen Femoralfortsatz. Der Dorn knapp unter dem Haarpolster ist gebogen — 15	
15	**Der Dorn neben dem Haarpolster ist schlank und distalwärts gekrümmt. Gonopodentelopodit schlank, in der Mitte des Femur ein schlanker Subpulvillardorn und ein breiter 2spitziger Lappen. Kein Femoralfortsatz vorhanden. Männchen $6^{1}/_{2}$ mm lang**	13. **B. (B.) hercegovinensis**
	Der Dorn neben dem Haarpolster kürzer und hakig basalwärts gebogen. Gonopodentelopodit breit und gedrungen. Kein Subpulvillardorn vorhanden, ein kurzer 3eckiger Femoralfortsatz vorhanden. Länge über 11 mm — 16	
16	**Seitenflügel mehr oder weniger stark aufwärts gerichtet, so daß der Rücken deutlich hohl ist. Der kurze zackige Femoralfortsatz ist nach vorn, nach der konvexen Seite zu gerichtet**	14. **B. (B.) concavus : 17**
	Seitenflügel nur sehr wenig aufwärts gerichtet. Der kurze Femoralfortsatz ist gerade endwärts gerichtet — 18	
17	**Femoralzacken spitz, Seitenflügel stark aufwärts gerichtet**	14a. **B. (B.) concavus concavus**
	Femoralzacken stumpf. Seitenflügel mäßig aufwärts gerichtet	14b. **B. (B.) concavus pretneri**

18 Auf dem 5. Segment überragen die Hinterecken den Hinterrand deutlich als breite 3eckige Zacken. Der Zahn distal vom Haarpolster ist etwas größer. Die laterale Kante der Mulde im Gonopodentelopodit ist nicht gezähnelt. Länge 18—21 mm . . . . 15. **B. (B.) inferus**

Hinterecken des 5. Segments rechtwinklig. Der Zahn distal vom Haarpolster ist sehr klein. Laterale Kante der Mulde im Gonopodentelopodit teilweise gezähnt. Länge 13½—17½ mm 16. **B. (B.) dimnicenus**

19 (2) Am Grunde des Gonopodenfemur ein sehr langer spitzer Zacken — **20**

An dieser Stelle kein solcher Zacken — **21**

20 Tibiotarsus des Gonopoden etwas breiter. Lateraler Enddorn des Tibiotarsus kurz 2spitzig. Zähnelung des Seitenrandes der Seitenflügel etwas deutlicher, mit kleinen Borsten . . . . 20. **B. (B.) jugoslavicus**

Tibiotarsus etwas schlanker, der laterale Enddorn einfach. Zähnelung des Seitenrandes der Seitenflügel noch schwächer, ohne Borsten . . . . . 21. **B. (B.) gradjensis**

21 Femoralfortsatz des Gonopoden groß, vogelkopfartig gekrümmt. Tibiotarsus glattrandig. Kein Subpulvillardorn. Beine des Männchens verdickt 17. **B. (B.) lapadensis**

Femoralfortsatz mit gerader Endspitze und gezähnter Kante. Rand des Tibiotarsus stellenweise gezähnt. Beine des Männchens nicht verdickt — **22**

22 Ein großer Subpulvillardorn vorhanden. Vordere Beine des Männchens mit zahlreichen Kugelborsten . . . . 19. **B. (B.) zawalanus**

Kein Subpulvillardorn. Beine des Männchens ohne Kugelborsten . . . . 18. **B. (B.) stygivagus**

1. **B. (B.) subterraneus** Heller 1858 *B. s.*, Cam. Heller in: SB. Ak. Wien. *v.* 26 p. 319 | 1864 *Polydesmus cavernarum*, Peters in: Monber. Ak. Berlin, p. 538 | 1882 *Brachydesmus subterraneus* var. *fragilis*, G. Joseph in: Berlin. ent. Z., *v.* 26 p. 23 | 1884 *B. s.*, Latzel, Myr. Österr.-Ung., *v.* 2 p. 133 t. 6 f. 68 | 1889 *B. s.*, Daday, Myr. Regni Hungar., p. 73 | 1895 *B. s.* + *s. spelaeorum*, K. W. Verhoeff in: Verh. Ges. Wien, *v.* 45 p. 288, 289 | 1897 *B. subterraneus*, K. W. Verhoeff in: Arch. Naturg., *v.* 63I p. 143 t. 13 f. 13 | 1898 *B. s.*, Attems in: Denk. Ak. Wien, *v.* 67 p. 476 t. 11 f. 258 | 1899 *B. s.*, K. W. Verhoeff in: Zool. Anz., *v.* 22 p. 162, 477 (subsp. *spelaeorum* eingezogen: p. 164) | 1912 *B. s.*, Attems in: Verh. Ges. Wien, *v.* 61 p. 414 | 1935 *B. s.* var. *tenebrosus*, Strouhal in: Zool. Anz., *v.* 110 p. 55 f. 6.

Weiß, blaßgelb oder bräunlich gelb, vorn ins Rötliche oder Orangegelbe fallend; am Rumpfe manchmal ein Stich ins Grüne und eine dunkle Längsbinde. Länge 10—15 mm, Breite 1—1,5 mm. Kopf vorn reichlich, ober den Antennen nur spärlich beborstet, Antennen lang, am Ende etwas keulig. Halsschild bedeutend schmäler als die Backen, querelliptisch, seitlich breit abgerundet, mit 2 Reihen von flachen Buckeln und 3 Reihen von Borsten. Rücken wenig gewölbt, glatt und glänzend, die Skulptur der Metazoniten zwar flach aber deutlich, in der 1. Reihe keine Felder, die Felder der 2. und 3. Reihe flach, jedes mit einer kurzen spitzen Borste, auch in der 1. Reihe 4 solche Borsten; nur auf den Segmenten 18 und 19 sind die Borsten länger. Beule durch eine Querfurche in zwei geteilt, Fingerwulst nicht deutlich. Seitenflügel des 2. Segments nach vorn gezogen, im Vordereck ein Zähnchen, das Hintereck stark abgerundet. Auch auf den folgenden 2 Segmenten ist das Hintereck stärker abgerundet als das Vordereck.

Seitenrand konvex, glatt oder auf den hinteren Segmenten mit 3—4 winzigen Kerben, in denen kurze spitze Borsten stehen. Hinterrand der Seitenflügel vom 7. an konkav, der dadurch gebildete Zacken erst auf den hinteren Segmenten 16—18 größer und spitz. Gonopoden (Fig. 124): an der Grenze von Praefemur und Femur eine starke Vorragung, die in 2 nebeneinander stehende Zacken ausläuft; zwischen den von diesen Zacken ausgehenden Kanten ist das Telopodit muldig vertieft; auf der Medialseite eine gezähnelte Kante *(Q)*, die in der Nähe des medialen eben genannten Zacken beginnt, erst schräg nach vorn und dann parallel mit der Samenrinne bis in die Nähe des Haarpolsters zieht. Parallel mit dem Anfang dieser Kante eine schwache, niedrige parabothrine Leiste. Kein subpulvillarer Dorn. Neben dem Haarpolster ein kleiner 3eckiger Zacken *(f)*, der proximal von der Schlinge der Samenrinne liegt, ein rudimentärer Femoralfortsatz. Keine Abgrenzung zwischen Femur und Tibiotarsus sichtbar. Die vordere konvexe Seite ist in der Höhe des Haarpolsters rund vorgebaucht, distal davon meist ein winziger Zacken. Am Ende ein großer, breiter, hinten spitzer Mittellappen, der oben einen spitzen, nach hinten gekrümmten oder gerade abstehenden Seitenzahn und hinten meist zwei 3eckige Zähne, manchmal nur einen hat.

Krain, Kärnten (am Wolayer-See), Istrien, Bosnien, Herzegowina, Albanien, Dalmatien, Banat, Mähren. Sowohl oberirdisch als in zahlreichen Höhlen, z. B. Adelsberger-Grotte, Magdalenen-Grotte, Grotte bei Divacia und viele andere Höhlen in Nordistrien, Pinka jama, Vodena jama bei Ostarija, Vilenska jama bei Fojnica, Höhle bei Livno, Eggerloch auf dem Dobratsch.

1a. **B. (B.) subterraneus subterraneus** Heller. Literatur wie oben.

1b. **B. (B.) subterraneus tenebrarum** Verh. 1929 *B. s. t.*, K. W. Verhoeff in: Mt. Höhlen- und Karstforsch., Heft 2 p. 2 f. 1 | 1931 *B. s.* var. *t.*, K. W. Verhoeff, ibid. p. 15.

Die angegebenen geringfügigen Unterschiede genügen nicht zur Begründung einer Subspecies, sondern fallen in den Bereich der individuellen Variation.

Volska jama bei Bres*ovizza.

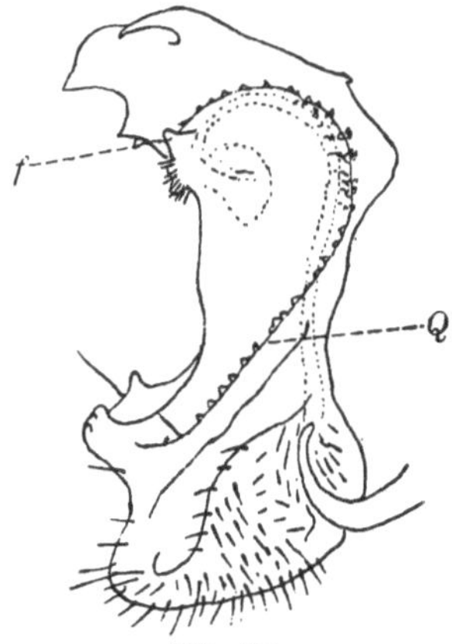

Fig. 124.
Brachydesmus (B.) subterraneus Heller.

Fig. 125.
Brachydesmus (B.) parallelus Att. Medialseite.

2. **B. (B.) parallelus** Att. 1898 *B. p.*, Attems in: Denk. Ak. Wien, *v.* 67 p. 472 t. 11 f. 263 | 1912 *B. p.*, Attems in: Verh. Ges. Wien, *v.* 61 p. 414.

Schneeweiß, glatt und glänzend. Länge 12 mm, Breite 1 mm. Kopf reichlich beborstet. Halsschild querelliptisch, ohne deutliche Skulptur. Rücken gewölbt, die Seitenflügel sehr schmal, ihre Vorder- und Hinterecken rechtwinklig, der Seitenrand ganz gerade, auf den vorderen Segmenten mit 2 bis 4 winzigen Zahnkerben, auf den hinteren Segmenten im Hintereck ein kleines Zähnchen. Skulptur der Metazoniten sehr undeutlich. Es sind 3 Reihen spitzer Borsten vorhanden. Gonopoden (Fig. 125): Telopodit kurz und gedrungen, an der Grenze von Praefemur und Femur keinerlei Vorragung, am Beginn der Samenrinne auf dem Praefemur einige kleine Spitzkegelchen. Auf der Medialfläche des Femur eine schmale, schwach gewellte Längskante. Kein Subpulvillardorn. Vorderseite des Telopodit gleichmäßig gewölbt, das Ende in zwei 3eckige spitze große Zähne eingeschnitten, von denen der eine ein kleines Nebenläppchen hat; eine Abgrenzung dieser Endzähne gegen den Grundteil ist nicht vorhanden, dagegen ist ein schlanker Zahn am Ende *(a)* vorn deutlich abgesetzt.

Recsina-Schlucht bei Fiume.

3. **B. (B.) amblyotropis** Att. 1898 *B. a.*, Attems in: Denk. Ak. Wien, *v.* 67 p. 477 t. 11 f. 270 | 1899 *B. styricus*, K. W. Verhoeff in: Arch. Naturg., *v.* 65 I p. 225 t. 19 f. 11 | 1912 *B. amblyotropis*, Attems in: Verh. Ges. Wien, *v.* 61 p. 414.

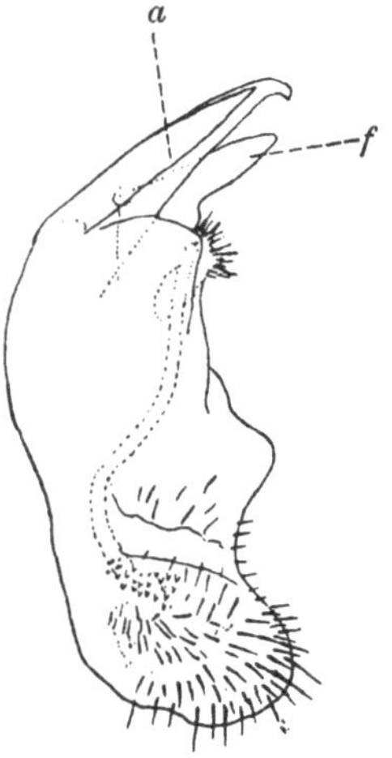

Fig. 126.
Brachydesmus (B.) amblyotropis Att.
Gonopode, Medialseite.

Weiß mit einem leichten Stich in das Gelbliche, der Darm schimmert schwarz durch. Länge 6 mm, Breite 0,66 mm. Kopf dicht fein und kurz behaart. Vorder- und Seitenrand des Halsschildes bilden einen Halbkreis, Hinterrand gebogen, die Seiten abgerundet. Rücken gewölbt. Die drei Querreihen borstentragender Höckerchen recht deutlich, die Borsten kurz, etwas kolbig. Vorderecken der Seitenflügel stark abgerundet, je weiter nach hinten desto mehr; Hinterecken der vorderen Segmente ebenfalls abgerundet, auf den mittleren Segmenten stumpfwinklig, nur auf den hintersten eckig, die ganzen Seitenflügel sehr gerundet, Seitenrand mit 3—5 stumpfen kleinen Zähnen, die kolbige Börstchen tragen. Gonopoden (Fig. 126): Telopodit breit, gedrungen, auf der Hinterseite eine schon dem Femoralabschnitt angehörende große rundbauchige Vorwölbung, kein Subpulvillardorn, die parabothrine Leiste sehr schwach; das Ende in 3 große Zähne geteilt, von denen der dem Haarpolster nächste *(f)* ein Femoralast sein, die beiden anderen dem Tibiotarsus angehören dürften, doch ist keine klare Trennung in Femur und Tibiotarsus erkennbar; das Haarpolster ist ein ganz niedriger Hügel.

Kroatien: Bela-Tal bei Vidovec in der Nähe Warasdins. Steiermark: Cilli.

4. **B. (B.) velebiticus** Att. 1912 *B. v.*, Attems in: Verh. Ges. Wien, *v.* 61 p. 423 t. 5 f. 13, t. 6 f. 21.

Weiß, Vorderende mit einem Stich ins Gelbliche. ♂ Länge 7 mm, Breite 0,8 mm, Prozoniten 0,5 mm. Kopf dicht und kurz beborstet. Halsschild querelliptisch. Rückenskulptur sehr verwischt, ohne deutliche Tuberkelreihen; 3 Querreihen langer, dünner und spitzer Borsten. Seitenflügel im allgemeinen rundlich, Vordereck abgerundet, Hintereck auf den vorderen

Segmenten stumpf, von der Körpermitte an ein breiter Zacken, auf den Segmenten 17 und 18 ein großer, spitzer Zahn. Seitenrand nur auf den Segmenten 2 und 3 kräftig gezähnelt, weiterhin die Kerben sehr seicht und die Zähne sehr stumpf. Beine des Männchens verdickt. Gonopoden (Fig. 127): Telopodit sehr breit und gedrungen, hinten zwischen Praefemur und Femur stark eingeschnürt, distal von der Einschnürung rundbauchig vorgewölbt, kein Subpulvillardorn; am Ende zwei große Zähne, die einem Vogelschnabel *(a, b)* ähneln und dem Tibiotarsus entsprechen dürften, doch ist auch hier keine klare Trennung in Femur und Tibiotarsus gegeben.

Südkroatien: bei Stirovača im Velebitgebirge.

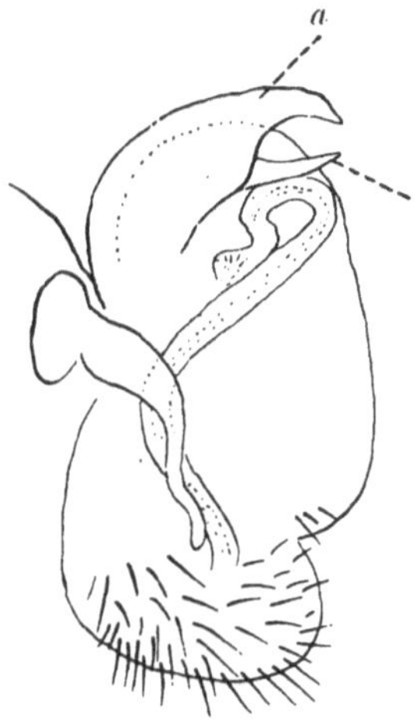

Fig. 127.
Brachydesmus (B.) velebiticus Att.

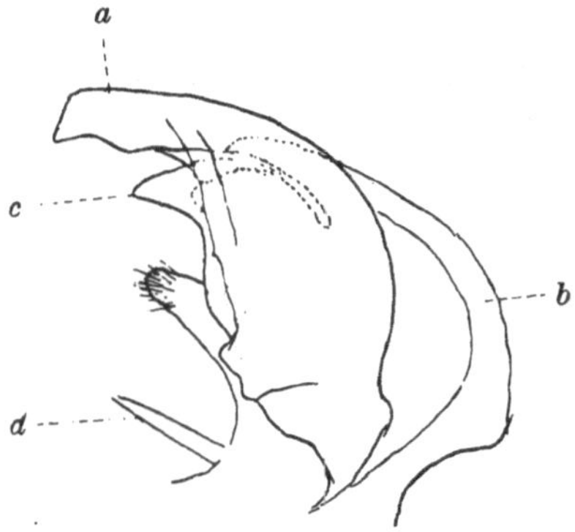

Fig. 128.
Brachydesmus (B.) glabrimarginalis Verh.
a Endlappen, *b* Höcker auf der Vorderseite,
c 3eckiger Zahn des Tibiotarsalteiles
(K. W. Verhoeff 1901).

5. **B. (B.) glabrimarginalis** Verh. 1897 *B. g.*, K. W. Verhoeff in: Arch. Naturg., *v.* 63 I p. 142 | 1901 *B. g.*, K. W. Verhoeff, ibid., *v.* 67 I p. 223 t. 10 f. 8 | 1912 *B. g.*, Attems in: Verh. Ges. Wien, *v.* 61 p. 413.

Braun bis graubraun oder licht erdfarben. Länge 11—11,5 mm. Halsschild viel schmäler als die Backen, querelliptisch, seitlich breit abgerundet. Seitenflügel 2 breit rundlappig nach vorn gezogen, auch auf den Segmenten 3 und 4 sind die Hinterecken stärker abgerundet als die Vorderecken und die Seitenränder beider Flügel konvergieren nach hinten. Alle Seitenflügel im allgemeinen gerundet, Vordereck abgerundet, Hinterrand vom 6. an allmählich konkav werdend, das Hintereck erst ein stumpfer Zacken, auf den letzten Segmenten ein spitzer Zahn, Seitenrand konvex, ungezähnelt, d. h. die Borsten sitzen nicht in Kerben oder solche sind kaum merklich. Metazoniten sehr glatt und glänzend, in der 1. Reihe keine Buckel, die der 2. und 3. Reihe flach aber deutlich, Beule in 2 geteilt, Fingerwulst deutlich, die Borsten sehr kurz und dünn, nur auf den Segmenten 17 und 18 etwas länger. Gonopoden (Fig. 128): Subpulvillardorn *(d)* lang und schlank, das Haarpolster auf einer zapfenförmigen Vorragung, das Femur vorn in einen abgerundeten, 3eckigen Höcker vorspringend, hinten mit einem 3eckigen Zahn;

Tibiotarsalteil deutlich abgesetzt, in einen am Ende abgerundeten, ziemlich langen Lappen auslaufend.

Herzegowina: Mostar Blato, Radobolje.

6. **B. (B.) dolinensis** Att. 1898 *B. d.*, Attems in: Denk. Ak. Wien, *v.* 67 p. 470 t. 11 f. 272 | 1912 *B. d.*, Attems in: Verh. Ges. Wien, *v.* 61 p. 413.

Weiß mit einem leichten Stich ins Gelbliche, glatt und glänzend. Länge 14 mm, Breite 1,5 mm. Kopf vorn dicht beborstet, auf dem Scheitel spärlicher. Halsschild viel schmäler als die Backen, nicht regelmäßig querelliptisch, sondern der stark gebogene Vorder-Seitenrand trifft in einem Eckchen mit dem weniger gebogenen Hinterrand zusammen. Seitenflügel eckig, der Seitenrand gerade, das Hintereck schon auf dem 2. Segment zackig, auf den vorderen Segmenten kräftig gezähnelt, die Größe der Zähne nimmt caudalwärts ab, so daß die hinteren nur mehr seicht gekerbt sind; Vordereck der vordersten Seitenflügel rechteckig, auf den hinteren Segmenten ist es dadurch, daß der Vorderrand etwas konvex ist, mehr abgerundet. Metazoniten oben und unten glänzend, in der 1. Reihe keine Buckel, nur die 4 Borsten, Beule nicht deutlich geteilt, Fingerwulst schwach. Alle Borsten dünn und spitz. Gonopoden (Fig. 129, 130): Auf der Medianseite

Fig. 129.
Brachydesmus (B.) dolinensis Att.
Gonopode, Medialseite.

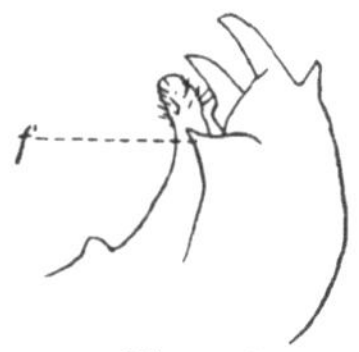

Fig. 130.
Brachydesmus (B.) dolinensis Att.
Gonopodenende, Lateralseite.

(Fig. 129) ist die Grenze zwischen Praefemur und Femur und die zwischen Femur und Tibiotarsus noch ziemlich deutlich, die Beborstung geht nicht über den Praefemoralteil hinaus, eine parabothrine Leiste ist nicht deutlich ausgeprägt. Femur hinten in der Mitte mit einem stumpfen Vorsprung, weiterhin der gerade schlanke Subpulvillardorn, das Haarpolster am Ende eines kurzen dicken zylindrischen Astes, auf der Lateralseite (Fig. 130) ein spitzer 3eckiger Zacken *(f)* am Ende des Femur. Tarsus mit 4 Spitzen oder Zähnen.

Istrien: Lipizzaner Wald, Gabrovizza, Basovizza, Podgorje, Triest. St. Florian bei Görz.

6a. **B. (B.) dolinensis dolinensis** Att. Literatur wie oben.

6b. **B. (B.) dolinensis sesanensis** Verh. 1930 *B. d. s.*, K. W. Verhoeff in: Mt. Höhlen- und Karstforsch., Heft 2 p. 42.

Weiß. Länge ♂ 11,5 mm. Telopodit des Gonopoden auf der Vorderseite in zwei Buckel abgesetzt. Die übrigen als Unterschiede angeführten Merkmale sind wohl keine Verschiedenheiten gegenüber der Hauptform. Es ist eine kleinere Höhlenform des bisher nur oberirdisch gefundenen *B. dolinensis.*

Nordistrien: Höhle Draga bei Paniqua di Sesana.

7. **B. (B.) institor** Att. 1927 *B. i.*, Attems in: Abh. Senckenb. Ges., *v.* 39 p. 270 f. 54—58 | 1932 *Polydesmus peristerensis*, K. W. Verhoeff in: Zool. Jahrb., Syst. *v.* 62 p. 476 t. 4 f. 3.

Gelblichweiß, Vorderende rötlichgelb, der Darm schimmert als schwarzer Strich durch. Länge 6,5 mm. Kopf dicht beborstet. Halsschild viel schmäler als die Backen, seitlich breit abgerundet, mit 3 Reihen recht langer Borsten. Seitenflügel im allgemeinen eckig, auf den ersten 5 oder 6 stehen Vorder- und Hinterrand quer zur Längsachse, im Vordereck steht das erste spitze Zähnchen, Seitenrand der vorderen Segmente grob aber nicht tief gezähnt, die Tiefe der Zähnelung nimmt caudalwärts immer mehr ab. Hintereck der vorderen Segmente etwas abgerundet, dann zackig, aber nur auf den Segmenten 17 und 18 schlank und spitz. Borsten des Seitenrandes ziemlich lang und etwas spindelig. Felderreihen der Metazoniten flach, infolge der geringen Körpergröße wenig deutlich, in der 1. Reihe keine Buckel, die der 3. Reihe viel kleiner als die der 2., Beule sehr groß, nicht geteilt. Gonopoden (Fig. 131): Telopodit kurz und breit, in der Mitte etwas eingeschnürt, an der Grenze von Praefemur und Femur eine rundliche, zum größten Teil dem Femur angehörende Vorwölbung; Subpulvillardorn schlank, spitz, gerade, nahe dem Haarpolster, dieses auf einem zylindrischen Zapfen sitzend, neben ihm ein kräftiger kegeliger Endzahn des Femur. Der Tibiotarsus ist ziemlich deutlich gegen das Femur abgegrenzt und besteht aus einem kräftigen Endhaken, der auf der Lateralseite einen kurzen stumpfen Seitenzacken hat und auf der Medialseite gelenkig angesetzt einen geraden schlanken Kegelzahn (*a*) trägt. Parabothrine Leiste sehr schwach.

Krain: Gottschee, Friedrichsteiner Wald und Kočna Steig. Peristeri, Virovi.

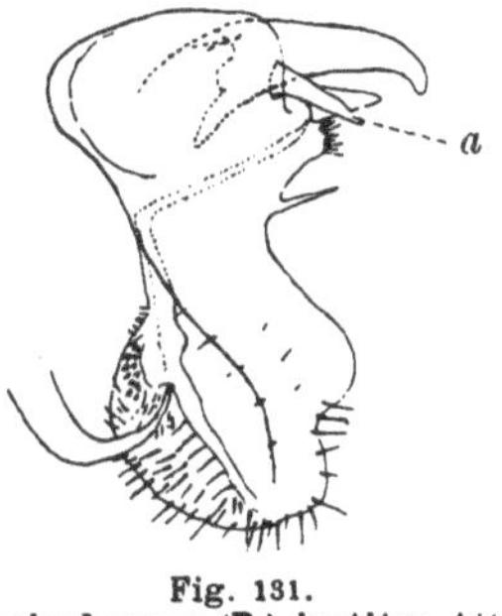

Fig. 131.
Brachydesmus (B.) institor Att.

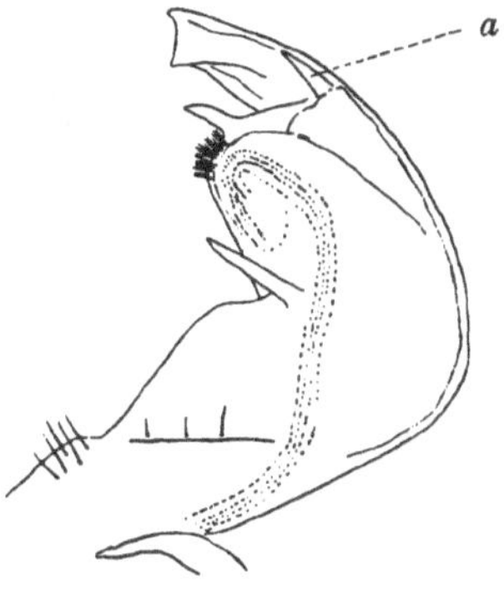

Fig. 132.
Brachydesmus (B.) carniolensis Verh. Medialseite.

8. **B. (B.) carniolensis** Verh. 1895 *B. c.*, K. W. Verhoeff in: Verh. Ges. Wien, *v.* 45 p. 287 | 1898 *B. c.*, Attems in: Denk. Ak. Wien, *v.* 67 p. 466 t. 10 f. 241 | 1908 *B. c.*, K. W. Verhoeff in: Arch. Naturg., *v.* 73 I p. 470 t. 16 f. 33 | 1912 *B. c.*, Attems in: Verh. Ges. Wien, *v.* 61 p. 413 | 1929 *B. troglobius plitvicensis*, K. W. Verhoeff in: Zool. Jahrb., Syst. *v.* 57 p. 629 t. 6 f. 28.

Schmutzig weiß oder graubraun, wenig glänzend, fast matt. Länge 6,5—8,5 mm. Kopf dicht beborstet. Halsschild mit spitzen Hinterecken. Seitenflügel groß, horizontal, sehr eckig, Seitenrand auf den vorderen Segmenten grob gezähnelt, durch 3 Kerben werden 4 Zähne gebildet, die Ecken inbegriffen, das Vordereck durch die erste Kerbe gut markiert, Hintereck bis ungefähr 5. Segment rechtwinklig, dann nach und nach immer mehr zackig werdend; Vorder- und Hinterrand auf den Segmenten 2—5 im rechten Winkel zur Längsachse, die vorderen Seitenflügel daher nicht nach vorn gezogen. In der 1. Reihe nur die Medianfurche und die 4 Borstenknötchen, die Felder der 2. und 3. Reihe ungefähr gleich groß, Beule 2teilig. Die Borsten stumpf, die der mittleren Segmente kurz, der vorderen und hinteren etwas länger. Gonopoden (Fig. 132): an der Grenze von Praefemur und Femur kein Zacken und keine bauchige Vorwölbung, die parabothrine Leiste sehr schwach ausgebildet, eine feine mit einigen Borsten besetzte Kante. Im Grundteil des Femur lateral keine deutliche Mulde, jedenfalls keine scharfe Kante. Subpulvillardorn nahe dem Haarpolster, schräg distal gerichtet, schlank, gerade. Am Ende des Femoralabschnittes, außerhalb der Samenrinnenschlinge ein kräftiger Zahn. Der Tarsus ist fast parallelrandig und trägt auf der Medialseite einen schlanken kegeligen Seitenzahn *(a)*.

Krain: Adelsberg, am Fuße des Nanos, Wocheiner Feistritz, Cirniz bei Rann, Aßling.

8a. **B. (B) carniolensis carniolensis** Verh. Literatur wie oben.

8b. **B. (B.) carniolensis compactus** Verh. 1908 *B. c. c.*, K. W. Verhoeff in: Arch. Naturg., *v.* 73I p. 471 t. 16 f. 34.

Äußerlich mit *B. carniolensis* übereinstimmend, Männchen 7—7,5 mm lang. Die Gonopoden (Fig. 133) sind im allgemeinen schwächer, am Ende des Tarsus viel mehr verschmälert und der Stachel vor dem Haarpolster ist kürzer und liegt mehr zurück.

Doline bei Divacia.

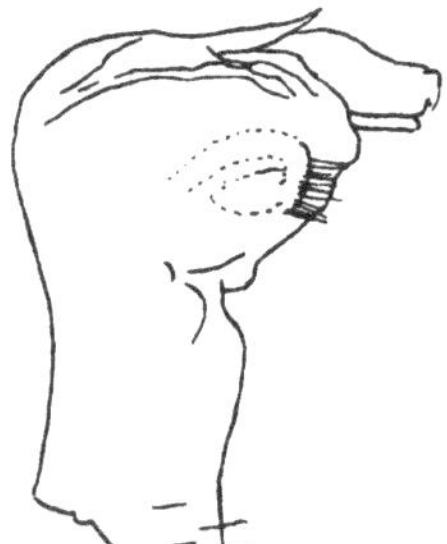

Fig. 133.
Brachydesmus (B.) carniolensis compactus Verh.
(K. W. Verhoeff, 1908).

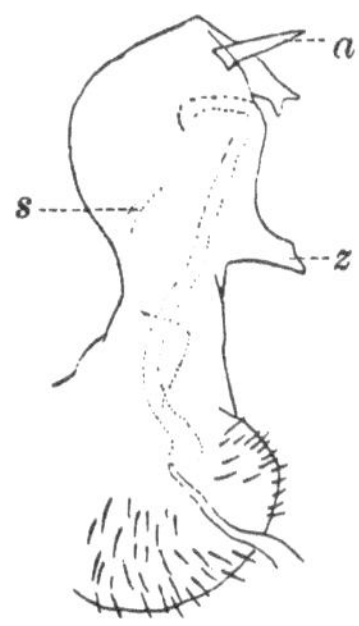

Fig. 134.
Brachydesmus (B.) bosniensis Verh.
(Nach einer Cotype.)

9. **B. (B.) bosniensis** Verh. 1895 *B. b.*, K. W. Verhoeff in: Verh. Ges. Wien, *v.* 45 p. 286 f. 3 | 1897 *B. b.*, K. W. Verhoeff in: Arch. Naturg., *v.* 63I p. 143 f. 9 | 1898 *B. b.*, Attems in: Denk. Ak. Wien, *v.* 67 p. 469 t. 10 f. 235 | 1912 *B. b.*, Attems in: Verh. Ges. Wien, *v.* 61 p. 413.

Grauweiß oder gelblichweiß, zuweilen rotbraun, bei längerem Liegen in Alkohol verbleichend. Länge 8,5—9 mm. Metazoniten relativ lang, länger als bei anderen Arten derselben Größe, die Seitenflügel ziemlich schmal, der Körper daher sehr schlank erscheinend. Kopf dicht kurz beborstet. Halsschild schmäler als die Backen, seitlich breit abgerundet. Seitenflügel sehr eckig, schon der 2. mit scharf rechtwinkligen Hinterecken;

der Seitenrand fast gerade, mit 3 oder 4 seichten Kerben, in denen kleine spitze Borsten stehen, das Vordereck durch die knapp hinter ihm befindliche erste Kerbe gut markiert, Hintereck in der hinteren Körperhälfte allmählich zu einem spitzen, den Hinterrand überragenden Zahn werdend. Vordere Seitenflügel nicht nach vorn gezogen, ihre Zähnelung nur unbedeutend gröber als die der hinteren. In der 1. Reihe keine Felder, die der 2. und 3. Reihe sehr flach, fast undeutlich, Beule groß, nicht oder undeutlich 2teilig. Die Borsten sehr klein und spitz. Gonopodentelopodit relativ schlank, Femur in der Mitte der Hinterseite mit einem kräftigen Zacken *(z)*, in derselben Höhe der kleine, etwas gebogene, ziemlich weit vom Haarpolster entfernte Subpulvillardorn *(s)*. In der Grundhälfte ein breiter abgestumpfter Lappen, keine Mulde. Das Haarpolster liegt nicht auf einem Hügel. Eine deutliche Grenze zwischen Femoral- und Tibiotarsalabschnitt ist nicht vorhanden, Femur ohne Endzacken oder Fortsatz, Tarsus aus einem 2spitzigen, zurückgeschlagenen Lappen und einem schlanken, geraden, am Grunde abgesetzten Dorn *(a)* bestehend (Fig. 134).

Bosnien: an der Moščanika bei Sarajevo. Herzegowina: Plasa, oberstes Plateau und Wald.

10. **B. (B.) doboiensis** Verh. 1901 *B. d.*, K. W. Verhoeff in: Arch. Naturg., *v.* 67 I p. 222 t. 10 f. 5 | 1912 *B. d.*, Attems in: Verh. Ges. Wien, *v.* 61 p. 413.

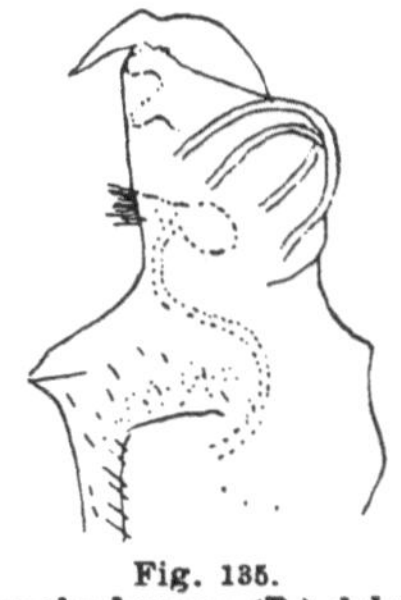

Fig. 135.
Brachydesmus (B.) doboiensis Verh.
(K. W. Verhoeff, 1901).

Grauweiß. Länge 6,5—7 mm. Ziemlich glänzend, mit deutlichen Borsten, namentlich am Hinterrand der Segmente. Halsschild nur vor dem Hinterrand mit kleinen Knötchen, Seitenrand der Seitenflügel mit 3 seichten Kerben, die Hinterecken stumpf, oder rechtwinklig, nicht mit Zipfeln vorspringend. Felder der 1. Reihe undeutlich, die der 2. und 3. Reihe mäßig deutlich. Telopodite der Gonopoden (Fig. 135) in der Grundhälfte recht breit und innen etwas eckig vorspringend, in der Endhälfte schmäler und annähernd 3eckig, am Ende mit spitzem Haken *(a)*, außen mit Höcker *(b)*, der 2 hufeisenförmig gebogene Verdickungsleisten enthält, innen mit 2 kleinen Zapfen oder Zähnchen und einem kleinen Haarpolster *(p)*. Die End- und Grundhälfte gehen innen in stumpfe Winkel ineinander über.

Nordbosnien: bei Doboi, unter Laub im Walde.

11. **B. (B.) frangipanus** Att. 1898 *B. f.*, Attems in: Denk. Ak. Wien, *v.* 67 p. 471 t. 11 f. 268 | 1912 *B. f.*, Attems in: Verh. Ges. Wien, *v.* 61 p. 412.

Antennen schneeweiß, der übrige Körper rotbraun, die Rückenmitte etwas dunkler als die Seiten und die Unterseite. Länge 6 mm, Breite 0,65 mm, Prozonit 0,43 mm. Halsschild viel schmäler als die Backen, Vorder- und Seitenrand bilden einen Halbkreis, Hinterrand fast gerade, die Hinterecken ziemlich spitz. Rücken mäßig gewölbt, Seitenflügel gut entwickelt, fast horizontal, Seitenrand mit 3 oder 4, auf den hintersten Segmenten auch 5 kräftigen, spitzen Zähnen, in jeder Kerbe eine starke, spitze Borste. Seitenflügel sehr eckig mit ungefähr rechten Winkeln, Hintereck auf den hinteren Segmenten schwach zackig. Rückenskulptur sehr undeutlich. Telopodit des Gonopoden gedrungen, am Grunde des Femur ein runder Vorsprung, Subpulvillardorn *(d)* schlank in einiger Entfernung vom Haarpolster, am Ende des Femur ein gerader, schlanker Zacken, Tibiotarsus *(T)* mit einem großen Endhaken und einem kleinen Seitenzahn *(h)* (Fig. 136).

Tersato bei Fiume.

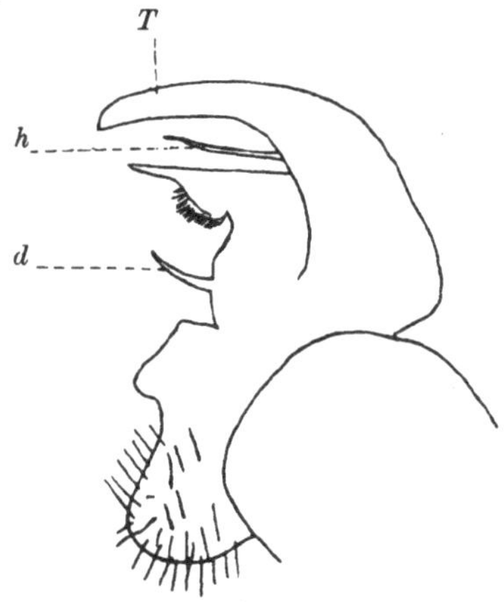

Fig. 136
Brachydesmus (B.) frangipanus Att. Lateralseite.

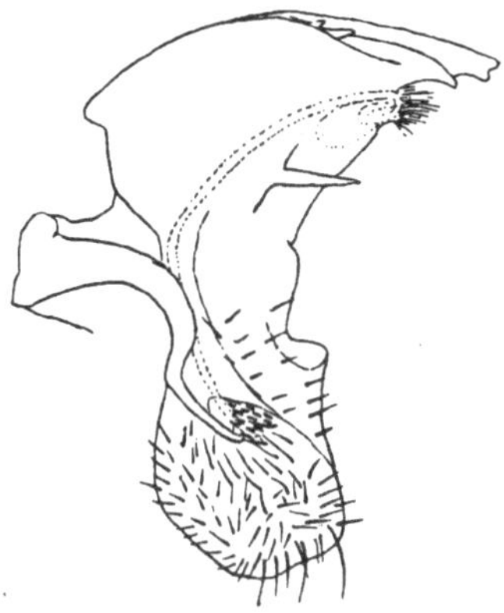

Fig. 137.
Brachydesmus (B.) troglobius Daday.

12. **B. (B.) troglobius** Daday 1889 *B. t.*, Daday, Myr. Regni Hungar., p. 71 | 1898 *B. t.*, Attems in: Denk. Ak. Wien, *v.* 67 p. 466 t. 11 f. 273 | 1912 *B. t.*, Attems in: Verh. Ges. Wien, *v.* 61 p. 412 | 1928 *B. t.*, K. W. Verhoeff in: Allatt. Közlem., *v.* 25 p. 183, 186 f. 1.

Weiß oder gelblichweiß. Länge 8—11 mm, Breite 1,5—1,8 mm. Kopf inkl. Backen dicht kurz beborstet, der Scheitel hinten spärlicher. Halsschild viel schmäler als die Backen, Vorder- und Seitenrand einen Bogen bildend, Hinterrand fast gerade, die Ecken, in denen beide zusammentreffen, etwas abgestumpft, die Fläche mit 3 Reihen ziemlich langer Borsten, die Beulen undeutlich. Metazoniten relativ lang, Seitenflügel eckig, die des 2. Segments nach vorn gezogen, im Vordereck das 1. spitze Zähnchen, das Hintereck scharf rechtwinklig, zwischen beiden 2 spitze Zähnchen. 3. und 4. ebenso gezähnt, aber nicht nach vorn gezogen; vom 5. an auf den porentragenden Segmenten 4, auf den porenlosen 3 Kerben, die 5 oder 4 stumpfe Zähnchen bilden, auf den hinteren Segmenten nur sehr seichte Kerben; in jeder eine dünne spitze Borste. Vorderrand der Seitenflügel auch auf den hinteren Segmenten fast im rechten Winkel zur Längsachse, das Hintereck nur auf den Segmenten 16—18 als spitzer Zipfel vorragend. Rückenskulptur auf den vorderen Segmenten recht derb, in der 1. Reihe 4 Knötchen mit den Borsten, die Felder der 2. und 3. Reihe ungefähr gleich groß, weiter hinten wird die Skulptur viel flacher, fast undeutlich, Beule undeutlich 2teilig. Gonopoden (Fig. 137): An der Grenze von Praefemur und Femur hinten ein runder Absatz, Subpulvillardorn kräftig, gerade; in der Höhe des Haarpolsters bildet die vordere Wölbung einen abgerundeten Absatz. Am Ende des Femur außerhalb der Samenrinnenschlinge ein großer, spitzer Zahn. Der Tarsus hat auf der Medialseite 2 kleine Seitenzähnchen.

Abaliget-Höhle bei Fünfkirchen.

13. **B. (B.) hercegovinensis** Verh. 1897 *B. h.*, K. W. Verhoeff in: Arch. Naturg., *v.* 63 I p. 143 t. 13 f. 8 | 1912 *B. h.*, Attems in: Verh. Ges. Wien, *v.* 61 p. 413.

Weiß oder gelblichweiß. Länge ♂ 6,5 mm, ♀ 8 mm. Kopf inkl. Backen dicht kurz beborstet. Halsschild viel schmäler als die Backen, seitlich breit abgerundet, mit 3 Reihen von Borsten. Seitenflügel im allgemeinen eckig, die des 2. Segments abgestumpft spitzlappig nach vorn gezogen, die beiderseitigen Seitenränder nach hinten konvergierend, 3. und 4. nicht nach vorn gezogen, die Hinterecken etwas abgestumpft, weiterhin rechtwinklig und von der Körpermitte an kurz zipfelig. Seitenrand fast gerade mit 3 oder 4 sehr seichten Kerben, in denen eine kleine spitze Borste steht. Skulptur der Metazoniten sehr flach, undeutlich, nur die Beule sehr groß, nicht deutlich geteilt. Gonopoden (Fig. 138, 139): An der Grenze von Praefemur und

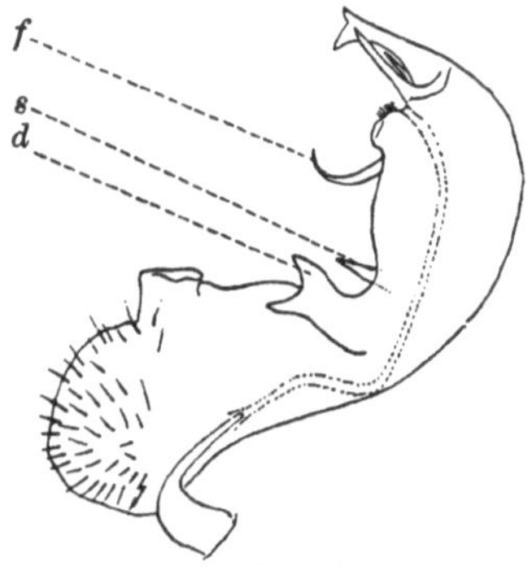

Fig. 138.
Brachydesmus (B.) hercegovinensis Verh.
(Cettinje).

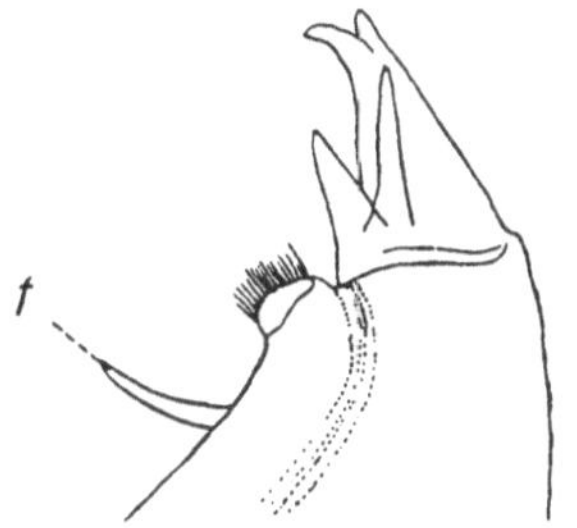

Fig. 139.
Brachydesmus (B.) hercegovinensis Verh.
(Plasa).

Femur eine breite, am Ende quer abgestutzte Vorragung, in der Mitte des Telopodit auf der Medialseite ein breiter, parallelrandiger, 2spitziger Lappen *(d)*, ein wenig weiter distal auf der Lateralseite ein schlanker gerader Dorn, wahrscheinlich ein Subpulvillardorn *(s)*, knapp vor dem Haarpolster ein langer, sehr schlanker, distalwärts gebogener Dorn *(f)*, vielleicht ein Femoralfortsatz in ungewöhnlicher Lage. Haarpolster auf einem kleinen Hügel. Eine Grenze zwischen Femur und Tibiotarsus mehr oder weniger deutlich sichtbar, Tarsus mit 2 langen, geraden Zähnen nahe der Basis und einem kräftigen Subapicalzahn.

Herzegowina: Jablanica, Plasa bei 1600 m. Montenegro: Cettinje.

14. **B. (B.) concavus** Att. 1898 *B. c.*, Attems in: Denk. Ak. Wien, *v.* 67 p. 463 t. 11 f. 259, 260 | 1912 *B. c.*, Attems in: Verh. Ges. Wien, *v.* 61 p. 412.

Einfarbig weißgelb, sehr glatt und glänzend. Breite 2,5 mm. Kopf glatt und glänzend, vorn spärlich beborstet, Scheitel fast kahl. Halsschild schmäler als die Backen, die Seiten abgerundet, die Skulptur wenig ausgeprägt, mit 3 Querreihen kleiner spitzer Borsten. Seitenflügel groß, eckig, aufwärts gerichtet, so daß der Rücken hohl ist, das Vordereck rechtwinklig, das Hintereck der vorderen Segmente ebenso, dann mehr und mehr zackig werdend. Seitenrand schwach konvex mit 3 oder 4 seichten, runden Kerben; die Beule groß, ganz auf dem aufsteigenden Seitenflügel gelegen. Skulptur der Metazoniten schwach, vor der Querfurche eine scharfe Längsfurche, hinter ihr 2 Felderreihen, deren hintere beim Männchen sehr undeutlich ist. Gonopoden (Fig. 140): Die die Samengrube begrenzenden Kanten springen in spitze oder stumpfe Zacken vor. Knapp unter dem Haarpolster ein kräftiger, basalwärts gekrümmter Haken *(k)*, neben dem Ende der Samenrinnenschlinge ein breiter 3eckiger Lappen *(f)*, ein rudimentärer Femoralfortsatz. Eine Grenze zwischen Femoral- und Tarsalabschnitt ist absolut nicht sichtbar; es sind am Ende vorhanden: ein schlanker, schwach gebogener Zahn, ein breiter, 2spitziger Lappen, und ein langer schlanker Endzahn, alle quer zur Längsachse.

Krain.

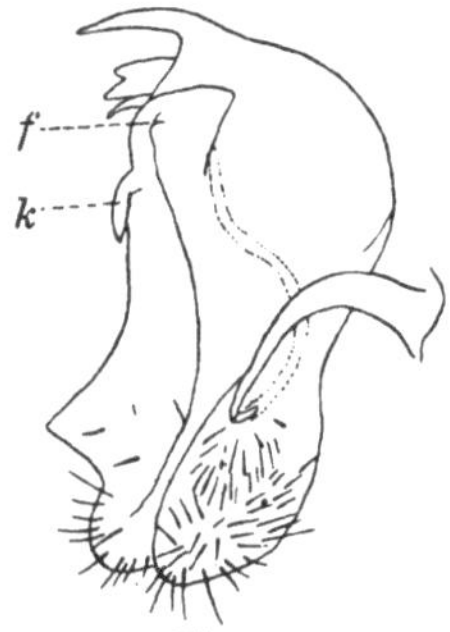

Fig. 140.
Brachydesmus (**B.**) **concavus concavus** Att.
Medialseite.

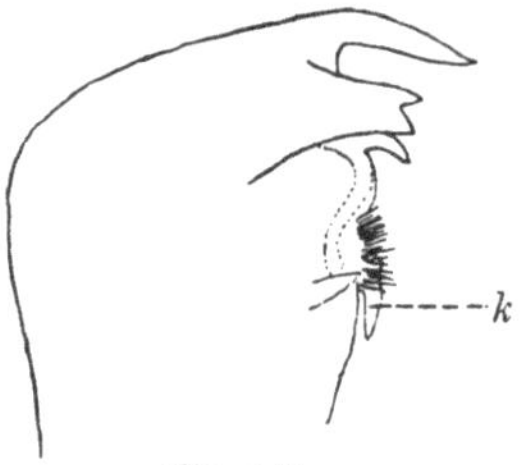

Fig. 141.
Brachydesmus (**B.**) **concavus concavus** Att.
Lateralseite.

14a. **B.** (**B.**) **concavus concavus** Att. 1898 *B. c.*, Attems in: Denk. Ak. Wien, *v.* 67 p. 463 t. 11 f. 259, 260.

Seitenflügel stärker aufgebogen, die Zacken an der Grenze von Praefemur und Femur des Gonopoden spitz (Fig. 140, 141).

Krain: Mährisch-Loch bei Gottschee.

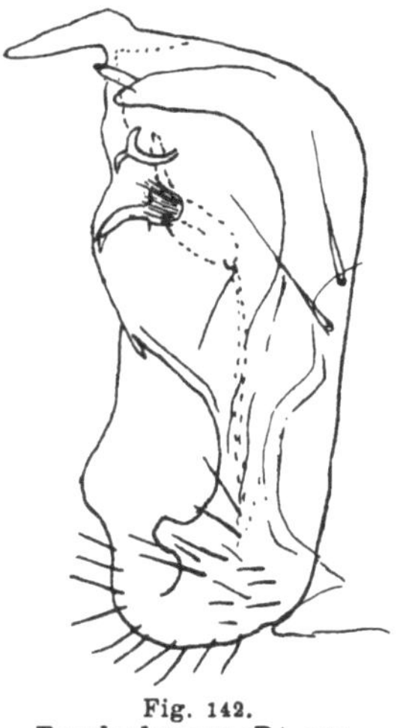

Fig. 142.
Brachydesmus (**B.**) **concavus pretneri** Verh.
(K. W. Verhoeff, 1929).

14b. **B.** (**B.**) **concavus pretneri** Verh. 1929 *B. c. p.*, K. W. Verhoeff in: Mt. Höhlen- und Karstforsch., Heft 2 p. 3 f. 2, 3 | 1931 *B. c. p.*, K. W. Verhoeff, ibid., p. 26.

Seitenflügel mäßig stark aufwärts gerichtet, die Zacken an der Grenze von Praefemur und Femur des Gonopoden stumpf. Halsschild ohne abstehende Borsten, vorn niedergedrückt und mit Querfurche. Seitenflügel 2 stärker aufgebogen (Fig. 142).

Südostalpine Höhle (ohne nähere Angabe).

14c. **B.** (**B.**) **concavus tarnowanus** Verh. 1931 *B. c. t.*, K. W. Verhoeff in: Mt. Höhlen- und Karstforsch., p. 26.

Halsschild mit 3 Reihen feiner senkrecht abstehender Borsten, vorn in der Mitte gewölbt, kaum mit Spur einer Furche. Seitenflügel des 2. Segments schwacher aufgekrempt.

Tarnowaner Wald: Schacht von Bosnarjev Brezen bei Dol.

15. **B.** (**B.**) **inferus** Latz. 1884 *B. i.*, Latzel, Myr. Österr.-Ung., *v.* 2 p. 135 | 1889 *B. i.*, Daday, Myr. Regni Hungar., p. 71 | 1898 *B. i.*, Attems in: Denk. Ak. Wien, *v.* 67 p. 464 t. 11 f. 264, 265 | 1912 *B. i.*, Attems in: Verh. Ges. Wien, *v.* 61 p. 414.

Schmutzig weiß, das Vorderende etwas gelblich. Länge ♂ 21 mm, Breite ♂ 3,7 mm. Halsschild nur wenig schmäler als die Backen, Vorder- und Seitenränder einen Bogen bildend, Hinterrand schwach gebogen, das Eck, in dem beide zusammentreffen, abgestumpft. Seitenflügel groß, eckig, etwas aufwärts gerichtet, ähnlich wie bei *B. concavus*, aber nicht so stark, das Vordereck rechtwinklig auf den vorderen Segmenten, dann etwas abgestumpft dadurch, daß der Vorderrand konvex wird, Hintereck auf den Segmenten 2—4 rechtwinklig, vom 5. an in einen immer größeren Zacken ausgezogen, der auf den letzten Segmenten sehr groß und spitz ist. Skulptur der Metazoniten schwach, vor der Querfurche eine Medianfurche, die Felder der 2. und 3. Reihe sehr flach, eine Beule eigentlich nicht sichtbar, die Borsten sehr klein. Rücken sehr glatt und glänzend. Gonopoden (Fig. 143) sehr ähnlich denen von *B. concavus*, die Kanten, die die von der Samengrube ausgehende Mulde begrenzen, beginnen mit einem spitzen Zacken, knapp neben dem Haarpolster ein kräftiger krummer Dorn *(k)*, am Ende des Femoralabschnittes ein 3eckiger Zipfel *(f)*, der gerade endwärts vorragt, nicht nach vorn umgeschlagen ist wie bei *B. concavus;* am Ende ein kleiner etwas gebogener Dorn, ein breiter, stumpf 2spitziger Lappen und ein großer spitzer Endzahn, alle ohne irgendeine Abgrenzung gegen die anderen Teile.

Vodena jama bei Ostarija, Kroatien.

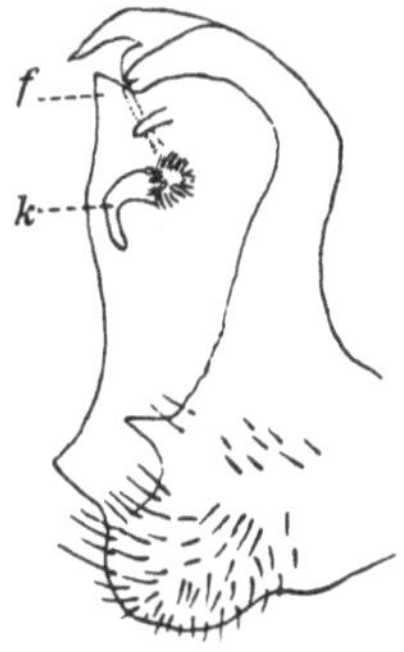

Fig. 143.
Brachydesmus (B.) inferus Latz.

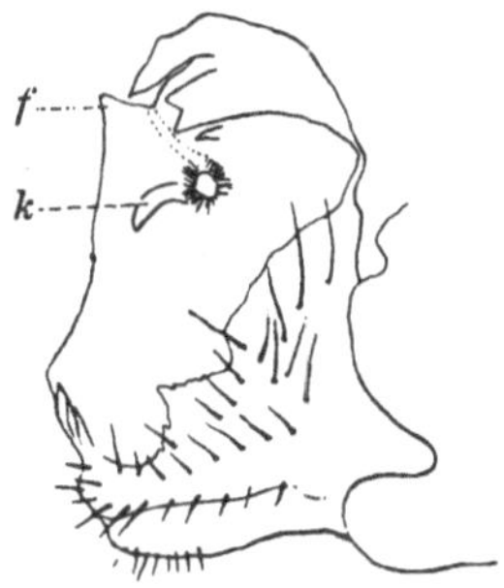

Fig. 144.
Brachydesmus (B.) dimnicenus Att. Lateralseite.

16. **B. (B.) dimnicenus** Att. 1908 *B. d.*, Attems in: Zool. Anz., *v.* 33 p. 492 | 1912 *B. d.*, Attems in: Verh. Ges. Wien, *v.* 61 p. 412 | 1928 *B. strasseri*, K. W. Verhoeff in: Zool. Jahrb., Syst. *v.* 55 p. 306 t. 7 f. 29.

Weiß. Länge ♂ 13,5—17,5 mm, Halsschild schmäler als die Backen, Hinterrand mit dem Vorder-Seitenrand in einem stumpfen Eckchen zusammentreffend, die Seiten horizontal, nicht den Kopfseiten angedrückt. Seitenflügel groß, eckig, horizontal oder beim Männchen die vorderen etwas in die Höhe gerichtet, so daß ihr Seitenrand in gleicher Höhe mit der Rückenmitte liegt. Seitenrand konvex, mit 3 oder 4 Kerben, die auf den vorderen Segmenten so tief sind, daß der Rand gezähnelt ist. Hintereck auf dem 5. Segment noch kaum vorragend. Skulptur der Metazoniten deutlich, die Beule 2teilig. Gonopoden (Fig. 144) sehr ähnlich denen von *B. inferus* und *B. concavus*; die laterale der die Mulde begrenzenden Kanten ist gezähnelt, der 3eckige Endlappen *(f)* des Femur ist gerade endwärts gerichtet wie bei *B. inferus*, der Zahn gleich distal vom Haarpolster ist sehr klein.

Höhlen Istriens bei Hotinica und Markovščina-Slivje. Höhle bei Lokve, Südkroatien.

17. **B. (B.) lapadensis** Verh. 1897 *B. l.*, K. W. Verhoeff in: Arch. Naturg., *v.* 63^{I} p. 139 t. 13 f. 1 | 1898 *B. tomopus*, Attems in: Denk. Ak. Wien, *v.* 67 p. 472 t. 11 f. 261 | 1912 *B. lapadensis*, Attems in: Verh. Ges. Wien, *v.* 61 p. 414.

Gelblichweiß. Länge 9—12 mm, Breite ♀ 1,1 mm. Kopf inkl. Backen dicht kurz beborstet. Halsschild viel schmäler als die Backen, der Bogen des Vorder-Seitenrandes mit dem wenig gebogenen Hinterrand abgerundet zusammentreffend, ohne Skulptur. Seitenflügel eckig, Vorderrand bis fast zum Hinterende senkrecht zur Längsachse, das Vordereck durch das erste Zähnchen gut markiert, der Seitenrand auf den vorderen Segmenten gezähnt, weiterhin nur seicht gekerbt, das Hintereck vom 2. Segment ab eckig, vom 7. an beginnt es ganz allmählich den Hinterrand zackig zu überragen, bildet aber nur auf den letzten Segmenten einen größeren Zahn. Seitenrand im ganzen ziemlich gerade. Skulptur der Metazoniten recht flach, vor der Querfurche eine mediane Längsfurche, hinter ihr zwei fast gleich große Reihen flacher Beulen. Die Borsten sehr klein und fein, nur auf den ersten und letzten Segmenten etwas länger. Gonopoden (Fig. 145): Femur breit gerundet vorspringend, die parabothrine Leiste sehr schwach, eine feine, mit einigen Borsten besetzte Kante; auf der Lateralseite des Femur eine tiefe, durch eine scharfe Kante begrenzte Mulde, die am Rande dieser Kante stehenden Borsten sind auffallend stark. Kein Subpulvillardorn. Es ist ein deutlicher Femoralfortsatz vorhanden; die Samenrinne zieht von der Medialfläche um den Femoralfortsatz *(f)* herum, nicht ganz an seinem Grunde auf die Lateralseite, das Haarpolster liegt auf einem kleinen Hügel ungefähr in der Mitte des Femoralfortsatzes, distal vom Haarpolster noch ein vogelkopfartiger Haken. Der Tarsalast ist am Grunde nicht durch Naht oder dgl. vom Femur abgesetzt, in der Mitte am breitesten und hat auf der Medialseite eine kurze Seitenlamelle.

Ragusa, Lapad, Omblatal, Trebinje.

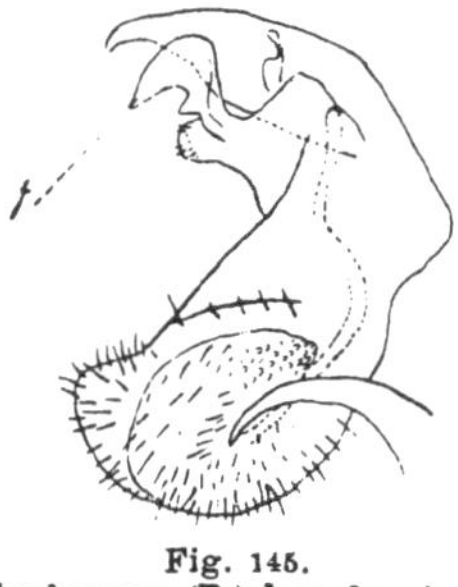

Fig. 145.
Brachydesmus (B.) lapadensis Verh.
(Ragusa).

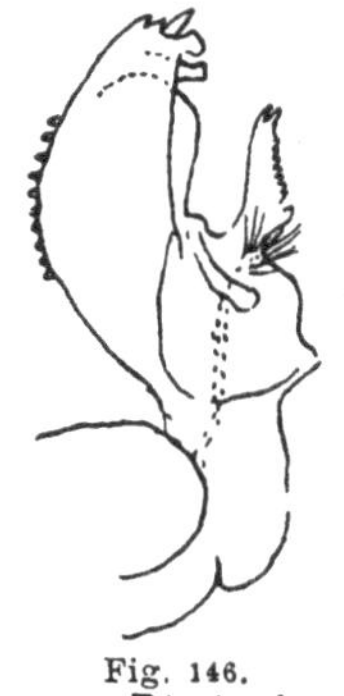

Fig. 146.
Brachydesmus (B.) stygivagus Verh.
(K. W. Verhoeff, 1899).

18. **B. (B.) stygivagus** Verh. 1899 *B. s.*, K. W. Verhoeff in: Arch. Naturg., *v.* 65^{I} p. 226 t. 19 f. 17 | 1912 *B. s.*, Attems in: Verh. Ges. Wien, *v.* 61 p. 414.

Weiß, ziemlich glänzend. Länge ♂ 9,5 mm, ♀ 10,5—11,5 mm, Breite ♂ $1^{2}/_{5}$ mm, ♀ $1^{5}/_{6}$ mm, relativ breit. Halsschild breit mit spitz vortretenden Seiten, am Hinterrand vor den Seiten tief eingebuchtet; 3 deutliche Borstenreihen. Seitenflügel breit und horizontal, Seitenrand deutlich 3- oder 4mal gekerbt, in den Kerben kurze Börstchen. Vorder- und Hinterecken bis zum 9. oder 10. Segment ungefähr rechtwinklig, weiterhin die Vorderecken immer mehr stumpf-, die Hinterecken spitzwinklig, vom 17. an die Hinterecken als spitze 3eckige Zipfel nach hinten vortretend. Vor der Querfurche eine Reihe von borstentragenden Knötchen, hinter ihr zwei Reihen von ziemlich deutlich abgegrenzten Feldern, jedes mit einem borstentragenden Knötchen. Borsten des Analsegments länger als die übrigen. Beine des Männchens nicht verdickt und ohne Kugelwarzen. Gonopoden (Fig. 146) mit deutlichem Femoralfortsatz, dessen hintere Kante fein gezähnt ist; das Haarpolster sitzt an seinem Grunde. Vordere Wölbung des Telopodit mit einer Reihe kleiner Zähnchen. Zwischen Praefemur und Haarpolster zwei kleine Zähnchen an vorgewölbter Kante. Tarsalast breit, dicht vor dem Ende ein spitzer Stachel und ein gezähneltes Läppchen.

Südherzegowina: Wolfshöhle, Absturzhöhle, Löffelhöhle bei Trebinje.

19. **B. (B.) zawalanus** Att. 1912 *B. (Eubrachydesmus) z.*, Attems in: Verh. Ges. Wien, *v.* 61 p. 424 t. 5 f. 1, 2.

Grauweißlich, Vorderende mit einem Stich ins Gelbliche. Länge ♂ 10 mm, ♀ 12 mm, Breite ♂ 1,4 mm, Prozonit 0,8 mm, ♀ 2 mm, Prozonit 1,2 mm. Gestalt relativ breit, die ganze Oberfläche dicht fein chagriniert, dabei ziemlich glänzend. Halsschild schmäler als die Backen, Vorder-Seitenrand in einem deutlichen Eckchen mit dem fast geraden, nur in der Mitte seicht eingebuchteten Hinterrand zusammentreffend, das Eckchen nicht den Kopfseiten angedrückt. Seitenflügel groß, breit, horizontal, sehr eckig, der Vorderrand fast gerade, auf allen Segmenten senkrecht zur Längsachse, Seitenrand schwach konvex, fast gerade mit 3 oder 4 Kerben, die auf den vorderen Segmenten 4 oder 5 Zähnchen bilden, auf den Segmenten der hinteren Körperhälfte sehr seicht werden; in jeder Kerbe ein stiftförmiges, nicht gerade kurzes Börstchen. Hintereck vom 2. an eckig, vom 5. an beginnt der Hinterrand konkav zu werden, das Hintereck überragt erst vom 15. oder 16. an deutlich den Hinterrand. Metazoniten mit 3 Reihen borstentragender Knötchen, die Felder sehr undeutlich. Beine des Männchens nicht verdickt, die Kugelborsten auf der Unterseite des Tarsus sehr spärlich. Gonopoden (Fig. 147): Praefemur allseitig gerundet, ohne Kante, zwischen Praefemur und Femur eine starke Einschnürung, die Beborstung setzt sich über diese Einschnürung fort. Femur mit einem gerade abstehenden, sehr kräftigen, mehrspitzigen Zacken *(z)*, ein deutlicher Femoralfortsatz *(f)* vorhanden, der eine fein gezähnelte Kante hat und in einen spitzen Dorn endet; dieser Fortsatz ist durch die Schlinge der Samenrinne vom Tarsalabschnitt getrennt. Auf der Lateralseite des Femoralteils am Grunde und vorn zahlreiche kleine Spitzkegeln. Die vordere Wölbung des Femur ohne Zähnchen. Tarsalast sehr groß und breit, der Rand am Ende gezähnt, vor dem Ende ein einfacher und ein spitziger Dorn.

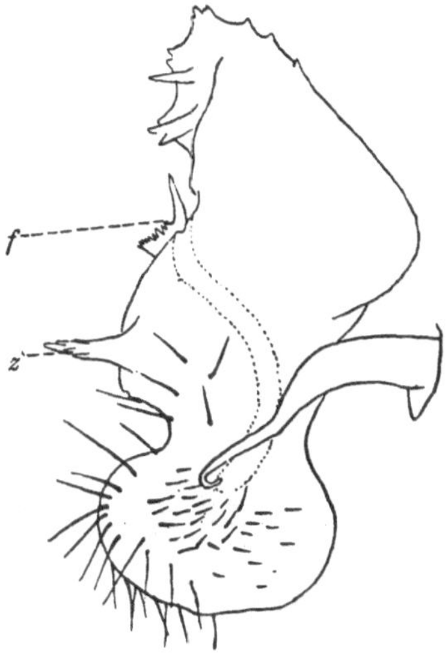

Fig. 147.
Brachydesmus (B.) zawalanus Att.

Herzegowina: Höhle bei Zawala.

20. **B. (B.) jugoslavicus** Jawl. 1933 *B. j.*, Jawlowski in: Ann. Mus. zool. Polon., *v.* 9 p. 365 t. 50 f. 6—8.

Farbe hell. Länge 10—12 mm. Halsschild etwas schmäler als Kopf samt Backen. Die folgenden Seitenflügel fast horizontal, Seitenrand schwach gezähnt mit kleinen Borsten. Gonopoden (Fig. 148): Am Grunde des Femur ein großer 3eckiger Zahn und eine 2zähnige Lamelle, beide knapp nebeneinander. Kein subpulvillarer Dorn. Femoralfortsatz lang. Auf der Medialseite des Tibiotarsus 2 Dornen. Auf der Außenseite der Endkrümmung ein winziges Zähnchen.

Südslavien: Zupanska pecina, Gemeinde Gornjo Selo, Berane am Lim.

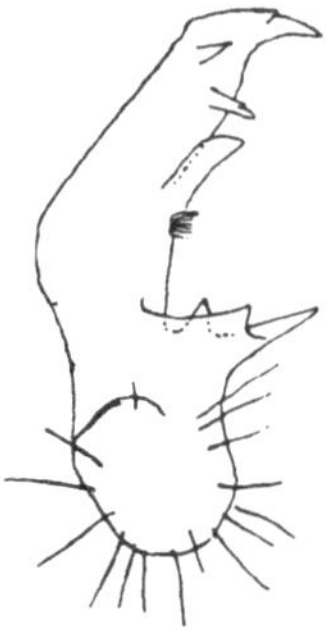

Fig. 148.
Brachydesmus (B.) jugoslavicus Jawl.
(Jawlowski, 1933).

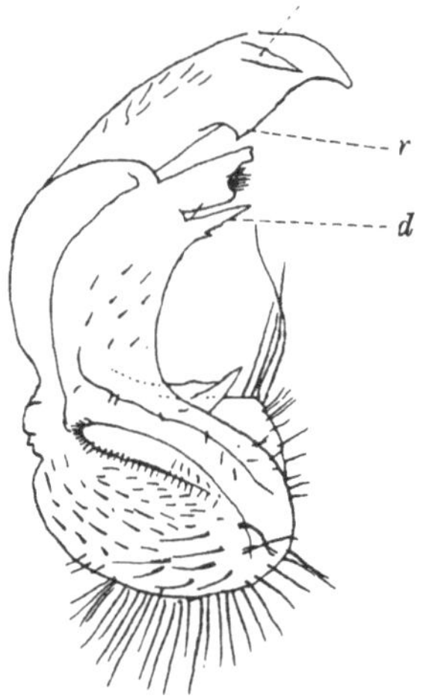

Fig. 149.
Brachydesmus (B.) assimilis Lohm.
(Lohmander, 1936).

21. **B. (B.) gradjensis** Jawl. 1933 *B. g.*, Jawlowski in: Ann. Mus. zool. Polon., *v.* 9 p. 366 t. 50 f. 9—11.

Farbe hell. Länge über 12 mm (die vorderen Segmente des einzigen Männchens fehlen). Seitenflügel fast horizontal, Seitenrand noch schwächer gezähnt als bei *B. jugoslavicus* und ohne Borsten. Gonopoden länger und schlanker als bei *B. jugoslavicus*, am Grunde des Femur ein langer, sehr schlanker Dorn mit einer gezackten Lamelle am Grunde. Femoralfortsatz groß. Auf der Medialseite des Tibiotarsus 2 Dornen. Ende des Tibiotarsus sehr schlank und ganz kurz 2spitzig.

Südslavien: Gradje Pecina, Gemeinde Petnik, Berane am Lim.

22. **B. (B.) assimilis** Lohm. 1936 *B. (B.) assimilis*, Lohmander in: Göteborgs Vetensk. Handl., ser. 5B *v.* 5 p. 12 f. 2.

Graugelblichweiß. Länge 10—11 mm, Breite 1,5—1,6 mm. Scheitel spärlich, Clypeus reichlicher und grob beborstet. Halsschild wesentlich schmäler als der Kopf und die folgenden Tergite, breit queroval, Skulptur fast ganz verwischt. Tergite 2—4 bedeutend schmäler als die übrigen, Seitenflügel gut entwickelt, horizontal, Breite der Prozoniten zu der der Metazoniten wie 39 : 62, Seitenrand konvex, mit schwachen Einkerbungen ohne eigentliche

Zähnelung, Hintereck erst sehr stumpf, nur auf den letzten Segmenten zahnartig spitz. Felderung der Tergite sehr flach, aber deutlich. Borsten der 1. Reihe des Halsschildes und der letzten des 18. Segments lang und schlank, die übrigen kurz stäbchenförmig bis schlank keulig. Gonopoden (Fig. 149): Am Grunde des Femur ein länglich 3eckiger, spitzer Zacken, Femur kurz und gedrungen, Femoralfortsatz zylindrisch, das Haarpolster an seinem Ende, überragt von einem kurzen Endzacken. Knapp vor dem Femoralfortsatz ein dolchartiger Dorn *(d)*. Tibiotarsus deutlich vom Femur abgesetzt, bis kurz vor dem Ende nur wenig verschmälert, dann zu einer nach hinten gerichteten Spitze verjüngt, in der Mitte ein basalwärts gerichteter 3eckiger Lappen *(r)*, medial ein Stachel nahe dem Ende, vorn an der Medialseite eine Anzahl unregelmäßig gestellter feiner Schrägleisten.

Georgien: Borshom, Tiflis, Lagodechi (Kachetien).

b) Subgen. **Chromobrachydesmus** Att.

1912 *C.*, Attems in: Verh. Ges. Wien, *v.* 61 p. 410, 419 | 1929 *C.*, K. W. Verhoeff in: Zool. Jahrb., Syst. *v.* 57 p. 623 | 1930 *C.*, K. W. Verhoeff in: Bronn, Kl. Ordn., *v.* 5 II 2 p. 1560.

Gonopodentelopodit mehr oder weniger gedrungen, selten schlanker, deutlich in Femoral- und Tibiotarsalast gespalten. Der Fortsatz an der Grenze von Femur und Praefemur ist breit abgerundet, nicht spitzzackig, die Kante distal von der Wölbung meist fein gezähnelt. Die parabothrine Leiste läuft meist nur bis in die Nähe des Vorderrandes, ohne weiter distal umzubiegen. Subpulvillardorn meist vorhanden. Lappendorn groß, breit, mehr oder weniger deutlich 2spitzig, manchmal in der Tiefe gelegen und von beiden Seiten verdeckt. Tarsalast einfach oder mit 1 oder 2 dorsalen Zähnen, die Kante glattrandig oder gezähnelt. Samenblase und Haarpolster typisch entwickelt, lateral vom Haarpolster meist ein runder Lappen oder Hügel, der oft mit winzigen Haarspitzchen besetzt ist. Tibiotarsus mit einem basal gerichteten Ast und einem Endast. Praefemur nur mit den gewöhnlichen spitzen Borsten, ohne Stifte, Femur ohne Borsten außer dem Haarpolster. Hinterecken der Seitenflügel einfach zackig, Rückenskulptur sehr deutlich. Körperfarbe meist braun, selten weiß.

Dalmatien, Montenegro, Herzegowina, Istrien, Kroatisches Litorale, Südsteiermark.

9 Arten, von denen eine in 3 Unterarten geteilt ist.

Typus: *B. dalmaticus* Latz.

Übersicht über die Arten:

1 { Subpulvillardorn vorhanden — 2
Subpulvillardorn fehlt — 10

2 { Der Basalast des Gonopodentibiotarsus ist ein sehr auffallender, distal gerichteter großer Haken. Lateral vom Haarpolster kein runder Hügel . 29. **B. (C.) cornuatus**
Der basale Tibiotarsalast ist breit abgerundet und basalwärts gerichtet. Lateral vom Haarpolster ein runder Hügel — 3

3 { Tarsus des Gonopoden basalwärts nicht über das Haarpolster hinaus ragend, oben mit 1 oder 2 großen Zähnen — 4
Der Gonopodentarsus ragt basalwärts meist um ein gutes Stück über das Haarpolster hinaus, oben hat er keine Zähne — 5

4 { Femur des Gonopoden mit einem langen, sehr schlanken, ganz geraden Dorn; zwischen diesem und dem Haarpolster ein breiter spitzer Zacken. An der Grenze von Praefemur und Femur kein größerer Vorsprung. Seitenrand der vorderen Seitenflügel kräftig gekerbt-gezähnt . . . . . 27. **B. (C.) chyzeri**
Femur des Gonopoden medial und lateral breit abgerundet, neben dem Haarpolster ein kurzer breiter Lappen. An der Grenze von Praefemur und Femur ein runder Vorsprung. Seitenrand der vorderen Segmente glatt . . . . 28. **B. (C.) lapidivagus**

5 { Gonopodentelopodit sehr schlank, in der Höhe des Haarpolsters vorn nicht stark vorgebaucht. Der Tarsus ragt im Profil gesehen nicht über das Haarpolster vor . . . . 23. **B. (C.) dalmaticus**
Gonopodentelopodit viel breiter, der Tarsus überragt im Profil das Haarpolster bedeutend — **6**

6 { Gonopodentarsus um ein gutes Stück kürzer als das Femur . . . . 24. **B. (C.) lobifer** : **7**
Gonopodentarsus so lang wie oder länger als das Femur — **9**

7 { Gonopodenfemur parallelrandig, seine untere Kante ganz ungezähnt. Der Hügel neben dem Haarpolster kahl . . . . 24c. **B. (C.) lobifer edentulus**
Gonopodenfemur auf der unteren Kante mehr oder weniger stark gezähnelt — **8**

8 { Femoralast des Gonopoden stark gezähnt, Grundast des Tibiotarsus mit einem aufgesetzten Spitzchen. Hügel neben dem Haarpolster dicht behaart . . . . 24a. **B. (C.) lobifer lobifer**
Femoralast schwächer gezähnt, Grundast des Tibiotarsus einfach abgerundet, Hügel neben dem Haarpolster kahl . . . . 24b. **B. (C.) lobifer unciger**

9 { Femur des Gonopoden mit einem breiten, unten stumpf gelappten Endzacken und einem 2spitzigen Zacken gleich neben dem Haarpolster . . 25. **B. (C.) cernagoranus**
Gonopodenfemur mit einem sehr schlanken einfachen Dorn und einem 3eckigen breiteren Zacken . . . . 26. **B. (C.) splitensis**

10 (1) { Braun, 13 mm lang. Der Lappendorn des Gonopoden liegt ganz versteckt . . . . 30. **B. (C.) apfelbecki**
Weiß, 9 mm lang. Der Lappendorn ragt frei vor und ist keulig mit 2 kurzen, runden Endästen 31. **B. (C.) umbraticus**

23. **B. (C.) dalmaticus** Latz. 1884 *B. d.*, Latzel, Myr. Österr.-Ung., *v.* 2 p. 132 | 1897 *B. d.*, K. W. Verhoeff in: Arch. Naturg., *v.* 63I p. 141 | 1898 *B. d.*, Attems in: Denk. Ak. Wien, *v.* 67 p. 473 t. 11 f. 255, 256 | 1912 *B. d.*, Attems in: Verh. Ges. Wien, *v.* 61 p. 419.

Hellbraun, ins Rötliche geneigt, glatt und glänzend. Länge 14,5 bis 16 mm, Breite 1,9 mm. Halsschild querelliptisch, seitlich ganz abgerundet, mit derselben Skulptur, die zwei Querfurchen ziemlich tief und die Höckerchen der hintersten Reihe sehr deutlich. Rücken glänzend mit derber Skulptur. In der 1. Reihe die Medianfurche tief, die anderen Furchen kaum merklich, die Beulen der 2. und 3. Reihe sehr deutlich, die lateralen der 3. Reihe kleiner und auf den mittleren und hinteren Segmenten sehr schwach. Seitenbeule groß, quer geteilt. Seitenrand der Seitenflügel konvex, mit 3 oder 4 kräftigen Kerben, die dadurch gebildeten Zähnchen abgerundet, mit einer stiftförmigen Borste; Vordereck breit abgerundet, der Vorderrand etwas schräg nach hinten gerichtet, nur auf den vorderen Segmenten quer; Hintereck der Segmente 2 – 5 rechtwinklig, die Ecke selbst abgestumpft, vom 6. an beginnt der Hinterrand konkav zu werden, das Hintereck immer mehr zackig, nur auf den letzten spitz. Die Rückenborsten sind kurze, stumpfe Stifte, die der Segmente 18 und 19 sind länger. Sternite der Quere nach tief eingedrückt, fein granuliert, unbeborstet. Beine der Männchen verdickt, Tarsus mit zahlreichen Kugelborsten. Gonopoden (Fig. 150): Telopodit relativ schlank, der Tarsus ragt im Profil nicht über das Haarpolster vor. An der Grenze von Praefemur und Femur eine runde Vorragung, deren distale Kante wellig gekerbt ist. Auf der Lateralseite eine Mulde, deren laterale Kante scharf ist aber ohne Zahn. Ein kurzer, gerader, quer abstehender Subpulvillardorn *(s)*. Lateral vom Haarpolster ein runder, mit winzigen Spitzchen besetzter Hügel *(H)*. Femoralast *(f)* länger als der Tibiotarsus, der breite, schwach 2spitzige Seitenlappen *(l)*, von beiden Seiten frei sichtbar. Tibiotarsus *(T)* relativ schmal, der Endarm hakig und spitz, der basale Arm *(b)* abgerundet und etwas über das Haarpolster basalwärts herabragend.

Dalmatien: Spalato, Castelnuovo, Cattaro.

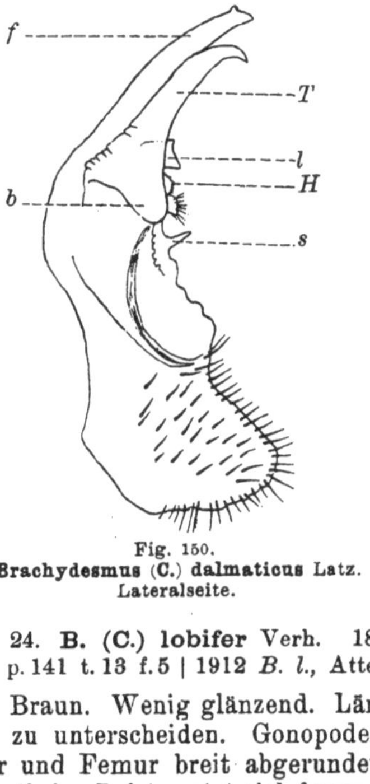

Fig. 150.
Brachydesmus (C.) dalmaticus Latz.
Lateralseite.

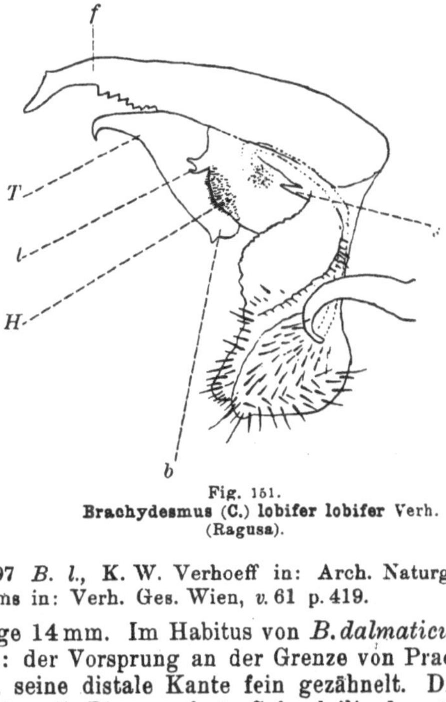

Fig. 151.
Brachydesmus (C.) lobifer lobifer Verh.
(Ragusa).

24. **B. (C.) lobifer** Verh. 1897 *B. l.*, K. W. Verhoeff in: Arch. Naturg., *v.* 63 I p. 141 t. 13 f. 5 | 1912 *B. l.*, Attems in: Verh. Ges. Wien, *v.* 61 p. 419.

Braun. Wenig glänzend. Länge 14 mm. Im Habitus von *B. dalmaticus* nicht zu unterscheiden. Gonopoden: der Vorsprung an der Grenze von Praefemur und Femur breit abgerundet, seine distale Kante fein gezähnelt. Die parabothrine Leiste setzt sich kaum über die Biegung fort. Subpulvillardorn *(s)* schräg distal gerichtet nahe dem Haarpolster. Lateral vom Haarpolster eine runde Vorwölbung *(H)*, die mit winzigen Spitzchen besetzt oder kahl ist, unmittelbar neben ihr der 2spitzige Lappen *(l)*. Die Grenze zwischen Femur und Tibiotarsus ist auf der Medialseite ganz gut sichtbar. Femoralast *(f)* länger als der Tarsus, die hintere Kante gezähnelt oder glatt. Tibiotarsus *(T)* breit, im Profil weit über das Haarpolster vorragend, der breite Grundlappen *(b)* abgerundet, das Ende in einen Haken auslaufend (Fig. 151—153).

Herzegowina, Dalmatien.

24a. **B. (C.) lobifer lobifer** Verh. 1897 *B. l.*, K. W. Verhoeff in: Arch. Naturg., *v.* 63 p. 141 t. 13 f. 5.

Die runde Vorragung lateral vom Haarpolster ist dicht mit relativ kräftigen Dornspitzchen besetzt. Femoralast *(f)* des Gonopoden auf der hinteren Kante stark gezähnelt. Basaler Lappen des Tibiotarsus *(b)* mit einem aufgesetzten Spitzchen (Fig. 151).

Herzegowina: Ramatal bei Jablanica, Narentafelder. Dalmatien: Ragusa, Castelnuovo.

24b. **B. (C.) lobifer unciger** Verh. 1897 *B. l. u.*, K. W. Verhoeff in: Arch. Naturg., *v.* 63I p. 141 t. 13 f. 6 | 1912 *B. l. u.*, Attems in: Verh. Ges. Wien, *v.* 61 p. 420.

Die runde Vorwölbung lateral vom Haarpolster ist kahl. Der Femoralast *(f)* ist auf der hinteren Kante weniger stark gezähnelt. Der Grundlappen *(b)* des Tibiotarsus ist einfach abgerundet, ohne aufgesetztes Spitzchen (Fig. 152).

Herzegowina: Steinfelder zwischen Mostar und Buna.

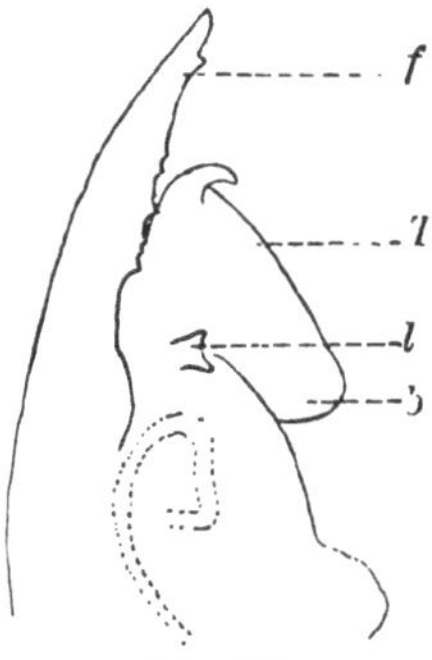

Fig. 152.
Brachydesmus (**C.**) **lobifer unciger** Verh.
(Mostar).

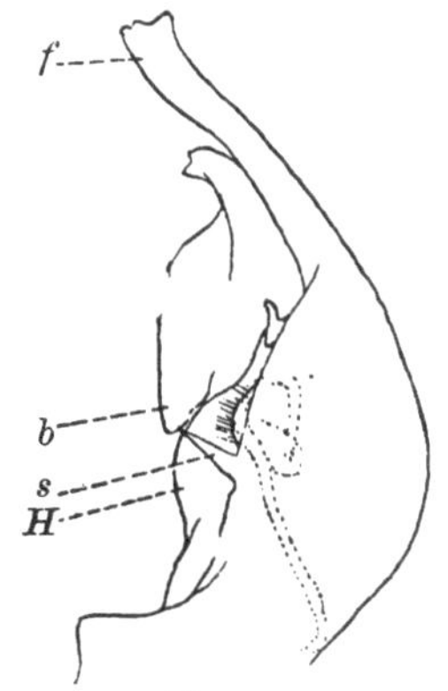

Fig. 153.
Brachydesmus (**C.**) **lobifer edentulus** Att.
(Castelnuovo).

24c. **B. (C.) lobifer edentulus** Att.

Die runde Vorwölbung *(H)* lateral vom Haarpolster ist kahl. Der Femoralast *(f)* ist schmal, parallelrandig, am Ende fast quer abgestutzt, die hintere Kante ganz ungezähnt (Fig. 153).

Dalmatien: Castelnuovo.

25. **B. (C.) cernagoranus** Att. 1912 *B. (C.) c.*, Attems in: Verh. Ges. Wien, *v.* 61 p. 425 t. 6 f. 14, 15.

Heller oder dunkler erdbraun. ♂ Länge 15 mm, Breite 1,5 mm. Prozoniten 1 mm. Habituell von *B. dalmaticus* nicht zu unterscheiden. Gonopoden (Fig. 154): Die Vorwölbung an der Grenze von Praefemur und Femur breit abgerundet, die distale Kante fein sägezähnig. Die parabothrine Leiste setzt sich bis in die Höhe des Subpulvillardornes fort, dieser nahe dem

Haarpolster. Lateral vom Haarpolster eine runde Vorwölbung *(H)*, die mit winzigen Spitzchen spärlich besetzt ist; diese Spitzchen sind viel kleiner als die Haare des Haarpolsters. Neben dem Hügel der breite 2spitzige Lappen *(l)*; Femoral- und Tarsalast sind ungefähr gleich lang. Hintere Kante des Femoralastes *(f)* durch Kerben in 2 runde Lappen geteilt, das Ende gerade und spitz. Tibiotarsus *(T)* mit breitem, abgerundetem Grundlappen *(b)* und hakigem Ende. Auf der Lateralseite des Femur eine Mulde mit scharfer Kante.

Montenegro: Virpazar, Dulcigno, Bojana-Insel bei Skutari, Antivari.

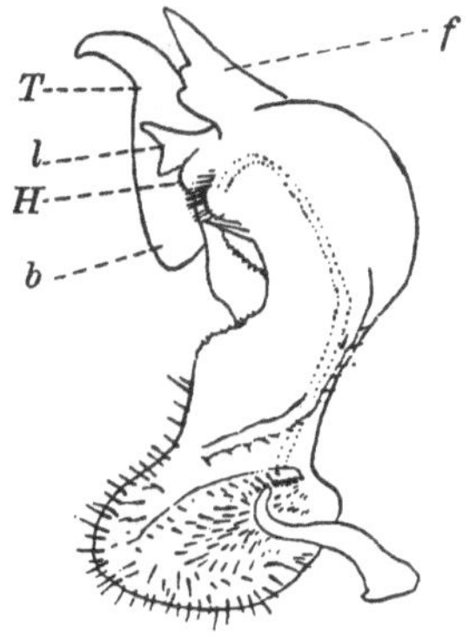

Fig. 154.
Brachydesmus (C.) cernagoranus Att.

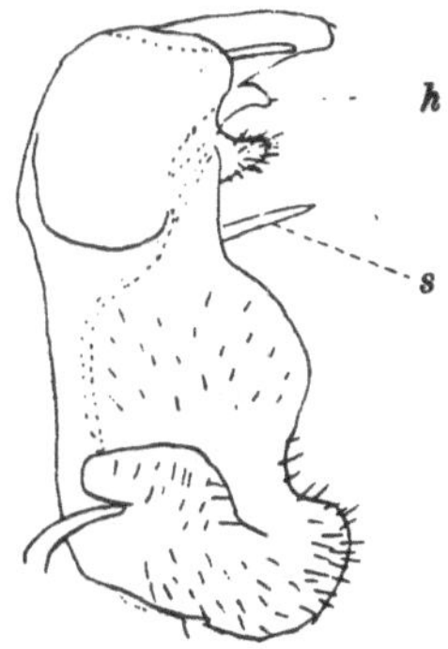

Fig. 155.
Brachydesmus (C.) splitensis Verh.
(K. W. Verhoeff, 1929).

26. **B. (C.) splitensis** Verh. 1929 *B. s.*, K. W. Verhoeff in: Zool. Jahrb., Syst. *v.* 57 p. 625 t. 6 f. 24, 25.

Braun. Länge ♂ 11,5 mm, ♀ $11^{1}/_{3}$—$11^{2}/_{3}$ mm. Im Habitus vollkommen mit *B. chyzeri* übereinstimmend. Der Tarsalast des Gonopoden ist sehr breit, das abgestutzte Ende des basalen Lappens ragt weit über das Haarpolster hinaus bis in die Gegend des Subpulvillardornes *(s)* auf der vorderen Wölbung des Tarsus keine Nebenspitze. Das dünne, stachelartige Ende des Femoralastes ragt nicht nach vorn heraus, sondern ist an den Tarsus angeschmiegt (Fig. 155).

Dalmatien: bei Spalato am Nordabhang des Marianberges und an der Küste, Felshänge bei Klissa, Ruinen von Salona, Topoljefall bei Knin.

27. **B. (C.) chyzeri** Daday 1889 *B. C.*, Daday, Myr. Regni Hungar., p. 72 | 1893 *Polydesmus triseriatus*, K. W. Verhoeff in: Berlin. ent. Z., *v.* 38 p. 276 | 1895 *Brachydesmus chyzeri*, Attems in: SB. Ak. Wien, *v.* 104 p. 179 | 1898 *B. C.*, Attems in: Denk. Ak. Wien, *v.* 67 p. 474 t. 11 f. 262, 269 | 1912 *B. C.*, Attems in: Verh. Ges. Wien, *v.* 61 p. 412.

Rotbraun, Unterseite und Beine kaum heller. Länge 10—12 mm, Breite 1,8—2 mm. Seitenrand der Seitenflügel nur schwach konvex, weniger als bei *B. dalmaticus*, die Kerben auf den ersten Segmenten tiefer, so daß hier der Rand deutlich gezähnelt ist, weiterhin sind die Kerben seicht. Die Borsten des Seitenrandes und des Rückens klein, sehr fein, stiftförmig. Im übrigen mit *B. dalmaticus* übereinstimmend. Telopodit der Gonopoden (Fig. 156) an der Grenze von Praefemur und Femur nur sehr wenig breit rund vorgebaucht. Subpulvillardorn *(s)* gerade, quer zur Längsachse, nahe dem Haarpolster; dieses sitzt auf einem kurzen zylindrischen Zapfen. Am

Ende des Femoralteils ein langer, dünner, gerader Spieß *(d)*, zwischen ihm und dem Haarpolster ein breiter spitzer Zahn. Der Tibiotarsus *(T)* ist recht deutlich gegen das Femur abgesetzt, 3zackig.

Fiume: Recsina-Schlucht, Tersato. Kroatisches Litorale: Zengg, Bribirtal, Monte Santo, Stolac, Jadičeva planina. Istrien: Pola, Abbazia, Podgorje, Basovizza. Südsteiermark: Rann.

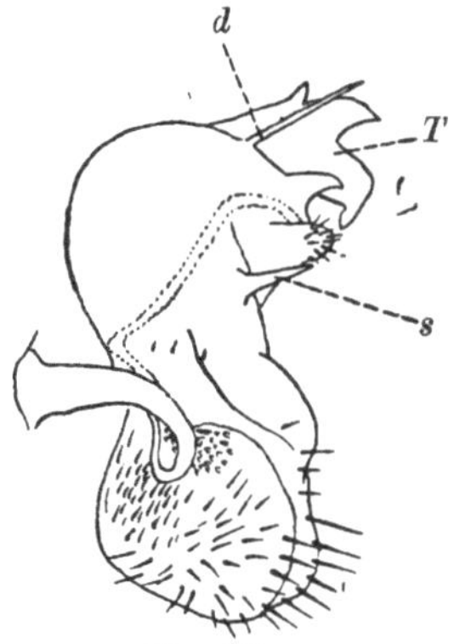

Fig. 156.
Brachydesmus (**C.**) **chyzeri** Daday (Fiume).

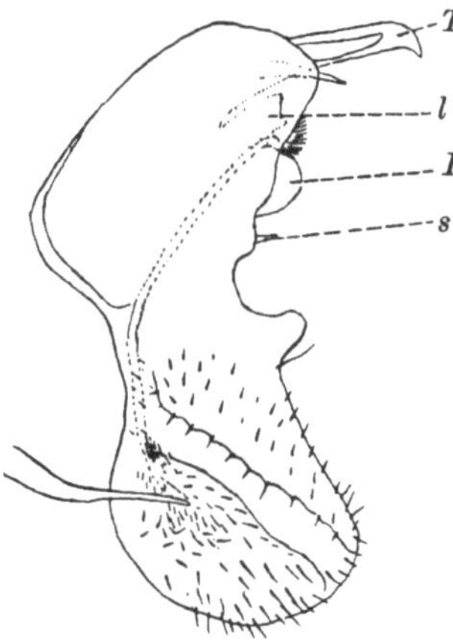

Fig. 157.
Brachydesmus (**C.**) **lapidivagus** Verh. (Zelenica). Medialseite.

28. **B.** (**C.**) **lapidivagus** Verh. 1897 *B. l.*, K. W. Verhoeff in: Arch. Naturg., *v.* 63I p. 140 t. 13 f. 2, 3 | 1912 *B. l.*, Attems in: Verh. Ges. Wien, *v.* 61 p. 419.

Braun. Länge ♀ 12 1/3—16, ♂ 11,5—17 mm. Halsschild querelliptisch, seitlich breit abgerundet, mit 3 Reihen von Borsten, die Buckeln der hinteren Reihe deutlich. Auf den Segmenten 2—4 sind alle 3 Reihen von Buckeln deutlich, auf den weiteren nur die der 2. und 3. Reihe. Seitenrand der Seitenflügel konvex, auf den vorderen Segmenten fast ganz glatt, auf den mittleren und hinteren sehr seicht gekerbt, keine Spur von Zähnchenbildung. Hintereck vom 6. an einen kurzen, stumpfen Zacken bildend, der je weiter caudalwärts um so länger und spitzer wird. Borsten des Rückens und der Seitenränder fein stiftförmig, die des Analsegments länger. Im übrigen mit *B. dalmaticus* übereinstimmend. Gonopoden (Fig. 157): die parabothrine Leiste setzt sich nach der Biegung nur ein kurzes Stück fort. An der Grenze von Praefemur und Femur ein großer abgerundeter Fortsatz mit glatten Rändern. Auf der Lateralseite eine Mulde mit scharfer Kante. Subpulvillardorn *(s)* klein, gerade, spitz. Femur und Tibiotarsus sind recht deutlich gegeneinander abgesetzt (Fig. 158), das Femur endet auf der Medialseite breit abgerundet, ein längerer Endast wie bei den verwandten Arten ist hier nicht vorhanden; der breite Lappenzahn *(l)* ist ganz in der Tiefe versteckt. Auf der Lateralseite, knapp vor dem Haarpolster, ein ovaler, ringsum begrenzter, kahler Lappen *(H)*. Der Tibiotarsus *(T)* hat einen großen Endhaken, auf der Oberseite 2 spitze

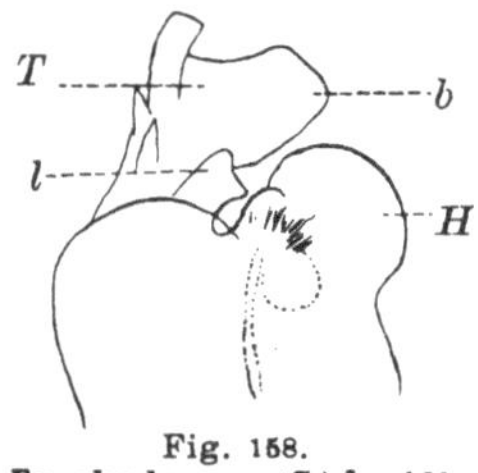

Fig. 158.
Brachydesmus (**C.**) **lapidivagus** Verh. (Castelnuovo). Lateralseite.

Dornen und einen breiten Grundlappen *(b)*, der das Haarpolster basalwärts nicht überragt.

Dalmatien: Castelnuovo, Zelenica in den Bocche di Cattaro.

29. **B. (C.) cornuatus** Att. 1903 *B. c.*, Attems in: Zool. Jahrb., Syst. *v.* 18 p. 125 t. 8 f. 9—11 | 1912 *B. c.*, Attems in: Verh. Ges. Wien, *v.* 61 p. 419.

Rotbraun, glatt und glänzend. Länge 13—13,5 mm, Breite 1,8—2 mm, Männchen schlanker als Weibchen. Rückenskulptur sehr derb, in der 1. Reihe nur die Medianfurche und die 4 borstentragenden Knötchen, beim Weibchen auf den vorderen Segmenten die 4 Buckel deutlich. Seitenflügel im allgemeinen abgerundet, Seitenrand konvex, sehr seicht gekerbt, von Zähnchen keine Spur, Hintereck vom etwa 9. an stumpfzackig, erst auf den letzten Segmenten länger und spitz; der Hinterrand beginnt vom 6. an konkav zu werden. Beule geteilt. Die Borsten klein, stiftförmig. Gonopoden (Fig. 159): an der Grenze von Praefemur und Femur eine breite, abgerundete, niedrige Vorragung, deren distale Kante fein gesägt ist. Die parabothrine Leiste setzt sich ein Stück über die Biegung fort. Der kleine Subpulvillardorn *(s)* steht fast in einer Höhe mit dem Haarpolster. Hintere Kante des Femoralastes gezähnelt, der breite Lappendorn *(l)* 2spitzig. Tibiotarsus *(T)* groß, der Endhaken etwas weiter vorragend als der Femoralast *(f)*, in der Mitte des Tarsus eine Anzahl kleiner Kegelspitzen; der grundwärtige Arm *(b)* des Tarsus ist ein langer, distal gerichteter, gleich dick bleibender Finger. Auf der Lateralseite hat das Femur eine Mulde mit scharfer Kante. Lateral vom Haarpolster kein runder Lappen *(H)* vorhanden.

Montenegro: Podgorica, Vada Ribnica, Danilovgrad, Spruže.

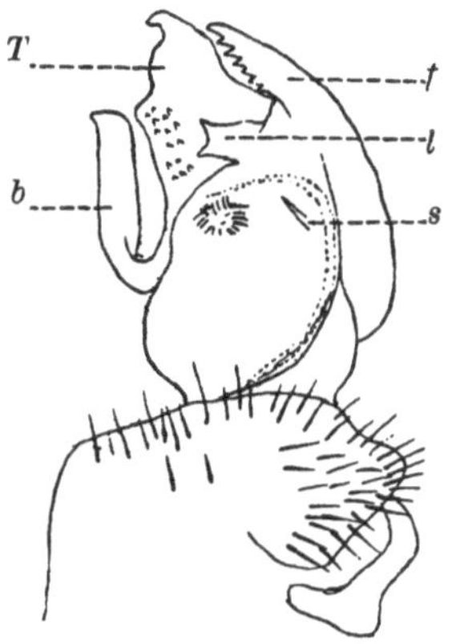

Fig. 159.
Brachydesmus (C.) cornuatus Att.
(Podgorica).

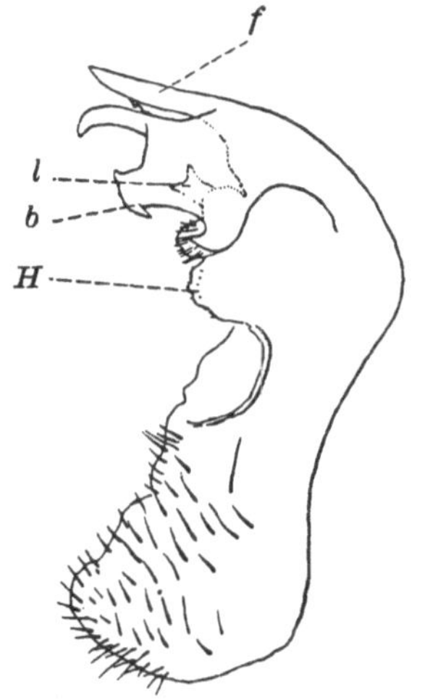

Fig. 160.
Brachydesmus (C.) apfelbecki Verh.
Lateralseite.

30. **B. (C.) apfelbecki** Verh. 1897 *B. A.*, K. W. Verhoeff in: Arch. Naturg., *v.* 63I p. 140 t. 6 f. 4 | 1912 *B. A.*, Attems in: Verh. Ges. Wien, *v.* 61 p. 419.

Lichtbraun, glatt und glänzend. Länge 13 mm. Seitenflügel im allgemeinen gerundet, der Seitenrand konvex, sehr seicht gekerbt, nicht gezähnt, das Hintereck beginnt vom etwa 7. an zackig zu werden, ist nur auf den letzten Segmenten länger und spitzer. Rückenskulptur ziemlich derb, in der 1. Reihe nur die Medianfurche, auf den vorderen Segmenten 4 borstentragende Knötchen, Beule 2teilig. Alle Borsten kurz und fein, stiftförmig. Gonopoden (Fig. 160): an der Grenze von Praefemur und Femur kein ausgesprochener Vorsprung, die parabothrine Leiste setzt sich nicht über die Biegung fort, kein Subpulvillardorn vorhanden. Auf der Lateralseite hat das Femur eine nach hinten gerichtete, runde, mit spärlichen winzigen Haarspitzchen besetzte Vorragung *(H)*, der breite 2spitzige Lappendorn *(l)* liegt ganz versteckt und ist weder von der Medial- noch von der Lateralseite frei sichtbar. Der Femoralast *(f)* ist zugespitzt, seine hintere Kante in einige Zähnchen eingeschnitten. Der Tibiotarsus ist groß, ungefähr so lang wie der Femoralast, der Endhaken schlank, der grundwärtige Arm *(b)* ist 2zackig.

Herzegowina: Trebinje.

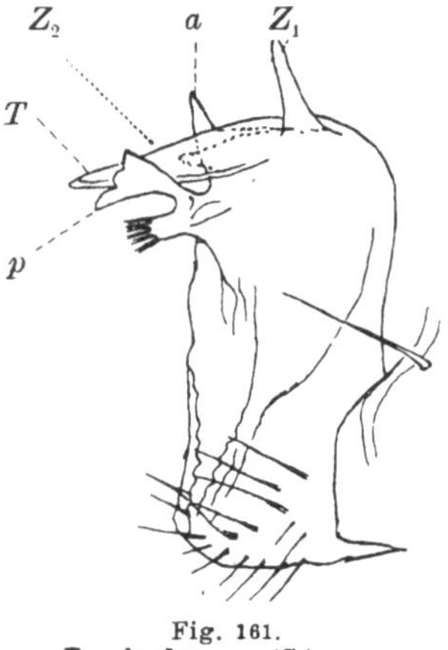

Fig. 161.
Brachydesmus (**C.**) **umbraticus** Verh.
(K. W. Verhoeff, 1929).

31. **B.** (**C.**) **umbraticus** Verh. 1929 *B. u.*, K. W. Verhoeff in: Zool. Jahrb., Syst. *v.* 57 p. 626 t. 6 f. 26, 29, 30.

Weiß. Länge 9 mm. In jeder Hinsicht dem *B. (B.) lapadensis* sehr ähnlich, nur kleiner und die Rückenbeborstung feiner und kürzer. Gonopoden (Fig. 161): ein Subpulvillardorn fehlt. Das Ende des Femoralabschnittes ragt in 2 Fortsätze heraus, einen keuligen und am Ende 2- bis 3zähnigen *(p)* und einen spitzen dornartigen *(a)*, welcher endwärts vorschaut; der keulige Fortsatz besitzt hinter dem Haarpolster keine Erweiterung. Der Tibiotarsalabschnitt *(T)* ist schlank gebaut und besitzt an seiner Basis einen Nebenhöcker *(Z_2)* und einen starken Nebenast *(Z_1)*, der mit dem Hauptast einen stumpfen Winkel bildet.

Dalmatien: am Nordabhang des Marianberges bei Spalato.

c) Subgen. **Stylobrachydesmus** Att.

1912 *S.*, Attems in: Verh. Ges. Wien, *v.* 61 p. 420 | 1929 *S.*, K. W. Verhoeff in: Zool. Jahrb., Syst. *v.* 57 p. 623 | 1930 *S.*, K. W. Verhoeff in: Bronn, Kl. Ordn., *v.* 5II 2 p. 1559.

Gonopodenfemur lateral mit einer Gruppe von Stiften oder Stachelborsten außer den gewöhnlichen spitzen Borsten. Femur außer dem Haarpolster unbeborstet. Praefemoralzacken vorhanden oder fehlend. Telopodit mehr oder weniger deutlich in Femoral- und Tibiotarsalast geteilt, der Femoralabschnitt endet einfach abgerundet oder mit einem kurzen Zacken oder mit einer langen Sichel. Neben dem Haarpolster meist 2 gerade, schlanke Dornen, distal vom Haarpolster ein dem Lappendorn entsprechender Kegelzahn *(z)*. Samenblase und Haarpolster typisch entwickelt. Tibiotarsus ohne basal gerichteten Ast. Hintereck der Seitenflügel einfach zackig, Rückenskulptur meist deutlich ausgeprägt. Körperfarbe weiß oder grauweiß, selten rotbraun.

Albanien, Bosnien, Herzegowina, Kroatien, Krain, Südsteiermark, Mittelungarn, Banat.

6 Arten.

Typus: *B. ljubetensis* Att.

Übersicht über die Arten:

1	Am vorderen konvexen Rande des Gonopodentelopodit nahe dem Ende ein Zacken — **2**	
	Konvexer Rand des Gonopodentelopodit gleichmäßig gerundet ohne Zacken — **3**	
2	Die Vorragung am konvexen Rande des Gonopoden ist doppelzackig, d. h. das Femur endet mit einem Zacken. Das Feld von Stachelborsten auf dem Praefemur ist kleiner	32. **B. (S.) ljubetensis**
	Das Femur des Gonopoden endet breit abgerundet. Das Stachelborstenfeld ist größer	33. **B. (S.) nemilanus**
3	Das Gonopodenfemur endet breit abgerundet und springt auf der vorderen konvexen Seite rundbauchig vor	34. **B. (S.) spinosus**
	Das Gonopodenfemur endet mit einem spitzen Zahn oder einer schlanken spitzen Sichel und springt auf der konvexen Seite nicht oder kaum vor — **4**	
4	Gonopode mit einem im Profil breit 3eckigen Praefemoralzacken, das Femur endet mit einem geraden, 3eckigen, spitzen Zahn. Die Zähne des Seitenrandes der Seitenflügel ganz abgerundet, Hintereck erst vom 17. an zackig	35. **B. (S.) dadayii**
	Kein deutlicher Praefemoralzacken vorhanden, das Femur endet mit einem sehr schlanken Haken oder einer Sichel. Zähnelung des Seitenrandes spitzer, Hintereck der Seitenflügel schon vom 7. an wenigstens stumpfzackig — **5**	
5	Die 2 Dornen neben dem Haarpolster sehr klein und dem Haarpolster genähert, Femoralast glattrandig. Körper gelblichweiß oder weiß	36. **B. (S.) attemsii**
	Die 2 Dornen neben dem Haarpolster sehr lang und der eine ziemlich weit vom Haarpolster entfernt. Der Femoralast hat eine zackige Lamelle. Körper braun in verschiedenen Schattierungen	37. **B. (S.) polydesmoides**

32. **B. (S.) ljubetensis** Att. 1912 *B. (S.) l.*, Attems in: Verh. Ges. Wien, v. 61 p. 426 t. 5 f. 10.

Gelblichweiß. Länge 6 mm. Breite 0,8 mm, Prozonit beim Männchen 0,45 mm, beim Weibchen 0,55 mm. Rückenskulptur im Verhältnis zur Körpergröße deutlich. Borsten beim Männchen auf den vorderen Segmenten spitz und leicht spindelig, auf den hinteren Segmenten leicht kolbig, beim Weibchen sind die Borsten länger und spitzer und nicht verdickt. Seitenflügel im allgemeinen abgerundet, Hintereck beim Weibchen bis zum 13., beim Männchen bis zum 16. Segment abgerundet, auf den Segmenten 17 und 18 plötzlich einen größeren, spitzen Zahn bildend. Seitenrand des 2. Segments des Männchens mit 3 ziemlich scharfen Zähnchen; vom 3. Segment an werden die Kerben immer seichter und die Zähnchen sehr stumpf, auf den hinteren Segmenten sind nur seichte wellige Einbuchtungen vorhanden. Gonopoden (Fig. 162): Praefemoralzacken nur sehr schwach ausgeprägt, auf der Lateralseite des Praefemur eine Anzahl dicker, stiftartiger Borsten, die Borsten der Medialseite, besonders in der Umgebung der Samengrube sehr fein. Telopodit im ganzen breit und gedrungen; knapp neben dem Haarpolster 2 gerade Dornen, ein kurzer und ein langer. Distal vom Haarpolster ein Zahn *(z)*, der Femoralabschnitt endet breit abgerundet. Tibiotarsalabschnitt nur recht undeutlich gegen das Femur abgegrenzt. Am Ende des Telopodit 3 Zähne, von denen der eine nahe der vorderen Wölbung steht, so daß er in gewisser Stellung des Telopodit über die Kante der Wölbung vorragt.

Albanien: Ljubeten und Kačanik.

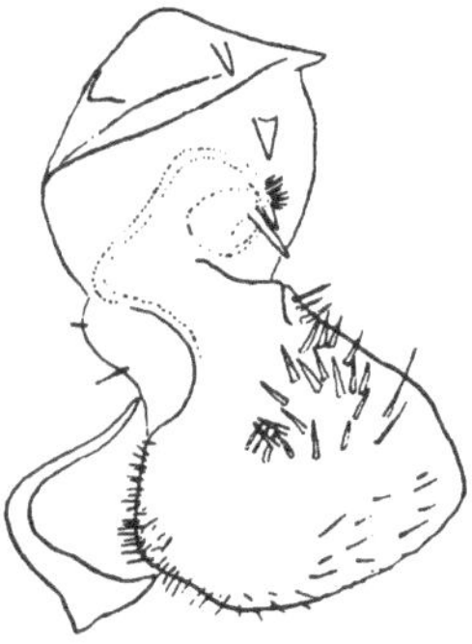

Fig. 162.
Brachydesmus (S.) ljubetensis Att.

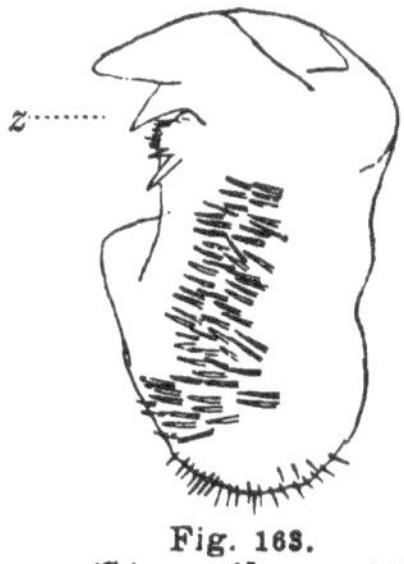

Fig. 163.
Brachydesmus (S.) nemilanus Att. Lateralseite.

33. **B. (S.) nemilanus** Att. 1898 *B. n.,* Attems in: Denk. Ak. Wien, *v.* 67 p. 478 t. 11 f. 266, 267 | 1903 *B. uncinatus,* Attems in: Zool. Jahrb., Syst. *v.* 18 p. 126 t. 8 f. 5, 6 | 1912 *B. nemilanus u.,* Attems in: Verh. Ges. Wien, *v.* 61 p. 421 t. 5 f. 8, 9, t. 6 f. 26.

Weiß oder gelblichweiß. Länge 5—6 mm, Breite 0,7—0,9 mm, Prozoniten 0,5—0,55 mm. Der ganze Kopf dicht beborstet. Halsschild fast so breit wie der Kopf, queroval, seitlich mit einem borstentragenden Eckchen. Rücken sehr gewölbt, Seitenflügel schmal, herabgebogen, das Vordereck abgerundet, der Seitenrand leicht konvex mit 3 oder 4 Zahnkerben, das Hintereck stumpfwinklig, nur auf den Segmenten 17 und 18 kurzzackig. Skulptur der Metazoniten deutlich, 3 Querreihen weißer, relativ großer, spitzer Borsten. Beine des Männchens nur wenig verdickt. Gonopoden (Fig. 163): an der Grenze von Praefemur und Femur ein breit abgerundeter Vorsprung. Das Feld von stiftartigen Borsten ist viel größer als bei *B. ljubetensis.* Knapp neben resp. unter dem Haarpolster 2 ungleich große, gerade Zähne, von denen manchmal einer fehlt. Auf der vorderen Wölbung, nahe dem Ende des Telopodit ein kurzer, breiter, 3eckiger Zahn. Zwischen dem großen Tarsalkegel und dem Haarpolster ein spitzer Zahn *(z).*

Bosnien: Nemila, Bjelašnica. Herzegowina: Prenj, Glogovo-Plateau.

34. **B. (S.) spinosus** Att. 1903 *B. s.,* Attems in: Zool. Jahrb., Syst. *v.* 18 p. 124 t. 8 f. 18, 19 | 1912 *B. s.,* Attems in: Verh. Ges. Wien, *v.* 61 p. 421.

Weiß. Länge 6,5 mm, Breite 0,5 mm. Kopf dicht, kurz und fein beborstet. Halsschild schmal, querelliptisch, seitlich ganz abgerundet, mit 3 Querreihen feiner, spitzer Borsten. Rücken glänzend, mit sehr flacher Skulptur, mäßig gewölbt. Die Seitenflügel von mittlerer Breite, das Vordereck auf den ersten 2 Segmenten eckig, dann abgerundet, Seitenrand leicht konvex, auf den vordersten Segmenten ziemlich kräftig gezähnt, je weiter nach hinten desto weniger tief sind die Kerben. In den Kerben und auf den Rückentuberkeln feine stumpfe Borsten. Hintereck auf den vorderen Segmenten rechtwinklig, auf den hinteren spitzzackig. Gonopoden (Fig. 164): ein großer, 3eckiger Praefemoralzacken mit einigen seichten Querriefen. Auf der Lateralseite ein großes Feld kurzer, dicker Stiften. Knapp unter dem Haarpolster 2 fast gleich große, gerade Zähne. Femur *(F)* in der Mitte vorn rundbauchig vorgewölbt, am Ende breit abgerundet. Tibiotarsus *(T)* einfach, fast krallenförmig, zwischen Tarsus und Haarpolster ein spitzer Zahn *(z)*.

Kroatien: Berg Sleme bei Agram.

Fig. 164.
Brachydesmus (S.) spinosus Att. Lateralseite.

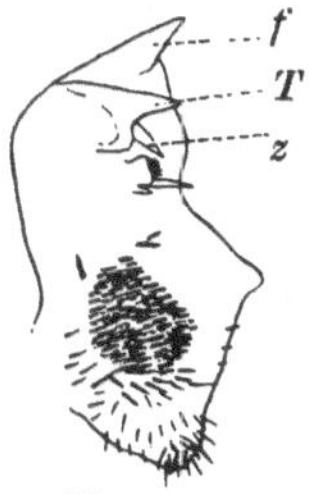

Fig. 165.
Brachydesmus (S.) dadayii Verh. Lateralseite.

35. **B. (S.) dadayii** Verh. 1895 *B. D.*, K. W. Verhoeff in: Verh. Ges. Wien, *v.* 45 p. 286 f. 14 | 1898 *B. Dadayi,* Attems in: Denk. Ak. Wien, *v.* 67 p. 478 t. 10 f. 238 | 1898 *B. D. frondicola,* K. W. Verhoeff in: Arch. Naturg., *v.* 64 I p. 370 t. 9 f. 17 | 1912 *B. (Stylobrachydesmus) D.,* Attems in: Verh. Ges. Wien, *v.* 61 p. 421 t. 5 f. 6.

Weiß oder grauweiß. Länge 6,5—9,5 mm. Kopf zerstreut beborstet. Halsschild viel schmäler als die Backen, seitlich abgerundet. Rücken schwach gewölbt, Seitenflügel gerundet, der Seitenrand seitlich gekerbt, die dadurch gebildeten Zähne ganz rund; Hintereck nur auf dem 17. Segment ein kleiner Zacken, auf den vorangehenden Segmenten rechtwinklig, noch weiter vorn abgerundet. Drei Reihen kleiner, stumpfer Borsten überall deutlich, auch in den Seitenkerben solche Borsten. Gonopoden (Fig. 165): an der Grenze von Praefemur und Femur ein großer, abgerundeter Vorsprung, auf der Lateralseite ein Feld von dichtgedrängten kurzen Stiften, knapp unter dem Haarpolster 2 ungleich große, spitze Zähne. Das Femur läuft am Ende hinten in einen spitzkegeligen Zahn aus, an der vorderen Wölbung kein Zacken. Tibiotarsus einfach, spitz krallenförmig. Neben ihm ein spitzer Zahn *(z)*.

Ungarn: Promontor bei Pest, Simontornya, Temesvar, Herkulesbad.

36. **B. (S.) attemsii** Verh. 1895 *B. A.*, K. W. Verhoeff in: Verh. Ges. Wien, *v.* 45 p. 284 f. 1 | 1895 *B. hungaricus,* K. W. Verhoeff in: Zool. Anz., *v.* 18 p. 203 | 1898 *B. Attemsii,* Attems in: Denk. Ak. Wien, *v.* 67 p. 469 t. 10 f. 236 | 1899 *B. A.* var. *cilliensis,* K. W. Verhoeff in: Arch. Naturg., *v.* 65 I p. 226 t. 19 f. 12 | 1912 *B. A.,* Attems in: Verh. Ges. Wien, *v.* 61 p. 421.

Grauweiß oder graugelb. Länge 10—11 mm, Breite 1,5 mm, Prozoniten 0,9 mm. Halsschild mit wenig deutlichen, abgerundeten Hinterecken. Rückenskulptur gut ausgeprägt, auch in der ersten Reihe eine schwache Teilung in Felder sichtbar. Rücken sehr wenig gewölbt, die Seitenflügel breit, sehr eckig, Seitenrand tief und spitz gezähnt; das Hintereck beginnt auf dem 5. Segment zackig zu werden und ist auf den Segmenten der hinteren Körperhälfte lang und spitz. Seitenflügel der Segmente 2—4 quergerichtet, nicht nach vorn gezogen, die Hinterecken gerundet, Borsten des Rückens und der Seitenkerben winzig, stumpf. Gonopoden (Fig. 166): Telopodit zwischen Praefemur und Femur eingeschnürt, ohne Zacken hinten, Praefemur lateral mit einem Feld von Stachelborsten. Über den Anfang der Samenrinne legt sich nach vorn zu ein runder Lappen; in der Mitte des Femur auf der Medianseite eine vorspringende Kante, knapp unter dem Haarpolster 2 gleich große, schlanke Zähne, distal vom Haarpolster ein schlanker, spitzer, dornartiger Zahn *(z)*. Das Femur *(f)* läuft in eine nach hinten gebogene, lange, dünne krallenartige Spitze aus. Tibiotarsus *(T)* einfach, mit einer welligen Kante unten.

Krain: Laibach. Untersteiermark: Cilli.

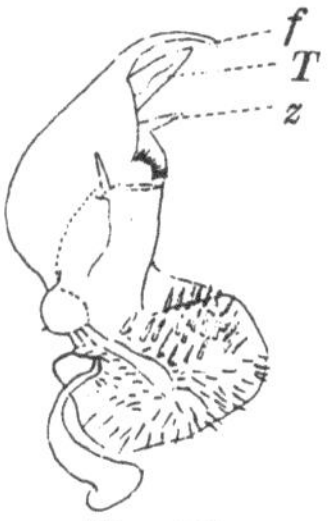

Fig. 166.
Brachydesmus (S.) attemsii Verh. (Laibach).

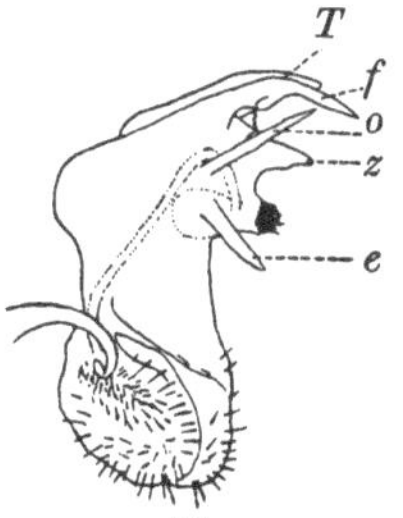

Fig. 167.
Brachydesmus (S.) polydesmoides Verh. (Zvjezda).

37. **B. (S.) polydesmoides** Verh. 1895 *B. p.*, K. W. Verhoeff in: Verh. Ges. Wien, *v.* 45 p. 285 f. 2 | 1898 *B. p.*, Attems in: Denk. Ak. Wien, *v.* 67 p. 474 | 1898 *B. p. calcivagus*, K. W. Verhoeff in: Arch. Naturg., *v.* 64 I p. 371 t. 9 f. 15, 16 | 1912 *B. p.*, Attems in: Verh. Ges. Wien, *v.* 61 p. 421 t. 6 f. 22.

Graubraun oder rotbraun, im Habitus an manche kleine *Polydesmus* erinnernd. Länge 11—12 mm, Breite 1,7 mm. Kopf sehr zerstreut kurz behaart. Halsschild querelliptisch, seitlich ganz abgerundet. Rücken wenig gewölbt, Seitenflügel ziemlich breit, der Vorderrand etwas konvex, der Seitenrand kräftig gezähnt, auf jedem der etwas stumpfen Zähnchen eine kleine stiftförmige Borste, Hintereck vom 5. an allmählich immer mehr zackig werdend, auf den hintersten Segmenten lang und spitz. Rückenskulptur gut ausgeprägt, auch in der 1. Reihe undeutlich geteilte Buckel. Gonopoden (Fig. 167): an der Grenze von Praefemur und Femur keine Vorragung. Praefemur lateral mit einer Gruppe von Stiften. Knapp neben dem Haarpolster ein langer schlanker Zahn *(e)*, in einiger Entfernung von ihm in der Biegung der Samenrinne ein 2. noch längerer schlanker Zahn *(o)*. Distal vom Haarpolster ein großer Zahn *(z)*. Das Femur *(f)* ist in der Mitte der Vorderseite rundbauchig vorgewölbt und endet mit einem langen, schlanken, spitzen, hakig gebogenen Zahn, der eine unregelmäßig gezähnelte Lamelle hat. Tibiotarsus *(T)* einfach, dick, krallenförmig.

Bosnien: Sarajevo, Jaice, Travnik, Maklen, Žepče, Trebevic. Jezero, Pale, Zvjezda. Südungarn: Cernatal bei Herkulesbad.

d) Subgen. **Eubrachydesmus** Att.

1912 *E.*, Attems in: Verh. Ges. Wien, *v.* 61 p. 410 | 1926 *Brachydesmus*, K. W. Verhoeff in: Trav. Soc. Bulgare, *v.* 12 p. 74 | 1929 *B.*, K. W. Verhoeff in: Zool. Jahrb., Syst. *v.* 57 p. 623 | 1930 *B.*, K. W. Verhoeff in: Bronn, Kl. Ordn., *v.* 5 II 2 p. 1560.

Gonopodentelopodit einheitlich, nicht in Tibial- und Tarsalast geteilt, schlank, sichelartig, oft kahnförmig ausgehöhlt und der laterale Bord als dünne Lamelle *(L)* vorragend, deren Rand gezähnt sein kann. An der

Grenze von Praefemur und Femur meist ein spitzer Zacken *(f)*. Auf der Medialseite des Femur oft eine Leiste mit welligem oder gezähneltem Rand, die Zahnleiste *(Z)* oder einfach eine Reihe von Zähnen. Samenrinne und Haarpolster typisch entwickelt. Proximal vom Haarpolster steht der Subpulvillardorn *(d)*, distal der Lappendorn *(h)*, weiterhin medial der mediale Enddorn *(i)*, lateral der laterale Enddorn *(a)*, vor der Spitze der Subapicalzahn *(S)*; mit Ausnahme des Lappendornes können diese Zähne fehlen. Praefemur *(Pf)* nur mit den gewöhnlichen spitzen Borsten ohne Stifte. Hinterecken der Seitenflügel einfach zackig, Rückenskulptur deutlich. Körper meist weiß oder schwach gelblich oder bräunlich pigmentiert, selten kastanienbraun.

Nahezu ganz Europa, Mittelmeerinseln, Tunis, Canaren, Madeira, Azoren.

8 Arten, von denen 4 in 23 Unterarten geteilt werden.

Typus: *B. superus* Latz.

Übersicht über die Arten:

1	Gonopoden mit Praefemoralzacken, wenigstens eine niedrige gezackte Leiste an seiner Stelle — **2**	
	Ein Praefemoralzacken fehlt völlig — **25**	
2	Auf der Lateralseite des Gonopodentelopodit tritt eine dünne Lamelle vor. Der Subpulvillardorn ist ein beträchtliches Stück vom Haarpolster basalwärts abgerückt und sitzt nie dessen Basis direkt auf. Auf der Medialseite ist sehr oft eine Reihe von Zähnchen vorhanden. Rückenborsten länger, Körper kleiner und blasser gefärbt — **3**	
	Auf der Lateralseite des Gonopoden keine vortretende dünne Lamelle. Subpulvillardorn dem Haarpolster sehr genähert, meist seiner Basis aufsitzend. Auf der Medialseite nie eine Zähnchenreihe, meist aber eine quere, feine Riefelung. Rückenborsten viel kleiner, manchmal fast fehlend. Körper größer, etwas stärker pigmentiert — **15**	
3	Schneeweiß, 5—6 mm lang. Der Mittelzacken der Laterallamelle des Gonopoden ist ungewöhnlich lang. Keine Zähnchenreihe	**40. B. (E.) peninsulae**
	Graulichweiß mit rötlich oder bräunlich überlaufenem Vorderende. Der Mittelzahn der Laterallamelle ist, wenn überhaupt vorhanden, klein. Zähnchenreihe meist vorhanden, fehlt bei *B. scandinavius* — **4**	
4	Subapicalzahn und lateraler Enddorn fehlen ganz. Laterallamelle breit, ganz ungezähnt. Lappendorn dick und stumpf	**39. B. (E.) verhoeffi : 14**
	Subapicalzahn vorhanden, lateraler Enddorn auch fast immer. Laterallamelle mit mehreren kleinen Zähnchen oder einem größeren Mittelzacken. Lappendorn spitz	**38. B. (E.) superus : 5**

5	Die Laterallamelle fehlt fast ganz . . .	38k. B. (E.) superus riparianus
	Laterallamelle gut ausgebildet — 6	
6	Laterallamelle des Gonopoden mit mehreren kleinen untereinander ungefähr gleich großen Zähnchen, in der Mitte kein die anderen weit überragender Zahn	38a. B. (E.) superus superus
	Laterallamelle ungefähr in der Mitte mit einem größeren Zahn, der die anderen Zähnchen, wenn solche vorhanden sind, bedeutend an Größe übertrifft — 7	
7	Laterallamelle des Gonopoden auffallend abgekürzt — 8	
	Laterallamelle bis zum Grund herablaufend — 9	
8	Die Laterallamelle besitzt nur einen Mittelzahn. Der Subpulvillardorn ist lang. Der Endast des Telopodit bleibt fast gleich dick	38b. B. (E.) superus laurorum
	Die Laterallamelle besitzt außer dem Hauptzahn noch 6—7 kleinere Zähnchen. Subpulvillardorn kurz. Endast des Telopodit schlanker und mehr nach dem Ende verschmälert	38c. B. (E.) superus limonensis
9	Auf der Medialseite des Gonopoden keine Höckerchenreihe — 10	
	Eine Höckerchenreihe ist vorhanden — 11	
10	Der Subpulvillardorn ist vom praefemoralen Zahn doppelt so weit entfernt wie vom Haarpolster, Subapicalzahn vorhanden	38d. B. (E.) superus scandinavius
	Der Subpulvillardorn steht in der Mitte zwischen dem Haarpolster und dem praefemoralen Zahn, der Subapicalzahn fehlt	38e. B. (E.) superus macchiae
11	Parabothrine Leiste sehr undeutlich, fast fehlend, glattrandig oder leicht wellig ohne größeren Zacken	38f. B. (E.) superus humilis
	Parabothrine Leiste gut entwickelt mit einem größeren Zacken oder mehreren kleinen spitzen Zähnchen — 12	
12	Subpulvillardorn gegabelt	38g. B. (E.) superus elbanus
	Subpulvillardorn nicht gegabelt — 13	
13	Parabothrine Leiste mit einem großen, weit vorragenden Zahn	38h. B. (E.) superus portofinensis
	Parabothrine Leiste mit einer Anzahl kleiner spitzer Zähnchen	38i. B. (E.) superus roncanus
14 (4)	Medialer Enddorn lang, ein gutes Stück distal vom Lappendorn sitzend. Subpulvillardorn lang, weit über die Kante vorragend. Laterallamelle viel schmäler	39a. B. (E.) verhoeffi verhoeffi
	Medialer Enddorn sehr kurz, in derselben Höhe wie der Lappendorn sitzend. Subpulvillardorn viel kürzer. Laterallamelle sehr breit	39b. B. (E.) verhoeffi apuanus

15 (2)	Parabothrine Leiste in einen schlanken, hoch aufragenden, etwas gewundenen Zacken ausgezogen. Subpulvillardorn sehr klein. Lappendorn sehr breit, bandartig, am Ende quer abgestutzt .	43. B. (E.) **perfidus**
	Parabothrine Leiste niedrig, manchmal sehr undeutlich. Subpulvillardorn lang und schlank — **16**	
16	Seitenflügel des Halsschildes groß, horizontal abstehend. Parabothrine Leiste mit mehreren spitzen Zähnchen. Lappendorn und medialer Enddorn sind schlanke, schräg basal gerichtete Spieße	42. B. (E.) **silvanus**
	Seitenlappen des Halsschildes kurz, den Kopfseiten anliegend. Parabothrine Leiste recht undeutlich, nie stärker gezackt, manchmal so gut wie fehlend. Lappendorn und medialer Enddorn quer oder schräg distal gerichtet . .	41. B. (E.) **proximus** : 17
17	Auf der Medialseite des Gonopoden neben dem Lappendorn ein Porenfeld. Medialer Enddorn bis auf ein kleines Knöpfchen fehlend	41h. B. (E.) **proximus cribelliger**
	Auf der Medialseite des Gonopoden kein Porenfeld — **18**	
18	Der mediale Enddorn fehlt bis auf ein undeutliches Rudiment. Distal vom Haarpolster nur der Lappendorn deutlich, sonst keine Zähne	41i. B. (E.) **proximus fallax**
	Medialer Enddorn stets gut ausgebildet — **19**	
19	Auf der Medialseite des Gonopoden keine Querriefelung — **20**	
	Auf der Medialseite des Gonopoden sind Querriefeln vorhanden — **21**	
20	Körperfarbe licht gelblichweiß. Breite des Männchens 1,1 mm. Distal vom Praefemoralzacken eine kleine Tuberkel. Der mediale Enddorn sitzt viel weiter gegen die Spitze zu als der laterale .	41b. B. (E.) **proximus tuberculatus**
	Körperfarbe dunkel kastanienbraun. Breite des Männchens 1,5 mm. Distal vom Praefemoralzacken keine Tuberkel. Beide Enddorne sitzen nebeneinander . . .	41c. B. (E.) **proximus brunneus**
21	Der mediale Enddorn reicht bis zur Spitze des Telopodit	41g. B. (E.) **proximus cavanus**
	Die Spitze des medialen Enddornes bleibt von der Spitze des Telopodit entfernt — **22**	
22	Subapicalzahn bis zum Haarpolster zurück gekrümmt. Lappendorn lang und schlank	41f. B. (E.) **proximus palmiensis**
	Subapicalzahn nicht bis zum Haarpolster reichend. Lappendorn 3eckig oder abgestutzt — **23**	

23 Endast des Gonopoden auf der Unterseite etwas vorgewölbt. Beide Enddornen stehen in derselben Höhe nebeneinander . . . . 41a. **B. (E.) proximus proximus**
Endast des Gonopoden unterseits nicht vorgewölbt — **24**

24 Praefemoralzacken niedrig, rechtwinklig oder 3eckig. Lappendorn breit abgestumpft. Lateraler Enddorn sehr kräftig, beide Enddornen in derselben Höhe nebeneinander . . . . 41e. **B. (E.) proximus latzelii**
Praefemoralzacken schlank und spitz. Lappendorn 3eckig spitz. Lateraler Enddorn winzig klein, weiter distal sitzend als der mediale . . . . 41d. **B. (E.) proximus italicus**

25 (1) Der Subpulvillardorn ist wie gewöhnlich nach der hinteren, konkaven Seite des Gonopoden zu gerichtet. Distal vom Haarpolster außer dem Lappendorn der mediale Enddorn und der Subapicalzahn vorhanden . . . . 44. **B. (E.) exiguus**
Der Subpulvillardorn ist nach der vorderen, konvexen Seite des Gonopoden zu gerichtet. Distal vom Haarpolster nur der Lappendorn vorhanden . . . 45. **B. (E.) radewi**

38. **B. (E.) superus** Latz. 1884 *B. s.*, Latzel, Myr. Österr.-Ung., *v.* 2 p. 130 t. 6 f. 69 | 1885 *B. s.*, Ant. Berlese, A. M. S., fasc. 23 nr. 6 | 1886 *B. s.*, E. Haase in: Z. Ent. Breslau, ser. 2 *v.* 11 p. 41 | 1889 *B. s.*, Porat in: Ent. Tidskr., *v.* 10 p. 26 | 1889 *B. s.*, Daday, Myr. Regni Hungar., p. 42 | 1891 *B. s.* var. *mosellanus*, K. W. Verhoeff in: Berlin. ent. Z., *v.* 36 p. 125 t. 5 f. 7 | 1894 *B. s.*, Attems in: SB. Ak. Wien, *v.* 103 p. 51 f. 25, 26 | 1896 *B. s.*, K. W. Verhoeff in: Verh. Ver. Rheinlande, *v.* 53 p. 253 | 1898 *B. s.*, Attems in: Denk. Ak. Wien, *v.* 67 p. 475 t. 11 f. 271 | 1907 *B. s.*, K. W. Verhoeff in: Zool. Anz., *v.* 32 p. 339 f. 1—8 | 1912 *B. s.*, Attems in: Verh. Ges. Wien, *v.* 61 p. 415 | 1927 *B. s.*, Attems in: Abh. Senckenb. Ges., *v.* 39 p. 261 f. 21—31.

Bräunlichgrau bis grünlichgrau, das Vorderende ins Rötliche geneigt. Länge 7,5—9,5 mm, Breite 1—1,1 mm, sehr schlank. Halsschild querelliptisch, seitlich ganz abgerundet, mit 3 Borstenreihen, am Hinterrand eine Reihe von Tuberkeln. Rücken mäßig gewölbt, glatt und glänzend, Seitenflügel schmal, eckig, Vorderecken fast rechtwinklig, nur sehr wenig abgestumpft, der Vorderrand fast senkrecht zur Längsachse, Hintereck der Segmente 2—5 ungefähr rechtwinklig, vom 6. an zackig, der Hintereckzahn leicht nach einwärts gezogen, der Seitenrand konvex, gekerbt-gezähnt. Skulptur der Metazoniten deutlich aber nicht derb, in der ersten Reihe nur die Medianfurche, Beule flach, nicht geteilt. Die Borsten relativ lang, zugespitzt. Beine des Männchens viel dicker als die des Weibchens. Gonopoden: Praefemoralzacken groß, spitz. Parabothrine Leiste *(P)* vorn sehr undeutlich bis gut entwickelt, mit einem größeren Zahn oder mehreren kleinen Zähnchen. Auf der Lateralseite des Telopodit eine dünne vorragende Lamelle, deren freier Rand glatt, wellig oder fein gezähnt ist, in der Mitte kein besonders großer Zahn. Subpulvillardorn ein Stück vom Haarpolster entfernt. Auf der Medialseite meist eine Zahnleiste *(Z)* vorhanden, die nur selten fehlt. Lappendorn *(h)* spitz. Subapicaldorn *(s)* meist vorhanden. Lateraler Enddorn *(a)* fast immer vorhanden.

Skandinavien, Deutschland, Österreich, Ungarn, Kroatien, Frankreich, Spanien, Elba, Sardinien, Tunis.

38a. **B. (E.) superus superus** (Latz.) Att. 1927 *B. s. s.*, Attems in: Abh. Senckenb. Ges., *v.* 39 p. 261 f. 21—23.

Parabothrine Leiste *(P)* immer gut ausgebildet, der freie Rand geradlinig oder durch Buchten gewellt oder wenn die Buchten tiefer werden, unregelmäßig stumpfzackig. Praefemoralzacken *(f)* meist gut entwickelt, spitz, manchmal ein sehr niedriger, 3eckiger Zacken. Zahnleiste *(Z)* immer sehr deutlich und relativ lang, manchmal basalwärts über den Subpulvillardorn *(d)* herabreichend. Freier Rand der lateralen Lamelle im ganzen geradlinig und sägezähnig, besonders in der basalen Hälfte, doch springt nicht in der Mitte ein Zacken weit vor. Lappendorn schlank und spitz. Lateraler Enddorn klein, aber deutlich. Subapicalzahn *(s)* ungefähr in der Mitte zwischen den Enddornen und der Endspitze, also relativ weit von den Enddornen abgerückt (Fig. 168).

Niederösterreich, Steiermark, Oberungarn, Sachsen, Oberitalien (wahrscheinlich noch viel weiter verbreitet).

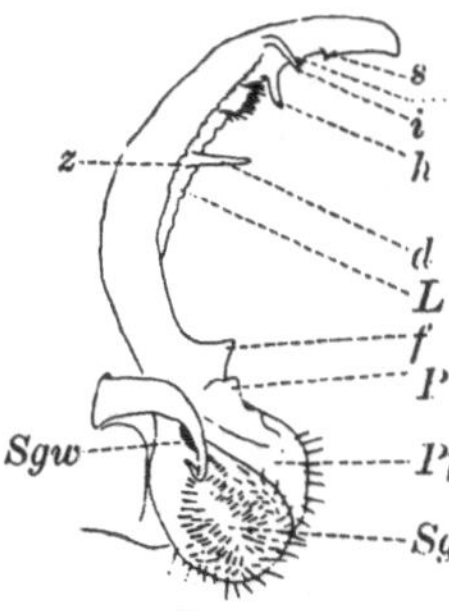

Fig. 168.
Brachydesmus (E.) superus superus (Latz.) Att.
Sg Samengrube,
Sgw Samengrubenwulst,
Pf Praefemur, *i* medialer Enddorn.

38b. **B. (E.) superus laurorum** Verh. 1907 *B. s. l.*, K. W. Verhoeff in: Zool. Anz., *v.* 32 p. 341 | 1912 *B. s. l.*, Attems in: Verh. Ges. Wien, *v.* 61 p. 415.

Laterale Lamelle auffallend abgekürzt, 1zähnig, der Zahn dem weiter als sonst vom Praefemur entfernten Zacken genähert. Subpulvillardorn im Profil vorragend. Lappendorn schlank, gebogen.

Albissola an der Riviera.

38c. **B. (E.) superus limonensis** Verh. 1930 *B. s. l.*, K. W. Verhoeff in: Zool. Jahrb., Syst. *v.* 59 p. 404 t. 15 f. 33.

Die laterale Lamelle des Gonopoden besitzt außer dem Hauptzahn noch 6—7 kleinere Zähnchen. Subpulvillardorn kurz. Endast des Telopodit schlanker und mehr nach dem Ende verschmälert (Fig. 169).

Piemont, Limone, auf einem kahlen Kalkgebirgsrücken in 1200 m Höhe.

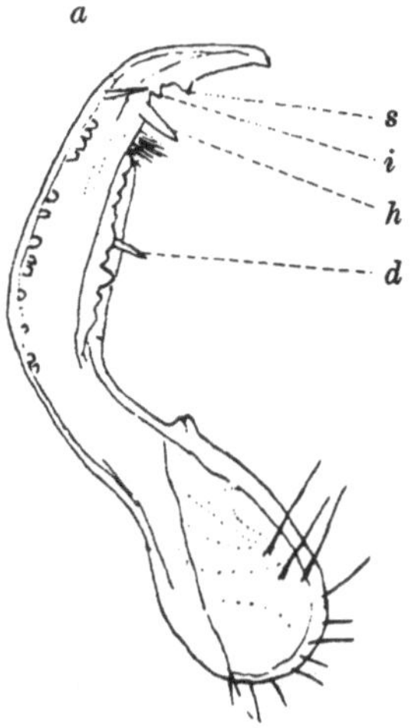

Fig. 169.
Brachydesmus (E.) superus limonensis Verh.
(K. W. Verhoeff, 1930).
Lateralseite, Buchstaben wie in Fig. 168.

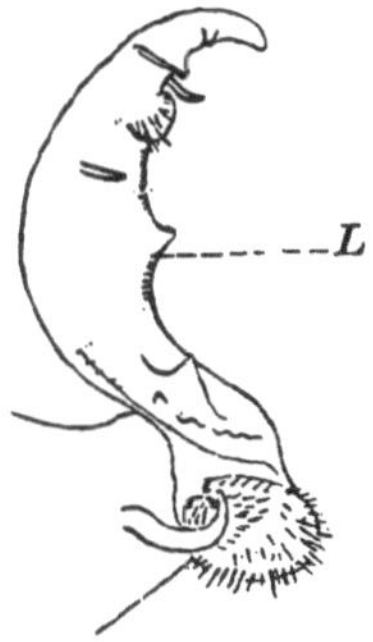

Fig. 170.
Brachydesmus (E.) superus scandinavius Att.
(Göteborg).

38d. **B. (E.) superus scandinavius** Att. 1912 *B. s. superus*, Attems in: Verh. Ges. Wien, *v.* 61 p. 415 | 1927 *B. s. scandinavius*, Attems in: Abh. Senckenb. Ges., *v.* 39 p. 263 f. 26—28.

Parabothrine Leiste niedrig, der Rand rundwellig, ein einzelner etwas isolierter Zacken steht vor der Leiste. Die Spitzkegelchen auf dem die Samengrube abschließenden Wulst besonders kräftig. Praefemoralzacken groß, spitz. Zahnleiste nicht sichtbar. Laterale Lamelle *(L)* im ganzen stumpfwinklig, indem ein mittlerer Zacken weiter vortritt; der übrige Rand ist stellenweise fein geriefelt. Subapicalzahn durch einen größeren Zwischenraum von den Enddornen getrennt (Fig. 170).

Schweden: Göteborg.

var. **scandinavius** Att. 1930 *B. superus scandinavius* var. *s.*, K. W. Verhoeff in: Zool. Jahrb., Syst. *v.* 60 p. 322.

Rand der Laterallamelle gekerbt. Samengrubenwulst mit Dörnchenreihe.

Schweden: Göteborg.

var. **taurinorum** Verh. 1930 *B. superus portofinensis* var. *t.*, K. W. Verhoeff in: Zool. Jahrb., Syst. *v.* 59 p. 404 | 1930 *B. s. scandinavius* var. *t.*, K. W. Verhoeff, ibid., *v.* 60 p. 322.

Rand der Laterallamelle glatt. Samengrubenwulst ohne Dörnchen.

Val Salice bei Turin, Marmore, Monti Pisani.

38e. **B. (E.) superus macchiae** Verh. 1930 *B. s. m.*, K. W. Verhoeff in: Zool. Jahrb., Syst. *v.* 60 p. 321 t. 3 f. 62.

Laterallamelle mit einem einzigen größeren Mittelzahn, gegen die Basis nicht abgekürzt. Auf der Medialseite keine Zähnchen- oder Höckerchenreihe. Der Subpulvillardorn steht in der Mitte zwischen dem Haarpolster und dem praefemoralen Zahn. Subapicalzahn fehlt.

Elba: Schluchten bei der Villa Napoleon.

38f. **B. (E.) superus humilis** Att. 1927 *B. s. h.*, Attems in: Abh. Senckenb. Ges., *v.* 39 p. 262 f. 24, 25.

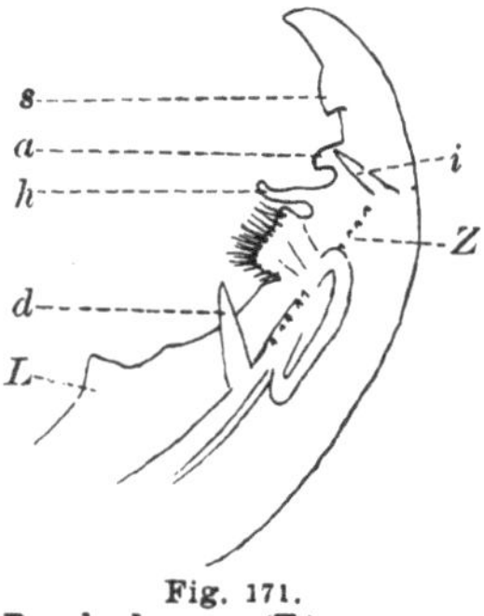

Fig. 171.
Brachydesmus (**E.**) **superus humilis** Att. (Flix).

Parabothrine Leiste sehr undeutlich, ganz niedrig, glattrandig oder manchmal wellig. Femoralzacken groß und spitz. Zahnleiste *(Z)* sehr unscheinbar, nur aus einigen winzigen Zähnchen bestehend. Subpulvillardorn *(d)* lang, gerade, spitz, im Profil vortretend. Laterale Lamelle *(L)* mit einem großen Mittelzacken. Lappendorn schlank *(h)*, die Spitze leicht endwärts gekrümmt. Medialer Endzahn *(i)* ein schlanker, spitzer, schräg basalwärts gerichteter Dolch. Lateraler Endzahn *(a)* ein kurzer, dicker Haken. Subapicalzahn *(s)* klein, in der Mitte zwischen Endspitze und Endzähnen (Fig. 171).

Italien: Monte Argentario, Lago Albano. Spanien: Flix, Provinz Tarragona.

38g. **B. (E.) superus elbanus** Att. 1908 *B. peninsulae e.*, Attems in: Zool. Jahrb., Syst. *v.* 26 p. 190 t. 16 f. 5 | 1912 *B. superus e.*, Attems in: Verh. Ges. Wien, *v.* 61 p. 415 | 1927 *B. s. e.*, Attems in: Abh. Senckenb. Ges., *v.* 39 p. 264 f. 29, 30.

Parabothrine Leiste *(P)* sehr deutlich, der Rand in eine größere Zahl sehr kleiner Sägezähnchen oder in 4—5 größere Zähne eingeschnitten. Grundzacke groß, spitz. Zahnleiste deutlich aber schwach. Laterale Lamelle *(L)* mit einem größeren Zahn in der Mitte, distal von ihm eine feine Querriefelung. Subpulvillardorn *(d)* gerade, schlank und spitz, am Ende kurz gegabelt, im Profil vorragend. Lappendorn *(h)* schlank, etwas gekrümmt. Medialer Endzahn *(i)* ein schlanker, gerader Spieß. Lateraler Endzahn *(a)* ein kräftiger, abwärts gerichteter Zacken. Subapicalzahn *(s)* vorhanden, klein oder fehlend (Fig. 172).

Elba. Sardinien, Cagliari. Tunis, Ain Draham.

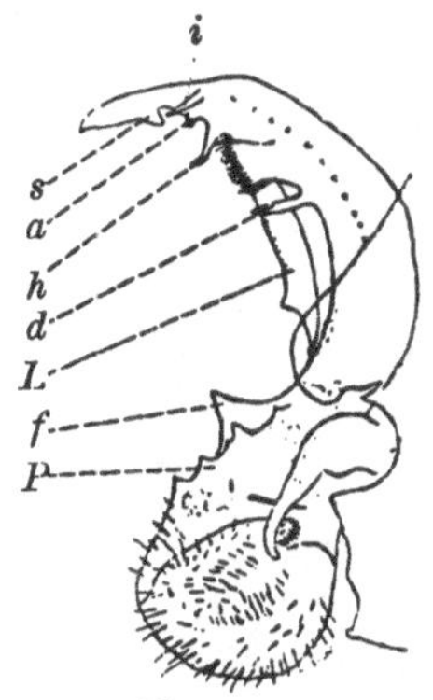

Fig. 172. **Brachydesmus (E.) superus elbanus** Att. (Cagliari).

var. **elbanus** Att. 1908 *B. peninsulae e.*, Attems in: Zool. Jahrb., Syst. *v.* 26 p. 190 t. 16 f. 5 | 1930 *B. superus bulgaricus* var. *verbani*, K. W. Verhoeff, ibid., *v.* 59 p. 404 t. 15 f. 35.

Die Zähnchenreihe des Gonopoden besteht aus spitzen Zähnchen, die eine bis zum medialen Enddorn reichende Säge bilden.

Elba Sasso del Ferro bei Laveno.

var. **bulgaricus** Verh. 1928 *B. s. b.*, K. W. Verhoeff in: Mt. Inst. Sofia, *v.* 1 p. 31 f. 3 | 1930 *B. s. b.* var. *bulgaricus*, K. W. Verhoeff in: Zool. Jahrb., Syst. *v.* 59 p. 404.

Die Zähnchenreihe des Gonopoden besteht aus stumpfen Zähnchen und hört weit vor dem medialen Enddorn auf.

Sofia.

38h. **B. (E.) superus portofinensis** Verh. 1907 *B. s. p.*, K. W. Verhoeff in: Zool. Anz., *v.* 32 p. 340 | 1912 *B. s. p.*, Attems in: Verh. Ges. Wien, *v.* 61 p. 415 | 1927 *B. s. p.*, Attems in: Abh. Senckenb. Ges., *v.* 39 p. 264 f. 31 | 1930 *B. s. p.*, K. W. Verhoeff in: Zool. Jahrb., Syst. *v.* 60 p. 322.

Parabothrine Leiste groß, mit einem großen Endzacken, der viel größer ist als die bei den anderen Subspecies vorkommenden Zacken; außerdem nur ein kleiner Zacken auf der Kante, Grundzacken vom Praefemur etwas abgerückt, schon auf dem Femur sitzend. Laterale Lamelle mit großem Mittelzacken und je einem kleinen Zacken davor und dahinter. Zahnleiste recht unscheinbar. Lappendorn parallelrandig, abgestumpft, schräg basal gerichtet. Medialer Enddorn schlank, schräg distal gerichtet. Lateraler Enddorn winzig, kaum sichtbar. Subapicalzahn den Enddornen ziemlich genähert, schwach oder fehlend.

Oberitalien: Riviera, Gegend des Lago Maggiore, Colli Euganei.

38i. **B. (E.) superus roncanus** Verh. 1932 *B. s. r.*, K. W. Verhoeff in: Arch. Naturg., n. F. *v.* 1 p. 621 f. 35.

Parabothrine Leiste *(P)* mit einer Anzahl gleich großer, ganz feiner oder etwas größerer Zähnchen, Grundzacken groß und spitz. Laterale Lamelle mit einem einzigen Mittelzahn. Subpulvillardorn *(d)* gerade, einfach spitz, im Profil nicht vorragend. Lappendorn *(h)* schlank, leicht endwärts gebogen. Medialer Enddorn *(i)* schlank, spießförmig. Lateraler Enddorn kurz, hakig, beide kräftig. Subapicalzahn in der Mitte zwischen Ende und Endzähnen. Zahnleiste schwach ausgebildet. Körper relativ dunkel gefärbt (Fig. 173).

Ligurien: Ronco, Mele. Sardinien: Cagliari. Tunis: Ain Draham. Morea.

38k. **B. (E.) superus riparianus** Verh. 1932 *B. s. r.*, K. W. Verhoeff in: Arch. Naturg., n. F. *v.* 1 p. 622 f. 36.

Besitzt unter allen *B. superus*-Formen die schwächste Laterallamelle oder vielmehr es ist überhaupt keine wahre Laterallamelle ausgebildet, sondern statt ihrer nur eine niedrige Leiste vorhanden, ihr Mittelzahn nur schwach angedeutet. 2 subapicale Zähne dicht nebeneinander. Der praefemorale und femorale Vorsprung ungefähr gleich stark. Eine mediane Höckerreihe vorhanden.

Piemont: Ripariatal bei Susa. Ivrea.

39. **B. (E.) verhoeffi** Silv. 1894 *B. V.*, Silvestri in: Boll. Soc. Rom. zool., *v.* 3 p. 197 | 1897 *B. V.*, K. W. Verhoeff in: Arch. Naturg., *v.* 63I t. 13 f. 10 | 1898 *B. V.*, Attems in: Denk. Ak. Wien, *v.* 67 p. 468 | 1912 *B. V.*, Attems in: Verh. Ges. Wien, *v.* 61 p. 415.

Lichterdbraun. Länge 10—12 mm, Breite 1,6 mm. Halsschild querelliptisch, seitlich ganz abgerundet, Fläche mit 3 deutlichen borstentragenden Tuberkelreihen. Skulptur der Metazoniten flach, in der 1. Reihe auch die Medianfurche kaum sichtbar, die Tuberkeln der 2. und 3. Reihe gleich groß, alle Tuberkeln mit winzigen Börstchen. Beule geteilt, Gonopoden: Zahnleiste vorhanden. Pulvillardorn lang, schlank, weit vorragend oder kürzer. Lappendorn 3eckig. Medialer Enddorn lang, schlank, schräg basalwärts gerichtet oder kurz. Kein lateraler Enddorn und kein Subapicalzahn.

Mittelitalien: Umbrien, Subiaco. Sizilien: S. Ninfa, Bivona, Ficuzza, Marsala, Messina.

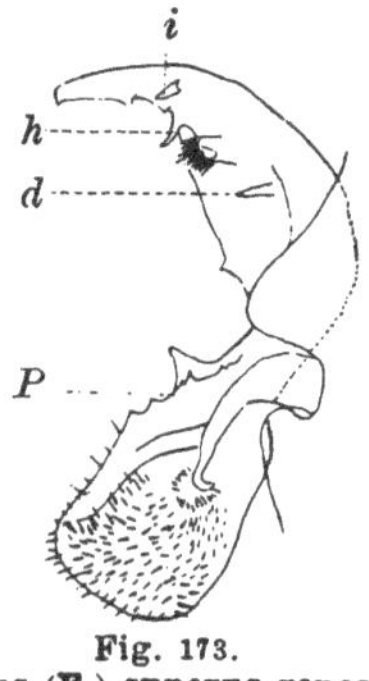

Fig. 173.
Brachydesmus (E.) superus roncanus Verh.

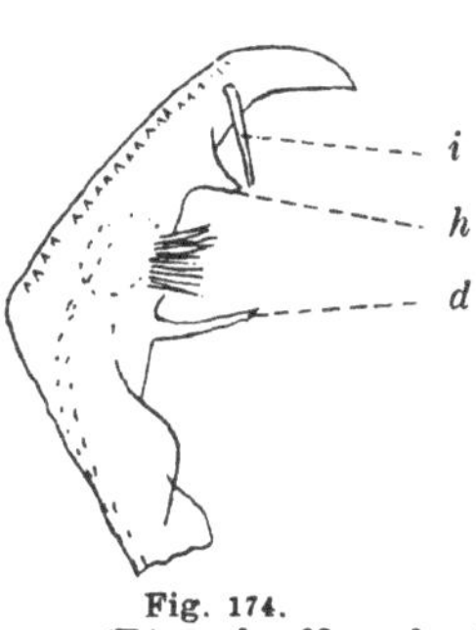

Fig. 174.
Brachydesmus (E.) verhoeffi verhoeffi Silv.
(K. W. Verhoeff, 1897).

39a. **B. (E.) verhoeffi verhoeffi** Silv. 1894 *B. V.*, Silvestri in: Boll. Soc. Rom. zool., *v.* 3 p. 197 | 1897 *B. V.*, K. W. Verhoeff in: Arch. Naturg., *v.* 63I t. 13 f. 10 | 1898 *B. V.*, Attems in: Denk. Ak. Wien, *v.* 67 p. 468 | 1912 *B. V.*, Attems in: Verh. Ges. Wien, *v.* 61 p. 415.

Laterale Lamelle des Gonopoden schmäler, der freie Rand stumpfwinklig. Subpulvillardorn *(d)* lang, im Profil weit vorragend. Medialer Enddorn *(i)* lang, ein Stück distal vom Lappendorn sitzend. Lappendorn *(h)* 3eckig zugespitzt (Fig. 174).

Mittelitalien: Umbrien, Subiaco. Sizilien: S. Ninfa, Bivona, Ficuzza, Marsala, Messina.

39b. **B. (E.) verhoeffi apuanus** Verh. 1907 *B. v. a.*, K. W. Verhoeff in: Zool. Anz., *v.* 32 p. 342 f. 1.

Laterale Lamelle des Gonopoden breiter, der freie Rand ganz gerade. Subpulvillardorn *(d)* kurz, im Profil nicht vorragend. Medialer Enddorn *(i)* kurz, in derselben Höhe wie der Lappendorn *(h)* (Fig. 175). Letzterer zapfenförmig, abgestumpft.

Italien: Östliche Riviera, an der Frigido-Mündung.

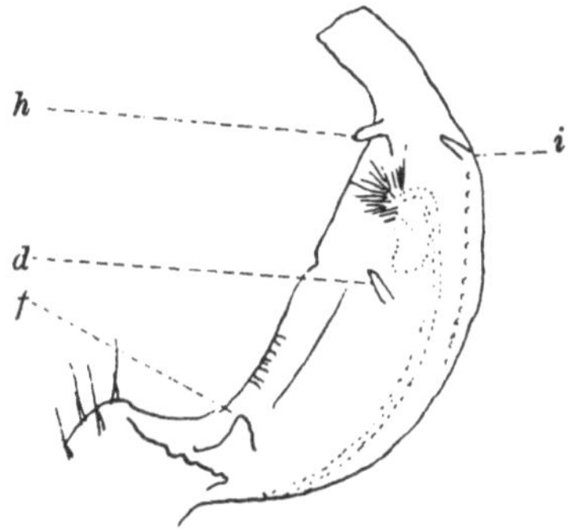

Fig. 175.
Brachydesmus (E.) verhoeffi apuanus Verh.
(K. W. Verhoeff, 1907).

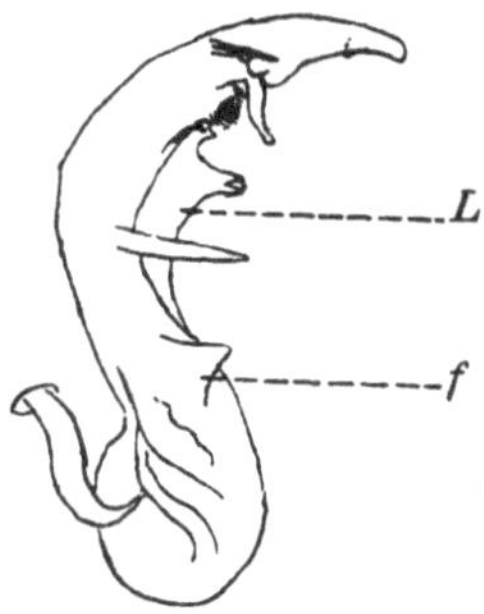

Fig. 176.
Brachydesmus (E.) peninsulae Att.

40. **B. (E.) peninsulae** Att. 1899 *B. p.*, Attems in: Zool. Jahrb., Syst. *v.* 12 p. 297 t. 14 f. 6 | 1912 *B. p.*, Attems in: Verh. Ges. Wien, *v.* 61 p. 415 | 1927 *B. p.*, Attems in: Abh. Senckenb. Ges., *v.* 39 p. 264 f. 32—34.

Weiß. Länge 5—6 mm. Stirn mit relativ langen Borsten. Rücken gewölbt. Seitenflügel schmal, Vorder- und Hinterrand auch auf den hinteren Segmenten senkrecht zur Längsachse, das Vordereck abgestumpft, das Hintereck bis zum 16. rechtwinklig, auf den Segmenten 17 und 18 zackig; Seitenrand konvex, durch 3 oder 4 winzige Kerben seicht gezähnt; beim Männchen sind die vordersten Segmente etwas gröber gezähnt, besonders das Vordereck ist hier spitz. Skulptur der Metazoniten deutlich; 3 Querreihen kleiner abstehender, vor dem Ende leicht spindelig verdickter Borsten. Halsschild querelliptisch. Gonopoden: Samengrubenwulst mit kräftigen Dörnchen besetzt. Laterale Lamelle *(L)* sehr breit, mit einem besonders langen Mittelzahn und einem oder mehreren kleinen Zähnchen distal. Zahnleiste fehlt. Subpulvillardorn lang, schlank, weit vorragend. Lappendorn schlank, die Spitze endwärts gebogen. Medialer Enddorn schlank, spitz, etwas schräg distal gerichtet. Der laterale Enddorn ist eine sehr große, breite, geriefte Querplatte (Fig. 176).

Umgebung von Neapel: Camaldoli, Astroni, Monte Faito.

41. **B. (E.) proximus** Latz. 1889 *B. p.*, Latzel in: Rev. biol. Nord France, *v.* 1 p. 405 | 1895 *B. p.*, Latzel in: Mt. Mus. Hamburg., *v.* 12 p. 5 | 1898 *B. p.*, Attems in: Denk. Ak. Wien, *v.* 67 p. 464 t. 10 f. 253 | 1912 *B. p.*, Attems in: Verh. Ges. Wien, *v.* 61 p. 415 | 1927 *B. p.*, Attems in: Abh. Senckenb. Ges., *v.* 39 p. 265 f. 35—42.

Gelblichweiß, gelblichbraun, selten kastanienbraun. Länge 9—17 mm, ♂ Breite 1,1—2 mm. Männchen merklich schlanker als Weibchen. Halsschild relativ breit, aber schmäler als die Backen, fast queroval, die Seiten mit einem Eckchen, am Hinterrand 8 kleine Tuberkeln. Rücken schwach gewölbt. Seitenflügel mäßig eckig, der Seitenrand konvex oder gerade, stärker oder schwächer gekerbt, die vorderen etwas gröber gezähnelt als die anderen. Vorder- und Hintereck der 5—6 vordersten ganz rechtwinklig, weiterhin das Vordereck etwas abgestumpft, das Hintereck zackig, auf den letzten

5—6 Segmenten spitzzähnig. Skulptur der Metazoniten derb, 3 gut ausgebildete Tuberkelreihen, in der 1. Reihe die größten, in der 3. Reihe die kleinsten, manchmal in der 1. Reihe nur die Medianfurche. Die Borsten winzig, sehr leicht abbrechend. Beine des Männchens dicker als die des Weibchens. Gonopoden *(d)*: Parabothrine Leiste undeutlich, manchmal fast fehlend. Auf der Lateralseite keine vorragende Lamelle. Subpulvillardorn dem Haarpolster sehr genähert. Keine mediale Zähnchenreihe, aber meist eine feine quere Riefelung. Medialer Enddorn *(i)* ein schlanker quer oder schräg distalwärts gerichteter Spieß. Kein Subapicalzahn.

Italien, Sizilien, Sardinien, Elba, Tunis, Canaren, Azoren.

41a. **B. (E.) proximus proximus** (Latz.) Att. 1927 *B. p. p.*, Attems in: Abh. Senckenb. Ges., *v.* 39 p. 265 f. 35—37.

Gelblichbraun. Seitenrand der Seitenflügel leicht konvex, recht derb gezähnelt. Gonopoden: Parabothrine Leiste deutlich, wenn auch wenig auffällig. Praefemoralzacken schlank oder niedrig, stumpfwinklig. Subpulvillardorn *(d)* ein gerader spitzer Spieß. Lappendorn *(h)* 3eckig. Medialer Enddorn *(i)* ein schräg distal gerichteter spitzer Spieß. Lateraler Enddorn *(a)* ein kräftiger, basalwärts gerichteter Zacken; beide Enddorne stehen einander in derselben Höhe gegenüber. Das Ende des Gonopoden ist unterseits vorgewölbt. Die Querriefelung an der Medialseite ist sehr deutlich (Fig. 177).

Süditalien: Grottaglie, Puglie. Sizilien: Ficuzza. Teneriffa. Gomera.

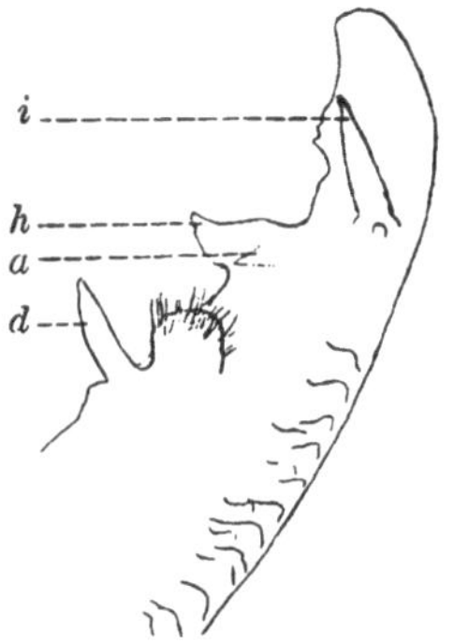

Fig. 177.
Brachydesmus (E.) proximus proximus (Latz.) Att. (Teneriffa).

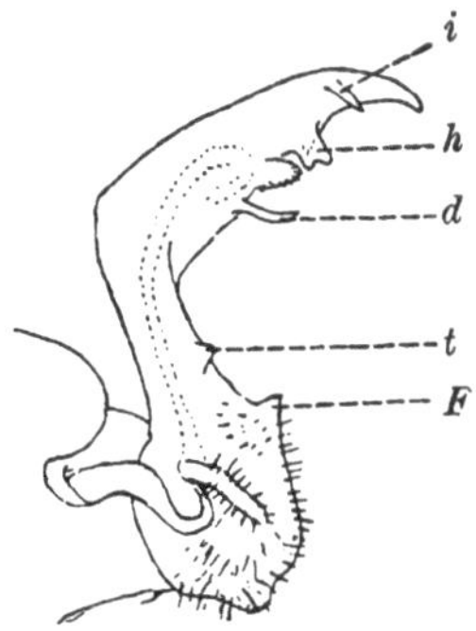

Fig. 178.
Brachydesmus (E.) proximus tuberculatus Att. (Gerace).

41b. **B. (E.) proximus tuberculatus** Att. 1927 *B. t.*, Attems in: Abh. Senckenb. Ges., *v.* 39 p. 266 f. 38.

Schmutzig gelblichweiß. ♀ Breite 1,1 mm. Skulptur der Metazoniten derb. Seitenrand der Seitenflügel mit 3 oder 4 seichten Kerben, das Hintereck bildet je weiter nach hinten, desto ausgesprochener einen breiten kräftigen Zacken. Gonopoden: Parabothrine Leiste so gut wie nicht sichtbar, Praefemoralzacken *(F)* klein, spitz, in einiger Entfernung distal von ihm eine kleine Tuberkel *(t)*. Subpulvillardorn *(d)* schlank und spitz, ein wenig gekrümmt. Eine Querriefelung nicht vorhanden. Lappendorn *(h)* breit, stumpf, 2zackig. Lateraler Enddorn ein kräftiger, spitzer basalwärts gerichteter Zahn, der mediale Enddorn *(i)* sitzt ein Stück weiter distal als der laterale (Fig. 178).

Calabrien, Gerace.

41c. **B. (E.) proximus brunneus** Att. 1899 *B. p.* var. *b.*, Attems in: Zool. Jahrb., Syst. *v.* 12 p. 298 t. 14 f. 3, 4 | 1927 *B. p. b.*, Attems in: Abh. Senckenb. Ges., *v.* 39 p. 266.

Dunkel kastanienbraun. Länge ♂ 9—10 mm, ♀ 12,5—13 mm, Breite ♂ 1,5 mm, ♀ bis 2 mm. Halsschild fast querelliptisch, das Hintereck nur ganz schwach angedeutet. Rücken sehr glatt und glänzend, mit sehr derber Skulptur, in der 1. Reihe nur die Medianfurche, die Mittelknöpfchen der Tuberkeln winzig klein, nur bei stärkerer Vergrößerung sichtbar. Seitenflügel eckig, mit gut markierten Vorderecken, der Seitenrand nur beim Männchen halbwegs deutlich gezähnt, die Zähnchen ganz rund; beim Weibchen der Seitenrand fast ganz glatt. Gonopoden: Parabothrine Leiste sehr unscheinbar. Praefemoralzacken klein, spitz. Eine Querriefelung auf der Medialseite fehlt. Subpulvillardorn *(d)* schlank und spitz, ganz schwach gebogen. Lappendorn *(h)* 3eckig mit breiter Basis, spitz. Beide Enddorne stehen einander in gleicher Höhe gegenüber, der laterale ist ein kräftiger, basalwärts gerichteter Zacken (Fig. 179).

Italien: Umgebung von Neapel (Camaldoli, Astroni, Monte Faito), Monte Argentario. Sizilien: Palermo, Messina, Corleone-Girgenti. Tunis: Ain Draham.

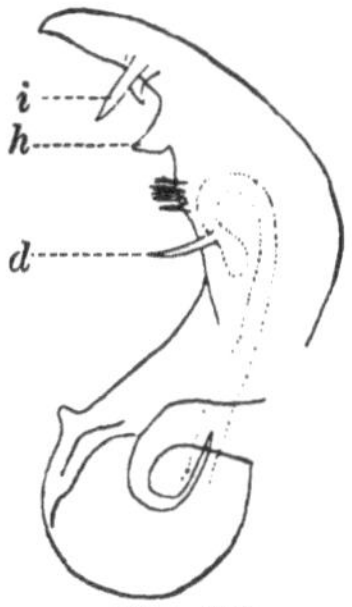

Fig. 179.
Brachydesmus (E.) proximus brunneus Att. (Monte Faito).

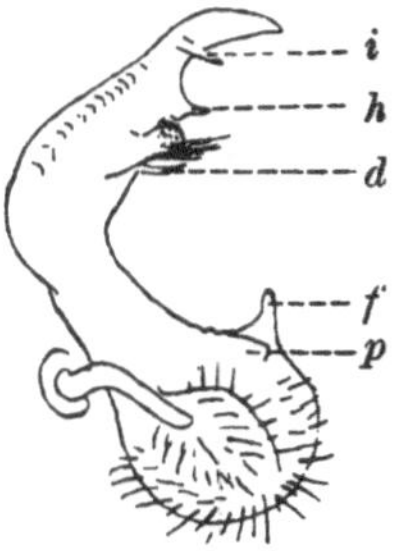

Fig. 180.
Brachydesmus (E.) proximus italicus Att.

41d. **B. (E.) proximus italicus** Att. 1927 *B. i.*, Attems in: Abh. Senckenb. Ges., *v.* 39 p. 267 f. 39, 40.

Gelblichbraun, die Rückentuberkeln dunkler überlaufen. Länge 9,5—14 mm. Seitenrand der Seitenflügel gerade oder deutlich konvex, sehr schwach gezähnelt. Die Borsten winzig, nur auf den letzten Segmenten etwas länger. Gonopoden: Parabothrine Leiste *(p)* sehr unscheinbar. Praefemoralzacken *(f)* relativ lang und spitz. Subpulvillardorn *(d)* schlank, spitz und schwach gebogen. Die Querriefelung auf der Medialseite deutlich. Lappendorn *(h)* 3eckig mit breiter Basis. Der laterale Enddorn ist ein winziger Zacken in derselben Höhe wie der Lappendorn. Der mediale Enddorn *(i)* ist ein spitzer Spieß, etwas schräg distal gerichtet und etwas weiter distal als der laterale. Das Ende ist unten nicht vorgewölbt (Fig. 180).

Monte Gargano, Aspromonte, Elba.

41e. **B. (E.) proximus latzelii** Silv. 1894 *B. L.*, Silvestri in: Boll. Soc. Rom. zool., *v.* 3 p. 197 | 1898 *B. L.*, Attems in: Denk. Ak. Wien, *v.* 67 p. 468 | 1902 *B. L.*, Ant. Berlese, A. M. S., fasc. 94 nr. 3 | 1907 ? *B. proximus alnorum*, K. W. Verhoeff in: Zool. Anz., *v.* 32 p. 343 | 1927 *B. p. latzeli*, Attems in: Abh. Senckenb. Ges., *v.* 39 p. 267 f. 41, 42.

Licht rotbraun. Länge 15—17 mm. Rücken sehr glatt und glänzend, fast unbeborstet. Halsschild regelmäßig querelliptisch, seitlich ganz abgerundet, längs des Vorder- und Hinterrandes je eine Reihe kleiner Tuberkeln, das dazwischen liegende Feld durch eine Medianfurche in 2 große Buckel geteilt. Skulptur der Metazoniten sehr derb, in der 1. Reihe nur die Medianfurche tief, Beule geteilt. Seitenflügel nur mäßig breit, dicklich wegen der Höhe der dorsalen Tuberkeln, Ecken bis zum 5. abgerundet, vom 6. an werden sie eckiger, der Seitenrand sehr schwach konvex mit 3 oder 4 seichten Kerben. Gonopoden (Fig. 181): der Praefemoralzacken ist ein niedriger, 3eckiger Vorsprung. Lappendorn *(h)* schräg zurückgerichtet, breit abgestumpft. Lateraler Enddorn *(a)* sehr kräftig, in derselben Höhe wie der mediale *(i)*. Das Ende unten nicht vorgewölbt. Die Querriefelung auf der Medialseite deutlich.

Mittelitalien: Rom, Bracciano, Colle Pezzo, Bevagna, Pisa.

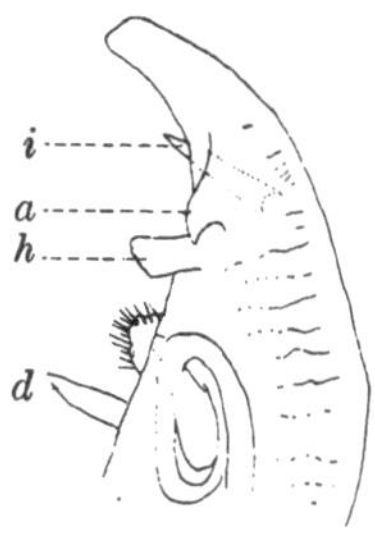

Fig. 181.
Brachydesmus (E.) proximus latzelii Silv.

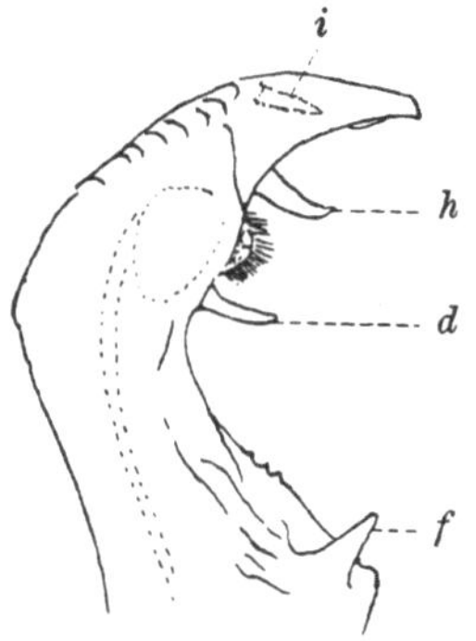

Fig. 182.
Brachydesmus (E.) proximus palmiensis Verh.
(K. W. Verhoeff, 1930).

41f. **B. (E.) proximus palmiensis** Verh. 1930 *B. p. p.*, K. W. Verhoeff in: Zool. Jahrb., Syst. *v.* 59 p. 406, 407 t. 16 f. 39.

Femoralzacken schlank und spitz. Die Querriefelung beginnt erst distal vom Haarpolster. Lappendorn lang, schlank und spitz. Spitze des Subapicalzahnes bis zum Haarpolster reichend. Der Endteil des Telopodit verschmälert sich stark und zeigt innen die Andeutung einer Leiste (Fig. 182).

Calabrien: Palmi. Riviera: Viareggio.

41g. **B. (E.) proximus cavanus** Verh. 1930 *B. p. c.*, K. W. Verhoeff in: Zool. Jahrb., Syst. *v.* 59 p. 406, 407 t. 16 f. 36.

Praefemoralzacken schlank und spitz. Lappendorn 3eckig mit breiter Basis. Die Spitze des kräftigen medialen Enddorns reicht bis zum Telopoditende, das gegabelt erscheint. Querriefen in geringer Zahl und schwach (Fig. 183).

Sorrentinische Halbinsel bei Corpo di Cava.

41h. **B. (E.) proximus cribelliger** Verh. 1930 *B. p. c.*, K. W. Verhoeff in: Zool. Jahrb., Syst. *v.* 59 p. 406, 407 t. 16 f. 38.

An Stelle des Praefemoralzackens eine abgestutzte Leiste. Die Querriefen *(R)* sind besonders zahlreich und reichen basalwärts bis über den Subpulvillardorn. Lappendorn *(h)* abgerundet; neben ihm auf der Medialseite ein Porenfeld. Der mediale Enddorn *(i)* fehlt bis auf ein kleines Höckerchen. Am Endteil medial eine vortretende Leiste; der kurze Subapicalzahn ragt in die Bucht zwischen dieser Leiste und dem Lappendorn hinein (Fig. 184).

Neapel.

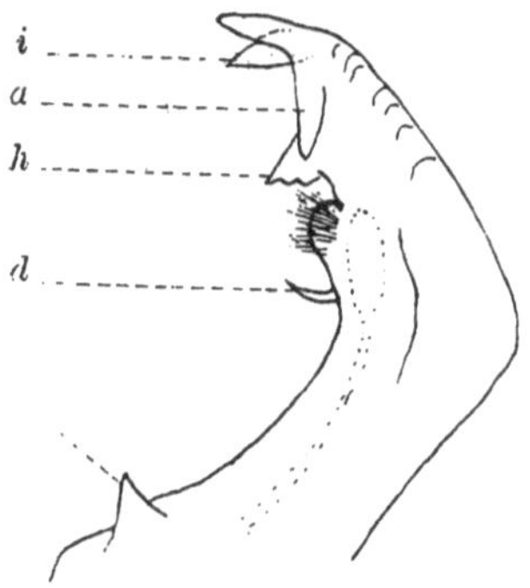

Fig. 183.
Brachydesmus (E.) proximus cavanus Verh.
(K. W. Verhoeff, 1930).

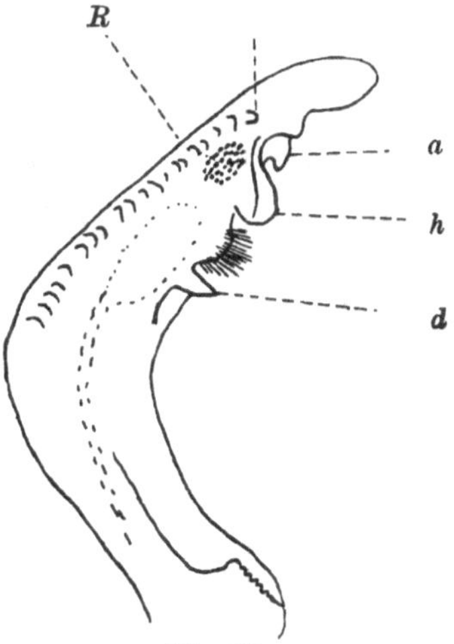

Fig. 184.
Brachydesmus (E.) proximus cribelliger Verh.
(K. W. Verhoeff, 1930).

41i. **B. (E.) proximus fallax** Att. 1927 *B. f.*, Attems in: Abh. Senckenb. Ges., *v.* 39 p. 269 f. 46—49.

Halsschildseiten dem Kopf anliegend. Seitenflügel der Segmente 2—4 stark gezähnelt. Borsten sind keine sichtbar. Rand der parabothrinen Leiste *(P)* unregelmäßig wellig, ohne stärkere Vorragung. Der Femoralzacken *(f)* überragt die parabothrine Leiste merklich, ist von mittlerer Größe und spitz. Subpulvillardorn *(d)* schlank, spitz, endwärts gekrümmt. Distal vom Haarpolster deutlich nur der abgestumpfte Lappendorn *(h)*, die Enddorne sind nur sehr kurze undeutliche Stummel *(i)*. Riefelung auf der Medialseite gut ausgeprägt (Fig. 185).

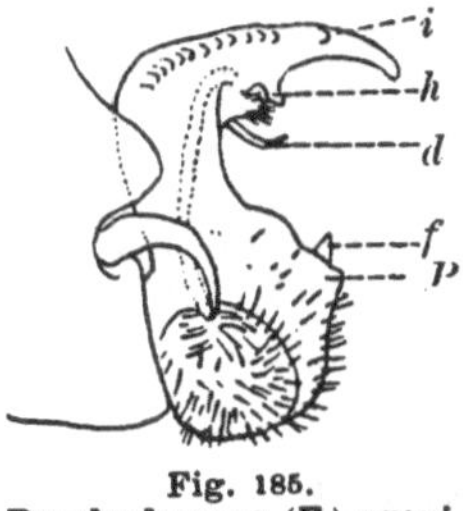

Fig. 185.
Brachydesmus (E.) proximus fallax Att.
(Piombino).

Toscana: Piombino.

42. **B. (E.) silvanus** Bröl. 1894 *B. s.*, Brölemann in: Mém. Soc. zool. France, *v.* 7 p. 445 t. 11 f. 3, 4, t. 12 f. 14, 15 | 1898 *B. s.*, Attems in: Denk. Ak. Wien, *v.* 67 p. 465 t. 10 f. 239 | 1907 *B. proximus s.*, K. W. Verhoeff in: Zool. Anz., *v.* 32 p. 343 | 1927 *B. s.*, Attems in: Abh. Senckenb. Ges., *v.* 39 p. 269 f. 50—52 | 1930 *B. s.*, K. W. Verhoeff in: Zool. Jahrb., Syst. *v.* 59 p. 405 | 1930 *B. sturanensis*, K. W. Verhoeff, ibid., *v.* 59 p. 402 t. 15 f. 26, 27.

Heller oder dunkler gelbbraun, die Seitenflügel zuweilen aufgehellt, die Antennen dunkler, Bauch und erste Beinglieder sehr blaß. Länge 12 bis 16 mm, Breite 1,8—2,4 mm. Halsschild fast so breit wie die Backen, seine Seitenflügel groß, horizontal abstehend. Seitenrand der Segmente 2—4 deutlich gezähnelt, auf den folgenden Segmenten nimmt die Zähnelung allmählich ab; in den Kerben keine Borsten. Seitenflügel breit, sehr eckig, horizontal, wenn nicht sogar ein wenig aufwärts gerichtet, Vorder- und Hinterrand einander parallel, auf den vordersten Segmenten senkrecht zur Längsachse, später etwas schräg nach hinten gerichtet. Vorderrand gerade, Seitenrand, die Zähnelung abgesehen, ebenso. Rücken matt, Skulptur derb, in der 1. Reihe nur die Medianfurche, Tuberkeln der 2. und 3. Reihe fast gleich groß. Hintereck zackig, nur auf den letzten Segmenten den Hinterrand überragend. Auf einzelnen Rückentuberkeln stehen sehr kleine, zugespitzte Börstchen. Gonopoden: die parabothrine Leiste *(P)* hat mehrere spitze Zähnchen, die ungefähr ebenso weit vorragen wie die Spitze des kräftigen, spitzen Praefemoralzackens *(f)*. Querriefelung auf der Medialseite sehr deutlich. Subpulvillardorn *(d)* lang, schlank, endwärts gekrümmt. Der Lappendorn *(h)* und der mediale Enddorn *(i)* sind gerade, schlanke, schräg basalwärts gerichtete Spieße, die fast nebeneinander stehen. Das Ende des Telopodit distal vom medialen Enddorn ist sehr kurz, kaum länger als breit (Fig. 186).

Lombardei: Malnate, Pavia, Cernusco, Vedano. Piemont: Cuneo.

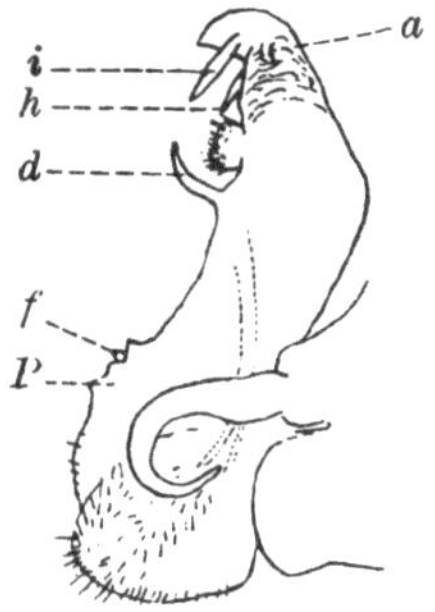

Fig. 186.
Brachydesmus (E.) silvanus Bröl.
(Nach einem von Brölemann erhaltenen ♂.)

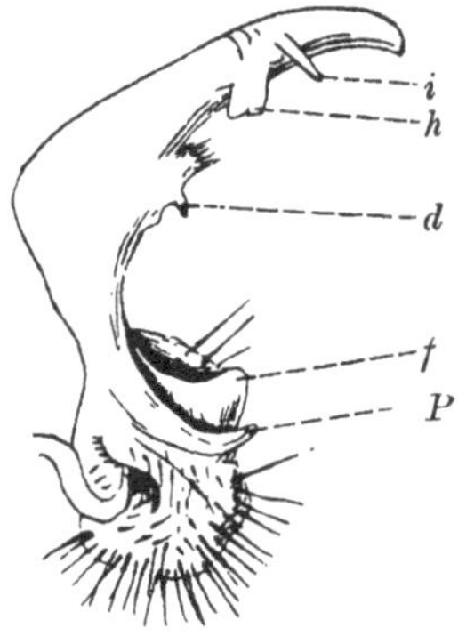

Fig. 187.
Brachydesmus (E.) perfidus Att.

42a. **B. (E.) silvanus silvanus** Bröl. Literatur wie oben.

Telopodit des Gonopoden schwächer eingebogen, nur im stumpfen Winkel. Das Ende distal vom medialen Enddorn sehr kurz, kaum länger als breit. Der mediale Enddorn steht dicht vor dem Ende. Lateraler Enddorn lang und schlank.

Lombardei: Malnate, Pavia, Cernusco, Vedano. Piemont: Cuneo.

42b. **B. (E.) silvanus veris** Verh. 1932 *B. s. v.*, K. W. Verhoeff in: Arch. Naturg., n. F. *v.* 1 p. 618 f. 34.

Telopodit des Gonopoden im ganzen stärker keulig und in fast rechtem Winkel eingeknickt, das Ende länger und stärker eingebogen. Der mediale Enddorn ist weit vom Ende entfernt, lateraler Enddorn kurz und breit. — Berechtigung dieser Subspecies fraglich.

Piemont: Schloßberg bei Chivasso.

43. **B. (E.) perfidus** Att. 1927 *B. p.*, Attems in: Abh. Senckenb. Ges., *v.* 39 p. 268 f. 43—45.

Gelbbraun, der Rücken bis zu den großen Seitenbeulen im Bereich der 2. und 3. Felderreihe dunkelbraun. ♂ Länge 13,5 mm. Halsschildseiten anliegend. Seitenrand der Seitenflügel deutlich konvex und sehr schwach gezähnelt. Die Beborstung des Rückens ist nur auf den letzten 3—4 Segmenten auffälliger, auf den anderen Segmenten nur winzige Börstchen. Gonopoden (Fig. 187): die parabothrine Leiste *(P)* läuft basalwärts in einen größeren geschwungenen Zacken aus. Praefemoralzacken *(f)* sehr breit und stumpf. Subpulvillardorn *(d)* winzig klein, daumenförmig, an der Basis des Haarpolsters sitzend. Lappendorn *(h)* ein sehr breiter, schräg basalwärts gerichteter, am Ende quer abgestutzter Lappen. Medialer Enddorn *(i)* schlank. Der laterale Endzahn sitzt in derselben Höhe wie der Lappendorn, ganz auf der Lateralseite. Vor der Spitze eine leichte Anschwellung an Stelle des Subapicalzahnes.

Italien: Cagnano, Abhang des Monte Gargano.

44. **B. (E.) exiguus** Bröl. 1894 *B. e.*, Brölemann in: Mém. Soc. zool. France, *v.* 7 p. 441 t. 12 f. 10—13 | 1898 *B. e.*, Attems in: Denk. Ak. Wien, *v.* 67 p. 471 t. 11 f. 274 | 1902 *B. e.*, J. Carl in: Rev. Suisse Zool., *v.* 10 p. 617.

Gelblichweiß, das Vorderende etwas ins Rötliche spielend. Länge 8 bis 9 mm, Breite 0,8—0,9 mm. Halsschild viel schmäler als die Backen, mit deutlichen Hinterecken, Fläche mit 3 Borstenreihen. Seitenflügel des 2. Segments etwas nach vorn gezogen, mit rechtwinkligen Vorderecken, die Seitenränder parallel mit 2 spitzen Zähnchen, Hintereck stumpf. Auf den folgenden Segmenten das Vordereck immer mehr abgeschliffen und das Hintereck zackiger, auf dem 7. Segment noch rechtwinklig. Seitenrand schwach konvex, auf den vorderen Segmenten 2 kleine Zähnchen, auf den mittleren und hinteren nur sehr seichte Kerben mit etwas keuligen Borsten. Skulptur der Metazoniten flach, die 3 Reihen keuliger Borsten deutlich. Gonopoden: kein Praefemoralzacken, auf der Lateralseite keine vorragende Lamelle, Lappendorn schlank und spitz, in derselben Höhe wie der mediale Enddorn, Subapicalzahn vorhanden.

Lombardei: Erba, Carate, Gavirate, Pavia, Codogno. Riviera: Theoule. Kanarische Inseln.

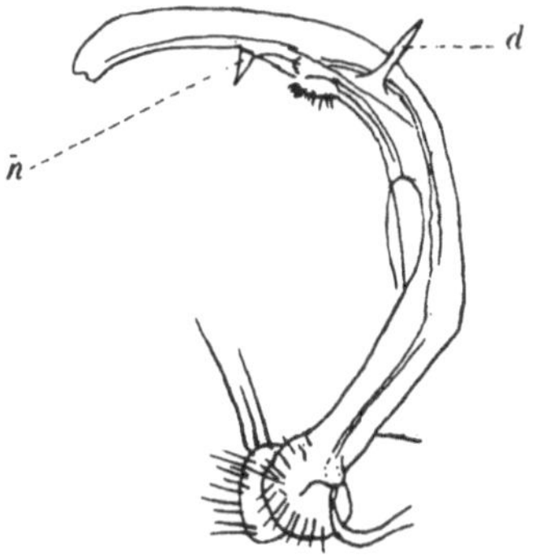

Fig. 188.
Brachydesmus (E.) radewi Verh. (K. W. Verhoeff, 1926).

45. **B. (E.) radewi** Verh. 1926 *B. r.*, K. W. Verhoeff in: Trav. Soc. Bulgare, *v.* 12 p. 73 t. 3 f. 6.

Reinweiß. Seitenflügel kräftig gezähnt, die Zähne stumpf, Rückenborsten ziemlich lang, spitz, schon am Halsschild in 3 Reihen. Gonopoden (Fig. 188) ungewöhnlich schlank, sichelartig gekrümmt, der Subpulvillardorn *(d)* gerade, stachelartig, ganz nach vorn (außen) gewendet. Kein Praefemoralzacken, auf der Lateralseite keine Lamelle. Keine Zahnleiste. Distal vom Haarpolster nur der schlanke, spitze Lappendorn *(h)*.

Bulgarien: Promakinjalo-Höhle beim Dorfe Dolnja Beschewitza, Bezirk Wratza.

e) Subgen. **Bosniodesmus** Verh.

1929 *B.*, K. W. Verhoeff in: Zool. Jahrb., Syst. *v.* 57 p. 623 | 1930 *B.*, K. W. Verhoeff in: Bronn, Kl. Ordn., *v.* $5^{II\,2}$ p. 1560.

Gonopodentelopodit breit und gedrungen, Praefemur einfach beborstet, ohne Stifte auf dem Femur außer dem Haarpolster keine Borsten. Samenblase und Haarpolster typisch entwickelt. Femur und Tibiotarsus nicht deutlich gegeneinander abgegrenzt. Lateral vom Haarpolster ein runder Lappen. Tarsus nach vorn zu gekrümmt. Hinterecken der Seitenflügel einfach zackig, nicht gespalten. Rückenskulptur deutlich ausgeprägt. Körper rotbraun pigmentiert.

Bosnien.

1 Art.

46. **B. (B.) reversus** Bröl. 1894 *B. r.*, Brölemann in: Mém. Soc. zool. France, *v.* 7 p. 447 t. 11 f. 5—9 | 1897 *B. r.*, K. W. Verhoeff in: Arch. Naturg., *v.* 63^{I} p. 142 | 1898 *B. r.*, Attems in: Denk. Ak. Wien, *v.* 67 p. 467 t. 11 f. 275, 276 | 1912 *B. (Eubrachydesmus) r.*, Attems in: Verh. Ges. Wien, *v.* 61 p. 412 | 1929 *B. (Bosniodesmus) r.*, K. W. Verhoeff in: Zool. Jahrb., Syst. *v.* 57 p. 623.

Mehr oder weniger dunkel rotbraun, Seitenflügel, Bauch und Beine etwas lichter, Antennenkeule schwärzlich verdunkelt. Länge 11,5—12,5 mm, Breite 1,6—1,8 mm. Das Vorderende deutlich verschmälert. Halsschild viel

Fig. 189.
Brachydesmus (Bosniodesmus) reversus Bröl.
Gonopode, Medialseite.

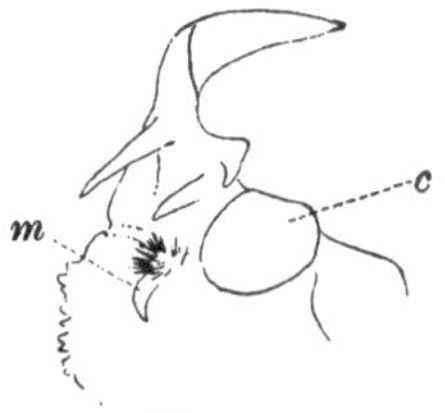

Fig. 190.
Brachydesmus (Bosniodesmus) reversus Bröl.
Gonopode, Lateralseite.

schmäler als die Backen, die Seiten abgerundet, vor dem verwischten Hintereck ragt eine Rückentuberkel vor, 3 Reihen borstentragender Tuberkeln. Seitenflügel eckig, in der Form denen von *Polydesmus complanatus* gleichend, die der vorderen Segmente etwas aufgebogen, so daß der Rücken fast hohl ist. Rückenskulptur deutlich aber nicht derb, 3 Reihen auf deutlichen Mittelknötchen sitzender winziger Börstchen. Vorderrand der Seitenflügel gerade und senkrecht zur Längsachse, Seitenrand mit 3 oder 4 seichten Kerben, die 4 oder 5 sehr kurze Zähne bilden, Hintereck auf den vordersten Segmenten abgestumpft, dann rechteckig, in der hinteren Körperhälfte zackig. Gonopoden (Fig. 189, 190): an der Grenze von Praefemur und Femur keine Vorragung, die hintere Kante des Femur unregelmäßig fein gezähnelt. Parabothrine Leiste sehr schwach. Knapp neben dem Haarpolster ein krummer Dorn *(m)*. Neben dem Haarpolster vorn ein großer runder Lappen *(c)*. Die Samenrinne zieht auf der Medialseite bis in die Höhe dieses Lappens nach hinten und biegt dann auf die Lateralseite. Femur und Tibiotarsus sind nicht gegeneinander abgegrenzt. Der Tarsus ist nach vorn gekrümmt; er hat 2 schlanke Kegelzähne, die nach hinten gerichtet sind, und vorn einen kurzen hakigen Zahn (Fig. 189).

Ivan-Berg an der bosnisch-herzegowinischen Grenze, Trebević bei Sarajevo, Pazarić, Bosnien.

f) Subgen. **Lophobrachydesmus** Att.

1912 *L.*, Attems in: Verh. Ges. Wien, *v.* 61 p. 409, 422 | 1929 *Leptobrachydesmus*, K. W. Verhoeff in: Zool. Jahrb., Syst. *v.* 57 p. 622 | 1930 *L.*, K. W. Verhoeff in: Bronn, Kl. Ordn., *v.* 5 II 2 p. 1559.

Gonopoden breit und gedrungen, Praefemur mit den gewöhnlichen spitzen Borsten ohne Stifte, Samenblase und Haarpolster typisch ausgebildet, das Haarpolster am Ende eines Femoralfortsatzes oder auf dem Hauptstamm des Femur gelegen. Trennung in Femur und Tibiotarsus deutlich oder verwischt, Tarsus lateral mit einem helmraupenartigen Wulst von Stiften oder Borsten (Fig. 192). Hinterecken der Seitenflügel einfach zackig. Rückenskulptur deutlich. Körperfarbe weiß oder gelblich.

Krim. Albanien. Kaukasus.

3 Arten.

Typus: *B. (L.) jubatus* Att.

Übersicht über die Arten:

1	Mündung der Samenrinne mit dem Haarpolster am Ende eines Femoralfortsatzes. Der helmraupenartige Wulst des Tibiotarsus besteht aus kurzen stumpfen Stiften. Grenze zwischen Femur und Tibiotarsus sehr deutlich — 2	
	Die Mündung der Samenrinne inmitten eines Haarkranzes liegt auf dem Hauptstamm des Telopodit. Der Helmraupenwulst hat lange spitze Borsten. Grenze zwischen Femur und Tibiotarsus nicht deutlich	49. **B. (L.) vermosanus**
2	Femoralfortsatz mit der Samenrinnenmündung relativ kurz. An der Grenze von Praefemur und Femur kein Zacken. Felderung der Tergite deutlich . .	47. **B. (L.) jubatus**
	Femoralfortsatz und Tibiotarsus viel länger. An der Grenze von Praefemur und Femur ein großer Zacken. Felderung der Tergite sehr verwischt .	48. **B. (L.) furcatus**

47. **B. (L.) jubatus** Att. 1907 *B. j.*, Attems in: Ark. Zool., *v.* 3 nr. 25 p. 12 t. 1 f. 5—7 | 1912 *B. (Lophobrachydesmus) j.*, Attems in: Verh. Ges. Wien, *v.* 61 p. 423.

Licht braungelb oder schmutziggelb, das Vorderende etwas dunkler. Länge 9,5 mm, Breite 0,9 mm. Halsschild bedeutend schmäler als der Kopf, die Seiten breit abgerundet. Rücken sehr glänzend, Skulptur deutlich aber flach. Seitenflügel mäßig breit, im allgemeinen rund, Hintereck auf den Segmenten 2—4 noch stärker abgerundet als das Vordereck, vom 10. an beginnt es zackig zu werden, auf den Segmenten 16—18 deutlich zahnartig; Seitenrand leicht konvex mit sehr schwachen Kerben; in den Kerben und auf den Rückentuberkeln winzige, leicht keulige Borsten. Gonopoden (Fig. 191): Femur kräftig beborstet, an der Grenze gegen die Tibia medial

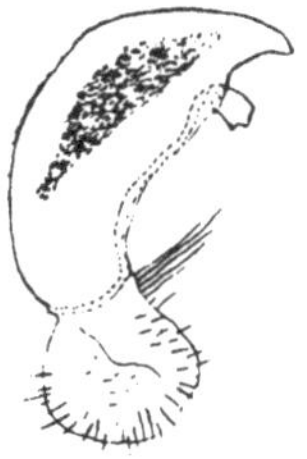

Fig. 191.
Brachydesmus (L.) **jubatus** Att.
Lateralseite.

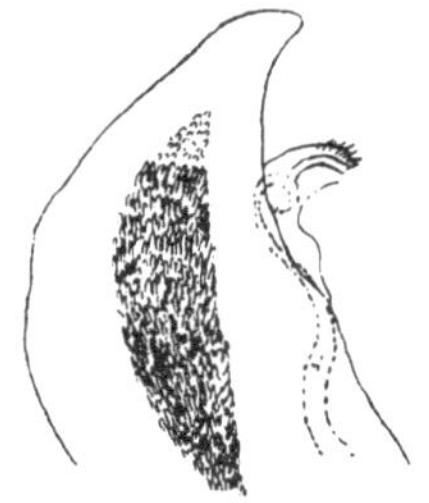

Fig. 192.
Brachydesmus (L.) **jubatus** Att.
Ende des Gonopoden stärker vergrößert.

ein Büschel von einigen sehr langen Borsten, aber keine Vorragung. Das ganze Telopodit ist in 2 große, dicke Haken geteilt, von denen der kleinere, in der Höhlung des 2. liegende, das Ende des Femur ist; an seiner Spitze mündet die Samenrinne und liegt das Haarpolster. Der 2. größere Endhaken ist der Tibiotarsus und sehr deutlich gegen das Femur abgegrenzt und trägt auf der Lateralseite einen Wulst von dichtgedrängten, kurzen, stumpfen Stiften (Fig. 192).

Krim, Alupka.

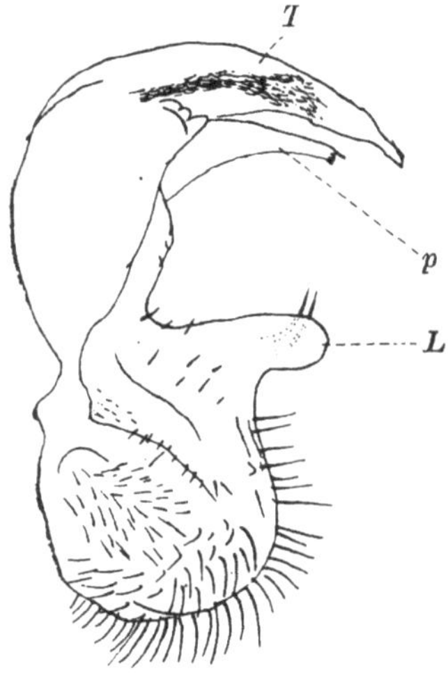

Fig. 193.
Brachydesmus (L.) **furcatus** Lohm. (Lohmander, 1936).

48. **B.** (**L.**) **furcatus** Lohm. 1936 *B. (L.) f.*, Lohmander in: Göteborgs Vetensk. Handl., ser. 5B *v.* 5 p. 16 f. 3, 4.

Hell braungelb. ♂ Länge 10 mm, Breite 1,25 mm. Kopf überall dicht beborstet. Halsschild schmäler als Kopf und folgende Tergite, quer oval, an den Seiten hinten stumpfwinklig. Seitenflügel mäßig breit, Breite der Prozoniten zu der der Seitenflügel wie 33 : 50, Vorder- und Seitenrand gehen in einem Kreisbogen ineinander über. Hinterecken zunächst stumpfwinklig, dann vom 12. an rechtwinklig, vom 14. an ein kurzer Zacken. Seitenrand schwach konvex und deutlich gezähnelt. Felderung der Tergite sehr verwischt. Borsten des Halsschildes und der 1. Reihe des 2. Segments lang und stäbchenförmig, die übrigen schlank keulig. Gonopoden (Fig. 193): an der Grenze von Praefemur und Femur ein großer, 4 gebogene große Borsten tragender Zacken *(L)* (vom Autor zum Femur gerechnet, dürfte aber eher zum Praefemur gehören), Femur proximal vom Rinnenast ohne Dorn. Samenrinne nach hinten verlegt, die Samenblase mündet am Ende des langen Rinnenastes *(p)*, der fast ganz von der Samenblase eingenommen wird, Haarpolster schwach. Tibiotarsus *(T)* zum schwach hakig gekrümmten Ende allmählich verschmälert, medial mit einem distal breiten Wulst von stumpfen bis mäßig spitzen Stäbchen, lateral ein viel kleinerer Dörnchenwulst, der sich nach vorn und basalwärts in ein mit kurzen Stäbchen bis kleinen Tuberkeln besetztes Feld fortsetzt.

Nordkaukasien: Kuban-Gebiet, Wiese am Fluß Schischi.

49. **B. (L.) vermosanus** Att. 1929 *B. v.*, Attems in: Zool. Jahrb., Syst. *v.* 56 p. 343 t. 8 f. 28, 29.

Fig. 194. **Brachydesmus (L.) vermosanus** Att.

Weiß, Vorderende rötlichgelb überlaufen. Länge 10 mm, Breite 0,85 mm, Prozoniten 0,55 mm. Rücken glatt und glänzend, in der 1. Reihe nur die Medianfurche. Seitenflügel lang aber nicht breit, Seitenrand gerade mit 3 oder 4 sehr seichten Kerben, im Vordereck das 1. Zähnchen; das Hintereck beginnt vom 5. Segment an zackig zu werden, bildet aber nur auf den Segmenten 16 und 17 einen größeren Zahn. Seitenflügel des 2.—4. Segments ziemlich regelmäßig rechteckig mit leicht abgerundeten Ecken. Gonopoden (Fig. 194): Praefemur vor dem Ende eingeschnürt, an der Grenze von Praefemur und Femur ein ziemlich großer, halb vom Praefemur und halb vom Femur gebildeter Vorsprung, an den distal eine Mulde anschließt. Das Femur zeigt keine deutliche Grenze zwischen den beiden Teilen; auf der Lateralseite ein mit langen, spitzen Borsten besetzter Wulst. Die Samenrinne mündet inmitten eines Haarkranzes auf dem Hauptstamm des Femur, nicht auf einem Fortsatz, wie bei *B. jubatus*, distal vom Haarpolster ein schlanker, krummer Stachel; kein Subpulvillardorn. Der am Grunde nicht abgegrenzte Tarsalabschnitt ist 2lappig, jeder Lappen stumpf gezackt, zwischen beiden ein gerader Dorn.

Albanien: Vermoša.

g) Subgen. **Haplobrachydesmus** Att.

1928 *Haplobrachidesmus,* Lohmander in: Trav. Mus. Kiew, *v.* 6 p. 531.

Telopodit des Gonopoden breit und gedrungen, Praefemur ohne Stachelborsten. Femur mit dichter kurzer, verschieden weit basalwärts sich erstreckender Behaarung. Samenblase und Haarpolster typisch entwickelt. Tibiotarsus des Gonopoden groß, den Femoralteil an Größe übertreffend. Hinterecken aller Seitenflügel einfach, nicht gespalten. Rückenskulptur sehr deutlich. Farbe gelblichweiß bis rötlichbraun.

Kaukasus-Gebiet, Armenien, Ukraine.

4 Arten.

Typus: *B. (H.) karawajewi* Lohm.

Übersicht über die Arten:

1 { Der mediale Zahn am Ende des Tibiotarsus des Gonopoden und die Lamelle daselbst sind auf winzige Spitzchen reduziert. Hellbraun, Breite 1,3 mm . . . . 53. **B. (H.) talyschanus**
Am Ende des Tibiotarsus des Gonopoden sind 2 ungefähr gleich große Zähne vorhanden — 2 }

2	Länge 7,5—10,5 mm, Breite 1,1—1,4 mm. Licht bräunlichgelb. Die Behaarung des Femur des Gonopoden erstreckt sich weiter basalwärts als bei den anderen Arten	50. **B. (H.) karawajewi**
	Länge 10—20 mm, Breite 2—2,7 mm. Die Behaarung des Femur des Gonopoden erstreckt sich weniger weit basalwärts — 3	
3	Rötlichbraun. Gonopodentelopodit breiter, Tibiotarsus vorn stark bauchig und relativ kürzer. Die Zähne am Ende des Tibiotarsus sind weniger stark nach hinten gekrümmt	51. **B. (H.) kalischewskyi**
	Gelblichweiß. Gonopodentelopodit schlanker, vorn weniger bauchig. Tibiotarsus länger. Die Zähne am Ende des Tibiotarsus sind stärker nach hinten gekrümmt	52. **B. (H.) ferrugineus**

50. **B. (H.) karawajewi** Lohm. 1928 *B. k.*, Lohmander in: Trav. Mus. Kiew, *v.* 6 p. 530 f. 1.

Rücken licht bräunlichgelb, vordere Tergite stärker pigmentiert, Beine, Kopf, Antennen und Unterseite weißlichgelb. Länge 7,5 mm, Breite 1,1 mm. Körper hinter dem großen Kopf bedeutend eingeengt, indem die ersten 4 Tergite viel schmäler als die Backen sind, das 5. merklich breiter als die ersten. Halsschild queroval, seitlich abgerundet. Seitenflügel der Segmente 2—4 klein, schwach emporgehoben, und etwas nach vorn gezogen, Seitenrand mit 3 kleinen Zähnchen, Hintereck rechtwinklig. Seitenflügel der folgenden Segmente schmal, Seitenrand konvex mit 4 schwachen Kerben, Hintereck vom 6. an kurzzackig, vom 10. an spitzzipfelig. Skulptur der Metazoniten derb, Felderung typisch. Beborstung auf den vorderen und mittleren Segmenten gut entwickelt, in der Körpermitte spärlicher, alle Borsten keulenförmig zumeist kurz und dick, auf dem 18. Segment schlanker und ziemlich lang. Analsegment mit wenigen langen und spitzen Borsten. Gonopoden (Fig. 195): sehr an die von *B. kalischewskyi* erinnernd, Telopodit gedrungen, in der Mitte eingeschnürt und am Ende ziemlich tief in einen femoralen und einen tibiotarsalen Ast gespalten, von denen der tarsale den femoralen weit überragt. Femoralabschnitt kegelförmig, am Ende in einen abgeplatteten oder schwach schaufelförmigen, runzelig-warzigen Kegelfortsatz *(f)* ausgezogen, unterhalb dessen auf der Lateralseite die Mündung der Spermarinne von einem kräftigen Haarpolster umgeben. Dicht distal vom Haarpolster ein kräftiger Dorn *(z)*. Tarsalabschnitt ebenfalls kegelförmig, etwas ausgehöhlt, mit niedrigen Längsleisten und hinten einer Lamelle. Das Ende wird von einem nach außen gekrümmten Dorn *(e)* gebildet, unter dem lateral ein zweiter Dorn *(l)* steht. Telopodit lateral am Praefemur kräftig beborstet, besonders einige distale Borsten sind sehr lang, sonst nur hinten am Femoralast kurz behaart; medial erstreckt sich die Beborstung vom Praefemur bis an die Basis des femoralen Kegelfortsatzes, am Femoralast ist eine dichte kurze Behaarung vorhanden.

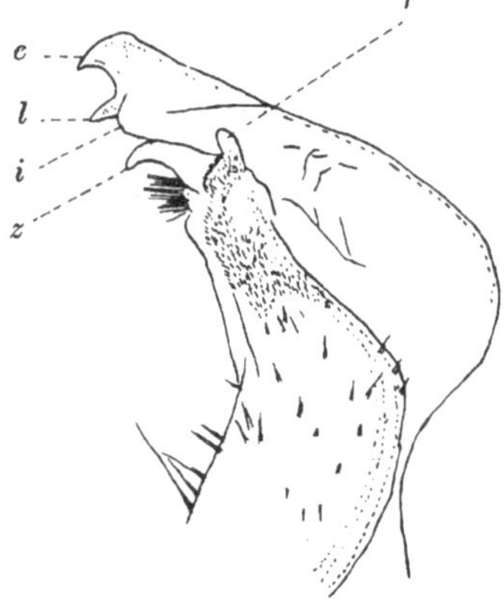

Fig. 195.
Brachydesmus (H.) karawajewi Lohm.
(Lohmander, 1928).

Teberda, Nordabhang des Kaukasus.

51. **B. (H.) kalischewskyi** Lign. 1914 *B. k.*, Lignau in: Annuaire Mus. St.-Pétersb., *v.* 19 p. 370 f. 3—5, t. 4 f. 3.

Grau oder sandgelb. ♂ Länge 10—15 mm, ♀ Länge 9 mm, Breite 1,5 mm. Halsschild viel schmäler als der Kopf, die Segmente 2—4 merklich schmäler als die folgenden. Skulptur der Tergite recht scharf. Seitenflügel relativ klein, ihre Vorderecken vom 5. Segment an ziemlich stark nach hinten gerichtet und abgerundet. Gonopoden (Fig. 196): Telopodit breit und gedrungen, unten etwas ausgehöhlt. Der Femoralabschnitt endet mit einem gerade distal gerichteten Kegel *(f)*, gerade über dem Haarpolster ein starker Dorn, das Ende des Femoralabschnittes stark behaart. Der Tarsus ist in 2 Haken *(g, n)* geteilt, von denen der untere, weniger krumme, an seiner Basis in einen leicht gezackten Kamm übergeht.

Abchasien: Obere Zebelda, an den Flüssen Kodor und Tschchalta, Dorf Aschary.

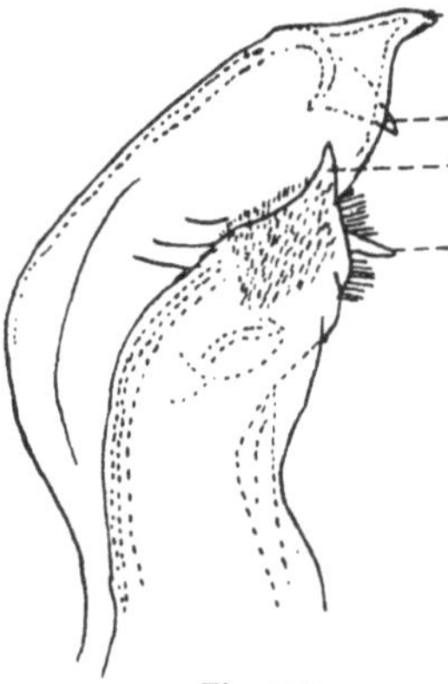

Fig. 196.
Brachydesmus (H.) kalischewskyi Lign.
(Lignau, 1914).

Fig. 197.
Brachydesmus (H.) ferrugineus Lohm.
(Lohmander, 1936).

52. **B. (H.) ferrugineus** Lohm. 1936 *B. (H.) f.*, Lohmander in: Göteborgs Vetensk. Handl., ser. 5B *v.* 5 p. 22 f. 7, 8.

Färbung viel kräftiger als bei den anderen Arten, rötlichbraun, Kopf, Antennen und Beine heller. Länge ♂ 16—20 mm, ♀ 14—16 mm, Breite ♂ 2,2—2,7, ♀ 2,1—2,6 mm. Halsschild klein, die folgenden Tergite nehmen an Breite rascher zu als bei den anderen Arten. Seitenflügel relativ breit. Seitenrand nur schwach gekerbt, manchmal etwas deutlicher, gerade oder sehr schwach konvex. Skulptur der Tergite gut sichtbar, aber stark abgeflacht, bisweilen etwas verwischt. Gonopoden (Fig. 197): Telopodit lang, schlank, gestreckt. Tibiotarsus vorn nicht bauchig und im ganzen länger als bei *B. kalischewskyi*. Die Zahnfortsätze *(a, i)* am Ende sind stark nach hinten gekrümmt, die Lamelle ist niedriger und nicht deutlich mit dem medialen Zahn verbunden. Die feine Behaarung des Femur hat geringere Ausdehnung.

Abchasien: Zebelda, Olginskoje, Nowyj-Afon. Georgien: Borshom, Tiflis.

53. **B. (H.) talyschanus** Lohm. 1936 *B. (H.) t.*, Lohmander in: Göteborgs Vetensk. Handl., ser. 5B *v.* 5 p. 26 f. 9, 10.

Rücken und Antennen hellbraun, Kopf und Beine gelblichweiß. ♂ Länge 11 mm, Breite 1,3 mm. Rücken ziemlich glänzend. Halsschild breit und fast regelmäßig queroval. Seitenflügel sehr klein, eher nur Längswülste, hoch angesetzt, seitlich zugeschärft, ohne Einkerbungen. Vom 6. Segment an ein kurzer Hintereckzacken, der von der Körpermitte an über den Hinterrand hinausreicht. Felderung der Tergite in der vorderen Körperhälfte teilweise unterscheidbar, hinten fast ganz verwischt. Beine des Männchens stark verdickt, besonders die vorderen Beine. Die Gonopoden nehmen eine Mittelstellung zwischen denen des *B. kalischewskyi* und *B. ferrugineus* ein. Tibiotarsus vorn wenig bauchig, aber kurz. Der laterale Zahn am Ende des Tibiotarsus *(e)* ist sehr groß und dominiert über die anderen beiden Fortsätze *(i, l)*, die nur kleine, abgerundete, 3eckige Läppchen sind, die weit vom Ende abstehen (Fig. 198).

Aserbeidschan, Lenkoran, Lerik.

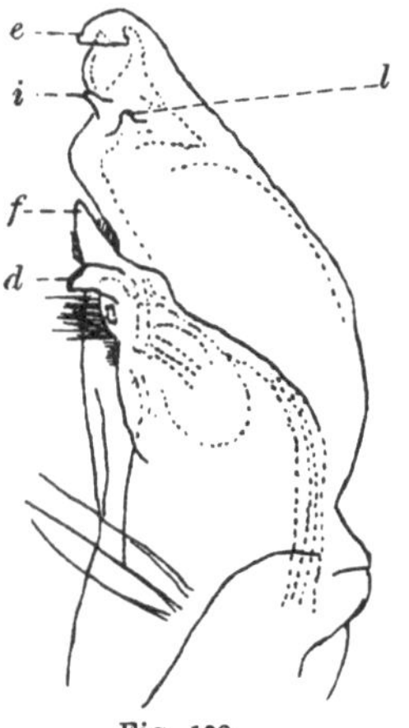

Fig. 198.
Brachydesmus (H.) talyschanus Lohm.
(Lohmander, 1936).

Fig. 199.
Brachydesmus (K.) langhofferi Verh.
Seitenrand des 7. Seitenflügels
(K. W. Verhoeff, 1929).

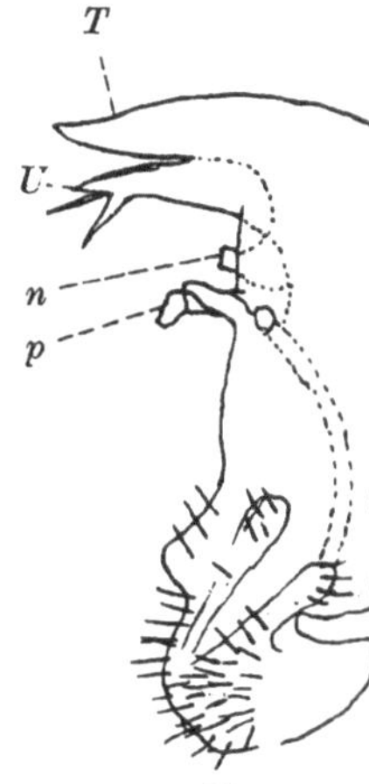

Fig. 200.
Brachydesmus (K.) langhofferi Verh.
Gonopode
(K. W. Verhoeff, 1929).

h) Subgen. **Kerkosoma** Verh.

1929 *K.*, K. W. Verhoeff in: Zool. Jahrb., Syst. *v.* 57 p. 622 | 1930 *K.*, K. W. Verhoeff in: Bronn, Kl. Ordn., *v.* 5II 2 p. 1558.

Gonopoden weder mit Samenblase noch mit Haarpolster, doch mündet die Samenrinne an der gewohnten Stelle in einem kurzen Fortsatz. Praefemur ohne Stachelborsten. Auf den porentragenden Segmenten sind die Hinterecken der Seitenflügel in 2 runde Lappen gespalten (Fig. 199). Rückenskulptur nur schwach angedeutet. Weiß.

Dalmatien.

1 Art.

54. **B. (K.) langhofferi** Verh. 1929 *B. (K.) l.*, K. W. Verhoeff in: Zool. Jahrb., Syst. *v.* 57 p. 624 t. 6 f. 22, 23.

Weiß. Länge ♂ 5—5,5 mm, ♀ 4,5 mm. Halsschild viel schmäler als der Kopf, mit deutlich abgesetzten und völlig abgerundeten Seitenflügeln und 3 Reihen ziemlich langer Stifte. Seitenflügel ziemlich schwach gekerbt, Hinterecken des 2.—4. Segments stumpfwinklig, auf den porentragenden

Segmenten ein Einschnitt in den Hinterzipfeln hinter den Poren, die beiden dadurch gebildeten Lappen auf dem 7. Segment abgerundet (Fig. 199). Skulptur der Metazoniten nur schwach angedeutet. Tibia und Tarsus des 3.—8. Beinpaares mit Kugelborsten. Gonopoden (Fig. 200): trotz des fehlenden Haarpolsters nach dem Typus von *Chromobrachydesmus* gebaut; ein schwacher, gerundeter Femoralzacken vorhanden, Praefemur reichlich beborstet, aber ohne Stifte. Tibiotarsalabschnitt 2- bis 3ästig *(T, U)*. Tarsus an der Basis in einen zahnartig vorragenden Nebenast *(n)* erweitert, auf seiner Wölbung eine Gruppe feiner Knötchen.

Dalmatien: Burgberg bei Knin.

Unsichere Arten, die in keine der Untergattungen eingereiht werden können:

B. brölemanni Verh. 1895 *B. B.*, K. W. Verhoeff in: Zool. Anz., *v.* 18 p. 223 f. 1 | 1898 *B. Broelemanni*, Attems in: Denk. Ak. Wien, *v.* 67 p. 479.
Portugal, Coimbra.

B. californicus Chamb. 1918 *B. c.*, Chamberlin in: Pomona, *v.* 10 p. 9.
Kalifornien: Stanford.

B. cameranii Silv. 1896 *B. Camerani*, Silvestri in: Boll. Mus. Torino, *v.* 11 nr. 233 p. 1 f. 1, 2.
Turin.

B. henriensis Chamb. 1930 *B. h.*, Chamberlin in: Pan-Pacif. Ent. San Francisco, *v.* 6 p. 118.
Utah, Henry Mountains.

B. hungaricus Daday 1889 *B. h.*, Daday, Myr. Regni Hungar., p. 71 t. 2 f. 14 | 1898 *B. h.*, Attems in: Denk. Ak. Wien, *v.* 67 p. 477 t. 10 f. 237.
Ungarn, Szilagyer Comitat, Péer.

B. insculptus Poc. 1892 *B. i.*, Pocock in: P. zool. Soc. London, p. 27 | 1898 *B. i.*, Attems in: Denk. Ak. Wien, *v.* 67 p. 465 t. 10 f. 233, 234.
Algier, Tunis.

B. margaritatus Bröl. 1894 *B. m.*, Brölemann in: Mém. Soc. zool. France, *v.* 7 p. 443 t. 11 f. 1, 2 | 1898 *B. m.*, Attems in: Denk. Ak. Wien, *v.* 67 p. 467.
Italien, Romagna, Meldola.

B. mitis Berl. 1891 *B. m.*, Ant. Berlese, A. M. S., fasc. 59 nr. 10 | 1898 *B. m.*, Attems in: Denk. Ak. Wien, *v.* 67 p. 479 t. 10 f. 240.
Oberitalien, Lavaiano.

4. Gen. **Pseudopolydesmus** Att.

1898 *P.*, Attems in: Denk. Ak. Wien, *v.* 67 p. 270, 479 | 1902 *P.*, J. Carl in: Rev. Suisse Zool., *v.* 10 p. 611 | 1914 *P.*, Attems in: Arch. Naturg., *v.* 80 A4 p. 159, 161 | 1916 *P.*, Brölemann in: Ann. Soc. ent. France, *v.* 84 p. 569 | 1926 *P.*, Attems in: Kükenthal & Krumbach, Handb. Zool., *v.* 4 p. 139 | 1929 *P.*, K. W. Verhoeff in: Zool. Jahrb., Syst. *v.* 57 p. 619 | 1931 *P.*, K. W. Verhoeff in: Zool. Anz., *v.* 94 p. 305.

20 Segmente. Porenformel normal. Die Gonopoden gleichen sehr denen vieler *Polydesmus*, z. B. *P. edentulus*, aber die Samenblase *(Sb)* ist sehr groß, schlauchförmig, reicht fast bis zum Grund des Femur herab; Haarpolster sehr groß auf einem kurzen breiten Femoralfortsatz gelegen. Tarsalabschnitt mit einer oder zwei Gruppen von Stiften. Seitenflügel gut entwickelt, horizontal, Rückenskulptur der Metazoniten ähnlich wie bei *Polydesmus*, in der 1. Felderreihe nur eine schwache Medianfurche, in der

2. und 3. Reihe 4 oder 6 flache Tuberkeln. Fingerwulst deutlich. Sternit 6 des Männchens vorn mit 2 Zapfen, die mit stumpfen Stiften besetzt sind. Praefemur fast aller Beine oben dick beulig aufgetrieben, die 3 Endglieder mit verschieden großen Chitinwarzen.

Vereinigte Staaten von Amerika.

2 sichere und 2 unsichere Arten.

Typus: *P. canadensis* (Newp.).

Übersicht über die Arten:

Seitenrand der Seitenflügel konvex, nicht oder nur sehr undeutlich gezähnt, Vordereck abgerundet. Am Ende des Gonopodentarsus nur eine Gruppe von Stiften . . . 1. **P. canadensis**

Seitenrand der Seitenflügel fast gerade, deutlich gezähnt, eckig in den Vorderrand übergehend. Gonopodentarsus mit 2 Gruppen von Stiften . . . . 2. **P. americanus**

1. **P. canadensis** (Newp.) 1844 *Polydesmus c.*, Newport in: Ann. nat. Hist., *v.* 13 p. 265 | 1847 *P. c.*, P. Gervais in: Walckenaer & Gervais, Hist. Apt., *v.* 4 p. 106 | 1865 *P. c.*, H. C. Wood in: Tr. Amer. phil. Soc., ser. 2 *v.* 13 p. 216 | 1872 *P. c.*, Saussure & A. Humbert in: Miss. Mex., *v.* 6II Myr. p. 52 | 1898 *Pseudopolydesmus c.*, Attems in: Denk. Ak. Wien, *v.* 67 p. 480 t. 10 f. 244 | 1931 *P. c.*, K. W. Verhoeff in: Zool. Anz., *v.* 94 p. 305 f. 1—7.

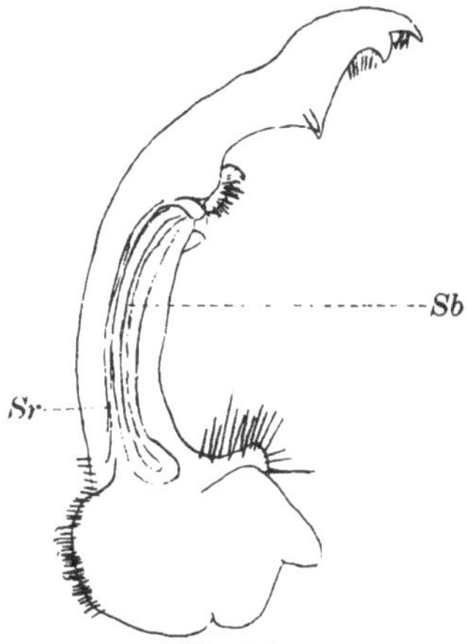

Fig. 201.
Pseudopolydesmus canadensis (Newp.).

Länge 2 mm, Breite 3,5—4 mm. Antennen sehr lang und schlank, nicht keulig verdickt. Kopf und Rücken unbeborstet, glatt und glänzend. Halsschild so breit wie der Kopf, querelliptisch. Rücken schwach gewölbt, Seitenflügel horizontal, Vordereck abgerundet, Seitenrand konvex, ungezähnt oder auf den vorderen Segmenten mit 3 unmerklichen Kerben, Hinterecken auf den vorderen Segmenten noch stärker gerundet als die Vorderecken, vom 7. oder 8. an etwas winklig, erst auf den letzten Segmenten spitzzähnig. In der 1. Felderreihe der Metazoniten ist kaum die Medianfurche angedeutet, in der 2. und 3. Reihe je 4 flache, ungefähr quadratische Tuberkeln, die 5. und 6. der 3. Reihe verschmelzen mit der niedrigen Beule, keine Mittelknötchen. Auf dem Sternit 6 des Männchens zwischen den vorderen Beinen 2 Zapfen, die mit stumpfen Stiften besetzt sind; Sternit 8 vorn mit 2 ähnlichen Zapfen, hinten zwischen den Hüften stark eingebuchtet. Gonopoden (Fig. 201): Telopodit schlank im ganzen sichelförmig gebogen, das Acropodit nicht deutlich gegliedert, das Haarpolster steht auf einem kurzen sehr breiten Fortsatz des Femur, proximal von ihm ein kurzer Zahn. Tibiotarsus mit 2 dreieckigen Zähnen, zwischen dem 2. Zahn und dem Ende mit schlanken spitzen Stiften besetzt.

Vereinigte Staaten: Pennsylvanien, Südcarolina.

2. **P. americanus** (Carl) 1902 *Polydesmus a.*, J. Carl in: Rev. Suisse Zool., *v.* 10 p. 611 t. 11 f. 37.

Rötlichgelb. Bauch und Beine hellgelb. Länge 22—23 mm, Breite 3—3,25 mm. Kopf vorn äußerst fein und kurz beborstet. Vordereck der Seitenflügel rechtwinklig, Seitenrand fast gerade, mit 3 deutlichen Zähnchen, das erste nahe dem Vordereck, dieses scharf erscheinen lassend; auf den hinteren Segmenten sind die Zähnchen nur angedeutet. Hinterrand des 6.—15. nur schwach konkav, erst vom 15. an ist das Hintereck zahnartig. Rücken glänzend, mit Ausnahme der 2 letzten Segmente unbeborstet. 2. Felderreihe der Metazoniten mit 4, 3. Reihe mit 6 nicht scharf begrenzten flachen Tuberkeln. Sternite kurz beborstet, mit Kreuzeindruck, das 6. tief kanalartig ausgehöhlt, neben jedem vorderen Bein hüftartig erhoben. Gonopoden ähnlich denen von *P. canadensis*. Der Tibiotarsus hat auf der Hohlseite 2 basalwärts gerichtete Hakenzähne und auf der Innenfläche 2 starke stumpfe Zähne, an der Basis des distalen eine Gruppe von 4—6 hellen Stiften, eine größere Zahl solcher Stifte am leicht verdickten Ende (Fig. 202).

Fig. 202. **Pseudopolydesmus americanus** (Carl) (J. Carl, 1902).

Texas.

Unsichere Arten:

P. serratus (Say) 1821 *Polydesmus s.*, Say in: J. Ac. Philad., *v.* 2 p. 106 | 1847 *P. s.*, P. Gervais in: Walckenaer & Gervais, Hist. Apt., *v.* 4 p. 105 | 1860 *P. s.*, Saussure in: Mém. Soc. Genève, *v.* 15 p. 326 | 1865 *P. s.*, H. C. Wood in: Tr. Amer. phil. Soc., ser. 2 *v.* 13 p. 215.

Südcarolina.

P. glaucescens (C. L. Koch) 1863 *Polydesmus g.*, C. L. Koch, Myr., *v.* 1 p. 59 t. 26 f. 51.

Nordamerika.

5. Gen. **Epanerchodus** Att.

1901 Subgen. *E.*, Attems in: Mt. Mus. Hamburg, *v.* 18 p. 102 | 1914 *E.*, Attems in: Arch. Naturg., *v.* 80 A 4 p. 157 | 1931 *E.*, K. W. Verhoeff in: Zool. Jahrb., Syst. *v.* 61 p. 446.

20 Segmente. Porenformel normal. Im Habitus ganz an *Polydesmus* erinnernd. Hüften der Gonopoden mit ihren medianen Rändern auf längerer Strecke verwachsen, lateral hoch aufragend und durch einen Einschnitt in 2 runde Lappen geteilt, medial mit tiefer Aushöhlung, in der das Praefemur im rechten Winkel zur Längsachse des Körpers inseriert ist. Hüfthörnchen normal. Telopodit gedrungen, Praefemur stark beborstet, Femur im rechten Winkel zum Praefemur. Die Samenrinne biegt nach kurzem, distal gerichtetem Laufe quer und dann basalwärts um, so, daß Samenblase und Haarpolster, von einem großen Lappen verdeckt, nahe dem Grunde des Femur liegen (Fig. 204). Acropodit nicht deutlich gegliedert. Antennen lang und keulig. Halsschild ungefähr so breit wie das folgende Tergit, ohne deutliche Skulptur. Seitenflügel gut entwickelt, horizontal, der Seitenrand seicht kerbzähnig, das Hintereck zackig. Raum der 1. Felderreihe der Metazoniten ganz glatt oder nur mit medianer Längsfurche, in der 2. Reihe 4, in der 3. Reihe 6 flache Buckeln ohne Mittelknötchen, Beule sehr groß, Fingerwulst deutlich. Oberfläche glatt und glänzend, Rücken ohne oder mit

sehr spärlicher Beborstung. Sternite mit Kreuzeindruck, mehr oder weniger kurz und fein beborstet. Schwänzchen spitz kegelförmig. Analschuppe mit 2 Borstenwarzen. Praefemur und Femur unten dicht und kurz beborstet, die 3 Endglieder beim Männchen mit Kugelborsten.

Japan.

7 Arten, eine davon mit 2 Unterarten.

Typus: *E. tambanus* Att.

Übersicht über die Arten:

1	In der von der Samenrinne gebildeten Schlinge ein Femoralfortsatz, auf der Vorderseite des Femur ein Hörnchen — **5**	
	An dieser Stelle kein Fortsatz. Auf der Vorderseite des Femur kein Hörnchen — **2**	
2	Am Ende des Tibiotarsus des Gonopoden kammförmig gestellte Spitzen	1. **E. tambanus**
	Am Ende des Tibiotarsus keine solche Spitzen — **3**	
3	Am Grunde des Tibiotarsus ein großer Seitenast. Das Ende des Tibiotarsus gegabelt	4. **E. furculiger**
	Am Grunde des Tibiotarsus kein Seitenast — **4**	
4	Tibiotarsus des Gonopoden tief in 2 ungefähr gleich große Äste geteilt	2. **E. jägerskiöldi**
	Tibiotarsus mit mehreren kürzeren Zacken	3. **E. japonicus**
5	Am Ende des Tibiotarsus des Gonopoden keine borstenartigen Spitzen. Hintereckzacken der Seitenflügel groß und spitz, vom 5. Segment an einen spitzen Zahn bildend. Hinterrand neben dem Hintereck tief eingekerbt	7. **E. mammilatus**
	Am Ende des Tibiotarsus eine Anzahl borstenähnlicher Spitzen — **6**	
6	Tibiotarsus des Gonopoden breiter, der Seitenast an seinem Grund im Halbkreis gebogen. Horn an der Vorderseite des Femur kürzer	5. **E. orientalis**
	Tibiotarsus schlanker, der Seitenast an seinem Grund gerade. Horn auf der Vorderseite des Femur länger	6. **E. koreanus**

1. **E. tambanus** Att. 1901 *E. t.*, Attems in: Mt. Mus. Hamburg, *v.* 18 p. 103 t. 3 f. 26—29.

Halsschild weißlichgelb, der übrige Rücken und der Kopf erdbraun, Bauch und Beine schmutziggelb. Länge 22 mm, Breite 2 mm, Antennen ziemlich lang, keulig. Halsschild fast halbkreisförmig, die Ecken abgerundet, Skulptur undeutlich, Beborstung spärlich. Der bei *Polydesmus* der ersten Felderreihe der Metazoniten entsprechende Raum ganz glatt, in der 2. Reihe 4 große, in der 3. Reihe 6 kleine Buckel, Seitenbeule groß, Fingerwulst deutlich. Vordereck der Seitenflügel abgerundet, Seitenrand kaum merklich gezähnt, Hintereck zackig, den Hinterrand erst vom 5. oder 6. Segment an überragend, in der hinteren Körperhälfte sehr spitz. Sternite quadratisch mit Kreuzeindruck, fein behaart. Gonopoden (Fig. 203): Hüfte vorn hoch aufragend, abgerundet. Acropodit in der Längsachse des Körpers, im rechten Winkel zum Praefemur. Auf dem Femur ein starker Haken *(A)*, in der Mitte der Lateralseite des Tibiotarsus *(T)* ein großer Zahn *(C)*, weiter distal ein kürzerer Zahn *(D)*, und neben diesem ein ganz kleiner. Zwischen dem Zahn *D* und dem Ende eine Reihe von Stacheln. Die Samenrinne zieht erst distalwärts bis in die Nähe des großen Hakens *A* und dann auf der anderen Seite wieder basalwärts. Der Endteil der Samenrinne und die

Samenblase samt Haarpolster liegen unter einem großen Lappen *(L)* mit höckeriger Oberfläche.

Zentraljapan: Hozuyama, Kuwada Gori, Tamba.

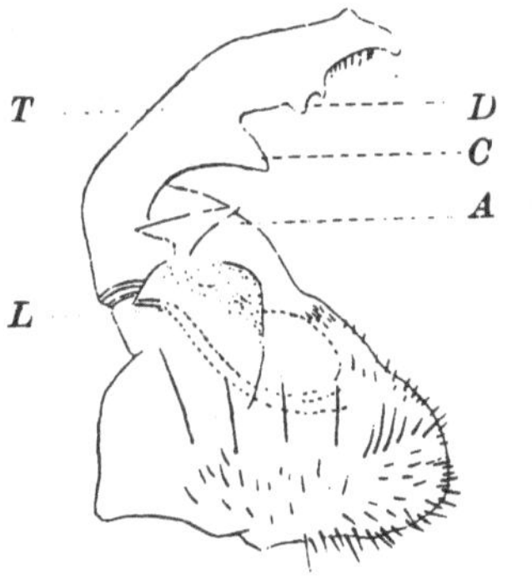

Fig. 203.
Epanerchodus tambanus Att.
Rechter Gonopode, Lateralseite.

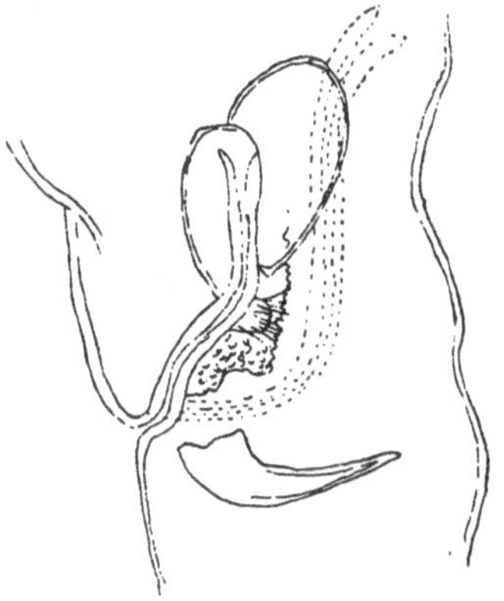

Fig. 204.
Epanerchodus tambanus Att.
Samenrinne und Samenblase.

2. **E. jägerskiöldi** Att. 1909 *Polydesmus (Epanerchodus) Jägerskiöldi*, Attems in: Ark. Zool., *v.* 5 nr. 3 p. 31 t. 1 f. 16, 17.

Erdbraun, Kopf, Antennen und Beine gelblich. Länge 13 mm, Breite 1,6 mm. Kopf fein und kurz behaart. Halsschild querelliptisch. Rücken ziemlich flach und glänzend. Seitenrand der Seitenflügel konvex, porenlose mit 3, porentragende mit 4 Kerbzähnen. Hintereck 2—4 rechtwinklig, weiterhin breit stumpfzackig, vom 8. an einen großen Zahn bildend, dessen Größe und Spitzigkeit caudalwärts allmählich zunimmt. Gonopoden: Femur ohne Fortsatz. Das Ende des Tibiotarsus ist in 2 einfache schlanke Haken gegabelt, von denen die eine dem Aste *C* von *E. tambanus* entspricht (Fig. 205).

Japan: Murajama, Fuß des Fusijama.

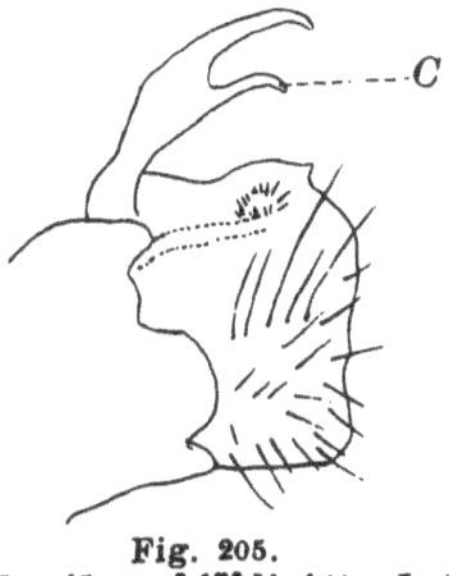

Fig. 205.
Epanerchodus jägerskiöldi Att. Lateralseite.

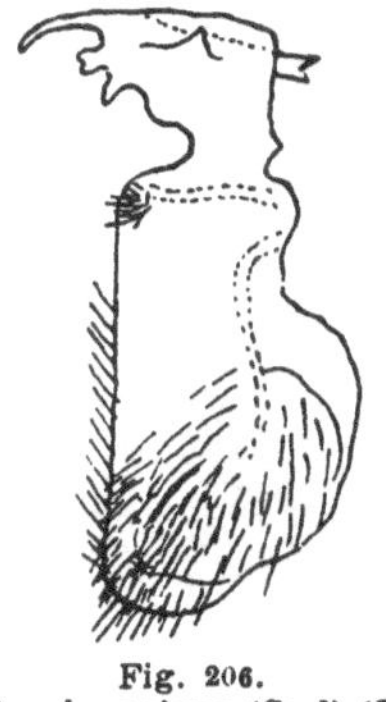

Fig. 206.
Epanerchodus japonicus (Carl) (J. Carl, 1902).

3. **E. japonicus** (Carl) 1902 *Polydesmus j.*, J. Carl in: Rev. Suisse Zool., *v.* 10 p. 614 t. 11 f. 38, 39.

Rotbraun, Beine gelblich. Länge 20 mm, Breite 3 mm. Kopf glatt und glänzend, Scheitel unbeborstet. Halsschild abgerundet nierenförmig,

Seitenflügel horizontal, Vorderrand konvex und abgerundet in den ebenfalls konvexen, mit 3 winzigen Kerbzähnen versehenen Seitenrand übergehend. Hintereck 2—4 rechtwinklig, dann immer länger zahnartig. Rücken unbeborstet, glänzend, in der 1. Reihe nur die Medianfurche, in der 2. Reihe 4, in der 3. Reihe 6 flache Felder, gegen das Körperende verschmelzen die hintereinander liegenden zu 4 Längsfalten. Sternite sehr kurz und fein behaart. Beim Männchen Unterseite der 4 proximalen Beinglieder kurz dicht beborstet, der distalen mit Wärzchen bedeckt. Gonopoden: Femur ohne Fortsatz. Der Tibiotarsus ist am Grunde stark eingeschnürt, außer dem schnabelartigen Endhaken sind 2 kürzere starke Haken und ein flügelartig abstehender am Ende gezackter Kamm vorhanden (Fig. 206).

Japan.

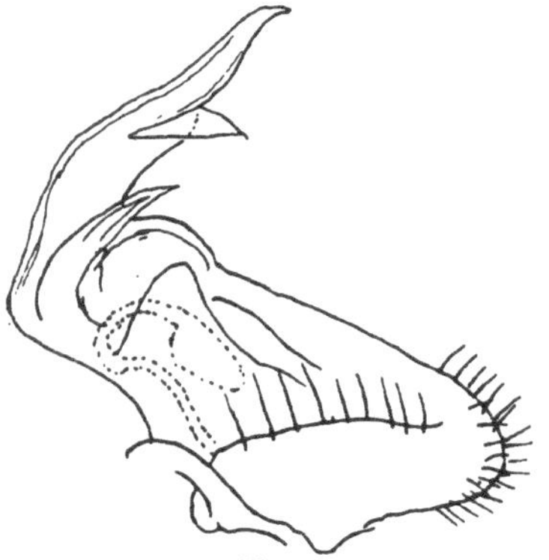

Fig. 207.
Epanerchodus furculiger Verh.
(K. W. Verhoeff, 1937).

4. **E. furculiger** Verh. 1937 *E. f.*, K. W. Verhoeff in: Zool. Anz., *v.* 117 p. 321 f. 12.

Länge ♂ 13 mm, ♀ $13^1/_2$—$14^1/_2$ mm. Äußerlich kein Unterschied gegenüber *E. orientalis*, abgesehen von der geringeren Größe. Die Gonopoden haben auf der Vorderseite des Femur kein Horn und hinten keinen Femoralfortsatz, sondern nur einen ganz kurzen 3eckigen Vorsprung, der im Profil überhaupt nicht vorragt. Der Tibiotarsus ist gegabelt, an seinem Grunde ein Fortsatz (Fig. 207).

Japan: Kanazawa.

5. **E. orientalis** Att. 1901 *E. o.*, Attems in: Mt. Mus. Hamburg, *v.* 18 p. 105 t. 3 f. 30, 31.

Farbe etwas dunkler braun als bei *E. mammilatus*, Größe wie dort. Hintereckzähne der Seitenflügel kürzer und stumpfer als bei *E. mammilatus*,

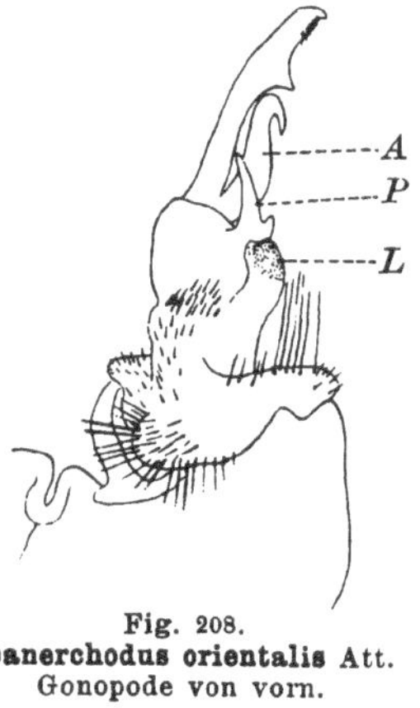

Fig. 208.
Epanerchodus orientalis Att.
Gonopode von vorn.

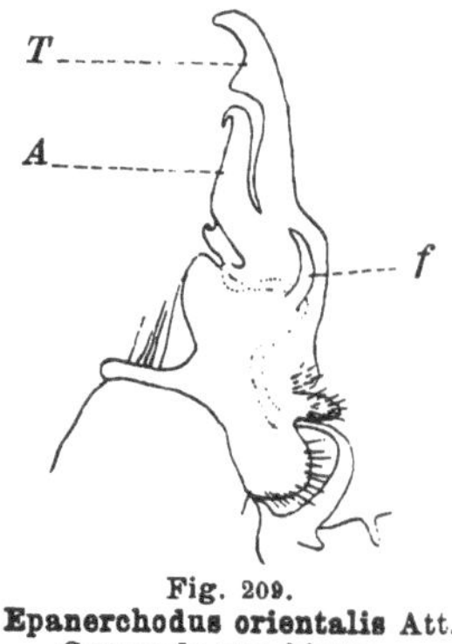

Fig. 209.
Epanerchodus orientalis Att.
Gonopode von hinten.

sie beginnen erst vom 7. Segment an den Hinterrand zu überragen, medial von ihnen keine Kerbe im Hinterrand. Sternite dicht beborstet. Praefemur, mit Ausnahme der 2 letzten Paare stark verdickt, alle Beinglieder unten dicht kurz und fein behaart. Gonopoden (Fig. 208, 209): Am Grunde des Femur ein großer breiter runder Lappen, der das Ende der Samenrinne und die Samenblase verdeckt. Verlauf der Samenrinne wie bei *E. tambanus*. Femur auf der Innenseite der Krümmung mit fast rechtwinkliger Einbuchtung und einem großen, dem Rinnenast anderer Gattungen entsprechenden Femoralfortsatz *(f)* (Fig. 209), auf der entgegengesetzten Seite ein kleiner Haken *(P)* (Fig. 208). Der Ast *A* des Tibiotarsus *(T)* ist lang, schlank und gekrümmt, der andere Ast in der Mitte angeschwollen mit einem breiten 3eckigen Zahn; vor der hakigen Spitze kleine Dörnchen oder Härchen.

Japan.

5a. **E. orientalis orientalis** Att. 1901 *E. o.*, Attems in: Mt. Mus. Hamburg, *v.* 18 p. 105 t. 3 f. 30, 31.

Am Grunde des großen Astes *P* des Gonopodenfemur ein kleiner stumpfer Zacken. Die kammartig gestellten Spitzen vor dem Ende des Telopodit sind etwas stärker und weniger zahlreich.

Zentraljapan: Hozuyama, Kuwada Gori, Tamba.

5b. **E. orientalis takakuwai** Verh. 1931 *E. t.*, K. W. Verhoeff in: Zool. Jahrb., Syst. *v.* 61 p. 446 t. 8 f. 57.

Am Grunde des großen Astes *P* kein Zacken. Die Härchen vor der Spitze sind feiner und zahlreicher.

Nippon.

6. **E. koreanus** Verh. 1937 *E. k.*, K. W. Verhoeff in: Zool. Anz., *v.* 117 p. 321 f. 11.

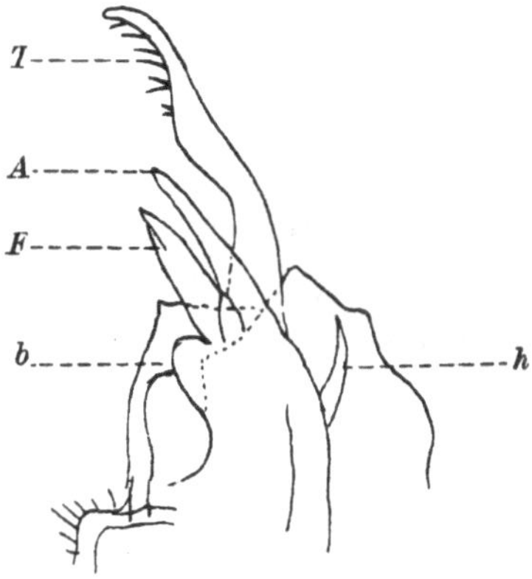

Fig. 210.
Epanerchodus koreanus Verh. (K. W. Verhoeff, 1937).

Länge 22 mm, Farbe und Struktur wie bei *E. orientalis*. Die Gonopoden erinnern an die von *E. orientalis*, aber der Tibiotarsus ist noch schlanker, in der Mitte weniger angeschwollen und vor dem Ende trägt er 7 oder 8 borstenähnliche, ziemlich lange Spitzen. Der Nebenfortsatz *(A)* an der Basis des Tibiotarsus *(T)* ist schlanker, nicht hakig und von dem Femoralfortsatz *(F)* nicht abgerückt, sondern dicht an ihn angedrückt. Der Femoralfortsatz hat fast dieselbe Gestalt, Länge und Richtung wie der

Nebenfortsatz des Tibiotarsus. Das Läppchen *(b)* an der Basis des Femoralfortsatzes ist kleiner und dicht an den Femoralfortsatz herangedrängt. Das Horn *(h)* an der äußeren Wölbung des Femur ist länger als bei *E. orientalis* (Fig. 210).

Nordkorea bei Yuki.

7. **E. mammilatus** Att. 1901 *E. m.*, Attems in: Mt. Mus. Hamburg, *v.* 18 p. 104 t. 3 f. 32, 33.

Schmutzig erdbraun, die Bauchseite heller. Länge 22 mm, Breite 3 mm. Halsschild seitlich verschmälert und abgerundet, die Skulptur verwischt. Seitenflügel 2—4 fast rechtwinklig, Vordereck der folgenden abgerundet, Seitenrand mit winzigen Kerben, in denen je ein kleines Börstchen steht.

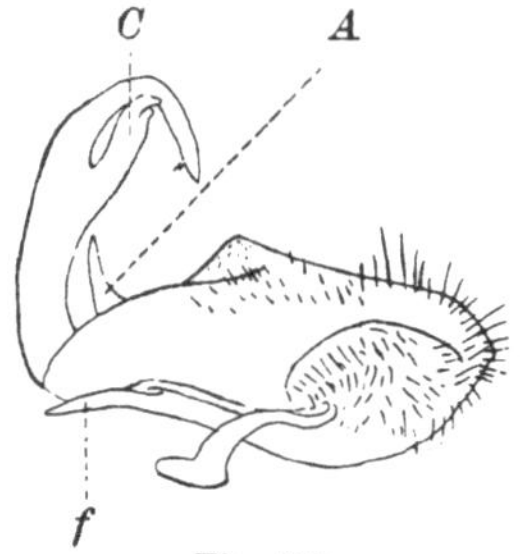

Fig. 211.
Epanerchodus mammilatus Att.

Hintereck vom 5. an in einen langen spitzen, den Hinterrand überragenden Zahn ausgezogen, je weiter caudal um so stärker; neben dem Zahn ist der Hinterrand tief eingebuchtet, medial von dieser Kerbe kein Zahn. Die Buckel der 1. Reihe auf den Metazoniten nicht abgegrenzt, die 4 großen flachen Buckel der 2. Reihe und die 6 kleineren der 3. Reihe sehr glatt und glänzend und ohne Mittelknötchen. Seitenbeulen groß, Fingerwulst deutlich. Sternite fast quadratisch, beim Männchen sehr kurz und fein behaart, beim Weibchen fast kahl. Beinglieder vom 2. an dicht kurz und fein behaart. Gonopoden: Der Fortsatz *A* auf der Innenseite des Femur ist groß wie bei *E. orientalis*, ihm gegenüber vorn ein großer Stachel *(f)*. Das Ende der Samenrinne ist auch hier von einem großen Lappen verdeckt. Der Ast *C* des Tibiotarsus ist hakig gebogen, vor dem Ende des Telopodit ein kleines Zähnchen (Fig. 211).

Zentraljapan: Hozuyama, Kuwada Gori, Tamba.

6. Gen. **Usbekodesmus** Lohm.

1933 *U.*, Lohmander in: Ark. Zool., *v.* 25 A nr. 6 p. 17, 23.

Habituell mit *Polydesmus* übereinstimmend, nur sind die Tergite stärker gewölbt. Gonopoden sehr ähnlich denen von *Epanerchodus*, doch sind die großen Fortsätze Femoralfortsätze und der Tibiotarsus ist nur durch eine niedrige breit abgerundete Lamelle repräsentiert, während bei *Epanerchodus* die großen Endäste des Gonopoden dem Tibiotarsus angehören. Vulven auffallend hoch und kurz mit relativ wenigen Schutzborsten.

Zentralasien (Samarkand und Buchara).

Typus und einzige Art:

1. **U. redikorzevi** Lohm. 1933 *U. r.*, Lohmander in: Ark. Zool., *v.* 25A nr. 6 p. 17 f. 5, 13—15.

Gelblichbraun, vorderer und hinterer Teil des Körpers sowie die Antennen etwas verdunkelt, Beine gelblichweiß. Länge ca. 12—13 mm, Breite ♂ 1,4 mm, ♀ 1,5—1,8 mm. Scheitel sehr kurz und spärlich bis gar nicht beborstet. 4. und 5. Antennenglied relativ lang und kegelförmig, 6. Glied nicht viel länger als das 5. Halsschild viel schmäler als das 2. Tergit, halbkreisförmig mit spitzen Hinterecken und 3 Borstenreihen. Seitenflügel gut entwickelt. Seitenrand fast gerade oder leicht konvex, nur seicht gekerbt, mit sehr kleinen spitzen Zähnen. Hinterecken vom etwa 4. Segment an zahnartig nach hinten vortretend, caudalwärts immer länger und spitzer. Skulptur der Tergite recht derb, die 1. Felderreihe zumeist etwas undeutlich. Beborstung kurz, Borsten keulig. Gonopoden (Fig. 212): Femur gedrungen, zylindrisch, in der Mitte schwach eingeschnürt, Endfläche nach hinten abfallend und etwas ausgehöhlt; in der Mitte der Aushöhlung mündet die mäßig große Samenblase *(Sb)*, Haarpolster klein aber deutlich, dicht vor ihm ein sichelförmiger stumpfer Fortsatz. Die großen Endäste *(N, o, i)* sollen mediane Fortsätze des Femur sein, im Gegensatz zu *Epanerchodus*, wo sie dem Tibiotarsus angehören. Als Tibiotarsus wird ein niedriger, breit abgerundeter Lappen *(lo)* am vorderen lateralen Rand der Telopoditendfläche gedeutet.

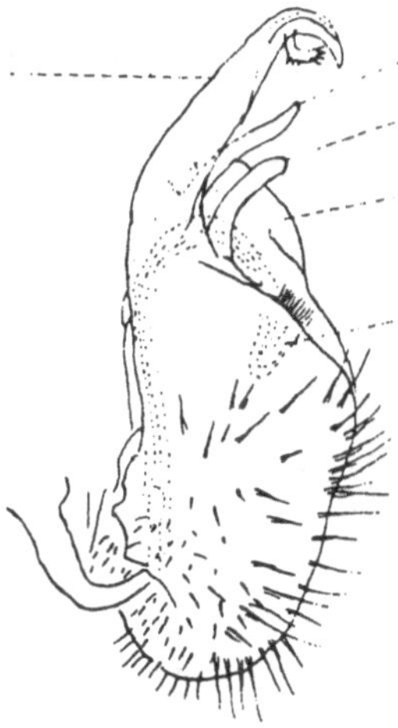

Fig. 212.
Usbekodesmus redikorzevi Lohm.
(Lohmander, 1933).

Samarkand. Buchara, Guzar.

7. Gen. **Perapolydesmus** Bröl.

1916 *P.*, Brölemann in: Ann. Soc. ent. France, *v.* 84 p. 607.

♂ mit 19, ♀ mit 20 Segmenten, klein, farblos. Vordere Segmente schwach verengt. Antennen lang, keulig, 5., 6. und 7. Glied mit zahlreichen Sinneszapfen, das 6. das dickste, das 7. relativ lang. Halsschild schmäler als die Backen. Seitenflügel gut entwickelt, seitlich gezähnt. Metazoniten mit Querreihen von wenigen flachen Buckeln wie bei *Polydesmus*, Beule 2teilig. Analsegment kegelig-abgestutzt. Gonopoden wie bei *Polydesmus*, Hüften breiter als lang, in der Mediane zusammenhängend, auf der Medialseite ausgehöhlt und das Telopodit tragend. Rinnenast ziemlich lang, mit typischer Samenblase, das Haarpolster nahe dem Ende. Tibiotarsus völlig mit dem Femur verschmolzen.

Pyrenäen.

2 Arten mit 2 Unterarten.

Übersicht über die Arten:

1	♂ Länge 4,5—5,6 mm. Tibiotarsus am Grunde nicht abgesetzt, weniger gebogen. Der Innenast klein	1. **P. progressus**: 2
	♂ Länge 12 mm. Tibiotarsus am Grunde durch eine Naht abgesetzt, stark gebogen. Innenast groß	2. **P. susatensis**

2 { Haarpolster nicht auf einem vortretenden Hügel. Die Samenrinne zieht von der Samengrube direkt in die Achsel zwischen Femoralfortsatz und Tibiotarsus . . . . . 1a. **P. progressus progressus**
Haarpolster auf einem vortretenden Hügel. Die Samenrinne zieht erst an die Medialkante des Femoralfortsatzes und von da im Bogen zur Samenblase . . . . 1b. **P. progressus beneharensis**

1. **P. progressus** (Bröl.) 1900 *Polydesmus p.*, Brölemann in: Ann. Soc. ent. France, *v.* 69 p. 78 f. 5, 6 | 1910 *P. p.*, Brölemann in: Arch. Zool. expér., ser. 5 *v.* 5 p. 342 t. 4 f. 3—8 | 1916 *Perapolydesmus p.*, Brölemann in: Ann. Soc. ent. France, *v.* 84 p. 607.

Farblos weiß. Länge ♂ 4,5—5,6 mm, ♀ 6,2—7,6 mm. Breite ♂ 0,6 bis 0,74 mm, ♀ 0,8—0,95 mm. Kopf fein lederig gerunzelt, Scheitel kahl. Seitenflügel der porenlosen Segmente mit 4, der porentragenden mit 5 Zahnkerben, im Vordereck das erste Zähnchen, der Zacken des Hinterecks überragt nur auf den 3—4 letzten Segmenten den Hinterrand. In der ersten Felderreihe nur die Medianfurche deutlich, 2. und 3. Reihe mit 4 und 6 Feldern gut ausgeprägt. Flanken und Bauchseite der Prozoniten dicht und stark punktiert. Sternite glatt. Beine lang. Gonopodentelopodit von der Mitte an gegabelt in den relativ langen Rinnenast, der das Haarpolster nahe seinem hakigen Ende trägt und den langen schlanken Tibiotarsalast *(T)* mit einem kräftigen Subapicalzahn *(Z)* vor der Spitze (Fig. 213).

Basses Pyrenées.

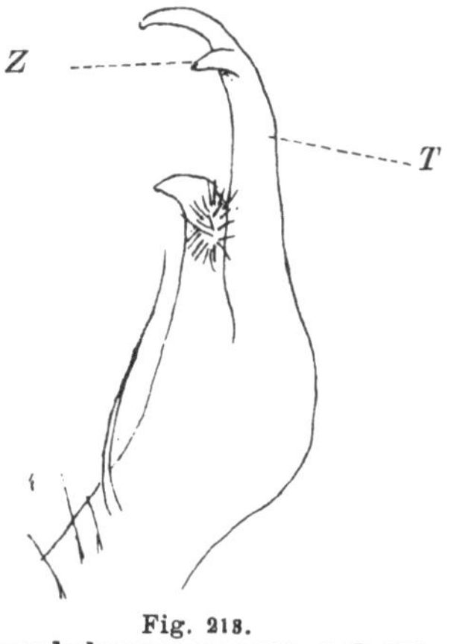

Fig. 213.
Perapolydesmus progressus (Bröl.).
(Brölemann, 1910).

Fig. 214.
Perapolydesmus progressus beneharensis Bröl.
(Brölemann, 1910).

1a. **P. progressus progressus** (Bröl.) 1910 *Polydesmus p.* subsp. *typica*, Brölemann in: Arch. Zool. expér., ser. 5 *v.* 5 p. 342 t. 4 f. 3—5.

Am Ende des Rinnenastes des Gonopoden kein höckeriger Vorsprung. Die Samenrinne verläuft in gerader Richtung von der Samengrube zur Gabel zwischen Rinnenast und Tibiotarsus (Fig. 213).

Basses Pyrenées: Aude, Ariège, Haute Garonne, in Grotten und oberirdisch.

1b. **P. progressus beneharensis** (Bröl.) 1910 *Polydesmus p. b.*, Brölemann in: Arch. Zool. expér., ser. 5 *v.* 5 p. 344 t. 4 f. 6—8.

An der Außenseite des Endhäkchens des Rinnenastes ein stark vorragender Höcker mit dem Haarpolster. Die Samenrinne macht im Rinnenast eine Biegung (Fig. 214).

Basses Pyrenées: Grotte von Betharram bei Pau.

2. **P. susatensis** (Verh.) 1934 *Polydesmus s.*, K. W. Verhoeff in: Zool. Anz., *v.* 106 p. 112 f. 1—3.

Länge 12 mm. Rücken matt. Äußerlich dem *Polydesmus denticulatus* gleichend, aber verschieden durch die stark vorgezogenen Hinterecken der Segmente 7 und 8 und die Oberfläche der Seitenflügel, die nur kleine runde Buckel in der Innenhälfte besitzen mit einem zentralen Knötchen. Femoralfortsatz des Gonopoden am Ende einfach abgerundet, neben dem Haarpolster ein zahnartiger Vorsprung, kein hakiger Endteil. Tibiotarsus mit starkem Innenast, der sich gegen das Ende zu stachelartig verschmälert. Der Endteil ist kürzer als der Innenast. Tibiotarsus am Grunde nach der Zeichnung abgesetzt (Fig. 215).

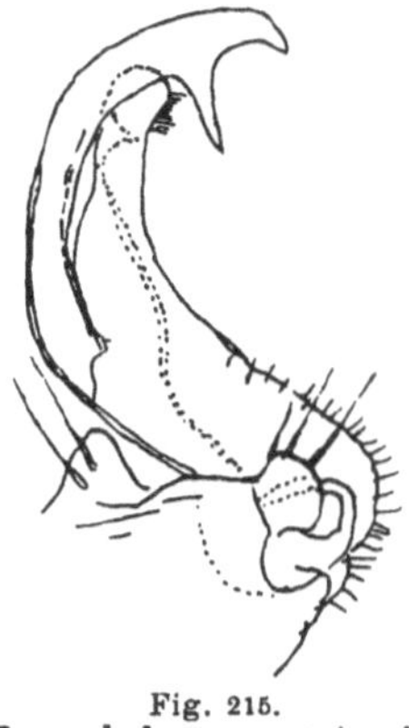

Fig. 215.
Perapolydesmus susatensis (Verh.) (K. W. Verhoeff, 1934).

Westfalen: Soest.

8. Gen. **Jaxartes** Verh.

1930 *J.*, K. W. Verhoeff in: Zool. Anz., *v.* 91 p. 244 | 1930 *J.*, K. W. Verhoeff in: Bronn, Kl. Ordn., *v.* 5II 2 p. 1560.

20 Segmente. Porenformel normal, die Poren münden an der Basis des 3eckigen Hinterecks zwischen 2 Borsten. 4. und 5. Antennenglied wenig länger als breit, fast kugelig, das 6. groß, tonnenförmig (Fig. 216). Metazoniten mit 3 Querreihen kleiner Knötchen, die lange spitze Borsten tragen. Hüften der Gonopoden völlig getrennt in einer gemeinsamen großen Grube: sie bilden keinen medianen Kiel und ragen lateral nicht in hohe Lappen auf. Das Telopodit ist eine einfache unverästelte Sichel, ähnlich wie bei Subgen. *Eubrachydesmus*, mit Samenblase und Haarpolster.

Turkestan.

Typus und einzige Art:

Fig. 216.
Jaxartes zachvatkini Verh.
Antenne (K. W. Verhoeff, 1930).

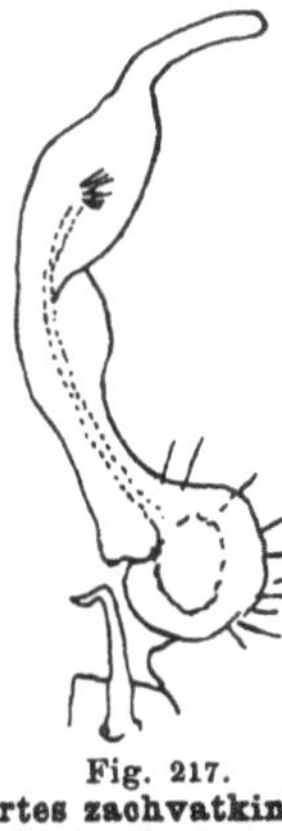

Fig. 217.
Jaxartes zachvatkini Verh.
Gonopode (K. W. Verhoeff, 1930).

1. **J. zachvatkini** Verh. 1930 *J. z.*, K. W. Verhoeff in: Zool. Anz., *v.* 91 p. 246 f. 1—5.

Graugelblichweiß. Länge $5^2/_8$ mm. Kopf reichlich beborstet. Antennen bis zum Hinterrand des Halsschildes reichend, letzterer mit 3 Reihen langer Borsten, die Seiten 2zähnig. Seitenrand der Seitenflügel 3- bis 4zähnig, auf jedem Zahn eine lange spitze Borste, Hinterecken des 3.—5. kurz, weiterhin kräftig und spitz. Hinterrand fein gesägt. Tarsusborsten des Männchens ohne knotige Anschwellung an der Basis. Die Hüften der Gonopoden bleiben in der Mediane getrennt, der Lappen, der die Telopoditbasis außen umfaßt, ist viel schwächer als bei *Polydesmus*. Telopodit hinter dem Praefemur etwas eingeschnürt, weiterhin nach vorn buckelig vorspringend. Lateral vom Haarpolster eine längliche, schmale, abgerundete Lamelle, zwischen ihr und dem eingebogenen Endfinger des Telopodit ein kleiner Zahn (Fig. 217).

Garten bei Taschkent.

9. Gen. **Opisotretus** Att.

1907 *O.*, Attems in: Mt. Mus. Hamburg, *v.* 24 p. 113 | 1914 *O.*, Attems in: Arch. Naturg., *v.* 80A4 p. 156, 157 | 1930 *O.*, Attems in: Mt. Mus. Berlin, *v.* 16 p. 177.

19 Segmente. Porenformel normal. Antennen lang und keulig. Halsschild bedeutend schmäler als der Kopf. Seitenflügel gut entwickelt, dick mit schmalem, scharfem, seitlichem Randsaum. Segmente 2—4 schmäler als die folgenden. Metazoniten mit 3 Querreihen flacher, borstentragender Beulen. Poren nahe dem Hinterrand, zwischen dem Hintereckzahn und einem medial davon stehenden Zahn. Analsegment kegelig. Gonopoden: Telopodit lateralwärts gerichtet und mit seiner Spitze die Basis des 8. Beinpaares umgreifend, im ganzen sichelförmig. Praefemur ohne Fortsatz. Acropodit nicht gegliedert. Die Samenrinne mündet erst in eine kleine Samenblase und diese durch einen kurzen Kanal nach außen, die Außenmündung ist von zahlreichen Borsten umgeben, die auf einem sehr kurzen, breiten Fortsatz des Femur sitzen. Tibiotarsus mit zahlreichen kammartig gestellten Stiften.

Java.

Typus und einzige Art:

1. **O. kraepelini** Att. 1907 *O. K.*, Attems in: Mt. Mus. Hamburg, *v.* 24 p. 113 f. 26, t. 2 f. 25—29.

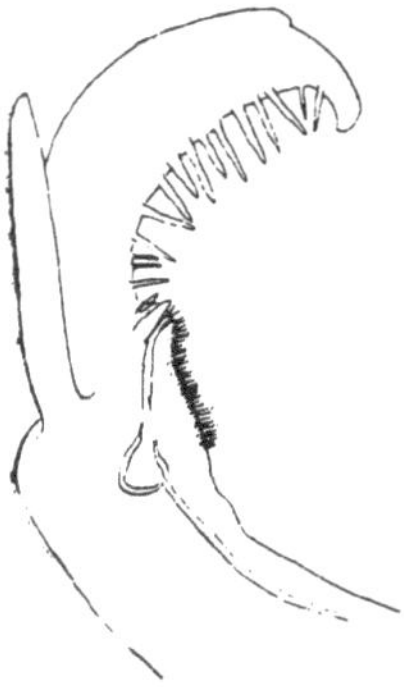

Fig. 218.
Opisotretus kraepelini Att.

Dunkel erdbraun, mit schwarzbrauner Marmorierung, Beine bräunlichgelb. Länge 12 mm, Breite 1,5 mm, Prozonit 1 mm. Kopf glatt, unbeborstet. Seitenflügel 2 bis 4 schmäler als die Backen und als die folgenden vom 5. an, vorn und hinten abgerundet. Vordereck auch auf den folgenden abgerundet, Hintereck immer deutlicher zahnartig, aber erst in der hinteren Körperhälfte den Hinterrand überragend. Auf den porentragenden Segmenten steht medial vom Hintereckzahn ein 2. Zahn, in der Bucht zwischen beiden der Porus. Prozoniten fein gekörnt und polygonal gefeldert, Metazoniten mit 3 Querreihen sehr flacher Beulen, die je ein winziges Härchen tragen. Die letzten 4 Beinpaare verlängert. Gonopoden (Fig. 218): Hüfte kegelig mit normalem Hüfthörnchen. Das Telopodit ist in sehr charakteristischer Weise so nach außen gebogen, daß es die Basis des folgenden Beinpaares umgreift.

Pangerango.

10. Gen. **Opisthoporodesmus** Silv.

1899 *O.*, Silvestri in: Termész. Füzetek, *v.* 22 p. 206.

20 Segmente. Porenformel normal. Antennen lang, etwas keulig, Sinneszapfen des 5. und 6. Gliedes freistehend. Halsschild elliptisch. Seitenflügel groß, Seitenrand seicht gekerbt. Metazoniten mit 3 Querreihen von je 6 borstentragenden Knötchen. Poren nahe dem Hintereck und mehr dem Hinterrand als dem Seitenrand genähert. Schwänzchen abgerundet 3eckig. Telopodit des Gonopoden sichelförmig unverästelt mit dem Haarpolster nahe dem Ende.

Neu-Guinea, Celebes.

2 Arten.

Typus: *O. obtectus* Silv.

Übersicht über die Arten:

Seitenrand der Seitenflügel mit 3 seichten borstentragenden Kerben. Die Borsten kurz und keulig. Die vordere Reihe der Rückentuberkel liegt etwas vor der Mitte, die beiden anderen eng nebeneinander nahe dem Hinterrand . . . . 1. **O. obtectus**

Seitenrand der Seitenflügel mit 2 borstentragenden Zähnchen. Borsten etwas länger und stabförmig. Die vordere Tuberkelreihe der Metazoniten liegt etwas weiter vorn, die mittlere liegt der dritten weniger nahe als bei *O. obtectus* . . . . 2. **O. bacillifer**

1. **O. obtectus** Silv. 1899 *O. o.*, Silvestri in: Termész. Füzetek, *v.* 22 p. 206 t. 9 f. 5—8.

Rötlichbraun, Bauch und Beine blasser. Länge 7 mm, Breite 1 mm. Halsschild elliptisch mit 3 Reihen borstentragender Tuberkeln. Vordereck der Seitenflügel abgerundet, Hintereck spitz. Seitenrand mit 3 seichten borstentragenden Kerben. Auf den porentragenden Segmenten neben dem Hintereck auf dem Hinterrand ein borstentragendes Zähnchen (Fig. 219), Hintereck des 19. Segments dadurch 2zähnig. Alle Metazoniten mit 3 Querreihen von je 6 borstentragenden Tuberkeln, die Borsten kurz und keulig. Analklappen und Schuppe mit großen borstentragenden Tuberkeln. Telopodit des Gonopoden unverästelt, am Ende sichelig gebogen, das Haarpolster nahe dem Ende, daneben ein Seitenzahn (Fig. 220).

Fig. 219.
Opisthoporodesmus obtectus Silv.
9. Segment (Silvestri, 1899).

Fig. 220.
Opisthoporodesmus obtectus Silv.
Gonopode (Silvestri, 1899).

Insel Tamara, Berlinhafen.

2. **O. bacillifer** Carl 1912 *O. b.*, J. Carl in: Rev. Suisse Zool., *v.* 20 p. 153.

Form und Zähnelung der Seitenflügel, Lage der Poren und Form des Schwänzchens wie bei *O. obtectus*, jedoch hat der Seitenrand nur 2 Zähnchen. Borsten der Metazoniten etwas länger und stabförmig. Prozoniten mit zelliger Struktur. Analschuppe trapezförmig, mit spitzen, eine ganz feine lange Borste tragenden Ecken. — Nur ♀♀ juv. bekannt, die Zugehörigkeit zu dieser Gattung nicht ganz sicher.

Celebes: Masarang, in Baummoos.

11. Gen. Archipolydesmus Att.

1898 *A.*, Attems in: Denk. Ak. Wien, *v.* 67 p. 269, 418 | 1910 *Hispaniodesmus*, K. W. Verhoeff in: Zool. Anz., *v.* 36 p. 144 | 1914 *Archipolydesmus*, Attems in: Arch. Naturg., *v.* 80 A 4 p. 158, 160 | 1916 *Archypolydesmus*, Brölemann in: Ann. Soc. ent. France, *v.* 84 p. 571 | 1930 *Hispaniodesmus*, K. W. Verhoeff in: Bronn, Kl. Ordn., *v.* 5 II 2 p. 1560.

20 Segmente, kleine weißliche Arten. Porenformel normal. Seitenflügel gut ausgebildet, die vorderen nicht schmäler, Seitenrand gezähnt oder mit runden Höckern. Metazoniten mit 3 Querreihen von borstentragenden Tuberkeln, die sowohl den Rücken als die ganze Oberseite der Seitenflügel bedecken; in jeder Reihe zahlreiche Tuberkel (Fig. 221). Antennen lang keulig, die Sinneszapfen an der Oberfläche. Halsschild schmal, schmäler als der Kopf. Femur und Tibiotarsus des Gonopoden völlig verschmolzen. Das Telopodit ist in 2 Äste geteilt, den Rinnenast, der einen Seitenast haben kann, und den Tibiotarsalast. Die Mündung der Samenrinne am Ende des Rinnenastes ist von zarten Haaren umgeben. Vor dem Übergang auf den Rinnenast hat die Samenrinne eine schwache ampullenartige Erweiterung.

Marokko, Spanien, Französ. Ostpyrenäen.

4 Arten und 1 unsichere Art.

Typus: *A. maroccanus* Att.

Übersicht über die Arten:

1	Poren auf einer eiförmigen vom übrigen Rand abgeschnürten Beule, die sehr verschieden ist von den Tuberkeln des Rückens	4. **A. bedeli**
	Poren auf einer gewöhnlichen Tuberkel der Oberseite — 2	
2	Rinnenast des Gonopoden ohne Seitenast. Femur mit einer Zahnleiste. Halsschild seitlich abgerundet	1. **A. maroccanus**
	Rinnenast mit Seitenast, Femur ohne Zahnleiste. Halsschild seitlich mit 3 runden Höckern oder spitzen Zähnen — 3	
3	Fläche des Halsschildes mit spitzkegeligen voneinander entfernten Warzen. Telopodit des Gonopoden schlank	2. **A. panteli**
	Halsschild mit flachen aneinander schließenden Beulen. Telopodit des Gonopoden viel gedrungener	3. **A. ribauti**

1. **A. maroccanus** Att. 1898 *A. m.*, Attems in: Denk. Ak. Wien, *v.* 67 p. 418 t. 10 f. 242, 243.

Einfarbig weiß. Länge 7—9 mm, Breite 1,5 mm. Kopf mit winzigen kurzen Härchen bedeckt. Antennen sehr lang, keulig. Halsschild viel schmäler als der Kopf, queroval. Rücken flach. Seitenflügel mäßig breit, hoch angesetzt, die Vorderecken rechtwinklig, die Hinterecken zahnartig, die Seiten grob gezähnt, mit Vorder- und Hintereck sind es 3—5 Zähne, die ein Börstchen tragen. Metazoniten dorsal mit 3 Querreihen von Tuberkeln, die bis an den Seitenrand der Seitenflügel reichen und ein Börstchen tragen. Analsegment kegelig. Gonopoden: Hüfte klein, kurz, zylindrisch. Auf der Medialseite des Femur eine gezähnte Leiste. Der Rinnenast ist gebogen und hat keinen Seitenast; die Mündung der Samenrinne an seinem Ende ist von feinen Härchen umstellt. Der Tibiotarsalast, der nicht oder nur undeutlich gegen das Femur abgesetzt ist, hat 2 starke seitliche Zähne, das Ende ist hakig eingebogen (Fig. 221).

Marokko: Tetuan.

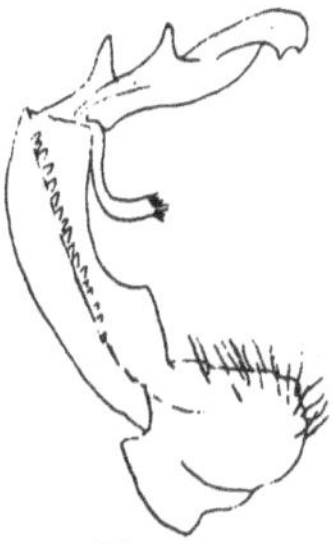

Fig. 221. **Archipolydesmus maroccanus** Att.

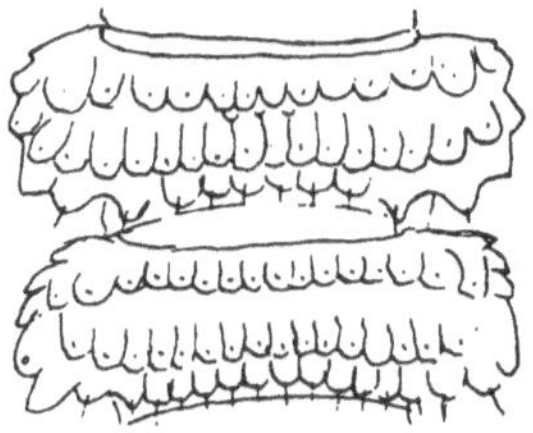

Fig. 222. **Archipolydesmus panteli** (Bröl.). 11. und 12. Segment (Brölemann, 1900).

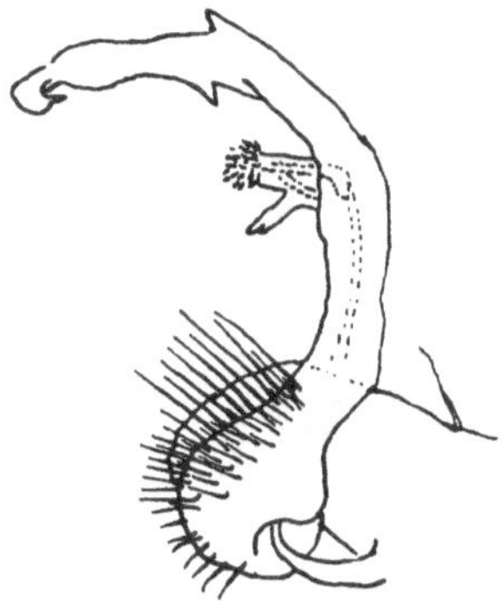

Fig. 223. **Archipolydesmus panteli** (Bröl.). Gonopode (Brölemann, 1900).

2. **A. panteli** (Bröl.) 1900 *Polydesmus P.*, Brölemann in: Bull. Soc. ent. France, p. 131 f. 1—4 | 1910 *Hispaniodesmus p.*, K. W. Verhoeff in: Zool. Anz., *v.* 36 p. **144**.

Rotbraun. Länge 13 mm, Breite 1,5 mm. Schlank. Seiten des Kopfes kurz beborstet. Antennen lang. Halsschild so breit wie der Kopf, mit drei Tuberkeln in der Seite, auf der Fläche 4 Reihen von Tuberkeln. Rücken der Metazoniten (Fig. 222) inkl. Seitenflügel mit 3 Querreihen kleiner, glatter, eng aneinander schließender Tuberkeln, die der mittleren Reihe die größten, ferner nimmt die Größe auf den Seitenflügeln etwas zu. Der Seitenrand der Seitenflügel hat hinter dem spitzzähnigen Vordereck 3 oder 4 runde Tuberkeln; auf den porentragenden Segmenten ist die letzte viel größer als die anderen und in 2 Lappen geteilt, am vorderen liegt der Porus. Nur auf den letzten Segmenten überragt das Hintereck den Hinterrand. Auf dem Sternit des 9. Segmentes zwischen den hinteren Beinen eine 2lappige bis ganz in zwei geteilte Lamelle. Hüfte der Gonopoden breiter als lang. Telopodit schlank sichelförmig, am Grunde des Rinnenastes ein 2spitziger Seitenast. Samenrinne vor Eintritt in den Rinnenast ampullenförmig erweitert. Tibiotarsalast mit 2 Seitenzähnchen und hakigem Ende (Fig. 223).

Spanien: Provinz Cuenca, Uclès.

3. **A. ribauti** (Brol.) 1926 *Hispaniodesmus r.*, Brolemann in: Bull. Soc. Toulouse, *v.* **54** p. 249 **f.** 13—23.

Weißlich, das Vorderende rötlich. Länge 12 mm, Breite 1,6 mm. Kopf kurz und dicht beborstet. Halsschild schmäler als der Kopf, in den Seiten 3 spitze Zähnchen, die Fläche mit 4 Reihen polygonaler Felder, die jedes ein dünnes Börstchen tragen. Die anderen Segmente mit 3 Reihen von meist 16 Höckern, die der 1. und mittleren Reihe länglich, die der hinteren Reihe abgerundet; jeder mit einer kurzen Borste (Fig. 224). 3. und 4. Segment schmäler als das 2. Poren auf einer vergrößerten kugeligen Tuberkel im Hintereck der Seitenflügel; auf den Segmenten 16—18 ist sie spitz und überragt ein wenig den Hinterrand. Analschuppe abgerundet-3eckig. Sternite fast kahl, mit Kreuzeindruck, auf dem 8. des Männchens ist die Längsgrube sehr tief und begleitet von runden, hinten spitzen Kielen. Beine lang, nicht besonders dick, Tibia und Tarsus mit 2 Reihen borstentragender Granula. Gonopodenöffnung sehr groß, so daß vor ihr nur

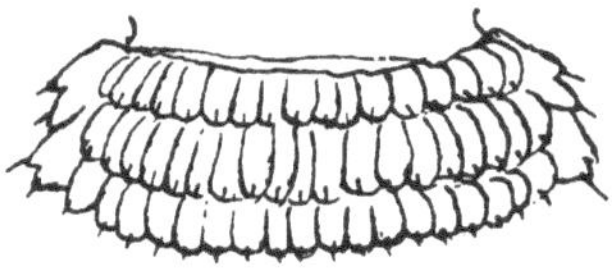

Fig. 224.
Archipolydesmus ribauti (Brol.).
12. Segment (Brolemann, 1926).

Fig. 225.
Archipolydesmus ribauti (Brol.).
Gonopoden (Brolemann, 1926).

eine schmale Spange übrigbleibt. Hüfte der Gonopoden breit, außen mit 2 langen Macrochaeten. Telopodit ziemlich kurz und gedrungen, Rinnenast kurz, mit einem zugespitzten Seitenast, der doppelt so lang ist. Tibiotarsalast völlig mit dem Femur verschmolzen, kurz und breit, mit 3 Seitenzähnen. Die Samenrinne ist am Grunde des Rinnenastes schwach ampullenförmig erweitert (Fig. 225).

Ostpyrenäen: Velmanya am Fuße des Canigou. Prats de Mollo. La Preste.

4. **A. bedeli** (Bröl.) 1902 *Polydesmus B.*, Brölemann in: Bull. Soc. ent. France, p. 13 | 1910 *Hispaniodesmus b.*, K. W. Verhoeff in: Zool. Anz., *v.* 36 p. 144.

Größe und Aussehen wie bei *A. panteli*. Kopf chagriniert und kurz beborstet. Tuberkeln des Rückens ähnlich wie bei *A. panteli*, aber auf den ersten 4 oder 5 Segmenten sind die Tuberkeln kegelig spitz und voneinander entfernt, erst vom ca. 6. Segment an werden sie zu runden Höckern wie bei *A. panteli*. Im Vordereck der Seitenflügel ein kleines spitzes Zähnchen; vom 4. an verschmelzen Seiten- und Hinterrand der Seitenflügel zu einem Bogen. Auf den porentragenden Segmenten ist der 2. Zahn etwas reduziert und der Porus liegt auf einer großen eiförmigen, vom Rande abgeschnürten Beule. Männchen unbekannt.

Spanien: Sierra de Guadarrama bei La Granja, Prov. Segovia.

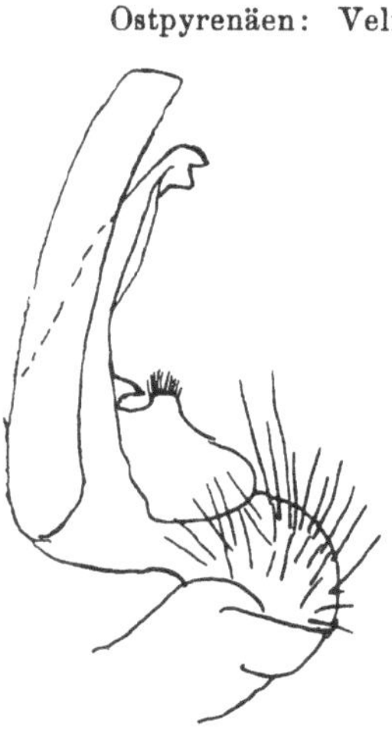

Fig. 226.
Archipolydesmus amandus
(Chamb.) (Chamberlin, 1910).

Zweifelhafte Art:

A. amandus (Chamb.) 1910 *Polydesmus a.*, Chamberlin in: Ann. ent. Soc. Amer., *v.* 3 p. 249 t. 38 f. 4—6, t. 39 f. 1.

Rücken weißlich, die vorderen Segmente mehr oder weniger braun, Unterseite und Beine weiß, Hüften und Endglieder braun, Kopf braun. ♂ Länge 18 mm, Breite

1,9 mm. Halsschild schmäler als Kopf mit Backen und 2. Segment, querelliptisch, Seiten 3zähnig. Seitenflügel horizontal. Halsschild und Tergite mit mehreren (nicht gesagt wie vielen, wenigstens 4) Reihen starker, borstentragender, runder Tuberkeln. Analsegment mit Querreihen von Tuberkeln wie die Tergite, Schwänzchen abwärts gebogen. Beine lang, Praefemur und Femur dorsal angeschwollen. Gonopoden (Fig. 226): Telopodit tief gespalten in Femoralfortsatz, an dessen Grund noch auf dem Stamm des Telopodit das Haarpolster sitzt, und den am Grund deutlich abgesetzten einfachen Tibiotarsalast.

Vereinigte Staaten von Amerika: Utah, Mill Creek Canyon, Salt Lake County.

Nach den Gonopoden würde die Art zur Gattung *Polydesmus*, Subgen. *Nothybus* gehören, doch spricht die Skulptur der Tergite gegen die Zugehörigkeit zu *Polydesmus*.

12. Gen. **Scytonotus** C. L. Koch

1847 *S.*, C. L. Koch in: Koch-Panzer, Krit. Revis., *v.* 3 p. 57, 130 | 1895 *S.*, O. F. & A. C. Cook in: Ann. N. York Ac., *v.* 8 p. 233 | 1899 *S.*, Attems in: Denk. Ak. Wien, *v.* 68 p. 255 | 1931 *S.*, Attems in: Zool., *v.* 30 Lief. 3—4 (Heft 79) p. 144.

19 Segmente. Poren auf den Segmenten 5, 7, 9, 10, 12, 13, 15—17, auf einer vom übrigen Rand abgeschnürten Beule nahe dem Hintereck. Seitenflügel schmal, hoch angesetzt, meist ganz abgerundet und nur die letzten etwas zackig. Die Segmente 5 – 8 oder 9 des Weibchens meist etwas schmäler als die vorangehenden und nachfolgenden (Fig. 227). Metazoniten mit 4—6 Reihen von Tuberkeln, die eine winzige Borste tragen; die Tuberkeln nehmen auch die Seitenflügel ein. Am Hinterrand der Metazoniten, auch dorsal schmal-3eckige Spitzchen, deren Ränder gezähnt oder zerschlitzt sind. Beine des Männchens bis inkl. Tibia dick, Tarsus lang und schlank, säbelig gebogen, die Borsten der Unterseite auf einer Warze, Hüfte und Praefemur unten mit einer Macrochaete. Eine Anzahl Beine, meist das 2. Paar des 9. Segmentes bis zum 1. Paar des 13. Segmentes des Männchens modifiziert; Postfemur sehr kurz, Tibia sehr dick mit einem runden fingerförmigen Lappen und eventuell einem spitzen Lappen. Am Ende der Gonopodenhüfte 2 lappige Fortsätze, ein längerer 3eckiger auf der Medialseite *(M)* und ein kürzerer, tief eingebuchteter auf der Lateralseite *(L)*, in dessen Bucht ein Zapfen des Praefemur eingreift. Praefemur kurz, deutlich gegen das Femur abgesetzt. Die Samenrinne zieht auf der Medialseite in gerader Richtung bis etwas über die Ansatzstelle des Tibiotarsus hinaus, biegt dann basalwärts um und macht noch mehrere Windungen, bevor sie auf einem kleinen behaarten Hügel, dem Haarpolster, mündet; keine deutliche Samenblase, nur eine geringe Verdickung und Erweiterung im gewundenen Endteil. Das Femur hat einen langen Fortsatz, Tibiotarsus am Grunde deutlich abgesetzt, einfach, messerklingenförmig.

Nordamerika.

5 Arten.

Typus: *S. granulatus* (Say).

Übersicht über die Arten:

1	Tibia keines der Beine des Männchens mit Fortsatz . . .	5. **S. columbianus**
	Tibia der Beine 12—19 des Männchens mit Fortsatz — 2	
2	Hinterecken der Seitenflügel vom 5. Segment an mehr und mehr vorragend	1. **S. granulatus** 4. **S. bergrothi**
	Hinterecken bis zum 14. Segment ganz abgerundet — 3	

3 { Fortsatz des Gonopodenfemur einfach ungegabelt. Tibia der Beinpaare 12, 13, 18 und 19 unten mit einem spitzen Fortsatz *(s)* außer dem abgerundeten oberen *(d)* der übrigen Paare. Länge 20 mm, Breite 3 mm . . . . 2. **S. pallidus**
Fortsatz des Gonopodenfemur gegabelt und viel länger als der Tibiotarsus, Tibia der Beine 12—19 nur mit dem dicken runden Fortsatz. Länge 14 mm, Breite 1,7 mm 3. **S. insulanus**

1. **S. granulatus** (Say) 1821 *Polydesmus g.*, Say in: J. Ac. Philad., *v.* 2 p. 107 | 1847 *P. g.*, P. Gervais in: Walckenaer & Gervais, Hist. Apt., *v.* 4 p. 104 | 1865 *P. g.*, H. C. Wood in: Tr. Amer. phil. Soc., ser. 2 *v.* 13 p. 214 | 1887 *Scytonotus g.*, Bollman in: Ent. Amer., *v.* 3 p. 46 | 1895 *S. g.*, O. F. & A. C. Cook in: Ann. N. York Ac., *v.* 8 p. 238 t. 6—8 | 1899 *S. g.*, Attems in: Denk. Ak. Wien, *v.* 68 p. 256.

Braun, manchmal rötlich oder schmutzig weiß. Länge 12—14 mm, Breite 1,5—1,75 mm. Kopf dicht kurz beborstet. Halsschild halbelliptisch, viel schmäler als der Kopf und das 2. Segment, mit borstentragenden Granulis. Vom 5. Segment an ragt das Hintereck mehr und mehr vor und überragt auf einigen der letzten Segmente 3eckig den Hinterrand. Die Granula des Rückens ordnen sich immer regelmäßiger in 5 oder 6 Reihen an, die Querfurche vor der 3. Reihe ist tiefer als die anderen. Seitenflügel dick, der Rand durch die Granula gekerbt. Poren auf einer großen glatten Beule im Hintereck. Borstenwarzen des Analsegmentes dornartig, Schwänzchen herabgebogen, 13.—20. Beinpaar des Männchens modifiziert, Postfemur verkürzt, Tibia mit einem großen abgerundeten Fortsatz. Auf der Unterseite gewisser Glieder, besonders von Femur und Tibia, kleine Papillen.

Pennsylvanien.

2. **S. pallidus** Att. 1931 *S. p.*, Attems in: Zool., *v.* 30 Lief. 3—4 (Heft 79) p. 145 f. 234—239.

Blaß gelblich oder grauweiß. Länge 20 mm, Breite 3 mm. Kopf samt Backen dicht und kurz beborstet. Seitenflügel hoch angesetzt, horizontal, bis zum 14. Segment hinten abgerundet, auf den Segmenten 15—17 in einen kurzen breiten, stumpfen Lappen ausgezogen. Metazoniten vom 4. an mit Querfurche, vor ihr keine Granula, hinter ihr 4 Reihen, alle tragen winzige Borsten. Fransen am Hinterrand des Metazoniten schlank kegelig und in

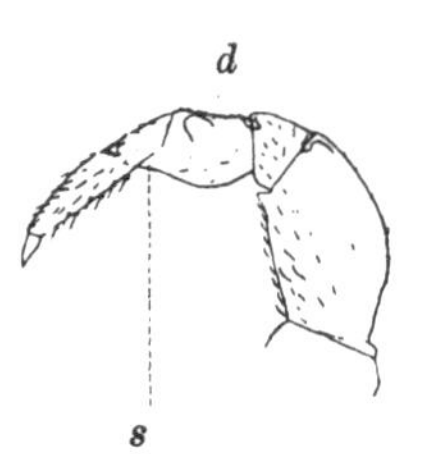

Fig. 227.
Scytonotus pallidus Att. 12. Bein des Männchens.

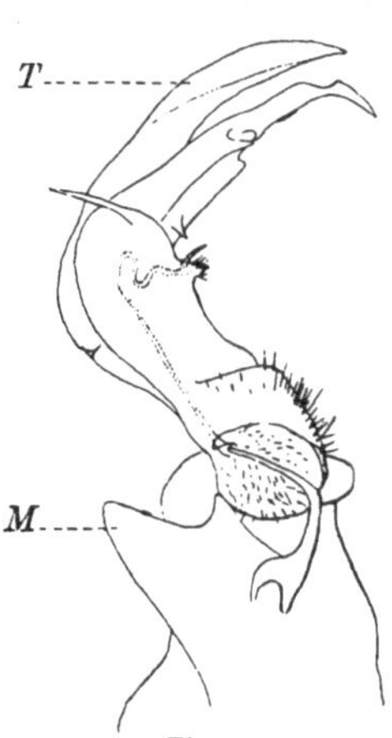

Fig. 228.
Scytonotus pallidus Att. Gonopode.

der distalen Hälfte gezähnt. Halsschild viel schmäler als der Kopf, mit kleinen unregelmäßig angeordneten Tuberkeln bedeckt. Schwänzchen schwach nach unten gebogen, Schuppe trapezförmig-abgerundet. Tibia der mittleren und hinteren Beine dick, Tarsus sehr schlank, lang, leicht gebogen. Auf den Beinpaaren 12—19 des Männchens ist das Postfemur sehr kurz, die Tibia stark verdickt, unten rund vorgewölbt und hat am Ende einen dicken abgerundeten, schräg nach oben gerichteten Fortsatz *(d)*, die Paare 12, 13, 18 und 19 außerdem einen spitzen nach unten gerichteten Fortsatz (s. Fig. 227). Vom 12. Paar an ist die Sohle von Praefemur, Femur und Tibia mit winzigen, kaum sichtbaren halbkugeligen Warzen bedeckt. Tarsus mit Kugelborsten. Gonopoden (Fig. 228): am Ende der Hüfte auf der Medialseite ein großer 3eckiger, weit vorragender Lappen *(M)*, auf der Lateralseite ein viel kürzerer Lappen mit einer tiefen Bucht, in die ein Zapfen des Praefemur eingreift. Praefemur kurz, deutlich gegen das Femur abgesetzt, in der Umgebung der Samengrube eine vorspringende abgerundete Lamelle. Das Haarpolster, ein kleiner mit feinen Härchen besetzter Kegel, trägt einen kurzen spitzen Dorn. Das Femur ist noch über den Ansatz des Tibiotarsus hinaus weit verlängert, dieser Fortsatz und der Tibiotarsus sind gleich lang; nahe dem Grunde hat der Fortsatz einen dünnen nach vorn gerichteten Dorn, weiterhin einen kleinen Zahn, dann bildet der Rand einen Absatz mit vorspringender Ecke. Der Tibiotarsus *(T)* ist am Grunde deutlich abgesetzt, eine einfache, schwach gebogene Sichel.

Nanaima auf der Insel Vancouver, Muckilteo und Port Ludlow im Puget Sund, Tacoma und Port Blackeley, Washington, Farm in Thurston County.

3. **S. insulanus** Att. 1931 *S. i.*, Attems in: Zool., *v.* 30 Lief. 3—4 (Heft 79) p. 147 f. 240—245.

Blaß erdbraun. Länge 14 mm, Breite 1,7 mm. Kopf samt Backen dicht und kurz beborstet. Halsschild viel schmäler als der Kopf, querelliptisch,

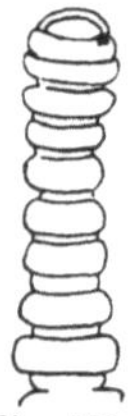

Fig. 229.
Scytonotus insulanus Att.
Vorderende des Weibchens.

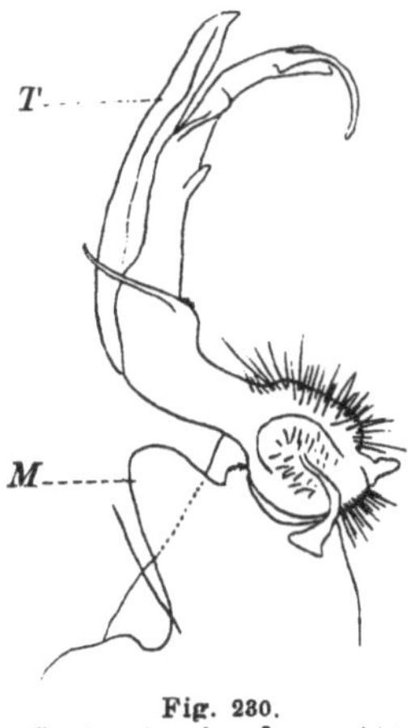

Fig. 230.
Scytonotus insulanus Att.
Gonopode, Medialseite.

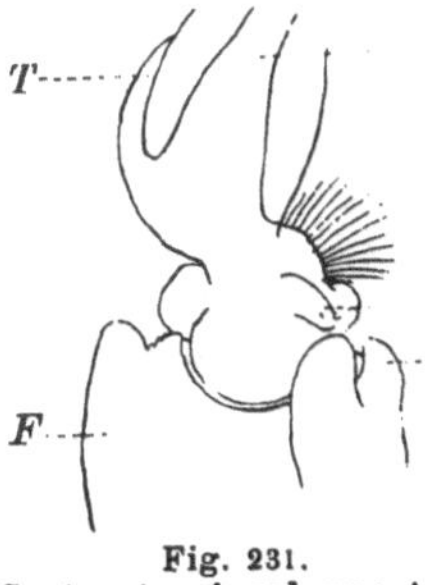

Fig. 231.
Scytonotus insulanus Att.
Gonopode, Lateralseite.

seitlich breit abgerundet, zwischen den Tuberkeln nur sehr schwach eingekerbt, dicht flach granuliert, jede Tuberkel mit einem winzigen Börstchen. Rücken wenig gewölbt, Seitenflügel hoch angesetzt, horizontal, bis zum 11. Segment ganz symmetrisch abgerundet, weiterhin ist das Vordereck sehr wenig stärker abgerundet als das Hintereck. Nur auf dem 17. Segment bildet das Hintereck einen kurzen, breiten, abgerundeten, nach hinten gerichteten Lappen, das

18. Segment hat nur ganz unbedeutende Seitenwülste. Nur beim Weibchen sind die Seitenflügel der Segmente 5—8 oder 9 schmäler als die der davor und dahinter befindlichen Segmente (Fig. 229). Tergite der Segmente 2—4 mit 4 etwas unregelmäßigen Reihen kleiner Tuberkeln, vom 5. an eine schwache Querfurche, vor ihr ist das Tergit glatt oder hat 2 Querreihen sehr flacher undeutlicher Felder, hinter ihr 3 Querreihen kleiner Tuberkeln, 18. Tergit ohne Querfurche, mit 4—5 Reihen von Tuberkeln. Auf den Seitenflügeln stehen die Tuberkeln mehr unregelmäßig. Alle Tuberkeln tragen winzige Borsten. Poren in einer ovalen, vom übrigen Rand abgeschnürten Beule nahe dem Hintereck, schräg nach oben und lateral gerichtet. Spitzen am Hinterrand der Metazoniten am Ende gezähnt. Prozoniten fein chagriniert, Flanken glatt. Sternite quadratisch, zerstreut beborstet. Tarsus der Beine des Männchens lang, schlank, schwach gebogen, die übrigen Glieder verdickt, von den vorderen, noch normalen Paaren an in allmählich steigendem Maße, die Unterseite von Praefemur bis Tibia, besonders letztere, dicht mit kleinen glasigen Warzen bedeckt, Postfemur sehr kurz, besonders auf den Paaren 12 bis 19, auf diesen ist die Tibia unten rund vorgewölbt und trägt einen dicken abgerundeten Fortsatz. Tarsus aller Beine mit schütter stehenden Kugelborsten. Gonopodenöffnung groß, queroval. Lappen *(M)* am Ende der Gonopodenhüfte wie bei *S. pallidus*. Distal vom Haarpolster nur ein winziges Zähnchen, ein quer gerichteter dünner Ast wie bei *S. pallidus*. Der Fortsatz des Femur *(F)* ist hier bedeutend länger als der Tibiotarsus und am Ende in 2 Äste gegabelt, einen kurzen breiten Lappen und einen langen dünnen Haken, Tibiotarsus *(T)* am Grunde deutlich abgesetzt, gerade, messerklingenförmig (Fig. 230, 231).

Nanaimo auf der Insel Vancouver.

4. **S. bergrothi** Chamb. 1911 *S. B.*, Chamberlin in: Canad. Ent., *v.* 43 p. 262.

Dunkelbraun mit einer dunklen medianen Längslinie, Seitenflügel und Prozoniten hellbraun. Länge 17 mm, Breite 2,3—2,4 mm. Clypeus und Stirn kurz beborstet, Scheitel granuliert. Antennen lang, keulig. Körper beim Weibchen im 6. und 7. Segment am schmälsten. Halsschild schmäler als der Kopf, die Seiten in 2 stumpfe Zähne eingeschnitten, die Fläche mit 8 Tuberkelreihen. Seitenflügel horizontal oder etwas gehoben, der Seiten- und Hinterrand gezähnt, im ganzen ca. 12 Zähne. Hintereck vom 5. Segment an erst mehr und mehr rechtwinklig, dann caudalwärts ausgezogen. Tibia des 2. Beinpaares des 9. Segmentes und der der folgenden Paare der nächsten 3 Segmente mit einem Fortsatz. Gonopoden schlecht abgebildet, nicht beschrieben.

Bremerton, Washington.

Fig. 232.
Scytonotus columbianus Chamb. (Chamberlin, 1920).

5. **S. columbianus** Chamb. 1920 *S. c.*, Chamberlin in: Canad. Ent., *v.* 52 p. 166 f. 16.

Braun mit einem Stich ins Rötliche. Länge 10 mm. Beim Weibchen sind keine der vorderen Segmente verschmälert. Tibia aller Beine des Männchens ohne Fortsatz. Tibiotarsus des Gonopoden bedeutend länger als der Femoralfortsatz (Fig. 232).

Britisch-Kolumbien: Columbia Valley.

Unkenntliche Arten:

S. laevicollis C. L. Koch 1847 *S. l.*, C. L. Koch in: Koch-Panzer, Krit. Revis., *v.* 3 p. 131 | 1863 *S. l.*, C. L. Koch, Myr., *v.* 2 p. 41 f. 163.

Nordamerika.

S. scabricollis C. L. Koch 1847 *S. s.*, C. L. Koch in: Koch-Panzer, Krit. Revis., *v.* 3 p. 130 | 1863 *S. s.*, C. L. Koch, Myr., *v.* 2 p. 43 f. 164.

Pennsylvanien.

S. nodulosus C. L. Koch 1847 *S. n.*, C. L. Koch in: Koch-Panzer, Krit. Revis., *v.* 3 p. 131 | 1863 *S. n.*, C. L. Koch, Myr., *v.* 2 p. 43 f. 165.

Gehört überhaupt nicht in die Gattung, 20 Segmente.

Pennsylvanien.

S. caesius Karsch 1881 *Polydesmus (Scytonotus) c.*, F. Karsch in: Arch. Naturg., *v.* 47 I p. 42.

Neuseeland.

S. cavernarum Bollm. 1887 *S. c.*, Bollman in: Ent. Amer., *v.* 3 p. 46 | 1893 *S. c.*, Bollman in: Bull. U. S. Mus., *v.* 46 p. 68 | 1895 *S. c.*. O. F. & A. C. Cook in: Ann. N. York Ac., *v.* 8 p. 237.

Mayfields Cave, Indiana.

S. setiger (H. C. Wood) 1865 *Polydesmus s.*, H. C. Wood in: Tr. Amer. phil. Soc., ser. 2 *v.* 13 p. 213 | 1888 *Scytonotus s.*, Bollman in: P. U. S. Mus., *v.* 11 p. 340 | 1893 *S. s.*, Bollman in: Bull. U. S. Mus., *v.* 46 p. 91.

Pennsylvanien.

S. piger Chamb. 1910 *S. p.*, Chamberlin in: Ann. ent. Soc. Amer., *v.* 3 p. 244 t. 36 f. 1—5.

Utah, Mill Creek Canyon.

S. orthodox Chamb. 1925 *S. o.*, Chamberlin in: Pan-Pacif. Ent. San Francisco, *v.* 2 p. 61.

Utah, Logan Canyon.

13. Gen. **Brembosoma** Verh.

1931 *Polydesmus (Brembosoma)*, K. W. Verhoeff in: Zool. Jahrb., Syst. *v.* 61 p. 411 | 1936 *B.*, K. W. Verhoeff, ibid., *v.* 68 p. 359.

20 Segmente. Die porentragenden Seitenflügel sind vor den Hinterecken gespalten, indem der Seitenrand am vorletzten Stiftchen plötzlich nach hinten abbiegt, hinter den Porus, und der Außenrand dann erst innen vom Porus zum Hintereck zieht. Tergite mit 3 Reihen Stäbchen oder Borsten; von den 3 Wulstreihen ist die mittlere sehr groß und besteht aus 4 + 4 länglichen Wülsten, von denen jederseits einer im Bereich des Seitenflügels. Die Innenränder der Hüften der Gonopoden greifen nur übereinander ohne zu verwachsen und ohne eine mediane Naht zu bilden. Femoralfortsatz gut ausgebildet, am Ende gegabelt. Samenblase ohne Haarpolster, nur wenige ganz unbedeutende Spitzchen vorhanden. Die Samenrinne endet vor der Samenblase, ohne mit einer Schleife hinter sie zu dringen. Tibiotarsus gut ausgebildet. Körper sehr klein, ganz weiß.

Oberitalien.

2 Arten.

Typus: *B. castagnolense* (Verh.).

Übersicht über die Arten:

Halsschildborsten lang, die 3 seitlichen Borsten ragen daher weit über den Seitenrand hinaus. Auf den Seitenflügeln vom 2. Segment an wenigstens eine deutliche Einkerbung. Die Borsten sind kurze, aber doch am Rand deutlich vorragende Stäbchen	1. **B. castagnolense**
Halsschildborsten kurz. Die 3 seitlichen Borsten ragen nicht oder nur wenig über den Seitenrand hinaus. Ränder des Halsschildes und der übrigen Seitenflügel vollkommen glatt, die Stäbchen so winzig, daß sie am Seitenrand gar nicht vorragen	2. **B. aspidiorum**

1. **B. castagnolense** (Verh.) 1925 *Polydesmus castagnolensis,* K. W. Verhoeff in: Zool. Jahrb., Syst. *v.* 50 p. 103 t. 3 f. 29 | 1926 *P. c.,* Attems in: Arch. Naturg., *v.* 92 A 1 p. 59 | 1931 *P. (Brembosoma) pellegrinense,* K. W. Verhoeff in: Zool. Jahrb., Syst. *v.* 61 p. 412 t. 6 f. 21, t. 7 f. 22, 23 | 1937 *Brembosoma p.,* K. W. Verhoeff, ibid., *v.* 70 p. 135.

Schmutzig weiß, Kopf und die ersten 4 Segmente gelblich. Länge 5,6—7 mm. Halsschild querelliptisch, seitlich breit abgerundet, bedeutend schmäler als die Backen, mit 3 Querreihen von Härchen. Kopf dicht und kurz behaart, Antennen lang, keulig verdickt. Rücken glatt und glänzend, die Skulptur ist der geringen Größe des Tieres entsprechend auch etwas undeutlich, doch lassen sich die 4 Felder der 2. und die 6 Felder der 3. Reihe

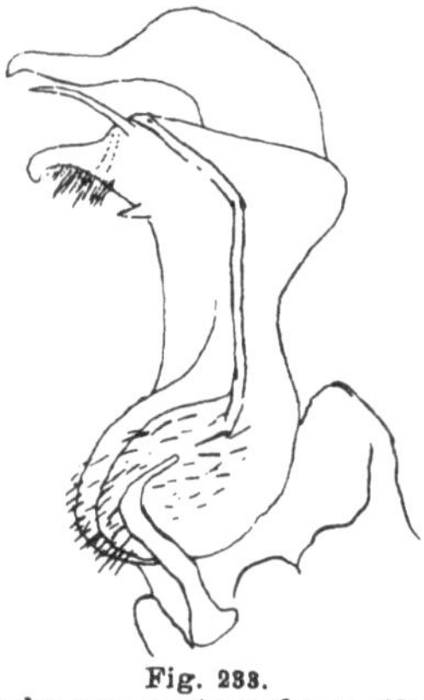

Fig. 233.
Brembosoma castagnolense (Verh.)
(Esino bei Varenna).

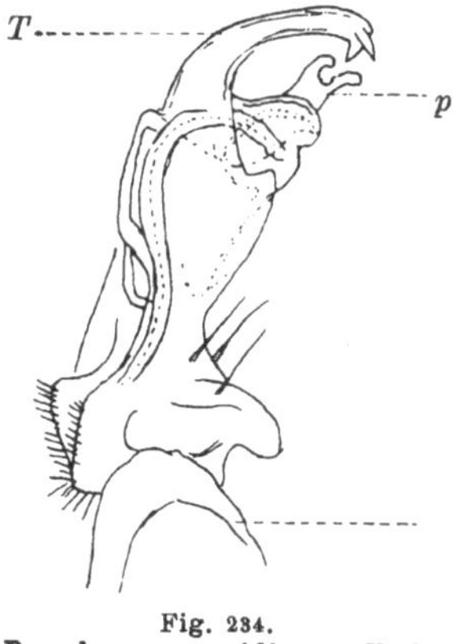

Fig. 234.
Brembosoma aspidiorum Verh.
(K. W. Verhoeff, 1936).

erkennen, die Felder liegen hintereinander, alternieren nicht; jede Tuberkel trägt ein winziges spitzes Härchen; auch in der 1. Reihe, in der keine Tuberkeln abgegrenzt sind, stehen 4 Härchen. Die Seitenflügel sind sehr schmal und abgerundet; auf den Segmenten 2 und 3 hat der Seitenrand 3 Kerben, vom 4. Segment an ist er glatt, nur die hinterste Kerbe bleibt mehr oder weniger sichtbar; auf den porenlosen Segmenten ist das Hintereck einfach abgestumpft bis abgerundet, auf den porentragenden Segmenten ist der Hinterrand, bevor er das Eck erreicht, etwas abgestuft, so daß das Hintereck 2lappig erscheint; dieser Lappen wird caudalwärts etwas zackig. Die Gonopoden (Fig. 233) erinnern einigermaßen an die mancher *Brachydesmus*-Arten. Telopodit breit und gedrungen; ein Rinnenast deutlich, quer zur Längsachse des Femur gerichtet, vor dem Haarpolster hinten ein spitzes Zähnchen, distal vom

Haarpolster vorn ein längerer, schlanker Dorn. Der Tibiotarsus läuft in einen längeren endwärts verschmälerten Schnabel aus und hat keinen Seitenzahn; er ist am Grunde nicht gegen das Femur abgesetzt.

Oberitalien: Lugano, Lecco, Bergamo, Bellano am Como-See, Varenna, Esino, San Pellegrino im Brembotal, Monte Alto bei Sarnico am Iseo-See.

2. **B. aspidiorum** Verh. 1936 *B. a.*, K. W. Verhoeff in: Zool. Jahrb., Syst. *v.* 68 p. 360 t. 7 f. 11–14.

Körper vollkommen weiß. Länge ♂ 5,75—6 mm, ♀ 6,5 mm. Auf den Beinpaaren 3—8 des Männchens sind Praefemur und Femur oben halbkugelig erweitert, unten gerade begrenzt und dicht mit kurzen Borsten besetzt. Gonopoden (Fig. 234): Praefemur in der Umgebung der Samengrube fein beborstet, lateral mit einigen starken Borsten. Zwischen Praefemur und Femur eine Einschnürung. Tibiotarsus *(T)* an der Basis sehr breit, durch eine feine Querlinie abgesetzt, hakig gebogen und am Ende in 2 Zähne gegabelt. Samenblase in der Basis des Femoralfortsatzes, das Ende des letzteren *(p)* in 2 kurze, stumpfe, leicht gebogene Fortsätze gegabelt.

Cottische Alpen oberhalb Crissolo, 1350—1500 m in Farnbeständen.

14. Gen. **Cottodesmus** Verh.

1936 *C.*, K. W. Verhoeff in: Zool. Jahrb., Syst. *v.* 68 p. 356.

Männchen und Weibchen mit 20 Segmenten. Gonopoden: Die Hüften stoßen mit den inneren grubig ausgehöhlten Fortsätzen zusammen, sind aber nur vorn in einem kugeligen Höcker verwachsen. Telopodit fast halbkreisförmig gebogen, keulig, ohne deutliche Grenze zwischen Praefemur und Femur, kein Tibiotarsus (als Rest eines solchen ist vielleicht einer der großen Zähne am Ende des Telopodit anzusehen). Die Samenrinne mündet direkt in die kleine längliche Samenblase, die mit einem kleinen Läppchen vorragt, an ihrer Mündung kein Haarpolster. Rücken stark gewölbt. Seitenflügel schmal, in der Mitte angesetzt. Halsschild mit 6, die übrigen Tergite mit 4 Reihen borstentragender Höcker. Seitenrand der Seitenflügel in mehr oder weniger spitze Lappen eingeschnitten. Poren auf den Segmenten 5, 7, 9, 10, 12, 13, 15—17, auf dem mittleren großen Seitenlappen, am Rande außen und oben. Vordere Beine des Männchens ohne besondere Auszeichnung.

Oberitalien, Cottische Alpen.

1 Art.

Typus: *C. crissolensis* Verh.

1. **C. crissolensis** Verh. 1936 *C. c.*, K. W. Verhoeff in: Zool. Jahrb., Syst. *v.* 68 p. 358 t. 7 f. 1—10.

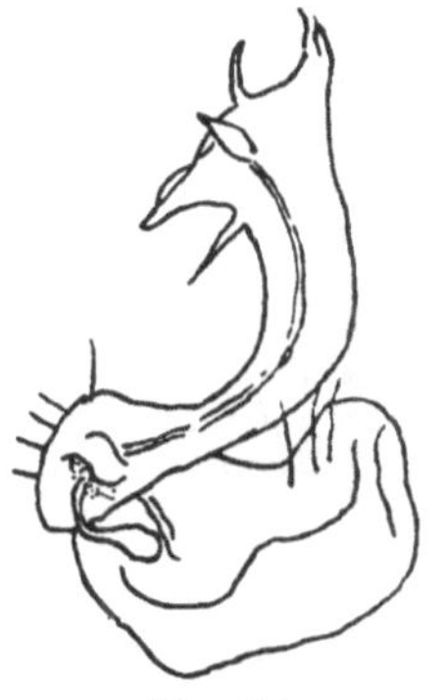

Fig. 235. **Cottodesmus crissolensis** Verh. (K. W. Verhoeff, 1936).

Hell graubraun mit zahlreichen mikroskopisch kleinen braunen Pigmentpunkten, zwischen denen besonders am Grunde der Seitenflügel helle rundliche Fenster erscheinen. Rücken durch das Pigment stark verdunkelt. Länge ♂ 5,5 mm, ♀ 6—6,5 mm. Kopf dicht beborstet, die Borsten meist auf oder zwischen kleinen Wärzchen und kürzer und dünner als die Borsten des Rumpfes. Antennen ziemlich lang, das 6. Glied $1^3/_4$ mal länger als das 5. Halsschildseiten 3- oder 4lappig, der hinterste Lappen borstenlos. Am Grunde der Seitenflügel vorn eine tiefe mehr als halbkreisförmige Bucht. Seitenflügel 2—17 sehr deutlich, die des

18. schwach. Die meisten Tergite mit 4 Querreihen von kräftige Borsten tragenden Höckern, die äußersten Höcker ganz in der Nähe der Randzacken, Borsten spitz oder stumpf, relativ lang und kräftig. Gonopoden vergleiche Fig. 235. Das Femur endet mit einer starken Keule, die innen und außen erweitert ist. Vor dem Läppchen, das die Mündung der Samenblase überragt, ein spitzer Zapfen und proximal von diesem ein gerader Stachel, auf der anderen Seite der Samenblase ein gebogener Dorn und eine kleine Endspitze.

Oberhalb Crissolo in den Cottischen Alpen, 1350—1500 m.

7. Fam. **Vanhoeffeniidae** Att.

1914 *V.*, Attems in: Arch. Naturg., *v.* 80 A 4 p. 158 | 1926 *V.*, Attems in: Kükenthal & Krumbach, Handb. Zool., *v.* 4 p. 139.

♂ und ♀ mit 20 oder 19 oder ♂ mit 19, ♀ mit 20 Segmenten, bei 2 Gattungen nur 18 Segmente. Porenformel normal, nur bei *Lasiodesmus* fehlen die Poren auf dem 12. Segment. Hüften der Gonopoden mit ihren Medianfortsätzen in einer längeren Naht aneinander stoßend, manchmal lateral mit Fortsätzen. Das Telopodit ist entweder in Rinnenast und Tibiotarsus geteilt oder die Samenrinne mündet am Ende des Telopodit und ein Tibiotarsus fehlt ganz. Rinnenast manchmal sehr lang und dünn, fadenförmig. Seitenflügel entweder gut ausgebildet mit oft tief gezähnten Rändern oder nur runde Seitenbeulen vorhanden. Metazoniten meist mit 3 Querreihen von borstentragenden Tuberkeln, manchmal nur 2 oder 4—6 Reihen. Halsschild klein, bedeckt den Kopf nicht. Unterseite der Beinglieder manchmal mit runden Warzen. 3. Beinpaar des Männchens zuweilen modifiziert. Backen des Männchens manchmal stark aufgeblasen.

In allen Regionen verbreitet.

30 sichere und 5 unsichere Gattungen, mit 51 sicheren, 4 unsicheren Arten und 4 Unterarten.

Übersicht über die Gattungen:

1	Weibchen mit 18 Segmenten (Männchen bei *Agenodesmus* ebenso, bei *Hexadesmus* unbekannt) — 2	
	Weibchen und Männchen mit 19 oder 20 Segmenten, manchmal Männchen mit 19, Weibchen mit 20 Segmenten — 3	
2	Borsten der Tergite dünn. Seitenrand der Seitenflügel gesägt. Glieder 3—5 der Beine so eng miteinander verbunden, daß sie fast ein Glied zu bilden scheinen	28. Gen. **Hexadesmus**
	Borsten der Tergite keulig, Seitenrand der Seitenflügel ungezähnt. Beine normal gegliedert	29. Gen. **Agenodesmus**
3	Männchen und Weibchen mit starkem sexualem Dimorphismus. Vorderrand des Labrum des Männchens sehr breit und ganz gerade, Hinterrand der Tergite 2 und 3 des Männchens an der Basis der Seitenflügel 3eckig lappig über das folgende Tergit vorragend. 2. und 3. Beinpaar teilweise verdickt und mit beborsteten Fortsätzen, ebenso das Sternit des 3. Beinpaares. Gonopode nur aus einer runden Platte ohne jede Gliederung bestehend	30. Gen. **Aetheandra**
	Kein solcher Dimorphismus. Männchen ohne die genannten Eigenheiten — 4	

4	Hüfte der Gonopoden lateral mit einem langen starken Fortsatz — **5**	
	Hüfte der Gonopoden lateral ohne großen Fortsatz — **6**	
5	Männchen und Weibchen mit 20 Segmenten, 19. Segment ohne Poren. Segment 2—4 nur so breit wie der Kopf, vom 5. Segment an plötzlich verbreitert, besonders beim Männchen. Beine des Männchens unterseits mit runden Chitinwarzen. Rinnenast des Gonopoden am Ende allseitig fein beborstet . .	24. Gen. **Fuhrmannodesmus**
	Männchen mit 19, Weibchen mit 20 Segmenten, vorletztes Segment mit Poren. Keine vordere halsartige Einschnürung des Rumpfes. Beine des Männchens ohne Chitinwarzen. Rinnenast unbeborstet	25. Gen. **Gyrophallus**
6	Rinnenast zu einem langen dünnen, meist mehrfach spiralig zusammengerollten Faden verlängert (Paläarkt. Region) — **7**	
	Rinnenast nicht so lang fadenförmig — **8**	
7	Männchen und Weibchen mit 20 Segmenten	26. Gen. **Mastigonodesmus**
	Männchen und Weibchen mit 19 Segmenten	27. Gen. **Eumastigonodesmus**
8	Männchen und Weibchen mit 20 Segmenten — **9**	
	Männchen mit 19, Weibchen mit 19 oder 20 Segmenten — **22**	
9	Es sind wohl entwickelte, mehr oder weniger tief gezähnte Seitenflügel vorhanden — **10**	
	Seitenflügel höchstens als allseitig runde Beulen entwickelt oder ganz fehlend — **19**	
10	Metazoniten mit sehr zahlreichen winzigen borstentragenden Knötchen in 4—6 Reihen (Paläarktis)	4. Gen. **Trichopolydesmus**
	Metazoniten mit meist 3, seltener 2 regelmäßigen Reihen von Borsten — **11**	
11	3. Beinpaar des Männchens modifiziert — **12**	
	3. Beinpaar des Männchens nicht modifiziert — **13**	
12	3. Beinpaar des Männchens zu Putzfüßen umgewandelt, Femur unten beulig vortretend mit einem kreisrunden Feld steifer Borsten. Backen nicht aufgetrieben	12. Gen. **Lankadesmus**
	Femur des 3. Beinpaares des Männchens unten blasig aufgetrieben und von einer Drüsenmasse erfüllt. Backen ziemlich stark aufgetrieben	13. Gen. **Kukkalodesmus**
13	Gonopoden schlank, 2—3ästig (Mediterranregion)	3. Gen. **Heterocookia**
	Gonopoden sehr gedrungen (Indo-australische Region, Südamerika) — **14**	
14	Backen, besonders beim Männchen, stark aufgeblasen — **15**	
	Backen nicht oder nur wenig aufgeblasen — **16**	
15	Femur und Tibiotarsus des Gonopoden getrennt, an der Basis des Acropodit des Gonopoden ein starker Chitinstab. Poren dorsal in einiger Entfernung vom Seitenrand (Indo-Austral. Region)	21. Gen. **Pseudosphaeroparia**

	Telopodit des Gonopoden nicht deutlich in Femur und Tibiotarsus gegliedert. An der Basis des Acropodit kein starker Stab — **17**	
16	Rücken der Metazoniten mit kegeligen oder kurz stabförmigen Papillen besetzt. Mittlere Beinglieder zerstreut beborstet, ohne Chitinwarzen (Afrika)	23. Gen. **Elgonicola**
	Rücken der Metazoniten ohne Papillen. Mittlere Beinglieder mit Chitinwarzen gepflastert, die sehr spärlichen Borsten entspringen auf solchen Warzen (Nepal)	22. Gen. **Hingstonia**
17	Von den Ästen des Gonopoden sind 2 fein beborstet (Kolumbien)	18. Gen. **Brachycerodesmus**
	Alle Äste des Gonopoden unbeborstet — **18**	
18	Poren dorsal in einiger Entfernung vom Seitenrand (Indien)	14. Gen. **Sholaphilus**
	(Süd-Amerika)	15. Gen. **Cryptogonodesmus**
	Poren lateral zwischen den 2 letzten Zähnen des Seitenrandes (Süd-Amerika)	16. Gen. **Chilaphrodesmus**
19 (9)	Die Samenrinne tritt auf einen längeren schlanken Rinnenast über — **20**	
	Die Samenrinne mündet am Ende des nicht deutlich gegliederten, relativ langen und schlanken Telopodit; ein deutlicher Rinnenast nicht erkennbar — **21**	
20	Seitenflügel fehlen ganz. Metazoniten mit 3 Querreihen kegelförmiger, borstentragender Papillen (Java)	11. Gen. **Mastodesmus**
	2.—4. Segment mit sehr kleinen runden Seitenflügeln, die folgenden Segmente nur mit undeutlichen Seitenflügeln. Metazoniten mit Borstenreihen ohne große Papillen (Europa)	5. Gen. **Ophiodesmus**
		6. Gen. **Macrosternodesmus**
21	Femur des Gonopoden mit einem starken seitlichen Haken. Metazoniten mit borstentragenden Tuberkeln	2. Gen. **Eutrichodesmus**
	Femur des Gonopoden ohne solchen Haken. Metazoniten ohne borstentragende Tuberkeln	1. Gen. **Vanhoeffenia**
22 (8)	3. Beinpaar des Männchens zu starken Greiforganen umgewandelt	17. Gen. **Ootacodesmus**
	3. Beinpaar des Männchens nicht modifiziert — **23**	
23	Metazoniten dicht und kurz beborstet und mit Reihen langer, 2gliedriger Borsten. Männchen mit 19, Weibchen mit 20 Segmenten	10. Gen. **Cylindrodesmus**
	Metazoniten mit 3 Reihen einfacher Borsten — **24**	
24	Backen des Männchens stark kugelig aufgeblasen — **25**	
	Backen nicht aufgetrieben — **26**	
25	Gonopodentelopodit im allgemeinen in der Längsrichtung des Rumpfes liegend. Auf dem Scheitel keine zusammenneigenden Borsten (Ostafrika)	19. Gen. **Sphaeroparia**
	Gonopodentelopodit im rechten Winkel zum Rumpf lateral gerichtet. Auf dem Scheitel ein Büschel von zusammengeneigten Borsten (Indochina)	20. Gen. **Corypholophus**

26	Seitenflügel in der Mitte der Seiten angesetzt, der Rücken stark gewölbt (Java) — **27**	
	Seitenflügel hoch angesetzt, der Rücken mehr flach (Paläarktis)	7. Gen. **Bacillidesmus**
27	Praefemur des Gonopoden ohne spießartigen Fortsatz. Die Samenrinne endet nicht auf einem trichterartigen Ast	8. Gen. **Peronorchus**
	Praefemur des Gonopoden mit einem großen spießartigen Fortsatz. Die Samenrinne endet auf einem trichterartigen Ast	9. Gen. **Solaenaulus**

1. Gen. **Vanhoeffenia** Att.

1908 *V.*, Attems in: D. Südp. Exp., *v.* 9 p. 426.

20 Segmente. Porenformel normal. Antennen von mittlerer Länge, am Ende wenig verdickt. Rumpf knotig, ohne deutliche Seitenflügel, nur mit schwachen seitlichen Auftreibungen, über die ein schmaler, dorsal durch eine Furche begrenzter Wulst zieht. Metazoniten glatt, ohne ausgesprochene Skulptur. Schwänzchen ziemlich schlank, zylindrisch. Unterseite des 2.—6. Beingliedes mit Kugelborsten. Sternite ohne Fortsätze. Hüften der Gonopoden durch mediane Fortsätze verbunden, Telopodit nicht deutlich gegliedert. Praefemur langgestreckt; die Samenrinne mündet am Ende des im ganzen geraden, nur zuletzt hakig eingebogenen Telopodit.

Kapland.

Typus und einzige Art:

1. **V. nodulosa** Att. 1908 *V. n.*, Attems in: D. Südp. Exp., *v.* 9 p. 427 f. IV t. 44 f. 3—7.

Scherbengelb, etwas quergeringelt, dadurch daß längs der Quernaht ein schmaler schwarzbrauner Streif über den Rücken zieht; Antennen rauchbraun. Umgebung der Poren schwarzbraun. Breite ♀ 2,5 mm. Rücken mikroskopisch fein chagriniert, Flanken schwach gerunzelt. Keine Querfurchen, Quernaht glatt. Kugelborsten der Beinglieder 2—6 kurz und dick, distal gekrümmt, zwischen ihnen gewöhnliche feine Borsten. Tarsus ringsum mit langen kräftigen Borsten, Endkralle dick. Hüften der Gonopoden kurz und breit, median fest verwachsen, außen nicht kugelig vorgewölbt, das Telopodit sitzt am Endrand der Hüfte, nicht in einer schaligen Höhlung derselben. Praefemur langgestreckt, bis zur Mitte des Telopodit reichend, spärlich beborstet, beim Übergang in das Acropodit eine leichte Knickung. Acropodit nicht gegliedert, das breite und gebogene Ende durch einen Einschnitt kurz 2lappig, die Samenrinne endet auf dem einen dieser Lappen, die Kante am Ende der Samenrinne fein gezähnt (Fig. 236).

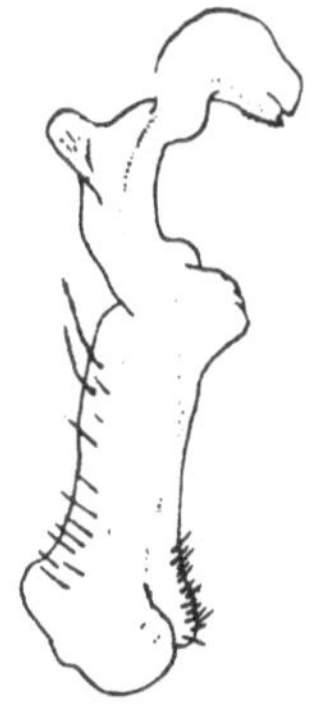

Fig. 236.
Vanhoeffenia nodulosa Att.

Kapland: Simonstown, Rifle Range.

2. Gen. **Eutrichodesmus** Silv.

1910 *E.*, Silvestri in: Zool. Anz., *v.* 35 p. 363 | 1916 *E.*, Brölemann in: Ann. Soc. ent. France, *v.* 84 p. 570.

20 Segmente. Porenformel normal. Der Rumpf kann in eine enge Spirale eingerollt werden. Antennen kurz, das 6. Glied das größte. Hals-

schild so breit wie der Kopf, elliptisch. Seitenflügel des 2. Segmentes etwas breiter und länger als die der folgenden. Seitenflügel klein, dick herabgebogen, fast im Bauchniveau angesetzt, seitlich 4—6-lappig, Poren auf dem hintersten Lappen des Seitenrandes gelegen. Metazoniten mit borstentragenden Tuberkeln. Sternite sehr schmal. Gonopoden: Hüfte halbkugelig. Telopodit eher schlank, Praefemur und Femur deutlich geschieden, Acropodit nicht deutlich gegliedert, in der Mitte, wahrscheinlich dem Femur angehörend, ein großer Seitenast. Die Samenrinne mündet nahe dem Ende auf einem kurzen Ast, vorher ein kurzer Seitenast, vielleicht ein Tibiotarsalrest.

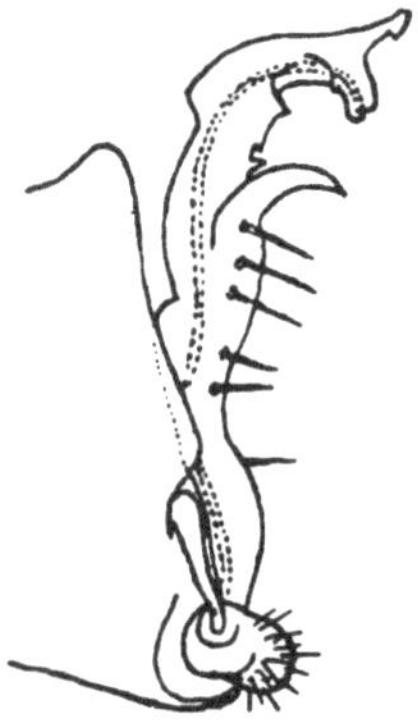

Fig. 237. **Eutrichodesmus demangei** Silv. (Silvestri, 1910).

Tonkin: Phu-Ly.

Tonkin.

Typus und einzige Art:

1. **E. demangei** Silv. 1910 *E. d.*, Silvestri in: Zool. Anz., *v.* 35 p. 364 f. 9.

Rötlich, Bauch und Beine erdfarben. Länge 8 mm, Breite 1,04 mm, Prozonit 0,62 mm (Fig. 237).

3. Gen. **Heterocookia** Silv.

1896 *Cookia* (nom. praeocc.), Silvestri in: Natural. Sicil., n. ser. *v.* 1 p. 158 | 1898 *C.*, Attems in: Denk. Ak. Wien, *v.* 67 p. 361 | 1898 *Heterocookia,* Silvestri in: Ann. Mus. Genova, *v.* 38 p. 667 | 1915 *Haplocookia,* Brölemann in: Bull. Soc. Afr. Nord, *v.* 6 p. 88 | 1916 *Heterocookia* + *Haplocookia,* Brölemann in: Ann. Soc. ent. France, *v.* 84 p. 571.

20 Segmente. Porenformel normal. Seitenflügel gut entwickelt, breit oder schmal, seitlich und hinten gezähnt. Metazoniten mit 3 Querreihen borstentragender Tuberkeln, die Borsten kurz und keulig. Analsegment kegelig. Gonopodentelopodit 2- oder 3ästig, der Rinnenast kann nämlich am Grunde einen Seitenast haben. Tibiotarsalast groß einfach, am Grunde nicht abgegliedert.

Tunis, Algier.

2 Arten.

Typus: *H. novator* (Silv.).

Übersicht über die Arten:

Telopodit des Gonopoden 3ästig, mit einem großen Seitenast am Grunde des Rinnenastes, Seitenflügel breiter .	1. **H. novator**
Telopodit 2ästig, der Rinnenast ohne Seitenast, Seitenflügel schmäler	2. **H. mauritanica**

1. **H. novator** (Silv.) 1896 *Cookia n.*, Silvestri in: Natural. Sicil., n. ser. *v.* 1 p. 159 t. 7 f. 6—8 | 1898 *C. n.*, Attems in: Denk. Ak. Wien, *v.* 67 p. 361 | 1898 *Heterocookia n.,* Silvestri in: Ann. Mus. Genova, *v.* 38 p. 667.

Rötlichbraun. Länge 12 mm, Breite 2 mm. Die Antennen überragen das 2. Segment, 6. Glied das längste und dickste. Halsschild mit 4 Querreihen borstentragender Tuberkeln, eine davon am Vorderrand, am Hinterrand des Seitenlappens ein Zähnchen. Metazoniten mit 3 Querreihen borstentragender Tuberkeln, hinter der vorderen Reihe eine Querfurche, die Borsten lang. Seiten- und Hinterrand der Seitenflügel tief 6zähnig. Beine schlank. Rinnenast des Gonopoden lang und schlank, an seinem Grunde ein großer Seitenast, der in der Mitte verbreitert und gezähnt ist. Tibiotarsus schlank, am Ende hakig eingebogen und kurz 2spitzig (Fig. 238).

Tunis: Babouch.

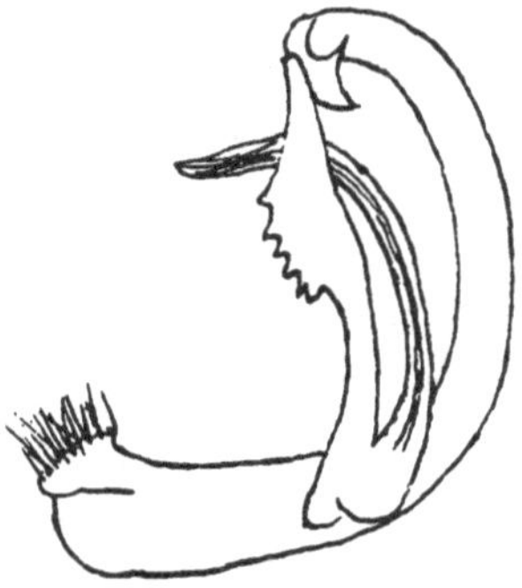

Fig. 238.
Heterocookia novator (Silv.)
(Silvestri, 1896).

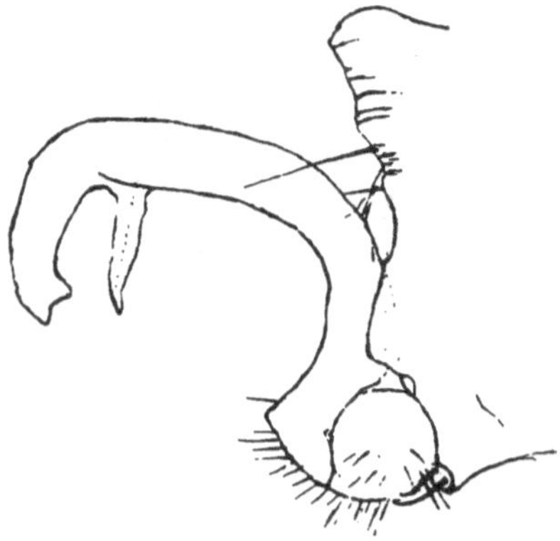

Fig. 239.
Heterocookia mauritanica (Bröl.)
(Brölemann, 1915).

2. **H. mauritanica** (Bröl.) 1915 *Haplocookia m.*, Brölemann in: Bull. Soc. Afr. Nord, *v.* 6 p. 88 f. 1—5.

Länge 12,5 mm, Breite 1,5 mm. Kopf beborstet. Die Antennen überragen das 2. Segment. Halsschild unregelmäßig halbkreisförmig, vorn etwas abgeflacht, die Borsten der Randtuberkeln sind etwas länger und zylindrisch, die der übrigen Fläche kurz und keulig. Metazoniten mit 3 Reihen von Tuberkeln, die auch die ganzen Seitenflügel einnehmen. Auf den ersten 7 Segmenten sind die Tuberkeln der 1. und 3. Reihe kegelig und voneinander entfernt, vom 7., 8. Segment an sind alle Tuberkeln flach und aneinander schließend. Jede Tuberkel mit einer kurzen und stark keuligen Borste. Seitenflügel ziemlich schmal, seitlich und hinten gezähnt, Poren auf einer kleinen Warze am Grunde der 2 posterolateralen Zähne; letztere überragen auf den Segmenten 17 und 18 etwas den Hinterrand, Gonopodenöffnung sehr groß, so daß vor ihr nur eine schmale Spange übrig bleibt. Hüften der Gonopoden sehr breit und kurz. Praefemur kurz, Femur ziemlich schlank, stark gebogen, der einfache Rinnenast im rechten Winkel abstehend, der breite Tibiotarsalast parallel zu ihm, ohne Abgrenzung im Innern (Fig. 239).

Algier: Kabylie, Aberkane; Mouzaia, Zaouia.

4. Gen. **Trichopolydesmus** Verh.

1898 *T.*, K. W. Verhoeff in: Arch. Naturg., *v.* 64I p. 363 | 1899 *T.*, Attems in: Denk. Ak. Wien, *v.* 68 p. 429 | 1910 *T.*, K. W. Verhoeff in: Zool. Anz., *v.* 36 p. 135.

20 Segmente. Porenformel normal. Seitenflügel gut entwickelt mit stark gesägt gezähntem Seitenrand, Hinterecken in kräftige Zipfel ausgezogen. Metazoniten mit 4—6 Reihen winziger borstentragender Knötchen. Analsegment kegelig. Beine des Männchens mit Spitzkegeln. Gonopoden: Hüfte groß, rundlich, Hüfthörnchen nicht bemerkt. Praefemur kugelig, scharf

gegen das Femur abgesetzt. Telopodit 3ästig, Rinnenast schlank und spitz, keiner der Äste transversal abgegliedert.

Süd-Ungarn.

Typus und einzige Art:

1. **T. eremitis** Verh. 1898 *T. e.,* K. W. Verhoeff in: Arch. Naturg., *v.* 64 I p. 363 t. 9 f. 6—8.

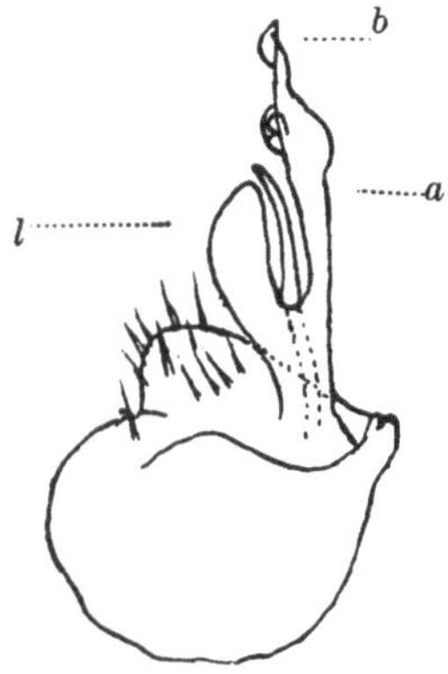

Fig. 240.
Trichopolydesmus eremitis Verh. (K. W. Verhoeff, 1898).

Weiß, matt. Länge 8,5 mm, Breite 2,3 mm. Halsschild kreisabschnittförmig mit mäßig spitzen Hinterecken. 2. und 3. Segment mit 4 Reihen, 4. und 5. Segment mit 5 Reihen, die übrigen mit 6 Reihen langer spitzer Borsten, die auf Höckerchen sitzen, die in der 6. Reihe am stärksten sind und als Zäpfchen über den Hinterrand hinausragen. Die runden Poren münden vor dem Außenrand, ein gutes Stück vom Hinterrand entfernt, es findet sich also keine Kante oder Spalt gegen den Hinterrand. Gonopoden (Fig. 240): das Acropodit ist recht schlank und hat in der Mitte einen großen, am Ende schräg abgestutzten Lappen *(l)*, der Tibiotarsus *(a)* ist leicht gekrümmt und endet mit einer hyalinen gebogenen Spitze *(b)*, ein anderes 3eckiges glasiges Spitzchen befindet sich vor dem Ende; in der Bucht zwischen diesen beiden Ästen ragt der schlanke spitze Rinnenast auf.

Räuberhöhle bei Herkulesbad.

5. Gen. **Ophiodesmus** O. F. Cook

1896 *O.,* O. F. Cook in: Ann. N. York Ac., *v.* 9 p. 5 | 1910 *Scytalosoma,* K. W. Verhoeff in: Zool. Anz., *v.* 36 p. 136, 138.

20 Segmente. Poren auf den Segmenten 5, 7, 9, 10, 12, 13, 15—18. Kleine wulstige Seitenflügel, die Poren münden im Hintereck auf der Unterseite in einem nach vorn verschmälerten 3eckigen Spalt am Hinterrand zwischen der letzten und vorletzten Borste; die letzte Borste steht am Hinterende einer feinen Kante oberhalb des Porus, die vorletzte steht am Ende einer glatten Kante unterhalb des Porus. Metazoniten mit 3 Reihen von Borsten und mit Querfurche, im übrigen glatt. Analsegment kegelig. Es ist nicht bekannt, ob und in welcher Weise die Gonopodenhüften miteinander verbunden sind, die Stellung der Gattung ist daher noch zweifelhaft. Praefemur kurz eiförmig. Das Telopodit ist in 2 große Äste gegabelt, einen einfachen oder am Ende kurz gegabelten Rinnenast und einen Tibiotarsalast, der an der Basis einen Seitenast haben kann.

Deutschland, Frankreich.

2 Arten.

Typus: *O. verhoeffi* (Bröl.).

Übersicht über die Arten:

- Telopodit des Gonopoden mit einem am Grunde breiten, in 2 dünne Spitzen gegabelten Ast (Rinnenast?) und einem am Grunde dünnen, endwärts verbreiterten Ast (Tibiotarsus?), am Grunde des letzteren kein Lappen . . . . 1. **O. verhoeffi**
- Rinnenast relativ breit, einfach, d. i. nicht gegabelt, am Grunde des Tibiotarsus ein 3eckiger spitzer Lappen . . 2. **O. albonanus**

1. **O. verhoeffi** (Bröl.) 1895 *Strongylosomum V.*, Brölemann in: Feuille Natural., ser. 3 *v.* 25 p. 147 | 1896 *Ophiodesmus v.*, O. F. Cook in: Ann. N. York Ac., *v.* 9 p. 5 | ? 1910 *Scytalosoma triassicum*, K. W. Verhoeff in: Zool. Anz., *v.* 36 p. 139 f. 1—5.

Milchweiß. Länge 5 mm, Breite 0,5 mm. Kopf fein runzelig und lang und steif beborstet. Antennen mäßig lang, keulig. Halsschild schmäler als der Kopf, halbkreisförmig, mit spitzen Hinterecken, glänzend, mit feiner Netzstruktur und 3 Reihen langer steifer Borsten. Segmente in der Quernaht stark eingeschnürt. 2.—4. Segment mit kleinen fast rechteckigen Seitenflügeln, auf den folgenden sind diese nur schmale dünne ungezähnte Wülste. Poren groß, im Hintereck auf der Unterseite, von oben nicht sichtbar. Beine lang. Telopodit des Gonopoden mit einem sehr schlanken am Ende gegabelten Rinnenast und einem 2. Ast, beide sichelförmig gebogen (Fig. 241).

Frankreich: Ferté Milon, Aisne. ? Bonn. Winterberg im Taubertal.

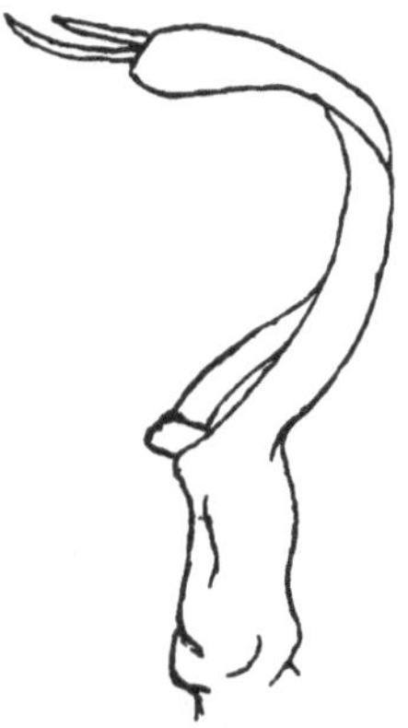

Fig. 241.
Ophiodesmus verhoeffi (Bröl.) (Brölemann, 1895).

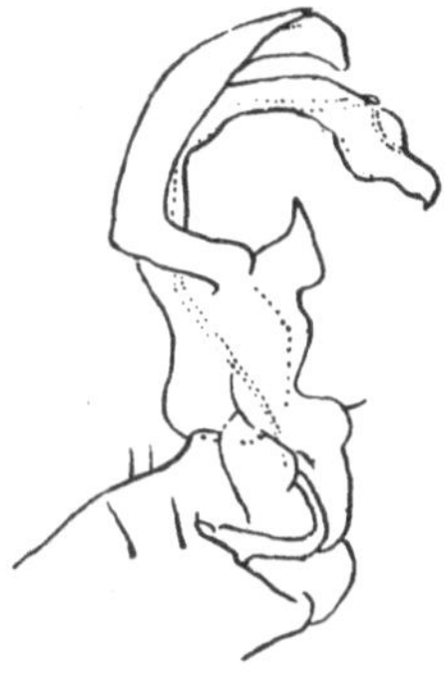

Fig. 242.
Ophiodesmus albonanus (Latz.) (Lohmander, 1925).

2. **O. albonanus** (Latz.) 1895 *Paradesmus a.*, Latzel in: Mt. Mus. Hamburg, *v.* 12 p. 107 f. 1 | 1925 *Ophiodesmus a.*, Lohmander in: Göteborgs Vetensk. n. Handl., ser. 4 *v.* 30 p. 20 f. 6.

Weißlich, das Vorderende gelblich. Länge 5 mm, Breite 0,8 mm. Kopf spärlich beborstet. Antennen keulig. Rumpf schlank, knotig, glatt und glänzend. Halsschild halbkreisförmig, die Hinterecken kaum abgestumpft. Hintereck der Seitenflügel auf den hinteren Segmenten spitz, der Seitenrand ungezähnt, mit 3—5 Borsten. Poren kaum sichtbar. Beine kurz und schlank. Telopodit des Gonopoden bis fast zur Hälfte in 2 große Sicheln gegabelt, deren eine der Rinnenast ist, die andere hat am Grunde einen 3eckigen Zahn (Fig. 242).

Hamburg. Schweden: Skane, Oeland.

6. Gen. **Macrosternodesmus** Bröl.

1908 *M.*, Brölemann in: Bull. Soc. ent. France, p. 94 | 1910 *Titanosoma*, K. W. Verhoeff in: Zool. Anz., *v.* 36 p. 137, 142 | 1914 *Macrosternodesmus*, Attems in: Arch. Naturg., *v.* 80 A 4 p. 231.

20 Segmente. Poren auf den Segmenten 5, 7, 9, 10, 12, 13, 15—18. Gonopoden im ganzen kurz und gedrungen, Praefemur kurz und breit, Acro-

podit nicht deutlich quergegliedert, Femoralabschnitt sehr kurz, Rinnenast kurz, gerade, frei vorragend, Tibiotarsus kräftig, 2ästig. Seitenflügel schmal, abgerundet, der Seitenrand gekerbt, in den Kerben Borsten. Metazoniten mit 3 Querreihen borstentragender Knötchen. Sternite breit unbewehrt. Schwänzchen hakig abwärts gebogen.

Deutschland, Frankreich, England.

Typus und einzige Art:

1. **M. palicola** Bröl. 1908 *M. p.*, Brölemann in: Bull. Soc. ent. France, p. 94 | 1910 *Titanosoma jurassicum*, K. W. Verhoeff in: Zool. Anz., *v.* 36 p. 143 f. 6—9 | 1911 *T. j.*, K. W. Verhoeff, ibid., *v.* 38 p. 458 | **1912** *T. j.*, K. W. Verhoeff in: Tr. nat. Hist. Soc. Northumb., ser. **2** *v.* **4** p. 152 | 1930 *Macrosternodesmus palicolus*, K. W. Verhoeff in: Zool. Jahrb., Syst. *v.* 59 p. 409.

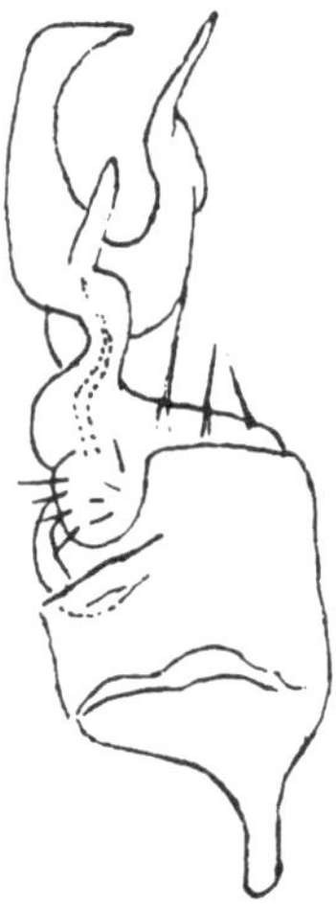

Fig. 243. **Macrosternodesmus palicola** Bröl. (Brölemann, 1908).

Weiß. Länge 3,5—4 mm, Breite 0,3—0,4 mm, auffallend dünn. Kopf dicht beborstet, besonders vorn. Antennen stark keulig. Halsschild halbkreisförmig, viel schmäler als der Kopf, mit 3 Reihen von je 8 kurzen Stiften. Oberfläche mit feiner Netzstruktur, und zwar Prozoniten mit polygonaler, Metazoniten mit runder; letztere mit 3 Reihen kleiner, eine kurze Borste tragender Knötchen. Seitenrand der Seitenflügel 2—3mal eingekerbt, die Hinterecken eckig vorspringend. Die Poren münden in einen Spalt zwischen dem Hintereck und einer kurzen Kante, an deren Hinterende sich die 2. Hinterrandborste befindet. Gonopoden (Fig. 243): Hüfte kurz und breit. Praefemur kurz und breit, außen mit 3 langen Borsten zwischen der gewöhnlichen Beborstung. Der 2mal gebogene Rinnenast trägt auf seiner Außenkante eine rechteckige durchsichtige Lamelle, deren untere Ecke spitzzackig vorspringt.

Frankreich: Basses Pyrenées. Deutschland: Kehlheim. England: Durham.

7. Gen. **Bacillidesmus** Att.

1898 *B.*, Attems in: Denk. Ak. Wien, *v.* 67 p. 271, 481 | 1910 *B.*, K. W. Verhoeff in: Zool. Anz., *v.* 36 p. 135.

19 Segmente. Kopf sehr groß, Antennen groß, keulig, das 6. Glied mit einer tiefen Grube, in der die Sinneszapfen liegen. Seitenflügel gut entwickelt, seitlich tief gezähnt, die Poren münden auf der Oberseite nahe dem Seitenrand neben dem vorletzten Seitenzahn. Halsschild schmäler als der Kopf. Metazoniten dicht granuliert mit Querreihen von Borsten. Analsegment groß, dick kegelig. Tarsus der Beine des Männchens ziemlich lang und dünn, die anderen Glieder, besonders Praefemur und Femur stark verdickt, die letzten 4 Glieder unten mit Höckerchen besetzt. Gonopoden: Praefemur kurz, spärlich beborstet, die Borsten kurz. Acropodit einheitlich, fast im Halbkreis gebogen, mit Rinnenast aber sonst ohne jede Gliederung.

Süd-Ungarn.

Typus und einzige Art:

1. **B. filiformis** (Latz.) 1884 *Brachydesmus f.*, Latzel, Myr. Österr.-Ung., *v.* 2 p. 129 | 1898 *Bacillidesmus f.*, Attems in: Denk. Ak. Wien, *v.* 67 p. 481 t. 5 f. 97, 98.

Sehr blaß, besonders die vorderen und hinteren Segmente und mit bräunlichen Punkten bespritzt. Länge 4—4,8 mm, Breite 4,1 mm, Prozoniten 0,25 mm, fadenförmig schmal. Kopf groß, breit, inkl. Backen dicht kurz beborstet. Halsschild schmäler als der Kopf, fast so breit wie das 2. Segment, halbkreisförmig, die Seiten ebenso spitz gezähnt wie die folgenden Seitenflügel. Fläche fein granuliert und mit Borstenreihen. Im Vordereck der Seitenflügel ein kleines Zähnchen ohne Borste, Hintereck auch ohne Borste, die anderen Seitenrandzähne tragen lange Borsten, Metazoniten mit 4 Reihen langer spitzer Borsten, eine am Vorderrand, eine in der Mitte und 2 einander sehr genäherte am Hinterrand, die Borsten am Hinterrand stehen auf kegeligen Tuberkeln, deren Größe lateral zunimmt, die anderen Borsten stehen auf winzigen Knöpfchen, in der hintersten Reihe zwischen den Hinterecken 10 Borstenwarzen. Die Seitenflügel sitzen in der Mitte der Seiten, der Rücken daher gewölbt. Das Telopodit des Gonopoden ist stark gebogen, das Acropodit tief in 2 Äste gespalten, zeigt keine transversale Gliederung, auf der Hohlseite der Krümmung ein großer ziemlich breiter zugespitzter Rinnenast, das Ende des übrigen Teiles gezackt und mit einem dünnen Fadenanhang (Fig. 244).

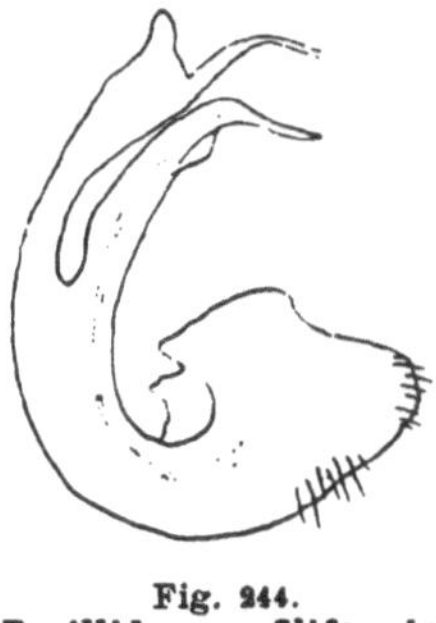

Fig. 244. **Bacillidesmus filiformis** (Latz.).

Südöstliches Ungarn.

8. Gen. **Peronorchus** Att.

1907 *P.*, Attems in: Mt. Mus. Hamburg, *v.* 24 p. 110.

♂ und ♀ mit 19 Segmenten. Porenformel normal. Antennen lang, das 6. Glied plötzlich stark keulig verdickt, seine Sinneszapfen so wie die des 5. Gliedes in einem scharf begrenzten Feld, in einem Grübchen frei stehend. Halsschild viel schmäler als der Kopf. Seitenflügel vorhanden aber nur gering entwickelt, in der Mitte der Seiten, der Rücken daher stark gewölbt, die des 2. Segmentes etwas breiter als die folgenden, Poren knapp neben dem Hintereck. Metazoniten mit 3 Reihen von Stiften. Schwänzchen kegelig. Tarsus der Beine des Männchens sehr lang und schlank, ohne Kugelborsten. Tibia oben mit einer langen Borste. Hüften der Gonopoden durch mediane Fortsätze miteinander verbunden, außen kugelig gewölbt, innen ausgehöhlt, das Telopodit in der inneren Höhlung der Hüfte angesetzt, das Acropodit ungegliedert, in der Ruhelage gegen die Basis, Hüfte *(c)*, zu herabgeklappt.

Java.

Typus und einzige Art:

1. **P. parvicollis** Att. 1907 *P. p.*, Attems in: Mt. Mus. Hamburg, *v.* 24 p. 111 f. XXIV, XXV, t. 2 f. 30—33.

Erdbraun. Länge 6—7 mm, Breite 0,55 mm, Prozoniten 0,4 mm. Kopf fein behaart. Halsschild unregelmäßig querelliptisch. Halsschild und Metazoniten mit 3 Querreihen starrer stumpfer Stifte, die auf kleinen Knötchen sitzen, die 1. Reihe nahe dem Vorderrand, die 3. nahe dem Hinterrand, die mittlere der 3. genähert, in jeder Reihe 8—10 Borsten. Die schwach entwickelten Seitenflügel rundlich,

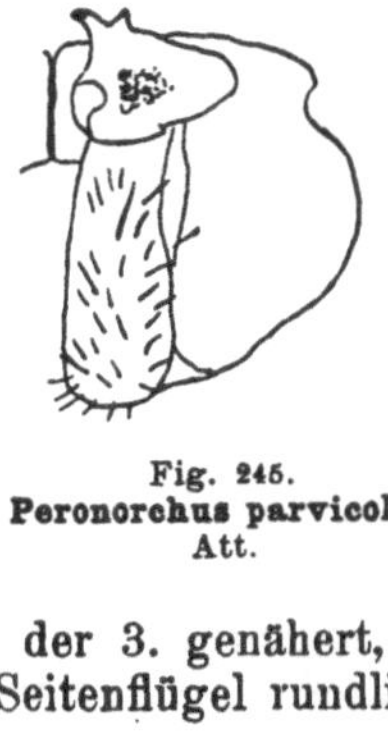

Fig. 245. **Peronorchus parvicollis** Att.

das Hintereck stumpfzackig mit einer Borste, der Porus öffnet sich zwischen dieser Borste und der median davon stehenden. Die Metazoniten haben einen größeren Durchmesser als die Prozoniten, der Rumpf ist daher an letzteren eingeschnürt. Oberfläche fein polygonal gefeldert-körnig. Am Hinterrand der Metazoniten feine lange Fransen. Borsten des Analsegmentes spitz. Gonopoden (Fig. 245): das Telopodit zeigt keine Gliederung, das Praefemur ist innen dicht und fein beborstet, eine gröbere und schüttere Beborstung reicht bis zur Mitte des geraden Endstückes, das Ende ist ähnlich einer Trompete verbreitert und ausgehöhlt, der Rand mit einigen Zacken besetzt.

Java: Buitenzorg.

9. Gen. **Solaenaulus** nov. gen.

19(?) Segmente. Porenformel normal. Antennen lang, keulig. Halsschild schmäler als die Backen. Seitenflügel gut entwickelt, der Seitenrand glatt oder mit seichten Kerben für die Borsten. Hintereck stumpf bis kurzzackig. Metazoniten mit 2 oder 3 Reihen von Stiftborsten. Analsegment kegelig. Gonopoden: Hüften miteinander breit verbunden, außen lappig vorragend. Praefemur deutlich vom Femur abgegrenzt, mit spießartigem Fortsatz. Die Samenrinne mündet auf einem kurzen trichterartigen Fortsatz des Femur. Acropodit nicht gegliedert.

Sumatra.

2 Arten.

Typus: *S. butteli* (Carl).

Übersicht über die Arten:

Tibiotarsus des Gonopoden mit zahlreichen Stiftborsten. Seitenrand der Seitenflügel mit 2 Kerben für die keuligen Borsten, Hintereck auf den hinteren Segmenten langzackig . . . . . . 1. **S. butteli**

Tibiotarsus des Gonopoden ohne Stiftborsten. Seitenrand der Seitenflügel ohne Kerben, die Borsten stiftförmig, Hintereck auf den hinteren Segmenten kurz . . . . 2. **S. setosus**

1. **S. butteli** (Carl) 1922 *Opisotretus b.*, J. Carl in: Zool. Jahrb., Syst. *v.* 44 p. 573 f. m, l.

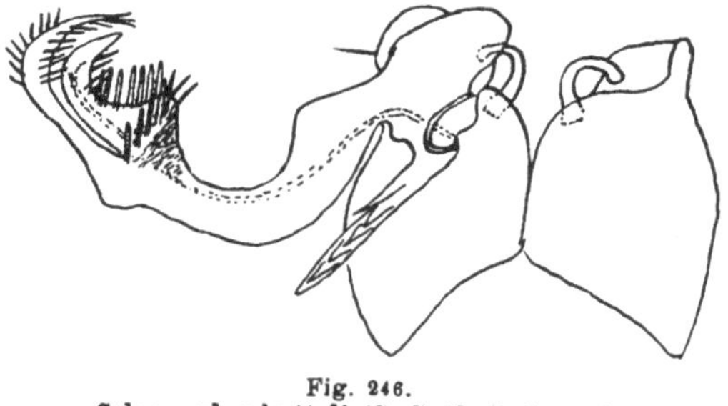

Fig. 246.
Solaenaulus butteli (Carl) (J. Carl, 1922).

Gelblich mit brauner Marmorierung auf den Metazoniten. Länge 5 mm, Breite 0,5 mm. Vordereck der Seitenflügel auf den vorderen und allen porentragenden Segmenten durch ein Zähnchen angedeutet, Hintereck auch auf den vorderen zahnartig, die beiden Keulenborsten des Seitenrandes sitzen in deutlichen Kerben. Gonopoden (Fig. 246): Hüfte zylindrisch, außen mit einem 4eckigen Lappen über das Praefemur vorragend. Praefemur mit einem großen geraden spitzen Spieß. Acropodit schmal bandartig, sichelförmig gekrümmt, die Samenrinne endet auf einem kurzen Ast mit trichterartig erweiterter Mündung. Vorher eine 3eckige mit Borsten besetzte Vorragung, von der hinten eine ebenfalls mit Borsten besetzte Lamelle abgeht. Der ungegliederte Tibiotarsus auch mit Borsten besetzt.

Ostsumatra: Säntis, Distrikt Deli.

2. **S. setosus** (Carl) 1922 *Opisotretus s.*, J. Carl in: Zool. Jahrb., Syst. *v.* 44 p. 575 f. n, o, p, q.

Unterscheidet sich von *S. lutteli* in folgenden Punkten: Die Seitenflügel haben glatten Seitenrand ohne Vordereckzähnchen und ohne Kerben für die längeren und nicht keulenförmig verdickten Borsten, das Hintereck ist stumpfer und auch auf den hinteren Segmenten nicht so lang zackig. Die äußere Borste der hinteren der 2 Reihen ist weit vom Hinterrand entfernt und ihre Basis ragt nicht als Zahn über den Hinterrand hinaus. Die Gonopoden (Fig. 247) sind gedrungener, die Hüfte deckt nur mit einem kleinen Lappen die Außenfläche des Praefemur, der einen schlanken spitzen Fortsatz *(f)* hat. Das Telopodit hat in seiner distalen Hälfte außen einen spitz-3eckigen Zacken, es endet in 2 größere zugerundete Zähne und einen kleineren lanzettlichen Zahn, auf dem die Samenrinne mit trichterartiger Erweiterung mündet (Fig. 248).

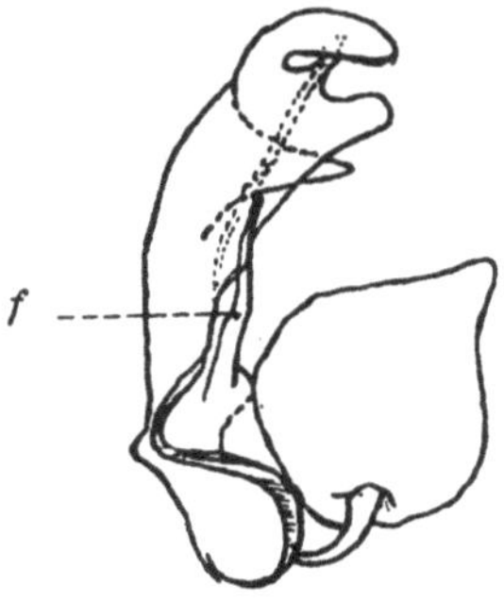

Fig. 247.
Solaenaulus setosus (Carl).
Gonopodentelopodit, Medialseite (J. Carl, 1922).

Fig. 248.
Solaenaulus setosus (Carl).
Gonopodenende, schräg von der Lateralseite (J. Carl, 1922).

Ostsumatra: Säntis, Distrikt Deli.

10. Gen. **Cylindrodesmus** Poc.

1889 *C.*, Pocock in: P. zool. Soc. London, p. 558 | 1894 *Haplosoma*, K. W. Verhoeff in: Zool. Anz., *v.* 17 p. 7 | 1898 *Cylindrodesmus*, Pocock in: Ann. nat. Hist., ser. 7 *v.* 1 p. 328 | 1898 *C.* + *Haplosoma*, Attems in: Denk. Ak. Wien, *v.* 67 p. 317, 324 | 1899 *C.*, Attems, ibid., *v.* 68 p. 423 | 1903 *Haplosomides*, Attems in: Zool. Jahrb., Syst. *v.* 18 p. 68 | 1907 *Cylindrodesmus*, Attems in: Mt. Mus. Hamburg, *v.* 24 p. 112 | 1916 *C.*, Brölemann in: Ann. Soc. ent. France, *v.* 84 p. 538.

♂ mit 19, ♀ mit 20 Segmenten. Porenformel normal. Rumpf knotig, Durchmesser der Metazoniten größer als der der Prozoniten, in den Seiten nur allseitig gerundete Auftreibungen. Kopf, Rücken der Metazoniten und Analsegment sehr dicht und kurz beborstet, auf den Metazoniten außerdem Reihen von langen 2gliederigen (Fig. 249) Borsten. Kopfschild vorn breit abgerundet und dachig vorgezogen, Antennen keulig, die Sinneszapfen des 6. Gliedes in einem großen Feld freistehend. Halsschild querelliptisch, schmäler als der Kopf. Schwänzchen kurz, dick zylindrisch, mehr oder weniger herabgebogen. Gonopoden: die Verbindungsbrücken der Hüften verwachsen in der Medianlinie unter Bildung einer kielartigen Naht. Praefemur ganz auf der Innenseite der Hüfte inseriert und quer zu ihr gestellt, Acropodit wieder senkrecht zum Praefemur, einfach sichelförmig oder am Ende kurz gegabelt.

In der Indo-australischen Region weit verbreitet.

2 Arten.

Typus: *C. hirsutus* Poc.

Übersicht über die Arten:

Gonopoden einfach sichelförmig . . . . 1. **C. hirsutus**
Gonopoden gegabelt . . . . 2. **C. villosus**

1. **C. hirsutus** Poc. 1889 *C. h.*, Pocock in: P. zool. Soc. London, p. 558 | 1894 *Haplosoma Strubellii*, K. W. Verhoeff in: Zool. Anz., *v.* 17 p. 8 | 1895 *Haplosomum S.*, Brölemann in: Zool. Anz., *v.* 18 p. 201 | 1895 *Haplosoma S.*, Silvestri in: Ann. Mus. Genova, *v.* 34 p. 638 | 1898 *Cylindrodesmus hirsutus*, Pocock in: Ann. nat. Hist., ser. 7 *v.* 1 p. 328 | 1898 *Strongylosoma (Cylindrodesmus) hirsutum* + *Haplosoma Strubellii*, Attems in: Denk. Ak. Wien, *v.* 67 p. 317, 325 | 1899 *Cylindrodesmus hirsutus*, Attems, ibid., *v.* 68 p. 424 | 1900 *C. h.*, Attems in: Zool. Jahrb., Syst. *v.* 13 p. 141 t. 15 f. 7—9 | 1903 *Haplosomides Mölleri*, Attems, ibid., *v.* 18 p. 68 | 1907 *Cylindrodesmus hirsutus*, Attems in: Mt. Mus. Hamburg, *v.* 24 p. 112 | 1926 *C. h.*, J. Carl in: N. Caledonia, *v.* 4^{III} p. 378 f. 1—3.

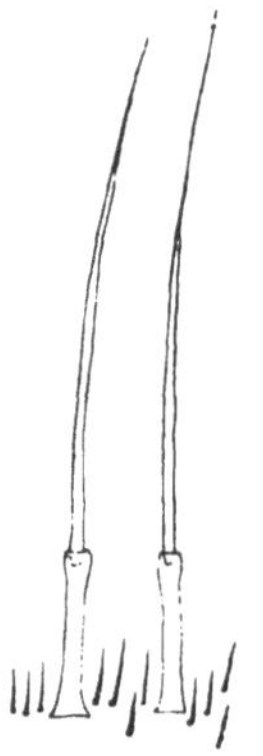

Fig. 249.
Cylindrodesmus hirsutus Poc.
Rückenborsten.

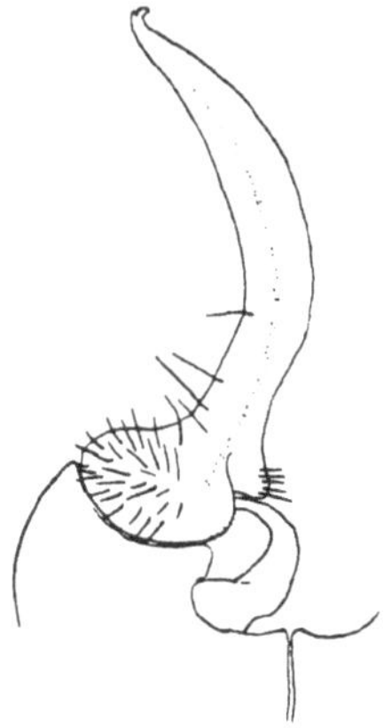

Fig. 250.
Cylindrodesmus hirsutus Poc.
Gonopode.

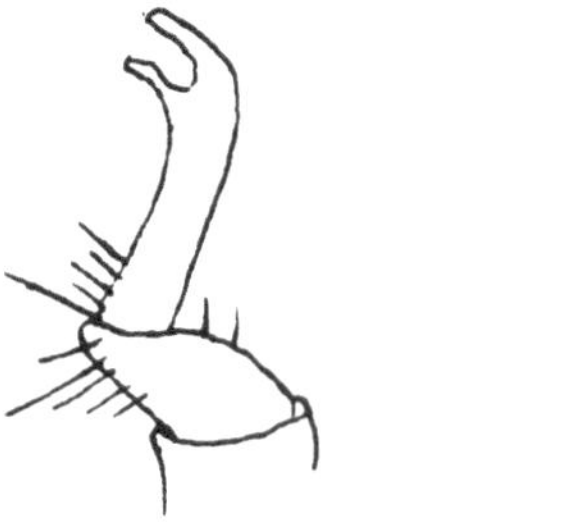

Fig. 251.
Cylindrodesmus villosus Poc.
(Pocock, 1898).

Halsschild und Analsegment hellweiß, der übrige Körper licht kastanienbraun, beide Farben scharf kontrastierend; bei den einfarbig heller oder dunkler braunen Exemplaren dürfte die Farbe post mortem verändert sein. Länge 7 mm, Breite 1 mm. Prozoniten mit feiner polygonaler Struktur. Vorderster Teil des Metazoniten von geringerem Durchmesser als der Prozonit, mit denselben feinen kurzen Borsten wie der Rest des Metazonit. Dieser im Durchmesser bedeutend größer als der Prozonit, im Querschnitt ist die dorsale Kontur bis zur ventralen Grenze der seitlichen Auftreibung ein regelmäßiger Halbkreis und geht abgerundet in die mehr gerade, nur in der Mitte leicht gegen die Körpermitte zu eingedrückte Linie über, die bis zum Beinansatz läuft. Das Basalglied der langen 2gliederigen Borsten des Metazonitrückens ist kurz und am Ende mit einer kleinen, becherförmigen Aushöhlung versehen, in der das Endglied gelenkig befestigt ist (Fig. 249). In den Flanken nur die kurzen einfachen Borsten. Keine Pleuralkiele. Schwänzchen kurz, dick, zylindrisch etwas nach unten gerichtet. Auf dem Sternit 6 des Männchens zwischen den hinteren Beinen eine zarte 4eckige Lamelle. Sternite sehr schmal. Beine des Männchens nur mäßig verdickt. Gonopodentelopodit sehr einfach gestaltet, allmählich verjüngt und leicht gekrümmt, die Samenrinne verläuft bis zur Spitze, die in 2 winzige Läppchen gespalten sein kann (Fig. 250).

Seychellen, Christmas Insel, Java, Celebes, Amboina, Luzon, Neu-Kaledonien, Loyalty Inseln.

2. **C. villosus** Poc. 1898 *C. v.*, Pocock in: Ann. nat. Hist., ser. 7 *v.* 1 p. 329 | 1899 *C. v.*, Attems in: Denk. Ak. Wien, *v.* 68 p. 425.

Blaß gelbbraun, das 6. Antennenglied verdunkelt. Länge 5,5 mm. Das Weibchen völlig dem von *C. hirsutus* gleichend, Gonopoden am Ende ziemlich tief in 2 ähnliche ungleich große Äste gegabelt (Fig. 251).

Rotuma.

11. Gen. **Mastodesmus** Carl

1911 *M.*, J. Carl in: Rev. Suisse Zool., *v.* 19 p. 404.

20 Segmente. Porenformel normal. Antennen lang keulig. Halsschild schmäler als der Kopf, halbelliptisch, mit ebensolchen Papillen wie die Metazoniten. Rumpf fast zylindrisch, schwach knotig, ohne Seitenflügel, Metazoniten mit 3 Querreihen kegelförmiger borstentragender Papillen; Porus auf der untersten Papille der hintersten Reihe. Analsegment kegelig, endwärts verschmälert und abgeflacht. Beine lang, 1.—5. Glied dick, Tarsus schlank. Gonopoden: Hüfte dick, Telopodit 2ästig, nicht deutlich gegliedert, der eine Ast der Rinnenast.

Java.

Typus und einzige Art:

1. **M. zehntneri** Carl 1911 *M. z.*, J. Carl in: Rev. Suisse Zool., *v.* 19 p. 404 f. 10—14.

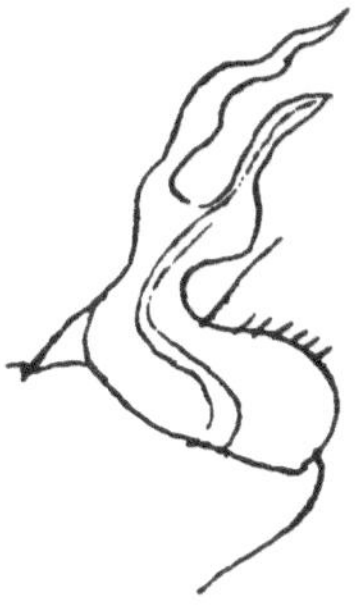

Fig. 252.
Mastodesmus zehntneri Carl (J. Carl, 1911).

Reinweiß. Länge 10 mm, Breite 1 mm. Kopf groß, glatt, dicht und fein beborstet. Antennen lang, bis zum 4. Segment reichend, 3. und 6. Glied die längsten, 6. mit einem Feld von Sinneszapfen. Rücken ziemlich stark gewölbt. Metazoniten mit 3 Querreihen von kegelförmigen Papillen mit einer starken meist gekrümmten Borste, in der 1. Reihe 6, in der 2. und 3. je 8 Papillen; auf den vordersten Segmenten sind sie am größten, auf den hintersten werden sie zu Höckerchen und die Borsten relativ länger, dünner und spitzer. Die 3 äußersten Papillen nehmen die Stelle der Seitenflügel ein;

porentragende Papillen größer als die übrigen, scheinbar durch die Verschmelzung zweier entstanden, gestutzt oder ausgerandet, mit 2 Borsten, der große Porus auf ihrer Außenseite, nach außen und hinten gerichtet. Fläche zwischen den Papillen unbeborstet und fein schuppig skulptiert. Flanken glatt. Sternite subquadratisch, kahl. Gonopoden (Fig. 252): Hüfte kurz und breit. Praefemur unten rund vorspringend, vorn mit kürzeren und nur einer längeren Borste. Beide Telopoditäste schlank, der kürzere ist der Rinnenast.

Java.

12. Gen. **Lankadesmus** Carl

1932 *L.*, J. Carl in: Rev. Suisse Zool., *v.* 39 p. 479.

♂ und ♀ mit 20 Segmenten. Porenformel normal. Antennen lang, ziemlich stark keulig, 6. Glied ohne Höcker. Backen nicht verdickt. Halsschild schmäler als der Kopf, querelliptisch, mit 3 Reihen steifer spitzer Borsten. Rücken flach. Seitenflügel gut entwickelt, Hintereck zackig, Seitenrand 3zähnig, Poren an der Basis des Hintereckes, näher dem Seitenrand. Metazoniten mit 3 Reihen von Knötchen, die auf wenig scharf begrenzten Feldern stehen und je einen Stift tragen. Schwänzchen kegelig. Die 3 vorderen Beinpaare des Männchens verdickt, das 3. Paar zu Putzfüßen umgewandelt, Femur unten beulig mit kreisrundem Feld steifer spitzer Borsten. Gonopoden: Hüften groß, fast würfelförmig, vorn in der Mitte verschmolzen, Praefemur quergestreckt innen tütenförmig. Acropodit gegabelt in einen kurzen Rinnenast und einen Tibiotarsalast, der nicht transversal abgegliedert ist.

Ceylon.

Typus und einzige Art: *L. cognatus* (Humb.).

1. **L. cognatus** (Humb.) 1865 *Polydesmus c.*, A. Humbert in: Mém. Soc. Genève, *v.* 18 p. 22 t. 2 f. 6 | 1896 *Nasodesmus* (nom. nud.) *c.*, O. F. Cook in: Amer. Natural., *v.* 30 p. 417 | 1898 *N. c.*, Attems in: Denk. Ak. Wien, *v.* 67 p. 362 | 1932 *Lankadesmus c.*, J. Carl in: Rev. Suisse Zool., *v.* 39 p. 480 f. 94—97.

Fig. 253.
Lankadesmus cognatus (Humb.) (J. Carl, 1932).

Graubraun, Beine blaß. Länge 12—14 mm, Breite 2 mm. 5. Antennenglied etwas länger als das 6., beide Glieder mit wenigen und schwachen Sinneszapfen. 7. Glied oben mit einem Hügel ohne Sinneszapfen. Hinterecken der Seitenflügel auf den Segmenten 2—19 spitzzähnig. Seitenrand mit 2 oder 3 Kerben, die Zähne und das Hintereck mit einem kurzen spitzen Börstchen. Metazoniten mit 3 Reihen von 6, 6, 4 Tuberkeln, deren Kuppe glatt ist, die ganze übrige Fläche sehr fein und regelmäßig punktiert; Prozoniten ebenso punktiert. Verdickung der vorderen Beine des Männchens am stärksten am 3. Paar, dessen Femur unterseits beulig aufgetrieben ist und eine kreisförmige Bürste steifer spitzer Borsten trägt. Das Acropodit des Gonopoden ist ein leicht gekrümmtes ungegliedertes Band, das sich hinter der Mitte in einen kurzen, etwas hakenförmigen inneren Rinnenast und einen äußeren längeren stark gerundeten Tibiotarsus teilt, in den Spalt zwischen beiden ragt noch ein stumpfes Kegelchen vor (Fig. 253).

Ceylon: Peradenia bei Kandy. Pundel-Oya Valley.

13. Gen. **Kukkalodesmus** Carl

1932 *K.*, J. Carl in: Rev. Suisse Zool., *v.* 39 p. 482.

♂ und ♀ mit 20 Segmenten. Sehr klein. Porenformel normal. Antennen keulig, 5. und 6. Glied stark verdickt. Backen ziemlich stark aufgetrieben. Halsschild nierenförmig, viel schmäler als der Kopf, mit 3 Reihen stabförmiger Stifte. Rücken ganz schwach gewölbt. Seitenflügel schmal, hinten zackig, Seitenrand mit 2 Keulenstiften auf stumpfen Kerbzähnen und ein weiteres auf dem Hintereck. Metazoniten mit 3 Reihen von 4, 6, 6 flachen Beulen, die auf einem Höcker einen keuligen Stift tragen. Porus hinter der Mitte in der Höhe des 2. Seitenrandzahnes. Femur des 3. Beinpaares des Männchens unten blasig aufgetrieben und mit Drüsenmasse angefüllt. Gonopoden klein, Hüften außen gerundet, innen vorn mit einer Ecke zusammenstoßend, hinten durch eine schmale V-förmige Spange verbunden. Telopodit frei vorragend, Praefemur quergestreckt, Acropodit kurz, etwas knollig aufgetrieben, mehrästig, die Äste transversal nicht abgegliedert; die Samenrinne endet auf einem fein gezähnelten Ast.

Vorderindien.

Typus und einzige Art:

1. **K. exiguus** Carl 1932 *K. e.*, J. Carl in: Rev. Suisse Zool., *v.* 39 p. 483 f. 98—102.

Fig. 254.
Kukkalodesmus exiguus Carl (J. Carl, 1932).

Trübweiß. Länge 6 mm, Breite 0,7 mm. Antennen robust, bis zum Hinterrand des 3. Segmentes reichend, Sinneszapfen des 5. Gliedes kurz und lang, in einem unbestimmt begrenzten Feld, die des 6. Gliedes von gleicher Länge. Die Stifte der hinteren Reihe der Metazoniten sind die kürzesten und am deutlichsten keulenförmig. Gonopoden (Fig. 254) sehr gedrungen; Telopodit etwas knollig verdickt, dann in mehrere Äste gespalten, 2 medianwärts spitz gezähnelte Lamellen, einen etwas längeren, am Ende leicht hakigen

Ast und dazwischen ein kurzes Horn. Die die Samenrinne begleitenden Chitinwülste scheinen sich in einen kurzen fadenförmigen Anhang fortzusetzen, der demnach den Rinnenast vorstellen würde.

Palnis: Kukkal-Shola, 1900 m, unter faulem Holz.

14. Gen. **Sholaphilus** Carl

1932 *S.*, J. Carl in: Rev. Suisse Zool., *v.* 39 p. 484.

♂ und ♀ mit 20 Segmenten. In der äußeren Form, Habitus, Skulptur und Stiftbewehrung der Metazoniten im wesentlichen mit *Kukkalodesmus* übereinstimmend, mit welchem auch die Gonopoden eine gewisse Ähnlichkeit aufweisen. Doch sind die Beine des 3. Paares beim Männchen nicht modifiziert.

Indien.

Typus und einzige Art:

1. **S. albidus** Carl 1932 *S. a.*, J. Carl in: Rev. Suisse Zool., *v.* 39 p. 485 f. 103—108.

Einfarbig gelblichweiß. Länge 5—6 mm, Breite 0,7 mm. Antennen etwas schlanker als bei *Kukkalodesmus*, bis zum Hinterrand des 3. Segmentes reichend, 5. und 6. Glied stark kolbig verdickt, ihre Sinneszapfen besetzen

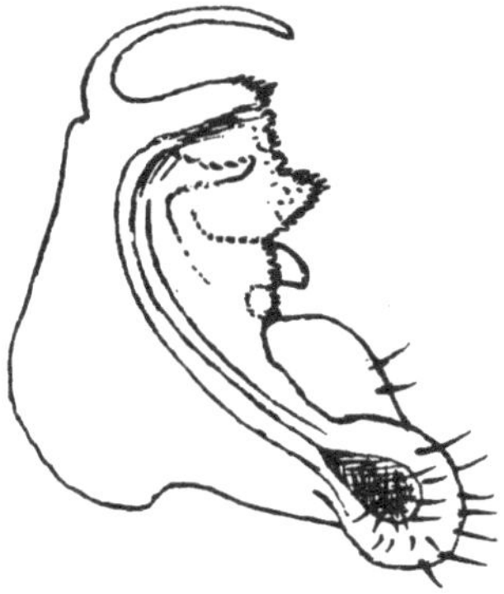

Fig. 255.
Sholaphilus albidus Carl (J. Carl, 1932).

ein großes unbestimmt begrenztes Feld; auf dem 5. Glied sind sie teils kurze in der Mitte eingeschnürte Kölbchen, teils längere leicht gekrümmte Stäbe, auf dem 6. Glied sind sie alle biskuitförmig. Backen mäßig verdickt. Halsschild von unregelmäßiger Nierenform, mit 3 Reihen ziemlich langer stumpf endender Stifte. Vom 2. Segment an sind die Stifte deutlich keulenförmig und dabei äußerst kurz, erst am Hinterrand des 19. und auf dem Analsegment sind sie länger. Seitenrand der Seitenflügel mit 2 Kerben, auf den Zähnen und auf dem Hintereck eine kurze Borste. Hintereck vorn fast rechtwinklig, caudalwärts immer mehr zackig, zuletzt ein langer spitzer Zahn. Metazoniten mit 3 Reihen von einen kurzen Stift tragenden Höckern. Die Gonopoden (Fig. 255) ähneln am meisten denen von *Kukkalodesmus*; Telopodit mit einem spitzen Apicalhaken; ein medianwärts vorspringender mit scharfen Spitzchen besetzter Schild und eine schaufelförmige Zacke vor der Mitte der Außenseite zu erwähnen. Die kurze Samenrinne mündet an der Basis eines auf der Hinterfläche des Schildes sitzenden tentakelförmigen Ästchens.

Palnis: Shola bei Vandaravu, 2300 m, unter morschem Holz.

15. Gen. **Cryptogonodesmus** Silv.

1898 *C.*, Silvestri in: An. Mus. Buenos Aires, *v.* 6 p. 59 | 1899 *C.*, Attems in: Denk. Ak. Wien, *v.* 68 p. 377 | 1914 *C.*, J. Carl in: Mém. Soc. Neuchâtel, *v.* 5 p. 944.

20 Segmente. Porenformel normal. Körper vor dem 5. Segment schmäler. Antennen meist sehr lang und schlank, leicht keulig, 4. Glied mit 2, 5., 6. und 7. Glied mit einer Macrochaete, 5. und 6. Glied mit kurzen, nicht zahlreichen Sinneszapfen in nicht scharf begrenzten Feldern. Halsschild schmäler als der Kopf, mit 3 Querreihen von Borsten. 2.—4. Segment leicht gewölbt, die folgenden ganz flach. Seitenflügel gut ausgebildet, horizontal, Hintereck zackig, Seitenrand mit 3 oder 4 steifen Borsten, die meist in Kerben stehen. Poren auf der Oberseite, hinter der Mitte. Metazoniten mit Andeutung von *Polydesmus*-Felderung und 3 Querreihen von weißen stiftförmigen oder leicht keuligen Borsten zu 4, 4, 6; auf den hinteren Segmenten stehen die Borsten der 3. Reihe auf den Hinterrand überragenden Tuberkeln. Sternite tief quer aber nicht längsgefurcht, quadratisch oder etwas länger oder breiter, lang und fein beborstet. Schwänzchen kegelig. Beine ringsum gleichmäßig kurz beborstet, auf der Hüfte und dem Praefemur unten und auf der Tibia oben eine auffallend lange Subapicalborste. Tarsus schlank, fast so lang wie die 3 vorangehenden Glieder, endwärts stark verjüngt, Praefemur des 2. Beinpaares des Männchens häufig mit einem Fortsatz. Gonopoden (Fig. 256): Hüfte groß, schalenförmig und den größten Teil des Telopodit aufnehmend, beide Hüften in der Mitte zusammenhängend. Praefemur schiefgestellt, median trompetenförmig. Telopodit sehr gedrungen mit kurzem oder längerem Rinnenast.

Venezuela, Kolumbien.

5 Arten.

Typus: *C. clavidives* Silv.

Übersicht über die Arten:

1 { Antennen lang und schlank, das 5. Segment überragend. Sternite des Männchens fast quadratisch, oder etwas breiter als lang, mit schmaler Querfurche — 2

Antennen kürzer und dicker, kaum das 3. Segment überragend. Sternite des Männchens deutlich länger als breit, durch eine breite Querfurche geteilt. Borsten der Metazoniten auffallend lang. Hintereckzacken kurz und stumpf, auf den porentragenden Seitenflügeln zwischen der 3. Borste und der Eckborste schräg gestutzt, der Porus dieser Abstutzung genähert und gegen sie sich öffnend (Fig. 262) . . . . 5. **C. brevicornis**

2 { Mittlere Seitenflügel wenig länger als breit, vom 5. an mit spitzwinklig ausgezogenem Hintereck; Porus ziemlich weit vor dem Hintereck. Seitenrand mit 3 oder 4 deutlichen Absätzen, in denen die Borsten inseriert sind. Praefemur des 2. Beinpaares des Männchens unten mit starkem Fortsatz, der eine dichte Bürste aus steifen, feinen Borsten trägt — 3[1])

Seitenflügel vom 5. an bedeutend länger als breit, mit Ausnahme der letzten hinten mit kurzem stumpfem Zacken; Porus nahe dem Hintereck (Fig. 260). Seitenrand ohne zahnartige Absätze an den Insertionsstellen der Borsten. Praefemur des 2. Beinpaares des Männchens ohne Fortsatz . . . . 4. **C. obtusangulus**

---

[1]) Hierher wahrscheinlich 1. **C. clavidives.**

3 { Poren auf den Segmenten 5, 7, 9, 10, 12, 13 an der Basis der Hintereckzacke. Borsten der 2. und 3. Reihe nicht stiftförmig, kurz und spitz. Fortsatz des Praefemur des 2. Beinpaares des Männchens länger als das Femur. Sternit 7 des Männchens mit einem schlanken hakigen Fortsatz dicht neben jeder Hüfte des 8. Beinpaares (Fig. 257). Scheitel ohne deutliche Auftreibung . . . 2. **C. fuhrmanni**

Poren ziemlich weit von der Basis der Zacke, die etwas kürzer ist. Borsten der 2. und 3. Reihe stiftförmig, ziemlich lang. Fortsatz des Praefemur des 2. Beinpaares des Männchens viel kürzer als das Femur. Sternit 7 des Männchens ohne Fortsätze. Scheitel des Männchens oberhalb der Antennen zu einem breiten, flachen, runden Knopf aufgetrieben, der glatt und kahl ist . . . . . . 3. **C. angulifer**

1. **C. clavidives** Silv. 1898 *C. c.*, Silvestri in: An. Mus. Buenos Aires, *v.* 6 p. 60.

Rotbraun, Bauch und Beine blaß. Länge 6 mm, Breite 1 mm. Kopf kurz beborstet. Antennen lang. Halsschild vorn abgerundet, am Rande eine Reihe von 10 borstentragenden Granula, auf der Fläche 2 Reihen von je 6 solchen. Die übrigen Segmente mit 3 Reihen von 4, 4, 2 Granula. Vordereck abgerundet, Seitenrand mit 3 oder 4 Kerben, auf jedem Zahn eine Borste, alle Borsten kurz keulig. 19. Segment ohne Seitenflügel, mit den großen hinteren Tuberkeln das Analsegment bedeckend. Analschuppe groß, halbelliptisch mit 2 großen Borstenwarzen. (Keine Abbildung der Gonopoden.)

Caracas, La Moka.

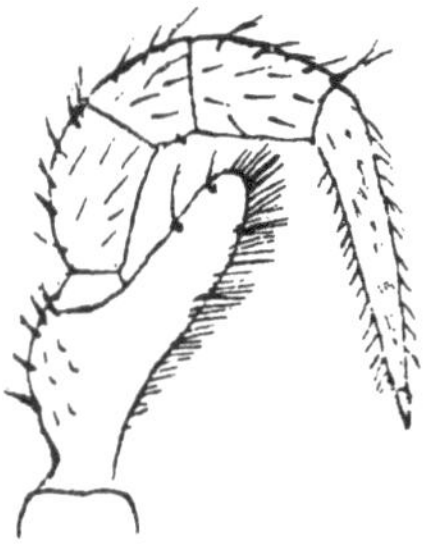

Fig. 256. **Cryptogonodesmus fuhrmanni** Carl, 2. Bein (J. Carl, 1914).

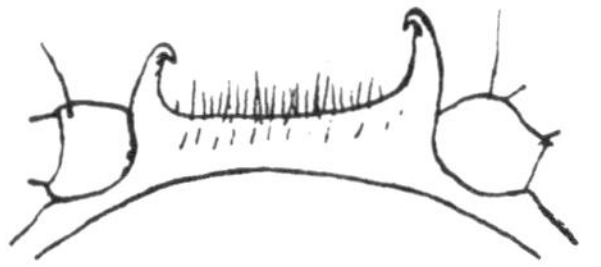

Fig. 257. **Cryptogonodesmus fuhrmanni** Carl. Sternit des 7. Segments (J. Carl, 1914).

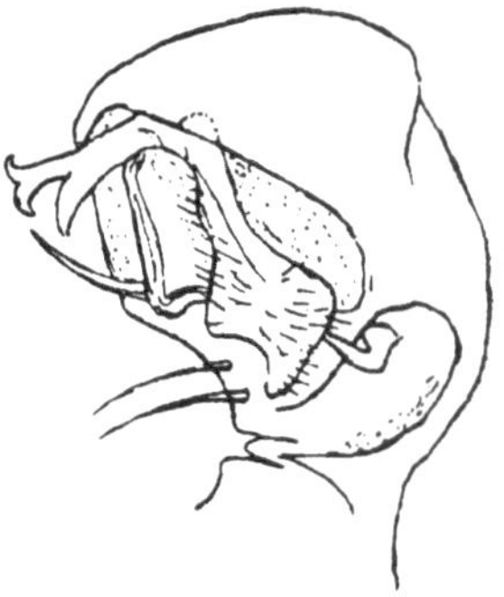

Fig. 258. **Cryptogonodesmus fuhrmanni** Carl. Gonopode (J. Carl, 1914).

2. **C. fuhrmanni** Carl 1914 *C. f.*, J. Carl in: Mém. Soc. Neuchâtel, *v.* 5 p. 947 f. 207—210.

Graubraun. Länge 11 mm, Breite $1^2/_3$ mm. Praefemurfortsatz des 2. Beinpaares des Männchens (Fig. 256) länger und spitzer und mit stärkeren steifen Borsten als bei *C. angulifer*. Der mediane Vorsprung der Gonopodenhüfte trägt 2 lange starke Borsten. Telopodit mit 2 Ästen, von denen der eine einfach dornförmig zugespitzt ist, der andere stärkere, am Ende in einen einfachen kurzen und einen zweiten ankerförmigen Zacken gegabelt ist (Fig. 257, 258).

Kolumbien: Tambo, 2000 m.

3. **C. angulifer** (Peters) 1864 *Polydesmus a.*, Peters in: Monber. Ak. Berlin, p. 623 | 1914 *Cryptogonodesmus a.*, J. Carl in: Mém. Soc. Neuchâtel, *v.* 5 p. 949 f. 211—218.

Dunkel graubraun. Länge 8,5 mm, Breite 1,2 mm. Halsschild nicht ganz so breit wie das 2. Segment, Vorderrand konvex, Hinterrand fast gerade, beide durch einen abgerundeten spitzen Winkel ineinander übergehend. Rücken flach konvex, Metazoniten mit 3 Reihen von 4—6 sehr flachen Buckeln

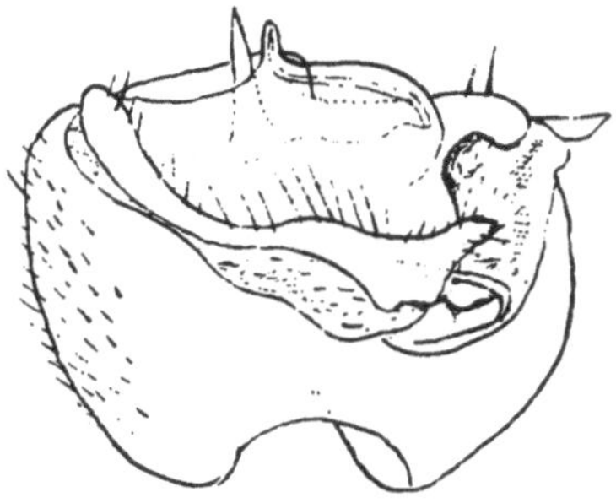

Fig. 259.
Cryptogonodesmus angulifer (Peters). Gonopode von hinten (J. Carl, 1914).

oder Feldern. Gonopoden (Fig. 259): Hüfte im Vergleich mit *C. fuhrmanni* noch stärker entwickelt und mehr in die Breite gezogen, mit 2 kürzeren Borsten nahe dem medianen Eck. Auch das Telopodit noch stärker in die Quere gestreckt und kaum den Rand der Hüfthöhlung überragend. Rinnenast sehr kurz. Auf der der Hüfte zugekehrten Fläche des Femur ein gerader Chitinkegel, der den distalen Telopoditrand sehr wenig überragt.

Kolumbien: La Camelia bei Angelopolis. 1800 m.

4. **C. obtusangulus** Carl 1914 *C. o.*, J. Carl in: Mém. Soc. Neuchâtel, *v.* 5 p. 950 f. 219—222.

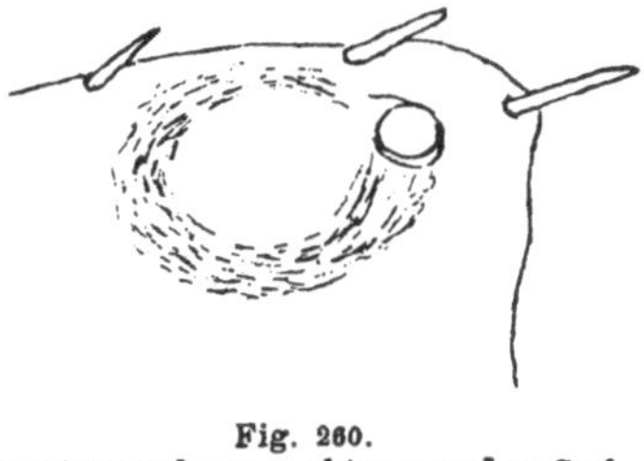

Fig. 260.
Cryptogonodesmus obtusangulus Carl.
Seitenbeule des 9. Segments (J. Carl, 1914).

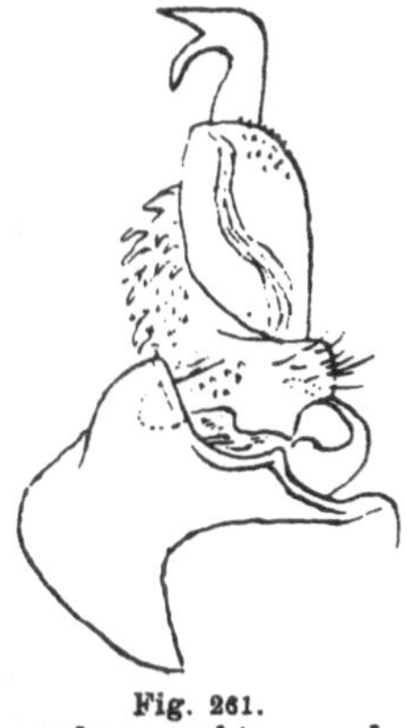

Fig. 261.
Cryptogonodesmus obtusangulus Carl.
Gonopode von hinten (J. Carl, 1914).

Bräunlich mit gelblichen Beinen. Länge 8 mm, Breite 0,8 mm. Die Gonopoden (Fig. 260, 261) weichen vom Typus durch viel schwächere Entwicklung der Hüfte und stärkere Ausbildung des Praefemur ab. Die Hüfte deckt von außen nur die Basis des Praefemur, das ganze Telopodit ist aufgerichtet, das Praefemur ist schmäler, setzt sich außen und vorn längs des Femur in einen dicken, fleischigen, mit basalwärts gerichteten Chitinhaken bedeckten Teil fort; das Femur ist gerundet-rechteckig, von seiner Hinterfläche löst sich schon nahe der Basis der dünne Rinnenast ab; vorn erhebt sich von der Basis des Femur ein ihn weit überragender, schlanker, am Ende hakig nach außen gebogener und gegabelter Fortsatz.

Kolumbien: La Camelia bei Angelopolis.

5. **C. brevicornis** Carl 1914 *C. b.*, J. Carl in: Mém. Soc. Neuchâtel, *v.* 5 p. 950 f. 223—227.

Länge 10 mm, Breite 1 mm. Gonopoden von dem für *C. fuhrmanni* und *angulifer* charakteristischen Bau. Die große Hüfte ist aber unregelmäßiger; man kann an ihr einen breiten basalen Teil erkennen, dessen Distalrand eine lange Reihe von Borsten trägt und einen schmäleren distalen

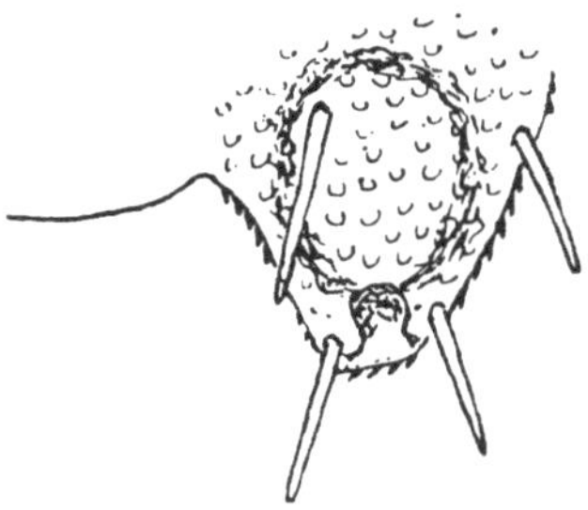

Fig. 262.
Cryptogonodesmus brevicornis Carl.
Seitenbeule des 12. Segments (J. Carl, 1914).

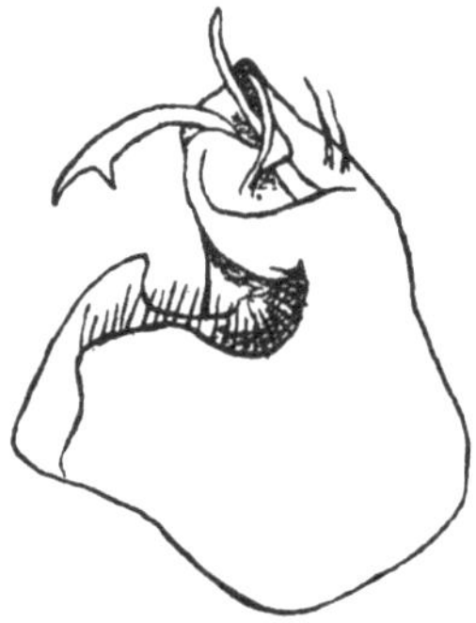

Fig. 263.
Cryptogonodesmus brevicornis Carl.
Gonopode (J. Carl, 1914).

Teil, der mantelartig das Telopodit von außen umhüllt und 2 stärkere Borsten trägt. Das Femur ist ähnlich wie bei *C. obtusangulus* eine flache Lamelle mit gerundeten Ecken; sie wird von der Samenrinne durchzogen, die erst am Ende auf ein selbständiges Ästchen übertritt; von den beiden Chitinapophysen ist die eine ein langer geschwungener Dorn und inseriert an der Basis des Femur, die andere ist regelmäßiger gebogen, 2zackig und weiter distal auf dem Femur inseriert (Fig. 262, 263).

Kolumbien: Alto San Miquel.

16. Gen. **Chilaphrodesmus** Loomis

1934 *C.*, Loomis in: Smithson. Collect., *v.* 89 nr. 14 p. 42.

20 Segmente. Porenformel normal, Poren marginal, zwischen den letzten 2 Zähnen des Seitenrandes, Habitus ähnlich wie bei *Polydesmus*. Seitenflügel vorhanden, mit zahnförmigen Hinterecken. Halsschild viel schmäler als der Kopf und die folgenden Segmente. Tergite mit Querreihen von Borsten, die auf Tuberkeln stehen. Hüfte der Gonopoden groß, halbkugelig. Telopodit in der medianen Höhlung der Hüfte inseriert, in ähnlicher Weise wie bei vielen Cryptodesmiden, nach der Abbildung zu urteilen ohne deutliche Gliederung.

Haiti.

1 Art.

Typus: *C. rubellus* Loomis.

1. **C. rubellus** Loomis 1934 *C. r.*, Loomis in: Smithson. Collect., *v.* 89 nr. 14 p. 43 f. 21, t. 2 f. 6.

Farbe des lebenden Tieres rosa. Länge des größten Weibchens 5,5 mm, Breite 0,8 mm. Der ganze Kopf dicht behaart, Antennen schlank, kaum keulig. Halsschild oval, mit 3 Reihen von 10, 4, 6 Borsten. Tergite vom 2. an mit 3 Reihen von 4, 6, 6 auf kleinen Knötchen stehenden Borsten. Die ganze Rückenfläche derb netzartig gerunzelt. Seitenrand der porenlosen Seitenflügel mit 3, der porentragenden mit 4 borstentragenden Zähnen.

Haiti: Gipfel des Morne Pilboreau ober Ennery.

17. Gen. **Ootacodesmus** Carl

1932 *O.*, J. Carl in: Rev. Suisse Zool., *v.* 39 p. 468.

♂ mit 19 Segmenten, ♀ unbekannt. Poren nicht weit vom Seitenrand, in der Höhe des 3. Seitenrandzahnes, ihre Formel normal. Antennen keulig, mit stark verdicktem 5. und 6. Glied, die Sinnesfelder klein, gut begrenzt, die des 5. Gliedes basal durch eine Reihe steifer Borsten geschützt. Halsschild nierenförmig, etwas schmäler als der Kopf. Rücken schwach gewölbt, Seitenflügel schmal mit abgerundeten Vorder- und zackigen Hinterecken, Seitenrand stumpf 3zähnig. Metazoniten ohne Höcker oder Felder, mit 3 Reihen winziger Spitzborsten, Beine des 3. Paares (Fig. 264) zu starken Greiforganen umgebildet. Gonopoden: Hüfte groß, schalenförmig, den Telopodit von außen ganz verdeckend. Praefemur stark schräg aufgerichtet und median-basalwärts weit tütenförmig geöffnet, Acropodit kurz, gerade aufsteigend, vielästig, keiner der Äste transversal abgegliedert, einer derselben der Rinnenast.

Vorderindien.

Typus und einzige Art: *O. humilis* Carl.

1. **O. humilis** Carl 1932 *O. h.*, J. Carl in: Rev. Suisse Zool., *v.* 39 p. 469 f. 68—74.

Fig. 264.
Ootacodesmus humilis Carl.
Bein des 3. Paares des Männchens (J. Carl, 1932).

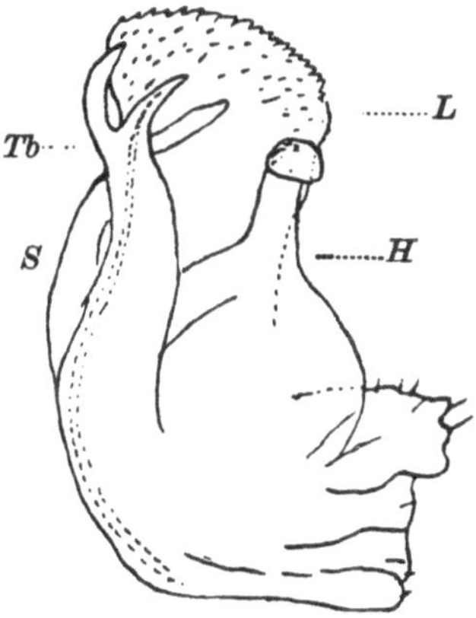

Fig. 265.
Ootacodesmus humilis Carl.
Gonopode (J. Carl, 1932).

Trübweiß. Länge 5 mm, Breite 0,8 mm. Antennen lang, bis zum 4. Segment reichend. Halsschild glatt mit 3 Reihen von Börstchen. Metazoniten mit 3 Querreihen von 6—8 sehr kurzen, feinen Spitzborsten, jeder Seitenrandzahn, auch das Hintereck, mit ebensolchen Borsten. Hinterrand der Seitenflügel konkav und sehr fein gezähnelt. Beine ziemlich schlank, spärlich und kurz beborstet. 3. Paar (Fig. 264) länger als die übrigen, das Femur monströs verdickt, fast nackt und unterseits mit einem starken und scharfen Zacken versehen, der mit den eingeschlagenen Endgliedern ein Greiforgan bildet. Gonopodenhüften durch eine schmale, stark kielförmig vorspringende Brücke verbunden, lateral mit einem 2teiligen, gestutzten Lappen, der das Telopodit ganz verdeckt. Telopodit bis fast zum Praefemur herab in 4 Äste gespalten, keiner derselben transversal abgegliedert; Rinnenast gegabelt *(Tb)*, daneben ein aus breiter Basis aufsteigender, am Ende spatelförmiger und hakig gekrümmter Ast *(H)*, ferner ein einfacher sichelförmiger Ast *(S)*, und alle 3 überragend eine breite gerundete am Rande und auf der Fläche mit feinsten Spitzen besetzte, sehr dünne Lamelle *(L)* (Fig. 265).

Indien: Nilgiris. Dodabetta Reserve Forest, 2500 m, unter faulem Holz.

18. Gen. **Brachycerodesmus** Carl

1914 *B.*, J. Carl in: Mém. Soc. Neuchâtel, *v.* 5 p. 950.

20 Segmente. Porenformel nicht angegeben, also wahrscheinlich normal. Antennen das 3. Segment nicht überragend, keulig, 6. Glied das größte, 5. und 6. Glied mit einem scharf umgrenzten Feld von Sinneszapfen. Seitenflügel ziemlich groß, länger als breit, Hintereck zackig, Seitenrand mit 2 (porenlose Segmente) oder 3 (porentragende Segmente) borstentragenden Kerben. Rücken leicht gewölbt. Metazoniten mit 2 Querreihen steifer spitzer Borsten auf der Fläche und einer Reihe von 6 Borsten am Hinterrand. Sternite subquadratisch oder etwas breiter als lang, mit Querfurche, 4. und 5. Sternit des Männchens mit einer Beule in der Mitte. Gonopoden: Hüfte groß, schalig ausgehöhlt, Praefemur quergestreckt. Acropodit nicht deutlich gegliedert, mehrästig, Rinnenast schlank und spitz, 2 Äste fein behaart.

Kolumbien.

Typus und einzige Art:

1. **B. petersi** Carl 1914 *B. p.*, J. Carl in: Mém. Soc. Neuchâtel, *v.* 5 p. 952 f. 228—234.

Fig. 266.
Brachycerodesmus petersi Carl. Gonopode von hinten (J. Carl, 1914).

Bläulichgrau. Länge 8 mm, Breite 1 mm. Kopf dicht kurz fein beborstet. Halsschild vorn regelmäßig gerundet, hinten fast geradlinig, mit 3 Reihen langer spitzer Borsten. Prozoniten mit körniger, Metazoniten mit zelliger Struktur. Die kurze Querfurche der Metazoniten gibt an jedem Ende einen Ast nach vorn und einen nach hinten ab. Vordere Borste des Seitenrandes ziemlich lang und dick, die anderen sehr kurz und spitz. Von den 4 Ästen des Gonopodentelopodit ist der Rinnenast schlank und spitz, daneben ein am Ende leicht hakiger Ast; das Ende des Femur (?) ist abgerundet und fein behaart, außerdem ein schlanker fein behaarter Ast; keiner der Äste transversal abgegliedert (Fig. 266).

Kolumbien: La Camelia, Medellin am Ufer des Porce.

19. Gen. **Sphaeroparia** Att.

1909 *S.*, Attems in: Ergeb. Schwed. Exp. Kilimandjaro, *v.* 3 nr. 19 p. 10 | 1920 *S.*, Brolemann in: Alluaud & Jeannel, Voy. Afr. Or., Myr. p. 238.

♂ und ♀ mit 19 Segmenten. Porenformel normal. Backen ungewöhnlich groß (Fig. 267a), besonders beim Männchen, kugelig aufgeblasen, beim Weibchen auch größer als gewöhnlich aber nicht so groß wie beim Männchen. Subantennalhöcker stark entwickelt. Antennen lang und keulig. Halsschild schmal, querelliptisch. Seitenflügel mehr oder weniger hoch angesetzt, schmal, rundlich, der Seitenrand nicht wulstig verdickt, Poren seitlich im hinteren Drittel oder Viertel. Halsschild und Metazoniten dicht spitz granuliert, zuweilen sind Andeutungen von Beulen und Querreihen von Borsten vorhanden. Sternite quadratisch. Tarsen der Beine lang und dünn. Schwänzchen kegelig. Gonopodenöffnung groß, querelliptisch, zuweilen auf den Prozonit übergreifend. Gonopodenhüften lateral halbkugelig, medial lamellös aneinander stoßend, Telopodite auf der Innenseite der Hüftschale inseriert und zum Teil in der Höhlung verborgen, 2 oder 3ästig, mit oder ohne Rinnenast und mit oder ohne Seitenast.

Ostafrika.

3 Untergattungen mit 6 Arten und 2 Unterarten.

Typus: *S. minuta* Att.

Übersicht über die Untergattungen:

1	Gonopode mit einem Rinnenast — 2	
	Kein Rinnenast vorhanden	c) Subgen. **Megaloparia**
2	Gonopodentelopodit 3ästig, außer dem Rinnenast und dem Tibiotarsalast ist ein Seitenast vorhanden	a) Subgen. **Sphaeroparia**
	Telopodit 2ästig, nur mit Rinnenast und Tibiotarsalast	b) Subgen. **Physetoparia**

a) Subgen. **Sphaeroparia** (Att.) Bröl.

1920 *S.*, Brolemann in: Alluaud & Jeannel, Voy. Afr. Or., Myr. p. 240.

Backen sehr stark vergrößert. Gonopodenöffnung mit oder ohne Vorsprung am Vorderrand, auf den Prozonit übergreifend oder nicht, vor dem Vorderrand ein mehr oder weniger großes Grübchen. Gonopodentelopodit 3ästig mit einem kurzen schlanken Rinnenast, einem großen Seitenast und einem lamellösen Tibiotarsalast.

Kilimandjaro, Meru, Kenia.

2 Arten, eine mit 2 Unterarten.

Typus: *S. minuta* Att.

Übersicht über die Arten:

1	Seitenast des Gonopodentelopodit mit einem Nebenarm — 2	
	Seitenast ohne Nebenarm	2. **S. (S.) lanceolata**
2	Der Nebenarm des Seitenastes ist sehr lang, länger als der Seitenast selbst, und hakig .	1a. **S. (S.) minuta minuta**
	Der Nebenarm ist kurz und gerade	1b. **S. (S.) minuta attenuata**

1. **S. (S.) minuta** Att. 1909 *S. m.*, Attems in: Ergeb. Schwed. Exp. Kilimandjaro, *v.* 3 nr. 19 p. 11 t. 1 f. 4—6, t. 4 f. 87—92.

Schmutzig gelblichweiß. Länge ♀ 6,5 mm, ♂ etwas kleiner. Breite: Backen ♂ 1,35 mm, ♀ 0,85 mm, Halsschild ♂ und ♀ 0,55 mm, 10. Segment

♂ 0,78 mm, ♀ 0,95 mm. Kopf glatt, unbeborstet, die kolossal vergrößerten Backen des Männchens (Fig. 267) ragen halbkugelig vor, Clypeus seitlich lappig ausgezogen. Antennenglieder 2—6 fast gleich lang, das 6. das dickste. Halsschild und Metazoniten, letztere dorsal und in den Flanken, dicht mit winzigen Spitzkegeln bedeckt. Die Seiten der Seitenflügel sehen dadurch fein gesägt aus. Prozoniten regelmäßig polygonal gefeldert. Rücken mäßig gewölbt, Seitenflügel hoch angesetzt, horizontal, rundlich, das Hintereck auf den hinteren Segmenten kurz stumpfzackig. Poren im hinteren Drittel, vom

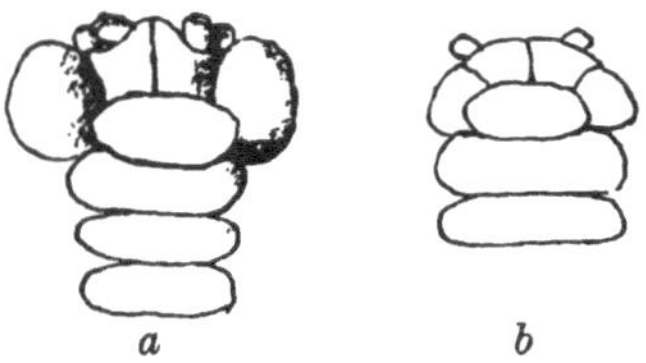

Fig. 267.
Sphaeroparia (S.) **minuta** Att.
Vorderende von Männchen *(a)* und Weibchen *(b)*.

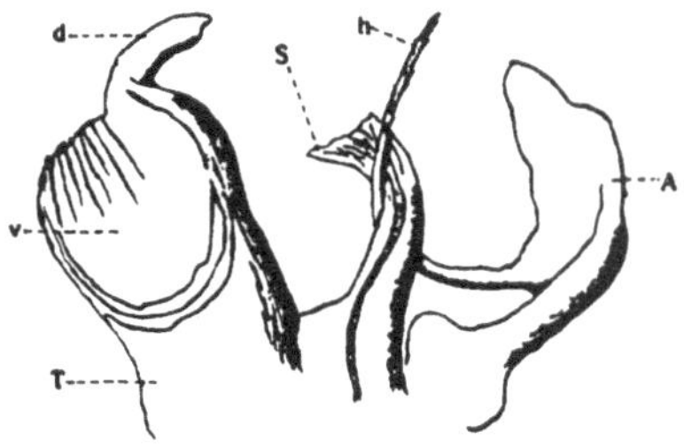

Fig. 268.
Sphaeroparia (S.) **minuta** Att.
Gonopode.

Rande etwas abgerückt. Gonopoden (Fig. 268): Hüften kurz, sehr in die Breite entwickelt, lateral kugelig gewölbt und spärlich beborstet. Neben den medianen Lamellen, mit denen sie zusammenstoßen, jederseits ein kurzer Haken. Borsten des Praefemur kurz, stiftartig. Seitenast des Telopodit *(A)* breit, mit langem oder kurzem Nebenarm *(h)*. Rinnenast *(S)* schlank und schwach gebogen, Tibiotarsalast *(T)* breit lamellös mit muldenartiger Vertiefung *(v)* und Endhaken *(d)*.

Meru, Kilimandjaro.

1a. **S. (S.) minuta minuta** Att. 1909 *S. m.*, Attems in: Ergeb. Schwed. Exp. Kilimandjaro, *v.* 3 nr. 19 p. 11.

Den vorliegenden Exemplaren fehlen auf den Metazoniten Borsten, die vielleicht nur abgerieben sind. Der Seitenast des Gonopoden *(A)* ist breit plattig mit stielartig dünner Basis, sein Nebenarm *(h)* ist sehr lang, hakig gebogen und überragt etwas die Spitze des Seitenastes, in der Endhälfte ist er fein bestachelt. Am Ende des Tibiotarsalastes *(T)* ein kräftiger schwach gebogener Haken und eine muldenartige Vertiefung (Fig. 268).

Meru, Regenwald.

1b. **S. (S.) minuta attenuata** Brol. 1920 *S. m. a.*, Brolemann in: Alluaud & Jeannel, Voy. Afr. Or., Myr. p. 241 f. LXXXIX—LC, t. 16 f. 152—154, t. 17 f. 155.

Metazoniten mit 3 Reihen von Stiften, in der ersten Reihe die größten. Der Nebenarm des Seitenastes ist kurz und gerade, glatt, gespitzt. Am Ende des Tibiotarsalastes kein größerer Haken (Fig. 269).

Kilimandjaro, Wälder und Bergwiesen, 1800—2800 m.

2. **S. (S.) lanceolata** Brol. 1920 *S. l.*, Brolemann in: Alluaud & Jeannel, Voy. Afr. Or., Myr. p. 244 f. XCI—XCV, t. 17 f. 156.

Länge 7,75 mm, Breite 1,34 mm. Weißlich. Seitenflügel hoch angesetzt, der Rücken schwach gewölbt. Hinterrand eingebuchtet, der dadurch gebildete Zacken überragt nur auf den Segmenten 16 und 17 den Hinterrand. Metazoniten mit 3 Reihen von Borsten, die der 1. Reihe sind keulig und 3mal so lang wie die der anderen Reihen. Vor der Mitte der Gonopodenöffnung ein tiefes kreisrundes Grübchen. Praefemur des Gonopoden spärlich beborstet. Der Seitenast entspringt ungefähr von der Mitte des Telopodit, ist in der Mitte am breitesten, seine Ränder sind schwach gezähnt, er

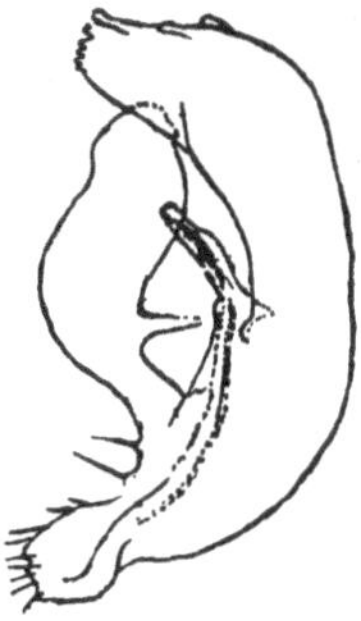

Fig. 269.
Sphaeroparia (S.) minuta attenuata Brol.
(Brolemann, 1920).

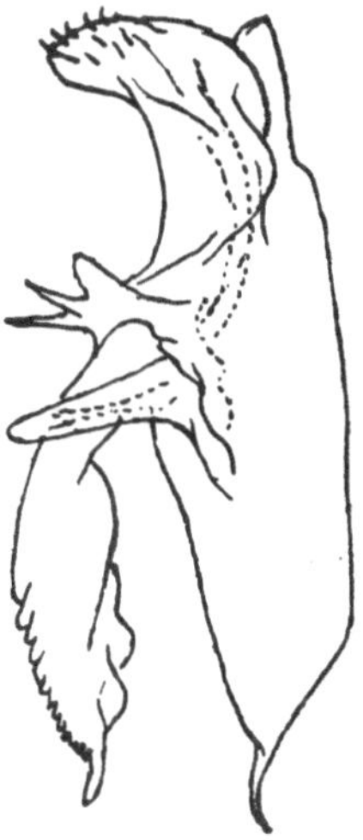

Fig. 270.
Sphaeroparia (S.) lanceolata Brol.
(Brolemann, 1920).

hat keinen Nebenarm. Von seiner Basis zieht eine zerschlitzte Querlamelle zur Außenfläche des Tibiotarsalastes, der mit einer pfriemenartigen Spitze endet. Rinnenast kurz schlank und gebogen (Fig. 270).

Kenia, Wälder von 2400—4000 m.

b) Subgen. **Physetoparia** Brol.

1920 *P.*, Brolemann in: Alluaud & Jeannel, Voy. Afr. Or., Myr. p. 240.

Backen sehr stark vergrößert. Gonopodenöffnung nicht auf den Prozonit übergreifend und ohne Vorsprung vorn. Gonopodentelopodit 2ästig, mit einem Rinnenast und einem Tibiotarsalast, ohne Seitenast.

Britisch-Ostafrika.

Typus und einzige Art:

3. **S. (P.) imbecilla** Brol. 1920 *S. i.*, Brolemann in: Alluaud & Jeannel, Voy. Afr. Or., Myr. p. 255 f. CIII—CX, t. 17 f. 168.

Fig. 271.
Sphaeroparia (P.) imbecilla Brol.
(Brolemann, 1920).

Länge 7,5 mm, Breite 0,93 mm, Kopf fein und ziemlich lang beborstet. Antennen lang, bis zum Hinterrand des 3. Segmentes reichend, schlank, das 6. Glied kaum verdickt. Halsschild querelliptisch, viel schmäler als der Kopf. Metazoniten mit Querreihen undeutlich begrenzter Beulen, mit 3 Reihen von 4, 6, 6 Borsten, die relativ lang, zylindrisch oder schwach keulig und untereinander gleich groß sind. Seitenflügel gut entwickelt, Seitenrand schwach konvex mit 2 sehr seichten Kerben, Hintereck nur auf den Segmenten 14—17 etwas vorspringend; 18. Segment an Stelle der Seitenflügel mit 2 oder 3 kleinen Spitzkegeln. Sternite lang und schmal. Gonopoden (Fig. 271): Hüfte seitlich kugelig vorgewölbt, Telopodit zum großen Teil in ihrer Höhlung verborgen. Praefemur groß, durch eine Kante scharf gegen das Acropodit abgesetzt. Rinnenast allmählich verjüngt und zugespitzt. Tibiotarsalast fast rechteckig.

Britisch-Ostafrika: Aberdare. Wiesen bei Lobelia, 3100 m.

c) Subgen. **Megaloparia** Brol.

1920 *M.*, Brolemann in: Alluaud & Jeannel, Voy. Afr. Or., Myr. p. 240.

Backen weniger stark aufgeblasen. Gonopodenöffnung nicht auf den Prozonit übergreifend und ohne Vorragung am Vorderrand, manchmal hier mit einem kleinen Grübchen. Seitenast des Gonopoden einfach oder 2ästig. Kein Rinnenast, die Samenrinne mündet auf einer Kante, die den Seitenast mit dem Tibiotarsalast verbindet; letzterer lamellös oder in ein langes Horn ausgezogen.

Kenia, Grotte von Shimoni.

3 Arten.

Typus: *S. lignivora* Brol.

Übersicht über die Arten:

1 { Gonopodentelopodit mit 2 hakigen Seitenästen . . . . 6. **S. (M.) uncinata**
Seitenast einfach — 2

2 { Seitenast groß und breit . . . . 4. **S. (M.) lignivora**
Seitenast klein . . . . 5. **S. (M.) pygmaea**

4. **S. (M.) lignivora** Brol. 1920 *S. l.*, Brolemann in: Alluaud & Jeannel, Voy. Afr. Or., Myr. p. 247 f. XCVI, t. 17 f. 157—162.

Fig. 272. **Sphaeroparia (M.) lignivora** Brol. (Brolemann, 1920).

Weißlich. Länge 6,5 mm, Breite 0,96 mm. Kopf und Backen dicht kurz beborstet. Subantennalhöcker stark vorspringend. Halsschild halbkreisförmig, Hinterecken abgerundet, glatt mit 3 Reihen von 10, 4, 6 zylindrischen oder schwach keuligen Borsten. Rücken gewölbt, Seitenflügel tiefer angesetzt, abgerundet, Hintereck nur auf den Segmenten 15—17 etwas vorragend. Metazoniten mit Beulenreihen wie bei *Polydesmus*, und mit 3 Reihen von keuligen Borsten, die der 1. Reihe länger als die anderen. Sternite schmal. Gonopodenöffnung kaum auf den Prozonit übergreifend, ohne Grübchen vorn. Gonopoden (Fig. 272): Hüfte stark kugelig, Telopodit kurz und gedrungen, die Samenrinne mündet auf einem sehr kurzen Ast, dessen Ende ein Büschel spitzer Fransen trägt. Seitenast schmal schwach gebogen abgestumpft, Tibiotarsalast breit lamellös konkav.

Britisch-Ostafrika: Wälder des Kenia, 2400—2800 m.

5. **S. (M.) pygmaea** Brol. 1920 *S. p.*, Brolemann in: Alluaud & Jeannel, Voy. Afr. Or., Myr. p. 253 f. CI—CII, t. 17 f. 166, 167.

Länge 4,5 mm, Breite 0,416 mm. Antennenglieder kurz und dick. Backen die Seitenflügel des 2. Segmentes nicht überragend. Kopf regelmäßig gewölbt. Halsschild relativ breit, fast regelmäßig elliptisch. Rücken gewölbter als bei den anderen Arten. Seitenflügel gut entwickelt ohne Seitenkerben, Hintereck nur durch Einbuchtung des Hinterrandes etwas zackig und vom 15. Segment an kaum den Hinterrand überragend. Metazonitenborsten der 1. Reihe keulig und viel länger als die der anderen 2 Reihen. Gonopodenöffnung groß und ohne Grube und Vorsprung vorn. Hüfte der Gonopoden sehr aufgeblasen und das Telopodit fast ganz verbergend. Seitenast sehr kurz, von der Form der Augsprosse eines Hirschgeweihes. Die Samenrinne mündet auf einer niedrigen Kante. Der Tibiotarsalast endet mit einem langen schlanken gebogenen Horn (Fig. 273).

Britisch-Ostafrika: aus Gesiebe vom Eingang der Grotte A von Shimoni.

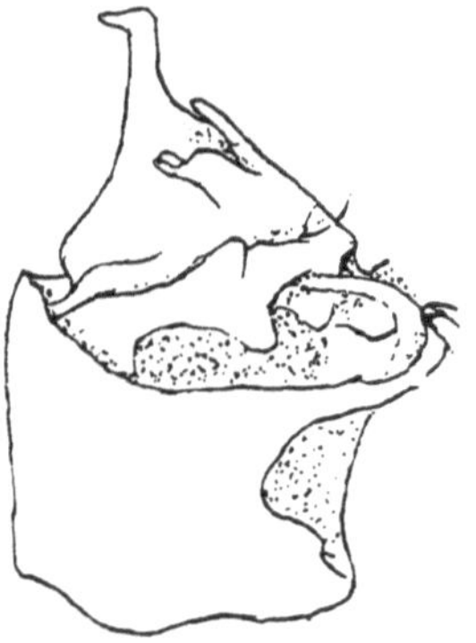

Fig. 273.
Sphaeroparia (M.) pygmaea Brol.
(Brolemann, 1920).

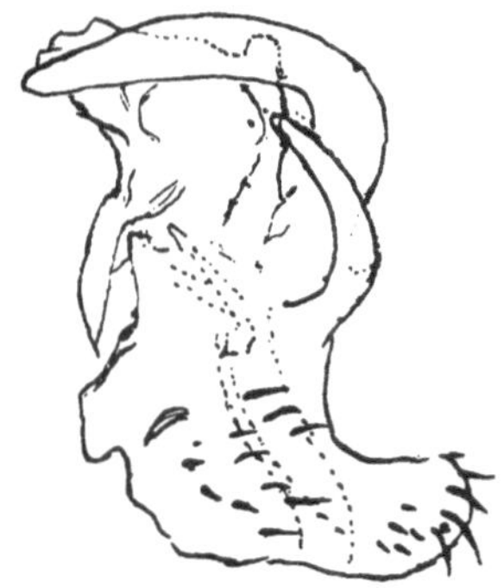

Fig. 274.
Sphaeroparia (M.) uncinata Brol.
(Brolemann, 1920).

6. **S. (M.) uncinata** Brol. 1920 *S. u.*, Brolemann in: Alluaud & Jeannel, Voy. Afr. Or., Myr. p. 250 f. XCVII—C, t. 17 f. 163—165.

Länge 5,75 mm, Breite 0,8 mm. Antennen und Halsschild ähnlich wie bei *S. lignivora*, Seitenflügel mehr abgerundet, die Hinterecken weniger ausgeprägt. Metazoniten mit undeutlichen Beulen. Borsten etwas keulig, die der 1. Reihe viel länger als die der anderen 2 Reihen. Gonopodenöffnung sehr breit, vor ihrer Mitte ein seichtes kreisrundes Grübchen. Zwischen Tibiotarsalast und Seitenast hat das Femur eine niedrige quere Kante mit unregelmäßigen Rändern, die eine Grube begrenzt, in der die Samenrinne mündet. Der Seitenast ist durch 2 Haken vertreten, der eine halb so groß wie der andere. Tibiotarsalast breit lamellös (Fig. 274).

Britisch-Ostafrika: Wälder und Alpenwiesen des Kenia, 2500—3700 m.

20. Gen. **Corypholophus** Att.

1937 *C.*, Attems in: Mém. Mus. Paris, n. ser. *v.* 6 p. 249.

♂ mit 19 Segmenten, ♀ unbekannt. Poren auf den Segmenten 5, 7, 9, 10, 12, 13, 15—18. Backen stark aufgetrieben, Antennen lang, keulig, 5. und 6. Glied mit großen offenen Gruben mit den Sinnesstiften. Halsschild bedeutend schmäler als der Kopf. Tergite mit 3 Reihen abstehender Stifte und mit polygonaler Felderung, die Linien der Felderung aus aneinander gereihten Punkten bestehend. Analsegment kegelig, im Habitus an *Peronorchus* erinnernd. Gonopoden: Hüften auf langer Strecke unmittelbar miteinander verkittet. Telopodit im rechten Winkel lateral gerichtet ähnlich wie bei *Opisotretus*. Praefemur und Acropodit scharf geschieden, die Samenrinne mündet auf einem breiten Seitenast, Acropodit nicht gegliedert.

Indochina.

Typus und einzige Art: *C. minutus* Att.

1. **C. minutus** Att. 1937 *C. m.*, Attems in: Mém. Mus. Paris, n. ser. *v.* 6 p. 249 f. 102—109.

Grauweiß. Länge 3,6—4 mm, Breite 0,36 mm. Gehört somit zu den kleinsten Polydesmiden. Clypeus, Stirn und Scheitel dicht kurz beborstet,

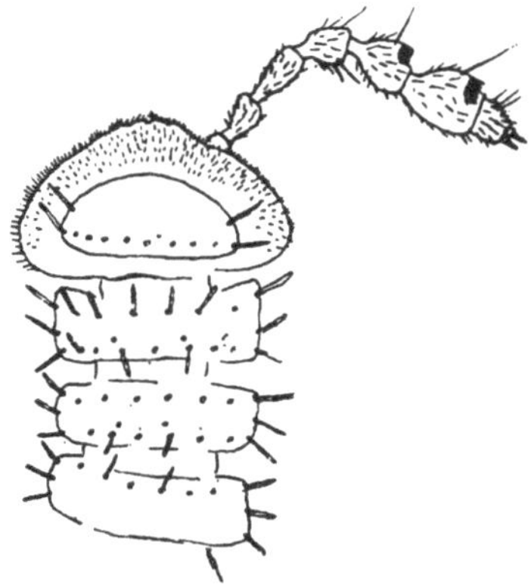

Fig. 275.
Corypholophus minutus Att. Vorderende.

auf dem Scheitel oberhalb der Antennen ein flacher Hügel, der mit kohlenmeilerartig gegeneinander geneigten Borsten besetzt ist. 2. und 3. Reihe der Stifte der Tergite nahe dem Hinterrand. Borsten der 1. und 2. Reihe nach vorn, die der 3. Reihe nach hinten gerichtet (Fig. 275). Seitenflügel klein, aber deutlich entwickelt, ober der Mitte angesetzt, der Rücken mit den Seitenflügeln gleichmäßig gerundet. Seitenrand glatt, mit 3 Stiften. Hintereck auf den Segmenten 13—17 ein sehr kurzer stumpfer Zacken. Die polygonalen Felder der Tergite bestehen aus kleinen Punkten, seitlich geht die Felderung in spitze Kegelchen über. Am Hinterrand der Metazoniten eine schüttere Reihe winziger Spitzchen. Von den 4 Terminalborsten des Analsegmentes sind die 2 oberen viel größer als die unteren. Die spitzen Borsten des Analsegmentes sitzen auf kleinen Warzen, Schuppe bogig gerundet, ganz ohne Mittelspitze. Telopodit des Gonopoden 0,2 mm lang. Die Samenrinne mündet auf einem sichelförmigen Ast, der dieselbe Gestalt hat, wie ein Ast bei *Eutrichodesmus demangei*, wo er jedoch nicht die Samenrinne führt. Ein zweiter Kanal beginnt an der Basis des Femur und gehört wahrscheinlich zu einer körnigen Drüsenmasse im Telopodit.

Indochina: Canda. N'hatrang.

21. Gen. **Pseudosphaeroparia** Carl

1932 *P.*, J. Carl in: Rev. Suisse Zool., *v.* 39 p. 471.

♂ und ♀ mit 20 Segmenten. Porenformel normal. Kopf groß, bei ♂ und ♀ mit stark aufgeschwollenen Backen. Antennen schlank, 6. Glied keulig, 5. und 6. Glied mit kolbenförmigen Sinnesstiften in einem nicht scharf begrenzten Feld, 7. Glied mit einem Sinneshügel. Halsschild klein, viel schmäler als der Kopf, wie die Metazoniten mit 3 Querreihen beweglich eingesetzter Stifte. Seitenflügel gut entwickelt, Seitenrand mit 2 Stiften in Kerben und einem ebensolchen am Hintereck. Metazoniten beulig gefeldert. Sternite unbewehrt. Schwänzchen kegelig. Beine schlank, 2. und 3. Paar des Männchens kürzer und dicker, sonst keine sekundären Geschlechtsmerkmale. Gonopoden: Hüften groß, rundlich-kubisch, Praefemur quergestreckt, klein, Telopodit 2ästig, der eine Ast, Rinnenast, geißel- oder bandförmig, der andere Ast, Tibiotarsus, lamellär. Am Grund außen ein starker Chitinstab.

Indien.

3 Arten, eine mit 2 Unterarten.

Typus: *P. palnensis* Carl.

Übersicht über die Arten:

1 { Kopf und Halsschild von der grauen oder braunen Farbe des Rumpfes. 4. Antennenglied etwas länger als das 5. Rinnenast mit einem Seitenlappen . . . . 3. **P. cardamoni**
Kopf und Halsschild trübweiß, der übrige Rumpf grau — 2

2 { Rinnenast mit einem Seitenlappen. Antennen grau oder braun. Die meisten Stifte der Metazoniten spindelig . . 1. **P. palnensis**
Rinnenast einfach zugespitzt ohne Seitenlappen. Antennen weißlich. Stifte der Metazoniten stabförmig und länger 2. **P. nilgirensis**

1. **P. palnensis** Carl 1932 *P. p.*, J. Carl in: Rev. Suisse Zool., *v.* 39 p. 472 f. 74—84, 87, 88.

Aschgrau, in braun oder bläulich übergehend, Kopf und Halsschild trübweiß, Bauch und Beine gelblich, Antennen grau oder braun. Manchmal

Fig. 276.
Pseudosphaeroparia palnensis Carl.
5. Segment des Männchens (J. Carl, 1932).

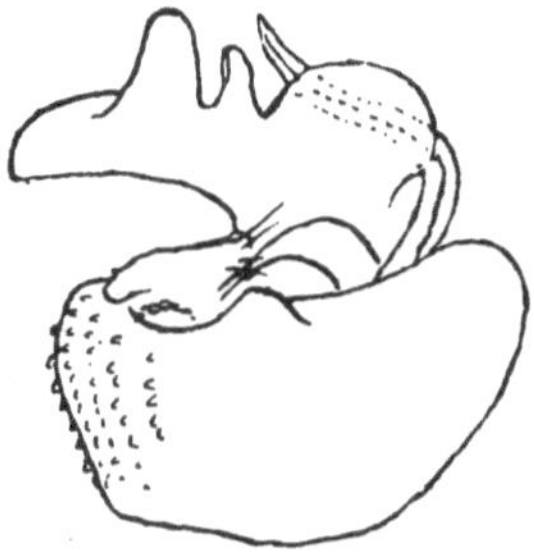

Fig. 277.
Pseudosphaeroparia palnensis Carl.
Gonopode (J. Carl, 1932).

fast weiß. Länge 6,5—10 mm, Breite 1—1,5 mm. Kopf und Backen mit weißen Borsten, Stirn und Scheitel mit kürzeren Borsten. 4.—6. Antennenglied kürzer und dicker als bei den anderen Arten, 4. Glied etwas kürzer als das 5. Halsschild quernierenförmig, wenig mehr als die Hälfte so breit wie der Kopf mit den Backen, die Borsten sind dünne Stäbchen. Auf den folgenden Segmenten werden die Stifte immer kürzer und mehr spindelig; sie stehen auf einem kleinen Höckerchen. Seitenflügel (Fig. 276) oberseits beulig aufgetrieben, Rücken dazwischen mit 3 Reihen flacher Beulen zu 2, 2, 4. Peuren glatt, Pleuralkiele deutlich. Sternite beim Männchen fast quadratisch, ziemlich dicht und lang weiß beborstet, beim Weibchen $1^1/_2$mal so breit wie lang, spärlicher und feiner beborstet. Hüfte des 2. Beinpaares des Weibchens basal gerundet, außen gerade apical breit gestutzt, mit gerundetem Inneneck. Gonopoden: Hüften groß, rundlich-kubisch, die basalen Spangen nähern sich vorn ohne zu verschmelzen, hinten verbindet ein dünnes Band beide Hüften. Praefemur schräggestellt, median einige besonders starke Borsten. Der Rinnenast läuft spitz aus und hat einen Seitenlappen. Tibiotarsus mehr oder weniger gelappt und gezackt, am Grunde ein Chitinstab (Fig. 277).

Indien: Upper Palnis, Lower Palnis, Travancore, Anaimalais.

1a. **P. palnensis palnensis** Carl 1932 *P. p.*, J. Carl in: Rev. Suisse Zool., *v.* 39 p. 472 f. 74—84.

Aschgrau, Kopf und Halsschild trübweiß, Antennen grau oder braun. Länge 8—10 mm, Breite 1,5 mm. Gonopodentarsus endwärts mit vielen gedrehten Lappen, Zacken und Gräten versehen. Seitenlappen des Rinnenastes hakig zugespitzt.

Upper Palnis, Lower Palnis, Travancore.

1b. **P. palnensis soror** Carl 1932 *P. p. s.*, J. Carl in: Rev. Suisse Zool., *v.* 39 p. 466 f. 87, 88.

Fast weiß. Länge 6,5 mm, Breite 1 mm. Metazonitenstifte länger und mehr stabförmig. Gonopodentarsus breiter und einfacher, weniger gelappt und gewunden. Seitenlappen des Rinnenastes etwas stärker entwickelt und gerundet.

Anaimalais. Naduar Estate bei Valparai, 1200 m.

2. **P. nilgirensis** Carl 1932 *P. n.*, J. Carl in: Rev. Suisse Zool., *v.* 39 p. 477 f. 85, 89, 90.

Aschgrau, Kopf, Halsschild und Antennen weißlich oder nur schwach grau getönt. Größe wie bei *P. palnensis*. 3.—6. Antennenglied gestreckter

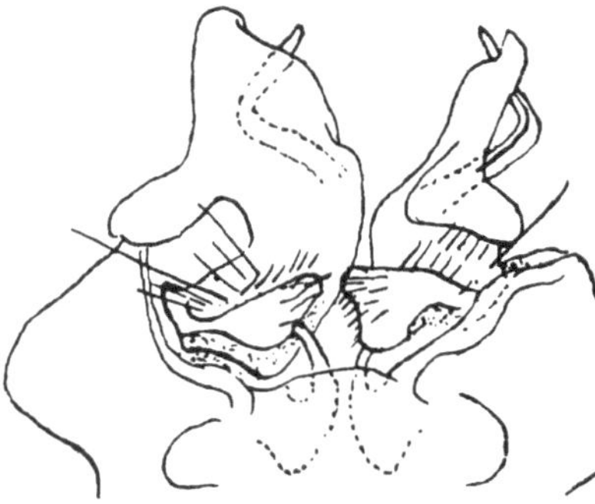

Fig. 278.
Pseudosphaeroparia nilgirensis Carl (J. Carl, 1932).

als bei *P. palnensis*, 4. Glied kürzer als das 5., weniger stark keulig. Gonopoden: Stifte der Metazoniten stabförmig und länger als bei *P. palnensis*. Gonopoden (Fig. 278): Hüften außen stärker gerundet, mit scharfem Endrand. Telopodit bis zur Mitte gespalten, der schlanke Rinnenast verjüngt sich gradweise, ohne irgendwelche Lappenbildung. Tibiotarsus von vorn eine einfache ganzrandige Lamelle, von hinten nur mit einem basalwärts gerichteten größeren Lappen. Die Hüfte des 2. Beinpaares des Weibchens hat ein schärferes rechtwinkliges Inneneck.

Nilgiris: Coonor, Dodabetta Reserve Forest, Elk Hill, Avalanche Shola, 1600—2400 m.

3. **P. cardamoni** Carl 1932 *P. c.*, J. Carl in: Rev. Suisse Zool., *v.* 39 p. 478 f. 86, 91—93.

Kopf und Halsschild von der grauen oder braunen Färbung des Körpers, nur die Antennen weißlich. 2.—4. Antennenglied gestreckt, das 4. etwas länger als das 5., beide am Ende kaum merklich verdickt. Metazoniten-

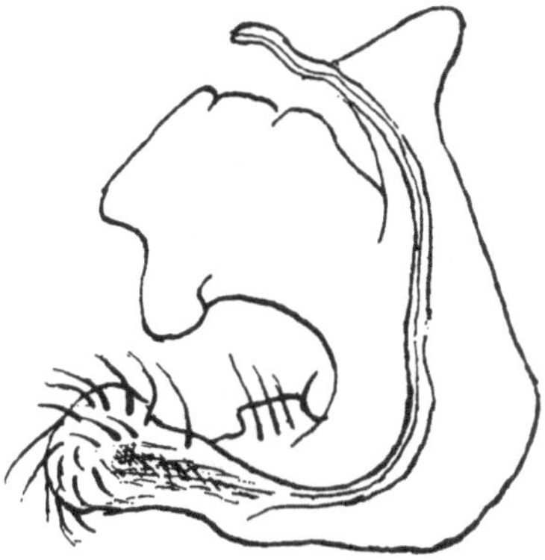

Fig. 279.
Pseudosphaeroparia cardamoni Carl (J. Carl, 1932).

stifte so lang und stäbchenförmig wie bei *P. nilgirensis.* Hinterrand der Seitenflügel stärker und fast winkelig ausgeschnitten. Hüfte des 2. Beinpaares des Weibchens wie bei *P. nilgirensis.* Gonopoden (Fig. 279): Hüfte kubisch, mit stumpfem Endrand. Telopodit nur bis zu $^1/_3$ gespalten in einen zuerst bandförmigen, dann einseitig rundlappig erweiterten und darauf plötzlich in einen wurmförmigen Apicalabschnitt verjüngten Rinnenast und eine breite, etwas lappig konturierte Platte, den Tibiotarsus.

Anaimalais: Cardamum-Pflanzung bei Valparai. Naduar Estate, Kaffee-Pflanzung.

22. Gen. **Hingstonia** Carl

1935 *H.*, J. Carl in: Rev. Suisse Zool., *v.* 42 p. 336.

20 Segmente, Porenformel normal. Kopf groß, Backen bei Männchen und Weibchen gleich stark aufgeblasen, Antennen mäßig schlank, endwärts schwach keulig. Halsschild querelliptisch, bedeutend schmäler als der Kopf mit Backen und die folgenden Segmente. Seitenflügel gut entwickelt, Poren ganz lateral nahe dem Hintereck. Tergite mit 3 Querreihen kolbiger Stifte. Analsegment kegelig. Alle Sternite des Männchens ohne Fortsätze oder dgl. Beine mäßig lang, ohne Fortsätze, mit sexuellen Unterschieden in der Form und Behaarung. Gonopodenhüften groß, halbkugelig, durch eine schmale Brücke verbunden, Telopodit kurz und dick, ohne deutliche Gliederung, Praefemur quergestreckt, ohne Grenze in einen kurzen etwas gedrehten Zylinder übergehend, der starke Chitinzacken trägt, von denen einer die Samenrinne führt.

Nepal.

1 Art.

Typus: *H. eremita* Carl.

1. **H. eremita** Carl 1935 *H. e.*, J. Carl in: Rev. Suisse Zool., *v.* 42 p. 337 f. 20—25.

Fig. 280.
Hingstonia eremita Carl
(J. Carl, 1935).

Einfarbig schmutzig weiß. Länge 13 mm, Breite 2 mm. Halsschild uneben mit Buckeln und 3 Reihen von 8, 4, 6 Borsten, die der 2. und 3. Reihe etwas kolbig. Seitenflügel des 2. Segmentes etwas nach vorn gezogen, vom 5. Segment an vorn gerundet, Seitenrand gerade mit 2 stifttragenden Kerbzähnen, Hintereck vom 16. an zackig, Poren vor deren scharfer Spitze außen. Keine Pleuralkiele. Schwänzchen leicht herabgebogen, ohne Borstenzapfen. Beine mäßig schlank, vom 3. Paar an nur wenig verlängert, die des Männchens dicker als beim Weibchen, Praefemur oben aufgetrieben, Femur etwas gekrümmt, Unterseite der Glieder 2—4 (Text) oder 3—5 (Zeichnung) sehr spärlich kurz beborstet und mit Chitin körnern ähnlich wie bei den Sphaerotrichopidae besetzt. Gonopoden (Fig. 280) sehr gedrungen, Praefemur mit medialwärts offenem Halbtrichter, der mit starken Borsten besetzt ist. Von den Zacken des ungegliederten Endteils ist die stärkste nach hinten gerichtet und mehrzähnig, medial eine schlanke säbelförmige Zacke, apical ein geschwungenes Ästchen mit der Samenrinne, die direkt auf der Medialfläche heraufsteigt.

Nepal: Rongshar-Valley.

23. Gen. **Elgonicola** Att.

1938 *E.*, Attems in: Miss. sci. Omo, *v.* 5 fasc. 55 p. 311.

20 Segmente. Porenformel normal. Hüften der Gonopoden völlig zu einem Syncoxit verwachsen, dessen Mitte kielartig vorspringt. Jede Hüfte halbkugelig, ähnlich wie bei vielen Cryptodesmiden, lateral ohne Fortsatz, Hüfthörnchen lang und schlank. Telopodit sehr gedrungen und ohne deutliche Gliederung. Die Samenrinne zieht nahe dem Medialrand in gerader Richtung zu einem kleinen Rinnenast. Kopf samt Backen dicht und kurz behaart, der übrige Rumpf mit Stiftborsten aber ohne kurze Haare. Antennen keulig, das 6. Glied das größte, 5. und 6. Glied mit frei stehenden Sinneszapfen. Halsschild klein, viel schmäler als der Kopf mit den stark aufgeblähten Backen. Seitenflügel gut entwickelt, in der Mitte angesetzt. Metazoniten mit Querreihen von beweglich eingesetzten Borsten. Analsegment kegelig. 3. Beinpaar des Männchens ohne Besonderheiten.

Zentralafrika.

1 Art mit 2 Unterarten.

Typus: *E. jeanneli* Att.

1. **E. jeanneli** Att. 1938 *E. j.*, Attems in: Miss. sci. Omo, *v.* 5 fasc. 55 p. 312 f. 18—23.

Farbe dunkelbraun und gelbbraun marmoriert, Antennen dunkelbraun, Beine hell gelbbraun. Länge 8 mm, Breite des 7. Segmentes 0,9 mm, Prozonit 0,63 mm. Clypeus, Scheitel und Backen dicht kurz behaart, der Kopf so breit wie das 2. Segment. Halsschild viel schmäler, seitlich elliptisch, bis zur Mitte der Backen reichend. Tergite mit 3 Querreihen langer, spitzer Borsten, zu 4, 4, 6, jede Borste auf einer kleinen Tuberkel, die 2. und 3. Reihe nahe neben einander. Seitenflügel gut entwickelt etwas ober der Mitte angesetzt, oben horizontal, der Seitenrand der porenlosen mit 3, der poren-

Fig. 281.
Elgonicola jeanneli Att.

tragenden mit 4 kurzen Zacken, die jeder eine Borste tragen. Oberfläche der Metazoniten dicht sehr fein granuliert, am Hinterrand bilden die vorstehenden Granula eine sehr feine Zähnung. Poren in einiger Entfernung vom Rande, zwischen 2. und 3. Seitenrandzahn. Hüfte der Gonopoden 280 µ lang, 220 µ breit. Das stark beborstete Praefemur geht allmählich in das Acropodit über, das keinerlei deutliche Gliederung zeigt. Der dünne, schwach S-förmig gebogene Spieß medial vom kurzen Rinnenast gehört zum Femur. Am Endrand ein rundes Plättchen und ein stumpfer Fortsatz (Fig. 281).

Mount Elgon.

1a. **E. jeanneli jeanneli** Att. 1938 *E. j.*, Attems in: Miss. sci. Omo, *v.* 5 fasc. 55 p. 311 f. 18—22.

Borsten des Halsschildes und der übrigen Tergite lang und dünn.

Mount Elgon, Camp 1 und 3, 2210—3500 m.

1b. **E. jeanneli microchaeta** Att. 1938 *E. j. m.*, Attems in: Miss. sci. Omo, *v.* 5 fasc. 55 p. 313 f. 23.

Rückenborsten kurz, stiftartig.

Mount Elgon, Camp 4, 4000 m. Massif du Marakiret, Campi Cherangani, 3000 m.

24. Gen. **Fuhrmannodesmus** Carl

1914 *F.*, J. Carl in: Mém. Soc. Neuchâtel, *v.* 5 p. 955.

20 Segmente. Poren auf den Segmenten 5, 7, 9, 10, 12, 13, 15—18. Antennen lang und schlank, etwas kolbig, die Glieder 2 und 3 die längsten. Halsschild querelliptisch, schmäler als der Kopf. 2.—4. Segment so breit wie der Kopf, das 5. plötzlich breiter, die dadurch hervorgerufene halsartige Einschnürung des Vorderendes beim Männchen deutlicher als beim Weibchen

Seitenflügel gut entwickelt, länger als breit, vorn abgerundet hinten zackig, aneinander schließend, die Prozoniten kurz, 19. Segment stark in das 18. eingeschoben mit sehr kleinen Seitenflügeln. Metazoniten mit flachen Felderreihen und 3 Reihen sehr kurzer spitzer Borsten. Schwänzchen kurz kegelig. Sternite des Männchens länger als breit, die des Weibchens breiter als lang, mit tiefer Querfurche. Gonopoden: Hüfte außen stark kugelig aufgetrieben mit langem Fortsatz *(c)*. Praefemur schräg gestellt und ganz auf die Hinterfläche gedrängt, Acropodit kurz und breit, Rinnenast kurz, zylindrisch, allseitig fein beborstet, Tibiotarsus ziemlich deutlich gegen das Femur abgesetzt, 2ästig.

Kolumbien.

Typus und einzige Art: *F. lividus* Carl.

1. **F. lividus** Carl 1914 *F. l.*, J. Carl in: Mém. Soc. Neuchâtel, *v.* 5 p. 956 f. 241—245.

Schmutzig gelb, Bauch und Beine etwas heller. Länge 13 mm, Breite 3. Segment ♂ $1^1/_2$ mm, ♀ $1^3/_4$ mm, 15. Segment ♂ 2 mm, ♀ $2^1/_3$ mm. Kopf

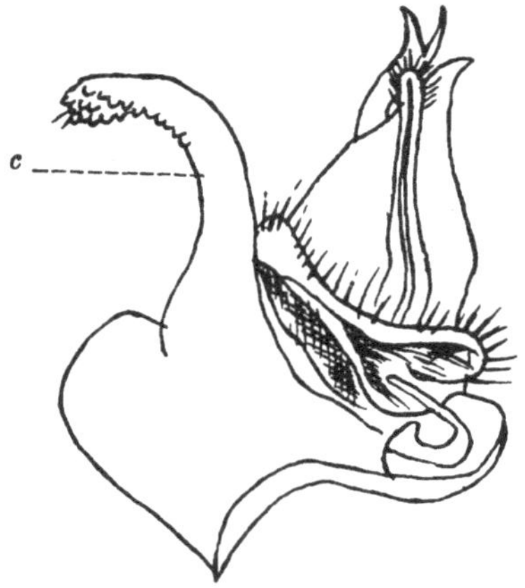

Fig. 282.
Fuhrmannodesmus lividus Carl (J. Carl, 1914).

glatt und glänzend, zerstreut kurz beborstet, Sinneszapfen des 5. und 6. Antennengliedes auffallend klein, wenig zahlreich und nicht auf einem deutlich umgrenzten Feld liegend. Halsschild glatt, mit 3 Querreihen kurzer Borsten, die Ecken zugerundet. Seitenrand der Seitenflügel sehr schmal wulstig verdickt, die porentragenden mit 3, die porenlosen mit 2 Börstchen. Sternite beim Männchen zerstreut gekörnelt und reichlich beborstet, beim Weibchen fast glatt und sehr schwach beborstet. Beinglieder 1—5 beim Männchen oberseits nackt oder sehr spärlich kurz beborstet, unten mit dichten Reihen heller Chitinhöckerchen, caudalwärts wird die Beborstung deutlicher und die Zahl der Chitinhöckerchen kleiner. Tarsus dichter beborstet und auf den vorderen Beinen unten ebenfalls mit Chitinwarzen, von welchen je ein liegendes Börstchen ausgeht. Gonopoden (Fig. 282): Hüfte kurz und breit, trägt am Endrand innen 2 runde Höcker mit je einer Borste, außen einen zylindrischen, hakig nach außen gebogenen Fortsatz *(c)*, der am Ende mit vielen Tuberkeln besetzt ist. Das Femur ist eine unregelmäßig 3eckige Platte, von der sich ein kurzer zylindrischer, allseitig fein behaarter Rinnenast loslöst. Der Tibiotarsus ist 2ästig.

Kolumbien: Paramo Cruz Verde 3400 m.

25. Gen. **Gyrophallus** Carl

1914 *G.*, J. Carl in: Mém. Soc. Neuchâtel, *v.* 5 p. 953.

♂ mit 19, ♀ mit 20 Segmenten. Porenformel normal. Antennen ziemlich kurz, bis zum 4. Segment reichend, dick, das 6. Glied das größte. 5. und 6. Glied mäßig verdickt. Im Habitus sonst ganz mit *Cryptogonodesmus* übereinstimmend. Seitenflügel ziemlich groß, horizontal. Seitenrand mit 3 oder 4 borstentragenden Kerben. Metazoniten mit 3 Reihen von 4, 4, 6 stiftförmigen oder leicht keuligen Borsten und Andeutung von polygonaler Felderung. Gonopoden: Hüfte außen und vorn kugelig aufgetrieben, vorn mit langem Fortsatz, der das Telopodit teilweise von vorn bedeckt. Telopodit in der Ruhelage nach hinten gerichtet, Praefemur klein auf die Hinterfläche gedrängt und sehr schräg gestellt, das übrige Telopodit sehr kompliziert mit mehreren Ästen. Rinnenast schlank.

Kolumbien.

3 Arten. (Eine Art nur unvollkommen bekannt.)

Typus: *G. imitans* Carl.

Übersicht über die Arten:

1 { Hüftfortsatz des Gonopoden mit starkem lateralem Sporn, am Ende einfach gerundet . . . . 1. **G. imitans**
Hüftfortsatz ohne lateralen Sporn, am Ende hakig . . . . 2. **G. simillimus**

1. **G. imitans** Carl 1914 *G. i.*, J. Carl in: Mém. Soc. Neuchâtel, *v.* 5 p. 953 f. 235—239.

Bräunlich mit hellen Beinen, Länge 7 mm, Breite 0,8 mm. In der äußeren Körperform, Größe und Beborstung der Metazoniten völlig mit

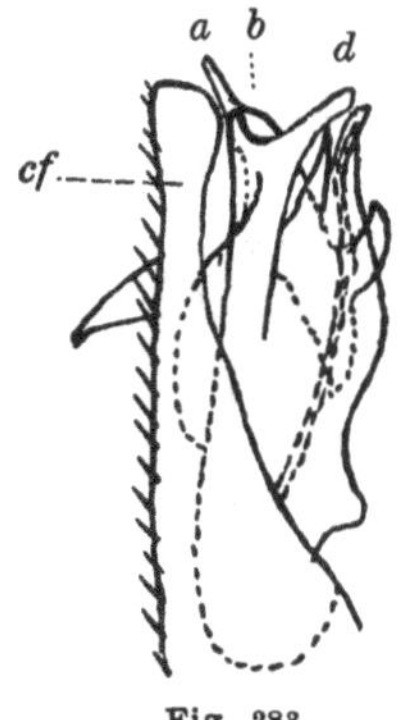

Fig. 283.
Gyrophallus imitans Carl.
Gonopode, *cf* Hüftfortsatz (J. Carl, 1914).

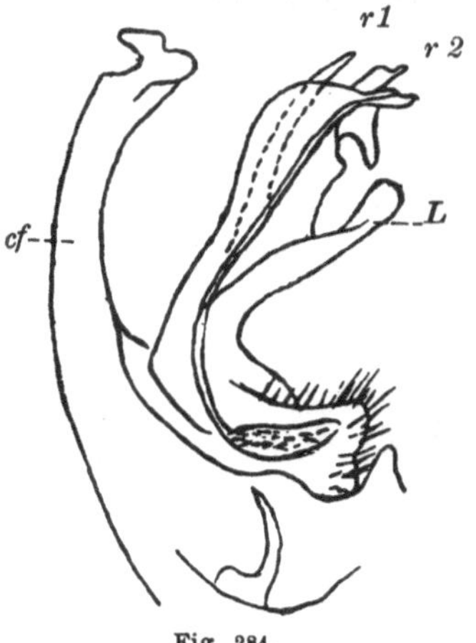

Fig. 284.
Gyrophallus simillimus Carl (J. Carl, 1914).

Cryptogonodesmus übereinstimmend, jedoch die Antennen etwas gedrungener und im distalen Teil dicker. Das Acropodit des Gonopoden ist sehr kompliziert gestaltet; man kann 2 Hauptteile unterscheiden: einen fingerförmigen Zweig *(a)*, der an der Basis 2 Zacken trägt und einen etwas kürzeren Teil, der sich selbst wieder spaltet in einen geraden Ast mit den Zweigen *b* und *d* und einen stumpfen Ast, dem die Samenrinne folgt, um an dessen Ende auf einen kurzen Tentakel überzutreten. Vulven des Weibchens ziemlich stark entwickelt, zwei von vorn nach hinten flach gedrückte stumpfe Kegel, die sich median bis kurz vor dem Ende berühren und am freien Rande behaart sind (Fig. 283).

Kolumbien: La Camelia bei Angelopolis.

2. **G. simillimus** Carl 1914 *G. s.*, J. Carl in: Mém. Soc. Neuchâtel, *v.* 5 p. 955 f. 240.

Von *G. imitans* nur durch den Bau der Gonopoden zu unterscheiden: Der Hüftfortsatz *(cf)* trägt keinen seitlichen Sporn und bildet am Ende einen kleinen Haken; das Femur ist seitlich komprimiert, am Ende zugerundet und hinten mit einem basalwärts gerichteten Haken versehen; von seinem Hinterrand geht ein löffelförmiger Fortsatz *(L)* und von der medianen Fläche, nahe dem Ende ein dünner kurzer Rinnenast ab; von der äußeren Fläche lösen sich nahe der Basis und gegen die Mitte hin je ein schlanker Ast *(r 1* und *r 2)* ab, die das Femur um ein geringes überragen (Fig. 284).

Kolumbien: La Camelia bei Angelopolis.

3. **G. funiculus** (Peters) 1864 *Polydesmus f.*, Peters in: Monber. Ak. Berlin, p. 623 | 1914 *Gyrophallus f.*, J. Carl in: Mém. Soc. Neuchâtel, *v.* 5 p. 955.

Carl hat durch Untersuchung des Originalexemplares die Zugehörigkeit zur Gattung *Gyrophallus* festgestellt, aber ohne die unzureichende Beschreibung von Peters zu ergänzen. Er sagt nur, daß das Telopodit der Gonopoden noch mehr Äste aufzuweisen scheint als bei den beiden anderen Arten. Graubraun. Länge 8 mm, Breite 1 mm.

Kolumbien: Bogotá.

26. Gen. **Mastigonodesmus** Silv.

1897 *M.*, Silvestri in: Bull. Soc. ent. Ital., *v.* 29 p. 252 | 1898 *Schedoleiodesmus*, Silvestri in: Ann. Mus. Genova, *v.* 38 p. 691 | 1899 *Mastigonodesmus* + *S.*, Attems in: Denk. Ak. Wien, *v.* 68 p. 429, 430 | 1903 *M.* + *S.*, Ant. Berlese, A. M. S., fasc. 97 nr. 6, 9 | 1910 *M.* + *S.*, K. W. Verhoeff in: Zool. Anz., *v.* 36 p. 137.

20 Segmente, Porenformel normal. 5., 6. und 7. Antennenglied mit einer Gruppe von Sinneszapfen. Halsschild schmäler als der Kopf und das 2. Segment, selten fast so breit. Metazoniten mit 3 Querreihen von Borsten, die auf kleinen Knötchen sitzen können. Seitenflügel mäßig groß, der Seitenrand mit 2—4 kleinen borstentragenden Kerben. Die Poren münden vor dem Hintereck, das manchmal gespalten ist. Analsegment kegelig, mit den gewöhnlichen 2 Querreihen von Borsten, die Terminalborsten manchmal auf kleinen Sockeln sitzend. Hüften der Gonopoden groß, die Basen der Telopodite von außen verdeckend, Rinnenast in einen langen dünnen geringelten Faden verlängert. — Noch sehr unvollkommen bekannte Gattung, die Beschreibungen alle unvollständig, die Männchen und Gonopoden nur von 2 Arten bekannt, die Zugehörigkeit der anderen Arten zu dieser Gattung daher nur Vermutung; von einer Art wird parthenogenetische Fortpflanzung vermutet.

Italien, Sardinien, Sizilien.

5 Arten.

Typus: *M. destefanii* Silv.

Übersicht über die Arten:

1	Die beiden mittleren Borsten in der 1. Reihe des Analsegments sind kurz — 2	
	Die beiden mittleren Borsten des Analsegments sind lang und reichen fast bis zur Spitze des Schwänzchens — 4	
2	Halsschild an den Hinterecken ohne Längsleiste — 3	
	Halsschild (Fig. 286) an den Hinterecken mit einer Längsleiste, außen von dieser treten die Seitenlappen hinten eckig vor	3. **M. occultus**
3	Halsschild viel schmäler als das 2. Tergit, die Seiten durch Kerben 5zähnig	1. **M. destefanii**
	Halsschild wenig schmäler als das 2. Segment, fast halbkreisförmig	2. **M. viduus**
4	Die 4 mittleren Borsten der 1. Reihe des Analsegments sind keulig, die äußeren spitz. Hinterecken des 19. Segments stumpflappig nach hinten vortretend (Fig. 289) .	5. **M. verbani**
	Alle 6 Borsten der 1. Reihe des Analsegments sind schlank. Hinterecken des 19. Segments nicht lappig ausgezogen	4. **M. solarii**

1. **M. destefanii** Silv. 1897 *M. D.*, Silvestri in: Bull. Soc. ent. Ital., *v.* 29 p. 253 | 1903 *M. D.*, Ant. Berlese, A. M. S., fasc. 97 nr. 7.

Weiß. Länge 6 mm. Kopf beborstet, Halsschild schmäler als der Kopf und das 2. Segment, halbelliptisch, die Seiten 5-kerbig, mit 3 Reihen kurzer,

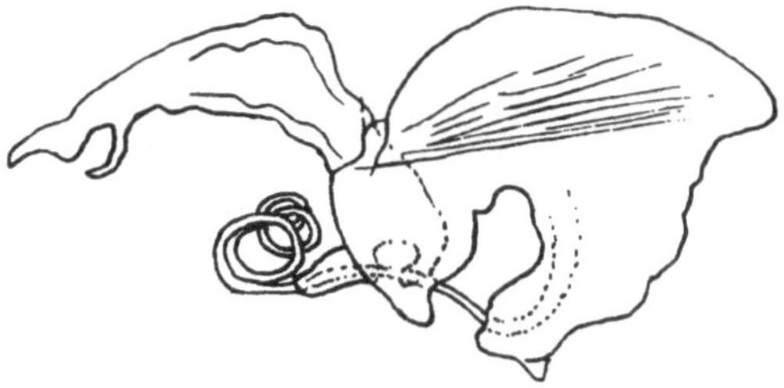

Fig. 285.
Mastigonodesmus destefanii Silv. Gonopode (Ant. Berlese, 1903).

etwas keuliger Borsten. Seitenflügel klein, horizontal, Vordereck abgerundet, Hintereck spitz, Seitenrand der porentragenden 4zähnig, der porenlosen 3zähnig. Beine kurz. Rinnenast des Gonopoden in einen langen dünnen mehrfach spiralig zusammengerollten Faden verlängert (Fig. 285).

Sizilien: S. Ninfa.

2. **M. viduus** Silv. (in Litt.) 1903 *M. v.*, Ant. Berlese, A. M. S., fasc. 97 nr. 8.

Weiß. Länge 6 mm. Halsschild nur wenig schmäler als der Kopf und fast so breit wie das 2. Segment, fast halbkreisförmig. 6. Antennenglied dicker, die Seitenflügel kleiner, Analsegment breiter, die Beine etwas dicker als bei *M. destefanii*. Männchen unbekannt. — Ungenügende Beschreibung.

Neapel: Portici.

3. **M. occultus** Verh. 1928 *M. o.*, K. W. Verhoeff in: Zool. Jahrb., Syst. *v.* 55 p. 304 t. 7 f. 30—32 | 1930 *M. o.*, K. W. Verhoeff, ibid., *v.* 59 p. 408.

♀ Länge 4 mm. Halsschild (Fig. 286) an den Hinterecken mit einer nach vorn abgekürzten Längsleiste, lateral von der die Seitenlappen hinten eckig vortreten. Halsschild und Rumpftergite mit 3 Reihen kurzer Stifte aber ohne Felderung. Die Poren münden vor den Hinterecken, die infolge

Fig. 286.
Mastigonodesmus occultus Verh.
Halsschildhälfte (K. W. Verhoeff, 1928).

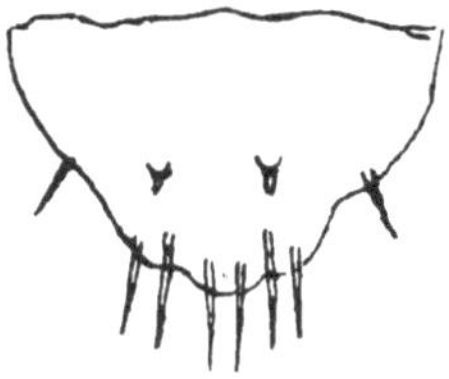

Fig. 287.
Mastigonodesmus occultus Verh.
Hinterende (K. W. Verhoeff, 1928).

einer kleinen Längsleiste oberhalb des Seitenrandes gespalten erscheinen. Seitenränder der Seitenflügel schwach 2—3mal gekerbt. Analsegment hinten breit abgerundet, die mittleren Borsten der vorderen Reihe sehr kurz (Fig. 287) — Männchen unbekannt.

Venetien: Montebello. Südtirol: Borgo.

4. **M. solarii** (Silv.) 1898 *Schedoleiodesmus S.*, Silvestri in: Ann. Mus. Genova, *v.* 38 p. 691 | 1903 *S. S.*, Ant. Berlese, A. M. S., fasc. 97 nr. 10.

Rahmfarben. Länge 7 mm. Antennen das 2. Segment überragend. Halsschild halbelliptisch. Seitenflügel klein, Vordereck schwach gerundet, Hintereck auf den vorderen Segmenten fast gerundet, auf den hinteren spitz, Seitenrand der porentragenden 4zähnig, der porenlosen 3zähnig. Metazoniten mit 3 Reihen kurzer Borsten, nur die der 3. Reihe auf Höckern. Analsegment kegelig, alle Borsten auch die mittleren der vorderen Reihe lang und dünn. — Weder die Abbildung (Fig. 288) noch die Beschreibung der Gonopoden ermöglichen eine klare Vorstellung derselben; es scheint, daß der Rinnenast in einer Art Scheide steckt. Der große Ast, Femoralfortsatz oder Tibiotarsus, ist einfach, unverästelt.

Sardinien: Oristano.

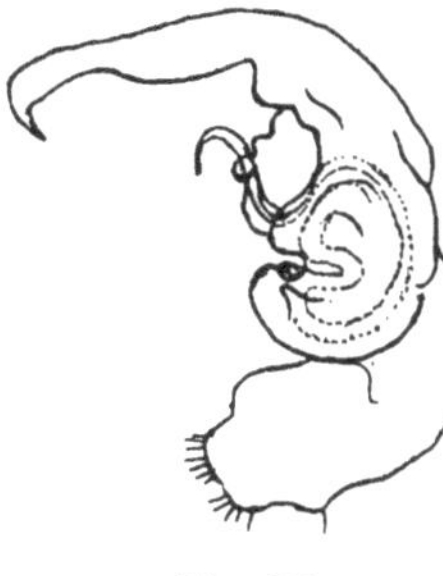

Fig. 288.
Mastigonodesmus solarii (Silv.)
(Ant. Berlese, 1903).

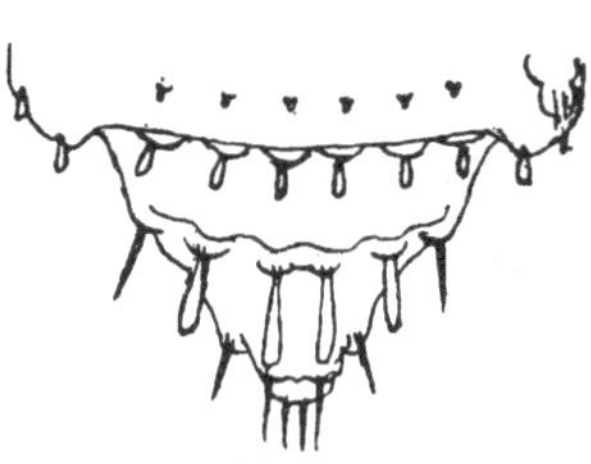

Fig. 289.
Mastigonodesmus verbani Verh.
Hinterende (K. W. Verhoeff, 1930).

5. **M. verbani** Verh. 1930 *M. v.*, K. W. Verhoeff in: Zool. Jahrb., Syst. *v.* 59 p. 409 t. 15 f. 29—31.

Länge 5 mm. 3. Antennenglied reichlich $1^1/_2$mal länger als das 2. und 4., das 4. und 5. am Ende doppelt so breit wie am Grund, das 5. reichlich $1^1/_2$mal so lang wie breit. Rückenborsten kurz zigarrenförmig, etwas keulig. 19. Segment in der 1. und 2. Reihe mit äußerst kurzen Stiften, in der 3. mit längeren zigarrenförmigen, die auf Höckern stehen. Borsten der 1. Reihe des Analsegmentes lang, die seitlichen spitz, die 4 anderen keulig, fast bis zur Spitze des Schwänzchens reichend. Hinterecken der porentragenden Segmente gespalten, mit einer kurzen, fast geraden Abschrägung über der Drüsenmündung. Halsschild an den Hinterecken völlig abgerundet, innen von denselben am Hinterrande nur mit sehr feiner Andeutung eines Längsstreifens (Fig. 289).

Sasso del Ferro bei Laveno am Lago Maggiore

27. Gen. **Eumastigonodesmus** Bröl.

1915 *E.*, Brölemann in: Bull. Soc. Afr. Nord, *v.* 7 p. 93 | 1916 *E.*, Brölemann in: Ann. Soc. ent. France, *v.* 84 p. 607.

♂ und ♀ mit 19 Segmenten. Porenformel normal. Rumpf fast zylindrisch, Seitenflügel kaum entwickelt. Antennen lang, keulig, 5. Glied abgebogen, 6. stark verdickt. Halsschild schmäler als der Kopf. Metazoniten mit 3 Reihen kleiner borstentragender Granula. Schwänzchen lang, hakig nach unten gebogen. Gonopoden: Hüfte seitlich kugelig gewölbt, innen schalig ausgehöhlt, beide Hüften durch rechteckige Lamellen miteinander verbunden. Praefemur mit dicken stumpfen Stiften und zarten Borsten dazwischen. Acropodit kurz und gedrungen, Rinnenast lang und dünn in der Ruhelage spiralig zusammengerollt.

Pyrenäen, England.

Typus und einzige Art: *E. boncii* (Bröl.).

1. **E. boncii** (Bröl.) 1908 *Mastigonodesmus B.*, Brölemann in: Bull. Soc. ent. France, p. 171 | 1910 *Macrosternodesmus* (?) *B.*, K. W. Verhoeff in: Zool. Anz., *v.* 36 p. 138 | 1916 *Eumastigonodesmus B.*, Brölemann in: Ann. Soc. ent. France, *v.* 84 p. 607 | 1930 *E. b.*, K. W. Verhoeff in: Zool. Jahrb., Syst. *v.* 59 p. 409 t. 15 f. 32.

Länge 4,5 mm, Breite 0,3—0,4 mm. Farblos. Kopf sehr gewölbt, dicht beborstet. Segment 2—4 mit sehr schwachen abgerundeten nach vorn gezogenen Seitenflügeln; auf den folgenden Segmenten bestehen sie nur aus schwachen Wülsten, die dorsal durch eine Furche begrenzt sind und sich in der Umgebung der Poren etwas verbreitern; Poren nach der Seite gerichtet, von oben unsichtbar. Tegument glänzend, mit Netzstruktur und 3 Reihen kleiner eine sehr kurze Borste tragender spitzer Granula, in jeder Reihe 8. Praefemur sehr breit, mit dicken stumpfen Stiften, die je weiter distal um so länger sind, und mit zarten Borsten, von denen einige sehr lang sind, besetzt. Das breit lamellöse Telopodit hat auf der Außenkante einen langen dicken Dorn und auf der entgegengesetzten Seite eine abgerundete Lamelle. Der lange dünne flagellumartige Rinnenast liegt in einer vom Femur gebildeten langen, der Länge nach aufgeschlitzten und schraubig eingedrehten Hülse (Fig. 290).

Fig. 290. **Eumastigonodesmus boncii** (Bröl.) (Brölemann, 1908).

Basses Pyrenées: Pau. England: Durham, Gibside.

28. Gen. **Hexadesmus** Loomis

1933 *H.*, Loomis in: Bull. Mus. Harvard, *v.* 75 p. 362.

♀ mit 18 Segmenten, ♂ unbekannt. Poren auf den Segmenten 5, 7, 9, 10, 12, 13, 15—17, dorsal an der Basis des Hinterecks. Im Habitus an Polydesmidae erinnernd. Halsschild schmäler als der Kopf aber nicht schmäler als die folgenden Segmente, halbkreisförmig, mit spitzen Hinterecken und Querreihen von dünnen Borsten. Tergite mit Querreihen von dünnen Borsten. Seitenflügel vorhanden, der Seitenrand gesägt. Analsegment kegelig, das Schwänzchen gerade. Beine scheinbar 4gliedrig, indem Glieder 3—5 so eng miteinander verbunden sind, daß sie fast ein Glied zu bilden scheinen.

Cuba: St. Kitts. Insel Carriacou. Haiti.

1 Art.

Typus: *H. lateridens* Loomis.

1. **H. lateridens** Loomis 1933 *H. l.*, Loomis in: Bull. Mus. Harvard, *v.* 75 p. 363 f. 9, 10 | 1934 *H. l.*, Loomis in: Smithson. Collect., *v.* 89 nr. 14 p. 41.

Farbe der lebenden Tiere wahrscheinlich weiß, der Alkoholexemplare bräunlich. Länge 3,8 mm, Breite 0,3 mm. Kopf groß, kugelig, dicht beborstet. 6. Antennenglied viel dicker als die anderen und fast so lang wie die 3 vorangehenden. Halsschild mit 3 Reihen von 8, 4, 4 Borsten. Pro-

Fig. 291.
Hexadesmus lateridens Loomis. Bein aus der Körpermitte (Loomis, 1933).

zoniten stark sichtbar, ihre Oberfläche grob genetzt. Rücken der Metazoniten mäßig gewölbt, ohne Querfurche, die Fläche fast so grob genetzt wie die Prozoniten, mit 3 Querreihen von je 4 Borsten. Seitenrand der Seitenflügel fein gesägt mit 1—3 Borsten. Glieder 3—5 der Beine eng miteinander verbunden und dick (Fig. 291). Tarsus viel dünner.

Cuba: Jaronu, Jatobonica, St. Kitts. Insel Carriacou. Haiti.

29. Gen. **Agenodesmus** Loomis

1934 *A.*, Loomis in: Smithson. Collect., *v.* 89 nr. 14 p. 38.

♂ und ♀ mit 18 Segmenten, Körper winzig klein. Poren auf den Segmenten 5, 7, 9, 10, 12, 13, 15—17, in der Mitte einer kleinen Anschwellung dorsal nahe dem Hintereck. Halsschild schmäler als der Kopf und die folgenden Tergite. Seitenflügel vorhanden, der Seitenrand ungezähnt. Tergite mit Querreihen von stark keuligen Borsten. Hüfte der Gonopoden groß, halbkugelig, median ausgehöhlt, das relativ einfache und nicht gegliederte Telopodit ist in dieser Höhlung eingefügt.

Westindien.

1 Art.

Typus: *A. reticulatus* Loomis.

1. **A. reticulatus** Loomis 1934 *A. r.*, Loomis in: Smithson. Collect., *v.* 89 nr. 14 p. 40 f. 20.

Farbe weiß mit einem leichten Stich ins Rosa. Länge 2 mm, Breite 0,25 mm. Der ganze Kopf incl. Backen beborstet, keine Scheitelfurche. Halsschild oval, mit 3 Reihen von keuligen Borsten. Rücken mäßig gewölbt, Seitenflügel von mittlerer Größe, leicht heruntergebogen. Längs des Vorderrandes jedes Segments eine Reihe von 10, längs des Hinterrandes 8, stark

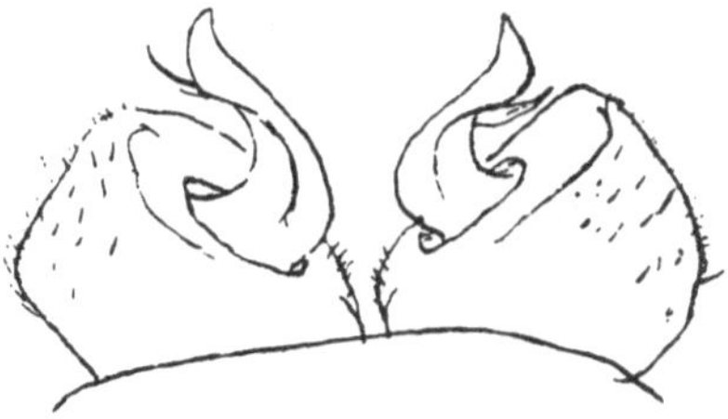

Fig. 292.
Agenodesmus reticulatus Loomis (Loomis, 1934).

keuligen nach vorn gerichteten Borsten. Vorletztes Segment mit 6 sehr langen, leicht keuligen nach hinten gerichteten Borsten. Schwänzchen leicht abwärts gebogen. Telopodit des Gonopoden 2ästig, der eine Ast breiter lamellös, der andere schlank (Fig. 292). Über Gliederung, Verlauf der Samenrinne keine Angaben.

Haiti: Fond des Negre. Le Borgne. St. Kitts: Mount Misery. St. Lucia: Bar de l'Isle. Dominica: Roseau. Grenada: Grand Etang.

30. Gen. **Aetheandra** Loomis

1934 *A.*, Loomis in: Smithson. Collect., *v.* 89 nr. 14 p. 35.

20 Segmente. Porenformel normal, Seitenflügel gut entwickelt, horizontal, Tergite mit 2 Querreihen von Borsten. Halsschild schmäler als das 2. Tergit. Analsegment klein, mit einem kurzen, horizontalen Kegel endigend. Die Geschlechter mit sexualem Dimorphismus. Kopf des Weibchens wie bei

Fig. 293.
Aetheandra multiplex Loomis. Sternit und 8. Beinpaar des Männchens (Loomis, 1934).

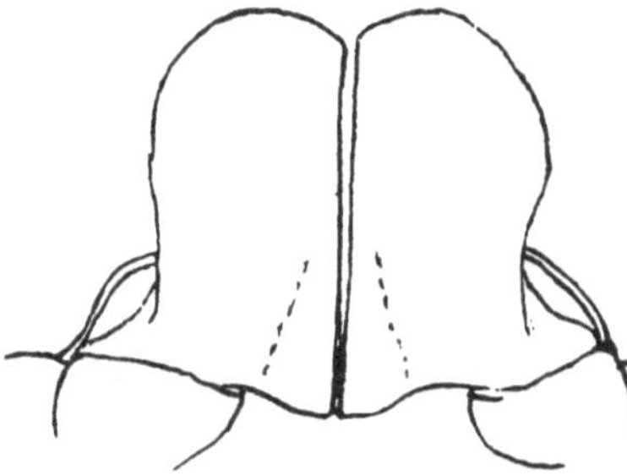

Fig. 294.
Aetheandra multiplex Loomis. Gonopoden (Loomis, 1934).

den meisten Polydesmiden, Labrum vorn schmal, beim Männchen Vorderrand des Labrum sehr breit, ganz gerade, mit 3 winzigen Zähnchen in der Mitte. Beim Männchen auf der Stirn zwischen den Antennen eine große runde Tuberkel und die Seiten des Kopfes durch eine gebogene Leiste verbunden. Seitenflügel 2 und 3 des Männchens nach vorn gezogen und der Hinterrand dieser Tergite an der Basis der Seitenflügel 3eckig lappig über das folgende Segment vorragend. Beim Weibchen fehlen diese Eigenheiten. Femur bis Tibia des 2. Beinpaares des Männchens stark verdickt. Hüfte des 3. Beinpaares des Männchens mit lang beborstetem Fortsatz, Praefemur und Femur dünnwandig aber in dorsoventraler Richtung sehr breit, Sternit des 3. Beinpaares mit einer runden Platte, die dicht kurz beborstet ist und am Ende 2 Büschel langer Borsten trägt (Fig. 293). Gonopoden (Fig. 294) auffallend einfach, jeder aus einer breiten, abgerundeten Platte bestehend (fraglich, ob das Männchen adult war).

Tobago.

Typus und einzige Art: *A. multiplex* Loomis.

1. **A. multiplex** Loomis 1934 *A. m.*, Loomis in: Smithson. Collect., *v.* 89 nr. 14 p. 38 f. a—f, t. 2 f. 4, 5.

Hell ziegelrot. ♂ Länge 9 mm, Breite 1,5 mm. Halsschild halbkreisförmig, mit 20 abstehenden Borsten. Die folgenden Tergite ebenfalls mit 20 Borsten, von denen je 3 auf jedem Seitenrand, die anderen in 2 Reihen geordnet. Seitenrand der Seitenflügel glattrandig, Hintereck vorn sehr kurz, caudalwärts bis zum 17. Segment immer mehr vorragend, auf dem 19. Segment Seitenflügel kaum sichtbar.

Tobago, Kings Bay, unter modernden Palmblättern.

Unsichere Gattungen:

Gen. **Lasiodesmus** Silv.

1908 *L.*, Silvestri in: Bull. Amer. Mus., *v.* 24 p. 575.

20 Segmente. Poren auf den Segmenten 5, 7, 9, 10, 13, 15—19. Antennen keulig, das 6. Glied das größte, die Glieder 2—5 annähernd gleich groß, kurz. Halsschild schmal, halbelliptisch. Rumpf zylindrisch ohne Seitenflügel. Halsschild, Rücken der Metazoniten und Analsegment dicht beborstet, die Borsten auf kleinen Tuberkeln. Analsegment kegelig. Sternite schmal. Beine ziemlich kurz, Praefemur etwas länger als das Femur. Männchen unbekannt.

Porto Rico.

Typus und einzige Art: *L. caraibicus* Silv.

L. caraibicus Silv. 1908 *L. c.*, Silvestri in: Bull. Amer. Mus., *v.* 24 p. 576 f. IX, 1—5.

Ziegelfarben, Bauch und Beine umberbraun. Kopf dicht beborstet, die Borsten winzig. Beschreibung ungenügend, die Zugehörigkeit der Gattung zu dieser Familie zweifelhaft.

Porto Rico: Utuado.

Gen. **Dasyodontus** Loomis

1936 *D.*, Loomis in: Bull. Mus. Harvard, *v.* 80 p. 156.

20 Segmente. Porenformel normal. Tergit 1—18 mit zwei starken kegeligen Zähnen jederseits am Hinterrand, der eine am Hinterrand des Seitenflügels, der andere medial von ersterem. Seitenflügel gut entwickelt, der Seitenrand mit borstentragenden Zähnen, die Poren auf einem kleinen Kegel der Dorsalfläche nahe dem Rand. Tergite reichlich beborstet, die Borsten auf kleinen Tuberkeln. Halsschild fast so breit wie das folgende Tergit, ungefähr halbkreisförmig. Gonopoden nicht abgebildet und nicht ausreichend beschrieben.

Haiti: Le Borgne.

1 Art.

Typus: *D. hispaniolus* Loomis.

D. hispaniolus Loomis 1936 *D. h.*, Loomis in: Bull. Mus. Harvard, *v.* 80 p. 158 f. 68.

Hellbraun. Länge 4,5 mm, Breite 0,6 mm. Der ganze Kopf beborstet, breiter als der Halsschild. 6. Antennenglied das längste und dickste. Seitenrand der vorderen porenlosen Segmente mit 3, der übrigen mit 4 Zähnen, die Seitenrandborsten länger als die Rückenborsten. Rücken der Metazoniten mit einer vorderen und einer hinteren Reihe von Borsten und dazwischen mit mehr unregelmäßig angeordneten Borsten (Fig. 295).

Haiti: Le Borgne.

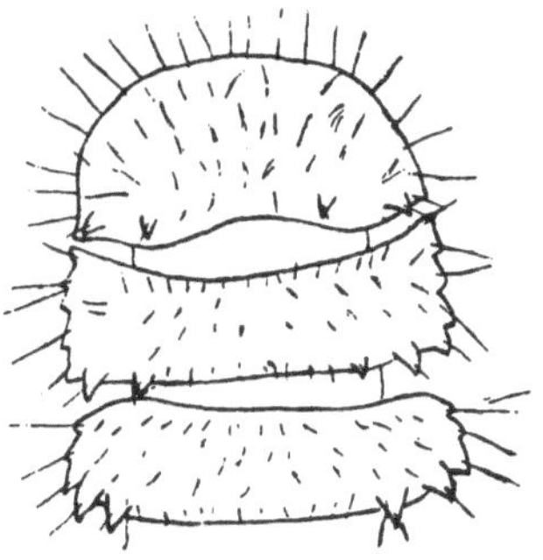

Fig. 295.
Dasyodontus hispaniolus Loomis.
Vorderende (Loomis, 1936).

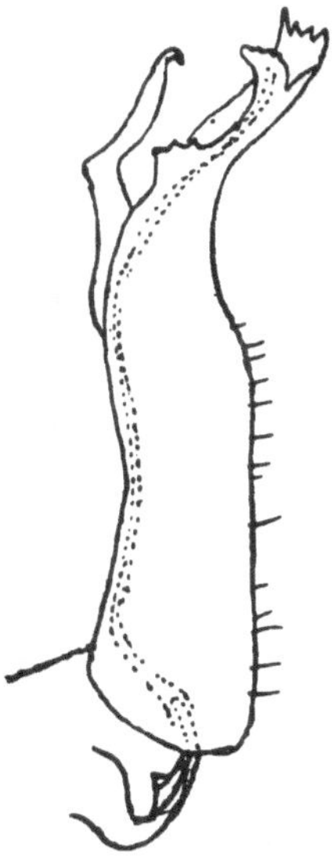

Fig. 296.
Asphalidesmus leae Silv.
Gonopode (Silvestri, 1910).

Gen. **Asphalidesmus** Silv.

1910 *A.*, Silvestri in: Zool. Anz., *v.* 35 p. 362.

19 Segmente. Poren auf den Segmenten 5, 7, 9, 10, 12, 13, 15—19. Halsschild nicht breiter als der Kopf, halbelliptisch. Seitenflügel klein, tief, fast im Niveau des Bauches angesetzt, abschüssig. Metazoniten mit borstentragenden Tuberkeln (ihre Anordnung?). Schwänzchen verschmälert. Sternite schmal. Gonopoden: Hüfte lateral breit und etwas vorragend, aber ohne langen Fortsatz. Telopodit relativ sehr lang, ohne deutliche Gliederung, mehrästig.

Tasmanien.

Typus und einzige Art: *A. leae* Silv.

A. leae Silv. 1910 *A. l.*, Silvestri in: Zool. Anz., *v.* 35 p. 362 f. 8.

Braungelb. Länge 6 mm, Breite 0,85 mm. Keine weitere Beschreibung (Fig. 296).

Tasmanien: Hobart.

Gen. **Coonoorophilus** Carl

1932 *C.*, J. Carl in: Rev. Suisse Zool., *v.* 39 p. 487.

Nur ein Weibchen mit partiellem Gynandromorphismus bekannt. In den meisten Merkmalen mit *Ootacodesmus* übereinstimmend. Segmentzahl und Porenformel nicht angegeben. Antennen robust, Sinnesfelder des 5. und 6. Gliedes klein, gut begrenzt, das Feld des 5. Gliedes mit Schutzborsten. Sinneszapfen in kürzere biskuitförmige und längere stabförmige differenziert. Halsschild und Metazoniten mit 3 Reihen spitzer Borsten, ebensolche Borsten auf den Kerbzähnen und auf dem Hintereck. Form der Metazoniten und der Seitenflügel wie bei *Ootacodesmus*. Hüfte der Gonopoden klein, napfförmig, Telopodit kurz, nicht längsgespalten.

Indien.

Typus und einzige Art: *C. monstruosus* Carl.

C. monstruosus Carl 1932 *C. m.*, J. Carl in: Rev. Suisse Zool., *v.* 39 p. 487 f. 109—113.

Trübweiß oder gelblich. Länge 6 mm, Breite 0,7 mm. Antennen relativ kurz, die ersten 4 Glieder dick. Die in 3 Reihen stehenden spitzen Stiftborsten des Halsschildes und der Metazoniten sind länger als bei *Ootacodesmus*. Beim einzigen bekannten Weibchen sind links beide Beine des 7. Segments als normale Laufbeine ausgebildet, während rechts eine querelliptische Öffnung die Stelle beider Laufbeine einnimmt und einen einzigen Gonopoden enthält. Das Telopodit ist ein kurzer, etwas komprimierter Zylinder, der am Ende einen hornartig geschwungenen Anhang und mehrere stumpfe Zacken trägt; die kurze gerade Samenrinne endet am Grunde einer kurzen Zacke.

Nilgiris: Kleine Dschungel unterhalb Coonoor, Elkhill, Dodabetta Reserve Forest, Avalanche. 1500—2400 m.

Gen. **Trematodesmus** Loomis
1936 *T.*, Loomis in: Bull. Mus. Harvard, *v.* 80 p. 153.

Segmentzahl unbekannt. Porenformel normal. Halsschild schmäler als der Kopf. Seitenflügel groß, der Seitenrand gezähnt, Zahl der Zähne auf den porentragenden und porenlosen Segmenten gleich. Rücken der Metazoniten mit 3 Querreihen borstentragender Tuberkeln. Männchen unbekannt.

Haiti.

Typus und einzige Art: *T. setiger* Loomis.

T. setiger Loomis 1936 *T. s.*, Loomis in: Bull. Mus. Harvard, *v.* 80 p. 155 f. 67.

Dunkelbraun, fast schwarz. Länge 10 mm, Breite 3 mm. Rücken mit 2 Querreihen von 4, 6 borstentragenden Tuberkeln, die lateralen auf den Seitenflügeln.

Haiti: Morne la Hotte.

8. Fam. **Cryptodesmidae** Karsch

1880 *C.*, F. Karsch in: Mt. Münch. ent. Ver., *v.* 4 p. 143 | 1894 *C.*, Porat in: Bih. Svenska Ak., *v.* 20 nr. 5 p. 40.

Meist 20, seltener 19 Segmente, manchmal Männchen mit 19, Weibchen mit 20 Segmenten. Halsschild fast immer sehr vergrößert, den Kopf bedeckend und ihn oft um ein gutes Stück überragend. Selten ist der Kopf nur teilweise, bei *Prosthenurodesmus* gar nicht bedeckt. Der Vorderrand des Halsschildes ist meist krempenartig abgeflacht und durch radiale Furchen in meist 10, seltener 12 Abteilungen oder Lappen geteilt. Auf dem Scheitel manchmal vergrößerte, meist in Reihen geordnete Tuberkeln. Antennen kurz, keulig, entweder das 5. und 6. Glied gleich groß, oder das 5. Glied das größte (der häufigste Fall), oder das 6. Glied größer als das 5. Die Sinnesstäbchen der Glieder 5 und 6 stehen meist frei. Habitus sehr verschieden, Extreme etwa *Aporodesmus* und *Gonomastis*, erstere Gattung mit sehr breiten, dorsoventral dünnen Seitenflügeln und flachem Rücken, letztere mit fast drehrundem Rumpf. Auch die dorsale Skulptur der Tergite sehr verschieden. Es sind entweder Querreihen flacher Felder oder niedriger Buckel vorhanden oder Querreihen runder Tuberkeln, die entweder gleich groß sind, oder es sind gewisse Tuberkeln vergrößert und diese, meist 3 hintereinander stehende, bilden 2 oder 4 Längskämme; manchmal verschmelzen die 2 paramedianen Längskämme zu einem unpaaren medianen Horn und noch manche andere Variationen sind möglich. Bei vielen Gattungen tragen die Rückentuberkeln eine Borste, die meist klein ist, bei anderen z. B. *Trichopeltis, Onomatoplanus, Zikadesmus* sind die Borsten lang. Zuweilen ist die ganze Dorsalseite dicht kurz behaart. Eigentümliche komplizierte Beborstung bei *Gonomastis* und *Onomatoplanus*. Von den Borsten verschieden sind winzige stiftförmige oder keulige Papillen, die bei den meisten Gattungen der Pyrgodesminae und vereinzelt bei den Cryptodesminae festgestellt wurden. Sie sind meist nur auf den Metazoniten vorhanden, bei *Platykapelus* auch auf den Prozoniten. Da sie leicht übersehen werden, ist das Fehlen von Angaben über ihr Vorkommen mit Vorsicht aufzufassen. Bei manchen Gattungen ist die Oberfläche mit einem Gerinnsel bedeckt, dem Sekret von Hautdrüsen. Bei vielen Gattungen ist die ganze Oberfläche regelmäßig mit Fremdkörpern, Lehm, Erde usw. inkrustiert, besonders bei den Gattungen mit kleinen Papillen, Schutzbedeckung durch Unsichtbarwerden. Verteilung der Poren variabler als bei allen anderen Familien, indem über $^1/_4$ der Gattungen eine von der normalen abweichende Porenformel haben. Da die Porenformel eine bequeme Hilfe beim Bestimmen ist, folgt unten eine Zusammenstellung der abnormen Porenformeln. Die Wehrdrüsen und Poren sind nicht nur bei den Gattungen mit dorsoventral dünnen Seitenflügeln manchmal sehr klein, sondern oft auch bei Gattungen mit dicken Seitenflügeln sehr schwer zu sehen. Die Poren liegen meist auf der Oberseite der Seitenflügeln in der hinteren Hälfte, und zwar entweder in der Fläche und mehr oder weniger vom Rande entfernt oder an den Rand gerückt. Bei vielen Pyrgodesmiden sitzen sie auf eigenen, oft den Rand überragenden Läppchen oder Kegeln. Bei mehreren Gattungen der Cryptodesminae liegen die Poren in der vorderen Hälfte der Seitenflügel, bei manchen sogar nahe dem Vorderrand und bei 2 Gattungen auf der Unterseite nahe dem Vorderrand. Das Analsegment ist entweder kegelig und gerade nach hinten gerichtet, so daß auch die Terminalborsten gerade nach hinten gerichtet und von oben sichtbar sind (Subfam. Cryptodesminae), oder der die Terminalborsten tragende Höcker, das sogenannte Schwänzchen, ist ventralwärts gekrümmt und die Terminalborsten sitzen auf der Ventralseite, von oben nicht sichtbar (Subfam. Pyrgodesminae). In letzterem Falle ist der von oben sichtbare Hinterrand des Analsegmentes nicht das morphologische Hinterende des Analringes, sondern wird von einer Reihe Buckeln der Oberseite gebildet. Die Gonopoden sind bisher sehr ungenügend bekannt. Von einer großen Zahl von Gattungen sind nur die Weibchen gefunden worden, von vielen anderen sind zwar die Gonopoden beschrieben oder abgebildet, aber beides so ungenügend, daß eine morphologische Deutung der Teile des Gonopoden unmöglich ist. Deswegen kann man heute noch nicht die Gonopoden zur Hauptgrundlage der systematischen Anordnung machen. Der häufigste Typus der Gonopoden ist folgender: Die Hüfte ist stark aufgeblasen und bildet eine halbkugelige Schale, in deren Höhlung ein großer Teil des Telopodit aufgenommen werden kann. Das Telopodit ist meist gedrungen und läßt entweder einen Rinnenast und einen Tibiotarsalteil unterscheiden oder der Tibiotarsus fehlt und das Acropodit ist ungeteilt so bei *Octochaunus, Klimakodesmus, Poratia, Calymmodesmus, Lobiferodesmus* usw. Manchmal ist die Hüfte weniger aufgeblasen und das Telopodit länger. Die Samenrinne mündet am Ende eines meist kurzen Rinnenastes oder wenn ein Tibiotarsus fehlt am Ende des Telopodit, bei mehreren Gattungen der Cryptodesminae endet sie in der Höhlung des Femur ohne auf einen Rinnenast zu treten (bei *Aporodesmus* und Verwandten); ein Teil dieser Gattungen ist auch durch die Lage der Poren in der vorderen Hälfte der Seitenflügel ausgezeichnet. Die Gattungen *Gonomastis* und *Lophoscytus* weichen durch die exzessive Länge des Rinnenastes von allen anderen Gattungen ab und werden in der Subfamilie Gonomastinae zusammengefaßt. Das Praefemur hat bei einer Anzahl von Gattungen, die jedoch nicht alle näher miteinander verwandt sind, einen Fortsatz.

Mit 83 sicheren Gattungen ist diese Familie die an Gattungen reichste der Polydesmoidea; allerdings sind 47 Gattungen monotyp und bei genauerer Erforschung der ganzen Familie werden sich in vielen Fällen Gattungen vereinigen lassen, die nur auf Grund von unwesentlichen, von Art zu Art leicht ändernden Merkmalen unterschieden wurden.

Tropisches Afrika, Indoaustralische Region mit Ausnahme von Australien und Neuseeland, Zentral- und tropisches Südamerika, eine Art in der Mediterranregion.

3 Subfamilien, 84 sichere und 27 unsichere Gattungen mit 140 sicheren und 62 unsicheren Arten.

Abnorme Porenformeln (die Zahlen bedeuten die Segmente mit Poren) 5 *Diporodesmus, Pagodesmus* — 5, 10, 13, 16 *Styraxodesmus* — 7, 9, 12, 15 *Octochaunus* — 5, 7, 10, 13, 16 *Decaporodesmus, Heteropente* — 5, 7, 10, 13, 16 *Akreiodesmus* — 5, 7, 9, 12, 15 *Penteporus* — 5, 9, 12, 15, 17 *Steganostigmus* — 5, 7, 9, 10, 12, 15, 16 *Guianonus* — 5, 7, 9, 12, 15, 17—19 *Lobiferodesmus, Catapyrgodesmus* — 5, 7, 9, 12, 15—19 *Amynticodesmus* — 5, 7, 9, 10, 12, 13, 15, 17—19 *Isotropidesmus, Mesotropidesmus* — 5, 7, 10, 13, 16—19 *Myrmecodesmus* — 7, 9, 10, 12, 13, 15—19 *Pterodesmus* — 5, 9, 12, 15—19 *Propyrgodesmus* — 5, 7, 9—19 *Prosopodesmus* — 5, 7—17 *Gonomastis* — 5, 7, 18, (19) *Homodesmus*.

Übersicht über die Subfamilien:

1 { Rinnenast des Gonopoden in einen sehr langen, ganz dünnen, mehrfach gebogenen Faden verlängert . . . . C. Subfam. **Onomastinae**
Rinnenast des Gonopoden ohne solchen langen Fadenast — 2

2 { Endkegel des Analsegments nach hinten gerichtet und samt den Terminalborsten von der Dorsalseite her sichtbar . . . . A. Subfam. **Cryptodesminae**
Endkegel des Analsegments ventralwärts gebogen, so daß die Terminalborsten ventralwärts gerichtet und von der Dorsalseite nicht sichtbar sind . . . . B. Subfam. **Pyrgodesminae**

A. Subfam. **Cryptodesminae** Karsch

1880 *Cryptodesmidae,* F. Karsch in: Mt. Münch. ent. Ver., *v.* 4 p. 143 | 1895 *C.,* Silvestri in: Ann. Mus. Genova, *v.* 34 p. 647 | 1895 *C.,* Pocock, ibid., p. 789 | 1896 *C.,* O. F. Cook in: P. U. S. Mus., *v.* 18 p. 82 | 1896 *C.,* Silvestri in: Ann. Mus. Genova, *v.* 36 p. 188 | 1896 *Pterodesmidae,* O. F. Cook in: Amer. Natural., *v.* 30 p. 417 | 1896 *Cryptodesmidae + Hercodesmidae + Pterodesmidae + Otodesmidae + Thelydesmidae,* O. F. Cook, Brandtia, nr. 5 p. 19 | 1899 *Cryptodesminae,* Attems in: Denk. Ak. Wien, *v.* 68 p. 360 | 1899 *Decaporodesmidae,* Kenyon in: P. ent. Soc. Washington, *v.* 4 p. 299 | 1914 *Cryptodesmidae,* Attems in: Arch. Naturg., *v.* 80 A 4 p. 161 | 1926 *C.,* Attems in: Kükenthal & Krumbach, Handb. Zool., *v.* 4 p. 134.

Analsegment meist kegelig, nur bei *Leuritus* breit schaufelförmig, gerade nach hinten gerichtet, die Terminalborsten am Ende, ebenfalls nach hinten gerichtet und von oben sichtbar. Manchmal ist das Analsegment durch die Seitenflügel des 19. Segmentes von oben bedeckt. Seitenflügel meist breit bis sehr breit, horizontal oder leicht abfallend, hoch in der Rückenhöhe angesetzt und der Rücken stärker gewölbt; selten sind sie schmal, z. B. *Coccoelasma, Tidopterus, Arionus.* Poren in der Fläche der hinteren Hälfte der Seitenflügel, bei einer Gruppe in der vorderen Hälfte oder auf der Unterseite vorn (letzteres bei *Trichopeltis* und *Onomatoplanus*). Bei *Aporodesminus, Astrolabius* und *Zikadesmus* fehlen Poren. Metazoniten mit Querreihen von flachen Feldern, niedrigen Beulen oder höheren Höckern, die meist eine kleine Borste tragen, selten ist die Borste sehr lang. Zuweilen sind die Granula nicht in Reihen geordnet. Selten ist der ganze Rücken der Metazoniten dicht behaart. Kleine Papillen oder Stifte nur ausnahmsweise vorhanden. Die Hüfte der Gonopoden ist meist halbkugelig und das Telopodit gedrungen, seltener ist die Hüfte weniger aufgeblasen und das Telopodit langgestreckt. Am Acropodit kann man entweder einen kurzen Rinnenast und einen Tibiotarsalabschnitt unterscheiden oder der Tibiotarsus fehlt und die Samenrinne mündet am Ende des Acropodit. Bei einigen Gattungen (*Aporodesmus* und Verwandte) mündet die Samenrinne in der Höhlung des Telopodit ohne auf einen Rinnenast überzutreten. Praefemur manchmal mit Fortsatz.

33 Gattungen mit 55 sicheren, 5 unsicheren Arten und **4** Unterarten.

Übersicht über die Gattungen:

1	Seitenflügel unter einem Winkel von 45° in die Höhe gerichtet, dick, fast zylindrisch oder keulig, mit einem granulierten großen Knopf endigend (Haiti)	28. Gen. **Eoromus**
	Seitenflügel höchstens ganz wenig über die Horizontale erhoben, meist horizontal oder abfallend — **2**	
2	Hinterrand des Halsschildes und der übrigen Tergite seicht rundlappig (Haiti)	26. Gen. **Lobodesmus**
	Hinterrand des Halsschildes glattrandig, der übrigen Tergite ebenso oder durch die vortretenden großen Tuberkeln rund gezackt, aber nicht mit großen, flachen Bögen — **3**	
3	Poren fehlen — **4**	
	Poren vorhanden — **6**	
4	Kopf nicht ganz vom Halsschild bedeckt, Metazoniten mit zahlreichen, lange Borsten tragenden kleinen Höckerchen (Belgisch-Kongo)	13. Gen. **Zikadesmus**
	Kopf ganz vom Halsschild bedeckt. Metazoniten mit 3 Querreihen flacher Felder, die jedes höchstens eine winzige Dornspitze tragen — **5**	
5	Ränder der Seitenflügel nur seicht wellig. Rinnenast der Gonopoden fein behaart. Vom Analsegment nur ein sehr kleiner Kegel sichtbar (Hawaii)	11. Gen. **Aporodesminus**
	Alle Ränder der Seitenflügel mit ziemlich tiefen, scharfen Kerben. Rinnenast unbeborstet. Analsegment ganz frei (Neu-Guinea)	12. Gen. **Astrolabius**
	Poren in der hinteren Hälfte der Seitenflügel, meist nahe dem Seitenrand, oft nahe dem Hintereck — **14**	

6	Poren entweder in der vorderen Hälfte der Seitenflügel, dem Vorderrand mehr oder weniger nahe oder vorn auf der Unterseite nahe der vorderen Kante — **7**	
7	Femur des 3. Beinpaares des Männchens enorm vergrößert mit einer großen Höhle auf der Unterseite (Java)	8. Gen. **Ophrydesmus**
	Femur des 3. Beinpaares ohne diese Eigenschaften — **8**	
8	Poren auf der Oberseite der Seitenflügel — **9**	
	Poren auf der Unterseite der Seitenflügel nahe der vorderen Kante, Rückenborsten sehr lang, Hinterrand der Seitenflügel mit tiefen, am Grunde runden Kerben — **13**	
9	Poren fehlen auf dem 5. Segment. Rückenborsten winzig. Gonopodenhüfte mit langem Fortsatz. Praefemur ohne Fortsatz. Telopodit ziemlich lang. Die Samenrinne endet zwischen 2 Ästen (West-Afrika)	3. Gen. **Pterodesmus**
	5. Segment mit Poren. Gonopodenhüfte ohne langen Fortsatz — **10**	
10	Die runden Granula der Metazoniten tragen je eine lange Borste — **11**	
	Metazoniten unbeborstet oder die Borsten sehr klein — **12**	
11	Halsschild relativ klein, etwas schmäler als der Kopf. Die Granula des Rückens in 4 Querreihen. Praefemur der Beine oben am Ende mit einem kleine Dörnchen tragenden Fortsatz (West-Afrika)	6. Gen. **Thelydesmus**
	Kopf ganz vom Halsschild bedeckt. Die Rückengranula unregelmäßig gestellt, nicht in Reihen geordnet. Praefemur der Beine des Weibchens (Männchen unbekannt) an der Basis oben mit einem zäpfchenartigen Fortsatz (Kamerun) . .	7. Gen. **Parathelydesmus**
12	Acropodit des Gonopoden mit einem beborsteten Kissen, die Samenrinne mündet am Ende eines kurzen Astes. Praefemur der Beine unten mit apicalem Dorn (Kolumbien)	1. Gen. **Cryptodesmus**
	Acropodit des Gonopoden ohne solches Kissen. Die Samenrinne mündet in der Höhlung des Acropodit, ohne auf einen Rinnenast überzutreten (Ost- bis West-Afrika)	2. Gen. **Aporodesmus**
13	Gonopodentelopodit ohne schlanken Rinnenast, die Samenrinne mündet in der Höhlung des Acropodit	5. Gen. **Onomatoplanus**
	Gonopodentelopodit 3ästig, die Samenrinne mündet auf einem der Äste (Indien, Indochina) . . .	4. Gen. **Trichopeltis**
14 (6)	Analsegment von den zusammenschließenden Seitenflügeln des 19. Segments bedeckt — **15**	
	Analsegment frei sichtbar — **16**	
15	Porenformel normal. Metazoniten mit 3 Querreihen großer Tuberkeln, Rücken stark gewölbt (Haiti)	30. Gen. **Cyphotylus**
	Poren auf den Segmenten 5, 7, 9, 12, 15, 19. Metazoniten ohne Granula, mit winzigen stiftförmigen Papillen. Rücken wenig gewölbt (Ost-Afrika)	29. Gen. **Amynticodesmus**

16	Stirn des Männchens mit 2 dicken, so wie der übrige Kopf behaarten Stümpfen. Männchen mit 19 Segmenten 6. Antennenglied länger als das 5.	25. Gen. **Sisyrodesmus**
	Stirn ohne solche Zapfen — **17**	
17	Hinterrand der Seitenflügel mit einer oder mehreren am Grund runden Kerben — **18**	
	Hinterrand der Seitenflügel glattrandig oder mit spitzen Kerben — **21**	
18	Hinterrand der Seitenflügel mit einer tiefen runden Kerbe — **19**	
	Hinterrand mit mehreren runden Kerben — **20**	
19	Poren auf der Spitze einer kleinen Tuberkel in der Nähe des Seitenrandes. Metazoniten dicht granuliert und mit einer polygonalen Felderung von 3 Reihen, in jedem Feld eine kleine borstentragende Tuberkel (Haiti)	19. Gen. **Coccoelasma**
	Poren in der Fläche gelegen. Metazoniten grob granuliert (Kolumbien)	18. Gen. **Arionus**
20	Poren auf den Segmenten 5, 7, 9, 10, 12, 15, 16, Metazoniten nicht behaart (Britisch Guayana) .	31. Gen. **Guianonus**
	Porenformal normal. Metazoniten dicht behaart (West-Afrika)	16. Gen. **Chatelainea**
	(Venezuela)	17. Gen. **Corypherepsis**
21	Porenformal abnorm — **22**	
	Porenformal normal — **23**	
22	Nur das 5. Segment mit Poren, die Poren in der Mitte der Fläche, vom Seitenrand weit entfernt. Metazoniten mit 2 Querreihen kleiner Tuberkeln (Franz. Guayana)	32. Gen. **Diporodesmus**
	Poren auf den Segmenten 5, 7, 10, 13, 15, auf einem kleinen weißen Läppchen im hinteren Seitenrandlappen. Metazoniten mit 2 Längskielen, die aus 2 oder 3 Tuberkeln bestehen, die Kiele vereinigen sich im 18. Segment, so daß die Segmente 18 und 19 nur einen einzigen, weit vorragenden Mediankiel haben (Mexico)	33. Gen. **Decaporodesmus**
23	Tibia des letzten oder der 2 letzten Beinpaare mit einer langen Borste, die meist auf einem Zäpfchen sitzt, Praefemur des Gonopoden mit großem Fortsatz — **24**	
	Tibia des letzten Beinpaares ohne borstentragendes Zäpfchen — **25**	
24	Männchen mit 19, Weibchen mit 20 Segmenten (St. Helena, Java)	23. Gen. **Cryptocorypha**
	Männchen und Weibchen mit 20 Segmenten (Vorder-Indien, Ceylon)	24. Gen. **Archandrodesmus**
25	Männchen mit 19, Weibchen mit 20 Segmenten, Backen sehr stark entwickelt, ähnlich wie bei *Sphaeroparia*. Kopf nicht vom Halsschild bedeckt, 6. Antennenglied das größte (Ost-Afrika)	15. Gen. **Procoptodesmus**
	Männchen und Weibchen mit 20 Segmenten. Backen nicht besonders vergrößert — **26**	
26	Analsegment ungewöhnlich breit schaufelförmig (resp. der dorsale Fortsatz des Analringes), Metazoniten dicht kurz behaart (Britisch Guayana) .	20. Gen. **Leuritus**
	Analsegment wie gewöhnlich kegelförmig — **27**	

27	Die Samenrinne endet in der Höhlung des Telopodit oder in der Bucht zwischen 2 Ästen des Telopodit, nicht am Ende eines Rinnenastes — **28**	
	Die Samenrinne endet auf einem Rinnenast — **29**	
28	Granula der Metazoniten nicht in Reihen geordnet. Die Samenrinne endet zwischen 2 Telopoditästen (West-Afrika)	10. Gen. **Stiodesmus**
	Metazoniten mit 3 Querreihen von Tuberkeln. Die Samenrinne endet in der Höhlung des Telopodit, Femur des 3. Beinpaares des Männchens mit großem ventralem Kegel (West-Afrika) . .	9. Gen. **Duboscquiellina**
29	Praefemur des Gonopoden mit großem Fortsatz — **30**	
	Praefemur des Gonopoden ohne Fortsatz — **31**	
30	Fortsatz des Praefemur pinselig beborstet, 5. und 6. Antennenglied seitlich nicht verbreitert (Brasilien)	21. Gen. **Apomus**
	Praefemurfortsatz unbeborstet. 5. und 6. Antennenglied seitlich knollig verbreitert (Sunda-Inseln)	22. Gen. **Phenacoporus**
31	Telopodit des Gonopoden aus einer sehr schlanken Sichel bestehend, die lateral um die Hüfte der Gegenseite herumgreift, kein Tibiotarsalast. Poren auf einem den Seitenrand überragenden Lappen (Britisch Guayana)	27. Gen. **Tidopterus**
	Telopodit des Gonopoden gerade vorgestreckt, mit Tibiotarsus. Poren in der Fläche gelegen, schwer zu sehen (Mexico)	14. Gen. **Hexodontia**

1. Gen. **Cryptodesmus** Peters

1864 *Polydesmus (Cryptodesmus),* Peters in: Monber. Ak. Berlin, p. 621 \| 1896 *Chonodesmus,* O. F. Cook, Brandtia, nr. 5 p. 23 \| 1899 *Cryptodesmus,* Attems in: Denk. Ak. Wien, *v.* 68 p. 363 \| 1911 *Chonodesmus,* O. F. Cook in: P. U. S. Mus., *v.* 40 p. 468 \| 1914 *Cryptodesmus,* J. Carl in: Mém. Soc. Neuchâtel, *v.* 5 p. 958 \| 1914 *C.,* Attems in: Arch. Naturg., *v.* 80 A 4 p. 163.

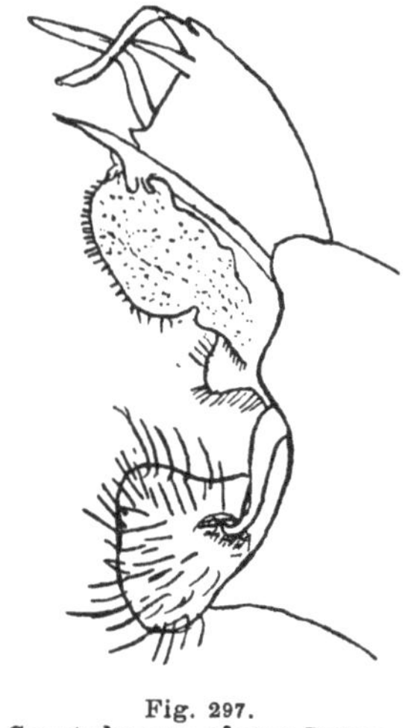

Fig. 297.
Cryptodesmus alatus Peters.
Gonopode (J. Carl, 1914).

Segmentzahl? (wahrscheinlich 20). Poren vorhanden, in der vorderen Hälfte des Seitenflügels (ihre Verteilung?). Kopf unter dem Halsschild verborgen. Antennen kurz und dick, keulig, 5. und 6. Glied ungefähr gleich groß, lateral verbreitert mit den Sinneszapfen. Halsschild breit, dicht granuliert. Seitenflügel sehr breit, Seiten- und Hinterrand rund gelappt mit von den Kerben ausgehenden Radialfurchen. Metazoniten mit Querreihen von Tuberkeln. Analsegment sehr stumpfkonisch, fast abgerundet. Praefemur des 7. Beinpaares des Männchens unten mit apicalem Dorn. Gonopodenhüfte groß, dick, Praefemur ohne Fortsatz, Acropodit mehrästig, aber ohne deutliche Gliederung, mit einem fein behaarten runden Kissen. Die Samenrinne endet auf einem kurzen Ast.

Kolumbien.

1 sichere und 1 unsichere Art.

Typus: *C. alatus* Peters.

1. **C. alatus** Peters 1864 *Polydesmus (Cryptodesmus) a.,* Peters in: Monber. Ak. Berlin, p. 621 | 1896 *Chonodesmus a.,* O. F. Cook, Brandtia, nr. 5 p. 23 | 1899

Cryptodesmus a., Attems in: Denk. Ak. Wien, *v.* 68 p. 366 | 1911 *Chonodesmus a.*, O. F. Cook in: P. U. S. Mus., *v.* 40 p. 468 f. 7—10 | 1914 *Cryptodesmus a.*, J. Carl in: Mém. Soc. Neuchâtel, *v.* 5 p. 958 f. 246, 247.

Violettrot. Länge 11 mm. Breite der Metazoniten 2,7 mm, der Prozoniten 1 mm. Halsschild viel breiter als lang, fast halbmondförmig, vorn gerundet, hinten mit 3 flachen Einbuchtungen, seitlich spitz, die Fläche dicht granuliert, die Körnchen in 6 Reihen. Metazoniten mit 3 Querreihen von Tuberkeln, die an den zugeschärften Rändern der Seitenflügel Zähnchen bilden. Seiten der Seitenflügel mit 4, Hinterrand mit 4 oder 5 runden Lappen. Gonopodentelopodit mit einem fein behaarten runden Kissen neben einem spitzen Ast, an dessen Grund 3 kurze stumpfe Ästchen stehen, von denen eines die Samenrinne führt; am Ende 2 längere schlanke und 1 kurzer Ast (Fig. 297).

Kolumbien: Bogotá.

Unsichere Art:

C. regularis (O. F. Cook) 1896 *Chonodesmus r.*, O. F. Cook, Brandtia, nr. 5 p. 23 | 1911 *C. r.*, O. F. Cook in: P. U. S. Mus., *v.* 40 p. 469.

Rücken stärker gewölbt. Seitenflügel weniger horizontal, die Tuberkeln der Metazoniten sind von gleicher Größe und regelmäßiger angeordnet und tragen jede eine lange Borste. Nur ein Individuum von 19 Segmenten bekannt, 8 mm lang, 2,2 mm breit.

Kolumbien: Bogotá. (Befand sich im Glase mit den Typen von *C. alatus* Peters.)

2. Gen. **Aporodesmus** Por.

1894 *A.* (nec Pocock 1895), Porat in: Bih. Svenska Ak., *v.* 20 nr. 5 p. 41 | 1914 *A.*, Attems in: Arch. Naturg., *v* 80 A 4 p. 163, 168.

♂ und ♀ 20 Segmente, Poren auf den Segmenten 5, 7, 9, 10, 12, 13, 15—19, sehr klein, in der Fläche gelegen, im vorderen Teil des Seitenflügels. Kopf ganz vom Halsschild bedeckt. Antennen kurz, keulig, das 5. Glied etwas länger als das 6. Halsschild mit radialer Furchung. Seitenflügel sehr breit, flach, mehr oder weniger horizontal, mit radialer Furchung; Seiten- und Hinterrand stumpfzähnig, die Radialfurchen gehen von den Kerben zwischen den Zähnen aus. Metazoniten mit Querreihen von Tuberkeln oder flachen Beulen, die eine kleine Borste tragen. Keine Tuberkeln besonders vergrößert. Analsegment kegelig, frei sichtbar, das Schwänzchen nach hinten gerichtet, die Terminalborsten nicht auf die Ventralseite gerückt. Gonopoden: Telopodit gedrungen, ohne Praefemoralfortsatz und ohne schlanken Rinnenast, am Ende mehr oder weniger trichterartig vertieft, die Samenrinne mündet in der Höhlung ohne auf einen Rinnenast überzutreten.

Ost- und West-Afrika.

4 Arten, eine mit 4 Unterarten.

Typus: *A. gabonicus* (H. Luc.).

Übersicht über die Arten:

1 { Seitenflügel schräg aufwärts gerichtet, Rücken daher etwas konkav . . . . 4. **A. knutsoni**
Seitenflügel horizontal — **2**

2 { Körper schmal, Länge : Breite wie 5 : 1, ziemlich lang behaart . . . . 3. **A. crinitus**
Breite, Länge : Breite wie 3 : 1. Nicht oder sehr kurz behaart — **3**

3 Hintereck der Seitenflügel rechtwinklig, nicht in einen Zacken ausgezogen. Hüfte der hinteren Beinpaare ohne Kegel . . . . 2. **A. subrectangulus**
Hinterrand der Seitenflügel konkav, das Hintereck mehr oder weniger zackig. Hüfte der hinteren Beine mit einem kleinen Kegel . . . . 1. **A. gabonicus**: 4

1. **A. gabonicus** (H. Luc.) 1858 *Polydesmus g.*, H. Lucas in: Arch. ent., *v.* 2 p. 442 | 1893 *Cryptodesmus g.*, Porat in: Bih. Svenska Ak., *v.* 18 nr. 7 p. 26 | 1895 *Aporodesmus g.*, Porat, ibid., *v.* 20 nr. 5 p. 41 f. 12 | 1896 *A. falcatus*, O. F. Cook, Brandtia, nr. 5 p. 21 | 1899 *Cryptodesmus gabonicus*, Attems in: Denk. Ak. Wien, *v.* 68 p. 366 t. 15 f. 366, 367 | 1927 *Aporodesmus g.*, Attems in: Ann. Mus. Wien, *v.* 41 p. 73 f. 33—35.

Licht kastanienbraun, ein breiter Rand der Seitenflügel heller. Länge 25 mm, Breite 6,3 mm. Kopf granuliert, sehr kurz beborstet. Rücken sehr glatt und glänzend, Metazoniten mit Querreihen von je eine winzige Borste tragenden flachen Beulen, die vorderen setzen sich bis auf die Mitte der Seitenflügel fort. Vordere Hälfte der Prozoniten matt, hintere sehr glatt und glänzend. Vordereck der Seitenflügel bogig gerundet, Vorder- und Seitenrand glatt, der Hinterrand eingekerbt, jede der Kerben setzt sich als schräg nach vorn verlaufende Furche fort. Seitenflügel des 19. Segmentes abgerundet und bis zur Spitze des Schwänzchens nach hinten reichend. Poren sehr klein, weit vom Seitenrand entfernt. Sternite reichlich kurz beborstet. Gonopoden: Hüfte sehr kurz und breit, außen dicht beborstet, sowohl innen als außen ein großer stumpfer Fortsatz; zwischen diesen beiden Lamellen liegt das quer zur Hüfte gerichtete Telopodit; dieses sehr kurz und breit, die Ränder des etwas kelchartig verbreiterten und vertieften Endes zum Teil gezähnt und gezackt. Die Samenrinne mündet in diesen Kelch ohne auf einen Rinnenast überzugehen.

West-, Zentral- und Ost-Afrika.

Teilt sich in 4 Unterarten, die sich nur durch folgende Merkmale unterscheiden:

1 Auf dem Rücken der Metazoniten ist nur eine, die hinterste, Felderreihe entwickelt. Hinterrand der Seitenflügel durch Kerben gelappt . . . . 1d. **A. gabonicus graueri**
Metazoniten mit 3 deutlich ausgebildeten Felderreihen, vor ihnen oft noch eine Reihe von borstentragenden Tuberkeln — 2

2 Hinterrand der Seitenflügel durch deutliche Kerben rundlappig . . . . 1c. **A. gabonicus mecklenburgi**
Hinterrand der Seitenflügel nicht oder kaum merklich gekerbt — 3

3 Zacken am Hintereck der Seitenflügel kurz 1a. **A. gabonicus gabonicus**
Zacken relativ lang und spitz . . . . . . 1b. **A. gabonicus sellae**

1a. **A. gabonicus gabonicus** Luc.-Att. 1927 *A. g. g.*, Attems in: Ann. Mus. Wien, *v.* 41 p. 74.

Kamerun: Mapanja, Bonge, Kitta, N'Dian.

1b. **A. gabonicus sellae** (Silv.) 1907 *Compsodesmus S.*, Silvestri in: Boll. Mus. Torino, *v.* 22 nr. 560 p. 7 | 1909 *C. S.*, Silvestri in: Il Ruwenzori, p. 332 | 1909 *Cryptodesmus S.*, J. Carl in: Rev. Suisse Zool., *v.* 17 p. 310 | 1927 *Aporodesmus gabonicus s.*, Attems in: Ann. Mus. Wien, *v.* 41 p. 74.

Zentral-Afrika.

var. **sellae** Silv. Literatur wie oben.

Seitenrand der Seitenflügel nicht merklich gekerbt (Fig. 298).

Toro. Ibenda, Bihunga, Nakitawa, Beni, Ukaika.

Fig. 298.
Aporodesmus gabonicus var. **sellae** Silv. ♂ Seitenflügel des 10. Segments.

var. **dentiger** Carl 1909 *Cryptodesmus Sellae* var. *d.*, J. Carl in: Rev. Suisse Zool., *v.* 17 p. 310.

Seitenrand aller Seitenflügel mit 4 Zähnchen, jedes einer Radialfurche entsprechend.

Uganda: Kampala. Bukoba. Maruccu bei Bukoba, Mabira. — Njarowungo, Ost-Ussuwi, im Urwald oder an feuchten Flußufern.

1c. **A. gabonicus mecklenburgi** (Att.) 1912 *Cryptodesmus Mecklenburgii*, Attems in: Ergeb. D. Zentr.-Afr. Exp., *v.* 4 p. 306 | 1927 *Aporodesmus gabonicus mecklenburgi*, Attems in: Ann. Mus. Wien, *v.* 41 p. 74 (Fig. 299).

Urwald am Kivusee, Karissimbi, Irumu, Mawambi-Urwald. Ruwenzori.

Fig. 299.
Aporodesmus gabonicus mecklenburgi (Att.).
Seitenflügel des 10. Segments.

Fig. 300.
Aporodesmus gabonicus grauери Att.
Seitenflügel des 10. Segments.

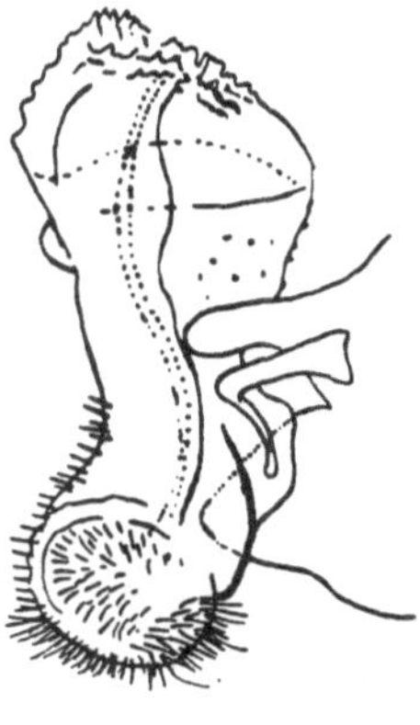

Fig. 301.
Aporodesmus gabonicus graueri Att.
Gonopode.

1d. **A. gabonicus graueri** Att. 1927 *A. g. g.*, Attems in: Ann. Mus. Wien, *v.* 41 p. 75 f. 35 (Fig. 300, 301).

NW.-Ufer des Tanganjika-Sees und Urwald hinter den Randbergen dieses Sees.

2. **A. subrectangulus** Por. 1894 *A. gabonicus s.*, Porat in: Bih. Svenska Ak., *v.* 20 nr. 5 p. 42 t. 2 f. 13 | 1899 *Cryptodesmus? s.*, Attems in: Denk. Ak. Wien, *v.* 68 p. 367 | 1913 *C. s.*, J. Carl in: Rev. Suisse Zool., *v.* 21 p. 212.

Hinterrand der Seitenflügel der vorderen Segmente bis an die Ecke, deren Spitze fast abgestumpft ist, fast gerade. Die Hüften der hintersten Beine sind etwas geschwollen aber kaum in einen griffelartigen Fortsatz verlängert. Im übrigen mit *A. gabonicus* übereinstimmend.

Kamerun: Bonge, Kitta, N'Dian. Sierra Leone: Yonni.

3. **A. crinitus** Por. 1894 *A. c.*, Porat in: Bih. Svenska Ak., *v.* 20 nr. 5 p. 42 f. 14.

Länge 15 mm, Breite 3 mm. Lang beborstet. In der hinteren Reihe der Metazoniten 18—20 flache Beulen. Die Seitenflügel sind nicht doppelt so breit wie lang, der Hinterrand der vorderen schwach eingebuchtet, das Hintereck scharf aber nicht in einen Zahn ausgezogen. Hüfte der hinteren Beine in einen Griffel verlängert. Im übrigen mit *A. gabonicus* übereinstimmend.

Kamerun: Bonge, Kitta.

4. **A. knutsoni** (Por.) 1893 *Cryptodesmus K.*, Porat in: Bih. Svenska Ak., *v.* 18 nr. 7 p. 27 | 1894 *Aporodesmus K.*, Porat, ibid., *v.* 20 nr. 5 p. 42 f. 15 | 1899 *Cryptodesmus K.*, Attems in: Denk. Ak. Wien, *v.* 68 p. 367 | 1931 *Aporodesmus k.*, Attems in: Zool., *v.* 30 Lief. 3—4 (Heft 79) p. 142 f. 229, 233.

Licht erdfarben, Seitenflügel und Beine blasser. ♂ Länge 17 mm, Breite 5 mm, ♀ 7 mm. Scheitel dicht und sehr kurz beborstet. Halsschild mit sehr spitzen Hinterecken, Vorderrand halbkreisförmig, Hinterrand konkav, beide glattrandig, auf jedem Feld und Buckel der Fläche eine Borste. Rücken hohl, Seitenflügel aufwärts gebogen, Vordereck abgerundet, Seitenrand des 2. fast glatt, vom 3. an deutlich, der Hinterrand tief gekerbt, die Zähne je weiter seitlich um so spitzer; in der Rückenmitte ist der Hinterrand kaum merklich gekerbt, von den Kerben ausgehende Furchen begrenzen flache Felder, die eine Borste tragen; außerdem 3 Querreihen niedriger, runder, eine Borste tragender Tuberkeln. Seitenflügel des 19. Segments ganz nach hinten gerichtet und so weit vorragend wie das Schwänzchen. Sternite schmal, 5.—18. mit scharfer Kreuzfurche, gleichmäßig beborstet. Gonopodenöffnung sehr groß, hinter ihrem senkrecht stehenden Rand nur eine schmale Spange. Gonopoden: Hüfte lateral dicht beborstet, lateral mit einem abgerundeten, medial mit einem längeren stumpfen Lappen vorspringend. Telopodit ähnlich wie bei *A. gabonicus*, in der Mitte leicht verengt, die Samenrinne endet in einer Bucht zwischen 2 Lappen, die gegen die Bucht zu gerichtete Ecke des hinteren Lappens ist in einen kurzen Dorn ausgezogen, auf der Außenseite trägt er 2 lange Borsten, der Rand beider Lappen ist besonders am Ende fein gefranst (Fig. 302).

Fig. 302.
Aporodesmus knutsoni Por.
Gonopode.

Kamerun: Mapanja, Buca.

3. Gen. **Pterodesmus** O. F. Cook

1896 *P.* (nec Saussure & Zehntner 1902), O. F. Cook in: Amer. Natural., *v.* 30 p. 417 | 1899 *P.*, Attems in: Denk. Ak. Wien, *v.* 68 p. 368.

♂ und ♀ 20 Segmente. Poren auf den Segmenten 7, 9, 10, 12, 13, 15—19 nahe dem Vorderrand, weit vom Seitenrand entfernt. Kopf vom Halsschild bedeckt und überragt, Antennen kurz und dick, 5. Glied das längste. Halsschild vorn gerundet, ganzrandig. Rücken sehr wenig gewölbt, Seitenflügel groß, sehr breit, schwach abfallend, Skulptur des Rückens ähnlich der von *Aporodesmus*. Seitenflügel mit langen, radialen Furchen, die in Kerben beginnen, wodurch der Seitenrand stumpflappig gezähnt ist, Metazoniten mit

Querreihen flacher Beulen, die eine kleine Borste tragen. Sternite mit Kreuzfurche, jedes Viertel mit kleinen Körnchen besetzt und lang beborstet. Analsegment frei. Beine lang, Praefemur viel kürzer als Femur. Gonopodenöffnung sehr groß, so daß vom Prozonit nur eine schmale vordere Spange übrigbleibt; nach hinten reicht sie bis an die hintere Hüfttangente. Gonopodenhüfte von vorn nach hinten komprimiert, seitlich nicht halbkugelig, am Vorderrand mit einem langen Fortsatz. Praefemur ohne Fortsatz, Telopodit ziemlich lang, am Ende in 2 Äste geteilt, zwischen denen die Samenrinne mündet.

West-Afrika.

1 sichere und 3 unsichere Arten.

Typus: *P. brownellii* O. F. Cook.

1. **P. brownellii** O. F. Cook 1896 *P. b.*, O. F. Cook in: Amer. Natural., *v.* 30 p. 417 | 1896 *P. b.*, O. F. Cook in: P. Ac. Philad., p. 261 | 1919 *P. Brownelli*, Brolemann in: Bull. Soc. zool. France, *v.* 44 p. 177 f. 1—4.

Strohgelb, die Erwachsenen sind mit einem erdfarbenen Überzug bedeckt. Länge ♂ 29—31 mm, Breite 7,2—7,4 mm. Kopf kurz und dicht beborstet. Metazoniten mit 3 Querreihen von 8, 10, 17 flachen je eine kleine Borste tragenden Beulen; am Hinterrand vom Ende eines Seitenflügels zum anderen sind 24 Felder abgegrenzt. Seitenrand der Seitenflügel mit 4—5 Kerben (Fig. 303), Vordereck abgerundet, Hintereck erst vom 17. Segment an den Hinterrand überragend. Seitenflügel auf der Ventralseite nahe dem Rande lang beborstet. Prozoniten fein chagriniert. Quernaht glatt. Keine Pleuralkiele. Analschuppe trapezförmig, Analklappen flach, runzelig. Endrand der Gonopodenhüfte *(C)* lateral weit vorragend, vorn eingebuchtet und eine Höhlung für das Telopodit bildend; daneben ein starker Fortsatz *(p)*. Praefemur *(Pf)* hinten sehr entwickelt, wo er die Hälfte des Telopodit ausmacht, reichlich beborstet. Telopodit am Ende in 2 Äste *(m* und *n)* geteilt, von denen der hintere *(n)* 2lappig ist, der 2. *(m)* mit einer gerundeten Lamelle, Samenrinne gerade, mündet in der Bucht zwischen den 2 Endästen; neben ihrer Mündung 3 Zähnchen (Fig. 304).

Fig. 303.
Pterodesmus brownellii O. F. Cook.
Seitenflügel des 7. Segments.

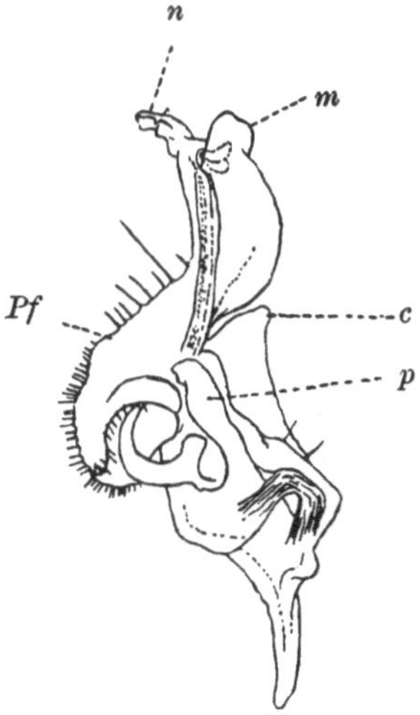

Fig. 304.
Pterodesmus brownellii O. F. Cook.
Gonopode.

Französisch Guinea: Beyla. Liberia.

Die folgenden Arten sind ganz unzureichend beschrieben. Nach der Gonopodenabbildung von *P. fractus* dürften sie eher zu *Aporodesmus* gehören.

P. fractus Chamb. 1927 *P. f.*, Chamberlin in: Bull. Amer. Mus., *v.* 57 p. 246 f. 188, 189.

Kastanienbraun, die Seitenflügel gelblich. Breite 5 mm. Labrum mit einem einzigen Zahn. Antennen groß, dickkeulig. Umriß von Halsschild und folgenden Segmenten elliptisch. Halsschild schmäler als das folgende Tergit, vorn durch Radialfurchen in 18 Felder geteilt; die folgenden Seitenflügel vorn gerundet, hinten zackig, seitlich und hinten mit Radialfurchen, ganzrandig oder nur sehr undeutlich gekerbt (am Beginn der Radialfurchen); je weiter caudalwärts, um so deutlicher wird die Kerbung. Die Abbildung der Gonopoden erinnert an die von *Aporodesmus*.

Belgischer Kongo: Bafwabaka.

P. medjicolens Chamb. 1927 *P. m.*, Chamberlin in: Bull. Amer. Mus., *v.* 57 p. 247 f. 190—193.

Braun. Seitenflügel heller, mehr gelblich. Beine und Antennen hellbraun. Länge 24 mm, Breite 7,2 mm. Nichts Charakteristisches in der Beschreibung. Männchen unbekannt.

Belgischer Kongo: Medje.

P. moderatus Chamb. 1927 *P. m.*, Chamberlin in: Bull. Amer. Mus., *v.* 57 p. 247 f. 194—196.

Braun. Seitenflügel nur wenig heller. Länge 16 mm, Breite 4,5 mm. Halsschild vorn mit 2 Feldern; Hinterecken der Seitenflügel stumpfer. Metazoniten mit 2 vollständigen und einer unvollständigen Querreihe von Tuberkeln.

Belgischer Kongo: Akenge.

4. Gen. **Trichopeltis** Poc.

1894 *T.*, Pocock in: M. Weber, Ergeb. Reise Niederl. O.-Ind., *v.* 3 p. 374 | 1895 *T.*, Pocock in: Ann. Mus. Genova, *v.* 34 p. 792 | 1896 *T.* + *Otodesmus*, O. F. Cook, Brandtia, nr. 5 p. 24 | 1899 *T.*, Attems in: Denk. Ak. Wien, *v.* 68 p. 361 | 1914 *T.*, Attems in: Arch. Naturg., *v.* 80 A 4 p. 163, 167.

♂ und ♀ 20 Segmente. Poren auf den Segmenten 5, 7, 9, 10, 12, 13, 15—19, sehr klein, auf der vorderen Wölbung der Seitenflügel ventral von der scharfen, am Vorderrand verlaufenden Kante nahe der Basis gelegen und nur von der Ventralseite aus sichtbar. Kopf nur bis zum halben Scheitel vom Halsschild bedeckt, dicht kurz behaart, ohne besondere Vorwölbungen, 3 Labralzähne, Antennen dickkeulig, das 6. Glied merklich größer als das 5., kein Glied mit seitlichen Lappen. Halsschild viel breiter als der Kopf, seitlich zugespitzt, mit borstentragenden Tuberkeln. Seitenflügel sehr breit, der Hinterrand durch tiefe, am Grunde gerundete Einschnitte in breite, runde Lappen geteilt, die jeder eine Borste tragen; am Hinterrande der Metazoniten ähnliche aber kleinere Lappen. Metazoniten mit Querreihen von Tuberkeln, die lange, weiße, dünne, leicht abbrechende Borsten tragen, außerdem die ganze Fläche, inkl. die Tuberkeln, mit winzigen auf kleinen Tuberkelchen stehenden Borsten. Analsegment dick-konisch, dorsal nicht bedeckt, mit borstentragenden Tuberkeln, lateral von den Seitenflügeln des 19. Segments überragt; Terminalborsten nach hinten gerichtet. Beine auch die des Männchens schlank. Gonopodenhüfte lateral nicht halbkugelig herausgewölbt, am Ende beborstet, Telopodit 3ästig, der eine Ast mit der Samenrinne, ein anderer mit einer langen Borste, kein Praefemoralfortsatz.

Indien.

4 Arten.

Typus: *T. bicolor* Poc.

Übersicht über die Arten:

1 Seitenflügel der Segmente 6, 8, 11, 14 und 16 gelb, der Rest des Rückens graubraun. Seitenflügel und Halsschild seitlich verschmälert und zugespitzt, der Hinterrand gezähnt, der Vorderrand glatt (Java) . . . . 1. **T. bicolor**
Rücken einfarbig braun (Birma) — 2

2 Vorderrand der Seitenflügel gesäumt, glattrandig (Fig. 305), nur die vordere Hälfte jedes Metazoniten mit Querreihen von Tuberkeln . . . . 2. **T. watsoni**
Vorderrand der Seitenflügel gezähnt wie der Hinterrand (Fig. 307). Die ganzen Metazoniten mit Querreihen von Tuberkeln — 3

3 Seitenflügel stark abschüssig, der Neigung des Rückens folgend, Zähne der Ränder kleiner und zahlreicher, am Hinterrand 10—11 . . . . 3. **T. feae**
Seitenflügel weniger abschüssig, Zähne größer und weniger zahlreich, am Hinterrand 6 oder 7 . . . . 4. **T. doriae**

1. **T. bicolor** Poc. 1894 *T. b.*, Pocock in: M. Weber, Ergeb. Reise Niederl. O.-Ind., *v.* 3 p. 373 t. 21 f. 5 | 1895 *T. b.*, Pocock in: Ann. Mus. Genova, *v.* 34 p. 789.

Rücken graubraun, Seitenflügel des 6., 8., 11., 14. und 16. Segments gelb, Sternite, Beine und Unterseite des Kopfes gelb. Länge 16 mm, Breite 4,8 mm. Kopf fein und dicht granuliert. Antennen kurz, keulig, 2.—5. Glied gleich lang, das 6. länger. Halsschild ungefähr doppelt so breit wie der Kopf, viel schmäler als das folgende Tergit, Vorderrand schwach gezähnt. Hinterrand mit ca. 7 länglichen Tuberkelzähnen, Seiten zugespitzt, die ganze Oberfläche granuliert. Seitenflügel der folgenden Segmente abschüssig, 2mal so breit wie lang, seitlich verschmälert, Vorderrand glatt, mit kleiner basaler Schulter, Hinterrand mit 7 großen abgerundeten Zähnen, auf den vorderen Segmenten gerade, auf den hinteren konkav. Metazoniten beborstet und mit 5 unregelmäßigen Querreihen von Tuberkeln, auf den Seitenflügeln nur 2 Querreihen solcher Tuberkeln, Unterseite der Seitenflügel glatt; Flanken dicht behaart. Schwänzchen 3eckig, granuliert, die Seitenflügel des 19. Segments überragend. Sternite tief längsgefurcht. Beine des 6. und 7. Paares weiter voneinander entfernt, um für die Gonopoden Platz zu lassen.

Sumatra: Singkarah.

2. **T. watsoni** Poc. 1895 *T. w.*, Pocock in: Ann. Mus. Genova, *v.* 34 p. 793 f. 3.

Einfarbig braun. Länge 17 mm, Breite 5,5 mm, der Prozoniten 2 mm. Halsschild seitlich sehr verschmälert und zugespitzt, mit runden, lange weiße Borsten tragenden Tuberkeln bedeckt. Rückenmitte schwach gewölbt; die sehr breiten Seitenflügel ein wenig, deutlicher ganz lateral, abwärts gebogen, Vorder- und Hinterrand parallel, der Vorderrand glattrandig oder schwach wellig, der Hinterrand durch tiefe, am Grunde abgerundete Einkerbungen in 8—10 runde Lappen geteilt, jeder Lappen trägt in der Mitte eine kleine Borste (Fig. 305). Das abgerundete Vordereck und der Seitenrand werden von 6—7 kegeligen Zähnen, die eine Borste tragen, eingenommen. Rückenmitte mit 3 Querreihen runder Tuberkeln; auf den Seitenflügeln stehen nur ganz lateral eine größere Anzahl solcher Tuberkeln, zwischen diesen und der Mitte nur einige wenige. Die Tuberkeln tragen lange weiße dünne, sehr leicht abbrechende Borsten. Hinterrand der Rückenmitte in kleine runde Plättchen eingeschnitten, die allmählich in die größeren Lappen der Seitenflügel übergehen. Dorsalseite der Metazoniten mit zahlreichen auf kleinen

Granulis sitzenden winzigen Börstchen; besonders auf den Tuberkeln und Hinterrandlappen stehen sie aber auch in der Fläche dazwischen. Das dickkonische Analsegment wird von den Seitenflügeln des 19. Segments nur wenig überragt (Fig. 305). Gonopodenhüfte nach vorn relativ weit aus-

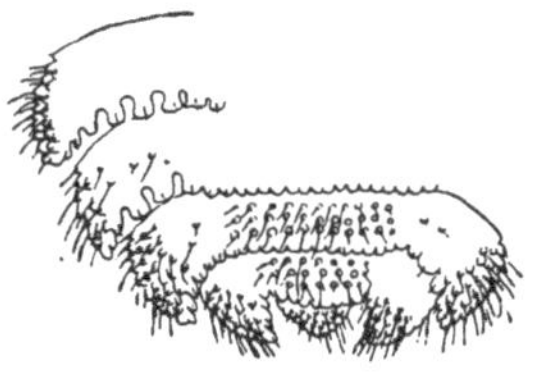

Fig. 305.
Trichopeltis watsoni Poc. Hinterende.

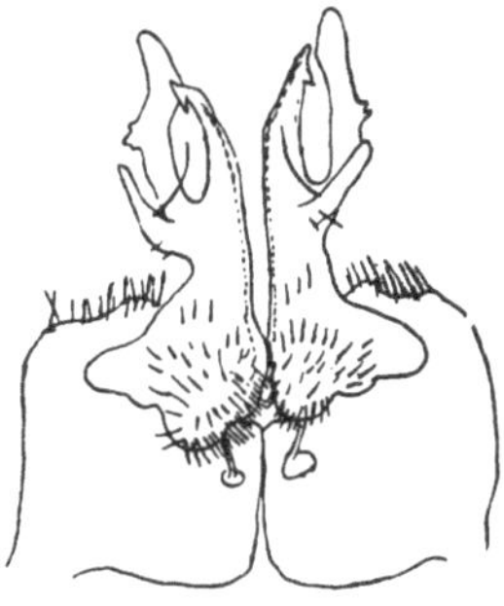

Fig. 306.
Trichopeltis watsoni Poc. Gonopoden.

gebreitet, aber seitlich nicht halbkugelig aufgebläht. Telopodit 3ästig, die Äste ziemlich schlank, der eine mediane führt die Samenrinne, der laterale trägt eine starke Borste und ein Paar kleine Borsten (Fig. 306).

Ober-Birma, North Chin Hills. Darjeeling. Chittagong Hill Tracts. Calcutta. Assam.

3. **T. feae** Poc. 1895 *T. F.*, Pocock in: Ann. Mus. Genova, *v.* **34** p. 793.

Einfarbig heller oder dunkler braun. Länge 15 mm, Breite 5 mm. Gleicht sehr *T. watsoni*, von dem er sich dadurch unterscheidet, daß der Vorderrand der Seitenflügel nicht glattrandig ist, sondern durch 8—10 konische, schräg lateralwärts gerichtete Zähne gesägt (Fig. 307); an diese Zähne schließen sich die ähnlichen Zähne des Seitenrandes an. Der Hinterrand ist wie bei *T. watsoni* durch runde Einschnitte in 10—11 Lappen geteilt. Zwischen den Seitenflügeln ein Dutzend kleiner Lappen am Hinterrand des Rückens.

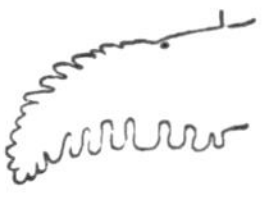

Fig. 307.
Trichopeltis feae Poc.
Seitenflügel des 7. Segments von der Ventralseite.

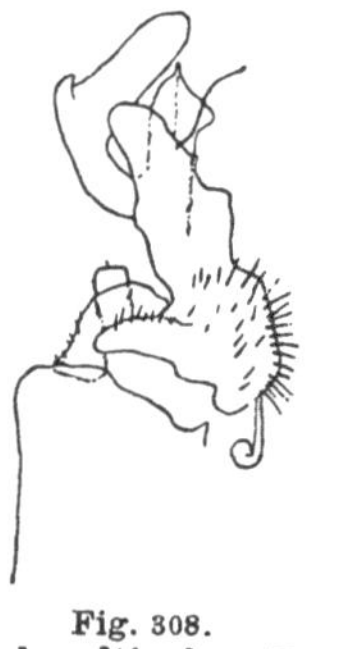

Fig. 308.
Trichopeltis feae Poc.
Gonopode von hinten.

Das Hintereck der Seitenflügel ist bis zur Körpermitte nicht zackig, auf den hintersten Segmenten ist der ganze Seitenflügel als breite Sichel nach hinten gekrümmt, stärker als bei *watsoni*. Die **3** Querreihen borstentragender Tuberkeln in der Mitte des Rückens, die Tuberkeln mit langen weißen Borsten in den Seiten der Seitenflügel und das Analsegment wie bei *watsoni*. Gonopodenhüfte vorn nur mit einigen wenigen Borsten, die Fläche nicht gleichmäßig eben, sondern ein dicker runder Wulst aus ihr herausgehoben. Telopodit 3ästig, die Äste gedrungener als bei *watsoni* (Fig. 308).

Birma: Chiala, Carin Asciuii Ghecu. Nördliche Shan-Staaten, Namhkam-Kawngmu, Mao-Hsao-Hori.

4. **T. doriae** Poc. 1895 *T. d.*, Pocock in: Ann. Mus. Genova, *v.* 34 p. 792 f. 2.

Einfarbig braun. Länge 18 mm, Breite 4 mm. Kopf oben granuliert. Antennen kurz, das 6. Glied das längste und dickste. Halsschild doppelt so breit wie lang, beträchtlich schmäler als das folgende Tergit. Seitenflügel abschüssig, quer zur Längsachse, auf den hinteren Segmenten mehr und mehr nach hinten gezogen, mit konvexem Vorder- und konkavem Hinterrand, Vorder- und Seitenrand mit 10—11, Hinterrand mit 6 Zähnen, letztere länger. Die ganze Oberfläche der Metazoniten inkl. Seitenflügel mit 5 Reihen von enggedrängten Tuberkeln und lang beborstet. Beine des 6. Segmentes des Männchens weiter voneinander entfernt. Gonopoden 3ästig.

Birma: Yado, Carin Asciuii Cheba, 1200—1300 m.

5. Gen. **Onomatoplanus** nom. nov.

1931 *Niponia*, K. W. Verhoeff (nec *Nipponia* Reichenbach 1852) in: Zool. Jahrb., Syst. *v.* 61 p. 436, 441 | 1936 *Niponiella*, K. W. Verhoeff (nec Klapálek 1907) in: Tr. Sapporo Soc., *v.* 14 p. 148.

♂ und ♀ mit 20 Segmenten. Poren auf der Unterseite der Seitenflügel vorn. Kopf völlig vom Halsschild verdeckt. Halsschild groß, der über den Kopf vorragende Vorderrand etwas aufgekrempt. Seitenflügel sehr breit, seitlich im Bogen nach unten gekrümmt und verjüngt, der Seitenrand mit runden Höckern, der Hinterrand durch runde Buchten in Lappen geteilt. Metazoniten mit Querreihen von borstentragenden Höckern, die Beborstung und Oberflächenskulptur bei einer Art sehr eigenartig. Analsegment von oben frei sichtbar. Hüften der Gonopoden relativ schlank, das Telopodit am Ende tragend. Telopodit gedrungen, die Samenrinne mündet versteckt in einer Grube des Femur, ohne auf einen Rinnenast überzutreten.

Japan, Indochina.

2 Arten.

Typus: *O. nodulosus* (Verh.).

Übersicht über die Arten:

1	Die Rückentuberkeln tragen nur eine relativ kurze, gerade Borste. Lappen am Hinterrand der Seitenflügel mit je einer Borste. Vorderrand der Seitenflügel glatt. Das Analsegment wird von den Seitenflügeln des 19. Segments verdeckt . .	1. **O. nodulosus**
2	Die Rückentuberkeln tragen eine sehr lange dünne, am Ende meist hakige Borste und eine Anzahl kleiner, gerader Borsten. Lappen am Hinterrand der Seitenflügel mit vielen kleinen Borsten und in der Mitte mit einem Plättchen oder Bläschen auf dünnem Stiel. Vorderrand der Seitenflügel durch winzige Kegelchen gesägt. Das Analsegment überragt weit die Seitenflügel des 19. Segments	2. **O. kometis**

1. **O. nodulosus** (Verh.) 1931 *Niponia nodulosa*, K. W. Verhoeff in: Zool. Jahrb., Syst. *v.* 61 p. **442** t. 8 f. 46—55.

Rücken hellbraun, Außenhälfte der Seitenflügel dunkler braun, die ganze Unterseite graugelb. ♂ Länge 17 mm, Breite 4 mm. Antennen gedrungen.

3.—6. Glied mit 2 Macrochaeten. Halsschild hinten in der Mitte mit abgerundetem querem Buckel, dieser und alle Ränder des Halsschildes mit borstentragenden Höckerchen besetzt. Seitenflügel in der Außenhälfte blattartig dünn, Hinterecken der meisten ungefähr rechtwinklig, erst vom 15. Segment an beginnen die Hinterecken als 3eckige Zipfel nach hinten vorzutreten, am 18. überragen sie den Hinterrand des 19. Tergites. Seitenrand in 4—5 Lappen geteilt, auf jedem eine Borste. Metazoniten mit 4 Querreihen von Höckern, die hinterste am Hinterrand und gibt diesem im Bereich der Seitenflügel ein gekerbt-lappiges Aussehen. Auf vielen Höckern eine Borste. Metazoniten mit unregelmäßigem, braunem Gerinnsel, Ausscheidung von Drüsen. Pro-

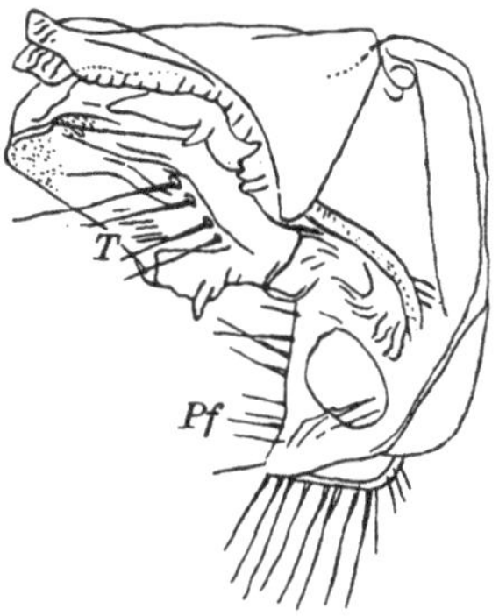

Fig. 309.
Onomatoplanus nodulosus (Verh.). Gonopode (K. W. Verhoeff, 1931).

zoniten mit querer, zackig-welliger Struktur. Die Fortsätze der Sternite zwischen den Beinen des 3.—5. Paares ragen zahnartig nach außen heraus, die des 7. Paares sind spitz und endwärts gerichtet, alle Fortsätze beborstet und durch einen tiefen Einschnitt getrennt. Telopodit der Gonopoden scharf in Praefemur *(Pf)*, Femur *(F)* und Tibiotarsus *(T)* abgesetzt. Das reichlich und lang beborstete Femur hat vorn einen langen unbeborsteten Fortsatz *(pr)*, der durch eine tiefe Einschnürung gegen das Resttelopodit abgesetzt ist; dieses stark eingekrümmt und Femur und Tibiotarsus nebeneinander sitzend. Zwischen Praefemoralfortsatz und Tibiotarsus ein hautartiges Feld mit warzigen Höckern. Femur muschelartig, in der Höhlung ein Zahn *(z)*, neben dem die Samenrinne mündet. Tibiotarsus mit zartem lamellösem Rand, am Ende ein mit kurzen Härchen besetztes Feld, innen eine von einer Falte begleitete Längsrinne und 4 lange parallele Tastborsten (Fig. 309).

Nippon.

2. **O. kometis** (Att.) 1937 *Niponielle k.,* Attems in: Mem. Mus. Paris, n. ser. *v.* 6 p. 244 f. 87—95.

Dunkel erdbraun. Länge 10 mm, Breite 3 mm, Prozonit 1,32 mm. Kopf ganz vom Halsschild bedeckt, dicht fein granuliert und dicht beborstet, die Borsten kurz und gerade. Antennen mäßig keulig, 5. und 6. Glied mit Gruben, aus denen die Sinnesstifte herausragen. 6. Glied das längste und dickste. Metazoniten dorsal mit 5 oder 6 nicht ganz regelmäßigen Reihen von kleinen runden Tuberkeln, die jede eine sehr lange, am Ende zumeist hakige Borste und einige kurze gerade Borsten tragen. Ebensolche Tuberkeln und Borsten auf dem Halsschild. Seitenflügel (Fig. 310) groß, sehr breit, lateral verschmälert, hoch angesetzt, ihre Oberseite fast der mäßigen Rückenwölbung folgend, Vorderrand durch kleine Kegelchen wie gesägt, in breitem

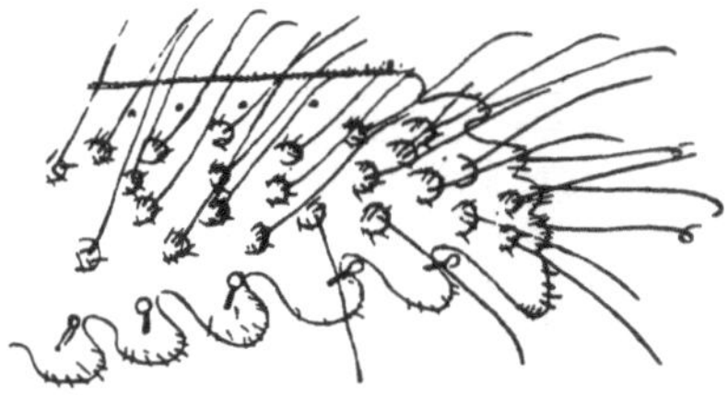

Fig. 310.
Onomatoplanus kometis Att. Seitenflügel des 10. Segments.

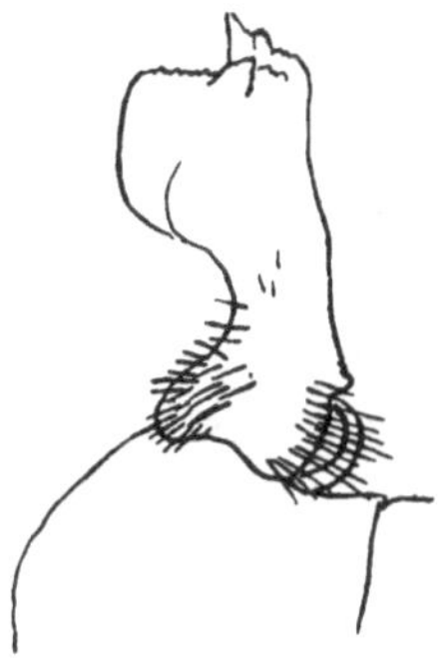

Fig. 311.
Onomatoplanus kometis Att.
Gonopode.

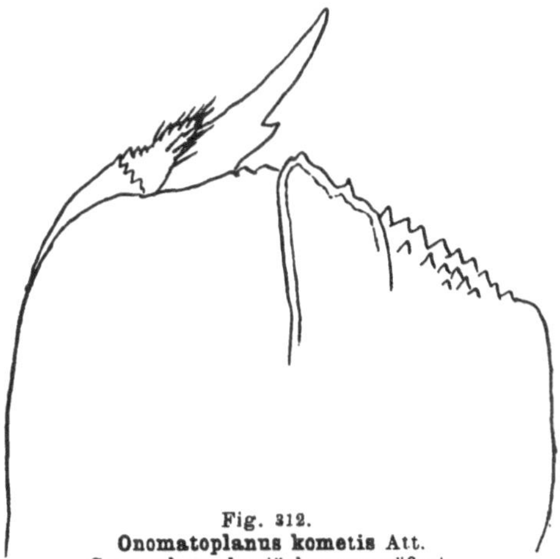

Fig. 312.
Onomatoplanus kometis Att.
Gonopodenende stärker vergrößert.

Bogen in den Seitenrand übergehend, der 4—6 stumpfe Zähne hat. Hinterrand mit 8—10 größeren runden Läppchen, die mit zahlreichen kurzen geraden Borsten besetzt sind, besonders am Rand, und in der Mitte auf einem dünnen undeutlich 2gliedrigen Stiel ein längliches durchsichtiges Bläschen tragen. Auf der Unterseite hinter dem Vorderrand der Seitenflügel eine Zone kleiner runder strukturloser Papillen. Auf der Oberseite der Seitenflügel, auf ihrer Unterseite und in den Flanken anders geartete Papillen: eine durchsichtige Hülle bedeckt einen in sie hineinragenden Kegel; das Ganze hat manchmal Pilzform und dürfte Nervenendigungen enthalten. Analsegment kegelig, ganz frei, gerade nach hinten gerichtet, mit zahlreichen Tuberkeln, die ebensolche Borsten tragen wie die Metazoniten. Das 19. Segment hat keine besonders vergrößerten, das Analsegment etwa verdeckenden Tuberkeln. Gonopoden (Fig. 311): Hüften groß und breit, aber nicht median ausgehöhlt, sondern das Telopodit sitzt am Ende der Hüfte, zwischen beborstetem Praefemur und Acropodit eine leichte Einschnürung, aber keine scharfe Grenze. Acropodit nicht gegliedert, ein zusammengeklapptes Blatt, in dessen Grund die Samenrinne, am Ende des Blattes mehrere Zähne (Fig. 312).

Indochina: Lang Biang, Dalat, Bana, Hon Ba, Djiring.

6. Gen. **Thelydesmus** O. F. Cook

1896 *T.*, O. F. Cook in: Amer. Natural., *v.* 30 p. 415 (ohne Diagnose) | 1896 *T.*, O. F. Cook, Brandtia, nr. 5 p. 26 | 1899 *T.*, Attems in: Denk. Ak. Wien, *v.* 68 p. 357 | 1927 *T.*, Silvestri in: Boll. Labor. Zool. Portici, *v.* 20 p. 314.

♂ und ♀ 20 Segmente. Poren auf den Segmenten 5, 7, 9, 10, 12, 13, 15—19, weit vom Seitenrand entfernt, nahe dem Vorderrand. Kopf nicht ganz vom Halsschild bedeckt (Fig. 313). Antennen kurz, keulig, 5. und 6. Glied ungefähr gleich groß. Halsschild relativ klein, etwas schmäler als der Kopf, mit Querreihen von Tuberkeln. Seitenflügel groß, horizontal, in der Mitte angesetzt, Seiten- und Hinterrand durch vorstehende grobe Tuberkeln stumpf gezähnt. Metazoniten mit Querreihen von borstentragenden Tuberkeln und einer feinen Granulierung sowie durch Sekrete verunreinigt. Die Plättchen am Hinterrand schmal, am Endrand fein gezähnt. Praefemur der Beine am Ende oben mit einem Fortsatz, der kleine Dörnchen trägt. Analsegment kegelig, nach hinten gerichtet, frei sichtbar. Gonopoden: Kein Praefemoralfortsatz, Telopodit gedrungen, ohne deutliche quere Gliederung, mit mehreren Ästen, deren einer die Samenrinne führt.

Liberia, Fernando Po.

2 Arten.

Typus: *T. dispar* O. F. Cook.

Übersicht über die Arten:

Rücken schwarz, Breite ♂ 2,75 mm, ♀ 3,25 mm . . . . . . 1. **T. dispar**
Rücken kastanienbraun, Breite ♂ 1,82 mm, ♀ 2,6 mm . . . 2. **T. insularis**

1. **T. dispar** O. F. Cook 1896 *T. d.*, O. F. Cook in: P. Ac. Philad., p. 258.

Rücken ganz schwarz. Länge ♂ 15 mm, ♀ 18 mm, Breite ♂ 2,75 mm, ♀ 3,25 mm. Metazoniten mit 4 regelmäßigen Querreihen von borstentragenden kegeligen Tuberkeln. Seitenflügel mäßig breit, lateral etwas verschmälert, ringsherum durch die groben Granula gezähnt.

Liberia: Mt. Coffee.

2. **T. insularis** Silv. 1927 *T. i.*, Silvestri in: Boll. Labor. Zool. Portici, *v.* 20 p. 316 f. XX, XXI.

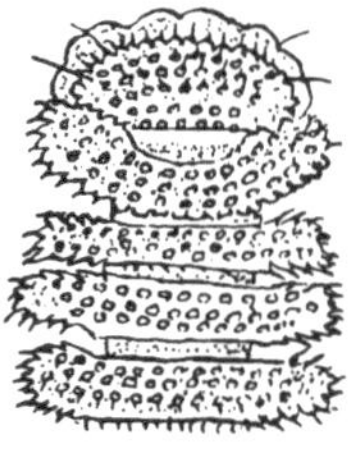

Fig. 313.
Thelydesmus insularis Silv.
Vorderende (Silvestri, 1927).

Fig. 314.
Thelydesmus insularis Silv.
Seitenflügel (Silvestri, 1927).

Rücken kastanienbraun. Länge ♂ 11 mm, ♀ 14 mm, Breite ♂ 1,82 mm, ♀ 2,6 mm. Praefemur des Gonopoden lang und ohne deutliche Grenze in das Acropodit übergehend. Von den 4 Ästen des Telopodit ist der eine mit zahlreichen kleinen Kegelchen besetzt, ein anderer kurzer führt die Samenrinne (Fig. 313, 314).

Insel Fernando Po: Basile.

7. Gen. **Parathelydesmus** Silv.

1927 *P.*, Silvestri in: Boll. Labor. Zool. Portici, *v.* 20 p. 316.

♀ 20 Segmente. Poren auf den Segmenten 5, 7, 9, 10, 12, 13, 15—19 auf der Fläche weit vom Seitenrand nahe dem Vorderrand. Kopf vom Halsschild bedeckt, Labrum 3zähnig, seitliche Antennengruben vorhanden. Clypeus vor ihnen wulstig vorgewölbt, Antennen kurz, keulig, das 5. Glied ein wenig länger als das 6. Rücken stark gewölbt, Seitenflügel klein, ungefähr in der Mitte der Seiten angesetzt. Metazoniten dorsal mit dichter, unregelmäßiger Granulierung, jedes Körnchen trägt eine Borste, außerdem die ganze Oberfläche mit winzigen Papillen bedeckt. Am Hinterrand kleine abgerundete Plättchen. Sternite schmal, tief längsgefurcht. Analsegment konisch, ganz frei, mit borstentragenden Tuberkeln bedeckt, die Terminalborsten nach hinten gerichtet am Ende. Beine lang und schlank, Praefemur kürzer als Femur, dorsal nahe der Basis mit einem zapfenartigen Fortsatz. Männchen unbekannt.

Kamerun.

Eine Art: *P. longiseta* Silv.

1. **P. longiseta** Silv. 1927 *P. l.*, Silvestri in: Boll. Labor. Zool. Portici, *v.* 20 p. 318 f. XXII.

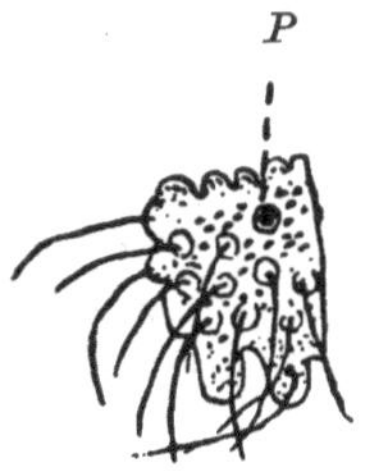

Fig. 315.
Parathelydesmus longiseta Silv.
Seitenflügel des 9. Segments und ein Streif aus der Rückenmitte (Silvestri, 1927). *P* Porus.

Metazoniten rotbraun, der übrige Körper isabell-erdfarben. Länge 13 mm, Breite der Metazoniten 2,2 mm, der Prozoniten 1,45 mm. Stirnmitte mit kurze Borsten tragenden Granulis, Clypeus kurz beborstet. Halsschild kurz, hinten fast so breit wie das folgende Tergit, Vorderrand gebogen, ganzrandig, die Fläche ganz mit borstentragenden Tuberkeln bedeckt. Seitenflügel seitlich mit 4 Tuberkeln, die letzte die größte, Hinterrand gelappt; Seitenflügel des 2. Segments wenig größer als die anderen. Analschuppe 3eckig mit 2 Borstenwarzen. Männchen unbekannt (Fig. 314, 315).

Kamerun: Victoria.

8. Gen. **Ophrydesmus** O. F. Cook

1896 *O.*, O. F. Cook, Brandtia, nr. 5 p. 23 | 1914 *O.*, Attems in: Arch. Naturg., *v.* 80 A 4 p. 162, 169.

5. und 6. Antennenglied lateral stark geschwollen. Femur des 3. Beinpaares des Männchens enorm verbreitert mit einer ventralen weiten Grube, die von Haaren umstellt ist. Beine des Männchens ventral fein behaart. Seitenflügel mehr oder weniger breit und horizontal, Poren im vorderen Teil

des Seitenflügels. Sternite mit tiefem Kreuzeindruck, wodurch 4 spitze Hervorragungen entstehen.

Java.

4 Arten.

Typus: *O. gede* O. F. Cook.

Äußerst mangelhafte Gattungsdiagnose und ganz ungenügende Artbeschreibungen, keine Übersicht möglich.

1. **O. gede** O. F. Cook 1896 *O. g.*, O. F. Cook, Brandtia, nr. 5 p. 24.

Rücken dunkelbraun, Beine blass, Antennen gelblich. Länge 20 mm, Breite 5 mm.

West-Java: Vulkan Gede.

2. **O. scaurus** O. F. Cook 1896 *O. s.*, O. F. Cook, Brandtia, nr. 5 p. 24.

Heller braun, Seitenflügel gelblich, Antennen gelblich, schlanker als bei *O. gede.* Länge 15 mm, Breite 3,5 mm. Rücken stärker gewölbt. Die Granulierung ausgeprägter als bei *O. gede.*

West-Java: Vulkan Gede.

3. **O. tengger** O. F. Cook 1896 *O. t.*, O. F. Cook, Brandtia, nr. 5 p. 24.

Länge 13 mm, Breite 3,5 mm. Der Längseindruck der Sternite breiter und seichter, die 4 Höcker niedriger.

Ost-Java.

4. **O. pugnus** O. F. Cook 1896 *O. p.*, O. F. Cook, Brandtia, nr. 5 p. 24.

Länge 10 mm, Breite 2 mm. Kleiner und schlanker als die anderen Arten. Granulation ausgeprägt, Seitenflügel schmal, Rücken gut gewölbt, ähnlich wie bei *O. scaurus.*

Pengalengang.

9. Gen. **Duboscquiellina** Brol.

1926 *D.*, Brolemann in: Arch. Zool. expér., *v.* 65 p. 124.

♂ mit 20 Segmenten (♀ unbekannt). Poren auf den Segmenten 5, 7, 9, 10, 12, 13, 15—19 in der hinteren Hälfte nahe dem Seitenrand in der Fläche gelegen. Kopf vom Halsschild bedeckt, ohne Tuberkeln. Die Supraantennalkante schwach ausgebildet, die laterale Vorwölbung vor den Antennen mäßig groß. Antennen lang, das 5. Glied das längste, fast doppelt so lang wie das 6., letzteres das dickste. Halsschild groß, vorn leicht aufgekrempt, glattrandig, Fläche mit Tuberkelreihen. Rückenmitte gut gewölbt mit Querreihen von Tuberkeln; Seitenflügel ziemlich groß, ungefähr in der Mitte der Seiten angesetzt, horizontal, mit 2—3 queren Furchen, alle Ränder ganzrandig. Die Seitenflügel schließen ohne Lücken aneinander. Analsegment konisch, leicht hakig ventralwärts gebogen, von oben zum Teil sichtbar, zum Teil von den breiten, nach hinten gerichteten Seitenflügeln des 19. Segments *(S 19)* bedeckt (Fig. 316): die Terminalborsten nicht auf die Ventralseite gerückt. Analschuppe 3eckig. Sternite mit tiefer Querfurche, ohne Längsfurche. Praefemur *(Pf)* und Femur gleich lang. Femur des 3. Beinpaares des Männchens mit einem großen, konischen ventralen Höcker. Gonopodenhüfte *(c)* lateral halbkugelig gerundet; Telopodit sehr gedrungen, Praefemur ohne Fortsatz,

Acropodit mehrästig (r^1, r^2, r^3). Die Samenrinne mündet in der Konkavität des Telopodit, ohne auf einen Ast überzutreten (Fig. 317).

West-Afrika.

Eine Art: *D. alba* Brol.

Fig. 316.
Duboscquiellina alba Brol.
Hinterende im Profil (Brolemann, 1926).

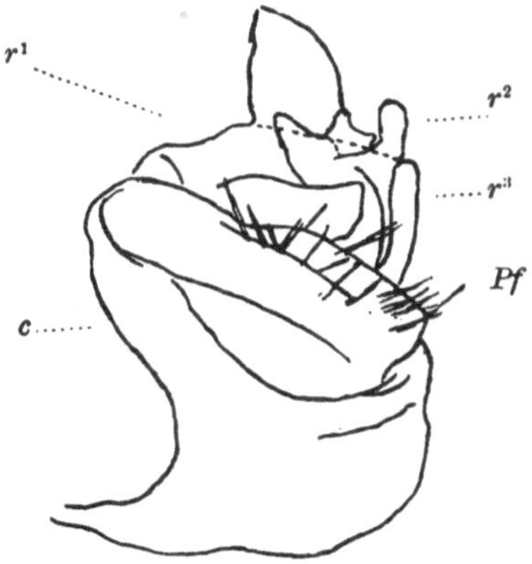

Fig. 317.
Duboscquiellina alba Brol.
Gonopode (Brolemann, 1926).

1. **D. alba** Brol. 1926 *D. a.*, Brolemann in: Arch. Zool. expér., *v.* 65 p. 124 f. 132—138.

Weiß. Länge 4,5 mm, Breite 1,04 mm. Breit und flach. Halsschild mit 11 Radialfurchen und 3 Querreihen von Granula. Metazoniten mit 3 Querreihen von Granula zu 6, 8, 6. Hinterecken der Seitenflügel bis zum 14. Segment rechtwinklig, dann mehr und mehr spitz, besonders auf den Segmenten 17—19. Feine, leistenartige Pleuralkiele bis zum Hinterende des Körpers (Fig. 316, 317).

West-Afrika: Dahomey, Athiémé, Zagnanado.

10. Gen. **Stiodesmus** O. F. Cook

1896 *S.*, O. F. Cook in: Amer. Natural., *v.* 30 p. 419 (ohne Diagnose) | 1927 *S.*, Silvestri in: Boll. Labor. Zool. Portici, *v.* 20 p. 311.

♂ und ♀ 20 Segmente. Poren auf den Segmenten 5, 7, 9, 10, 12, 13, 15—19 auf dem 2. oder 3. Lappen des Seitenrandes. Kopf ganz vom Halsschild bedeckt. Stirn grob granuliert, seitliche Antennengruben vorhanden, der Clypeus seitlich von diesen vorgewölbt, 3 Labralzähne, 5. Antennenglied das größte. Halsschild fächerförmig, vorn seicht rundgelappt, die Fläche granuliert. 2. Segment mit großen, bis zur Mitte des Halsschildes nach vorn reichenden Seitenflügeln, die größer sind als die der folgenden Segmente. Seitenflügel mäßig groß, in der Mitte der Seiten angesetzt, horizontal, seitlich durch seichte Kerben rundgelappt. Rücken gut gewölbt, Metazoniten dicht granuliert, die Granula nur wenig in der Größe verschieden, keine besonders vergrößert, nicht in Reihen geordnet, kahl, bei stärkerer Vergrößerung retikuliert erscheinend. Am Hinterrand schmale, relativ lange Spitzen. Analsegment stumpfkegelig, nicht verdeckt, die Terminalborsten am Ende, nach hinten gerichtet. Gonopoden: Hüfte halbkugelig. Telopodit gedrungen, wenig aus der Höhlung der Hüfte herausragend, 2ästig, beide Äste breit, die Samenrinne endet in der Bucht zwischen den beiden Ästen. Kein Fortsatz auf dem Praefemur (Fig. 319).

West-Afrika.

2 Arten und 1 Varietät.

Typus: *S. stratus* O. F. Cook

1. **S. stratus** O. F. Cook 1896 *S. s.*, O. F. Cook in: P. Ac. Philad., p. 262.

Länge 10 mm, Breite 1,4 mm. (Beschreibung ganz ungenügend.)

Liberia.

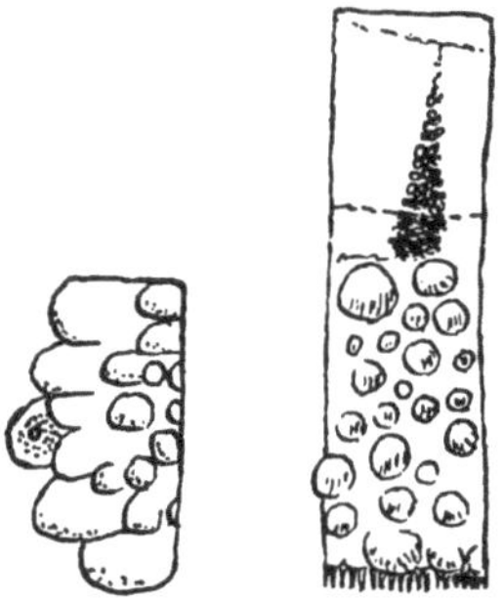

Fig. 318.
Stiodesmus superstratus Silv.
Seitenflügel und Mittelstreif des 9. Segments (Silvestri, 1927).

Fig. 319.
Stiodesmus superstratus Silv.
Gonopode (Silvestri, 1927).

2. **S. superstratus** Silv. 1927 *S. s.*, Silvestri in: Boll. Labor. Zool. Portici, *v.* 20 p. 313 f. XVIII, XIX.

Rot oder blaßrötlich. Länge 14 mm, Breite der Metazoniten 2,25 mm, der Prozoniten 1,36 mm. Vorderrand des Halsschildes nach der Zeichnung mit 12 kurzen runden Lappen und Radialfurchen, die übrige Fläche dicht granuliert. Seitenflügel des 5. Segments 3lappig; der anderen porentragenden Segmente 4lappig, die porenlosen Seitenflügel vom 6. an 4lappig. Von den Tuberkeln des Metazonitenrückens sind 3 Querreihen, besonders (3 + 3) paramediane der hinteren Segmente etwas vergrößert (Fig. 318, 319).

Französisch Guinea: Kakoulima und Conakry.

2a. **S. superstratus** var. **modestus** Silv. 1927 *S. s.* var. *m.*, Silvestri in: Boll. Labor. Zool. Portici, *v.* 20 p. 314.

Länge 8,5 mm. Breite der Metazoniten 1,50 mm, der Prozoniten 1 mm

Französisch Guinea: Mamou.

11. Gen. **Aporodesminus** Silv.

1904 *A.*, Silvestri in: Fauna Haw., *v.* 3 p. 327 | 1914 *A.*, Attems in: Arch. Naturg., *v.* 80 A 4 p. 162, 164.

20 Segmente. Keine Poren. Kopf ganz vom Halsschild bedeckt. 5. Antennenglied das längste und dickste, die Glieder seitlich nicht lappig. Halsschild fächerförmig, granuliert. Seitenflügel groß, sehr breit, mehr oder weniger horizontal, seitlich seicht gelappt. Metazoniten mit Tuberkelreihen, die winzige Dornspitzen tragen. Analsegment klein, kegelig, zum großen Teil vom 19. Segment bedeckt, nur das Schwänzchen hervorragend. Praefemur und Femur der Beine ungefähr gleich groß. Gonopodenhüfte lateral

mehr flach, nicht halbkugelig gewölbt. Telopodit 2ästig, der Rinnenast breit, behaart.

Hawaii.

Typus und einzige Art: *A. wallacei* Silv.

1. **A. wallacei** Silv. 1904 *A. w.*, Silvestri in: Fauna Haw., *v.* 3 p. 328 t. 11 f. 14—17.

Fig. 320.
Aporodesminus wallacei Silv.
Gonopode (Silvestri, 1904).

Erdbraun. Kopf, Bauch und Beine hell umberfarben. Länge 4,2 mm, Breite 1 mm. Kopf kurz beborstet, Antennen kurz, Halsschild groß, vorn abgerundet, undeutlich 16lappig, auf der Fläche 4—5 Querreihen kleiner Tuberkeln. Metazoniten mit 4 Längsreihen von je 3 Tuberkeln, lateral davon noch eine Anzahl Granula. Seitenflügel schwach abschüssig, fast rechteckig, seitlich sehr undeutlich 3lappig, vorn und hinten ganzrandig; auf den hinteren Segmenten sind sie schmäler, länger und etwas nach hinten gerichtet. 19. Segment mit 2 ziemlich langen Mediantuberkeln, die das Analsegment teilweise überdecken. [Die Zeichnung zeigt das nicht.] Analschuppe 3eckig, mit 2 Borsten. Beine kurz, schlank. Samenrinnenast des Gonopoden am Ende ringsum fein behaart, der 2. Ast kürzer, sichelförmig, am Rande fein gezähnelt (Fig. 320).

Hawaii, Kona; Oahu.

12. Gen. **Astrolabius** Verh.

1931 *A.*, K. W. Verhoeff in: Zool. Jahrb., Syst. *v.* 61 p. 445.

19 Segmente. Keine Poren. Kopf ganz vom Halsschild bedeckt. 5. und 6. Antennenglied ohne lappige Anhänge. Seitenflügel sehr breit, in der Mitte der Seiten horizontal, alle Ränder gekerbt, auch der Hinterrand der Rückenmitte gekerbt. Metazoniten mit 3 Querreihen von Tuberkeln. Die großen Seitenlappen des vorletzten Segments überragen seitlich etwas das Ende des breitstumpfkegeligen Analsegments. Hüfte des Gonopoden lateral nicht halbkugelig, Telopodit mit Rinnenast und Tibiotarsalast. Rinnenast unbehaart.

Neu-Guinea.

Eine Art: *A. dorsilobus* (Att.).

1. **A. dorsilobus** (Att.) 1914 *Aporodesminus (Aporodesminus) d.*, Attems in: Arch. Naturg., *v.* 80 A 4 p. 164 t. 2 f. 28—32.

Rumpf erdbraun. Seitenflügel und Beine licht bräunlich. Antennen schwarzbraun. Länge 12,5 mm, Breite 5 mm, Prozoniten 1,2 mm. Scheitel granuliert. Antennen ziemlich lang, keulig. Rücken gewölbt, Seitenflügel in der Mitte der Seiten angesetzt, horizontal, sehr breit, Vorder- und Seitenrand in breitem Bogen ineinander übergehend, alle Ränder durch Kerben in stumpfe Lappen eingeschnitten, vorn und hinten 11—12, seitlich etwa 4. Auch der ganze Hinterrand des Rückens ist so gekerbt-gelappt (Fig. 321); auf jedem Lappen des Seitenrandes steht eine winzige Dornspitze. Metazoniten mit 3 Querreihen von runden Tuberkeln, deren Größe von der 1. zur 3. wenig zunimmt; jede trägt eine winzige Dornspitze. Vorletztes Segment mit breitlappigen Seitenflügeln, deren Enden mit der Spitze des Analsegments in einer Linie liegen (Fig. 322). Analsegment dick-konisch, dicht granuliert, Analschuppe hinten quer abgestutzt mit 2 Borstenwarzen. Die Gonopodenöffnung nimmt die hintere Hälfte des Prozoniten und die vordere Hälfte des Metazoniten ein. Gonopodenhüfte *(c)* lateral nicht halbkugelig

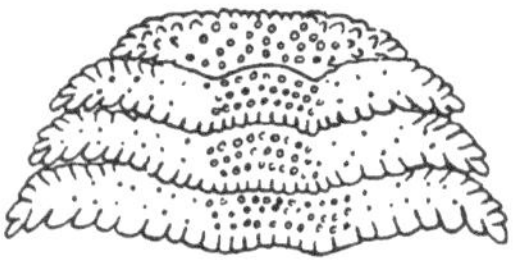

Fig. 321.
Astrolabius dorsilobus (Att.).
Vorderende.

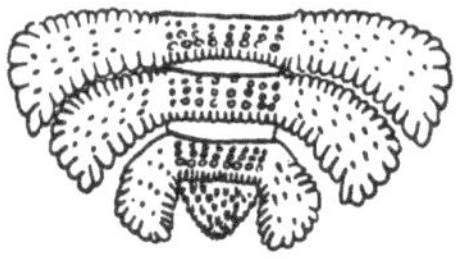

Fig. 322.
Astrolabius dorsilobus (Att.).
Hinterende.

Fig. 323.
Astrolabius dorsilobus (Att.).
Gonopode.

gewölbt, Praefemur nur spärlich beborstet. Telopodit 3ästig, ohne deutliche Gliederung in Femur und Tibiotarsus, der eine Ast ist eine fein gestreifte und am Rande etwas gezähnelte Platte, der zweite ist anfangs breitplattig, dann in eine schlanke Spitze ausgezogen; zwischen beiden der breite, gekrümmte, unbehaarte Samenrinnenast (Fig. 323).

Neu-Guinea: Damun, Astrolabebai.

13. Gen. **Zikadesmus** Chamb.

1927 *Z.*, Chamberlin in: Bull. Amer. Mus., *v.* 57 p. 247.

20 Segmente. Keine Poren beobachtet. Kopf nicht ganz vom Halsschild bedeckt. Antennen leicht keulig. 5. und 6. Glied ungefähr gleich

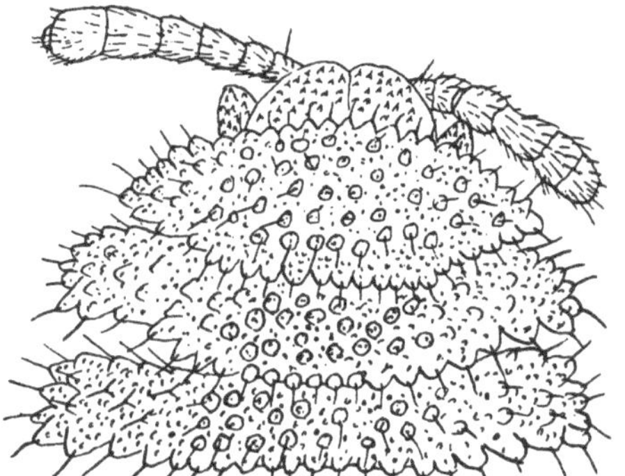

Fig. 324.
Zikadesmus cavernicolens Chamb. Vorderende (Chamberlin, 1927).

lang. Halsschild groß, fächerförmig, viel breiter als die Backen, fast so breit wie das 2. Tergit, sowie die folgenden Metazoniten dicht mit je eine Borste tragenden Tuberkeln besetzt. Seitenflügel groß, abschüssig, ihr Seiten- und Hinterrand durch die vorstehenden Tuberkeln stumpf gezähnt erscheinend. Analsegment dick-konisch. Gonopoden nur unzureichend abgebildet, nicht beschrieben.

Belgisch Kongo.

Eine Art: *Z. cavernicolens* Chamb.

1. **Z. cavernicolens** Chamb. 1927 *Z. c.*, Chamberlin in: Bull. Amer. Mus., *v.* 57 p. 249 f. 197—199.

Licht hornbraun, Beine und Antennen kaum heller. Halsschild breiter als der Kopf, schmäler als das folgende Tergit, seitlich zugespitzt. Hintereck der Seitenflügel auch auf den hinteren Segmenten nur wenig zackig ausgezogen. Analklappen fein granuliert (Fig. 324).

Belgischer Kongo: Thysville, unter Brettern in einem Keller.

14. Gen. **Hexodontia** Verh.

1932 *H.*, K. W. Verhoeff in: Zool. Jahrb., Syst. *v.* 62 p. 516.

♂ ♀ 20 Segmente. Poren auf den Segmenten 5, 7, 9, 10, 12, 13, 15—19. Kopf zum größten Teil vom Halsschild bedeckt, dieser schmäler als die folgenden Segmente mit 4 Borstenreihen. Seitenflügel fast horizontal, Seitenrand der porenlosen 3-, der porentragenden 4lappig, Poren in der Fläche zwischen 3. und 4. Lappen. Metazoniten mit 3 Reihen von borstentragenden Höckern. Gonopoden: Hüfte seitlich in einen kräftigen Buckel vorspringend, Praefemur nicht deutlich gegen das Femur abgesetzt, lang, Telopodit ohne deutliche Quergliederung, aber tief gespalten in Femoralabschnitt (mit Dornfortsatz *(d)* am Ende und einem ziemlich langen schlanken Rinnenast, *RA*) und Tibiotarsalabschnitt *(T)*.

Mexico.

Typus und einzige Art: *H. cordobana* Verh.

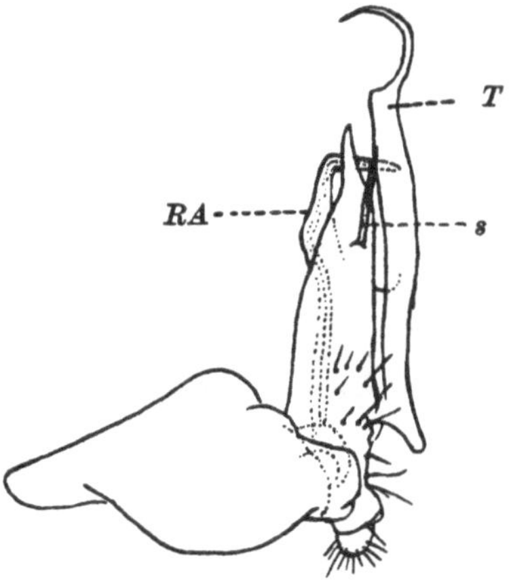

Fig. 325.
Hexodontia cordobana Verh.
Gonopode (K. W. Verhoeff, 1932).

1. **H. cordobana** Verh. 1932 *H. c.*, K. W. Verhoeff in: Zool. Jahrb., Syst. *v.* 62 p. 518 t. 6 f. 45—47.

Graubraun, Kopf und Halsschild graugelb, Antennen dunkel. Länge 8,75 mm. Rücken matt, alle Borsten ziemlich lang, dick und meist stumpf. Seitenflügel des 19. Segmentes kurz, wenig gegen das große Analsegment vorgezogen. Gonopodenöffnung groß, fast rund. Am Grunde des Gonopodenfemur ein basalgerichteter Fortsatz, am Ende ein Dornfortsatz und an dessen Basis ein Stachel *(s)*; innen und außen eine Gruppe zerstreuter Borsten. Rinnenast *(RA)* hakig gebogen. Zwischen Femur und Tibiotarsus ein tiefer Spalt, Tibiotarsus *(T)* unverzweigt, bis über die Mitte fast gleich breit, bildet plötzlich eine Ecke und verdünnt sich dann zu einem fast halbkreisförmig gebogenen Geißelfortsatz (Fig. 325).

Mexico, Cordoba.

15. Gen. **Procoptodesmus** Brol.

1920 *P.*, Brolemann in: Alluaud & Jeannel, Voy. Afr. Or., Myr. p. 231.

♂ mit 19, ♀ mit 20 Segmenten. Poren auf den Segmenten 5, 7, 9, 10, 12, 13, 15, bis vorletztes Segment, in der Fläche in der Nähe des Hinterecks gelegen. Kopf nicht vom Halsschild bedeckt, Stirn ohne besondere Fortsätze. 6. Antennenglied das längste, etwas länger und dicker als das 5.

Backen sehr entwickelt, an *Sphaeroparia* erinnernd. Halsschild groß, fächerförmig, ungefähr so breit wie das folgende Tergit, Vorderrand undeutlich 12lappig mit Radialfurchen, die Fläche undeutlich flachwarzig. Seitenflügel breit, hoch angesetzt, fast horizontal, vorn und hinten ganzrandig, seitlich seicht randlappig. Metazoniten mit 3 Querreihen niedriger Warzen, deren Größe auf den hintersten Segmenten etwas zunimmt. Analsegment dick konisch, ganz frei, das Endknöpfchen mit den 4 Terminalborsten nach hinten gerichtet. Sternite nicht besonders schmal, ohne Fortsätze. Femur und Praefemur der Beine gleich lang. Gonopodenhüfte lateral halbkugelig. Kein Praefemurfortsatz. Das Telopodit nicht ganz zwischen den Hüften verborgen, relativ lang, aber ziemlich gedrungen, mit einem Samenrinnenast und 2 weiteren Ästen, von denen der eine ein Tibiotarsus *(T)* ist.

Ost-Afrika.

Eine Art: *P. diffusus* Brol.

1. **P. diffusus** Brol. 1920 *P. d.*, Brolemann in: Alluaud & Jeannel, Voy. Afr. Or., Myr. p. 233 f. LXXXIII—LXXXVIII, t. 16 f. 145—151.

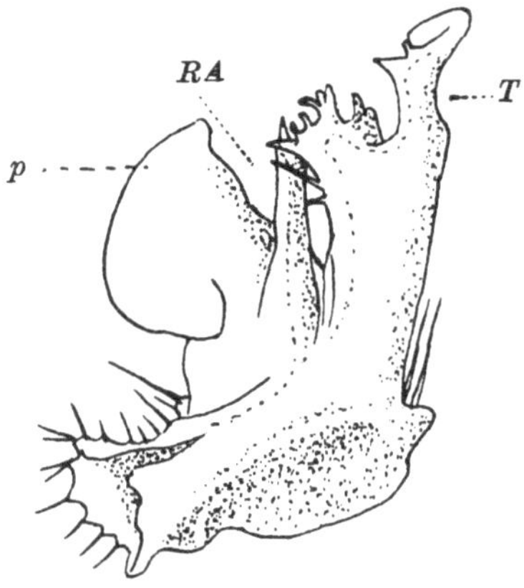

Fig. 326.
Procoptodesmus diffusus Brol.
Gonopodentelopodit (Brolemann, 1920).

Blaß rotgelb. Länge ♂ 6,10 mm, ♀ 8,3 mm, Breite ♂ 1,36 mm, ♀ 1,76 mm. Clypeus zerstreut und kurz beborstet, seitlich vor den Antennen vorgewölbt. Metazoniten mit 3 Querreihen von 4, 8, 4 flachen Tuberkeln; nur auf dem letzten Segment sind sie spitz und tragen sie Borsten. Oberseite der Seitenflügel glatt, die des 2. und 3. Segments sind lateral 3lappig, die anderen porenlosen 4lappig, die porentragenden 5lappig, die des 2. Segments sind kaum etwas nach vorn gezogen, vom 16. an wird das Hintereck mehr und mehr spitzzackig. Die Poren liegen ganz nahe dem Rand neben der 3. Kerbe. Analschuppe breit 3eckig mit 2 Borstenwarzen. Keine Pleuralkiele. Gonopodenöffnung breit elliptisch, der Rand weder vorn noch hinten erhoben. Gonopodenhüfte am Ende mit einem, dem Telopodit aufliegenden Lappen. Telopodit mit ziemlich schlankem, geradem Samenrinnenast *(RA)*, die Samenrinne verläuft ohne Biegungen bis zu seinem Ende. Neben dem Samenrinnenast eine breite Platte *(p)*. Der 3. Ast Tibiotarsus *(T)* ist gegabelt, der eine Gabelast gefranst und gezackt (Fig. 326).

Kilimandjaro, Wald beim Bismarckhügel.

16. Gen. **Chatelainea** O. F. Cook

1911 *C.*, O. F. Cook in: P. U. S. Mus., *v.* 40 p. 463.

♂ ♀ 20 Segmente. Körper breit und flach. Porenformel wahrscheinlich normal, wegen Zerfall des einzigen Exemplars Poren nur auf den Segmenten 7, 12, 13, 15—19 festgestellt, in der Fläche am Grunde des hinteren Seitenrandlappens (Fig. 328) gelegen. Kopf ganz vom Halsschild bedeckt. Halsschild groß, fächerförmig, den Kopf überragend, vorn seicht gekerbt, mit Radialfurchen. Seitenflügel groß, flach, horizontal bis ein wenig erhoben,

Seiten- und Hinterrand gekerbt-gelappt, Vorderrand glatt. Metazoniten dicht fein behaart, außerdem unregelmäßig verteilte kleine Tuberkeln. Am Hinterrand spatelige Plättchen (Fig. 329). Die ventralen glattrandig, die dorsalen am Ende fein gesägt. Sternite schmal, mit Quer- und Längsfurche, unbedornt. Analsegment klein, konisch, frei, das Schwänzchen etwas abwärts gebogen; Analschuppe breit 3eckig, mit 2 Borstenwarzen. Beine schlank, Praefemur und Femur gleich lang. Gonopodenhüfte lateral halbkugelig gewölbt, die gedrungenen Telopodite zwischen den Hüften eingeschlossen; Femur ohne beborsteten oder behaarten Fortsatz.

West-Afrika.

Eine Art: *C. pterodesmoides* O. F. Cook.

1. **C. pterodesmoides** O. F. Cook 1911 *C. p.*, O. F. Cook in: P. U. S. Mus., *v.* 40 p. 464 t. 60 f. 1a—1n.

Rötlichbraun, ventral heller. Länge ca. 18 mm, Breite 3,5 mm. Kopf klein, komprimiert; Scheitel undeutlich und unregelmäßig granuliert, mit 2 runden Vorwölbungen hinter den Antennen, wie die Tergite behaart; Clypeus lang und schmal, fast glatt, spärlich behaart, 3 Labralzähne. Antennen schlank, Halsschild schmäler als das folgende Tergit, vorn gerundet, leicht

Fig. 327. **Chatelainea pterodesmoides** O. F. Cook. Seitenflügel (O. F. Cook, 1911).

Fig. 328. **Chatelainea pterodesmoides** O. F. Cook. Porentragendes Läppchen eines vorderen Segments.

Fig. 329. **Chatelainea pterodesmoides** O. F. Cook. Plättchensaum der Ventralseite des Metazonit.

aufgekrempt, mit 10 kurzen Lappen und Radialfurchen, die Fläche unregelmäßig granuliert, dicht und fein behaart. Seitenflügel (Fig. 327) seitlich mit 3, hinten mit 3 oder 4 Lappen, letztere durch breite Kerben getrennt, die hinteren Segmente mit stärker aufwärts gebogenen Seitenflügeln, der hinterste, porentragende Lappen in einen langen schrägen Zacken ausgezogen, die Spitzen des 19. Segments überragen das Analsegment.

St. Paula de Loanda.

17. Gen. **Corypherepsis** Att.

1898 *Cryptodesmus*, Brölemann (nec Peters 1864) in: Ann. Soc. ent. France, *v.* 67 p. 268 | 1914 *Corypherepsis*, Attems in: Arch. Naturg., *v.* 80 A 4 p. 174, 177.

♂ ♀ 20 Segmente. Poren auf den Segmenten 5, 7, 9, 10, 12, 13, 15 auf einem durch eine Furche abgesetzten Läppchen oder auf einem nicht durch eine Furche abgesetzten Lappen des Seitenrandes. Kopf ganz vom Halsschild bedeckt. Halsschild fächerförmig, vorn seicht gelappt mit Radialfurchen. Seitenflügel sehr breit, ziemlich hoch angesetzt, ungefähr horizontal, alle 3 Ränder mehr oder weniger tief eingeschnitten-gelappt. Die Kerben des Hinterrandes am Grund rund, seitlich mit Radialfurchen. Rücken mehr oder weniger flach, Seitenflügel hoch angesetzt. Metazoniten fein granuliert und dicht mit kurzen Härchen bedeckt; 2 paramediane Längsreihen etwas größerer Tuberkeln. Analsegment nicht bedeckt, stumpf-konisch. Gonopodenhüfte groß, halbkugelig, Praefemur ohne Fortsatz, Acropodit schlank, 2ästig, der eine Ast mit der Samenrinne.

Venezuela.

3 Arten.

Typus: *C. laceratus* (Bröl.).

Übersicht über die Arten:

1	Der das Saftloch tragende Lappen des Seitenflügels ist nicht durch eine Furche abgesetzt (Fig. 333)	3. **C. simoni**
	Der das Saftloch tragende Lappen ist durch eine Furche vom übrigen Seitenflügel abgesetzt (Fig. 330) — 2	
2	Halsschild ebenso gefärbt wie der übrige Rücken	1. **C. laceratus**
	Halsschild heller gefärbt als der übrige Rücken	2. **C. finitimus**

1. **C. laceratus** (Bröl.) 1898 *Cryptodesmus l.*, Brölemann in: Ann. Soc. ent. France, *v.* 67 p. 269 t. 21 f. 20—32.

Rücken braunrot, Bauch und Beine heller. Länge 13—13,5 mm, Breite 2,7—3 mm. Clypeus vorn glatt und glänzend, weiter hinten sehr fein gerunzelt und kahl. Scheitel vorgewölbt mit gut ausgeprägter Furche. Antennengruben tief. Antennen lang, endwärts mäßig verdickt, Borsten wenig dicht, sehr fein, 5. Glied das längste, das 7. Glied weiter herausragend als gewöhnlich. Vorderrand des großen, den Kopf ganz bedeckenden Halsschildes schwach aufgebogen mit 11 seichten Kerben, von denen Radialfurchen ausgehen, die 12 schwach ausgeprägte Lappen abgrenzen; Oberfläche wie die aller anderen Tergite stark granuliert. Die Granula tragen sehr feine und kurze steife Börstchen; außerdem 2 Querreihen von 6+4 etwas größeren glatten Tuberkeln. Tergite mit 2 paramedianen Längsreihen von je 3 Tuberkeln und an den Kielbasen 2 viel weniger deutliche Längsreihen. Seitenflügel horizontal, Vorder- und Hinterrand gekerbt, je weiter lateral um so tiefer; Seitenrand der porenlosen Segmente bis zum 14. 3lappig, der Segmente 16—19 4lappig, die Lappen durch kurze Radialfurchen getrennt. Auf den porentragenden Segmenten ist der Seitenrand schräg abgestutzt und trägt ein am Grunde durch eine Furche abgesetztes Läppchen mit dem Porus (Fig. 330). Analsegment 3eckig mit 3 Höckern jederseits; Analklappen abgeflacht, am Medialrand ein breiter flacher Saum durch eine Furche abgetrennt; Analschuppe breit abgerundet mit 2 langen schlanken Borstenwarzen. Beine lang; Praefemur des 3.—6. Paares mit warzenförmigem ventralem Fortsatz. Hinterrand der Gonopodenöffnung erhoben. Gonopodenhüfte *(c)* lateral stark ge-

Fig. 330.
Corypherepsis laceratus (Bröl.).
Seitenflügel des 12. Segments.

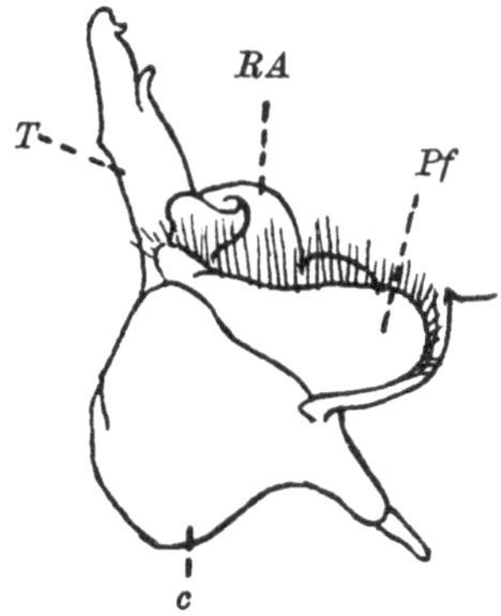

Fig. 331.
Corypherepsis laceratus (Bröl.).
Gonopode (Brölemann, 1898).

wölbt, medial eingedrückt; Praefemur *(Pf)* fast lamellär, mit zahlreichen langen Borsten, die sich mit denen der Gegenseite kreuzen; Acropodit mit kurzem Samenrinnenast *(RA)* (Fig. 331).

Venezuela: Kolonie Tovar.

2. **C. finitimus** (Bröl.) 1898 *Cryptodesmus f.*, Brölemann in: Ann. Soc. ent. France, *v.* 67 p. 271 t. 21 f. 33.

Farbe etwas heller als die von *C. laceratus*, besonders der Halsschild, der lebhaft mit dem übrigen Körper kontrastiert. Länge 12,5 mm, Breite

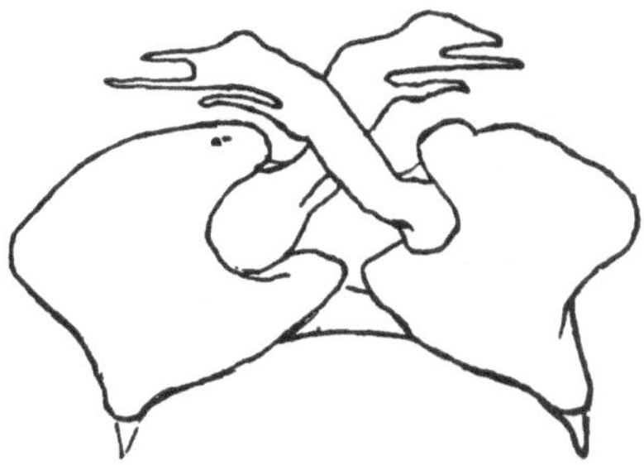

Fig. 332.
Corypherepsis finitimus (Bröl.). Gonopoden (Brölemann, 1898).

3 mm. Gestalt des Rumpfes ganz gleich der von *C. laceratus*. Gonopodenhüfte weniger breit, der Tarsalteil länger, mit 2 dünnen spitzen an die Enden eines Hirschgeweihes erinnernden Ästen; Samenrinnenast länger und freier sichtbar (Fig. 332).

Venezuela: Corozal.

3. **C. simoni** (Bröl.) 1898 *Cryptodesmus s.*, Brölemann in: Ann. Soc. ent. France, *v.* 67 p. 271 t. 21, 22 f. 34—38.

Einfarbig rußbraun. Länge 13 mm, Breite 3,8 mm. Kopf ganz vom Halsschild bedeckt, Clypeus vorn glatt mit 4 Borsten, dahinter plötzlich runzelig,

Fig. 333.
Corypherepsis simoni (Bröl.).
Seitenflügel des 12. Segments (Brölemann, 1898).

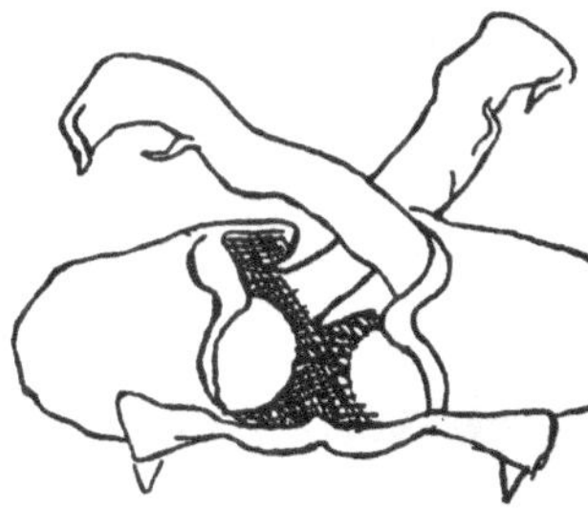

Fig. 334.
Corypherepsis simoni (Bröl.).
Gonopoden (Brölemann, 1898).

Scheitel gewölbt mit tiefer Furche. Antennen ziemlich lang, wenig verdickt, schwach beborstet. Die Borsten fein und kurz, 5. Glied das längste, 4. Glied ventral mit stumpfem 3eckigem Anhang. Alle Tergite mit runden Granulationen, die feine steife Börstchen tragen, die etwas länger sind als bei den anderen 2 Arten. Vorderrand des Halsschildes mit 11 etwas deutlicheren Kerben als bei *C. laceratus*, auf der Fläche 2 Querreihen von 6 + 4 Tuberkeln. Mittelteil der Tergite wie bei *C. laceratus;* Vorder- und

Hinterrand der Seitenflügel viel tiefer eingekerbt als dort, auch der Seitenrand tiefer eingekerbt mit spitzeren Lappen, auf den Segmenten 2—6, 8, 11, 14 3lappig, auf den Segmenten 7, 9, 10, 12, 13, 15—19 4lappig, die porentragenden Seitenflügel nicht verschieden von den porenlosen, der Porus liegt auf dem hintersten Lappen (Fig. 333). Seitenflügel stärker abschüssig als bei *C. laceratus*. Analschuppe breit 3eckig mit 2 Borstenwarzen. Sternite schmal mit medianer Längsfurche. Beine ziemlich lang; die vorderen Beine wie bei *C. laceratus*. Gonopodenhüften stärker zusammengedrückt und einander sehr genähert. Tibiotarsus verlängert, am Ende breit und an einer Ecke fädig ausgezogen; Samenrinnenast kurz und gebogen (Fig. 334).

Venezuela: San Esteban.

18. Gen. **Arionus** Chamb.

1923 *A.*, Chamberlin in: Occas. Papers Mus. Zool. Michigan, nr. 133 p. 75.

♂ und ♀ 20 Segmente. Poren auf den Segmenten 5, 7, 9, 10, 12, 13, 15—19 in der Fläche gelegen, vom Rande entfernt. Kopf vom Halsschild bedeckt, Halsschild mit Radialfurchen, granuliert. Seitenflügel des 2. Segmentes breiter als Halsschild und 3. Segment. Seitenflügel ziemlich schmal, der Seitenrand durch Radiallinien in sehr seichte Lappen geteilt, Hinterrand mit einer runden Kerbe (Fig. 335). Poren sehr unscheinbar auf dem letzten Seitenrandlappen. Metazoniten grob granuliert, die Granula alle gleich groß. Analsegment frei sichtbar, die Terminalborsten am Ende nach hinten gerichtet. Gonopoden: Hüfte groß, halbkugelig, das Telopodit kurz und gedrungen, scheint in 2 Äste geteilt zu sein (Näheres?).

Kolumbien.

Typus und einzige Art: *A. ulophilus* Chamb.

1. **A. ulophilus** Chamb. 1923 *A. u.*, Chamberlin in: Occas. Papers Mus. Zool. Michigan, nr. 133 p. 76 t. 28 f. 200, 201, t. 29 f. 202—206.

Metazoniten dorsal braun, Unterseite heller. Länge 11 mm, Breite 1,9 mm. Scheitel mit einer schildförmigen, grob granulierten Area, Clypeus

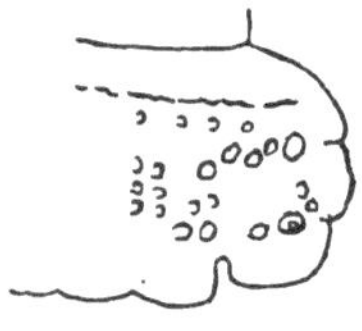

Fig. 335.
Arionus ulophilus Chamb. Seitenflügel des 10. Segments (Chamberlin, 1923).

vor den tiefen Antennengruben stark vorgewölbt. Halsschild mit 9 Radialfurchen, dicht granuliert, alle Granula klein. Metazoniten mit 5 oder 6 mehr oder weniger unregelmäßigen Querreihen kleiner Tuberkeln. (Die Zeichnung der Gonopoden genügt nicht, keine Beschreibung derselben.)

Kolumbien: San Lorenzo.

19. Gen. **Coccoelasma** Loomis

1936 *C.*, Loomis in: Bull. Mus. Harvard, *v.* 80 p. 167.

♂ ♀ 20 Segmente. Porenformel normal. Kopf vom Halsschild bedeckt, 5. Antennenglied das größte, Vorderrand des Halsschildes breit gerundet, 10lappig. Rücken mäßig gewölbt. Seitenflügel schmal, in der Mitte der Seiten angesetzt, horizontal, am Hinterrand auf den Segmenten 2—18 ein tiefer Einschnitt, der Seitenrand durch seichte Kerben in runde Lappen geteilt, die Poren auf einer kleinen Tuberkel in der Nähe des Seitenrandes. Metazoniten dicht granuliert und mit 3 Reihen polygonaler Felder, in jedem Feld eine kleine borstentragende Tuberkel. Hinterrand des 19. Segments mit 6 runden Lappen, ähnliche Lappen auf den vorangehenden Segmenten, nach vorn an Größe abnehmend. Analsegment nicht vom 19. bedeckt, mit 2 großen kegeligen Tuberkeln, der Hinterrand mit 6 kleinen borstentragenden Lappen. Gonopoden „wie bei *Docodesmus*", d. h. Telopodit 2ästig.

Haiti.

1 Art.

Typus: *C. incisura* Loomis.

1. **C. incisura** Loomis 1936 *C. i.*, Loomis in: Bull. Mus. Harvard, *v.* 80 p. 170 f. 71, t. 3 f. 4.

Braun mit einem Stich ins Rosa, das Hinterende heller als das Vorderende. Länge 6 mm, Breite 0,9 mm. Scheitel sehr dicht und fein granuliert, Antennen lang, stark keulig, das 5. Glied das größte. Halsschild schmäler als das 2. Segment, mit 2 Reihen kleiner undeutlicher Tuberkeln, vorn 4,

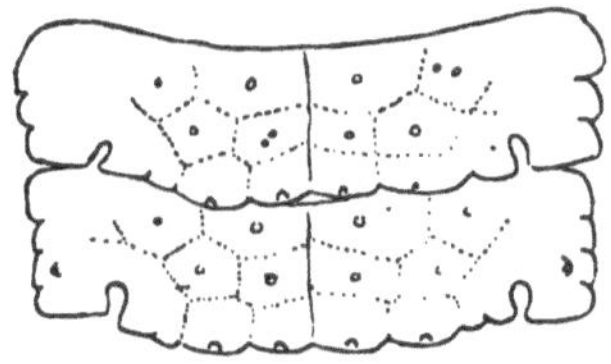

Fig. 336.
Coccoelasma incisura Loomis. 14. und 15. Segment (Loomis, 1936).

hinten 6. Seitenrand der porenlosen und des 5. Segments durch seichte Kerben 3lappig, der anderen porentragenden 4lappig, Hinterrand der Seitenflügel 2—19 mit einem tiefen Einschnitt. Metazoniten (Fig. 336) mit 3 Reihen von je 4 polygonalen Feldern, im Zentrum jeder Area eine borstentragende Tuberkel, die ganze übrige Fläche dicht fein granuliert, die lateralen Tuberkeln weniger deutlich als die paramedianen.

Haiti: Morne Brigand bei Bayeux, Morne Pilboreau ober Ennery. Ile de Cabret bei Bayeux.

20. Gen. **Leuritus** Chamb.

1923 *L.*, Chamberlin in: Zool. N. York, *v.* 3 p. 411.

♂ und ♀ 20 Segmente. Poren sehr klein, schwer zu sehen, auf den Segmenten 5, 7, 9, 10, 12, 13, 15—19 in der Fläche nahe dem Hintereck. Kopf ganz vom Halsschild bedeckt und weit von ihm überragt, mit tiefen seitlichen Antennengruben, 5. Antennenglied das größte, viel länger als das 6., Sinnesstäbchen des 5. und 6. Gliedes frei stehend. Halsschild groß, fächerförmig, vorn kaum gekerbt 12teilig, mit Radialfurchen und granuliert. Seitenflügel groß, sehr breit, mit Radialfurchen, vorn und hinten ganzrandig. Metazoniten dicht kurz behaart, besonders an den Tergiträndern, und mit Querreihen von Tuberkeln, die sich nicht auf die Seitenflügel fortsetzen, keine vergrößerten Granula. Fortsatz des Analringes (Fig. 338) sehr breit, lamellös, schaufelförmig, die Terminalborsten an seinem Hinterrand verteilt. Gonopoden: Hüfte dick gerundet, Praefemur mit einem kleinen beborsteten Fortsatz, Telopodit zum größten Teil frei aufragend und nicht in der Höhlung der Hüfte verborgen, tief 2ästig, beide Äste schlank, der eine mit der Samenrinne.

Britisch Guayana.

Typus und einzige Art: *L. termitophilus* Chamb.

1. **L. termitophilus** Chamb. 1923 *L. t.*, Chamberlin in: Zool. N. York, *v.* 3 p. 413 t. 25 f. 1—7.

Gelb. Länge 4,5 mm, Breite 1,5 mm. Oft mit Fremdkörpern inkrustiert. Kopf dorsoventral komprimiert mit einer scharfen Querkante über den Scheitel, Scheitelfurche scharf, vorn gegabelt. Labrum 3zähnig. Halsschild vorn seicht 12lappig. Seitenflügel mit 2 Radialfurchen, das 5. Segment nur mit einer, die hintersten mit 3 solchen Furchen. Porentragende und porenlose Seitenflügel gleichgestaltet, Poren winzig klein, schwer zu sehen. Metazoniten mit 3 Querreihen von gleich großen Tuberkeln. Nach den Abbildungen sind die Metazoniten beborstet und dicht mit kleinen Spitzchen (Papillen?) besetzt (Fig. 337, 338, 339).

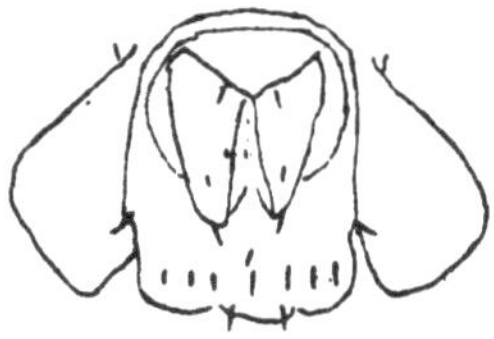

Fig. 337.
Leuritus termitophilus Chamb.
Hinterende, Ventralseite (Chamberlin, 1923).

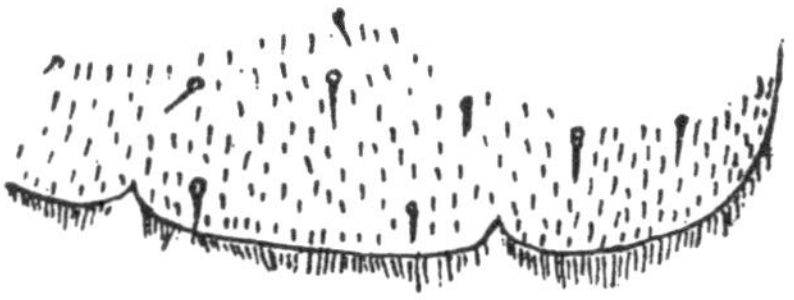

Fig. 338.
Leuritus termitophilus Chamb.
Analring von unten (Chamberlin, 1923).

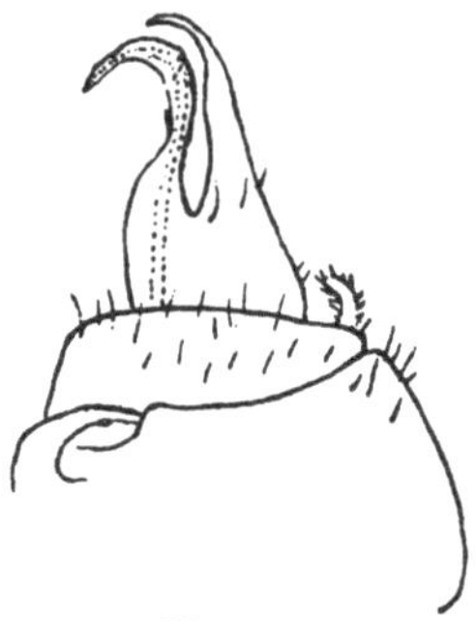

Fig. 339.
Leuritus termitophilus Chamb.
Gonopode (Chamberlin, 1923).

Britisch Guayana: Kartabo, Bastica-Distrikt in einem Nest von *Nasutitermes brevipilus* (Emerson).

21. Gen. **Apomus** O. F. Cook

1911 *A.*, O. F. Cook in: P. U. S. Mus., *v.* 40 p. 468 | 1914 *A.*, Attems in: Arch. Naturg., *v.* 80 A 4 p. 162, 167.

♂ ♀ 20 Segmente. Poren auf den Segmenten 5, 7, 9, 10, 12, 13, 15—19, in der Fläche der hinteren Hälfte der Seitenflügel ganz am Rande zwischen den Randzähnen oder etwas vom Rande entfernt. Kopf ganz oder fast ganz vom Halsschild bedeckt, mit seitlichen Antennengruben, glatt; 6. Antennenglied etwas länger als das 5. Das 5. und 6. Glied lateral nicht lappig verbreitert. Halsschild groß, fächerförmig, vorn ganzrandig. Rückenmitte gewölbt, Seitenflügel ziemlich breit, mehr oder weniger eckig und horizontal, seitlich spitz gezähnt, die Zähne eine längere Borste tragend, Hinterrand gekerbt-gezähnt. Metazoniten mit Querreihen flacher, eine kleine Borste tragender Tuberkeln, keine derselben besonders vergrößert. Oberfläche glatt und glänzend, ohne Stifte oder Papillen. Analsegment dick-konisch, frei sichtbar, Femur des Gonopoden gut gegen den Tibiotarsus abgesetzt, mit langem, schlankem, basalwärts gerichtetem, beborstetem Fortsatz. Tibiotarsus mehrästig, der Samenrinnenast behaart oder bestachelt oder kahl, die Samenrinne macht im Samenrinnenast einige Windungen.

Brasilien.

3 Arten.

Typus: *A. pusillus* (Att.).

Übersicht über die Arten:

1 { Seitenflügel seitlich etwas gerundeter mit 5—9 kleineren, stumpferen Zähnchen (Fig. 343) . . . . 3. **A. politulus**
  Seitenflügel eckiger, mit 5—6 größeren Zähnchen (Fig. 340) — 2

2 { Poren ein wenig vom Seitenrand entfernt. Kopf ganz vom Halsschild bedeckt. Samenrinnenast am Ende beborstet. Oberfläche glatt und glänzend . . . . 1. **A. pusillus**
  Poren ganz lateral in der Kerbe zwischen 3. und 4. Randzahn. Kopf ein wenig unter dem Halsschild hervorsehend. Samenrinnenast nicht beborstet. Oberfläche durch Punktierung matt . . . . 2. **A. pileolus**

1. **A. pusillus** (Att.) 1899 *Cryptodesmus p.*, Attems in: Denk. Ak. Wien, *v.* 68 p. 364 t. 15 f. 352—355 | 1911 *Apomus p.*, O. F. Cook in: P. U. S. Mus., *v.* 40 p. 468.

Gelblichbraun. Ränder des Halsschildes und der Seitenflügel weißlich-farblos. Länge 7 mm, Breite 1 mm, vom Halsschild bis zum 7. Segment gleich breit. Kopf ganz vom Halsschild bedeckt, Scheitel spärlich beborstet. Halsschild sehr groß, so breit wie die folgenden Tergite, vorn halbkreisförmig; hinten in der Mitte gerade, seitlich konkav schräg nach vorn ziehend. Vorderrand ganzrandig mit Radialfurchen, in jedem der durch diese gebildeten Felder eine Borste. Seitenflügel breit, fast horizontal, sehr eckig, Seitenrand leicht konvex mit 4—6 spitzen Zähnen, und zwar auf den Segmenten 2, 5, 7—15 je 5, auf den Segmenten 3, 4 und 6 je 4 und auf den Segmenten 16—19 je 6 Zähne; jedes Zähnchen trägt eine lange weiße, sehr zerbrechliche Borste. Poren sehr groß, etwas vom Seitenrand entfernt zwischen 3. und 4. oder 4. und 5. Zahn. Seitenflügel des 19. Segments abgerundet, nach hinten gerichtet. Rücken der Metazoniten glatt und glänzend mit 3 Querreihen flacher Tuberkeln, in der 3. Reihe 14. Sternite schmal. Nur die Beine des 6. Segments des Männchens weiter voneinander entfernt. Gonopodenpraefemur gut gegen das Acropodit abgesetzt, mit einem zarten hyalinen, ringsum beborsteten, basalwärts gerichteten Fortsatz. Acropodit im Samenrinnenast und 2. Ast, Tibiotarsus, geteilt, die sich jeder wieder gabeln. Der Samenrinnenast hat einen schlanken glatten Seitenast; die Samenrinne macht

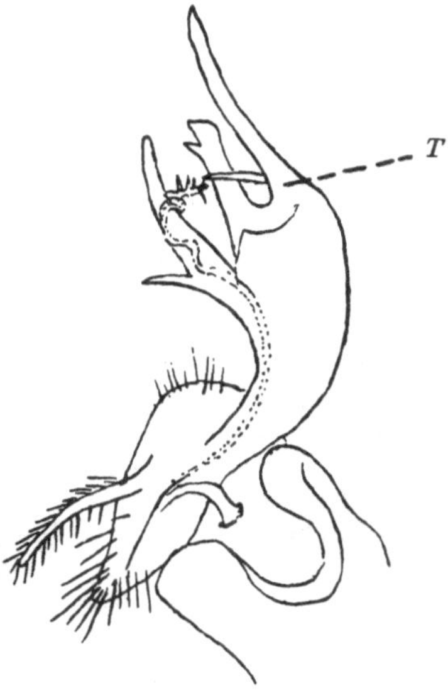

Fig. 340.
Apomus pusillus (Att.). Gonopode.

mehrere Biegungen und tritt auf einen bestachelten Seitenast über, das Ende ist ringsum fein behaart. Der Tibiotarsus *(T)* teilt sich in 3 Arme, von denen 2 sehr ungleich lange einfach sind, der 3. ist kurz 2ästig (Fig. 340).

Brasilien: Santa Catharina.

2. **A. pileolus** (Bröl.) 1904 *Cryptodesmus p.*, Brölemann in: Revista Mus. Paul., *v.* 6 p. 85 f. II—IV, t. 1 f. 12—17 | 1914 *Apomus p.*, Attems in: Arch. Naturg., *v.* 40 A 4 p. 167.

Farblos. Länge 6,5 mm, Breite 1 mm. Kopf glatt, spärlich beborstet, ein wenig unter dem Halsschild hervorragend. Antennen sehr kurz und dick, keulig. Halsschild ringsum mit kleinen Tuberkeln besetzt, auf der Fläche 2 unregelmäßige Querreihen solcher (Fig. 341). Rückenmitte gewölbt, Seitenflügel in der Mitte der Seiten angesetzt, horizontal, fast rechteckig-gerundet, das Hintereck nur auf den Segmenten 18 und 19 zackig ausgezogen; der Seitenrand und Hinterrand kräftig gezähnt, seitlich auf dem 2. und den porentragenden Segmenten 5, auf den porenlosen 4 Zähne, hinten 3 Zähne; alle Zähne, die gebildet sind von Tuberkeln, tragen eine Borste. Die Poren liegen ganz seitlich zwischen 3. und 4. Zahn. Metazoniten mit 3 Querreihen borstentragender Tuberkeln. Oberfläche matt, besonders dorsal, durch dichtgedrängte grobe Punkte. Schwänzchen leicht abwärts gebogen. Sternite mit tiefer Kreuzfurche. Beine kurz. Hüften des 2. und 6. Paares des Männchens granuliert. Praefemur einiger vorderer Beine des Männchens verbreitert und mit einem bis zum Drittel des Femur reichenden Fortsatz versehen. Gonopodenhüften breit und kurz. Praefemur mit einem beborsteten, basalwärts gerichteten Fortsatz. Telopodit zwischen Praefemur und Femur eingeschnürt. Samenrinnenast mit beborstetem Ende und bestacheltem Seitenast, auf dem die vorher eine Spiralwindung beschreibende Samenrinne endet. Der 2. Ast, Tibiotarsus *(T)*, mit einem sehr langen geraden und einem kleinen Spieß (Fig. 342).

Fig. 341.
Apomus pileolus (Bröl.).
Vorderende (Brölemann, 1904).

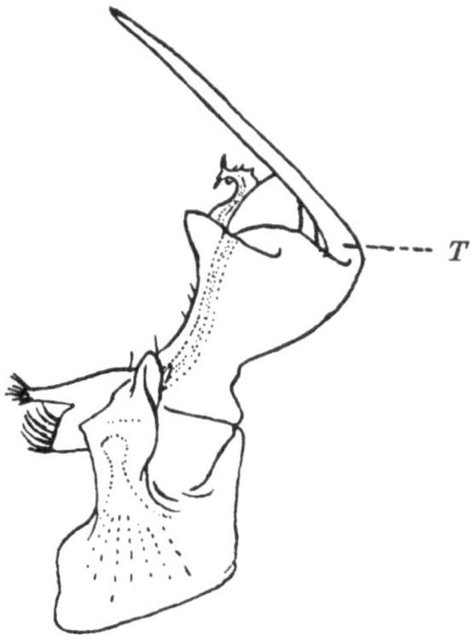

Fig. 342.
Apomus pileolus (Bröl.).
Gonopode (Brölemann, 1904).

Brasilien: Staat von Sao Paolo, Poço grande.

3. **A. politulus** (Bröl.) 1904 *Cryptodesmus p.*, Brölemann in: Revista Mus. Paul., *v.* 6 p. 84 f. I.

Länge 8,4 mm, Breite 1,7 mm. Zähnchen der Seitenflügel zahlreicher (5—9) und kleiner als bei *A. pusillus*, der Seitenrand etwas mehr konvex

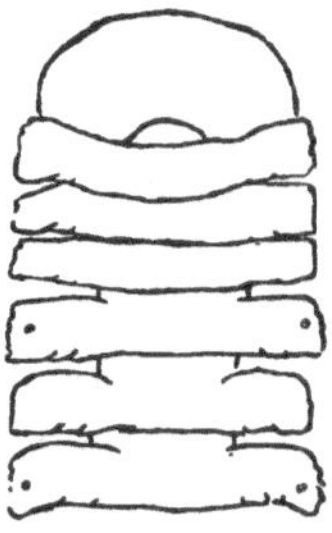

Fig. 343.
Apomus politulus (Bröl.). Vorderende (Brölemann, 1904).

(Fig. 343). Die 3 Querreihen von Rückentuberkeln sind durch ziemlich deutliche Furchen getrennt. ♂ unbekannt.

Brasilien: Staat von Sao Paolo, Poço grande.

22. Gen. **Phenacoporus** Att.

1914 *Aporodesminus (P.)*, Attems in: Arch. Naturg., *v.* 80 A 4 p. 163, 165.

♂ und ♀ 20 Segmente, Poren winzig, sehr schwer zu sehen, ihre Verteilung unbekannt. Kopf vom Halsschild bedeckt, 5, 6. und 7. Antennenglied lateral knollig verbreitert, mit den Gruppen von Sinneszapfen, 5. und 6. Glied ungefähr gleich groß. Seitenflügel sehr breit, horizontal, Seiten- und Hinterrand gekerbt-gelappt. Metazoniten mit Querreihen von Tuberkeln oder flachen Beulen. Bei *P. weberi* sind die Metazoniten dicht mit den bekannten kleinen Stiftchen bedeckt, die anderen Arten diesbezüglich unbekannt. Analsegment kegelig, frei, nach hinten gerichtet, die Terminalborsten am Ende, nach hinten abstehend. Gonopoden: Hüfte nur mäßig groß, seitlich nicht halbkugelig, Praefemur mit großem, distal gerichtetem, unbeborstetem Fortsatz, Acropodit mit schlankem Rinnenast und breitem Tibiotarsalast.

Sunda-Inseln.

3 sichere und 3 unsichere Arten.

Typus: *P. weberi* (Poc.).

Übersicht über die besser beschriebenen Arten:

1	Die Metazoniten haben weniger deutliche Tuberkeln, sie sind mehr gefeldert. Seitenrand der Seitenflügel stärker gezähnt (Fig. 347)	3. **P. sumatranus**
	Metazoniten mit Querreihen deutlicher runder Tuberkeln — 2	
2	Vordereck der Seitenflügel schärfer und Seiten- und Hinterrand deutlicher gezähnt (Fig. 346). Meist 4 Reihen von Tuberkeln	2. **P. concolor**
	Vordereck der Seitenflügel abgerundeter, Seitenrand kaum gezähnt, Hinterrand schwach lappig (Fig. 344), meist 5 Tuberkelreihen	1. **P. weberi**

1. **P. weberi** (Poc.) 1894 *Cryptodesmus w.*, Pocock in: M. Weber, Ergeb. Reise Niederl. O.-Ind., *v.* 3 p. 374 t. 22 f. 13 | 1899 *Aporodesmus W.*, Attems in: Denk. Ak. Wien, *v.* 68 p. 371 t. 15 f. 368 | 1907 *Cryptodesmus w.*, Attems in: Mt. Mus. Ham-

burg, *v.* 24 p. 115 f. 27, t. 2 f. 44, 45 | 1914 *Aporodesminus (Phenacoporus) W.*, Attems in: Arch. Naturg., *v.* 80 A 4 p. 166.

Rücken dunkelbraun. Kopf, Beine und Bauch ockergelb, Antennen beinahe weiß. ♂ Länge 17 mm, Breite 4 mm. Kopf vom Halsschild bedeckt und überragt, oben fein und dicht granuliert. Antennen kurz, keulig, das 3. Glied lang, schlank, 5. und 6. Glied fast gleich groß. Halsschild vorn flach gerundet, in der Mitte etwas eingedrückt, seitlich spitz, fast so breit wie das folgende Tergit, mit Radialfurchen; die Fläche schwach granuliert. Seitenflügel sehr breit, breiter als lang, nach der Seite zu nicht verschmälert, Vorder- und Hinterrand annähernd parallel, horizontal, die der vordersten Segmente etwas nach vorn gerichtet; Vorderrand ohne basale Schulter, schwach konvex, ungezähnt, Vordereck gerundet, Seitenrand stumpf 4zähnig oder 4lappig, Hintereck leicht zackig-vorgezogen, Hinterrand etwas konkav und seicht gelappt-gezähnt (Fig. 344). Die Fläche mit Radialfurchen. Rückenmitte gut gewölbt mit 5 Querreihen von Tuberkeln. Analsegment dick-konisch, mit borstentragenden Warzen besetzt, die am Rande vorstehen; Spitze des Schwänzchens in einer Linie mit den Seitenflügeln des 19. Segments. Gonopodenöffnung fast kreisrund, am Rande erhoben. Praefemur des Gonopoden mit großem, sichelförmigem Fortsatz *(Pf)*. Femur *(F)* mit schlankem, sichelförmigem Samenrinnenast und einem kürzeren 2. Ast *(a)* (Fig. 345). Femur des 3. Beinpaares des Männchens verdickt.

Fig. 344.
Phenacoporus weberi (Poc.). 8. Segment.

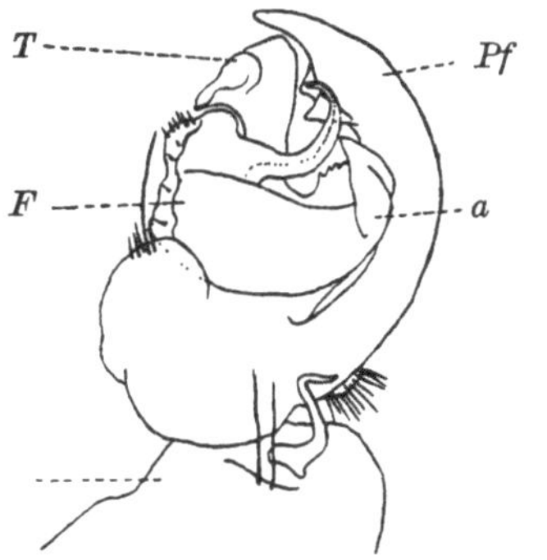

Fig. 345.
Phenacoporus weberi (Poc.). Gonopode.

Java: Buitenzorg, Tjibodas. Tjompea.

2. **P. concolor** (Poc.) 1894 *Cryptodesmus c.*, Pocock in: M. Weber, Ergeb. Reise Niederl. O.-Ind., *v.* 3 p. 376 t. 22 f. 14 | 1899 *Aporodesmus c.*, Attems in: Denk. Ak. Wien, *v.* 68 p. 372 | 1902 *A. c.*, J. Carl in: Rev. Suisse Zool., *v.* 10 p. 667 | 1914 *Aporodesminus (Phenacoporus) c.*, Attems in: Arch. Naturg., *v.* 80 A 4 p. 166.

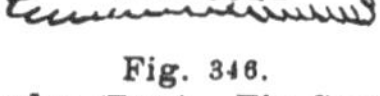

Fig. 346.
Phenacoporus concolor (Poc.). Ein Segment (Pocock, 1894).

Nahe verwandt mit *P. weberi*, von dem er sich durch folgende Merkmale unterscheidet: auf der Oberseite der Metazoniten sind die Tuberkeln größer und deutlicher in Reihen geordnet, und zwar in 4 Reihen. Längs des Hinterrandes der Seitenflügel sind nur 5, statt 7, Lappenzähne. Die Vorderecken der Seitenflügel sind weniger breit gerundet (Fig. 346). Länge 11,5 mm, Breite 2,7 mm.

Java: Tjibodas.

3. **P. sumatranus** (Poc.) 1894 *Cryptodesmus s.*, Pocock in: M. Weber, Ergeb. Reise Niederl. O.-Ind., *v.* 3 p. 376 t. 22 f. 15 | 1899 *Aporodesmus s.*, Attems in: Denk. Ak. Wien, *v.* 68 p. 372 | 1914 *Aporodesminus (Phenacoporus) s.*, Attems in: Arch. Naturg., *v.* 80 A 4 p. 166.

Nahe verwandt mit *P. weberi* und *concolor*, aber die Seitenflügel sind herabgedrückt und folgen der Wölbung der Rückenmitte. Außerdem ist die

Fig. 347.
Phenacoporus sumatranus (Poc.) (Pocock, 1894).

Skulptur weniger deutlich tuberkelförmig und nimmt mehr die Form von 4 Querreihen quadratischer Felder an und die Hinterränder der Seitenflügel sind weniger deutlich gezähnt. Beim Männchen sind die Seitenflügel leicht erhoben und folgen nicht (Fig. 347) der Wölbung der Rückenmitte. Länge 15 mm, Breite 4 mm.

Sumatra: Manindjau.

Die folgenden Beschreibungen sind unbrauchbar; die damit gemeinten Arten sollen mit *P. weberi* oder *sumatranus* verwandt sein.

1895 *Cryptodesmus modestus*, Silvestri in: Ann. Mus. Genova, *v.* 34 p. 647.
Neu-Guinea: Moroka.

1895 *Cryptodesmus modiglianii*, Silvestri in: Ann. Mus. Genova, *v.* 34 p. 746 f. 8.
Sumatra: Si Rambe.

1895 *Cryptodesmus simillimus*, Silvestri in: Ann. Mus. Genova, *v.* 34 p. 747 f. 9.
Sumatra: Pea Ragia, Balighe.

23. Gen. **Cryptocorypha** Att.

1907 *C.*, Attems in: Mt. Mus. Hamburg, *v.* 24 p. 116 | 1914 *C.*, Attems in: Arch. Naturg., *v.* 80 A 4 p. 162, 166.

♂ mit 19, ♀ mit 20 Segmenten. Poren auf den Segmenten 5, 7, 9, 10, 12, 13, 15 bis vorletztes Segment in der Fläche in der Nähe des Seitenrandes. 5. Antennenglied das größte, 5. und 6. Glied ohne Seitenlappen. Rücken ziemlich stark gewölbt, Seitenflügel groß, sehr breit, etwas abwärts geneigt, seitlich eingeschnitten-gelappt. Halsschild groß, den Kopf bedeckend, fächerförmig, vorn ganzrandig mit Radialfurchen. Metazoniten fein granuliert und mit Querreihen von Tuberkeln. Analsegment konisch, mehr oder weniger frei, das Endknöpfchen mit den Terminalborsten nach hinten gerichtet. Tibia des letzten Beinpaares bei Männchen und Weibchen oder nur beim Weibchen dorsal am Ende mit einem borstentragenden Zäpfchen. Gonopodenhüfte lateral halbkugelig gewölbt, medial konkav; Telopodit mit Gruppen von Borsten und Stacheln und einem schlanken, beborsteten, distal gerichteten Samenrinnenast, Praefemur mit großem Fortsatz.

St. Helena, Java.

2 Arten.

Typus: *C. stylopus* Att.

Übersicht über die Arten:

{ Tibia des letzten Beinpaares nur beim Männchen mit einem borstentragenden Zäpfchen. Fortsatz des Gonopodenpraefemur lang, schlank, glatt (Java) . . . . . . 1. **C. stylopus**

Tibia des letzten Beinpaares bei Männchen und Weibchen mit einem borstentragenden Zäpfchen. Fortsatz des Gonopodenpraefemur breit und mit feinen Fransen besetzt (St. Helena) . . . . 2. **C. napoleonis**

1. **C. stylopus** Att. 1907 *C. s.*, Attems in: Mt. Mus. Hamburg, *v.* 24 p. 116 f. XXVIII—XXXI, t. 2 f. 46—50.

Licht erdbraun. Länge ♂ 5 mm, ♀ 8 mm, Breite der Metazoniten ♂ etwas über 1 mm, ♀ 1,3 mm, der Prozoniten ♂ 0,5 mm, ♀ 0,75 mm, Antennen kurz, keulig. Vorderrand des Halsschildes leicht aufgekrempt mit Radialfurchen, die Fläche mit Querreihen von undeutlichen Tuberkeln. Seiten der porenlosen Seitenflügel 3lappig, der porentragenden 4lappig, die Poren

Fig. 348.
Cryptocorypha stylopus Att.
♀ 31. Bein.

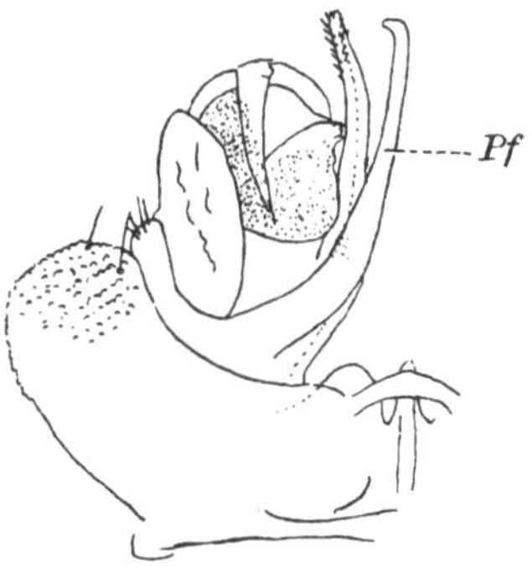

Fig. 349.
Cryptocorypha stylopus Att.
Gonopode.

Fig. 350.
Cryptocorypha stylopus Att.
Teil des 7. Segments.

iegen im Einschnitt zwischen 3. und 4. Lappen. Von den Kerben ziehen Furchen medianwärts, ebenso von 2 Läppchen am Hinterrand der Seitenflügel. Oberfläche mit winzigen Körnchen, die teilweise ein Netzwerk bilden (Fig. 350). Tibia des letzten Beinpaares nur beim Weibchen mit einem borstentragenden Zäpfchen (Fig. 348). Gonopodenöffnung queroval, Hüften durch mediane Fortsätze miteinander verbunden, die an der Mediannaht kielartig erhoben sind. Lateral sind die Hüften halbkugelig, warzig. Telopodit groß, Praefemur mit langem, schlankem, am Ende kurzhakigem, glattem Fortsatz *(Pf)*. Acropodit mit einem runden, beborsteten Polster, einem mit kurzen Kegeldornen besetzten Abschnitt und einem am Ende ringsum abstehend beborsteten, schlanken Samenrinnenast. Tibiotarsalabschnitt durch einen flach lamellösen Teil repräsentiert (Fig. 349).

Java: Buitenzorg, Depok (im Detritus).

2. **C. napoleonis** Att. 1908 *C. n.*, Attems in: D. Südp. Exp., *v.* 9 p. 428 t. 44 f. 16—20.

Metazoniten samt Seitenflügeln erdbraun, der übrige Rumpf blaß gelblichbraun. Länge 5 mm, Breite der Prozoniten 0,4 mm, der Metazoniten 1 mm. Halsschild mit 11 Radialfurchen vorn. Scheitel und Prozoniten fein granuliert. Metazoniten mit 3 unregelmäßigen Querreihen von Tuberkeln. Seitenflügel seitlich 3lappig, von den sehr seichten Kerben zwischen den Lappen ziehen Furchen medianwärts; am Hinterrand eine winzige Zacke mit Furche. Analsegment dick konisch, von den großen Seitenflügeln des vorletzten Segments zum Teil bedeckt. Tibia des letzten Beinpaares bei Männchen und Weibchen mit einem borstentragenden Zäpfchen. Gonopodenhüfte medial in eine Lamelle ausgezogen, die sich mit der der Gegenseite median in einem Kiel vereinigt,

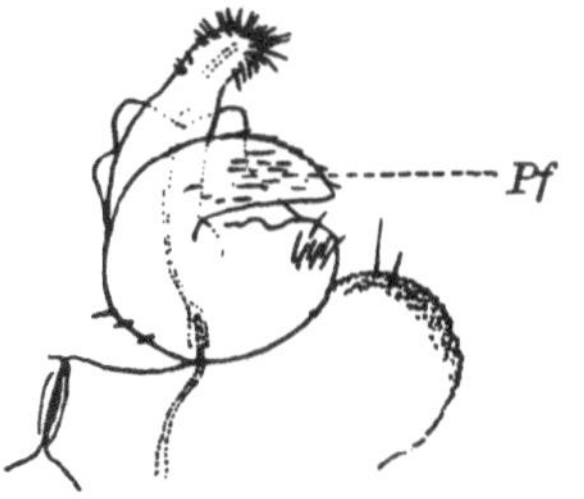

Fig. 351.
Cryptocorypha napoleonis Att. Gonopode.

lateral ist die Hüfte halbkugelig gewölbt und mit runden Tuberkeln besetzt. Praefemur mit breitem, sichelförmigem, fein gefranstem Fortsatz *(Pf)*. Samenrinnenast am Ende ringsum beborstet; neben ihm eine flache Lamelle (Fig. 351).

St. Helena, High Peak.

24. Gen. **Archandrodesmus** Carl

1932 *A.*, J. Carl in: Rev. Suisse Zool., *v.* 39 p. 490.

♂ ♀ 20 Segmente. Poren auf den Segmenten 5, 7, 9, 10, 12, 13, 15—19 nahe dem Seitenrand, zwischen 3. und 4. Lappen. Kopf ganz vom Halsschild bedeckt, Antennen meist schlank und mäßig keulig, seltener dicker, die Endglieder ohne Lappen oder Höcker. Halsschild mit breiter Krempe und Radialfurchen. Seitenflügel breit, die porenlosen mit 3, die porentragenden meist mit 4 runden Lappen, 2 kleine Einschnitte am Hinterrand. Habitus der von *Cryptocorypha*, Rücken mehr oder weniger flach. Terminalborsten nach hinten gerichtet, das Schwänzchen von oben frei sichtbar. Apicalborste der Tibia der 1—2 letzten Beinpaare lang und auf einem Zapfen sitzend oder kürzer und nicht auf einem Zapfen. Gonopoden: Hüften breit, beide durch eine schmale kielförmig vortretende Platte verbunden, außen schalenartig. Praefemur quergestreckt, innen tütenförmig, mit einem großen, tief 2teiligen Fortsatz. Acropodit schlank, in 2—4 Äste geteilt, oder ungeteilt.

Vorderindien, Ceylon.

4 Arten.

Typus: *A. areatus* Carl.

Übersicht über die Arten:

1	Apicalborste der Tibia der 2 letzten Beinpaare lang und auf einem Zäpfchen sitzend — **2**	
	Apicalborste kürzer und nicht auf einem Zapfen sitzend — **3**	
2	Seitenrand der porentragenden Seitenflügel 4lappig, Poren nahe dem Seitenrand. Hüfte der Gonopoden sehr breit, Acropodit am Ende hakig und beborstet	1. **A. areatus**
	Seitenrand der porentragenden Seitenflügel 3lappig. Poren vom Seitenrand weiter entfernt. Hüfte der Gonopoden schwächer entwickelt, Acropodit am Ende einfach verjüngt	2. **A. riparius**

3 Hellgelbbraun. Länge 8—10 mm, Breite 1,6—1,8 mm. Fortsatz des Gonopodenpraefemur einfach, gelappt, Acropodit 2ästig . . . . 3. **A. tuberculatus**
Reinweiß, Länge 6 mm, Breite 1,2 mm. Praefemurfortsatz aus 2 runden Lamellen bestehend, Acropodit 4ästig. Auf der Hinterfläche des Praefemur ein klotzförmiger Höcker . . . . 4. **A. kandyanus**

1. **A. areatus** Carl 1932 *A. a.*, J. Carl in: Rev. Suisse Zool., *v.* 39 p. 490 f. 114—118.

Erdgrau, Kopf mit Antennen, Bauch und Beine heller grau bis schmutzig weiß. Länge 8—10 mm, Breite 1,6—1,8 mm. Clypeus und vordere Hälfte der Stirn kurz weiß beborstet. Antennen schlank, Sinnesfelder unbestimmt begrenzt. Vom glatten Vorderrand des Halsschildes gehen 11 kurze radiale Furchen aus. Rücken der Segmente 2 und 3 schwach gewölbt. Seitenflügel horizontal, weiterhin der Rücken stärker konvex, die Seitenflügel abfallend.

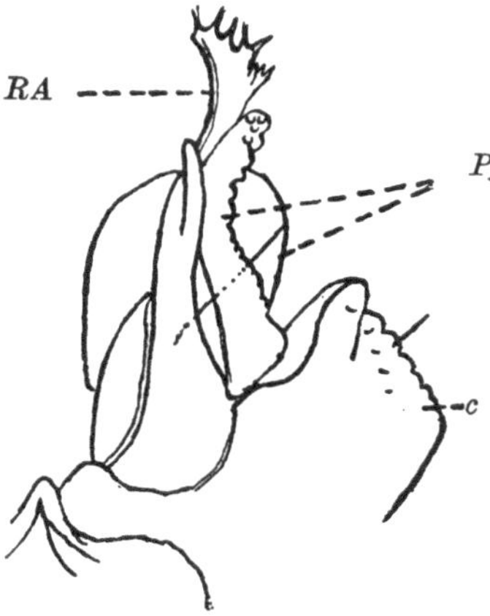

Fig. 352.
Archandrodesmus areatus Carl. Gonopode (J. Carl, 1932).

Seitenrandzähne stumpf, von den Einschnitten gehen kurze radiäre Furchen nach innen, Hintereck stumpf, erst vom 15. an als Zacke vorragend. Metazoniten mit 3 Querreihen sehr quergestreckter Felder, die beulenartig aufgetrieben sind und einen stumpfen Höcker tragen. Sternite mit feinen weißen Börstchen. Obere apicale Borste der Tibia auf den 2 letzten Beinpaaren auf einem Zapfen inseriert. Gonopoden: Hüfte *(c)* außen schalenförmig, Telopodit gerade aufsteigend und weit aus der Hüfte vorragend. Praefemur mit tief zweiteiligem Fortsatz aus einer ovalen Platte und einem fingerförmigen, mit Tuberkeln besetzten Ast *(Pf)* bestehend. Acropodit ein schlanker leicht geschwungener Ast, der in der Mitte eine kurze Zacke abgibt und sich gegen das Ende etwas verbreitert und in viele Spitzen teilt *(RA)*. Die Samenrinne mündet am Ende (Fig. 352).

Upper Palnis: Kodaikanal, Bombay Shola, Mariyan Shola, Pumbarai, Kukkal Shola, Vandaravu, 1900—2300 m.

2. **A. riparius** Carl 1932 *A. r.*, J. Carl in: Rev. Suisse Zool., *v.* 39 p. 495 f. 123—126.

Trübweiß, Länge 5 mm, Breite 0,7 mm. Antennen gedrungener und deutlicher keulig. Halsschild und Metazoniten mit 3 Querreihen runder Tuberkeln, die der hinteren Reihe nicht quergezogen, die radiäre Furchung des Randes sehr undeutlich, Seitenrand auch der porentragenden nur in 3 flache Lappen geteilt. Porus weiter vom Rande entfernt als bei den anderen Arten. Schräge Einkerbung des Hinterrandes und die dadurch entstehenden Lappen schwach, Hintereck stumpf. Das Schwänzchen trägt vor der Mitte eine Querreihe von 4 starken Kolben. Apicale Borste der Tibia des letzten Beinpaares lang und auf einem starken Zapfen stehend. Gonopoden (Fig. 353): Hüfte schwach entwickelt. Telopodit weniger tief, nur etwa bis zur Mitte gespalten in den 2teiligen Praefemoralfortsatz *(a, b)*, dessen einer Ast *(a)* mit Tuberkeln besetzt ist, und das einfache ganz unverästelte Acropodit *(RA)*.

Nilgiris: Mudumalai, 1000 m.

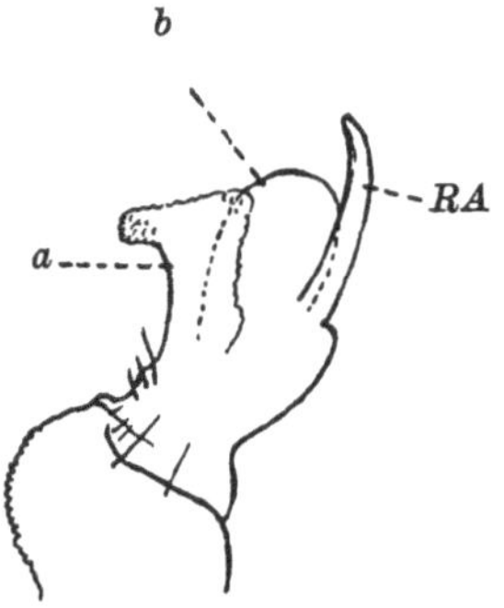

Fig. 353.
Archandrodesmus riparius Carl.
Gonopode (J. Carl, 1932).

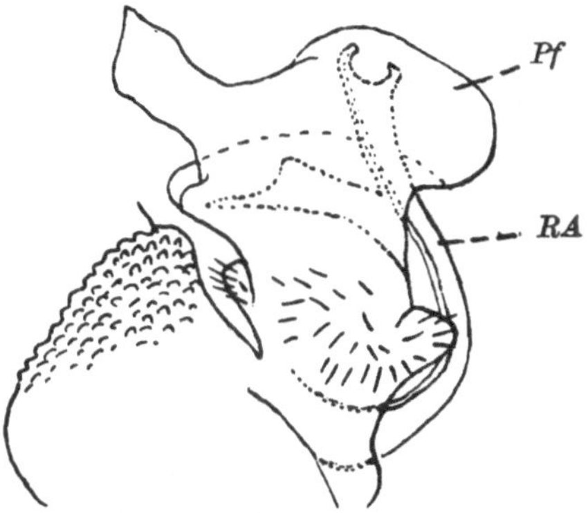

Fig. 354.
Archandrodesmus tuberculatus Carl.
Gonopode (J. Carl, 1932).

3. **A. tuberculatus** Carl 1932 *A. t.*, J. Carl in: Rev. Suisse Zool., *v.* 39 p. 493 f. 119—122.

Hellgelbbraun, Bauch und Beine schmutzig weiß. Größe und Habitus die des *A. areatus*. Antennen schwächer keulig, Seitenrandzähne stumpfer, Felderung unbestimmter oder ganz verwischt, Höcker dafür stärker in 3 Querreihen von 2, 4, 6, die der hinteren Reihe quergestreckt, auf den letzten Segmenten ragen sie als zitzenförmige Gebilde über den Hinterrand. Apicale Borste auch des letzten Beinpaares nicht auf einem Zapfen stehend. Gonopoden (Fig. 354): Praefemoralfortsatz *(Pf)*, viel breiter als bei *A. areatus*, gelappt. Acropodit von der Mitte an in zwei gleich lange divergierende Äste gespalten, der Rinnenast *(RA)* endet mit einem hakenförmigen, kurz beborsteten Zweig, auf dem die Samenrinne mündet und mit einem am Ende schräg zugespitzten Ast.

Nilgiris: Dodabetta, Reserved Forest, 2400 m, Elk Hill, Reserved Forest, 2300 m, Karteri-Tälchen unterhalb Coonoor.

4. **A. kandyanus** Carl 1932 *A. k.*, J. Carl in: Rev. Suisse Zool., *v.* 39 p. 497 f. 127—130.

Fast reinweiß, nur dorsal gelblich. Länge 6 mm, Breite 1,2 mm Rücken schwach gewölbt, Seitenflügel wenig abfallend, ihr Seitenrand mit dem Hintereck bildet 3 oder 4 runde Lappen; nur auf den letzten Segmenten werden die Lappen stumpfe Zähne und ragt das Hintereck als Zacke hinten vor. Die beiden Einschnitte am Hinterrand der Seitenflügel sind bedeutend stärker als bei den indischen Arten. Felderung der Metazoniten ganz verschwunden, Höcker schwächer als bei *A. tuberculatus,* die hintersten des Segment 19 als 4 Kegel über den Hinterrand hinausragend. Apicalborste der Tibia des letzten Beinpaares kurz und nicht auf einem Zapfen stehend.

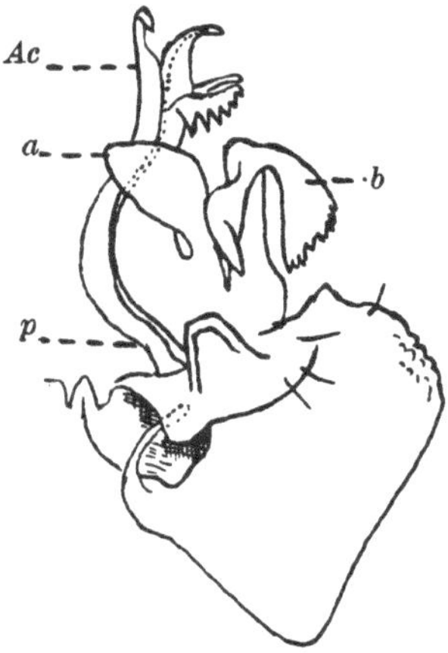

Fig. 355.
Archandrodesmus kandyanus Carl. Gonopode (J. Carl, 1932).

Gonopoden (Fig. 355): Hüften stark aufgetrieben. Auf der Hinterfläche des Praefemur ein klotzförmiger doppelt konturierter Höcker *(p).* Fortsatz des Praefemur 2ästig, eine einfach gerundete Lamelle *(a)* und ein Band, das sich bald in 2 Blättchen teilt, ein 2spitziges und ein am Rande scharf sägezähniges *(b).* Das Acropodit *(Ac)* teilt sich hinter der Mitte in 4 schlanke Äste, von denen einer die Samenrinne führt.

Ceylon: Kandy.

25. Gen. **Sisyrodesmus** Att.

1912 *S.,* Attems in: Ergeb. D. Zentr.-Afr. Exp., *v.* 4 p. 304.

♂ mit 19 Segmenten, (♀ unbekannt). Poren auf den Segmenten 5, 7, 9, 10, 12, 13, 15—18, in der Fläche gelegen. Kopf nur teilweise vom Halsschild bedeckt, auf der Stirn 2 dicke runde Fortsätze. Antennen lang, keulig. Das 6. Glied länger als das 5. Halsschild sehr groß, so breit wie das folgende Tergit, vorn rundbogig, seicht rundlappig, mit radialen Furchen. Rücken schwach gewölbt; Seitenflügel groß, breit, hoch angesetzt, fast horizontal, vorn und hinten ganzrandig, seitlich rundlappig, mit von den Kerben ausgehenden durchscheinenden Streifen. Metazoniten mit Querreihen von Tuberkeln und dicht und fein granuliert und fein behaart. Schwänzchen dick konisch, Analsegment ganz frei. Sternite schmal, Gonopodenhüfte lateral halbkugelig gerundet; Praefemur kurz, mit langem, schlankem Fortsatz *(Pf).* Acropodit geteilt in einen schlanken Ast mit der Samenrinne und eine breite Platte.

Zentral-Afrika.

Eine Art: *S. girafficeps* Att.

1. **S. giraffìceps** Att. 1912 *S. g.*, Attems in: Ergeb. D. Zentr.-Afr.-Exp., *v.* 4 p. 304 f. VII—X, t. 1 f. 7.

Erdbraun. Länge 7 mm, Breite der Metazoniten 1 mm, der Prozoniten 0,55 mm. Die 2 runden stumpfartigen Fortsätze der Stirne (Fig. 356) sind ebenso wie der ganze übrige Kopf dicht und fein behaart. Metazoniten dicht und sehr fein granuliert; an den Kanten der Seitenflügel entsteht dadurch eine feine Kerbung mit einem winzigen Härchen in jeder Kerbe; außerdem 3 Querreihen größerer Tuberkeln (Fig. 357). Seitenrand der porenlosen

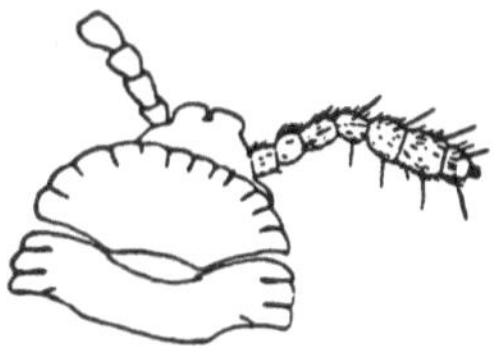

Fig. 356.
Sisyrodesmus giraffìceps Att.
Vorderende.

Fig. 357.
Sisyrodesmus giraffìceps Att. 11. und 12. Segment.

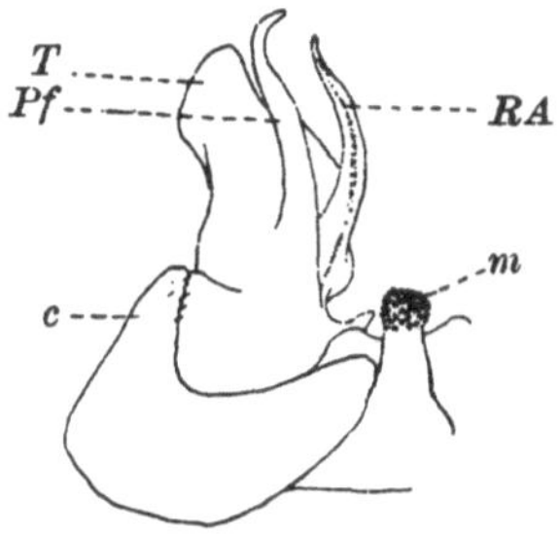

Fig. 358.
Sisyrodesmus giraffìceps Att.
Gonopode.

Seitenflügel mit 3, der porentragenden mit 4 runden Lappen; von den Kerben zwischen den Lappen geht ein heller durchscheinender Streif medianwärts. Vom 15. Segment an wird das Hintereck immer mehr zackig. Die Gonopodenöffnung nimmt fast die ganze Ventralfläche des Prozoniten ein. Gonopodenhüfte *(c)* lateral halbkugelig gewölbt und granuliert; die aneinander stoßenden Fortsätze der Hüften bilden einen am Ende mit Wärzchen besetzten medianen Kiel *(m)*. Praefemur sehr kurz, spärlich beborstet mit einem schlanken langen Fortsatz *(Pf)*. Samenrinnenast *(RA)* schlank, Tibiotarsus *(T)* eine breite runde Platte (Fig. 358).

Zentral-Afrika: Karissimbi, 2400 m.

26. Gen. **Lobodesmus** Loomis

1936 *L.*, Loomis in: Bull. Mus. Harvard, *v.* 80 p. 164.

♂ ♀ 20 Segmente. Poren vorhanden, ihre Formel? Kopf nicht ganz vom Halsschild bedeckt, Halsschild mit gerundetem, 10lappigem Vorderrand und durch seichte Kerben schwach gelapptem Hinterrand. Seitenflügel in gleicher Höhe mit dem Rücken, der Seitenrand durch tiefe Kerben gelappt. Metazoniten dicht granuliert und mit Querreihen von Tuberkeln, Hinterrand seicht rund gelappt. Gonopoden (Fig. 361): Hüfte halbkugelig, Telopodit am Ende kurz 2ästig, anscheinend ohne Gliederung, Verlauf der Samenrinne?

Haiti.

1 Art.

Typus: *L. granosus* Loomis.

1. **L. granosus** Loomis 1936 *L. g.*, Loomis in: Bull. Mus. Harvard, *v.* 80 p. 165 f. 70.

Farbe rosa. Länge 9 mm, Breite 1,5 mm. Halsschild (Fig. 359) granuliert und mit 2 Querreihen größerer Tuberkeln. Hinterrand mit 8 sehr kurzen runden Lappen. Seitenrand der Seitenflügel (Fig. 360) 2—15 3lappig,

Fig. 359.
Lobodesmus granosus Loomis.
Halsschild (Loomis, 1936).

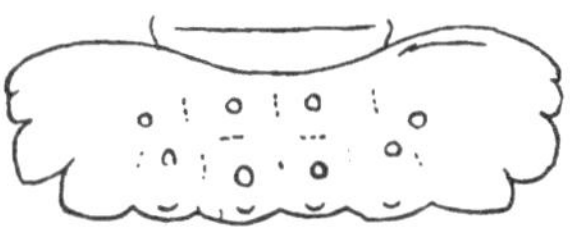

Fig. 360.
Lobodesmus granosus Loomis.
10. Segment (Loomis, 1936).

Fig. 361.
Lobodesmus granosus Loomis.
Gonopode (Loomis, 1936).

nur der 5. 2lappig, vom 16. an 4lappig. Außenrand der Seitenflügel mit kurzen abstehenden Härchen dicht besetzt.

Haiti: Morne La Hotte.

27. Gen. **Tidopterus** Chamb.

1923 *T.*, Chamberlin in: Zool. N. York, *v.* 3 p. 420.

♂♀ 20 Segmente. Poren auf den Segmenten 5, 7, 9, 10, 12, 13, 15 auf einem den Seitenrand überragenden Lappen. (Es ist fraglich, ob nicht auch auf weiteren Segmenten in der Fläche gelegene Poren vorhanden sind.)

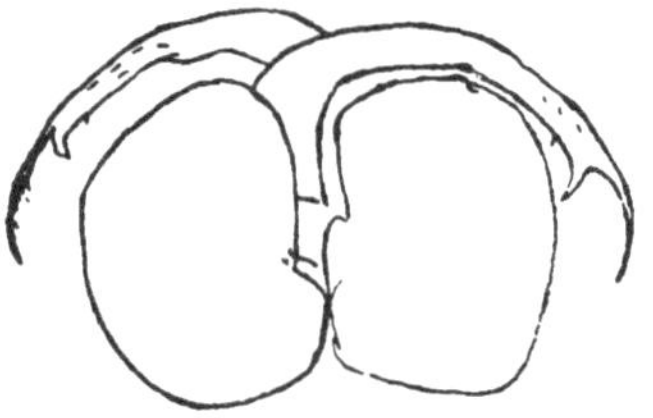

Fig. 362.
Tidopterus sequens Chamb. Gonopoden (Chamberlin, 1923).

Kopf fast ganz verdeckt. 5. Antennenglied nur wenig länger als das 6. Halsschild vorn gelappt mit Radialfurchen, die Fläche mit 2 Querreihen großer Tuberkeln und dazwischen dicht granuliert. Rücken stark gewölbt. Metazoniten dicht granuliert, mit 4 Längsreihen größerer Tuberkeln. Seitenflügel nicht sehr groß, seitlich gelappt, am Hinterrand ein Einschnitt. Analsegment nicht bedeckt, stumpfkonisch, dorsal mit 2 großen, bis an den Rand reichenden Tuberkeln. Gonopodenhüfte groß, halbkugelig, Praefemur ohne Fortsatz, Telopodit lang und sehr schlank, lateral herübergebogen mit dem der Gegenseite sich kreuzend und die andere Hüfte halb umgreifend, vor dem dünnen Ende ein kurzes Seitenästchen (Fig. 362).

Britisch Guayana.

Typus und einzige Art: *T. sequens* Chamb.

1. **T. sequens** Chamb. 1923 *T. s.*, Chamberlin in: Zool. N. York, *v.* 3 p. 420 t. 27 f. 7—9.

Gelb. Länge 6 mm. Scheitel und Stirn dicht granuliert; der Scheitel ist bei der Ansicht von oben vor dem Halsschild sichtbar. Metazoniten dicht mit Tuberkeln bedeckt, von denen 4 Längsreihen vergrößert sind; auf den hinteren Segmenten noch mehr als vorn, den Hinterrand überragend (Fig. 362).

Britisch Guayana, Kartabo, Bartica Distrikt.

28. Gen. **Eoromus** Loomis

1936 *E.*, Loomis in: Bull. Mus. Harvard, *v.* 80 p. 175.

20 Segmente. Poren auf den Segmenten 5, 7, 9, 10, 12, 13, 15—18. Rücken schmal und flach, Seitenflügel sehr hoch angesetzt, unter einem Winkel von 45° in die Höhe gerichtet (Fig. 364), dick, fast zylindrisch oder etwas keulig, mit einem auf der Oberfläche granulierten großen Knopf endigend, die Poren auf der Außenseite dieses Knopfes. Ränder der Seitenflügel nicht eingeschnitten. Rücken der Metazoniten glatt, Kopf nur teilweise vom Halsschild bedeckt. Halsschild: Vorderrand durch seichte Kerben geteilt, die Seitenlappen ebenso in die Höhe gerichtet wie die folgenden. Rücken der Metazoniten glatt. Gonopoden (Fig. 365): Hüfte halbkugelig, Telopodit einfach, unverästelt und anscheinend ohne Gliederung, horizontal nach vorn gerichtet.

Haiti.

1 Art.

Typus: *E. aberrans* Loomis.

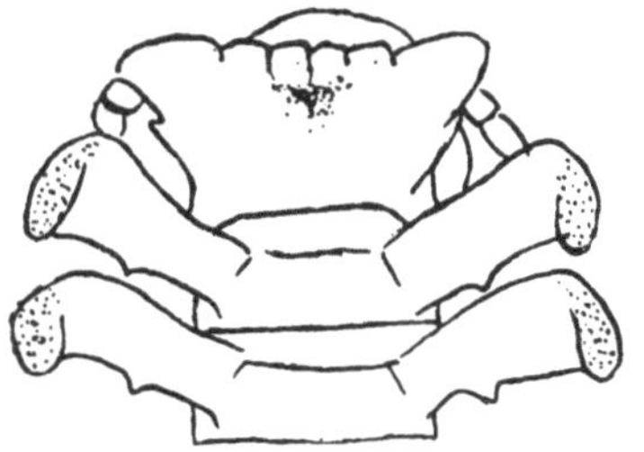

Fig. 363.
Eoromus aberrans Loomis.
Vorderende (Loomis, 1936).

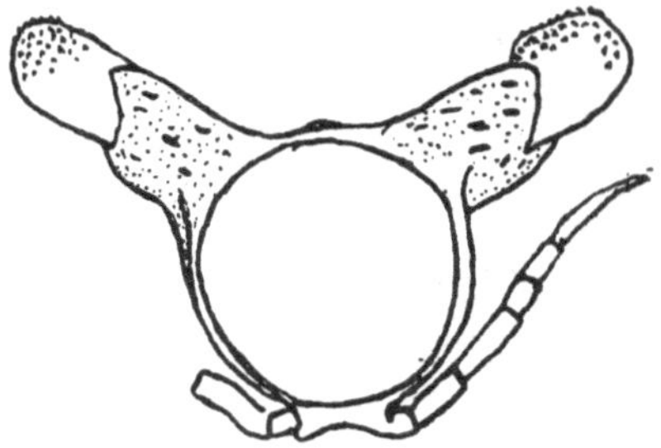

Fig. 364.
Eoromus aberrans Loomis.
13. Segment von hinten (Loomis, 1936).

1. **E. aberrans** Loomis 1936 *E. a.*, Loomis in: Bull. Mus. Harvard, *v.* 80 p. 176 f. 73, t. 2 f. 5, 6.

Länge ♂ 8 mm, ♀ 9 mm, Breite ♂ 1,6 mm, ♀ 1,8 mm. Kopf glatt. 5. Antennenglied das längste und dickste. Halsschild bedeutend schmäler als die folgenden Segmente, Vorderrand mit 4 kurzen runden Lappen zwischen den großen in die Höhe gerichteten Seitenlappen (Fig. 363). Rücken der

Metazoniten glatt und glänzend, unbeborstet, mit einem breiten runden Feld einer schwammigen Inkrustation in der Mitte. Die basale Hälfte der Seitenflügel hat eine ähnliche Inkrustation von ganz regelmäßigem Umriß auf allen Segmenten, darunter haben junge Exemplare von 19 Segmenten spärliche Borsten, bei Erwachsenen diese nicht beobachtet. Seitenflügel am Grunde

Fig. 365.
Eoromus aberrans Loomis. Gonopoden (Loomis, 1936).

etwas eingeschnürt, in der Mitte des Hinterrandes ein kleines Zähnchen, Vorder- und Hinterrand sonst glatt; sie enden seitlich mit einem weißen, fein granulierten verdickten Knopf. Seitenflügel des 19. Segments dünn und klein, horizontal und nach hinten gerichtet. Analsegment kegelig, das Ende leicht abwärts gebogen. Beine eher schlank, beim Männchen ohne besondere Merkmale.

Haiti: Trouin am Wege nach Jacmel.

29. Gen. **Amynticodesmus** Silv.

1911 *A.*, Silvestri in: Zool. Anz., *v.* 38 p. 486.

♀ 20 Segmente (♂ unbekannt). Poren auf den Segmenten 5, 7, 9, 12, 15, 19, auf der Oberseite wenig hinter der Mitte nahe dem Seitenrand. Kopf ganz vom Halsschild bedeckt und von ihm weit überragt. 5. Antennenglied das längste und dickste, 5.—7. Glied außen mit freistehenden Gruppen von Sinneszapfen. Halsschild fächerförmig, vorn gerundet mit Radialfurchen, auf der Fläche einige Granula (Fig. 366). Rücken ziemlich abgeflacht, die

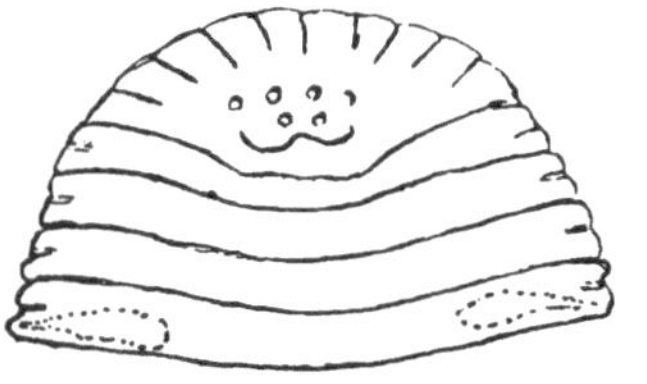

Fig. 366.
Amynticodesmus prelli Silv.
Vorderende (Silvestri, 1911).

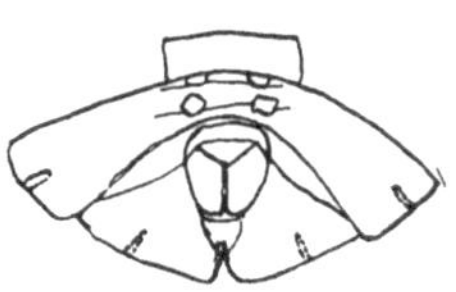

Fig. 367.
Amynticodesmus prelli Silv.
Hinterende, Ventralseite (Silvestri, 1911).

Seitenflügel eng aneinander schließend, sehr breit, schwach abschüssig, vorn und hinten ganzrandig, der Seitenrand sehr seicht 2lappig. Metazoniten dorsal ohne größere Granula, aber dicht mit winzigen Papillen besetzt. Die Seitenflügel des 19. Segments schließen hinten fast ganz zusammen und verdecken das Analsegment. Analsegment klein, kegelig, die Terminalborsten nach hinten gerichtet (Fig. 367). Beine kurz, Praefemur das längste Glied. ♂ unbekannt.

Ost-Afrika.

Typus und einzige Art: *A. prelli* Silv.

1. **A. prelli** Silv. 1911 *A. p.*, Silvestri in: Zool. Anz., *v.* 38 p. 488.

Blaß erdfarben. Länge 6,5 mm, Breite 2,6 mm, Prozoniten 0,84 mm. Halsschild mit 9 Radialfurchen, in der Mitte 2 Reihen von 4,2 Granula. Der seichte Einschnitt des Seitenrandes der Seitenflügel setzt sich medianwärts in einen kahlen, blassen Streif fort. Rücken der Metazoniten mit einer vorderen schmalen und einer hinteren etwas erhöhten Area.

Buiko.

30. Gen. **Cyphotylus** Loomis

1936 *C.*, Loomis in: Bull. Mus. Harvard, *v.* 80 p. 170.

♂ ♀ 20 Segmente, Porenformel normal, die Poren auf einer kleinen unscheinbaren Tuberkel in der Nähe des Seitenrandes. Halsschild so breit wie das 2. Segment, sehr gewölbt, der Vorderrand gerundet, mit 10 länglichen Feldern, die undeutliche Randlappen bilden. 2 Reihen von 4,6 schlanken Tuberkeln, die Fläche stark mit Fremdstoffen inkrustiert, Rücken stark gewölbt, Seitenflügel in der Mitte angesetzt, abschüssig. Hinterrand mit mehreren tiefen Einschnitten, Vorderrand seichter rund gelappt, Seitenrand sehr seicht 3- oder 4lappig. Metazoniten mit 4 Längsreihen von je 3 großen Tuberkeln, die Tuberkeln schlank, höher als ihr Durchmesser, schräg nach hinten gerichtet. Oberfläche stark mit Fremdkörpern inkrustiert, wahrscheinlich glatt und glänzend und mit Reihen rechteckiger Felder. Seitenflügel des 19. Segments stark nach hinten vorragend, der Mittelteil des Hinterrandes die Enden der Seitenflügel noch überragend. Analsegment zum größten Teil vom 19. Segment bedeckt, von oben sind nur die 2 kleinen Terminaltuberkel unter dem überragenden 19. Segment sichtbar. — Gonopoden unbekannt.

Haiti.

1 Art.

Typus: *C. prolatus* Loomis.

1. **C. prolatus** Loomis 1936 *C. p.*, Loomis in: Bull. Mus. Harvard, *v.* 80 p. 172 f. 72.

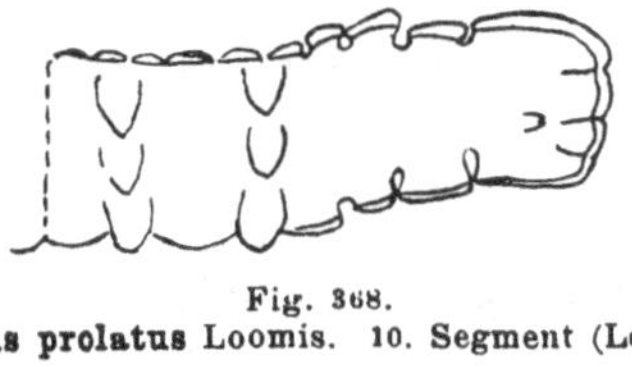

Fig. 368.
Cyphotylus prolatus Loomis. 10. Segment (Loomis, 1936).

Größe und Farbe wie bei *Cocoelasma incisura.* Porenlose und das 5. Segment mit 3lappigem, die anderen porentragenden Segmente mit 4lappigem Seitenrand (Fig. 368). Gonopoden noch nicht entwickelt, der Typus ein Männchen von 19 Segmenten.

Haiti: Morne Brigand bei Bayeux.

31. Gen. **Guianonus** Chamb.

1923 *G.*, Chamberlin in: Occas. Papers Mus. Zool. Michigan, nr. 133 p. 77.

♂ und ♀ 20 Segmente. Poren auf den Segmenten 5, 7, 9, 10, 12, 13, 15, 16, in der Bucht zwischen den beiden Hälften des geteilten letzten Seitenrandlappens. Kopf vom Halsschild bedeckt. Vorderrand des Halsschildes 12lappig. Seitenflügel schmal, horizontal, der Seitenrand seicht gelappt, die

Fig. 369.
Guianonus ectoporus Chamb. Hinterende (Chamberlin, 1923).

Lappen mehr oder weniger aufwärts gebogen, der Hinterrand durch am Grund runde Kerben gelappt, Metazoniten mit Querreihen grober Tuberkeln, dazwischen kleinere Granula. Analsegment frei sichtbar, Schwänzchen mit den Terminalborsten nach hinten gerichtet (Fig. 369). Gonopoden: Hüfte halbkugelig, Telopodit kurz und gedrungen, zum größten Teil in der Höhlung der Hüfte eingesenkt. (Näheres aus der Abbildung nicht ersichtlich.)

Britisch Guayana.

Typus und einzige Art: *G. ectoporus* Chamb.

1. **G. ectoporus** Chamb. 1923 *G. e.*, Chamberlin in: Occas. Papers Mus. Zool. Michigan, nr. 133 p. 77 t. 29 f. 207—209, t. 30 f. 210, 211.

Rücken trübbraun oder kastanienbraun, Kopf, Halsschild und Unterseite heller. Länge 10 mm, Breite 1,3 mm. Die mittlere Area des Scheitels undeutlich granuliert. Seitenrand der Seitenflügel 3lappig, der hinteren des 17.—19. Segments 4lappig. Metazoniten mit Querreihen von 4, 4, 6 groben Tuberkeln, die zugleich 3 Längsreihen von je 3 bilden.

Britisch Guayana: Second Mourie und Sand Hill Forest, Hubidibu Creek.

32. Gen. **Diporodesmus** Silv.

1918 *D.*, Silvestri in: Boll. Labor. Zool. Portici, *v.* 12 p. 305.

♀ 20 Segmente. Poren nur auf dem 5. Segment, in der Fläche, vom Seitenrand weit entfernt gelegen. Kopf ganz vom Halsschild bedeckt, 3 Labralzähne. 5. Antennenglied wenig länger als das 6., 4.—7. Glied mit einzelnen Macrochaeten. Halsschild groß, fächerförmig, vorn glattrandig mit Radialfurchen, die Mitte schwach granuliert. Rücken stark gewölbt. Seitenflügel ziemlich groß, ungefähr in der Mitte der Seiten angesetzt, abschüssig, glattrandig, seitlich mit Radialfurchen. Metazoniten mit Querreihen kleiner Tuberkeln. Analsegment stumpf konisch, frei, die Terminalborsten nach hinten gerichtet. Praefemur etwas länger als Femur. ♂ unbekannt.

Französisch Guinea.

Eine Art: *D. afer* Silv.

1. **D. afer** Silv. 1918 *D. a.*, Silvestri in: Boll. Labor. Zool. Portici, *v.* 12 p. 307 f. XVI, XVII.

Strohgelb oder isabellfarben. Länge 6 mm. Breite der Metazoniten 1,25 mm, der Prozoniten 0,74 mm. Halsschild vorn mit 11 Radialfurchen. Metazoniten mit 2 Querreihen von Tuberkeln. Hintereck der Seitenflügel vom 15. Segment an spitzzackig.

Französisch Guinea: Kindia, Conakry, Mamon, Kakonlima, teils in Termitennestern (von *Tuberculitermes bycanistes, Eutermes trinervius, Anoplotermes lateralis*), teils unter Steinen im Boden eingegraben.

33. Gen. **Decaporodesmus** Kenyon

1899 *D.*, Kenyon in: P. ent. Soc. Washington, *v.* 4 p. 299 | 1899 *Oligodesmus*, Gill, ibid., *v.* 4 p. 300 | 1909 *Decaporodesmus*, Pocock in: Biol. Centr.-Amer., Diplop. p. 133.

20(?) Segmente („usual number"). Poren auf den Segmenten 5, 7, 10, 13, 15 am Ende eines kleinen weißen Kegels, der in der hinteren Hälfte des Seitenrandes entspringt. Kopf ganz vom Halsschild bedeckt. Vorderrand des Halsschildes 10lappig. Seitenflügel mehr oder weniger horizontal, der Seitenrand durch eine Kerbe 2lappig; die hintereinander befindlichen Seitenflügel schließen nicht eng aneinander. Seitenflügel des 2. Segments nach vorn gerichtet, seitlich 3lappig. Metazoniten mit 2 Längskielen, jeder aus 2 oder 3 Tuberkeln bestehend, die im drittletzten Segment und im vorletzten Segment sich vereinigen, so daß dieses und das Analsegment einen einzigen weit vorragenden medianen Längskiel haben. Analsegment nicht verdeckt, der von oben sichtbare Teil hinten 5lappig. Lateral von den paramedianen Kielen jederseits 2 Längsreihen einfacher Tuberkeln.

Mexico.

1 Art.

1. **D. motzoranginis** Kenyon 1899 *D. m.*, Kenyon in: P. ent. Soc. Washington, *v.* 4 p. 299.

Braun, dorsal dunkler, ventral lichter. Länge 8 mm.

Mexico: Motzorango.

Unsichere Gattung:

Gen. **Darlingtoniella** Loomis

1938 *D.*, Loomis in: Bull. Mus. Harvard, *v.* 82 p. 474.

20 Segmente. Poren auf den Segmenten 5, 7, 9, 10, 12, 13, 15, 16, auf einer Warze am Außenrand des mittleren Lappens. Kopf glatt, vom Halsschild bedeckt, Stirn mit einem Wulst vor jeder Antenne, neben der Antennenwurzel eine Grube. Antennen keulig, 5. Glied länger und dicker als die anderen, 7. Glied fast so lang und dick wie das 6. Halsschild vorn in 10 Felder geteilt, der Rand selbst glatt, nicht gekerbt, 2 Reihen kleiner Tuberkeln. Seitenflügel breit. Seitenrand 2- oder 3lappig. Metazoniten mit 4 Längsreihen von 2 oder 3 quadratischen Feldern, jedes mit einer kleinen Tuberkel. Analsegment klein, von oben nicht bedeckt. Gonopoden groß, in 3 Endäste geteilt, deren morphologische Deutung nicht gegeben ist.

Cuba.

Typus und einzige Art: *D. provecta* Loomis.

D. provecta Loomis 1938 *D. p.*, Loomis in: Bull. Mus. Harvard, *v.* 82 p. 475 f. 26.

Länge 13 mm, Breite 3 mm, Scheitel schwarz, Rest des Kopfes farblos, die ersten 5 Antennenglieder weiß, die anderen dunkel, Rücken schwarz, bei manchen

Individuen die Seitenflügel heller, Porenwarzen farblos, Beine, Sternite, Analklappen, Analschuppe weiß, Kopf gleichmäßig fein granuliert mit 4 Längsreihen von je 3 Tuberkeln, auf den Segmenten 2 und 3 sind die vordersten Tuberkeln mit dem Vorderrandwulst verschmolzen. Seitenrand der Seitenflügel 3, 4, 17—19 2lappig, der anderen 3lappig, die ersten 2 Beinpaare viel kleiner als die folgenden. 3. Glied des 3. Beinpaares des Männchens vergrößert und auf der Unterseite angeschwollen. Ventralseite des 3. Segments des Weibchens mit einer hohen dünnen Lamelle hinter den Beinen des 2. Paares.

Cuba: Buenos Aires, Trinidad Mountains, Santa Clara Province.

B. Subfam. **Pyrgodesminae** Silv.

1896 *Stylodesmidae,* O. F. Cook in: P. U. S. Mus., *v.* 18 p. 82 | 1896 *S.,* O. F. Cook in: Amer. Natural., *v.* 30 p. 418 | 1896 *Pyrgodesmidae,* Silvestri in: Ann. Mus. Genova, *v.* 36 p. 192 | 1899 *Pyrgodesminae,* Attems in: Denk. Ak. Wien, *v.* 68 p. 375 | 1909 *Pyrgodesmidae,* Pocock in: Biol. Centr.-Amer., Diplop. p. 130 | 1914 *Stylodesmidae,* Attems in: Arch. Naturg., *v.* 80 A 4 p. 172 | 1926 *S.,* Attems in: Kükenthal & Krumbach, Handb. Zool., *v.* 4 p. 185 | 1937 *S.,* K. W. Verhoeff in: Zool. Anz., *v.* 120 p. 306.

Das Ende des Analsegmentes mit den Terminalborsten ist ventralwärts gebogen, so daß die Terminalborsten ventral liegen und von oben nicht sichtbar sind. Was von oben als gelappter Hinterrand des Analsegmentes erscheint, sind dorsale Tuberkeln des Analringes. Manchmal ist das Analsegment durch Fortsätze oder Seitenflügel des vorletzten Segmentes mehr oder weniger bis ganz bedeckt. Rücken stets stark gewölbt, Seitenflügel meist abschüssig, seltener in der Mitte angesetzt und horizontal, oft sehr tief bis im Bauchniveau angesetzt, bei *Dedalodesmus* senkrecht nach unten gerichtet. Poren meist bis zum Segment 15 auf einem Kegel oder Lappen, der den Seitenrand überragen kann, gelegen, seltener auf allen Segmenten in der Fläche gelegen. Metazoniten meist mit 3 Querreihen von groben runden Tuberkeln, von denen gewisse vergrößert sein können, so daß dann 4 Längsreihen entstehen. In extremen Fällen sind die 2 paramedianen Längsreihen zu großen Kämmen verwachsen, die sich sogar zu einem großen unpaaren Horn vereinigen können. Selten sind die Tuberkeln untereinander gleich groß. Winzige Stifte oder keulige Papillen auf den Metazoniten bei der Mehrzahl der Gattungen festgestellt, ihre Anordnung bei *Platykapelus* eigentümlich, hier auch auf den Prozoniten vorhanden. Hüfte der Gonopoden groß, halbkugelig aufgeblasen, kann meist einen Teil des Telopodit aufnehmen. Telopodit entweder mit Rinnenast und Tibiotarsus oder der Tibiotarsus fehlt und die Samenrinne mündet am Ende des Acropodit.

49 Gattungen mit 83 sicheren und 6 unsicheren Arten.

Übersicht über die Gattungen:

1 { Die Seitenflügel sind kaum merkliche winzige Beulen. Kopf nicht vom Halsschild bedeckt. Metazoniten dicht fein granuliert (West-Afrika) . . . . 81. Gen. **Prosthenurodesmus**
Seitenflügel stets deutlich entwickelt. Kopf wenigstens teilweise vom Halsschild bedeckt, meist ganz bedeckt — **2**

{ Die paramedianen Längsreihen der dorsalen Tuberkeln sind gegenüber den anderen Tuberkeln enorm vergrößert und bilden 2 Längskämme oder sie verschmelzen mehr

2 oder weniger zu einem medianen Kamm oder Horn. Metazoniten mit winzigen Stiften oder Papillen — **3**
Die dorsalen Tuberkeln sind untereinander entweder ungefähr gleich groß (der seltenere Fall), manchmal sind sie dann nicht in Reihen geordnet, oder es sind 4, seltener 2 Längsreihen von Tuberkeln mäßig vergrößert — **9**

3 Metazoniten mit medianem unpaarem Horn oder hohem Kiel — **4**
Metazoniten mit 2 paramedianen Hörnern oder Kämmen. Poren auf einer zylindrischen Tuberkel des Seitenrandes — **5**

4 Metazoniten mit einem unpaaren Horn. Porenformel normal. Poren auf einem Lappen in der hinteren Hälfte des Seitenrandes (Ceylon) 34. Gen. **Pyrgodesmus**
Metazoniten mit einem medianen, oben gezackten Kiel. Poren auf der Oberseite der Seitenflügel, fehlen auf dem 16. Segment (Süd-Amerika) . . . . 35. Gen. **Mesotropidesmus**

5 Porenformel normal. Die aus 3 hintereinander stehenden Tuberkeln gebildeten Hörner stehen weiter auseinander und sind meist mehr oder weniger schräg lateral geneigt (Ausnahme die unsichere Untergattung *Attemsocyphus*, bei der die Hörner weit auseinander gerückt sind, aber senkrecht stehen) — **6**
Porenformel abnorm. Die paramedianen Hörner sind einander sehr nahe gerückt — **8**

6 Praefemur des Gonopoden ohne Fortsatz, Acropodit ohne Tibiotarsus (Vorder-Indien, Ceylon) . . . . 40. Gen. **Klimakodesmus**
Praefemur des Gonopoden mit Fortsatz — **7**

7 Fortsatz des Praefemur breit, Acropodit in Rinnenast und Tibiotarsus geteilt. Halsschild mit 2 dicken, nach vorn gerichteten Hörnern (West-Afrika) . . . . 37. Gen. **Urodesmus**
Fortsatz des Praefemur sehr schlank. Acropodit auch sehr schlank, ohne oder mit sehr dünnem Seitenast (Tibiotarsus). Halsschild vorn in 4 breite Lappen geteilt (West-Afrika) 38. Gen. **Udodesmus**

8 Poren auf den Segmenten 5, 9, 12—15. Praefemur des Gonopoden ohne Fortsatz, Telopodit in mehrere Äste geteilt (Indien) . . 36. Gen. **Propyrgodesmus**
Poren auf den Segmenten 5, 7, 9, 12, 15, 17—19 (♂?) (Ceylon) . . . . 39. Gen. **Catapyrgodesmus**
Poren auf den Segmenten 5, 10, 13, 16 (Haiti) 80. Gen. **Styraxodesmus**

9 (2) Analsegment vom 19. bedeckt — **10**
Analsegment frei — **16**

10 Metazoniten mit winzigen Papillen — **11**
Metazoniten ohne diese Papillen — **14**

11 Nur das 5. Segment mit Poren, die weit vom Seitenrand entfernt sind, Männchen mit 19 Segmenten (Vorder-Indien) . . . . . . 63. Gen. **Pagodesmus**
Mehrere Segmente mit Poren, die auf Lappen des Seitenrandes sitzen — **12**

12	Praefemur des Gonopoden mit Fortsatz. Porenformel normal (West-Afrika, Philippinen) .	60. Gen. **Monachodesmus**
	Praefemur des Gonopoden ohne Fortsatz — **13**	
13	Porenformel normal (West-Afrika, Indoaustral. Region)	61. Gen. **Lophodesmus**
	Poren auf den Segmenten 5, 7, 10, 13, 16—19 (Mexico)	64. Gen. **Myrmecodesmus**
14	Kopf nicht ganz vom Halsschild bedeckt (Kalifornien)	73. Gen. **Kapyrodesmus**
	Kopf ganz vom Halsschild bedeckt — **15**	
15	Alle Ränder der Seitenflügel gelappt (Galapagos-Inseln)	74. Gen. **Nesodesmus**
	Vorderrand der Seitenflügel glattrandig . .	75. Gen. **Dilophops** (Haiti) 76. Gen. **Styloceylonius** (Ceylon)
16	Hinterrand der Seitenflügel durch tiefe am Grunde runde Kerben gelappt — **17**	
	Hinterrand der Seitenflügel glattrandig oder mit spitzen Einschnitten — **19**	
17	Poren auf den Segmenten 5, 7, 9, 12, 15, auf einem großen den Seitenrand überragenden Läppchen (Haiti)	79. Gen. **Penteporus**
	Porenformel normal. Poren auf einer niedrigen Erhebung am Grund eines Seitenlappens. Metazoniten mit kleinen Stiften — **18**	
18	Seitenflügel sehr breit. Die dorsalen Tuberkelreihen divergieren nach hinten (Porto Rico)	52. Gen. **Iomus**
	Seitenflügel weniger breit. Die dorsalen Tuberkelreihen konvergieren nach hinten (Haiti)	53. Gen. **Iomoides**
19	Halsschild mit 2 nach vorn gerichteten Lappen oder der Vorderrand in 4 große Abteilungen geteilt — **20**	
	Halsschildvorderrand in 10, selten 12 sehr kurze, flache Lappen geteilt, manchmal fast ganzrandig — **21**	
20	Halsschild mit 2 großen Lappen. 20 Segmente (West-Afrika)	59. Gen. **Hercodesmus**
	Halsschild vorn durch 3 Einschnitte in 4 Abteilungen zu 2, 3, 3, 2 Lappen geteilt. 19 Segmente (Trinidad)	54. Gen. **Botrydesmus**
21	Poren auf separaten Läppchen des Seitenrandes oder auf nahe dem Seitenrand stehenden Kegeln — **22**	
	Poren in der Fläche oder auf sehr niedrigen vom Seitenrand weiter entfernten Tuberkeln — **36**	
22	Femur des 3. Beinpaares des Männchens stark verdickt (Zentral-Amerika)	62. Gen. **Synoptura**
	Femur des 3. Beinpaares des Weibchens normal — **23**	
23	Metazoniten dicht mit winzigen Stiftchen oder Papillen bedeckt — **24**	
	Metazoniten ohne solche Papillen (in den Beschreibungen werden wenigstens keine angegeben) — **34**	
24	Porenformel normal — **25**	
	Porenformel abweichend — **32**	

25	Seitenflügel senkrecht nach unten gerichtet (Nigeria)	49. Gen. **Dedalodesmus**
	Seitenflügel schräg abfallend oder horizontal — **26**	
26	Kopf nicht ganz vom Halsschild bedeckt (Spanien)	50. Gen. **Tonodesmus**
	Kopf ganz vom Halsschild bedeckt[1]) — **27**	
27	Gonopoden mit langem, bandförmigem Praefemurfortsatz, ohne Tibiotarsus (Vorder-Indien)	58. Gen. **Skotodesmus**
	Praefemur der Gonopoden ohne Fortsatz — **28**	
28	Gonopodentelopodit eine einfache, schlanke oder dicke Sichel, an deren Ende die Samenrinne mündet, kein Tibiotarsus. Am Hinterrand der Metazoniten schlanke Spitzen — **29**	
	Gonopodentelopodit in Rinnenast und Tibiotarsus geteilt. Am Hinterrand der Metazoniten bei *Evurodesmus* runde Plättchen, bei den anderen Gattungen? — **30**	
29	Das Gonopodentelopodit ist eine schlanke Sichel ohne Seitenzacken. Metazoniten dicht mit groben Tuberkeln bedeckt, deren hintere Reihe den Hinterrand etwas überragt. Stirn dicht grob granuliert (Süd-Amerika) . . .	41. Gen. **Poratia**
	Gonopodensichel dicker mit 2 Seitenzacken. Die Tuberkeln des Rückens überragen den Hinterrand nicht, Stirn nur mit einigen wenigen kleinen Tuberkeln (Kolumbien) .	42. Gen. **Calymmodesmus**
30	Stirn mit Längsreihen grober Tuberkeln — **31**	
	Stirn ohne grobe Tuberkeln	45. Gen. **Evurodesmus** (Neu-Guinea) 46. Gen. **Pixodesmus** (Neu-Caledonien)
31	Telopodit des Gonopoden aus 3 eine Art Kelch bildenden, am Ende zerschlitzten Lamellen bestehend (Java)	47. Gen. **Gymnogonodesmus**
	Telopodit des Gonopoden mit einem vogelkopfartigen Tibiotarsus endigend (Neu-Kaledonien)	48. Gen. **Plethodesmus**
32 (24)	Poren vermehrt, auf den Segmenten 5, 7, 9—19 (Java, Zanzibar)	56. Gen. **Prosopodesmus**
	Porenzahl geringer als die normale — **33**	
33	Poren auf den Segmenten 5, 7, 10, 13, 15 oder 16. Praefemur des Gonopoden mit einem bandartigen, flachen Fortsatz, Acropodit in Rinnenast und Tibiotarsus geteilt (Vorder-Indien)	55. Gen. **Akreiodesmus**
	Poren auf den Segmenten 5, 7, 9, 12, 15, 17—19. Praefemur des Gonopoden ohne Fortsatz, Acropodit ohne Tibiotarsus, breit eingeklappt, die Samenrinne mündet am Ende (Neu-Guinea)	43. Gen. **Lobiferodesmus**
	Poren auf den Segmenten 5, 7, 10, 13, 16 (Cuba)	78. Gen. **Heteropente**

[1]) Hierher: 51. Gen. **Treseolobus**.

34 (23)	Porenformel normal. Hinterrand der Seitenflügel durch tiefe spitze Kerben gelappt (Britisch Guayana)	77. Gen. **Gasatomus**
	Porenformel anormal — **35**	
35	Poren auf den Segmenten 5, 7—(18)19 (West-Indien)	57. Gen. **Homodesmus**
	Poren auf den Segmenten 7, 9, 12, 15. Seitenflügel sehr klein, im Bauchniveau angesetzt (Indochina)	44. Gen. **Octochaunus**
36 (21)	Metazoniten mit winzigen Stiftchen oder Papillen — **37**	
	Metazoniten ohne solche Papillen. Porenformel normal — **41**	
37	Porenformel normal — **38**	
	Porenformel abweichend. Die Rückentuberkeln sind untereinander ziemlich gleich groß und bilden keine Kämme — **40**	
38	Die Rückentuberkeln sind untereinander gleich groß — **39**	
	Metazoniten mit 3 Längsreihen größerer Tuberkeln, die Kämme bilden (Ceylon) . . .	65. Gen. **Eustaledesmus**
39	Halsschild vorn 10lappig. Analsegment hinten breit gerundet, die Terminalhöcker mit den Borsten ganz auf die Unterseite gerückt, vom Rande entfernt. Die Seitenflügel des 19. Segments reichen so weit nach hinten wie der Hinterrand des Analsegments. Hinterrand der Metazoniten mit runden, glattrandigen Plättchen. 5. Antennenglied doppelt so lang wie das 6. (Costa Rica) .	67. Gen. **Idiurodesmus**
	Halsschild vorn 12lappig. Analsegment kegelig, die Terminalborsten nahe dem Hinterrand. Die Seitenflügel des 19. Segments werden weit vom Analsegment überragt. Saum am Hinterrand der Metazoniten nicht in Plättchen zerlegt. 5. und 6. Antennenglied gleich groß. Die Stiftchen bilden ein Maschenwerk, in jeder Masche ein Kegelchen (Hawaii)	68. Gen. **Platykapelus**
40	Poren auf den Segmenten 5, 9, 12, 15, 17 (Vorder-Indien, Indochina)	66. Gen. **Steganostigmus**
	Poren auf den Segmenten 5, 7, 9, 10, 12, 13, 15, 17—19 (Argentinien)	69. Gen. **Isotropidesmus**
41	Kopf vom Halsschild bedeckt. Metazoniten mit 4 Längsreihen größerer Tuberkeln, zwischen je 2 Reihen derselben 2 Reihen kleiner Tuberkeln. Seitenrand der Seitenflügel glattrandig, die Oberfläche mit Radialfurchen (Britisch Guayana)	72. Gen. **Stenitus**
	Kopf nicht ganz bedeckt, nur bis zum höchsten Punkt des Scheitels. Die 2 paramedianen Tuberkelreihen größer. Seitenflügel seitlich rundhöckerig, oben granuliert . .	70. Gen. **Plagiotropidesmus** (Brasilien) 71. Gen. **Lifoudesmus** (Loyalty-Inseln)

34. Gen. **Pyrgodesmus** Poc.

1892 *P.*, Pocock in: J. Bombay Soc., *v.* 7 p. 155.

♂♀ 20 Segmente. Poren auf den Segmenten 5, 7, 9, 10, 12, 13, 15—19 auf einem Läppchen in der hinteren Hälfte des Seitenrandes. Kopf vom Halsschild bedeckt. 5. Antennenglied das längste und dickste. 1.—19. Segment mit einem großen medianen unpaaren Fortsatz. Seitenflügel unterhalb der Seitenmitte angesetzt, abschüssig, seitlich gelappt.

Ceylon.

Eine Art: *P. obscurus* Poc.

1. **P. obscurus** Poc. 1892 *P. o.*, Pocock in: J. Bombay Soc., *v.* 7 p. 155 t. 10 f. 1.

Einfarbig dunkelbraun, Labrum, Antennen und Beine gelb. Kopf oben granuliert, Clypeus glatt, punktiert, beborstet. Der ganze Körper (Fig. 370)

Fig. 370.
Pyrgodesmus obscurus Poc. Vorderende, ein mittleres Segment und Hinterende, Profil (Pocock, 1892).

granuliert. Vorderrand des Halsschildes gleichmäßig gebogen, der Medianfortsatz sehr groß, aufrecht, mit Tuberkeln besetzt, die Oberseite seicht ausgehöhlt. Seitenflügel mit parallelen Vorder- und Hinterrändern, der Seitenrand 4lappig, bis zum 4. Segment quer, vom 5. Segment an mehr und mehr nach hinten gerichtet, die des 19. Segments klein und nicht so weit nach hinten reichend wie das Ende des Analsegments. Die Medianfortsätze der Metazoniten sind am Ende dicker als am Grunde, die der vorderen Körperhälfte sind nach vorn, die der hinteren nach hinten gerichtet; sie sind am Ende längsgefurcht; im Vorderende des Körpers wird die Furche immer tiefer, die Fortsätze werden mehr und mehr gespalten; im 2. Segment ist der Fortsatz bis zum Grund herab gespalten. Zwischen Medianfortsatz und Basis der Seitenflügel je eine Längsreihe von 3 Tuberkeln. Sternite sehr schmal. Analschuppe 3eckig. Beine dick. Gonopodenhüfte sehr dick, beborstet, die beiden Telopodite kreuzen sich, sie sind schlank, klingenförmig.

Ceylon: Punduloya.

35. Gen. **Mesotropidesmus** Silv.

1901 *M.*, Silvestri in: Boll. Mus. Torino, *v.* 16 nr. 398 p. 15 | 1903 *M.*, Silvestri in: Redia, *v.* 1 p. 174.

♂♀ 20 Segmente. Poren auf den Segmenten 5, 7, 9, 10, 12, 13, 15, 17—19 auf der Oberseite der Seitenflügel nahe dem Seitenrand. Kopf ganz vom Halsschild bedeckt, Antennen kurz, das 5. Glied länger und dicker als die anderen. Halsschild vorn aufgekrempt, gerundet, seicht gelappt, die Fläche spärlich granuliert. 2.—19. Segment mit hohem, komprimiertem, oben gezähntem Mediankiel, die Fläche granuliert und mit winzigen keuligen Stiften bedeckt. Seitenflügel groß, etwas abschüssig, nur der Seitenrand schwach gelappt. Rücken gewölbt. Analsegment halbkreisförmig gerundet, mit 2 paramedianen Einschnitten hinten, das eigentliche Ende mit den Terminalborsten scheint auf die Ventralseite gerückt zu sein (keine Abbildungen publiziert). Pleuren granuliert. Sternite schmal, median tief längsgefurcht, neben den Hüften 2 Borsten. Praefemur länger als Femur. Gonopodenhüfte dick, kugelig, das Telopodit scheint unverästelt zu sein.

Paraguay, Argentinien.

Eine Art: *M. dorsalis* Silv.

1. **M. dorsalis** Silv. 1901 *M. d.,* Silvestri in: Boll. Mus. Torino, *v.* 16 nr. 398 p. 16 | 1903 *M. d.,* Silvestri in: Redia, *v.* 1 p. 175.

Isabellfarben. Länge 6 mm, Breite 1,4 mm. Scheitelfurche tief, Seiten granuliert, Clypeus kurz beborstet. Antennen kurz. Halsschild vorn breit gerundet, 10lappig. Metazoniten zwischen Mediankiel und Seitenflügel mit 3 Querreihen kleiner Tuberkeln. Die Seitenflügel ohne Tuberkeln, die des 2. Segments länger, vorn winklig ausgezogen, seitlich schwach gelappt; die folgenden schwach 2lappig, vorn und hinten rechtwinklig. Junge Tiere von 15 Segmenten haben in der Mediane 2 Längsreihen von Tuberkeln nahe nebeneinander, aus denen beim Erwachsenen der unpaare Mediankiel wird. Telopodit des Gonopoden am Grunde langborstig, dann im Knie gebogen, dann lamellös, am Ende hinten spitz geschlitzt, vorn abgestutzt, nach außen gebogen.

Paraguay: Tacuru Pucu; Argentinien: Misiones, Posadas. In Nestern von *Capritermes opaca* (Hagen) und *Cornitermes similis* (Hagen) und unter faulendem Holz.

36. Gen. **Propyrgodesmus** Silv.

1920 *P.,* Silvestri in: Rec. Ind. Mus., *v.* 19 p. 122.

♂ ♀ 20 Segmente, Poren auf den Segmenten 5, 9, 12, 15, 17—19, bis zum 15. Segment auf kleinen Tuberkeln des mittleren Seitenrandlappens, auf den Segmenten 17—19 in der Fläche gelegen. Kopf ganz vom Halsschild bedeckt, mit tiefen seitlichen Antennengruben, Clypeus seitlich davor vorgewulstet, Stirn mit kleinen Höckern, 3 Labralzähne. 5. Antennenglied das längste und dickste. Halsschild groß, fächerförmig, vorn rundlappig, auf der Fläche 2 Erhöhungen nebeneinander, jede mit 4 Tuberkeln besetzt. Seitenflügel groß, tief, fast im Bauchniveau angesetzt, horizontal oder schwach abschüssig, vorn und hinten ganzrandig, seitlich tief eingeschnitten gelappt, die Ränder auch mit Papillen besetzt. Rücken stark gewölbt; Metazoniten mit Querreihen kleiner Tuberkeln, die mit Papillen besetzt sind; in der Mediane eine schwache Erhöhung, die mit 2 Längsreihen vergrößerter und mehr oder weniger miteinander verschmelzender und Kämme bildender Tuberkeln besetzt sind; auf den Segmenten (17), 18 und 19 sind sie noch stärker vergrößert und bilden ein schräg nach hinten gerichtetes medianes Horn. Hinterrandsaum aus runden Platten gebildet. Analsegment klein, ventralwärts gerichtet, zum größten Teil von dem Medianhorn des 19. Segments bedeckt, die Terminalborsten sitzen auf der Ventralseite. Praefemur der Beine unten ohne Macrochaete. Gonopoden: Hüften groß, schalenförmig, außen vorn mit einem stumpfen Zipfel aufragend; sie hängen vorn durch einen spitzen Kiel, hinten durch eine schmale Spange zusammen. Telopodit gerade aufsteigend, flachgedrückt und zylindrisch, erst im letzten Drittel in 2 zackige Hauptäste gespalten, die gerade Samenrinne mündet in einer Zacke des inneren Spaltastes.

Cochin, Indien.

2 Arten.

Typus: *P. lobulatus* Silv.

Unterscheidung der Arten bei *P. frater*.

1. **P. lobulatus** Silv. 1920 *P. l.*, Silvestri in: Rec. Ind. Mus., *v.* 19 p. 124 f. IV, V.

Kastanienbraun, der größte Teil des Clypeus, die Antennen, porentragenden Tuberkeln, Prozoniten, Beine und das Analsegment strohgelb. Länge 17,5 mm, Breite 3 mm, Prozoniten 1,3 mm. 5. Antennenglied viel größer als das 6., fast doppelt so lang wie dick, das Sinnesfeld klein, scharf begrenzt, Sinnesborste des 4. Gliedes nicht auf einem Höcker. Seitenrand der Seitenflügel tief 3lappig, die des 19. Segmentes sehr klein, fast ganzrandig. Die Läppchen am Hinterrandsaum der Metazoniten länglich gerundet, am Endrand winzig gesägt. ♂ unbekannt (Fig. 371).

Cochin State, Waldtramway zwischen 10. und 14. Meile.

2. **P. frater** Carl 1932 *P. f.*, J. Carl in: Rev. Suisse Zool., *v.* 39 p. 511 f. 156—160.

Dem *P. lobulatus* sehr ähnlich, Unterschiede: Sinnesfeld des 5. Antennengliedes groß, nicht dicht besetzt, basalwärts fast bis zum Ansatz der großen Sinnesborste erstreckt; das Glied nur $1^1/_2$mal so lang wie breit; die Sinnesborste des 4. Gliedes sitzt auf einem starken Höcker. Praefemur aller Beine unten ohne subapicale Borste.

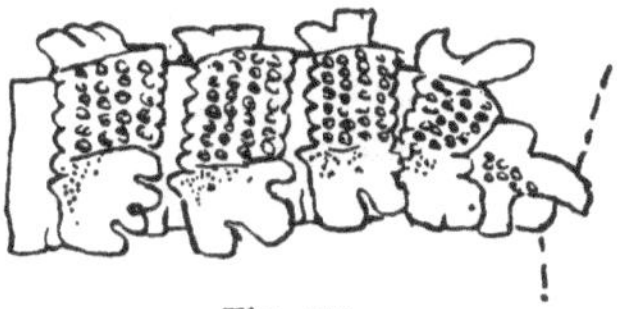

Fig. 371.
Propyrgodesmus lobulatus Silv.
Hinterende von der Seite (Silvestri, 1920).

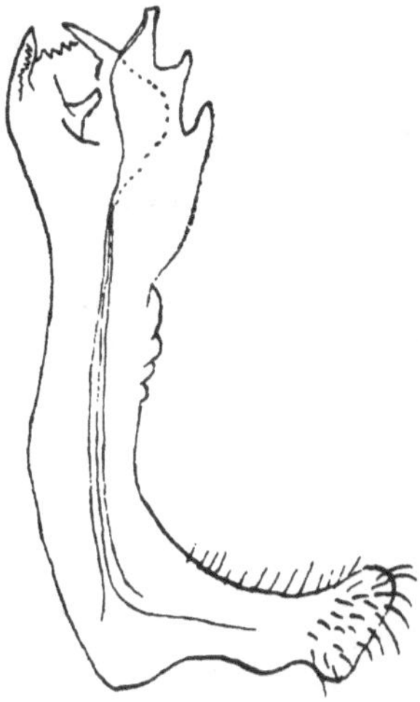

Fig. 372.
Propyrgodesmus frater Carl.
Gonopode (J. Carl, 1932).

Die Läppchen am Hinterrandsaum der Metazoniten sind subquadratisch, mit geraden glatten Seitenrändern, sehr flach gebogenem Endrand mit einer scharfen und einer gerundeten Ecke; letztere und der Endrand tragen scharfe Spitzen. Gonopoden: Hüfte außen unbeborstet mit ganz schwachen Papillen. Telopodit 2ästig, jeder Ast mit Zacken und Lappen, die sich in der Medianansicht zu einer Art Kelchfigur gruppieren (Fig. 372).

Nilgiris; Coonoor, 1700 m.

37. Gen. **Urodesmus** Por.

1894 *U.*, Porat in: Bih. Svenska Ak., *v.* 20 nr. 5 p. 41, 42 | 1896 *Stylodesmus*, O. F. Cook in: P. U. S. Mus., *v.* 18 p. 82 | 1896 *S.*, O. F. Cook in: Amer. Natural., *v.* 30 p. 418 | 1899 *Urodesmus*, Attems in: Denk. Ak. Wien, *v.* 68 p. 375 | 1927 *U.* + *Stilodesmus*, Silvestri in: Boll. Labor. Zool. Portici, *v.* 20 p. 282, 286.

♂ ♀ 20 Segmente. Poren auf den Segmenten 5, 7, 9, 10, 12, 13, 15 bis 18, (19), auf den Segmenten 5—16 auf einem länglichen Kegel des Seitenrandes, auf den Segmenten 17—19 in der Fläche. Kopf ganz vom Halsschild bedeckt; Stirn mit 2 Erhebungen, seitliche Antennengruben vorhanden, Clypeus seitlich vor ihnen wulstig. 5. Antennenglied das größte. Halsschild groß, fächerförmig, vorn aufgekrempt und rund gekerbt-gelappt, mit 2 großen Fortsätzen gleich den übrigen Tergiten. Seitenflügel ziemlich groß, horizontal, tief angesetzt, der Rücken stark gewölbt; Vorder- und Hinterrand der Seitenflügel ganzrandig, Seitenrand mehr oder weniger tief 2—3lappig. Metazoniten mit 2 großen Fortsätzen, aus vergrößerten Tuberkeln entstanden, die ebenso wie ein Teil der Fläche mit kleinen Papillen besetzt sind. Am Hinterrand der Metazoniten breite, runde, glattrandige Plättchen. Analsegment klein, konisch, ventralwärts gerichtet. Mehr oder weniger von den großen Tuberkeln des 19. Segments bedeckt oder frei sichtbar. Praefemur und Femur der Beine ungefähr gleich lang. Gonopodenhüfte lateral halbkugelig gerundet, medial konkav, das Telopodit fast ganz aufnehmend, dieses kurz, gedrungen, mehrästig, die Samenrinne auf einem der Äste. Praefemur mit Fortsatz.

2 Subgenera mit 5 Arten, eine mit 3 Varietäten.

West-Afrika, Ceylon.

Typus: *U. erinaceus* Por.

a) Subgen. **Urodesmus** (Por.) Verh.

1936 *U.*, K. W. Verhoeff in: Rec. Ind. Mus., *v.* 38 p. 118.

Die beiden paramedianen Rippen der Tergite sind schräg nach außen geneigt. Der Rücken ist weniger hoch und in den Seiten stehen keine Höckerchen.

Westafrika.

4 Arten, eine mit 3 Varietäten.

Übersicht über die Arten:

1	Die dorsalen Hörner der vorderen und hinteren Segmente stehen nahe beieinander und zeigen die Tendenz, zu verschmelzen	4. **U. (U.) horridus**
	Die dorsalen Hörner aller Segmente sind deutlich getrennt — 2	
2	5 Labralzähne. Seitenflügel tiefer gelappt. Gonopodentelopodit ohne Fortsatz neben dem Rinnenast und ohne Borstengruppe am Ende der Samenrinne . . .	3. **U. (U.) camerunensis**
	3 Labralzähne. Seitenflügel schwächer gelappt. Gonopodentelopodit mit einem Fortsatz neben dem Rinnenast und einer Borstengruppe am Ende der Samenrinne — 3	
3	Die 2 großen Hörner des Halsschildes sind am Ende in Buckel geteilt. Der Fortsatz neben dem Rinnenast ist hakig, unbehaart	1. **U. (U.) erinaceus**
	Die Hörner des Halsschildes sind einfach abgerundet. Der Fortsatz neben dem Rinnenast ist am stumpfen Ende fein behaart.	2. **U. (U.) simplex**

1. **U. (U.) erinaceus** Por. 1894 *U. e.*, Porat in: Bih. Svenska Ak., *v.* 20 nr. 5 p. 43 f. 16 | 1899 *U. e.*, Attems in: Denk. Ak. Wien, *v.* 68 p. 376 | 1927 *U. e.*, Silvestri in: Boll. Labor. Zool. Portici, *v.* 20 p. 287 f. III.

Farbe dorsal braun, Bauch und Analsegment, Antennen und Beine weiß. Länge 11—15 mm. Breite 2—2,8 mm. Kopf auf dem Scheitel und zwischen den Antennen granuliert, im übrigen runzelig und beborstet. Halsschild vorn mit 10 runden Lappen, auf der Fläche 2 sehr große, dicke, am

Ende in Buckel geteilte etwas nach vorn gerichtete Hörner (Fig. 374). Metazoniten mit 2 fast keuligen, hinten ausgehöhlten, am Ende mit 1—2 Furchen versehenen, gleich großen Hörnern (Fig. 373). Die Hörner des 19. Segments sind so weit voneinander entfernt, daß zwischen ihnen das Analsegment zum Teil sichtbar ist. Seitenflügel des 2. Segments seicht 3lappig, die anderen seicht 2lappig. Ränder der Seitenflügel, die großen Hörner und ein Teil der Metazonitenfläche mit zahlreichen langen keuligen Papillen besetzt. Die Oberfläche ist meist stark mit Erde inkrustiert. Beine kurz. Hüfte der Beine mit schuppenartiger Borste, Tibia mit langer, dorsaler Macrochaete. Telopodit des Gonopoden gedrungen, neben dem Samenrinnenast ein Processus praepseudoflagellaris, ein spitzes unbeborstetes Hörnchen; außer dem Samenrinnenast 2 breitere Äste.

Kamerun, Nigeria.

1a. **U. (U.) erinaceus** var. **erinaceus** Por. Literatur wie oben.

Länge 15 mm, Breite 2,5 mm. Die großen Hörner des Halsschildes sind in 4 Buckel geteilt. Beide Endäste des Gonopoden ungefähr gleich lang.

Kamerun.

1b. **U. (U.) erinaceus** var. **nigeriensis** Silv. 1927 *U. e.* var. *n.*, Silvestri in: Boll. Labor. Zool. Portici, *v.* 20 p. 288 f. IV.

Als einziger Unterschied von der Stammform ist angegeben, daß die Hörner des Halsschildes bei Erwachsenen in 3 Buckel geteilt sind (bei Juvenes

Fig. 373. **Urodesmus (U.) erinaceus** var. **nigeriensis** Silv. Vorderende (Silvestri, 1927).

Fig. 374. **Urodesmus (U.) erinaceus** var. **nigeriensis** Silv. Halsschild (Silvestri, 1927).

Fig. 375. **Urodesmus (U.) erinaceus** var. **nigeriensis** Silv. Hinterende, Profil (Silvestri, 1927).

auch hier in 4 Buckel), so daß die Berechtigung dieser Varietät sehr zweifelhaft ist. Länge 14 mm, Breite 2,8 mm (Fig. 373, 374, 375).

Nigeria: Ibadan unter Steinen und im Boden eingegraben.

1c. **U. (U.) erinaceus** var. **minor** Silv. 1927 *U. e.* var. *m.*, Silvestri in: Boll. Labor. Zool. Portici, *v.* 20 p. 289 f. V, VI.

Länge 11 mm, Breite 2 mm. Der Fortsatz neben dem Rinnenast ist ziemlich lang und hakig, von den 2 Endästen des Gonopoden ist der äußere etwas länger.

Kamerun: Victoria. Insel Fernando Po.

2. **U. (U.) simplex** Silv. 1927 *U. s.*, Silvestri in: Boll. Labor. Zool. Portici, *v.* 20 p. 290 f. VII.

Länge 12 mm, Breite der Metazoniten 2,34 mm, der Prozoniten 1,25 mm. Unterscheidet sich von *U. erinaceus* in folgenden Punkten: Halsschild (Fig. 376) vorn weniger gerundet, die Kerben zwischen den Lappen seichter, die Hörner am Ende einfach gerundet. Die Hörner des 19. Segments (Fig. 377) sind am

Fig. 376.
Urodesmus (**U.**) **simplex** Silv.
Halsschild (Silvestri, 1927).

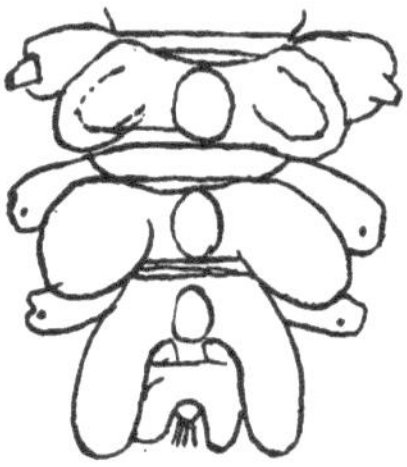

Fig. 377.
Urodesmus (**U.**) **simplex** Silv.
Hinterende, Dorsalseite (Silvestri, 1927).

Grunde etwas weiter voneinander entfernt. Die Plättchen am Hinterrand der Metazoniten sind etwas länger und breiter. Der Samenrinnenast ist kürzer, fast 3eckig, der Processus praepseudoflagellaris ist kurz, zylindrisch, kurz behaart.

Nigeria: Olokemeji.

3. **U. (U.) camerunensis** (Silv.) 1927 *Stilodesmus c.*, Silvestri in: Boll. Labor. Zool. Portici, *v.* 20 p. 284 f. I, II.

Länge 11 mm, Breite der Metazoniten 2 mm, der Prozoniten 1,15 mm. Clypeus behaart, Labrum 5zähnig. Halsschild vorn aufgekrempt, 10lappig, die Mitte fast gerade, in der Mitte 2 konische, am Ende 2teilige Hörner. Segmente 2—19 mit 2 nach oben und außen gerichteten Hörnern, die auf dem 19. Segment kleiner sind, die der Segmente 2—4 am Ende 2teilig, die der übrigen Segmente 3teilig, die übrige Fläche mit 5+5 flachen Buckeln. Seitenflügel ziemlich groß, fast horizontal, wenig oberhalb des Bauchniveaus angesetzt, die des 2. Segments tief 3lappig; die der folgenden Segmente 3—16 tief 2lappig, die Seitenflügel der Segmente 17—19 nach und nach kleiner werdend. Ränder der Seitenflügel und die dorsalen Hörner mit zahlreichen langen borstenförmigen Papillen besetzt, die Sternite mit kürzeren Papillen. Analsegment klein, nicht vom 19. Segment verdeckt, Analschuppe 3eckig mit 2 langen Borsten. Plättchen am Hinterrand der Metazoniten abgerundet, ganzrandig, einander berührend. Beine kurz, Hüfte mit ziemlich langer schuppenförmiger Borste, Praefemur und Femur fast gleich lang, Tibia dorsal mit kurzer, Tarsus ventral mit langer Macrochaete. Telopodit des Gonopoden etwas schlanker als bei *U. erinaceus,* ohne Processus praepseudoflagellaris.

Kamerun: Victoria.

4. **U. (U.) horridus** (O. F. Cook) 1896 *Stylodesmus h.*, O. F. Cook in: P. U. S. Mus., *v.* 18 p. 82 | 1896 *S. h.*, O. F. Cook in: Amer. Natural., *v.* 30 p. 418 | 1896 *S. h.*, O. F. Cook in: P. Ac. Philad., p. 261.

Länge 10 mm. Breite 3,2 mm. Kohlschwarz. Die dorsalen Hörner der vorderen und hinteren Segmente stehen nahe nebeneinander und zeigen die Tendenz an der Basis zu verschmelzen; sie sind rauh und behaart; die des 17. und 18. Segments überragen das 19. Segment, das weder Hörner noch Poren hat.

Liberia.

b) Subgen. **Attemsocyphus** Verh.

1936 *A.*, K. W. Verhoeff in: Rec. Ind. Mus., *v.* 38 p. 118, 119 | 1937 *A.*, K. W. Verhoeff in: Zool. Anz., *v.* 120 p. 316.

Die beiden paramedianen Rippen der Tergite stehen fast senkrecht, der Rücken ist sehr hoch, daher fallen die Seiten desselben sehr steil ab. Auf den Segmenten 2—18 jederseits eine Längsreihe von 3 kleinen Höckerchen. [Die nach hinten übergeneigten Fortsätze des 18. Segmentes bleiben mit ihren Enden weit zurück hinter den Enden der Fortsätze des 19. Segmentes, zugleich stehen sie hinter ihnen. Seitenflügel des 19. Segmentes von oben her vollständig sichtbar. Dieses bei Subgen. *Urodesmus* ebenso.]

Attemsocyphus wurde 1936 von Verhoeff als Subgenus von *Urodesmus*, 1937 als selbständiges Genus betrachtet, weil die Gonopoden angeblich recht abweichend von denen des *Urodesmus* sein sollen, doch geht nicht hervor, worin sich beide unterscheiden, da die Zeichnungen Silvestris von den *Urodesmus*-Gonopoden so ungenau sind, daß sie kein morphologisches Urteil erlauben, wie Verhoeff selbst zugibt.

Ceylon.

Einzige Art: *U. (A.) serratus* Verh.

5. **U. (A.) serratus** Verh. 1936 *U. (A.) s.*, K. W. Verhoeff in: Rec. Ind. Mus., *v.* 38 p. 118 t. 8 f. 23 | 1937 *A. s.*, Verhoeff in: Zool. Anz., *v.* 120 p. 316 f. 4, 6, 7.

Braunschwarz, stark mit Humus inkrustiert. Länge 8,5 mm. Halsschild mit 2 großen, schräg nach vorn gerichteten Fortsätzen mit breiterem Innenhöcker und schmälere Außenhöcker, Rippen der Segmente 2—4 2höckerig, die anderen 3höckerig (aus 2 oder 3 hintereinander stehenden Tuberkeln entstanden). Die Rippen der Segmente 2—5 sind nach vorn geneigt. 6.—15. nach oben, 16.—18. schräg nach hinten, die des 19. horizontal nach hinten gerichtet und parallel. Seitenrand der Seitenflügel des 2. Segmentes 3lappig, der anderen 2lappig. Am Hinterrand der Metazoniten eine Reihe zarter abgerundeter Blättchen, die etwas übereinander greifen. Analsegment von oben nicht sichtbar. Gonopoden: Praefemur kurz, spärlich beborstet, bildet einen gegen das Resttelopodit wenigstens außen abgesetzten Querwulst. Das Resttelopodit nicht länger als breit, zerfällt in einen hakig gebogenen Rinnenast, einen kurzen nach außen gekrümmten Tibiotarsus und 2 3eckige Zipfel dazwischen.

Ceylon: Demodera, 1000 m. Colombo.

38. Gen. **Udodesmus** O. F. Cook

1896 *U.*, O. F. Cook in: Amer. Natural., *v.* 30 p. 419 | 1896 *U.*, O. F. Cook in: P. Ac. Philad., p. 262 | 1927 *U.*, Silvestri in: Boll. Labor. Zool. Portici, *v.* 20 p. 292.

♂ ♀ 20 Segmente. Poren auf den Segmenten 5, 7, 9, 10, 12, 13, 15—19, auf dem hinteren der 2 Lappen des Seitenrandes in der Fläche oder auf einer sehr kleinen Tuberkel. Kopf ganz vom Halsschild bedeckt, Stirn mit Tuberkeln, median eine Erhöhung, seitliche Antennengruben vorhanden, 3 Labralzähne. 5. Antennenglied das dickste, ungefähr gleich lang dem 2. Halsschild mit 2 paramedianen, schräg nach vorn und oben gerichteten, mehr oder weniger gelappten Fortsätzen, die Seiten nach außen und vorn gezogen, 2lappig. Segmente 2—19 mit 2 paramedianen, mehr oder weniger gelappten, nach oben und außen gerichteten, aus je 2 oder 3 Tuberkeln entstandenen Fortsätzen und mit einigen seitlichen Tuberkeln. Seitenkiele ziemlich groß, fast horizontal, fast im Bauchniveau angesetzt, vorn und hinten ganzrandig, seitlich tief 2lappig. Rücken stark gewölbt. Ränder der Seitenflügel und die dorsalen Tuberkeln dicht mit langen, keuligen Papillen besetzt, die übrige Fläche der Metazoniten spärlicher mit Papillen besetzt. Am Hinterrand der Metazoniten kleine, grob kammartig eingeschnittene Plättchen. Analsegment klein, konisch, vom 19. Segment bedeckt, Terminalborsten ganz auf der Unterseite. Praefemur und Femur der Beine ungefähr gleich lang, Hüfte mit einer kurzen breiten Borste. Gonopodenhüfte lateral gewölbt, medial konkav, Praefemur mit langem schlankem Fortsatz, länger als der Rinnenast. Telopodit schlank ohne oder mit winzigem Seitenast vor dem Ende.

West-Afrika.

2 Arten.

Typus: *U. telluster* O. F. Cook.

Übersicht über die Arten:

- Dorsale Fortsätze der Segmente 2—18 3lappig (Fig. 378). Fortsätze des Halsschildes ungelappt. Samenrinnenast mit einem Seitenästchen vor dem Ende, der Praefemurfortsatz am Ende 2spitzig (Fig. 379). Körperbreite 1,4 mm . . . . 1. **U. telluster**
- Dorsale Fortsätze der Segmente 2—15 tief 2lappig. Fortsätze des Halsschildes 3lappig (Fig. 380). Samenrinnenast einfach, Praefemurfortsatz am Ende 3spitzig (Fig. 381). Körperbreite 2,4 mm . . . . 2. **U. guineae**

1. **U. telluster** O. F. Cook 1896 *U. t.*, O. F. Cook in: Amer. Natural., *v.* 30 p. 419 | 1896 *U. t.*, O. F. Cook in: P. Ac. Philad., p. 262 | 1927 *U. t.*, Silvestri in: Boll. Labor. Zool. Portici, *v.* 20 p. 293 f. VIII.

Erdfarben. Länge 8 mm, Breite der Metazoniten 1,4 mm, der Prozoniten 0,7 mm. Stirn mit einer Querreihe kleiner Tuberkeln. Fortsätze des Halsschildes nur am Vorderrand sehr seicht 3lappig; die Fläche jederseits mit 4 kleinen Tuberkeln, die Seiten tief 2lappig. Die paramedianen Fortsätze

Fig. 378.
Udodesmus telluster O. F. Cook.
Hinterende (Silvestri, 1927).

Fig. 379.
Udodesmus telluster O. F. Cook.
Gonopode (Silvestri, 1927).

der Segmente 2—18 sind 3lappig; auf dem 19. Segment verschmelzen die paramedianen Tuberkeln mehr oder weniger, einen hinten tief 2lappigen, das Analsegment überragenden Fortsatz bildend (Fig. 378). Der Samenrinnenast des Gonopoden (Fig. 379) hat vor dem Ende ein queres dornartiges Seitenästchen, der Praefemurfortsatz länger als der Samenrinnenast, hat vor dem Ende ein dorniges Seitenästchen, die Spitze selbst ist 2teilig. Die Saftlöcher liegen im hinteren Lappen des Seitenrandes.

Liberia.

2. **U. guineae** Silv. 1927 *U. g.*, Silvestri in: Boll. Labor. Zool. Portici, *v.* 20 p. 294 f. IX, X.

Erdfarben. Länge 12 mm. Breite der Metazoniten 2,45 mm, der Prozoniten 1,2 mm. Stirn mit 2 Längsreihen kleiner Tuberkeln. Die großen Fortsätze des Halsschildes (Fig. 380) sind der Länge nach 3lappig, der erste Lappen der größte, die Seiten sind tief 2lappig. Segmente 2—15 mit 2 paramedianen, tief 2lappigen Fortsätzen, die eine hintere kleine Tuberkel tragen (also auch aus je 3 Tuberkeln entstanden sind); die Fortsätze der Seg-

Fig. 380.
Udodesmus guineae Silv.
Halsschild von oben (Silvestri, 1927).

Fig. 381.
Udodesmus guineae Silv.
Gonopode (Silvestri, 1927).

mente 16—18 sind 3lappig. Die Fortsätze des 19. Segments sind am Grunde verwachsen, 3lappig und überragen mit dem hinteren Lappen um 0,26 mm das Analsegment. Die Saftlöcher liegen auf einem sehr niedrigen Höcker am Seitenrand des hinteren Lappens. Samenrinnenast des Gonopoden am Ende kurzhakig ohne Seitenast, der Praefemurfortsatz länger, am Ende kurz 3spitzig (Fig. 381).

Französisch Guinea: Kakoulima unter einem Stein in einem Nest von *Prenolepis longicornis* Latr.; Conakry unter einem Stein.

39. Gen. **Catapyrgodesmus** Silv.

1920 *C.*, Silvestri in: Rec. Ind. Mus., *v.* 19 p. 125.

♀ 20 Segmente. Poren auf den Segmenten 5, 7, 9, 12, 15, 17—19, bis zum 15. Segment auf einer kurzen zylindrischen Tuberkel am Rande der Seitenflügel, auf den Segmenten 17—19 in der Fläche der Seitenflügel. Kopf ganz vom Halsschild bedeckt, mit seitlichen Antennengruben, Clypeus vor letzteren seitlich stark aufgewulstet. 3 Labralzähne, auf der Stirn eine

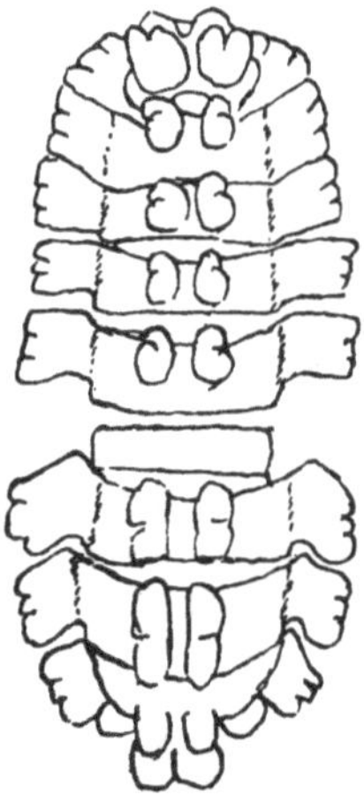

Fig. 382.
Catapyrgodesmus ceylonicus Silv.
Vorder- und Hinterende, mit Erde inkrustiert (Silvestri, 1920).

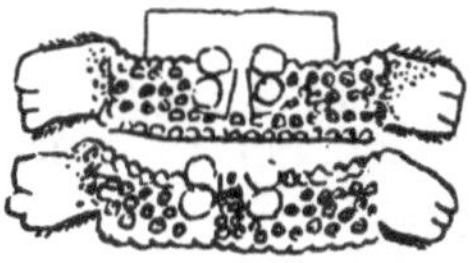

Fig. 383.
Catapyrgodesmus ceylonicus Silv.
8. und 9. Segment, ohne Inkrustation (Silvestri, 1920).

Anzahl von Tuberkeln. 5. Antennenglied das längste und dickste, 4. bis 7. Antennenglied mit Macrochaeten, 5. und 6. Glied lateral mit Gruppen von

Sinneszapfen. Vorderrand des Halsschildes aufgekrempt, mit Radialfurchen, sehr seicht gelappt; auf der Fläche 2 mit je 4 Tuberkeln besetzte erhabene Felder. Rücken stark gewölbt, Seitenflügel groß, fast horizontal, wenig abwärts geneigt und fast im Bauchniveau angesetzt, der Seitenrand seicht gekerbt-gelappt, der Vorder- und Hinterrand glatt. Auf jedem Metazonit in der Mitte 4 sehr große im Viereck stehende Tuberkel (Fig. 382), die der hinteren Segmente sind noch stärker vergrößert und neigen etwas nach hinten über. Die übrige Fläche der Metazoniten mit mehreren Querreihen kleiner Tuberkeln. Dorsalseite der Metazoniten inkl. Seitenflügel und großen Granula mit zahlreichen kleinen, schwach keuligen Papillen besetzt (Fig. 383). Am Hinterrand der Metazoniten eine Reihe von am Ende fein zerfransten Schuppen, ober den meisten derselben eine lange, keulige Papille. Analsegment im rechten Winkel zur Längsachse des Körpers, von oben ganz von den großen Mediantuberkeln des 19. Segments verdeckt und weit überragt; die 4 Terminalborsten liegen ventral. Sternite schmal, die Beine nahe nebeneinander inseriert, kurz, Praefemur wenig kürzer als Femur. Männchen unbekannt.

Ceylon.

Typus und einzige Art: *C. ceylonicus* Silv.

1. **C. ceylonicus** Silv. 1920 *C. c.*, Silvestri in: Rec. Ind. Mus., *v.* 19 p. 128 f. VI, VII.

Kastanienbraun, Clypeus, Antennen, Prozoniten, porentragende Tuberkeln, Beine und Analsegment strohgelb. Länge 16 mm, Breite der Metazoniten 2,8 mm, der Prozoniten 1,56 mm. 5. Antennenglied fast doppelt so lang wie das 6. (Fig. 382, 383).

Ceylon. Namunakuli.

40. Gen. **Klimakodesmus** Carl

1920 *Pyrgodesmus*, Silvestri (nec Pocock 1892) in: Rec. Ind. Mus., *v.* 19 p. 117 | 1932 *Klimakodesmus*, J. Carl in: Rev. Suisse Zool., *v.* 39 p. 517.

♂ ♀ 20 Segmente. Poren auf den Segmenten 5, 7, 9, 10, 12, 13, 15—19, auf den Segmenten 5—16 auf kurzen zylindrischen Tuberkeln des 2. Seitenrandlappens, auf den Segmenten 17—19 in der Fläche gelegen. Kopf ganz vom Halsschild bedeckt, Stirn median erhöht, seitliche Antennengruben vorhanden, Clypeus davor wulstig vorgewölbt. 3 Labralzähne. 5. Antennenglied dicker und länger als die übrigen. Halsschild groß, fächerförmig, vorn in 10 runde Lappen eingeschnitten, mit 2 großen Hörnern. Rücken stark gewölbt, Seitenflügel groß, im Bauchniveau angesetzt, schwach abwärts geneigt, vorn und hinten ganzrandig, seitlich rundgelappt. Alle Segmente bis zum 19. mit 2 großen, schräg nach oben und außen gerichteten aus der Verschmelzung von 2—3 hintereinander stehenden vergrößerten Tuberkeln entstandenen Fortsätzen, außerdem mit Querreihen niedriger Tuberkeln, die ebenso wie die großen Fortsätze und die Ränder der Seitenflügel mit kurzen Papillen besetzt sind. Am Hinterrand der Metazoniten gerundete, fein gezähnelte Plättchen. Analsegment klein, ventralwärts gerichtet, vom 19. Segment bedeckt; die 4 Terminalborsten liegen ventral. Beine kurz, dick, Femur länger als Praefemur; Coxa und Praefemur mit einer ventralen, Tibia mit einer dorsalen Macrochaete. Gonopodenhüfte lateral halbkugelig gerundet, medial konkav, Telopodit einfach, breit sichelförmig, kein Praefemurfortsatz, die Samenrinne verläuft bis zum Ende der Sichel, kein Tibiotarsus vorhanden.

Ceylon, Vorderindien.

2 Arten.

Typus: *K. permutatus* Att.

Übersicht über die Arten:

- Gonopodenhüfte seitlich glatt. Seitenflügel und dorsale Hörner tiefer gelappt, Hörner länger, Sinnesfelder der Antenne scharf kreisförmig begrenzt (Ceylon) . . . . . 1. **K. permutatus**
- Gonopodenhüfte seitlich mit flachen Papillen besetzt, die kleine nagelförmige Stifte tragen. Seitenflügel und dorsale Hörner nur sehr seicht gelappt, Sinnesfelder der Antenne undeutlich begrenzt (Vorderindien) . . . . . 2. **K. gravelyi**

1. **K. permutatus** Att. (nom. nov.) 1920 *Pyrgodesmus obscurus*, Silvestri[1]) (nec Pocock) in: Rec. Ind. Mus., *v.* 19 p. 120 f. I—III.

Schwarz-kastanienbraun, der größte Teil des Clypeus, die Antennen, die Porentuberkeln, Prozoniten, Analklappen und das Schwänzchen strohgelb.

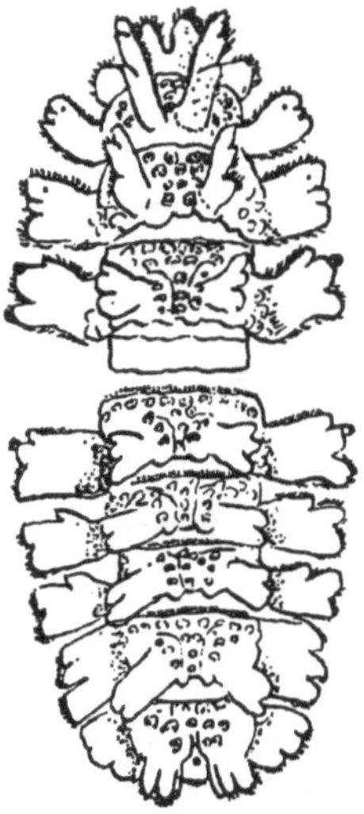

Fig. 384.
Klimakodesmus permutatus Att.
Vorder- und Hinterende (Silvestri, 1920).

Fig. 385.

Fig. 386.
Klimakodesmus permutatus Att. Gonopode, Lateral- und Medialseite (Silvestri, 1920).

Länge 11,5 mm. Breite der Metazoniten 2,4 mm, der Prozoniten 1 mm. Die Hörner des Halsschildes sind am Ende 3teilig und vorn mit Tuberkeln besetzt. Die Hörner der Segmente 2—4 sind am Ende 2lappig, der hintere Lappen auf den Hörnern der anderen Segmente ist wieder seicht 2lappig, die Hörner des 18. Segments sind etwas länger als die anderen, nach hinten gerichtet und am Grunde genähert, die des 19. Segments sind kürzer als

[1]) Silvestri hat angeblich auch ein Originalexemplar Pococks von *Pyrgodesmus obscurus* untersucht, doch ist die Beschreibung Pococks so verschieden von der Silvestris, daß eine Verwechslung vorgekommen sein muß.

die vorangehenden am Grunde verwachsen, nach hinten gerichtet, kaum gelappt und bedecken und überragen das Analsegment. Die Seitenflügel der Segmente 2—18 sind 3lappig, die des 19. Segments sehr klein und fast ganzrandig. Die Plättchen am Hinterrand der Metazoniten sind oval, am Rande fein gezähnelt; vor einem jeden steht eine lange, sie überragende spitze Borste (Fig. 384 Vorder- und Hinterende, Fig. 385, 386 Gonopode, Lateral- und Medialseite).

Ceylon: Peradenyia.

2. **K. gravelyi** Carl 1932 *K. g.*, J. Carl in: Rev. Suisse Zool., *v.* 39 p. 518 f. 170—177.

Lehmgelb mit braungelbem Filz; Prozoniten, Beine, Kopf und Antennen weißlich. Länge 6 mm, Breite 1,2 mm, Sinnesfelder des 5. und 6. Antennengliedes unbestimmt begrenzt und weder kreisförmig noch eingesenkt. Halsschild mit 2 von je 4 flachen Höckern gebildeten Buckeln

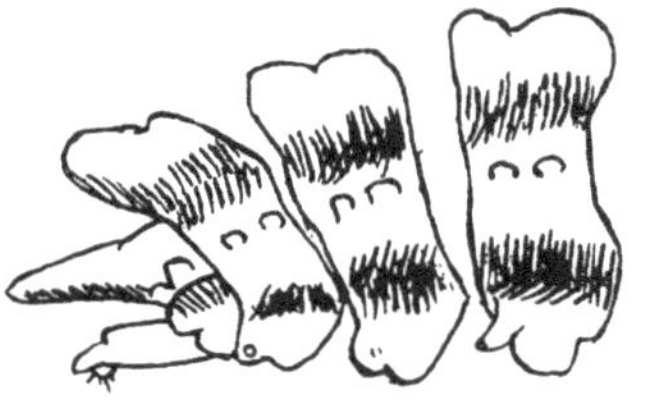

Fig. 387.
Klimakodesmus gravelyi Carl.
Hinterende, Profil (J. Carl, 1932).

Fig. 388.
Klimakodesmus gravelyi Carl.
Gonopode (J. Carl, 1932).

und einigen Höckerchen seitlich. Metazoniten dorsal jederseits mit einem hohen, 2lappigen Kamm. Die Kämme sind bis zum 16. Segment nach vorn geneigt, auf dem 17. fast senkrecht, auf dem 18. nach hinten geneigt, die beiden des 19. sind zu einem großen, prismatischen, waagrecht nach hinten gerichteten Fortsatz verschmolzen, der das Analsegment weit überragt (Fig. 387), so daß vom Ringteil des letzteren nur die Seitenränder von oben sichtbar sind. Seitenlappen 2 undeutlich 2lappig, die übrigen mit 2lappigem, seicht eingekerbtem Seitenrand, gerundeten Ecken und glattem Vorder- und Hinterrand. Auf den porentragenden ist der hintere Lappen stark verflacht und im vorderen Teil durch den weißlichen Porenzapfen ersetzt. Fransen am Hinterrand gerundet und am Endrand mit scharfen Spitzen besetzt, vor jedem 2 am Ende knopfig verdickte Borsten. Praefemur der Beine mit starker subapicaler Borste auf der Unterseite des Praefemur. Gonopoden (Fig. 388): Hüfte auffallend eckig, auf der Außenfläche mit flachen Papillen besetzt, die kleine nagelförmige Stifte tragen. Telopodit rasch zu einer geschwungenen, nach außen und hinten gerichteten, mit einer Kanüle endigenden schlanken Spitze verjüngt. Die Samenrinne verläuft vom Grunde an auf der Vorderfläche des Telopodit und öffnet sich an der fein eingeschnittenen Spitze desselben.

Nilgiris: Coonoor 1600 m, Mudumalai 1000 m.

41. Gen. **Poratia** O. F. & A. C. Cook

1889 *Scytonotus*, Porath (nec Koch 1847) in: Ent. Tidskr., *v.* 10 p. 56 | 1894 *Poratia*, O. F. & A. C. Cook in: Ann. N. York Ac., *v.* 8 p. 238 | 1899 *P.*, Attems in: Denk. Ak. Wien, *v.* 68 p. 359 | 1923 *P.*, Silvestri in: Bol. Soc. Españ., *v.* 23 p. 372.

♂ ♀ 20 Segmente. Poren auf den Segmenten 5, 7, 9, 10, 12, 13, 15—19, auf den Segmenten 5—15 auf einer Tuberkel des Seitenrandes, auf den Segmenten 16—19 in der Fläche. Kopf bis zum hinteren Teil der Stirn vom Halsschild bedeckt, Scheitel granuliert, seitliche Antennengruben und Vorwölbungen des Clypeus vor diesen vorhanden. Labrum 3zähnig. Antennen kurz, das 5. Glied das größte. Halsschild fächerförmig, vorn rundgelappt, die Fläche dicht granuliert. Seitenflügel des 2. Segments länger als die folgenden und lappig nach vorn gezogen. Seitenflügel ziemlich tief etwas unter der Mitte der Seiten angesetzt, horizontal, Seiten- und Hinterrand auf den vorderen Segmenten im runden Bogen ineinander übergehend, beide rundgelappt, besonders der Seitenrand. Metazoniten dicht granuliert, die Tuberkeln nicht ganz regelmäßig angeordnet, unter den kleineren Tuberkeln 3 Querreihen etwas größerer, die, besonders auf den hinteren Segmenten, 4 Längsreihen von je 3 Tuberkeln bilden. Die Tuberkeln sind dicht mit kleinen Papillen besetzt. Am Hinterrand der Metazoniten schmale, schlank-3eckige Spitzen. Analsegment klein, abwärts gerichtet, am gestreckten Tier von oben sichtbar. Beine ganz nahe nebeneinander inseriert. Gonopodenhüfte lateral halbkugelig gewölbt, Telopodit ganz unverästelt, relativ lang und schlank, die Samenrinne verläuft bis zur Spitze; kein Femoralfortsatz (Fig. 390).

Süd-Amerika, Java, auch in europäische Warmhäuser eingeschleppt.

Eine Art: *P. digitata* (Por.).

1. **P. digitata** (Por.) 1889 *Scytonotus digitatus*, Porath in: Ent. Tidskr., *v.* 10 p. 59 | 1895 *S. d.*, Latzel in: Mt. Mus. Hamburg, *v.* 12 p. 104 | 1899 *Poratia digitata*,

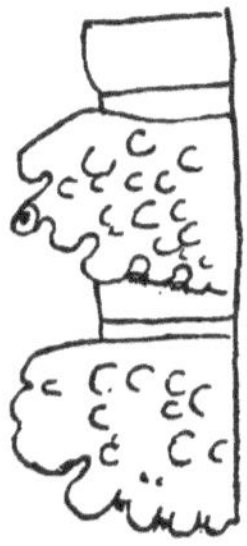

Fig. 389.
Poratia digitata (Por.).
10. und 11. Segment (Silvestri, 1923).

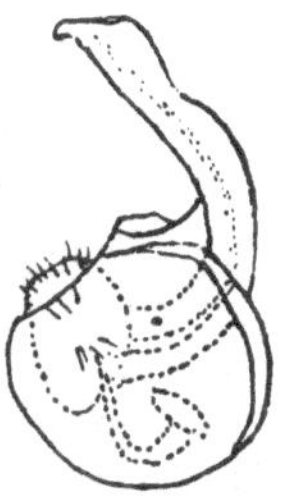

Fig. 390.
Poratia digitata (Por.).
Gonopode (Silvestri, 1923).

Attems in: Denk. Ak. Wien, *v.* 68 p. 360 | 1902 *P. heterotuberculata*, J. Carl in: Rev. Suisse Zool., *v.* 10 p. 667 t. 12 f. 99 | 1923 *P. digitata*, Silvestri in: Bol. Soc. Españ., *v.* 23 p. 375 f. III, IV.

Erdbraun, Bauch und Beine blasser gelblich. Länge 5 mm, Breite der Metazoniten 0,68 mm, des Prozoniten 0,45 mm. Vorderrand des Halsschildes mit 10 runden Lappen. Seitenrand der Seitenflügel (Fig. 389) 3lappig, auf den porenlosen Segmenten sind die Lappen gleich groß, auf den porentragenden ist der mittlere, porentragende Lappen länger als die anderen und der hintere sehr klein. Vom 16. Segment an ist die Lappung des Seitenrandes nur schwach ausgeprägt (Fig. 390).

Costa Rica, Brasilien, Paraguay, Argentinien, Java. Warmhäuser Europas (Hamburg, Göteborg).

42. Gen. **Calymmodesmus** Carl

1914 *C.*, J. Carl in: Mém. Soc. Neuchâtel, *v.* 5 p. 959.

♂ ♀ 20 Segmente. Poren auf den Segmenten 5, 7, 9, 10, 12, 13, 15, 16 auf kleinen Kegeln, die von der Oberseite entspringen und den Seitenrand etwas überragen können; auf dem 17. Segment manchmal kleine, in der Fläche gelegene Poren. Kopf ganz vom Halsschilde bedeckt; Stirn mit runden Tuberkeln; 5. Antennenglied das größte, 5., 6. und 7. Glied mit Sinneszapfen. Halsschild groß, vorn aufgekrempt und seicht gelappt mit Radialfurchen. Rücken stark gewölbt. Seitenflügel mäßig groß, im Bauchniveau angesetzt, mäßig abfallend oder horizontal, der Seitenrand mit mehreren runden Lappen, Hinterrand durch die vergrößerten und vorstehenden seitlichen Tuberkeln der letzten Reihe eingeschnitten-gelappt. Metazoniten mit Querreihen grober Tuberkeln, außerdem die Oberfläche mit einem dichten Filz von Papillen oder Stiftchen. Am Hinterrand ein Besatz von schlank-kegeligen Spitzen. Analsegment von oben sichtbar, hinten tief 5lappig, der Mittellappen mehr oder weniger deutlich in 2 Lappen geteilt. Das Endknöpfchen mit den 4 Terminalborsten auf die Ventralseite gerückt. Gonopodenhüfte lateral halbkugelig, Telopodit schlank, lang, weit vorragend, durchaus nicht in der Höhlung der Hüfte verborgen; das Acropodit ist dick sichelförmig, die Samenrinne verläuft bis an das Ende, das manchmal in 2 Ästchen gegabelt ist. Seitlich hat das Telopodit einen Ast (Tibiotarsalast?).

Kolumbien.

2 Arten.

Typus: *C. andinus* Carl.

Übersicht über die Arten:

Die Saftlochkegel überragen den Seitenrand nicht. Seitenrand des 5. Segments 3lappig (Fig. 391), der des 6. Segments und aller anderen 4lappig. Ende des Gonopodentelopodit ungegabelt (Fig. 392) . . . . 1. **C. andinus**

Die Saftlochkegel überragen deutlich den Seitenrand (Fig. 393). Porentragende Segmente mit 4lappigem (abgesehen vom Porenkegel), porenlose Segmente mit 3lappigem Seitenrand. Ende des Gonopodentelopodit in 2 spitze Ästchen gegabelt (Fig. 394) . . . . 2. **C. carli**

1. **C. andinus** Carl 1914 *C. a.*, J. Carl in: Mém. Soc. Neuchâtel, *v.* 5 p. 960 f. 248—257.

Weißlich, die Metazoniten schmutzig gelb. Länge 7—9 mm, Breite 1,5—2 mm. Scheitel mit einigen kleinen Tuberkeln in der Mitte und zwei unterbrochenen Längsreihen, die vom Innenrande der Antennenbasis divergierend nach oben ziehen. Halsschild in der Mitte stark gewölbt und mit größeren runden Tuberkeln besetzt, längs des Hinterrandes eine Reihe kleinerer Tuberkeln, Vorderrand in 10 runde Lappen geteilt. Prozoniten dicht gekörnelt. Von den Höckern der Metazoniten sind die medianen die größten und bilden eine 3zählige Längsreihe, die anderen Höcker sind nicht deutlich in Längsreihen geordnet und verflachen rasch gegen die Basis der Seitenflügel, die nur sehr flach und undeutlich höckerig ist. Seitenflügel des 2. Segments nicht viel länger als die folgenden, die des 2.—5. Segments schwach 3lappig, die der folgenden in 4 annähernd gleich große, sehr flache Lappen geteilt. Porenkegel ohne Filzbedeckung, fein punktiert, überragen den Seitenrand nicht (Fig. 391). Beine ziemlich dick, ventral ziemlich dicht beborstet. Hüfte des 1. Beinpaares gestreckt und unten schuppig skulpturiert. Hüften der Gonopoden (Fig. 392) mäßig groß, stark gerundet, lateral nicht lappig verlängert. Femur ganz auf die Hinterseite gedrängt, so daß die Tibia von vorn gesehen direkt aus der Höhlung der Hüfte zu entspringen scheint. Tibia von vorn

Fig. 391.
Calymmodesmus andinus Carl.
Seitenflügel des 5. Segments (J. Carl, 1914).

Fig. 392.
Calymmodesmus andinus Carl.
Gonopode (J. Carl, 1914).

nach hinten etwas abgeflacht, in der Mitte medianwärts vorgebaucht und dann stark hakig medianwärts gebogen; die Samenrinne mündet am Ende dieses Hakens; auf der Hinterfläche trägt die Tibia in der Mitte eine stumpfkegelige Apophyse und daneben ein schlankes winkelig geknicktes Ästchen (Tarsalast?).

Kolumbien: Puerto de las Pobres, am Cauca-Fluß.

2. **C. carli** Att. 1931 *C. c.*, Attems in: Zool., *v.* 30 Lief. 3—4 (Heft 79) p. 140 f. 222—228.

Schmutzig gelblichweiß, stellenweise schwärzlich inkrustiert. Länge 7 mm, Breite 1,6 mm, Prozoniten 0,65 mm. Auf dem Scheitel ein von runden Tuberkeln bedeckter Längsstreif, lateral davon hinten kleine Spitzkegel, die übrige Fläche des Kopfes einschließlich der Backen sehr fein dicht rundwarzig. Der krempenförmige vordere Teil des Halsschildes durch 8—10 sehr seichte Kerben schwach gelappt, der übrige Teil stark gewölbt und dicht mit runden Tuberkeln bedeckt. Seitenflügel horizontal, die porenlosen 3-, die porentragenden 4lappig, der 3. Lappen von vorn kann durch eine gradlinige Lücke zwischen 2. und 4. Lappen ersetzt sein. Metazoniten dorsal mit runden Tuberkeln, von denen die 2 paramedianen Längsreihen die größten sind. Vorderrand der Seitenflügel gradlinig, am Hinterrand ragen die 2 äußersten Tuberkeln so weit vor, daß der Hinterrand tief eingeschnitten erscheint. Nur 18. und 19. als breit abgerundete Lappen schräg nach hinten gerichtet. Poren auf einem kleinen Kegel, der den Seitenrand in der Mitte deutlich überragt. 17. Segment manchmal mit kleinen Poren, die nicht auf Kegeln sitzen. Prozoniten fein chagriniert, Metazoniten dicht bedeckt von einem Filz kleiner, kurzer, glasheller Stäbchen. Analsegment 6lappig (Fig. 393), die 2 medianen Lappen nur durch eine sehr seichte Kerbe getrennt, das eigentliche Hinterende, ein kurzer stumpfer Kegel mit den 4 Terminalborsten, ist von oben her ganz durch die medianen Lappen verdeckt. Sternite sehr schmal. Gonopoden: Hüfte schalenförmig. Praefemur medianwärts in einen breit abgerundeten Lappen ausgezogen, der sich mit dem der Gegenseite fast berührt. Telopodit in der Mitte stark eingebogen, so daß

Fig. 393.
Calymmodesmus carli Att.
Hinterende vom 15. Segment an.

Fig. 394.
Calymmodesmus carli Att.
Gonopode.

seine Endhälfte, nach hinten gerichtet, mit der Grundhälfte fast parallel liegt; bis zur Biegung stehen Borsten. Eine deutliche Quergliederung nicht sichtbar, nahe dem Ende ein breiter stumpfer Seitenast, das Ende in 2 spitze Äste gegabelt, von denen einer die Samenrinne führt (Fig. 394).

Ecuador: Guayaquil.

43. Gen. **Lobiferodesmus** Silv.

1920 *L.*, Silvestri in: Rec. Ind. Mus., *v.* 19 p. 129.

♂♀ 20 Segmente. Poren auf den Segmenten 5, 7, 9, 12, 15, 17—19, bis zum 15. Segment auf länglichen Tuberkeln nahe dem Hintereck, auf den Segmenten 17—19 in der Fläche gelegen. Kopf vom Halsschild bedeckt und weit überragt, mit tiefen Antennengruben, Clypeus davor rund vorgewulstet; auf der Stirn eine Querreihe von Tuberkeln, 3 Labralzähne. 5. Antennenglied das längste und dickste, 5. und 6. Glied mit Gruppen von Sinnesstäbchen. Vorderrand des Halsschildes kaum merklich gelappt, mit Radialfurchen. Seitenflügel groß, tief angesetzt, fast im Bauchniveau, leicht abschüssig, alle 3 Ränder eingeschnitten gelappt. Rücken stark gewölbt, Metazoniten grob granuliert, mit 4 Längsreihen von je 3 etwas vergrößerten Tuberkeln; außerdem dicht mit kleinen keuligen Papillen besetzt; am Hinterrand runde, gezähnelte Plättchen. Analsegment von oben nicht bedeckt, dick konisch gerundet, 6lappig; die Terminalborsten liegen auf der Ventralseite ganz nahe dem von oben sichtbaren Hinterrand. Sternite schmal, Beine kurz, die Borsten der Unterseite z. T. am Ende keulig verdickt, Praefemur fast so lang wie Femur. Hüfte der Gonopoden dick, halbkugelig, Telopodit kurz und gedrungen, ungegabelt, zum großen Teil in der Höhlung der Hüfte gelegen, kein Praefemurfortsatz und kein Tibiotarsus (Fig. 396).

Neu-Guinea.

2 Arten.

Typus: *L. papuasicus* Silv.

1. **L. papuasicus** Silv. 1920 *L. p.*, Silvestri in: Rec. Ind. Mus., *v.* 19 p. 131 f. VIII, IX.

Rötlichgelb, Clypeus, Antennen, Beine und Analsegment lederfarben. Länge 9 mm. Breite der Metazoniten 1,9 mm, der Prozoniten 0,92 mm. Halsschild klein granuliert, mit 2 Querreihen ein wenig größerer Tuberkeln. Die Tuberkeln in den Längsreihen größerer Tuberkeln sind relativ kleiner

Fig. 395.
Lobiferodesmus papuasicus Silv.
Seitenflügel des 9. und 10. Segments (Silvestri, 1920).

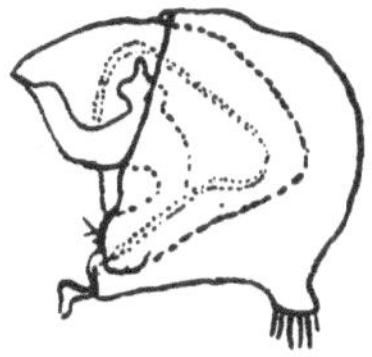

Fig. 396.
Lobiferodesmus papuasicus Silv.
Gonopode (Silvestri, 1920).

Fig. 397.
Lobiferodesmus superans Silv.
Seitenflügel des 9. und 10. Segments (Silvestri, 1920).

als bei *L. superans.* Seitenrand der Seitenflügel tief 2lappig, Vorderrand seichter, Hinterrand tiefer eingeschnitten gelappt (Fig. 395).

Neu-Guinea, Sattelberg.

2. **L. superans** Silv. 1920 *L. s.*, Silvestri in: Rec. Ind. Mus., *v.* 19 p. 131 f. X.

Farbe wie bei *L. papuasicus.* Länge 10 mm, Breite der Metazoniten 1,96 mm, der Prozoniten 1,18 mm. Die Tuberkeln in den vergrößerten Längsreihen sind etwas größer als bei *L. papuasicus.* Die porentragenden Tuberkeln sitzen etwas vor dem Hintereck der Seitenflügel. Die Ränder der Seitenflügel, besonders Vorder- und Hinterrand sind tiefer eingeschnitten, die Einschnitte mehr klaffend (Fig. 397). Männchen unbekannt.

Neu-Guinea, Sattelberg.

44. Gen. **Octochaunus** Att.

1937 *O.*, Attems in: Mém. Mus. Paris, n. ser. *v.* 6 p. 247.

♂ ♀ 20 Segmente. Poren auf den Segmenten 7, 9, 12, 15, auf einem dicken Zapfen am Hinterrand der Seitenflügel. Kopf ganz vom Halsschild bedeckt, Antennen schlank, 5. Glied das längste und dickste, Sinnesstäbchen des 5. und 6. Gliedes frei stehend, nicht in Gruben versenkt. Seitenflügel sehr tief im Bauchniveau angesetzt, ihre Unterseite horizontal, der Seitenrand seicht gekerbt-gelappt. Rücken sehr stark gewölbt, Metazoniten dorsal mit groben Tuberkeln, Sekretstäbchen vorhanden aber spärlich. Analring mit groben Tuberkeln, die das auf der Unterseite gerückte kleine Schwänzchen von oben ganz verdecken. Gonopoden: Hüfte groß, median eine tiefe Mulde bildend, in der das zusammengeklappte Telopodit inseriert ist. Acropodit eine einheitliche unverästelte Lamelle.

Indochina.

1 Art.

Typus: *O. minusculus* Att.

1. **O. minusculus** Att. 1937 *O. m.*, Attems in: Mém. Mus. Paris, n. ser. *v.* 6 p. 247 f. 96—101.

Erdfarben. Länge 4,3 mm, Breite 0,86 mm. Der mittlere gewölbte Teil des Halsschildes mit groben flachen Tuberkeln besetzt, der krempenartige flache Rand ohne solche, der Vorderrand durch seichte Kerben in 10 Lappen geteilt. Seitenrand der Seitenflügel 2, 17 und 18 3lappig, der anderen bis zum 16. 2lappig, 19. ein einfacher runder Lappen. Vorderste Seitenflügel ein wenig nach vorn, die hintersten nach hinten gerichtet. Auf den Segmenten 7—15 ein Lappen am Hinterrand, der auf den Segmenten vor dem 7. nur eine größere Tuberkel ist. Rücken der Metazoniten mit groben Tuberkeln, von denen 2 (4) Längsreihen von je 3 Tuberkeln, die durch kleinere getrennt sind, größer sind, so daß die Segmente im Querschnitt 4 stumpfe Kanten zu haben scheinen. Analring mit 6 im Halbkreis gestellten großen flachen Tuberkeln, die das auf die Unterseite gerückte Schwänzchen von oben her bedecken. Gonopodenhüfte *(c)* auf der Außenseite teilweise mit Sekretstäbchen besetzt, median tief ausgehöhlt. Das Telopodit ist sehr einfach gestaltet, eine hyaline Lamelle, die in 2 Spitzen ausläuft, auf einer derselben mündet die Samenrinne (Fig. 398).

Französisch Indochina: Chett.

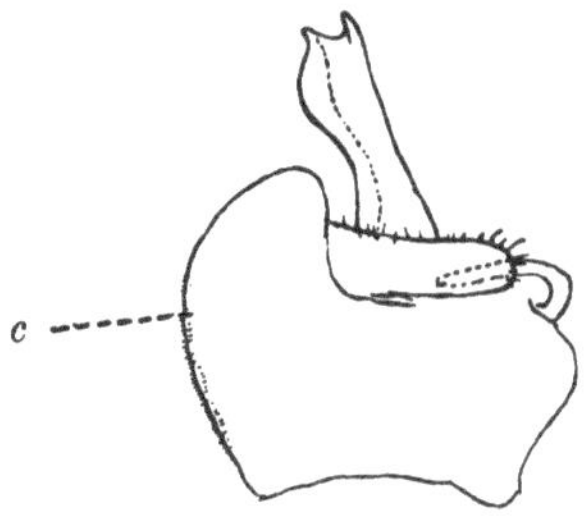

Fig. 398.
Octochaunus minusculus Att.
Gonopode.

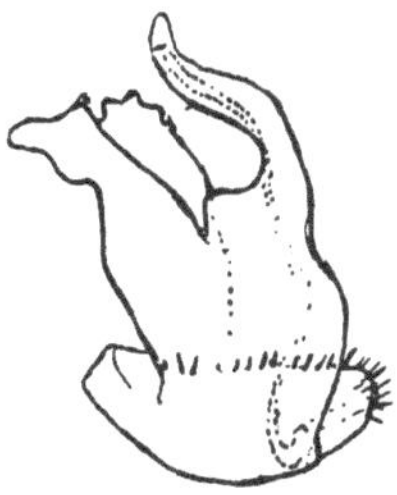

Fig. 399.
Evurodesmus biroi Silv.
Gonopode (Silvestri, 1920).

45. Gen. **Evurodesmus** Silv.

1920 *E.*, Silvestri in: Rec. Ind. Mus., *v.* 19 p. 133.

♂ ♀ 20 Segmente. Poren auf den Segmenten 5, 7, 9, 10, 12, 13, 15—19; bis zum 16. Segment auf einer kegeligen Tuberkel der Oberseite nahe dem Hintereck, auf den Segmenten 17—19 in der Fläche gelegen. Kopf ganz vom Halsschild bedeckt, mit seitlichen Antennengruben und 3 Labralzähnen, Stirn ohne große Tuberkel. 5. Antennenglied länger und dicker als die übrigen; 5. und 6. Glied mit Gruppen von Sinneszapfen. Halsschild den Kopf weit überragend, vorn gelappt. Seitenflügel groß, tief, fast im Bauchniveau angesetzt, schwach abschüssig, ihr Vorder- und Hinterrand ganzrandig, der Seitenrand seicht eingekerbt-gelappt. Rücken stark gewölbt; Metazoniten mit Längsreihen von Tuberkeln; 2 Längsreihen derselben nahe der Mediane etwas vergrößert, dazwischen 2 Reihen kleiner Tuberkeln. Die ganze Oberfläche dicht mit kleinen Papillen besetzt. Am Hinterrand der Metazoniten kleine breite, am Hinterrand gezähnelte Plättchen. Analsegment nicht bedeckt, breit gerundet und seicht rundlappig; die 4 Terminalborsten auf der Ventralseite. Beine kurz, Praefemur etwas länger als Femur. Gonopodenhüfte halbkugelig aufgeblasen, Telopodit 2ästig, der Samenrinnenast schlank, der zweite Ast breit (Fig. 399) lamellös, wahrscheinlich ein Praefemurfortsatz. (Zeichnung unklar, keine Beschreibung.)

Neu-Guinea.

Typus und einzige Art: *E. biroi* Silv.

1. **E. biroi** Silv. 1920 *E. b.*, Silvestri in: Rec. Ind. Mus., *v.* 19 p. 135 f. XII.

Rotbraun, Vorderrand des Halsschildes, größter Teil der Seitenflügel, Clypeus, Antennen, Bauch und Beine haselnußbraun. Länge 4,55 mm, Breite der Metazoniten 1,06 mm, der Prozoniten 0,5 mm. Kopf mit zahlreichen sehr kurzen Börstchen, vorn 2 Reihen kurzer Borsten. Halsschild vorn 10lappig. Seitenrand der Seitenflügel des 2. und 17. Segments 3lappig, der anderen Segmente 2lappig; auf den porentragenden Segmenten ein Einschnitt hinten seitlich (Fig. 399).

Neu-Guinea: Sattelberg.

46. Gen. **Pixodesmus** Carl

1926 *P.*, J. Carl in: N. Caledonia, *v.* 4 III p. 382.

♂ ♀ 20 Segmente. Poren auf den Segmenten 5, 7, 9, 10, 12, 13, 15, 16, auf einem kurzen Zapfen in der äußeren Hälfte der Seitenflügel. Kopf glatt, ohne Höcker oder Gruben, 5. Antennenglied das längste. Halsschild den Kopf vorn stark krempenartig überragend, vorn mit 10 runden Lappen. Seitenflügel groß, rechteckig, mit fast geradem Vorder- und Hinterrand, schwach 3lappigem Seitenrand und zugerundeten Ecken. Halsschild und Metazoniten mit dichtem Filz kurzer brauner Stiftchen bedeckt. Tuberkeln schwach entwickelt, keine Kämme bildend. Analsegment frei, Terminalborsten auf die Ventralseite gerückt. Gonopoden: Hüfte *(c)* groß, schalenförmig ausgehöhlt, außen kurz behaart. Praefemur schräg gestellt, fast ganz in die Höhlung der Hüfte eingesenkt. Acropodit undeutlich gegliedert, Femur kurz mit kurzem, starkem Rinnenast *(RA)*, Tibiotarsus *(T)* groß.

Neu-Caledonien.

Typus und einzige Art: *P. gracilis* Carl.

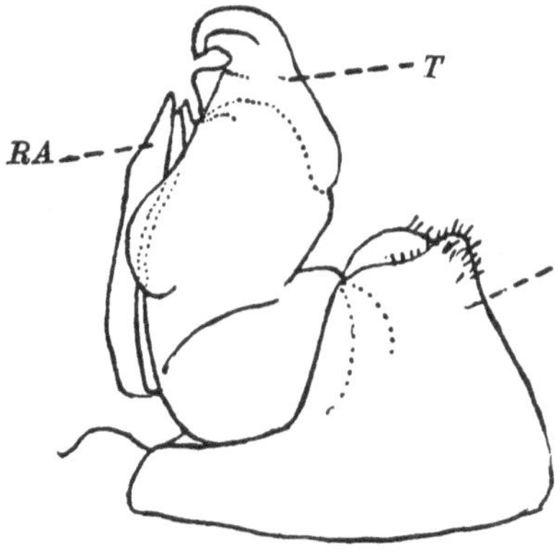

Fig. 400.
Pixodesmus gracilis Carl. Gonopode (J. Carl, 1926).

1. **P. gracilis** Carl 1926 *P. g.*, J. Carl in: N. Caledonia, *v.* 4 III p. 382 f. 9—14.

Gelblich, Antennen und Beine weißlich. Länge 6 mm, Breite 1 mm. Auf der hinteren Hälfte des Halsschildes 2 Querreihen von 4—6 runden Tuberkeln. Prozoniten mikroskopisch fein gefeldert. Metazoniten mit schwachen, fast unter dem Filz verschwindenden, in Quer- und Längsreihen angeordneten Tuberkeln. Seitenflügel schwächer abfallend als die Seiten des Rückens. Femur des Gonopoden kurz, mit abgestutztem kegeligem Rinnenast, der vom helmförmig medianwärts übergeneigten Tibiotarsus überragt wird (Fig. 400).

Neu-Caledonien: Hienghène.

47. Gen. **Gymnogonodesmus** Carl

1922 *G.*, J. Carl in: Zool. Jahrb., Syst. *v.* 44 p. 569.

♂ ♀ 20 Segmente. Poren auf den Segmenten 5, 7, 9, 10, 12, 13, 15, 16 auf kurzen zylindrischen Lappen [fraglich, ob nicht auf den Segmenten 17—19 in der Fläche liegende Poren übersehen wurden]. Kopf vom Halsschild bedeckt, Scheitel mit Längsreihen von Tuberkeln (Fig. 401). Es scheinen keine seitlichen Antennengruben vorhanden zu sein. Antennen kurz und dick, das 5. Glied das dickste und längste; 5. und 6. Glied mit Gruppen von Sinneszapfen. Halsschild vorn aufgekrempt und rundlappig, 10 Lappen mit Radialfurchen. Seitenflügel breit, im Niveau des Bauches angesetzt, leicht abschüssig; Seitenflügel des 2. Segments größer als die folgenden, seitlich 3lappig, die anderen 2lappig, vorn und hinten ganzrandig. Rücken stark gewölbt, Metazoniten mit runden Tuberkeln, von denen jederseits 2 Längsreihen vergrößert sind, die aber auch auf den hinteren Segmenten nicht zu Kämmen werden; die ganze Oberfläche der Metazoniten dicht filzig, Analsegment nicht verdeckt, breit gerundet, Schuppe 3eckig. Gonopodenhüften groß, durch breite, in der Mediane kielartig erhobene Fortsätze verbunden, seitlich stark vorragend, das Telopodit in der medialen Vertiefung angesetzt; Praefemur klein, ohne Fortsatz. Acropodit im Verhältnis zur Hüfte groß, aus 3 gefransten Lamellen bestehend, deren eine die Samenrinne führt.

Java.

Typus und einzige Art: *G. virilis* Carl.

1. **G. virilis** Carl 1922 *G. v.*, J. Carl in: Zool. Jahrb., Syst. *v.* 44 p. 570 f. G, H, I, K.

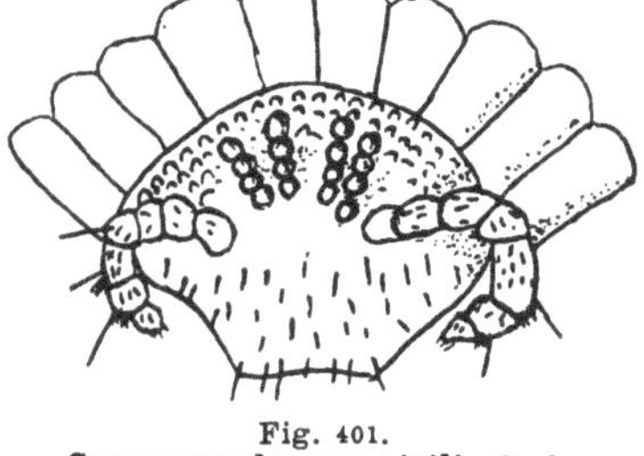

Fig. 401.
Gymnogonodesmus virilis Carl.
Kopf und Halsschild (J. Carl, 1922).

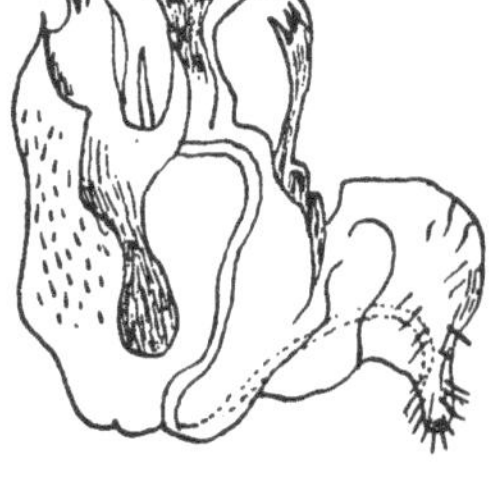

Fig. 402.
Gymnogonodesmus virilis Carl.
Gonopode (J. Carl, 1922).

Trüb gelblichweiß, bei Erwachsenen die Oberseite der Metazoniten oft bräunlichgelb. Länge 7,5 mm, Breite der Metazoniten 1,8 mm. Kopf fast ventralwärts gerichtet, zerstreut kurz beborstet, Scheitel mit 4 nach vorn konvergierenden Längsreihen grober, filziger Tuberkel (Fig. 401). Vorderrand des Halsschildes 10lappig, die Oberfläche dicht mit Tuberkeln bedeckt, von denen 10 größer sind als die anderen. Metazoniten 2—6 mit je 2, die folgenden mit je 3 Tuberkeln in jeder der 4 Längsreihen von vergrößerten Tuberkeln; die kleinen Tuberkel ziemlich regellos verteilt; zwischen den paramedianen Längsreihen größerer Tuberkel bilden sie 2 Längsreihen von je 5 Tuberkeln. Unterseite der Seitenflügel filzig, auf der Oberseite durch Furchen 3 flache Beulen abgegrenzt. Analsegment gerundet 6lappig. Die Samenrinne bildet eine lange Schleife um die Basis der Tibia und eine kürzere Schleife vor ihrer Ausmündung an der Basis des zerschlitzten Endteils der Lamelle. Mediale Lamelle auf der Hinterseite mit sehr kleinen Dornspitzchen besetzt (Fig. 402).

Buitenzorg, in von Termiten bewohntem Holz und in der Erde eines Ameisennestes.

48. Gen. **Plethodesmus** Carl

1926 *P.*, J. Carl in: N. Caledonia, *v.* 4 III p. 384.

♂ ♀ 20 Segmente. Poren auf den Segmenten 5, 7, 9, 10, 12, 13, 15, 16, am Ende eines kurzen röhrenförmigen Zapfens, der über den Rand des Seitenflügels hinausragt. Kopf ganz vom Halsschild bedeckt, dicht fein beborstet, auf der Stirn 2 parallele Längsreihen von 4—5 Tuberkeln, die hinten durch 2 Tuberkeln verbunden sind. Oberhalb der Backen 3 kleine Tuberkeln. Halsschild vorn regelmäßig gebogen und gelappt. Seitenflügel groß, horizontal, fast im Bauchniveau angesetzt, Vorderrand ganzrandig, Seiten- und Hinterrand gelappt. Metazoniten mit Längsreihen von Tuberkeln, von denen die medianen zur Verwachsung und Kammbildung neigen und mit dunklem Schuppenfilz. Analsegment nicht vom 19. bedeckt, Terminalborsten auf die Ventralseite gerückt. Gonopoden: Hüfte *(C)* groß, schalenförmig ausgehöhlt, mit gerundeten Ecken und unbehaarter Oberfläche. Telopodit ohne deutliche Quergliederung, in 2 Äste geteilt, der eine Ast ist kurz, 2spitzig und führt die Samenrinne.

Neu-Caledonien.

Typus und einzige Art: *P. biseriatus* Carl.

1. **P. biseriatus** Carl 1926 *P. b.*, J. Carl in: N. Caledonien, *v.* 4 III p. 384 f. 15—19.

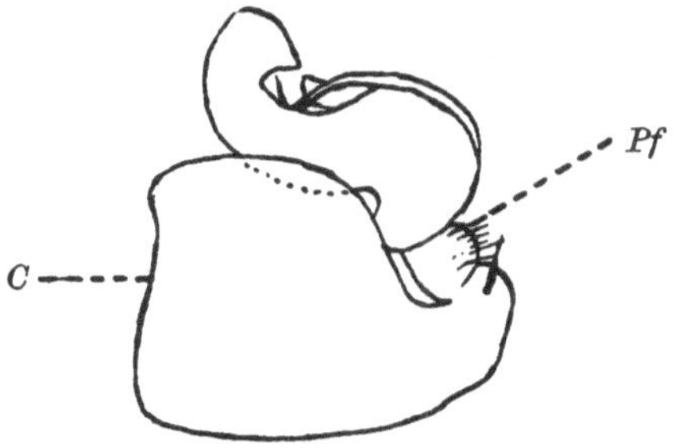

Fig. 403.
Plethodesmus biseriatus Carl. Gonopode (J. Carl, 1926), *C* Coxit, *Pf* Praefemur.

Dunkel erdbraun, Prozoniten trübweiß bis grau, Kopf, Antennen und Beine schmutzig weiß. Länge 9 mm, Breite 1,8 mm. Halsschild mit kleinen Tuberkeln bedeckt, von denen einige hinten zu Kegeln oder Zapfen auswachsen können. Die paramedianen Tuberkelreihen der Metazoniten aus 2 (2. bis 4. Segment) oder 3 Tuberkeln bestehend, daneben eine Reihe von ebenso vielen kleineren Tuberkeln. Seitenrand der Seitenflügel durch ziemlich tiefe spitze Einschnitte in 3, auf dem 2. und 3. Segment in 2 Lappen geteilt; porentragender Zapfen zwischen 2. und 3. Lappen. Hinterrand bis zum 17. Segment mit 2 Lappen. Gonopoden: Telopodit stark S-förmig geschwungen und in die Coxithöhlung zurückgeschlagen. Der Rinnenast ist ein kurzer spitzer Zipfel, das Ende des Telopodit hat die Form eines Vogelkopfes (Fig. 403).

Tschalabel.

49. Gen. **Dedalodesmus** Silv.

1927 *D.*, Silvestri in: Boll. Labor. Zool. Portici, *v.* 20 p. 318.

♂ ♀ 20 Segmente. Poren auf den Segmenten 5, 7, 9, 10, 12, 13, 15—19, bis zum 16. Segment auf einer kleinen vom Seitenrand ziemlich abgerückten Tuberkel, auf den Segmenten 17—19 in der Fläche liegend. Kopf vom Halsschild bedeckt und ein wenig überragt, mit seitlichen Antennengruben. 3 Labralzähne, auf der Stirn 2 Höcker. 5. Antennenglied dicker und länger als das 6. Seitenflügel klein im Bauchniveau angesetzt und fast senkrecht ventralwärts gerichtet (Fig. 404), auf dem 2. Segment seicht 4lappig, auf den porentragenden Segmenten schwach 3lappig, auf den anderen Segmenten schwach 2lappig. Rücken stark gewölbt. Metazoniten mit Querreihen von Tuberkeln, die auf den hinteren Segmenten nicht wesentlich vergrößert sind, außerdem dicht mit winzigen Papillen bedeckt. Am Hinterrand der Metazoniten kurze, glattrandige abgerundete Plättchen. Analsegment ventralwärts gerichtet, von oben her nur zum Teil sichtbar, breit abgerundet, jederseits 3lappig, die 4 terminalen Borsten ventral gelegen. Sternite sehr schmal, die Beine nahe nebeneinander inseriert. Praefemur etwas länger als Femur. Hüfte der Gonopoden halbkugelig aufgeblasen. Telopodit mit 2 breiten Lamellen und einem schlanken Samenrinnenast. (Die eine breite Lamelle scheint ein Praefemoralfortsatz zu sein.)

Nigeria.

Typus und einzige Art: *D. bacilloides* Silv.

1. **D. bacilloides** Silv. 1927 *D. b.*, Silvestri in: Boll. Labor. Zool. Portici, *v.* 20 p. 320 f. XXIII.

Ockergelb oder isabellfarben, Antennen, Bauch und Beine blasser. Länge 6 mm. Breite der Metazoniten 0,91 mm, der Prozoniten 0,72 mm.

Fig. 404.
Dedalodesmus bacilloides Silv. 9. Segment (Silvestri, 1927).

Halsschild stark konvex, vorn nur sehr seicht gelappt, auf der Fläche mit 3 Querreihen von Tuberkeln, von denen die paramedianen ein wenig größer sind. Metazoniten in der Mediane glatt, jederseits 3 Querreihen von je 5 Tuberkeln, von denen die paramedianen etwas größer als die anderen sind (Fig. 404).

Nigeria, Olokemeji, unter Steinen.

50. Gen. **Tonodesmus** Silv.

1923 *T.*, Silvestri in: Bol. Soc. Españ., *v.* 23 p. 368.

20 Segmente. Poren auf den Segmenten 5, 7, 9, 10, 12, 13, 15—19, auf den Segmenten 5—16 auf einem konischen Lappen des Seitenrandes, auf den Segmenten 17—19 in der Fläche. Kopf nicht ganz vom Halsschild bedeckt, nur der Scheitel; Stirn grob granuliert, seitliche Antennengruben vorhanden; vor den Antennen seitliche Wülste. 6. Antennenglied etwas länger als das 5. 5. und 6. Glied mit Gruppen von Sinneszapfen. Halsschild mäßig groß, vorn sehr schwach gekerbt-gelappt, die Fläche granuliert. Seitenflügel horizontal etwas unter der Mitte angesetzt, mäßig groß, seitlich tief gekerbt-gelappt, Vorder- und Hinterrand glatt, an der Basis des Seitenflügels hinten eine große, lappenartige Tuberkel. Rücken stark gewölbt. Metazoniten mit 4 Längsreihen großer Tuberkeln, dazwischen kleinere, keine besonders vergrößerten Tuberkeln vorhanden. Oberfläche mit kleinen keuligen Papillen bedeckt, am Hinterrand der Metazoniten kleine, verschieden gefranste Plättchen. Analsegment frei sichtbar, gestutzt-gerundet, die 4 Terminalborsten auf der Ventralseite. Gonopodenhüfte dick aufgebläht, medial ausgehöhlt und das relativ kleine Telopodit tragend; letzteres kurz und gedrungen, 2ästig, der eine Ast führt die Samenrinne.

Spanien.

1 Art und 2 Varietäten.

Typus: *T. bolivari* Silv.

1. **T. bolivari** Silv. 1923 *T. b.*, Silvestri in: Bol. Soc. Españ., *v.* 23 p. 3 f. I.

Fig. 405.
Tonodesmus bolivari Silv.
(Silvestri, 1923).

Fig. 406.
Tonodesmus bolivari var. **robustior** Silv.
10. und 11. Segment (Silvestri, 1923).

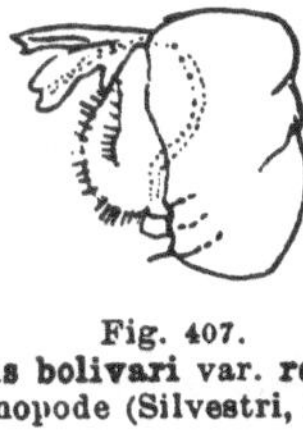

Fig. 407.
Tonodesmus bolivari var. **robustior** Silv.
Gonopode (Silvestri, 1923).

Blaßgelb, ventral lichter. Rücken mit Erde inkrustiert. Länge 4,5—5 mm, Breite der Metazoniten 0,65—0,80, der Prozoniten 0,40—0,52 mm. Halsschild doppelt so breit wie lang, vorn 6lappig, seitlich 2lappig. Seitenflügel des 2. Segments 3lappig, der übrigen 2lappig (Fig. 405, 406, 407).

Spanien: Malaga.

1a. **T. bolivari** var. **bolivari** Silv. 1923 *T. b.*, Silvestri in: Bol. Soc. Españ., *v.* 23 p. 3 f. I.

Länge 4,5 mm, Breite 0,65 mm. Rückentuberkeln etwas kleiner. Hinterer Lappen der porenlosen Seitenflügel eingebuchtet. Rinnenast mit einem spitzen, basal gerichteten Zacken (Fig. 405).

Spanien: Malaga, Cueva del Hoyo de le Mina.

1b. **T. bolivari** var. **robustior** Silv. 1923 *T. b.* var. *r.*, Silvestri in: Bol. Soc. Españ, *v.* 23 p. 4 f. II.

Länge 5 mm, Breite der Metazoniten 0,78 mm, der Prozoniten 0,52 mm. Tuberkeln des Halsschildes und der Metazoniten etwas größer (Fig. 406). Samenrinnenast ohne zurückgebogenen Fortsatz (Fig. 407).

Spanien: Malaga, in der Erde eingegraben.

51. Gen. **Treseolobus** Att.

1907 *T.*, Attems in: Mt. Mus. Hamburg, *v.* 24 p. 120.

♀ 20 Segmente. Poren auf den Segmenten 5, 7, 9, 10, 12, 13, 15 auf einem runden Läppchen, das auf der Dorsalseite des hintersten Seitenrandlappens sitzt. Kopf ganz vom Halsschild bedeckt und von ihm um ein gutes Stück überragt; Antennen kurz, schwach keulig, das 5. Glied das größte; 4. Glied mit einer ventralen und einer dorsalen, 5. und 6. Glied mit einer dorsalen Macrochaete. Halsschild groß, fächerförmig, vorn aufgekrempt, die Mitte stark gewölbt. Der Vorderrand in runde Lappen geteilt. Seitenflügel breit, wenig abfallend, der Vorder- und Hinterrand glattrandig, der Seitenrand seicht 3- oder 2lappig. Rücken stark gewölbt, Metazoniten mit groben Tuberkeln, die in 3 oder 4 unregelmäßigen Querreihen oder teilweise in Längsreihen, 2 paramedianen und eventuell noch 2 lateralen, angeordnet sind. Außerdem die Oberfläche dicht mit kleinen Stiften oder Papillen bedeckt. Am Hinterrand kleine abgerundete Plättchen. Der von oben sichtbare Teil des Analsegments groß, breit, mit 2 paramedianen stumpfen Kämmen, die hinten etwas vorragen; Endknopf mit den 4 Terminalborsten auf die Ventralseite gerückt. Männchen unbekannt.

Java, Haiti, Fidschi-Inseln.

5 Arten.

Typus: *T. pilosus* Att.

Übersicht über die Arten:

1 { Seitenrand der Seitenflügel 3lappig (außer dem Porenläppchen) (Fig. 408) . . . . 1. **T. pilosus**
Seitenrand der Seitenflügel 2lappig; wenigstens auf den porenlosen Segmenten — **2**

2 { Metazoniten mit 4 Längsreihen vergrößerter Tuberkeln, die mehr oder weniger Kämme bilden. Halsschild mit 4 Querreihen ungewöhnlich großer Tuberkeln . . . . 2. **T. caraibianus**
Metazoniten nur mit 2 paramedianen Längsreihen vergrößerter Tuberkeln. Die Tuberkeln des Halsschildes nicht ungewöhnlich groß — **3**

3 { Farbe gelb mit einem Stich ins Rotbraune . . . . 3. **T. granulofrons**
Farbe dunkelbraun, die Seitenflügel heller — 4

4 { Seitenflügel etwas breiter und etwas stärker abwärts geneigt. In jeder Querreihe auf dem Rücken der Metazoniten 14 Tuberkeln, die mehr oder weniger getrennt stehen. Die 2 paramedianen Reihen deutlich wenn auch nicht viel größer als die anderen Tuberkeln. Breite 1 mm 4. **T. conformans**
Seitenflügel schmäler und weniger abwärts geneigt. In jeder Querreihe des Rückens 12 Tuberkeln, die deutliche Längsreihen bilden. Die Tuberkeln der 2 paramedianen Reihen kaum größer als die anderen Tuberkeln. Breite 0,8 mm . . . . 5. **T. inconspicuus**

1. **T. pilosus** Att. 1907 *T. p.*, Attems in: Mt. Mus. Hamburg, *v.* 24 p. 120 t. 1 f. 23, t. 2 f. 34, 35.

Licht erdbraun. Länge 7 mm. Breite der Metazoniten 1 mm, der Prozoniten 0,5 mm. Auf dem Scheitel oberhalb der Antennen grobe, mit Stiftchen bedeckte Tuberkeln, lateral davon und ganz hinten dicht gedrängte, winzige, glatte Knöpfchen. Vorderrand des Halsschildes mit 10 runden Lappen. Prozoniten ringsum gekörnt, vorn dichter und feiner, an der Quernaht verstreuter und gröber.

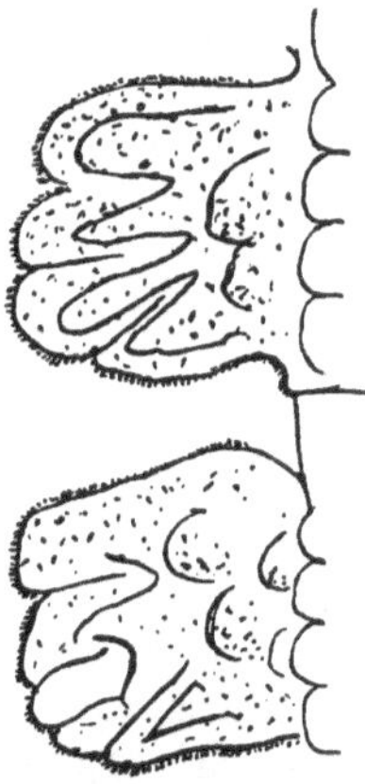

Fig. 408.
Treseolobus pilosus Att.
Seitenflügel der Segmente 11 und 12.

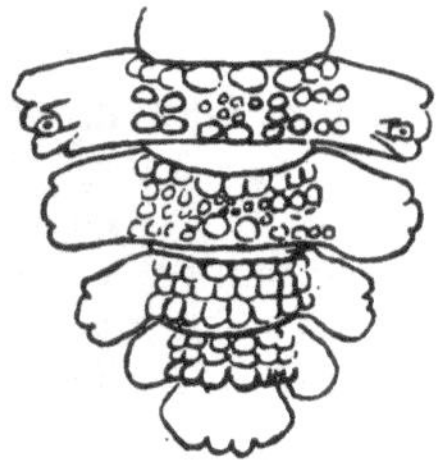

Fig. 409.
Treseolobus pilosus Att.
Hinterende.

Ventralseite der Metazoniten ähnlich granuliert. Metazoniten dorsal mit 3—4 etwas unregelmäßigen Querreihen von je 8—10 großen Tuberkeln; in der Mediane 4 kleinere Tuberkeln, die von 2 paramedianen Längsreihen von je 3 größeren Tuberkeln eingefaßt werden, diese Längsreihen bilden aber keine Kämme. Seitenrand der Seitenflügel durch seichte Kerben in 3 runde Lappen geteilt (Fig. 408), am Hinterrand ist durch eine schräge Furche ein etwas spitzerer Lappen abgeteilt. Die 2 medianen Tuberkeln der hinteren Reihe auf den Segmenten 18 und 19 sind vergrößert und überragen den Hinterrand; jedoch ist das Analsegment nicht verdeckt. Der von oben sichtbare Teil des Analsegments (Fig. 409) ist sehr breit, queroval, mit 2 stumpfen Kämmen, deren Hinterende als stumpfer Zacken vorragt. Analschuppe stumpfwinklig, mit 2 langen Borsten. Männchen unbekannt.

Java: Buitenzorg, Tjompea.

2. **T. caraibianus** Chamb. 1918 *T. c.*, Chamberlin in: Bull. Mus. Harvard, *v.* 62 p. 220.

Einfarbig braun. Länge 6,5 mm, Breite 1,1 mm. Schlank, Rücken sehr stark gewölbt, halbzylindrisch. Die Seitenflügel abwärts gerichtet, Stirn und Scheitel glatt. Halsschild vorn 10lappig, mit tiefen Radialfurchen, die Tuberkeln der 4 Querreihen ungewöhnlich groß. Metazoniten mit 4 deutlichen oben gekerbten Längskämmen, dazwischen feiner granuliert, alle Tuberkeln mit zahlreichen schwarzen Punkten. Analsegment hinten 6lappig, der mittlere Lappen der größte, dorsal mit 2 paramedianen Längskielen. Die porenlosen Seitenflügel 2lappig, auf den porentragenden Segmenten ist der hintere Lappen in 2 kleine sekundäre Lappen geteilt, zwischen denen das blasse Porenläppchen sich erhebt; am Hinterrand der Seitenflügel ein Lappen.

Haiti: Manneville.

3. **T. granulofrons** Chamb. 1918 *T. g.*, Chamberlin in: Bull. Mus. Harvard, *v.* 62 p. 221 | 1923 *Dominicodesmus geophilus*, Chamberlin in: P. biol. Soc. Washington, *v.* 36 p. 189 | 1934 *Psochodesmus granulifrons*, Loomis in: Smithson. Collect., *v.* 89 nr. 14 p. 55 f. 28.

Blasser gefärbt als *T. caraibianus*, dorsal gelb mit einem schwachen rötlichbraunen Stich. Länge 5 mm. Stirn und Scheitel deutlich granuliert. Vorderrand des Halsschildes 12lappig. Metazoniten nur mit den 2 paramedianen Reihen größerer Tuberkeln.

Haiti: Jaemel.

4. **T. conformans** Chamb. 1920 *T. c.*, Chamberlin in: Bull. Mus. Harvard, *v.* 64 p. 155.

Dorsal dunkelbraun, Seitenflügel heller, Sternite, Beine und Antennen rötlichbraun. Länge 5 mm, Breite 1 mm. Scheitelfurche jederseits von einem granulierten und mit feinen Stiftchen besetzten Wulst begleitet. Vorderrand des Halsschildes 10lappig, von den Tuberkeln der stark konvexen Fläche sind 8 größer als die anderen. Metazoniten mit 4 Querreihen von ca. 14 dichtgedrängten Tuberkeln, die 2 paramedianen Längsreihen von je 3 größeren Tuberkeln nicht sehr auffällig. Seitenrand der Segmente 2- und 17—19 3lappig, die anderen 2lappig, die Kerbe seicht. Analsegment mit 2 glatten Längskielen, hinten 6lappig. Mediantuberkeln des 19. Segments nicht vergrößert.

Fidschi-Insel Somo Somo.

5. **T. inconspicuus** Chamb. 1920 *T. i.*, Chamberlin in: Bull. Mus. Harvard, *v.* 64 p. 156.

Farbe wie bei *T. conformans*. Länge 4,6 mm, Breite 0,8 mm. Seitenflügel schmäler und weniger abwärts geneigt als bei *T. conformans*. Tuberkeln in den Querreihen etwas weniger, ca. 12; sie bilden deutliche Längsreihen; die Tuberkeln der 2 paramedianen Längsreihen sind nur um weniges größer als die anderen. Längskiele des Analsegments schwächer und hinten nicht vorragend. Die Porenkegel sind etwas weiter vom Rand entfernt.

Fidschi-Inseln: Mumia, Lasema, Somo Somo.

52. Gen. **Iomus** O. F. Cook

1911 *I.*, O. F. Cook in: P. U. S. Mus., *v.* 40 p. 455.

♂♀ 20 Segmente. Poren auf den Segmenten 5, 7, 9, 10, 12, 13, 15—18, auf einer niedrigen Erhebung am Grunde des hinteren Lappens des Seitenflügels. Kopf vom Halsschild bedeckt, 3 Labralzähne, Antennen ziemlich lang und schlank, deutlich keulig, das 5. Glied das längste. Die Glieder 4—6 mit Macrochaeten. Halsschild schmäler als das 2. Segment, fächerförmig, vorn gerundet und glattrandig mit Radialfurchen, die Fläche mit Querreihen von Tuberkeln. Seitenflügel des 2. Segments verbreitert und den Halsschild seitlich umfassend. Seitenflügel sehr breit, seitlich tief 2lappig, vorn und hinten durch mehrere tiefe breite am Grunde runde Einschnitte gelappt (Fig. 410). Metazoniten mit 4 Längsreihen von je 3 Tuberkeln, die medianen größer; auf den Segmenten 17—19 sind sie zu zylindrischen, schräg nach hinten gerichteten Papillen vergrößert; die ganze Oberfläche des Metazoniten-Rückens dicht bedeckt mit kleinen Papillen, in denen Erde etc. festgehalten wird. Rücken stark gewölbt. Sternite schmal. Analsegment klein, unter den großen Papillen des 19. Segments verborgen. Am Hinterrand der Metazoniten längliche, ganzrandige Plättchen. Praefemur der Beine kürzer als Femur. Gonopodenhüfte lateral halbkugelig gewölbt und mit Tuberkeln besetzt; Telopodit in der Höhlung der Hüfte sitzend, kurz, die Hüfte nach vorn nicht überragend; seine Gestalt im übrigen unbekannt.

Porto Rico.

3 Arten.

Typus: *I. incisus* O. F. Cook.

Übersicht über die Arten:

1 { Die paramedianen Reihen der dorsalen Tuberkeln sind voneinander ebenso weit entfernt wie von den lateralen Reihen. Vorderrand des Halsschildes ganzrandig. Körper etwas breiter, ♀ 12,5 mm lang, 3,4 mm breit . . . . 1. **I. incisus**
Die paramedianen Tuberkeln sind einander näher als den lateralen Reihen. Vorderrand des Halsschildes gekerbt. Körper etwas schlanker, ♀ 13,5 mm lang, 3,4—3,7 mm breit — 2

2 { Die paramedianen Tuberkelreihen sind einander parallel, die mittleren Tuberkeln dieser Reihen sind etwas größer . . . 2. **I. platanus**
Die paramedianen Tuberkelreihen konvergieren ein wenig nach vorn, die vorderen Tuberkeln dieser Reihen sind etwas größer. Die Seitenflügel sind etwas kürzer und etwas weiter voneinander entfernt als bei *I. platanus*; die Kerben des Randes sind tiefer und breiter . . . . 3. **I. obliquus**

1. **I. incisus** O. F. Cook 1911 *I. i.*, O. F. Cook in: P. U. S. Mus., *v.* 40 p. 458 f. 1–4.

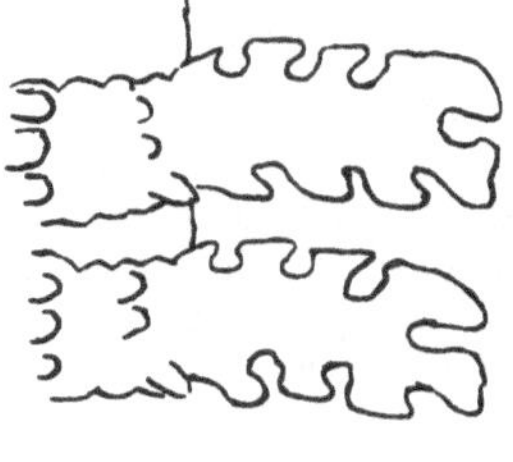

Fig. 410.
Iomus incisus O. F. Cook. Seitenflügel der Segmente 8 und 9 (O. F. Cook, 1911).

Rücken, Scheitel, Unterseite der Seitenflügel und Flanken schwarz, Sternite, Beine, Antennen, Unterseite des Kopfes, Analklappen und Analschuppe weißlich. ♂ Länge 10,5 mm, Breite 2,8 mm, ♀ Länge 12,5 mm,

Breite 3,4 mm. Kopf vom Halsschild weit überragt, mit tiefer Scheitelfurche, Scheitel granuliert, Clypeus glatt. Halsschild schmäler als das folgende Tergit, vorn ganzrandig, in der Mitte quer, nahe jedem Seiteneck eine seichte Einbuchtung. Die paramedianen Tuberkelreihen der Metazoniten sind voneinander ebenso weit entfernt wie von den lateralen Reihen; auf den hinteren Segmenten sind die hinteren Tuberkeln vergrößert, die der Segmente 17—19 bilden schräge Kegel; auf dem 19. Segment stehen sie nahe nebeneinander und sind horizontal nach hinten gerichtet. Analsegment von den hinteren Mediantuberkeln des 19. Segments überragt, mit einem breiten Mittellappen und 2 kleineren Seitenlappen, das nach unten gebogene Schwänzchen glatt, weiß, etwas vom Medianlappen überragt. Analschuppe breit 3eckig gerundet mit 2 Borstenwarzen.

Porto Rico: Mayaguez.

2. **I. platanus** O. F. Cook 1911 *I. p.*, O. F. Cook in: P. U. S. Mus., *v.* 40 p. 459.

♀ Länge 13,5 mm, Breite 3,7 mm. Vorderrand des Halsschildes stärker konvex als bei *I. incisus*, leicht gekerbt. Die paramedianen Tuberkelreihen des Rückens sind einander näher als den lateralen Reihen und parallel; die mittleren Tuberkeln der paramedianen Reihen oft etwas größer.

Porto Rico: Barrio Plata.

3. **I. obliquus** O. F. Cook 1911 *I. o.*, O. F. Cook in: P. U. S. Mus., *v.* 40 p. 460.

♀ Länge 13,5 mm, Breite 3,4 mm. Vorderrand des Halsschildes quer und deutlicher gekerbt als bei *I. platanus*. Die paramedianen Reihen der Dorsaltuberkeln sind einander näher als den lateralen Reihen; sie konvergieren ein wenig nach vorn; auf den vorderen Segmenten sind die vorderen Tuberkeln der paramedianen Reihen etwas größer. Die Oberfläche der Metazoniten zeigt Andeutungen einer polygonalen Felderung. Die Seitenflügel sind kürzer und weiter voneinander entfernt als bei *I. platanus* und die Randkerben sind tiefer und breiter.

Porto Rico: Bayamon.

53. Gen. **Iomoides** Loomis

1934 *I.*, Loomis in: Smithson. Collect., *v.* 89 nr. 14 p. 49.

♂♀ 20 Segmente. Poren sehr unscheinbar, auf den Segmenten 5, 7, 9, 10, 12, 13, 15—18, nahe dem Hinterrand der Seitenflügel. Kopf ganz vom Halsschild bedeckt. 5. Antennenglied das längste und dickste. Vorderrand des Halsschildes in 10 runde Lappen geteilt. Rücken stark gewölbt. Seitenflügel breit, tief angesetzt, abfallend, Seitenrand mit einem tiefen Einschnitt, Vorder- und Hinterrand mit je 3 tiefen, am Grunde runden Einschnitten. Metazoniten mit 4 Längsreihen von je 2 queren Feldern, in jedem Feld eine große runde konische Tuberkel. Analsegment fast oder ganz unter dem 19. verborgen, am Hinterrand 6 borstentragende Tuberkeln, das Schwänzchen auf die Unterseite gerückt. Gonopodenhüfte groß, halbkugelig, Telopodit tief 2ästig.

Haiti.

2 Arten.

Typus: *I. hispida* Loomis.

Übersicht über die Arten:

- Rücken dicht sehr kurz beborstet. ♀ 9 mm lang, 2,2 mm breit. Der aufrechte Ast des Gonopodentelopodit ist länger und schlanker, am Ende hakig . . . . 1. **I. hispida**
- Rücken kahl. ♀ 7 mm lang, 1,5 mm breit. Einschnitte der Seitenflügel schmäler. Der aufrechte Ast des Gonopodentelopodit ist kurz, dick und gerundet . . . . 2. **I. glabra**

1. **I. hispida** Loomis 1934 *I. hispidus*, Loomis in: Smithson. Collect., *v.* 89 nr. 14 p. 51 f. 25, t. 3 f. 3, 4.

Metazoniten und Scheitel kohlschwarz, Rest des Kopfes mit den Antennen, Beine, Sternite, Prozoniten und Analklappen und Schuppe farblos weiß. Länge des größten Weibchens 9 mm, Breite 2,2 mm. Halsschild mit einer vorderen Reihe von 4 großen und einer hinteren Reihe von 6 kleineren Tuberkeln, die ganze Fläche mit winzigen abstehenden Börstchen besetzt. Auch die folgenden Tergite sind mit ebensolchen Börstchen bedeckt, auch die großen Tuberkeln. Seitenrand der Seitenflügel der vorderen Körperhälfte mit 1, der hinteren Körperhälfte mit 2 Borsten. Jede große Rückentuberkel mit einer längeren Borste. Einschnitte des Hinterrandes der Seitenflügel tiefer als die des Vorderrandes. Tuberkeln des 19. Segments kleiner, besonders die der äußeren Reihen. Von den beiden Ästen des Gonopodentelopodit ist der eine quergekrümmt, der andere aufrecht, schlank, mit einem runden Lappen in der Mitte, das Ende hakig (Fig. 411).

Haiti: Morne Brigand bei Bayeux und Le Borgne.

Fig. 411.
Iomoides hispida Loomis.
Gonopode (Loomis, 1934).

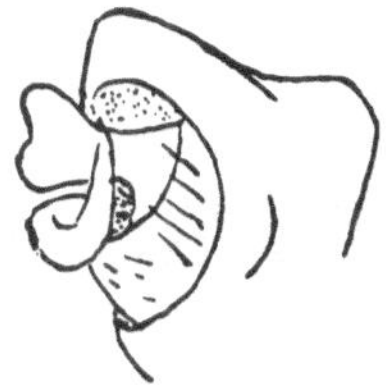

Fig. 412.
Iomoides glabra Loomis.
Gonopode (Loomis, 1934).

2. **I. glabra** Loomis 1934 *I. g.*, Loomis in: Smithson. Collect., *v.* 89 nr. 14 p. 53 f. 26, t. 3 f. 5.

Länge ♂ 5,5 mm, ♀ 7 mm, Breite ♂ 1,2 mm, ♀ 1,5 mm. Die Borsten auf dem Rücken und am Rand der Seitenflügel fehlen. Die 2 paramedianen Tuberkeln der vorderen Reihe des Halsschildes sind doppelt so groß wie die lateralen. In der hinteren Reihe nur 4 Tuberkeln, von denen die lateralen so groß sind wie die korrespondierenden der 1. Reihe, die paramedianen sind nur halb so groß wie die lateralen. Von den Ästen des Gonopodentelopodit ist der eine auch quer gekrümmt, der andere ist kurz und dick und am Ende gerundet (Fig. 412).

Haiti: Christophs Citadel, Cape Haitien.

54. Gen. **Botrydesmus** Loomis

1934 *B.*, Loomis in: Smithson. Collect., *v.* 89 nr. 14 p. 62.

♂♀ 19 Segmente, Porenformel normal. Vorderrand des Halsschildes durch seichte Kerben 10lappig, diese Lappen durch tiefe Einschnitte in

4 Gruppen von 2, 3, 3, 2 Lappen geteilt (Fig. 413). Rücken stark gewölbt, Seitenflügel tief, fast in Bauchhöhe angesetzt, schmal, leicht abfallend. Metazoniten stark mit Fremdkörpern inkrustiert, mit 4 Längskielen, jeder aus 3 mehr oder weniger verwachsenen groben Tuberkeln bestehend. Seitenrand des 2. Segments seicht 3lappig, der folgenden 2lappig. Sternite schmal. Analsegment von oben frei sichtbar. Gonopoden: Hüfte groß, Telopodit tief in 2 Äste geteilt. (Verlauf der Samenrinne?)

Trinidad.

1 Art.

Typus: *B. lutosus* Loomis.

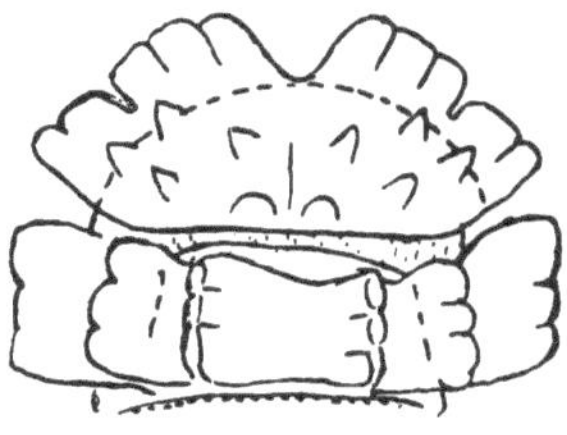

Fig. 413.
Botrydesmus lutosus Loomis.
Vorderende (Loomis, 1934).

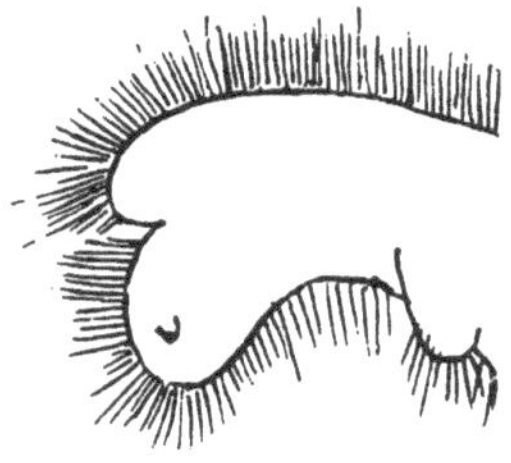

Fig. 414.
Botrydesmus lutosus Loomis.
Seitenflügel des 7. Segments (Loomis, 1934).

1. **B. lutosus** Loomis 1934 *B. l.*, Loomis in: Smithson. Collect., *v.* 89 nr. 14 p. 64 f. 31.

Länge 4—4,5 mm, Breite 0,5—0,6 mm. Farblos weiß. Oberfläche nach Entfernung der Fremdkörper stark glänzend mit feiner Medianlinie, die die Rückenkiele bildenden Tuberkeln mit zahlreichen feinen Borsten, ebensolche Borsten auf den Rändern der Segmente, die längsten auf den Seitenflügeln (Fig. 414). Seitenrand der Seitenflügel durch einen tiefen Einschnitt 2lappig, Hinterrand stark konkav, am Beginn des Hinterrandes eine grobe Tuberkel. Poren auf dem hinteren Seitenlappen auf einer kleinen kegeligen Erhebung.

Trinidad, Arena Forest.

55. Gen. **Akreiodesmus** Carl

1932 *A.*, J. Carl in: Rev. Suisse Zool., *v.* 39 p. 505.

♂ 20 Segmente (♀?). Poren auf den Segmenten 5, 7, 10, 13, 16, auf einem zylindrischen Zapfen des Seitenrandes. Antennen kurz, keulig, das 5. Glied das längste, 2mal so lang wie das 6. Halsschild mit Querreihen runder Höcker, Vorderrand 10lappig. Seitenflügel groß, dick, im Bauchniveau angesetzt. Seitenrand mehr oder weniger deutlich gelappt, Vorder- und Hinterrand glatt. Metazoniten schuppig filzig, mit 6 Längsreihen von Höckern, von denen die 2 paramedianen die stärksten sind und gegen das Körperende zu Längskämmen verwachsen können. Analsegment breit schaufelförmig, frei, der von oben sichtbare Hinterrand wird von 6 Lappen gebildet, die Terminalborsten auf die Ventralseite gerückt. Die Fransen am Hinterrand der Metazoniten runde, fein gezähnte Plättchen. Praefemur aller Beine des Männchens am Ende unten mit einer eigentümlich modifizierten sehr großen Borste (Fig. 415). Gonopoden: Hüfte schalenförmig, Telopodit zum größten Teil frei vortretend, tief 3ästig (Praefemurfortsatz, Rinnenast und Tibiotarsalast), ohne deutliche quere Gliederung, Praefemur langgestreckt, innen tütenförmig, mit einem bandförmigen, flachen Fortsatz. Rinnenast lang und sehr schlank, Tibiotarsalast einfach lamellös, Rinnenast mehr oder weniger vom Praefemurfortsatz und Tibiotarsus geführt.

Vorderindien.

2 Arten.

Typus: *A. minutus* Carl.

Übersicht über die Arten:

Höcker des Halsschildes und der Metazoniten etwas schwächer, Seitenrand der Seitenflügel schwach 2—3lappig. Der Tibiotarsalast des Gonopoden ist seicht 2lappig und dicht mit Spitzchen und Höckerchen besetzt (Fig. 416)	1. **A. minutus**
Höcker des Halsschildes und der Metazoniten etwas stärker, Seitenrand der Seitenflügel undeutlich oder nicht gelappt. Der Tibiotarsalast des Gonopoden ist glatt, ohne Spitze und Höckerchen (Fig. 417)	2. **A. simulans**

1. **A. minutus** Carl 1932 *A. m.*, J. Carl in: Rev. Suisse Zool., *v.* 39 p. 506 f. 142—149.

Schmutziggelb, Unterseite, Beine und Antennen weißlich. Länge 4,5 mm, Breite 1 mm. Clypeus glatt, auf dem Scheitel 2 Höckerquerreihen. Sinneszapfen des 5. und 6. Antennengliedes kolbenförmig. Halsschild mit tief gekerbtem, 10lappigem Krempenrand, 2 bis 3 Querreihen großer, runder Höcker.

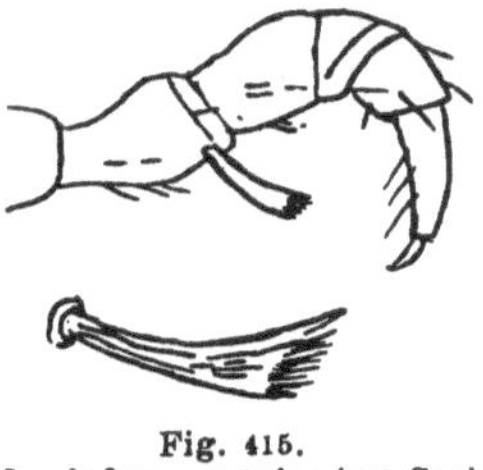

Fig. 415.
Akreiodesmus minutus Carl.
Laufbein, daneben vergrößerte Borste des Praefemur (J. Carl, 1932).

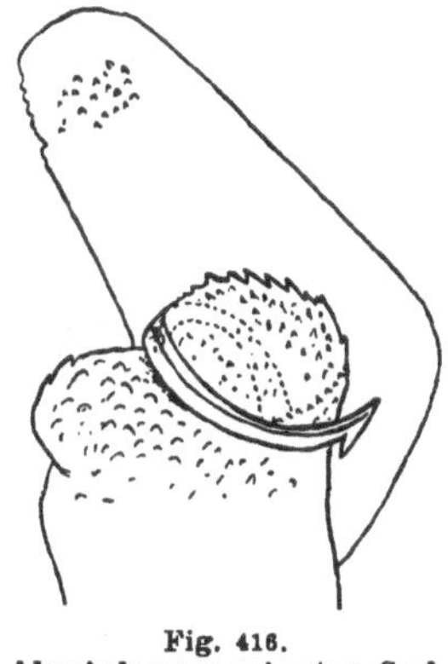

Fig. 416.
Akreiodesmus minutus Carl.
Endteil des Gonopoden (J. Carl, 1932).

Rücken stark gewölbt, die Seitenflügel etwas weniger steil abfallend als die Rückenseiten, quadratisch bis rechteckig, mit stark gerundeten Ecken und glattem Vorderrand, Seitenrand in der Mitte seicht eingekerbt und dadurch schwach 2lappig, hinter dem Porenzapfen noch ein verkürztes schmales Läppchen. Die 2 oberen Reihen jeder Seite der Metazoniten sind untereinander gleich, auf den letzten Segmenten verwachsen ihre Höcker zur Bildung von Längskämmen. Beine kurz und dick, die starke Borste des Praefemur ist gelenkig inseriert, verbreitert sich endwärts und endet in 2 ungleiche Spitzen, zwischen denen sie fein bewimpert ist. Gonopoden (Fig. 416): Hüften auf der Außenseite mit einem dichten Besatz ganz kurzer, nagelförmiger, d. h. am Ende mit einem runden Knöpfchen versehener Stifte. Der strumpfförmige Fortsatz des Praefemur ragt am weitesten vor. Der Tibiotarsalast ist am Ende schwach 2lappig und dicht mit Spitzchen und

Höckerchen besetzt; zwischen den beiden Lappen tritt das Ende des Rinnenastes auf die Hinterfläche über; vor der Spitze ein kleiner Widerhaken.

Nilgiris: Coonoor 1700 m.

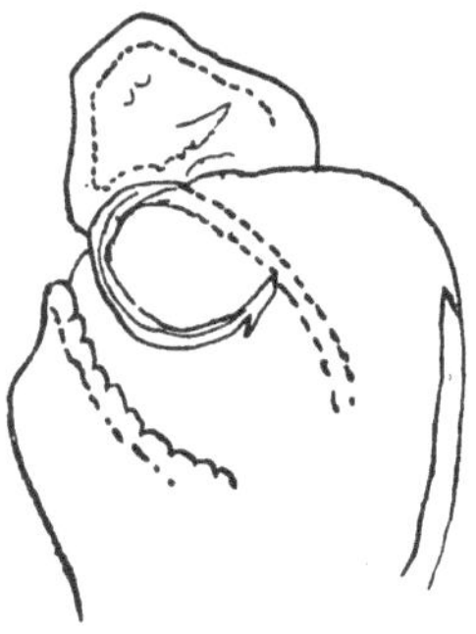

Fig. 417.
Akreiodesmus simulans Carl.
Teil des Gonopoden
(J. Carl, 1932).

2. **A. simulans** Carl 1932 *A. s.*, J. Carl in: Rev. Suisse Zool., *v.* 39 p. 509 f. 150—155.

Der vorigen Art in der äußeren Form sehr ähnlich, Vorderrand des Halsschildes und Ränder der Seitenflügel dicker, Höcker auf Halsschild und Metazoniten stärker, Seitenrand undeutlich oder nicht gekerbt, Läppchen hinter dem Poruszapfen schwächer ausgebildet. Gonopoden (Fig. 417): der Fortsatz des Praefemur überragt den Tibiotarsalast nur mit einem stumpfen Lappen, liegt ihm aber dicht und fest an, so daß eine Scheide für den mittleren Teil des Rinnenastes zustande kommt. Tibiotarsalast am Ende glatt, ohne Spitzen, aber mit einer gekerbten schrägen Leiste. Auf dem Endlappen ein spitzer Zacken.

Nilgiris: Urwald bei Coonoor, 1700 m. Lower Palnis: Maryland, 1600 m, unter Steinen bei Termiten.

56. Gen. **Prosopodesmus** Silv.

1910 *P.*, Silvestri in: Zool. Anz., *v.* 35 p. 360 | 1920 *P.*, Brolemann in: Alluaud & Jeannel, Voy. Afr. Or., Myr. p. 225.

♂♀ 20 Segmente. Poren auf den Segmenten 5, 7—19, auf den Segmenten 5—18 auf einem kleinen Zylinder am Hinterende des Seitenrandes,

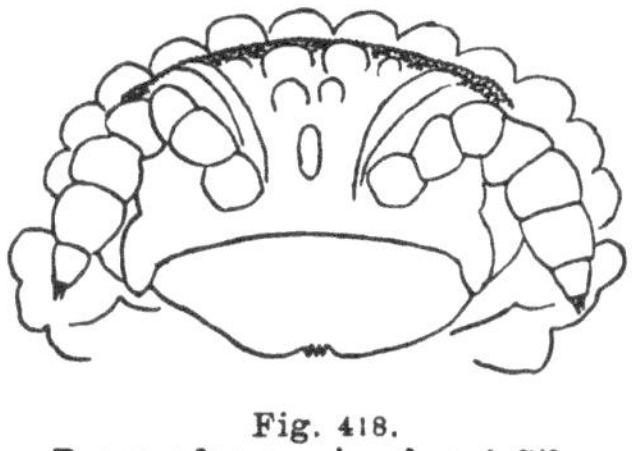

Fig. 418.
Prosopodesmus jacobsoni Silv.
Kopf und Halsschild (Silvestri, 1910).

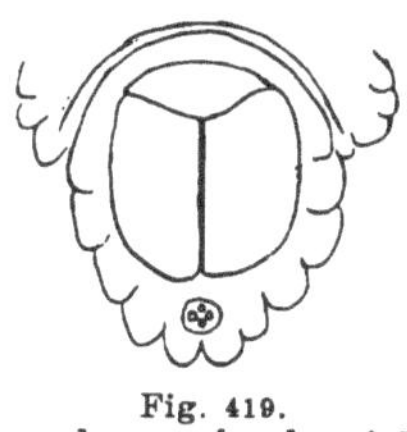

Fig. 419.
Prosopodesmus jacobsoni Silv.
Hinterende, Ventralseite (Silvestri, 1910).

auf dem 19. Segment in der Fläche des Seitenflügels gelegen. Kopf vom Halsschild bedeckt, seitlich tiefe Antennengruben, deren oberer Rand scharfkantig jochbogenartig ist. Auf Stirn und Scheitel mehrere runde Höcker, Clypeus stufig gegen den übrigen Kopfschild abgesetzt, 3 Labralzähne, 6. Antennenglied etwas länger als das 5. Halsschild groß (Fig. 418), fächerförmig, vorn rundlappig, die Fläche grob granuliert. Seitenflügel sehr tief, fast im Bauchniveau angesetzt, der Rücken daher stark gewölbt. 2. Segment breiter als die anderen, die Seiten kragenartig den Kopf umfassend. Metazoniten mit Querreihen großer, runder Tuberkeln, die ganze Dorsalseite die Tuberkeln inbegriffen dicht mit winzigen Stiftchen bedeckt; längere Borsten sind keine vorhanden. Analsegment frei, dorsal grob granuliert wie der übrige Rücken, die

4 Terminalborsten auf der Ventralseite (Fig. 419). Gonopodentelopodit am Ende der Hüfte angesetzt und nicht in ihr verborgen. Femur ohne Fortsatz, die Samenrinne verläuft in gerader Richtung an der vorderen und inneren Kante und mündet auf einem kurzen Lappen nahe dem Ende; in der Nähe ihrer Mündung kleine Spitzen.

Java, Indien, Zanzibar.

1 Art mit 2 Unterarten.

Typus: *P. jacobsoni* Silv.

1. **P. jacobsoni** Silv. 1910 *P. j.*, Silvestri in: Zool. Anz., *v.* 35 p. 362 f. 6, 7 | 1936 *P. j.*, K. W. Verhoeff in: Rec. Ind. Mus., *v.* 38 p. 116.

Rotbraun, Länge 6 mm, Breite der Metazoniten des 9. Segments 0,71 mm, der Prozoniten 0,45 mm. Stirn und Scheitel mit 7 runden Höckern, auf dem Scheitel 4 in einer Querreihe, davon die 2 mittleren die größten, davor

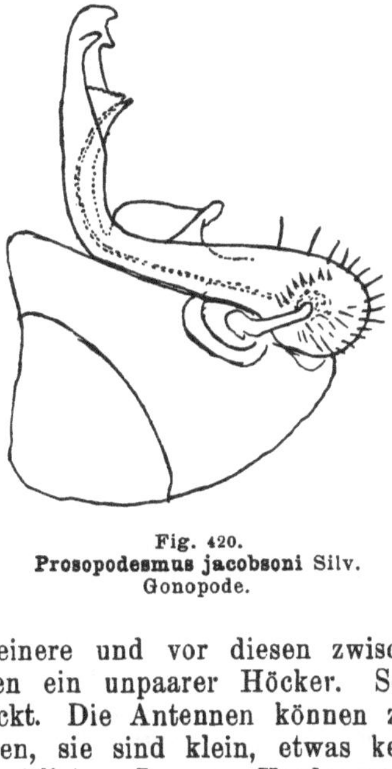

Fig. 420.
Prosopodesmus jacobsoni Silv.
Gonopode.

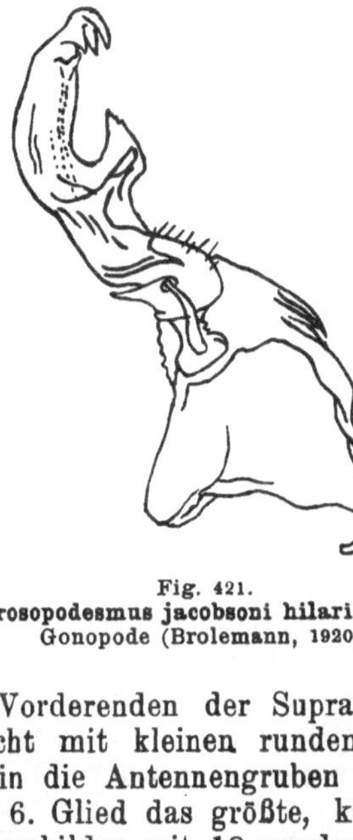

Fig. 421.
Prosopodesmus jacobsoni hilaris Brol.
Gonopode (Brolemann, 1920).

2 kleinere und vor diesen zwischen den Vorderenden der Supraantennalkanten ein unpaarer Höcker. Scheitel dicht mit kleinen runden Warzen bedeckt. Die Antennen können zum Teil in die Antennengruben eingelegt werden, sie sind klein, etwas keulig, das 6. Glied das größte, kein Glied mit seitlichen Lappen. Vorderrand des Halsschildes mit 12 runden Lappen, die Fläche mit 5 Querreihen grober Tuberkeln, Metazoniten mit 3 oder 4 Querreihen grober Tuberkeln, die der 1. Reihe die größten, die der 3. Reihe die kleinsten. Die Tuberkeln setzen sich auch auf die Seitenflügel fort, deren Seitenrand durch die vorragenden seitlichen Tuberkeln rundlappig erscheint. Poren auf einem Zylinder am Hinterende des Seitenrandes. Der Rumpf ist fast zylindrisch, da die schmalen Seitenflügel sehr tief, fast im Niveau des Bauches angesetzt sind. Rücken der Metazoniten dicht mit winzigen Stiftchen bedeckt. Unterseite der Seitenflügel und die Flanken mit kleinen runden Warzen besetzt. Prozoniten mit grober Pflasterstruktur. Ring des Analsegments mit ebensolchen Tuberkeln wie der übrige Rücken, die 2 medianen der 1. Reihe sind größer als die anderen, der Rand ist durch die am Rande stehenden Tuberkeln 10lappig. Analschuppe trapezisch, die Klappen mit

kleinen runden Warzen bedeckt. Hüften der Gonopoden median zusammenhängend, unbeborstet. Praefemur ohne Fortsatz, in der 1. Hälfte des Telopodit eine große Seitenlamelle, Samenrinne verläuft in gerader Richtung, ihr Ende ist umgeben von kleinen Spitzchen (Fig. 420).

Java. Zanzibar.

1a. **P. jacobsoni jacobsoni** Silv. 1910 *P. j.*, Silvestri in: Zool. Anz., *v.* 35 p. 362 f. 6, 7.

Metazoniten mit 3 Querreihen grober Tuberkeln.

Java: Batavia, in Ameisennestern, SW. Dekan, Kovalam, Travancore.

1b. **P. jacobsoni hilaris** Brol. 1920 *P. j. h.*, Brolemann in: Alluaud & Jeannel, Voy. Afr. Or., Myr. p. 226 f. 81, 82, t. 15 f. 134—140, t. 16 f. 141—144.

Gelblich. Länge 7,7 mm, Breite der Metazoniten 0,946, der Prozoniten 0,645 mm. Auf den Segmenten 2—17 sind 4 Querreihen von Tuberkeln vorhanden, auf den letzten Segmenten 3 Reihen. Die Gonopoden (Fig. 421) gleichen bis auf ganz geringe Verschiedenheiten der einzelnen Teile denen von *P. jacobsoni*.

Zanzibar: Grotte von Mangapwani, Distrikt von Mkokotoni.

57. Gen. **Homodesmus** Chamb.

1918 *H.*, Chamberlin in: Bull. Mus. Harvard, *v.* 62 p. 222.

20 Segmente (?). Saftlöcher auf den Segmenten 5, 7—18 (19) auf kleinen Kegeln. Kopf vom Halsschild bedeckt, mit tiefen Antennengruben. Antennen kurz. Halsschild vorn gelappt und mit Radialfurchen. 1. und 2. Segment breiter als die folgenden. Seitenflügel hoch angesetzt, abwärts gerichtet. Metazoniten mit 3 Querreihen von untereinander gleich großen Tuberkeln. [Von kleinen Papillen oder Stiften wird nichts erwähnt.] Analsegment groß, nicht bedeckt, mit Tuberkeln, am Hinterrand gelappt.

Westindien.

Typus und einzige Art: *H. parvus* Chamb.

1. **H. parvus** Chamb. 1918 *H. p.*, Chamberlin in: Bull. Mus. Harvard, *v.* 62 p. 223 (ohne Abbildung) | 1922 *H. p.*, Chamberlin in: P. U. S. Mus., *v.* 61 p. 17.

Einfarbig gelblichbraun. Länge 6 mm, Breite 0,7 mm. Clypeus mit starken Runzeln und Tuberkeln. Rücken stark gewölbt. Halsschild mit 5 regelmäßigen Querreihen von gleich großen Tuberkeln. Seitenflügel des 2. Segments viel länger als die der unmittelbar folgenden Segmente. Seitenflügel vom 4. Segment an seitlich 3lappig, am Hinterrand mit einem vorragenden Lappen oder einer Tuberkel. Der porentragende Kegel sitzt zwischen dem hintersten Lappen des Seitenrandes und dem Lappen des Hinterrandes, schräg nach hinten gerichtet. Analsegment mit 8—10 Randkerben, die vordere Reihe von Tuberkeln verlängert, viel größer als die anderen. Aus der Beschreibung der Gonopoden ohne Abbildung läßt sich kein Bild von ihrer Gestalt gewinnen.

Haiti, Porto Rico.

58. Gen. **Skotodesmus** Carl

1932 *S.*, J. Carl in: Rev. Suisse Zool., *v.* 39 p. 513.

♂ ♀ 20 Segmente, Poren auf den Segmenten 5, 7, 9, 10, 12, 13, 15, 16, auf einem randständigen Zäpfchen. Kopf ganz vom Halsschild bedeckt, vorn abgeflacht ohne Höcker. 5. Antennenglied bedeutend länger als das 6., Sinnesfelder der Glieder 5 und 6 nicht bestimmt abgegrenzt und nicht vertieft. Halsschild zu einem beulentragenden Buckel erhöht, der sehr steil nach der regelmäßig gelappten Krempe abfällt. Rücken stark gewölbt, Seitenflügel rechteckig, schwach abfallend, 2- oder 3lappig. Metazoniten mit 2 Reihen größerer Höcker, von denen die mittleren zur Bildung von Kämmen neigen, mit dichtem Filz kleiner Stifte. Der hintere Saum aus runden glattrandigen Platten bestehend. Analsegment nicht verdeckt, Terminalborsten auf die Ventralseite gerückt. Praefemur am Ende der Unterseite mit starker Borste. Gonopoden: Hüfte klein, halbkugelig, der Endrand außen gerundet, nicht in einen Zipfel ausgezogen; beide hinten durch eine breite, dünne Membran verbunden. Telopodit tief in 2 lange schlanke Äste gespalten, ohne deutliche Quergliederung, der Rinnenast mit gegabelten Borsten und verzweigten Ästchen, der Praefemurfortsatz lang, bandförmig; ein Tibiotarsus fehlt.

Vorderindien.

Typus und einzige Art: *S. crepuscularis* Carl.

1. **S. crepuscularis** Carl 1932 *S. c.*, J. Carl in: Rev. Suisse Zool., *v.* 39 p. 514 f. 161—169.

Lehmgelb, Prozoniten, Beine, Antennen, Analklappen, Kopfschild und Schläfen weißlich. Länge 6,5—8 mm, Breite 1,2—1,5 mm. Der von oben

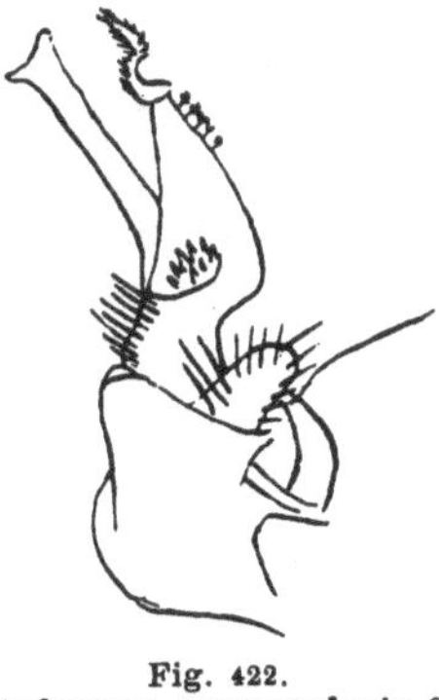

Fig. 422.
Skotodesmus crepuscularis Carl.
Gonopode (J. Carl, 1932).

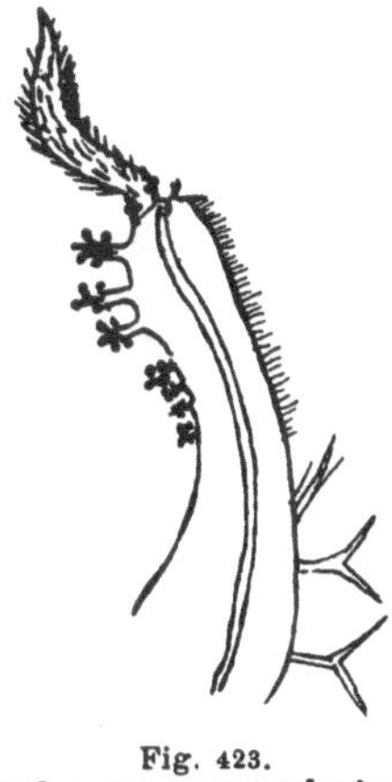

Fig. 423.
Skotodesmus crepuscularis Carl.
Spitze des Gonopoden stärker vergrößert (J. Carl, 1932).

eben noch sichtbare, breitgerundete Ringteil des Analsegmentes ist undeutlich 5- oder 6lappig. Gonopoden: (Fig. 422) Hüfte außen mit nagelförmigen, sehr kurzen Stiften. Von den beiden Ästen des Telopodit ist der vordere eine etwas amboßartige verbreiterte Fortsetzung des Praefemur, der hintere ist das Acropodit und basal auf der Medianseite durch eine Querfurche deutlich abgegrenzt; sein birnförmiger Grundteil verjüngt sich gradweise und setzt sich nach der Knickung und spiraliger Drehung in einen ringsum beborsteten, zylindrischen Apicalteil fort, der selber mit einer dolchartigen Chitinspitze endet. Auf der Hinterfläche nahe der Basis trägt das Acropodit eine etwas eingesenkte, mit scharfen Spitzen besetzte Warze. Der mittlere Teil seines konvexen Randes ist mit etlichen gegabelten Borsten besetzt und sein konkaver Rand hat vor dem Übergang in den zylindrischen Apicalabschnitt eine Anzahl kurzer, geweihartig verzweigter Gebilde, deren Zweigchen in je einem kristallhellen Knöpfchen endigen (Fig. 423).

Palnis.

1a. **S. crepuscularis var. crepuscularis** Carl 1932 *S. c.*, J. Carl in: Rev. Suisse Zool., *v.* 39 p. 514 f. 161—169.

Die Höcker des Halsschildes, ein größerer medianer der Länge nach gefurchter und jederseits 4 kleinere, sind groß. Die Metazoniten tragen auf der Höhe des Rückens jederseits einen aus der Verschmelzung zweier Höcker gebildeten transversal eingekerbten mäßig hoben Kamm, der auf den 3 vordersten Segmenten etwas nach vorn, auf den hintersten stärker nach hinten geneigt ist; auf dem Seitenabfall nur vereinzelte Höckerchen und Körner. Seitenrand der porenlosen Seitenflügel schwach 3lappig, auf dem 2. und den 3 letzten nur 2lappig. Auf den porentragenden sind der vordere und hintere Lappen nur wenig ausgeprägt und an Stelle des mittleren tritt ein ganz kleines, weißes, den Porus tragendes Zipfelchen.

Palnis: Bombas Shola beim Kodaikanal, 2200 m, Pumbarai, Mariyan Shola. Shola bei Maryland, 1600 m.

1b. **S. crepuscularis var. debilis** Carl 1932 *S. c.* var. *d.*, J. Carl in: Rev. Suisse Zool., *v.* 39 p. 517 f. 162.

Halsschild und Rücken der Metazoniten weniger hoch erhoben. Die 9 Höcker des Halsschildes viel kleiner. Die beiden dorsalen Höckerreihen der Metazoniten erheben sich nicht zu Kämmen und die hintereinander stehenden Höcker bleiben an der Basis getrennt. Auf dem Seitenabfall stehen zahlreiche kleine Papillen und je eine Längsreihe undeutlicher Höckerchen, 4 auf jedem Segment. Der Seitenrand der Seitenflügel ist tiefer lappig eingeschnitten und der Porus steht auf einem ansehnlichen kegelförmigen Zapfen. Die dorsale Filzbedeckung ist viel schwächer ausgebildet.

Palnis: Kaffee-Plantage bei Kukkal, 1850 m.

59. Gen. **Hercodesmus** O. F. Cook

1896 *H.*, O. F. Cook in: Amer. Natural., *v.* 30 p. 419 | 1927 *H.*, Silvestri in: Boll. Labor. Zool. Portici, *v.* 20 p. 296.

♂♀ 20 Segmente. Poren auf den Segmenten 5, 7, 9, 10, 12, 13, 15 bis 19 in der Fläche, nicht auf besonderen Läppchen, gelegen. Kopf ganz vom Halsschild bedeckt, mit tiefen Antennengruben, Clypeus vor diesen vorgewölbt. 3 Labralzähne. 5. Antennenglied das dickste, ungefähr gleich lang dem 2. Halsschild mit 2 divergierenden Medianfortsätzen, die den Kopf überragen. Segment 2—19 mit 4 mehr oder weniger zu Kämmen verschmelzenden Längsreihen von Tuberkeln. Seitenflügel ziemlich groß, etwas oberhalb des Bauchniveaus angesetzt, etwas abfallend vorn und hinten ganzrandig, seitlich seicht 2lappig. Ränder der Seitenflügel und die dorsalen Tuberkeln mit zahlreichen keuligen Papillen besetzt, die übrige Fläche der Metazoniten mit winzigen Papillen. Analsegment konisch, frei oder vom 19. Segment überdeckt, Schwänzchen nach hinten gerichtet. Analschuppe 3eckig. Am Hinterrand der Metazoniten querrechteckige Plättchen, die hinten eine kontinuierliche gerade Linie bilden. Gonopodenhüfte lateral gewölbt, medial konkav. Praefemur mit langem Fortsatz, Acropodit unverästelt, ohne Tibiotarsus, die Samenrinne mündet am Ende.

Westafrika.

2 Arten.

Typus: *H. aureus* O. F. Cook.

Übersicht über die Arten:

Breite 1,1 mm. Die paramedianen Tuberkel-Kämme des 19. Segments erreichen kaum die Mitte des Analsegments. Der 2., nicht die Samenrinne führende Ast des Gonopoden hat keinen Seitenzacken . . . . 1. **H. aureus**

Breite 1,43 mm. Die paramedianen Tuberkeln des 19. Segments bilden einen großen, das Analsegment überragenden Fortsatz. Der 2., die Samenrinne führende Ast des Gonopoden hat ungefähr in der Mitte einen 3eckigen Seitenzacken . . . . 2. **H. caudatus**

1. **H. aureus** O. F. Cook 1896 *H. a.,* O. F. Cook in: P. Ac. Philad., p. 262 | 1927 *H. a.,* Silvestri in: Boll. Labor. Zool. Portici, *v.* 20 p. 297 f. XI.

Fig. 424. **Hercodesmus aureus** O. F. Cook. Vorderende (Silvestri, 1927).

Blaß erdfarben. Länge 7 mm. Breite der Metazoniten 11 mm, der Prozoniten 0,7 mm, Stirn mit 2 medianen Erhöhungen. Halsschild mit 2 großen, den Kopf überragenden Fortsätzen (Fig. 424). Die Fläche mit 5 + 5 kleinen Tuberkeln. Die 4 Tuberkel-Kämme der Segmente 2—18 bestehen aus je 3 Tuberkeln, auf den Segmenten 17 und 18 sind sie etwas größer; die paramedianen Kämme des 19. Segments sind größer als die vorangehenden, bestehen aus je 2 Tuberkeln und überragen den Hinterrand um je 0,12 mm. Der Samenrinnenast des Gonopoden ist schlank, endwärts verjüngt, das Ende hakig gebogen, der Praefemurfortsatz ist etwas länger, verschmälert, mit einfacher Spitze.

Liberia.

2. **H. caudatus** Silv. 1927 *H. c.,* Silvestri in: Boll. Labor. Zool. Portici, *v.* 20 p. 298 f. XII.

Erdfarben. Länge 8 mm. Breite der Metazoniten 1,43 mm, der Prozoniten 0,9 mm. Die medianen Erhöhungen der Stirn gut ausgebildet. Halsschild vorn mit 2 großen Fortsätzen, auf der Fläche 2 + 2 große und dahinter eine Anzahl kleiner Tuberkel. Segmente 2—18 mit 4 Längsreihen von je 3 Tuberkeln, die auf den Segmenten 17 und 18 etwas größer sind, außerdem einige kleine Tuberkeln seitlich. Die 2 paramedianen Tuberkelreihen des 19. Segments bilden einen großen, das Analsegment überragenden Medianfortsatz. Samenrinnenast des Gonopoden schlank, mit sehr kleinem Endhäkchen, der Praefemurfortsatz etwas vor der Mitte mit einem 3eckigen Seitenlappen.

Französisch Guinea: Kakoulima in einem Nest von *Prenolepis longicornis* Latr.; Conakry, Camayenne.

60. Gen. **Monachodesmus** Silv.

1927 *M.,* Silvestri in: Boll. Labor. Zool. Portici, *v.* 20 p. 309.

♂ ♀ 20 Segmente. Poren auf den Segmenten 5, 7, 9, 10, 12, 13, 15—19, auf den Segmenten 5—15 oder 16 auf Läppchen oder Kegeln des Seitenrandes, auf den folgenden Segmenten in der Fläche gelegen. Kopf ganz vom Halsschild bedeckt, seitliche Antennengruben vorhanden; Labrum 3zähnig; 5. Antennenglied weitaus das größte. Halsschild groß, vorn aufgekrempt, die übrige Fläche stark gewölbt, granuliert und mit Querreihen größerer Tuberkeln besetzt; der Vorderrand durch seichte Kerben 10lappig, dabei gerundet oder mehr gerade. Rücken stark gewölbt; Seitenflügel sehr tief, im Niveau des Bauches angesetzt, horizontal oder schwach abschüssig, breit, der Vorder- und Hinterrand ganzrandig, der Seitenrand seicht 2- oder 3wellig. Metazoniten mit 4 Längsreihen von vergrößerten, seltener kleinen, meist mehr oder weniger zu Kämmen verschmolzenen Tuberkeln; die paramedianen eventuell auch die anderen Reihen bestehen auf den Segmenten 2—4 aus je 2, auf den übrigen Segmenten aus je 3 Tuberkeln. Oberfläche der Metazoniten dicht mit winzigen Papillen oder Stiftchen bedeckt. Am Hinterrand der Metazoniten kleine gerundete ganzrandige oder fein gezähnte Plättchen. Analsegment von den vergrößerten Mediantuberkeln des 19. Segments, die einen tief 2lappigen Fortsatz bilden, bedeckt und überragt. Hüfte der Beine mit einer kurzen schuppenförmigen Borste. Gonopodenhüfte lateral halbkugelig gewölbt, medial konkav, Telopodit kurz und gedrungen, Praefemur mit einem Fortsatz, Acropodit tief 2ästig, der eine Ast der Rinnenast.

West-Afrika, Philippinen.

7 Arten.

Typus: *M. feae* Silv.

Übersicht über die Arten:

1	Poren des 16. Segments auf Kegeln. Plättchen am Hinterrand der Metazoniten ganzrandig (bei *banksi*?) — 2	
	Poren des 16. Segmentes in der Fläche gelegen. Plättchen am Hinterrand fein gezähnt — 6	
2	Medianfortsatz des 19. Segments an der Basis leicht verengt. Praefemurfortsatz des Gonopoden lang und schlank	4. **M. banksi**
	Medianfortsatz an der Basis nicht verengt — 3	
3	Der Fortsatz des Gonopodenpraefemur ist eine sehr breite abgerundete Platte	3. **M. conquisitus**
	Dieser Fortsatz viel kleiner — 4	
4	Praefemurfortsatz kurz, schlank, fingerförmig — 5	
	Dieser Fortsatz breiter, mehr plattig (aber lange nicht so groß wie bei *M. conquisitus*)	5. **M. lentus**
5	Halsschild mehr als doppelt so breit wie lang, vorn auffallend geradlinig, dabei seicht 10lappig. Metazoniten mit 4 Längsreihen kleiner Tuberkeln	1. **M. feae**
	Vorderrand des Halsschildes stark gerundet, auch 10lappig. Die 2 paramedianen Längsreihen der Metazonitentuberkeln sehr grob, auch die lateralen ziemlich groß	2. **M. angustus**
6	Fortsatz des Gonopodenpraefemur fast gerade. Vorderrand des Halsschildes sehr undeutlich gelappt (ohne? Radialfurchen)	6. **M. tardus**
	Praefemurfortsatz stark gebogen. Vorderrand des Halsschildes deutlicher gelappt, von den seichten Kerben gehen Radialfurchen aus	7. **M. spurcus**

1. **M. feae** Silv. 1927 *M. f.*, Silvestri in: Boll. Labor. Zool. Portici, *v.* 20 p. 311 f. XVII.

Gelblichweiß. Länge 5 mm, Breite der Metazoniten 1,24 mm, der Prozoniten 0,5 mm. Halsschild mehr als doppelt so breit wie lang, mit auffallend geradem, seicht 10lappigem Vorderrand (Fig. 425). Poren des 16. Segments auf den Läppchen gelegen. Plättchen am Hinterrand der Metazoniten ganzrandig. Die Tuberkeln der Metazoniten sind klein. Gonopodenpraefemur mit einem kurzen schlanken Fortsatz; Telopodit 2ästig, der Samenrinnenast auf der Medialseite mit einem Borstenbüschel. Hüfte der Beine mit einer kurzen, schuppenförmigen Borste.

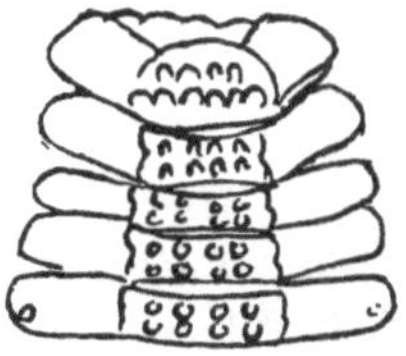

Fig. 425.
Monachodesmus feae Silv. Vorderende (Silvestri, 1927).

West-Afrika: Insel Principe, Roca Infante D. Enrique.

2. **M. angustus** (Silv.) 1917 *Lophodesmus a.*, Silvestri in: Boll. Labor. Zool. Portici, *v.* 12 p. 309 f. XX.

Isabellfarben. Länge 6 mm, Breite der Metazoniten 0,85, der Prozoniten 0,46 mm. Stirn jederseits mit 2 spitzen Tuberkeln, in der Mitte mit 2 länglichen, vom Scheitel entspringenden Erhebungen, Clypeus dicht kurz beborstet, Halsschild vorn sehr seicht gelappt, die Fläche mit 2 Querreihen von je 4 größeren und einer Reihe von 12 kleinen Tuberkeln. Auf dem 18. Segment sind die paramedianen Tuberkelkämme ein wenig vergrößert; auf dem 19. Segment sind die hintersten Tuberkeln dieser Kämme zu einem großen, tief gespaltenen Lappen geworden, der das Analsegment überragt (Fig. 426); die mittleren und vorderen Tuberkeln dieser Reihen des 19. Segments sind klein. Seitenrand der Seitenflügel des 2. Segments 3lappig, der folgenden porenlosen Segmente seicht 2lappig; auf den porentragenden Segmenten bis zum 16. 3lappig, der hintere Lappen kürzer als die anderen und den Porenkegel tragend, auf den Segmenten 17—19 seicht 3lappig,

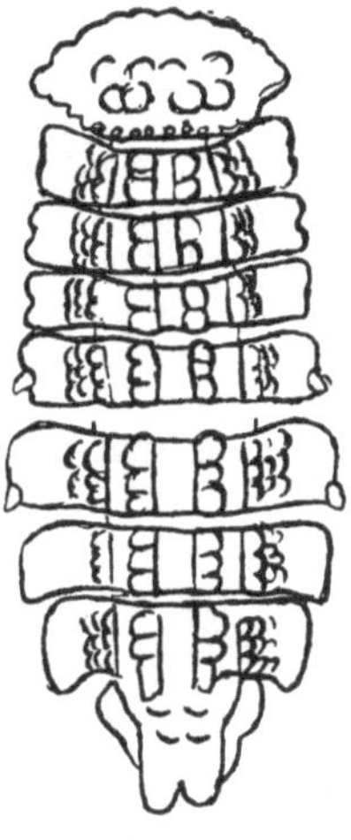

Fig. 426.
Monachodesmus angustus (Silv.) (Silvestri, 1917).

Fig. 427.
Monachodesmus angustus (Silv.). Gonopode (Silvestri, 1917).

die Poren in der Fläche, auf den Segmenten 17 und 18 weit von den Rändern entfernt. Plättchen am Hinterrand der Metazoniten ganzrandig. Gonopodenpraefemur mit kurzem gekrümmtem Fortsatz (Fig. 427).

Nigeria: Yaba und Lagos.

3. **M. conquisitus** (Silv.) 1927 *Lophodesmus c.*, Silvestri in: Boll. Labor. Zool. Portici, *v.* 20 p. 300 f. XIII.

Gelblich. Länge 8—10 mm, Breite 1,3—1,8 mm, Prozonit 0,78 bis 0,98 mm. Kopf ganz vom Halsschild bedeckt, Stirn und Scheitel granuliert. 5. Antennenglied doppelt so lang wie das 6. Halsschild vorn seicht gekerbt,

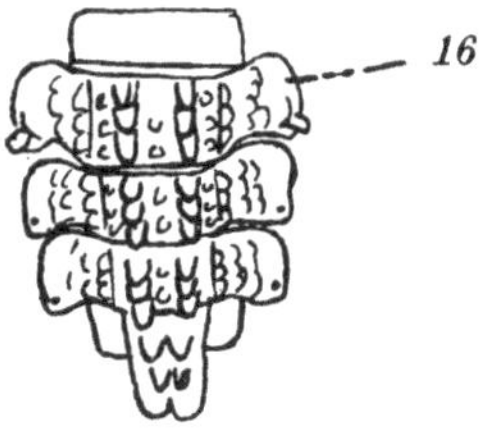

Fig. 428.
Monachodesmus conquisitus (Silv.).
Hinterende, Dorsalseite (Silvestri, 1927).

Fig. 429.
Monachodesmus conquisitus (Silv.).
Hinterende, Ventralseite (Silvestri, 1927).

10lappig, die Fläche mit 2 Reihen von Tuberkeln. Seitenflügel schwach geneigt, die des 3. und 4. Segmentes 2lappig, die anderen 3lappig, das den Porus tragende Läppchen ragt zwischen 2. und 3. Lappen vor. Poren des 16. Segmentes auf den Rand überragenden Kegeln. Metazoniten mit 4 Längsreihen von je 3 vergrößerten Tuberkeln, besonders die 2 paramedianen Reihen vergrößert, die des 19. Segmentes zu einem großen, das Analsegment ganz bedeckenden und weit vorragenden Fortsatz verschmolzen (Fig. 428, 429). Metazoniten am Vorder- und Hinterrand, auf der Oberfläche der Tuberkeln und am Rande der Seitenflügel mit winzigen Papillen besetzt. Plättchen am Hinterrand ganzrandig. Sternite sehr schmal. Gonopodenhüfte lateral halbkugelig, medial konkav. Von den Ästen des Telopodit ist der eine eine breite, abgerundete, alle anderen Äste weit überragende Platte.

West-Afrika.

3a. **M. conquisitus var. conquisitus** (Silv.)

Länge 8 mm, Breite 1,3 mm, Prozonit 0,78 mm.

Goldküste: Aburi.

3b. **M. conquisitus** var. **maior** (Silv.) 1927 *Lophodesmus c.* var. *m.*, Silvestri in: Boll. Labor. Zool. Portici, *v.* 20 p. 302.

Länge 10 mm, Breite 1,8 mm, Prozonit 0,98 mm.

Goldküste: Aburi.

4. **M. banksi** (Silv.) 1911 *Lophodesmus b.*, Silvestri in: Zool. Anz., *v.* 38 p. 488 f. III.

Erdbraun. Länge 6 mm, Breite der Metazoniten 0,94 mm, der Prozoniten 0,75 mm. Mitte der Stirne und der Scheitel granuliert. Antennengruben vorhanden. 5. Antennenglied länger und dicker als die anderen. Halsschild den Kopf überragend, vorn seicht gekerbt 10lappig mit Radialfurchen, die übrige Fläche granuliert mit einigen größeren Tuberkeln zwischen den kleinen. Rücken gewölbt, Seitenflügel tief angesetzt und klein. Metazoniten mit 14 mehr oder weniger regelmäßigen Längsreihen von kleinen Tuberkeln, von denen 4 Längsreihen etwas vergrößert sind; die paramedianen Reihen größerer Tuberkel sind durch 2 Reihen kleiner getrennt. 19. Segment mit einem langen, am Ende tief 2lappigen, das Analsegment weit überragenden Medianfortsatz (Fig. 430). Seitenflügel des 2. Segments 3lappig, des 3. und 4. Segments 2lappig, der übrigen Segmente mehr oder weniger deutlich 3lappig; die Poren der Segmente 5—16 liegen auf einem gestutzten Kegel, der am Grunde vorn und hinten eine kleine Tuberkel trägt, die Poren der Segmente 17—19 liegen in der Fläche. Analsegment hinten 6lappig, Analschuppe 3eckig mit 2 langen Borsten. Hüften einander sehr genähert, Praefemur und Femur gleich lang, länger als die übrigen Glieder (Fig. 431).

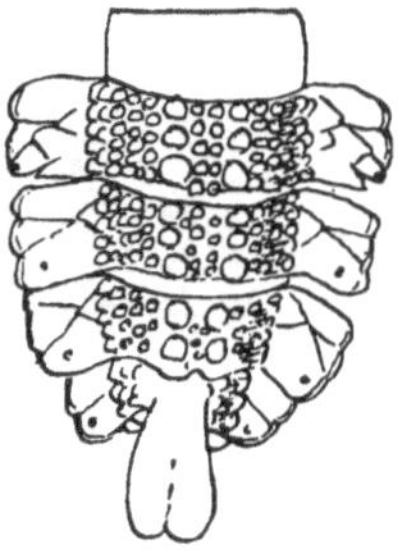

Fig. 430.
Monachodesmus banksi (Silv.).
Hinterende (Silvestri, 1911).

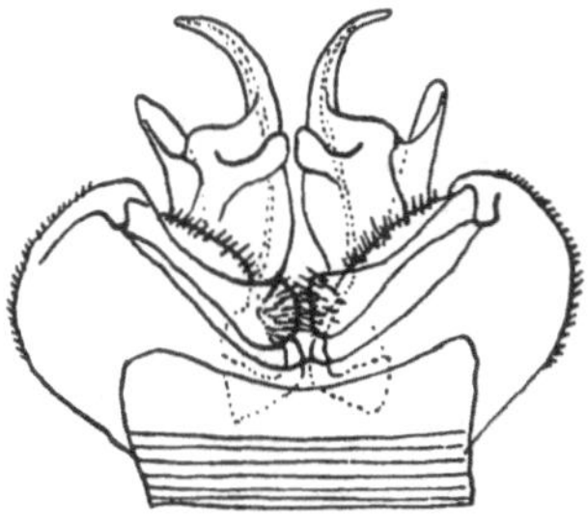

Fig. 431.
Monachodesmus banksi (Silv.).
Gonopoden (Silvestri, 1911).

Philippinen: Luzon, in einem Nest von *Termes gilvus* Hag.

5. **M. lentus** (Silv.) 1927 *Lophodesmus l.*, Silvestri in: Boll. Labor. Zool. Portici, *v.* 20 p. 302 f. XIV.

Blaß bräunlich. Länge 7 mm, Breite der Metazoniten 1,25 mm, der Prozoniten 0,7 mm. Kopf kurz beborstet, Stirn vorgewölbt, teilweise granuliert, Clypeus seitlich vor den Antennen aufgewulstet, 3 Labralzähne. 5. Antennenglied fast $2^1/_2$mal so lang wie das 6. Halsschild den Kopf überragend, vorn seicht gekerbt 10lappig, die übrige Fläche stark gewölbt mit 4+4 Tuberkeln. Rücken stark gewölbt, Seitenflügel tief angesetzt, schwach abschüssig, die des 3. und 4. Segments seicht 2lappig, die folgenden porenlosen ebenso, auf den porentragenden bis zum 16. ist der hintere Lappen eingeschnitten und trägt das Porenläppchen, Segmente 2—4 mit 4 Längsreihen von je 2, die folgenden Segmente mit 4 Längsreihen von je 3 Tuberkeln; zwischen den paramedianen und lateralen Reihen jeder Seite 2 Reihen kleinerer Tuberkeln. Auf dem 19. Segment verschmelzen die Tuberkeln zu einem großen, das Analsegment weit überragenden, 2lappigen Fortsatz. Hinterrand des ganz verdeckten Analsegments kaum gelappt. Metazoniten am Vorder- und Hinterrand, Oberfläche der Tuberkeln und Ränder der Seitenflügel mit kurzen Papillen besetzt; die übrige Fläche mit noch kleineren Papillen besetzt. Plättchen am Hinterrand der Metazoniten ganzrandig. Sternite sehr schmal.

Kamerun: Victoria, unter Steinen eingegraben.

6. **M. tardus** (Silv.) 1917 *Lophodesmus t.*, Silvestri in: Boll. Labor. Zool. Portici, *v.* 12 p. 307 f. XVIII, XIX.

Isabellfarben oder umbergelb, meist mit Erde inkrustiert. Länge 7 mm, Breite der Metazoniten 1,45 mm, der Prozoniten 0,72 mm. Stirn seitlich mit 4 dornartigen Tuberkeln, die Mitte mit 2 länglichen vom Scheitel entspringenden Erhebungen. Clypeus kurz beborstet. Vorderrand des Halsschildes sehr seicht gelappt. Die Tuberkeln der paramedianen Reihen auf den Segmenten

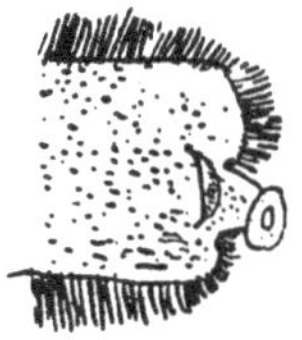

Fig. 432.
Monachodesmus tardus (Silv.).
Seitenflügel des 10. Segments (Silvestri, 1917).

Fig. 433.
Monachodesmus tardus (Silv.).
Gonopode (Silvestri, 1917).

17 und 18 vergrößert und schräg nach hinten gerichtet; auf dem 19. Segment bilden sie einen langen tief 2lappigen, das Analsegment überragenden Fortsatz. Seitenrand des 2. Segments seicht 3lappig, das folgende Segment 2lappig, auf den porentragenden Segmenten 5—15 ist der hintere Lappen ausgeschnitten und trägt das Porenläppchen (Fig. 432). Plättchen am Hinterrand der Metazoniten fein gezähnelt. Analschuppe 3eckig mit 2 langen Borsten. Praefemurfortsatz des Gonopoden ein langer, schlanker, fast gerader Spieß (Fig. 433).

Nigeria: Olokemeji.

7. **M. spurcus** (Silv.) 1927 *Lophodesmus s.*, Silvestri in: Boll. Labor. Zool. Portici, *v.* 20 p. 307 f. XVI.

Isabellfarben, mehr oder weniger mit Erde inkrustiert. Länge 7 mm, Breite der Metazoniten 1,3 mm, der Prozoniten 0,68 mm. Stirn jederseits mit 2—3 spitzen Tuberkeln, die Mitte etwas erhoben, Kopf kurz beborstet. Vorderrand des Halsschildes deutlich 10lappig, mit von den Kerben ausgehenden Radialfurchen, die gewölbte Fläche mit 2 Querreihen von je 4 Tuberkeln. Seitenrand der Seitenflügel des 2., 17. und 18. Segments seicht 3lappig, der anderen 2lappig, der hintere Lappen der porentragenden Seitenflügel 5—15 winkelig ausgeschnitten und hier das Porenläppchen tragend. Vom 17. Segment an sind die Tuberkeln der paramedianen Reihen vergrößert und nach hinten gerichtet. Auf dem 19. Segment sind die hintersten Tuberkeln der paramedianen Reihen stark vergrößert, einen tief gespaltenen, das Analsegment überragenden Lappen bildend, die mittleren und vorderen Tuberkeln dieser Reihen sind klein. Plättchen am Hinterrand der Metazoniten fein gezähnelt. Praefemurfortsatz des Gonopoden stark gebogen (Fig. 434).

Fig. 434.
Monachodesmus spurcus (Silv.).
Gonopodentelopodit von hinten (Silvestri, 1927).

Kamerun: Victoria.

61. Gen. **Lophodesmus** Poc.

1894 *L.*, Pocock in: M. Weber, Ergeb. Reise Niederl. O.-Ind., *v.* 3 p. 372 | 1899 *L.*, Attems in: Denk. Ak. Wien, *v.* 68 p. 377 | 1902 *L.*, J. Carl in: Rev. Suisse Zool., *v.* 10 p. 669 | 1926 Subgen. *Stegodesmus*, Brolemann in: Arch. Zool. expér., *v.* 65 p. 116.

♂ ♀ 20 Segmente. Poren auf den Segmenten 5, 7, 9, 10, 12, 13, 15—19, auf den Segmenten 5—16 auf Läppchen des Seitenrandes, auf den Segmenten 17—19 in der Fläche. Kopf vom Halsschild bedeckt; seitlich tiefe Antennengruben, Clypeus seitlich vor den Antennen wulstig vorgewölbt. 5. Antennenglied das längste und dickste Glied. Seitenflügel sehr tief, ungefähr im Niveau des Bauches angesetzt, mehr oder weniger stark abfallend, der Rücken stark gewölbt. Vorder- und Hinterrand der Seitenflügel ganzrandig, Seitenrand seicht gekerbt gelappt. Vorderrand des Halsschildes durch seichte Kerben 10lappig, und stark aufgekrempt. Metazoniten mit Querreihen von Tuberkeln, von denen 4 Längsreihen von je 3 hintereinander stehenden Tuberkeln vergrößert sind. Die ganze Oberfläche der Metazoniten dicht mit kleinen Papillen bedeckt. Am Hinterrand der Metazoniten kleine, abgerundete, ganzrandige Plättchen. Analsegment von den vergrößerten Tuberkeln des 19. Segments bedeckt, von der Dorsalseite nicht sichtbar; der scheinbare Hinterrand des Analsegments wird von vergrößerten Tuberkeln gebildet, das kleine Schwänzchen mit den 4 Terminalborsten liegt ventral. Gonopodenhüften halbkugelig aufgeblasen, medial konkav und hier das Telopodit tragend. Praefemur ohne Fortsatz. Rinnenast breit. Tibiotarsus je nach den Arten mehr oder weniger deutlich gegen das Femur abgegrenzt.

Indo-australische Region, West-Afrika.

3 sichere und 6 unsichere Arten.

Typus: *L. pusillus* Poc.

Übersicht über die Arten:

1	Die vergrößerten Tuberkeln des 19. Segments bedecken zwar das Analsegment, überragen es aber nicht wesentlich. Rinnenast des Gonopoden ohne gefransten Lappen — 2	
	Die vergrößerten Mediantuberkeln des 19. Segments überragen als 2lappiger Fortsatz weit das Analsegment (Fig. 438). Rinnenast mit einem gefransten Lappen	3. **L. duboscqui**
2	Kopf ganz vom Halsschild bedeckt. Die Poren befinden sich auf dem mittleren der 3 Lappen des Seitenrandes	1. **L. pusillus**
	Kopf nicht ganz vom Halsschild bedeckt. Die Poren liegen im hintersten der 3 Seitenrandlappen	2. **L. nanus**

1. **L. pusillus** Poc. 1894 *L. p.*, Pocock in: M. Weber, Ergeb. Reise Niederl. O. Ind., *v.* 3 p. 372 t. 22 f. 12 | 1902 *L. p.*, J. Carl in: Rev. Suisse Zool., *v.* 10 p. 669 t. 12 f. 96—98.

Rücken nebst Seitenflügeln und Stirn oberhalb der Antennen rotbraun bis schwarzbraun; Seiten des Rumpfes und des Kopfes unterhalb der Antennen gelblich; Antennen, Beine und der den Porus tragende Lappen schmutzigweiß. Länge 6 mm, Breite weniger als 1 mm. Kopf vor den Antennen eingestochen punktiert, dicht und fein beborstet, Scheitel unregelmäßig, dicht grob granuliert. Antennen kurz, keulig. Halsschild den Kopf ganz bedeckend, der Vorderrand 10lappig, die Fläche granuliert und mit 2 Querreihen von je 4 größeren Tuberkeln. Seitenflügel des 2. Segments etwas breiter und tiefer herunterreichend als die folgenden, 3lappig. Seitenrand der porenlosen Seitenflügel 2lappig, der porentragenden 3lappig, der mittlere, zarte, etwas keulige Lappen trägt den Porus; ein vergrößerter Höcker des Hinterrandes überragt als breiter Lappen den Hinterrand der Seitenflügel. Rücken stark gewölbt. Oberseite der Metazoniten und Unterseite der Seitenflügel dicht filzig mit winzigen Stiftchen bedeckt. Metazoniten mit 4—5 Querreihen kleiner Tuberkeln, von denen 4 Längsreihen von je 3 hintereinander stehenden Tuberkeln vergrößert sind; die 2 para-

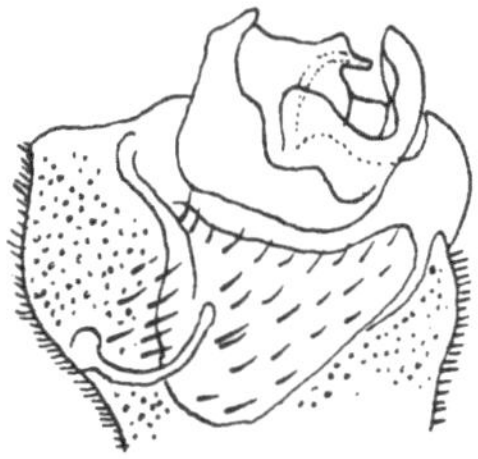

Fig. 435.
Lophodesmus pusillus Poc. Gonopode (J. Carl, 1902).

medianen Reihen werden je weiter caudalwärts um so größer und rücken der Medianlinie immer näher. Auf dem 19. Segment verschmelzen sie mehr oder weniger zu Kämmen, die das Analsegment ganz verdecken. Analschuppe 3eckig mit 2 Borstenwarzen. Sternite sehr schmal, in der Längs- und Querrichtung tief gefurcht. Beine kurz und stark. Gonopodenhüften groß, lateral dicht mit kurzen stäbchenförmigen Borsten besetzt (Fig. 435).

Flores: Maumerie. Java, in verlassenen Bohrgängen.

2. **L. nanus** Att. 1914 *L. n.*, Attems in: Arch. Naturg., *v.* 80 A 4 p. 175 t. 2 f. 33, t. 3 f. 34—39.

Gelbbraun mit in feinen Körnchen verteiltem schwarzem Pigment, das sich besonders in der Umgebung der großen Tuberkeln anhäuft, Antennen

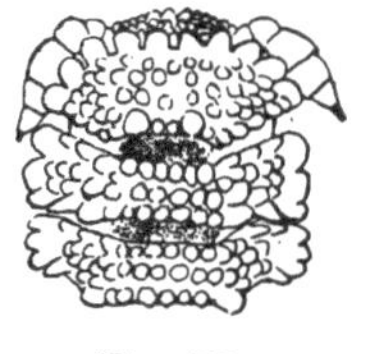

Fig. 436.
Lophodesmus nanus Att.
Vorderende.

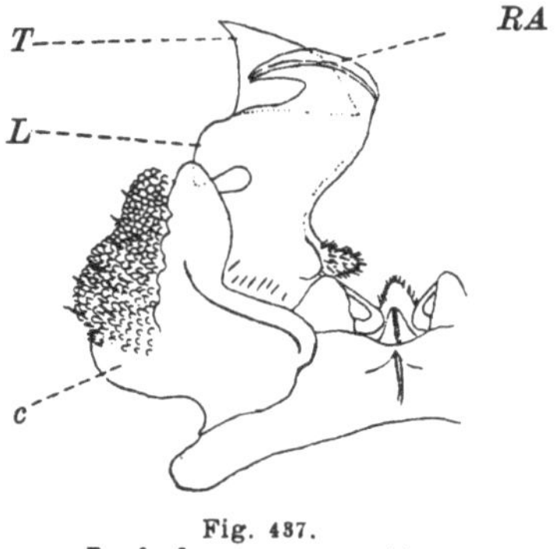

Fig. 437.
Lophodesmus nanus Att.
Gonopode.

gelbweiß. ♀ Prozoniten gelbweiß, Metazoniten schwarzbraun. ♂ Länge 3,3 mm, Breite 0,5 mm. Kopf nur zum Teil vom Halsschild bedeckt (Fig. 436), dieses fast so breit wie das 2. Segment, vorn einen in 10 runde Lappen geteilten Bogen bildend, die ganze Fläche dicht mit verschieden großen Tuberkeln bedeckt. Rücken sehr stark gewölbt, Seitenflügel im Bauchniveau angesetzt, horizontal. Prozoniten dicht und sehr fein gekörnt, Metazoniten mit groben Tuberkeln, die in mehr oder weniger deutlichen Querreihen stehen, in der hinteren Körperhälfte sind 4 Längsreihen der Tuberkeln vergrößert und bilden Kämme. Metazonitenoberfläche sowie die des Kopfes und Halsschildes dicht mit winzigen Papillen bedeckt. Seitenrand der Seitenflügel durch 2 Buchten in 3 runde Lappen geteilt, am Hinterrand, schon halb auf dem Rücken, steht ein schräg nach hinten und außen gerichteter Lappen, 17. 2lappig, 18. einfach gerundet. Poren auf der Seite des 3. (hintersten) Lappens, der hell durchscheinend bleibt. Analsegment ganz vom 19. bedeckt. Sternite schmal, granuliert. Gonopodenöffnung sehr groß, fast die ganze Ventralseite des Prozonit und einen Teil der Ventralfläche des Metazoniten einnehmend. Gonopoden (Fig. 437). Hüfte groß, halbkugelig, außen dicht mit kleinen Wärzchen bedeckt und zerstreut beborstet, Praefemur scheibenförmig ausgebreitet, mit einem beborsteten Vorsprung neben der Samengrube. Femur lateral mit einem breiten runden Lappen *(L)*. Rinnenast breit sichelförmig *(RA)*. Tibiotarsus *(Tt)* deutlich gegen das Femur abgegrenzt, ein 3eckiger spitzer Lappen.

Neu Pommern: Ralum.

3. **L. duboscqui** (Brol.) 1926 *Urodesmus (Stegodesmus) D.*, Brolemann in: Arch. Zool. expér., *v.* 65 p. 118 f. 119—131.

Braun. Länge ♂♀ 9 mm, Breite 1,75—1,8 mm. Kopf klein, ganz unter dem Halsschild verborgen, auch im Profil kaum vorragend, Clypeus

Fig. 438.
Lophodesmus duboscqui (Brol.).
Hinterende, Ventralseite (Brolemann, 1926).

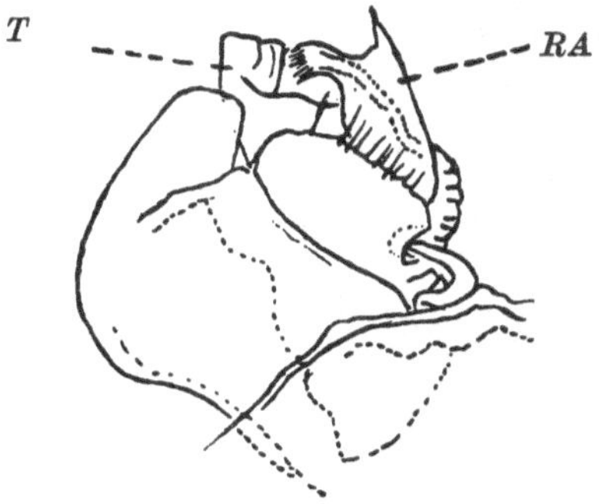

Fig. 439.
Lophodesmus duboscqui (Brol.).
Gonopode (Brolemann, 1926).

und Stirn abgeflacht, beborstet. Mittlerer, stark gewölbter Teil des Halsschildes mit 2 Querreihen von 4 Tuberkeln. Die 4 Längskämme der Metazoniten, jeder aus 3 verschmolzenen Tuberkeln gebildet, stark entwickelt. Seitenflügel des 2. Segments nach vorn, die der Segmente 17—19 nach hinten gerichtet. Seitenrand der porenlosen Segmente 2lappig, beide Lappen gleich groß, auf den porentragenden Segmenten an Stelle des hinteren Lappens 2 kleine Granula, zwischen denen der Porenkegel steht. Auf dem 19. Segment sind die paramedianen Längskämme sehr vergrößert und bilden 2 dicke, abgestumpfte, das Analsegment weit überragende Fortsätze (Fig. 438). Analsegment von oben her ganz unsichtbar. Beine sehr kurz, Hüfte mit einer langen, leicht keuligen, auswärtsgebogenen Borste. Praefemur mit einer ähnlichen aber viel kürzeren Borste. Gonopodenöffnung mäßig groß, queroval, in der Mediane schwach eingeschnürt. Gonopodenhüfte lateral halbkugelig; die Telopodite sehr gedrungen, überragen kaum die Hüften. Praefemur medial nicht trompetenförmig vorgezogen. Telopodit 3ästig, der Samenrinnenast *(RA)* hat einen spitzen Seitenast und einen breiten, gefransten Lappen; die anderen beiden Äste sind an der Basis verbunden und stellen den Tibiotarsus *(T)* dar (Fig. 439).

Dahomey.

Die Zugehörigkeit der folgenden Arten zur Gattung *Lophodesmus* ist nicht sicher, da sie nur im weiblichen Geschlecht bekannt sind oder *(L. lamprus)* die Gonopoden nur ganz unzureichend beschrieben, aber nicht abgebildet wurden.

L. subangustus Silv. 1927 *L. s.*, Silvestri in: Boll. Labor. Zool. Portici, *v.* 20 p. 304 f. XV.

Länge 5,5 mm, Breite der Metazoniten 0,84 mm, der Prozoniten 0,54 mm. Kopf fein und kurz beborstet, tiefe Antennengruben und laterale Vorwölbungen vor den Antennen vorhanden. 5. Antennenglied das größte. Halsschild den Kopf überragend, vorn seicht gekerbt 10lappig. Die übrige Fläche stark gewölbt mit 2 Querreihen von 4 und 6 Tuberkeln. Rücken stark gewölbt, Metazoniten mit 4 Längsreihen größerer Tuberkeln, auf den Segmenten 2—4 je 2, auf den übrigen je 3, dazwischen kleinere Tuberkeln. Auf dem 19. Segment sind die paramedianen Tuberkeln, besonders die hintersten stark vergrößert und überragen das Analsegment. Seitenflügel tief angesetzt, klein, auf dem 2. Segment seicht 3lappig, auf den übrigen Segmenten seicht 2lappig, auf den porentragenden Segmenten 5—16 ist der hintere Lappen ausgerandet und trägt den zylindrischen Porenlappen.

Französisch Guinea: Conakry, Camayenne Wald unter Steinen und Stämmen in der Erde.

L. escherichii Silv. 1911 *L. e.*, Silvestri in: Zool. Anz., *v.* 38 p. 490 f. IV.

Blaßerdbraun. Länge 9 mm, Breite der Metazoniten 1,65 mm, der Prozoniten 1,17 mm. Stirn granuliert mit 2 + 2 größeren Granulis unter den kleinen. 5. Antennenglied das größte. Halsschild den Kopf überragend, vorn ziemlich tief gekerbt, 10lappig, auf der gewölbten Fläche mit 4 Reihen größerer und dazwischen kleinerer Tuberkeln. Rücken stark gewölbt, die Seitenflügel tief angesetzt und etwas abschüssig, die des 2. Segments 3lappig, die der übrigen Segmente 2lappig, auf den porentragenden Segmenten 5—16 ein kleiner Kegel mit dem Porus zwischen den Lappen auf den Segmenten 17—19 liegt der Porus in der Fläche weit von den Rändern entfernt. Metazoniten 2—17 jederseits mit 3 Längsreihen größerer und 3—4 Längsreihen kleinerer Tuberkeln, die paramedianen Reihen der größeren Tuberkeln auf den Segmenten 2—4 mit je 2, auf den anderen Segmenten mit je 3 Tuberkeln; auf dem 19. Segment sind die hintersten paramedianen Tuberkeln sehr vergrößert, nach hinten gerichtet und überragen das Analsegment. Analschuppe 3eckig.

Erythraea: Ghinda, in *Eutermes* sp.-Nest.

L. cristulifera Brol. 1920 *L.* (?) *c.*, Brolemann in: Alluaud & Jeannel, Voy. Afr. Or., Myr. p. 259 f. CXI—CXIV, t. 17 f. 169, 170.

Länge 6,6 mm. Breite der Metazoniten 0,832 mm, der Prozoniten 0,512 mm. Clypeus und Stirn flach und in einer Ebene, Antennengruben tief, vorn durch seitlich plötzlich abbrechende Wülste begrenzt. Scheitel spitz granuliert. Antennen kurz und dick, das 5. Glied das längste. Halsschild den Kopf bedeckend, vorn seicht gekerbt, 10lappig, Fläche mit 2 Querreihen von je 4 großen Tuberkeln, dazwischen kleinere. Metazoniten 2—4 mit 4 Längsreihen von je 2, die folgenden mit 4 Längsreihen von je 3 Tuberkeln. Seitenflügel tief angesetzt, die des 2. Segments 3lappig, die folgenden 2lappig; auf den porentragenden Segmenten 5—16 sind beide Lappen weiter voneinander entfernt und zwischen ihnen sitzt der fast zylindrische Lappen mit dem Porus; auf den Segmenten 17—19 liegt der Porus in der Fläche. Die hinteren Tuberkeln der Segmente 18 und 19 sind nach hinten gerichtet, den Hinterrand überragend; das Analsegment wird ganz von den paramedianen Tuberkeln des 19. Segments bedeckt. Analschuppe breit abgerundet. Vorderrand des Halsschildes, Ränder

der Kiele und die Tuberkeln dicht mit feinen Papillen besetzt. Prozoniten mit feiner Netzstruktur, hinten mit einer Reihe polygonaler Felder und 2 Querreihen kleiner Perlen in der Quernahteinschnürung.

Zanzibar: Distrikt von Mkokotoni, Grotte von Mangapwani.

L. lamprus Chamb. 1920 *L. l.*, Chamberlin in: Bull. Mus. Harvard, *v.* 64 p. 155.

Metazoniten dorsal dunkelbraun, die Seitenflügel rotbraun, Prozoniten und Kopf rotbraun, Beine, Antennen und Porenläppchen weißlich. Länge 6,5 mm, Breite 1,1 mm. Kopf kurz beborstet. Halsschild mit 2 Querreihen von 4 und 6 Tuberkeln. Metazoniten mit 3 Querreihen von Tuberkeln, öfter noch eine unvollständige 4. Reihe. Die paramedianen Tuberkeln des 19. Segments verschmelzen und überragen das ganz verdeckte Analsegment. Seitenflügel des 2. Segments 3lappig, die folgenden porenlosen 2lappig; auf den porentragenden Segmenten ist der hintere Lappen geteilt und trägt dazwischen den Porenkegel.

Fidschi-Inseln: Somo Somo, Lasema.

L. sexcarinatus (Por.) 1894 *Urodesmus s.*, Porat in: Bih. Svenska Ak., *v.* 20 nr. 5 p. 44 f. 17.

Länge 5,5 mm, Breite 1 mm. Scheitel schwach granuliert. Vorderrand des Halsschildes kaum gelappt, die Mitte mit 8 großen Tuberkeln. Segmente 2—4 mit 2 paramedianen Längsreihen von 2 großen und 2 lateralen Längsreihen von 3 kleineren Tuberkeln. Segmente 5—18 mit 4 Längsreihen von je 3 Tuberkeln, die paramedianen die größeren.

Kamerun.

L. leonis (O. F. Cook) 1896 *Stegodesmus l.*, O. F. Cook in: P. Ac. Philad., p. 266.

Freetown, Sierra Leone.

Beschreibung unbrauchbar.

62. Gen. **Synoptura** Att.

1914 *S.*, Attems in: Arch. Naturg., *v.* 80 A 4 p. 174, 179.

♂♀ 20 Segmente. Poren auf den Segmenten 5, 7, 9, 10, 12, 13, 15—19, auf den Segmenten 5—16 auf einem kleinen, den Rand überragenden Lappen im Hintereck, auf den Segmenten 17—19 in der Fläche gelegen. Kopf ganz vom Halsschild bedeckt. 5. Antennenglied das längste und dickste, viel größer als das 6. Halsschild groß, fächerförmig, vorn rundlappig. Seitenflügel groß, breit, hoch angesetzt, etwas abwärts geneigt, seitlich und hinten rundlappig, die des 2. Segments etwas größer, breiter als die der folgenden Segmente. Metazoniten dicht granuliert mit 2 paramedianen Längsreihen etwas größerer Tuberkeln. [Eine Bedeckung mit winzigen Papillen wird nicht angegeben.] Analsegment frei, nicht vom 19. Segment bedeckt, mit großen mehr oder weniger verschmolzenen Mediantuberkeln. Femur der Beine länger als das Praefemur. Femur des 3. Beinpaares des Männchens stark verdickt. Gonopodenhüfte halbkugelig aufgeblasen. Das Telopodit sehr gedrungen, ohne längere Äste, zum größten Teil in der von der Hüfte gebildeten Schale verborgen.

Zentral-Amerika.

3 Arten.

Typus: *S. laminata* (Poc.)

Übersicht über die Arten:

1	Länge 11 mm, Breite 3 mm. Seitenflügel breit lamellös, die des 19. Segments so breit wie das Tergit des Analsegments und ebenso weit wie dieses nach rückwärts reichend . . .	1. **S. laminata**
	Länge nicht über 9 mm, Breite 1,5 mm. Seitenflügel kleiner, die des 2. Segments größer als die übrigen, die des 19. Segments kleiner als das Analsegment und nicht so weit nach hinten reichend als dieses — 2	
2	Der vordere Seitenlappen der Seitenflügel nur ein wenig über die Linie des hinteren Seitenlappens reichend, das Läppchen mit dem Saftloch am Grunde durch eine tiefe Furche abgesetzt (Fig. 441)	2. **S. celata**
	Der vordere Seitenlappen der Seitenflügel die Linie des hinteren Saftlochlappens weit überragend (Fig. 442); letzterer am Grund ohne Furche	3. **S. perparva**

1. **S. laminata** (Poc.) 1909 *Lophodesmus laminatus,* Pocock in: Biol. Centr.-Amer., Diplop. p. 132 t. 10 f. 1.

Rücken einfarbig schwarzbraun, Beine, Antennen und Scheitel gelblich. Länge 11 mm. Breite 2,8 mm. Kopf granuliert. Stirn mit einem dicht und grob granulierten Fleck. Antennen kurz und dick. Der ganze Rücken granuliert. Seitenflügel nach abwärts geneigt, die Beine verdeckend, aneinander schließend. Halsschild vorn 10lappig, von den Kerben gehen 9 Radialfurchen ab. Metazoniten mit 2 Längsreihen von je 3 Tuberkeln, die 2 hinteren verschmelzen manchmal. Seitenflügel (Fig. 440) quer zur Längsachse des Körpers, der Vorderrand glatt. Seitenrand durch eine tiefe Kerbe 2lappig, der hintere Lappen trägt auf den porentragenden Segmenten das Porenläppchen; Hinterrand rund gelappt, von den Kerben gehen Radialfurchen aus. Der von oben sichtbare Teil des Analsegments breit, durch 4 Kerben 5lappig. Sternite schmal, gefurcht. Sternit des 5. Segments des Männchens mit einem Medianfortsatz. Die Zeichnungen des Gonopodentelopodit sind zu ungenau, um Einzelheiten erkennen zu können.

Mexico: Teapa in Tabasco.

Fig. 440.
Synoptura laminata (Poc.).
Seitenflügel des 5. Segments (Pocock, 1909).

Fig. 441.
Synoptura celata (Poc.).
Seitenflügel des 18. Segments (Pocock, 1909).

2. **S. celata** (Poc.) 1909 *Lophodesmus celatus,* Pocock in: Biol. Centr.-Amer., Diplop. p. 133 t. 10 f. 2.

Rücken der Metazoniten und die ganze Unterseite unterhalb der Seitenflügel schwärzlichbraun. Prozoniten dorsal blasser. Antennen, Beine und Scheitel blaß. Stirn schwärzlichbraun. Analschuppe und Klappen blaß. Länge 9 mm, Breite 1,5 mm. Stirn gewölbt und grob granuliert. Antennen kurz. Halsschild stark gewölbt, vorn 10lappig, mit Tuberkeln besetzt, von denen 2 Paar vergrößert sind. Metazoniten mit 4 Längsreihen Kämme bildender Tuberkeln, jede zu 3 Tuberkeln, die paramedianen größer als die seitlichen. Rücken stark gewölbt. Seitenflügel des 2. Segments beträchtlich breiter als die anderen, 3lappig. Die übrigen Seitenflügel seitlich 2lappig, der hintere Lappen trägt das Porenläppchen (Fig. 441); Hinterrand mit einem gut ausgeprägten lateralen und anschließend daran einer Anzahl immer undeutlicherer runder Lappen. In der hinteren Körperhälfte ist die Kerbe zwischen dem Hintereckslappen und dem 1. Lappen des Hinterrandes ähnlich tief wie bei *Cyrtodesmus*. Vordereck bis zum 16. Segment abgerundet-rechtwinklig, dann stumpfwinklig.

Guatemala: Vulkan von Agua.

3. **S. perparva** (Poc.) 1909 *Lophodesmus perparvus*, Pocock in: Biol. Centr.-Amer., Diplop. p. 133 t. 10 f. 3.

Im allgemeinen *S. celata* ähnlich, aber kleiner und mit deutlichen Spuren eines seitlichen Kammes größerer Tuberkeln unterhalb des paramedianen Kammes, ähnlich wie bei *Lophodesmus pusillus*. Der das Poren-

Fig. 442.
Synoptura perparva (Poc.). Seitenflügel.

läppchen tragende hintere Lappen des Seitenrandes ist mehr reduziert, so daß fast nur das Porenläppchen übrig bleibt; der vordere Seitenlappen überragt letzteres sehr merklich (Fig. 442). Halsschild mit 2 Querreihen von je 4 großen Tuberkeln. Länge 7 mm, Breite 1 mm.

Guatemala: Vulkan von Agua.

63. Gen. **Pagodesmus** Carl

1932 *P.*, J. Carl in: Rev. Suisse Zool., *v.* 39 p. 499.

♂ mit 19, ♀ mit 20 Segmenten. Poren nur auf dem 5. Segment, weit vom Seitenrand entfernt. Kopf vom Halsschild bedeckt. Antennen kurz, stark keulig, 5. und 6. Glied fast kugelig. Halsschild und Seitenflügel fast ganzrandig. Seitenflügel groß, rechteckig, in der Mitte angesetzt, abfallend, oberseits mit charakteristischer Chitinschleife. Rücken gewölbt. Metazoniten mit Höckern und Feldern und mit Filz bedeckt, keine besonders vergrößert. Analsegment unter dem vorletzten Segment verborgen. Die apicale Borste der Tibia des letzten Beinpaares bei Männchen und Weibchen sehr lang und auf einem Zapfen inseriert. Gonopoden: Hüfte groß, schalenförmig. Telopodit ungegliedert, teilweise frei vortretend, ohne Praefemoralfortsatz, Acropodit schlank, 2ästig, der eine Ast der schlanke Rinnenast.

Vorderindien.

3 Arten.

Typus: *P. biporus* Carl.

Übersicht über die Arten:

1 { Halsschild und Rücken stark gewölbt, Metazoniten filzig, matt, mit Höckern besetzt. Chitinschleife der Oberfläche der Seitenflügel mit mäßig auseinanderstehenden Schenkeln, auf dem 5. Segment schwach entwickelt; der ziemlich große Porus auf einer kurzen Tuberkel im Grunde der Schleife (Fig. 443). 5. Antennenglied mit Sinneszapfen von Kolben- und Stäbchenform. Apicale Borste des 5. Gliedes des letzten Beinpaares etwa so lang wie das 6. Glied . . . . 1. **P. biporus**

Halsschild und Rücken flacher. Metazoniten dorsal nackt,

glänzend, ohne Höcker, aber mit 3 Querreihen erhabener Felder. Chitinschleife anders geformt, auf dem 5. Segment normal entwickelt; der kleine Porus liegt hinter dem Grund der Schleife, in der Fläche und ist nach außen gerichtet. 5. Antennenglied nur mit Sinneszapfen von Kolbenform. Apicale Borste des 5. Gliedes des letzten Beinpaares doppelt so lang wie das 6. Glied — **2**

2 { Seitenflügel verkürzt-rechteckig mit kürzer zugerundeten Ecken. Chitinschleife ganz kurz und nach außen weit geöffnet, von der Form eines unsymmetrischen Hufeisens (Fig. 445) . . . . 2. **P. eremitus**

Seitenflügel gestreckt-rechteckig, mit stark gerundeten Ecken. Chitinschleife lang und schmal, ihre Schenkel zusammengeschlossen und eine scharfe Furche einschließend, die sich über sie hinaus bis fast zum Seitenrand des Seitenflügels verlängert (Fig. 446) . . . . 3. **P. sulcifer**

1. **P. biporus** Carl 1932 *P. b.,* J. Carl in: Rev. Suisse Zool., *v.* 39 p. 500 f. 131—139.

Trübweiß, Metazoniten gelblich. Länge 4,5—6 mm, Breite 1 mm. 5. und 6. Antennenglied fast kugelig verdickt, die basalen Sinneszapfen des 5. Gliedes kurz und kolbenförmig, die apicalen lang und stäbchenförmig. Halsschild mit flachen Höckern und deutlichen, den Rand nicht erreichenden Radialfurchen. Dorsale Höcker der Metazoniten auf den vorderen Segmenten regellos, auf den mittleren und hinteren in 3 Querreihen. Seitenflügel schwächer absteigend als die Rückenseiten, gestreckt rechteckig, mit gerundeten Ecken und glatten

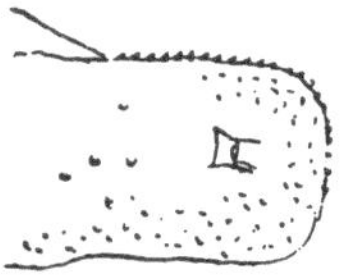

Fig. 443.
Pagodesmus biporus Carl.
Seitenflügel des 5. Segments (J. Carl, 1932).

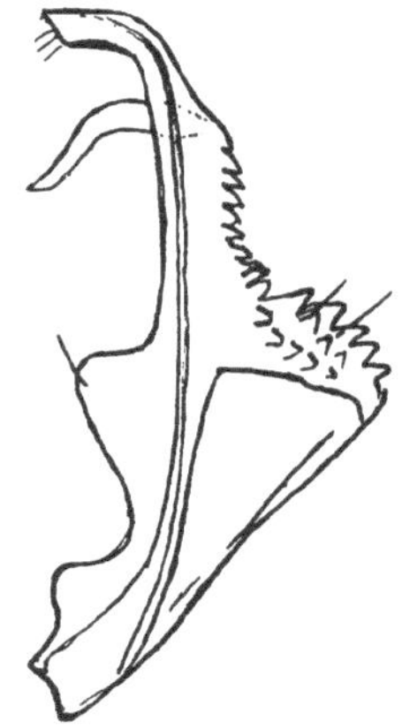

Fig. 444.
Pagodesmus biporus Carl.
Gonopode (J. Carl, 1932).

Rändern, am Seitenrand nur die Spur einer seichten Kerbe. Auf ihrer Oberfläche eine lange, außen offene doppelt konturierte Schleife, die den Seitenrand nicht erreicht; auf dem 5. Segment am Grunde der Schleife kraterartig auf sehr kurzem Kegel der ansehnliche Porus (Fig. 443). Die Seitenflügel des 18. Segments sind stark abgeschrägte, flossenförmige Lappen, die sich hinten stark nähern. Analsegment unter dem 18. verborgen. Gonopoden (Fig. 444): die Hüften hängen durch eine kielförmige Leiste und durch ein schmales Querband zusammen, ihre Außenfläche trägt kurze, krumme und teilweise hakige Borsten. Das Praefemur besteht aus einem innen trichterartig offenen und einem plateauförmigen, mit starken Kegelzähnen und einzelnen Borsten besetzten Abschnitt, der ohne Grenze in den Femoralabschnitt übergeht, dessen Außenseite bis zur Gabelung dieselben starken Kegelzähne trägt und der sich in

2 nach innen gekrümmte Äste teilt, der apicale derselben ist der Rinnenast, der am Ende einige Borsten auf Papillen trägt.

Palnis: Vandaravu 2350 m, Sholas unter Holz. Mariyanshola 2300 m, Kleine Shola ober Pumbarai 1900 m. Travancore: Großer Wald im oberen Vattavadai-Tal, 1850 m.

2. **P. eremitus** Carl 1932 *P. e.*, J. Carl in: Rev. Suisse Zool., *v.* 39 p. 504 f. 140.

Für die Merkmale vgl. Bestimmungstabelle (Fig. 445).

Upper Palnis: Bombay-Shola bei Kodaikanal. 2200 m.

Fig. 445.
Pagodesmus eremitus Carl.
Seitenflügel des 5. Segments (J. Carl, 1932).

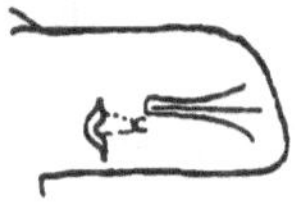

Fig. 446.
Pagodesmus sulcifer Carl.
Seitenflügel des 5. Segments (J. Carl, 1932).

3. **P. sulcifer** Carl 1932 *P. s.*, J. Carl in: Rev. Suisse Zool., *v.* 39 p. 504 f. 141. (Fig. 446).

Nilgiris: Coonoor, 1500 m.

64. Gen. **Myrmecodesmus** Silv.

1910 *M.*, Silvestri in: Zool. Anz., *v.* 35 p. 359 | 1911 *M.*, Silvestri in: Boll. Labor. Zool. Portici, *v.* 5 p. 190.

♂♀ 20 Segmente. Saftlöcher auf den Segmenten 5, 7, 10, 13, 16—19, auf den Segmenten 1—16 auf ziemlich langen Läppchen am Seitenrand in der Nähe des Hinterecks, auf den Segmenten 17—19 in der Fläche etwas vom Rande entfernt. Kopf ganz vom Halsschild bedeckt, mit tiefen seitlichen Antennengruben, 3 Labralzähnen und Vorragungen an der Grenze von Stirn und Scheitel. 5. Antennenglied das längste und dickste. Halsschild groß, den Kopf weit überragend, viel länger als das 2. Tergit, vorn horizontal aufgekrempt und rundlappig. Seitenflügel sehr tief, fast im Bauchniveau angesetzt, der Rücken stark gewölbt. Seitenflügel des 2. Segments etwas breiter und länger als die anderen. Seitenflügel des 3. Segments 3lappig, die anderen seicht 2lappig. Metazoniten mit 3 Querreihen grober Tuberkeln, von denen 2 paramediane Längsreihen oder 4 Längsreihen mehr oder weniger vergrößert sind, besonders auf den Segmenten 16—18; die 3 paramedianen des 19. Segments sind besonders groß und in langen, das Analsegment bedeckenden und weit überragenden Fortsätzen verwachsen (Fig. 448). [Über eine Bedeckung der Metazoniten mit kleinen Papillen wird nichts gesagt, sie scheinen zu fehlen.] Analsegment stumpfkonisch, seitlich gelappt, die 4 Terminalborsten liegen ganz nahe dem Hinterende auf der Ventralseite. Sternite schmal; die Beine ganz nahe nebeneinander inseriert, kurz. Praefemur und Femur ungefähr gleich lang, auf den ersten 3 Paaren des Männchens ventral verbreiterte Borsten. Hüften der Gonopoden halbkugelig aufgeblasen; die Telopodite in der medianen Höhlung inseriert, 2ästig, jeder Ast wieder gegabelt, die Samenrinne auf einem der Äste; kein Praefemurfortsatz.

Mexico.

2 Arten.

Typus: *M. formicarius* Silv.

Übersicht über die Arten:

1 Breite der Metazoniten 1,58 mm, der Prozoniten 0,78 mm, Länge 8 mm. In den Seiten des Clypeus vor den Antennengruben kein ausgesprochener Wulst. Halsschild den Kopf weiter überragend . . . . 1. **M. formicarius**

Breite der Metazoniten 0,98 mm, der Prozoniten 0,62 mm, Länge 6 mm. In den Seiten des Clypeus vor den Antennengruben ein auf der Oberfläche rauher, dicker, runder Wulst. Halsschild den Kopf weniger weit überragend . . . . 2. **M. modestus**

1. **M. formicarius** Silv. 1910 *M. f.*, Silvestri in: Zool. Anz., *v.* 35 p. 360 | 1911 *M. f.*, Silvestri in: Boll. Labor. Zool. Portici, *v.* 5 p. 193 f. XV, XVI.

Erdbraun. Seitenflügel außer den Rändern, Kopf außer Stirn und Antennen, Bauch und Beine strohgelb. Rücken oft mehr oder weniger mit Erde inkrustiert. Länge 8 mm, Breite der Metazoniten 1,58 mm, der Pro-

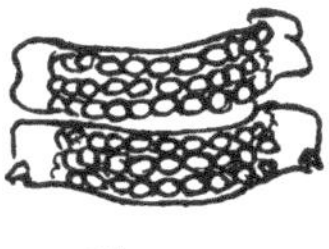

Fig. 447.
Myrmecodesmus formicarius Silv.
Segmente 9 und 10, Dorsalseite (Silvestri, 1911).

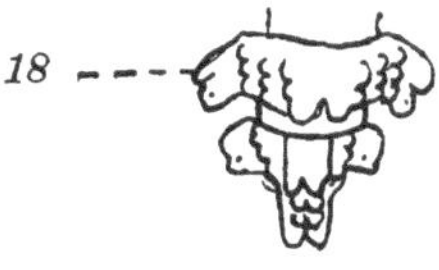

Fig. 448.
Myrmecodesmus formicarius Silv.
Hinterende, Dorsalseite, *18* 18. Segment (Silvestri, 1911).

Fig. 449.
Myrmecodesmus formicarius Silv.
Hinterende, Ventralseite (Silvestri, 1911).

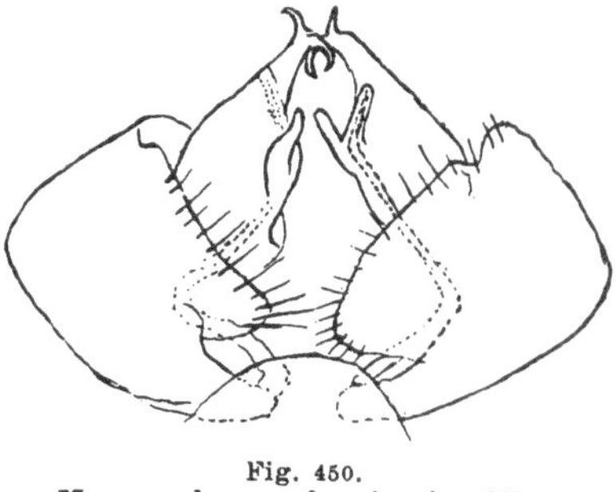

Fig. 450.
Myrmecodesmus formicarius Silv.
Gonopoden (Silvestri, 1911).

zoniten 0,78 mm. Stirn granuliert und mit schrägen Längskielen, Clypeus seitlich vor den Antennengruben kaum aufgewulstet. 6. Antennenglied halb so lang wie das 5. Halsschild den Kopf weit, um 0,26 mm, überragend, vorn 10lappig, die Fläche mit kleinen runden Tuberkeln bedeckt. Porentragende Seitenflügel im Hintereck mit rechtwinkligem Einschnitt, aus dem der das Saftloch tragende Kegel entspringt (Fig. 447). Von den Tuberkeln der Metazoniten sind die 2 paramedianen Längsreihen und jederseits eine laterale Reihe vergrößert. Die paramedianen Tuberkeln des 19. Segments verwachsen an der Basis miteinander zu langen, das Analsegment weit überragenden stumpfen Fortsätzen (Fig. 448). Analsegment 6lappig, Analschuppe 3eckig (Fig. 449). Gonopoden (Fig. 450).

Mexico, Jalapa, in Nestern der Ameisen *Solenopsis geminata* F. und *Pheidole crassicornis* Emery.

2. **M. modestus** Silv. 1911 *M. m.*, Silvestri in: Boll. Labor. Zool. Portici, *v.* 5 p. 194 f. XVII.

Kastanienbraun, mit Erdbraun marmoriert, Clypeus, Antennen, Bauch und Beine strohgelb. Länge 6 mm, Breite der Metazoniten 0,98 mm, der Prozoniten 0,62 mm. Stirn granuliert und mit schrägen Längskielen. Clypeus seitlich vor den Antennengruben mit runden, rauhen, dicken Wülsten

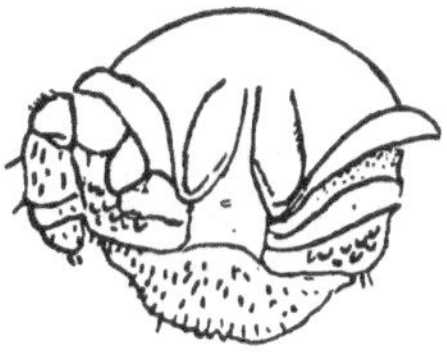

Fig. 451.
Myrmecodesmus modestus Silv.
Kopf (Silvestri, 1911).

Fig. 452.
Myrmecodesmus modestus Silv.
10. Segment von hinten (Silvestri, 1911).

(Fig. 451). Halsschild den Kopf um 0,13 mm überragend, vorn 10lappig, die Fläche mit kleinen und 4+4 großen Tuberkeln. Von den Tuberkeln der Metazoniten sind 4 Längsreihen, die durch je 2 Längsreihen kleinerer Tuberkeln getrennt sind, größer als die anderen. Die paramedianen Tuberkeln des 19. Segments stark vergrößert und das Analsegment überragend wie bei *M. formicarius*. Männchen unbekannt (Fig. 452).

Mexico, Jalapa, in Nestern von *Solenopsis geminata* F.

65. Gen. **Eustaledesmus** Silv.

1920 *E.*, Silvestri in: Rec. Ind. Mus., *v.* 19 p. 132.

♀ 20 Segmente. Poren auf den Segmenten 5, 7, 9, 10, 12, 13, 15—19, sehr klein, in der Fläche gelegen und von den Rändern ziemlich entfernt. Kopf ganz vom Halsschild bedeckt, mit Antennengruben, 3 Labralzähnen. Clypeus seitlich vor den Antennengruben vorgewulstet. Stirn ohne besondere Höcker. 5. und 6. Antennenglied mit Gruppen von Sinneszapfen, 5. Glied länger und dicker als das 6. Halsschild vorn stark aufgekrempt und rundlappig. Die Fläche mit 2 Gruppen von je 4 Tuberkeln (Fig. 453). Rücken stark gewölbt. Seitenflügel im Bauchniveau angesetzt, abwärts geneigt, vorn und hinten glattrandig, seitlich gelappt, ziemlich klein. Metazoniten mit Längsreihen von groben Tuberkeln, die mehr oder weniger zu Kämmen verwachsen; außerdem dicht mit kleinen, keuligen Papillen bedeckt. Am Hinterrand fein gesägte runde Plättchen. Analsegment klein, ventralwärts gerichtet breit. Die 4 Terminalborsten liegen auf der Ventralseite. Analschuppe 3eckig. Beine kurz, Praefemur und Femur gleich lang. Männchen unbekannt.

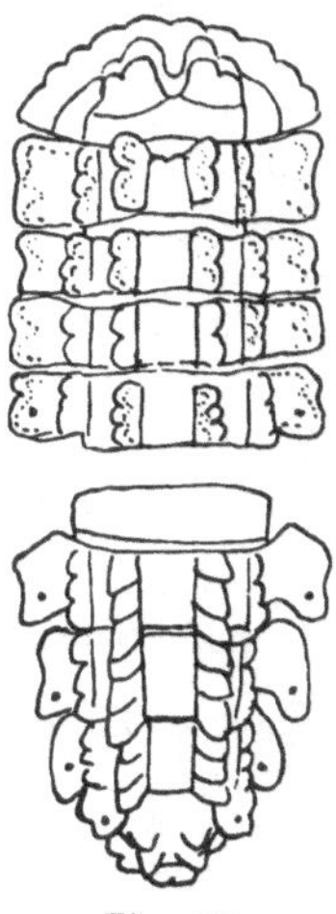

Fig. 453.
Eustaledesmus parvus Silv.
Vorder- und Hinterende
(Silvestri, 1920).

Ceylon.

Typus und einzige Art: *E. parvus* Silv.

1. **E. parvus** Silv. 1920 *E. p.*, Silvestri in: Rec. Ind. Mus., *v.* 19 p. 133 f. XI.

Kastanienbraun, Antennen, vorderer Teil des Clypeus und Analsegment umberbraun. Länge 5,6 mm, Breite der Metazoniten 1,05 mm, der Prozoniten 0,6 mm. Segment 2—4 mit 2 paramedianen Längskämmen von 3 verwachsenen Tuberkeln und jederseits einem kleineren aus 3 Tuberkeln bestehenden Längskamm. Segmente 5—15 mit 4 Längskämmen von je 3 Tuberkeln, die paramedianen die größeren; vom 16. Segment an werden die hinteren Tuberkeln der paramedianen Kämme immer länger und neigen sich etwas nach hinten. Auf dem 19. Segment sind die Tuberkelkämme klein und überragen die Seiten des Analsegments kaum. Seitenflügel des 2. Segments tief 3lappig. Die folgenden bis zum 18. tief 2lappig. Die Lappen durch die kleinen am Rande stehenden Papillen undeutlich. Am Hinterrande der Metazoniten rundliche, etwas breiter als lange, hinten fein gezähnelte Plättchen (Fig. 453).

Ceylon: Namunakuli.

66. Gen. **Steganostigmus** Carl

1932 *S.*, J. Carl in: Rev. Suisse Zool., *v.* 39 p. 522.

♂♀ 20 Segmente. Poren auf den Segmenten 5, (7), 9, 10, 12, 15, 17, (? 18, 19), auf der Fläche im Bereiche des 3. Seitenlappens und nahe dessen Hinterrand, schwer zu sehen wegen des dichten Filzes. Kopf ganz vom Halsschild bedeckt. 6. Antennenglied das längste, $1\frac{1}{2}$mal so lang wie dick, die Sinneszapfen auffallend stark, Halsschild mäßig gewölbt, jederseits mit 5 runden Tuberkeln. Seitenflügel trapezoidal, Vorder- und Hinterrand glatt, Seitenrand seicht 3lappig, die vorderen leicht nach vorn, die hinteren nach hinten gezogen. Metazoniten mit 4 Längsreihen von je 2 Tuberkeln, von denen die hintere aus zweien zusammengesetzt ist und einer einzigen Tuberkel lateral jederseits. Die Tuberkeln bilden weder Höcker noch Kämme. Am Hinterrand der Metazoniten ein Saum von runden, fein gezähnten Plättchen. Ringteil des Analsegmentes von oben sichtbar, am Hinterrand 8lappig. Terminalborsten auf die Ventralseite gerückt. Beine kurz und dick ohne apicale Borste auf der Unterseite des Praefemur. Kopf, Halsschild, Metazoniten samt Flanken und Sternite mit dichtem Filz bedeckt. Gonopoden: Hüfte groß, schalig ausgehöhlt, außen in einen hohlen Zipfel ausgezogen, am Grunde durch eine schmale Spange verbunden, die in der Mitte scharf kielförmig vorspringt. Praefemur quergestellt, ohne Fortsatz. Telopodit ohne deutliche Gliederung, in der Mitte ein schlanker Seitenhaken, Tibiotarsalrest, oder ohne solchen; die Samenrinne mündet am Ende der breiten Endplatte.

Vorderindien, Indochina.

4 Arten.

Typus: *S. canonicus* Carl.

a) Subgen. **Steganostigmus** Carl

Gonopodentelopodit mit Seitenast, Tibiotarsalrest. Vorderindien.

Übersicht über die Arten:

1 { Gonopodentelopodit schlanker, gestreckter und um 90° gedreht. Auf der Endplatte mit der Samenrinne keine Härchen. Der Femoralabschnitt endwärts allmählich verbreitert, vor dem Seitenhaken eine tiefe Einschnürung . . . . 3. **S. (S.) contortipes**
Gonopodentelopodit breiter und nicht so gedreht. Auf der Endplatte feine Härchen. Der Femoralabschnitt endwärts nicht verbreitert, vor dem Seitenhaken kein Einschnitt — **2**

2	Endplatte des Gonopodentelopodit ohne langen Fortsatz. Die paramedianen Höcker der Segmente 18 und 19 überragen den Hinterrand	1. **S. (S.) canonicus**
	Im lateralen Eck der Endplatte ein langer bandförmiger Fortsatz. Die dorsalen Höcker der Segmente 18 und 19 sind schwächer und überragen nicht den Hinterrand	2. **S. (S.) patruelis**

1. **S. (S.) canonicus** Carl 1932 *S. c.*, J. Carl in: Rev. Suisse Zool., *v.* 39 p. 524 f. 178—184.

Alle mit Filz bedeckten Teile erdbraun, Antennen, Beine, Prozoniten und ventraler Teil des Analsegmentes weiß. Länge 7 mm, Breite 1 mm. Auf der Stirn jederseits 1 oder 2 kleine Tuberkeln. Sinnesfelder des 5. und 6. Antennengliedes nicht scharf begrenzt und nicht vertieft. Die vordersten Seitenflügel fallen noch fast so steil ab wie der Rücken, die folgenden immer weniger steil und die letzten sind fast horizontal. Die Höcker der letzten

Fig. 454.
Steganostigmus (S.) **canonicus** Carl. Gonopode (J. Carl, 1932).

Segmente bilden niedrige stumpfe und durch eine transversale Einkerbung geteilte Kämme, die den Hinterrand etwas überragen. Gonopoden (Fig. 454): der mediale und laterale Rand der Endplatte sind nach vorn umgeschlagen und überragen als kurze Lappen den mittleren Teil des Endrandes, der mit feinen Härchen besetzt ist. Der Seitenhaken ist sehr stark entwickelt, an seiner Basis ein breiter stumpfer Höcker.

Palnis: Akazienwald ober Pumbarai, 1900 m, unter Holz.

2. **S. (S.) patruelis** Carl 1932 *S. p.*, J. Carl in: Rev. Suisse Zool., *v.* 39 p. 527 f. 185, 186.

Gestalt, Farbe, Form der Seitenflügel, Beine wie bei *S. canonicus*. Die dorsalen Höcker der Segmente 18 und 19 sind etwas schwächer entwickelt und überragen den Hinterrand kaum. Die Läppchen der Saumfranse sind breiter und kürzer. Die Endplatte des Gonopoden ist auf der lateralen Seite zu einem schmalen, am Ende gerundeten Band verlängert; der mediane Lappen hat 2 stumpfe Spitzchen, auf deren einem die Samenrinne mündet. Der mittlere Teil des Endrandes ist verkürzt und schräg medialwärts gerichtet und fein behaart (Fig. 455).

Palnis: Kukkal-Shola, 1900 m, unter faulem Holz.

3. **S. (S.) contortipes** Carl 1932 *S. c.*, J. Carl in: Rev. Suisse Zool.. *v.* 39 p. 528 f. 187—189.

In der äußeren Form mit den beiden anderen Arten fast vollständig übereinstimmend. Die dorsalen Höcker der Segmente 17 und 18 bilden schärfere

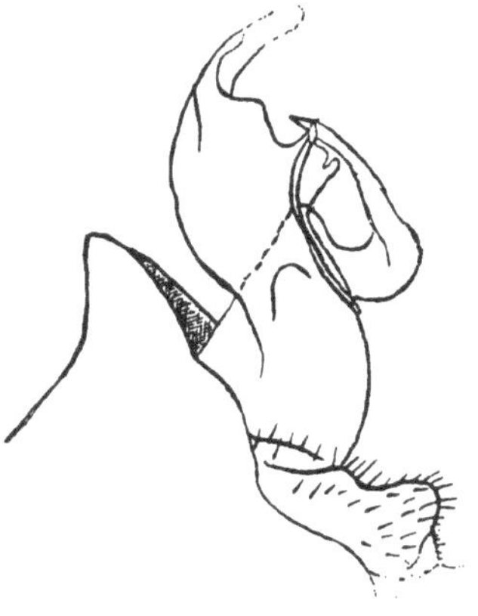

Fig. 455.
Steganostigmus (S.) patruelis Carl.
Gonopode (J. Carl, 1932).

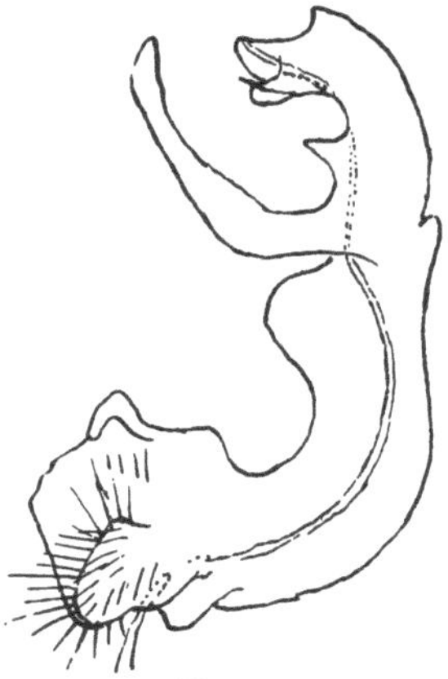

Fig. 456.
Steganostigmus (S.) contortipes Carl.
Gonopode (J. Carl, 1932).

Kämme mit von der Seite gesehen tieferer Einkerbung. Die Läppchen der Metazonitenfransen sind noch breiter und flacher gerundet als bei *S. patruelis*. Gonopodentelopodit (Fig. 456) gestreckter, schlanker und um fast 90° gedreht. Femoralabschnitt endwärts allmählich verbreitert, vor dem Abgang des Seitenhakens eine tiefe Einschnürung, der Haken etwas kürzer, die Endplatte ihm entgegen gebogen, hinten konkav mit einem Zäpfchen und einem das Ende bildenden plumpen Zacken, auf dem die Samenrinne mündet.

Palnis: Vandaravu-Shola, 2300 m, unter faulem Holz. Marian-Shola, ebendort.

b) Subgen. **Dyskolonius** Att.

1939 Subgen. *D.*, Attems in: Mém. Mus. Paris, n. ser. *v.* 6 p. 243.

Telopodit des Gonopoden ganz unverästelt, im übrigen mit Subgen. *Steganostigmus* übereinstimmend.

1 Art.

4. **S. (D.) uniramus** Att. 1939 *S. (D.) u.*, Attems in: Mém. Mus. Paris, n. ser. *v.* 6 p. 243 f. 80—86.

Dunkel erdbraun. Länge 5,3 mm, Breite 0,75 mm. Kopf inkl. Backen dicht mit Tuberkeln besetzt, Antennen keulig, 5. Glied das größte, 5. und 6. Glied mit einem Feld frei stehender Sinnesstäbchen. Halsschild mit verschieden großen Granula, stark gewölbt, der Rand krempenartig flach, vorn in 10 runde Lappen eingeschnitten. Rücken stark gewölbt, Seitenflügel tief angesetzt, ihre Oberseite stark abschüssig, die meisten quergerichtet, nur 18. und 19. leicht nach hinten. Seitenrand in 3 oder 4 runde Lappen geteilt, der hinterste Lappen ist etwas auf die Hinterseite gerückt und stärker abgetrennt. Prozoniten mit dichter gleichmäßiger Pflasterstruktur, Metazoniten mit verschieden großen groben Tuberkeln, von denen 4 Längsreihen von je 2 Tuberkeln etwas größer sind, die aber keine auffallenden Kämme bilden. Am Hinterrand der Metazoniten eine Reihe kleiner runder Plättchen mit fein gefranstem Rand. Oberfläche der Metazoniten dicht bedeckt mit kleinen stumpfen oder keuligen Stiften, den Ausscheidungen der zahlreichen Hautdrüsen. Sternite mit niedrigen glashellen Wärzchen. Analring mit 6 im Halbkreis gestellten großen Tuberkeln,

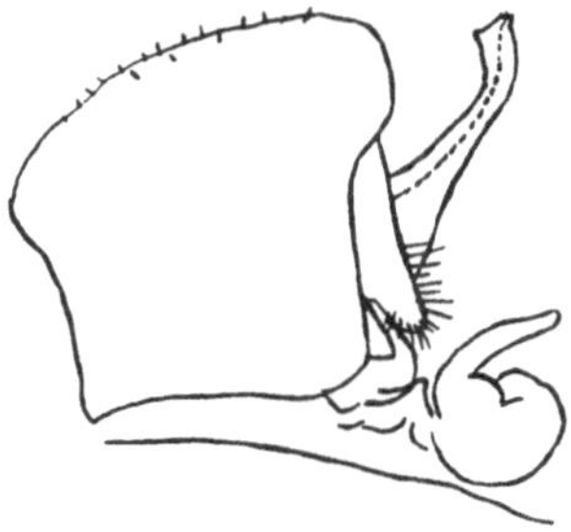

Fig. 457.
Steganostigmus (D.) uniramus Att. Gonopode.

die das auf die Unterseite gerückte Schwänzchen von oben verdecken. Gonopoden: Hüften riesig groß, Telopodit ganz unverästelt, Praefemur quergestellt, stark beborstet, geht in einen breiten plattigen Teil über und dieser unter Drehung in den schlanken Endteil mit der Samenrinne (Fig. 457).

Französisch-Indochina: Bana, Col de Nuages, 700 m.

67. Gen. **Idiurodesmus** Silv.

1924 *I.*, Silvestri in: Boll. Labor. Zool. Portici, *v.* 17 p. 172.

♀ 20 Segmente. Poren auf den Segmenten 5, 7, 9, 10, 12, 13, 15—19, sehr klein, in der Fläche ganz nahe dem Hintereck. Kopf ganz vom Hals-

Fig. 458.
Idiurodesmus tristani Silv.
Vorderende (Silvestri, 1924).

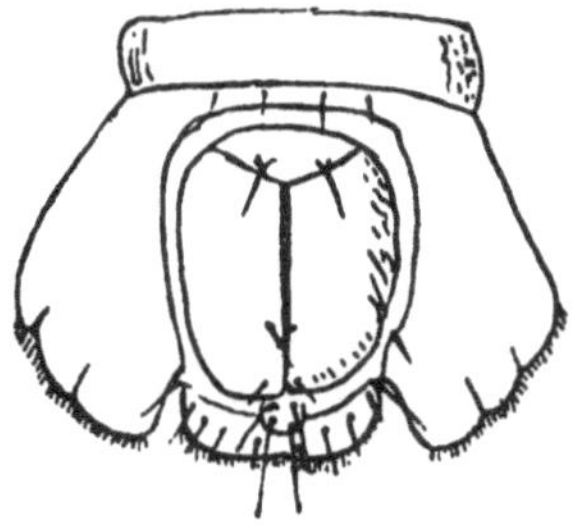

Fig. 459.
Idiurodesmus tristani Silv.
Hinterende, Ventralseite (Silvestri, 1924).

schild bedeckt und überragt, mit Antennengruben und wulstiger Vorwölbung des Clypeus vor den Antennengruben; 3 Labralzähne; Stirn ohne besondere Höcker; 5. Antennenglied dicker und fast doppelt so lang wie das 6. Glied; 4.—7. Glied mit Macrochaeten. Halsschild fächerförmig vorn mit Radialfurchen, die in sehr seichten Kerben beginnen. Seitenflügel groß, in der

Mitte der Seiten angesetzt, abschüssig, vorn und hinten ganzrandig, seitlich sehr seicht gekerbt mit kurzen Radialfurchen (Fig. 458). Rücken stark gewölbt. Metazoniten mit Querreihen von flachen Beulen, die mit Papillen besetzt sind; am Hinterrand runde glattrandige Plättchen, über jedem eine borstenartige Papille. Analsegment von oben gesehen breit gerundet, der Endknopf mit den Terminalborsten auf die Ventralseite gerückt (Fig. 459). Analschuppe 3eckig. Praefemur der Beine länger als Femur. Männchen unbekannt.

Costa Rica.

1 Art: *I. tristani* Silv.

1. **I. tristani** Silv. 1924 *I. T.*, Silvestri in: Boll. Labor. Zool. Portici, *v.* 17 p. 175 f. 1—12.

Erdbraun, mit Erdpartikeln inkrustiert. Länge 5 mm, Breite mit Metazoniten 1,2 mm, der Prozoniten 0,75 mm. Halsschild vorn mit 3 Radialfurchen, die gut gewölbte Fläche mit flachen Tuberkeln besetzt. Seitenflügel seitlich durch 2 seichte Kerben schwach 3lappig, bis zum 10. Segment rechtwinklig, dann das Vordereck immer mehr abgerundet und das Hintereck zackiger. Metazoniten mit 3 Querreihen von Tuberkeln (Fig. 458, 459).

Costa Rica: Turrucares, in einem Termitennest.

68. Gen. **Platykapelus** Att.

1938 *P.*, Attems in: P. zool. Soc. London, ser. *B v.* 108 p. 378.

♂ und ♀ 20 Segmente. Poren auf den Segmenten 5, 7, 9, 10, 12, 13, 15—19, in der Bucht zwischen 2 Seitenrandlappen in der Fläche nahe dem Seitenrand. Kopf ganz vom Halsschild bedeckt, vorn 12lappig. Rücken stark gewölbt, Seitenflügel in der Mitte angesetzt, horizontal, Vorderrand glatt, Seitenrand mit 3 (porenlose Segmente) oder 4 (porentragende Segmente) runden Lappen, Hinterrand seicht eingekerbt. Metazoniten dorsal mit 3 Querreihen von sehr undeutlich abgegrenzten und sehr flachen Höckern, keiner vergrößert und keine Anordnung in Längsreihen. Eigentümliche Oberflächenstruktur: die bekannten winzigen Papillen sind so angeordnet, daß ein Maschenwerk entsteht, in jeder Masche ein rundes winziges Kegelchen, dessen Chitin aus abwechselnd

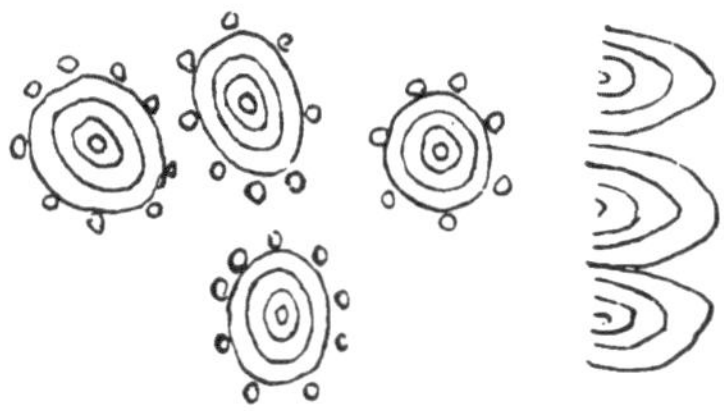

Fig. 460.
Platykapelus ornatus Att. Oberflächenskulptur der Metazoniten.

dunklen und helleren Schichten besteht. Ähnliche Kegelchen und Papillen auch im vorderen Teil der Prozoniten. Der Saum am Hinterrand der Segmente einheitlich, d. h. nicht in Plättchen zerlegt. Analsegment kegelig, von oben frei sichtbar, die Terminalborsten nahe dem Hinterende auf der Unterseite von oben nicht sichtbar. Gonopoden (Fig. 461): Hüfte *(C)* groß, halbkugelig, nimmt die Basis des Telopodit auf, außen mit winzigen Höckerchen besetzt. Praefemur *(Pf)* mit großem 2teiligem Fortsatz *(Pf, f*[1]*)*, Acropodit mit am Ende pinselig zerfasertem Rinnenast *(RA)* und einfachem Tibiotarsus *(T)*.

Hawaii.

Typus und einzige Art: *P. ornatus* Att.

1. **P. ornatus** Att. 1938 *P. o.*, Attems in: P. zool. Soc. London, ser. B *v.* 108 p. 379 f. 14—20.

Erdbraun, Länge $5^1/_2$ mm, Breite 1,3 mm. Kopf dicht mit kleinen Kegelchen bedeckt dazwischen winzige Papillen. Die sehr kleinen Poren liegen in der Bucht zwischen dem 3. und 4. Seitenrandlappen, nicht auf einer Tuberkel. Den seichten Kerben des Seiten- und Hinterrandes der Seitenflügel entsprechen im Innern aber getrennt von den Kerben hufeisenförmige Stellen,

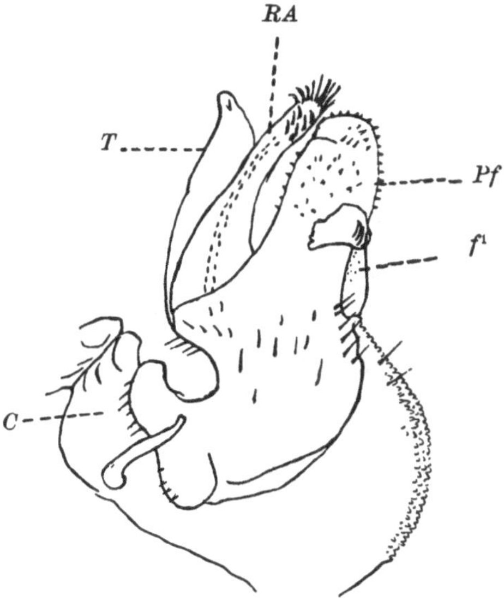

Fig. 461.
Platykapelus ornatus Att. Gonopode.

mit einer schwachen konzentrischen Schichtung; auf diesen Stellen fehlen die Höckerchen und Stiftchen. Metazoniten dorsal dicht bedeckt mit winzigen Kegelchen, deren Chitinwandung abwechselnd aus hellen und dunklen Schichten besteht, wodurch bei der Ansicht von oben das Bild von mehreren konzentrischen Kreisen entsteht (Fig. 460). Die winzigen Papillen oder Stiftchen bilden um diese Kegelchen ein Maschenwerk, so daß in jeder Masche ein Kegelchen liegt. Kegelchen und Stiftchen finden sich in geringerer Zahl auch im vorderen Teil der Prozoniten. Die Tuberkeln der Metazoniten sind sehr undeutlich. Größere Borsten keine auf dem Rücken. Gonopoden vergl. Fig. 461.

Hawaii.

69. Gen. **Isotropidesmus** Silv.

1901 *I.*, Silvestri in: Boll. Mus. Torino, *v.* 16 nr. 398 p. 17 | 1903 *I.*, Silvestri in: Redia, *v.* 1 p. 176.

♀ 20 Segmente. Poren auf den Segmenten 5, 7, 9, 10, 12, 13, 15, 17 bis 19 auf einer kleinen Tuberkel näher der Basis des Seitenflügels als dem Hintereck. Kopf ganz vom Halsschild bedeckt, Antennen kurz, keulig, das 5. Glied das längste und dickste. Halsschild vorn gerundet, seicht gelappt. Rücken gewölbt. Metazoniten 2—19 mit 8 Längsreihen von gleich großen Tuberkeln, in jeder Reihe 3; Metazoniten mit kleinen Papillen bedeckt. Seitenflügel groß, abschüssig, vorn und hinten glattrandig, seitlich seicht gelappt. Pleuren granuliert. Sternite schmal, in der Mediane längsgefurcht, neben jeder Hüfte eine kurze Borste. Analsegment von oben gesehen breit abgerundet mit 2 paramedianen Einschnitten hinten; das eigentliche Hinterende mit den Terminalborsten scheint auf die Ventralseite gerückt zu sein. Männchen unbekannt.

Argentinien.

1 Art: *I. rudis* Silv.

1. **I. rudis** Silv. 1901 *I. r.*, Silvestri in: Boll. Mus. Torino, *v.* 16 nr. 398 p. 18 | 1903 *I. r.*, Silvestri in: Redia, *v.* 1 p. 177.

Bräunlich. Länge 6,2 mm, Breite 1,6 mm. Scheitel gefurcht, jederseits granuliert, Clypeus kurz beborstet. Halsschild vorn undeutlich 10lappig, breit gerundet, hinten seicht eingebuchtet, die Fläche granuliert. Die vordere und hintere Tuberkel jeder Längsreihe der Metazoniten ist etwas größer als die mittlere. Seitenflügel ohne Tuberkel, die des 2. Segments schwach 3lappig, länger als die folgenden, hinten spitzwinklig, vorn stumpf; die der Segmente 3—15 nur seitlich mit einem winzigen Einschnitt, mit fast rechten Ecken; die folgenden nach und nach schmäler mit immer spitzer werdendem Hintereck. Beine kurz, spärlich und kurz beborstet, Femur fast doppelt so lang wie Praefemur, Hüfte, Femur, Postfemur und Tibia mit ventraler Macrochaete.

Argentinien: Misiones, Pampa Piray, unter faulendem Holz mit *Eutermes rippertii* var. *macrocephalus* Silv.

70. Gen. **Plagiotropidesmus** Silv.

1901 *P.*, Silvestri in: Boll. Mus. Torino, *v.* 16 nr. 398 p. 19 | 1903 *P.*, Silvestri in: Redia, *v.* 1 p. 177.

♂♀ 20 Segmente. Poren auf den Segmenten 5, 7, 9, 10, 12, 13, 15—19 auf der Oberfläche der Seitenflügel nahe dem Hintereck. Kopf vom Halsschild nur bis zum höchsten Punkt des Scheitels bedeckt. Antennen kurz, das 5. Glied das längste und dickste. Halsschild vorn 10lappig. Segmente 2 bis 19 mit Längsreihen von Tuberkeln, von denen die 2 paramedianen etwas vergrößert sind, außerdem mit niedrigen Längsleisten. Rücken stark gewölbt. Seitenflügel klein, abschüssig. Der Seitenrand schwach gelappt, am Hinterrand ein kleiner Einschnitt. Analsegment breit, hinten mit 2 tiefen paramedianen Einschnitten, das Ende mit den Terminalborsten auf der Ventralseite. Sternite sehr schmal. Praefemur der Beine länger als Femur. Hüfte und Praefemur mit ventraler Macrochaete. Telopodit der Gonopoden 2ästig. (Keine Abbildung publiziert.)

Brasilien.

1 Art: *P. convexus* Silv.

1. **P. convexus** Silv. 1901 *P. c.*, Silvestri in: Boll. Mus. Torino, *v.* 16 nr. 398 p. 19 | 1903 *P. c.*, Silvestri in: Redia, *v.* 1 p. 178.

Strohgelb bis haselnußbraun. Länge 6 mm, Breite der Metazoniten 1,12 mm. Scheitel fein granuliert, Clypeus beborstet. Halsschild stark gewölbt, vorn 10lappig, hinten seicht eingebuchtet. Die Fläche mit 2 Reihen flacher Tuberkeln und mit kurzen, schmalen Längskielen. Segmente 2—19 mit 2 paramedianen Längsreihen von je 3 größeren Tuberkeln und jederseits 5 Längsreihen von je 3 kleineren Tuberkeln, die durch etwas höhere Längsleisten getrennt sind. Seitenflügel des 2. Segments schwach 3lappig, nach vorn winklig ausgezogen, länger als die folgenden, die der Segmente 3 bis 14 seicht 3lappig. Die Ecken rechtwinklig, die der Segmente 15—19 im Hintereck mehr und mehr zackig werdend. Metazoniten 17—19 mit einer breiten Tuberkel in der Mediane am Hinterrand. Analschuppe 3eckig. Macrochaete der Hüfte lang, gestutzt, leicht gezähnt, die des Praefemur kurz, säbelförmig. Gonopodenhüfte lateral mit einigen Borsten, medial konkav, von den 2 Ästen des Telopodit ist der mediale etwas kürzer, am Ende verjüngt und spitz, der laterale am Grunde mit kurzen Haaren und 2 langen Borsten versehen, am Ende verjüngt, lateral abgerundet, medial mit einem schnabelartigen kurzen Zahn versehen.

Brasilien: Cuyabá, Coxipó, in einem Nest von *Eutermes arenarius pluriarticulatus* Silv.

71. Gen. **Lifoudesmus** Brol.

1931 *L.*, Brolemann in: Arch. Zool. expér., *v.* 72 p. 300.

♂ ♀ 20 Segmente. Poren auf den Segmenten 5, 7, 9, 10, 12, 13, 15—19 auf dem letzten Seitenrandlappen, nicht auf einem Kegel. Kopf nicht ganz vom Halsschild bedeckt, runzelig aber ohne besondere Höcker. Antennen kurz keulig. Halsschild vorn mit 10 runden Lappen. Seitenflügel mäßig groß, sehr tief angesetzt, horizontal, Seitenrand der porenlosen 2-, der porentragenden 3lappig, Vorderrand glatt, Hinterrand mit einer Warze am Grunde. Metazoniten mit runden Höckern in Längsreihen, von denen einige stärkere 4 Längsreihen von je 3 Höckern bilden. Der von oben sichtbare Hinterrand des Analsegments breit gerundet, 6lappig (Fig. 462), Terminalborsten auf die Ventralseite gerückt. Gonopoden: Hüfte schalenförmig ausgehöhlt, Telopodit nicht deutlich quergegliedert, kurz, zum Teil in die Höhlung der Hüfte eingesenkt, 2ästig, der eine breite Ast der Rinnenast.

Loyalty Inseln.

Typus und einzige Art: *L. pruvotae* Brol.

Fig. 462.
Lifoudesmus pruvotae Brol.
Hinterende (Brolemann, 1931).

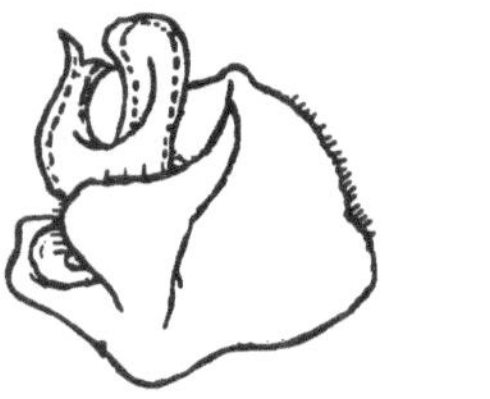

Fig. 463.
Lifoudesmus pruvotae Brol.
Gonopode (Brolemann, 1931).

1. **L. pruvotae** Brol. 1931 *L. P.*, Brolemann in: Arch. Zool. expér., *v.* 72 p. 300 f. 36—39.

Rücken schwarzbraun, Bauch heller, Clypeus und Beine weißlich. Länge 3,3—3,5 mm. Rücken stark gewölbt, Oberfläche matt mit einigen winzigen Härchen. Seitenflügel des 2. Segmentes 2mal so lang wie die des 3., 2lappig.

Der 3. Lappen der porentragenden Segmente etwas eckiger, in seiner Mitte der Porus. Sternite schmal. Beine kurz. Telopodit des Gonopoden tief in 2 einfache Äste geteilt, der äußere breit und am Ende abgerundet, der Rinnenast etwas kürzer, mit 2 kurzen, divergierenden Spitzen am Ende (Fig. 463).

Loyalty Inseln.

72. Gen. **Stenitus** Chamb.

1923 *S.*, Chamberlin in: Zool. N. York, *v.* 3 p. 414.

♀ 20 Segmente. Poren auf den Segmenten 5, 7, 9, 10, 12, 13, 15—19, winzig, nahe dem Hintereck in der Fläche gelegen. Kopf vom Halsschild bedeckt. Seitliche Antennengruben vorhanden, Scheitelfurche tief, 5. Antennenglied viel größer als das 6. Halsschild gewölbt, vorn 10lappig mit Radialfurchen, granuliert. Rücken stark gewölbt, mit großen Tuberkeln. Seitenflügel mäßig breit, sehr tief, ungefähr im Bauchniveau angesetzt, ganzrandig, mit Radialfurchen, die Oberseite glatt. Metazoniten mit Längsreihen großer und kleiner Tuberkeln. Analsegment breit, abgerundet, nicht vom 19. Segment verdeckt, das Endknöpfchen mit den 4 Terminalborsten auf der

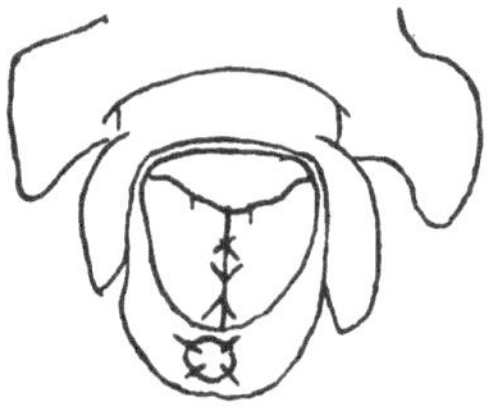

Fig. 464.
Stenitus guiananus Chamb. Hinterende, Ventralseite (Chamberlin, 1923).

Ventralseite (Fig. 464). Praefemur der Beine länger als Femur. Männchen unbekannt.

Britisch Guayana.

1 Art: *S. guiananus* Chamb.

1. **S. guiananus** Chamb. 1923 *S. g.*, Chamberlin in: Zool. N. York, *v.* 3 p. 415 t. 26 f. 1—8.

Gelb. Länge 4,4 mm, Breite 0,7 mm. Scheitel dicht granuliert. Seitenflügel seitlich kaum merklich gekerbt, fast ganzrandig. Metazoniten mit 4 Längsreihen von je 3 größeren Tuberkeln, die getrennt sind durch je 2 Längsreihen kleinerer Tuberkeln. Analsegment breit abgerundet, das 19. Segment weit überragend (Fig. 464).

Britisch Guayana: Kartabo, Bartica Distrikt.

73. Gen. **Kapyrodesmus** nom. nov.

1923 *Xerodesmus*, Chamberlin (nec Cook 1896) in: P. Calif. Ac., ser. 4 *v.* 12 p. 403.

♂♀ 20 Segmente. Poren auf den Segmenten 5, 7, 9, 10, 12, 13, 15 auf einer konischen Tuberkel, die dem mittleren der 3 Lappen eines porenlosen Segments entspricht. Halsschild groß, bedeckt aber den Kopf nicht ganz, vorn mit 10 runden Lappen. Seitenflügel mäßig groß. Vorderrand glatt, Seitenrand 3lappig, nur auf den Segmenten 16—18 4lappig; an der Basis des Hinterrandes ein großer Lappen. Metazoniten grob granuliert mit 4 Längsreihen größerer Tuberkeln, in jeder Reihe gewöhnlich 3, die der hintersten Reihe überragen den Hinterrand. Analsegment von den zu 2 großen Lappen vergrößerten Mediantuberkeln der letzten Reihe des 19. Segments überragt. Gonopoden weder beschrieben noch abgebildet.

Kalifornien.

1 Art.

1. **K. mulegensis** (Chamb.) 1923 *Xerodesmus m.*, Chamberlin in: P. Calif. Ac., ser. 4 *v.* 12 p. 403 f. 36—38.

Hellbraun. Bauch gelb. Länge 4,5 mm.

Kalifornien: Santa Rosalia.

74. Gen. **Nesodesmus** Chamb.

1914 *N.*, Chamberlin in: Psyche, *v.* 21 p. 87.

♂♀ 20 Segmente. Poren auf den Segmenten 5, 7, 9, 10, 12, 13, 15, 16 auf einer dicken, zylindrischen Papille auf dem vorletzten Lappen des Seitenrandes. Kopf ganz vom Halsschild bedeckt, stark granuliert; Antennen kurz, keulig, das 5. Glied das dickste und weitaus längste. Halsschild vorn 12lappig mit Radialfurchen. Rücken stark gewölbt. Seitenflügel groß, abschüssig, die Beine verdeckend, die aufeinander folgenden beinahe aneinander schließend, seitlich tief 3- oder 4lappig. Hinterrand und Vorderrand auch tief gelappt. Metazoniten dicht granuliert; 2 paramediane Längsreihen von vergrößerten Tuberkeln vorhanden, deren Größe caudalwärts zunimmt und die die Tendenz haben zu verschmelzen. [Von einer Bedeckung der Metazoniten mit winzigen Papillen wird nichts erwähnt.] Analsegment kurz und breit, von den Seitenflügeln des 19. Segments fast verdeckt. Gonopodenhüfte lateral halbkugelig, Telopodit kurz und breit, 3ästig (keine Abbildung publiziert).

Galapagos Inseln.

1 Art.

1. **N. insulanus** Chamb. 1914 *N. i.*, Chamberlin in: Psyche, *v.* 21 p. 88.

Dunkelbraun, Prozoniten ventral gelb. Länge 9,5—11,5 mm, Breite 2—2,25 mm. Scheitel und oberer Teil der Stirn granuliert und schwarz gefeldert. Halsschild viel länger als die anderen Tergite, vorn horizontal aufgekrempt und den Kopf weit überragend, 12lappig, die Lappen fein granuliert, die stark gewölbte übrige Fläche gröber und dichter granuliert. Seitenflügel des 2. Segments nach vorn gerichtet. Die folgenden immer mehr quer, die des 18. Segments nach hinten gerichtet. Seitenrand der Seitenflügel des 2.—5. Segments tief 3lappig, vom 6. Segment an ist der vorderste Lappen geteilt, so daß 4 durch tiefe, schmale Einschnitte getrennte Lappen entstehen. Hinterrand mit 2 oder 3 kleineren Lappen; Vorderrand mit ebenso vielen noch kleineren Lappen, auf dem 2. oder 3. Segment ungelappt. Metazoniten dicht und grob granuliert; die hintere Reihe der Granula bildet 9 oder 10 Zähne des Hinterrandes. 2 paramediane Längsreihen von je 3 großen Tuberkeln; die hintersten Tuberkeln des 18. und 19. Segments sind besonders groß. Die Seitenflügel des 19. Segments sind nach hinten ausgezogen, so daß ihr Hinterrand mehr oder weniger parallel zur Längsachse des Körpers ist; zwischen ihnen 4 starke konische Zähne des Hinterrandes, die beinahe bis zur Spitze des Analsegments reichen, das beinahe ganz von den Seitenflügeln des 19. Segments verdeckt ist. Sternite schmal längsgefurcht. Gonopodentelopodit kurz und breit, mit einem kurzen nach hinten gerichteten und einem längeren, sichelförmigen vorderen Fortsatz; von der hinteren Konkavität des letzteren entspringt nach hinten ein 3. Fortsatz, wahrscheinlich der Samenrinnenast.

Galapagos Inseln: Chatham Island.

75. Gen. **Dilophops** Loomis

1934 *D.*, Loomis in: Smithson. Collect., *v.* 89 nr. 14 p. 59.

♀ 20 Segmente. Poren auf den Segmenten 5, 7, 9, 10, 12, 13, 15, 16. Kopf vom Halsschild bedeckt, 5. Antennenglied das längste und dickste. Vorderrand des Halsschildes seicht in 10 runde Lappen gekerbt. Rücken stark gewölbt, Seitenflügel tief angesetzt, abfallend, der Seitenrand dick, die porenlosen seicht 2lappig, auf den porentragenden bildet die Tuberkel mit dem Porus das Hintereck und rückt der hintere der 2 Lappen auf den Hinterrand. Rücken der Metazoniten mit 4 Längsreihen von groben Tuberkeln, zwischen diesen 1 oder 2 kleine Tuberkeln. Die paramedianen Tuberkeln des 19. Segments verwachsen zu großen Wülsten, die den Hinterrand weit überragen und das Analsegment ganz bedecken (Fig. 466). Sternite sehr schmal. Männchen unbekannt.

Haiti.

Typus und einzige Art: *D. bullatus* Loomis.

Fig. 465.
Dilophops bullatus Loomis.
Vorderende (Loomis, 1934).

Fig. 466.
Dilophops bullatus Loomis.
Hinterende, Ventralseite (Loomis, 1934).

1. **D. bullatus** Loomis 1934 *D. b.*, Loomis in: Smithson. Collect., *v.* 89 nr. 14 p. 61 f. 30; tf. 30 t. 4 f. 4.

Schmutzig weiß. Länge 4,5 mm, Breite 0,7 mm. Halsschild mit 2 Reihen von 4 und 6 großen Tuberkeln und 3 Reihen von 2, 3, 5 kleinen Tuberkeln (Fig. 465). Die großen Tuberkeln der folgenden Segmente sind kleiner als die des Halsschildes, Segment 2 mit 3 Tuberkeln in den äußeren und 2 in den inneren Reihen. Segment 3 und 4 mit 2 Tuberkeln in allen 4 Reihen, die folgenden Segmente mit 3 Tuberkeln in allen 4 Reihen.

Haiti: Bayeux und Morne Pilboreau. St. Kitts, Basse Terre.

76. Gen. **Styloceylonius** Verh.

1936 *S.*, K. W. Verhoeff in: Rec. Ind. Mus., *v.* 38 p. 120.

♂ und ♀ 20 Segmente. Poren auf den Segmenten 5, 7, 9, 10, 12, 13, 15—18, auf den Segmenten 5—15 auf einem Zapfen, der etwas über die anderen Seitenlappen hinaus ragt, auf den Segmenten 16—18 ragt er nicht mehr hinaus. Kopf ganz vom Halsschild bedeckt. 5. Antennenglied das größte. 5. und 6. Glied mit Gruppen von Sinneszapfen. Metazoniten mit 4 Längsreihen von Höckern, kein Filz von kleinen Papillen. Analsegment vom 19. fast ganz bedeckt. Gonopoden sehr gedrungen gebaut, Coxite schüsselartig gestaltet, können die Telopodite fast wie eine Glocke aufnehmen. Praefemur beborstet, Acropodit geteilt in einen kräftigen Rinnenast und breit plattigen Tibiotarsus, Femur sehr verkürzt.

Ceylon.

Typus und einzige Art: *S. lobatus* Verh.

1. **S. lobatus** Verh. 1936 *S. l.,* K. W. Verhoeff in: Rec. Ind. Mus., *v.* 38 p. 120 t. 8 f. 24—28.

Lehmgelb. Länge $6^1/_2$ mm. Kopf völlig vom Halsschild bedeckt, dicht mit Wärzchen besetzt, unterhalb und außen von den Antennengruben ein dreieckiger Höcker, die Hinterstirn ober den Antennen bildet ein queres Kissen, das außen schroff abfällt. Halsschild vorn 10lappig, die Mitte mit 2 Reihen von je 4 runden Höckern. Die meisten Metazoniten mit 4 Längsbuckel, die aus 2 oder 3 Höckern bestehen. Seitenrand der meisten Seitenflügel 4lappig, Poren auf dem 3. Lappen, der bis zum 15. Segment über die anderen Lappen

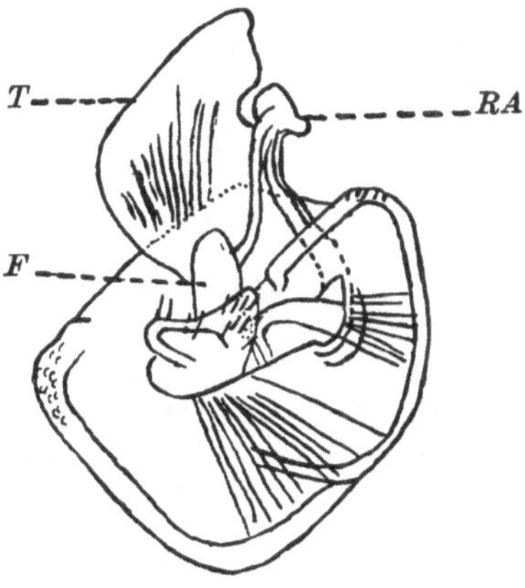

Fig. 467.
Styloceylonius lobatus Verh. Gonopode, *F* Femur.

hinaus ragt, Seitenflügel 18 3lappig, 19. Segment ohne Drüsen, mit großem am Ende tief eingebuchtetem Fortsatz, der das Analsegment verdeckt. Analsegment mit breitem am Ende etwas eingebuchtetem Fortsatz, der Endhöcker mit den Terminalborsten ganz auf der Ventralseite desselben. Rumpf ohne Gerinnsel oder Inkrustationen. Rinnenast *(RA)* des Gonopoden hornartig, am Ende etwas verbreitert, Tibiotarsus *(T)* eine breite Lamelle, die gegen den Rinnenast stark umgebogen ist (Fig. 467).

Ceylon: Demodara, 1000 m.

77. Gen. **Gasatomus** Chamb.

1923 *G.*. Chamberlin in: Zool. N. York, *v.* 3 p. 417.

♀ 20 Segmente. Poren auf den Segmenten 5, 7, 9, 10, 12, 13, 15, 16, am Ende eines den Seitenrand überragenden Lappens. (Es ist fraglich, ob nicht auf weiteren Segmenten in der Fläche gelegene Poren vorhanden sind.) Kopf ganz bedeckt, 5. Antennenglied viel länger als das 6. Halsschild fächerförmig, vorn rund gelappt mit Radialfurchen, Fläche mit Querreihen großer Tuberkeln und fein und dicht granuliert. (Über die Rückenwölbung, Ansatz und Richtung der Seitenflügel keine Angaben.) Seitenflügel ziemlich groß, lateral rundlappig mit Radialfurchen, vorn ganzrandig, Hinterrand durch tief spitzwinklige Einschnitte gelappt. Metazoniten mit 4 Längsreihen größerer Tuberkeln, dazwischen und auf der Oberseite der Seitenflügel kleinere Tuberkeln. Auf den Segmenten 18 und 19 sind die Mediantuberkeln der hintersten Reihe ziemlich vergrößert und überragen den Hinterrand. Analsegment nicht bedeckt, breit dick-konisch, der von oben sichtbare Hinterrand durch Tuberkeln lappig. Praefemur der Beine etwas länger als Femur; Männchen unbekannt.

Britisch Guayana.

Typus und einzige Art: *G. emersoni* Chamb.

1. **G. emersoni** Chamb. 1923 *G. e.*, Chamberlin in: Zool. N. York, *v.* 3 p. 419 t. 27 f. 1—6.

Rotgelb, durch anhängende Fremdkörperchen braun erscheinend. Länge 7 mm. Breite 1,2 mm. Stirn und Scheitel dicht granuliert, Kopf unter den Antennen glatt. Vorderrand des Halsschildes horizontal, oben etwas konkav, der mittlere Teil stark gewölbt und dicht granuliert, 2 Querreihen größerer Tuberkeln. Seitenrand der Seitenflügel seicht 3lappig mit 2 Radialfurchen. Die Längsreihen der Metazoniten mit je 3 größeren Tuberkeln, dazwischen Längsreihen von kleineren, zahlreichen Tuberkeln.

Britisch Guayana, Kartabo, Bartica Distrikt.

78. Gen. **Heteropente** Loomis

1933 *H.*, Loomis in: Bull. Mus. Harvard, *v.* 75 p. 360.

♂ ♀ 20 Segmente, Poren auf den Segmenten 5, 7, 10, 13, 16. Kopf vom Halsschild ganz bedeckt, 5. Antennenglied das größte. Vorderrand des Halsschildes mit 10 dicken runden Lappen. Rücken stark gewölbt. Seitenflügel nach unten gerichtet, 2. 3lappig, 3.—19. 2lappig, auf den porentragenden Segmenten ist der hintere Lappen durch die Porentuberkel ersetzt. Metazoniten mit 4 Längsreihen von je 3 großen Tuberkeln. Analsegment frei sichtbar, mit 5 Lappen am Hinterrand. Telopodit des Gonopoden 3ästig.

Cuba.

Typus und einzige Art: *H. planifrons* Loomis.

Fig. 468.
Heteropente planifrons Loomis. Hinterende (Loomis, 1933).

1. **H. planifrons** Loomis 1933 *H. p.*, Loomis in: Bull. Mus. Harvard, *v.* 75 p. 361 f. 8.

Metazoniten und Scheitel schwarz, Rest des Kopfes mit den Antennen, Analklappen und Schuppe, Beine, Sternite und Prozoniten farblos weiß. Länge

6,5 mm, Breite 1 mm. Halsschild mit 2 Reihen von 4 und 6 großen Tuberkeln (Fig. 468).

Cuba: Jatibonico.

79. Gen. **Penteporus** Loomis

1936 *P.*, Loomis in: Bull. Mus. Harvard, *v.* 80 p. 180.

♀ 20 Segmente. Poren auf den Segmenten 5, 7, 9, 12, 15, auf besonderen ziemlich langen zylindrischen Fortsätzen des Seitenrandes. Kopf vom Halsschild bedeckt. 5. Antennenglied das längste und dickste. Vorderrand des Halsschildes in 12 runde Lappen geteilt, die Fläche granuliert und mit Querreihen größerer Tuberkeln. Rücken stark gewölbt, Seiten- und Hinterrand der Seitenflügel durch tiefe Einschnitte gelappt (Fig. 469). Metazoniten dicht granuliert und mit 4 Längsreihen von je 3 großen runden Tuberkeln. Analsegment mit 6 runden Lappen (sonstige Angaben?). Sternite sehr schmal. Männchen unbekannt.

Haiti.

Typus und einzige Art: *P. crenellatus* Loomis.

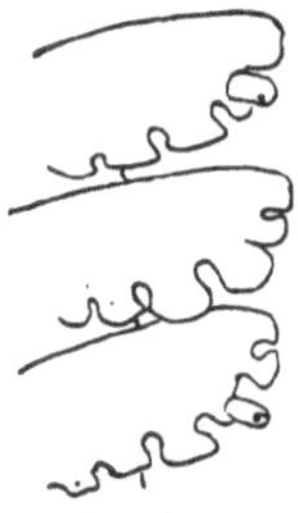

Fig. 469. **Penteporus crenellatus** Loomis. Seitenflügel der Segmente 5—7 (Loomis, 1936).

1. **P. crenellatus** Loomis 1936 *P. c.*, Loomis in: Bull. Mus. Harvard, *v.* 80 p. 181 f. 74.

Metazoniten hellbraun, Prozoniten, Analklappen und Schuppe, Beine und Antennen weiß, Seitenrand der Segmente 2—16 außer dem 5. 3lappig, 5. 2lappig, vom 17. an 4lappig. Auf den porentragenden Segmenten wird der letzte Lappen beinahe ganz durch den Porenfortsatz ersetzt. Hinterrand der Seitenflügel 2—19 mit 3 durch tiefe Einschnitte getrennten Lappen (Fig. 469). Lappen fein, Rückenmitte grob granuliert.

Haiti: Fond des Negre.

80. Gen. **Styraxodesmus** Chamb.

1918 *S.*, Chamberlin in: Bull. Mus. Harvard, *v.* 62 p. 222.

Segmentzahl? Poren auf den Segmenten 5, 10, 13, 16. Analsegment von 2 großen, paramedianen Fortsätzen des 19. Segments bedeckt. Vorderrand des Halsschildes in der Mitte ausgerandet, 10lappig, mit Radialfurchen. Seitenflügel abfallend, lateral seicht zweilappig. Metazoniten fein granuliert mit 2 paramedianen Längsreihen, auf den vorderen 4 Segmenten 2, auf den folgenden Segmenten 3 Tuberkeln. Rücken stark gewölbt. Männchen unbekannt, mit Ausnahme der ungewöhnlichen Porenformel ganz ungenügende Diagnose.

Haiti.

1 Art.

1. **S. furcatus** Chamb. 1918 *S. f.*, Chamberlin in: Bull. Mus. Harvard, *v.* 62 p. 222.

Bräunlich. Länge 4 mm.

Haiti: Jacmel.

81. Gen. **Prosthenurodesmus** Silv.

1927 *P.*, Silvestri in: Boll. Labor. Zool. Portici, *v.* 20 p. 321.

♀ 20 Segmente. Poren auf den Segmenten 5, 7, 9, 10, 12, 13, 15—19, auf einer kleinen Tuberkel am Hinterende der winzigen Seitenflügel. Kopf nicht vom Halsschild bedeckt, granuliert, mit tiefen Antennengruben, 3 Labralzähnen; Clypeus seitlich wulstig vorgewölbt. 5. Antennenglied länger und dicker als das 6. Halsschild fächerförmig, fein granuliert mit Querreihen von Börstchen und mit winzigen Papillen. Seitenflügel sehr klein, unter der Mitte der Seiten angesetzt, so schmal, daß die Ringe im Querschnitt fast kreisrund erscheinen, seitlich schwach gezackt, mit einem winzigen Börstchen auf den Zacken. Seiten des 2. Segments nach vorn bis zur Mitte des Halsschildes vorragend. Metazoniten dicht fein granuliert, mit 3 Querreihen sehr kurzer Borsten und mit winzigen Papillen. Am Hinterrand der Metazoniten kurze, fein gezähnelte Plättchen. Analsegment dick-konisch, nicht bedeckt, die Terminalborsten ventral ganz nahe dem Hinterende. Sternite schmal. Praefemur der kurzen Beine merklich länger als das Femur. Männchen unbekannt.

Westafrika.

Typus und einzige Art: *P. pusillus* Silv.

1. **P. pusillus** Silv. 1927 *P. p.*, Silvestri in: Boll. Labor. Zool. Portici, *v.* 20 p. 322 f. XXIV.

Gelblichweiß, Bauch blasser. Länge 3,7 mm. Breite der Metazoniten 0,42 mm, der Prozoniten 0,35 mm.

Victoria, Kamerun.

82. Gen. **Cryptocephalopus** Verh.

1937 *C.*, K. W. Verhoeff in: Zool. Anz., *v.* 120 p. 314.

20 Segmente, Poren auf den Segmenten 5, 7, 9, 10, 13, 16. Halsschild und Tergite mit 2 Buckelreihen. Seitenflügel breit, die Ränder vom 8. Segment an glatt, nur auf den vorderen Segmenten der Seitenrand etwas gelappt. Gonopodencoxit rundlich, viereckig, schüsselartig. Praefemur beborstet und äußerst kurz, das Telopodit gabelt sich in einen breiten „Innenast“ mit der Samenrinne und einen langen fadendünnen Tibiotarsus. Am Ende des Innenastes ein dünner Stabfortsatz; es konnte nicht festgestellt werden, ob die Samenrinne sich auf diesen Stab fortsetzt. Die lange dünne Geißel des Tibiotarsus ist am Ende uhrfederartig eingekrümmt. Bei den Gonomastinae kommt eine ähnliche lange dünne Geißel vor, die aber ein Rinnenast ist, hier dagegen ist sie, wenn die Angaben richtig sind, etwas ganz anderes.

Ceylon.

Typus und einzige Art: *C. jonesii* Verh.

1. **C. jonesii** Verh. 1937 *C. j.*, K. W. Verhoeff in: Zool. Anz., *v.* 120 p. 314 f. 1—3.

Länge ♂ ♀ 4 mm. Graugelblich. Die Metazoniten mit feinem Gerinnsel bedeckt, Seitenflügel so lang wie breit, der Wölbung des Rückens folgend, der Seitenrand des 2—6. Segments durch 1 oder 2 Kerben etwas gelappt, vom 8. an glatt. Die 2 paramedianen hintersten Höcker der Segmente 18 und 19 sind die größten und reichen hinten über den Hinterrand ihrer Segmente hinaus. Über die Beschaffenheit des Analsegments keine Angaben.

Ceylon: Colombo.

C. Subfam. **Gonomastinae** nov.

Der Rinnenast ist zu einem ungemein langen, dünnen, gewundenen und gerollten Faden geworden, in dessen Ende oder Anfang die Samenrinne mündet.

2 Gattungen mit 2 Arten.

Übersicht über die Gattungen:

1	Männchen und Weibchen mit 19 Segmenten. Poren auf den Segmenten 5, 7—17 auf kleinen Zylindern. Seitenflügel fehlen ganz. Metazoniten mit einem dichten Filz kleiner Stifte	83. Gen. **Gonomastis**
	Männchen und Weibchen mit 20 Segmenten. Poren auf den Segmenten 5, 7, 9, 10, 12, 13, 15, 16, auf einem durchscheinenden Zäpfchen am Seitenrand. Seitenflügel vorhanden, tief angesetzt, abwärts geneigt. Metazoniten ohne Stiftchen	84. Gen. **Lophoscytus**

83. Gen. **Gonomastis** Att.

1930 *G.*, Attems in: Arch. Hydrobiol., Suppl. *v.* 8 p. 136.

♂ und ♀ mit 19 Segmenten. Poren auf den Segmenten 5, 7—17 auf kleinen Zylindern. Seitenflügel fehlen ganz, Metazoniten im Querschnitt kreisrund, ihr Durchmesser größer als der der Prozoniten. Kopf vom Halsschild bedeckt, mit einem granulierten und beborsteten Höcker vor jeder Antennenbasis, auf der Stirn keine Höcker, seitlich tiefe Gruben für die Antennen. Antennen keulig, 5. und 6. Glied in der Dicke und Länge nicht sehr ver-

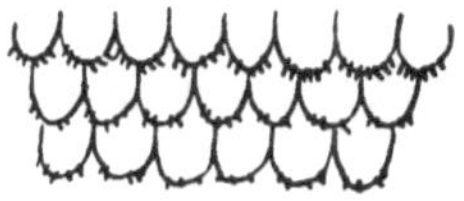

Fig. 470.
Gonomastis parvula Att. Skulptur des Prozonit.

schieden, Sinneszapfen des 5. Gliedes frei stehend, die des 6. in einer durch eine Lamelle verdeckten Grube. Halsschild groß, so wie die Metazoniten mit Querreihen von Borsten, die in Grübchen stehen und deren Basis von einem Kranz winziger Börstchen umgeben ist (Fig. 472). Metazoniten mit undeutlicher Granulierung und einem Filz winziger Stäbchen, Prozoniten mit Pflasterstruktur (Fig. 470). Analsegment im rechten Winkel zur Körperlängsachse ventral gerichtet, der Ringteil dick kegelig mit den gewöhnlichen 4 Terminalborsten. Sternite quadratisch, die Beine sehr nahe beieinander inseriert. Gonopoden: Hüfte nicht halbkugelig aufgeblasen, sondern lateral nur schwach gewölbt und so weit vorragend, daß das Telopodit auf ihrer Medialseite inseriert ist, beide Hüften zusammenhängend, Hüfthörnchen normal. Femur kurz, länglich, beborstet, mit tiefer scharfrandiger Grube, trägt 2 Äste, von denen der eine eine ungemein lange und dünne Geißel ist, in dem die Samenrinne bis zu seinem Ende verläuft.

Sumatra.

Typus und einzige Art: *G. parvula* Att.

1. **G. parvula** Att. 1930 *G. p.*, Attems in: Arch. Hydrobiol., Suppl. *v.* 8 p. 137 f. 21—31.

Licht bräunlichgelb. Länge 4,5 mm, Breite des Halsschildes 0,55 mm, der Körpermitte 0,47 mm. Kopf zerstreut kurz beborstet, Scheitel dicht granuliert. Halsschild mit 4 Querreihen von 8, 8, 6, 6 Borsten, die von einem Kranz winziger Börstchen umgeben sind; am Hinterrand 12 einfache Borsten und mit einer dichtgedrängten Reihe winziger Börstchen, Metazoniten mit 3 Querreihen stumpfer Börstchen, die in den Gruben stehen und deren Basis von einem Kranz winziger Börstchen umgeben ist (Fig. 472), die Borsten der dritten Reihe haben am Ende eine Scheibe (Fig. 471), die der anderen Reihen sind einfach

Fig. 471.
Gonomastis parvula Att.
Borsten der 3. Reihe des Metazonit.

Fig. 472.
Gonomastis parvula Att.
Borsten der 1. und 2. Reihe des Metazonit.

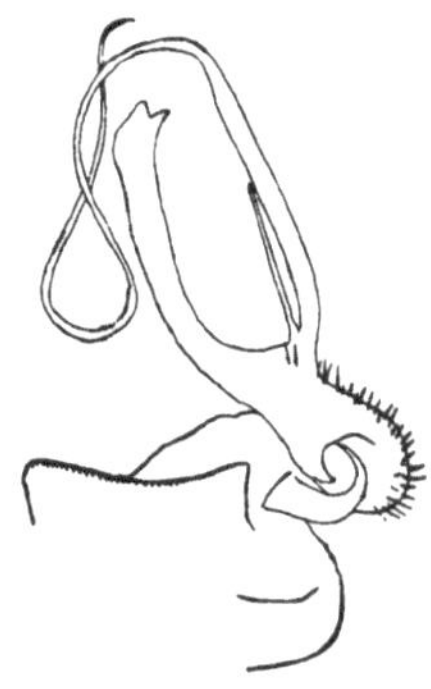

Fig. 473.
Gonomastis parvula Att.
Gonopode.

zugespitzt. Prozoniten auffallend grob gepflastert. Gonopoden (Fig 473): Hüfte lateral teilweise granuliert und mit einigen Borsten besetzt. Die beiden Endäste des Telopodit sind transversal, gegen das Praefemur nicht abgegliedert, der eine ist kürzer, dicker und am Ende kurz 2spitzig, vermutlich ein Tibiotarsus, der andere, der Rinnenast, eine sehr lange, mehrfach gebogene und gewundene, haarfein auslaufende Geißel, an deren Grund ein sehr dünner, ganz gerader Spieß sitzt. Die Samenrinne verläuft bis zum Ende des Rinnenastes.

Sumatra: Höhle Pauh bei Fort de Kock (Durianhöhle).

84. Gen. **Lophoscytus** Att.

1914 *L.*, Attems in: Arch. Naturg., *v.* 80 A 4 p. 174, 177 | 1926 *L.*, Attems in: Kükenthal & Krumbach, Handb. Zool., *v.* 4 p. 137.

♂♀ 20 Segmente. Poren auf den Segmenten 5, 7, 9, 10, 12, 13, 15, 16 auf einem durchscheinenden Zäpfchen des Seitenrandes (auf den Segmenten 17—19 in der Fläche?). Kopf ganz vom Halsschild bedeckt, Stirn und Scheitel dicht granuliert. Halsschild vorn rund gelappt, auf der Fläche mit groben Tuberkeln. Seitenflügel tief angesetzt, abwärts geneigt, seitlich rundlappig. Metazoniten mit Querreihen von Tuberkeln, von denen 4 Längsreihen von je 3 hintereinander stehenden Tuberkeln vergrößert sind und mehr oder weniger zusammenfließen. Oberfläche der Metazoniten ohne Papillen und Borsten. Analsegment ganz von den vergrößerten Tuberkeln des 19. Segments bedeckt. Gonopodenhüfte lateral halbkugelig, medial konkav, Telopodit mit sehr langem, dünnem, vielfach gewundenem Tibialfortsatz, in den die Samenrinne eintritt, in dem sie jedoch nur eine kurze Strecke verläuft.

Java.

Typus und einzige Art: *L. lobulatus* (Att.).

1. **L. lobulatus** (Att.) 1907 *Lophodesmus l.*, Attems in: Mt. Mus. Hamburg, *v.* 24 p. 118 f. XXXII, XXXIII, t. 2 f. 36—43 | 1914 *Lophoscytus l.*, Attems in: Arch. Naturg., *v.* 80 A 4 p. 177.

Bernsteinfarben, Metazoniten durch relativ großkörniges dunkles Pigment dunkel rußbraun bis schwarzbraun; dorsal fließen die Pigmentkörnchen zusammen, ventral sind sie einzeln unterscheidbar. Länge 7 mm. Breite der Metazoniten 1 mm, der Prozoniten 0,6 mm. Antennen kurz, am Ende kolbig verdickt. Vorderrand des Halsschildes mit 10 runden Lappen, die Fläche mit 2 Querreihen grober Tuberkeln. Rücken stark gewölbt, Metazoniten ohne Papillen oder Borsten. Seitenrand der dickwulstigen Seitenflügel 2—3lappig; das Porenläppchen ragt zwischen 2. und 3. Lappen vor (Fig. 474). Analsegment ganz von den hintersten stark vergrößerten paramedianen Tuberkeln des 19. Segments bedeckt, die mittleren und vorderen Tuberkeln der paramedianen Reihe sind klein. Das Schwänzchen mit 4 Terminalborsten liegt ventral. Analschuppe querelliptisch, viel breiter als lang. Beine kurz, einander in der Mediane sehr genähert, Sternit sehr schmal. Gonopodenhüfte lateral halbkugelig, teilweise spitz granuliert, mit einem Zacken endigend, medial konkav. Femur kurz, lang beborstet, ohne Fortsatz; Tibia mit sehr langem, federförmigem, vielfach gewundenem Fortsatz, in den die Samenrinne eintritt, den sie jedoch nach kurzem Verlaufe wieder verläßt. Es ist ein deutlich abgesetztes Tibiotarsalstück *(T)* vorhanden, das in der Grundhälfte ziemlich dick ist, dann im rechten Winkel umbiegt und schlank wird (Fig. 475).

Fig. 474.
Lophoscytus lobulatus (Att.).
Seitenflügel des 7. Segments.

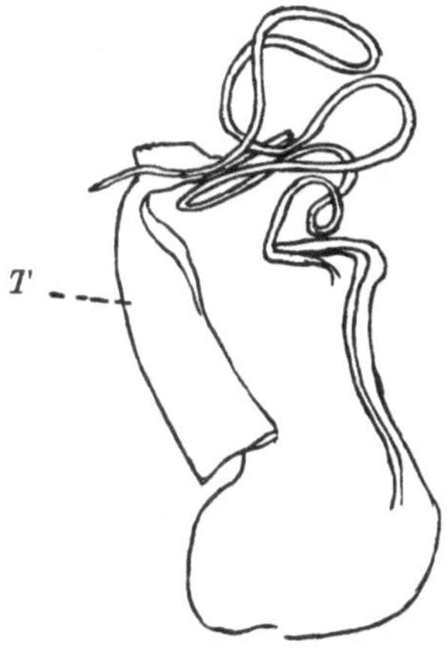

Fig. 475.
Lophoscytus lobulatus (Att.).
Gonopode.

Java: Buitenzorg, Tjompea.

Unsichere Gattungen:

Aipotropus Chamb.

1920 *A.*, Chamberlin in: Bull. Mus. Harvard, *v.* 64 p. 147.
4 Arten.
Typus: *A. atopus* Chamb.

A. atopus Chamb. 1920 *A. a.*, Chamberlin in: Bull. Mus. Harward, *v.* 64 p. 147.
Fidschi-Inseln: Lomati.

A. insignis Chamb. 1920 *A. i.*, Chamberlin in: Bull. Mus. Harward, *v.* 64 p. 149.
Fidschi-Inseln: Nadarivatu und Vanua Ava.

A. varians Chamb. 1920 *A. v.*, Chamberlin in: Bull. Mus. Harvard, *v.* 64 p. 149.
Fidschi-Inseln: Munia.

A. lasemanus Chamb. 1920 *A. l.*, Chamberlin in: Bull. Mus. Harward, *v.* 64 p. 150.
Fidschi-Inseln: Lasema.

Choridesmus O. F. Cook

1896 *C.*, O. F. Cook in: Amer. Natural., *v.* 30 p. 418.

C. citus O. F. Cook 1896 *C. c.*, O. F. Cook in: Amer. Natural., *v.* 30 p. 418 | 1896 *C. c.*, O. F. Cook in: P. Ac. Philad., p. 261.
Togo, Liberia.

Chytodesmus O. F. Cook

1896 *C.*, O. F. Cook, Brandtia, nr. 5 p. 20 | 1899 *C.*, Attems in: Denk. Ak. Wien, *v.* 68 p. 369 | 1911 *C.*, O. F. Cook in: P. U. S. Mus., *v.* 40 p. 461.

C. laqueatus (Karsch) 1880 *Cryptodesmus l.*, F. Karsch in: Mt. Münch. ent. Ver., *v.* 4 p. 142 | 1894 *C. l.*, Pocock in: J. Linn. Soc. London, *v.* 24 p. 509 | 1896 *Chytodesmus l.*, O. F. Cook, Brandtia, nr. 5 p. 20 | 1899 *C. l.*, Attems in: Denk. Ak. Wien, *v.* 68 p. 370.
Cuba.

Comodesmus O. F. Cook

1896 *C.*, O. F. Cook in: Amer. Natural., *v.* 30 p. 415 | 1896 *C.*, O. F. Cook, Brandtia, nr. 5 p. 25 | 1899 *C.*, Attems in: Denk. Ak. Wien, *v.* 68 p. 357.

Körper klein, fast zylindrisch, Poren auf den Segmenten 5, 7, 9, 12, 15, 17, 18 im vorderen Teil der Metazoniten. Rücken mit kegelförmigen, borstentragenden Körnchen besetzt, was ihm ein wolliges Aussehen gibt. Analsegment kaum über die Analklappen vorragend, am Ende abgerundet. Halsschild schmäler als das 2. Segment, von dessen Seitenflügeln es eingeschlossen ist, bedeckt den Kopf nicht.

1 Art:

C. lanatus O. F. Cook 1896 *C. l.*, O. F. Cook in: P. Ac. Philad., p. 258.
Liberia.

Compsodesmus O. F. Cook

1896 *C.*, O. F. Cook in: Amer. Natural., *v.* 30 p. 417 | 1896 *C.*, O. F. Cook, Brandtia, nr. 5 p. 21.

C. perlatus O. F. Cook 1896 *C. p.*, O. F. Cook, Brandtia, nr. 5 p. 22 | 1896 *C. p.*, O. F. Cook in: P. Ac. Philad., p. 264.
Kamerun: Jaunde Station.

C. limacinus O. F. Cook 1896 *C. l.*, O. F. Cook, Brandtia, nr. 5 p. 22.
Kamerun: Jaunde Station.

C. cupulifer O. F. Cook 1896 *C. c.*, O. F. Cook, Brandtia, nr. 5 p. 22.
Kamerun: Barombi Station.

C. spinatus O. F. Cook 1896 *C. s.*, O. F. Cook, Brandtia, nr. 5 p. 22.
Kamerun: Barombi Station.

C. kuako O. F. Cook 1896 *C. K.*, O. F. Cook, Brandtia, nr. 5 p. 22.
Kongo, Kuako bis Kimpoko.

C. pulcher O. F. Cook 1896 *C. p.*, O. F. Cook in: P. Ac. Philad., p. 261.
Liberia.

Cryptodesmoides Poc.

1895 *C.*, Pocock in: Ann. Mus. Genova, *v.* 34 p. 790 | 1896 *C.*, O. F. Cook, Brandtia, nr. 5 p. 24.

Poren auf den Segmenten 5, 7, 9, 10, 12, 13, 15—18, in der hinteren Hälfte des Seitenflügels, vom Seiten- und Hinterrand gleich weit entfernt. (Die Zeichnung zeigt den Porus nahe dem Seitenrand.) Kopf vom Halsschild bedeckt, Antennen lang. Beine kurz. Männchen unbekannt.

1 Art:

C. feae Poc. 1895 *C. f.*, Pocock in: Ann. Mus. Genova, *v.* 34 p. 790 f. 1.
Burma: Palon in Pegu.

Cynedesmus O. F. Cook

1896 *C.*, O. F. Cook in: Amer. Natural., *v.* 30 p. 419 | 1896 *C.*, O. F. Cook, Brandtia, nr. 5 p. 25.
Typus: *C. ornamentatus* (Karsch).
4 Arten.

C. ornamentatus (Karsch) 1881 *Cryptodesmus o.*, F. Karsch in: Mt. Münch. ent. Ver., *v.* 4 p. 142 | 1894 *C. o.*, Pocock in: J. Linn. Soc. London, *v.* 24 p. 509 | 1896 *Cynedesmus o.*, O. F. Cook, Brandtia, nr. 5 p. 25.
Cuba.

C. formicola O. F. Cook 1896 *C. f.*, O. F. Cook in: P. Ac. Philad., p. 267.
Grand Canary.

C. simplex Loomis 1934 *C. s.*, Loomis in: Smithson. Collect., *v.* 89 p. 58 f. 29.
Niederl. Guayana: Paramaribo.

C. varilobatus Loomis 1936 *C. v.*, Loomis in: Bull. Mus. Harvard, *v.* 80 p. 184 f. 75.
Haiti: Petit Grave-Leogane. Diquini.

Discodesmus O. F. Cook

1896 *D.*, O. F. Cook in: Amer. Natural., *v.* 30 p. 415.

D. senex O. F. Cook 1896 *D. s.*, O. F. Cook in: P. Ac. Philad., p. 258.
Liberia.

Docodesmus O. F. Cook

1896 *D.*, O. F. Cook, Brandtia, nr. 5 p. 20 | 1911 *D.*, O. F. Cook in: P. U. S. Mus., *v.* 40 p. 461.
9 Arten.
Typus: *D. vincentii* (Poc.).

D. vincentii (Poc.) 1894 *Cryptodesmus v.*, Pocock in: J. Linn. Soc. London, *v.* 24 p. 510 t. 39 f. 2 | 1894 *Aporodesmus v.*, Pocock in: Ann. Mus. Genova, *v.* 34 p. 789 | 1896 *Docodesmus v.*, O. F. Cook, Brandtia, nr. 5 p. 20 | 1899 *Aporodesmus v.*, Attems in: Denk. Ak. Wien, *v.* 68 p. 372.
St. Vincent.

D. cubensis Loomis 1937 *D. c.*, Loomis in: Bull. Mus. Harvard, *v.* 80 p. 225.
Cuba.

D. grenadae Chamb. 1918 *D. g.*, Chamberlin in: Bull. Mus. Harvard, *v.* 62 p. 218.
Grenada.

D. haitiensis Chamb. 1918 *D. h.*, Chamberlin in: Bull. Mus. Harvard, *v.* 62 p. 216 | 1936 *D. h.*, Loomis, ibid., *v.* 80 p. 162.
Haiti.

D. parvior Chamb. 1918 *D. p.*, Chamberlin in: Bull. Mus. Harvard, *v.* 62 p. 218.
Haiti.

D. robustus Loomis 1934 *D. r.*, Loomis in: Smithson. Collect., *v.* 89 nr. 14 p. 47 tf. 24 t. 4 f. 3.
Kings Bay Tobago.

D. sculpturatus Loomis 1934 *D. s.*, Loomis in: Smithson. Collect., *v.* 89 nr. 14 p. 45 f. 22.
Bahamas Islands.

D. semiseptus Loomis 1936 *D. s.*, Loomis in: Bull. Mus. Harvard, *v.* 80 p. 163 f. 69.
Haiti.

D. trinidadensis Chamb. 1918 *D. t.*, Chamberliu in: Bull. Mus. Harvard, *v.* 62 p. 219 | 1934 *D. t.*, Loomis in: Smithson. Collect., *v.* 89 nr. 14 p. 46 f. 23.
Trinidad.

Dominicodesmus Chamb.

1923 *D.*, Chamberlin in: P. biol. Soc. Washington, *v.* 36 p. 189.

D. geophilus Chamb. 1923 *D. g.*, Chamberlin in: P. biol. Soc. Washington, *v.* 36 p. 189.
Puerto Plata D. R. (in Philadelphia in Palmenerde gefangen).

Enantigonodesmus Silv.

1898 *E.*, Silvestri in: An. Mus. Buenos Aires, *v.* 6 p. 62 | 1899 *E.*, Attems in: Denk. Ak. Wien, *v.* 68 p. 374.

19 Segmente. Poren auf den Segmenten 5, 7, 9, 10, 12, 13, 15—18, zwischen 3. und 4. Lappen. Kopf vom Halsschild bedeckt. Porentragende Seitenflügel 4lappig, porenlose 3lappig.

E. planus Silv. 1898 *E. p.*, Silvestri in: An. Mus. Buenos Aires, *v.* 6 p. 62.
Venezuela: Rio Catuche.

Euporodesmus Chamb.

1920 *E.*, Chamberlin in: Bull. Mus. Harvard, *v.* 64 p. 157.

20 Segmente. Poren auf den Segmenten 5, 7, 9, 10, 12, 13, 15—19, auf kurzen Kegeln am medialen Ende der Furche, die den hintersten Seitenrandlappen vom vorletzten trennt, vom Seitenrand entfernt. Kopf ganz vom Halsschild bedeckt. Antennen mäßig lang und schlank, keulig, das 3. und 6. Glied am längsten. 5. Glied kürzer als das 6. Halsschild vorn ganzrandig mit 11 Radialfurchen. Seitenflügel breit, horizontal, seitlich und vorn ganzrandig mit Radialfurchen. Metazoniten mit 2—3 Querreihen großer flacher Beulen. Analsegment breit 3eckig, frei. Männchen nicht beschrieben.

1 Art.

E. solitarius Chamb. 1920 *E. s.*, Chamberlin in: Bull. Mus. Harward, *v.* 64 p. 157 (ohne Abbildung).

Rücken und Seiten dunkelbraun, Bauch rotbraun. ♀ Länge 9,5 mm, Breite 1,75 mm. Tergite des 2. und 3. Segments mit 2, die anderen mit 3 Querreihen von Beulen. Die porenlosen Seitenflügel sind seitlich in 3, die porentragenden in 4 Felder geteilt. Hintereck des 2. Seitenflügels rechtwinklig, die folgenden immer mehr zackig; Hinterrand nur des 19. Seitenflügels mehrzähnig. Analsegment mit 2 Querreihen borstentragender Tuberkeln, Analschuppe flachbogig mit 2 Borstenwarzen.
Fidschi-Inseln: Nadarivatu.

Gypsodesmus O. F. Cook

1896 *G.*, O. F. Cook in: Amer. Natural., *v.* 30 p. 417 (ohne jede Diagnose).

G. pruinosus O. F. Cook 1896 *G. p.*, O. F. Cook in: P. Ac. Philad., p. 261.
Liberia.

Lampodesmus O. F. Cook

1896 *L.*, O. F. Cook in: Amer. Natural., *v.* 30 p. 417.

Sternit des 6. Segments mit 2 ausgehöhlten, beborsteten Fortsätzen.

L. volvatus O. F. Cook 1896 *L. v.*, O. F. Cook in: P. Ac. Philad., p. 261.
Liberia.

Myxodesmus O. F. Cook

1896 *M.*, O. F. Cook, Brandtia, nr. 5 p. 25 (ohne jede Diagnose).

M. lobatus O. F. Cook 1896 *M. l.*, O. F. Cook in: P. Ac. Philad., p. 267.
West-Java.

Napodesmus O. F. Cook

1896 *N.*, O. F. Cook in: P. Ac. Philad., p. 265.

N. costatus O. F. Cook 1896 *N. c.,* O. F. Cook in: P. Ac. Philad., p. 265.
Liberia.

Pelodesmus O. F. Cook

1896 *P.,* O. F. Cook in: P. Ac. Philad., p. 266.

P. fossor O. F. Cook 1896 *P. f.,* O. F. Cook in: P. Ac. Philad., p. 266.
Sierra Leone: Freetown.

Plusiogonodesmus Silv.

1899 *P.,* Silvestri in: Termész. Füzetek, *v.* 22 p. 208.

Nur die 9 vorderen Segmente eines Männchens beschrieben, ohne irgendwelche charakteristische Angaben.

P. felix Silv. 1899 *P. f.,* Silvestri in: Termész. Füzetek, *v.* 22 p. 209 t. 11 f. 22—25, t. 12 f. 26.
Insel Tamara bei Neu-Guinea.

Pilochilus Chamb.

1920 *P.,* Chamberlin in: Bull. Mus. Harvard, *v.* 64 p. 151.

2 Arten.

Typus: *P. cynephor* Chamb.

P. cynephor Chamb. 1920 *P. c.,* Chamberlin in: Bull. Mus. Harward, *v.* 64 p. 151.
Fidschi-Inseln: Nadarivatu und Nasogo.

P. pallidior Chamb. 1920 *P. p.,* Chamberlin in: Bull. Mus. Harvard, *v.* 64 p. 153.
Fidschi-Inseln: Nadarivatu.

Pocodesmus O. F. Cook

1896 *P.,* O. F. Cook, Brandtia, nr. 5 p. 23.

„Körper behaart, Antennen kurz dick, Analschuppe mit 3 Tuberkeln."

P. greeni (Poc.) 1892 *Cryptodesmus g.,* Pocock in: J. Bombay Soc., *v.* 7 p. 154 t. 10 f. 3.
Ceylon: Punduloya.

Pronodesmus O. F. Cook

1896 *P.,* O. F. Cook, Brandtia, nr. 5 p. 25 (ohne Diagnose).

P. melas O. F. Cook 1896 *P. m.,* O. F. Cook in: P. Ac. Philad., p. 266.
West Java: Gede.

Psochodesmus O. F. Cook

1896 *P.,* O. F. Cook, Brandtia, nr. 5 p. 25.

Poren auf den Segmenten 5, 7, 9, 10, 12, 13, 15 (sonst keine Angaben).

P. crescentis O. F. Cook 1896 *P. c.,* O. F. Cook, Brandtia, nr. 5 p. 25.
Florida: Crescent City.

Tanydesmus O. F. Cook

1896 *T.,* O. F. Cook, Brandtia, nr. 5 p. 23 (ohne Diagnose).

T. ordinatus O. F. Cook 1896 *T. o.,* O. F. Cook in: P. Ac. Philad., p. 264.
Togo Kolonie.

Tridesmus O. F. Cook

1896 *T.,* O. F. Cook, Brandtia, nr. 5 p. 21 | 1911 *T.,* O. F. Cook in: P. U. S. Mus., *v.* 40 p. 461.

T. sectilis O. F. Cook 1896 *T. s.,* O. F. Cook, Brandtia, nr. 5 p. 21.
Porto Rico.

T. cognatus Silv. 1898 *T. c.,* Silvestri in: An. Mus. Buenos Aires, *v.* 6 p. 63.
Venezuela: Caracas, Dos Caminos.

T. ortonedae Silv. 1898 *T. o.,* Silvestri in: An. Mus. Buenos Aires, *v.* 6 p. 63. Ecuador: Guayaquil.

T. portoricensis Silv. 1908 *T. p.,* Silvestri in: Bull. Amer. Mus., *v.* 24 p. 577. Porto Rico, Utuado.

T. serratus Silv. 1898 *T. s.,* Silvestri in: Ann. Mus. Buenos Aires, *v.* 6 p. 63. Venezuela, Caracas.

Schedypodesmus Silv.

1898 *S.,* Silvestri in: An. Mus. Buenos Aires, *v.* 6 p. 61.

19 Segmente. Poren auf den Segmenten 5, 7, 9, 10, 12, 13—15 auf der Seite des 2. Seitenlappens der Seitenflügel. Kopf nicht ganz vom Halsschild bedeckt. Rücken stark gewölbt. Alle Tergite mit 3 Querreihen von Körnchen und 2 seitlichen Längsreihen von größeren Tuberkeln. Analsegment kurz, abgerundet.

1 Art.

S. convexus Silv. 1898 *S. c.,* Silvestri in: An. Mus. Buenos Aires, *v.* 6 p. 61.

Blaß erdfarben mit spärlichen rötlichen Flecken. Länge 4 mm, Breite 0,6 mm. Scheitelfurche tief, Antennen kurz. Das 5. Glied das dickste. Halsschild vorn 6lappig. Prozoniten sehr fein granuliert. Porenlose Seitenflügel seicht 3lappig, porentragende tief 2lappig. Analschuppe halbelliptisch mit großen Borstenwarzen.

Las Trincheras.

Stictodesmus O. F. Cook

1896 *S.,* O. F. Cook, Brandtia, nr. 5 p. 20 | 1911 *S.,* O. F. Cook in: P. U. S. Mus., *v.* 40 p. 461.

19 Segmente. Poren groß, vor dem Einschnitt zwischen letztem und vorletztem Seitenlappen nahe dem Hintereck auf einer kleinen Tuberkel gelegen, ihre Verteilung unbekannt, wahrscheinlich normal. Kopf nicht ganz vom Halsschild bedeckt, Antennen keulig. Halsschild fast symmetrisch querelliptisch, schmäler als das 2. Segment. Seitenflügel halb so breit wie der zylindrische Teil des Rumpfes, also schmal, in der Mitte des Hinterrandes tief eingeschnitten, seitlich rund gelappt. Metazoniten in der Mediane mit flachen Beulen, die übrige Skulptur undeutlich. Analsegment kegelig, frei.

Kolumbien.

2 Arten, wegen der unzulänglichen Beschreibungen nicht sicher unterscheidbar.

Typus: *S. creper* O. F. Cook.

S. creper O. F. Cook 1896 *S. c.,* O. F. Cook, Brandtia, nr. 5 p. 20 | 1911 *S. c.,* O. F. Cook in: P. U. S. Mus., *v.* 40 p. 461 f. 5, 6.

Länge 4,2 mm, Breite 0,8 mm. Seitenrand der porentragenden Seitenflügel seicht 4 lappig, der porenlosen 3lappig.

Kolumbien: Bogotá.

S. laetus Silv. 1898 *S. l.,* Silvestri in: An. Mus. Buenos Aires, *v.* 6 p. 61.

Rötlich. ♀ Länge 5 mm, Breite 1 mm. Vorderrand des Halsschildes seicht 10lappig. Am Hinterrand der Metazoniten eine Querreihe von 4 rechteckigen Tuberkeln. Seitenflügel klein, ihr Vorderrand gerade, Hinterrand mit kleinem Einschnitt, die porentragenden seitlich 4lappig, die porenlosen 3lappig, jeder Lappen mit einer Borste.

La Moka.

In keine Gattung lassen sich folgende unkenntliche Beschreibungen einreihen:

1841 *Polydesmus Olfersii,* J. F. Brandt, Recu. Mém., p. 129 | 1864 *P. (Cryptodesmus) O.,* Peters in: Monber. Ak. Berlin, p. 621 | 1896 *Cryptodesmus o.,* O. F. Cook, Brandtia, nr. 5 p. 19 [von O. F. Cook zum Typus der Gattung *Cryptodesmus* gemacht].

1892 *Cryptodesmus ceylonicus,* Pocock in: J. Bombay Soc., *v.* 7 p. 153 t. X f. 2. Ceylon: Punduloya.

1895 *Cryptodesmus balzanii,* Silvestri in: Ann. Mus. Genova, *v.* 34 p. 773 f. 6. Paraguay: Rio Apa.

1912 *Cryptodesmus triseriatus,* J. Carl in: Rev. Suisse Zool., *v.* 20 p. 154. Nord Celebes: Soputan.

9. Fam. **Oniscodesmidae** Sauss.

1860 *Oniscodesmides,* Saussure in: Mém. Soc. Genève, *v.* 15 p. 272 | 1872 Trib. *Sphaeriodesmiens,* Saussure & A. Humbert in: Miss. Mex., *v.* 6 II Myr. p. 20 | 1884 Subfam. *Sphaeriodesminae,* Latzel, Myr. Österr.-Ung., *v.* 2 p. 127 | 1893 *S.,* Bollmann in: Bull. U. S. Mus., *v.* 46 p. 159 | 1896 Fam. *Sphaeriodesmidae + Cyclodesmidae,* Silvestri in: Ann. Mus. Genova, *v.* 36 p. 185, 186 | 1916 *Oniscodesmidae,* Brölemann in: Ann. Soc. ent. France, *v.* 84 p. 559.

Körper in hervorragendem Maße zum Zusammenkugeln eingerichtet, indem der ventrale Teil des Prozonit sehr verkürzt ist, die vorderen Segmente nach unten gerichtet und die Seitenflügel lateral zu meist verschmälert sind und mit ihren Rändern ähnlich wie bei den Glomeriden teilweise sich decken, wenn der Körper zusammengerollt wird. Das 2. oder ein oder zwei der auf das 2. folgenden Segmente haben vergrößerte Seitenflügel, die das Kopfende seitlich umgreifen können. Die letzten Segmente bilden zusammen mit dem breiten Analsegment oft eine Art Pygidium. Wegen der Spärlichkeit des Materials eine noch sehr unvollkommen bekannte Familie. Die Gonopoden sind erst von wenigen Arten genau bekannt, so daß sich schwer etwas allgemeines sagen läßt. Es scheint, daß es Gattungen gibt, bei denen die breiten halbkugeligen Hüften median durch Fortsätze in längerer Naht verbunden sind und solche, bei denen die Hüften nur lose zusammenhängen. Segmentzahl meist 20, selten 19.

Zentral-, Süd- und Nordamerika, Antillen, Seychellen, Sundaarchipel. Malayische Halbinsel.

2 Subfamilien mit 18 sicheren und 6 unsicheren Gattungen, 68 sicheren und 13 unsicheren Arten.

A. Subfam. **Oniscodesminae** Sauss.

1860 *Oniscodesmidae,* Saussure in: Mém. Soc. Genève, *v.* 15 p. 272 | 1896 *O. + Cyrtodesmidae,* O. F. Cook, Brandtia, nr. 2 p. 7, nr. 5 p. 28 | 1896 *Cyclodesmidae* (part.), Silvestri in: Ann. Mus. Genova, *v.* 36 p. 186 | 1898 *Oniscodesmidae,* Brölemann in: Ann. Soc. ent. France, *v.* 67 p. 294 | 1899 *Oniscodesminae,* Attems in: Denk. Ak. Wien, *v.* 68 p. 378 | 1899 *Cyrtodesminae,* O. F. Cook in: P. U. S. Mus., *v.* 21 p. 457 | 1909 *Oniscodesmidae (Oniscodesminae + Cyrtodesminae),* Pocock in: Biol. Centr.-Amer., Diplop. p. 113 | 1914 *O.,* Attems in: Arch. Naturg., *v.* 80 A 4 p. 179 | 1916 *Oniscodesminae,* Brölemann in: Ann. Soc. ent. France, *v.* 84 p. 560 | 1926 *Oniscodesmidae,* Attems in: Kükenthal & Krumbach, Handb. Zool., *v.* 4 p. 137.

2. Segment resp. dessen Seitenflügel vergrößert, größer als die folgenden. Hüften der Gonopoden, so weit bisher bekannt, dick, halbkugelig, durch mediane Fortsätze miteinander verbunden, die in einer längeren Naht aneinander stoßen. Analsegment klein, kegelig und vom 19. Segment mehr oder weniger bedeckt oder frei, breit bis sehr breit. Antennen verdickt, das 6. Glied kürzer als das 5.

Amerika.

9 sichere und 6 unsichere Gattungen, mit 25 sicheren und 11 unsicheren Arten.

Übersicht über die Gattungen:

1 { Die meisten Metazoniten mit einem großen Medianhorn . . . . 9. Gen. **Doratodesmus**
Metazoniten ohne solches Horn — 2 }

2 { Am Hinterrand der Metazoniten ist eine Reihe Felder oder flacher Beulen abgegrenzt (Fig. 477). Metazoniten im übrigen glatt. Seitenflügel vom 3. Segment bis zur Körpermitte lanzettförmig verschmälert und zugespitzt — 3
Die ganzen Metazoniten grob granuliert (Fig. 487). Seitenflügel auch der vorderen Segmente mehr eckig, mit Seitenrand, nicht lanzettförmig — 4

3 { Analsegment klein, kegelig, von den Seitenflügeln des 19. zum großen Teil verdeckt (Fig. 478). Gonopodentelopodit mit 2 breiten Ästen außer dem Rinnenast . . . . 1. Gen. **Oniscodesmus**
Analsegment frei zwischen den Seitenflügeln des 19. Segments sichtbar (Fig. 482), breit. Gonopoden mit einem Ast und Rinnenast . . . . . 2. Gen. **Detodesmus**

4 { Analsegment breit abgerundet, zwischen dem Lappen des 19. Segments sichtbar — 5
Analsegment kegelig, von den Seitenflügeln des 19. bedeckt — 7

5 { Am Hinterrand der Seitenflügel ein tiefer Einschnitt (Fig. 489) — 6
Am Hinterrand der Seitenflügel kein Einschnitt 3. Gen. **Trigonostylus**

6 { Metazoniten grob granuliert und mit einem dichten Filz winziger Borsten. Poren auf einer kleinen Papille gelegen . . . . 4. Gen. **Cyrtodesmus**
Metazoniten mit Tuberkeln ohne kleine Borsten. Poren in der Fläche gelegen, nicht auf einer Papille . . . . 5. Gen. **Oncodesmus**

7 { Keine Poren . . . . 6. Gen. **Crypturodesmus**
Poren vorhanden — 8

8 { Seitenrand der Seitenflügel tief 2—3lappig. Die Tuberkeln der Metazoniten tragen nur keulige Papillen aber keine Borsten . . . . 7. Gen. **Hyperothrix**
Seitenrand der Seitenflügel nur seicht gelappt. Die Rückentuberkeln tragen je eine Borste, außerdem ist der Rücken mit kleinen Papillen besetzt . . 8. Gen. **Agnurodesmus**

1. Gen. **Oniscodesmus** Gerv. & Goud.

1844 *O.*, P. Gervais & Goudot in: Ann. Soc. ent. France, ser. 2 *v.* 2 p. XXVIII | 1844 *O.*, P. Gervais in: Ann. Sci. nat., ser. 3 *v.* 2 p. 64 | 1847 *O.*, P. Gervais in: Walckenaer & Gervais, Hist. Apt., *v.* 4 p. 90 | 1896 *O.* + *Lignydesmus,* O. F. Cook, Brandtia, nr. 5 p. 28 | 1898 *O.*, Brölemann in: Ann. Soc. ent. France, *v.* 67 p. 294 | 1898 *O.* + *Lignydesmus,* O. F. Cook in: P. U. S. Mus., *v.* 21 p. 454, 456 | 1899 *O.*, Attems in: Denk. Ak. Wien. *v.* 68 p. 383 | 1914 *O.*, J. Carl in: Mém. Soc. Neuchâtel, *v.* 5 p. 961.

20 Segmente. Poren auf den Segmenten 5, 7, 9, 10, 12, 13, 15—19 ungefähr in der Mitte der Seitenflügel, weit vom Seitenrand entfernt. Antennen keulig, 5. und 6. Glied ungefähr gleich groß oder das 5. größer. 2. Segment seitlich stark verbreitert und abgerundet, am Hinterrand ebensolche Felder wie auf den anderen Tergiten. Seitenflügel der folgenden Segmente seitlich verschmälert-zugespitzt, in der hinteren Körperhälfte breiter. Alle Seitenflügel tief im Niveau des Bauches angesetzt, abschüssig. Am Hinterrand der Metazoniten sind durch eine Querfurche und Längsfurchen eine Reihe von flachen Beulen abgegrenzt; im übrigen sind die Metazoniten glatt, unbeborstet, ohne Plättchensaum. Die Seitenflügel der hinteren Körperhälfte sind immer mehr nach hinten gerichtet, bogenförmig, die des 19. Seg-

ments schließen fast ganz zusammen und verdecken das Analsegment fast ganz. Analschuppe 3eckig, mit Borstenwarzen. Sternite sehr schmal. Beine lang und schlank, Femur des 3. Beinpaares des Männchens verdickt (bei *O. fuhrmanni* und *O. rubriceps* konstatiert). Gonopodenhüfte lateral halbkugelig gewölbt, Telopodit relativ lang und schlank, Grenze zwischen Praefemur und Femur deutlich, letzteres mit schlankem Rinnenast und 2 breiteren Ästen.

Kolumbien.

Typus: *O. oniscinus* Gerv. & Goud.

4 Arten.

Übersicht über die Arten:

1	Poren in der Fläche gelegen (nicht auf Tuberkeln) — 2	
	Poren auf niedrigen Tuberkeln gelegen — 3	
2	Halsschild hinten konkav. Die weniger breiten Seitenflügel des 19. Segments schließen weniger zusammen und lassen doch einen kleinen Teil des Analsegments sehen. 2. bis 4. Antennenglied länger als die untereinander gleich großen Glieder 5 und 6	1. **O. oniscinus**
	Halsschild hinten konvex gerundet. Die breit gerundeten Seitenflügel des 19. Segments schließen hinten fast ganz zusammen, so daß vom Analsegment kaum etwas zu sehen ist. 2.—5. Antennenglied fast gleich lang, das 6. Glied viel kürzer als das 5. Glied	2. **O. micrurus**
3	Gonopodentelopodit mit deutlicher Einschnürung zwischen Femur und Tibiotarsus. Halsschild mit schwacher Skulptur	3. **O. rubriceps**
	Gonopodentelopodit nicht deutlich gegliedert, Praefemur allmählich in das Femur übergehend. Halsschild stärker skulpturiert, die Fläche durch Furchen in flache Buckeln geteilt	4. **O. fuhrmanni**

1. **O. oniscinus** Gerv. & Goud. 1844 *O. o.*, P. Gervais & Goudot in: Ann. Soc. ent. France, ser. 2 *v.* 2 p. XXVIII | 1844 *Polydesmus (Oniscodesmus) o.*, P. Gervais in: Ann. Sci. nat., ser. 3 *v.* 2 p. 64 t. 5 f. 7, 9 | 1847 *Oniscodesmus o.*, P. Gervais in: Walckenaer & Gervais, Hist. Apt., *v.* 4 p. 90 t. 44 f. 4 | 1859 *O. o.*, P. Gervais in: Laporte-Castelnau, Exp. Amér. Sud, *v.* 3 p. 4 | 1898 *O. o.*, O. F. Cook in: P. U. S. Mus., *v.* 21 p. 454 t. 29 f. 1 | 1899 *O. oniscimus*, Attems in: Denk. Ak. Wien, *v.* 68 p. 384 t. 15 f. 357—359.

Hellbraun. Länge 15 mm. Antennen spindelig-keulig, die Glieder 2—4 gleich groß, länger als die gleich großen Glieder 5 und 6. Halsschild vorn

Fig. 476.
Oniscodesmus oniscinus Gerv. & Goud. Hinterende (O. F. Cook, 1898).

geradlinig, hinten etwas konkav. Rücken gewölbt, die Seitenflügel schräg abfallend, seitlich verschmälert, von der Seite gesehen eine Säge bildend; die des 19. Segments breit abgerundet, nach hinten gerichtet; zwischen ihnen ist ein kleiner Teil des Analsegments sichtbar (Fig. 476); die Seitenflügel des 18. Segments sind spitzer und reichen so weit nach hinten wie die des 19. Segments. Am Hinterrand der Metazoniten eine Reihe parallelrandiger Felder oder flacher Beulen.

Anden von Kolumbien.

2. **O. micrurus** O. F. Cook 1898 *O. m.*, O. F. Cook in: P. U. S. Mus., *v.* 21 p. 455 t. 29 f. 2a—2κ.

Licht hornbraun. Länge 10 mm, Breite 4,1 mm. Scheitel unbehaart, mit seichter Furche, Clypeus spärlich behaart, dicht quergerunzelt. Halsschild doppelt so breit wie lang, vorn seicht konkav, hinten stark konvex, nur die abgerundeten Vorderecken ausgebildet; hinter dem Vorderrand eine Querreihe von 6 runden Vorragungen. 2. Segment mit großen spatelförmigen, abgerundeten Seitenflügeln, die die anderen an Größe übertreffen und weiter ventral herabreichen; Vorder- und Seitenrand aufgebogen, hinter dem Vorderrand ein Querwulst, der sich medialwärts fortsetzt; in der Mediane sind beide durch einen Längseindruck unterbrochen (Fig. 477). Folgende Segmente mit schmal 3eckigen Seitenflügeln, die caudalwärts breiter werden. Oberfläche der Tergite glatt; parallel mit dem Hinterrand trennt auf den Segmenten 2—18 eine etwas unregelmäßige Querfurche eine Reihe von rechteckigen flachen Beulen ab; am Hinterende des Körpers werden sie etwas undeutlicher. Am Hinterrand der Metazoniten keine Plättchen. Seitenflügel des 19. Segments sehr breit, halbkreisförmig, voneinander nur durch einen schmalen Schlitz getrennt, so daß das Analsegment von oben her fast ganz bedeckt ist (Fig. 478). Analsegment sehr klein (das Endknöpfchen mit den Terminalborsten ist nach der Zeichnung nach hinten gerichtet). Analschuppe breit 3eckig mit 2 Borstenwarzen. Sternite sehr schmal. Gonopode (Fig. 479).

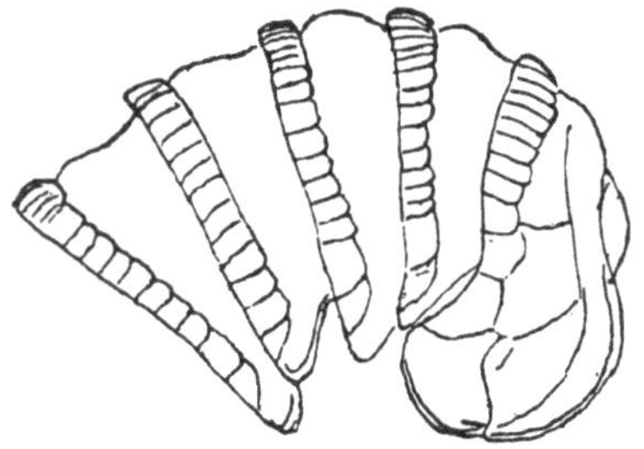

Fig. 477.
Oniscodesmus micrurus O. F. Cook.
Vorderende, Seitenansicht (O. F. Cook, 1898).

Fig. 478.
Oniscodesmus micrurus O. F. Cook.
Hinterende (O. F. Cook, 1898).

Fig. 479.
Oniscodesmus micrurus O. F. Cook.
Gonopode (O. F. Cook, 1898).

Kolumbien: Bogotá.

3. **O. rubriceps** Peters 1864 *O. r.*, Peters in: Monber. Ak. Berlin, p. 617 | 1896 *Lignydesmus r.*, O. F. Cook, Brandtia, nr. 5 p. 28 | 1898 *L. r.*, O. F. Cook in: P. U. S. Mus., *v.* 21 p. 456 t. 30 f. 2 | 1898 *Oniscodesmus r.*, Brölemann in: Ann. Soc. ent. France, *v.* 67 p. 329 t. 29 f. 34—37 | 1899 *O. r.*, Attems in: Denk. Ak. Wien, *v.* 68 p. 384.

Rücken dunkelbraun, Kopf und Antennen violettrot, Unterseite und Beine weiß. Länge 10 mm, Breite 3,7 mm. Die Saftlöcher liegen auf einer niedrigen Papille auf dem Rande der die Seitenflügel teilenden Querleiste, näher dem vorderen Rande. Seitenflügel des 19. Segments breit abgerundet, nach hinten gerichtet; das Analsegment zwischen ihnen zum Teil sichtbar. Femur des 3. Beinpaares in der Mitte verdickt; Tarsen der vorderen Beinpaare dicht bürstig beborstet. Gonopoden-Telopodit zwischen Femur und Tibiotarsus abgesetzt, 3ästig, der Samenrinnenast *(RA)* der kleinste, schlank, zugespitzt. Femur lateral mit 2 langen Borsten (Fig. 480).

Kolumbien: Bogotá, Haut Sarare.

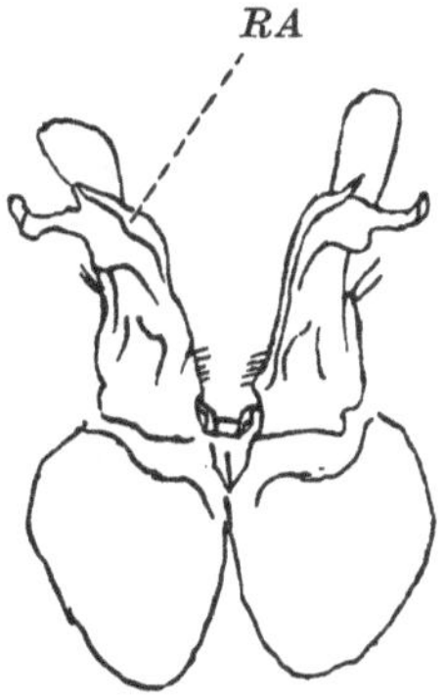

Fig. 480.
Oniscodesmus rubriceps Peters.
Gonopoden (Brölemann, 1898).

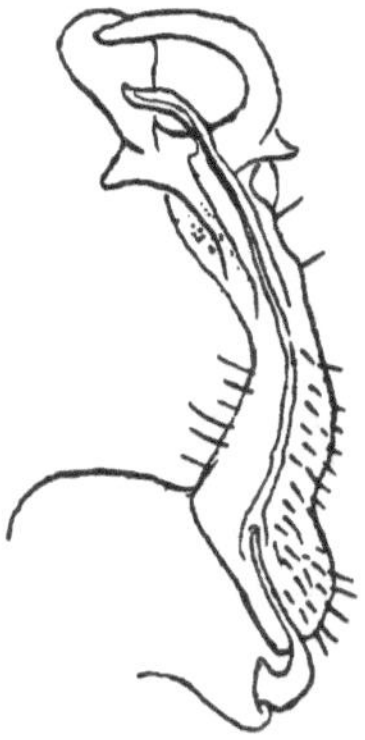

Fig. 481.
Oniscodesmus fuhrmanni Carl.
Gonopode (J. Carl, 1914).

4. **O. fuhrmanni** Carl 1914 *O. f.*, J. Carl in: Mém. Soc. Neuchâtel, *v.* 5 p. 962 f. 258.

Dunkelolivenbraun, Bauch, Beine und Analklappen gelblichweiß, Kopf und basale Hälfte der Antennen fleischrot, distale Antennenglieder olivengrün. Länge 12 mm, Breite 5 mm. Ähnelt sehr dem *O. rubriceps*, Poren auf deutlichen Tuberkeln usw. aber Halsschild stärker skulpturiert, die Fläche in flache Beulen geteilt. Vorderrandwulst mit längeren, mittleren und kürzeren seitlichen Abschnitten. Gonopodentelopodit schlank, zwischen Femur und Tibiotarsus nicht deutlich gegliedert, im letzten Drittel 3ästig; der Samenrinnenast ist kurz; von den beiden anderen Ästen ist der hintere schmal, sichelförmig, der vordere birnförmig, lamellär, beide haben an ihrer Basis eine Zacke (Fig. 481).

Kolumbien: Bocca del Monte, Tambo.

2. Gen. **Detodesmus** O. F. Cook

1896 *D.*, O. F. Cook, Brandtia, nr. 5 p. 28 | 1898 *D.*, O. F. Cook in: P. U. S. Mus., *v.* 21 p. 456 | 1909 *Ligiodesmus*, Pocock in: Biol. Centr.-Amer., Diplop. p. 114.

20 Segmente. Seitenflügel des 2. Segments sehr breit, abgerundet. Vom 3. Segment an sind am Hinterrand der Metazoniten durch Längsfurchen Felder abgegrenzt, Metazoniten im übrigen glatt; Rücken stark gewölbt. Seitenflügel der vorderen Körperhälfte lateral stark verschmälert, zugespitzt, abfallend, der Rückenwölbung folgend. Saftlöcher weit von der Seitenspitze entfernt, vor dem gefurchten hinteren Saum in der Fläche gelegen. Die abgerundeten Seitenflügel des 19. Segments lassen in der Mediane eine mehr oder weniger breite Lücke, in der das breit abgerundete Analsegment sichtbar ist (Fig. 482). Gonopodenhüfte lateral halbkugelig, Telopodit 2ästig, der eine Ast führt die Samenrinne.

Venezuela, Mexico.

Typus: *D. aurantiacus* (Peters).

2 Arten.

Übersicht über die Arten:

1 { Am Hinterrand des 2. Segments sind keine Felder oder Buckel abgegrenzt . . . . 1. **D. aurantiacus**
Am Hinterrand des 2. Segments sind Felder abgegrenzt 2. **D. pusillus**

1. **D. aurantiacus** (Peters) 1864 *Oniscodesmus a.*, Peters in: Monber. Ak. Berlin, p. 530 | 1896 *Detodesmus a.*, O. F. Cook, Brandtia, nr. 5 p. 28 | 1898 *D. a.*, O. F. Cook in: P. U. S. Mus., *v.* 21 p. 457 t. 30 f. 1 | 1898 *Oniscodesmus a.*, Brölemann in: Ann. Soc. ent. France, *v.* 67 p. 296 t. 26 f. 127—141.

Gelbrot, mit 6 Längsreihen hellerer Flecken, Länge 11,25 mm, Breite 4 mm. Seitenflügel bräunlich, Antennen braun, Beine strohgelb. Tergite glatt und glänzend, mit deutlicher querer Furche; vor dieser etwas stärker gewölbt, der Teil hinter der Furche kurz. Die Längsfurchen weitschichtig,

Fig. 482.
Detodesmus aurantiacus (Peters).
Hinterende (O. F. Cook, 1898).

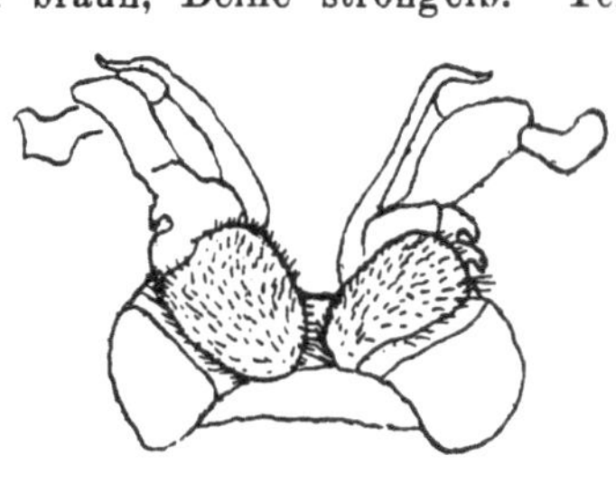

Fig. 483.
Detodesmus aurantiacus (Peters).
Gonopoden (O. F. Cook, 1898).

fein, gerade, je weiter seitlich um so schräger, in der Höhe der Poren biegt die Furche nach vorn und erlischt. Halsschild halbkreisförmig, vorn gerade, hinten konvex. Analschuppe 3eckig, mit 2 Borstenwarzen. Tibia und Tarsus der vorderen Beine des Männchens mit einer Bürste kurzer, feiner Borsten. Gonopodenhüfte kurz, kugelig; Praefemur nur hinten beborstet, am Ende eingeschnürt, mit 2 Ästen, der Samenrinnenast ist der kleinere; der andere ist korkzieherartig gewunden (Fig. 482, 483).

Venezuela: Caracas, San Esteban.

2. **D. pusillus** (Poc.) 1909 *Ligiodesmus p.*, Pocock in: Biol. Centr.-Amer., Diplop. p. 114 t. 8 f. 6.

Fig. 484.
Detodesmus pusillus (Poc.). Gonopode (Pocock, 1909).

Dunkelbraun, Seitenflügel lichter, Beine gelb. Länge 6,8 mm, Breite 2,5 mm. Kopf punktiert, Antennen mäßig lang, das 5. Glied das dickste.

2. Segment seitlich stark verbreitert, am Hinterrand eine Reihe flacher Beulen. Auch die folgenden Tergite bis zum 19. am Hinterrand mit solchen Areae. Saftlöcher auf den Segmenten 5, 7, 9, 10, 12, 13, 15—19, nahe der Mitte der Seitenflügel, in der Fläche gelegen (nicht auf Tuberkeln). Analsegment doppelt so breit wie lang, breiter als die Seitenflügel des 19. Segments, die es seitlich umfassen. Gonopodentelopodit 2ästig, der Samenrinnenast *(RA)* schlank, hakig, der zweite *(T)* Ast lamellär, mit einem langen schlanken Fortsatz (Fig. 484).

Mexico: Teapa in Tabasco.

3. Gen. **Trigonostylus** Bröl.

1898 *T.*, Brölemann in: Ann. Soc. ent. France, *v.* 67 p. 273 | 1899 *T.*, Attems in: Denk. Ak. Wien, *v.* 68 p. 382 | 1914 *T.*, J. Carl in: Mém. Soc. Neuchâtel, *v.* 5 p. 963.

20 Segmente. Saftlöcher bisher nicht beobachtet. Kopf nicht vom Halsschild bedeckt; 5. Antennenglied viel größer als das 6. Seitenflügel des 2. Segments stark verbreitert und abgerundet, die Seiten des Kopfes und Halsschildes umrahmend. Seitenflügel tief angesetzt, mehr oder weniger abschüssig, die vorderen seitlich nicht verschmälert-zugespitzt, der Seitenrand stumpf mehrlappig, am Hinterrand kein Einschnitt. Metazoniten mit borstentragenden Körnchen, außerdem mit einem Filz winziger Papillen besetzt. Analsegment nicht vom 19. Segment verdeckt, sondern von oben her zwischen den Seitenflügeln des letzteren halbkreisförmig abgerundet sichtbar; Analschuppe 3eckig. Hinterrand des Sternit des 2. Segments des Weibchens bei mehreren (allen?) Arten mit einer queren die Vulven verdeckenden Platte. Gonopodenhüfte groß, lateral halbkugelig gewölbt, am Ende innen lang zipfelig ausgezogen, Telopodit 2- oder 3ästig, die Samenrinne auf einem der Äste.

Venezuela. Kolumbien.

Typus: *T. spinosus* Bröl.

5 Arten.

Übersicht über die Arten:

1 { Tuberkeln der Metazoniten dornartig spitz in 2 Querreihen, die größeren paramedianen bilden 2 Längsreihen über den ganzen Rücken. Gonopodentelopodit 2ästig ohne dicht mit verästelten Spitzen besetzten Ast . . . . 1. **T. spinosus**
Die Tuberkeln der Metazoniten sind abgerundet und bilden keine Längsreihen in der Mitte des Rückens — 2

2 { Körper stark komprimiert, die Metazoniten sind hohe Querwülste, vom 4. Segment an sind sie median konkav und glatt und haben jederseits eine Querreihe von 5 runden Tuberkeln. Körperbreite 1,5 mm . . . . 5. **T. ammonites**
Körper weniger komprimiert, weniger hochgewulstet, in der Mediane weder konkav noch glatt, gleichmäßig granuliert oder mit 2—3 durchlaufenden Querreihen von Tuberkeln. Breite 2,5 mm und mehr — 3

3 { Die Börstchen der Rückentuberkeln sind so kurz, daß der Körper noch bei stärkerer Lupenvergrößerung kahl aussieht. Freier Teil des Prozoniten dunkel mit 2 hellen Rückenflecken und hellem Medianstrich. Gonopodentelopodit 3ästig, mit einem dicht mit vergrößerten Spitzen besetzten Ast . . . . 3. **T. niger**
Börstchen der Rückentuberkeln wesentlich größer, auch mit freiem Auge sichtbar; Prozoniten ungefleckt — 4

4 { ♂ Breite 2,5 mm. Metazoniten mit 2 Querreihen kurzer, an der Basis sehr dicker Borsten. Gonopodentelopodit 2ästig, ohne dicht mit verästelten Spitzen besetzten Ast . . . . . 2. **T. crassisetis**
♀ Breite 4,5 mm. Metazoniten gleichmäßig dicht beborstet. (Männchen unbekannt) . . . . 4. **T. hirsutus**

1. **T. spinosus** Bröl. 1898 *T. s.*, Brölemann in: Ann. Soc. ent. France, *v.* 67 p. 273 t. 22 f. 39—45.

Matt gelbbraun mit einer Reihe schwarzer Flecken am Grund der Seitenflügel, Prozoniten hellgelb, Oberlippe, Antennen, Beine und Bauch grünlichweiß. Länge ca. 12—15 mm, Breite der Metazoniten 2,5 mm, der Prozoniten 1 mm, schlank. Kopf fein granuliert, Antennen kurz und dick, das 5. und 6. Glied gleich lang. Halsschild kräftig spitz-granuliert, am Vorderrand eine Reihe größerer Granula. Seitenflügel des 2. Segments sehr groß, fast im rechten Winkel zur Dorsalfläche, breit gerundet, den Hinterrand etwas überragend, ihre Oberseite schwach granuliert. Die folgenden Segmente stark gewölbt, die Seitenflügel abfallend; Rückenmitte mit 2 Längsreihen von je 4 oder 5 dornenartigen Tuberkeln, jederseits 2 Querreihen von lateral immer kleiner werdenden Tuberkeln; Oberseite der Seitenflügel dicht rund granuliert. Der Rand gerundet und schwach gelappt. Analsegment von oben sichtbar, klein, halbkreisförmig, granuliert, Analschuppe 3eckig mit 2 Borstenwarzen. Gonopodenhüften (Fig. 485 a) groß, mit einem lanzettförmigen Fortsatz am Innenrand; Telopodit 2ästig, der Samenrinnenast am Grunde zylindrisch, dann schmal lamellös, durchsichtig, mit einem Dorn; zweiter Ast *(T)* lang und schmal, am Vorderrand sägezähnig, am Ende hakig, auf der Innenfläche eine kurze Reihe von Dörnchen (Fig. 485).

Venezuela: San Esteban.

2. **T. crassisetis** Bröl. 1898 *T. c.*, Brölemann in: Ann. Soc. ent. France, *v.* 67 p. 275 t. 22 f. 46—48.

Dem *T. spinosus* sehr ähnlich in Größe, Farbe und Struktur der Chitindecke, verschieden dadurch, daß die Tergite nicht dornig sind, sondern dicht bedeckt mit ungleich großen Höckerchen, die dicke, kurze Borsten tragen;

Fig. 485.
Trigonostylus spinosus Bröl. Das ganze Tier, zusammengekugelt (Brölemann, 1898).

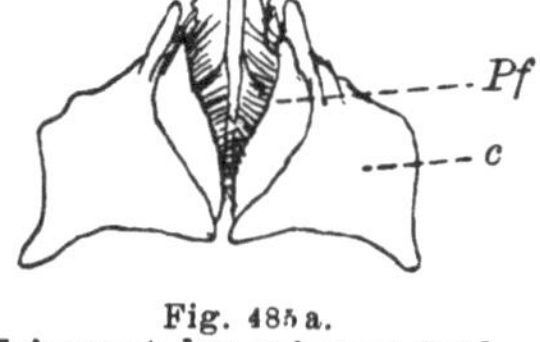

Fig. 485 a.
Trigonostylus spinosus Bröl. Gonopoden (Brölemann, 1898), *c* Hüfte, *Pf* Praefemur.

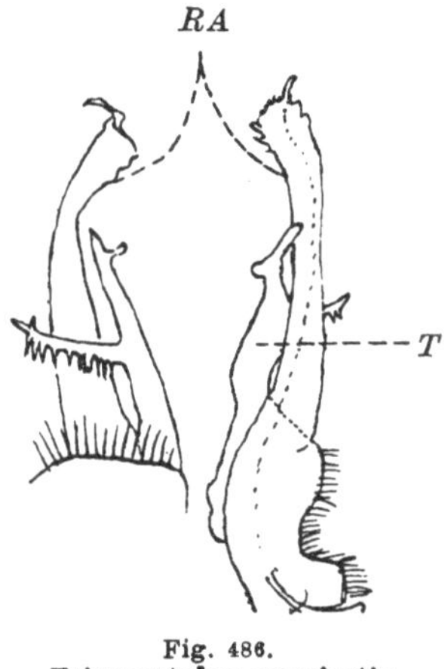

Fig. 486.
Trigonostylus crassisetis Bröl. Gonopode (Brölemann, 1898).

2 Querreihen von Borsten, die an der Basis sehr dick und kurz sind, besonders auffallend. Hüfte und Femur der Gonopoden wie bei *T. spinosus*, Hüfte auch hier mit lanzettförmigem Fortsatz; Samenrinnenast *(RA)* viel länger als bei *T. spinosus*, mit einem Fortsatz am Grunde, das Ende hakig

mit einer gezähnten Lamelle daneben; der zweite Ast *(T)* ist kürzer als der Rinnenfortsatz, gegabelt und hat auf der Hinterseite einen langen, schlanken, stark dornigen, nach innen geschlagenen Nebenast (Fig. 486).

Venezuela: Kolonie Tovar.

3. **T. niger** Carl 1914 *T. n.,* J. Carl in: Mém. Soc. Neuchâtel, *v.* 5 p. 963 *f.* 259—262.

Schwanz, Bauch, Beine, Kopfschild mit den Backen und Antennenspitzen trübweiß, eingeschobener Teil des Prozoniten weißlich, freier Teil sehr dunkel mit 2 hellen Flecken auf dem Rücken und hellem dorsalem Mittelstrich. Länge 17 mm, Breite 3,5 mm. In der äußeren Form sehr ähnlich dem *T. spinosus,* die Seitenflügel etwas steiler abfallend, weiter herunterreichend und weniger stark gebogen (Fig. 487). Die Körner sind rund; Halsschild sehr dicht, fein und gleichmäßig gekörnelt, 2. Tergit ebenso, nur auf den stumpfen dorsalen Seitenkanten etwas gröber gekörnelt. Auf den folgenden Tergiten werden die Körner weniger zahlreich, aber viel größer, mehr papillenförmig; sie sind in 3 unregelmäßigen Querreihen angeordnet; die stärkeren Körner bilden keine Längsreihen; jedes Körnchen trägt

Fig. 487.
Trigonostylus niger Carl.
2. Segment von vorn (J. Carl, 1914).

Fig. 488.
Trigonostylus niger Carl.
Gonopode (J. Carl, 1914).

ein sehr kurzes Börstchen; außerdem sind Halsschild und Tergite wie von einem dichten Filz (kleiner Papillen) überzogen. Seitenflügel 6—16 seitlich stumpf 3lappig. Hüfte des Gonopoden mit langem, schlankem Fortsatz, lateral mit kleinen Haarbüscheln; Samenrinnenast hirschgeweihartig verästelt, auf einem Zinken die Samenrinne; außerdem hat das Telopodit einen schlanken, kegelförmigen Ast mit stumpfem, kurzem Seitenkegel und einen langen lamellösen Ast, dessen Ränder mit vielen fein verästelten Spitzen besetzt sind (Fig. 488). Hinterrand des Sternits des 2. Segments des Weibchens zu einer niedrigen, die Vulven von hinten verdeckenden Platte erhoben.

Kolumbien: Bocca del Monte, Tambo.

4. **T. hirsutus** Carl 1914 *T. h.,* J. Carl in: Mém. Soc. Neuchâtel, *v.* 5 p. 965.

Schwarzbraun, Prozoniten ungefleckt, Bauch rotbraun, Beine, Analklappen, Kopfschild und Backen gelblichweiß. Länge 20 mm, Breite 4,5 mm. Metazoniten inkl. Oberseite der Seitenflügel gleichmäßig rauh körnelig und dicht beborstet; jedes Korn trägt eine an der Basis ziemlich dicke und steife, gegen die feine Spitze hin biegsame Borste. Halsschild und 2. Tergit viel kürzer beborstet. Seitenflügel des 2. Segments tief ausgehöhlt, die Kante gegen den Rückenteil dadurch viel schärfer als bei *T. niger*. Seitenflügel weniger stark abfallend, seitlich deutlicher 3lappig als bei *T. niger*. Hinterrand des Sternits des 2. Segments des Weibchens zu einer queren Platte erhoben; Männchen unbekannt.

Kolumbien: Camelia, Kaffeepflanzung.

5. **T. ammonites** Carl 1914 *T. a.*, J. Carl in: Mém. Soc. Neuchâtel, *v.* 5 p. 965.

Schwarzbraun, Prozoniten ungefleckt, Bauch, Beine, Kopfschild und Antennen weißlich. Länge 10 mm, Breite 1,5 mm. Körper stark komprimiert, Metazoniten ganz kurz, als hohe Querwülste die Prozoniten überragend, vom 4. Segment an in der Mediane leicht konkav und glatt; jederseits davon eine Querreihe von 5 runden Tuberkeln, die sich in eine dichtere Reihe von Körnchen fortsetzt, vor und hinter der noch je eine Querreihe von Körnchen steht; vor der obersten größten Tuberkel liegt noch eine isolierte Tuberkel. Scheitel und Halsschild dicht gekörnelt, letzterer mit einer Tuberkelquerreihe längs des Vorderrandes. 2. Segment dicht granuliert, seine Seitenflügel fast senkrecht und kaum merklich ausgehöhlt; 3. Tergit auch noch ziemlich gleichmäßig gekörnelt. Seitenflügel schwächer als bei den anderen Arten, wenig breiter als lang, seitlich undeutlich 3lappig, Oberseite flach gekörnelt.

Kolumbien: Camelia, Kaffeepflanzung.

4. Gen. **Cyrtodesmus** Gerv.

1847 *C.*, P. Gervais in: Walckenaer & Gervais, Hist. Apt., *v.* 4 p. 92 | 1898 *C.* + *Cyliocyrtus*, O. F. Cook in: P. U. S. Mus., *v.* 21 p. 458 | 1899 *Cyrtodesmus*, Attems in: Denk. Ak. Wien, *v.* 68 p. 380 | 1914 *C.*, Attems in: Arch. Naturg., *v.* 80 A 4 p. 180, 183.

Seitenflügel des 2. Segmentes sehr groß, breit abgerundet, länger als der zugehörige Rückenteil, seitlich tiefer herabreichend als die anderen. Rücken stark gewölbt, Seitenflügel groß, abschüssig, seitlich mehr oder weniger eckig, nicht lanzettförmig zugespitzt, an der Basis des Hinterrandes ein tiefer Einschnitt. Metazoniten grob granuliert und mit einem dichten Filz winziger Papillen. Poren ungefähr in der Mitte der Seitenflügel, weit vom Rande entfernt, von einem erhabenen Ring umgeben auf einer kleinen Tuberkel. Am Hinterrand der Metazoniten ein feiner, regelmäßig gekämmter Saum. Porenformel normal. Analsegment breit abgerundet zwischen den Lappen des 19. Segments sichtbar (Fig. 491). Gonopoden bisher nur von einer Art bekannt.

Kolumbien, Ecuador.

4 Arten, die nicht unterscheidbar sind.

Typus: *C. velutinus* (Gerv.).

1. **C. velutinus** (Gerv. & Goud.) 1844 *Polydesmus v.*, P. Gervais & Goudot in: Ann. Soc. ent. France, ser. 2 *v.* 2 p. XXVIII | 1847 *Cyrtodesmus v.*, P. Gervais in: Walckenaer & Gervais, Hist. Apt., *v.* 4 p. 93 t. 44 f. 5 | 1859 *C. v.*, P. Gervais in: Laporte-Castelnau, Exp. Amer. Sud., *v.* 3 p. 5 | 1898 *C. v.*, O. F. Cook in: P. U. S. Mus., *v.* 21 p. 458 t. 29 f. 3 | 1899 *C. v.*, Attems in: Denk. Ak. Wien, *v.* 68 p. 380.

Schwarz, die Antennen und Gliederenden blaß. Länge 20 mm. Die ganze Oberfläche mit einem nicht dichten Filz kurzer weißer Haare bedeckt. Halsschild ohne Einschnitt am Hinterrand (Fig. 489).

Kolumbien.

2. **C. asper** Peters 1864 *C. a.*, Peters in: Monber. Ak. Berlin, p. 618 | 1898 *Cyliocyrtus a.*, O. F. Cook in: P. U. S. Mus., *v.* 21 p. 459 t. 30 f. 3 | 1899 *Cyrtodesmus a.*, Attems in: Denk. Ak. Wien, *v.* 68 p. 381.

Schwarz, auf dem vorderen Teil des Metazoniten zwei olivenfarbige Flecken, die sich auf dem hinteren Teil des Prozoniten als divergierende Streifen fortsetzen. Auf jedem Seitenflügel über dem hinteren Einschnitt ein kleiner olivenfarbiger Fleck. Antennen rot, Kopf bis ober den Antennen, Bauch und Beine weiß. Länge 18 mm, Breite 2,7 mm. Rücken sehr gewölbt, Seitenflügel ähnlich wie bei *Glomeris* abwärts gerichtet, so daß sie tiefer herabreichen als die Bauchfläche. Halsschild klein, bogenförmig, Vorderrand

Fig. 489. **Cyrtodesmus velutinus** (Gerv. & Goud.). Seitenflügel der Segmente 5 und 6 (O. F. Cook, 1898).

Fig. 490. **Cyrtodesmus asper** Peters. Vorderende (O. F. Cook, 1898).

Fig. 491. **Cyrtodesmus asper** Peters. Hinterende, Dorsalseite (O. F. Cook, 1898).

konvex, Hinterrand ihm parallel konkav. Seitenflügel des 2. Segments größer (Fig. 490), länger und tiefer herabreichend als die übrigen, das erste Segment und den Kopf einschließend. Die folgenden Seitenflügel mit abgerundetem Vorder- und rechtwinkligem Hintereck, an der Basis des Hinterrandes ein tiefer nach vorn gehender Schlitz. Seitenrand gerade, die Poren ein gutes Stück von ihm entfernt. Oberseite der Metazoniten dicht grob granuliert und mit einem dichten Filz kurzer, dünner Härchen bedeckt.

Kolumbien: Bogotá.

3. **C. tomentosus** Silv. 1898 *C. t.*, Silvestri in: Boll. Mus. Torino, *v.* 13 nr. 324 p. 5 f. 8.

Rotbraun, Prozoniten, Bauch und Beine blaß. Länge 12 mm, Breite 1,9 mm. Halsschild vorn gerade abgestutzt, hinten gerundet, so wie die Metazoniten granuliert und mit kurzen Haaren bedeckt. Die unklare Abbildung des Gonopoden zeigt einen schlanken Rinnenast und einen langen, dünnen Ast des Telopodit von unbekannter Deutung.

Ecuador: Pun.

4. **C. ocreatus** (Loomis) 1934 *Cyliocyrtus o.*, Loomis in: Smithson. Collect., *v.* 89 nr. 14 p. 66 tf. 33 t. 3 f. 7.

Schwarz, eingeschobener Teil der Prozoniten, Antennen, Vorderteil des Kopfes, Beine, Analklappen und Schuppe weiß. Länge 10 mm, Breite 2 mm. Scheitel granuliert, ober den Antennen 2 runde Wülste. Halsschild fast halbkreisförmig. Seiten 3lappig, die Fläche granuliert und beborstet. 2. Segment das 1. seitlich umfassend, ebenso granuliert und beborstet wie der Halsschild. Die Granulation der Seitenflügel ist durch radiäre vertiefte Linien, die von seichten Kerben des Vorder- und Seitenrandes ausgehen, in 3eckige Felder geteilt. Folgende Segmente grob granuliert und stark beborstet, die Borsten teils lang, teils kurz, die ganze Oberfläche gewöhnlich mit Schmutz inkrustiert. Keine großen Rückentuberkeln vorhanden. Seitenrand der vorderen Seitenflügel vom 3. Segment an glattrandig, der mittleren undeutlich 2lappig, der hinteren undeutlich 3lappig. Analsegment hinten breit gerundet mit breitem Mittellappen und jederseits 2 schmäleren Lappen. Sternite des Männchens hinter dem 7. Segment mit 2 Tuberkeln. Hüfte des Gonopoden mit starkem Fortsatz, der fast soweit vorragt wie das Telopodit. (Bei *C. tomentosus* hat die Hüfte keinen Fortsatz, die Gonopoden von *C. asper* und *velutinus* sind nicht bekannt.)

Trinidad: Maracas Valley und Arena Forest.

5. Gen. **Oncodesmus** O. F. Cook

1896 *O.*, O. F. Cook, Brandtia, nr. 5 p. 28 | 1898 *O.*, O. F. Cook in: P. U. S. Mus., *v.* 21 p. 458 | 1909 *O.*, Pocock in: Biol. Centr.-Amer., Diplop. p. 115 | 1914 *O.*, Attems in: Arch. Naturg., *v.* 80 A 4 p. 180, 183.

Metazoniten mit Tuberkeln, ohne Haarfilz. Die Poren sitzen nicht auf Papillen, sondern liegen in der Fläche. Seitenflügel des 2. Segments größer als bei *Cyrtodesmus*, im übrigen mit dieser Gattung übereinstimmend, insbesonders haben die Seitenflügel auch hier einen tiefen Schlitz am Hinterrand. — Noch sehr unvollkommen abgegrenzte und wenig bekannte Gattung.

Kolumbien, Venezuela, Ecuador, Panama.

4 ungenügend beschriebene Arten, die sich nicht unterscheiden lassen.

Typus: *O. granosus* (Gerv. & Goud.)

O. granosus (Gerv. & Goud.) 1844 *Polydesmus g.*, P. Gervais & Goudot in: Ann. Soc. ent. France, ser. 2 *v.* 2 p. XXVIII | 1847 *Cyrtodesmus g.*, P. Gervais in: Walckenaer & Gervais, Hist. Apt., *v.* 4 p. 93 | 1896 *Oncodesmus g.*, O. F. Cook, Brandtia, nr. 5 p. 28 | 1898 *O. g.*, O. F. Cook in: P. U. S. Mus., *v.* 21 p. 458 | 1899 *Cyrtodesmus g.*, Attems in: Denk. Ak. Wien, *v.* 68 p. 381 | 1909 *Oncodesmus g.*, Pocock in: Biol. Centr.-Amer., Diplop. p. 116.

Sehr dunkel braun, die Tuberkeln heller, Prozoniten vorn und unten weiß, der hintere Teil dunkel pigmentiert mit 3 blassen Flecken, Beine und Analklappen weiß. Länge 16 mm, Breite 4 mm.

Kolumbien, Panama.

O. festae Silv. 1898 *O. F.*, Silvestri in: Boll. Mus. Torino, *v.* 13 nr. 324 p. 6 f. 9.

Rotbraun, Bauch und Beine blaß. Länge 16 mm, Breite 3 mm. An der etwas primitiven Gonopodenabbildung erkennt man eine breite gefranste Lamelle und einen schlanken Ast, Rinnenast?

Ecuador: Ibara.

O. laciniatus Silv. 1898 *O. l.*, Silvestri in: Boll. Mus. Torino, *v.* 13 nr. 324 p. 6 f. 10.

Schwarzbraun, Bauch und Beine blaß. Länge 11 mm, Breite 2,2 mm.

Ecuador: Ibara.

O. promaculatus Silv. 1898 *O. p.*, Silvestri in: An. Mus. Buenos Aires, *v.* 6 p. 60.

Braun, Prozoniten blaß mit 3 schwärzlichen Flecken, Antennen, Bauch und Beine blaßgelb. Länge 8 mm, Breite 1,5 mm.

Venezuela: Caracas, Rio Catuche.

6. Gen. **Crypturodesmus** Silv.

1897 *C.*, Silvestri in: Boll. Mus. Torino, *v.* 12 nr. 277 p. 1 | 1899 *Katantodesmus*, Attems in: Denk. Ak. Wien, *v.* 68 p. 385 | 1909 *Crypturodesmus*, Pocock in: Biol. Centr.-Amer., Diplop. p. 116.

20 Segmente. Saftlöcher fehlen. Kopf nicht vom Halsschild bedeckt, granuliert. Antennen mehr oder weniger kurz und dick, keulig, das 5. Glied das größte. Halsschild so breit wie der Kopf. 2. Segment das größte, die breit abgerundeten Seitenflügel umrahmen den Kopf und Halsschild seitlich. Rücken stark gewölbt, Seitenflügel abwärts geneigt, seitlich glatt oder mit runden Tuberkelzähnen, ohne tiefe Einschnitte. Metazoniten granuliert und mit zahlreichen kleinen keuligen Papillen besetzt. Analsegment klein, unter den zusammenschließenden Seitenflügeln des 19. Segments verborgen, Schwänzchen konisch. Analklappen flach. 18. Segment mit 2 Beinpaaren (Männchen mit 30 Laufbeinpaaren). Gonopoden nur bei *C. scapulatus* bekannt, Hüfte lateral halbkugelig gewölbt, glatt, am Ende nicht zipfelig angezogen, Telopodit gedrungen, Praefemur deutlich gegen das Acropodit abgesetzt, ohne Fortsatz; Acropodit mit breiten, schalenförmigen Lamellen, nicht deutlich in Femur und Tibiotarsus gegliedert, Samenrinnenast kräftig, Samenrinne in ziemlich gerader Richtung medial verlaufend.

Verbreitung: Mexico, Brasilien.

Typus: *C. targionii* Silv.

3 Arten.

Übersicht über die Arten:

1	Seitenrand der Seitenflügel ungezähnt. Körperlänge 28 mm, Breite 5 mm (Mexico)	1. **C. targionii**
	Seitenrand der Seitenflügel gezähnt. Körperlänge bis 14 mm, Breite bis 2,4 mm (Brasilien) — 2	
2	Am Hinterrand der Seitenflügel eine tiefe winklige Einbuchtung. Körperbreite 2,4 mm	2. **C. auriculatus**
	Hinterrand der Seitenflügel geradlinig. Breite 1,5 mm . .	3. **C. scapulatus**

1. **C. targionii** Silv. 1897 *C. t.*, Silvestri in: Boll. Mus. Torino, *v.* 12 nr. 277 p. 1 | 1909 *C. t.*, Pocock in: Biol. Centr.-Amer., Diplop. p. 117.

Rotbraun, Bauch blasser. Länge 28 mm, Breite 5 mm. Stirn mit einer Erhebung. Halsschild halbkreisförmig, vorn gerade; Seitenflügel des 2. Segments vorn gerundet, hinten spitz und konkav. Vorderrand der Seitenflügel mit rechtwinkligem Einschnitt, Seitenrand glatt, im Hintereck ein rechtwinkliger Einschnitt. Analschuppe halbkreisförmig. Beine schlank, kurz.

Mexico.

2. **C. auriculatus** (Att.) 1899 *Katantodesmus a.*, Attems in: Denk. Ak. Wien, *v.* 68 p. 385 t. 15 f. 343—345.

Kopf dunkelbraun, die Granula schwarzbraun, Antennen bis zum 5. Glied dunkelbraun, die restlichen Glieder gelblichweiß, Labrum gelblichweiß. Prozoniten in der vorderen Hälfte gelbbraun, hintere Hälfte dunkler braun, Metazoniten dunkel kastanienbraun, die Tuberkeln gelblich; dadurch, daß die Tuberkeln nicht gleichmäßig verteilt, sondern in Haufen, die 2 Querreihen bilden, angeordnet sind, entsteht eine Art Fleckung der Metazoniten. Länge 12—14 mm. Breite der Metazoniten 2,4 mm, der Prozoniten 1,5 mm. Kopf und Rücken unbeborstet. Kopf oben dicht granuliert, Clypeus glatt. Halsschild etwas breiter als der Kopf, in der Mitte ziemlich lang, seitlich zugespitzt, stark gewölbt, grob und gleichmäßig dicht granuliert. Rücken stark gewölbt, Seitenflügel tief angesetzt und abfallend, am stärksten abfallend auf dem 2. Segment, das im Querschnitt halbkreisförmig ist; Vorderrand mit winkliger Schulter, Seitenrand gezähnt, auf den vorderen Segmenten 3—4 Zähne, auf den folgenden Segmenten bis zum 16. meist 5 Zähne, auf dem 17. Segment 6, auf dem 18. Segment 7 Zähne; Hinterrand mit tiefer eckiger Kerbe und dadurch gebildetem Zacken (Fig. 492). Seitenflügel des 2. Segments rundlappig verbreitert, Halsschild und Kopfseiten umrahmend, der Rand rund kerbzähnig. Metazoniten granuliert, die Granula in runden, durch glatte Streifen getrennten Haufen angeordnet, die Haufen bilden 2 Querreihen von 4 und 5 Haufen und gehen lateral in die mehr gleichmäßige Granulierung der Oberseite der Seitenflügel über; 19. Segment gleichmäßig granuliert, seine Seitenflügel sehr groß, in der Mediane fast zusammenstoßend, so daß nur ein schmaler Spalt zwischen ihnen bleibt, am Rande mit ca. 8 Zähnchen; sie bedecken und überragen das Analsegment. Flanken fein chagriniert. Sternite sehr schmal, zerstreut granuliert. Analsegment klein, Schwänzchen konisch, mit den Terminalborsten, Analklappen ganz flach, Analschuppe trapezförmig, mit 2 Borsten, Klappen und Schuppe fein granuliert. Beine kurz und dünn zerstreut fein und kurz beborstet. Männchen unbekannt.

Brasilien: Santa Catharina.

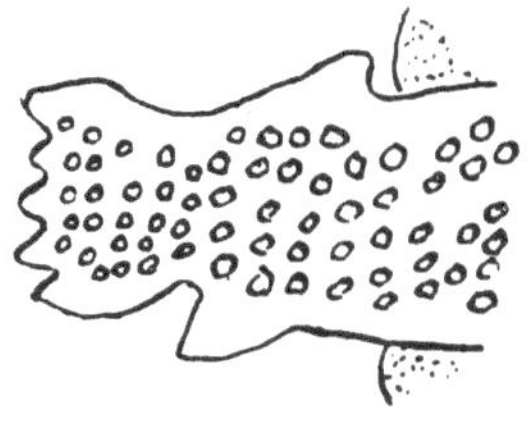

Fig. 492.
Crypturodesmus auriculatus (Att.).
Ein Seitenflügel.

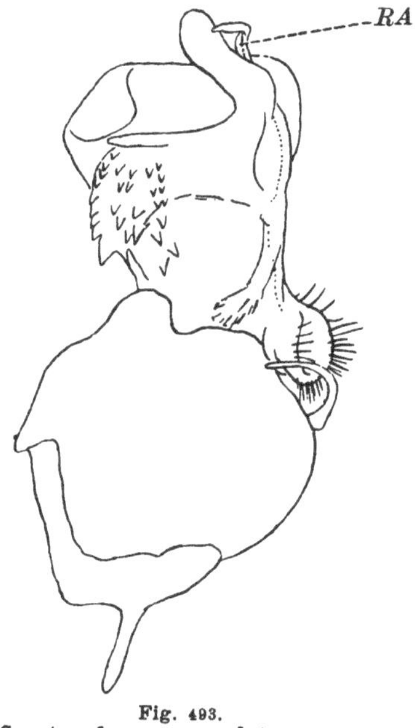

Fig. 493.
Crypturodesmus scapulatus (Att.).
Gonopode.

3. **C. scapulatus** (Att.) 1899 *Katantodesmus s.*, Attems in: Denk. Ak. Wien, *v.* 68 p. 386 t. 15 f. 346—349.

Rücken und Kopf schwarz. Antennen an der Basis gelbbraun, an der Spitze weißlichgelb, Flanken der Metazoniten dunkelbraun, Prozoniten gelbweiß, die ersten Beinglieder dunkelbraun, die Enden weißlich. Länge 10 mm, Breite 1,5 mm. Kopf dicht granuliert, Scheitel unbeborstet mit deutlicher Furche; Antennen mäßig lang, schwach keulig. Halsschild querelliptisch, so breit wie der Kopf, stark gewölbt, dicht granuliert. Prozoniten fein granuliert. Metazoniten dicht und gröber granuliert; durch körnchenlose Streifen entsteht eine schwach ausgeprägte Felderung. Rücken halbkugelig gewölbt, die Seitenflügel ganz nach unten gerichtet; am Vorderrand eine stark vorspringende runde Schulter, am Seitenrand der vorderen Segmente 4—5 runde Zahnlappen;

auf den hinteren Segmenten werden die Zähne undeutlicher; Hintereck rechtwinklig, auf den hinteren Segmenten mehr oder weniger spitzwinklig. Rücken dicht mit winzigen, glashellen runden Papillen besetzt. Analsegment klein, mit kurzem, konischem Schwänzchen, ganz von den in der Mediane zusammenstoßenden Seitenflügeln des 19. Segments verdeckt. Analklappen flach, Analschuppe 3eckig. Gonopodenhüfte lateral halbkugelig gewölbt und mit Kegelwärzchen besetzt; Telopodit gedrungen. Praefemur medial mit einer schalenartigen runden Lamelle, in die das Hüfthörnchen hineinragt; weiter mit einem keuligen, beborsteten, basalwärts gerichteten Fortsatz. Telopodit in mehrere ineinandergefaltete hohle Platten geteilt, eine davon mit einer Anzahl von Kegelzähnen. Ein schlanker, am Ende hakiger Rinnenast *(RA)* vorhanden (Fig. 493).

Brasilien: Santa Catharina.

7. Gen. **Hyperothrix** Att.

1900 *H.*, Attems in: Zool. Jahrb., Syst. *v.* 13 p. 143.

20 Segmente. Poren auf den Segmenten 5, 7, 9, 10, 12, 13, 15—19, nahe dem hinteren Einschnitt des Seitenrandes in der Fläche gelegen. Kopf nicht vom Halsschild bedeckt, dicht granuliert, Antennen lang, keulig. Halsschild ziemlich groß, etwas breiter als der Kopf, dicht granuliert. Rücken stark gewölbt, Seitenflügel gut entwickelt, abfallend, die des 2. Segments bedeutend größer als die anderen, seitlich tief 3lappig, die anderen seitlich tief 2—4lappig, vorn und hinten ganzrandig. Metazoniten durch seichte Furchen in Felder geteilt, dicht unregelmäßig granuliert, die Granula tragen kleine keulige Papillen. Prozoniten grob granuliert. Sternite 5 und 6 mit je 2 Fortsätzen, alle Sternite sehr schmal. Analsegment sehr klein, ganz unter dem 19. Segment verborgen, Schwänzchen konisch. Schuppe 3eckig mit 2 Borsten. 18. Segment fußlos, Männchen mit 28 Laufbeinpaaren. Gonopodenhüfte groß, lateral halbkugelig gewölbt; Telopodit gedrungen, mehrästig. Praefemur ohne Fortsatz.

Verbreitung: Seychellen.

1 Art.

1. **H. orophura** Att. 1900 *H. o.*, Attems in: Zool. Jahrb., Syst. *v.* 13 p. 144 t. 15 f. 1—6.

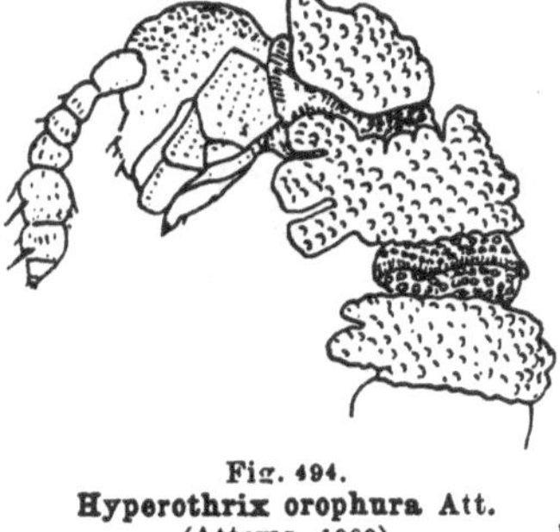

Fig. 494.
Hyperothrix orophura Att.
(Attems, 1900).

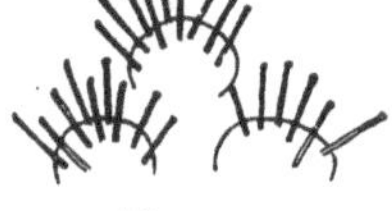

Fig. 494 a.
Hyperothrix orophura Att.
Beborstete Granula des Rückens.

Fig. 495.
Hyperothrix orophura Att.
Gonopode.

Kopf und Rücken schwarz, letzterer stellenweise gelblichbraun fleckig, ebenso die Seitenränder der Seitenflügel; vorderer Teil des Prozoniten und der Bauch gelbbraun, Antennen in der basalen Hälfte farblos. Endkolben gelblich. Schlank, Breite eines Metazoniten 0,65 mm, eines Prozoniten 0,38 mm.

Halsschild vorn aufgekrempt, seitlich verschmälert und abgerundet, die Mitte stark gewölbt. Metazoniten dorsal durch 3 Längs- und 1 Querfurche in undeutliche Buckel geteilt und dicht grob granuliert; jedes Granulum trägt ein Bündel kleiner, kurzer, am Ende geknöpfter Stifte oder Papillen (Fig. 494 a), so daß das Tier filzig aussieht. Unterseite der Seitenflügel mit Papillen, ohne Granula. Prozoniten ringsum dicht granuliert, durch eine Querlinie in eine vordere gelbe und hintere schwarze Hälfte geteilt, längs der Linie sind die Granula mehr in die Länge gestreckt, in einem schmalen Streifen knapp hinter der Linie stehen kleine Börstchen zwischen den Granula. Seitenrand der übrigen Seitenflügel in 2—4 Lappen geteilt durch tiefe Einschnitte; auf dem 2. Segment 3, auf dem 3. und 4. Segment 2, auf den porentragenden Segmenten 4, auf den porenlosen 3 Lappen; der Rand der Lappen fein rundzähnig. Vorderrand mit stumpfer Schulter; Hintereck der letzten Segmente ein breiter, stumpfer Zacken. 19. Segment ziemlich lang, aber ohne eigentliche Seitenflügel, bedeckt ganz das Analsegment. Letzteres sehr klein, der Ringteil auf das kegelige Schwänzchen reduziert, Analklappen groß, ziemlich flach, Schuppe 3eckig mit 2 großen Borsten. Gonopodenhüfte in die Quere entwickelt, lateral gerundet, am Ende nicht ausgezogen; Praefemur mit Samengrubenmulde; Samenrinnenast schlank, gekrümmt, liegt in einer von den anderen breiten Ästen gebildeten Mulde (Fig. 495).

Seychellen: Mahé.

8. Gen. **Agnurodesmus** Silv.

1898 *Trigonostylus* (*Crypturodesmus*, nec Silvestri 1897), Brölemann in: Ann. Soc. ent. France, *v.* 67 p. 276 | 1910 *Agnurodesmus*, Silvestri in: Zool. Anz., *v.* 35 p. 358 | 1923 *Cliodesmus*, Chamberlin in: Occas. Papers Mus. Zool. Michigan, nr. 133 p. 79.

20 Segmente. Poren auf den Segmenten 5, 7, 9, 10, 12, 13, 15—19, in der Mitte der Seitenflügel weit vom Seitenrand entfernt. Kopf nicht vom Halsschild bedeckt, granuliert. Antennen kurz und dick, das 5. und 6. Glied ungefähr gleich groß. Halsschild so breit wie der Kopf, nicht besonders groß, mit borstentragenden Tuberkeln besetzt. 2. Segment viel größer als die anderen, die Seitenflügel verbreitert und abgerundet. Rücken stark gewölbt, Seitenflügel abfallend; seitlich seicht rundlappig. Metazoniten mit Querreihen von borstentragenden Tuberkeln, außerdem mit dichtgedrängten kleinen Papillen besetzt. Sternite sehr schmal. Analsegment sehr klein, ganz unter den zusammenschließenden Seitenflügeln des 19. Segments verborgen, Analklappen flach. Zahl der Beinpaare ?. Femur des 2. und 3. Beinpaares des Männchens stark verbreitert und ventral dicht beborstet; Tarsen mit dichter Sohlenbürste. Gonopodenhüfte groß, lateral halbkugelig gewölbt, glatt, am Ende nicht zipfelig ausgezogen. Femur ohne Fortsatz, Telopodit breit und gedrungen, 2ästig, der Samenrinnenast liegt in der Höhlung des breiten, schalenförmigen zweiten Astes.

Venezuela.

2 Arten.

Typus: *A. verrucosus* Bröl.

Übersicht über die Arten:

1 { Seitenrand der Seitenflügel am Grunde des Hinterrandes winklig eingeschnitten. Rücken mit dichtgedrängten kleinen Papillen . . . . 1. **A. verrucosus**
Seitenflügel vom 4. Segment an ohne Einschnitt am Hinterrand. Rücken ohne Granula und Borsten . . . 2. **A. cryptopygus**

1. **A. verrucosus** (Bröl.) 1898 *Trigonostylus (Crypturodesmus) v.*, Brölemann in: Ann. Soc. ent. France, *v.* 67 p. 276 t. 22, 23 f. 49—62 | 1899 *Katantodesmus v.*, Attems in: Denk. Ak. Wien, *v.* 68 p. 387 | 1910 *Agnurodesmus v.*, Silvestri in: Zool. Anz., *v.* 35 p. 359.

Rußbraun, Prozoniten heller, Bauch und Beine blaßgelb. Länge 13 mm, Breite der Metazoniten 2,10 mm, der Prozoniten 1,2 mm. Kopf granuliert, Scheitelfurche fast fehlend, Antennen kurz und sehr dick. Halsschild so breit wie der Kopf, Vorderrand gerade, Hinterrand stark gebogen, die Fläche mit kraterförmigen, flachen, eine Borste tragenden Tuberkeln; eine Querreihe von 6 Tuberkeln und eine Reihe am Rand ringsum. 2. Segment größer als die anderen mit breiten, abgerundeten Seitenflügeln, mit 2 Querreihen borstentragender Tuberkeln (Fig. 496).

Fig. 496.
Agnurodesmus verrucosus (Bröl.).
Vorderende (Brölemann, 1898).

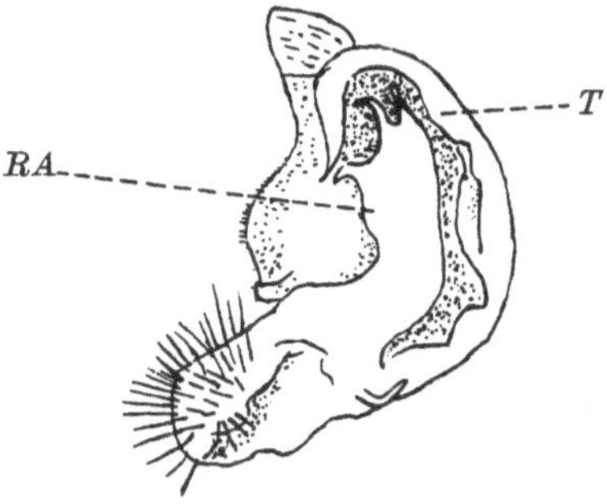

Fig. 497.
Agnurodesmus verrucosus (Bröl.).
Gonopode.

Rückenteil der Metazoniten bis zum 18. mit 2 Querreihen von je 6 Tuberkeln. Seitenflügel fast rechteckig, abfallend, mit einem starken, stumpfen Zahn an der Schulter, lateral schwach gelappt, mit einem winkligen Ausschnitt im Hintereck. Die porentragende Tuberkel ist umgeben von einigen etwas größeren Körnchen. Eingeschobener Teil der Prozoniten fein runzelig, durch eine Furche vom kurzen, feingekielten freien Teil getrennt. Die Seitenflügel des 19. Segments schließen zu einem großen, halbkreisförmigen Schild zusammen, der das Analsegment ganz bedeckt. Analschuppe breit gerundet, Klappen flach. Femur des 2. und 3. Beinpaares des Männchens stark verdickt und ventral dicht behaart. Gonopodenhüfte lateral halbkugelig gewölbt, glatt. Praefemur ohne Fortsatz. Telopodit 2ästig, der Samenrinnenast *(RA)* 3spitzig, in der Höhlung des sehr breiten zweiten Astes *(T)* liegend (Fig. 497).

Venezuela: San Esteban. Kolumbien: S. Lorenzo.

2. **A. cryptopygus** Chamb. 1923 *A. c.*, Chamberlin in: Occas. Papers Mus. Zool. Michigan, nr. 133 p. 80 t. 30 f. 213—217.

Schwarz, eingeschobener Teil der Prozoniten und der vom vorangehenden Seitenflügel bedeckte Teil der Seitenflügel weißlich, Antennen, Bauch und Beine blaßbraun. Länge 8 mm, Breite 1,2 mm. Kopf glatt, nur ein Querband oberhalb der Antennen granuliert. Halsschild seitlich gerundet, Fläche mit 3 Querreihen von je 6 großen Tuberkeln, die lateralen der 2 vorderen Reihen mehr oder weniger verschmolzen. Seitenflügel des 2. Segmentes größer als die anderen, Vorderrand glatt, Seitenrand mit 5 Kerben, am Grund des Hinterrandes ein tiefer Einschnitt. Rücken der Metazoniten mit 2 Querreihen von je 6 Tuberkeln und 2 mehr oder weniger zusammenfließenden Tuberkeln median vom Einschnitt des Hinterrandes. Seitenflügel sonst glatt. Seitenflügel des 3. Segmentes mit einem Einschnitt am Hinterrand wie der Halsschild, Seitenrand mit 3 Kerben. Die folgenden Seitenflügel ohne Einschnitt am Hinterrand, 4. mit 4, die folgenden mit 6 Kerben des Seitenrandes. Der Vorderrand der Seitenflügel vom 4. Segment an schiebt sich unter den vorangehenden Seitenflügel. Seitenflügel des 19. Segmentes hinten zusammenschließend oder nur durch einen schmalen Spalt getrennt, weit das Analsegment überragend. Fortsatz des Analringes kurz und schmal, Klappen wulstig gerandet, Schuppe trapezförmig. Telopodit des Gonopoden ganz in die Hüfte versenkt, näheres weder aus der Beschreibung noch Abbildung der Gonopoden zu entnehmen.

Britisch Guayana: First Mourie.

9. Gen. **Doratodesmus** O. F. Cook

1894 *Doratonotus*, Pocock (nec Günther 1862) in: M. Weber, Ergeb. Reise Niederl. O.-Ind., *v.* 3 p. 370 | 1896 *Doratodesmus*, O. F. Cook, Brandtia, nr. 2 p. 6.

20 Rumpfringe. Saftlöcher auf den Segmenten 5, 7, 9, 10, 12, 13, 15—19, auf kleinen Kegelstümpfen, die auf der Fläche der Seitenflügel gleich weit von allen Rändern entfernt sich befinden. 5. und 6. Glied der Antenne ungefähr gleich lang und dick, terminale Sinneskegel mit 2 Spitzen, einer langen, dünnen gekrümmten und einer ganz kurzen geraden. 5. und 6. Glied mit Gruppen von Sinneszapfen. Kopfseiten mit tiefen Gruben für die Antennen, Stirn ohne Höcker. Kopf nicht vom Halsschild bedeckt. Halsschild klein. 2. Segment mit sehr großen, an das Brustschild von *Glomeris* erinnernden Seitenflügeln, die Kopf und Halsschild seitlich einrahmen; diese Seitenflügel sind viel größer als alle anderen. 2.—4. Segment in der Mediane glatt, seitlich der glatten Mitte mit Auftreibungen, die aus einer Anzahl von Tuberkeln zusammengeflossen sind. Metazoniten 5—19 mit einem großen ungeteilten Medianhorn. Seitenflügel groß, fast in der Höhe des Bauches angesetzt, schräg nach unten gerichtet und mit den Seiten bis unter das Niveau des Bauches reichend, Vorder- und Seitenrand glattrandig, Hinterrand rundgelappt. Prozoniten und ein Teil der Metazonitenfläche mit feiner Pflasterskulptur, Metazoniten im übrigen glatt, am Hinterrand mit einer Reihe von glattrandigen Plättchen besetzt, deren Rand nicht zerfasert ist. Metazoniten unbeborstet, ohne feine Papillen. Sternite sehr schmal, Beine sehr nahe nebeneinander inseriert. Analsegment im rechten Winkel zur Längsachse des Rumpfes ventralwärts gerichtet, dick, rundlich, ohne schlankes Schwänzchen, von der Seite frei sichtbar, von oben manchmal vom großen Medianhorn des 19. Segmentes verdeckt.

Java, Sumatra, Malayische Halbinsel.

4 sichere und 1 unsichere Art.

Typus: *D. armatus* (Poc.).

Übersicht über die Arten:

1 { Metazoniten glatt, ohne kleine Tuberkeln, höchstens auf der Oberfläche der Seitenflügel flache Beulen — **2**
Metazoniten mit flachen Buckeln, die jeder eine kleine Tuberkel tragen. Medianhörner mit ebensolchen Tuberkeln besetzt . . . . 3. **D. vestitus**
4. **D. muralis**

2 { Medianhorn der Metazoniten einfach, nur manchmal am Ende undeutlich geteilt. Seitenrand der Seitenflügel ungelappt . . . . 1. **D. armatus**
Medianhorn im Profil gesehen 3lappig, von oben 2teilig. Seitenrand der Seitenflügel 5lappig . . . . 2. **D. cavernicola**

1. **D. armatus** (Poc.) 1894 *Doratonotus a.*, Pocock in: M. Weber, Ergeb. Reise Niederl.-O.-Ind., *v.* 3 p. 371 t. 22 f. 11 | 1930 *Doratodesmus a.*, Attems in: Arch. Hydrobiol., Suppl. *v.* 8 p. 147 f. 32—40.

Lehmgelb, der ganze Körper meist mit feinem hellem Lehm inkrustiert. Breite des 2. Segments 2,5 mm, des 10. Segments 2 mm, Antennengruben hinten scharfkantig, Stirn ohne Höcker, fein granuliert, unbeborstet. Antennen dick, schwach keulig, die ersten 6 Glieder fast gleich lang, 5. und 6. Glied etwas dicker, Glied 1—4 spärlich beborstet, die restlichen dichter, Glied 4—7 mit einer Macrochaete, die auf dem 4. Glied auf einem Sockel steht; alle Glieder dicht granuliert; terminale Sinneskegel 2spitzig, die eine Spitze kurz und gerade, die andere lang, fädlich, gekrümmt (Fig. 498). Halsschild klein, vorn gerade, hinten konvex, grob granuliert, in der Mitte seicht eingedrückt. Rücken stark gewölbt. Seitenflügel groß, tief angesetzt, abfallend, so daß ihre Seitenkanten unter dem Bauchniveau liegen, die des 2. Segments vergrößert, vorn abgerundet an den Brustschild von *Glomeris* erinnernd; die folgenden sind seitlich verschmälert und gerundet, von der Körpermitte an ein schwach konvexer Seitenrand; Vorder- und Seitenrand

Fig. 498.
Doratodesmus armatus (Poc.).
Sinneskegel der Antenne.

Fig. 499.
Doratodesmus armatus (Poc.).
Vorderende.

Fig. 500.
Doratodesmus armatus (Poc.).
Hinterende.

glattrandig. Hinterrand durch Kerben in 2 runde Lappen geteilt. Rückenmitte des 2.—4. Segments glatt, daneben rundliche, aus der Verschmelzung einer Anzahl runder Tuberkeln entstandene Auftreibungen, in 3, 2 und 1 Reihe. 5.—19. Segment mit einem großen, dicken, stumpfen medianen Horn (Fig. 499), das hinten gefurcht und am Ende manchmal undeutlich zweibucklig ist; das Horn ist vorn senkrecht, je weiter caudalwärts um so mehr schräg nach hinten gerichtet. Prozoniten mit Pflasterstruktur; Vorderrand und Unterseite der Seitenflügel ebenso, ihre Oberseite undeutlich flachbucklig, im übrigen sind die Metazoniten glatt, ohne Papillen. Vom 3. Segment an haben die Prozoniten 2 eng nebeneinanderliegende feine, mit kleinen Knötchen besetzte paramediane Leisten. Plättchen am Hinterrand der Metazoniten gestutzt-gerundet, ganzrandig. Analsegment klein, rundlich, von oben durch das Horn des 19. Segments verdeckt; das Hinterende mit den Terminalborsten ist auf die Ventralseite gerückt (Fig. 500). Beine des Weibchens dünn, spärlich beborstet.

Java: Buitenzorg, Tjibodas. Südsumatra: Wasserfall Kapala Tjurup.

2. **D. cavernicola** (Sincl.) 1901 *Doratonotus c.*, F. G. Sinclair in: P. zool. Soc. London, *v.* 2 p. 521 t. 31 f. 54, t. 32 f. 69—71, 73, 74, 78, 82.

Hell braungelb, Bauch, Beine und Antennen heller. Seitenrand der Seitenflügel vom 2. an deutlich 5lappig, Vom 5. Segment an ein hoher Mediankiel, der im Profil 3lappig und von oben gesehen 2teilig ist. Das Analsegment ist nicht vom 19. Segment überdeckt. Im übrigen gleicht diese Art sehr dem *D. armatus.*

Malayische Halbinsel: Gua Glaf, Bukit Grib, Raman Distrikt und Gua Tana, Patani State.

3. **D. vestitus** O. F. Cook 1896 *D. v.*, O. F. Cook, Brandtia, nr. 5 p. 27 | 1899 *D. v.*, Attems in: Denk. Ak. Wien, *v.* 68 p. 380.

Licht braun. Länge 14 mm, Breite 3 mm, Metazoniten mit großen Beulen, die eine konische Tuberkel in der Mitte tragen. Hinteres Segment mit 3 Querreihen von Tuberkeln. Das mediane Horn mit denselben Tuberkeln besetzt wie die übrige Fläche.

West Java: Gede.

4. **D. muralis** O. F. Cook 1896 *D. m.*, O. F. Cook, Brandtia, nr. 5 p. 27 | 1899 *D. m.*, Attems in: Denk. Ak. Wien, *v.* 68 p. 380.

Seitenflügel und Rücken mit großen flachen Feldern, die hell gefärbt sind, während der Raum zwischen ihnen dunkel ist. Die medianen Hörner gelblich fast glatt. Prozoniten hellgrau mit einem V-förmigen schwarzen Fleck in der Mitte. Seitenflügel 3lappig, Länge 12 mm. Breite 2,6 mm.

West Java.

Unsichere Art:

D. beccarii (Silv.) 1895 *Doratonotus B.*, Silvestri in: Ann. Mus. Genova, *v.* 34 p. 747.

Sumatra, Singalang.

Unsichere Gattungen:

Gen. **Cyphozonus** Carl

1913 *C.*, J. Carl in: Rev. Suisse Zool., *v.* 21 p. 213.

Segmentzahl ?, nur juv. bekannt. Poren nicht mit Sicherheit beobachtet. Im Habitus an *Trigonostylus* erinnernd. Kopf nicht vom Halsschild bedeckt. Rücken hoch gewölbt, mit stark abfallenden Seiten. Seitenflügel tief angesetzt, abfallend, die der letzten Segmente kleine runde Lappen, die das Analsegment nicht umfassen. Halsschild seitlich spitzwinklig mit 3 Querreihen von Längsrippen. Metazoniten durch eine Querfurche in 2 Hälften geteilt, jede mit einer Anzahl kurzer Längsrippen. Sternite sehr schmal. Schwänzchen kurz und breit, gestutzt 3eckig.

Sierra Leone.

Typus und einzige Art.

C. costatus Carl 1913 *C. c.*, J. Carl in: Rev. Suisse Zool., *v.* 21 p. 213 f. 8—10.

Erdbraun bis gelbbraun, Prozoniten trübweiß mit 4 diffusen dunklen Flecken. Länge 20 mm, Breite 4 mm (Weibchen von 19 Segmenten). Antennen kurz und dick. Halsschild so breit wie der Kopf, seitlich spitzwinklig, mit 3 Querreihen von 8, 8, 6 kurzen Längsrippen. Vordere Hälfte des Metazoniten jederseits mit 3, hintere Hälfte mit 4 Längsrippen, zwischen beiden Reihen ein unpaares Rippchen seitlich. Die Rippen der beiden Reihen alternieren mit Ausnahme der paramedianen. Seitenflügel des 2. Segments breiter und länger als die folgenden, viel weiter heruntersteigend. Vorder- und Hinterrand der Seitenflügel fast gerade und glatt. Seitenrand fein gezähnelt, der Vorderrand an der Basis deutlich geschultert. Beine dünn.

Sierra Leone: Yonni.

Gen. **Atopodesmus** Chamb.

1920 *A.*, Chamberlin in: Bull. Mus. Harvard, *v.* 64 p. 153.

19 Segmente. Poren auf den Segmenten 5, 7, 9, 10, 12, 13, 15—17, weit vom Rande entfernt, mäßig vorragend. Kopf fast ganz bedeckt. Halsschild vorn ganzrandig. 2. Segment größer als die anderen, seitlich stark verbreitert und gezackt, den Halsschild seitlich überragend, nach hinten beim zusammengerollten Tier unter

das 3. Segment reichend. Seitenrand der Seitenflügel gekerbt, Oberseite nicht granuliert. Rücken der Metazoniten grob granuliert, keine Granula besonders vergrößert. Analsegment groß, konisch, dorsal dicht granuliert.

Tasmanien.

1 Art.

A. parvus Chamb. 1920 *A. p.*, Chamberlin in: Bull. Mus. Harvard, *v.* 64 p. 154 (ohne Abbildung).

Braun. Länge 6 mm. Stirn und Scheitel granuliert. Metazoniten dicht, gleichmäßig und klein-granuliert in ca. 5 oder 6 Querreihen, jede Tuberkel mit einer kurzen, gekrümmten Borste. Seitenrand des 2. Segments mit 8 oder 9, der anderen mit 4 Lappen. Hinterrand der meisten Seitenflügel mit einem großen Kegelzahn nahe der Basis.

Tasmania.

Gen. **Lathrurodesmus** Silv.

1910 *L.*, Silvestri in: Zool. Anz., *v.* 35 p. 359.

Sehr nahe mit *Agnurodesmus* Silv. verwandt, von dem er sich nur durch die Lage der Poren unterscheidet: nahe dem Seiten- und Vorderrand.

Ecuador.

1 Art.

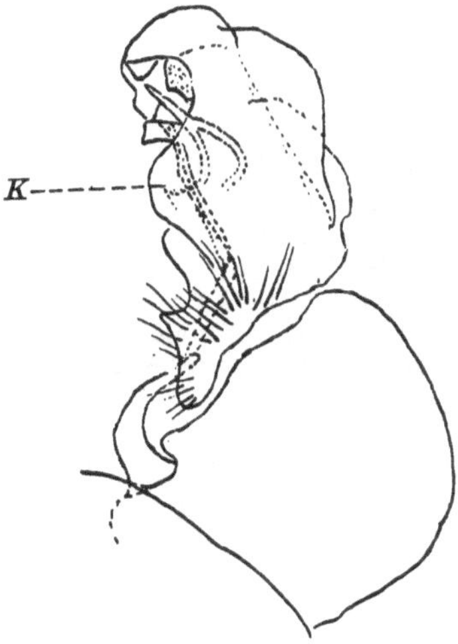

Fig. 501.
Lathrurodesmus ortonedae Silv. Gonopode (Silvestri, 1910).

L. ortonedae Silv. 1910 *L. o.*, Silvestri in: Zool. Anz., *v.* 35 p. 359 f. 4.

Braun. Länge 12 mm, Breite der Metazoniten 1,62, der Prozoniten 0,78 mm. Gonopoden vgl. Abb. Gonopode (Fig. 501).

Guayaquil.

Gen. **Ammodesmus** O. F. Cook

1896 *A.*, O. F. Cook in: P. U. S. Mus., *v.* 18 p. 82 | 1896 *A.*, O. F. Cook in: Amer. Natural., *v.* 30 p. 414.

Der Körper kann in eine vollkommene Kugel eingerollt werden. Seitenflügel des 2. Segments enorm vergrößert, umrahmt den Halsschild und Kopf. Metazoniten mit einer Querreihe von papillenförmigen Tuberkeln.

1 Art.

A. granum O. F. Cook 1896 *A. g.*, O. F. Cook in: P. U. S. Mus., *v.* 18 p. 82 | 1896 *A. g.*, O. F. Cook in: Amer. Natural., *v.* 30 p. 414.
Weniger als 2 mm lang, 1/2 mm breit (kleinste bekannte Polydesmidenart).
Liberia.

Gen. **Cenchrodesmus** O. F. Cook

1896 *C.*, O. F. Cook in: Amer. Natural., *v.* 30 p. 414.
Der Körper kann ganz in eine Kugel eingerollt werden. Segmente glatt.
1 Art.

C. volutus O. F. Cook 1896 *C. v.*, O. F. Cook in: Amer. Natural., *v.* 30 p. 414.
Liberia.

Gen. **Hynidesmus** O. F. Cook

1896 *H.*, O. F. Cook, Brandtia, nr. 5 p. 26.
19 Segmente. Poren auf den Segmenten 5, 7, 9, 10, 12, 13, 15—18, in der Bucht zwischen den 2 Lappen des Außenrandes der Seitenflügel. Kopf zum Teil unter dem Halsschild verborgen; Antennen kurz, keulig. 2. Segment seitlich sehr verbreitert, sichelförmig, hinten zugespitzt, Kopf und Halsschild nicht verdeckend. Seitenflügel tief angesetzt, abschüssig, 2lappig. Metazoniten fein runzelig, ohne Tuberkeln, lang beborstet. Ist die einzige Gattung einer unkenntlichen und überflüssigerweise aufgestellten Familie Hynidesmidae; die Zugehörigkeit zur Fam. Oniscodesmidae ist zweifelhaft.
1 Art.

H. lanifer O. F. Cook 1896 *H. l.*, O. F. Cook, Brandtia, nr. 5 p. 27.
Ohne Beschreibung.
Java, Goenoeng Filoe.

B. Subfam. **Sphaeriodesminae** Humb. & Sauss.

1869 *Sphaeriodesmii*, A. Humbert & Saussure in: Rev. Mag. Zool., ser. 2 *v.* 21 p. 149 | 1872 *Sphaeriodesmiens*, Saussure & A. Humbert in: Miss. Mex., *v.* 6 II Myr. p. 20 | 1884 *Sphaeriodesmia*, Latzel, Myr. Österr.-Ung., *v.* 2 p. 127 | 1893 *Sphaeriodesminae*, Bollman in: Bull. U. S. Mus., *v.* 46 p. 159 | 1895 *Cyclodesmidae*, Silvestri in: Ann. Mus. Genova, *v.* 34 p. 747 | 1896 *Sphaeriodesmidae* + *Cyclodesmidae* (part.), Silvestri in: Ann. Mus. Genova, *v.* 36 p. 186 | 1896 *Cyclodesmidae*, O. F. Cook, Brandtia, nr. 5 p. 28 | 1898 *C.*, O. F. Cook in: P. U. S. Mus., *v.* 21 p. 459 | 1899 *Sphaeriodesminae*, Attems in: Denk. Ak. Wien, *v.* 68 p. 388 | 1909 *Sphaeriodesmidae (Sphaeriodesminae + Cyclodesminae)*, Pocock in: Biol. Centr.-Amer., Diplop. p. 117, 118 | 1914 *S.*, Attems in: Arch. Naturg., *v.* 80 A 4 p. 279 | 1916 *Sphaeriodesminae*, Brölemann in: Ann. Soc. ent. France, *v.* 84 p. 560 | 1926 *Sphaeriodesmidae*, Attems in: Kükenthal & Krumbach, Handb. Zool., *v.* 4 p. 151.

Seitenflügel des 2. Segments bedeutend kleiner als die folgenden, von denen eines oder zwei vergrößert sind. Hüften der Gonopoden, soweit bisher bekannt, nur lose miteinander verbunden. Die letzten Segmente schließen mit dem fast 4eckigen oder abgerundeten Analsegment zu einer Art Pygidium zusammen. Antennen nicht verdickt, das 6. Glied so lang wie das 5.

Amerika.

2 Tribus mit 9 Gattungen, 43 sicheren und 2 unsicheren Arten.

Übersicht über die Tribus:

a) Poren, wenn vorhanden, auf der Oberfläche der Seitenflügel, weit von der vorderen Schulter nach hinten entfernt	1. Trib. **Sphaeriodesmini**
b) 3.—19. Segment mit einer tiefen Grube an der vorderen Schulter der Seitenflügel, in der vermutlich die bisher nicht sicher beobachteten Poren liegen	2. Trib. **Desmonini**

1. Trib. **Sphaeriodesmini**

1909 *Sphaeriodesminae* + *Cyclodesminae,* Pocock in: Biol. Centr.-Amer., Diplop. p. 119, 118 | 1914 *S.* + *C.*, Attems in: Arch. Naturg., *v.* 80 A4 p. 280 | 1926 *S.* + *C.*, Attems in: Kükenthal & Krumbach, Handb. Zool., *v.* 4 p. 152.

Poren, wenn vorhanden, auf der Oberfläche der Seitenflügel, weit von der vorderen Schulter nach hinten entfernt.

Übersicht über die Gattungen:

1	Metazoniten mit einem Querkiel, der mit Tuberkeln besetzt ist	13. Gen. **Cyphodesmus**
	Metazoniten glatt, höchstens ganz leicht runzelig — **2**	
2	Die Samenrinne mündet auf einem kleinen Läppchen, nicht auf einem Rinnenast	14. Gen. **Colobodesmus**
	Die Samenrinne mündet auf einem längeren oder kürzeren Rinnenast oder das ganze Telopodit ist eine einfache Sichel, an deren Ende die Samenrinne mündet — **3**	
3	3. oder 3. und 4. Segment die größten, resp. mit den größten Seitenflügeln — **4**	
	4. und 5. Segment die größten, größer als das 3.	10. Gen. **Sphaeriodesmus** 16. Gen. **Cylionus**
4	Segmente 3 und 4 fast gleich groß. Metazoniten mit winzigen Borsten	15. Gen. **Peridysodesmus**
	4. Segment kleiner als das 3. Metazoniten fast stets unbeborstet (nur bei *Cyclodesmus setosus* beborstet) — **5**	
5	Metazoniten nicht inkrustiert. Segment 3 ohne dicken Wulst hinter der Querfurche. Seiten der Seitenflügel des 4. Segments mehr oder weniger verschmälert	11. Gen. **Cyclodesmus**
	Metazoniten stets mit Fremdkörpern inkrustiert. Segment 3 mit einem dicken Wulst hinter der vorderen Furche. Seiten des 4. Segments mit deutlichem geradem Seitenrand (nicht elliptisch)	12. Gen. **Lophocyclus**

10. Gen. **Sphaeriodesmus** Peters

1860 *Glomeridesmus,* Saussure (nec Gervais 1844) in: Mém. Soc. Genève, *v.* 15 p. 278 | 1864 *Sphaeriodesmus,* Peters in: Monber. Ak. Berlin, p. 529 | 1872 *S.*, Saussure & A. Humbert in: Miss. Mex., *v.* 6^{II} Myr. p. 20 | 1899 *S.*, Attems in: Denk. Ak. Wien, *v.* 68 p. 390 | 1909 *S.*, Pocock in: Biol. Centr.-Amer., Diplop. p. 119 | 1916 *Eusphaeriodesmus,* Brölemann in: Ann. Soc. ent. France, *v.* 84 p. 605.

Körper einigermaßen *Glomeris*-ähnlich, kann in eine Kugel zusammengerollt werden. Die ersten 3 Segmente senkrecht gestellt. Halsschild ungefähr so breit wie der Kopf, 2. und 3. hufeisenförmig gebogen, die Seitenflügel der Segmente 4 und 5 die größten. Rücken sehr gewölbt, Seitenflügel ganz abfallend. Die letzten 6 Segmente schließen zu einer Art Pygidium zusammen, ihr Unterrand bildet mit dem des Analsegments eine ununterbrochene Linie. Analsegment breit, 4eckig. Metazoniten glatt. Praefemur und Femur des Gonopoden ohne deutliche Grenze miteinander verschmolzen, am beborsteten Teil oft ein großer oder kleiner Seitenfortsatz. Das Ende des Telopodit einfach oder in 2 kurze Äste gegabelt. Ein langer schlanker Rinnenast ist nicht vorhanden.

Mexico, Guatemala, Honduras.

14 sichere und 1 unsichere Art.

Typus: *S. mexicanus* (Sauss.).

Übersicht über die Arten:

1	Praefemorofemur des Gonopoden mit längerem oder kürzerem Seitenast — **2**	
	Praefemorofemur des Gonopoden ohne Seitenast, höchstens mit undeutlicher Vorwölbung an dessen Stelle — **9**	
2	Femur des 1. Beinpaares des Männchens mit beborstetem Höcker oder zugespitztem Fortsatz — **3**	
	Femur des 1. Beinpaares ohne größeren Fortsatz, manchmal mit schwachem Buckel — **6**	
3	Gonopodentelopodit lang und schlank, auch der Seitenast des Praefemorofemur lang und dünn	14. **S. digitatus**
	Gonopodentelopodit kürzer und breiter, Seitenast ebenfalls kürzer — **4**	
4	Ende des Gonopodentelopodit ungeteilt	13. **S. robustus**
	Ende des Gonopoden in 2 kurze Äste geteilt: Fortsatz des Femur und Rinnenast — **5**	
5	Gonopodentelopodit sehr breit und gedrungen. Körperlänge 24 mm, Breite 8 mm, Femurhöcker des 1. Beinpaares des Männchens sehr kurz	11. **S. neglectus**
	Gonopodentelopodit schlank. Körperlänge 15 mm, Breite 5 mm, Femurfortsatz des 1. Beinpaares des Männchens lang	12. **S. stilifer**
6	Spitze des Gonopodentelopodit kurz gegabelt — **7**	
	Gonopodentelopodit ganz ungeteilt — **8**	
7	Der Seitenast des Praefemorofemur ist eine breite Lamelle von ungefähr rhombischem Umriß. Körperlänge 19 mm, Breite 7 mm	7. **S. oniscus**
	Seitenast lang und dünn, stark gekrümmt. Körperlänge 15 mm, Breite 5 mm	8. **S. prehensor**
8	Gonopodentelopodit bis zur Spitze beborstet. Körperbreite 7,2 mm	9. **S. angustus**
	Gonopodentelopodit am Ende kahl. Körperbreite 5,5 mm	10. **S. hondurasanus**
9	Femur des 1. Beinpaares des Männchens ohne größeren Höcker — **10**	
	Femur des 1. Beinpaares mit beborstetem Höcker — **12**	
10	Rücken lederig-runzelig. Länge 20 mm, Breite 7,5 mm	4. **S. coriaceus**
	Rücken glatt. Länge 12—16 mm, Breite 3,5—4 mm — **11**	
11	Praefemorofemur des Gonopoden durch eine Einschnürung vom Ende getrennt. Farbe gelblich . . .	6. **S. pinetorum**
	Gonopodentelopodit ohne Einschnürung am Ende des Praefemorofemur, dieses ohne Grenze in die Endsichel übergehend. Dunkel mit einer breiten blaßgelben Mittelbinde auf dem Rücken	5. **S. bruesi**
12	Gonopodentelopodit am Ende kurz gegabelt, die Samenrinne mündet auf dem inneren Ast in der Krümmung — **13**	
	Gonopodentelopodit ungegabelt	3. **S. saussurei**
13	In der Mitte des Praefemorofemur des Gonopoden ein runder Buckel, die Endäste des Telopodit sehr kurz und stumpf. Körperlänge 32 mm, Breite 12 mm. Schwarz, Hinterrand der Metazoniten gelblich . . .	1. **S. mexicanus**
	Gonopodentelopodit ohne jede Andeutung eines Buckels, die Endäste länger und spitzer. Körperlänge 20 mm, Breite 7 mm	2. **S. medius**

1. **S. mexicanus** (Sauss.) 1859 *Glomeridesmus m.*, Saussure in: Linn. ent., *v.* 13 p. 328 | 1860 *G. m.*, Saussure in: Mém. Soc. Genève, *v.* 15 p. 276 t. 1 f. 1 | 1864 *Sphaeriodesmus m.*, Peters in: Monber. Ak. Berlin, p. 529 | 1872 *S. m.*, Saussure & A. Humbert in: Miss. Mex., *v.* 6 II Myr. p. 21 | 1898 *S. m.*, O. F. Cook in: P. U. S. Mus., *v.* 21 p. 462 t. 31 f. 1 | 1899 *S. m.*, Attems in: Denk. Ak. Wien, *v.* 68 p. 390 t. 15 f. 360, 361 | 1902 *S. m.*, J. Carl in: Rev. Suisse Zool., *v.* 10 p. 675 t. 12 f. 102—104 | 1909 *S. m.*, Pocock in: Biol. Centr.-Amer., Diplop. p. 125.

Rücken schwarz, Hinterrand der Metazoniten gelblich, Seitenflügel ringsum breiter gelb gerandet, Kopf, Antennen, Bauch und Beine braungelb. Länge 32 mm, Breite 12 mm. Clypeus glatt und glänzend mit feinen Härchen, Scheitel fast unbeborstet, Antennen ziemlich lang und dünn, Halsschild nur wenig breiter als der Kopf, die Seiten stark herabgebogen, das übrige flach, Vorderrand gerade. Tergite 2 und 3 kurz, die Seitenflügel stark herabgebogen, jeder das ihm vorangehende Segment seitlich umfassend, lanzettlich zugespitzt, die Spitze etwas zurückgebogen. Tergite 4 und 5 nicht größer als die folgenden, aber die Seitenflügel größer, mit abgerundetem Vordereck und spitzem Hintereck; sie reichen etwas weiter herab als die anderen. Vorderrand des 2.—4. Seitenflügels wulstig gesäumt. Seitenflügel 6—10 lanzettlich mit abgestumpfter Spitze, die des 11. und 12. Segments denen des 5. gleichend, noch mehr die des 13. und 14., die des 15.—19. sind winkelig, mit abgerundetem Vordereck und etwas spitzerem Hintereck. Die ganzen Tergite 15—20 bilden eine zusammenhängende Fläche, die an das Hinterende von *Glomeris* erinnert. Rücken wegen der ganz herabgebogenen Seitenflügel sehr gewölbt, glatt und glänzend. Sternite unbeborstet, die Beine einander sehr genähert. 1. Paar des Männchens kurz und dick, Femur unten mit einem starken stumpfen Fortsatz, 4. und 5. Glied mit einer dicht beborsteten Warze (Fig. 502). Gonopoden (Fig. 503): Hüfte reichlich beborstet, Telopodit nicht deutlich gegliedert, die Beborstung reicht bis nahe dem Ende, dieser beborstete Praefemoralteil hat vorn einen größeren oder kleineren seitlichen kegeligen Fortsatz. Das Ende des Telopodit ist nach vorn gebogen, kurz 2ästig, auf einem Ast die Samenrinne.

Fig. 502. **Sphaeriodesmus mexicanus** (Sauss.). 5. Bein des Männchens (J. Carl, 1902).

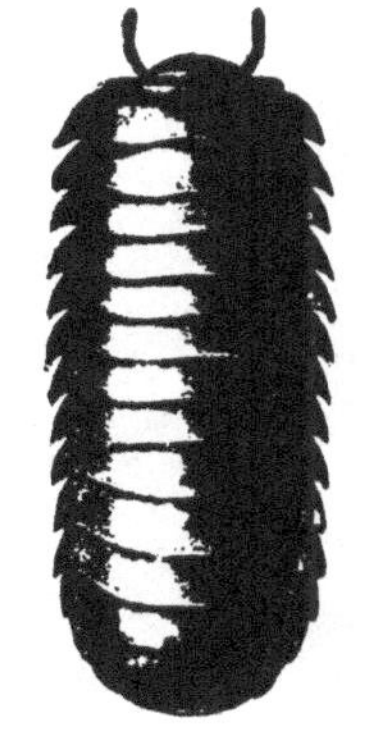

Fig. 502a. **Sphaeriodesmus mexicanus** (Sauss.) (Saussure, 1860).

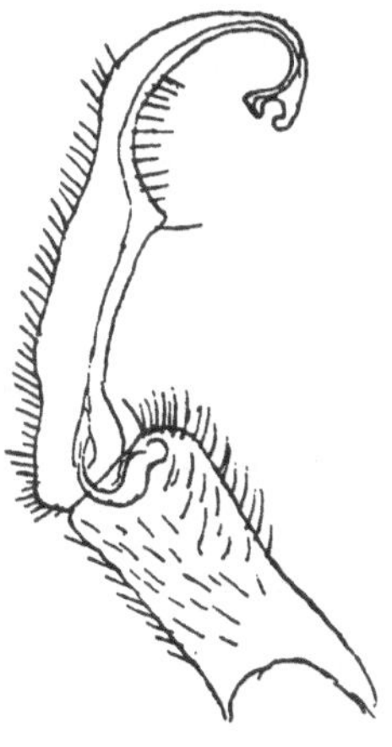

Fig. 503. **Sphaeriodesmus mexicanus** (Sauss.). Gonopode (J. Carl, 1902).

Mexico: Heiße Zone, Cordova, Ost Kordilleren, Cerro de Escamala. Orizaba.

2. **S. medius** Carl 1902 *S. m.*, J. Carl in: Rev. Suisse Zool., *v.* 10 p. 675 t. 12 f. 105, 106 | 1909 *S. m.*, Pocock in: Biol. Centr.-Amer., Diplop. p. 122.

Gelblichweiß. Länge 20 mm, Breite 7 mm. In der Form und Wölbung des Körpers und in der Form der Seitenflügel mit *S. mexicanus* und *S. saussurei* übereinstimmend, Seitenflügel des 4. Segmentes etwas breiter als bei *S. mexicanus*. 1. Beinpaar stark verdickt, und viel kürzer als die folgenden. Femur unten mit einem zugespitzten Fortsatz, auf der Unterseite des 4. und 5. Gliedes eine stärker beborstete Warze, keine Nebenkrallen. Gonopoden (Fig. 504): Hüfte zylindrisch, spärlich beborstet. Femur ohne seitlichen Höcker, das Ende in 2 kurze breite Äste gegabelt.

Guatemala.

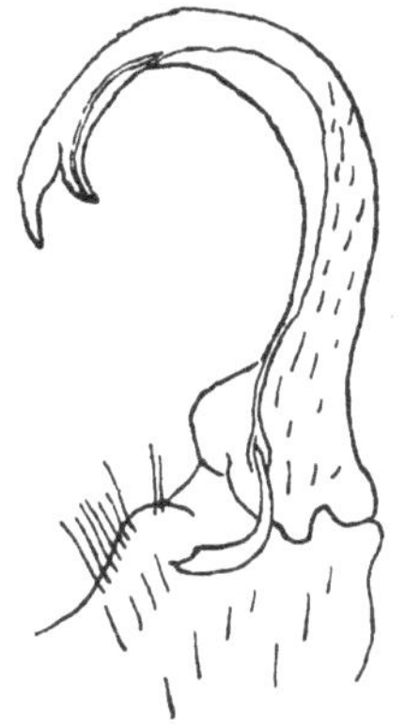

Fig. 504.
Sphaeriodesmus medius Carl.
Gonopode (J. Carl, 1902).

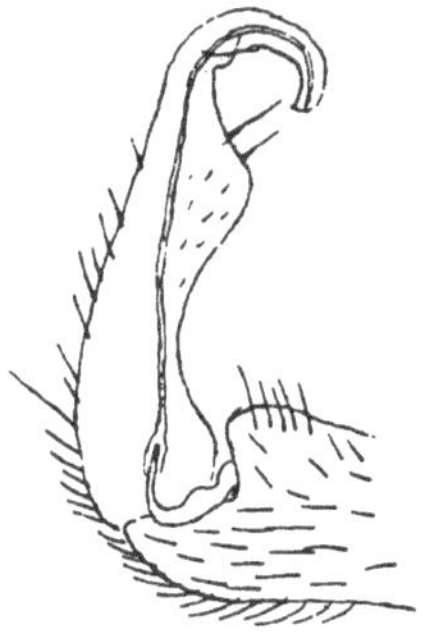

Fig. 505.
Sphaeriodesmus saussurei Att.
Gonopode.

3. **S. saussurei** Att. 1872 *S. mexicanus* (part.), Saussure & A. Humbert in: Miss. Mex., *v.* 6 II Myr. p. 21 t. 1 f. 1 | 1899 *S. Saussurei*, Attems in: Denk. Ak. Wien, *v.* 68 p. 391 | 1902 *S. S.*, J. Carl in: Rev. Suisse Zool., *v.* 10 p. 677 t. 12 f. 100, 101 | 1909 *S. s.*, Pocock in: Biol. Centr.-Amer., Diplop. p. 126.

Länge 16 mm, Breite 5 mm, Seitenflügel des 4. Segmentes breiter als bei *S. mexicanus*, sonst äußerlich ganz mit diesem übereinstimmend. Gonopoden (Fig. 505) weniger schlank als bei *S. mexicanus*, Praefemur hinter der Mitte mit einem breiten runden Höcker. Das Ende sichelförmig gebogen, breiter und nicht gegabelt. Das Femur des 1. Beinpaares des Männchens trägt unten einen kleinen, beborsteten Höcker.

Mexico: Ost-Cordilleren, Cerro de Escamela.

4. **S. coriaceus** Poc. 1909 *S. c.*, Pocock in: Biol. Centr.-Amer., Diplop. p. 125 t. 9 f. 4.

Einfarbig gelblich. Länge 20 mm, Breite 7,5 mm. Tergite ausgesprochen ledrig-runzelig und fast granuliert, viel stärker als bei den anderen Arten. Im Habitus sehr an *S. oniscus* erinnernd, aber Vorderrand des 2. und 3. Tergit stärker gehoben und der vordere Teil des 4. plötzlich herabgedrückt, an eine *Glomeris* erinnernd. 1. Beinpaar des Männchens unverändert. Gonopoden (Fig. 506): das Praefemur hat vorn nur eine schwache runde Vorwölbung, das Ende ist stark gebogen und einfach, d. h. nicht gegabelt.

Guatemala: San Juan in Alta Vera Paz.

5. **S. bruesi** (Chamb.) 1918 *Cyclodesmus b.*, Chamberlin in: Bull. Mus. Harvard, *v.* 62 p. 215 | 1922 *C. b.*, Chamberlin in: P. U. S. Mus., *v.* 61 nr. 10 p. 16 t. 6 f. 6 | 1937 *Sphaeriodesmus b.*, Loomis in: Bull. Mus. Harvard, *v.* 80 p. 22.

Gelblich, teilweise etwas dunkler. Länge 12—16 mm, Breite 3,5 mm. Seitenflügel des 3. Segments nicht länger als der Mittelteil des Rückens und nicht nach vorn lappig erweitert. Seitenflügel 2 parallel mit dem 3., beide

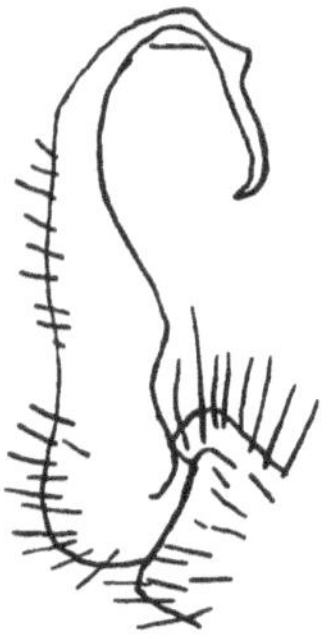

Fig. 506.
Sphaeriodesmus coriaceus Poc.
Gonopode (Pocock, 1909).

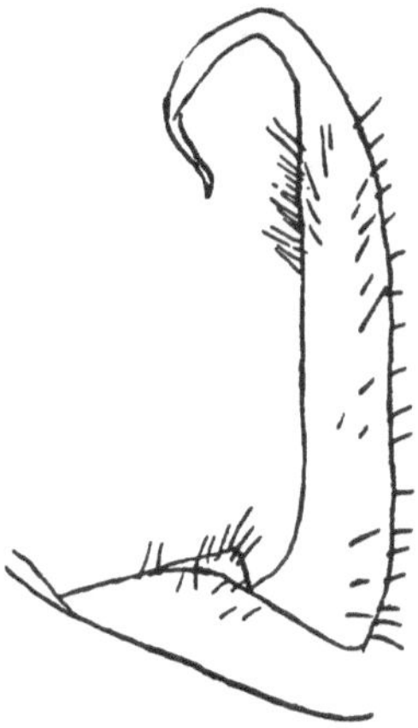

Fig. 507.
Sphaeriodesmus bruesi (Chamb.).
Gonopode (Chamberlin, 1922).

eng aneinander schließend. Seitenflügel 4 stark abgerundet. Hinterrand der hinteren Seitenflügel ohne Kerbe. Telopodit des Gonopoden lang und schlank, Praefemur und Femur ohne deutliche Grenze miteinander verschmolzen und ohne Grenze in die einfache stark gebogene Endsichel übergehend (Fig. 507).

Jamaica: Liguanea Plain.

6. **S. pinetorum** (Chamb.) 1922 *Cyclodesmus p.*, Chamberlin in: P. U. S. Mus., *v.* 61 nr. 10 p. 16 t. 6 f. 4, 5 | 1937 *Sphaeriodesmus p.*, Loomis in: Bull. Mus. Harvard, *v.* 80 p. 22.

Dunkel mit einem breiten blassen Band in der Rückenmitte und einem helleren Fleck auf jedem Seitenflügel. Länge 13 mm, Breite 4 mm. Seitenflügel des 3. Segments nur wenig breiter

Fig. 508.
Sphaeriodesmus pinetorum (Chamb.).
Vorderende (Chamberlin, 1922).

Fig. 509.
Sphaeriodesmus pinetorum (Chamb.).
Gonopode (Chamberlin, 1922).

als die Rückenmitte. Seitenflügel 4 breit abgerundet, der Hinterrand fast gerade. Hinterrand der hinteren Seitenflügel ohne Kerbe (Fig. 508, 509).

Isla de Pinos: Bibijagua. Cuba: Forest floor. Soledad.

7. **S. oniscus** Poc. 1909 *S. o.*, Pocock in: Biol. Centr.-Amer., Diplop. p. 122 t. 8 f. 8.

Dunkel olivgrün. Länge 19 mm, Breite 7 mm. Glänzend, dabei schwach punktiert und etwas runzelig. Halsschild breiter als der Kopf, seitlich verschmälert, am Ende abgerundet. 2. Segment kürzer als das 3., Vorderseitenrand des 4. schwach konvex, Hinterrand seicht eingebuchtet, das 5. etwas breiter als das 4., das Vordereck stärker gerundet, das 6. so breit wie das 4., der Hinterrand der Seitenflügel vom 6. an in einer Linie mit dem Mittelteil des Rückens. 1. Beinpaar des Männchens etwas verdickt, Femur ohne Höcker. Gonopoden (Fig. 510): nahe der Basis des Femur ein fast membranöser, spitzer dreieckiger Lappen. Zweite Hälfte des Telopodit bogig gekrümmt, am Ende in zwei sehr kurze Äste geteilt.

Mexico: San Andres Tuxtla in Vera Cruz.

Fig. 510.
Sphaeriodesmus oniscus Poc.
Gonopode (Pocock, 1909).

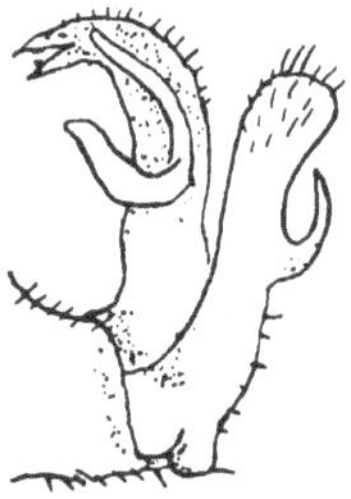

Fig. 511.
Sphaeriodesmus prehensor Poc.
Gonopoden (Pocock, 1909).

8. **S. prehensor** Poc. 1909 *S. p.*, Pocock in: Biol. Centr.-Amer., Diplop. p. 123 t. 8 f. 9 | 1916 *Eusphaeriodesmus p.*, Brölemann in: Ann. Soc. ent. France, *v.* 84 p. 606.

Weißlichgrau. Länge 15 mm, Breite 5 mm. In der Körperform sehr ähnlich *S. robustus*. Seitenflügel 4 und 5 fast gleich breit. 1. Beinpaar des Männchens nur wenig verändert, Femur unten nicht hohl und ohne Höcker. Gonopoden (Fig. 511): Hüfte mit einer Tuberkel auf der Vorderfläche. Telopodit kurz und dick, Femur mit einem langen, zugespitzten Seitenhaken, am Ende zwei kleine Äste, der eine größer und hakig.

Mexico: Omilteme in Guerrero.

Fig. 512.
Sphaeriodesmus angustus Poc. Gonopoden (Pocock, 1909).

9. **S. angustus** Poc. 1909 *S. a.*, Pocock in Biol. Centr.-Amer., Diplop. p. 123 t. 9 f. 1 | 1916 *Eusphaeriodesmus a.*, Brölemann in: Ann. Soc. ent. France, *v.* 84 p. 606.

Blaß olivgrün. Länge 17,5 mm. Breite 7,2 mm. Glatt, glänzend. Seitenflügel des 4. Segments gebogen mit stark konvexem Vorder- und konkavem Hinterrand, die des 5. etwas breiter als die des 4. Hinterrand der meisten Seitenflügel konvex und vom Rücken durch eine kleine Kerbe abgesetzt, Hintereck auf dem 6.—10. abgerundet, auf dem 11.—14. rechtwinklig, weiterhin mehr und mehr spitz. Femur des 1. Beinpaares des Männchens unten hohl und mit einem niedrigen Höcker am Grunde. Telopodit des Gonopoden dick, zylindrisch, Femur mit einem großen spitzen Seitenast, das Ende einfach, nicht gegabelt (Fig. 512).

Guatemala: Senahu in Alta Vera Paz.

10. **S. hondurasanus** Chamb. 1922 *S. h.*, Chamberlin in: P. U. S. Mus., *v.* 60 nr. 8 p. 57 t. 14 f. 8—10, t. 15 f. 1, 2.

Grünlichgelb. Länge 17 mm, Breite 5,5 mm, Halsschild breiter als der Kopf, seitlich verschmälert und zugespitzt, der Vorderrand gerade. Tergit 2 viel kürzer als das 3., die Seitenflügel beider zugespitzt, die des 4. viel breiter, mit schwach konvexem Vorderrand und seicht eingebuchtetem Hinterrand, Vordereck breit gerundet, Hintereck rechtwinklig, Seitenflügel des 5. Segmentes viel schmäler als die des 4., die des 6. und der folgenden Segmente nach der Seite zu stark verschmälert, in der hinteren Körperregion werden sie wieder breiter. 1. Beinpaar des Männchens kaum verdickt, Femur ohne Höcker. Telopodite der Gonopoden parallel zueinander, das Ende nach oben und dann caudalwärts gebogen, zugespitzt und nicht gegabelt. Ungefähr in der Mitte des Praefemur ein langer gerader Querfortsatz.

Honduras: San Juan Pueblo. Lombardia.

11. **S. neglectus** Carl 1902 *S. n.*, J. Carl in: Rev. Suisse Zool., *v.* 10 p. 676 t. 12 f. 107, 108 | 1909 *S. n.*, Pocock in: Biol. Centr.-Amer., Diplop. p. 126.

Oberseits graugelb, unterseits gelb. Länge 24 mm, Breite 8 mm. Seitenflügel des 4. Segmentes breiter als bei *S. mexicanus*, sonst in der Körperform mit diesem übereinstimmend. Femur des 1. Beinpaares ohne Fortsatz, nur mit einem beborsteten Höcker wie bei *S. saussurei*. Gonopoden (Fig. 513): bedeutend stärker und gedrungener als bei den übrigen Arten, Hüfte dick, zylindrisch, am Ende unten als abgerundeter beborsteter Höcker vorspringend. Praefemur und Acropodit vollkommen zu einem breiten, bis vor der Spitze mit kurzen Borsten gleichmäßig besetzten Stück verschmolzen, das in seiner ersten Hälfte einen kurzen, kegelförmigen Fortsatz trägt; von da an ist es sichelförmig gebogen und am Ende in 2 lappenförmige Äste gegabelt; der Rinnenast endigt abgestutzt, ist innen leicht ausgebuchtet und auf der Fläche mit feinen Körnchen besetzt.

Mexico: Cordova.

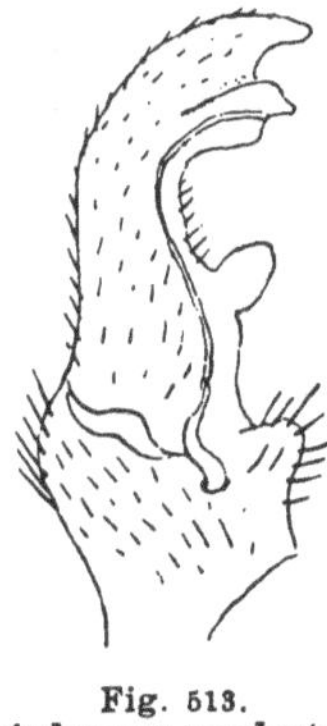

Fig. 513.
Sphaeriodesmus neglectus Carl.
Gonopode (J. Carl, 1902).

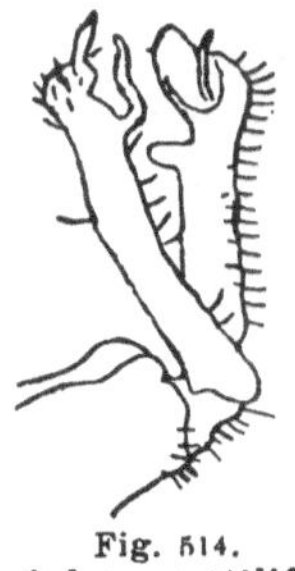

Fig. 514.
Sphaeriodesmus stilifer Poc.
Gonopoden (Pocock, 1909).

12. **S. stilifer** Poc. 1909 *S. s.*, Pocock in: Biol. Centr.-Amer., Diplop. p. 124 t. 9 f. 2 | 1916 ***Eusphaeriodesmus stylifer***, Brölemann in: Ann. Soc. ent. France, *v.* 84 p. 606.

Gelb oder ockergelb. Länge 15 mm, Breite 5 mm. Leicht runzelig. 4. und 5. Segment ungefähr gleich breit, die Seitenflügel beider gebogen, mit konvexem Vorder- und konkavem Hinterrand. Hinterrand aller Seitenflügel konkav. Femur des 1. Beinpaares des Männchens oben stark gewölbt, unten hohl mit einem großen kegeligen Fortsatz am Grunde. Hinterrand der Gonopodenöffnung nicht erhoben. Nahe dem Ende des Gonopodenfemur ein dornförmiger Zahn, das Ende des Telopodit in eine breitere Lamelle und einen schlanken spitzen Haken gegabelt (Fig. 514).

Costa Rica: Irazu.

13. **S. robustus** Poc. 1909 *S. r.*, Pocock in: Biol. Centr.-Amer., Diplop. p. 122 t. 8 f. 7 | 1916 *Eusphaeriodesmus r.*, Brölemann in: Ann. Soc. ent. France, *v.* 84 p. 606.

Olivgrün. Länge 27 mm, Breite 9,5 mm. Glänzend, fast glatt. Form der Tergite ähnlich wie bei *S. oniscus*, aber die Seitenflügel des 1. Segments etwas kleiner, die des 2. etwas breiter als die des 3., auch die des 4. etwas breiter mit stärker gerundetem Vorderrand. Hinterrand der Seitenflügel in einer Linie mit dem Mittelteil des Rückens. 1. Beinpaar des Männchens verdickt, Femur unten hohl mit einem Zahnfortsatz am Grunde, 4. und 5. Glied mit einer kleineren beborsteten Tuberkel. Gonopoden: Telopodit kurz und dick, Femur mit einem langen, schlanken Seitenast, das Ende in 2 relativ große Arme gegabelt, von denen der eine einen kurzen membranösen Fortsatz hat.

Mexico: San Andres Tuxtla in Vera Cruz.

14. **S. digitatus** Poc. 1909 *S. d.*, Pocock in: Biol. Centr.-Amer., Diplop. p. 124 t. 9 f. 3 | 1916 *Eusphaeriodesmus (Ischnosphaeriodesmus) d.*, Brölemann in: Ann. Soc. ent. France, *v.* 84 p. 561.

Einfarbig gelblich. Länge 16 mm, Breite 4 mm. Glatt und glänzend. Seitenflügel 4 und 5 fast gleich groß, Hinterecken des 4. etwas schärfer und der Hinterrand konkaver, Hinterrand der Seitenflügel leicht nach vorn gezogen, der Hinterrand je weiter caudal um so spitzer. Femur des 1. Beinpaares des Männchens gebogen, unten hohl mit einem starken Zahnfortsatz am Grunde. Gonopoden (Fig. 515): Telopodit sehr lang und schlank, Femur mit einem langen schlanken spitzen Seitenast der fast parallel mit dem Ende ist. Dieses ist hakig, ungegabelt. Die Beborstung reicht fast bis zum Ende.

Guatemala: Volcan de Agua.

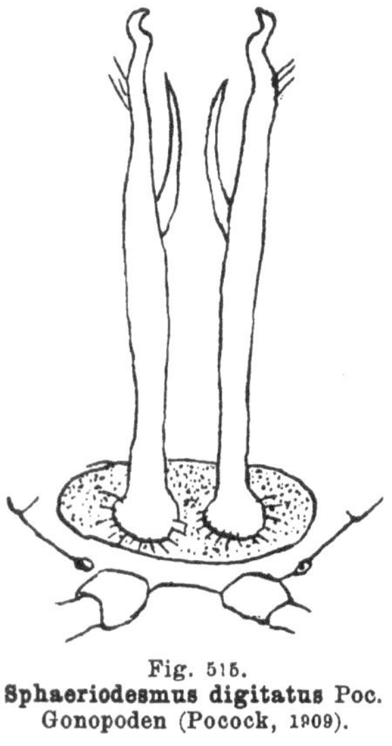

Fig. 515.
Sphaeriodesmus digitatus Poc.
Gonopoden (Pocock, 1909).

Unsichere Art:

S. conformans Chamb. 1925 *S. c.*, Chamberlin in: P. biol. Soc. Washington, *v.* 38 p. 44.

Canal Zone: Barro Colorado.

11. Gen. **Cyclodesmus** Humb. & Sauss.

1869 *C.*, A. Humbert & Saussure in: Rev. Mag. Zool., ser. 2 *v.* 21 p. 149 | 1872 *C.*, Saussure & A. Humbert in: Miss. Mex., *v.* 6 II Myr. p. 23 | 1894 *C.*, Pocock in: J. Linn. Soc. London, *v.* 24 p. 508 | 1899 *C.*, Attems in: Denk. Ak. Wien, *v.* 68 p. 38?.

Rücken sehr stark gewölbt, die Seitenflügel ganz abfallend und weit unter das Niveau der Sternite herabreichend. Körper hinten zusammengedrückt und zum Zusammenkugeln eingerichtet und dann mehr eine Scheibe als eine Kugel bildend. Die ersten zwei Segmente senkrecht zur Längsachse des Körpers, Halsschild so breit wie der Kopf, trapezisch, das 3. Segment das größte, das 4. kleiner als das 3. aber größer als die folgenden. Die sechs letzten Segmente, das Analsegment inbegriffen, schließen eng aneinander und bilden eine Art Pygidium. Oberfläche glatt. Gonopoden: Hüfte dick, Praefemur und Femur ohne Grenze miteinander verwachsen; es ist entweder ein langer dünner Rinnenast und ein breiter Tibiotarsus vorhanden, der eine Art Scheide für den Rinnenast bildet oder das ganze Telopodit ist eine einfache Sichel. Die Gonopoden von *C. aztecus* einerseits und *C. bruesi* und *C. pinetorum* andrerseits haben einen so verschiedenen Typus, daß es zweifelhaft ist, ob diese Arten wirklich in eine Gattung gehören.

Mexico, Antillen.

2 Untergattungen mit 16 sicheren und 1 unsicheren Art.

Typus: *C. aztecus* Humb. & Sauss.

a) Subgen. **Cyclodesmus** Humb. & Sauss.

Literatur wie oben.

Gonopode mit großem Tibiotarsus, der eine Art Scheide für den Rinnenast bildet.

Mexico.

Typus und einzige Art: *C. aztecus* Humb. & Sauss.

1. **C. (C.) aztecus** Humb. & Sauss. 1869 *C. a.*, A. Humbert & Saussure in: Rev. Mag. Zool., ser. 2 *v.* 21 p. 149 | 1872 *C. a.*, Saussure & A. Humbert in: Miss. Mex., *v.* 6 II Myr. p. 24 t. 1 f. 3 | 1902 *C. a.*, J. Carl in: Rev. Suisse Zool., *v.* 10 p. 678 t. 12 f. 109.

Gelblichweiß. Länge 5—6 mm, Breite 1,6 mm. Halsschild abgerundet trapezförmig, 2. Segment schmal, so breit wie der Halsschild, 3. Segment das größte, seine Seitenflügel stark nach unten verlängert, gebogen, mit einer nach hinten gerichteten Spitze, Hinterrand konkav. 4 Segment schmäler, die Seitenflügel nach hinten gebogen, abgerundet. Die folgenden Seitenflügel etwas kürzer und schmäler, von der Körpermitte an 4eckig werdend, das Hintereck wird immer spitzer und ist auf den Segmenten 18 und 19 ein Zacken. Analsegment breit, die Seiten nach hinten etwas konvergierend, der Hinterrand stumpfwinklig. Gonopoden (Fig. 516): Hüfte stark, Praefemur und Femur zu einem kurzen breiten Abschnitt verschmolzen, der vor der Spaltung in die beiden Endäste unten einen stark beborsteten Knopf und außen einen mit einer Reihe langer Borsten besetzten Querwulst trägt. Rinnenast lang und dünn. Tibiotarsus breiter, sichelförmig gekrümmt, am Ende schräg abgestutzt, auf der konkaven Seite mit einem kurzen 3eckigen Fortsatz. Er bildet eine unvollkommene Scheide für den Rinnenast.

Fig. 516. **Cyclodesmus (C.) aztecus** Humb. & Sauss. Gonopode (J. Carl, 1902).

Mexico: Ost-Cordillere.

b) Subgen. **Haplocyclodesmus** nom. nov.

Gonopoden ohne Tibiotarsus, die Samenrinne mündet am Ende des Telopodit, dessen Spitze öfters in 2 kurze Äste gegabelt ist. Im wesentlichen gleichen die Gonopoden denen von *Sphaeriodesmus* und es ist die Aufgabe späterer Forschung, zu entscheiden, ob die bisherige Fassung der Gattungen *Sphaeriodesmus, Cyclodesmus* und *Lophoscytus* die richtige ist.

Haiti, eine Art *(C. porcellanus)* Jamaica; die Zugehörigkeit der letzteren zu dieser Untergattung ist noch fraglich, da die Gonopoden unbekannt sind.

15 sichere und 1 unsichere Art.

Typus: *C. (H.) crassartus* Loomis

Übersicht über die Arten:

1 { Am Hinterrand der Seitenflügel der hinteren Körperhälfte eine tiefe Kerbe — **2**
Hinterrand der Seitenflügel ohne Kerbe — **3**

2 { Die Kerbe am Hinterrand ist glatt . . . . **16. C. (H.) porcellanus**
Diese Kerbe ist durch Zähnchen schartig . . . . **10. C. (H.) incisus**

3 { Praefemur des Gonopoden mit einem langen unbeborsteten Fortsatz, der vom Rinnenast absteht. Acropodit schütter beborstet . . . . **3. C. (H.) haitianus**
Praefemur des Gonopoden ohne solchen langen abstehenden Fortsatz, sehr langgestreckt und bis zum Ende beborstet. Acropodit nicht beborstet — **4**

4 { Körper sehr gedrungen, fast halb so breit wie lang — **5**
Körper schlanker, 3—4mal so lang wie breit — **6**

5 { Antennen lang und schlank. Acropodit des Gonopoden ohne scharfe Grenze gegen das Praefemur . . . . . . **6. C. (H.) obesus**
Antennen kürzer und dicker. Acropodit des Gonopoden scharf vom Praefemur abgesetzt . . . . **2. C. (H.) crassartus**

6 { Oberfläche der Segmente abstehend beborstet — **14**
Oberfläche der Segmente kahl — **7**

7 { Klein, nicht über 6 mm lang. Hüfte der Gonopoden mit langem, dickkegeligem Fortsatz . . . . **7. C. (H.) globulus**
Größer, über 6 mm lang. Hüfte der Gonopoden ohne solchen Fortsatz — **8**

8 { Praefemur des Gonopoden und Acropodit ganz ohne Absatz ineinander übergehend. Acropodit gerade vorgestreckt **8. C. (H.) nudatus**
Praefemur des Gonopoden mehr oder weniger vom Acropodit abgesetzt. Acropodit mehr oder weniger bis stark gebogen — **9**

9 { Acropodit des Gonopoden gegen den Körper zu gekrümmt. Sternite der Beine hinter den Gonopoden schmäler als der Durchmesser einer Hüfte. Die Ecken des Segment 2 gegenüber denen von Segment 1 liegend . . . . **9. C. (H.) angustipes**
Acropodit mehr oder weniger lateral gebogen. Sternite der Beine hinter den Gonopoden breiter als der Durchmesser einer Hüfte. Ecken des Segment 2 nicht bis zu denen des Segment 1 reichend — **10**

10 { Acropodit sehr kurz und leicht gegen den Körper zu gekrümmt . . . . **5. C. (H.) enneryensis**
Acropodit lang, mehr lateral als gegen den Körper zu gekrümmt — **11**

11 { Rumpf nicht über 8 mm lang. Praefemur mit einem Zahn am Ende der Lateralseite . . . . **4. C. (H.) insulanus**
Rumpf 10—13 mm lang. Praefemur des Gonopoden ohne Zahn am Ende — **12**

12	Gonopoden kurz und gedrungen, Acropodit im ganzen breit. Sternit 8 nur wenig breiter als der Durchmesser einer Hüfte	11. **C. (H.) falcarius**
	Gonopoden lang und sehr schlank. Acropodit schon am Grund schlank. Sternite der Beine hinter den Gonopoden zweimal so breit wie eine Hüfte — **13**	
13	Acropodit des Gonopoden ganz gleichmäßig gekrümmt mit einfacher Spitze	12. **C. (H.) montanus**
	Acropodit im rechten Winkel lateral gebogen, am Ende kurz zweispitzig	13. **C. (H.) rubellus**
14	Metazoniten mit zahlreichen abstehenden Borsten besetzt, Seiten des 2. Segmentes die des 1. bedeutend überragend. Körperlänge 16 mm, Breite 4 mm	14. **C. setosus**
	Rücken einiger der vorderen Segmente mit wenigen Borsten (die anderen vielleicht abgerieben), Vordereck des 2. Segmentes nicht bis zum Vordereck des 1. reichend. Länge 8 mm, Breite 2,3 mm	15. **C. irretitus**

2. **C. (H.) crassartus** Loomis 1936 *C. c.*, Loomis in: Bull. Mus. Harvard, *v.* 80 p. 81 f. 34.

Länge 13 mm, Breite 6 mm. Oberfläche glatt und glänzend, mit feinem Netzwerk und spärlichen schwachen Längskritzeln. Seitenrand des Kopfes mit einer tiefen Kerbe in der Mitte. Antennen kurz und dick im Vergleich mit denen von *C. obesus.* Vorderrand des Halsschildes eingebuchtet, die Seitenecken nur schwach nach vorn gezogen, und eckiger als bei *C. obesus.* Seiten des 2. Segments schmal bis zu den Ecken des Halsschildes vorgezogen oder diese überragend. Sternit 8 schmäler als der Durchmesser einer Hüfte. Gonopoden kürzer und gedrungener als die von *C. obesus,* der beborstete Teil des Telopodit bildet eine Art Scheide für das Endstück, das in eine fast gerade schlanke einfache Spitze ausläuft (Fig. 517).

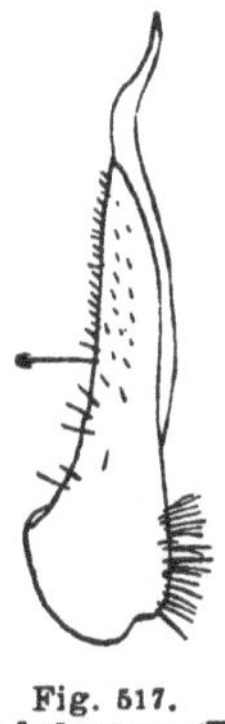

Fig. 517. **Cyclodesmus (H.) crassartus** Loomis. Gonopode (Loomis, 1936).

Haiti: Fond des Negre.

3. **C. (H.) haitianus** Chamb. 1918 *C. h.*, Chamberlin in: Bull. Mus. Harvard, *v.* 62 p. 215 | 1922 *C. h.*, Chamberlin in: P. U. S. Mus., *v.* 61 nr. 10 p. 16 t. 6 f. 3 | 1936 *C. h.*, Loomis in: Bull. Mus. Harvard, *v.* 80 p. 100 f. 45.

Gelblich. Länge 13—16 mm, Breite 4,8 mm. Vorderrand des Halsschildes gerade. die Seiten des 2. Segments nicht bis gegenüber denen des 1. reichend. Seiten des 4. Segments von Chamberlin als gerundet, von Loomis als spitz angegeben. Die meisten Exemplare haben spärliche Borsten nahe dem Hinterrand der hinteren Segmente und auf den anderen Segmenten vereinzelte Borsten. In der Zeichnung, die Loomis von dem Gonopoden gibt, hat das Praefemur einen langen am Ende hakigen Fortsatz, der weit vom Acropodit absteht (Fig. 518). Letzterer mit kleinen Börstchen besetzt(?).

Haiti: Diquini. Petionville. Kenscoff.

4. **C. (H.) insulanus** Loomis 1936 *C. i.*, Loomis in: Bull. Mus. Harvard, *v.* 80 p. 93 f. 41.

Männchen Länge 8 mm, Breite 2 mm. Vorderrand des Halsschildes nur sehr schwach eingebuchtet, die Ecken breit gerundet. Ecken des 2. Segments die des 1. bei weitem nicht erreichend. Seitenecken des 4. Segments scharf, die des 5. breit gerundet. Sternit 8 wenigstens doppelt so breit wie der Querdurchmesser einer Hüfte. Der beborstete Teil des Gonopodentelopodit mit einem kleinen scharfen Zahn außen am Ende, das Ende des Telopodit ist eine ziemlich kurze schlanke lateral gebogene Sichel (Fig. 519).

Haiti: Ile de Cabrit bei Bayeux.

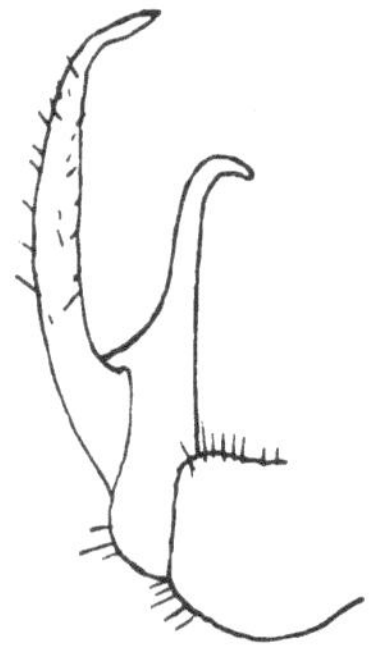

Fig. 518.
Cyclodesmus (H.) haitianus Chamb.
Gonopode (Loomis, 1936).

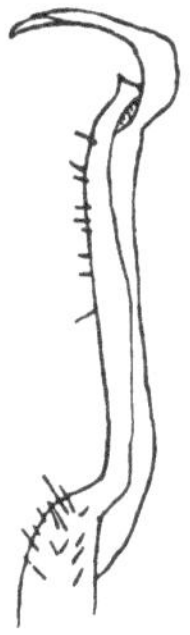

Fig. 519.
Cyclodesmus (H.) insulanus Loomis
Gonopode (Loomis, 1936).

5. **C. (H.) enneryensis** Loomis 1936 *C. e.*, Loomis in: Bull. Mus. Harvard, *v.* 80 p. 92 f. 40.

Weibchen 10 mm lang, 3 mm breit. Vorderrand des Halsschildes seicht eingebuchtet, die Ecken mäßig breit gerundet, Ecken des 2. Segments die des 1. nicht erreichend. Vorderrandwulst des 3. Segments dick und hoch, hinten begrenzt durch eine tiefe schmale Furche, hinter dieser eine breite Depression, die beinahe bis zum Hinterrand reicht. Oberfläche glatt und glänzend mit dem gewöhnlichen feinen Netzwerk. Sternit 8 beinahe doppelt so breit wie der Durchmesser einer Hüfte. Gonopoden lang und schlank, der beborstete Teil am Ende außen mit runder Schulter vorspringend. Praefemur mit einem langen Zylinder, der nur wenige feine Borsten trägt. Ende des Telopodit eine dünne schwach gebogene Sichel mit einfacher Spitze (Fig. 520).

Haiti: Ennery.

6. **C. (H.) obesus** Loomis 1936 *C. o.*, Loomis in: Bull. Mus. Harvard, *v.* 80 p. 83 f. 35.

Länge ♂ 14 mm, ♀ 16 mm, Breite ♂ 6 mm, ♀ 7 mm. Antennen lang und schlank. Halsschild vorn tief eingebuchtet, die Seitenecken deutlich nach vorn gezogen, gerundet-spitz. Segmente vom 3. an wie bei *C. crassartus.* Sternit 8 des Männchens schmäler als der Durchmesser einer Hüfte. Der beborstete Teil des Gonopodentelopodit geht direkt in das schlanke, nur schwach gebogene einfache Ende des Telopodit über (Fig. 521).

Haiti: Fond des Negre.

7. **C. (H.) globulus** Loomis 1936 *C. g.*, Loomis in: Bull. Mus. Harvard, *v.* 80 p. 90 f. 39.

Länge ♂ 5,3 mm, ♀ 6 mm, Breite ♂ 1,2 mm, ♀ 1,5 mm. Oberfläche glatt und glänzend mit sehr feinem Netzwerk. Vorderrand des Halsschildes unmerklich eingebuchtet, die Seiten gerundet. Ecken des 2. Segments beinahe gegenüber denen des 1. reichend. Seiten der Segmente vom 5. zum 9. allmählich von spitz-gerundet zu breit-gerundet übergehend, vom 10. bis zum vorletzten Segment ein Seitenrand mit Vorder- und Hintereck vorhanden. Sternit 8 des Männchens so breit wie der Durchmesser einer Hüfte. Hüfte des Gonopoden mit einem langen hornartigen Fortsatz, der bis zu einem Drittel des Telopodit aufragt (Unterschied von allen anderen Arten). Praefemur mit großem beborstetem Kegel. Telopodit lang und schlank, der beborstete Teil bildet eine Art Scheide für das gerade in eine einfache Spitze auslaufende Ende (Fig. 522).

Haiti: Zwischen Leogane und Petit Goave.

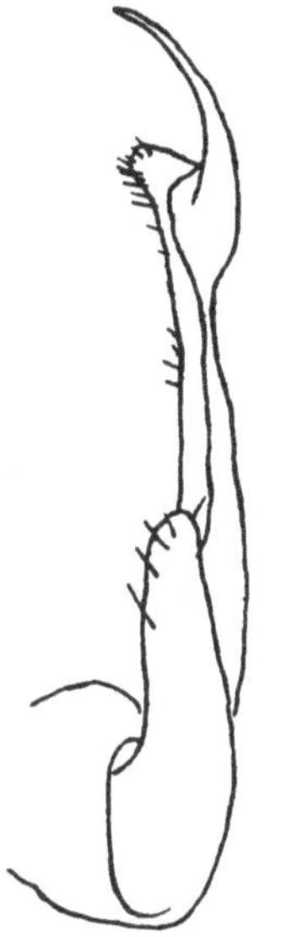

Fig. 520. **Cyclodesmus (H.) enneryensis** Loomis. Gonopode (Loomis, 1936).

Fig. 521. **Cyclodesmus (H.) obesus** Loomis. Gonopode (Loomis, 1936).

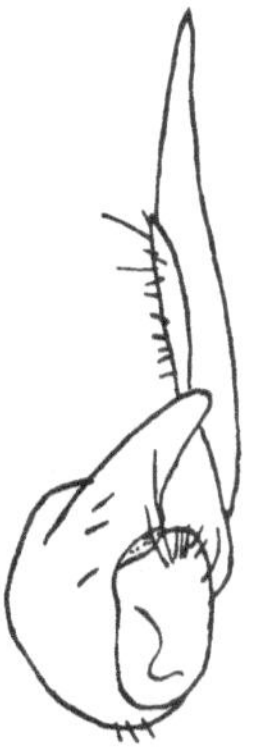

Fig. 522. **Cyclodesmus (H.) globulus** Loomis. Gonopode (Loomis, 1936).

Fig. 523. **Cyclodesmus (H.) nudatus** Loomis. Gonopode (Loomis, 1936).

8. **C. (H.) nudatus** Loomis 1936 *C. n.*, Loomis in: Bull. Mus. Harvard, *v.* 80 p. 85 f. 36.

Länge 9 mm, Breite 2,5 mm. Oberfläche glatt und glänzend mit dem gewöhnlichen feinen Netzwerk. Vorderrand des Halsschildes seicht und breit eingebuchtet, die Seiten breit gerundet. Die Seiten des 2. Segments erreichen nicht die des 1. Seiten des 4. Segments breit gerundet, der Hinterrand daneben mit einer kleinen Kerbe. Sternit 8 des Männchens schmäler als eine Hüfte. Praefemur des Gonopoden mit einem Büschel sehr langer Borsten, im übrigen gleichen sie sehr denen von *C. obesus*, indem der beborstete Teil ganz allmählich in das gerade, schlanke, einfache Ende übergeht (Fig. 523).

Haiti: L'Archaie.

9. **C. (H.) angustipes** Loomis 1936 *C. a.*, Loomis in: Bull. Mus. Harvard, *v.* 80 p. 86 f. 37.

Weibchen Länge 12 mm, Breite 3,5 mm. Oberfläche glatt und glänzend mit der üblichen feinen Reticulation. Vorderrand des Halsschildes sehr undeutlich eingebuchtet, die Seiten breit gerundet. Seiten des 2. Segments bis zu denen des 1. reichend oder sie leicht überragend, Seiten des 4. Segments gerundet mit einer kleinen Kerbe am Hinterrand. Seiten des 5. und 6. breit gerundet. Sternit 8 des Männchens besonders schmal, nicht so breit wie der Querdurchmesser einer Hüfte. Der beborstete Teil des Gonopodentelopodit bildet eine Art Scheide und ist bis zum Ende reichlich beborstet. Das Telopodit endet mit einer schwach S-förmig gebogenen schlanken einfachen Spitze (Fig. 524).

Haiti: Trouin.

Fig. 524.
Cyclodesmus (H.) angustipes Loomis.
Gonopode (Loomis, 1936).

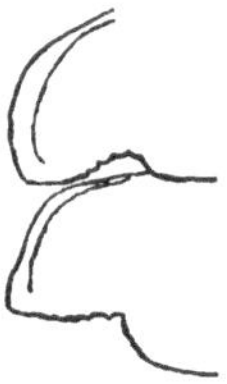

Fig. 525.
Cyclodesmus (H.) incisus Loomis.
Seitenflügel der Segmente 12 und 13 (Loomis, 1936).

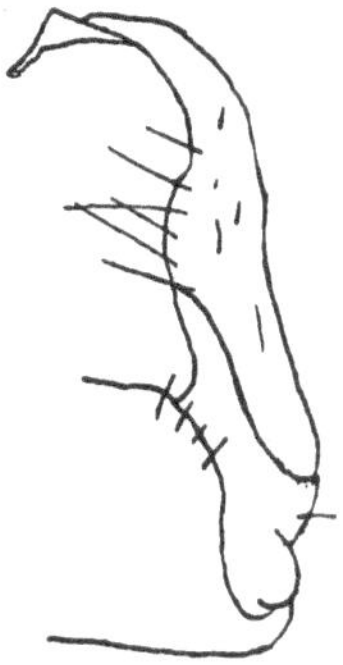

Fig. 526.
Cyclodesmus (H.) incisus Loomis.
Gonopode (Loomis, 1936).

10. **C. (H.) incisus** Loomis 1936 *C. i.*, Loomis in: Bull. Mus. Harvard, *v.* 80 p. 88 f. 38, t. 3 f. 1, 2.

Länge 6—8 mm, Breite 1,5—1,7 mm. Oberfläche glatt und glänzend mit feinem Netzwerk. Vorderrand des Halsschildes seicht und breit eingebuchtet, die Seiten breiter gerundet als bei den anderen Arten. Seiten des 2. Segments schmal bis gegenüber denen des 2. vorgezogen. Hinterrand des 4. Segments mit einer schwachen Kerbe oberhalb der Seiten. Vom 4. oder 5. Segment an ist der Hinterrand neben dem Seitenrand breit eingeschnitten (Fig. 525), dieser Einschnitt am ausgeprägtesten auf den Segmenten 11—14, der Rand des Einschnittes mit 3—8 kleinen Zähnchen, wie gesägt. Sternit 8 des Männchens nicht so breit wie der Durchmesser einer Hüfte. Gonopoden lang und schlank, die einfache Spitze gegen den Rumpf zu gebogen. Der beborstete Teil des Telopodit bildet eine Scheide für den Endteil (Fig. 526).

Haiti: Port au Prince.

11. **C. (H.) falcarius** Loomis 1936 *C. f.*, Loomis in: Bull. Mus. Harvard, *v.* 80 p. 98 f. 44.

Dem *C. montanus* sehr ähnlich, aber der Abstand zwischen den Antennen etwas geringer als ein Sockel, Hinterecken von Segment 4 weniger spitz, der Hinterrand weniger tief eingekerbt. Sternit 8 des Männchens zwischen den Beinen nur wenig breiter als der Durchmesser einer Hüfte. Gonopoden kürzer und gedrungener als die von *C. montanus*, der beborstete Teil am Ende keine Schulter bildend, das Ende des Telopodit erst stark verbreitert, dann in eine lange schlanke, lateralwärts gerichtete Spitze ausgezogen (Fig. 527).

Haiti: Morne Pilboreau ober Ennery.

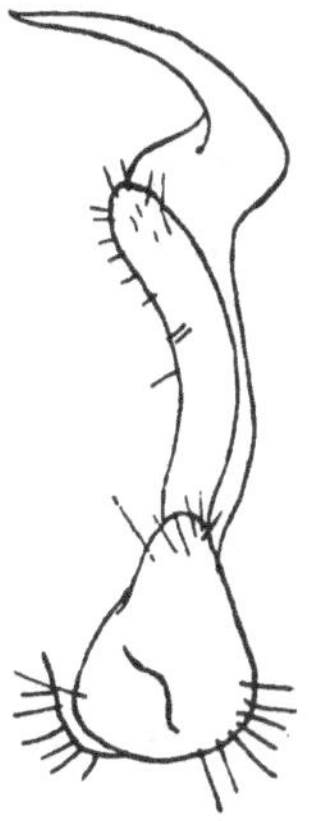

Fig. 527. **Cyclodesmus (H.) falcarius** Loomis. Gonopode (Loomis, 1936).

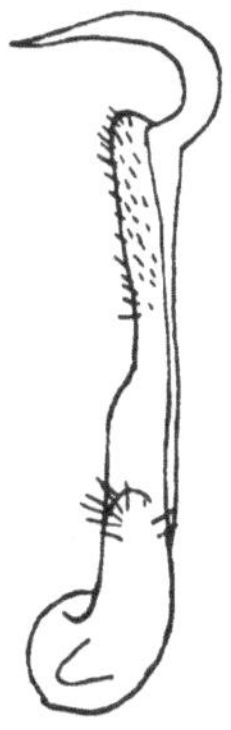

Fig. 528. **Cyclodesmus (H.) montanus** Loomis. Gonopode (Loomis, 1936).

Fig. 529. **Cyclodesmus (H.) rubellus** Loomis. Gonopode (Loomis, 1936).

12. C. (H.) **montanus** Loomis 1936 *C. m.*, Loomis in: Bull. Mus. Harvard, *v.* 80 p. 95 f. 42.

Weibchen Länge 13 mm, Breite 3 mm. Glatt und glänzend. Abstand zwischen den Antennen größer als der Durchmesser eines Antennensockels. Vorderrand des Halsschildes seicht eingebuchtet, die Ecken spitz gerundet. Ecken des 2. Segments von denen des 1. entfernt. 3. Segment wie bei *C. enneryensis*. Seitenecken des 4. Segments spitz, Hinterrand desselben mit einer tiefen schrägen Kerbe für den Rand des 5. Segments bei eingerolltem Rumpf. Seitenrand vom 5. zum 8. Segment immer breiter gerundet, vom 9. Segment an werden die Vorder- und Hinterecken immer ausgesprochener. Sternit 8 des Männchens beinahe doppelt so breit wie der Querdurchmesser einer Hüfte. Gonopoden lang und schlank, der beborstete Teil am Ende höckerig vorragend mit einigen langen Borsten, das Ende des Telopodit eine lange spitze, im Halbkreis lateralwärts gebogene Sichel (Fig. 528).

Haiti: Morne Pilboreau ober Ennery.

13. C. (H.) **rubellus** Loomis 1936 *C. r.*, Loomis in: Bull. Mus. Harvard, *v.* 80 p. 97 f. 43.

Farbe rosa. Weibchen Länge 13 mm, Breite 3,5 mm. Antennen lang, schlank, Halsschild vorn breit eingebuchtet, die Hinterecken eher scharf, die Seitenecken des 2. Segments erreichen nicht ganz die des 1., von der Vorderrandfurche des 3. Segments gehen einige kurze, schräg dorsal gerichtete Linien ab. Hinterecken des 4. Segments scharf durch eine Einkerbung des Hinterrandes. Oberfläche glatt und glänzend, mit schwachem netzigem Geäder. Die Borsten des beborsteten Teils des Gonopodentelopodit spärlich und fein, das Ende des Telopodit im rechten Winkel gebogen und ganz am Ende in zwei gleich lange kleine Spitzen gegabelt (Fig. 529).

Haiti: Le Borgne.

14. **C. (H.) setosus** Loomis 1936 *C. s.*, Loomis in: Bull. Mus. Harvard, *v.* 80 p. 101.

Länge 16 mm, Breite 4 mm. Weiß. Die ganze Oberfläche mit abstehenden Borsten besetzt. Halsschild mehr als doppelt so breit wie lang, fast halbkreisförmig, der Vorderrand gerade, die Fläche mit wenigen steifen abstehenden Borsten. Seiten des 2. Segments die des 1. bedeutend überragend. Seiten des 3. Segments nicht so stark nach vorn vorgebuchtet wie bei den meisten anderen Arten. 2. Segment mit über 40 steifen abstehenden Borsten, deren Zahl auf den folgenden Segmenten zunimmt und die auf die hintere Hälfte des Segments beschränkt bleiben. Letztes Segment nur mit 4 Borsten in der Mitte und 4 Borsten vor dem Hinterrand.

Haiti: La Vestite.

15. **C. (H.) irretitus** Loomis 1937 *C. i.*, Loomis in: Bull. Mus. Harvard, *v.* 80 p. 219 f. 7, 8.

Länge ♂ 8 mm, Breite 2,3 mm. Glänzend, Rücken einiger vorderer Segmente mit wenigen ganz unregelmäßig gestellten Borsten, die meisten Borsten scheinen abgestoßen zu sein. Halsschild zweimal so breit wie lang, Vorderrand breit und gleichmäßig konkav, der Hinterrand mit ihm parallel. Vordereck des 2. Segmentes schmallappig ausgezogen aber nicht bis zum Vordereck des 1. Segmentes reichend. Hinter dem breiten hohen Vorderrandwulst des 3. Segmentes eine Furche. Seiten des 4. Segmentes verschmälert und zugespitzt, am Grund des Hinterrandes ein kleiner Einschnitt. Hinterrand der folgenden Segmente ohne Einschnitt. Hüfte der Gonopoden ohne Fortsatz, Telopodit einfach, ohne Tibiotarsus (Fig. 530).

Cuba: Forest floor, Soledad.

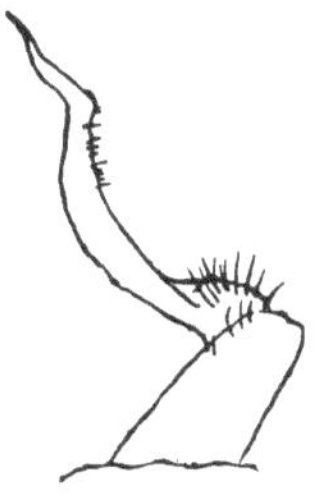

Fig. 530.
Cyclodesmus (H.) irretitus Loomis.

Fig. 531.
Cyclodesmus (H.) porcellanus Poc.
Vorderende (Pocock, 1894).

16. **C. (H.) porcellanus** Poc. 1894 *C. p.*, Pocock in: J. Linn. Soc. London, *v.* 24 p. 509 t. 39 f. 1.

Porzellanweiß. Länge 9 mm. Vorderrand des Halsschildes seicht eingebuchtet. Hinterrand der Seitenflügel des 3. Segments tief konkav. Am Hinterrand der Segmente der hinteren Körperhälfte nahe dem Seitenrand eine scharfe Kerbe (Fig. 531).

Jamaica.

Unsichere Art:

C. hubbardi O. F. Cook 1896 *C. h.*, O. F. Cook, Brandtia, nr. 5 p. 28 | 1898 *C. h.*, O. F. Cook in: P. U. S. Mus., *v.* 21 p. 460 t. 31 f. 2 | 1899 *C. h.*, Attems in: Denk. Ak. Wien, *v.* 68 p. 389.

Weißlich mit grau gemischt. Länge 10 mm, Breite 2 mm. Hinterrand der hinteren Seitenflügel ohne Kerbe. Sonstige Beschreibung keine gegeben, aus den Abbildungen sieht man, daß die Seiten des 3. Segments breitlappig abgerundet sind, mit fast geradem Hinterrand.

Jamaica: in einer Höhle bei Mandeville.

12. Gen. **Lophocyclus** Loomis

1936 *L.*, Loomis in: Bull. Mus. Harvard, *v.* 80 p. 102.

Rumpf ähnlich dem von *Cyclodesmus*, kann zu einer Kugel eingerollt werden, Oberfläche mit Fremdkörpern inkrustiert, Rücken aller Segmente mit wenigen abstehenden Haaren. Segmentzahl und Porenformel nicht angegeben, dürften normal sein, Halsschild und 2. Segment ebenso geformt wie bei *Cyclodesmus*. Seiten des 3. Segments viel weniger vorgezogen, der Vorderrandwulst sehr schmal, hinter ihm eine breite tiefe Furche und hinter dieser ein Wulst, der von den Hinterecken bis fast zur Rückenmitte reicht. Segment 4 mit langem Seitenrand und vorderen und hinteren Ecken, Hinterrand neben dem Eck nicht eingekerbt. Segment 5—9 denen von *Cyclodesmus* gleichend aber die Seitenflügel schlanker mit scharfen Ecken. Gonopoden sehr ähnlich denen von *Cyclodesmus*, was nach den Abbildungen besonders bei *L. pumilus* zutrifft.

Haiti.

4 Arten.

Typus: *L. laxatus* Loomis (die einzige Art, von der das Männchen nicht bekannt ist).

Übersicht über die Arten:

1	Länge über 20 mm, Seitenflügel merklich von der Wölbung der Rückenseiten aufbiegend	2. **L. parvus**
	Länge 16 mm oder weniger. Seitenflügel wenig oder gar nicht aufgebogen — **2**	
2	Seitenflügel verdickt, besonders die gleich hinter der Körpermitte. Segmente mit einer Borstenreihe ganz nahe dem Hinterrand	1. **L. laxatus**
	Seitenflügel alle dünn. Borsten vom Hinterrand beträchtlich abgerückt und nicht in deutlichen Reihen angeordnet — **3**	
3	Länge ca. 16 mm. 2. Segment auf allen Seiten vom Randwulst umgeben. Hintere Hälfte der Segmente nicht merklich gewölbt	3. **L. munitus**
	Länge ca. 9 mm. 2. Segment in der Mitte des Hinterrandes ohne Randwulst. Hintere Hälfte der Segmente stark konvex	4. **L. pumilus**

1. **L. laxatus** Loomis 1936 *L. l.*, Loomis in: Bull. Mus. Harvard, *v.* 80 p. 106 f. 48.

Farbe unter der dunkelbraunen Inkrustation, die die nahezu glatte Oberfläche bedeckt, weiß. Länge 16 mm, Breite 4 mm. Vom 3. Segment bis zum Hinterende eine Reihe von Borsten am Hinterrand und einzelne Borsten davor. Die Ränder des 2. Segments wulstig erhöht, nur in der Mitte des Hinterrandes nicht, die Ecken die des 1. bei weitem nicht erreichend. Ecken des Segments 4 rechtwinklig. Seitenflügel 5—8 merklich schlanker und die aller Segmente hinter dem 3. oder 4. dicker als bei den anderen Arten. Seitenflügel vom 6. Segment an mit 1 oder 2 Borsten. Männchen unbekannt.

Haiti: Trouin.

2. **L. parvus** Loomis 1936 *L. p.*, Loomis in: Bull. Mus. Harvard, *v.* 80 p. 103 f. 46.

Länge 22 mm, Breite 8 mm. Halsschild mit 10 abstehenden Borsten am Hinterrand. Seiten des 2. Segments bis gegenüber denen des 1. reichend, die Ränder wulstig erhoben ausgenommen die Mitte des Hinterrandes, in der hinteren Hälfte 16—18 Borsten. Hinterrand der Segmente vom 3. an ohne Borsten. Ecken des 4. Segments etwas abgerundet. Rücken stark gewölbt, Seitenflügel dieser Wölbung nicht ganz folgend sondern etwas aufgebogen (Fig. 532).

Haiti: Roche Croix.

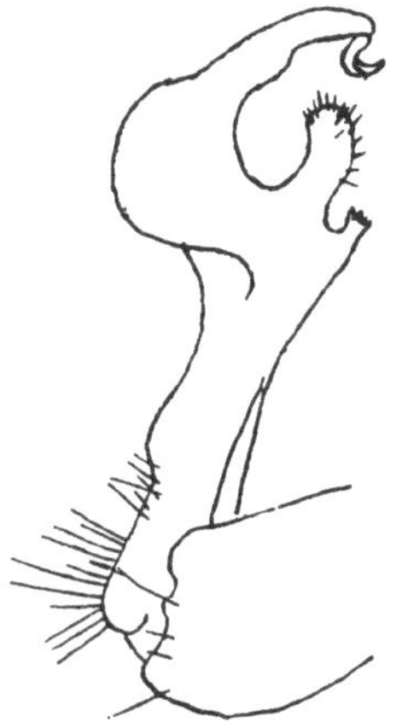

Fig. 532.
Lophocyclus parvus Loomis.
Gonopode (Loomis, 1936).

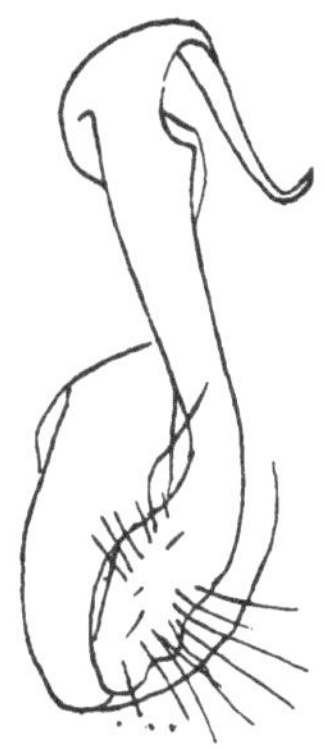

Fig. 533.
Lophocyclus munitus Loomis.
Gonopode (Loomis, 1936).

Fig. 534.
Lophocyclus pumilus Loomis.
Gonopode (Loomis, 1936).

3. **L. munitus** Loomis 1936 *L. m.*, Loomis in: Bull. Mus. Harvard, *v.* 80 p. 105 f. 47.

Länge 16 mm, Breite 4 mm. Die Inkrustation mit Fremdkörpern ist am dicksten auf den Seitenflügeln, Rückenmitte rein und glänzend. Rücken stark gewölbt, die Seitenflügel folgen dieser Wölbung. 2. Segment ringsum wulstig gerandet. Wülste des 3. Segments schmäler und höher als bei den anderen Arten, die Furche dazwischen tiefer. Vom 3. Segment an einzelne unregelmäßig angeordnete Borsten, keine am Hinterrand. Seiten des 4. Segments etwas mehr gerundet als bei *L. laxatus*, die der Segmente 5—8 etwas breiter, alle dünner. Gonopoden ähnlich denen von *L. parvus* (Fig. 533).

Haiti: Roche Croix.

4. **L. pumilus** Loomis 1936 *L. p.*, Loomis in: Bull. Mus. Harvard, *v.* 80 p. 108 f. 49.

Länge 9 mm, Breite 3 mm. Oberfläche dicht mit Fremdkörpern bedeckt, nur der Wulst des 3. Segments rein gerieben. Rücken stark gewölbt, die Seitenflügel nicht ganz dieser Wölbung folgend. Hinterrand des 2. Segments ohne deutlichen Randwulst. Vorderes Viertel der Segmente mit querem Eindruck, stärker ausgeprägt als bei anderen Arten, dahinter stark gewölbt, auf den hinteren Segmenten fast wulstartig. In der hinteren Hälfte einige zerstreute Borsten aber keine Reihe am Hinterrand. Gonopoden denen mancher *Cyclodesmus*-Arten sehr ähnlich. Diese Art unterscheidet sich von den anderen durch die stärkere quere Einschnürung im vorderen Viertel der Segmente, die stärkere Hervorwölbung im hinteren Teil, die geringe Körpergröße und die Gonopoden (Fig. 534).

Haiti: Morne La Hotte.

13. Gen. **Cyphodesmus** Peters

1860 *Oniscodesmus*, Saussure (nec Gervais 1844) in: Mém. Soc. Genève, *v.* 15 p. 278 | 1864 *Cyphodesmus*, Peters in: Monber. Ak. Berlin, p. 530 | 1872 *C.*, Saussure & A. Humbert in: Miss. Mex., *v.* 6 II Myr. p. 23 | 1898 *C.*, O. F. Cook in: P. U. S. Mus., *v.* 21 p. 466 | 1899 *C.*, Attems in: Denk. Ak. Wien, *v.* 68 p. 389.

20 Segmente. Rücken sehr stark gewölbt, die Seitenflügel ganz abfallend, mit bogigem konvexem Vorder- und konkavem Hinterrand; bei gestrecktem Körper von einander abstehend, nur die letzten Segmente bilden zusammen mit dem Analsegment eine Art Pygidium. Die ersten zwei Segmente klein und mehr oder weniger senkrecht zur Längsachse des Körpers gestellt, 3. und 4. Segment groß, das 3. das breiteste. Metazoniten mit einem Querkiel, der mit spitzen Tuberkeln besetzt ist. Analsegment sehr breit. Gonopoden unbekannt.

Mexico.

Typus und einzige Art: *C. mexicanus* (Sauss.).

1. **C. mexicanus** (Sauss.) 1859 *Oniscodesmus m.*, Saussure in: Linn. ent., *v.* 13 p. 328 | 1860 *O. m.*, Saussure in: Mém. Soc. Genève, *v.* 15 p. 279 t. 1 f. 2 | 1864 *Cyphodesmus m.*, Peters in: Monber. Ak. Berlin, p. 529 | 1909 *C. m.*, Pocock in: Biol. Centr.-Amer., Diplop. p. 118.

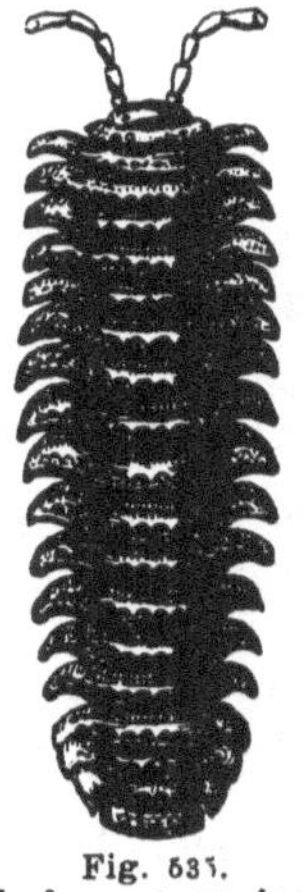

Fig. 535.
Cyphodesmus mexicanus (Sauss.) (Saussure, 1860).

Schwarzbraun, schwarz gefleckt. Länge 20 mm, Breite 5 mm. Kopf glatt. Antennen lang, die Glieder fast gleich. Halsschild klein, halb so lang wie das 3., Segmente 3 und 4 sehr groß, das 3. mit spitzen, stark nach hinten gebogenen Seitenflügeln. Seitenflügel vom 5. an gradatim kleiner, ringsherum gesäumt, vom 13. an sind sie gestutzt mit ziemlich langem Seitenrand; die hintersten schließen eng zusammen und bilden mit dem Analsegment eine Art Pygidium. Skulptur etwas undeutlich, runzelig, granuliert. Jedes Segment hat nahe dem Hinterrand einen Querkiel, der mit einer Reihe von dornigen Tuberkeln besetzt ist, von denen die mittleren die größten sind, auf dem 4. sind sie nur Granula, auf den Segmenten 17—19 sind es wirkliche Dornen (Fig. 535).

Mexico: Cordoba.

14. Gen. **Colobodesmus** Bröl.

1905 *C.*, Brölemann in: Ann. Soc. ent. France, *v.* 74 p. 347.

20 Segmente. Poren ?. Gonopoden: Hüfte relativ schlank, nicht kugelig aufgeblasen. Telopodit ziemlich deutlich in drei Abschnitte geteilt, Praefemur kurz, beborstet, Femur zu einer Scheibe reduziert, die Samenrinne mündet auf einem kleinen behaarten Knöpfchen des Femur, nicht auf einem längeren Rinnenast. Tibiotarsus recht scharf gegen das Femur abgesetzt, aus zwei großen Blättern bestehend. Halsschild nur wenig breiter als der Kopf, diesen nicht verdeckend. Segmente 2 und 3 kurz, die spitzen Seitenflügel nach

vorn gerichtet. Alle Seitenflügel stark, *Glomeris*-artig abwärts gebogen, bis zum ca. 10. verschmälert-zugespitzt, weiterhin mehr eckig. Analsegment sehr breit, sein Hinterrand mit dem Seitenrand der vorangehenden Segmente eine Bogenlinie bildend. Schuppe groß, Klappen flach.

Costa Rica.

Typus und einzige Art: *C. biolleyi* Bröl.

1. **C. biolleyi** Bröl. 1905 *C. B.*, Brölemann in: Ann. Soc. ent. France, *v.* 74 p. 350 t. 8 f. 8—12, t. 9 f. 13, 14.

Breite des 4. Segments 8,2 mm, des 9. Segments 8,5 mm. Rücken sehr gewölbt mit stark herabgebogenen Seitenflügeln. Kopf glatt und glänzend,

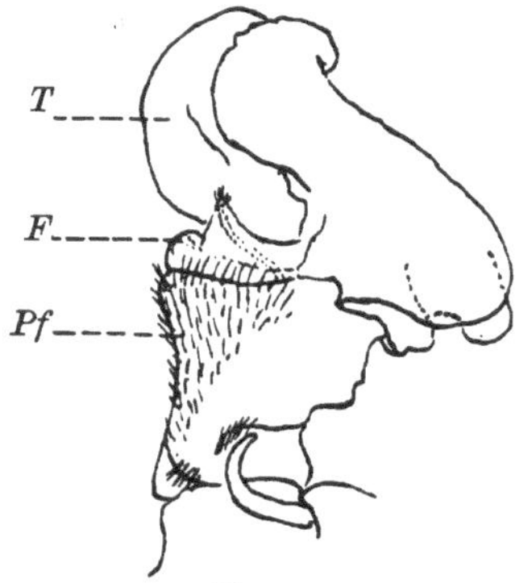

Fig. 536.
Colobodesmus biolleyi Bröl. Gonopode, *Pf* Praefemur (Brölemann, 1905).

uneben. Antennen ziemlich lang. Halsschild trapezförmig. Oberfläche schwach lederig-runzelig, am deutlichsten noch auf den Seitenflügeln. Seitenflügel 4 parallelrandig, mit abgerundetem Vordereck und scharfem aber nicht vorragendem Hintereck. Seitenflügel 5 etwas schwächer, seitlich verschmälert, Hintereck der hinteren Segmente scharf aber nicht zackig, die letzten sechs etwas nach hinten gerichtet. Sternite sehr schmal. Beine schlank auch beim Männchen. Die vier letzten Glieder des 1. Paares des Männchens verdickt, Femur am Grunde mit einer vorspringenden Warze. Gonopodenöffnung groß, oval, Seiten- und Hinterrand stark erhoben. Femur *(F)* sehr verkürzt, grubig vertieft; aus der Einsenkung erhebt sich der sehr kurze, kegelige Rinnenast. Die beiden Blätter des Tibiotarsus *(T)* sind mit Leisten, Kanten, Häkchen etc., besetzt (Fig. 536).

Costa Rica: San José, Cariblanco, Cache.

15. Gen. **Peridysodesmus** Silv.

1910 *P.*, Silvestri in: Zool. Anz., *v.* 35 p. 357.

20 Segmente. Halsschild wenig breiter als der Kopf. Seitenflügel des 2. Segments nach unten und vorn fast bis zum Vorderrand des Halsschildes reichend. Seitenflügel 3 und 4 fast gleich lang, etwas breiter als die übrigen. Alle Seitenflügel herabgebogen. Metazoniten glatt, mit winzigen Börstchen. Schwänzchen breit. Femur des 1. Beinpaares des Männchens mit einem großen, 4. und 5. Glied mit einem kleinen Fortsatz. Gonopoden: Hüfte zylindrisch, Praefemur und Femur verwachsen und zusammen sehr kurz. Es

ist ein langer, dünner, spitzer Rinnenast vorhanden und ein großer blattförmiger, mehrästiger Teil, Tibiotarsus?.

Mexico.

2 Arten.

Typus: *P. trifidus* Silv.

Übersicht über die Arten:

1 { Praefemur des Gonopoden mit einem spitzen kleinen Seitenast. Tibiotarsus aus 2 bis zum Ende gleich breit bleibenden Gabelästen und einer fast rechtwinkligen Lamelle bestehend 1. **P. trifidus**
Praefemur des Gonopoden ohne Seitenast. Von den beiden Gabelästen des Tibiotarsus ist der eine schmal und spitz, der andere eine breite runde Lamelle und der 3. Teil spitz dreieckig . . . . 2. **P. bifidus**

1. **P. trifidus** Silv. 1910 *P. t.*, Silvestri in: Zool. Anz., *v.* 35 p. 358 f. 2, 3.

Schmutzig ockerfarben. Länge 14 mm. Breite 3,3 mm. Keine weitere Beschreibung.

Mexico: Cuernavaca.

2. **P. bifidus** Silv. 1910 *P. b.*, Silvestri in: Zool. Anz., *v.* 35 p. 358 f. 2.

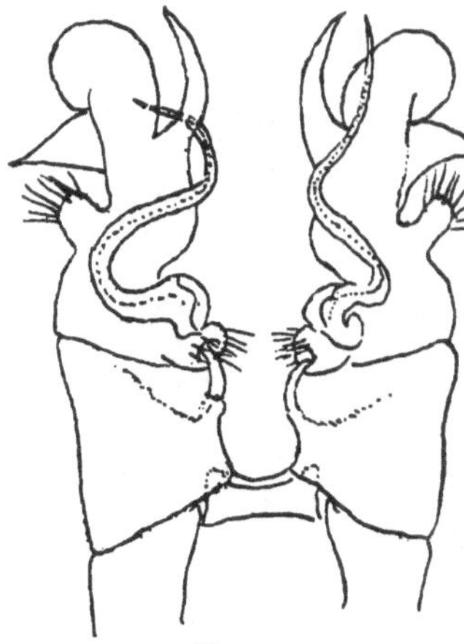

Fig. 537.
Peridysodesmus bifidus Silv. Gonopode (Silvestri, 1910).

Unterscheidet sich von *P. trifidus* nur durch die im Schlüssel angegebenen Merkmale (Fig. 537).

Mexico: Jalapa.

16. Gen. **Cylionus** O. F. Cook

1898 *C.*, O. F. Cook in: P. U. S. Mus., *v.* 21 p. 462 | 1909 *C.*, Pocock in: Biol. Centr.-Amer., Diplop. p. 127.

Ventralrand der Segmente gerade und quer. Seitenflügel des 4. Segments merklich größer als die des 5. Über die Gonopoden läßt sich aus den bisher gemachten Angaben keine Klarheit gewinnen. Die Berechtigung der Gattung bleibt bis zu einer besseren Charakterisierung sehr zweifelhaft.

Mexico, Guatemala.

2 Arten.

Typus: *C. gracilis* (Humb. & Sauss.)

Übersicht über die Arten:

Ende des Gonopodentelopodit gegabelt, Praefemur (?) mit einem spitzen dünnen sichelförmigen Seitenast	1. **C. gracilis**
Ende des Gonopodentelopodit ungegabelt. Femur mit einem breiten Lappen	2. **C. constrictus**

1. **C. gracilis** (Humb. & Sauss.) 1869 *Sphaeriodesmus g.*, A. Humbert & Saussure in: Rev. Mag. Zool., ser. 2 *v.* 21 p. 149 | 1872 *S. g.*, Saussure & A. Humbert in: Miss. Mex., *v.* 6 II Myr. p. 22 t. 1 f. 2 | 1898 *Cylionus g.*, O. F. Cook in: P. U. S. Mus., *v.* 21 p. 463 | 1899 *Sphaeriodesmus g.*, Attems in: Denk. Ak. Wien, *v.* 68 p. 391 t. 15 f. 365 | 1909 *Cylionus g.*, Pocock in: Biol. Centr.-Amer., Diplop. p. 128.

Weißlich. Länge 11 mm, Breite 2,5 mm, schlank, vom 6. bis zum 9. Segment etwas verschmälert. 2. Segment kurz und schmal, die Seiten-

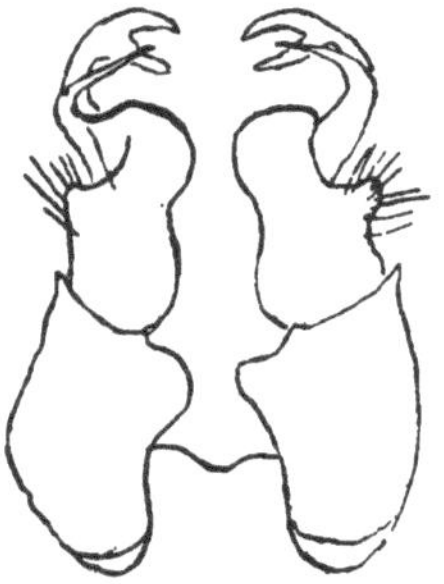

Fig. 538.
Cylionus gracilis (Humb. & Sauss.). Gonopode (Saussure & A. Humbert, 1872).

flügel reichen nicht weiter herab als die des Halsschildes. 3. Segment größer, breiter als das 2. Segment. 4 und 5 die größten, breit, ihre Seitenflügel gebuchtet. Segmente 6 und folgende kürzer als die vorangehenden, Seitenflügel des 6. und der nächsten verschmälert, vom 11. an mehr viereckig, vom 17. an sind sie schräg nach hinten gerichtet. Die Zeichnung der nicht beschriebenen Gonopoden zeigt auf einem kurzen gedrungenen Praefemur zwei Äste, eine schlanke spitze Sichel und einen kräftigeren, am Ende gegabelten Ast (Fig. 538).

Mexico: Ost Cordilleren, Moyoapan.

2. **C. constrictus** Poc. 1909 *C. c.*, Pocock in: Biol. Centr.-Amer., Diplop. p. 127 t. 9 f. 5.

Gelblichweiß. Länge 11 mm, Breite 3 mm, schmal, Rücken stark gewölbt. Seiten des Halsschildes fast rechtwinklig, Seitenflügel des 3. Segments kürzer und schmäler als die des 3., letztere relativ groß und so weit herabreichend wie die des 4., mit konvexem Vorder- und konkavem Hinterrand, die des 4. mäßig groß, viel größer als die des 5., die in Größe und Gestalt in der Mitte liegen zwischen denen des 4. und 6. Seitenflügel 6—11 oder 12 schmal und spitzwinklig, die weiteren mehr und mehr breit und aneinander schließend, mit abgerundetem Vordereck und spitzem Hintereck, vom 16. an schräg nach hinten gerichtet. Femur des 1. Beinpaares des Männchens oberseits stark gebogen, unten am Grunde mit einer zahnförmigen Tuberkel. Gonopodenöffnung groß und breit, ihr Rand nicht merklich erhoben. Gonopodentelopodit stark sichelförmig gebogen, Praefemur stark beborstet, am Ende der Sichel auch eine Borstengruppe, auf der Hohlseite, eine zweite Sichel mit einem Zacken am Grunde; die Deutung dieser Teile steht noch aus.

Guatemala: Volcan de Agua.

2. Trib. **Desmoninae**

1898 *Desmonidae,* O. F. Cook in: P. U. S. Mus., *v.* 21 p. 453, 463 | 1914 *Desmoninae,* Attems in: Arch. Naturg., *v.* 80 A 4 p. 280 | 1926 *D.*, Attems in: Kükenthal & Krumbach, Handb. Zool., *v.* 4 p. 152.

3.—19. Segment mit einer tiefen Grube an der vorderen Schulter der Seitenflügel, in der vermutlich die bisher nicht sicher beobachteten Poren liegen. Seitenflügel des 3. und in geringerem Maße die des 4. Segments größer als die anderen, Telopodit des Gonopoden nicht deutlich quer gegliedert, der beborstete Praefemoralteil sehr lang, das Ende gegabelt, der lange dünne Rinnenast scheint von der Basis des Telopodit zu entspringen.

Übersicht über die Gattungen:

Metazoniten mit einem Querkiel, der mit runden Tuberkeln besetzt ist	17. Gen. **Desmonus**
Metazoniten vom 3. an grob punktiert und mit einer Reihe von Borsten nahe dem Hinterrand	18. Gen. **Taphrodesmus**

17. Gen. **Desmonus** O. F. Cook

1898 *D.,* O. F. Cook in: P. U. S. Mus., *v.* 21 p. 463.

Sehr klein, viermal so lang wie breit, stark gewölbt, die Seitenflügel breit, schräg abwärts gerichtet, viel tiefer herabreichend als die Sternite. Oberfläche fein-rauh, Metazoniten mit einer Reihe von runden Höckern oder konischen Tuberkeln. 2. Segment viel kleiner als das große, seitlich wie der Brustschild einer *Glomeris* verbreiterte 3. Segment. Seitenflügel des 4. Segments etwas tiefer herabreichend als die folgenden. Seitenflügel groß, die vorderen dreieckig, die hinteren mehr quadratisch. An der vorderen Schulter der Seitenflügel eine tiefe Grube (Fig. 540), in der die Poren, wenn solche vorhanden sind, liegen. Analsegment breit, mit den vorangehenden Seitenflügeln eine Art Pygidium bildend. Gonopoden mit einem dünnen, spitzen Rinnenast, der in einer Grube auf der Innenseite des Telopodit liegt.

Alabama, Arkansas.

2 Arten.

Typus: *D. earlei* O. F. Cook.

Übersicht über die Arten:

Segment 4—19 mit einem Querkiel, der mit einer Reihe runder, kegeliger Tuberkeln besetzt ist	1. **D. earlei**
Metazoniten nur mit undeutlichen runden Höckern in einer Querreihe, dafür die Oberfläche etwas rauher	2. **D. pudicus**

1. **D. earlei** O. F. Cook 1898 *D. e.*, O. F. Cook in: P. U. S. Mus., *v.* 21 p. 463 t. 32 f. 1.

Einfarbig hornbraun oder weißlich, gewöhnlich durch anhängenden Schmutz dunkel gefärbt. Länge 7 mm, Breite 1,7 mm. Scheitel glatt und glänzend, unbeborstet. Halsschild trapezisch, die Ecken gerundet. Die Seitenflügel (Fig. 539) des halbmondförmigen 2. Segments umgeben den Halsschild seitlich. 3. Segment viel größer als die anderen, die Seitenflügel sehr breit und tiefer herabreichend als die anderen, stumpfsichelförmig nach hinten gebogen. Seitenflügel des 4. Segments kleiner als die des 3., 3eckig wie die folgenden, etwas tiefer herabreichend als die des 5. Oberfläche fein granuliert-rauh, gewöhnlich mit Erdteilchen usw. bedeckt, 4.—19. mit einem Querkiel, der eine Reihe von etwa 12 runden kegeligen Tuberkeln trägt, die auf den hinteren Segmenten spitzer werden. Seitenflügel 5—10 schmal 3eckig, die folgenden breiter und mehr gestutzt. 3.—19. Segment mit einer großen tiefen Grube an der vorderen Schulter des Seitenflügels. Poren bisher nicht mit Sicherheit beobachtet, vielleicht in diesen Gruben gelegen. Gonopoden (Fig. 539a): das Telopodit ist 2ästig, der eine Ast, der Rinnenast, ist lang, sehr dünn und spitz; er scheint vom Grunde des Telopodit zu entspringen. Der andere Ast ist groß, dick, bis zu $^{2}/_{3}$ seiner Länge beborstet und dann in 2 Arme geteilt. In einer tiefen Grube seiner Innenseite liegt der Rinnenast.

Alabama: Auburn.

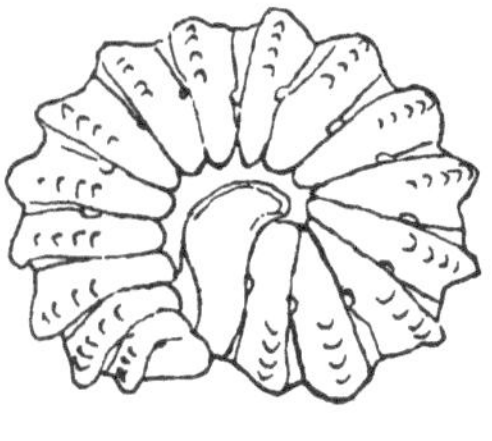

Fig. 539.
Desmonus earlei O. F. Cook.
Ganzes Tier von der Seite
(O. F. Cook, 1898).

Fig. 539a.
Desmonus earlei O. F. Cook.
Gonopode (O. F. Cook, 1898).

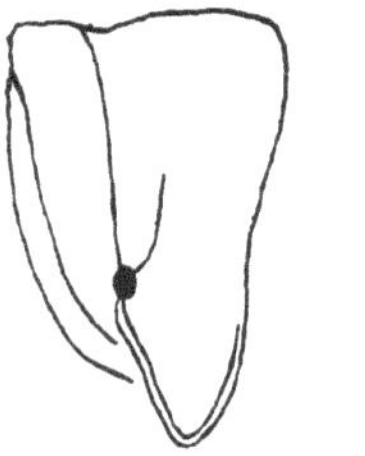

Fig. 540.
Desmonus pudicus (Bollm.).
Segment aus der Körpermitte,
Seitenansicht (O. F. Cook, 1898).

2. **D. pudicus** (Bollm.) 1888 *Sphaeriodesmus p.*, Bollman in: Ent. Amer., *v.* 4 p. 3 | 1893 *S. p.*, Bollman in: Bull. U. S. Mus., *v.* 46 p. 75 | 1898 *Desmonus p.*, O. F. Cook in: P. U. S. Mus., *v.* 21 p. 465 t. 32 f. 2.

Rötlich, die Prozoniten am dunkelsten, ein schwarzer Medianstreif. Länge 7 mm, Breite 2 mm. Tergite etwas rauher und reichlicher mit Schmutzpartikelchen besetzt, die 4 letzten Segmente mit einer undeutlichen Querreihe runder Höcker (Fig. 540).

Arkansas: Little Rock und Okolona.

18. Gen. **Taphrodesmus** Silv.

1910 *T.*, Silvestri in: Zool. Anz., *v.* 35 p. 357.

Im Habitus der Gattung *Sphaeriodesmus* ähnlich, von ihr in folgendem verschieden: Metazoniten mit einer Reihe kurzer Borsten am Hinterrand, vom 4. Segment an mit zahlreichen großen runden Punkten, 4.—19. Segment an der vorderen Schulter der Seitenflügel mit einer großen, tiefen Grube, wie bei *Desmonus*. Männchen unbekannt.

Mexico.

Typus und einzige Art: *T. vestitus* Silv.

1. **T. vestitus** Silv. 1910 *T. v.*, Silvestri in: Zool. Anz., *v.* 35 p. 357 f. 3.

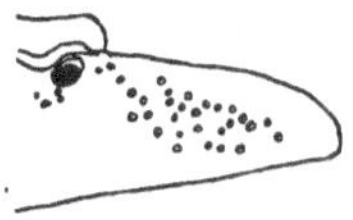

Fig. 541.
Taphrodesmus vestitus Silv. Seitenflügel des 5. Segments (Silvestri, 1910).

Lederfarben, durch anhängende Erde braun oder schwärzlich. Länge 8 mm, Breite 2 mm. Keine sonstige Beschreibung (Fig. 541).

Mexico: Jalapa.

10. Fam. **Sphaerotrichopidae** Att.

1914 *S.*, Attems in: Arch. Naturg., *v.* 80 A 4 p. 238 | 1915 *Semnosomidae* + *Icosidesmidae*, Brölemann in: Ann. Soc. ent. France, *v.* 84 p. 255, 267 | 1926 *Sphaerotrichopidae*, Attems in: Kükenthal & Krumbach, Handb. Zool., *v.* 4 p. 145 | 1928 *S.*, Attems in: Ann. S. Afr. Mus., *v.* 26 p. 250 | 1936 *S.*, K. W. Verhoeff in: Zool. Anz., *v.* 114 p. 1 | 1939 *S.*, K. W. Verhoeff in: Ann. Natal Mus., *v.* 9 p. 174, 203.

20, 19 oder 21 Segmente. Porenformel normal oder Poren auch auf den Segmenten 8, 11, 14, und zwar auf dem 8. oder auf dem 8. und 11., oder auf allen diesen 3 Segmenten. Hüften der Gonopoden immer eng nebeneinander liegend, mehr oder weniger verwachsen bis zu einem völligen Syncoxit, lateral nicht über die Basis des Telopodit vorragend. Praefemur knollig, ohne Fortsatz, meist ganz ohne Abgrenzung allmählich in das Femur übergehend, selten eine schwache Absetzung zwischen beiden. Femur öfter mit einem Seitenast oder Endast außer dem Rinnenast. Rinnenast von sehr verschiedener Gestalt, von dünn geißelförmig lang bis zu einem kurzen sehr breiten Lappen. Tibiotarsus auch sehr verschieden ausgebildet, manchmal ganz fehlend, ohne oder mit Abgrenzungsnaht an der Basis. Beine des Männchens mit Kugelborsten oder mit halbkugeligen oder kegelförmigen Warzen zwischen den Borsten, immer auf dem Tarsus, oft auch auf anderen Gliedern, manchmal auf allen Gliedern; diese Warzen fehlen nur bei *Harpethrix*, *Platytarropus* und einigen *Canacophilus*-Arten, welche Gattungen aber trotz des Fehlens dieses wichtigen Merkmales durch ihre sonstigen Eigenschaften die Zugehörigkeit zu den Sphaerotrichopidae beweisen. Habitus sehr verschieden, *Polydesmus*-ähnlich mit breiten Seitenflügeln oder *Strongylosoma*-ähnlich mit nur schwachen runden Aufblähungen in den Seiten mit allen Übergängen, meist sind dicke runde Seitenwülste vorhanden. Metazoniten glatt oder mit Buckelreihen oder dicht granuliert usw. Mittelgroße Formen.

Süd-Afrika, Nord- und Süd-Amerika, Australien. Neuseeland. Hawaii.

20 Gattungen, 5 Untergattungen, 81 Arten und 5 Unterarten.

Auf allen Abbildungen der Gonopoden bedeutet: *C* Coxit, *Pf* Praefemur, *F* Femur, *Fs* Seitenast des Femur, *RA* Rinnenast, *Ps* Seitenast des Rinnenastes oder Parsolaenomerit, *T* Tibiotarsus.

Übersicht über die Gattungen:

1 { 19 Segmente — 2
20 Segmente — 7
21 Segmente . . . . 18. Gen. **Pseudoprionopeltis**

2 Poren auf den Segmenten 5, 7—19. Seitenflügel gut entwickelt. Metazoniten mit Querreihen von Tuberkeln und borstentragenden Knötchen, Gonopoden mit Parsolaenomerit (Australien) . . . . 1. Gen. **Sphaerotrichopus**
— Poren auf den Segmenten 5, 7, 9, 10, 12, 13, 15—17 (18) — 3

3 Telopodit des Gonopoden mit Gruppen starker Stiften. Das Ende des Telopodit ungeteilt oder in 3 sehr kurze Äste geteilt (Neu-Seeland) . . . . 17. Gen. **Icosidesmus**
— Telopodit des Gonopoden ohne solche Stifte — 4

4 Hüften der Gonopoden nur durch eine Querleiste verbunden. Telopodite frei. Hauptstamm des Femur sehr kurz, fast verkümmert, die Spaltung in die 4 sehr langen dünnen Endäste reicht fast bis zum Praefemur herab, von den 4 Endästen gehören 2 dem Femur, 2 zum Tibiotarsus (Australien) . . . . 19. Gen. **Queenslandesmus**
— Hüften der Gonopoden zu einem Syncoxit verwachsen. Femur stets gut entwickelt, nie eine so tief herabgehende Spaltung in dünne Endäste vorhanden — 5

5 Auch die Telopodite der Gonopoden verwachsen. Seiten der Metazoniten nur mit flachen runden Beulen. Gonopode ohne Parsolaenomerit und ohne Seitenast des Femur (Chile) . . . . . 12. Gen. **Oligodesmus**
— Die Telopodite bleiben frei. Metazoniten mit deutlichen Seitenflügeln. Rinnenast mit Parsolaenomerit — 6

6 Am Ende des Gonopodenfemur kein Seitenast, Tibiotarsus einfach oder gegabelt. Praefemora der Beine nicht halkkugelig aufgetrieben (Neu-Caledonien) . . . . 13. Gen. **Canacophilus**
— Am Ende des Gonopodenfemur ein Seitenast. Tibiotarsus in den einfachen tibialen und den 2ästigen tarsalen Teil zerfallend. Praefemur der Beine oben halbkugelig erweitert (Tasmanien) . . . . 14. Gen. **Tasmaniosoma**

7 (1) Porenzahl über das Normale vermehrt. Basen der Gonopodentelopodite fest verkittet — 8
— Porenzahl normal — 9

8 Poren auf den Segmenten 5, 7, 9—19. Seitenflügel schmal und dick. Praefemur und Femur des Gonopoden sehr kurz mit 3 langen Endästen (Chile) . . . . 6. Gen. **Pleonaraius**
— Poren auf den Segmenten 5, 7, 9, 10, 12—19. Seitenflügel sehr groß, flach. Praefemur und Femur des Gonopoden länger, die Endäste kurz (Süd-Afrika) . . . . 8. Gen. **Platytarrus**

9 Beine des Männchens ohne Kugelborsten. Gonopoden mit Parsolaenomerit — 10
— Beine des Männchens mit Kugelborsten — 11

Habitus *Polydesmus*-artig, Kopf nicht vom Halsschild bedeckt. Rücken flach, mit 3 Querreihen von Beulen. Gonopodentelopodit mit zahlreichen sehr charakteristischen Kegel-

10 { dornen, im übrigen an die von *Gnomeskelus* erinnernd (Süd-Afrika) . . . . 3. Gen. **Harpethrix**
Habitus *Cryptodesmus*-artig, Kopf vom Halsschild bedeckt. Rücken mit zahlreichen nicht in Reihen stehenden Warzen und Höckern, Gonopoden sehr ähnlich denen der Gomphodesmiden-Gattung *Dodekaporus* (Süd-Afrika) 20. Gen. **Phygoxerotes**

11 { Seitenflügel breit ohne Randverdickung — **12**
Nur schmale Seitenwülste vorhanden oder die Metazoniten lateral nur rundbucklig — **15**

12 { Metazoniten dicht granuliert oder mit Querreihen großer borstentragender Tuberkeln — **13**
Metazoniten mit flachen borstentragenden Buckeln, manchmal glatt und nur mit Borstenreihen — **14**

13 { Körper mit Ausnahme der vorderen Hälfte der Prozoniten, der Sternite und der Beine gleichmäßig dicht granuliert. Basen der Gonopodentelopodite nicht verwachsen (Chile) . . . . 10. Gen. **Microporus**
Rücken der Metazoniten mit Querreihen grober, härchentragender Tuberkeln. Praefemora der Gonopoden verwachsen mit Naht (Madagaskar, Nossi Bé) . . . . 11. Gen. **Tubercularium**

14 { Gonopodentelopodite frei, der kleine Rinnenast liegt medial und wird vom großen Tibiotarsus weit überragt (Süd-Afrika) . . . . 7. Gen. **Philocaffrus**
Gonopodentelopodite verwachsen. Der Rinnenast ist der laterale mehrerer Äste am Ende des Telopodit, ein Rinnenast, wenn vorhanden, sehr klein. Seitenrand der Seitenflügel gekerbt (Süd-Afrika) . . . . 9. Gen. **Platytarropus**

15 (11) { Basen der Gonopodentelopodite durch runde Verzahnung fest verkittet oder verwachsen — **16**
Gonopodentelopodite frei — **17**

16 { Gonopodenfemur sehr kurz, der Rinnenast ist der mediale von 3 Ästen, Femur mit lateral vorragendem Seitenast (Süd-Afrika) . . . . 4. Gen. **Gonokollesis**
Gonopodenfemur ziemlich lang und schlank, der Rinnenast ist der mittlere oder laterale Ast. Seitenast des Femur, wenn vorhanden, auf der Medialseite (Süd-Amerika) . . . . 5. Gen. **Anaulacodesmus**

17 { Tibiotarsus des Gonopoden, wenn überhaupt vorhanden, sehr klein, ein kleiner Zahn oder schlanker Stab, oft ganz fehlend. Vordere Beine des Männchens vom Praefemur an mit Kugelborsten. Metazoniten meist glatt, nur bei Subgen. *Rhopaloskelus* mit 2 Querreihen flacher Buckeln hinter der Querfurche (Süd-Afrika, Hawaii) . . . . 2. Gen. **Gnomeskelus**
Tibiotarsus des Gonopoden groß, größer als der Rinnenast. Kugelborsten auf Tibia und Tarsus oder nur auf dem Tarsus — **18**

18 { Basen von Rinnenast und Tibiotarsus nebeneinander. 2.—18. Segment mit schmalen abgerundeten Seitenflügeln (Süd-Afrika) . . . . 16. Gen. **Allawrencius**
Tibiotarsus weit vom Ende des Femur und von der Basis des Rinnenastes angesetzt. Metazoniten in den Seiten nur mit rundbuckligen Auftreibungen (Chile) . . . . 15. Gen. **Myrmekia**

1. Gen. **Sphaerotrichopus** Att.

1911 *S.*, Attems in: Fauna S. W.-Austral., *v.* 3 p. 179 | 1914 *S.*, Attems in: Arch. Naturg., *v.* 80 A 4 p. 239, 240.

19 Segmente, Männchen mit 28 Beinpaaren, vorletztes Segment fußlos. Poren auf den Segmenten 5,7—18. Kopf gleichmäßig gewölbt, Antennen lang und schlank, am Ende keulig. Halsschild querelliptisch, schmäler als der Kopf. Körper in der Gegend des 4. Segments ein wenig halsartig verengt. Rücken gewölbt, Seitenflügel gut entwickelt, horizontal, mit zugeschärftem und gezähntem Seitenrand; die des 2. Segments in derselben Höhe wie die folgenden. Poren am Seitenrand, nahe dem Hintereck. Metazoniten mit Querreihen von Tuberkeln und kleinen borstentragenden Knötchen. Analsegment konisch, Analschuppe quer abgestutzt mit Borstenwarzen. Sternite ohne Fortsätze, auch beim Männchen. Unterseite von Tibia und Tarsus des 5.—7. Beinpaares des Männchens, teilweise auch das Postfemur mit Kugelborsten. Am Ende des Praefemur des 5.—7. Beinpaares ein zapfenförmiger Vorsprung (Fig. 543). Beide Beinpaare des 6. Segments des Männchens weit voneinander inseriert, zwischen ihnen legen sich die Gonopoden an die Ventralfläche an. Hüften der Gonopoden zu einem Syncoxit verwachsen, kurz und gedrungen, seitlich nicht aufragend. Telopodite frei. Femur ziemlich kurz, Rinnenast mit großem, zweiästigem Parsolaenomerit, Tibiotarsus groß, an der Basis nicht durch Naht abgesetzt, mit Seitenstacheln.

Typus: *S. ramosus* Att.

Australien.

2 Arten.

Übersicht über die Arten:

Tibiotarsus des Gonopoden mit 3 Stacheln, vor dem Ende keine lappenartige Verbreiterung. Parsolaenomerit bis nahe zur Spitze des Tibiotarsus reichend. Halsschild etwas breiter, der Unterschied in der Breite von Halsschild und folgenden Tergiten gering . . . . 1. **S. ramosus**

Tibiotarsus des Gonopoden mit 2 Stacheln, vor dem Ende eine lappenartige Verbreiterung. Parsolaenomerit nur bis ungefähr zur Mitte des Tibiotarsus reichend. Halsschild schmäler, viel schmäler als das folgende Tergit . . . . . . 2. **S. cornutus**

1. **S. ramosus** Att. 1911 *S. r.*, Attems in: Fauna S. W.-Austral., *v.* 3 p. 180 f. 43, 50.

Dunkel erdbraun. Länge 2,5 mm. Clypeus und Stirn reichlich, Scheitel spärlich beborstet. Vordereck der Seitenflügel abgerundet, Hintereck zackig, Seitenrand mit 2—3 kleinen Kerben, in denen je eine Borste steht. Poren nahe dem Hintereck am Seitenrand, schräg nach oben und seitlich gerichtet. Prozoniten sehr feinkörnig, der hinterste Streif etwas vertieft und gröber gekörnt. Metazoniten mit tiefer Querfurche, vor dieser eine Medianfurche und jederseits von letzterer eine Querreihe von 4 kleinen borstentragenden Knöpfchen; hinter der Querfurche 2 Querreihen von je 8 Tuberkeln, die jede ein kleines borstentragendes Knöpfchen haben (Fig. 542); die Borsten sind zart, weiß und sehr hinfällig. Sternite unbeborstet. Schwänzchen zugespitzt konisch und ziemlich kurz; Analschuppe quer abgestutzt mit 2 Borstenwarzen. Gonopodenöffnung sehr groß, querrechteckig mit abgerundeten Ecken. Borsten der 2 ersten Beinpaare des Männchens zart, gerade und lang. Praefemur des 3.—6. Paares dorsal kugelig aufgetrieben. 1.—4. Glied des 3. Paares ventral mit kurzen, gebogenen Borsten, auf dem Postfemur untermischt mit einigen Kugelborsten, Hüfte des 4. Paares mit langen dünnen, Praefemur mit ebensolchen und kurzen gebogenen, Femur und Postfemur nur mit kurzen gebogenen Borsten. Das 5.—7. Paar (Fig. 543) hat auf dem 1. und 2. Glied lange und dünne, auf dem 3. und 4. Glied kurze, ge-

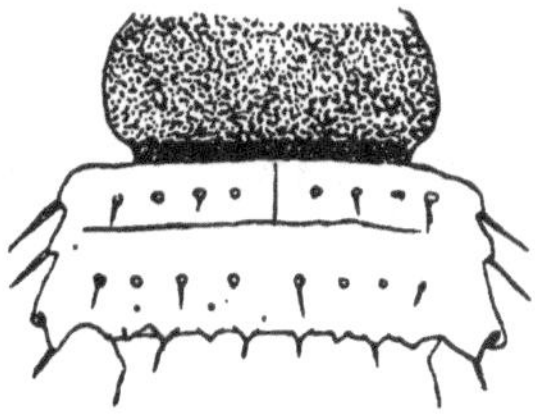

Fig. 542.
Sphaerotrichopus ramosus Att.
11. Segment.

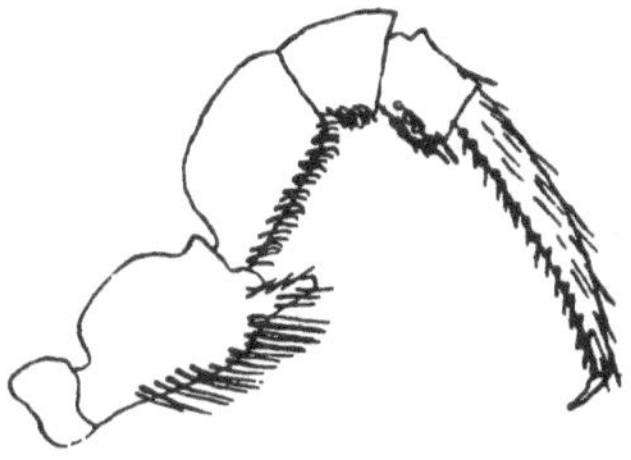

Fig. 543.
Sphaerotrichopus ramosus Att.
Bein des 7. Paares des Männchens.

bogene Borsten, auf dem Postfemur untermischt mit Kugelborsten. Praefemur des Gonopoden nur mäßig verdickt, spärlich beborstet. Femur ziemlich kurz. Rinnenast mit großem, in 2 divergierende Spitzen gegabeltem Parsolaenomerit. Tibiotarsus groß, nicht durch Naht gegen das Femur abgegrenzt, trägt 3 schlanke stachelförmige Seitendornen (Fig. 544).

Australien: Wooroloo, Lion Mill, Mundaring Weir, Rottnest, Gooseberry Hill, Pickering Brook.

Fig. 544.
Sphaerotrichopus ramosus Att.
Gonopode, Medialseite.

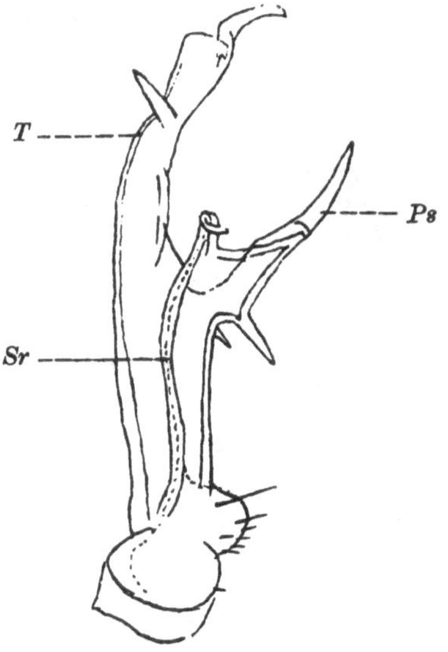

Fig. 545.
Sphaerotrichopus cornutus Verh.
Gonopode, *Sr* Samenrinne (K. W. Verhoeff, 1936).

2. **S. cornutus** Verh. 1936 *S. c.*, K. W. Verhoeff in: Zool. Anz., *v.* 114 p. 10 f. 1, 2.

Länge ♂ 10 mm, ♀ 11,5 mm. Halsschild mit stumpfwinkligen Seitenecken und 3 Querreihen ziemlich langer Borsten, relativ schmäler als bei *S. ramosus,* dafür die vorderen Seitenflügel, besonders die des 2. Segments, etwas breiter als dort. Die meisten Tergite mit 3 Querreihen von Borsten. Querfurche tief, vor ihr nur Andeutungen einer Felderreihe, hinter ihr 2 Felderreihen. Die Hinterecken der Seitenflügel ragen auf den meisten Segmenten als spitze Zacken nach hinten vor. Praefemur des 3.—7. Beinpaares oben bauchig erweitert, Praefemur des 5.—7. Beinpaares am Ende unten mit einem geraden glasigen Fortsatz, der auf dem 7. Beinpaar bis zur Mitte des Femur reicht. Tibia (und nach der Zeichnung Tarsus) mit Kugelborsten. Gonopoden denen von *S. ramosus* sehr ähnlich, Unterschiede: Tibiotarsus *(T)* mit nur 2 Stacheln, vor dem Ende eine lappige Erweiterung. Der Parsolaenomerit *(Ps)* ist kürzer und ragt nur bis etwa zur Mitte des Tibiotarsus vor (Fig. 545).

West-Australien: Gooseberry Hill.

2. Gen. **Gnomeskelus** Att.

1926 *G.*, Attems in: Kükenthal & Krumbach, Handb. Zool., *v.* 4 p. 146 | 1927 *G.*, Attems in: Ann. Mus. Wien, *v.* 41 p. 55 | 1928 *G.*, Attems in: Ann. S. Afr. Mus., *v.* 26 p. 254 | 1936 *G.*, K. W. Verhoeff in: Zool. Anz., *v.* 114 p. 1 | 1938 *Pelmatotylus*, Attems in: P. zool. Soc. London, ser. B *v.* 108 p. 376 | 1939 *Gnomeskelus*, K. W. Verhoeff in: Ann. Natal Mus., *v.* 9 p. 174, 203.

20 Segmente. Poren auf den Segmenten 5, 7, 9, 10, 12, 13, 15—19. Rumpf *Strongylosoma*-artig, mit rundlichen seitlichen Auftreibungen oder mit mäßig breiten Seitenwülsten mit abgerundeten oder spitzzackigen Hinterecken, Metazoniten meist glatt und ohne Querfurche, eine solche kann aber auch vorhanden sein, ebenso manchmal flache Felder oder flache Buckeln. Tergite mit oder ohne Borsten. Sternite meist ohne besondere Fortsätze, die hinteren manchmal mit 4 kleinen Kegeln, bei einer Art 2 niedrige Tuberkeln zwischen den hinteren Beinen des 5. Segments. Schwänzchen gerade kegelig. Die vorderen Beine des Männchens haben auf der Sohle halbkugelige oder kegelige Warzen, stets auf den Gliedern 2—6, manchmal auch auf der Hüfte. Gonopodenöffnung kreisrund oder queroval, ihre Umrahmung hinten lamellös erhoben. Hüften der Gonopoden zu einem Syncoxit verkittet. Praefemur und Femur gehen meist allmählich ineinander über, selten ist eine schärfere Scheidung zwischen beiden vorhanden. Beborstung spärlich, reicht oft bis zum Ende des Femur. Das Femur hat bei mehreren Arten *(clavatus, puteinus, repandus, ceresinus)* am Ende oder weit vor dem Ende einen großen Seitenast (der mit einem Parsolaenomerit verwechselt wurde), bei mehreren anderen Arten ist an dieser Stelle ein kleiner zahn- oder dornförmiger Seitenast vorhanden, oft fehlt ein Seitenast ganz. Das Femur ist gegen die Endsichel manchmal durch eine mehr oder weniger tiefe Einschnürung abgesetzt, so bei *clavatus, repandus, ceresinus, dentipes, penicillatus.* Bei letzterem, bei dem ein Tibiotarsalrudiment vorhanden ist, muß der Teil distal von der Einschnürung bis zum Ansatz des Tibiotarsus als Postfemur gewertet werden, während bei den anderen genannten Arten die Endsichel distal von der Einschnürung nur vom Rinnenast gebildet wird, und kein Postfemur erkennbar ist. Der Rinnenast hat oft einen Seitenast, Parsolaenomerit genannt, dessen Gestalt je nach den Arten sehr variiert, von einem kleinen Zacken, z. B. *clavatus, repandus, tugelanus,* bis zu einem großen Seitenast; bei Subgen. *Rhopaloskelus* ist er gegabelt. Auch der Rinnenast variiert sehr in seiner Gestalt, Extreme sind etwa *G. circulipes,* bei dem er sehr dünn und lang ist

und $^3/_4$ eines Kreises beschreibt und *G. tugelanus*, bei dem er sehr kurz, ganz gerade und sehr breit ist. Das Ende des Rinnenastes ist eine einfache Spitze oder gegabelt, manchmal in 3 Äste geteilt. Der Tibiotarsus ist, wenn überhaupt vorhanden, ein kleiner meist einfacher Dorn oder Zahn, selten ist er an der Basis durch Naht abgesetzt, vielen Arten fehlt er ganz. Eine größere systematische Wichtigkeit kommt ihm nicht zu, wenn er in der Tabelle auch an erster Stelle verwendet wurde; dies geschah nur, weil dadurch die leichte Unterscheidung von 2 Artgruppen ermöglicht wird. Von den aufgestellten Untergattungen sind *Cyphomeskelus, Haplonatalius* und *Chaetomeskelus* nicht berechtigt. *Cyphomeskelus* ist nur durch die Gestalt des Parsolaenomerit gekennzeichnet, es liegt jedoch kein Grund vor, unter den vielen Formen, die das Parsolaenomerit annehmen kann, gerade eine beliebige zum alleinigen Charakteristikum einer Untergattung zu machen. Unter *Haplonatalius* wurde eine Anzahl Arten ohne Parsolaenomerit zusammengefaßt. Nach ihren sonstigen Eigenschaften sind die Arten ohne Parsolaenomerit so verschiedenartig, daß sie sicher nicht näher verwandt sind und die Gruppe wäre polyphyletisch. *Chaetomeskelus* ist durch die Beborstung der Metazoniten charakterisiert und durch eine seichte Kerbung des Seitenrandes der Seitenwülste. Borsten finden sich auch bei anderen als den für *Chaetomeskelus* genannten Arten (*montivagus* und *setosus*) ebenso eine leichte Kerbung des Seitenrandes. *Rhopaloskelus* wurde vom Autor als selbständiges Genus aufgestellt, wodurch aber die vorhandenen Unterschiede weit überwertet wurden.

Süd-Afrika (30 Arten), **Hawaii** (1 Art).

Typus: *G. clavatus* Att.

3 Untergattungen mit 31 Arten.

Übersicht über die Untergattungen:

1	Rinnenast eine lange, meist stark gekrümmte Sichel, die nicht von einem Endlappen überragt wird — **2**	
	Rinnenast sehr kurz und breit, ganz gerade in der Längsrichtung des Telopodit, von einem großen Endlappen überragt	c) Subgen. **Drakensius**
2	Telopodit an der Stelle, an der das Parsolaenomerit abgeht, breit plattig. Parsolaenomerit gegabelt. Rücken der Metazoniten mit 2 Querreihen je eine Borste tragender Beulen	b) Subgen. **Rhopaloskelus**
	Telopodit an der genannten Stelle nicht plattig verbreitert. Metazoniten entweder glatt oder selten mit durch seichte Linien abgegrenzten Feldern, mit oder ohne Borsten	a) Subgen. **Gnomeskelus**

a) Subgen. **Gnomeskelus** Att.

Literatur wie oben.

Gonopodentelopodit ohne besondere Verbreiterung am Ende des Femur. Rinnenast lang und schlank, jedenfalls viel länger als breit. Metazoniten ohne Beulen.

28 Arten.

Übersicht über die Arten:

1	Gonopoden ganz ohne Tibiotarsus — **2**
	Gonopoden mit rudimentärem Tibiotarsus — **14**

2	Gonopodenfemur mit großem Seitenast. Parsolaenomerit als kleiner Zacken angedeutet oder ganz fehlend. Seitenwülste hinten abgerundet. Vordere Sternite ohne Fortsätze. Hüften der vorderen Beine ohne Warzen. Metazoniten ohne Querfurche — **3**	
	Gonopode mit kleinem Seitenzahn oder ganz ohne Seitenast. Parsolaenomerit gut ausgebildet — **6**	
3	Femur, Postfemur und Tibia der Beine des 9. bis 16. Segments stark knollig verdickt, besonders auf der Tibia unten lappig vorspringend. Seitenast des Gonopodenfemur weit vom Ende entfernt. Parsolaenomerit ein kleiner Zacken. Metazoniten unbeborstet	1. **G. (G.) clavatus**
	Femur, Postfemur und Tibia der Beine des 9. bis 16. Segments am Ende nicht oder nur wenig verdickt. Der Seitenast des Gonopodenfemur sitzt ganz am Ende — **4**	
4	Seitenast des Gonopodenfemur gegabelt, der eine Gabelast mit Seitenzähnchen. Ein Parsolaenomerit fehlt ganz. Metazoniten unbeborstet . . .	4. **G. (G.) ceresinus**
	Seitenast des Gonopodenfemur einfach. Parsolaenomerit durch einen kurzen Zacken angedeutet — **5**	
5	Warzen auf der Unterseite der Glieder von Praefemur bis Tibia ausgesprochen spitzkegelig. Seitenast des Femur lateral gerichtet, einfach. Rinnenast eine sehr kurze breite Sichel. Metazoniten unbeborstet. Breite 2,3 mm	2. **G. (G.) repandus**
	Warzen der Beine halbkugelig. Seitenast des Femur aus einer großen Platte mit einem Dorn bestehend. Rinnenast viel schlanker, im Halbkreis gebogen. Coxalfortsatz des 2. Beinpaares des Männchens ungewöhnlich groß, fast bis zur Mitte des Praefemur reichend. Metazoniten mit 2 Borstenreihen. Breite 1,7 mm	3. **G. (G.) puteinus**
6	Gonopodenfemur mit kleinem Seitenzahn — **7**	
	Gonopodenfemur ganz ohne Seitenzahn — **8**	
7	Rücken matt, auf den meisten Segmenten mit 2 Querreihen punktartiger dunkler Flecken. Parsolaenomerit schlank, glattrandig	5. **G. (G.) medius**
	Rücken ohne solche Flecken. Parsolaenomerit breiter, am Ende der unteren Kante feine Sägezähne	6. **G. (G.) falcifer**
8	Parsolaenomerit am Grunde mit einem langen, basal gerichteten Seitenzahn	7. **G. (G.) lawrenci**
	Parsolaenomerit ohne Seitenzahn — **9**	
9	Seitenrand der Seitenwülste glatt. Hinterrand der meisten Tergite ohne Borsten — **10**	
	Seitenrand der Seitenwülste 2—3mal gekerbt. Hinterrand aller Tergite mit Borstenreihe — **13**	
10	Parsolaenomerit dem Rinnenast entgegengesetzt gekrümmt. Das ganze Telopodit sehr schlank. Rinnenast $^3/_4$ eines Kreises beschreibend, am Ende in 4 Spitzen geteilt	8. **G. (G.) circulipes**
	Parsolaenomerit im selben Sinn wie der Rinnenast gerichtet — **11**	

11 Parsolaenomerit lang und schlank. Vor dem Ende des Rinnenastes kein Seitenlappen — **12**
Parsolaenomerit sehr kurz. Vor dem Ende des Rinnenastes ein großer Seitenlappen . . . . . . 9. **G. (G.) burius**

12 Die Spitze des zurückgebogenen Parsolaenomerit berührt fast das Telopodit. Ende des keuligen Rinnenastes in Dolchspitze und zurückgebogenen Ast gegabelt und dem Telopodit genähert . . . 10. **G. (G.) arcuatus**
Spitze des zurückgebogenen Parsolaenomerit vom Telopodit entfernt, Ende des Rinnenastes gespalten in Lappen und langen Haken, von denen keiner zurückgebogen ist, vom Telopodit weit entfernt bleibend . . . . 11. **G. (G.) attemsii**

13 (9) Die Borsten der Metazoniten stehen nicht auf Knötchen. Tibiotarsus des Gonopoden schwächer und sehr eng dem Rinnenast angedrückt. Parsolaenomerit breiter, am Ende mit einer beilartigen Verbreiterung. Rinnenast in 2 Lappen geteilt 12. **G. (G.) montivagus**
Die Borsten der Metazoniten stehen auf Knötchen. Tibiotarsus des Gonopoden stärker und deutlich vom Rinnenast abstehend. Parsolaenomerit schmäler, am Ende nicht erweitert. Rinnenast mit einfacher Spitze . . . . 13. **G. (G.) setosus**

14 (1) Kein Parsolaenomerit oder ein solches nur durch einen schwachen Zacken angedeutet — **26**
Parsolaenomerit gut ausgebildet — **15**

15 Gonopodenfemur mit kleinem Seitenzahn oder schlankem Ast vor dem Ende. Hinterecken der Seitenwülste spitzzackig — **16**
Gonopodenfemur ganz ohne Seitenzahn — **19**

16 Glieder 3—5 der Beinpaare 12—23 am Ende verdickt. Unterseite des Tarsus mit Borsten und 3 Höckern. Metazoniten glatt, mit Querfurche und 2 Reihen von Borsten, eine vor und eine hinter der Querfurche. Sternite 4—6 ohne Tuberkeln . . . . 15. **G. (G.) tuberosus**
Beinpaare 12—23 nicht so modifiziert — **17**

17 Parsolaenomerit glatt, ohne Spitzchenbesatz. Hüften der vorderen Beine mit Warzen — **18**
Parsolaenomerit mit zahlreichen Spitzchen besetzt. Hüften der vorderen Beine ohne Warzen. Medial vom Hintereck kein Zahn. Vordere Sternite ohne Tuberkeln . . . . 14. **G. (G.) penicillatus**

18 Tibiotarsus des Gonopoden ein 2spitziger Lappen. Rinnenast am Ende dünn, ohne Kerbe. Am Hinterrand der Metazoniten ein bis mehrere Zähnchen. Sternit 5 des Männchens mit 2 niedrigen Tuberkeln zwischen den hinteren Beinen 16. **G. (G.) globifer**
Tibiotarsus des Gonopoden ein einfaches Zähnchen. Rinnenast breit, mit tiefer runder Kerbe vor dem Ende. Am Hinterrand der Metazoniten keine Zähnchen. Sternit 5 ohne Tuberkeln . . . . . 17. **G. (G.) furculatus**

19 (15) Parsolaenomerit ein breiter runder Lappen. Hinterrand der Seitenwülste spitzzackig. Metazoniten uneben lederartig, mit Querreihen kleiner Borsten. Postfemur und Tibia der Beine 10—16 am Ende schwielig verdickt, Tibia und Tarsus mit einem Zähnchen auf der Unterseite . . . . 18. **G. (G.) dentipes**
Parsolaenomerit ein langer schlanker Ast — **20**

20 Am Grunde des Parsolaenomerit ein basal gerichteter Seitenzahn — **21**
Parsolaenomerit ohne solchen Seitenzahn — **22**

21 Der Zahn am Grunde des Parsolaenomerit ist länger, das Ende des Parsolaenomerit glattrandig, Tibiotarsus des Gonopoden lang und schlank. Länge Männchen 16 mm . . . . 19. **G. (G.) harpagonifer**
Der Zahn am Grunde des Parsolaenomerit ist kurz. Parsolaenomerit am Ende mit Sägezähnen. Tibiotarsus kurz und stumpf. Länge Männchen 25½ mm . . . . 20. **G. (G.) hamuliger**

22 Parsolaenomerit auf einer Kante gesägt-gezähnt — **23**
Parsolaenomerit glattrandig — **25**

23 Die ganze untere Kante des Parsolaenomerit gesägt. Rinnenast am Ende 2spitzig. Metazoniten vor dem Hinterrand mit Längsrunzeln . . . . . . 21. **G. (G.) serratus**
Parsolaenomerit nur in der Endhälfte gesägt. Rinnenast mit einfacher Spitze. Metazoniten glatt — **24**

24 Die obere Kante des Parsolaenomerit springt rundlappig vor, Tibiotarsus ein sehr kleines Zähnchen. Ende des Rinnenastes allmählich zugespitzt, nicht gedreht. Metazoniten mit seichter Querfurche, vor und hinter ihr je eine Reihe von Borsten 22. **G. (G.) globulatus**
Die obere Kante des Parsolaenomerit ist gerade. Tibiotarsus bedeutend größer. Ende des Rinnenastes dicker und etwas gedreht. Metazoniten unbeborstet . . . . 23. **G. (G.) tristriatus**

25 Rinnenast nur mit Parsolaenomerit, ohne sonstige Zähne. Tibiotarsus des Gonopoden lang und schlank, Praefemur und Femur gebogen, bis zur Mitte des Femur beborstet. Metazoniten ohne Querfurche. Am Hinterrand vom 4. Segment an auf den porenlosen Segmenten 6, auf den porentragenden 8 spitze Zähnchen. Rumpf schwarzbraun und kastanienbraun . . . . 24. **G. (G.) natalicus**
Neben Parsolaenomerit und in der Mitte zwischen diesem und Endspitze je ein großer 3eckiger Zahn. Tibiotarsus sehr klein. Praefemur-Femur gerade. Metazoniten mit tiefer Querfurche (Zähnchen am Hinterrand?). Hellbraun . . . . 25. **G. (G.) latzeli**

26 (14) Tibiotarsus des Gonopoden ein starker 2spitziger Dorn. Rinnenast mit einfacher Spitze. Hinterecken der Seitenwülste vom 2. an spitzzackig. Erdbraun. Breite 1,5 mm . . . . 27. **G. (G.) spinifer**
Tibiotarsus einspitzig. Rinnenast in 2—3 Äste geteilt. Breite 2,6—3,2 mm — **27**

27 Gonopodentelopodit mit einer dicken runden Vorwölbung am Grunde der Endsichel. Rinnenast am Ende in 2 schlanke Äste geteilt. Tibiotarsus ein runder Lappen. Hinterecken der Seitenwülste nur auf den Segmenten 18 und 19 spitzzackig, auf den anderen mehr gerundet. Rumpf schwarzbraun, Antennen und Beine rosenrot. Breite 2,6 mm 28. **G. (G.) rhodobates**
Gonopodentelopodit am Grunde der Endsichel ohne runde Vorwölbung. Rinnenast am Ende in 3 Äste geteilt, ein Ast mit der Samenrinne, ein schlanker Dorn und ein großer, die anderen Äste

überragender Lappen. Tibiotarsus ein spitzer Dorn. Hintereck der Seitenwülste vom 5. Segment an spitzzackig. Schwarz, Vorderhälfte der Metazoniten, 2 Querflecke in der hinteren Hälfte der Metazoniten und eine schmale Längsbinde auf den Prozoniten weißlich oder gelblich, Beine rotbraun. Breite 3,2 mm . . . . 26. **G. (G.) silvaticus**

1. **G. (G.) clavatus** Att. 1928 *G. c.*, Attems in: Ann. S. Afr. Mus., *v.* 26 p. 256 t. 5 f. 115—118.

Einfarbig rötlichbraun. Breite 1,7 mm. Gestalt schlank. Halsschild seitlich breit abgerundet. Ringe in der Quernaht schwach eingeschnürt. Jeder Metazonit hinten verbreitert; glatt, unbeborstet, ohne Querfurche; Quernaht glatt. Seitenbeulen dorsal scharf abgesetzt, hinten abgerundet, auch auf den letzten Segmenten nicht zackig. Poren dorsal von der den Seitenwulst begrenzenden Furche, nahe dem Hinterende der Beule. Feine Pleuralkiele bis zum 10. Segment. Sternite glatt, unbeborstet, alle ohne Fortsätze, kaum eingedrückt. 1.—5. Glied des 1. Beinpaares mit einer langen und mehreren kurzen Borsten, Tarsus dicht beborstet. 1.—4. Glied des 2. Beinpaares ventral mit einer langen Borste, 4. und 5. Glied mit einigen kurzen Borsten, Tarsus dicht beborstet. Auf dem 3. Beinpaar beginnen die Kugelborsten; Hüfte ohne solche, auf dem 2. und 3. Glied nur in der distalen Hälfte vorhanden, auf dem 4. Glied wenige, auf den Gliedern 5 und 6 nehmen sie fast die ganze Ventralseite ein. Die letzten Kugeln des Tarsus sind in eine kleine Spitze ausgezogen, alle anderen sind ganz rund. Die Beborstung der Beine ist sehr spärlich, Hüfte und Praefemur mit einer langen ventralen Borste, Tarsus mit einigen Borsten am Ende und seitlich. Beine der Segmente 9—16 etwas verschieden von den vorderen: Femur sehr verlängert und so wie die folgenden 2 Glieder am Ende plötzlich stark verbreitert, so daß dadurch am Ende der Ventralseite eine lappige Vorragung entsteht. Tarsus ventral mit 2 runden Vorragungen, von denen die distale einige in eine kleine Spitze ausgezogene Kugeln trägt, außerdem ist der Tarsus reichlich beborstet, besonders am Ende. Schwänzchen konisch, zugespitzt, mäßig lang. Analschuppe bogig abgerundet, mit 2 Borstenwarzen. Klappen ziemlich hoch gewölbt, mit 2 Borsten. Gonopodenöffnung kreisrund, ihr hinterer Rand als niedrige Lamelle erhoben, Grenze zwischen Praefemur und Femur des Gonopoden wenig deutlich. Praefemur spärlich beborstet, Femur noch spärlicher, in der Mitte etwas verbreitert, weit vor dem Ende ein blattförmiger, distal gerichteter Seitenast *(Fs)*. Die nur aus dem Rinnenast bestehende Endsichel *(RA)* ist durch eine tiefe Einschnürung vom übrigen Femur abgesetzt, gegenüber der Einschnürung am Grunde des Rinnenastes ein kurzer Zacken, rudimentäres Parsolaenomerit. Der $^3/_4$ eines Kreises beschreibende Rinnenast ist recht breit und endet mit einfacher Spitze. Kein Tibiotarsus (Fig. 546).

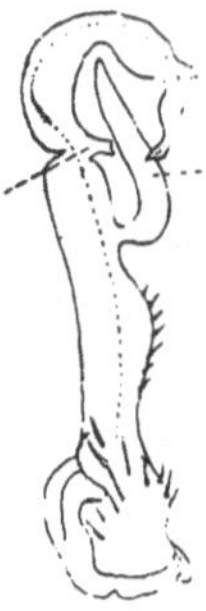

Fig. 546 **Gnomeskelus (G.) clavatus** Att. Gonopode.

Kapland: Mossel Bay.

2. **G. (G.) repandus** Att. 1928 *G. r.*, Attems in: Ann. S. Afr. Mus., *v.* 26 p. 263 t. 6 f. 141—146, t. 7 f. 147.

Metazoniten hell kastanienbraun, hinten dunkelbraun gesäumt, Prozoniten blaß gelblich. Breite ♂ 2,3 mm, ♀ 2,8 mm. Körper glatt, unbeborstet.

An Stelle der Seitenflügel schmale, hinten ganz abgerundete, dorsal durch eine Furche scharf begrenzte Wülste; die Poren liegen nahe dem Hinterende dorsal vom Wulst. Quernaht glatt. Pleuralkiele in der vorderen Körperhälfte. Sternite schwach runzlig, unbeborstet, die vorderen ohne Fortsätze. Hüfte und Praefemur des 1. und 2. Beinpaares mit einer sehr langen und einigen kürzeren Borsten, die anderen Glieder lang und stark beborstet. 3.—7. Paar mit stumpf konischen Warzen vom Praefemur an, Hüfte ohne solche. Hüfte und Praefemur mit einer langen Borste unten, Tibia mit einigen Borsten oben, Tarsus dichter beborstet, die meisten Borsten krumm, die Oberseite fast unbeborstet. Praefemur, Femur und Tibia des 8. Beinpaares am Ende knollig verdickt und mit einigen kegeligen Warzen besetzt, ebensolche Warzen hat auch die halbkugelig vorgewölbte Hüfte und die ganze Sohle des Tarsus. Die knollige Anschwellung am Ende der genannten Glieder findet sich auch auf den folgenden Beinpaaren. Die Unterseite der Glieder 2—6 ist mit Spitzwarzen besetzt, die immer mehr kurz dornartig werden, auf dem Tarsus sind es geriefte Kugeln, die ein Gebilde wie die Endkralle eines Beines tragen. Hinterrand der Gonopodenöffnung als ziemlich hohe 3eckige Lamelle erhoben, deren abgestumpfte Spitze eingeschnitten ist. Die Gonopodenhüften liegen eng nebeneinander und der schmale Zwischenraum wird von einer breiten dünnen Platte überbrückt, Endrand der Hüfte abgeschrägt, lateral höher. Femur kurz und gedrungen, die Beborstung reicht bis an das Ende des Femur. Am Ende des Femur ein schräg lateral gerichteter großer Ast *(Fs)*, gegenüber lateral eine leichte Einschnürung. Rinnenast breit, mit einem kleinen Zacken am Grunde *(Ps)*, einem rudimentären Parsolaenomerit, das Ende im Halbkreis gebogen und 2spitzig. Lateral vor der Endsichel eine unregelmäßige zackige Vorragung. Kein Tibiotarsus (Fig. 547).

Kapland: Houw Hoek, Kalk Bay, Simonstown, St. James, Swellendam, Caledon, Venster Ravine, Cape Flats, Pass at Avontuur, River Zonder End.

3. **G. (G.) puteinus** Att. 1928 *G. p.*, Attems in: Ann. S. Afr. Mus., *v.* 26 p. 265 t. 7 f. 148—150.

Schmutzig gelb oder erdbraun. Breite 1,7 mm. Kopf ziemlich reichlich fein und kurz beborstet, Halsschild mit 3 Querreihen feiner Borsten, Meta-

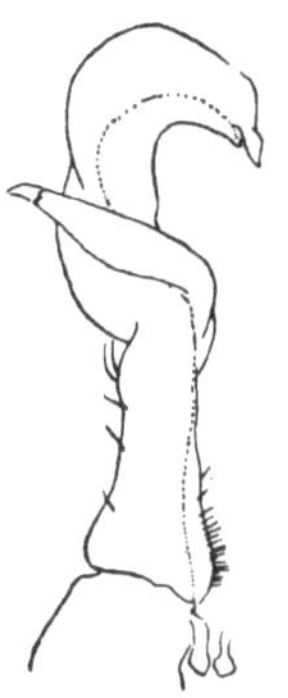

Fig. 547.
Gnomeskelus (G.) repandus Att.
Gonopode.

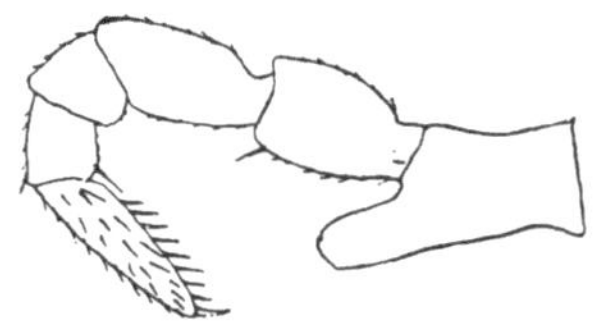

Fig. 548.
Gnomeskelus (G.) puteinus Att.
Bein des 2. Paares des Männchens.

zoniten mit 3 Reihen solcher, glatt, ohne Querfurche. Quernaht glatt, die Ringe in der Quernaht deutlich eingeschnürt, Seitenwülste schmal, hinten abgerundet, dorsal durch eine Furche scharf begrenzt; die Furchen hören auf dem 16. Segment auf, die Segmente 17—19 haben kaum merkliche Seitenbeulen. Pleuralkiele bis zum 8. Segment. Sternite ohne Besonderheiten.

1.—5. Glied des 1. Beinpaares mit einer langen Borste unten, Tarsus unten stark aber schütter, die anderen Glieder nur spärlich beborstet. Coxalfortsätze des 2. Beinpaares des Männchens mit den Genitalmündungen besonders lang (Fig. 548), dicke bis zur Mitte des Praefemur reichende Zapfen; Praefemur unten, Postfemur und Tibia oben mit einer langen Borste. 3.—6. Beinpaar mit wenigen Kugeln auf der Sohle des 2.—4. Gliedes, etwas zahlreicheren auf Tibia und Tarsus, der Grund des Tarsus bleibt frei, Hüfte ganz ohne Kugeln. 7. und 8. Beinpaar mit einigen Kugeln auf dem Femur und etwas zahlreicheren auf den 3 Endgliedern. Hintere Beine schlank, ohne Kugeln, der Tarsus reichlicher, die anderen Glieder nur spärlich beborstet. Gonopodenöffnung queroval, der Hinterrand eine niedrige, median tief eingeschnittene Lamelle. Hüften der Gonopoden verbunden. Praefemur verdickt, allmählich ohne scharfe Einschnürung in das Femur übergehend, die Beborstung reicht fast bis zum Ende des Femur, das leicht verbreitert ist und auf der Innenseite einen großen Seitenast hat in Gestalt einer runden Platte mit einem schlanken Dorn. Rinnenast im Halbkreis gebogen, an seiner Basis ein kurzer 3eckiger Zacken, Rudiment eines Parsolaenomerit. Das Ende des Rinnenastes ist gegabelt. Kein Tibiotarsus (Fig. 549).

Kapland: Matjesfontein.

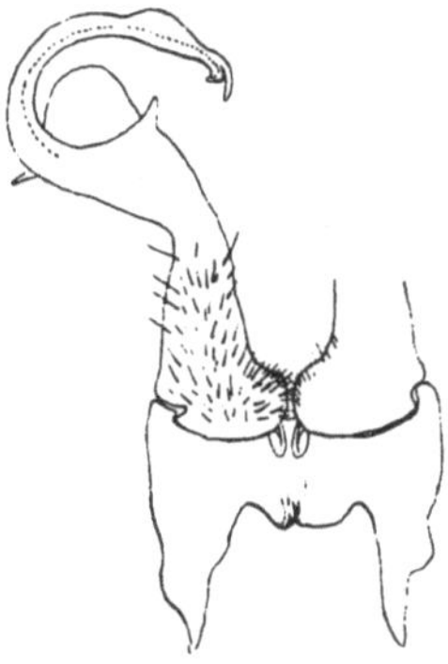

Fig. 549.
Gnomeskelus (G.) puteinus Att.
Gonopode.

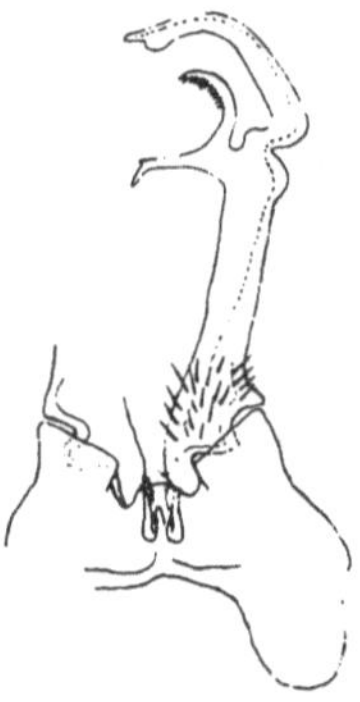

Fig. 550.
Gnomeskelus (G.) ceresinus Att.
Gonopode.

4. **G. (G.) ceresinus** Att. 1928 *G. c.,* Attems in: Ann. S. Afr. Mus., *v.* 26 p. 264 t. 6 f. 133—135.

Metazoniten kastanienbraun, Prozoniten gelbbraun. Breite 1,7 mm. Kopf reichlich beborstet. Halsschild seitlich breit abgerundet. Die Seitenflügel sind schmale, dorsal scharf durch eine Furche begrenzte, hinten ganz abgerundete Wülste; die Saftlöcher sind groß und liegen nahe dem Hinterende auf der flachen Oberseite des Wulstes. Metazoniten dorsal glatt, unbeborstet, ohne Querfurche, unter den Wülsten schwach längsfaltig. Quernaht glatt. Pleuralkiele bis zum 16. Segment sichtbar. Sternite unbeborstet, schmal, quadratisch, die vorderen ohne Fortsätze, die hinteren mit Kreuzeindruck. Glieder 1—5 des 1. Beinpaares mit einer langen und sonst nur sehr spärlichen Borsten. Praefemur und Femur des 2. Beinpaares mit einigen stumpfen Zapfen, Tibia und Tarsus mit einigen wenigen Kugeln, Tibia dorsal mit einer langen Borste. Alle Glieder der Beinpaare 3—7 vom Praefemur an unten mit Kugeln, die des Femur sind etwas länglich, mehr zapfenförmig, nur die des Tarsus sind in kleine Spitzen ausgezogen. Tarsus daneben ziemlich reichlich beborstet, die anderen Glieder nur spärlich. Hüfte und Praefemur mit einer sehr langen Tastborste unten, Tibia mit einer kürzeren oben. Die hinteren Beine haben Kugeln auf der Sohle des 4.—6. Gliedes und stumpfe Zapfen auf dem Femur. Gonopodenhüften verwachsen mit erhaltener Mediannaht und außerdem durch eine schmale Sternit-Brücke verbunden, die keine Mediannaht hat. Praefemur nur spärlich, besonders in der Umgebung der Samengrube, beborstet, im übrigen das Telopodit unbeborstet. Praefemur und Femur ohne scharfe Grenze ineinander übergehend. Femur schlank, gerade, am Ende des Femur ein großer gegabelter Seitenast, der distale der Gabeläste ist im Halbkreis gebogen und auf der Innenseite mit kleinen schlanken Zähnchen besetzt. Distal von dem Seitenast eine Einschnürung oder Knickung, die dadurch abgesetzte Endsichel wird nur vom Rinnenast gebildet, der kräftig, im Halbkreis gebogen ist und vor dem Ende einen abgerundeten Seitenlappen hat. Von einem Parsolaenomerit keine Spur. Kein Tibiotarsus (Fig. 550).

Kapland: Ceres, Pass at Avontuur bei Storms Vlei, Swellendam.

5. **G. (G.) medius** Verh. 1939 *G. m.*, K. W. Verhoeff in: Ann. Natal Mus., *v.* 9 p. 186 f. 13.

Länge ♂ 18 mm. Rücken matt, auf den meisten Segmenten mit 2 Querreihen punktartiger dunkler Fleckchen. Knötchen auf allen Gliedern des Telopodit der Beinpaare 3—10. Tibia und Tarsus der Beinpaare 8—10 einfach. Femur des Gonopoden mit einem spitzen Zahn, der ein wenig distal vom Parsolaenomerit sitzt, Rinnenast mit knotig abgesetzter Basis, rechtwinklig geknickt. Parsolaenomerit schlank, glattrandig. Kein Tibiotarsus (Fig. 551).

Natal: The Bluff, Durban.

Fig. 551.
Gnomeskelus (G.) medius Verh.
Gonopodentelopodit (K. W. Verhoeff, 1939).

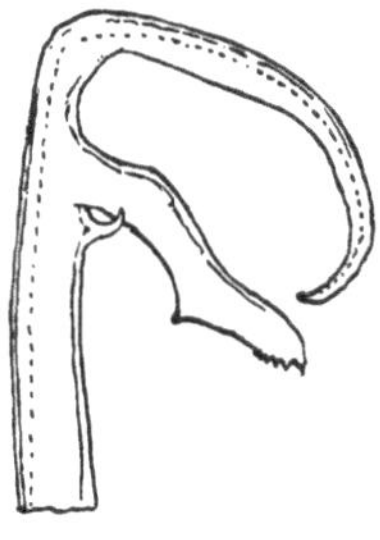

Fig. 552.
Gnomeskelus (G.) falcifer Verh.
Gonopodentelopodit (K. W. Verhoeff, 1939).

6. **G. (G.) falcifer** Verh. 1939 *G. f.*, K. W. Verhoeff in: Ann. Natal Mus., *v.* 9 p. 184 f. 10.

Länge ♂ 22 mm, ♀ 24 mm. Auf dem 7. Segment medial vom Hintereck kein Nebenzähnchen. Auf den Beinpaaren 4—8 fehlen die Warzen nur auf der Hüfte. Tarsus vom 12. Beinpaar an mit 3 Höckern auf der Unterseite. Tibia vor dem Ende mit einem Höcker. Am Ende des Gonopodenfemur ein kleines hakiges spitzes Zähnchen. Parsolaenomerit groß, am Ende mit Sägezähnchen. Rinnenast groß, schlank, sichelförmig. Kein Tibiotarsus (Fig. 552).

Natal: Shepstone und Umgababa.

7. **G. (G.) lawrenci** Verh. 1939 *G. l.*, K. W. Verhoeff in: Ann. Natal Mus., *v.* 9 p. 184 f. 5.

Länge ♂ ♀ 12 mm. Graugelb, mit 3 dunklen Längsstreifen. Auf den vorderen Beinen sind die Knötchen nur auf Tibia und Tarsus reichlicher; auf den vorangehenden Gliedern spärlich bis fehlend. Am Ende des Tarsus des 8.—10. Beinpaares ein langes dünnes Stück ohne Wärzchen. Tarsus des 9.—12. Beinpaares ohne Höcker. Gonopodenfemur ohne Zähnchen am Ende. Parsolaenomerit mit großem, basal gerichtetem Stachel an der Basis. Rinnenast eine Sichel mit einfacher Spitze. Kein Tibiotarsus (Fig. 553).

Natal: Nkandhla Forest.

Fig. 553.
Gnomeskelus (G.) lawrenci Verh.
Gonopodenende (K. W. Verhoeff, 1939).

Fig. 554.
Gnomeskelus (G.) circulipes Verh.
Gonopode (K. W. Verhoeff, 1939).

8. **G. (G.) circulipes** Verh. 1939 *G. c.*, K. W. Verhoeff in: Ann. Natal Mus., *v.* 9 p. 186 f. 1, 2.

Länge ♂ 11 mm. Telopodit der Beinpaare 3—12 auf allen Gliedern mit Wärzchen, auf dem Praefemur nur eine kleine Gruppe, auf dem Femur nur ganz wenige. Tibia und Tarsus der Beinpaare 8—12 einfach, die verdünnte Tarsusendstrecke nur kurz, Femur ohne Seitenzahn. Der sehr schlanke Rinnenast bildet $^3/_4$ eines Kreises, das Ende in 4 Spitzen geteilt. Das Parsolaenomerit ist eine Sichel, die dem Rinnenast entgegen gekrümmt ist. Kein Tibiotarsus (Fig. 554).

Natal: Karkloof bei Pietermaritzburg.

9. **G. (G.) burius** Verh. 1939 *G. b.*, K. W. Verhoeff in: Ann. Natal Mus., *v.* 9 p. 185 f. 7.

Länge ♂ 13,5—15,5 mm, ♀ 16 mm. Graugelb mit dunklen Flecken oder Streifen in der Rückenmitte. 6.—12. Beinpaar mit Wärzchen auf allen Telopoditgliedern, auf den ersten 3 Gliedern viel spärlicher als auf dem 4. und 5. Glied. Tibia und Tarsus der Beinpaare 8—12 ohne Besonderheiten. Femur des Gonopoden ohne Seitenzahn. Rinnenast *(RA)* stark basalwärts zurückgebogen, vor dem Ende ein großer dolchartiger Nebenast *(N)*. Parsolaenomerit *(Ps)* sehr klein (Fig. 555).

Natal: Swartkoop und Karkloof bei Pietermaritzburg.

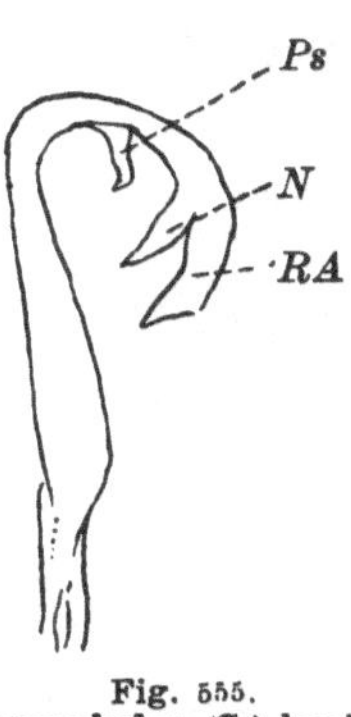

Fig. 555.
Gnomeskelus (G.) burius Verh. Gonopodentelopodit (K. W. Verhoeff, 1939).

10. **G. (G.) arcuatus** Verh. 1939 *G. a.*, K. W. Verhoeff in: Ann. Natal Mus., *v.* 9 p. 185 f. 11, 12.

Länge ♂ 19 mm, ♀ 19—24 mm. Zähnchen in den Hinterecken der Seitenwülste recht schwach. Wärzchen auf allen Gliedern der Beinpaare 3 bis 12 deutlich, auch auf dem Femur zahlreich. Praefemur auch auf dem 1. und 2. Beinpaar mit Wärzchengruppen. Tarsus des 8.—12. Beinpaares ohne Höcker und die Tibia ohne Fortsatz. Femur des Gonopoden ohne Seitenzahn. Rinnenast so stark zurückgebogen, daß er sich der Absetzung zwischen Praefemur und Femur nähert. Parsolaenomerit eine einfache, im gleichen Sinne wie der Rinnenast gebogene Sichel. Kein Tibiotarsus (Fig. 556).

Natal: Bulwer, Umgeni Poort.

Fig. 556.
Gnomeskelus (G.) arcuatus Verh.
Gonopodenende (K. W. Verhoeff, 1939).

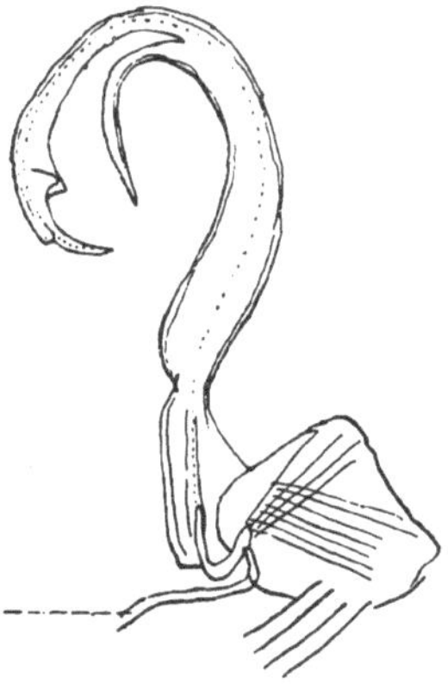

Fig. 557.
Gnomeskelus (G.) attemsii Verh.
Gonopode (K. W. Verhoeff, 1939).

11. **G. (G.) attemsii** Verh. 1939 *G. a.*, K. W. Verhoeff in: Ann. Natal Mus., *v.* 9 p. 211 f. 10, 11.

Länge ♂ 20,5—21,5 mm. Dunkelbraun. Halsschild mit 2 Borstenreihen. Rücken ziemlich glatt und glänzend, auf den meisten Segmenten ohne Borsten. Die schmalen Seitenwülste auf den meisten Segmenten in ein spitzes Dreieck vorgezogen. 2. Beinpaar nur auf dem Praefemur mit einer kleinen Gruppe von Wärzchen, vom 3. Beinpaar an auf allen Telopoditgliedern Warzen, auf dem Praefemur spärlicher als auf den folgenden Gliedern. Zwischen Praefemur und Femur des Gonopoden eine relativ starke Einschnürung, Femur ohne Seitenzahn. Parsolaenomerit in gleicher Weise basalwärts herabgebogen, das schlanke Endstück des Rinnenastes wird bis über die Mitte von einem zarten Blatt begleitet. Parsolaenomerit schlank, glattrandig (Fig. 557).

Natal: Drakensberge, Tugela Valley.

12. **G. (G.) montivagus** Verh. 1939 *G. (Chaetomeskelus) m.*, K. W. Verhoeff in: Ann. Natal Mus., *v.* 9 p. 214 f. 6, 7.

Länge 7—10 mm. Seitenwülste mit 2 Einkerbungen in den Randleisten. Halsschild und alle Tergite mit 2 Borstenreihen. Vom 3. Beinpaar an Wärzchen auf der Hüfte und allen Telopoditgliedern, die Wärzchen auf dem Femur mehr länglich zapfenförmig. Zwischen Femur und Ende des Gonopoden keine scharfe Abgrenzung. Am Ende des Femur kein Seitenast. Das Parsolaenomerit endet mit beilartiger Verbreiterung, an seiner Basis manchmal ein kurzer Zahn. Rinnenast eine breite Sichel, das Ende in 2 Lappen geteilt. Ein kleines Tibiotarsalrudiment ganz an den Rinnenast angedrückt und manchmal schwer zu sehen (Fig. 558).

Natal: Drakensberge, Cathkin Pass.

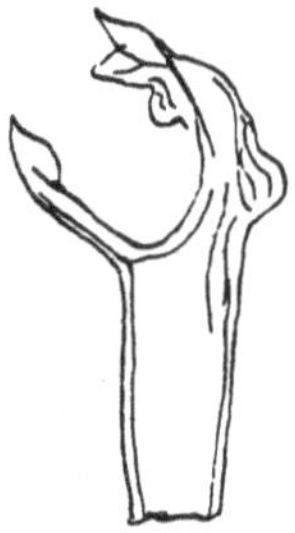

Fig. 558.
Gnomeskelus (G.) **montivagus** Verh.
Gonopodenende (K. W. Verhoeff, 1939).

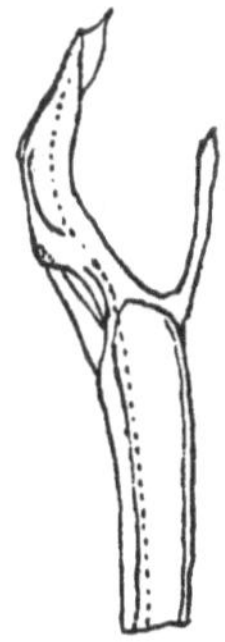

Fig. 559.
Gnomeskelus (G.) **setosus** Verh.
Gonopodenende (K. W. Verhoeff, 1939).

13. **G. (G.) setosus** Verh. 1939 *G. (Chaetomeskelus) s.*, K. W. Verhoeff in: Ann. Natal Mus., *v.* 9 p. 215 f. 8, 9.

Länge 11—12 mm. Dem *G. montivagus* sehr ähnlich, aber die Seitenwülste etwas kräftiger, die Borsten der 2. Reihe der Metazoniten stehen auf kleinen Knötchen. Gonopoden ähnlich denen von *G. montivagus*, Parsolaenomerit schlanker, das Ende nicht erweitert. Rinnenast schlank, am Ende einspitzig, Tibiotarsus größer und deutlicher abstehend (Fig. 559).

Natal: Drakensberge, Tugela Valley 2000 m.

14. **G. (G.) penicillatus** Att. 1927 *G. p.*, Attems in: Ann. Mus. Wien, *v.* 41 p. 57 f. 10, 11.

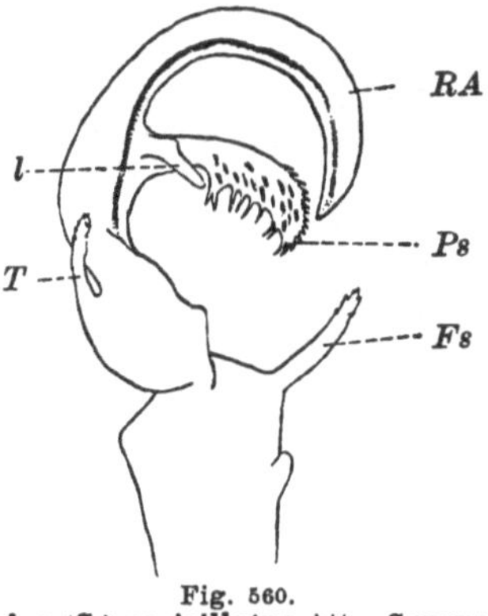

Fig. 560.
Gnomeskelus (G.) **penicillatus** Att. Gonopodenende.

Dunkel kastanienbraun, der größte Teil des Kopfes mit Ausnahme eines dunklen Fleckes zwischen den Antennen, die Beine und Seitenflügel hell gelbbraun. Breite 2 mm. Vorderrand des Halsschildes stark gebogen,

Hinterrand in der Mitte eingebuchtet, seitlich schräg zum vorderen Halbkreis ziehend. Rücken gewölbt, Seitenflügel gut entwickelt, wulstig verdickt, Poren schräg nach außen gerichtet nahe dem Hintereck des Wulstes. Seitenrand 2 bis 4 ganz schwach gezähnt, Hintereck vom 2. an stumpfzackig, medial vom Hintereck kein Zähnchen. Auf den hinteren Segmenten wird der Hintereckzacken lang und spitz. Querfurche schwach, hinter ihr 2 Reihen von je 8 polygonalen Feldern. Sternite sehr zerstreut behaart. Hüften der Beine ohne Warzen, auf Praefemur und Femur schlanke spitzkegelige, auf Tibia und Tarsus runde kugelige Warzen mit Querriefen, manche mit kleiner angesetzter Spitze. Vordere Beine ohne verdickte Glieder. Genitalfortsatz des Männchens kurz. Praefemur und Femur des Gonopoden allmählich ineinander übergehend, die Beborstung reicht fast bis zum Ende des Femur. Am Ende des Femur innen ein schlanker, mit einigen winzigen Spitzchen besetzter Seitenast *(Fs)*. Lateral eine tiefe Einschnürung. Der Teil distal von dieser Einschnürung bis zum Beginn des Tibiotarsus entspricht einem Postfemur, ist jedoch weder gegen den Rinnenast noch gegen den Tibiotarsus scharf abgegrenzt. Der Rinnenast *(RA)* ist eine starke Sichel und endet mit einfacher Spitze. Das Parsolaenomerit *(Ps)* ist ein großer, mit zahlreichen Spitzchen besetzter Lappen (durch den sich diese Art leicht von allen anderen unterscheidet), neben diesem Lappen ein zweiter einfacher Seitenast *(l)*. Der Tibiotarsus *(T)* ist ein kleiner schlanker, mit Spitzchen besetzter Ast, der dem Seitenast des Femur gleicht (Fig. 560).

Kapland: Mossel Bay.

15. **G. (G.) tuberosus** Att. 1934 *G. t.,* Attems in: Ann. Natal Mus., *v.* 7 p. 469 t. 25 f. 35, 36.

Erdbraun, Antennen dunkler. Länge 23 mm, Breite 2,6 mm. Seitenflügel schmal, mit spitzem Hintereckzahn, auf dem 16. Segment neben diesem ein 2. Zahn, auf den Segmenten 17—19 eine Reihe von Zähnen längs des ganzen Hinterrandes, die gegen die Mitte zu an Größe abnehmen. Metazoniten glatt mit Querfurche und 2 Reihen feiner Borsten, eine vor, eine hinter der Furche. Sternite 4—6 des Männchens ohne Fortsätze. Hintere Sternite mit einer Reihe von 4 Borsten am Hinterrand, von denen die lateralen auf kleinen Kegeln sitzen. Pleuralkiele bis zum 15. oder 16. Segment. Beine im allgemeinen lang und schlank, nur die Glieder 1—5 der Paare 3—7 verdickt. Vom 3. Paar an die Hüfte spärlich, die anderen Glieder unten dicht mit halbkugeligen Höckerchen besetzt; ein kleines Stück am Ende des Tarsus bleibt von ihnen frei. Gliederenden der Beine 12—23, besonders der Tibia, ein wenig verdickt, Tarsus lang beborstet und mit 3 Knöpfchen, aber ohne Kugelwarzen. Praefemur des Gonopoden fast unbeborstet, allmählich in das Femur übergehend, dieses ziemlich lang und schlank, am Ende ein kleines Häkchen, ihm gegenüber ein kleiner Zahn, Rudiment eines Tibiotarsus, gleich distal von diesen beiden Zähnen ein großes Parsolaenomerit, das quergerichtet ist und in der Mitte eine Verbreiterung hat. Rinnenast sichelförmig mit einfacher Endspitze.

Natal: Margate.

16. **G. (G.) globifer** Att. 1928 *G. g.,* Attems in: Ann. S. Afr. Mus., *v.* 26 p. 265 t. 6 f. 136—140.

Erdbraun. ♂ Breite 2,2 mm. Halsschild mit 3, die folgenden Segmente mit 2 Reihen kleiner Borsten, die caudalwärts allmählich verschwinden. Die Seitenflügel sind schmale Leisten, die mit einem spitzen, den Hinterrand überragenden Zahn endigen; am Hinterrand der Segmente 9, 10, 12, 13 knapp neben diesem Zahn ein zweiter kleiner Zahn, auf den Segmenten 15 und 16 2, auf den Segmenten 17, 18 und 19 eine kontinuierliche Reihe von Zähnchen längs des ganzen Hinterrandes. Sternit 5 mit 2 niedrigen abgerundeten Tuberkeln zwischen den vorderen Beinen, Sternit 6 ohne Fortsätze, hintere Sternite glatt, unbeborstet, vom 12. an ein kleiner, nach hinten gerichteter Zacken am Hinterrand neben jeder hinteren Hüfte. Glieder 1—5 der ersten 2 Beinpaare ringsum zerstreut fein und kurz beborstet, mit einer langen Tastborste, Postfemur und Tibia mit einzelnen Kugeln und Zapfen. Alle Glieder der Beinpaare 3—7 mit Kugeln, die auf der Hüfte und den 3 Endgliedern die ganze Unterseite einnehmen, auf Praefemur und Femur nur spärlich sind; die Kugeln sind geriefelt, nur vereinzelte sind in ein Spitzchen ausgezogen. Außerdem sind alle Glieder nur spärlich und fein beborstet. Hintere Beine ohne Kugeln, Femur und Tarsus lang, Tibia mit einer langen Tastborste oben, Tarsus ziemlich dicht und kurz beborstet, die anderen Glieder nur mit winzigen Härchen. Hintere Umrahmung der Gonopodenöffnung lamellös erhoben, in der Mitte eingekerbt. Praefemur der Gonopoden spärlich beborstet, Femur unbeborstet, lang und schlank, beide noch halbwegs deutlich gegeneinander abgegrenzt. Am Ende des Femur tsehen einander lateral der Tibiotarsalrest *(T)* in Gestalt eines 2spitzigen Lappens und medial der Seitenast des Femur gegenüber. Darauf folgt ein großes, schräg basalwärts gerichtetes glattrandiges Parsolaenomerit *(Ps)*. Rinnenast *(RA)* sichelförmig gekrümmt; in der Grundhälfte etwas angeschwollen, mit einfacher Spitze endigend (Fig. 561).

Kapland: Dunbrody am Sundays River, Uitenhage Div.

17. G. (G.) furculatus Verh. 1939
G. f., K. W. Verhoeff in: Ann. Natal Mus., *v.* 9 p. 181 f. 3, 4.

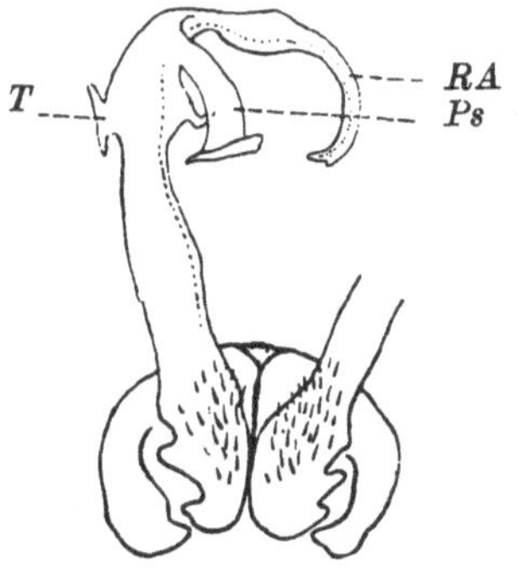

Fig. 561.
Gnomeskelus (G.) globifer Att.
Gonopode.

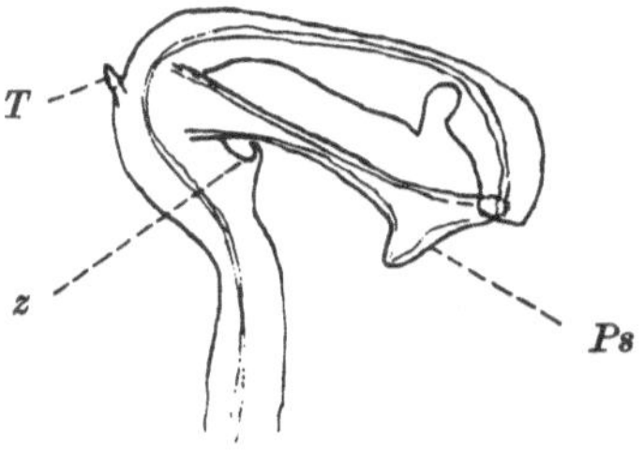

Fig. 562.
Gnomeskelus (G.) furculatus Verh.
Gonopodenende (K. W. Verhoeff, 1939).

Länge ♂ 24—36 mm, ♀ 23—24 mm. Hintereckzähne der Seitenwülste gut ausgebildet, medial vom Hintereckzahn auf dem 7. Segment ein Nebenzähnchen. Metazoniten ohne Längsrunzeln, glänzend. Zwischen den Hüften des 4. und 5. Beinpaares kein Höcker. Vom 3. Beinpaar an Warzen auf allen Gliedern, spärlich auch auf der Hüfte. Gonopodenfemur mit kleinem hakigem Zahn am Ende *(z)*. Parsolaenomerit *(Ps)* groß, am Ende etwas keulig verbreitert und 2zähnig. Rinnenast am Ende einfach breit gerundet. Ein kleines Tibiotarsalrudiment *(T)* vorhanden (Fig. 562).

Kapland: Port St. Johns. Zululand: Nkandhla Forest.

18. **G. (G.) dentipes** Att. 1928 *G. d.*, Attems in: Ann. S. Afr. Mus., *v.* 26 p. 257 t. 26 f. 564—566.

Erdbraun, Antennen dunkler. Breite 2 mm. Rücken gewölbt, Metazoniten seicht lederig-uneben, mit Querreihen von zarten, spitzen, nach hinten gerichteten Borsten. Querfurche kaum sichtbar. Quernaht glatt. Vom 2. Segment an sind Seitenflügel vorhanden mit zackigem Hintereck, das den Hinterrand etwas überragt; auf den porentragenden Segmenten steht medial vom Hintereck ein zweiter etwas kürzerer Zahn, so daß das Hintereck 2zähnig erscheint. Seitenrand mäßig konvex. Die Fransen am Hinterrand der Metazoniten bilden eine feine Säge. Hintere Sternite breit, unbeborstet, ohne Fortsätze. 1. und 2. Beinpaar viel schwächer als die plötzlich stark verdickten folgenden Paare, ohne Kugeln. Vom 3. Paar an alle Glieder außer der Hüfte dicht mit Kugeln besetzt. Auf dem 3. Beinpaar nehmen sie fast die ganze Ventralseite ein, auf den Beinpaaren 4 bis 9 haben Praefemur und Femur in der distalen Hälfte spitzkonische Warzen und quergeriefte Kugeln, Postfemur, Tibia und Tarsus haben runde Kugeln, manchmal mit einer kleinen Spitze.

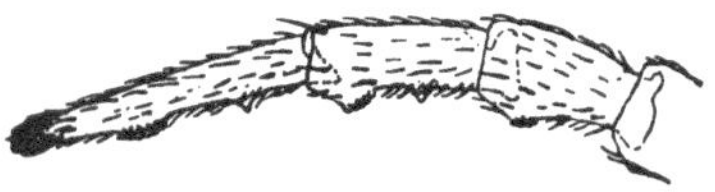

Fig. 563.
Gnomeskelus (G.) dentipes Att.
Bein des 15. Segmentes des Männchens.

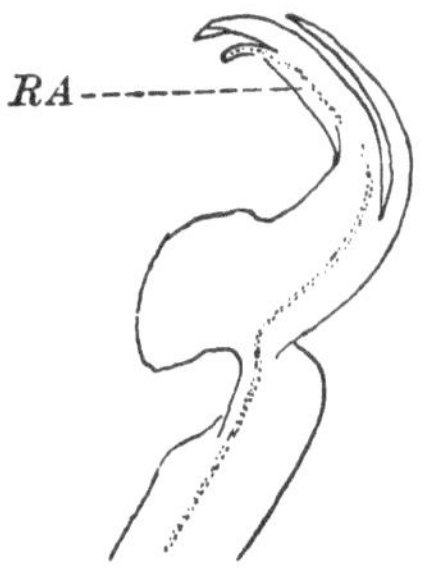

Fig. 564.
Gnomeskelus (G.) dentipes Att.
Gonopodenende.

Hüfte und Praefemur mit einer langen ventralen, Tibia mit einer dorsalen Borste, Praefemur in der basalen Hälfte außerdem mit Sichelborsten, Tarsus dicht beborstet. Tibia und Tarsus des 10.—16. Beinpaares haben eine Schwiele, die Tibia am Ende, der Tarsus vom Ende entfernt, die Kugeln nur auf den Schwielen. In der Mitte dieser Glieder ein kleiner Zahn (Fig. 563). Gonopodenöffnung groß, oval. Hüften der Gonopoden miteinander verbunden, die Borsten des Telopodit im Bereich der Samengrube kurz und spärlich, weiterhin lang. Zwischen Praefemur und Femur keine Einschnürung. Femur gerade, unbeborstet. Zwischen Femur und Ende eine Knickung. Am Grunde des Rinnenastes *(RA)* ein großer runder Lappen, Homologon des Parsolaenomerit, Ende des Rinnenastes gegabelt. Der Tibiotarsus ist eine relativ lange schlanke Sichel (Fig. 564).

Portugiesisch Ost-Afrika: Masiene, Chai Chai.

19. **G. (G.) harpagonifer** Verh. 1939 *G. h.*, K. W. Verhoeff in: Ann. Natal Mus., *v.* 9 p. 184 f. 8.

Länge ♂ 16 mm, ♀ 14,5 mm. Tarsus des 9.—14. Beinpaares nach der Mitte unten bucklig angeschwollen, Tibia am Ende unten mit kurzem Fortsatz. 3.—8. Beinpaar einfach, die Wärzchen klein und besonders auf dem Femur sehr spärlich, auf den Beinpaaren 9—14 Wärzchen nur noch in Spuren. Sternit des 4. und 5. Beinpaares ohne besondere Auszeichnung. Am Ende des Gonopodenfemur kein Seitenzahn. Parsolaenomerit *(Ps)* mit starkem Stachelfortsatz am Grunde. Rinnenast eine Sichel mit einfacher Spitze. Tibiotarsus ziemlich lang und schlank, dem Parsolaenomerit entgegengesetzt quer abstehend (Fig. 565).

Natal: Nkandhla Forest.

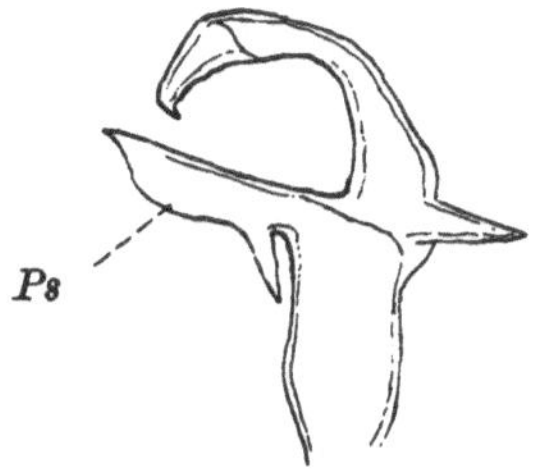

Fig. 565.
Gnomeskelus (G.) harpagonifer Verh.
Gonopodenende (K. W. Verhoeff, 1939).

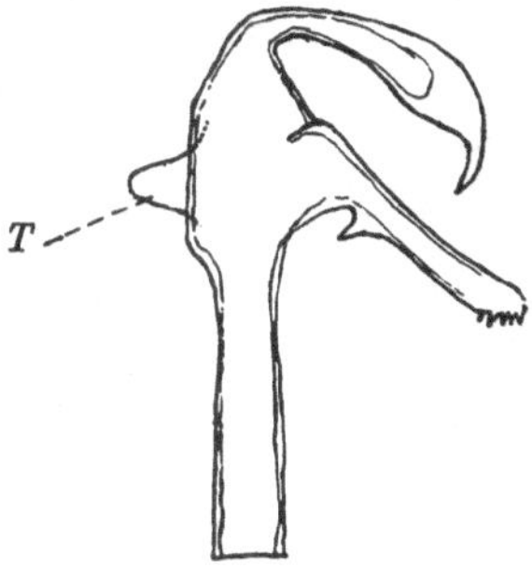

Fig. 566.
Gnomeskelus (G.) hamuliger Verh.
Gonopodenende (K. W. Verhoeff, 1939).

20. **G. (G.) hamuliger** Verh. 1939 *G. h.*, K. W. Verhoeff in: Ann. Nata Mus., *v.* 9 p. 182 f. 6.

Länge ♂ 25,5 mm, ♀ 27 mm. Zähnchen in den Hinterecken der Seitenwülste recht schwach. Alle Glieder des 4. und 5. Beinpaares mit Wärzchen, auf der Hüfte recht spärlich, Tarsus des 13.—16. Beinpaares unten mit 3 Höckerchen. Femur des Gonopoden ohne Zahn am Ende. Parsolaenomerit mit einem kurzen dreieckigen Zahn am Grunde, das Ende gesägt-gezähnt. Rinnenast mit einfacher hakiger Spitze. Das Tibiotarsusrudiment *(T)* ist ein quer abstehender dicker Zapfen (Fig. 566).

Zululand: Nkandhla Forest.

21. **G. (G.) serratus** Verh. 1939 *G. s.*, K. W. Verhoeff in: Ann. Natal Mus., *v.* 9 p. 182 f. 9.

Länge ♂ 24 mm, Metazoniten vor dem Hinterrand mit Längsrunzeln. Femur des Gonopoden ohne Seitenzahn am Ende. Parsolaenomerit groß, die ganze untere Kante fein gesägt. Rinnenast fast halbkreisförmig gebogen, am Ende 2spitzig (Fig. 567). (Beschreibung dieser und anderer Arten der Gattung seitens Verhoeff sehr unvollständig.)

Zululand: Nkandhla Forest.

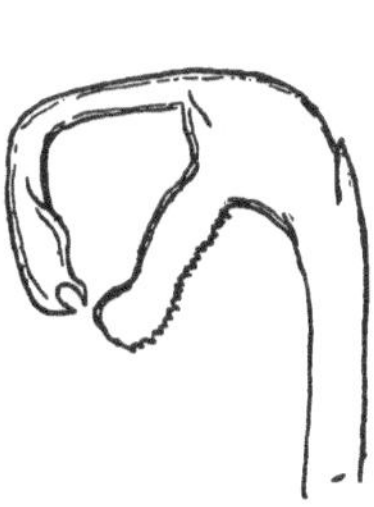

Fig. 567.
Gnomeskelus (G.) serratus Verh.
Gonopodenende (K. W. Verhoeff, 1939).

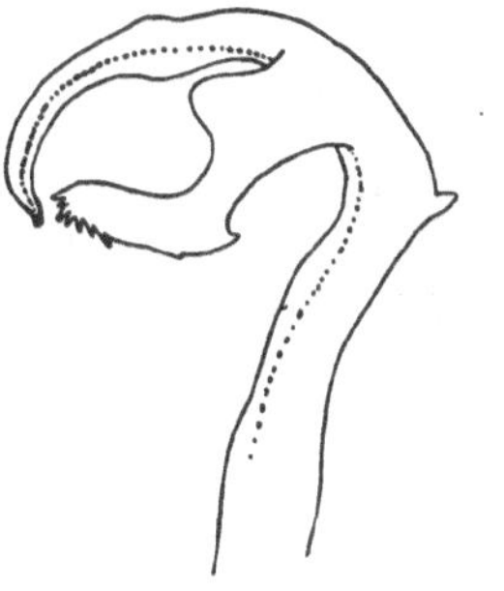

Fig. 568.
Gnomeskelus (G.) globulatus Att.
Gonopodenende.

22. **G. (G.) globulatus** Att. 1927 *G. g.*, Attems in: Ann. Mus. Wien, *v.* 41 p. 57 f. 12, 13.

Farbe jetzt schmutzigbraun, mit einem schmalen schwarzbraunen Medianstreifen. Unterseite der Seitenbeulen schwarzbraun verdunkelt, Bauch gelblich (schlecht konserviert). Breite 2,5 mm. Kopf spärlich beborstet. Die Seitenflügel haben die Gestalt schmaler Leisten, die dorsal scharf abgesetzt sind. Das Hintereck der Leiste bildet vom 3. Segment an einen spitzen, den Hinterrand überragenden Zacken; medial von diesem Zacken steht auf den Segmenten 5, 7, 9, 10, 12 und 13 ein zweiter kleinerer Zahn auf dem Hinterrand; auf den hinteren Segmenten vom 15. an treten medialwärts noch mehrere kleine Zähnchen dazu; auf dem 19. Segment trägt jedes dieser Zähnchen eine längere Borste. Das Hintereck des 2. Segments ist rechtwinklig. Die Ringe sind in der Naht etwas eingeschnürt, die Naht selbst ist nicht skulpturiert, 4.—16. Metazonit mit einer seichten, aber doch deutlichen Querfurche; vor und hinter dieser Furche je eine Reihe feiner Härchen. Metazoniten im übrigen glatt. Pleuralkiel bis zum 17. Segment deutlich; sein Hintereck bildet ein winziges Zähnchen. Sternite glatt, unbehaart. Die vorderen ohne Fortsatz. Analsegment ohne Besonderheiten, nur schwach behaart; Schwänzchen gerade, zylindrisch; Klappen mit schmalem Randwulst, neben dem 2 Borsten stehen, Schuppe spitzbogig mit 2 kleinen Borstenwarzen. Beine des Männchens lang und schlank. Hüfte ohne Kugelwarzen; vom Praefemur an sind geriefelte Kugelwarzen vorhanden, die fast die ganze Sohle bedecken; auf dem Praefemur sind sie teilweise etwas konisch, auf den anderen Gliedern rund; auf dem Tarsus reichen sie von der Basis bis an das kurze verschmälerte und nur beborstete Endstück. Die Behaarung der Beine ist äußerst spärlich. Praefemur mit einigen kleinen, angedrückten Haaren an der Basis und einer langen Borste am Ende, die anderen Glieder seitlich und oben mit sehr spärlichen kurzen, kleinen Haaren, auf der Sohle gar keine. Tarsus am Ende mit einigen längeren Borsten. Praefemur und Femur des Gonopoden allmählich ineinander übergehend. Praefemur spärlich beborstet, Femur unbeborstet, lang und schlank. Zwischen Femur und Endsichel keine Einschnürung oder Knickung, lateral am Beginn der Endsichel ein kleiner Zahn, Tibiotarsalrudiment. Auf der Innenseite der Endsichel, die nur vom Rinnenast gebildet wird, ein großes Parsolaenomerit, dessen untere Kante teilweise fein gesägt-gezähnt ist, die obere Kante mit vorragendem rundem Lappen. Das Ende jedes Rinnenastes eine einfache Spitze. Tibiotarsalrudiment ein winziges Zähnchen (Fig. 568).

Grahamstown.

23. **G. (G.) tristriatus** (Att.) 1938 *Pelmatotylus t.*, Attems in: P. zool. Soc. London, ser. B *v.* 108 p. 376 f. 10—13.

Gelbbraun mit 3 dunkelbraunen Längsstreifen, einer in der Mediane und je einer über die Seitenflügel ziehend, zwischen den Längsstreifen unregelmäßig dunkel gesprenkelt. Breite 2 mm. Clypeus kurz beborstet, Scheitel kahl. Halsschild seitlich elliptisch gerundet. Poren nahe der feinen Leiste, median von ihr und nahe dem Hinterrand. Am Hinterrand median vom Porus ein spitzes Zähnchen, ähnlich dem Hintereckzahn der Seitenleisten. Am Hinterrand der Metazoniten 13—17 6 winzige Zähnchen, auf den Segmenten 18 und 19 8 etwas größere Zähnchen. Feine leistenförmige Pleuralkiele in Spuren noch auf dem 17. Segment sichtbar, ihr Hinterende nicht zackig. Sternite glatt unbeborstet, die vorderen ohne Fortsatz. Terminalkegel des Analsegments klein, gerade nach hinten gerichtet. Schuppe bogig gerundet. Männchen: Beine lang und schlank, die hinteren nicht verlängert. Auf dem 1. und 2. Beinpaar nur das Praefemur mit kegeligen Warzen, auf dem 3.—7. Beinpaar alle Glieder mit runden Warzen, die von Praefemur bis Tibia den größten Teil der Sohle einnehmen und auf dem Tarsus fast die ganze Unterseite bedecken. Hüfte und Praefemur der Beine 1—7 mit einer großen Borste, sonst keine Borsten auf der Unterseite. Gonopoden: Praefemur mit auffallend kurzen und feinen Borsten, allmählich in das Femur übergehend, die spärliche Beborstung reicht bis über die Mitte des Femur, Femur schlank, gerade, ohne Zähnchen am Ende. Parsolaenomerit groß, die Endhälfte der unteren Kante gesägt. Rinnenast relativ schmal, schwach gebogen, etwas spiralig gedreht mit einfacher Spitze. Tibiotarsus ein ziemlich großer Dorn (Fig. 569). [Die einzige nicht südafrikanische Art der Gattung, *G. globulatus* sehr nahestehend.]

Hawaii: Impolvani.

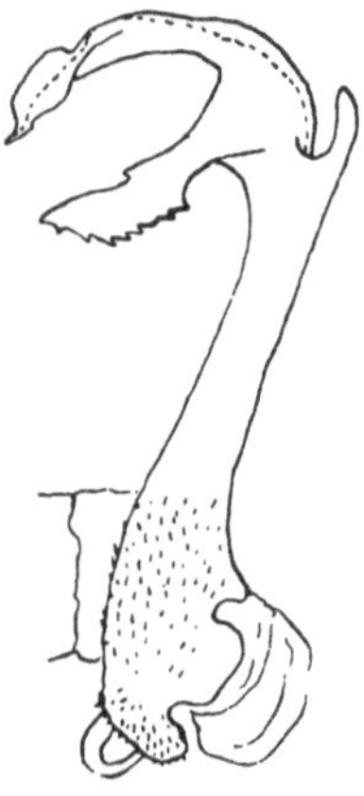

Fig. 569.
Gnomeskelus (G.) tristriatus (Att.). Gonopode.

Fig. 570.
Gnomeskelus (G.) natalicus Att. 10. Segment.

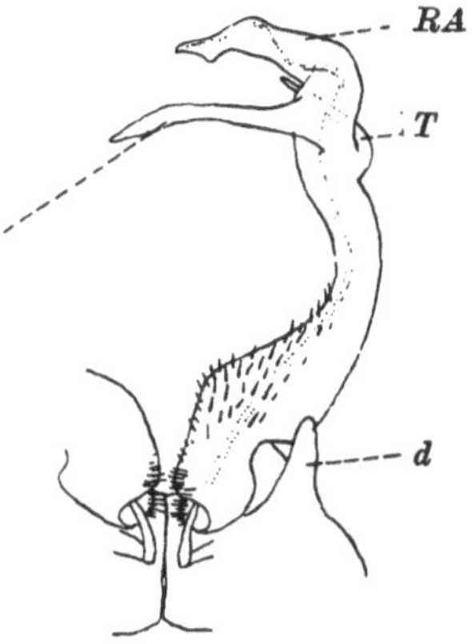

Fig. 571.
Gnomeskelus (G.) natalicus Att. Gonopode.

24. **G. (G.) natalicus** Att. 1928 *G. n.*, Attems in: Ann. S. Afr. Mus., *v.* 26 p. 261 t. 6 f. 129—132.

Schwarzbraun, stellenweise kastanienbraun. ♂ Breite 2 mm. Kopf beborstet, Antennen lang, am Ende keulig. Seiten des Halsschildes gleichmäßig gerundet und dem Rumpfe angedrückt. Seitenflügel schmal, dorsal scharf abgesetzt; den Seitenrand bildet eine feine Leiste, die mit einem sehr spitzen, den Hinterrand überragenden Zacken endet. Am Hinterrand der Metazoniten vom 4. Segment an 6 (auf den porenlosen) oder 8 (auf den porentragenden Segmenten) kleine spitze Zähnchen, deren Größe dorsalwärts abnimmt (Fig. 570). Das Saftloch öffnet sich zwischen dem lateralen dieser Zähnchen und dem Hintereckzahn. Metazoniten dorsal glatt, ohne Querfurche; am Hinterrand ein Fransensaum wie bei den Odontopygidae. Pleuralkiel bis zum 17. Segment. Vordere Sternite ohne Fortsätze, hintere Sternite breit, mit einer kleinen zitzenförmigen Vorragung neben jeder Hüfte. Beine schlank, Tarsus lang. Praefemur und Femur des 1. und 2. Beinpaares mit einigen konischen Warzen, Sohle aller Glieder der Paare 3—7 mit kugeligen Warzen, die nur ein kleines Endstück des Tarsus frei lassen. Hüfte und Praefemur ventral, Tibia dorsal mit einer langen Borste. Hintere Beine einfach beborstet, ohne Kugelborsten. Gonopodenöffnung queroval oder fast rechteckig mit abgerundeten Ecken, vor ihr nur eine schmale Spange, die hintere Begrenzung lamellös erhoben, mit seichtem Einschnitt in der Mitte der Lamelle. Hüften der Gonopoden verkittet, doch bleibt die Naht erhalten; lateral ragt neben dem Praefemur eine verschmälerte und abgerundete Lamelle *(d)* vor. Praefemur und Femur allmählich ineinander übergehend. Beborstung spärlich, besonders das Praefemur ist kaum etwas beborstet, diese spärliche Beborstung reicht bis zur Mitte des Femur. Parsolaenomerit *(Ps)* groß, quer abstehend. Rinnenast *(RA)* mit einfacher Spitze. Tibiotarsus *(T)* schlank, dornförmig (Fig. 571).

Natal: Krantzkop.

25. **G. (G.) latzeli** Verh. 1939 *G. l.*, K. W. Verhoeff in: Ann. Natal Mus., *v.* 9 p. 212 f. 12, 13, 16.

Länge ♂ 14,5 mm. Rücken hellbraun. Halsschild mit 2 Borstenreihen. Metazoniten mit tiefer Querfurche. Vordere Beine im ganzen denen von *G. attemsii* gleichend. Gonopode mit je 1 großen 3eckigen Zahn an der Basis des Parsolaenomerit und zwischen diesem und dem Ende des Rinnenastes *(a)*. Parsolaenomerit *(Ps)* einfach schlank, säbelartig gebogen. Femur ohne Seitenzahn. Rinnenast fast einen Halbkreis beschreibend, am Ende schwach zahnig erweitert. Tibiotarsus *(T)* nur ein kleines Zahnrudiment (Fig. 572).

Natal: Van Reenen.

26. **G. (G.) silvaticus** Att. 1928 *G. s.*, Attems in: Ann. S. Afr. Mus., *v.* 26 p. 260 t. 6 f. 125—128.

Die Seitenflügel, eine schmale Längsbinde auf den Prozoniten, die vordere Hälfte der Metazoniten und 2 unregelmäßig begrenzte Querflecken

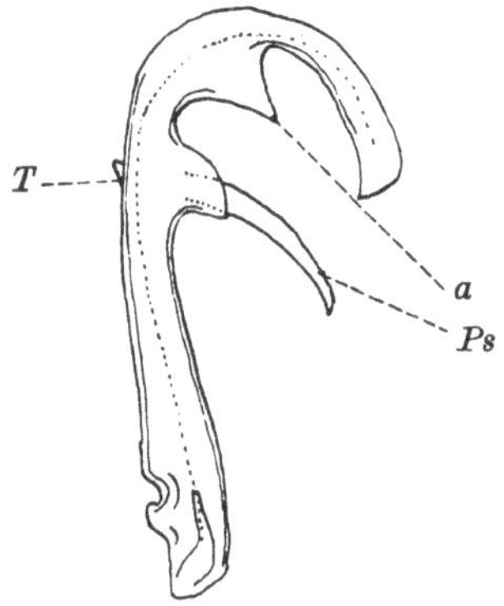

Fig. 572.
Gnomeskelus (G.) latzeli Verh.
Gonopodenende (K. W. Verhoeff, 1939).

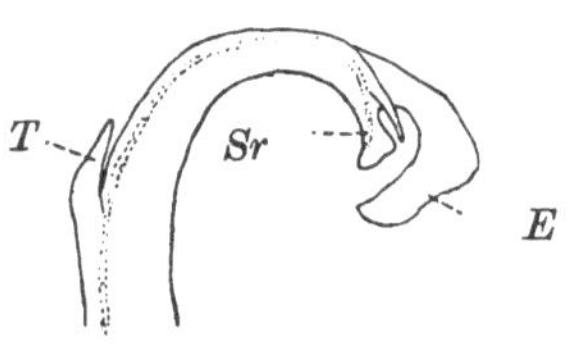

Fig. 573.
Gnomeskelus (G.) silvaticus Att.
Gonopodenende.

in der hinteren Hälfte derselben weiß oder gelblich, der übrige Rumpf schwarz, Beine rotbraun. Länge 20 mm, Breite der Metazoniten 3,2 mm, der Prozoniten 2,6 mm. Kopf zerstreut beborstet. Halsschild seitlich abgerundet. Seitenflügel gut entwickelt, mit schmalem, seitlichem Randwulst, auf den Segmenten 2—4 sind sie vorn und hinten gleichmäßig abgerundet, vom 5. an schleift sich das Vordereck immer mehr ab und wird das Hintereck zackiger; dieser Zacken ist durch eine am Hinterrand beginnende und in der Mitte verlaufende Depression schärfer abgesetzt. Saftlöcher knapp neben dem Randwulst nahe dem Hintereck. Metazoniten vom 6. an mit einer feinen Querfurche, vor ihr seicht lederartig gerunzelt, hinter ihr glatt. Quernaht undeutlich

längsgestreift. Pleuralkiele bis zum 15. Segment vorhanden. Sternite gekörnt, mit tiefer Querfurche. 1. und 2. Beinpaar reichlich und lang beborstet, Praefemur und Femur außerdem mit einigen Stiften. Glieder 1—5 der folgenden Beine mit spitzkegeligen Warzen, Tarsus mit Kugeln, die ein Endstück frei lassen. Tarsus am Ende und seitlich reichlich beborstet, die anderen Glieder nur spärlich und kurz beborstet. Tarsus der hinteren Beine sehr lang und schlank, ein längeres Stück am Ende frei von Kugeln. Gonopodenöffnung fast kreisrund, ihre hintere Umgrenzung als niedrige, in der Mitte gekerbte Lamelle erhoben. Praefemur und Femur des Gonopoden allmählich ineinander übergehend, die Beborstung reicht bis über die Mitte des Femur hinaus und ist etwas spärlich. Zwischen Femur und Endsichel keine Einschnürung oder Knickung. Auf der Außenseite ein gerader Dorn, Rudiment eines Tibiotarsus *(T)*. Das Ende des Rinnenastes in 3 Äste geteilt, ein kurzer breiter Ast mit der Samenrinne *(Sr)*, ein Dorn und eine größere, beide anderen Äste überragende Lamelle *(E)*. Ein Parsolaenomerit fehlt (Fig. 573).

Kapland. Wald bei Knysna. Natal: Inchanga.

27. **G. (G.) spinifer** Att. 1928 *G. s.*, Attems in: Ann. S. Afr. Mus., *v.* 26 p. 265 t. 21 f. 501, 502, t. 26 f. 568.

Erdbraun. Breite 1,5 mm. Rücken gewölbt, die Seitenflügel sind schmale Leisten, seitlich gerade und glatt, das Hinterende überragt vom 2. Segment an als spitzes Zähnchen den Hinterrand, neben diesem Zähnchen, medial von ihm auf den vordersten Segmenten 1, auf den weiteren Segmenten 2 kleinere Zähnchen (Fig. 574). Metazoniten glatt, ohne Querfurche und ohne Borsten (letztere vielleicht nur abgerieben, die Tiere schlecht erhalten). Die Fransen am Hinterrand der Metazoniten bilden eine einfache spitze Säge. Vordere Sternite ohne Fortsätze. 1. Beinpaar mit einigen Kugeln auf dem Praefe-

Fig. 574.
Gnomeskelus (G.) **spinifer** Att.
♂ 6. Segment.

Fig. 575.
Gnomeskelus (G.) **spinifer** Att.
Gonopode.

mur, 2. Beinpaar mit einigen Kugeln auf allen Gliedern vom Praefemur an. Alle Glieder des 3.—7. Beinpaares vom Praefemur an unten dicht mit Kugeln bedeckt, die teilweise in ein kleines Spitzchen ausgezogen sind. Die hinteren Beine haben einige Kugeln auf Praefemur und Femur. Beborstung der Beine sehr spärlich. Hüften der Gonopoden miteinander verbunden, aber durch geringen Druck leicht zu trennen. Praefemur-Femur ziemlich kurz und etwas gedrungen, spärlich beborstet, doch reicht die Beborstung fast bis an das Ende des Femur. Der Rinnenast ist eine stark gebogene Sichel und endet mit einem runden Läppchen und einer schlanken Spitze, auf letzterer die Samenrinne. Kein Parsolaenomerit. Lateral ein 2spitziger Tibiotarsus (Fig. 575).

Portugiesisch Ost-Afrika: Masiene, Chai Chai.

28. **G. (G.) rhodobates** Att. 1928 *G. r.*, Attems in: Ann. S. Afr. Mus., *v.* 26 p. 258 t. 5 f. 119—121.

Kopf und Rumpf schwarzbraun, fast schwarz, Antennen und Beine schön rot. Breite 2,6 mm. Kopf unbeborstet, Antennen lang, keulig. Seiten des Halsschildes breit abgerundet. Metazoniten glatt, ohne Beulenreihen und Querfurche, mit 3 Querreihen feiner spitzer Härchen; seitlich runde Auftreibungen, die durch am Hinterrand beginnende und in der Mitte verstreichende Furchen dorsal scharf abgesetzt sind. Über die Seitenbeulen verläuft eine feine Leiste; das Saftloch liegt dorsal von der Leiste nahe dem Hintereck; dieses ist stumpfzackig, nur auf den Segmenten 18 und 19 spitz. Ringe in der glatten Quernaht eingeschnürt. Hinterrand der Metazoniten ohne Zähnchen. Sternite ohne Fortsätze. Pleuralkiele vorhanden. 2. Segment mit tieferliegenden, vorn abgestumpft rechtwinkligen, hinten spitzzackigen Seitenleisten. Hüfte des 3.

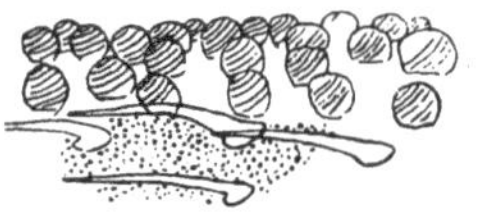

Fig. 576.
Gnomeskelus (G.) **rhodobates** Att.
Teil des Tarsus des 5. Beinpaares.

Fig. 577.
Gnomeskelus (G.) **rhodobates** Att.
Kegel des Femur des 5. Beinpaares.

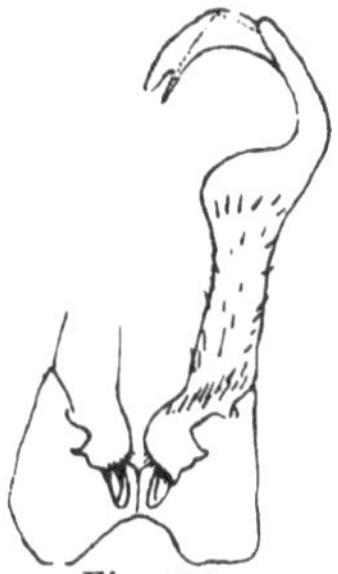

Fig. 578.
Gnomeskelus (G.) **rhodobates** Att.
Gonopode.

und 5. Beinpaares mit einzelnen ziemlich langen, ungeriefen, spitzen Kegeln, Hüfte der anderen Beine ohne solche; Praefemur, Femur und Postfemur des 3.—8. Beinpaares mit solchen Kegeln (Fig. 577). Tibia und Tarsus mit geriefen Kugeln (Fig. 576). Hüften der Gonopoden median miteinander verkittet. Praefemur und Femur ganz allmählich ineinander übergehend, die Beborstung reicht bis an das Ende des Femur und ist im allgemeinen etwas spärlich. Da, wo die Beborstung aufhört, median eine große runde Vorwölbung, dann folgt die Endsichel, in deren Mitte lateral ein kleines rundes Läppchen, Rudiment eines Tibiotarsus. Erst von dieser Stelle an kann die Endsichel als Rinnenast gewertet werden. Ende des Rinnenastes gegabelt (Fig. 578).

Kapland: Coldstream, Hamansdorp.

b) Subgen. **Rhopaloskelus** Verh.

1939 *R.*, K. W. Verhoeff in: Ann. Natal Mus., *v.* 9 p. 176, 186.

Gonopodentelopodit an der Stelle, an der Parsolaenomerit und Tibiotarsus ansetzen, plattig verbreitert. Parsolaenomerit gegabelt. Metazoniten mit 2 Querreihen von borstentragenden Buckeln.

Typus *G. (R.) terreus* Att.

2 Arten.

Übersicht über die Arten:

1 { Die Anschwellung des Gonopodentelopodit ist länger. Endsichel des Rinnenastes mit schmälerer Basis, in der Mitte eingeschnürt. Tibiotarsus dicker. Beide Äste des Parsolaenomerit sehr ungleich lang . . . 29. **G. (R.) terreus**

Die Anschwellung des Gonopodentelopodit ist kürzer. Die Endsichel des Rinnenastes mit breiterer Basis, ohne mittlere Einschnürung. Tibiotarsus schlanker. Beide Äste des Parsolaenomerit ungefähr gleich groß 30. **G. (R.) biseriatus**

29. **G. (R.) terreus** Att. 1928 *G. t.*, Attems in: Ann. S. Afr. Mus., *v.* 26 p. 259 t. 5 f. 122—124.

Erdbraun. Schlank, 1,5 mm breit. Antennen lang und schlank, am Ende leicht keulig. Halsschild querelliptisch, seitlich abgerundet und anliegend. Segment 2 mit schrägen und tiefer ventral liegenden Seitenleisten. Segmente 3 und 4 etwas schmäler als die anderen. Metazoniten mit Querfurche, vor ihr eine Reihe von 6 auf winzigen Knötchen sitzenden Borsten, hinter ihr 2 Querreihen von je 6 flachen, borstentragenden Buckeln. In den Seiten niedrige, runde Auftreibungen (Fig. 579), die durch eine über sie laufende feine Leiste deutlicher werden. Seitenrand konvex mit 2—3 sehr seichten, borstentragenden Kerben, Hintereck auf den Segmenten 2—4 rechtwinklig, vom 5. an spitzzackig; auf den porentragenden Segmenten bildet der letzte Buckel der hintersten Reihe einen dem Hintereck ähnlichen Zahn

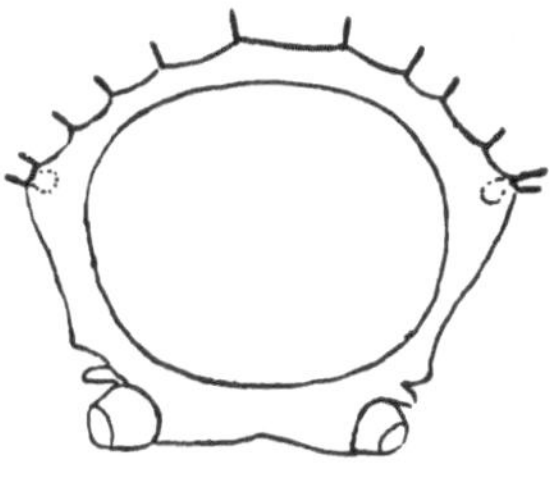

Fig. 579.
Gnomeskelus (R.) terreus Att.
♂ 7. Segment.

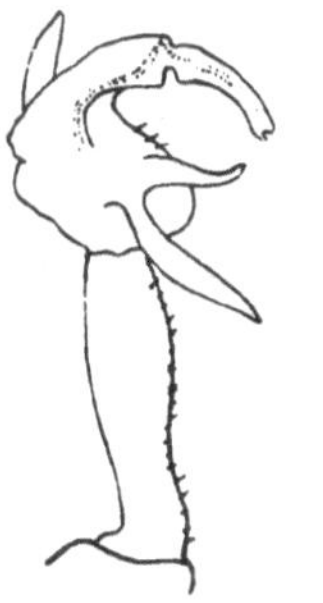

Fig. 580.
Gnomeskelus (R.) terreus Att.
Gonopode.

medial vom Saftloch. Ein schmaler leistenförmiger Pleuralkiel bis zum 17. Segment vorhanden. Sternite unbeborstet und ohne Fortsätze. Beine des Männchens verdickt, besonders Praefemur und Femur, letzteres am Grunde stielartig verdünnt. Hüfte und Praefemur ventral, Tibia dorsal mit einer langen Borste. Alle Glieder, auch die Hüfte, mit Kugeln, die auf den ersten 4 Gliedern glatt und etwas konisch, auf den letzten 2 Gliedern rund und gerieft sind. Beborstung der Beine wie gewöhnlich sehr spärlich. Gonopodenöffnung groß, queroval. Hüften der Gonopoden median verkittet. Telopodit anfangs schlank, gerade und zylindrisch, dann plattig verbreitert, Parsolaenomerit gegabelt, die beiden Äste ungleich lang. Rinnenast in der Mitte eingeschnürt, Tibiotarsus ein ziemlich dicker Dorn (Fig. 580).

Natal: Howick.

30. **G. (R.) biseriatus** Verh. 1939 *R. b.*, K. W. Verhoeff in: Ann. Natal Mus., *v.* 9 p. 189 f. 14—16.

Länge ♂ ♀ 12 mm. Halsschild queroval mit 3 Querreihen ziemlich langer Borsten. Hinterecken der Seitenwülste des 7. Segments mit kleinen Zähnchen, median davon ein Zäpfchen, das ein sehr kurzes Stäbchen trägt.

Seitenrand der schmalen Seitenwülste mit 1—2 sehr schwachen Einkerbungen. Metazoniten mit 2 Querreihen von Buckeln. Wärzchen des 3.—7. Beinpaares nur auf dem Tarsus zahlreich, auf Tibia und Postfemur spärlich, auf Praefemur und Femur fast fehlend, auf dem 8.—11. Beinpaar nur der Tarsus reichlich mit Wärzchen besetzt, Tibia und Tarsus ohne Auszeichnung. Zwischen den Hüften des 3. Beinpaares des Männchens trägt das Sternit einen großen abgerundeten, fast halbkreisförmigen Lappenfortsatz. Gonopoden sehr ähnlich denen von *G. terreus*, die Anschwellung an der Basis des Rinnenastes kürzer, der Rinnenast ist stärker eingebogen mit breiterer Basis, ohne Einschnürung in der Mitte. Tibiotarsus schlanker. Die Gabeläste des Parsolaenomerit gleich groß (Fig. 581).

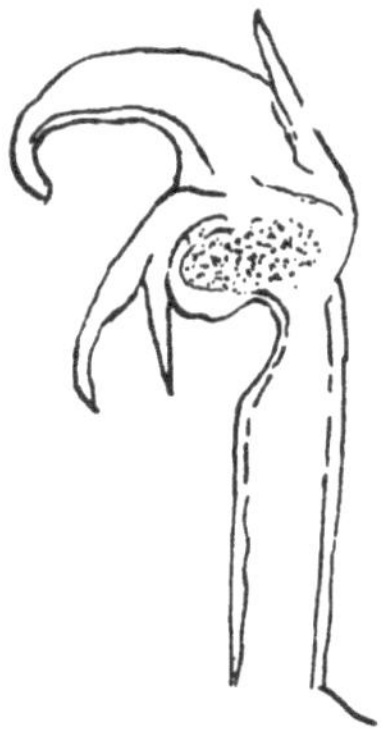

Fig. 581. **Gnomeskelus (R.) biseriatus** Verh. Gonopodenende (K. W. Verhoeff, 1939).

Natal: The Bluff, Sweetwaters bei Pietermaritzburg.

c) Subgen. **Drakensius** Verh.

1939 *Gnomeskelus (D.)*, K.W. Verhoeff in: Ann. Natal Mus., *v.* 9 p. 207.

Telopodit der Gonopoden sehr gedrungen. Femurende verdickt, Rinnenast dick, breit und kurz, vom abgerundeten Endlappen *(E)* überragt. Ein Parsolaenomerit fehlt oder ist rudimentär. Ein Postfemurabschnitt sowohl gegen das Femur wie gegen den Rinnenast deutlich abgesetzt. Tergite mit deutlicher Querfurche (ohne Beulenreihen?), 20 Segmente.

Süd-Afrika.

Typus und einzige Art: *G. (D.) tugelanus* Verh.

31. **G. (D.) tugelanus** Verh. 1939 *G. (D.) t.*, K. W. Verhoeff in: Ann. Natal Mus., *v.* 9 p. 208.

Länge 25—28 mm. Einfarbig graugelb, mit dunkleren Ringen an den Grenzen der Segmente. Im Leben Kopf und die ersten 4 Segmente rötlich. Die Seitenwülste bilden auf den meisten Segmenten eine gebogene schmale, innen durch Furche abgesetzte Leiste, die hinten gegen den Hinterrand abbiegt, so daß nirgends die Spur einer vorspringenden Ecke ist. Die kleinen Poren dicht oberhalb der Leiste kurz vor dem Hinterende. Auf dem 2. Segment sind die Leisten tiefer gestellt als Halsschild und 3. Tergit und zu vorn und hinten abgerundeten Seitenflügeln vergrößert. Vom 3. Beinpaar an Halbkugelwarzen auf allen Beingliedern, am reichlichsten auf dem Tarsus.

Süd-Afrika, Drakensberge.

3 Subspecies, die sich nur durch die Gonopoden unterscheiden:

1 { Endlappen des Gonopodentelopodit weit über den Rinnenast hinausragend, der vorragende Teil mindestens so lang wie breit. Vom Parsolaenomerit ein deutlicher Rest *(Ps)* erhalten — **2**

Der Endlappen des Telopodit ragt nur wenig über den Rinnenast hinaus, der vorragende Teil viel breiter als lang. Vom Parsolaenomerit kein deutlicher Rest vorhanden . . . . 31c. **G. (D.) tugelanus alticolus**

2 { Das Ende des Rinnenastes hinter der Mündung der Samenrinne gegen den Endlappen nur schwach abgesetzt. Bucht zwischen Rinnenast und Parsolaenomerit fast halbkreisförmig . . . . 31a. **G. (D.) tugelanus tugelanus**
Das Ende des Rinnenastes bildet einen scharf abgesetzten Endlappen *(E)*. Die Bucht weniger tief . . . . 31b. **G. (D.) tugelanus unicolor**

31a. **G. (D.) tugelanus tugelanus** Verh. 1939 *G. (D.) tugelanus typicus*, K. W. Verhoeff in: Ann. Natal Mus., *v.* 9 p. 210 f. 14, 15.

Cathkin Peak, 1930—2000 m (Fig. 582).

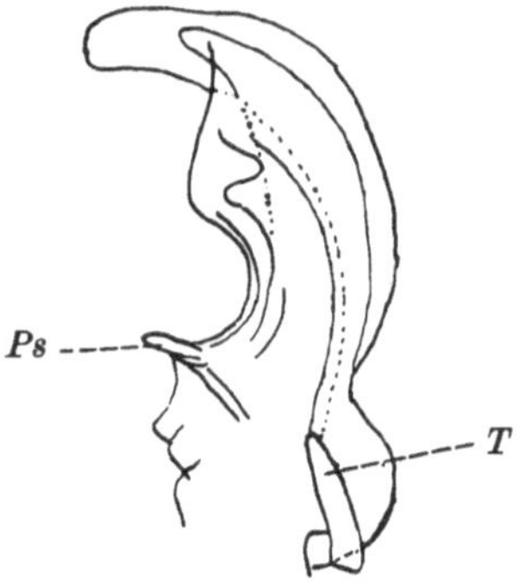

Fig. 582.
Gnomeskelus (D.) tugelanus tugelanus Verh.
Gonopodenende
(K. W. Verhoeff, 1939).

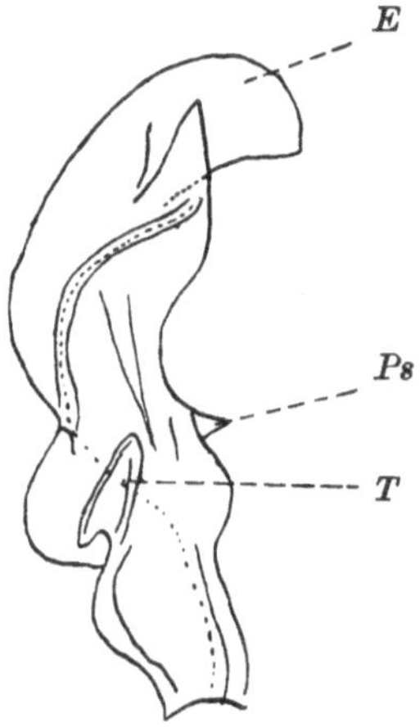

Fig. 583.
Gnomeskelus (D.) tugelanus unicolor Verh.
Gonopodenende
(K. W. Verhoeff, 1939).

Fig. 584.
Gnomeskelus (D.) tugelanus alticolus Verh.
Gonopodenende
(K. W. Verhoeff, 1939).

31b. **G. (D.) tugelanus unicolor** Verh. 1939 *G. (D.) t. u.*, K. W. Verhoeff in: Ann. Natal Mus., *v.* 9 p. 210 f. 20.

Tugela Valley (Fig. 583).

31c. **G. (D.) tugelanus alticolus** Verh. 1939 *G. (D.) t. a.*, K. W. Verhoeff in: Ann. Natal Mus., *v.* 9 p. 210 f. 17–19.

Drakensberge 2300 m (Fig. 584).

3. Gen. **Harpethrix** Att.

1926 *H.*, Attems in: Kükenthal & Krumbach, Handb. Zool., *v.* 4 p. 146 | 1928 *H.*, Attems in: Ann. S. Afr. Mus., *v.* 26 p. 271.

20 Segmente. Poren auf den Segmenten 5, 7, 9, 10, 12, 13, 15—19. Im Habitus ähnlich der Gattung *Polydesmus*. Rücken flach, Metazoniten mit Querreihen von Beulen. Seitenflügel gut entwickelt, hoch angesetzt, eckig. Beine des Männchens ohne Kugelborsten, einfach beborstet. Gonopoden sehr ähnlich denen von *Gnomeskelus*, Hüften zu einem Syncoxit verwachsen, Telopodite frei. Femur lang und sehr schlank, mit eigentümlichen kleinen Dornspitzen. Die 3 Endäste wie bei *Tubercularium*, in der Mitte der kleine Rinnenast, die beiden anderen Äste nicht durch Naht abgesetzt, der mediale wahrscheinlich ein Seitenast des Femur, der laterale ein Tibiotarsus.

Süd-Afrika: Kapland.

1 Art.

1. **H. plana** Att. 1928 *H. p.,* Attems in: Ann. S. Afr. Mus., *v.* 26 p. 271 t. 21 f. 507—512.

Kopf dicht und kurz beborstet. Antennen ziemlich lang, keulig. Halsschild breiter als der Kopf, halbkreisförmig, längs des Vorder- und Hinterrandes eine Reihe von Borsten, auf der Fläche 3 Reihen (Fig. 585). Seitenflügel hoch angesetzt, eckig, der Vorderrand quer zur Längsachse, der Seitenrand schwach konvex, das Hintereck auf den vorderen Segmenten rechtwinklig, weiterhin

Fig. 585.
Harpethrix plana Att.
Vorderende.

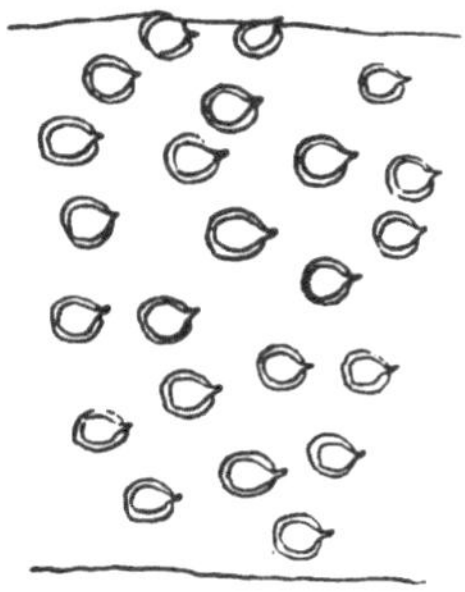

Fig. 586.
Harpethrix plana Att.
Warzen vom Gonopodenfemur.

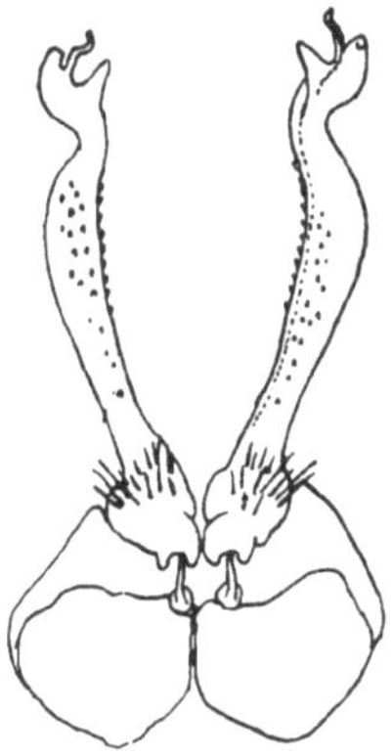

Fig. 587.
Harpethrix plana Att.
Gonopoden.

zackig, je weiter caudal um so mehr. Poren sehr klein, auf der Oberseite nahe dem Hintereck. Metazoniten mit 3 Querreihen von Beulen zu 4, 4, 6. Hinterrand mit einfachen, spitzen Fransen. Sternite und Beine ohne Besonderheiten. Die Beine mit angedrückten kurzen Borsten, die dorsal sichelförmig sind. Gonopodenöffnung sehr groß, kreisrund. Hüften der Gonopoden kurz und breit, nahe nebeneinander liegend, lateral weiter vorragend als medial. Beide Hüfthörnchen nahe nebeneinander, parallel. Telopodit am Ende der Hüfte inseriert, nicht in einer medianen Grube, ohne Gliederung durch Nähte, Praefemur rundlich, beborstet, Femora sehr lang und schlank, beide lyraförmig zueinander gebogen, mit vielen kleinen konischen Wärzchen (Fig. 586) besetzt, das Ende in 3 Äste geteilt, 2 3eckige Lappen, zwischen ihnen der schlanke Samenrinnenast (Fig. 587).

Kapland: Witte River, Wellington.

4. Gen. Gonokollesis Att.

1928 *G.,* Attems in: Ann. S. Afr. Mus., *v.* 26 p. 253.

20 Segmente. Poren auf den Segmenten 5, 7, 9, 10, 12, 13, 15—19. Im Habitus einem Strongylosomiden, etwa *Haplosoma,* ähnelnd. Ringe in der Quernaht stark eingeschnürt, Metazoniten seitlich rund aufgetrieben mit einer feinen Leiste, dorsal mit Querreihen von Borsten, sonst glatt. Analsegment konisch, Schwänzchen schlank, leicht abwärts gebogen. Sternite ohne Fortsätze. Praefemur, Femur und Postfemur des 1.—8. Beinpaares des Männchens auf der Sohle mit zahlreichen leicht gekrümmten Borsten, Hüfte und Prae-

femur unten, Tibia oben mit einer sehr langen Borste, im übrigen sind die Beine nur spärlich beborstet; Tibia und Tarsus unten mit Kugelwarzen und getrennt von diesen mit starken Borsten, nur am Ende des Tarsus sind die Kugeln manchmal in Spitzen ausgezogen. Die hinteren Beine haben diese Kugeln nicht. Hüften der Gonopoden ein Syncoxit bildend. Das in der Mitte rundlappige Sternit sichtbar. Praefemora fest verkittet, die trennende Naht eine rundwellige Zahnlinie. Femur sehr kurz, am Ende 3 Äste, der mediale der Rinnenast, der laterale ein Seitenast des Femur in ungewöhnlicher Stellung. Der mittlere Ast ist durch eine schwache Naht undeutlich abgesetzt und ist als Tibiotarsus zu deuten.

Süd-Afrika: Kapland.

1 Art.

1. **G. nanus** Att. 1928 *G. n.*, Attems in: Ann. S. Afr. Mus., *v.* 26 p. 253 t. 5 f. 108–114.

Erdbraun. Breite 0,45 mm. Kopf reichlich beborstet. Antennen lang, keulig verdickt, beim Männchen stärker als beim Weibchen, Glieder 2—7 dicht kurz behaart und mit 1 oder 2 langen Tastborsten. Die Poren liegen knapp medial von der feinen über die Seitenbeulen ziehenden Leiste, nahe dem Hinterrand. Metazoniten mit 3 Querreihen von Borsten, die auf kleinen Knötchen stehen, dorsal sonst glatt, in den Flanken mit spitzen Wärzchen besetzt, am Hinterrand in der Mitte der Unterseite fein behaart. Durch die Trennung von Kugeln und Borsten auf der Sohle von Tibia und Tarsus der vorderen Beine (Fig. 588) unterscheidet sich diese Gattung von den übrigen Sphaerotrichopidae. Die median verkitteten Hüften der Gonopoden (Fig. 589) ragen lateral nur wenig weiter vor als medial, so daß die Telopodite ihre Längsachse in der geraden Verlängerung der Hüften haben; die Telopodite sind

Fig. 588.
Gonokollesis nanus Att.
♂ Bein des 13. Paares.

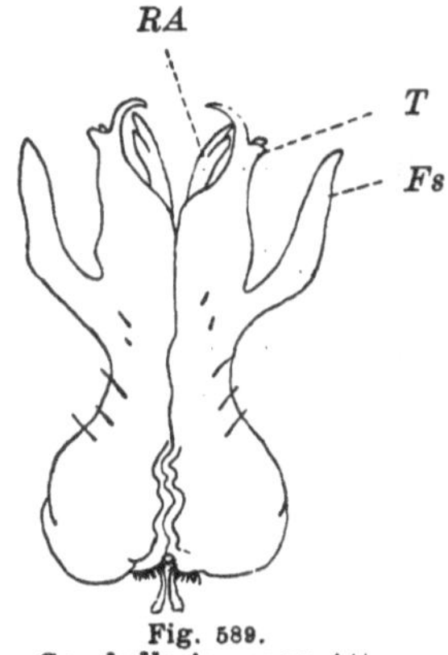

Fig. 589.
Gonokollesis nanus Att.
Gonopoden.

im größten Teil ihrer Länge verwachsen, bei erhaltener Naht; in der Grundhälfte sieht man eine stumpfe Verzahnung der Ränder; Praefemur etwas verdickt, dann folgt eine Einschnürung, auf der hinten einige Borsten stehen, sodann geht lateral ein starker Seitenarm des Femur *(Fs)* ab. Der Rinnenast *(RA)*, der mediale der 3 Endäste, ist in 2 dünne spitze Äste gegabelt. Der mittlere Ast ist an seiner Basis durch eine Naht, die nicht ganz bis an den Rand reicht, undeutlich abgesetzt, sein Ende ist in 3 Ästchen geteilt, eine längere einwärts gekrümmte Spitze und 2 kleine Läppchen; dieser Ast ist als Tibiotarsus *(T)* zu deuten.

Kapland: Houw Hoek, Caledon.

5. Gen. **Anaulacodesmus** Att.

1898 *A.*, Attems in: Denk. Ak. Wien, *v.* 67 p. 269, 320 | 1903 *Semnosoma,* Silvestri in: Boll. Mus. Torino, *v.* 18 nr. 433 p. 2 | 1905 *S.*, Silvestri in: Zool. Jahrb., Suppl. 6 p. 728 | 1914 *Anaulacodesmus* + *Semnosoma,* Attems in: Arch. Naturg., *v.* 80 A 4 p. 239 | 1916 *Chiliosoma,* Brölemann in: Ann. Soc. ent. France, *v.* 84 p. 599 | 1931 *C.*, Attems in: Zool., *v.* 30 Lief. 3—4 (Heft 79) p. 104.

20 Segmente. Poren auf den Segmenten 5, 7, 9, 10, 12, 13, 15—19, beinahe ganz im Hintereck, knapp oberhalb der Seitenleiste. Halsschild halbkreisförmig oder querelliptisch. Metazoniten mit schmalen Seitenbeulen, die vorn immer, hinten meist abgerundet, selten spitzzackig sind und über die eine feine Leiste läuft. Oberfläche sehr glatt, selten mit Andeutung einer schwachen polygonalen Felderung, ohne Querfurche, mit oder meist ohne Querreihen von Börstchen. Keine Pleuralkiele. Analsegment konisch, Schwänzchen zylindrisch. Sternit 5 des Männchens manchmal mit 2 beborsteten Kegeln zwischen den vorderen Beinen, meist alle Sternite ohne Fortsätze. Tarsus und Tibia, manchmal auch Postfemur des Männchens unten mit Kugeln oder Kugelborsten. Hüften der Gonopoden zu einem Syncoxit verwachsen. Die kurzen, knolligen Praefemora legen sich eng aneinander, aber ohne ganz zu verwachsen; meist sind ihre Medialränder durch Gruben und in diese hinein passende Höcker der Gegenseite aneinander angepaßt. Praefemur und Femur gehen ohne scharfe Grenze ineinander über, die Beborstung reicht hoch auf das Femur hinauf. Das Femur hat außer dem Rinnenast noch einen oder mehrere andere Äste. Der Rinnenast hat bei mehreren Arten einen deutlichen Seitenast (Parsolaenomerit). Meist ragt der Rinnenast zwischen den anderen Ästen auf, er kann aber auch der laterale Ast sein. Der Tibiotarsus ist meist mehr oder weniger deutlich vom Femur abgesetzt, meist ist er einfach, er kann aber auch Seitenspitzen haben.

Chile, Juan Fernandez.

14 Arten.

Typus: *A. levissimus* Att.

Übersicht über die Arten:

1 { Femur des Gonopoden in eine große Platte verlängert, die die anderen Äste von hinten verdeckt — **2**
Femur ohne solche Platte — **3**

2 { Sternit 5 des Männchens mit 2 beborsteten Kegeln zwischen den vorderen Beinen. Postfemur der Beine dicht beborstet ohne Kugelborsten . . . . 7. **A. insulanus**
Sternit 5 ohne beborstete Kegel. Postfemur der Beine mit Kugelborsten wie Tibia und Tarsus . . . . . . 6. **A. carinobtusus**

3 { Tibiotarsus des Gonopoden mit mehreren bis vielen Seitenspitzen — **4**
Tibiotarsus einfach — **5**

4 { Tibiotarsus mit 4 schlanken Seitenspitzen, der ganze Tibiotarsus gleicht einer gespreitzten Hand mit ungleichlangen Fingern . . . . 11. **A. digitatus**
Tibiotarsus mit zahlreichen Seitenspitzen in der ganzen Hohlseite der Krümmung . . . . 12. **A. porteri**

5 { Tibiotarsus des Gonopoden schräg basal gerichtet oder hakig zurückgebogen. Rinnenast mit Seitenast oder mit einem den die Samenrinne führenden Ast überragenden Lappen — **6**
Tibiotarsus gerade distal gerichtet. Rinnenast einfach — **7**

6	Tibiotarsus einfach, schlank, schräg basal gerichtet. Vordere Sternite ohne Tuberkeln. Rinnenast mit einem Endlappen, der den die Samenrinne führenden Ast überragt	10. **A. permutatus**
	Tibiotarsus groß hakig herabgebogen, mit Seitenzahn. Sternit 5 mit 2 beborsteten Fortsätzen. Am Grund des Rinnenastes ein Seitenast	9. **A. concolor**
7	Am Ende des Gonopodenfemur 3 Äste: Rinnenast, Seitenast des Femur und Tibiotarsus — **8**	
	Am Ende des Femur außer diesen 3 Ästen noch 2 weitere Endäste des Femur — **13**	
8	Von den 3 Endästen des Gonopodentelopodit ist der Rinnenast schlank und zugespitzt, die anderen 2 Äste breite Platten	8. **A. subecarinatus**
	Alle 3 Endäste des Gonopoden sind mehr oder weniger schlank und spitz — **9**	
9	Seitenbeulen hinten abgerundet — **10**	
	Seitenbeulen spitzzackig, wenigstens von der Körpermitte an — **11**	
10	Der Rinnenast überragt den Tibiotarsus. Halsschild mit 3 Querreihen kräftiger Borsten	4. **A. brölemanni**
	Tibiotarsus so lang wie der Rinnenast oder etwas länger. Halsschild ohne Borsten	5. **A. nodosus**
11	Sternite und Metazoniten unbeborstet, Rumpf einfarbig — **12**	
	Sternite kurz behaart. Metazoniten mit 3 Querreihen kleiner Borsten. Farbe marmoriert. Rinnenast hakig gebogen, die beiden anderen Äste gerade distal gegerichtet	3. **A. marmoratus**
12	Metazoniten dorsal sehr glatt ohne jede Skulptur. Tarsus, Tibia und Postfemur der Beine mit Kugelborsten, die gewöhnliche Beborstung sehr spärlich. Tibiotarsus des Gonopoden gerade distal gerichtet	1. **A. levissimus**
	Metazoniten mit schwacher polygonaler Felderung, jederseits 4 Felder abgeteilt. Tarsus und Tibia mit Kugelborsten, Postfemur, Femur und Praefemur dicht mit einfachen Borsten besetzt. Tibiotarsus des Gonopoden klein, quer medianwärts gerichtet	2. **A. areatus**
13 (7)	Femur des Gonopoden noch über die Basis des Rinnenastes hinaus in einen großen 2ästigen Arm verlängert, neben diesem ein langer schlanker, spitzer Ast. Tibiotarsus ein zweimal im Winkel gebogenes Blatt . . .	14. **A. intricatus**
	Femur nicht über den Rinnenast hinaus verlängert. Am Ende des Femur außer dem Rinnenast 2 weitere spitze Äste. Tibiotarsus sehr lang, ganz gerade	13. **A. enkrates**

1. **A. levissimus** Att. 1898 *A. l.*, Attems in: Denk. Ak. Wien, *v.* 67 p. 320 t. 4 f. 72.

Rücken und Seiten schmutzig dunkelbraun, die Seiten etwas heller marmoriert, Bauch und Beine gelb. Länge 16 mm, Breite 1,5 mm. Sehr glatt und glänzend. Kopf unbeborstet, Antennen lang und schlank. Metazoniten in den Seiten beulig aufgetrieben, auf jedem Segment hinten stärker als vorn. Auf den hinteren Segmenten ist die Auftreibung durch eine vom Hinterrand bis zur Mitte laufende Furche stärker abgesetzt; über die Beule läuft eine Leiste, die hinten mit einem spitzen Eckchen endet. Die Seitenflügel des 2. Segments liegen tiefer als die Seiten des Halsschildes und die Beulen des 3. Segments. Keine Pleuralkiele. Sternite glatt und glänzend, unbeborstet und ohne Fortsätze. Hüfte und Praefemur ventral, Tibia dorsal mit einer langen Borste, Beine im übrigen nur spärlich und kurz beborstet; Tarsus, Tibia, Postfemur und das Ende des Femur dicht mit Kugeln bedeckt, die zum Teil in eine Borste auslaufen. Auf den vorderen Beinen ist das nur auf dem Tarsus der Fall; die proximal stehenden Kugeln haben nur winzige Borsten, die parallel zum Tarsus gerichtet sind, endwärts verlängern sich die Borsten und verkleinern sich die Kugeln, so daß am Ende des Tarsus nur mehr einfache Borsten stehen. Auf den hintersten Beinen sind alle diese Gebilde Kugelborsten. Gonopodentelopodit lang, schlank und ganz gerade, die Praefemora ineinander gepaßt, aber nicht ganz verwachsen, das Ende 3ästig, alle Äste spitz, der mediale Ast ist ein sehr schlanker Dorn und stellt einen Femoralast dar, der mittlere Ast ist der Rinnenast, schwach S-förmig gebogen, der laterale Ast ist ein die anderen Äste etwas überragender Tibiotarsus (Fig. 590).

Chile: Valdivia.

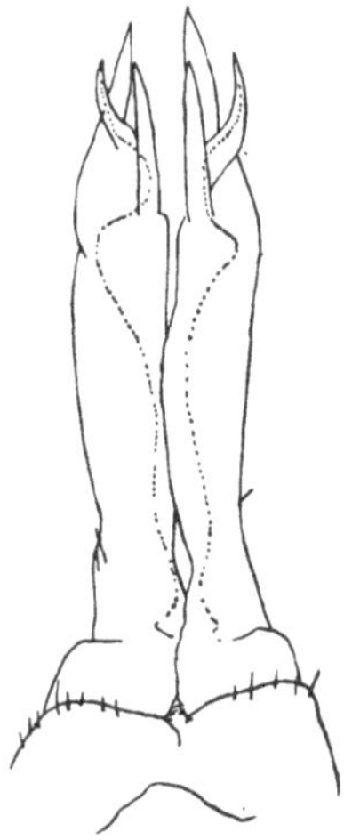

Fig. 590.
Anaulacodesmus levissimus Att.
Gonopoden.

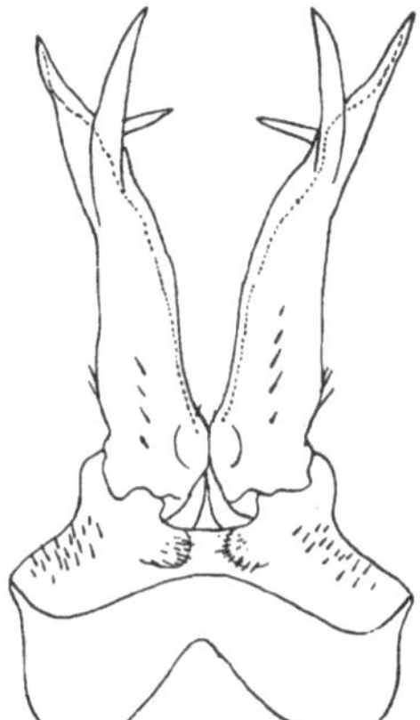

Fig. 591.
Anaulacodesmus areatus (Att.).
Gonopoden.

2. **A. areatus** (Att.) 1898 *Strongylosoma areatum*, Attems in: Denk. Ak. Wien, *v.* 67 p. 285 t. 2 f. 29—31.

Sehr dunkelbraun, etwas fleckig, Bauch und Beine lichter braungelb. Länge 20 mm, Breite 2 mm, schlank, stark knotig, die Ringe in der Quernaht stark eingeschnürt. Die Seitenbeulen sind dorsal durch eine scharfe, vom Hinterrand bis zu 2 Drittel der Länge reichende Furche abgesetzt und hinten etwas zackig, von der Körpermitte bis zum 16. Segment sogar spitz, weiterhin nehmen die Beulen wieder ab. Seitlich läuft eine feine Leiste über die Beulen. Auf dem Rücken der Metazoniten eine schwache polygonale Felderung, besonders seitlich, jederseits 2 größere 6eckige Felder und dahinter 2 viel kleinere. Körper im übrigen sehr glatt und glänzend. Quernaht nicht geperlt. Querfurche und Pleuralkiele fehlen. Seitenbeulen des 2. Segments etwas tiefer liegend als die anderen, breit, abgerundet. Kopf sehr spärlich beborstet, Antennen schlank, leicht keulig. Sternite glatt, unbeborstet, etwas breiter als lang, quer eingedrückt, alle ohne Fortsätze. Beine dick, Praefemur dorsal kugelig aufgetrieben. Dieses und die folgenden 2 Glieder ventral mit dichtgedrängten kurzen, stumpfen Borsten. Tibia und Tarsus mit Kugelborsten. Praefemur ventral, Tibia dorsal mit einer langen Borste. Syncoxit der Gonopoden auf der Aboralseite mit 2 behaarten runden Höckern. Telopodit gerade, die schwach beborsteten Praefemora sind verkittet, die Endäste sind ein großer, als Seitenast des Femur zu deutender Ast, der noch weit vor dem Ansatz des Tibiotarsus entspringt, und der einfache Rinnenast; diese beiden sind ungefähr gleich lang. Ferner der am Grunde durch eine kleine Einschnürung deutlich abgesetzte, quer gerichtete Tibiotarsus (Fig. 591).

Chile: Corral.

3. **A. marmoratus** Silv. 1903 *A. m.*, Silvestri in: Boll. Mus. Torino, *v.* 18 nr. 433 p. 5 | 1905 *A. m.*, Silvestri in: Zool. Jahrb., Suppl. 6 p. 734 t. 34 f. 16.

Kastanienbraun, marmoriert, Bauch und Beine isabellfarben. Kopf spärlich beborstet, Antennen ziemlich lang. Halsschild halbkreisförmig, etwas schmäler als der Kopf, die Hinterecken schwach abgerundet, mit 3 Reihen kurzer Borsten. Rücken der Metazoniten schwach gewölbt, mit 3 Reihen kleiner, kurzer, dünner Borsten. Seitenflügel sehr klein, nur wenig unter der Höhe der Rückenmitte angesetzt, Vordereck stark abgerundet, Hintereck kaum gerundet, Seitenrand mit 3 kleinen, aber deutlichen Zähnchen und Borsten. Seitenflügel der Segmente 17—19 kaum sichtbar. Poren nicht ganz lateral, sehr nahe dem Hintereck. Sternite sehr kurz beborstet. 3. bis 10. Beinpaar dicker als die anderen, 2.—4. Glied unten mit zahlreichen kurzen Borsten, Tibia und Tarsus mit Kugelborsten. Ende des Gonopodentelopodit 3ästig, Rinnenast *(RA)* und 2 ungleich lange, spitze Äste; welcher derselben als Tibiotarsus zu deuten ist, geht aus den Angaben und Zeichnungen nicht mit Sicherheit hervor (Fig. 592).

Chile: S. Vicente, Talcahuano, in der Erde unter Steinen.

Fig. 592.
Anaulacodesmus marmoratus Silv.
Gonopode (Silvestri, 1905).

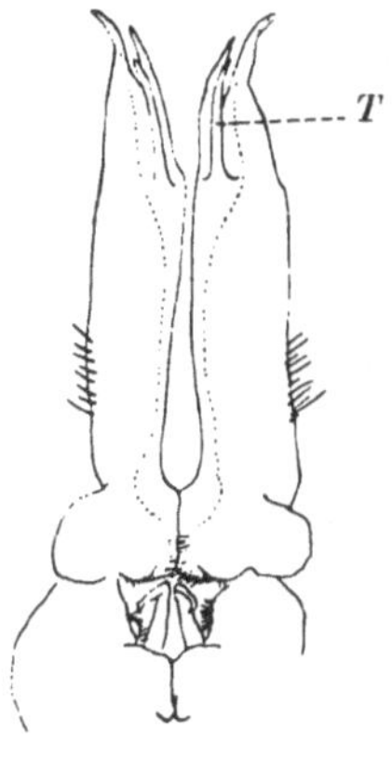

Fig. 593.
Anaulacodesmus brölemanni (Att.).
Gonopoden.

4. **A. brölemanni** (Att.) 1931 *Chiliosoma broelemanni,* Attems in: Zool., *v.* 30 Lief. 3—4 (Heft 79) p. 109 f. 167—170.

Licht bräunlichgelb, Breite 2 mm. Halsschild seitlich symmetrisch breit abgerundet, mit 3 Borstenreihen. Seitenbeulen der Metazoniten schmal, dickwulstig, vorn abgerundet, hinten anfangs rechteckig abgerundet, vom 14. an stumpfzackig, 19. ganz ohne Wulst. Über die ganze Länge des Wulstes läuft eine scharfe Furche, seine hintere Hälfte ist durch eine seichte Längsdepression abgegrenzt, Porus in einer Grube am Hinterende der Furche. Metazoniten glatt, nur das 19. beborstet. Quernaht glatt. Sternit 5 des Männchens mit schmaler Rinne zwischen den hinteren Beinen, Sternit 6 breit grubig vertieft, Sternit 9 zerstreut beborstet, die folgenden kahl. Die ersten 2 Beinpaare des Männchens auffallend schwächer als die folgenden, Praefemur der letzteren stark verdickt und dorsal rundbauchig vorgewölbt. Praefemur und Femur ventral dicht besetzt mit kräftigen kurzen Stachelborsten, Praefemur auch mit einer Macrochaete, Postfemur mit wenigen Kugelborsten und zahlreichen Stachelborsten, Tibia und Tarsus dicht mit Kugelborsten bedeckt, Tibia dorsal mit einer Macrochaete. Gonopodenöffnung groß, fast kreisrund. Hüften der Gonopoden vorn miteinander verwachsen und mit einzelnen Borsten, hinten mit dicht beborsteten runden Polstern. Praefemora an der Basis miteinander verkittet, auf der Aboralseite ohne Querkante, vorn mit einer Borstengruppe, hinten mit zahlreicheren Borsten. Praefemur ohne sichtbare Grenze in das Femur übergehend, Rinnenast schwach gekrümmt, neben ihm ein kurzer, gerader Spieß. Der Tibiotarsus *(T)* ist ein einfacher, schlanker, fast gerader Ast (Fig. 593).

Chile: Cerro Caracol, Concepcion.

5. **A. nodosus** (Att.) 1931 *Chiliosoma nodosum,* Attems in: Zool., *v.* 30 Lief. 3 bis 4 (Heft 79) p. 110 f. 171—173.

Erdbraun mit einer schwärzlichen Querzone auf dem Rücken der Metazoniten. Breite 2 mm. Halsschild seitlich breit abgerundet mit geradem Hinterrand, unbeborstet, Seitenwülste abgerundet, auf dem 16. Segment ein wenig über den Hinterrand vorgewölbt, auf dem 17. spitz, auf dem 18. und 19. ganz fehlend und nur kleine spitze Zacken hinter dem Porus vorhanden, Beulen von einer scharfen Längsfurche durchzogen, Porus in ihr nahe dem Hinterende. Metazoniten glatt, in der vorderen Hälfte eine Querreihe von wenigen dünnen Borsten, auf dem 19. Segment auch am Hinterrand Borsten. Sternit 5 des Männchens nicht vertieft, 6. flach grubig eingedrückt, 8.—10. reichlich beborstet, die folgenden kahl. Die ersten 2 Beinpaare des Männchens viel schwächer als die folgenden, Praefemur des 3.—7. dorsal rundbauchig vorgewölbt. Praefemur, Femur und Postfemur ventral dicht mit Stachelborsten, Tibia und Tarsus mit Kugelborsten besetzt. Praefemur ventral, Tibia dorsal mit Macrochaete. Gonopodenöffnung rund. Gonopoden: Hüften verwachsen, auf der Aboralseite ein rundes beborstetes Polster, lateral reichlich beborstet. Praefemora *(Pf)* an der Basis verkittet, kurz, hinten ohne Querkante, spärlich beborstet. Femur lang *(F)*. Rinnenast *(RA)* allmählich zugespitzt mit einem kurzen Seitenstummel (dieser vielleicht abgebrochen). Tibiotarsus *(T)* ein einfacher, schwach gebogener Ast (Fig. 594).

Chile: Corral.

6. **A. carinobtusus** Silv. 1903 *A. c.,* Silvestri in: Boll. Mus. Torino, *v.* 18 nr. 433 p. 4 | 1905 *A. c.,* Silvestri in: Zool. Jahrb., Suppl. 6 p. 733 t. 34 f. 14, 15.

Hinterecken der Seitenflügel abgerundet. Gonopodenfemur in ein großes Blatt verlängert, das die beiden anderen Äste, Rinnenast und Tibiotarsus, von hinten bedeckt. Der Tibiotarsus ist ein kleiner, an der Basis deutlich abgesetzter Dorn, zwischen ihm und dem Femoralendblatt der Rinnenast.

Chile.

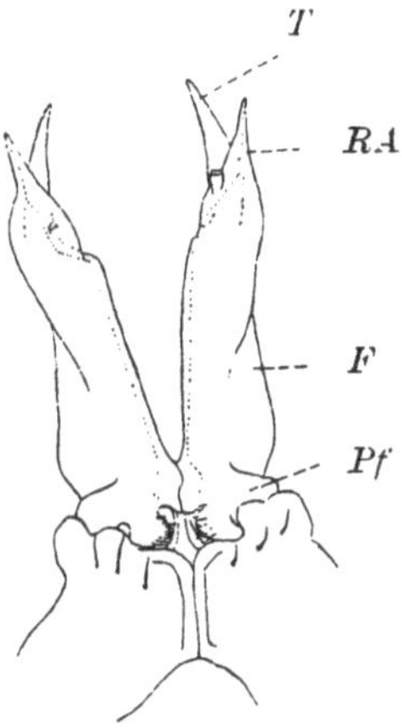

Fig. 594.
Anaulacodesmus nodosus (Att.).
Gonopoden.

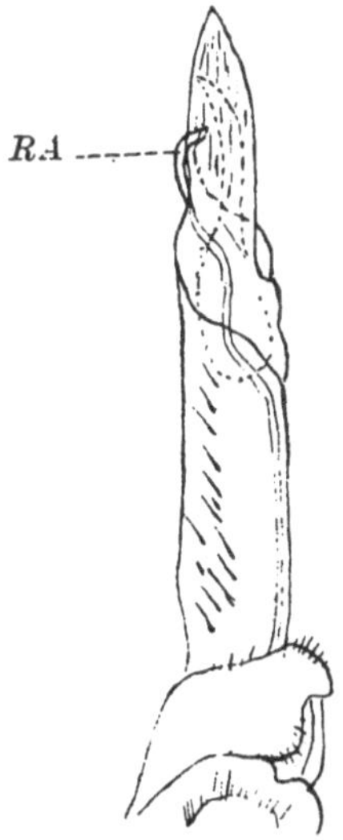

Fig. 595.
Anaulacodesmus carinobtusus var. c. Silv.
Gonopode (Silvestri, 1905).

6a. **A. carinobtusus** var. **carinobtusus** Silv. 1905 *A. c.*, Silvestri in: Zool. Jahrb., Suppl. 6 p. 733 t. 34 f. 14.

Junge von 19 Segmenten haben auf dem Rücken und unter den Seitenflügeln je eine schwarze Längsbinde. Metazoniten mit breiten, flachen, undeutlichen Tuberkeln. Seitenwülste mit einer tiefen Furche vom Hinterrand bis zur Mitte. Länge 20 mm, Breite 2,5 mm. Rinnenast *(RA)* kürzer als der Tibiotarsus. Femurendblatt einfach zugespitzt (Fig. 595).

Chile: bei Temuco auf dem Boden unter totem Laub.

6b. **A. carinobtusus** var. **debilis** Att. 1905 *A. c.* var. *d.*, Silvestri in: Zool. Jahrb., Suppl. 6 p. 733 t. 34 f. 15 | 1931 *Chiliosoma debile,* Attems in: Zool., *v.* 30 Lief. 3—4 (Heft 79) p. 107 f. 159—166.

Hell gelbbraun bis scherbengelb. Länge 16 mm, Breite 1,5—2 mm. Halsschild seitlich symmetrisch abgerundet mit 3 Reihen winziger Borsten. Seitenflügel 2 etwas weiter ventral herabreichend als die folgenden, alle, auch die der hinteren Segmente, hinten abgerundet, nahe ihrem Hinterende der Porus, 18. und 19. Segment ganz ohne Seitenwulst. Über die ganze Länge des Wulstes läuft eine scharfe Furche, Metazoniten glatt mit einer Reihe kleiner Borsten in der vorderen Hälfte. Sternit 5 nicht vertieft, beborstet, Sternit 6 grubig vertieft, hintere Sternite unbeborstet. Praefemur des 3. bis 7. Beinpaares dorsal rundbauchig vorgewölbt. Praefemur und Femur ventral mit dichten Stachelborsten, die 3 Endglieder dicht mit Kugelborsten. Gonopoden (Fig. 596): Hüften auf der Aboralseite mit rundem, beborstetem

Polster. Praefemora verkittet mit erhabener Mediannaht, hinten eine kurze Querkante. Grenze gegen das Femur deutlich. Rinnenast länger als der Tibiotarsus. Femurendast breit blattförmig, am Ende ganz kurz 2spitzig.

Chile: bei S. Rosendo unter Steinen in der Erde. Talcahuano.

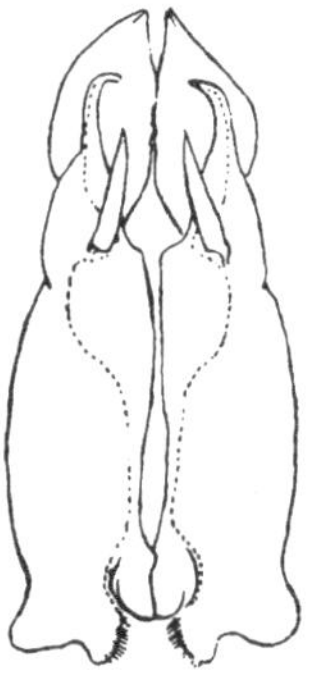

Fig. 596.
Anaulacodesmus carinobtusus var. **debilis** Att.
Gonopoden.

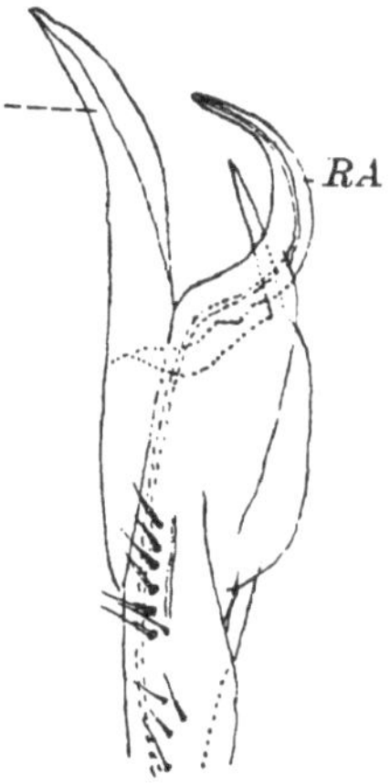

Fig. 597.
Anaulacodesmus insulanus (Verh.).
Ende des Gonopoden (K. W. Verhoeff, 1924).

7. **A. insulanus** (Verh.) 1924 *Semnosoma insulanum,* K. W. Verhoeff in: Nat. Hist. Juan Fernandez, *v.* 3 p. 407 f. 3—7.

Graubraun, stellenweise grau und braun marmoriert. Länge ♂ 16 bis 16,5 mm, ♀ 17 mm. Vorderkopf reichlich und ziemlich lang beborstet. Körper vorwiegend glatt und glänzend. Metazoniten in den Seiten aufgetrieben, diese Auftreibungen völlig abgerundet, auch hinten. Seitenfurchen kräftig ausgeprägt, über die ganze Länge des Metazoniten laufend, vorn und hinten medianwärts gebogen. Die Seitenfurchen des 2. Segments begleiten eine feine Randleiste, die etwas tiefer liegt als die folgenden Seitenfurchen. Die Poren liegen dicht über den Seitenfurchen nahe den abgerundeten Hinterecken. Metazoniten ohne Querfurche, bei den Erwachsenen mit 2 Reihen sehr feiner Grübchen, eine vor der Mitte, die andere vor dem Hinterrand, bei den Larven mit 2 Querreihen kurzer und dünner Borsten. Quernaht scharf ausgeprägt, hinter ihr eine Einschnürungsfurche. Prozoniten matt und vor der Naht fein längsgestrichelt. Tarsus des 1. und 2. Beinpaares des Männchens mit einfachem Borstenkamm. Vom 3. Beinpaar an Tarsus und Tibia unten dicht mit Halbkugeln besetzt, deren seitliche in Borsten auslaufen. Praefemur, Femur und Postfemur innen dicht beborstet. Praefemur dorsal fast halbkugelig aufgetrieben. Syncoxit der Gonopoden mit einem reichlich beborsteten runden Höcker jederseits. Praefemora durch Höcker, die in Gruben des anderen Gonopoden passen, aneinander angepaßt. Die Gonopoden gleichen denen von *A. carinobtusus.* Im Femur eine Drüse. Rinnenast ein wenig länger als der Tibiotarsus, dieser wird von Verhoeff als Nebenfortsatz des Femur erklärt, und das breite Endblatt des Femur *(f)* als Tibiotarsus (Fig. 597).

Insel Mas a Tierra der Juan Fernandez-Gruppe.

8. **A. subecarinatus** (Silv.) 1903 *Semnosoma subecarinatum*, Silvestri in: Boll. Mus. Torino, *v.* 18 nr. 433 p. 4 | 1905 *S. s.*, Silvestri in: Zool. Jahrb., Suppl. 6 p. 731 t. 34 f. 9.

Gelblichweiß. Länge 18 mm, Breite 1,6 mm, Kopf spärlich beborstet. Halsschild halbkreisförmig. Rumpf glänzend, Rücken stark gewölbt, Seitenbeulen undeutlich, linear, Quernaht schwach geperlt. Analsegment spärlich und lang beborstet, Schwänzchen zylindrisch mit 2 kurzen, breiten Endtuberkeln. Sternite mit einigen Borsten. Beine des Männchens, besonders die vorderen, verdickt, die Borsten und Kugelborsten wie bei *S. porteri*. Telopodite der Gonopoden knapp nebeneinander gelegen, kurz gerade, am Ende 3ästig, der einfache Rinnenast *(RA)* befindet sich zwischen 2 Platten, von denen die eine fast kreisrund, die andere am Ende gerade abgestutzt ist, welche derselben als Tibiotarsus aufzufassen ist, geht aus den Angaben nicht hervor (Fig. 598).

Chile: Temuco, unter faulenden Bäumen.

Fig. 598.
Anaulacodesmus subecarinatus (Silv.).
Gonopode (Silvestri, 1905).

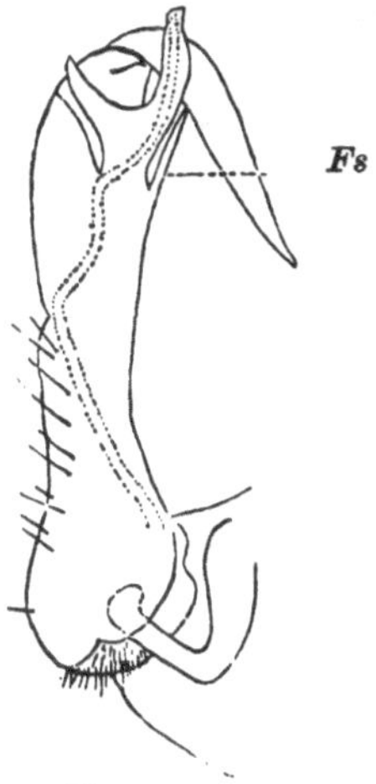

Fig. 599.
Anaulacodesmus concolor (Gerv.).
Gonopode.

9. **A. concolor** (Gerv.) 1847 *Strongylosoma c.*, P. Gervais in: Walckenaer & Gervais, Hist. Apt., *v.* 4 p. 117 | 1881 *S. c.*, F. Karsch in: Arch. Naturg., *v.* 47 I p. 44 f. 21 | 1898 *S. c.*, Attems in: Denk. Ak. Wien, *v.* 67 p. 283 t. 2 f. 46 | 1905 *Semnosoma c.*, Silvestri in: Zool. Jahrb., Suppl. 6 p. 728 t. 34 f. 4.

Licht weinrot oder weißlich, Beine gelblich. Länge 24 mm, Breite 2,7 mm. Stirn und Antennen schwach beborstet, letztere kurz, mäßig dick. Rumpf kräftig, glatt und glänzend, nur die hintere Hälfte jedes Metazoniten schwach grubig uneben. Halsschild seitlich abgerundet, gesäumt, mit einem seichten Quereindruck hinter der Mitte des Vorderrandes. 2. Segment mit tiefer als die folgenden Beulen herabreichenden Seitenflügeln, die vorn und hinten lappig ausgezogen sind. Folgende Segmente jederseits mit einer flachen, runden Beule, über die eine feine Leiste zieht, die vorn und hinten medialwärts umbiegt. Keine Querfurche. Die Flanken unregelmäßig längsgerunzelt. Quernaht sehr schwach geperlt. Keine Pleuralkiele. Sternite glatt, unbeborstet und ohne Fortsätze, nur die des 5. Segments des Männchens beborstet und mit 2 beborsteten Zäpfchen zwischen den vorderen Beinen. Schwänzchen kurz, am Ende mit 2 Tuberkeln. Analschuppe 3eckig abgerundet mit 2 Borstenwarzen. Klappenränder stark verdickt mit den gewöhnlichen 2 Borstenwarzen. Beine der Weibchen fast unbeborstet, der Männchen dick, Hüfte und Praefemur nur mit vereinzelten Borsten, letzteres dorsal halbkugelig vorgewölbt, Femur und Postfemur ventral mit einer dichten Bürste von kräftigen Borsten, die in der Mitte unten ein kleines Zähnchen haben; Tibia und Tarsus mit Kugelborsten und gewöhnlichen Borsten. Am Gonopodentelopodit (Fig. 599) reicht die Beborstung bis an den Ansatz des Tibiotarsus, die Borsten sind kräftig aber schütter. Am Ende des Femur medial ein dünner spitzer Dorn *(Fs)*, in der Mitte der Rinnenast, der ein deutliches Parsolaenomerit hat. Der Tibiotarsus ist groß, er biegt in der Mitte hakig basalwärts und hat vor der Biegung einen Seitenzahn.

Chile: Valdivia, Corral, Coquinbo. Puerto Mont.

10. **A. permutatus** nom. nov. 1916 *Chiliosoma Porteri*, Brölemann (nec Silvestri 1903) in: Ann. Soc. ent. France, *v.* 84 p. 600 f. 12—15.

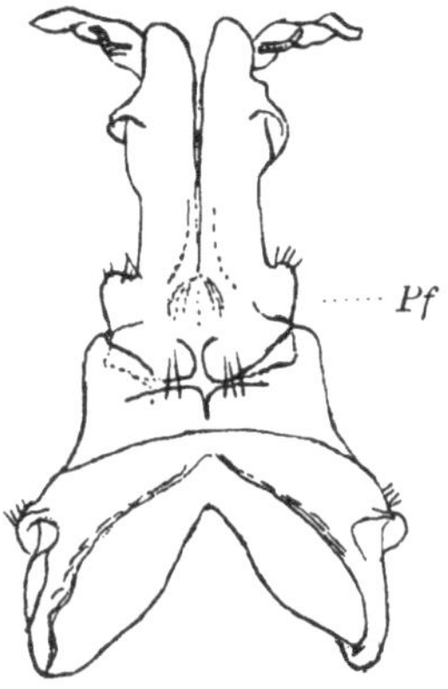

Fig. 600. **Anaulacodesmus permutatus** Att. Gonopode (Brölemann, 1916).

Farbe einfarbig gelblich oder bräunlich, wegen schlechter Konservierung nicht mehr sicher erkennbar, Länge ca. 25 mm, Breite 2,5 mm. Kopf glatt, vorn zerstreut beborstet, Antennen mäßig lang. Halsschild elliptisch, glatt. Seitenflügel des 2. Segments nur wenig tiefer sitzend als die folgenden, vorn abgerundet, Hintereck kaum vorragend. Seitenbeulen abgerundet, nur auf den Segmenten 2—6 ist das Hintereck deutlich, dorsal sind sie durch eine Furche scharf abgesetzt; caudalwärts werden sie immer schwächer und auf den Segmenten 18 und 19 sind sie ganz verschwunden. Keine Querfurche. Die Flanken schwach längsgefaltet. Quernaht ziemlich stark eingeschnürt, fein kanneliert. Poren sehr klein, in der die Beule begrenzenden Furche nahe dem Hinterende. Keine Pleuralkiele. Sternite ohne Fortsätze, die vorderen kurz beborstet, die mittleren und hinteren fast kahl und mit Kreuzeindruck. Sternit 6 des Männchens eingedrückt. Beine dick, Praefemur dorsal vorgewölbt. Gonopodenöffnung groß, rund, weit in das Prozonit hineinreichend. Praefemora *(Pf)* der Gonopoden verwachsen, mit einer scharfen Querkante hinten, die steife Borsten trägt. Femora nur eng aneinandergedrückt ohne zu verwachsen. Rinnenast schräg lateral-distal gerichtet, mit einem großen Seitenlappen, der den kurzen Ast mit der Samenrinne beträchtlich überragt. Tibiotarsus sehr schlank, gerade, spitz, schräg distal gerichtet. Tibiotarsus und Rinnenast zusammen bilden ungefähr die Form eines Andreaskreuzes (Fig. 600).

Chile: Valparaiso.

11. **A. digitatus** (Bröl.) 1916 *Chiliosoma digitatum*, Brölemann in: Ann. Soc. ent. France, *v.* 84 p. 603 f. 16—18.

Gelblich, die Metazoniten dunkler braun. Länge 22,5 mm, Breite 2 mm. Kopf gewölbt, vorn zerstreut beborstet, Scheitel kahl. Antennen lang. Halsschild elliptisch. Seitenflügel des 2. Segments sehr entwickelt, viel tiefer herabreichend als die des 3. Segments. Seitenbeulen abgerundet, dorsal durch eine Furche begrenzt, auf dem 19. Segment keine Beulen. Keine Querfurche. Oberfläche glatt. Quernaht undeutlich punktiert. Keine Pleuralkiele. Sternite mit tiefem Kreuzeindruck, die des Männchens ohne Fortsätze. 1. Beinpaar kürzer und dünner als die anderen, Praefemur dorsal vorgewölbt. Femur und Postfemur der meisten Beine unten mit Sichelborsten, Tibia und Tarsus des 2.—7. Beinpaares mit Kugelborsten. Gonopodenöffnung groß, rund, so lang wie breit, fast die ganze Länge des Prozoniten einnehmend. Die verwachsenen Hüften der Gonopoden haben auf der Vorderfläche 2 abgerundete Höcker. Praefemora verwachsen, kurz, jedes mit einem napfartigen, am Rande beborsteten Vorsprung hinten. Das Femur setzt sich über den Ansatz des Tibiotarsus in einen Ast fort, der sich erst in einen langen spitzen Ast und einen zweiten Ast gabelt, der sich dann wieder in den Ast mit der Samenrinne und eine breite Sichel teilt. Der Tibiotarsus hat 4 schlanke Seitenäste, so daß das Ganze einer Hand mit gespreizten Fingern gleicht (Fig. 601).

Chile: (ohne näheren Fundort).

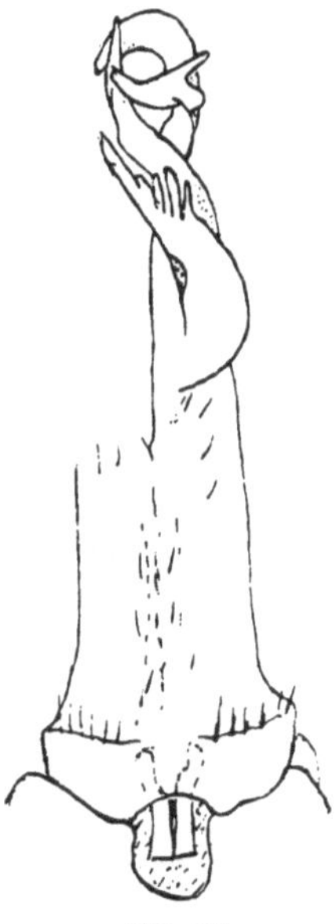

Fig. 601.
Anaulacodesmus digitatus (Bröl.).
Gonopode (Brölemann, 1916).

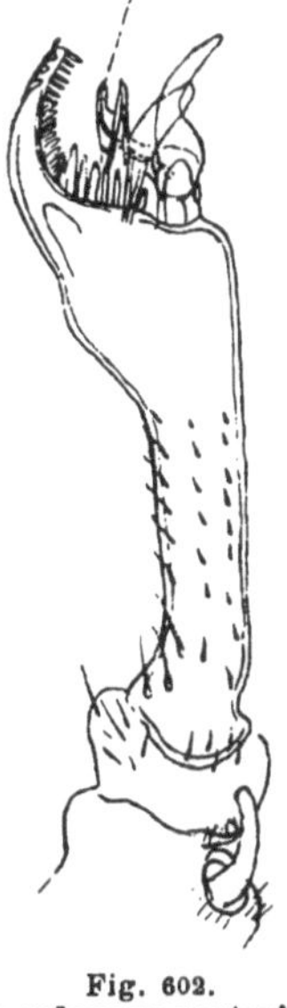

Fig. 602.
Anaulacodesmus porteri (Silv.).
Gonopode (Silvestri, 1905).

12. **A. porteri** (Silv.) 1903 *Semnosoma p.*, Silvestri in: Boll. Mus. Torino, *v.* 18 nr. 433 p. 3 | 1905 *S. p.*, Silvestri in: Zool. Jahrb., Suppl. 6 p. 729 t. 34 f. 7.

Weinrot. Länge 22 mm, Breite 2,5 mm. Kopf kurz beborstet, Antennen kurz. Halsschild so breit wie der Kopf, halbkreisförmig. Rumpf glänzend, Rücken stark gewölbt, die Seitenbeulen winzig, gerandet. Quernaht geperlt. Die Poren nahe dem Hintereck. Beine des Männchens, besonders die Paare 3—7, dick, Praefemur dorsal rund aufgetrieben, Hüfte und Praefemur ventral spärlich und kurz beborstet, Femur und Postfemur ventral mit dichten, kurzen, stumpfen Borsten, Tibia und Tarsus mit zahlreichen Kugelborsten. Gonopoden: Rinnenast am Grund mit Seitenast. Am Ende des Femur außer dem Rinnenast *(RA)* ein glattrandiger Ast und ein großer, gebogener, auf der Hohlseite mit zahlreichen Stacheln besetzter Ast, der nach Analogie von *A. digitatus* als Tibiotarsus anzusprechen ist, doch erlauben weder Beschreibung noch Abbildung eine sichere Deutung (Fig. 602).

Chile: Temuco.

13. **A. enkrates** (Att.) 1898 *Strongylosoma e.*, Attems in: Denk. Ak. Wien, *v.* 67 p. 284 t. 2 f. 44 | 1931 *Chiliosoma robustum,* Attems in: Zool., *v.* 30 Lief. 3—4 (Heft 79) p. 106 f. 157, 158.

Lichter oder dunkler braun, von erdfarben bis kastanienbraun, Seiten der Segmente 2 und 3 meist merklich heller als der übrige Rücken, Mitte der Metazoniten schwärzlich verdunkelt, Beine gelb oder rotgelb. Länge 25 mm,

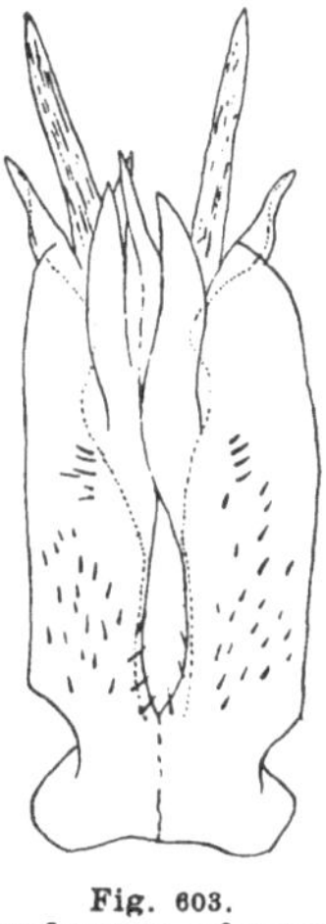

Fig. 603.
Anaulacodesmus enkrates (Att.).
Gonopoden.

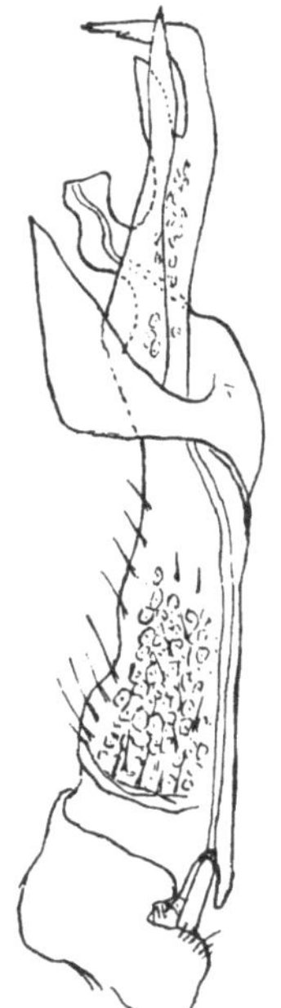

Fig. 604.
Anaulacodesmus intricatus (Silv.).
Gonopode (Silvestri, 1905).

Breite der Metazoniten 3 mm, der Prozoniten 2 mm. Kopf spärlich und fein beborstet, Antennen mäßig lang, schlank, schwach keulig. Halsschild relativ breit, nicht regelmäßig querelliptisch, sondern der Hinterrand mehr gerade, Seiten abgerundet. Ringe in der Quernaht eingeschnürt, letztere glatt. Seitenbeulen dick, allseitig abgerundet, ihr hinterer Teil durch eine vom Hinterrand bis zu $^1/_3$ der Länge ziehende Furche begrenzt; über die Beule zieht eine feine Leiste, knapp ober ihr nahe dem Hinterende liegt das sehr kleine Saftloch. Sternite glatt, höchstens am Hinterrand mit einigen Härchen, beim Weibchen breiter als lang, quer eingedrückt, beim Männchen quadratisch oder länger als breit, tief im Kreuz eingedrückt, ohne Fortsätze. Beine des Weibchens schlank, die des Männchens stark verdickt, Praefemur oben halbkugelig, ventral sowie das Femur mit dichtgedrängten, kurzen Borsten, Postfemur, Tibia und Tarsus mit Kugelborsten. Praefemur des Gonopoden klein, nur in der Umgebung der Samengrube fein und kurz behaart, beide sind durch runde Höcker miteinander verzahnt. Die Samenrinne verläuft anfangs auf der Medialseite, dann schräg zu dem lateral von den anderen Ästen vorragenden Samenrinnenast. Median hat das Femur am Ende 2 gerade spitze Äste, von denen der eine etwas kürzer, der andere etwas länger als der Rinnenast ist. Zwischen diesen beiden Ästen und dem Rinnenast entspringt der lange schmale, spitze Tibiotarsus, der die anderen Äste bedeutend überragt; er hat eine eigentümliche feine Längsstreifung (Fig. 603).

Chile: Corral.

14. **A. intricatus** (Silv.) 1903 *Semnosoma intricatum*, Silvestri in: Boll. Mus. Torino, *v.* 18 nr. 433 p. 3 | 1905 *S. i.*, Silvestri in: Zool. Jahrb., Suppl. 6 p. 730 t. 34 f. 8.

Ziegelrot, die Beine isabellfarben. Länge 18 mm, Breite 2 mm. Kopf und Halsschild wie bei *A. porteri*, der Rücken weniger gewölbt als bei letzterem, die Seitenbeulen winzig, gerandet. Quernaht geperlt. Sternite mit tiefer und breiter Medianfurche. Beine, besonders die Paare 3—7, dick, Praefemur oben rund vorgewölbt, die Borsten und Kugelborsten wie bei *A. porteri*. Telopodite der Gonopoden am Grunde miteinander verbunden. Das Femur ist über den Ansatz des Rinnenastes noch in einen großen 2ästigen Arm verlängert, dessen einer Ast kurz und gerade, der andere im rechten Winkel gebogen ist. Außerdem hat das Femur am Ende noch einen langen, schmalen, spitzen, ganz geraden Ast. Als Tibiotarsus ist ein erst medialwärts, dann distalwärts gebogenes Blatt zu deuten (Fig. 604).

Chile: S. Vicente.

6. Gen. **Pleonaraius** Att.

1898 *P.*, Attems in: Denk. Ak. Wien, *v.* 67 p. 274 | 1914 *P.*, Attems in: Arch. Naturg., *v.* 80 A 4 p. 239.

20 Segmente. Poren auf den Segmenten 5, 7, 9—19, im Hintereck der Seitenflügel knapp oberhalb der Leiste. Antennen schlank, keulig. Halsschild querelliptisch. Seitenflügel gut entwickelt, dorsoventral dick, vorn und hinten abgerundet, nur auf den hintersten Segmenten stumpfzackig, seitlich mit einer feinen Leiste versehen. Metazoniten mit Querreihen kleiner Borsten, glatt oder mit niedrigen ganz flachen Buckeln, ohne Querfurche. Keine Pleuralkiele. Schwänzchen zugespitzt-konisch. Praefemur und Femur des Männchens unten beborstet, Postfemur, Tibia und Tarsus mit Kugelborsten. Hüften der Gonopoden zu einem Syncoxit verwachsen. Auch die sehr kurzen und breiten Telopodite verwachsen in ihrer Grundhälfte, Femur mit langem, die anderen Äste überragendem Fortsatz nahe der Medianlinie. Rinnenast einfach, ohne Parsolaenomerit. Der einfache Tibiotarsus an der Basis deutlich durch Naht abgesetzt.

Chile.

1 Art mit 2 Unterarten.

1. **P. pachyskeles** Att. 1898 *P. p.*, Attems in: Denk. Ak. Wien, *v.* 67 p. 274 t. 3 f. 65—68 | 1905 *P. p.*, Silvestri in: Zool. Jahrb., Suppl. 6 p. 725 t. 34 f. 1.

Licht erdbraun, der Hinterrand der Metazoniten etwas dunkler, Antennen braun, Beine schmutzig gelb. Länge 15—16 mm, Breite ♂ 2 mm, ♀ 2,25 mm. Oberfläche glatt und glänzend, Halsschild und Metazoniten mit 3 Querreihen winziger Härchen, die auf den hinteren Segmenten ganz undeutlich werden. Rücken stark gewölbt, Seitenwülste tief angesetzt, dicklich wie aufgeblasen, vorn abgerundet, hinten nur auf den hintersten Segmenten kurzzackig, Seitenrand leicht konvex, mit einer feinen Leiste. Kopf bis zwischen die Antennen hinauf reichlich kurz und fein behaart, Scheitel nackt. Sternite quadratisch, quer eingedrückt, ohne Fortsätze. Beine des Weibchens schlank, des Männchens dick, besonders das Praefemur oben kugelig aufgetrieben, unterseits, der Tarsus oberseits mit einer langen Borste. Praefemur und Femur unten außerdem dicht mit kurzen kräftigen, stumpfen Borsten, die 3 Endglieder mit zahlreichen Kugelborsten besetzt, deren Borsten winzig sind. Gonopodentelopodite ungewöhnlich kurz und breit, reichlich beborstet, mit Ausnahme der Endäste verwachsen. Femur mit langem Fortsatz, der nahe der Mediane mit dem der Gegenseite parallel läuft und nur am Ende

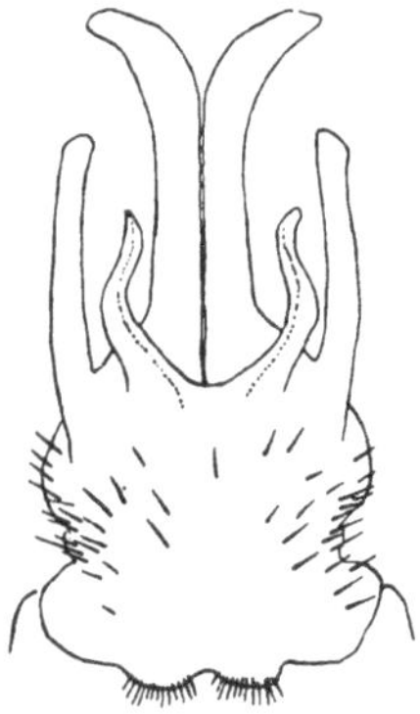

Fig. 605.
Pleonaraius pachyskeles Att.
Gonopoden.

Fig. 606.
Pleonaraius pachyskeles Att.
Ende des Rinnenastes.

schräg nach außen biegt. Die beiden Rinnenäste bilden zusammen eine Art Lyra. Sie gehen median im Bogen ohne Naht ineinander über, ihr Ende ist mit feinen Haarspitzen besetzt (Fig. 606). An der Basis ein kurzer Zacken. Das 3. Astpaar wird von den Tibiotarsen gebildet. Es sind gerade, bis zum Ende gleich breit bleibende Stäbe, die lateral sitzen und deren Basis durch eine Naht deutlich abgesetzt ist (Fig. 605).

Chile.

1a. **P. pachyskeles pachyskeles** Att.

Metazoniten mit 3 Querreihen undeutlicher, ganz flacher Beulen.

Chile: Tumbes.

1b. **P. pachyskeles omalonotus** Silv. 1903 *P. o.*, Silvestri in: Boll. Mus. Torino, *v.* 18 nr. 433 p. 1 | 1905 *P. o.*, Silvestri in: Zool. Jahrb., Suppl. 6 p. 726 t. 34 f. 2.

Unterscheidet sich von der anderen Subspecies durch die glatten Metazoniten ohne Beulenreihen.

Chile: Coipuè, unter faulenden Bäumen.

7. Gen. **Philocaffrus** Att.

1926 *P.*, Attems in: Kükenthal & Krumbach, Handb. Zool., *v.* 4 p. 146 | 1928 *P.*, Attems in: Ann. S. Afr. Mus., *v.* 26 p. 266.

20 Segmente. Poren auf den Segmenten 5, 7, 9, 10, 12, 13, 15—19. Habitus der eines *Polydesmus*. Farbe gewöhnlich erdbraun. Halsschild querelliptisch, so breit wie der Kopf. Rückenmitte schwach gewölbt, Seiten-

flügel gut entwickelt, seitlich von einer feinen Leiste gesäumt und mit seichten borstentragenden Kerben. Poren auf der Oberseite knapp neben der Leiste nahe dem Hintereck. Metazoniten mit 3 Querreihen von Borsten, die meist auf niedrigen, durch eine polygonale Felderung abgegrenzten Beulen stehen; selten stehen die Borsten auf der glatten Fläche. Hinterrand der Metazoniten mit Fransen besetzt, welche die Gestalt von Pyramiden mit Seitenzacken oder von kleinen Büschen haben. Schwänzchen gerade, konisch, ohne Besonderheiten. Alle Sternite ohne Fortsätze. Praefemur und Femur der vorderen Beine des Männchens mit einfachen Sichelborsten, Tibia und Tarsus mit Kugelborsten, Postfemur mit Sichelborsten oder mit Kugelborsten, je nach der Art. Gonopodenöffnung queroval oder längsoval. Hüften der Gonopoden eng nebeneinander liegend und mehr oder weniger miteinander verkittet, lassen sich jedoch auch dann durch einen geringen Druck trennen; sie ragen lateral nicht vor. Telopodite frei, einheitlich, d. h. ohne Gliederung durch Nähte. Praefemur kurz, knollig, beborstet, Femur schlank bis sehr schlank, beborstet, am Ende des Telopodit entweder nur der Rinnenast und der einfache Tibiotarsus oder noch weitere Endäste des Femur. Rinnenast entweder eine einfache Sichel oder mit Seitenast. Tibiotarsus entweder einfach oder gegabelt und mit Seitenzähnen.

Süd-Afrika, Kapland.

4 Arten.

Typus: *P. destitutus* Att.

Übersicht über die Arten:

1	Am Ende des Gonopodenfemur außer dem Rinnenast und Tibiotarsus noch 2 weitere einfache Äste. Tibiotarsus tief gegabelt	2. **P. divisus**
	Am Ende des Gonopodenfemur nur der Rinnenast und Tibiotarsus. Tibiotarsus nicht tief gegabelt — **2**	
2	Postfemur der vorderen Beine des Männchens mit einfachen Sichelborsten ohne Kugelborsten	1. **P. destitutus**
	Postfemur der vorderen Beine des Männchens mit Kugelborsten — **3**	
3	Tibiotarsus des Gonopoden an seiner Basis deutlich durch Naht abgesetzt, Rinnenast mit Seitenast (Parsolaenomerit), Borsten der Metazoniten keulig verdickt, mit feinen Härchen auf der Keule. Gonopodenöffnung queroval	3. **P. polydesmoides**
	Tibiotarsus des Gonopoden ohne Grenznaht. Rinnenast ohne Seitenast. Borsten der Metazoniten zugespitzt ohne Härchenbesatz. Metazoniten ohne Querreihen von Beulen. Gonopodenöffnung längsoval	4. **P. bifalcatus**

1. **P. destitutus** Att. 1928 *P. d.*, Attems in: Ann. S. Afr. Mus., *v.* 26 p. 267 t. 7 f. 151—154.

Schmutzig gelblichweiß. ♂ Breite 1,2 mm. Clypeus dicht und kurz beborstet. Antennen schwach keulig. Die abgerundeten Seiten des Halsschildes dem Rumpfe angedrückt. Rücken mäßig gewölbt, die Seitenflügel ober der Mitte angesetzt und gut entwickelt, auf den Segmenten 2—4 vorn und hinten abgerundet, vom 5. an wird das Hintereck immer schärfer, den Hinterrand überragend, Seitenrand konvex, mit einer feinen Leiste und 3 bis 4 seichten Kerben, in denen je eine Borste sitzt; diese Borsten sind schlank und spitz. Segmente 4—18 mit sehr deutlicher Querfurche, ohne Beulen, aber mit 2 Querreihen von stumpfen oder schwach keuligen Borsten, die mit kleinen Härchen besetzt sind, ähnlich aber schwächer als bei *P. polydesmoides*. Die Fransen am Hinterrand der Metazoniten haben die Gestalt kleiner Bäumchen mit kurzen stumpfen Seitenästen; lateral stehen an ihrer Stelle nur kleine Wärzchen. Hüfte und Praefemur der Beine des Männchens unten, Tibia oben mit einer langen Borste; Praefemur, Femur und Postfemur der vorderen Beine unten mit starken stumpfen Sichelborsten, Tibia und Tarsus mit Kugelborsten; im übrigen sind die vorderen Beine zerstreut langborstig und mäßig verdickt. Hintere Beine einfach beborstet. Gonopodenöffnung längsoval. Die Hüften der Gonopoden sind eng verbunden, lassen sich aber durch schwachen Druck leicht trennen. Telopodit lang und schlank, im ganzen gerade, Praefemur leicht verdickt, mäßig beborstet; die Beborstung setzt sich auf den langen, schlanken Femoralteil fort; am Ende des Telopodit 2 Äste: der Rinnenast *(RA)*, der sich wieder gabelt, der eine Gabelast führt die Samenrinne, der andere Gabelast ist das Parsolaenomerit und der einfache, breite Tibiotarsalast *(T)*, der gegen das Femur nicht durch Naht abgesetzt ist (Fig. 607).

Kapland: Steenbrass River, Caledon Div.

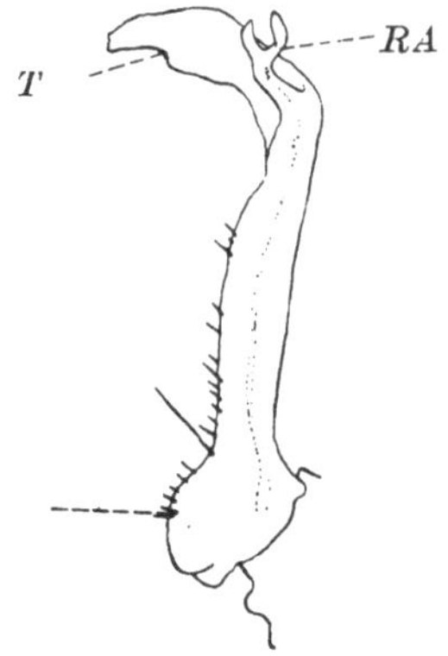

Fig. 607.
Philocaffrus destitutus Att.
Gonopode.

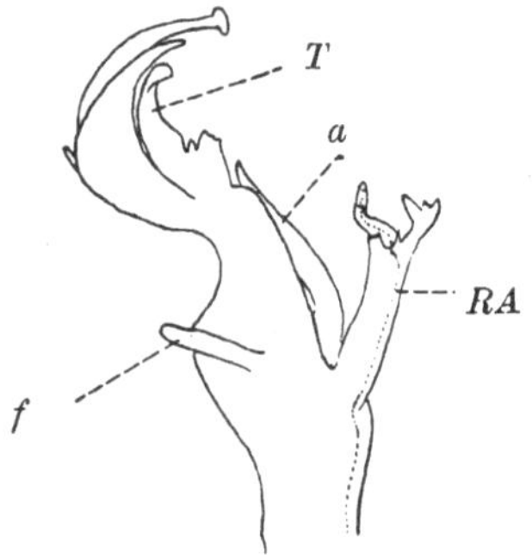

Fig. 608.
Philocaffrus divisus Att.
Ende des Gonopoden.

2. **P. divisus** Att. 1928 *P. d.*, Attems in: Ann. S. Afr. Mus., *v.* 26 p. 268 t. 7 f. 155—159.

Dunkel erdbraun. Breite 1,5 mm. Der ganze Kopf dicht beborstet, die Borsten fein zugespitzt. Antennen stark keulig. Seitenflügel nicht breit aber gut entwickelt, hoch angesetzt, so daß der Rücken nur wenig gewölbt ist, ihre Oberseite blasig aufgetrieben, der Seitenrand konvex mit 3 oder 4 sehr seichten Kerben; über den ganzen Seitenrand zieht eine feine Leiste, knapp ober ihr, sehr nahe dem Hintereck liegt der Porus. Hintereck der vorderen Segmente abgerundet, vom 5. an zackig. Metazoniten mit 3 Querreihen von Beulen, die jede eine kurze, in ein Knöpfchen endigende Borste tragen. Die Fransen am Hinterrand sind bald spitzere, bald stumpfere Zipfel, die seitlich mit unregelmäßigen Knöllchen und Auswüchsen bedeckt sind. Beine des Männchens, mit Ausnahme der letzten, verdickt, Praefemur und Femur an der Basis stielartig verdünnt, Hüfte und Praefemur unten, Tibia oben mit einer langen Borste, die ersten 3 Glieder mit Sichelborsten, die anderen 3 Glieder mit Kugelborsten; die Kugeln sind manchmal etwas kegelig ausgezogen, undeutlich quergestreift, die von ihnen ausgehenden Borsten kurz. Tarsus ziemlich reichlich, die anderen Glieder nur spärlich mit gewöhnlichen Borsten besetzt. Gonopodenöffnung regelmäßig queroval. Hüften der Gonopoden durch Druck leicht trennbar, die Praefemora berühren sich, aber ohne zu verwachsen, sind auf der Aboralseite reichlich beborstet und gehen ohne deutliche Grenze in die Femora über. Femur am Ende leicht verdickt, auf der Medialseite geht der Rinnenast ab; er hat außer der die Samenrinne führenden kleinen Spitze eine größere Lamelle, deren Endrand in mehrere spitze Zähnchen geteilt ist. Zwischen Rinnenast und Tibiotarsus ein kräftiger Dorn *(a)* und vor der Basis des Tibiotarsus ein schlanker gerader Dorn *(f)*, der auch noch zum Femur gehört. Der Tibiotarsus *(T)* ist tief in 2 Äste gegabelt, die jeder eine Anzahl Spitzen und Zacken haben (Fig. 608).

Kapland: Gr. Winterhoek.

3. **P. polydesmoides** Att. 1928 *P. p.*, Attems in: Ann. S. Afr. Mus., *v.* 26 p. 269 t. 7 f. 160—167.

Rotbraun. Länge 15 mm, Breite 2,2 mm. Clypeus dicht, Scheitel spärlich kurz beborstet. Antennen schwach keulig, 7. Glied außen mit einem

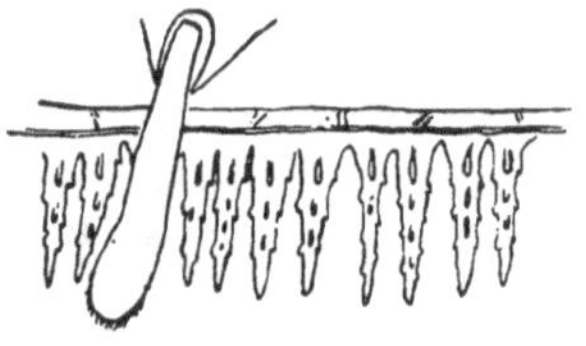

Fig. 609.
Philocaffrus polydesmoides Att.
Fransensaum und Borste am Hinterrand des Metazonit.

Fig. 610.
Philocaffrus polydesmoides Att.
Kugelborsten.

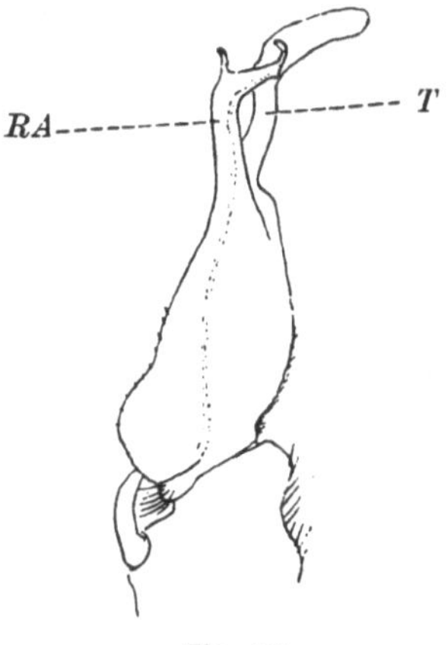

Fig. 611.
Philocaffrus polydesmoides Att.
Gonopode.

kleinen Hügel, der mit kurzen, spitzen, zum Teil gekrümmten Borsten besetzt ist. Halsschild so breit wie der Kopf, die Seiten abgerundet und dem Rumpfe angedrückt, die Fläche mit einigen unregelmäßigen Borstenreihen. Rücken fast horizontal, die Seitenflügel hoch angesetzt, gut entwickelt, oben blasig aufgetrieben, der Seitenrand leicht konvex mit 3 oder 4 borstentragenden Kerben, das zackige Hintereck überragt den Hinterrand vom 4. oder 5. Segment an. Poren dorsal nahe dem Seitenrand. Metazoniten mit 3 Querreihen von ziemlich langen, am Ende knopfig oder keulig verdickten Borsten, deren Endknopf mit winzigen Härchen besetzt ist (Fig. 609). Diese Borstenreihen reichen auch auf die Seitenflügel und sie stehen, wenigstens die der 3. Reihe, auf sehr flachen Buckeln. Die Fransen am Hinterrand sind breit, die stärkere Mittelrippe ist mit 2—4 Zäpfchen besetzt, die dünnen

Seiten sind fein gesägt. Sternite quadratisch, tief quer eingedrückt, beborstet, alle ohne Forsätze. 1. und 2. Beinpaar des Männchens reichlich beborstet, auf den folgenden Praefemur und Femur unten mit einem dichten Wald von kurzen kräftigen stumpfen Sichelborsten, Postfemur, Tibia und Tarsus mit Kugelborsten (Fig. 610). Praefemur und Femur oben stark bauchig aufgetrieben, Hüfte und Praefemur unten, Tibia oben mit einer sehr langen Borste. Gonopodenöffnung sehr groß, fast kreisrund, vor ihr bleibt nur eine schmale Spange übrig. Am Telopodit des Gonopoden zeigt sich keine Gliederung. Gonopoden im wesentlichen denen von *P. destitutus* gleichend. Telopodit mit birnförmig verdickter Basis, Praefemur spärlich beborstet, Femur kurz. Der Rinnenast *(RA)* hat einen Seitenast (Parsolaenomerit) und auf der kurzen Endsichel noch einen kleinen Seitenzahn. Der Tibiotarsus *(T)* ist an der Basis sehr deutlich durch Naht gegen das Femur abgesetzt, er ist ein den Rinnenast an Größe bedeutend übertreffender runder Lappen mit einem rechtwinklig vorspringenden Zacken in der Mitte (Fig. 611).

Kapland: Caledon.

4. **P. bifalcatus** Att. 1928 *P. b.*, Attems in: Ann. S. Afr. Mus., *v.* 26 p. 270 t. 7 f. 168—172, t. 8 f. 173, 174.

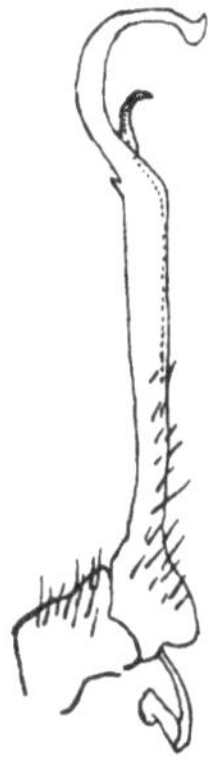

Fig. 612.
Philocaffrus bifalcatus Att.
Gonopode.

Erdbraun. Länge 16 mm, Breite 2 mm. Antennen mäßig keulig. Halsschild querelliptisch, die Seiten ganz schwach aufgekrempt. Rückenmitte schwach gewölbt, die Seitenflügel hoch angesetzt, gut entwickelt, die des 2.—4. Segments vorn und hinten abgerundet, vom 5. an zackig, Seitenrand konvex mit 3 oder 4 sehr seichten borstentragenden Kerben; Poren nach der Seite gerichtet knapp neben der feinen Randleiste. Seitenflügel dorsal rund aufgeblasen, auf der Rückenmitte eine Querfurche, mit Ausnahme der vorderen und letzten Segmente; die Fläche hinter der Querfurche, durch 2 gebogene Furchen geteilt, Buckelreihen sind jedoch keine vorhanden; die Rückenborsten sind schlank und zugespitzt. Sternite schmal, länger als breit, alle ohne Fortsätze. Beine des Männchens verdickt, ausgenommen die 2 letzten Paare. 1. und 2. Paar mit langen spitzen Borsten, auf der Unterseite von Praefemur und Femur dazwischen einige kurze Sichelborsten. Vom 3. Paar an das Praefemur oben rundbauchig vorgewölbt und so wie das Femur unten dicht mit Sichelborsten besetzt; Postfemur, Tibia und Tarsus mit Kugelborsten, die Kugeln ganz rund, die Borsten kurz. Hüfte und Praefemur unten, Tibia oben mit einer langen Borste. Gonopodenöffnung längsoval. Gonopodentelopodit sehr schlank, nur die Basis verdickt; die spärliche Beborstung reicht fast bis zur Mitte; das Ende ist in 2 Sicheln geteilt, der einfache Samenrinnenast ist der viel kleinere; am Grunde des Tibiotarsalastes ein winziges Zähnchen (Fig. 612).

Kapland: Tafelberg.

8. Gen. **Platytarrus** Att.

1926 *P.*, Attems in: Kükenthal & Krumbach, Handb. Zool., *v.* 4 p. 145 | 1928 *P.*, Attems in: Ann. S. Afr. Mus., *v.* 26 p. 251.

20 Segmente. Poren auf den Segmenten 5, 7, 9, 10, 12, 13, 15—19. Im Habitus an *Cryptodesmus* erinnernd. Halsschild viel breiter als der Kopf,

aber diesen nicht bedeckend. Antennen am Ende kaum keulig. Seitenflügel sehr groß und flach, Rücken der Metazoniten mit Querreihen von niedrigen Buckeln, am Hinterrand ein Besatz von kleinen meist gegabelten Spitzchen. Schwänzchen konisch. Sohle von Praefemur, Femur und Postfemur der vorderen Beine mit kurzen Sichelborsten, Tibia und Tarsus mit Kugelborsten. Hüften der Gonopoden verkittet, die Naht noch deutlich sichtbar; Praefemora ebenfalls fest verkittet, allmählich in die Femora übergehend, die Beborstung reicht fast bis zum Ende des Femur. Zwischen den Femora anfangs eine Lücke, dann schließen beide zusammen und sind fest verkittet. Das Ende des Femur ist in mehrere Lamellen und Äste geteilt. Tibiotarsus deutlich abgesetzt.

Süd-Afrika, Kapland.

Typus und einzige Art: *P. cryptodesmoides* Att.

1. **P. cryptodesmoides** Att. 1928 *P. c.*, Attems in: Ann. S. Afr. Mus., *v.* 26 p. 252 t. 4 f. 102, t. 5 f. 103—106.

Rotbraun. Breite der Metazoniten 3,5 mm, der Prozoniten 1,8 mm. Clypeus zerstreut beborstet. Halsschild beinahe so breit wie das 2. Segment, viel breiter als der Kopf, aber ihn nicht bedeckend, Rücken mehr oder weniger flach, Seitenflügel sehr breit, hoch angesetzt, das Vordereck abgerundet, der Seitenrand schwach konvex mit 3 (porenlose) oder 4 (porentragende Segmente) seichten, kleine Borsten tragenden Kerben (Fig. 613). Das Hintereck ist nur auf den letzten Segmenten spitzzackig. Rücken der Metazoniten mit einer Querfurche, vor ihr fast glatt, hinter ihr 2 Querreihen von flachen Buckeln, in der hintersten

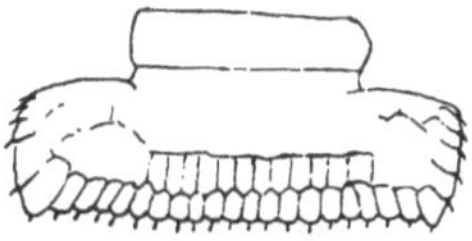

Fig. 613.
Platytarrus cryptodesmoides Att.
12. Segment.

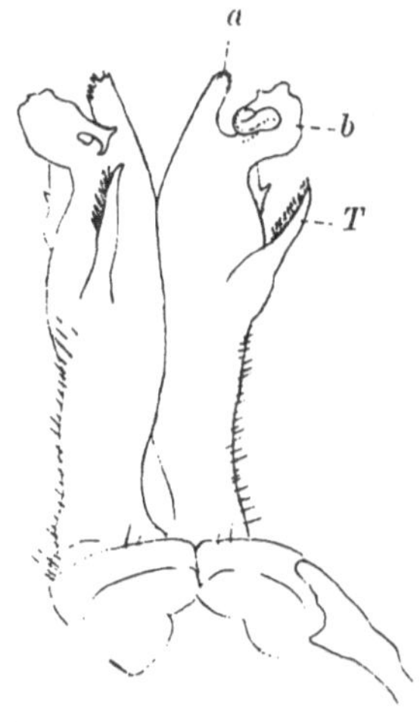

Fig. 614.
Platytarrus cryptodesmoides Att.
Gonopoden.

Reihe sind 13 (6. Segment) —21 (hintere Segmente) Buckeln, die eine kleine Borste tragen; zwischen den Buckeln ist der Hinterrand eingekerbt. Oberfläche der Seitenflügel polygonal gefeldert, die Poren liegen ganz seitlich auf dem schmalen Seitenrand, der in der Umgebung des Porus nicht merklich verdickt ist. Der Fransensaum bildet dorsal eine Duplikatur unter dem gekerbten Hinterrand, ist breit, die einzelnen Fransen sind zum größten Teil miteinander verschmolzen und es bleiben frei nur kleine, meist zweiteilige, oft auch einfache, selten dreiteilige Zipfel; im verschmolzenen Teil abwechselnd dunkle und helle Längsstreifen, erstere der Ausdruck der Mittelrippen. Sternite viel breiter als lang, mit tiefem Quereindruck und 2 Reihen von zarten Borsten, alle ohne Fortsätze. Analschuppe 3eckig mit

2 langen Borsten. Praefemur und Femur der Beine des Männchens stark verdickt, Femur an der Basis stielartig verdünnt, Hüfte und Praefemur unten mit einer langen Borste, Praefemur, Femur und Postfemur unten dicht mit kurzen, am Ende gebogenen Borsten besetzt, Tibia und Tarsus mit Kugelborsten, Tarsus außerdem ziemlich reichlich, die anderen Glieder spärlich mit gewöhnlichen Borsten besetzt. Gonopodenöffnung queroval, nur wenig breiter als lang; die Umgrenzung erhebt sich lateral zu einer vorn plötzlich abbrechenden Lamelle, vor der Öffnung bleibt eine sehr breite Spange, hinter ihr eine schmälere übrig. Die Basen der Gonopodentelopodite sind kaum etwas verdickt, sie berühren sich, weiterhin werden die Telopodite etwas schlanker und es entsteht eine Lücke zwischen ihnen, in der Mitte sind sie wieder breiter und fest miteinander verkittet; der gerade Tibiotarsus *(T)*, der am Grunde deutlich abgesetzt ist, trägt auf der dem Femur zugekehrten Seite dichtgedrängte Borsten oder Stifte wie ein Bartwisch. Von den Endästen des Femur *(a, b)* sind 2 schlanke Dornen, 2 breite Platten (Fig. 614).

Kapland: Krom Spruit, Herschel.

9. Gen. **Platytarropus** Verh.

1939 *P.*, K. W. Verhoeff in: Ann. Natal Mus., *v.* 9 p. 203.

20 Segmente. Poren auf den Segmenten 5, 7, 9, 10, 12, 13, 15—17. Metazoniten und Seitenflügel ähnlich wie bei *Platytarrus*, also mit großen Seitenflügeln. Kugelborsten vom 3. Beinpaar an, nur auf Tibia und Tarsus. Coxite der Gonopoden in der Mediane verwachsen. Praefemora und Femora bleiben erst getrennt und verwachsen erst in der 2. Hälfte, die Naht ist wellig wie bei *Platytarrus*. Am Ende des Telopodit mehrere Äste, der laterale ist ein Rinnenast ohne Parsolaenomerit, die Deutung der anderen Äste unsicher, der mediale vielleicht ein Tibiotarsus. Im Femur eine Drüse.

Süd-Afrika.

Typus und einzige Art: *P. polydesmoides* Verh.

1. **P. polydesmoides** Verh. 1939 *P. p.*, K. W. Verhoeff in: Ann. Natal Mus., *v.* 9 p. 216 f. 1—5.

Länge ♂ ♀ 23,5—24 mm. Breite 3,5 mm. In Größe, Farbe und Habitus an *Polydesmus complanatus* erinnernd. Ränder der Seitenflügel gekerbt und mit längeren Borsten versehen. Vor dem Hinterrand der Metazoniten 2 Reihen von Felderchen und eine weniger auffallende Reihe hinter dem Vorderrand. Vom 5. Segment an eine tiefe Querfurche, die vorn und seitlich von einem Wall umgeben ist. Hinterecken 3eckige, fast spitze Zipfel, schon vom 9. Segment an auffallend. Beborstung auf Halsschild und am Hinterrand besonders lang und reichlich. Schwänzchen nach unten gebogen. Vom 3. Segment an Kugelwarzen auf Tibia und Tarsus. 2.—5. Glied unten dicht beborstet. Die Samenrinne mündet auf dem lateralen der 4 Fortsätze am Ende des Telopodit. Der mediane Fortsatz ist wahrscheinlich ein Tibiotarsus (Fig. 615).

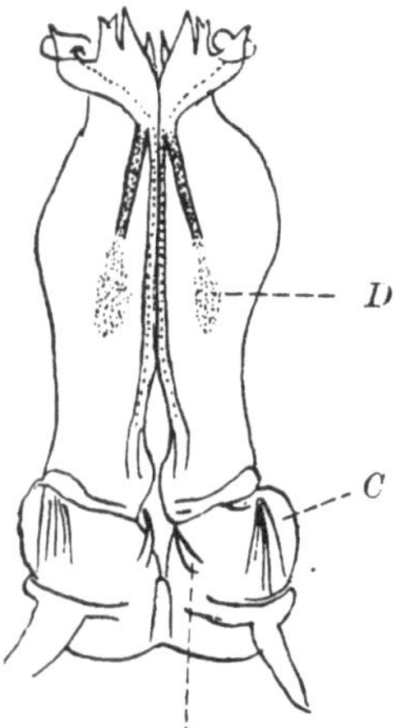

Fig. 615. **Platytarropus polydesmoides** Verh. Gonopoden, *D* Femoraldrüse, *C* Coxit.

Süd-Afrika.

10. Gen. **Microporus** Att.

1898 *Mikroporus*, Attems in: Denk. Ak. Wien, *v.* 67 p. 414 | 1914 *Microporus*, Attems in: Arch. Naturg., *v.* 80 A 4 p. 239.

20 Segmente. Poren auf den Segmenten 5, 7, 9, 10, 12, 13, 15—19, winzig, nahe dem Seitenrand der Seitenflügel. Der ganze Körper mit Ausnahme der vorderen Hälfte jedes Prozoniten, der Sternite und der Beine dicht und gleichmäßig granuliert, unbeborstet. Rücken stark gewölbt, Seitenflügel breit, horizontal, ungefähr in der Mitte der Seiten angesetzt, der Seitenrand zugeschärft ohne jede Randverdickung, mit kleinen runden Zähnen. Vordere Sternite bis ca. zum 10. mit einem Zäpfchen neben jeder hinteren Hüfte. Schwänzchen kurz kegelig. Praefemur, Femur und Postfemur der Beine des Männchens dicht mit stiftförmigen Borsten *(a)* besetzt, Tibia und Tarsus mit gerieften Kugelborsten (*b* Fig. 616). Praefemora der Gonopoden nicht verwachsen. Telopodit kurz und sehr breit, mit 3 Endästen, von denen der mittlere der einfache Rinnenast ist, die anderen sind ein Endast des Femur und ein Tibiotarsus.

Chile.

Typus und einzige Art: *M. granulatus* Att.

Fig. 616.
Microporus granulatus Att.
Stiftborsten *(a)* des Postfemur und Kugelborsten der Tibia *(b)*.

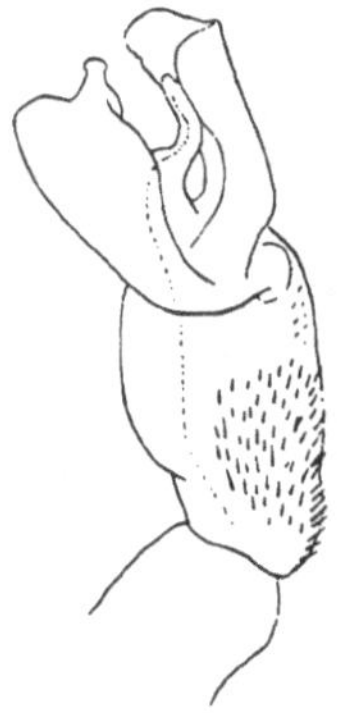

Fig. 617.
Microporus granulatus Att.
Gonopode.

1. **M. granulatus** Att. 1898 *Mikroporus g.*, Attems in: Denk. Ak. Wien, *v.* 67 p. 414 t. 4 f. 76—80.

Rotbraun, die Seitenränder etwas heller, Bauch und Beine licht gelbbraun, auf der Rückenmitte jedes Metazoniten nahe dem Hinterrande ein kleiner gelber Fleck. Länge 24 mm, Breite 3,5 mm. Antennen von mittlerer Länge und Dicke. Halsschild so breit wie der Kopf, die Mitte abgeflacht, die Seiten fast im rechten Winkel dazu nach unten gebogen und abgerundet. Vorderrand der Seitenflügel konvex, im breiten Bogen in den Seitenrand übergehend, Seitenrand mit 6—8 kleinen, runden Zähnen. Hintereck auf den vorderen und mittleren Segmenten ungefähr rechtwinklig, auf den hinteren einen breiten Zacken bildend. Vorder- und Hinterrand mit zahlreichen ganz kleinen Zähnchen. Das Hüfthörnchen des Gonopoden sehr schlank. Das Telopodit recht breit und gerade, ungegliedert, fast bis Gabelung in die Endäste beborstet; von den Endästen ist der mittlere der schlanke Rinnenast, von den beiden anderen ist der eine ein Endast des Femur, als Parsolaenomerit kann er nicht gedeutet werden, weil seine Basis und die des Rinnenastes nebeneinander liegen und er somit nicht ein Seitenast des Rinnenastes ist, er ist ein hohl zusammengebogenes breites Blatt. Der 3. Ast ist ein breiter Tibiotarsus (Fig. 617).

Chile: Valdivia, Insel Teja.

11. Gen. **Tubercularium** Att.

1898 *T.*, Attems in: Denk. Ak. Wien, *v.* 67 p. 360 | 1902 Subgen. *Pterodesmus* (nec Cook 1896), Saussure & Zehntner in: Abh. Senckenb. Ges., *v.* 26 p. 436 | 1902 *Tubercularium*, Saussure & Zehntner in: Hist. Madag., *v.* 27 Myr. p. 88 | 1914 *T.*, Attems in: Arch. Naturg., *v.* 80 A 4 p. 242 | 1916 *Eutubercularium*, Brölemann in: Ann. Soc. ent. France, *v.* 84 p. 605.

20 Segmente. Poren auf den Segmenten 5, 7, 9, 10, 12, 13, 15—19. Antennen mäßig lang, leicht keulig. Halsschild so breit wie der Kopf. Seitenflügel gut entwickelt, horizontal, die porentragenden etwas dicker aber ohne Wulst oder Beule. Halsschild, Metazoniten und Schwänzchen mit Querreihen grober, ein Härchen tragender Granula. Alle Ränder der Seitenflügel durch vorstehende Granula gesägt erscheinend. Schwänzchen konisch. Sternite etwas länger als breit. Unterseite aller Beinglieder des Männchens dicht mit kurzen, sehr starken Sichelborsten besetzt, die nur am Ende des Tarsus zu langen geraden Borsten werden; zwischen diesen Sichelborsten kleine Kugelwarzen (ihre Verteilung auf den vorderen Beinen unbekannt). Praefemora der Gonopoden verwachsen, Acropodit 3ästig, Rinnenast, Femoralseitenast und Tibiotarsus.

Nossi Bé, Madagaskar.

3 Arten.

Typus: *T. odontopezum* Att.

Übersicht über die Arten:

1	Einer der 3 Äste des Gonopoden ist der Tibiotarsus, eine breite, in zahlreiche Spitzen geteilte Lamelle . .	1. **T. odontopezum**
	Keiner der Endäste des Gonopoden ist so breit und in so viele Spitzen zerschlitzt — 2	
2	Seitenflügel etwas schmäler, das Hintereck stumpfer und kürzer. Femur des Gonopoden sehr schlank und lang. Rinnenast ohne Seitenast	2. **T. hova**
	Seitenflügel breiter, das Hintereck lang und spitz ausgezogen. Femur des Gonopoden kürzer und dicker, die Endäste weiter auseinanderstehend und von etwas anderer Form. Rinnenast mit Seitenast (Parsolaenomerit)	3. **T. sakalava**

1. **T. odontopezum** Att. 1898 *T. o.*, Attems in: Denk. Ak. Wien, *v.* 67 p. 360 t. 7 f. 158—161 | 1902 *T. o.*, Saussure & Zehntner in: Hist. Madag., *v.* 27 Myr. p. 89.

Metazoniten vorn lichter, hinten dunkler braun, Rand der Seitenflügel gelblich, Unterseite licht gelbbraun, Beine und Antennen schmutzig gelb. Länge 28 mm, Breite der Metazoniten 3,5 mm, der Prozoniten 2 mm. Kopf nur ganz vorn glatt und glänzend, die übrige Fläche runzelig punktiert und mit feinen, kurzen Härchen bedeckt. Antennen mäßig lang, leicht keulig. Halsschild so breit wie der Kopf, querelliptisch, dicht mit groben Granulationen bedeckt. Rücken flach oder kaum gewölbt, Seitenflügel hoch angesetzt, horizontal, die Hinterecken selbst etwas ansteigend, die des 2.—4. Segments nach vorn gerichtet; Vordereck der übrigen stark abgerundet, Seitenrand gerade, Hintereck vom 2. an zahnartig, der Zahn auf den Segmenten 15—17 am größten. Die groben Rückengranula sind auf den Segmenten 2—4 in 4, auf den Segmenten 5—13 in 5, auf den hinteren Segmenten in 6 etwas unregelmäßigen Querreihen angeordnet; jedes Körnchen trägt ein feines kurzes Härchen; alle Ränder der Seitenflügel durch die hinausragenden Randkörnchen gesägt erscheinend, besonders der Hinterrand, wo die Körnchen lang, zapfenförmig sind. Metazoniten dorsal matt, glanzlos, unten glatt, glänzend. Prozoniten fein punktiert und glanzlos, nur ein schmaler Streif an der Quernaht glatt. Sternite schmal, länger als breit, glatt, unbeborstet, kreuzförmig eingedrückt. Schwänzchen konisch, ebenso dicht mit groben Granulis bedeckt wie die Metazoniten. Telopodite der Gonopoden im Praefemur verwachsen mit sichtbarer Mediannaht. Femur ziemlich lang, hinten bis nahe dem Ende spärlich beborstet. Die 3 Endäste gehen von einer Stelle aus, in der Mitte der einfache Rinnenast, medial ein glattrandiger Seitenast des Femur *(Fs)*, lateral ein in viele Spitzen zerschlitzter Lappen der Tibiotarsus. Am Grunde sind die beiden Äste nicht durch Naht abgesetzt (Fig. 618).

Nossi Bé.

Fig. 618.
Tubercularium odontopezum Att.
Gonopoden.

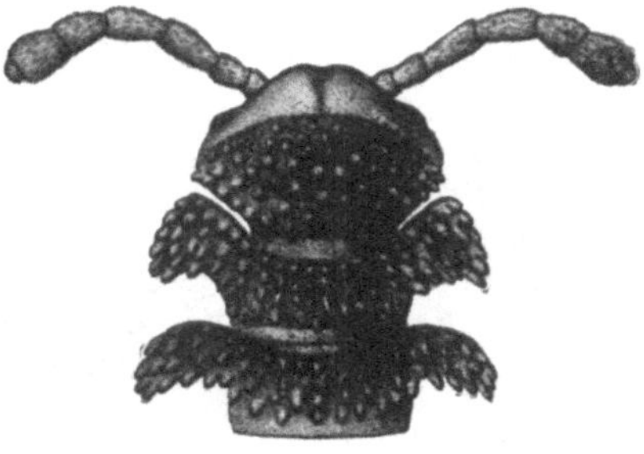

Fig. 619.
Tubercularium hova (Sauss. & Zhnt.).
Vorderende (Saussure & Zehntner, 1902).

2. **T. hova** (Sauss. & Zhnt.) 1902 *Polydesmus (Pterodesmus) h.*, Saussure & Zehntner in: Abh. Senckenb. Ges., *v.* 26 p. 436 | 1902 *Tubercularium h.*, Saussure & Zehntner in: Hist. Madag. *v.* 27 Myr. p. 91 t. 15 f. 23.

Schokoladenbraun, zuweilen weinrot, Unterseite und Beine gelb, Antennen braun. Länge ♂ 21,5 mm, ♀ 22,5 mm, Breite ♂ 3 mm, ♀ 3,4 mm. Kopf glatt und glänzend, fein punktiert. Antennen mäßig lang, ziemlich dick. Halsschild so breit wie der Kopf, seitlich zugespitzt, die ganze Fläche dicht grob granuliert. Seitenflügel breit, leicht ansteigend, der Vorderrand gebogen, der Hinterrand konkav, das Hintereck stumpfzackig, alle Ränder kreneliert (Fig. 619). Die Seitenflügel des 2.—4. Segments sind nach vorn gerichtet, vom 5. an werden sie breiter und regelmäßige nach hinten gerichtete Dreiecke. Die Poren liegen auf der 2. oder 3. Randtuberkel vom Hintereck gezählt. Metazoniten dicht bedeckt mit borstentragenden Tuberkeln, deren Oberfläche sehr fein gekörnt ist; sie sind auf den ersten 2 Segmenten in 4, auf den folgenden bis zum 16. oder 17. in 5 Querreihen angeordnet. Vom 4. Segment an sind die Tuberkeln der Medianpartie abgeflacht und haben kürzere Borsten, die der Seitenflügel bleiben spitz. Prozoniten vor einer feinen, sie teilenden Ringfurche dicht und sehr fein granuliert. Analsegment konisch, Schuppe trapezisch mit 2 großen Borstenwarzen. Telopodite der Gonopoden sehr schlank, von den 3 Endästen einer schlank, die beiden anderen breiter, keiner in Spitzen zerschlitzt (Fig. 620).

Madagaskar.

Fig. 620.
Tubercularium hova (Sauss. & Zhnt.).
Gonopode (Saussure & Zehntner, 1902).

Fig. 621.
Tubercularium sakalava Sauss. & Zhnt.
Gonopode (Saussure & Zehntner, 1902).

3. **T. sakalava** Sauss. & Zhnt. 1902 *T. s.*, Saussure & Zehntner in: Hist. Madag., *v.* 27 Myr. p. 93 t. 14 f. 20.

Metazoniten dorsal kastanienbraun, Seitenflügel am Rand manchmal ganz gelb, Unterseite und Beine gelb, Antennen braun überlaufen. ♂ Länge 26 mm, Breite 4,5 mm. Form und Skulptur ähnlich wie bei *T. hova*, aber die Segmente weiter getrennt, die Metazoniten kürzer im Verhältnis zur Länge, die Seitenflügel breiter und spitzer, die Ränder stärker kreneliert, besonders der Hinterrand, der sechszähnig ist, das Hintereck länger und spitzer. Metazoniten mit 5 Querreihen von Tuberkeln, die Segmente 2—4 nur mit 4 Reihen. Die Endäste des Gonopoden sind weiter auseinander gespreizt als bei *T. hova*, der Samenrinnenast hat einen kleinen Seitenast, von den beiden anderen Ästen ist der eine, der Endast des Femur, dünn, schlank und einfach, der zweite, der Tibiotarsus, in 2 kurze Arme geteilt (Fig. 621).

Nossi Bé. Madagaskar.

12. Gen. **Oligodesmus** Att.

1898 *O.*, Attems in: Denk. Ak. Wien, *v.* 67 p. 322 | 1914 *O.*, Attems in: Arch. Naturg., *v.* 80 A 4 p. 239.

19 Segmente. Männchen mit 28, Weibchen mit 29 Beinpaaren. Poren auf den Segmenten 5, 7, 9, 10, 12, 13, 15—17, dorsal von der Seitenleiste. Antennen lang und schlank. Halsschild querelliptisch. Metazoniten seitlich mit niedrigen runden Beulen, über die eine feine Leiste läuft, dorsal mit Anfang einer schwachen Felderung und zwei Reihen von Börstchen. Keine Pleuralkiele. Sternite ohne Dornen od. dgl. Schwänzchen zylindrisch, zugespitzt. Die ersten 3 Beinglieder dicht und kurz beborstet, die anderen 3 Glieder mit Kugelborsten. Hüften der Gonopoden zu einem Syncoxit verwachsen, Telopodite in der basalen Hälfte miteinander verwachsen aber die Naht noch deutlich sichtbar, ungegliedert, bis zur Gabelung in die 3 Endäste gerade; der mediane Endast ist der Samenrinnenast.

Chile.

1 Art.

1. **O. nitidus** Att. 1898 *O. n.*, Attems in: Denk. Ak. Wien, *v.* 67 p. 323 t. 3 f. 69—71.

Licht gelbbraun, auf der Rückenmitte und längs der Beulenränder bringt eine dunkelbraune Marmorierung 3 dunkle Längsstreifen hervor, beim Männchen deutlicher als beim Weibchen. Länge 10 mm, Breite 1,2 mm. In der Gestalt einem *Strongylosoma* ähnelnd. Die ganze Oberfläche glatt und glänzend; auf dem hintersten Teil jedes Metazoniten macht sich der schwache Anfang einer Felderung bemerkbar; 2 Reihen winziger Börstchen; 18. und 19. Segment reichlich beborstet. Keine Querfurche. Keine Pleuralkiele. Die seitlichen runden Auftreibungen sehr schwach entwickelt, auf den vorderen Segmenten noch etwas breiter. Seitlich läuft eine schmale erhabene Leiste über die Beulen. Parallel mit ihr verläuft vom Hinterrand bis etwa zur Mitte eine Furche; zwischen Furche und Leiste, sehr nahe der letzteren, liegen die Poren. Kopf dicht und kurz beborstet. Sternite kurz beborstet. Die Telopodite der Gonopoden verwachsen bis ungefähr zur Mitte, die Praefemora sind relativ kräftig beborstet, die Samenrinne verläuft ganz am Medialrand in gerader Richtung zum kleinen Samenrinnenast; lateral von diesem am Ende 2 ungleich große schräg lateral- und basalwärts gerichtete Haken, die wahrscheinlich einem Tibiotarsus entsprechen. Zwischen Praefemur und Acropodit ist das Telopodit leicht eingeschnürt (Fig. 622).

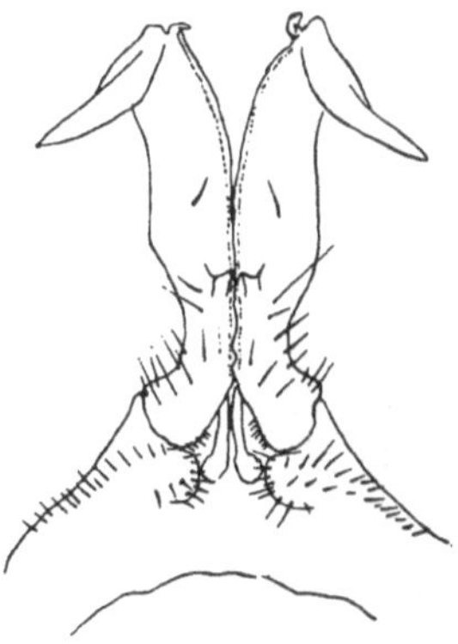

Fig. 622.
Oligodesmus nitidus Att.
Gonopoden.

Chile: Valparaiso.

13. Gen. **Canacophilus** Carl

1926 *C.*, J. Carl in: N. Caledonia, *v.* 4III p. 389.

19 Segmente. Poren auf den Segmenten 5, 7, 9, 10, 12, 13, 15—18, ausnahmsweise auch 11 und 14. Körper vom 5. Segment nach vorn etwas verschmälert aber nicht halsartig eingeschnürt. Halsschild schmäler als der Kopf, seitlich gerundet. Seitenflügel schmal und dick, beulenförmig oder etwas lamellär, zuweilen dornförmig. Poren nahe dem Seitenrand an der Basis des Hintereckes. Metazoniten glatt, mit 3 Borstenreihen, mit oder ohne Querfurche. Sternite ohne Dornen, auch die vorderen des Männchens ohne Fortsätze. Analsegment kegelig. Beine mäßig lang, die hinteren nicht verlängert, die vorderen des Männchens mehr oder weniger verkürzt und in verschiedenem Grade verdickt, gewisse Glieder unterseits meist mit Kugelborsten. Hüften der Gonopoden zu einem Syncoxit verschmolzen, Telopodite eng aneinandergedrängt aber nicht verwachsen. An Endästen sind vorhanden ein Rinnenast mit Nebenast (Parsolaenomerit) und ein 2. entweder einfacher oder gegabelter Ast, der vermutlich einem Tibiotarsus entspricht, doch bildet er bei *C. rouxi* und *fastidiosus*, wo er einfach ist, die Verlängerung des Hauptstammes des Femur und könnte auch ein Seitenast desselben sein; dann würde diesen beiden Arten ein Tibiotarsus fehlen. Sicher ist die kurze gezähnte Kante auf der Oralfläche bei *C. humboldti* ein Femurast. Die Samenrinne verläuft längs des Medialrandes und biegt kurz vor der Gabelung auf die Hinterseite über.

Neu-Caledonien, Loyalty-Inseln.

2 Untergattungen mit 6 Arten.

Typus: *C. sarasini* Carl.

a) Subgen. **Canacophilus** Carl

1926 *C.*, J. Carl in: N. Caledonia, *v.* 4 III p. 390.

Metazoniten mit Ausnahme der vordersten und hintersten mit Querfurche. Seitenflügel nicht dornförmig.

5 Arten.

Übersicht über die Arten:

1 Am Ende des Gonopodenfemur viele Zähnchen und Zacken. Am Ende der Tibia und an der Basis des Tarsus der Beinpaare 5—9 eine kleine Anzahl von Kugelborsten, Tibia mit einem Bart langer Borsten. Breite 0,8—1,0 mm 1. **C. (C.) sarasini**
Am Ende des Gonopodenfemur keine solchen Spitzchen — **2**

2 Der Tibiotarsalast des Gonopoden ist gegabelt. Auf der Oralfläche des Femur ein kurzer Ast mit gezähnelter Kante . . . . 2. **C. (C.) humboldti**
Tibiotarsalast des Gonopoden einfach — 3

3 4.—10. Beinpaar mit Kugelborsten auf dem 5. und 6. Glied. Porenformel normal. Breite ♂ 2 mm . . . . 3. **C. (C.) rouxi**
Keine Kugelborsten — **4**

4 Endäste des Gonopoden sehr lang und schlank, besonders der Tibiotarsus. Porenformel normal. Breite 0,8—1,0 mm 4. **C. (C.) lifouensis**
Endäste des Gonopoden kurz, besonders der Tibiotarsus eine sehr kurze, fast quadratische Lamelle. Poren bei erwachsenen Männchen auf den Segmenten 5, 7, 9—15, 18 5. **C. (C.) fastidiosus**

1. **C. (C.) sarasini** Carl 1926 *C. s.*, J. Carl in: N. Caledonia, *v.* 4 III p. 391 f. 29—34.

Schwarz, glänzend mit grauem Schimmer, Bauch dunkelgraubraun, Beine schmutzig gelb, Kopf und Antennen in Rotbraun übergehend. Länge 8—10 mm, Breite 0,8—1 mm. Kopf glatt, Clypeus dicht, Stirn spärlicher, Scheitel sehr schütter mit hellen Borsten besetzt. Antennen schlank, bis zur Mitte des 3. Segmentes reichend. Halsschild mit 3 Reihen von Borsten. Rücken mäßig stark gewölbt, glatt und glänzend. Metazoniten mit 3 Reihen zarter Borsten, eine vor der Querfurche, 5.—18. mit kurzer scharfer Querfurche. 2. Segment mit scharfen schrägen Seitenleisten. Auf den übrigen Segmenten flache Seitenbeulen mit schmaler Randleiste, die vorn gerundet umbiegt, auf dem konvexen Seitenrand 3 winzige Zähne hat und mit einem deutlicheren 4., das Hintereck bildenden Zahn endet. Poren groß, ober der Kerbe zwischen 3. und 4. Zahn. Flanken glatt und glänzend. Sternite länger als breit, zerstreut beborstet. Beine beim Männchen etwas dicker als beim Weibchen, Tibia des 2. Paares mit einem Bart aus längeren biegsamen Borsten, auf der Unterseite der Tibia und des Tarsusgrundes 2—4 Kugelborsten. Gonopoden (Fig. 623). Hüften kurz, halbverwachsen. Telopodit ohne jede Gliederung, Praefemur lang gerade, erst kurz vor dem Ende verschmälert, am Ende stumpf gerundet, mit einem Zapfen, der verschmälerte Teil vorn mit vielen spitzen Zähnchen und Zacken. Auf der Hinterfläche entspringen 3 Äste, der eine der beiden längeren ist der Rinnenast mit Nebenast, der andere der einfache Tibiotarsus.

Neu-Caledonien: Mt. Humboldt, 1100 m, Mt. Canala, 800—1000 m.

2. **C. (C.) humboldti** Carl 1926 *C. h.*, J. Carl in: N. Caledonia, *v.* 4III p. 393 f. 35—38.

Schmutzig gelb (frisch gehäutet). In der Größe und allen Formen, Skulptur und Beborstung mit *C. sarasini* übereinstimmend. Antennen etwas

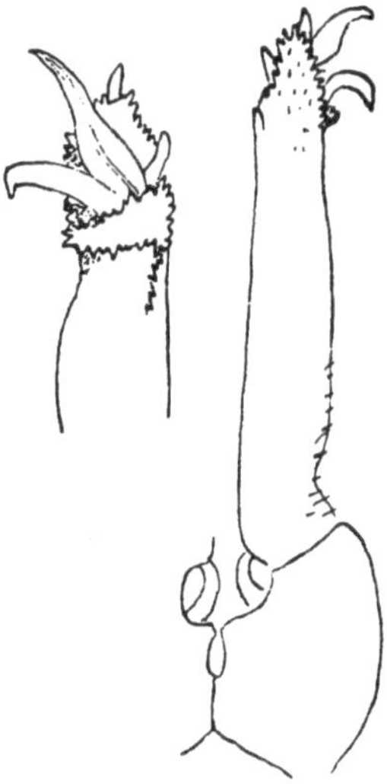

Fig. 623.
Canacophilus (**C.**) **sarasini** Carl.
Gonopode (J. Carl, 1926).

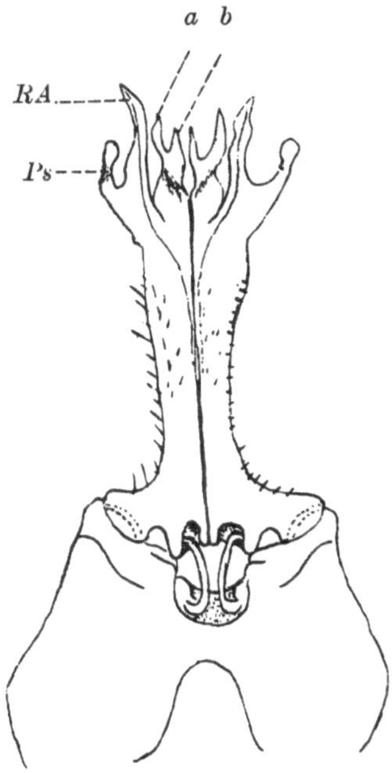

Fig. 624.
Canacophilus (**C.**) **humboldti** Carl.
Gonopoden (J. Carl, 1926).

stärker keulenförmig mit etwas dickerem 6. Glied. Tibia des 2. Beinpaares ohne Bart. Beinpaare 5—9 auf den Gliedern 4—6 unten mit einem Höcker, der 2—3 kurze Kugelborsten trägt. Gonopoden (Fig. 624): Hüften in einem Teil ihrer Medianfläche miteinander verwachsen, auf der Oralseite mit einem rundlichen Lappen über den äußeren Teil der Telopoditbasis übergreifend. Telopodite gestreckt, mit ihrem geraden Medialrand eng aneinanderliegend, lateral ober der Basis plötzlich verschmälert, von der Mitte an allmählich verbreitert, der Rinnenast *(RA)* hat einen zylindrischen und am Ende etwas keulig verdickten Nebenast *(Ps)*, der Tibiotarsus ist in 2 ungleich lange Äste *(a, b)* gegabelt. Auf der Oralfläche ein kurzer Seitenast des Femur mit gezähnter Kante.

Neu-Caledonien: Gipfel des Mt. Humboldt, 1600 m, Mt. Canala, 800—1000 m.

3. **C. (C.) rouxi** Carl 1926 *C. r.*, J. Carl in: N. Caledonia, *v.* 4III p. 394 f. 39—41.

Kopf und Oberseite des Rumpfes olivgrün, Vorderende meist heller, Rückenmitte vom 5. Segment an meist rot getönt, Antennen meist mit auffallend bleichem 6. Glied, selten auch das 5., 7. oder 1. Glied so. Beine hell. Länge ♂ 13—19 mm, ♀ 18 mm, Breite ♂ 2—3 mm, ♀ 2,8 mm. Scheitel nackt, glatt und glänzend, der übrige Kopf dicht kurz behaart. Antennen eher dick, das 6. Glied das größte. Halsschild mit 3 Reihen zarter Borsten, ebenso die Metazoniten, 5.—18. mit Querfurche, die auf den vorderen und hinteren dieser Segmente meist stark verwischt ist. Seitenflügel schmal, der Rückenwölbung folgend, Vorderrand in flachem Bogen in den Seitenrand übergehend, dessen schmale Randleiste auf den porenlosen 2, auf den porentragenden 3 winzige Kerbzähnchen mit zartem, hellem Börstchen trägt. Hintereck zackig spitzwinklig; Porus an der Basis der Zacke nahe dem Seitenrand. Seitenflügel manchmal relativ breiter. Flanken glatt, Sternite glatt, zerstreut weißlich beborstet, quadratisch (Männchen) oder $1^1/_2$ mal so lang wie breit (Weibchen). Gonopodenöffnung kreisrund. Beine schlank, die vorderen des Männchens kaum verdickt, Tibia und Tarsus des 4. bis

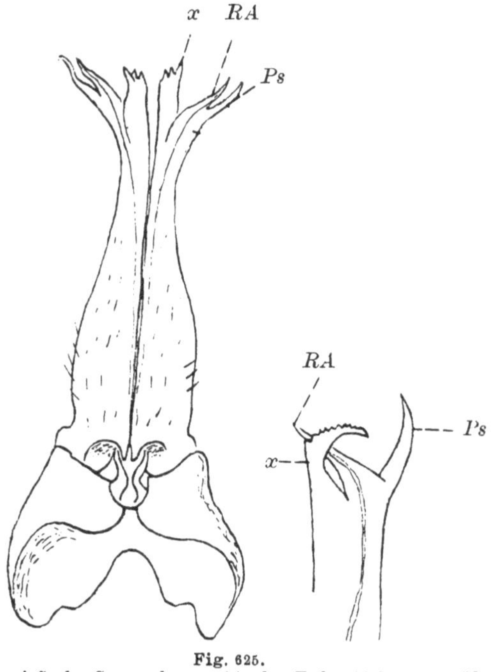

Fig. 625.
Canacophilus (C.) **rouxi** Carl. Gonopoden, rechts das Ende stärker vergrößert (J. Carl, 1926).

10. Paares mit Kugelborsten. Gonopoden (Fig. 625): Hüften verwachsen. Telopodite schlank, gerade, lang, mit den geraden Medialrändern eng aneinanderliegend, Praefemur und Femur ohne Grenze ineinander übergehend, die Beborstung reicht bis nahe dem Ende des Femur. Rinnenast *(RA)* mit langem, spitzem Nebenast *(Ps)*. Der 2. Ast des Telopodit ist eine parallelseitige gestutzte, am Ende gezackte und nach hinten zurückgeknickte Platte *(x)*, die Fortsetzung des Hauptstammes des Femur, es ist also fraglich, ob sie als Femoralast oder als Tibiotarsus zu deuten ist.

Neu-Caledonien: Noumea, Mt. Ignambi, Mt. Canala, Insel Ouedjo, Oubatche Hienghene. — Loyalty-Inseln: Ouvea und Lifou.

4. **C. (C.) lifouensis** Carl 1926 *C. l.*, J. Carl in: N. Caledonia, *v.* 4 III p. 398 f. 44—46.

Rotbraun. Beine heller. Länge 8 mm, Breite 0,8—1,0 mm. In der äußeren Form und Beborstung mit *C. sarasini* fast vollkommen übereinstimmend. Vordere Beine des Männchens kurz, mit etwas verdicktem 1. bis 5. Glied, ohne Höcker oder Warzen, Kugelborsten fehlen, auf dem 3. bis 15. Paar mit kurzen dicken Borsten, die in 2 ungleichen Höckern enden. Gonopoden (Fig. 626): Femur relativ kurz, dafür die Endäste viel länger und schlanker als bei den anderen Arten, Rinnenast mit langem, dünnem Nebenast, der 2., die gerade Verlängerung des Femur bildende Ast, ist lang, schlank, gerade nur am Ende etwas hakig.

Loyalty-Inseln: Lifou und Mare.

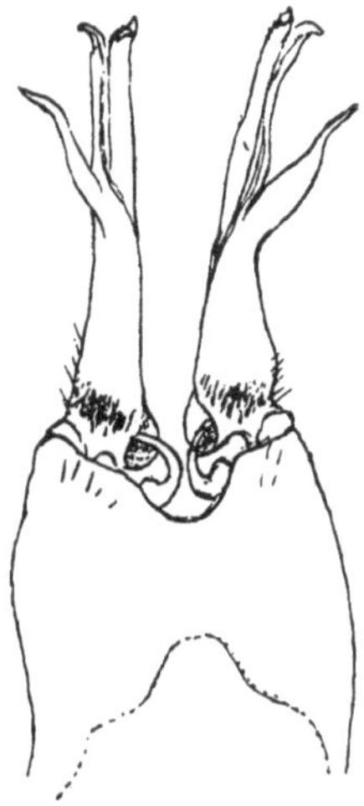

Fig. 626.
Canacophilus (C.) **lifouensis** Carl.
Gonopoden (J. Carl, 1926).

5. C. (C.) **fastidiosus** Carl 1926
C. f., J. Carl in: N. Caledonia, *v.* 4 III p. 397 f. 42, 43.

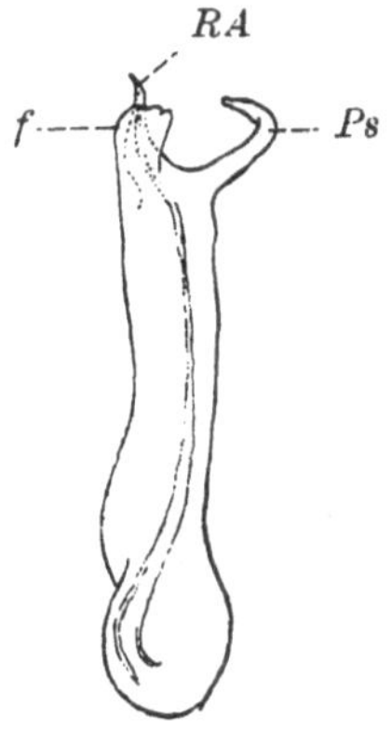

Fig. 627.
Canacophilus (C.) **fastidiosus** Carl.
Gonopode (J. Carl, 1926).

Kopf und Metazoniten dunkelolivgrün, vom 4. an hinter der Querfurche in Rotbraun übergehend, ebenso das Hintereck der Seitenflügel und die Spitze des Schwänzchens. Prozoniten ringsum und Flanken der Metazoniten weißlich bis graulich. Beine rotbraun. Länge ♂ 25 mm, ♀ 30 mm, Breite ♂ 4 mm, ♀ 5,25 mm. Seitenflügel stark entwickelt, horizontal (Männchen) oder leicht abfallend (Weibchen), mit stark gerundetem Vordereck, leicht konvexem Seitenrand mit 2 oder 3 Kerbzähnen und spitzem, den Hinterrand überragendem Hintereck. Querfurche auf den Segmenten 5—15 deutlich. Poren beim Weibchen und jungen Männchen in normaler Verteilung, beim erwachsenen Männchen auch auf den Segmenten 11 und 14. Gonopoden (Fig. 627) denen von *C. rouxi* sehr ähnlich. Telopodit im basalen Drittel etwas breiter, am Grunde des Rinnenastes *(RA)* geht ein schlanker Seitenast *(Ps)* ab. Das Femur setzt sich am Ende in eine kurze, breite, fast quadratische Lamelle *(f)* fort, die wie bei *C. rouxi* entweder ein Femoralast oder ein Tibiotarsus ist; im ersten Fall würde ein Tibiotarsus fehlen.

Neu-Caledonien: Oubatsche. 600 m.

b) Subgen. **Anthogonopus** Carl
1926 *C. (A.)*, J. Carl in: N. Caledonia, *v.* 4 III p. 399.

Metazoniten ohne Querfurche, höchstens mit ganz seichtem Quereindruck. Seitenflügel mit Ausnahme des ersten in einen spitzen Dorn ausgezogen.

1 Art.

6. **C. (A.) acutangulus** Carl 1926 *C. a.*, J. Carl in: N. Caledonia, *v.* 4 III p. 399 f. 47—52.

Hellgrau oder knochenfarbig. Länge ♂ 7 mm, ♀ 9 mm, Breite ♂ 1,6 mm, ♀ 1,8 mm. Körper ziemlich stark knotig, im Querschnitt fast zylindrisch. Rücken stark gewölbt, Seitenflügel in halber Höhe angesetzt, der vordere Teil abgeflacht, der hintere in eine dornförmige scharfspitzige Zacke ausgezogen, die schräg nach hinten gerichtet und etwas nach unten gekrümmt ist (Fig. 628). Auf dem 2. Segment sind sie geradlinig mit rechtwinkligem Hinter- und zugerundetem Vordereck. Porus etwas hinter der Basis der Zacke, lateral, am Vorderende einer seichten Rinne. Flanken glatt. Tibia und Tarsus des 6. und 8. Beinpaares des Männchens unten mit einem Höcker; am 7. Paar sind diese Höcker stärker entwickelt und das Postfemur ebenfalls mit einem Höcker versehen. Sternite glatt und glänzend, sehr spärlich beborstet oder fast nackt. Gonopodenöffnung halbelliptisch. Hüften stark verwachsen. Telopodite schlank, auf birnförmig verdickter Basis gerade aufstrebend, ganz aneinandergedrückt. Rinnenast mit schlankem, an seiner Basis entspringendem Seitenast. Der mediane Ast wie bei *C. rouxi*, *lifouensis* und *fastidiosus* einfach, seine Deutung wie dort (Fig. 629).

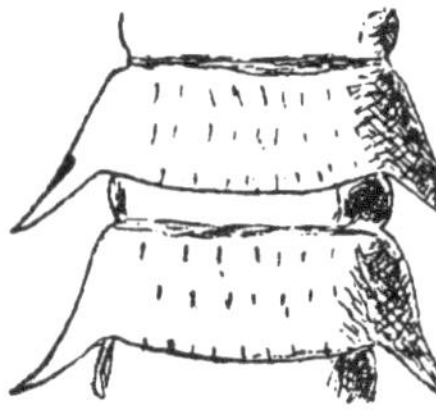

Fig. 628.
Canacophilus (**A.**) **acutangulus** Carl.
13. und 14. Segment (J. Carl, 1926).

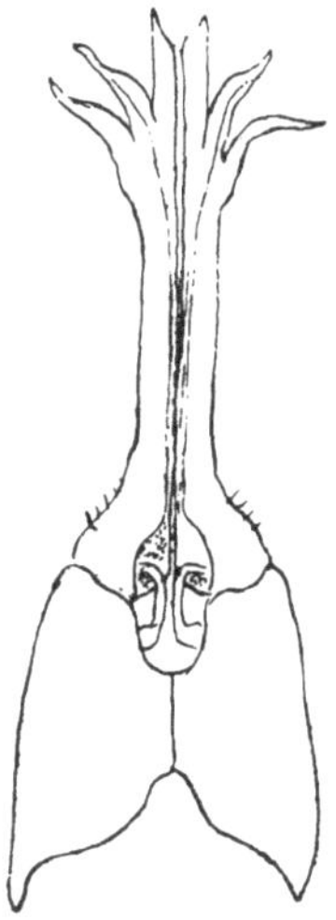

Fig. 629.
Canacophilus (**A.**) **acutangulus** Carl.
Gonopode (J. Carl, 1926).

Neu-Caledonien, Mt. Humboldt (1100 m) und Gipfel (1600 m).

14. Gen. **Tasmaniosoma** Verh.

1936 *T.*, K. W. Verhoeff in: Zool. Anz., *v.* 114 p. 11.

19 Segmente. Poren auf den Segmenten 5, 7, 9, 10, 12, 13, 15—17. Tergite glatt, mit Querfurche, vor ihr 4—6 schwache Wülste, Reste einer Felderung. Seitenflügel abgerundet. Analsegment mit 3eckigem Fortsatz, der im Profil nicht frei herausragt, sondern sich den Analklappen anlegt. Kugelwarzen nach der Zeichnung auf Tibia und Tarsus, im Text darüber keine Angaben. Die Hüften der Gonopoden scheinen nicht verwachsen zu sein (nichts Bestimmtes darüber angegeben). Praefemora einander angepaßt, eng nebeneinander liegend, durch Bucht und Einschnürung gegen das Femur abgesetzt, ein vom Autor als Parsolaenomerit gedeuteter Ast dürfte ein Seitenast des Femur sein. Dagegen ist der „Nebenast“ des Rinnenastes wahrscheinlich ein Parsolaenomerit. Tibiotarsus stark entwickelt, deutlich in tibialen und tarsalen Teil zerfallend.

Tasmanien.

Typus und einzige Art: *T. armatum* Verh.

1. **T. armatum** Verh. 1936 *T. a.*, K. W. Verhoeff in: Zool. Anz., *v.* 114 p. 12 f. 3—8.

Hell- bis dunkelbraun. Länge 13,5 mm. Rücken gewölbt, die Seitenflügel sind nur wenig herabgebogen, ihr Seitenrand mit 3 schwachen Einkerbungen mit sehr kleinen Borsten. 1. Beinpaar des Männchens einfach, Hüfte des 2. Beinpaares innen mit 3eckigem Zipfel vorragend mit der Mündung der Vasa deferentia. Praefemur der Beinpaare 3—7 oben halbkugelig auf-

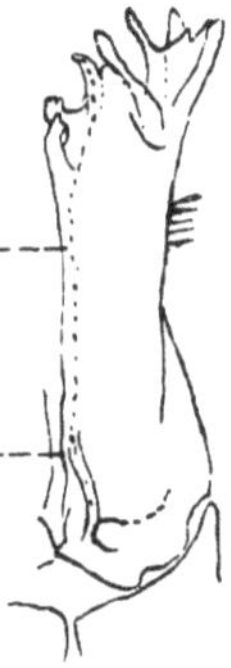

Fig. 630.
Tasmaniosoma armatum Verh.
Gonopode (K. W. Verhoeff, 1936).

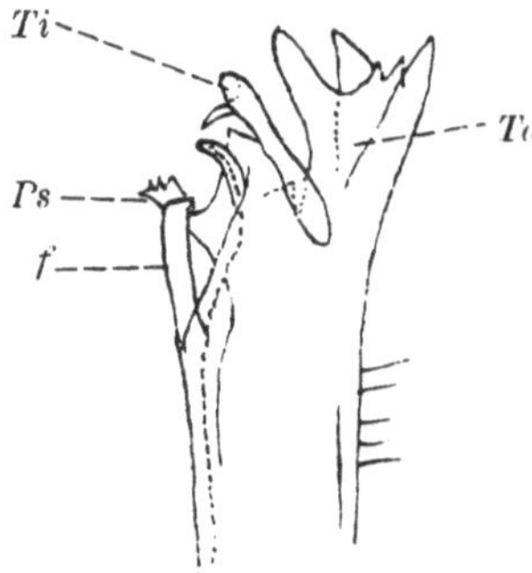

Fig. 631.
Tasmaniosoma armatum Verh.
Ende des Gonopoden stärker vergrößert (K. W. Verhoeff, 1936).

getrieben, hinter dem 7. Segment nehmen die Auftreibungen allmählich ab. Tarsus lang und schlank, säbelig gebogen. Praefemur *(Pf)* des Gonopoden vorn lang beborstet. Der Seitenast des Femur *(F)* ist stabförmig und gegen das Ende etwas verbreitert *(f)*. Das Parsolaenomerit *(Ps)* endet mit einigen kleinen Spitzen. Der tibiale Ast *(Ti)* des Tibiotarsus bildet einen Lappen, der nach außen in eine hakige Spitze ausgezogen ist, der tarsale Ast *(Ta)* ist selbst wieder in 2 Äste gespalten und jeder dieser wieder in 2 verschieden lange Zacken eingeschnitten (Fig. 630, 631).

Tasmanien: Lake Leake.

15. Gen. **Myrmekia** Att.

1898 *M.*, Attems in: Denk. Ak. Wien, *v.* 67 p. 321 | 1914 *M.*, Attems in: Arch. Naturg., *v.* 80 A 4 p. 239.

20 Segmente. Poren auf den Segmenten 5, 7, 9, 10, 12, 13 15—19. Antennen lang und schlank. Halsschild querelliptisch. 2. Segment mit Seitenleisten, die tiefer sitzen als die folgenden Beulen. Metazoniten seitlich beulig aufgetrieben, eine schmale, scharfe Leiste zieht in horizontalem Halbkreis über die Beule. Dorsal 3 Querreihen flacher, runder Buckeln. Keine Pleuralkiele. Sternite ohne Dornen od. dgl. Schwänzchen zylindrisch, zugespitzt. Praefemur, Femur und Postfemur der vorderen, Praefemur und Femur der hinteren Beine dicht mit kurzen, gekrümmten Borsten besetzt, die restlichen Glieder mit Kugelborsten. Hüften der Gonopoden völlig zu einem Syncoxit verwachsen, die Telopodite bleiben frei, ihre Basis nicht besonders verdickt, nur sehr spärlich beborstet. Der am Grunde sehr deutlich durch eine Naht

abgesetzte Tibiotarsus ist sehr tief auf dem Telopodit inseriert, fast schon in der Nähe des Praefemur und ist ein ziemlich gleich breit bleibender gerader Ast. Am Ende des Femur ein kurzer breiter Rinnenast und 2 weitere Äste, eine kurze breite Platte und eine größere medianwärts gekrümmte Sichel.

Chile.

1 Art.

1. **M. karykina** Att. 1898 *M. K.*, Attems in: Denk. Ak. Wien, *v.* 67 p. 321 t. 4 f. 73—75.

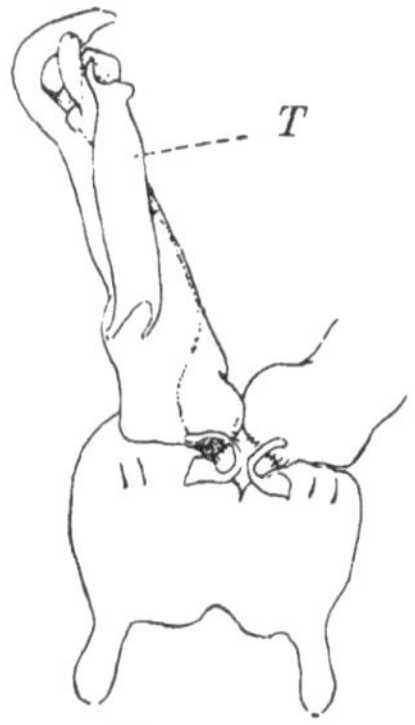

Fig. 632. **Myrmekia karykina** Att. Gonopode.

Einfarbig dunkelrotbraun, Beine gelbbraun. Länge 13 mm, Breite 1,4 mm. Kopf glatt, Scheitel unbeborstet. Quernaht nicht geperlt. Metazoniten dorsal mit 3 Querreihen flacher, runder Buckeln, im übrigen glatt, aber wenig glänzend, unterhalb der Seitenbeulen glatt, glanzlos, ebenso die Prozoniten. Sternite glatt, unbeborstet. Beine dick, Praefemur oben aufgetrieben. Mit Ausnahme des auch oben sehr spärlich beborsteten Tarsus sind die Glieder oben und seitlich fast unbeborstet. Gonopodentelopodit kräftig, bis zur Gabelung in die Endäste gerade; am Femoralteil unterscheidet man den breiten, abgerundeten Samenrinnenast und 2 weitere Äste, von denen der eine eine breite, gerade Lamelle, der andere sichelförmig gebogen ist. Der Tibiotarsus *(T)* ist ziemlich deutlich abgegliedert und ist weit vor der Teilung in die Äste des Femoralteils angesetzt; er ist gerade, am Ende spitz (Fig. 632).

Chile: Valparaiso, Viña del mar.

16. Gen. **Allawrencius** Verh.

1939 *A.*, K. W. Verhoeff in: Ann. Natal Mus., *v.* 9 p. 190.

20 Segmente. Poren auf den Segmenten 5, 7, 9, 10, 12, 13, 15—19. Metazoniten unbeborstet, mit 2 oder 3 Querreihen flacher Buckeln. Schmale Seitenflügel mit abgerundeten Hinterecken oder nur runde Auftreibungen in den Seiten vorhanden, Tarsus oder Tarsus, Tibia und Postfemur der Beine des Männchens mit Kugelwarzen. Telopodite der Gonopoden nicht verwachsen oder verkittet, Tibiotarsus gut ausgebildet, seine Basis liegt neben der des Rinnenastes. Rinnenast mit großem Parsolaenomerit.

Süd-Afrika.

Typus: *A. nodulosus* Verh.

2 Arten.

Übersicht über die Arten:

Tergite mit 3 Querreihen von Buckeln. Warzen auf den Beinen 1—11 des Männchens nur auf dem Tarsus reichlich. Tibiotarsus des Gonopoden sehr groß, den Rinnenast überragend. Ein Seitenlappen des Tibiotarsus und das Parsolaenomerit mit feinen Fransen . . . . 1. **A. nodulosus**

Tergite mit Querfurche und hinter ihr mit 2 Querreihen von Buckeln. Vordere Beine mit Halbkugelwarzen auf Postfemur, Tibia und Tarsus. Tibiotarsus des Gonopoden ein schlanker Dorn, vom Rinnenast überragt. Weder Tibiotarsus noch Parsolaenomerit mit Fransen . . . . . 2. **A. teres**

1. **A. nodulosus** Verh. 1939 *A. n.*, K. W. Verhoeff in: Ann. Natal Mus., *v.* 9 p. 190 f. 17, 18.

Länge ♂ 19,5—25 mm, ♀ 23—24 mm. Färbung variabel, bei den am deutlichsten gezeichneten Individuen auf rotgelbem Grund 2 Reihen schwarzer Flecken, die den beiden hinteren Buckelreihen entsprechen, oft auch ein größerer dunkler Fleck in der Mitte der Tergite. In der 1. und 2. Reihe meist 9, in der 3. Reihe 10 Buckeln. Die Buckeln glatt und glänzend. Seitenflügel auf allen Segmenten abgerundet ganz ohne Zahnbildung. Tarsus des 1.—11. Beinpaares ohne Höcker, Tibia ohne Fortsatz, Sternit zwischen den Hüften des 3. Beinpaares tief eingebuchtet. Am Ende des Femur des Gonopoden ein glatter Zapfen. Rinnenast mit einem am Ende in feine Spitzchen zerfaserten Nebenlappen. Parsolaenomerit kurz, lappenartig, ähnlich zerfasert. Tibiotarsus groß, den Rinnenast überragend, mit einem Zahn am Ende und einem in der Bucht (Fig. 633).

Fig. 633.
Allawrencius nodulosus Verh.
Gonopodenende
(K. W. Verhoeff, 1939).

Natal: Hluhluwe Reserve, Nkandhla Forest.

2. **A. teres** (Att.) 1934 *Philocaffrus t.*, Attems in: Ann. Natal Mus., *v.* 7 p. 471 t. 26 f. 63, 64.

Erdbraun. Länge 20 mm, Breite 2,5 mm. Halsschild regelmäßig elliptisch. Segment 2 mit vorn und hinten gerundeten Seitenflügeln, die folgenden in der Mitte der Seiten, mit runden Auftreibungen, die auf den letzten Segmenten sehr an Größe abnehmen und rund bleiben. Rücken unbeborstet, Querfurche seicht, hinter ihr 2 Reihen von je 10—12 flachen Tuberkeln. Pleuralkiele bis zum 16. Segment vorhanden. Alle Sternite des Männchens ohne Fortsätze. Beine des Männchens mäßig verdickt und spärlich beborstet, Postfemur, Tibia und Tarsus vom 3. Paar an unten dicht mit halbkugeligen Höckern besetzt, auf dem Femur sind sie nur angedeutet. Femur des Gonopoden schlank, nur am Ende etwas verdickt, nach einer ganz leichten Einschnürung folgen die Endäste, die an ihrer Basis nicht durch Nähte abgesetzt sind. Der lateral gerichtete, in eine schlanke Spitze auslaufende einfache Ast dürfte ein Tibiotarsus sein, seine Basis liegt proximal von der des Rinnenastes. Der Rinnenast ist in seiner Gesamtheit eine sehr breite Sichel. Es steht die gleichmäßig breit bleibende eigentliche Samenrinnensichel am Grunde in Verbindung mit einer breiteren, in gleichem Sinne gebogenen Lamelle, die als Parsolaenomerit zu werten ist. Lateral hat der Rinnenast einen breiten Lappen.

Natal: Richmond.

17. Gen. **Icosidesmus** Humb. & Sauss.

1869 *I.*, A. Humbert & Saussure in: Verh. Ges. Wien, *v.* 19 p. 690 | 1872 *I.*, Saussure & A. Humbert in: Miss. Mex., *v.* 6 II Myr. p. 51 | 1872 *I.*, Porath in: Öfv. Ak. Förh., *v.* 29 nr. 5 p. 10 | 1899 *I.*, Attems in: Denk. Ak. Wien, *v.* 68 p. 254 | 1902 *I.*, J. Carl in: Rev. Suisse Zool., *v.* 10 p. 617 | 1914 *I.*, Attems in: Arch. Naturg., *v.* 80 A 4 p. 239.

19 Segmente. Körper vorn verschmälert, 2.—4. Segment mehr oder weniger halsartig eingeschnürt. Antennen lang und schlank, am Ende keulig. Halsschild halbkreisförmig, schmäler als der Kopf, Seitenflügel schmal und dick, vorn und hinten abgerundet, oberseits beulig aufgewölbt, mit einer

seitlichen Leiste, die manchmal als stumpfer Zacken über den Hinterrand hinausragt. Poren oberhalb der Seitenleiste nahe dem Hintereck, auf den Segmenten 5, 7, 9, 10, 12, 13, 15—18. Metazoniten ganz glatt oder gefeldert. Sternite breit, mit einem Knöpfchen neben jeder Hüfte, die des 8. Segments des Männchens manchmal modifiziert oder mit Fortsätzen versehen. Schwänzchen kurz, zylindrisch. Seitlicher Rand der Gonopodenöffnung lamellös vorragend, so daß die Hüften verdeckt sind. Die ersten 3 Glieder der Beine des Männchens mit dichtgedrängten kurzen Borsten, die 3 Endglieder mit Kugelborsten. Hüften der Gonopoden stark, zylindrisch, von der Seite nicht sichtbar (ob sie verwachsen, nicht bekannt), Ende des Telopodit entweder ungeteilt mit der Mündung der Samenrinne am Ende oder in 3 sehr kurze Äste geteilt, von denen der eine der Rinnenast, ein zweiter einfacher, meist S-förmig gebogener Ast mehr oder weniger deutlich ein Tibiotarsus ist; er hat für einen solchen eine ungewöhnliche Stellung, indem er auf der Innenseite der Krümmung steht, während er sonst gewöhnlich auf der Außenseite sitzt. Die Gonopoden von *I. hochstetteri, olivaceus* und *variegatus* gleichen sich in den Endästen sehr. Auf der Lateralseite des Telopodit eine Einsenkung, über die sich ein Lappen der Hüfte legt. Telopodit mit Gruppen starker Stifte, ein sehr charakteristisches Merkmal der Gattung.

Neuseeland.

6 Arten.

Typus: *I. hochstetteri* Humb. & Sauss.

Übersicht über die Arten:

1	Gonopodentelopodit am Ende 3ästig, einer der Äste ein Tibiotarsus — **2**	
	Die Samenrinne mündet am Ende des ungeteilten Telopodit — **5**	
2	Sternit des 8. Segments mit 2 langen nach hinten gerichteten Fortsätzen. Stifte des Gonopodentelopodit in 3 Gruppen. Ende des Gonopodentelopodit in 3 Zähne geteilt, außerdem ein 4. Zahn auf der konvexen Seite der Krümmung nahe dem Ende	2. **I. schenkeli**
	Sternit des 8. Segments ohne solchen Fortsatz. Stifte des Gonopoden in 2 Gruppen. Von den 3 Endästen des Telopodit ist der eine Sförmig gebogene als Tibiotarsus erkennbar — **3**	
3	Sternite hinten neben der Insertion jedes Beines höckerartig ausgezogen, das des 8. Segments verschieden von den übrigen. Antennen sehr lang und schlank	1. **I. hochstetteri**
	Sternite hinten neben der Insertion jedes Beines nicht deutlich höckerartig ausgezogen, das des 8. Segments von den übrigen nicht wesentlich verschieden. Antennen mäßig lang — **4**	
4	Gonopodentelopodit erst breit, auf der konvexen Seite plötzlich verschmälert und eine spitze Ecke bildend. Rücken nicht gefeldert	4. **I. olivaceus**
	Gonopodentelopodit gleichmäßig schlank bleibend. Rücken deutlich gefeldert	3. **I. variegatus**
5	Sehr klein. 10 mm lang. Rücken gefeldert. Die meisten Stifte des Gonopodentelopodit nahe dem Ende, nur einige auf der Hinterfläche	5. **I. nanus**
	Größer. 22 mm lang. Rücken ohne jede Spur einer Felderung. Stifte des Gonopodon in 2 Gruppen, eine sehr große in der Mitte, eine nahe dem Ende	6. **I. suteri**

1. **I. hochstetteri** Humb. & Sauss. 1869 *Polydesmus (Icosidesmus) h.*, A. Humbert & Saussure in: Verh. Ges. Wien, *v.* 19 p. 690 | 1899 *Icosidesmus H.*, Attems in: Denk. Ak. Wien, *v.* 68 p. 254 | 1902 *I. h.*, J. Carl in: Rev. Suisse Zool., *v.* 10 p. 621 t. 11 f. 40—45.

Gleichmäßig gelblichweiß oder mit 2 paramedianen, schräg nach hinten und außen verlaufenden, hinter der Mitte der Metazoniten sich verlierenden, dunkelbraunen Längsstreifen; manchmal verbreiten sie sich nach den Seitenflügeln hin zu breiten, rundlichen Flecken, die nur die Ränder frei lassen. Länge 20 mm, Breite 2,7 mm. Die halsartige Einschnürung der Segmente 2—4 sehr deutlich. Antennen lang, sehr schlank, am Ende keulig verdickt. Halsschild bedeutend schmäler als der Kopf, vorn regelmäßig gebogen, hinten eingebuchtet, seitlich stumpf abgerundet. Seitenbeulen des 2. Segments etwas unter den Halsschild vorgezogen, Seitenrand gebogen, Vordereck stumpf rechtwinklig oder kurz abgerundet, Hintereck breit abgerundet. Rücken mäßig gewölbt, die schmalen Seitenbeulen hoch angesetzt, vorn und hinten ganz

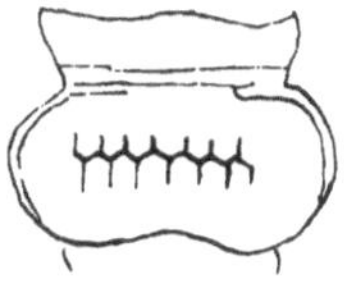

Fig. 634.
Icosidesmus hochstetteri Humb. & Sauss.
7. Segment (J. Carl, 1902).

Fig. 635.
Icosidesmus hochstetteri Humb. & Sauss.
Gonopode (J. Carl, 1902).

abgerundet, Vorder- und Seitenrand mit schmaler, scharfer Randleiste. Poren winzig klein, ganz im hinteren, etwas eingesenkten, runden Eck ober der Randleiste gelegen. Oberfläche glatt und glänzend, Metazoniten 5—17 mit seichter Querfurche, von der nach hinten 6—8 schwache Längsfurchen abgehen (Fig. 634); vor der Querfurche nur hie und da die Andeutung einer Felderung sichtbar. Bei Weibchen und Jungen kann die Skulptur ziemlich derb sein. Prozoniten glatt. Die breite Quernaht vorn durch eine scharfe Querleiste begrenzt. Seiten der Metazoniten glatt oder schwach längsgerunzelt. Sternite ziemlich breit, kurz beborstet, quer stärker, längs schwächer eingedrückt. Sternit des 7. Segments mit tiefem Kreuzeindruck, das des 8. Segments mit tiefer Querfurche, die vordere Hälfte in 2 flache breite Knöpfe geteilt, die hintere Hälfte grob längsgerunzelt, mit 2 glatten Knöpfen, ihr Gelenkrand hinter der Hüfte des hinteren Beinpaares spitz nach hinten ausgezogen. Letzteres Verhalten zeigen alle Sternite mehr oder weniger deutlich. Auf den hinteren Sterniten innen neben der Hüfte auf der Kante ein flaches unbeborstetes, helles glänzendes Knöpfchen. Praefemur der Beine des Männchens oberseits stark verdickt, Femur relativ lang und stark, Postfemur und Tibia kurz und dick, Tarsus lang und schlank; die proximalen Glieder ventral mit einem dichten Polster ganz kurzer, schwach gekrümmter Borsten besetzt, die distalen Glieder mit dichtgedrängten Kugelborsten. Gonopoden (Fig. 635) in situ sich kreuzend. Praefemur lateral mit einem starken gebogenen Wulst, in dessen Konkavität ein Lappen der Hüfte eingreift; weiter distal 2 starke Büschel von Stiften, eines vorn, eines hinten. Die 3 Endäste relativ stark. Der S-förmig gebogene Tibiotarsus ist an der Basis durch Naht abgesetzt, der äußere ist ein Femoralfortsatz, der mittlere der Rinnenast.

Neuseeland: Nordinsel, Auckland.

2. **I. schenkeli** Carl 1902 *I. S.*, J. Carl in: Rev. Suisse Zool., *v.* 10 p. 628 t. 11 f. 53, 54.

Gelb bis graugelb, jederseits über den Rücken und die Seiten unterhalb der Seitenflügel je ein kontinuierlicher, breiter dunkelgrüner oder brauner Längsstreifen. Die gelbe Rückenmitte manchmal durch eine feine dunkle Linie geteilt. Kopf und Antennen, mit Ausnahme der dunklen Endglieder, Bauch und Beine gelblich. Länge 18 mm, Breite 2,5 mm. Form des Körpers, Kopf mit den Antennen, Halsschild und Seitenflügel wie bei *I. variegatus*. Die Randleiste der Seitenflügel ragt jedoch nicht als Höckerchen über den Hinterrand hinaus, und der Porus ist ganz klein wie bei *I. hochstetteri*. Skulptur der Metazoniten ähnlich wie bei *I. variegatus*, doch sind die Felder der 2. Reihe etwas kürzer und eine 3. Felderreihe deutlicher ausgebildet. Eine feine Querleiste wenigstens auf den 5 vordersten Metazoniten deutlich,

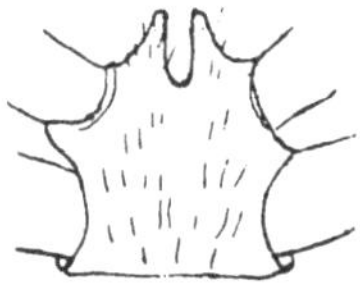

Fig. 636.
Icosidesmus schenkeli Carl.
Sternit des 8. Segments (J. Carl, 1902).

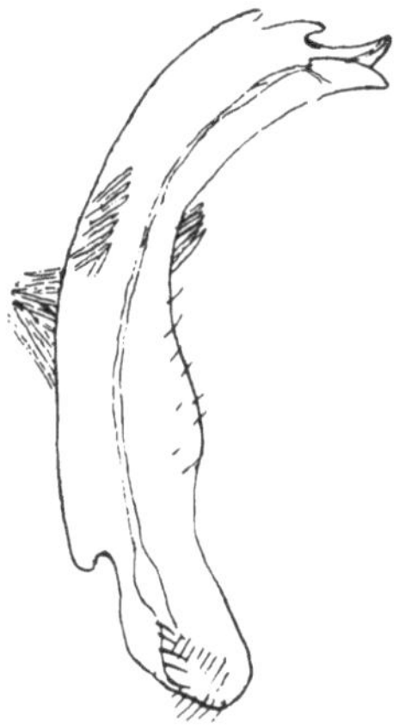

Fig. 637.
Icosidesmus schenkeli Carl.
Gonopode (J. Carl, 1902).

sie ist in der Mitte stark nach vorn gebogen und trennt das letzte Drittel der Metazoniten ab. Prozoniten fein lederartig gerunzelt, die Quernaht undeutlich längsgestrichelt. Sternite dicht und kurz beborstet, das glatte Knöpfchen innen neben jeder vorderen Hüfte deutlich. Sternit des 8. Segments (Fig. 636) hinten jederseits von der Mitte in einen langen, nach hinten gerichteten, niederliegenden, konischen Zapfen ausgehend; die vordere Hälfte nicht modifiziert, dagegen ist Sternit 9 modifiziert, tief längs eingesenkt und innen neben jedem Bein etwas erhöht, nackt und glatt. Beine, besonders die der hinteren Paare, länger als bei den übrigen Arten. Gonopoden (Fig. 637) lang und schlank, in situ sich kreuzend. Das Telopodit ist sichelförmig gebogen, am Ende ganz flach und in 3 kurze, zahnähnliche Äste geteilt, außerdem am konvexen Rand ein subapikaler spitzer Zahn. Stifte in drei 10- bis 15zähligen Büscheln, je einer vorn, hinten und medial.

Neuseeland, Nordinsel.

3. **I. variegatus** Carl 1902 *I. v.*, J. Carl in: Rev. Suisse Zool., *v.* 10 p. 627 t. 11 f. 46—48.

Grundfarbe gelb bis orangerot. Prozoniten braun. Jeder Metazonit auf dem Rücken mit 2 nach hinten etwas divergierenden, breiten, nicht scharf begrenzten, dunkleren Längsstreifen, die hinten durch einen kurzen breiten Querstreifen am Hinterrand der Metazoniten verbunden sind, so daß ein helleres, 3eckiges Feld auf der Rückenmitte eingeschlossen ist. Seiten der Metazoniten marmoriert oder braun, mit einem helleren Fleck in der Mitte der vorderen Hälfte. Kopf und Beine gelb, manchmal einfarbig blaßgelb. Länge 16 mm, Breite 2,25 mm. Kopf vorn ziemlich dicht beborstet. Antennen bis zum Hinterrand des 4. Segments reichend. Seitenflügel des 2. Segments mit abgerundetem Vordereck und fast geradem Seitenrand. Die folgenden dick mit konvexem Seitenrand; die Randleiste ragt als stumpfes Höckerchen über das abgerundete Hintereck hinaus. Oberseite der hinteren Seitenflügel schwächer aufgewölbt, Poren groß, ohne Ringwall. 2. und 3. Metazonit oben glatt, in der hinteren Hälfte mit einer nach vorn gebogenen,

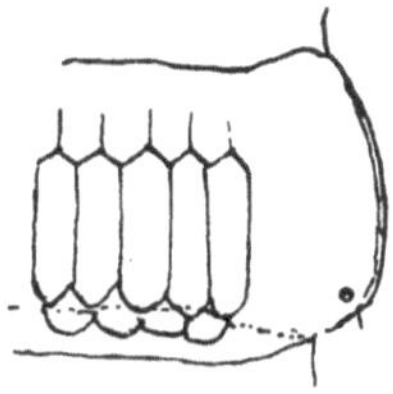

Fig. 638.
Icosidesmus variegatus Carl.
Ein Seitenflügel (J. Carl, 1902).

Fig. 639.
Icosidesmus variegatus Carl.
Gonopode (J. Carl, 1902).

feinen Querleiste. Vom 5. an jeder Metazonit (Fig. 638) mit 2 Querreihen flacher, 6eckiger Felder, zwischen den zugespitzten Hinterenden der langgestreckten Felder der 2. Reihe Spuren einer 3. Reihe. Sternite dicht mit kurzen starken Börstchen besetzt, ohne Fortsätze, die des 8. Segments nicht von den anderen verschieden. Gonopoden (Fig. 639) lang und schlank, in situ mit ihren Enden sich kreuzend, Telopodit sichelförmig gebogen, endwärts gleichmäßig verschmälert, mit 3 kurzen Endästen, von denen einer etwas schlanker, zipfelförmig und gegen die Basis zurückgekrümmt ist, ein Tibiotarsus, der am Grunde nicht durch Naht abgesetzt ist. Stifte kurz und dünn, wenig zahlreich, einige auf der Innenfläche, eine stärkere Gruppe auf der Außenfläche nahe dem konkaven Rand.

Neuseeland, Nordinsel.

4. **I. olivaceus** Carl 1902 *I. o.*, J. Carl in: Rev. Suisse Zool., *v.* 10 p. 624 t. 11 f. 49.

Rotbraun, der Hinterrand der Metazoniten aufgehellt, goldgelb gesäumt. 2 sehr schwach ausgeprägte, breite Längsstreifen beiderseits von der Rückenmitte braun. Halsschild dunkelbraun, gelblich gesäumt. Prozoniten olivgrün. Bauch und Beine gelb. Manche Tiere einfarbig schmutzig gelb. Länge 17 mm, Breite 2,25 mm. Körper in der Gegend des 2.—4. Segments sehr deutlich halsartig eingeschnürt. Antennen schlank, bis zum Hinterrand des 4. Segments reichend. Seitenflügel des 2. Segments vorgezogen, vorn rechtwinklig eckig, der vordere Teil des Seitenrandes gerade, mit einem runden Höcker nahe dem Vordereck, der hintere Teil mit dem Hinterrand zu einem ganz flachen Bogen verschmolzen. Die übrigen Seitenflügel wie bei *I. hochstetteri*, aber etwas schmäler. Porus ebenso gelegen wie dort, aber bedeutend größer, erhöht und manchmal von einem Ring eingefaßt. Rücken glatt und glänzend. Metazoniten 5—18 mit breitem, seichtem Quereindruck, hintere Hälfte mit feiner, nach vorn gebogener Querleiste, die den hellen Hinterrand abgrenzt. Prozoniten, Quernaht und Seiten des Körpers glatt. Sternite dicht mit kurzen starken Borsten besetzt, das glatte Knöpfchen innen neben jeder Hüfte schwach entwickelt, der Gelenkrand kaum nennenswert nach hinten ausgezogen. Beine wie bei *I. hochstetteri*. Gonopoden (Fig. 640) lang und stark, in situ sich kreuzend, Telopodit sichelförmig gebogen, im letzten Drittel auf der konvexen Seite plötzlich verschmälert, der konvexe Rand an dieser Stelle eine kurze Zacke bildend. 3 kurze Endäste, von denen der Tibiotarsus der innere, zylindrische nach hinten zurückgekrümmt und am Grunde durch Naht abgesetzt ist. Stifte in geringer Zahl auf der Innenfläche und zu beiden Seiten des konvexen Randes vor der Verschmälerungsstelle.

Neuseeland, Nordinsel.

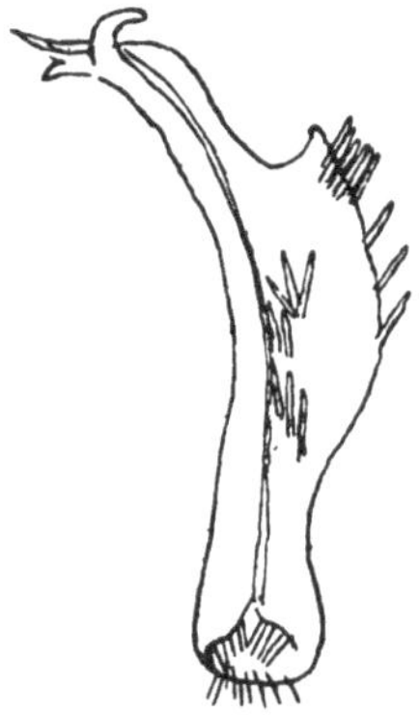

Fig. 640.
Icosidesmus olivaceus Carl.
Gonopode (J. Carl, 1902).

Fig. 641.
Icosidesmus nanus Carl.
Gonopode (J. Carl, 1902).

5. **I. nanus** Carl 1902 *I. n.*, J. Carl in: Rev. Suisse Zool., *v.* 10 p. 631 t. 11 f. 55, 56.

Gelbbraun, Bauch und Beine gelblich. Länge 10 mm, Breite 1,2 mm. Körper im 2.—4. Segment wenig eingeschnürt. Antennen dick und stark keulig, bis zum 4. Segment reichend. Halsschild mit 2 Querreihen kurzer Borsten und einigen Borsten längs des Vorderrandes. Seitenflügel ziemlich breit, oben vom 5. an nur schwach aufgewölbt, vorn abgerundet, hinten ragt die Randleiste wie bei *I. variegatus,* doch deutlicher, als borstentragendes stumpfes Zähnchen über den Hinterrand hinaus, wodurch eine Art Hintereck entsteht. Dieses Zähnchen wird caudalwärts immer deutlicher; auf den hintersten Segmenten ragt neben ihm noch ein 2. beborstetes Zähnchen über den Hinterrand hinaus. Poren ziemlich groß, etwas aus dem Hintereck herausgerückt und ebenso weit vom Seitenrand entfernt. Rücken glänzend, Skulptur vom 5. an sehr deutlich, an diejenige mancher *Brachydesmus*-Arten erinnernd. Jeder Metazonit trägt 3 Querreihen von 6, 8 und 10 rechteckigen Feldern. Die Felder der 1. Reihe sind manchmal verwischt, die der 3. Reihe ganz kurz; zwischen 1. und 2. Reihe eine ziemlich tiefe Querfurche. Prozoniten glatt, einige der hinteren tragen etwas unter dem Niveau der Seitenflügel eine fast horizontal abstehende, kurze, dornartige Borste. Sternite dicht kurz beborstet, die des 8. Segments nicht modifiziert und ohne zapfenförmige Fortsätze, die übrigen wie bei *I. hochstetteri* am Gelenkrand hinter jeder Hüfte etwas nach hinten ausgezogen, innen mit einem glatten Knöpfchen. Schwänzchen kurz, die Analklappen ganz wenig überragend, Analschuppe trapezförmig, am Ende ganz gerade abgestutzt. Gonopoden (Fig. 641) gerade, die Telopodite sich nicht kreuzend, eine kurze, in der Mitte etwas verdickte Walze darstellend, die sich endwärts verschmälert und einen starken, basalwärts gerichteten Endhaken trägt. Die Stifte stehen in dichtem, schrägem Zug vor dem Endstück auf der Innen- und Hinterseite und einige wenige isolierte auf der Hinterfläche. Femur außen mit einem starken gebogenen Wulst.

Neuseeland, Nordinsel.

6. **I. suteri** Carl 1902 *I. s.*, J. Carl in: Rev. Suisse Zool., *v.* 10 p. 629 t. 11 f. 50—52.

Braun, Hinterrand der Metazoniten manchmal schwarzbraun, Antennen und Beine gelblich. Länge 21—22 mm, Breite 2,5 mm. Körper vorn weniger stark eingeschnürt als bei den anderen Arten, dagegen hinten vom 13. Segment an, besonders beim Männchen, stark verjüngt und seitlich komprimiert; der Rücken im letzten Körperdrittel hochgewölbt. Kopf kurz beborstet, Antennen relativ kurz, das Ende des 3. Segments kaum überragend, am Ende ziemlich stark keulig verdickt. Hinterrand des Halsschildes nur schwach eingebuchtet. Seitenflügel sehr schmal, oben äußerst schwach beulig aufgetrieben, vorn und hinten abgerundet; vom 13. Segment an verschwinden sie, vom 15. Segment auch die Seitenleiste. Poren groß, leicht eingesenkt, um das Doppelte oder Dreifache des Durchmessers vom Hinterrand entfernt. Metazoniten ohne Spur einer Felderung, aber fein und eingestochen punktiert, nur eine Zone längs des Hinterrandes manchmal glatt. Sternite hinten neben jeder Hüfte spitz ausgezogen; kein Sternit nennenswert modifiziert, das des 8. Segments ohne Fortsätze. Gonopodentelopodite in situ sich nicht kreuzend, stark, in der Mitte innen beulig verdickt, am Ende ungeteilt, eine längsgeriefte tatzenförmige Platte darstellend. Die starken Stifte bedecken, um eine beulenförmige Verdickung des oberen Randes des Tibialteiles gruppiert, eine große Fläche auf der Innenseite und Außenseite, außerdem ein schmales Feld auf der Innenseite vor der Endplatte mit kürzeren dicken Stiften (Fig. 642).

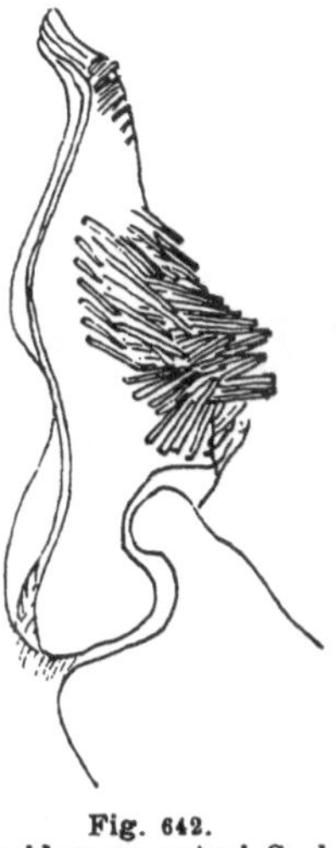

Fig. 642.
Icosidesmus suteri Carl.
Gonopode (J. Carl, 1902).

Neuseeland, Nordinsel.

18. Gen. **Pseudoprionopeltis** Carl

1902 *P.*, J. Carl in: Rev. Suisse Zool., *v.* 10 p. 595 | 1914 *P.*, Attems in: Arch. Naturg., *v.* 80 A 4 p. 239, 240.

21 Segmente. Poren auf den Segmenten 5, 7, 9, 10, 12, 13, 15—19, auf der Oberseite nahe dem Hintereck. Antennen schlank, am Ende keulig. Halsschild halbkreisförmig, kaum breiter als der Kopf. Seitenflügel gut entwickelt, die des 2. Segments in derselben Höhe mit den übrigen; ihre Oberseite beulig aufgetrieben, die Seiten nicht wulstig verdickt, sondern nur mit schmalem Randsaum, Hintereck vom 3. Segment an zackig, Hinterrand feiner oder gröber gezähnelt. Metazoniten ohne Querfurche, glatt oder mit schwacher Skulptur. Keine Pleuralkiele. Sternite ohne Dornen, Höcker od. dgl. Schwänzchen zugespitzt. Beim Männchen Sohle der proximalen Beinglieder mit Keulenborsten (Postfemur), Tibia und Tarsus mit Kugelborsten. Gonopodenöffnung kreisrund. (Ob die Hüften der Gonopoden verwachsen, ist nicht bekannt). Telopodite nicht verwachsen, lang und kräftig, nicht durch Nähte gegliedert, am Ende gegabelt in Samenrinnenast und Tibiotarsalast.

Neuseeland, Australien.

2 Arten.

Typus: *P. cinereus* Carl.

Übersicht über die Arten:

Auf dem Femoralabschnitt des Gonopoden proximal von der Basis des Samenrinnenastes ein kurzer, stark gekrümmter, mit starken Zähnen besetzter Fortsatz. Samenrinnenast fast so groß wie der Tibiotarsalast. Hinterrand der Seitenflügel vom 3. an fein gezähnelt. Postfemur der Beine des Männchens ohne Kugelborsten. ♂ Länge 11,5 mm, Breite 2,25 mm . .	1. **P. cinereus**
Auf dem Femur des Gonopoden kein solcher mit Zähnen besetzter Fortsatz. Samenrinnenast viel kürzer als der Tibiotarsalast. Hinterrand der Seitenflügel vom 6. an mit 2—3 stumpfen Zähnen. Postfemur mit Kugelborsten. ♂ Länge 15 mm, Breite 2 mm	2. **P. martini**

1. **P. cinereus** Carl 1902 *P. c.*, J. Carl in: Rev. Suisse Zool., *v.* 10 p. 597 t. 10 f. 23—26.

Aschgrau mit bläulichem Schimmer, Bauch und Beine heller, Antennen braun. Länge 11,5 mm, Breite 2,25 mm. Kopf dicht kurz beborstet, Scheitel nackt. Antennen ziemlich lang, am Ende deutlich keulig. Seitenecken des Halsschildes spitz, rechtwinklig. Rücken schwach gewölbt, Metazoniten sehr glatt und glänzend, Quernaht längsgerunzelt. Seitenrand, besonders der porentragenden Seitenflügel, ganz leicht konvex, auf dem 3. und 4. Segment mit 3 winzigen Zähnen, auf den folgenden mit einem Zähnchen im vorderen Drittel, Hinterrand vom 3. Segment an stark konkav, fein sägezähnig. Seitenflügel des 2. Segments rechteckig. Sternite schmal, quer eingedrückt, ganz und fein behaart, die des 5. Segments durch eine tiefe Kreuzfurche in 4 Knöpfchen geteilt, aber ohne Fortsatz. Beine des Männchens mäßig lang, Praefemur und Femur der vorderen Paare oben stark verdickt, auf der Sohle der 3 proximalen Glieder außer den subapikalen langen Borsten ein ziemlich dichter Besatz kürzerer, schwach gekrümmter, mit einem deutlichen Knöpfchen endigender Borsten; Tibia und Tarsus mit Kugelborsten. Praefemur des Gonopoden rundlich, beborstet, vom Femur durch eine halsartige Einschnürung getrennt, letzterer ohne deutliche Abgliederung gegabelt in Samenrinnenast und Tibiotarsalast; der Samenrinnenast gekrümmt, an der Basis breit, endwärts rasch verjüngt und umgeschlagen, der konvexe Rand trägt vor der Biegung 3 rückwärts gerichtete, sehr spitze Zähnchen. Nahe seiner Basis auf der Innenseite ein kurzer, stark gekrümmter, kegeliger, ringsum mit starken 3eckigen Zähnen besetzter Fortsatz. Tibiotarsalast sichelförmig gebogen, am Ende gegabelt (Fig. 643).

Neuseeland.

Fig. 643.
Pseudoprionopeltis cinereus Carl.
Gonopode (J. Carl, 1902).

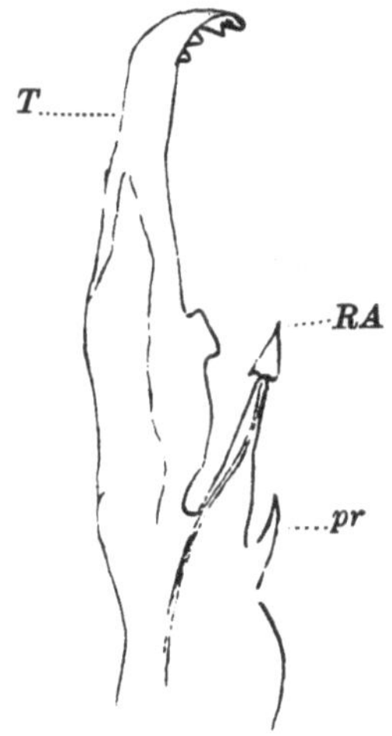

Fig. 644.
Pseudoprionopeltis martini Carl.
Gonopodenende (J. Carl, 1902).

2. **P. martini** Carl 1902 *P. m.*, J. Carl in: Rev. Suisse Zool., *v.* 10 p. 599 t. 12 f. 89—95.

Einfarbig braungelb. ♂ Länge 15 mm, Breite 2 mm. Körper vom 7. Segment nach vorn sichtlich verschmälert, am breitesten vom 13.—17. Segment. Kopf zerstreut kurz beborstet, Antennen bis zur Mitte des 3. Metazoniten reichend, stark keulig verdickt. Hinterecken des Halsschildes stumpf rechtwinklig. Seitenflügel länger als der zugehörige Metazonit, daher ziemlich eng aneinanderschließend, die 3 ersten nach vorn gezogen, die folgenden senkrecht zur Längsachse, Vorderrand glatt, an der Basis geschultert, an den 4 ersten höher als an den folgenden, Vordereck bogig abgerundet, Seitenrand leicht konvex mit 3 oder 4 winzigen Zähnchen. Vorder- und Seitenrand von einem feinen Randsaum begleitet, Hinterrand konkav, nur auf den hintersten Segmenten fast gerade, auf den ersten 5 Segmenten glatt, auf den folgenden mit 2—3 stumpfen Zähnen, Hintereck vom 3. an immer länger zahnartig, auf den letzten spitz, die Spitze leicht nach innen gerichtet. Porus klein, nahe dem Seitenrand und der Basis des Hintereckzahnes. Rücken schwach gewölbt, Metazoniten glatt und glänzend, ohne Querfurche. Sohle von Postfemur, Tibia und Tarsus mit Kugelborsten, die Kugeln sind quer gestreift, die Borsten kurz, etwas knopfförmig. Gonopoden sehr lang und schlank, Samenrinnenast *(RA)* spitz, pfeilförmig, kürzer als der Tibiotarsalast, vor seiner Basis ein spitzer Dorn *(pr)*, Tibiotarsalast *(T)* in einer langen gezähnten Lamelle endigend, mit 2 kurzen Seitenästen (Fig. 644).

Australien: Melbourne

19. Gen. **Queenslandesmus** Verh.

1924 *Q.*, K. W. Verhoeff in: Ark. Zool., *v.* 16 nr. 5 p. 36.

19 Segmente. Poren auf den Segmenten 5, 7, 9, 10, 12, 13, 15—17, groß, in einem dicken Wulst an der Basis des hinteren Zipfels. Seitenflügel kräftig entwickelt, auf den Segmenten 3—17 hinten in kräftige, spitze Zipfel ausgezogen. Metazoniten mit 3 Reihen von 3+3 Höckern, vom 7. Segment an noch eine 4. Reihe am Hinterrand. Schwänzchen konisch, fast spitz. Postfemur, Tibia und Tarsus des Männchens mit Kugelborsten, Femur und Praefemur dicht aber einfach beborstet. Hüften der Gonopoden durch eine Querleiste verwachsen. Telopodite nicht miteinander verwachsen, gedrungen, Praefemur extrem kurz, Hauptstamm des Femur fast völlig verkümmert, die Spaltung in die Endäste reicht fast bis zum Praefemur herab. Samenrinnenast geißelartig verdünnt.

Australien.

1 Art.

1. **Q. sjöstedti** Verh. 1924 *Q. s.*, K. W. Verhoeff in: Ark. Zool., *v.* 16 nr. 5 p. 36 t. 2 f. 21.

Fig. 645. **Queenslandesmus sjöstedti** Verh. Gonopode (K. W. Verhoeff, 1924).

Körper erdbraun, Beine, Kopf und Endglieder der Antennen heller. Antennen sehr lang. Halsschild gewölbt, mit langen Borsten, die hinteren auf Knötchen sitzend. Rückenborsten vom 3. Segment an kurz. Seitenflügel mit einigen zerstreuten Höckerchen, ihr Seitenrand 3—4zähnig. Hinterecken des 2. Segments spitzwinkelig, aber nicht zipfelig. Tarsus des 3.—7. Beinpaares des Männchens säbelig gebogen und fast so lang wie die 3 vorhergehenden Glieder zusammen. Hüfte des 8. Beinpaares des Männchens mit beborstetem Höcker. Telopodit der Gonopoden fast bis zum Praefemur herab in 4 Äste gespalten, von denen 2 dem Femur und 2 dem Tibiotarsus angehören. Das Femur hat außer dem geißelförmig dünnen Rinnenast einen 2. dünnen spitzen Endast. Von den 2 Ästen des Tibiotarsus ist der Hauptast, der längste und stärkste aller 4 Äste, vor dem Ende stark eingeschnürt, so daß eine Art Endkeule entsteht, die in 2 Spitzen ausläuft, sein Nebenast ist lang und stachelartig dünn (Fig. 645).

Australien: Queensland. Cedar Creek.

20. Gen. **Phygoxerotes** Verh.

1939 *P.*, K. W. Verhoeff in: Ann. Natal Mus., *v.* 9 p. 176, 192.

20 Segmente. Porenformel normal. Gestalt *Cryptodesmus*-artig, Halsschild sehr groß, den Kopf von oben bedeckend. Rücken mit zahlreichen Warzen und Höckerchen, ohne Borsten, Beine kurz, verdickt, ohne Kugelborsten. 2. Segment mit großen ohrartigen Erweiterungen, die Halsschild und 3. Tergit überragen. Gonopoden denen von *Dodekaporus* (Gomphodesmidae) ähnelnd, zart, 2ästig.

Es ist zweifelhaft, ob die Stellung der Gattung bei den Sphaerotrichopidae richtig ist.

Süd-Afrika.

Typus und einzige Art: *P. nodulosus* Verh.

1. **P. nodulosus** Verh. 1939 *P. n.*, K. W. Verhoeff in: Ann. Natal Mus., *v.* 9 p. 192 f. 19—23.

Länge ♂ ♀ 10,5 mm. Graugelb und matt. Halsschild in der Mitte fast doppelt so lang wie der 2. Ring. Rücken wenig gewölbt. Seitenflügel fast horizontal. Metazoniten aller Segmente mit Höckern, die die Ränder gelappt-gesägt erscheinen lassen, meist 6 oder 7 solcher Lappen (Fig. 646).

Fig. 646.
Phygoxerotes nodulosus Verh.
Seitenflügel des 7. Segments (K. W. Verhoeff, 1939).

Fig. 647.
Phygoxerotes nodulosus Verh.
Gonopode (K. W. Verhoeff, 1939).

Auf den porenführenden Segmenten ist der 3. Lappen vergrößert, an seinem Ende mündet der Porus. Gonopodentelopodit kurz, Praefemur schwach beborstet, 2 Endäste, ein einfacher Rinnenast und ein 2. Ast, der vom Autor als Parsolaenomerit gedeutet wird. Ein Tibiotarsus fehlt vollständig (Fig. 647).

Zululand: Nkandhla Forest.

11. Fam. **Peridontodesmidae** Poc.

1909 *P.*, Pocock in: Biol. Centr.-Amer., Diplop. p. 134 | 1914 *P.*, Attems in: Arch. Naturg., *v.* 80 A 4 p. 184 | 1916 *Peridontodesmini* (part.), Brölemann in: Ann. Soc. ent. France, *v.* 84 p. 568 | 1933 *P.*, Attems in: Ann. Mus. Wien, *v.* 46 p. 258.

♂ und ♀ mit 20 oder 19 oder ♂ mit 19, ♀ mit 20 Segmenten. Porenformel normal. Hüften der Gonopoden medial durch in längerer Naht zusammenstoßende Fortsätze verbunden, mit normalem Hüfthörnchen, zuweilen mit einem lateralen Fortsatz. Telopodit nur undeutlich gegliedert, Praefemur mit 1 oder 2 sehr langen dünnen Fortsätzen. Acropodit entweder in Rinnenast und 2. Ast geteilt oder ungeteilt ohne Rinnenast. Seitenflügel stets gut entwickelt, hoch angesetzt, horizontal, der Seitenrand, meist auch der Hinterrand grob gezähnt, nicht wulstig verdickt, bei *Mecistoparia* ungezähnt. Poren dorsal neben dem vorletzten Hintereckzahn. Metazoniten mit 3 oder 2 Querreihen von Borsten. Halsschild so breit wie oder schmäler als der Kopf, diesen nicht bedeckend.

Mexico, Guatemala, Costa Rica. Oregon. Dahomey.

5 Gattungen mit 9 sicheren Arten und 1 unsicheren Art.

Übersicht über die Gattungen:

1 { Acropodit des Gonopoden ohne Fransen, mit Rinnenast — **2**
Am Ende des unverästelten Acropodit oder des Rinnenastes zarte Fransen — **4**

2	Fortsatz des Gonopodenpraefemur mit einem distal gerichteten und einem basal gerichteten Arm. Hüfte mit einem medialwärts gerichteten Fortsatz. Hinter- und Seitenrand der Seitenflügel tief gezähnt	1. Gen. **Peridontodesmus**
	Praefemur des Gonopoden mit 2 getrennten, langen, dünnen, distal gerichteten Fortsätzen. Hüfte ohne Fortsatz — 3	
3	20 (?) Segmente. Seitenrand der Seitenflügel klein gezähnt. Backen nicht besonders vergrößert . .	2. Gen. **Nearctodesmus**
	19 Segmente. Seitenflügel klein, seitlich ungezähnt. Backen sehr groß aufgeblasen, so breit wie das 2. Segment	5. Gen. **Mecistoparia**
4	♂ mit 19, ♀ mit 20 Segmenten. Die Samenrinne mündet am Ende des ungeteilten, mit zarten Fransen besetzten Acropodit	3. Gen. **Irazunus**
	♂ und ♀ mit 20 Segmenten. Acropodit geteilt in einen schlanken, am Ende mit zarten Fransen besetzten Rinnenast und einen 2. Ast	4. Gen. **Rhexiphloeus**

1. Gen. **Peridontodesmus** Silv.

1896 *P.*, Silvestri in: Ann. Mus. Genova, *v.* 36 p. 197 | 1899 *P.*, Attems in: Denk. Ak. Wien, *v.* 68 p. 358 | 1909 *P.*, Pocock in: Biol. Centr.-Amer., Diplop. p. 135.

20 Segmente. Poren auf den Segmenten 5, 7, 9, 10, 12, 13, 15—19. Antennen mäßig lang, das 6. Glied das größte. Halsschild fast elliptisch, etwas breiter als der Kopf, aber ihn nicht bedeckend, seitlich in Zähne eingeschnitten. Seitenflügel groß, die des 2. Segmentes breiter als die folgenden, horizontal, hoch angesetzt, der Rücken ziemlich flach, Vorderrand glatt, Seiten- und Hinterrand stark gezähnt. Poren klein, an der Basis des hintersten Seitenzahnes. Metazoniten mit 3 Querreihen kleiner borstentragender Tuberkeln. Sternite etwas länger als breit, aber nicht schmal. Schwänzchen kegelig, Schuppe breit trapezisch, die 2 Borstenwarzen weit voneinander entfernt. Hüfte der Gonopoden sehr groß, beide zusammengewachsen, mit langem, lateralem, medialwärts gerichtetem Fortsatz. Praefemur mit einem großen 2teiligen Fortsatz, Acropodit ohne Fransen, mit kurzem Rinnenast.

Mexico, Guatemala.

3 sichere Arten und 1 unsichere.

Typus: *P. woodianus* (Humb. & Sauss.).

Übersicht über die Arten:

1	Vorderster Seitenrandzahn des Seitenflügels, ausgenommen im hinteren Körperende, groß, spitz und so weit seitlich vorragend wie der porentragende Zahn. Seitenrand des 2. Seitenflügels 4zähnig	3. **P. flagellatus**
	Vorderer Seitenrandzahn kleiner, nicht lang und spitz und nicht so weit vorragend wie der 2. und 3. Zahn. Seitenrand des 2. Seitenflügels 3zähnig — 2	
2	Vorderer Seitenrandzahn mäßig groß, gestutzt. Auf den Seitenflügeln nur sehr wenige Tuberkeln	2. **P. hirsutus**
	Der vorderste Zahn ist ein winziges scharfes Zähnchen. Seitenflügel mit mehr Tuberkeln als der Mittelteil des Rückens	1. **P. woodianus**

1. **P. woodianus** (Humb. & Sauss.) 1869 *Polydesmus (Scytonotus) w.*, A. Humbert & Saussure in: Rev. Mag. Zool., ser. 2 *v.* 21 p. 152 | 1872 *P. w.*, Saussure & A. Humbert

in: Miss. Mex., *v.* 6 II Myr. p. 52 t. 1 f. 13 | 1896 *Peridontodesmus w.*, Silvestri in: Ann. Mus. Genova, *v.* 36 p. 197 | 1899 *P. w.*, Attems in: Denk. Ak. Wien, *v.* 68 p. 359 t. 15 f. 364 | 1909 *P. w.*, Pocock in: Biol. Centr.-Amer., Diplop. p. 137.

Grau oder bräunlich. Länge 12 mm, Breite 2 mm. Antennen kurz, bis zum 4. Segment reichend. Flach, Rücken wenig gewölbt, Seitenflügel fast horizontal. Halsschild klein, fast rautenförmig, um $^1/_3$ schmäler als das 2. Segment. Seitenflügel bis zum 9. Segment nach vorn gerichtet, dann quer, die der Segmente 15—18 mit zahnartigem Hintereck. Vorderrand glatt, Seiten- und Hinterrand tief gezähnt, beide zusammen mit 6—7, eine Borste tragenden Zähnen. Metazoniten runzelig mit 2 Querreihen flacher Granula, besonders auf den Seitenflügeln (Fig. 648). Gonopoden unbekannt.

Mexico: Ost-Cordilleren, Orizaba, Moyoapan.

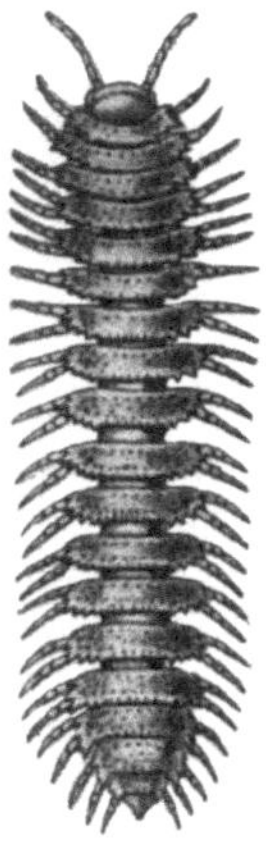

Fig. 648.
Peridontodesmus woodianus (Humb. & Sauss.).

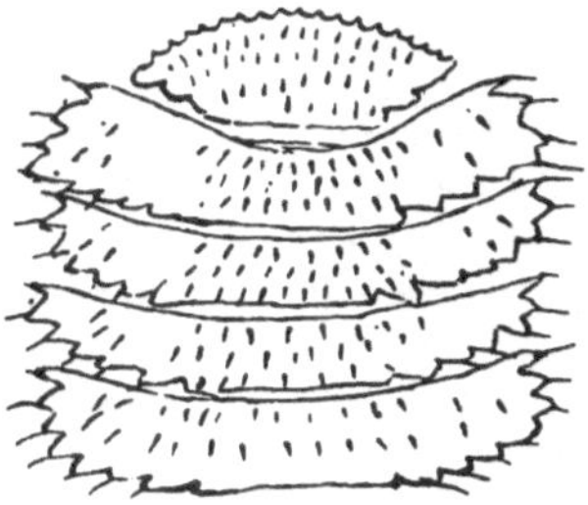

Fig. 649.
Peridontodesmus hirsutus Poc.
Vorderende (Pocock, 1909).

2. **P. hirsutus** Poc. 1909 *P. h.*, Pocock in: Biol. Centr.-Amer., Diplop. p. 136 t. 10 f. 5.

Dunkel schwarzgrün. Länge 12 mm, Breite 2 mm. Sehr ähnlich dem *P. flagellatus.* Unterschiede: Seitenflügel schmäler, die des 2. Segmentes seitlich nur mit 3 Zähnen, der vordere Zahn groß mit deutlich konvexem Vorderrand lateral nicht so weit vorragend wie der 2. und 3. Zahn, Gesamtzahl der Zähne 6 und ein winziger 7. (Fig. 649). Auf dem Mittelteil des Rückens 3 deutliche Reihen von Tuberkeln, auf den Seitenflügeln nur wenige. — Männchen unbekannt.

Mexico: Teapa in Tabasco.

3. **P. flagellatus** Poc. 1909 *P. f.*, Pocock in: Biol. Centr.-Amer., Diplop. p. 136 t. 10 f. 4.

Gelb oder gelbbraun. Länge ♂ 7 mm, ♀ 9 mm, Breite ♂ 1,5 mm, ♀ 2 mm. Clypeus kurz beborstet. Halsschild mit großen horizontalen spitzen Seiten, Vorderrand mit 18 kleinen borstentragenden Tuberkeln, auf der Fläche 3 Reihen von Tuberkeln. Seitenflügel groß, hoch angesetzt, fast horizontal, 2.—6. etwas nach vorn, die mittleren quer, 16.—19. mehr und mehr nach hinten gerichtet, die vorderen breiter als lang, die des 2. Segmentes mit gut ausgeprägtem Vordereck, 4 starken Zähnen im Seitenrand und 4 im Hinterrand. Die der folgenden Segmente seitlich verschmälert, der Seiten- und Hinterrand zu einem Bogen verschmolzen, seitlich 3, hinten 3 oder 4 Zähne (Fig. 650).

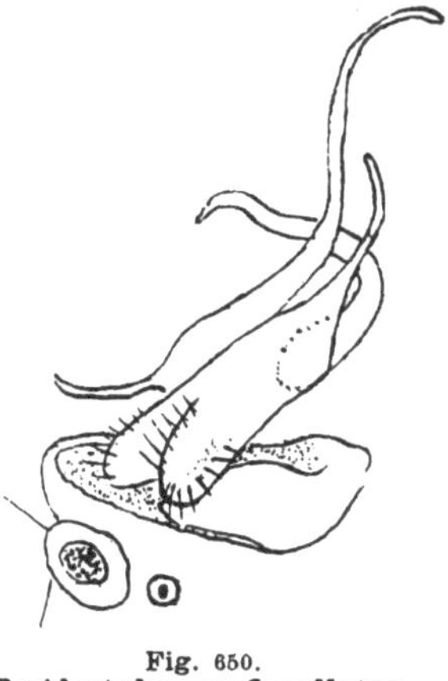

Fig. 650.
Peridontodesmus flagellatus Poc. Gonopode (Pocock, 1909).

Guatemala: Cholhuitz.

P. purulicus Chamb. 1911 *P. p.*, Chamberlin in: P. U. S. Mus., *v.* 40 p. 470.

Halsschild kaum schmäler als das 2. Segment, die Seiten weniger spitz, 5 oder 6 Zähne auf jeder Seite des Vorderrandes viel größer als die mittleren. Antennen keulig aber nicht gekniet. Tuberkeln des Rückens sehr reduziert, die Metazoniten fast glatt, mit 3 Reihen langer Borsten. Länge 8 mm, Breite 2 mm, Gonopoden 3ästig, nicht abgebildet, Beschreibung überhaupt sehr unzureichend.

Guatemala: Purula, Baja Verapaz.

2. Gen. **Nearctodesmus** Silv.

1910 *N.*, Silvestri in: Zool. Anz., *v.* 35 p. 364.

Segmentzahl? (wahrscheinlich 20). Porenformel?. Habitus ähnlich dem von *Polydesmus*, die Skulptur verwischter. Gonopoden: Hüfte groß, schalig. Telopodit nur zum Teil in der Höhlung der Hüfte verborgen, Praefemur mit 2 langen, sehr dünnen Fortsätzen *(RA)*, das Ende *(p)* kurz 2ästig, ohne Fransen. — Noch ganz ungenügend bekannte Gattung.

Nord-Amerika.

Typus und einzige Art: *N. cerasinus* (H. C. Wood).

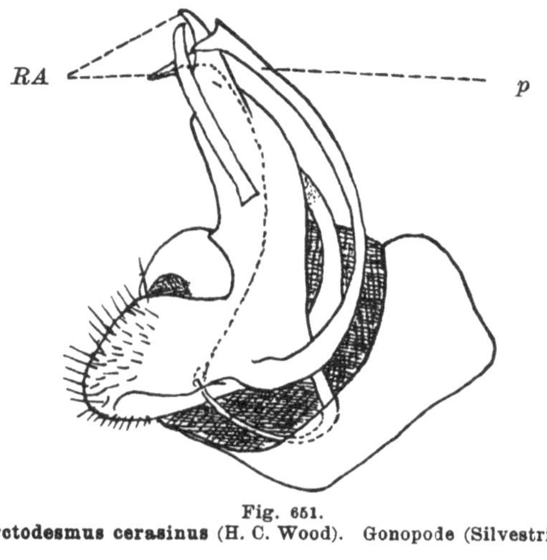

Fig. 651.
Nearctodesmus cerasinus (H. C. Wood). Gonopode (Silvestri, 1910).

1. **N. cerasinus** (H. C. Wood) 1864 *Polydesmus c.*, H. C. Wood in: P. Ac. Philad., p. 8 | 1865 *P. c.*, H. C. Wood in: Tr. Amer. phil. Soc., ser. 2 *v.* 13 p. 217 f. 45 | 1910 *Nearctodesmus c.*, Silvestri in: Zool. Anz., *v.* 35 p. 364 f. 10.

Hell kirschrot. Clypeus spärlich beborstet. Antennen ziemlich kurz, schwach keulig. Rücken flach mit ziemlich verwischter Skulptur, Seitenrand der Seitenflügel gezähnt, meist 3 Sägezähnchen (Fig. 651).

Nord-Amerika: Oregon.

3. Gen. **Irazunus** Att.

1933 *I.*, Attems in: Ann. Mus. Wien, *v.* 46 p. 260.

♂ mit 19, ♀ mit 20 Segmenten. Porenformel normal. Antennen von mittlerer Länge, am Ende keulig, zwischen 3. und 4. Glied stark gekniet, das 6. Glied das größte, seine Sinneskegel frei liegend. Die ganze Oberfläche des Rumpfes rauh, mit polygonaler Felderung, die stellenweise in Dachziegel- oder Schuppenstruktur übergeht. Halsschild schmäler als die Backen. Seitenflügel hoch angesetzt, horizontal, ziemlich groß, der Rücken nur mäßig gewölbt. Metazoniten mit 3 Querreihen kleiner stumpfer Borsten. Poren dorsal neben dem vorletzten Seitenrandzahn. Sternite quadratisch, ohne besondere Fortsätze. Analsegment kegelig. Tarsus der Beine lang und dünn, das längste Glied. Gonopoden: Hüfte halbkugelig aufgeblasen, ohne Fortsätze und Borsten. Praefemur mit 1 oder 2 schlanken Fortsätzen. Acropodit nicht quer gegliedert, unverästelt, kein Rinnenast, die Samenrinne kurz und gerade. Ende mit zarten Fransen.

Costa Rica.

2 Arten.

Typus: *I. reimoseri* Att.

Übersicht über die Arten:

- Metazoniten mit 3 Querreihen von Börstchen, die 3. steht am Hinterrand und die Knötchen, die sie tragen, lassen den Rand gezähnt erscheinen. Die Borsten auf den Seitenrandzähnen sind untereinander gleich groß. Praefemur des Gonopoden nur mit einem einzigen sehr langen peitschenförmigen Fortsatz . . . . 1. **I. reimoseri**
- Metazoniten mit 2 Querreihen von Borsten, nur auf den Segmenten 17—19 auch am Hinterrand eine 3. Reihe, auf den anderen Segmenten ist der Hinterrand glatt. Von den Borsten der Seitenrandzähne sind die vordersten jedes Segmentes bedeutend größer als die kaum sichtbaren anderen. Praefemur des Gonopoden mit 2 weniger langen Fortsätzen . . . . 2. **I. minusculus**

1. **I. reimoseri** Att. 1933 *I. r.*, Attems in: Ann. Mus. Wien, *v.* 46 p. 260 f. 1—6.

Dunkel erdbraun. Breite ♂ 0,7 mm, Prozonit 0,45 mm, ♀ 1,1 mm. Prozonit 0,55 mm. Stirn des Männchens zwischen den Antennen etwas vorgewölbt. Backen kurz behaart. Clypeus dicht beborstet, Scheitel mit grober Pflasterstruktur und zerstreuten winzigen Härchen. Halsschild mit borstentragenden Höckern. Seitenrand der porenlosen Seitenflügel mit 3, der porentragenden mit 4 borstentragenden Zähnen, die auf den vorderen Segmenten stumpf, auf den hinteren spitzer sind. Alle Borsten stumpf, stiftartig. Die ganze Oberfläche des Rumpfes polygonal gefeldert, an den Rändern der Seitenflügel und anderen Stellen geht es in eine dachziegelartige Struktur über, Metazoniten mit 3 Querreihen kurzer stumpfer bis keuliger Borsten, die auf kleinen Knötchen stehen; die 3. Reihe steht am Hinterrand und läßt ihn gezähnt erscheinen. Die 4 Terminalborsten und die 2 mittleren Borsten der hinteren Reihe des Analsegmentes sind lang und fein zugespitzt, die anderen sind ebenso dick und stumpf wie die Rückenborsten. Beine des Männchens nicht verdickt, Hüfte und Praefemur unten mit einer Macrochaete, Tibia des letzten Beinpaares oben mit einer sehr langen Macrochaete. Gonopodenöffnung groß, seitlich die Umrandung der Laufbeine, weit überragend. Beide Gonopoden bilden in der Ruhelage ein queres eiförmiges Gebilde, über das sich kreuzend die langen Fortsätze der Praefemora legen. Hüften groß, halbkugelig aufgeblasen, ohne Fortsatz und Borsten. Praefemur mit kurzen, relativ spärlichen Borsten und einem sehr langen dünnen, peitschenförmigen Fortsatz. Das Ende des ungegliederten Acropodit ist mit feinen Fransen besetzt (Fig. 652).

Costa Rica: Irazu, 2200 m, in Gesiebe.

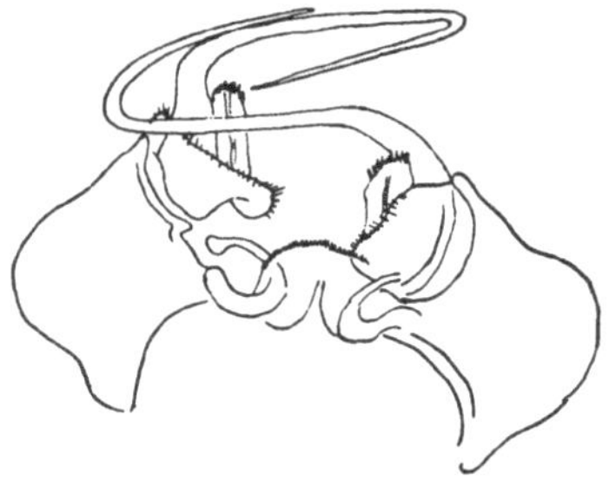

Fig. 652.
Irazunus reimoseri Att. Gonopoden.

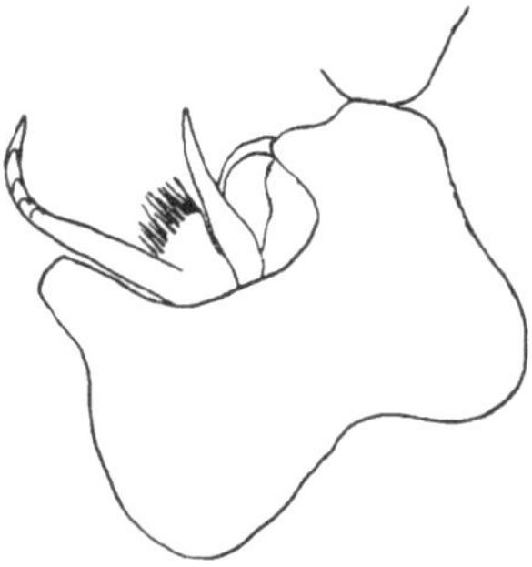

Fig. 653.
Irazunus minusculus Att. Gonopode.

2. **I. minusculus** Att. 1933 *I. m.*, Attems in: Ann. Mus. Wien, *v.* 46 p. 262 f. 7—10.

Erdbraun, das dunkle Pigment mehr oder weniger marmoriert, Bauch und Beine weißlichgelb. ♂ Länge 3,5—4,75 mm, Breite 0,45—0,7 mm. Stirn des Männchens gleichmäßig gewölbt, der ganze Kopf inkl. Scheitel dicht mit sehr feinen und kurzen Haaren bedeckt. 7. Autennenglied mit einer niedrigen Auftreibung, auf der Borsten und ein Paar Sinneszapfen stehen. Seitenflügel gut entwickelt, Seitenrand mit 3 oder 4 Zähnen, in der 1. Kerbe eine kurze stumpfe Borste, die anderen Börstchen mikroskopisch klein. Am Hinterrand zwischen Rückenmitte und Seitenflügel eine stumpfwinklige Vorragung. Metazoniten mit 2 Querreihen niedriger, eine Borste tragender Buckeln, dazwischen eine Querfurche. Am Hinterrand der Segmente 17—19 eine 3. Reihe stumpfer Borsten. Poren neben dem 3. Zahn. Hintereck vom 15. Segment an immer mehr den Hinterrand überragend. Gonopoden: Hüfte enorm groß, lateral halbkugelig aufgeblasen; das Telopodit liegt in der Ruhelage zum großen Teil in der Hüfthöhlung verborgen. Praefemur mit 2 spießförmigen Fortsätzen, ein längerer mit 4 niedrigen Zahnhöckern und ein kürzerer glatter. Zwischen beiden ragt ein großes Borstenbüschel am Ende des ungegliederten Acropodit vor (Fig. 653).

Costa Rica: Hamburg-Farm.

4. Gen. **Rhexiphloeus** nom. nov.

1933 *Trachyphloeus* (nec Germar 1817), Attems in: Ann. Mus. Wien, *v.* 46 p. 264.

♂ und ♀ mit 20 Segmenten. Poren auf den Segmenten 5, 7, 9, 10, 12, 13, 15—19 (18). Antennen schlank, das 6. Glied das größte, seine Sinneskegel frei liegend. Oberfläche rauh durch eine großmaschige polygonale Felderung. Halsschild so breit wie der Kopf. Seitenflügel sehr breit, hoch angesetzt, horizontal, der Rücken nur wenig gewölbt, Seitenrand grob gezähnt, Hinterrand durch enorme Vergrößerung der borstentragenden Tuberkeln ebenso gezähnt wie der Seitenrand. Poren dorsal neben dem vorletzten Seitenrandzahn. Metazoniten mit 3 Querreihen von dünnen spitzen Borsten. Analsegment kegelig, die Borsten fein zugespitzt. Sternite quadratisch. Tarsus der Beine lang und dünn, das längste Glied, Tibia ohne sehr lange Macrochaete. Hüften der Gonopoden sehr in die Breite gezogen, ohne Fortsatz und ohne Borsten, Praefemur mit großem Fortsatz, der lateral vom Acropodit dieses weit überragt. Acropodit nicht gegliedert, der schlanke Rinnenast am Ende mit zarten Fransen besetzt.

Costa Rica.

Typus und einzige Art: *R. electus* (Chamb.).

1. **R. electus** (Chamb.) 1914 *Peridontodesmus e.*, Chamberlin in: Tr. Amer. ent. Soc., *v.* 40 p. 188 t. 2 f. 3 | 1933 *Trachyphloeus e.*, Attems in: Ann. Mus. Wien, *v.* 46 p. 264 f. 11.

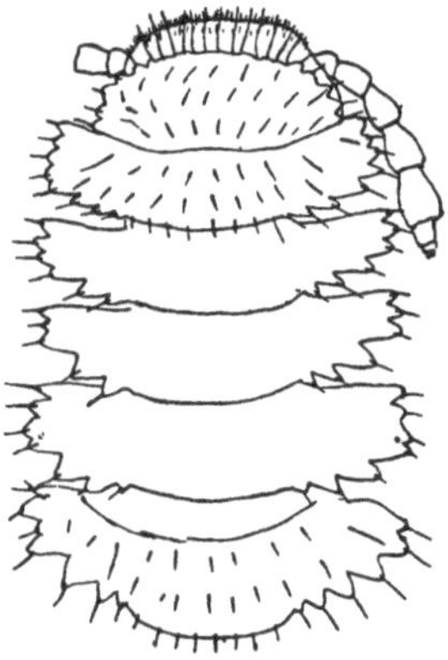

Fig. 654.
Rhexiphloeus electus (Chamb.).
Vorderende.

Fig. 655.
Rhexiphloeus electus (Chamb.).
Gonopode.

Fig. 656.
Rhexiphloeus electus (Chamb.). Ende des Rinnenastes.

Erdbraun, Unterseite etwas heller. Antennen schwarzbraun. Länge ♂ 7 mm, ♀ 9 mm. Breite ♂ 1 mm, ♀ 1,35 mm. Der ganze Kopf sehr dicht und kurz beborstet. Antennen schlank, kurz, das 3. Segment ein wenig überragend, das Ende nur leicht keulig. Halsschild seitlich kegelzähnig, am

Vorderrand eine Reihe von 21 längeren Borsten, die Fläche mit derselben Skulptur und den Borstenreihen wie die übrigen Tergite (Fig. 654). Vorderrand der Seitenflügel quer zur Längsachse und glatt, Seitenrand des 2. Segmentes mit 4, der übrigen porenlosen mit 3, der porentragenden mit 4 Zähnen, auf jedem Zahn eine dünne spitze Borste. Hinterrand mit 3 sehr starken und einem kleinen 4. Zahn. Metazoniten mit 3 Querreihen dünner, spitzer, ziemlich langer Borsten. Beine des Männchens nicht merklich verdickt. Praefemur des Gonopoden (Fig. 655) mit 2 Fortsätzen, der große das Acropodit weit überragende ist bis zu $^2/_3$ seiner Länge parallelrandig und geht dann plötzlich in eine dünne Sichel über; der 2. Fortsatz ist ein starker, schräg basal gerichteter Stachel. Die Samenrinne mündet noch vor dem Ende des schlanken Rinnenastes, dessen Ende mit zahlreichen feinen Spitzchen und Fransen besetzt ist (Fig. 656).

Costa Rica: Carpentera. Juan Vinas: Laguna.

5. Gen. **Mecistoparia** Brol.

1926 *M.*, Brolemann in: Arch. Zool. expér., *v.* 65 p. 127.

♂ und ♀ mit 19 Segmenten, sehr klein. Poren auf den Segmenten 5, 7, 9, 10, 12, 13, 15—18. Kopf mit sexuellem Dimorphismus, beim Männchen Scheitel stark gewölbt, hinter den Antennen quer eingedrückt und mit einem Borstenbüschel neben jeder Antenne oder einer medianen Lamelle auf dem Scheitel, beim Weibchen mäßig gewölbt und ohne diese Auszeichnung. Backen bei Männchen und Weibchen sehr groß, aufgeblasen, so daß sie ebenso breit sind wie das 2. Segment. 6. Antennenglied das größte, Halsschild klein, den Kopf nicht bedeckend. Seitenflügel klein, in der Mitte der Seiten angesetzt, der Seitenrand nicht gezähnt. Rücken stark gewölbt. Poren auf der Oberseite nahe dem Hintereck. Metazoniten mit 3 Querreihen zylindrischer oder leicht keuliger Borsten. Analsegment kegelig. Gonopoden: Hüfte groß, halbkugelig aufgeblasen, das Telopodit bedeckend. Dieses sehr gedrungen, Umgebung der Samengrube nicht fächerig vorgestreckt. Ein schlanker Rinnenast und 2 weitere Äste.

Dahomey.

2 Arten.

Typus: *M. lophotocrania* Brol.

Übersicht über die Arten:

Seitenflügel eckig, das Vordereck nicht abgerundet. Antennen kurz und dick. Beine kürzer und dicker. Beim Männchen hinter jeder Antenne ein Borstenbüschel. Körperlänge 3 mm, Breite 0,46 mm	1. **M. lophotocrania**
Seitenflügel mehr abgerundet, das Vordereck stark gerundet. Antennen länger und schlanker, ebenso die Beine. Männchen mit einer gerundeten Sagittallamelle auf dem Scheitel. Körperlänge 4,25 mm, Breite 0,6 mm	2. **M. cristata**

1. **M. lophotocrania** Brol. 1926 *M. l.*, Brolemann in: Arch. Zool. expér., *v.* 65 p. 128 f. 141—148.

Weißlich. Länge ♂ 3 mm, ♀ 3,5 mm, Breite ♂ 0,46 mm, ♀ 0,56 mm. Kopf beborstet, beim Männchen Clypeus abgeflacht, Scheitel stark emporgewölbt, hinter den Antennen ein unpaares Borstenbüschel. Subantennalbuckel groß; beim Weibchen Clypeus ebenso abgeflacht, der Scheitel ohne die Auszeichnungen des Männchens. Halsschild schmäler als der Kopf, mit 3 Querreihen von 10, 4, 4 Borsten. Seitenflügel eckig, das Vordereck nicht abgerundet, das Hintereck rechtwinklig. Metazoniten mit 3 Querreihen von 4, 6, 6 Borsten. Sternite lang und breit, der Quere nach in 2 runde Buckel geteilt. Gonopodenöffnung groß, in der Mitte undeutlich eingeschnürt, der Hinterrand erhoben, Telopodit des Gonopoden in der Höhlung der Hüfte

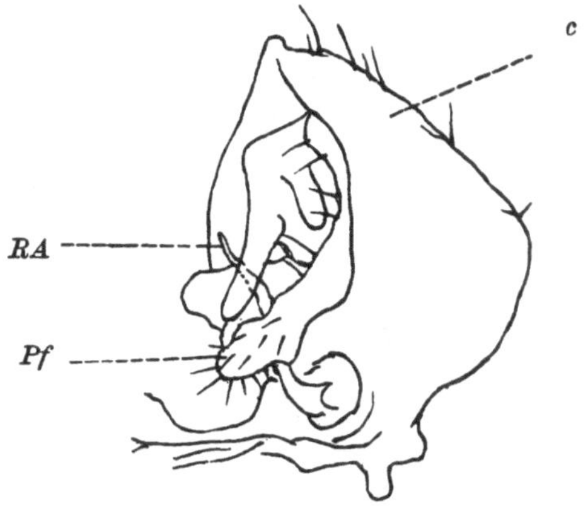

Fig. 657.
Mecistoparia lophotocrania Brol. Gonopode (Brolemann, 1926).

verborgen, Praefemur *(Pf)* lang, trägt vorn einen medianwärts gerichteten, am Ende abgestutzten Fortsatz *(c)* und in der Höhe der Artikulation mit der Hüfte einen langen fingerförmigen Fortsatz. Getrennt von diesen Fortsätzen auf einem kleinen Höcker der kurze schlanke Rinnenast *(RA)* (Fig. 657).

Dahomey: Athiémé.

2. **M. cristata** Brol. 1926 *M. c.*, Brolemann in: Arch. Zool. expér., *v.* 65 p. 133 f. 149—157.

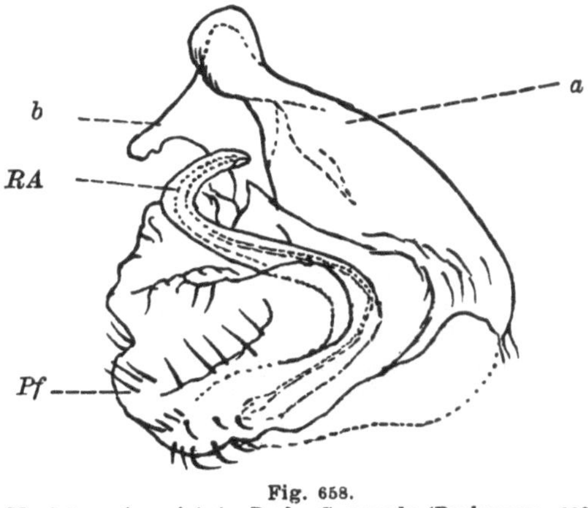

Fig. 658.
Mecistoparia cristata Brol. Gonopode (Brolemann, 1926).

Ähnelt sehr der vorigen Art. Länge 4,25 mm, Breite 0,6 mm. Kopf des Männchens: Vorderkopf abgeflacht, hinter den Antennen etwas zusammengedrückt und mit einer kleinen linsenförmigen Sagittallamelle, Scheitel gleichmäßig gewölbt. Beim Weibchen ist der Kopf regelmäßig gewölbt und wie beim Männchen kurz beborstet. Antennen länger und schlanker als bei *M. lophotocrania.* Seitenflügel weniger eckig, das Vordereck ganz abgerundet und mit dem Seitenrand zusammenfließend, Hintereck auf den vorderen Segmenten rechtwinklig, vom 15. an den Hinterrand rundlappig überragend. Sternite ungewöhnlich lang, der Quere nach tief geteilt. Gonopoden: Hüfte relativ noch größer, die Gonopodenöffnung seitlich überragend, Telopodit ganz in ihrer Höhlung versteckt. Praefemur *(Pf)* mit 2 Fortsätzen, der vordere *(a)* mit breiter Basis, endwärts verjüngt und abgerundet; neben seiner Basis eine gewundene Lamelle, die einen Teil des Rinnenastes umhüllt; der obere *(b)* Fortsatz ist gestutzt, eine Ecke hakig ausgezogen. Der Rinnenast *(RA)* ist ein kräftiger Haken (Fig. 658).

Dahomey: Athiémé.

12. Fam. **Rhachidesmidae** Carl

1903 *Rhachidesminae,* J. Carl in: Rev. Suisse Zool., *v.* 11 p. 553 | 1909 *Rhachodesminae,* Pocock in: Biol. Centr.-Amer., Diplop. p. 170 | 1914 *Rhachodesmidae,* Attems in: Arch. Naturg., *v.* 80 A 4 p. 281 | 1916 *Rhacodesmidae,* Brölemann in: Ann. Soc. ent. France, *v.* **84** p. 557.

20 Segmente. Porenformel normal oder die Zahl der Poren darüber hinaus vermehrt oder es sind nur auf dem 5. Segment Poren vorhanden. Ein Hüfthörnchen fehlt, dafür ist entweder die Samengrube sehr vergrößert oder es ist die ganze Innenseite des Telopodit vertieft und zur Spermaaufnahme eingerichtet. Die Samengrube, wenn vorhanden, ist ringsum geschlossen begrenzt oder distalwärts offen. Die Samenrinne kann entweder auf einen Rinnenast übertreten oder ohne solchen zwischen den Lamellen des Hauptstammes münden. Hüfte und Telopodit des Gonopoden sind gelenkig, wie gewöhnlich, oder starr miteinander verbunden. Seitenflügel sehr verschieden ausgebildet, von schmal wulstförmig bis breit lamellös. Der Halsschild bedeckt den Kopf nicht. Schwänzchen kegelig.

Mexico, Zentral-Amerika.

12 Gattungen mit 24 sicheren Arten und 1 unsicheren Art.

Übersicht über die Gattungen:

1	Poren nur auf dem 5. Segment	11. Gen. **Duoporus**
	Poren auch auf anderen Segmenten — **2**	
2	Poren auf den Segmenten 5, 7—19	10. Gen. **Strongylodesmus**
	Poren fehlen auf den Segmenten 6, 8, (10), 11, 14 — **3**	
3	Keine deutliche Samengrube und keine Samenrinne. Hüfte und Telopodit des Gonopoden in einer Linie liegend und mehr oder weniger starr miteinander verbunden — **4**	
	Eine mehr oder weniger deutlich abgegrenzte Samengrube und eine Samenrinne vorhanden — **7**	
4	Körper rund mit stark gewölbtem Rücken. 2. Segment mit Seitenleisten, die anderen Segmente ohne Seitenflügel. Porenformel 5, 7, 9, 12, 13, 15—19	9. Gen. **Atopogonus**
	Es sind große breite Seitenflügel vorhanden. Porenformel normal — **5**[1])	

1) Hierher: 12. Gen. *Pammicrophallus.*

5	Hüfte und Telopodit des Gonopoden starr miteinander verbunden — 6	
	Hüfte und Telopodit gelenkig verbunden . . .	6. Gen. **Aceratophallus**
6	Sternite 15—19 mit 4 spitzkegeligen Fortsätzen. Gonopodentelopodit ohne quer abgegliederten Ast. Gonopodenöffnung queroval	7. Gen. **Zeuctodesmus**
	Sternite neben den Beinen nur niedrig rund aufgeblasen. Gonopodentelopodit mit einem quer abgegliederten Ast. Gonopodenöffnung durch einen vorragenden Medianvorsprung in 2 kreisrunde Löcher geteilt	8. Gen. **Holistophallus**
7	Die Samenrinne tritt auf einen dünnen geißelförmigen Ast über — 8	
	Die Samenrinne mündet zwischen den Lamellen des Telopodit oder auf einem kurzen dicken Ast — 9	
8	Seitenflügel in lange, spitze, mehr oder weniger in die Höhe gerichtete Hörner ausgezogen . .	4. Gen. **Rhachidomorpha**
	Seitenflügel breit, die Hinterecken rechtwinklig, nur auf den hintersten Segmenten kurzzackig	5. Gen. **Pararhachistes**
9	Rücken stark gewölbt mit schmalen, tief angesetzten, sehr spitzzackigen Seitenflügeln. Sternit 5 und 6 des Männchens mit einem Höcker neben jedem Bein	3. Gen. **Acutangulus**
	Rücken ziemlich flach bis hohl, mit großen breiten Seitenflügeln — 10	
10	Samengrube groß, kreisrund, ringsum geschlossen. Die Samenrinne mündet zwischen breiten Lamellen des Telopodit	1. Gen. **Rhachodesmus**
	Samengrube distal offen. Die Samenrinne verläuft bis zum Ende des Telopodit	2. Gen. **Neoleptodesmus**

1. Gen. **Rhachodesmus** Sauss. — O. F. Cook

1859 *Rachis* (nec P. Dejean 1836, nec Albers 1850), Saussure in: Linn. ent., v. 13 p. 326 | 1860 Subgen. *Stenonia* Div. *Rhachis*, Saussure in: Mém. Soc. Genève, v. 15 p. 329 | 1869 *R.*, A. Humbert & Saussure in: Verh. Ges. Wien, v. 19 p. 692 | 1872 *R.*, Saussure & A. Humbert in: Miss. Mex., v. 6II Myr. p. 70 | 1895 *Rhachodesmus*, O. F. Cook in: Ann. N. York Ac., v. 9 p. 4 | 1896 *Rhacodesmus*, O. F. Cook, Brandtia, nr. 2 p. 6 | 1898 *Rhachis*, Attems in: Denk. Ak. Wien, v. 67 p. 415 | 1909 *Rhachodesmus*, Pocock in: Biol. Centr.-Amer., Diplop. p. 171, 176.

20 Segmente. Poren auf den Segmenten 5, 7, 9, 10, 12, 13, 15—19. Gonopoden: Hüfte kurz und dick, gelenkig mit dem Telopodit verbunden. Praefemur relativ kurz, mit großer runder Samengrube, durch eine Einschnürung vom Acropodit abgesetzt; die Samenrinne mündet zwischen den Lamellen des Acropodit ohne auf einen Rinnenast überzutreten. Antennen lang und schlank. Halsschild beinahe so breit wie das 2. Tergit. Rücken flach bis hohl. Prozoniten lang und nur wenig in das vorangehende Metazonit eingeschachtelt, die aufeinanderfolgenden Seitenflügel weit voneinander entfernt bleibend. Seitenflügel breit, hoch angesetzt, der Seitenrand 1- oder 2mal eingekerbt, medial vom Porus ein gebogener Wulst, porenlose ohne Wulst. Metazoniten runzelig oder granuliert. Schwänzchen kegelig. Sternite dicht granuliert. Beine sehr lang.

Mexico, Kalifornien.

2 Arten.

Typus: *R. viridis* (Sauss.).

Übersicht über die Arten:

- Acropodit des Gonopoden durch eine Einschnürung vom Praefemur getrennt und mit mehreren breiten Lamellen endigend . . . . 1. **R. viridis**
- Das Praefemur des Gonopoden geht in eine große Kralle über; außerdem 2 Äste vorhanden . . . . 2. **R. californicus**

1. **R. viridis** (Sauss.) 1859 *Rachis v.*, Saussure in: Linn. ent., *v.* 13 p. 326 | 1860 *Rhachis v.*, Saussure in: Mém. Soc. Genève, *v.* 15 p. 330 t. 3 f. 19 | 1898 *R. v.*, Attems in: Denk. Ak. Wien, *v.* 67 p. 415 t. 4 f. 93—95 | 1909 *Rhachodesmus v.*, Pocock in: Biol. Centr.-Amer., Diplop. p. 176.

Grün oder blau. Länge 60 mm, Breite 7 mm. Der Rumpf ähnelt einer Reihe von Wirbeln, da die mittleren Segmente nur wenig ineinander geschachtelt sind. Seitenflügel sehr breit, hoch angesetzt und schräg nach oben gerichtet. Halsschild fast so breit wie das 2. Tergit, die Seiten aufsteigend, 3eckig und spitz. Seitenflügel der Segmente 2—4 sehr kurz, 4- oder 5mal so breit wie lang, die folgenden sehr groß, so breit wie lang, seitwärts etwas verschmälert. Auf dem Seitenrand hinter dem Vordereck

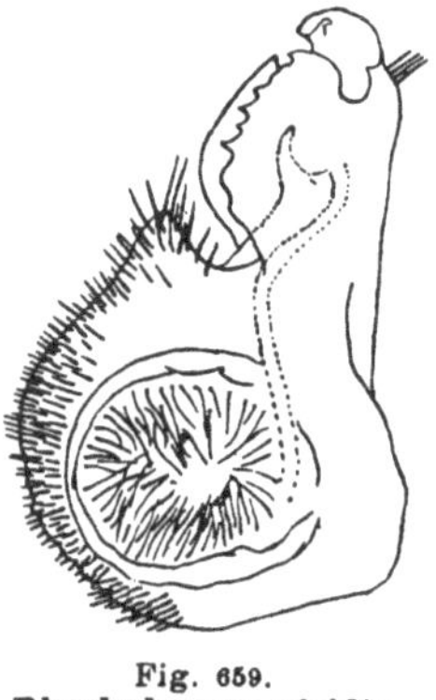

Fig. 659. **Rhachodesmus viridis** (Sauss.). Gonopode.

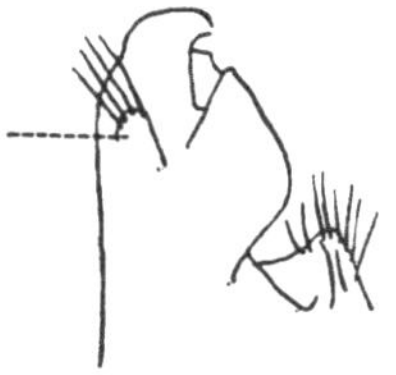

Fig. 660. **Rhachodesmus viridis** (Sauss.). Gonopodenende, Lateralseite.

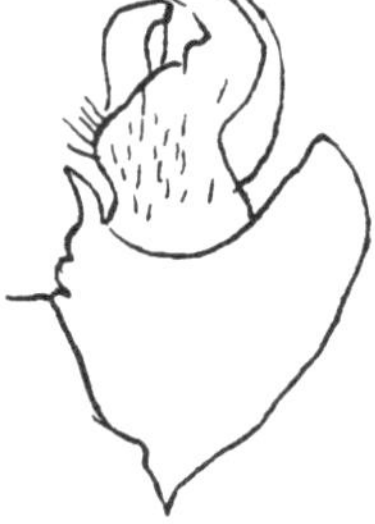

Fig. 661. **Rhachodesmus californicus** (Daday). Gonopode (Daday, 1891).

ein Zähnchen, dahinter erst vorgewölbt dann eingebuchtet; auf den porentragenden liegt diese Einbuchtung zwischen 2 Zähnchen. Hintereck vom 16. an stark zahnartig ausgezogen, Hinterrand konkav. Rücken der Metazoniten fein lederartig gerunzelt. Prozoniten glatt. Gonopoden (Fig. 659): Hüfte kurz und gedrungen, gelenkig mit dem Telopodit verbunden, dieses ebenfalls kurz und breit, Samengrube fast kreisförmig, mit langen Borsten ausgekleidet. Praefemur durch eine Einschnürung vom Acropodit getrennt, letzteres aus 2 teils glatten, teils gezähnelten Lamellen bestehend, zwischen denen die Samenrinne mündet; neben ihrem Ende ein fingerförmiger Fortsatz. Auf der Lateralseite ein kleiner Kolben (Fig. 660), der mehrere starke Borsten trägt.

Mexico: Ost-Cordilleren bei Orizaba.

2. **R. californicus** (Daday) 1891 *Rhachis c.*, Daday in: Termész. Füzetek, *v.* 14 p. 180 t. 7 f. 12.

Rötlichbraun. Länge 60 mm, Breite 7 mm. Rücken flach, Seitenflügel horizontal, mit gerundetem Vordereck und zugespitztem Hintereck. Poren in einer scharfen ovalen Grube. Rücken der Metazoniten dicht und gleichmäßig granuliert mit 3 Querreihen kleiner Tuberkeln, 5.—18. mit einer seichten Querfurche. Antennen und Beine lang. Gonopoden: Hüfte nach der Zeichnung mit einem spitzen Zahn, Praefemur in eine große gebogene Kralle übergehend, außerdem 2 Äste vorhanden (Fig. 661).

Kalifornien.

2. Gen. **Neoleptodesmus** Carl

1903 *N.*, J. Carl in: Rev. Suisse Zool., *v.* 11 p. 557 | 1909 *N.*, Pocock in: Biol. Centr.-Amer., Diplop. p. 179 | 1922 *Curodesmus*, Chamberlin in: P. U. S. Mus., *v.* 60 nr. 8 p. 55.

20 Segmente. Poren auf den Segmenten 5, 7, 9, 10, 12, 13, 15—19. Hüfte und Telopodit des Gonopoden gelenkig miteinander verbunden. Telopodit nicht quer gegliedert. Praefemur lang, Samengrube distal offen; aus ihr führt eine Samenrinne bis zum Ende. Außer dem Rinnenast 2 kurze Äste vorhanden. Seitenflügel flach, horizontal, Poren auf einer mehr oder weniger deutlichen Beule oder ihre Umgebung nicht abgeschnürt. Metazoniten glatt oder längs des Vorderrandes, selten ganz fein granuliert, ohne Querfurche. Sternite breit und kurz ohne Fortsätze. Schwänzchen kegelig.

Mexico. Guatemala.

5 Arten.

Typus: *N. sumichrasti* (Humb. & Sauss.).

Übersicht über die Arten:

1	Körper nach vorn verschmälert, der Halsschild schmäler als das 3. Tergit	3. **N. vermiformis**
	Körper vorn so breit wie in der Mitte, Halsschild so breit wie die folgenden Tergite — 2	
2	Die ganzen Metazoniten dorsal fein granuliert mit einer Reihe größerer Tuberkeln längs des Hinterrandes und einer weitschichtigen Reihe längs des Vorderrandes	5. **N. guatemalensis**
	Metazoniten glatt — 3	
3	Poren auf einer mehr oder weniger deutlich abgeschnürten Beule	2. **N. aztecus**
	Umgebung der Poren nicht beulig abgeschnürt — 4	
4	Seitenflügel sehr schmal mit rechtwinkligem Hintereck	4. **N. orizabae**
	Seitenflügel relativ groß mit breit abgerundetem Vorder- und Hintereck	1. **N. sumichrasti**

1. **N. sumichrasti** (Humb. & Sauss.) 1869 *Polydesmus S.*, A. Humbert & Saussure in: Rev. Mag. Zool., ser. 2 *v.* 21 p. 151 | 1872 *P. (Oxyurus) S.*, Saussure & A. Humbert in: Miss. Mex., *v.* 6 II Myr. p. 49 t. 1 f. 8 | 1898 *Leptodesmus S.*, Attems in: Denk. Ak. Wien, *v.* 67 p. 390 | 1903 *Neoleptodesmus S.*, J. Carl in: Rev. Suisse Zool., *v.* 11 p. 558 t. 17 f. 22, 23 | 1909 *N. s.*, Pocock in: Biol. Centr.-Amer., Diplop. p. 181.

Weiß. Länge 30 mm, Breite 3,6 mm. Glatt, Rücken flach. Seitenflügel breit, die Ecken abgerundet, ringsum wulstig gesäumt, der Randwulst in der Umgebung der Poren nicht abgesetzt oder angeschwollen. Hintereck nur auf den Segmenten 17 und 18 nach hinten verlängert. Flanken punktiert, auf den vorderen Segmenten granuliert. Gonopoden (Fig. 662): Hüfte zylindrisch. Telopodit ein einheitliches Stück ohne Quergliederung, Samengrube sehr groß, basalwärts dick wulstig begrenzt, distal weit offen, ihr Boden dicht und lang beborstet. Praefemur lang, endet mit einem spitzen, beborsteten Zacken auf der Lateralseite. Der Femoralabschnitt, der gegen das Praefemur gar nicht abgegrenzt ist, ist eine schmale, leicht sichelförmig gebogene, bis ans Ende gleich breite, abgestutzte Lamelle; die Samenrinne läuft bis an sein Ende. Medial ein spitzer Nebenast mit einigen Kerbzähnen.

Mexico: Ost-Cordilleren, Orizaba.

Fig. 662.
Neoleptodesmus sumichrasti (Humb. & Sauss.).
Gonopode (J. Carl, 1903).

Fig. 663.
Neoleptodesmus aztecus (Sauss.).
Gonopode (J. Carl, 1903).

1a. **N. sumichrasti intermedius** (Humb. & Sauss.) 1869 *Polydesmus i.*, A. Humbert & Saussure in: Rev. Mag. Zool., ser. 2 *v.* 21 p. 151 | 1872 *P. (Oxyurus) i.*, Saussure & A. Humbert in: Miss. Mex., *v.* 6 II Myr. p. 49 t. 1 f. 10 | 1898 *Leptodesmus i.*, Attems in: Denk. Ak. Wien, *v.* 67 p. 389 | 1903 *Neoleptodesmus sumichrasti*, J. Carl in: Rev. Suisse Zool., *v.* 11 p. 558.

Etwas kleiner und mit schmäleren Seitenflügeln als bei *N. sumichrasti*, die Gonopoden sollen vollkommen mit diesen übereinstimmen. Wahrscheinlich nur eine Varietät von *N. sumichrasti*.

Mexico: Orizaba.

2. **N. aztecus** (Sauss.) 1859 *Polydesmus a.*, Saussure in: Linn. ent., *v.* 13 p. 324 | 1860 *P. a.*, Saussure in: Mém. Soc. Genève, *v.* 15 p. 301 t. 1 f. 5 | 1898 *Leptodesmus a.*, Attems in: Denk. Ak. Wien, *v.* 67 p. 390 | 1903 *Neoleptodesmus A.*, J. Carl in: Rev. Suisse Zool., *v.* 11 p. 559 t. 17 f. 21 | 1909 *N. a.*, Pocock in: Biol. Centr.-Amer., Diplop. p. 180.

Weiß. Länge 30 mm, Breite 5 mm. Schlank, zylindrisch, die Seitenflügel klein und die hintereinander liegenden weit voneinander getrennt, indem die Prozoniten relativ lang sind. Halsschild so breit wie das 2. Tergit, Seitenflügel 2—4 etwas nach vorn gerichtet und abfallend, die folgenden sehr klein, ähnlich wie bei *Strongylosoma*, die Poren auf einer schwachen Beule, ganz nach der Seite gerichtet. Rücken sehr stark gewölbt, glatt und glänzend. Gonopoden (Fig. 663) denen von *N. sumichrasti* sehr ähnlich, doch stärker und gedrungener, der Femoralabschnitt kürzer, am Ende oberseits kapuzenförmig vorgewölbt, abgerundet. Der Endzacken des Praefemur und der mediale Nebenast ebenfalls kürzer und breiter.

Mexico: Plateau von Puebla, Pic von Orizaba, Tuxtla.

3. **N. vermiformis** (Sauss.) 1859 *Polydesmus v.*, Saussure in: Linn. ent., *v.* 13 p. 326 | 1860 *P. v.*, Saussure in: Mém. Soc. Genève, *v.* 15 p. 298 t. 1 f. 4 | 1898 *Leptodesmus v.*, Attems in: Denk. Ak. Wien, *v.* 67 p. 386 | 1903 *Neoleptodesmus v.*, J. Carl in: Rev. Suisse Zool., *v.* 11 p. 557 | 1909 *N. v.*, Pocock in: Biol. Centr.-Amer., Diplop. p. 182.

Weißlich (im Leben wahrscheinlich braun). Länge 40 mm, Breite 7,5 mm. Zylindrisch, glatt und glänzend, die Seitenflügel rudimentär in der Mitte oder noch tiefer angesetzt, rundlich, die Poren in der hinteren Hälfte nach der Seite gerichtet. Männchen unbekannt. Die Stellung in dieser Gattung nur vermutet.

Mexico: Ostabbang der Cordilleren.

4. **N. orizabae** (Humb. & Sauss.) 1869 *Polydesmus O.*, A. Humbert & Saussure in: Rev. Mag. Zool., ser. 2 *v.* 21 p. 151 | 1872 *P. (Oxyurus) O.*, Saussure & A. Humbert in: Miss. Mex., *v.* 6II Myr. p. 48 t. 1 f. 11 | 1898 *Leptodesmus O.*, Attems in: Denk. Ak. Wien, *v.* 67 p. 389 | 1903 *Neoleptodesmus O.*, J. Carl in: Rev. Suisse Zool., *v.* 11 p. 557 | 1909 *N. orizabae*, Pocock in: Biol. Centr.-Amer., Diplop. p. 181.

Weiß. Länge 35 mm, Breite 8 mm. Rücken ziemlich flach, nur die ersten 4 Segmente sehr gewölbt mit abfallenden Seitenflügeln, die folgenden mit sehr schmalen Seitenwülsten, die vorn abgerundet sind, den Hinterrand nicht ganz erreichen und erst vom 17. an den Hinterrand etwas überragen. Glatt und glänzend. Flanken fein punktiert. Männchen unbekannt.

Mexico: Ost-Cordillere bei Orizaba.

5. **N. guatemalensis** (Chamb.) 1922 *Curodesmus g.*, Chamberlin in: P. U. S. Mus., *v.* 60 nr. 8 p. 55 t. 22 f. 3—6, t. 23 f. 1—4 (Fig. 664).

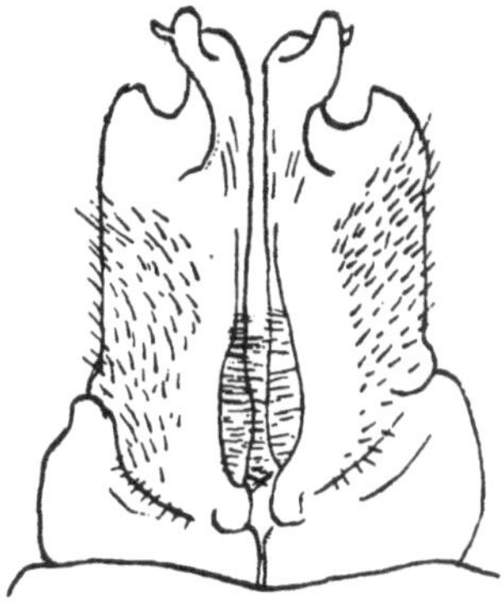

Fig. 664.
Neoleptodesmus guatemalensis (Chamb.). Gonopoden (Chamberlin, 1922).

Braun oder graubraun, Seitenteile der Seitenflügel, Bauch, Beine und Antennen gelb. Länge 24 mm, Breite 3,6 mm. Auf jeder Seite der Scheitelfurche 2 lange Borsten. Halsschild so breit wie das 2. Tergit. Seitenflügel hoch angesetzt horizontal oder etwas gehoben, 2.—4. länger als der Mittelteil des Rückens; Vordereck abgerundet, Seitenrand verdickt, am meisten in der Umgebung der Poren, Hintereck bis zum 14. rechtwinklig, die folgenden immer stärker nach hinten vorgezogen. Ränder glatt. Metazoniten dorsal fein granuliert, mit einer Reihe größerer Granula längs des Hinterrandes und einer weitschichtigeren Reihe solcher Granula längs des Vorderrandes.

Guatemala: San Rafael.

3. Gen. **Acutangulus** Att.

1898 *A.*, Attems in: Denk. Ak. Wien, *v.* 67 p. 270, 408 | 1903 *A.*, J. Carl in: Rev. Suisse Zool., *v.* 11 p. 559 | 1909 *A.*, Pocock in: Biol. Centr.-Amer., Diplop. p. 178.

20 Segmente. Poren auf den Segmenten 5, 7, 9, 10, 12, 13, 15—19. Hüfte und Telopodit des Gonopoden gelenkig getrennt, Telopodit nicht quer gegliedert, Praefemur lang, mit einer großen, distal nicht geschlossenen Samengrube, aus der eine Samenrinne bis zum Ende eines Rinnenastes führt. Außer dem Rinnenast 2 weitere Äste. Seitenflügel sehr schmal, die porentragenden dicker, die Umgebung der Poren aber nicht abgeschnürt, Hinterecken spitzzackig bis dornförmig. Metazoniten glatt mit einer Reihe von Knötchen am Hinterrand. Sternite breit und kurz, das 5. und 6. mit einem zapfenförmigen Höcker neben jedem Bein. Schwänzchen kegelig.

Mexico.

2 Arten.

Typus: *A. coccineus* (Humb. & Sauss.).

Übersicht über die Arten:

Länge 18 mm. Die 3 Endäste des Gonopoden lang und schlank, die Samengrube basal rund und geschlossen . .	1. **A. coccineus**
Länge 13—14 mm. Die 3 Endäste des Gonopoden viel kürzer, die Samengrube basal unregelmäßig begrenzt . .	2. **A. neglectus**

1. **A. coccineus** (Humb. & Sauss.) 1869 *Polydesmus c.*, A. Humbert & Saussure in: Rev. Mag. Zool., ser. 2 *v.* 21 p. 152 | 1872 *P. (Strongylosoma) c.*, Saussure & A.

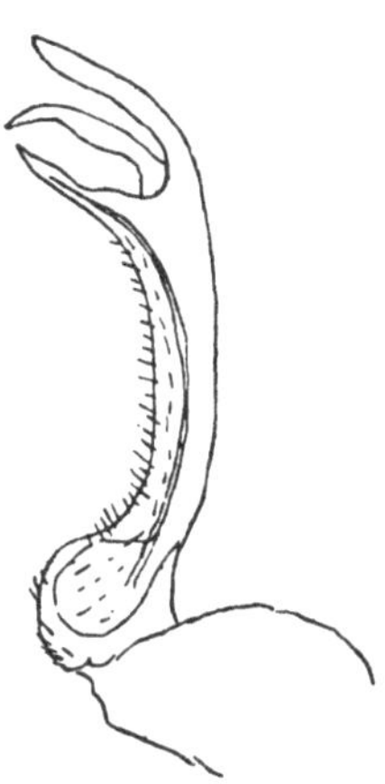

Fig. 665.
Acutangulus coccineus (Humb. & Sauss.).
Gonopode (J. Carl, 1903).

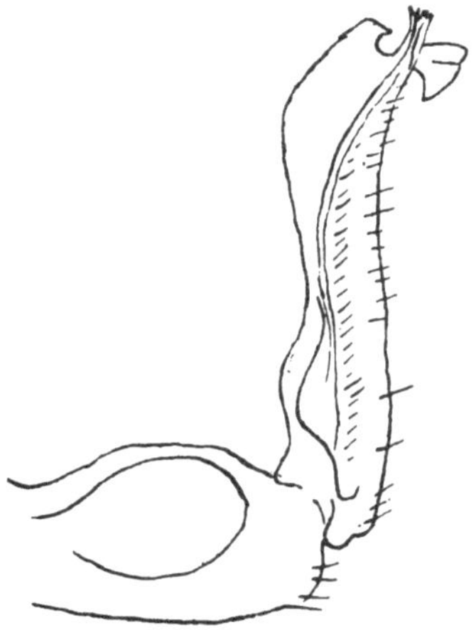

Fig. 666.
Acutangulus neglectus Carl.
Gonopode (J. Carl, 1903).

Humbert in: Miss. Mex., *v.* 6 II Myr. p. 50 t. 1 f. 12 | 1898 *Acutangulus c.*, Attems in: Denk. Ak. Wien, *v.* 67 p. 409 | 1903 *A. c.*, J. Carl in: Rev. Suisse Zool., *v.* 11 p. 560 t. 17 f. 17 | 1909 *A. c.*, Pocock in: Biol. Centr.-Amer., Diplop. p. 179.

Rötlich. Länge 18 mm, Breite 2 mm. Zylindrisch mit sehr schmalen Wülsten in der Mitte der Seiten, die hinten mit einem spitzen Zähnchen enden. Poren schräg nach oben gerichtet am Hinterende der Wülste. Seiten des Halsschildes spitz 3eckig mit geradem Hinterrand. Körper glatt oder leicht gestrichelt, Flanken der vorderen Segmente schwach chagriniert. Auf den Sterniten 5 und 6 neben jedem Bein ein zapfenförmiger Höcker. Gonopoden (Fig. 665): Samengrube annähernd kreisrund, wie das ganze Praefemur schwach beborstet. Rinnenast schlank und spitz, fast gerade, außerdem 2 leicht gebogene Äste vorhanden.

Mexico: Orizaba.

2. **A. neglectus** Carl 1903 *A. n.*, J. Carl in: Rev. Suisse Zool., *v.* 11 p. 560 t. 16 f. 16 | 1909 *A. n.*, Pocock in: Biol. Centr.-Amer., Diplop. p. 179.

Länge 13—14 mm. Sonst mit *A. coccineus* übereinstimmend. Sternite 5 und 6 ebenfalls mit 4 Zäpfchen. Gonopoden: (Fig. 666). Samengrube basalwärts unregelmäßig begrenzt, distal ganz offen, die 3 terminalen Äste sind viel kürzer. Der kurze in der Richtung des Praefemur gerade Rinnenast ist am Ende abgestutzt und sehr fein gefranst. Der vordere Nebenast ist etwa von gleicher Länge wie der Rinnenast, hakenförmig und schräg nach unten gerichtet, der 2. Nebenast ist sehr schwach ausgebildet, zahnförmig (Fig. 666).

Mexico: Orizaba.

4. Gen. **Rhachidomorpha** Sauss.

1860 *Polydesmus (R.)*, Saussure in: Mém. Soc. Genève, *v.* 15 p. 326 | 1869 *R.*, A. Humbert & Saussure in: Verh. Ges. Wien, *v.* 19 p. 682 | 1872 *R.*, Saussure & A. Humbert in: Miss. Mex., *v.* 6 II Myr. p. 37 | 1898 *R.*, Attems in: Denk. Ak. Wien, *v.* 67 p. 410 | 1903 *Rhachis (Microrhachis)*, J. Carl in: Rev. Suisse Zool., *v.* 11 p. 556 | 1909 *Rhachidomorpha*, Pocock in: Biol. Centr.-Amer., Diplop. p. 171.

20 Segmente. Porenverteilung ?. Rücken flach, Seitenflügel in dornförmige Spitzen ausgezogen und mehr oder weniger in die Höhe gehoben, Vorder- und Seitenrand zu einem Bogen verschmolzen. Poren in einem länglichen Grübchen des Seitenrandes. Prozoniten lang, die hintereinander folgenden Seitenflügel daher weit voneinander entfernt. Antennen lang und schlank. Gonopoden (für *R. adunca;* die des Typus nicht bekannt): Hüfte und Telopodit gelenkig miteinander verbunden, Telopodit breit und gedrungen, mit großer runder Samengrube, aus der eine Samenrinne auf einen schlanken geißelförmigen Rinnenast zieht. Außer dem Rinnenast ein breiter großer Ast, der bis zum Ende beborstet ist und wohl einen Praefemurfortsatz vorstellt.

Mexico.

2 sichere und 1 unsichere Art.

Typus: *R. tarasca* Sauss.

Übersicht über die Arten:

{ Seitenflügel stark in die Höhe gehoben, spitz dornförmig . . 1. **R. tarasca**
{ Seitenflügel nur mäßig in die Höhe gehoben mit stark gerundetem Vorderrand . . . . 2. **R. adunca**

1. **R. tarasca** Sauss. 1860 *Polydesmus (Rhachidomorpha) tarascus*, Saussure in: Mém. Soc. Genève, *v.* 15 p. 327 t. 4 f. 24 | 1909 *Rhachidomorpha tarasca*, Pocock in: Biol. Centr.-Amer., Diplop. p. 175.

Länge 21 mm. Schlank, die Prozoniten lang, die Seitenflügel daher weit voneinander getrennt. Antennen sehr lang und schlank. Halsschild halbmondförmig mit sehr spitzen, nach hinten gerichteten Seiten. Seitenflügel schmal und sehr spitz, stark in die Höhe gerichtet (Fig. 667). Vorderrand mit Randsaum, der in der Mitte mit einem kleinen Zähnchen abbricht. Poren auf dem Vorderrand nicht weit von der Spitze. Glatt und glänzend, Metazoniten mit einer gebogenen Querfurche. Männchen unbekannt.

Mexico: Warme Zone, Cordova.

2. **R. adunca** (Humb. & Sauss.) 1869 *Polydesmus uncinatus*, A. Humbert & Saussure (nec Peters 1864) in: Rev. Mag. Zool., ser. 2 *v.* 21 p. 152 | 1872 *P. (Rhachidomorpha) u.* + *P. aduncus*, Saussure & A. Humbert in: Miss. Mex., *v.* 6 II Myr. p. 38 t. 1 f. 14; p. 148 | 1903 *Rhachis (Microrhachis) uncinata*, J. Carl in: Rev. Suisse Zool., *v.* 11 p. 556 t. 16 f. 15 | 1909 *Rhachidomorpha adunca*, Pocock in: Biol. Centr.-Amer., Diplop. p. 175.

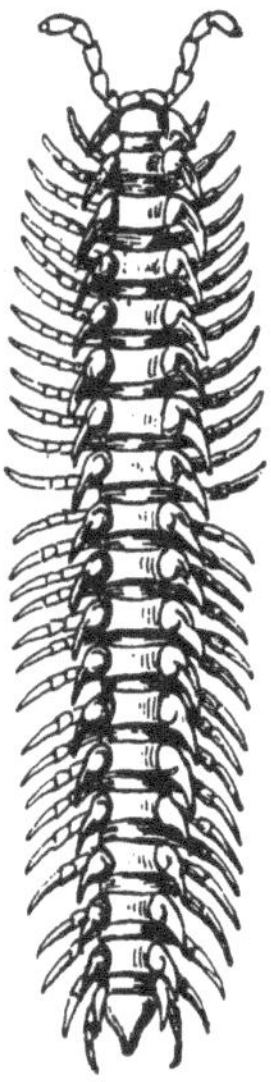

Fig. 667.
Rhachidomorpha tarasca Sauss.
(Saussure, 1860).

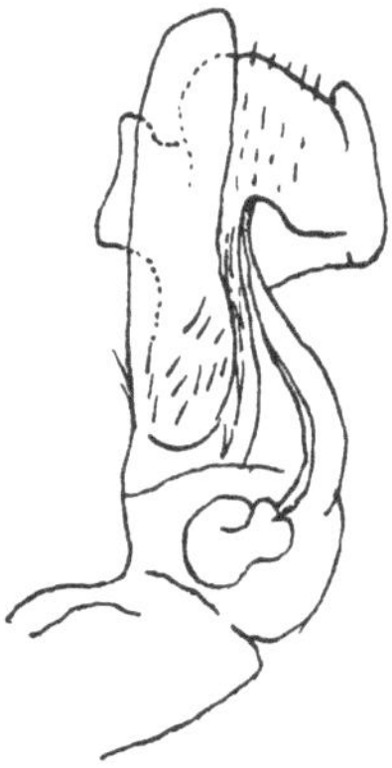

Fig. 668.
Rhachidomorpha adunca (Humb. & Sauss.).
Gonopode (J. Carl, 1903).

Cochenillerot, getrocknet weiß. Länge 21 mm, Breite 2,8 mm. Schlank. Rücken flach, Seitenflügel ein wenig über die Höhe der Rückenmitte erhoben, sehr schmal, das Hintereck je weiter caudal um so spitzdorniger, der Vorderrand gesäumt, mit einem kleinen Zähnchen im Vordereck. Poren klein, auf dem Hintereckzahn. Glatt und glänzend, Metazoniten vom 5. an mit einem Quereindruck. Gonopoden (Fig. 668): Hüfte schwach entwickelt. Telopodit tief herab gespalten in einen schlanken geißelförmigen Rinnenast und einen aus 2 Lamellen bestehenden großen Ast, der wohl als Praefemurfortsatz zu deuten ist, so daß ein Femur und Tibiotarsus nicht mehr zu unterscheiden sind.

Mexico: Monte Azul, Cerro de Azcamela, Sierra de Agua, Ost-Cordilleren.

Unsichere Art:

R. rosascens (F. Brandt) 1841 *Polydesmus r.*, J. F. Brandt, Recu. Mém., p. 130 | 1847 *P. r.*, P. Gervais in: Walckenaer & Gervais, Hist. Apt., *v.* 4 p. 113 | 1872 *P. (Rhachidomorpha) r.*, Saussure & A. Humbert in: Miss. Mex., *v.* 6 II Myr. p. 38.

Beschreibung ganz ungenügend und die Stellung hier nur Vermutung.

Brasilien.

5. Gen. **Pararhachistes** Poc.

1909 *P.*, Pocock in: Biol. Centr.-Amer., Diplop. p. 177.

20 Segmente. Poren auf den Segmenten 5, 7, 9, 10, 12, 13, 15—19. Gonopoden: Hüfte und Telopodit gelenkig miteinander verbunden, Hüfte kurz und breit. Beborsteter Teil des Telopodit, Praefemur, relativ kurz und deutlich gegen eine große mehrzackige Lamelle, Praefemurfortsatz ?, abgegrenzt und einen schlanken geißelförmigen Rinnenast tragend. Seitenflügel groß, hoch angesetzt, horizontal, oder mehr oder weniger erhoben, ausgenommen die vordersten nicht aneinanderschließend, Seitenrand wulstig verdickt, glatt, mit einem kleinen Zähnchen im Vordereck, Hinterecken des 17.—19. kurz zackig. Metazoniten glatt. Sternite breiter als lang. Schwänzchen kegelig. Beine lang.

Mexico.

2 Arten.

Typus: *P. elevatus* Poc.

Übersicht über die Arten:

Die ersten 4 Seitenflügel stark gehoben und den Hinterrand der Rückenmitte weit überragend	1. **P. elevatus**
Die ersten 4 Seitenflügel nur wenig gehoben und den Hinterrand kaum überragend	2. **P. vertebratus**

1. **P. elevatus** Poc. 1909 *P. e.*, Pocock in: Biol. Centr.-Amer., Diplop. p. 178 t. 13 f. 7, t. 14 f. 1.

Blaß olivgrün, Beine und Antennen gelb. Länge ♂ 25 mm, ♀ 29 mm, Breite ♂ 2,8 mm, ♀ 3 mm, schlank. Seitenflügel 1—4 schräg nach oben und hinten gerichtet, fast wie bei *Rhachidomorpha tarasca*, die des 5. und der hintersten Segmente weniger gehoben, die anderen horizontal, Vorderrand konvex, Vordereck breit gerundet, Hintereck stumpf gerundet, Seitenränder des 2.—5. nach hinten konvergierend, die der mittleren Segmente viel kleiner als die der vorderen und etwas kleiner als die der Segmente 16 und 17. Poren lateral gerichtet, Rücken der Metazoniten glatt mit verwischter Querfurche. Flanken glatt (Fig. 669).

Fig. 669. **Pararhachistes elevatus** Poc. Gonopode (Pocock, 1909).

Mexico: Omilteme in Guerrero.

2. **P. vertebratus** Poc. 1909 *P. v.*, Pocock in: Biol. Centr.-Amer., Diplop. p. 178 t. 13 f. 6.

Länge 30 mm, Breite 3 mm. In Größe, Farbe und Gestalt dem *P. elevatus* nahe verwandt, aber die ersten 4 Seitenflügel nur leicht gehoben und viel weniger nach hinten gezogen, die Vorderecken der übrigen weniger gerundet, die Hinterecken schärfer.

Mexico: Amula in Guerrero.

6. Gen. **Aceratophallus** Carl

1902 *A.*, J. Carl in: Rev. Suisse Zool., *v.* 10 p. 608 | 1909 *A.*, Pocock in: Biol. Centr.-Amer., Diplop. p. 182.

20 Segmente. Poren auf den Segmenten 5, 7, 9, 10, 12, 13, 15—19. Gonopoden: Hüfte und Telopodit gelenkig verbunden, Hüften kurz und

gedrungen, durch eine Brücke miteinander verbunden, Praefemur und Femur ohne Grenze miteinander verschmolzen, ein kurzer Rinnenast vorhanden, ein Tibiotarsus fehlt völlig. Die Medialseite des Telopodit ist grubig eingesenkt und beborstet, eine scharf begrenzte Samengrube nicht ausgebildet. Von der Einsenkung zieht eine Samenrinne bis zum Ende des Rinnenastes. Rücken flach, Seitenflügel hoch angesetzt, breit und lang, länger als die Rückenmitte der Metazoniten; die aufeinanderfolgenden Seitenflügel eng aneinanderschließend oder sogar etwas sich überdeckend, Seitenrand wulstig verdickt. Poren ganz seitlich, ihre Umgebung nicht besonders abgeschnürt. Rücken glatt oder mit schwacher Skulptur. Sternite breiter als lang, dicht beborstet. Schwänzchen kurz zugespitzt, unterseits hohl, Schuppe stumpf 3eckig.

Costa Rica.

3 Arten.

Typus: *A. unicolor* Carl.

Übersicht über die Arten:

1 { Der Praefemurfortsatz des Gonopoden überragt den Rinnenast um ein gutes Stück . . . . 3. **A. dux**
Praefemurfortsatz und Rinnenast gleich lang — 2

2 { Praefemurfortsatz schlank zugespitzt. Rinnenast relativ schlank, S-förmig gebogen, am Ende abgerundet . . . . 1. **A. unicolor**
Praefemurfortsatz breit und gerundet mit einer zugespitzten Lamelle. Rinnenast breiter, das Ende durch eine runde Bucht in einen runden Lappen und den eigentlichen Rinnenast geteilt . . . . 2. **A. lamellifer**

1. **A. unicolor** Carl 1902 *A. u.*, J. Carl in: Rev. Suisse Zool., *v.* 10 p. 609 t. 11 f. 35, 36 | 1909 *A. u.*, Pocock in: Biol. Centr.-Amer., Diplop. p. 182 t. 14 f. 2.

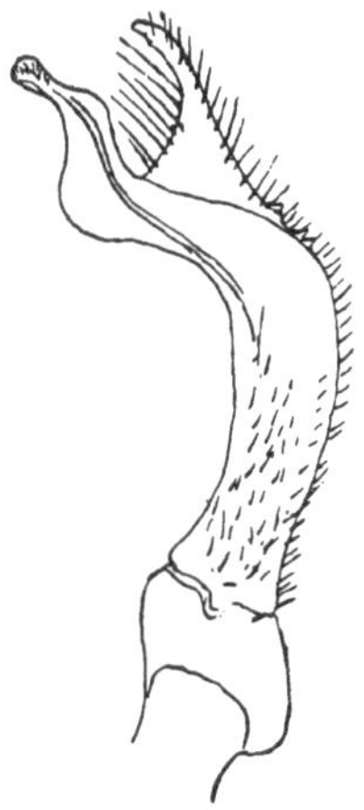

Fig. 670. **Aceratophallus unicolor** Carl. Gonopode (J. Carl, 1902).

Einfarbig wachsgelb, Antennen und Endglieder der Beine etwas heller. Länge 30—33 mm, Breite 5,5 mm, breit und plump. Kopf inkl. Scheitel dicht kurz weiß beborstet. Vorderrand des Halsschildes gebogen, Hinterrand 3mal eingebuchtet, Seiten stumpf. Rücken schwach gewölbt, Seitenflügel leicht abfallend mit parallelen, wulstigen Seitenrändern und senkrecht dazu gestelltem Vorder- und Hinterrand. Hintereck bis zum 13. rechtwinklig, dann zackig, Hinterrand S-förmig gebogen. Rücken glänzend, äußerst fein lederartig gerunzelt, in der Mitte fast glatt. Keine Querfurche. Flanken gleichmäßig granuliert. Prozoniten glatt. Sternite breiter als lang, glatt, dicht fein behaart. Beine mäßig lang, alle Glieder besonders unten dicht beborstet. Tarsus mit einer Bürste glatter flacher Borsten. Gonopoden (Fig. 670): Hüfte kurz zylindrisch. Das Telopodit ist ein flach gekrümmter Zylinder, der sich gegen das Ende verbreitert und in 2 ungefähr gleich lange Äste ausgeht, einen äußeren hornförmigen, bis kurz vor der Spitze mit Reihen langer steifer Borsten und einigen Chitinstacheln versehenen Ast, den Fortsatz des Praefemur, und einen inneren, mit einem löffelförmigen Gebilde endigenden unbeborsteten Rinnenast. Die Innenfläche des Telopodit ist der Länge nach grubenartig eingesenkt und mit langen feinen Borsten besetzt; in dieser Einsenkung verliert sich die vom Rinnenast herunterlaufende breite Samenrinne.

Costa Rica: San José.

2. **A. lamellifer** Bröl. 1905 *A. unicolor l.*, Brölemann in: Ann. Soc. ent. France, *v.* 74 p. 346 t. 8 f. 1—5 | 1909 *A. l.*, Pocock in: Biol. Centr.-Amer., Diplop. p. 183.

Gelbbraun bis rötlichbraun. Länge 20,5—34 mm, Breite 4—4,9 mm. Kopf bis über die Antennen hinaus dicht beborstet, Scheitel kahl bis auf 2 lange Borsten zu jeder Seite der Scheitelfurche. Halsschild so breit wie das 2. Tergit, Hinterrand nur in der Mitte eingebuchtet, in ziemlich spitzem Winkel mit dem wulstig gesäumten Vorder-Seitenrand zusammenstoßend. Hinter dem abgerundeten Vordereck des Seitenflügels ein winziges Zähnchen, Hinterrand bis über die Körpermitte hinaus quer zur Längsachse, dann immer mehr schräg, Hintereck auf den letzten Segmenten ein sehr langer spitzer Zahn. Rückenmitte glatt, Oberseite der Seitenflügel dicht und fein granuliert, hie und da ein Borstenhöckerchen. Flanken ziemlich dicht grob granuliert. Gonopoden (Fig. 671): Praefemurfortsatz und Rinnenast gleich lang. Vom breit abgerundeten Ende des Praefemurfortsatzes löst sich eine zugespitzte Lamelle ab, die das runde Ende nur wenig überragt. Der Rinnenast ist breit, gegen das Ende zu etwas verbreitert und hier durch eine runde Bucht in einen runden Lappen und den eigentlichen Rinnenast mit der Samenrinne geteilt, dessen Ende wieder etwas verbreitert und fein gefranst ist. Die ganze Außenseite des Praefemur ist bis zum abgerundeten Ende gleichmäßig dicht starr beborstet, dagegen ist der Grund so gut wie unbeborstet. Die undeutlich begrenzte Einsenkung der Medialseite ist beborstet.

Costa Rica: San José, Tilaran, Bebeden.

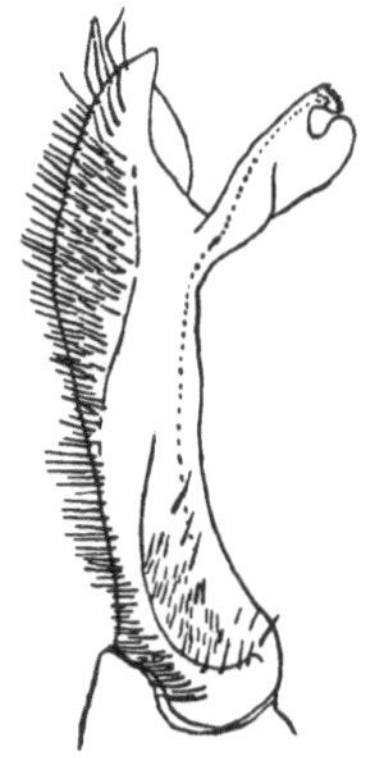

Fig. 671.
Aceratophallus lamellifer Bröl.
Gonopode (Brölemann, 1905).

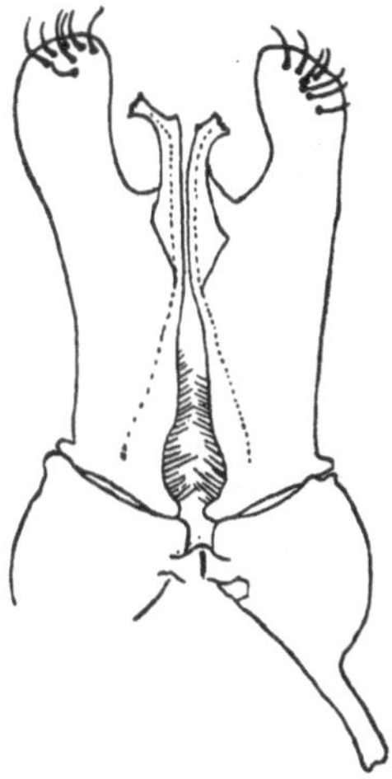

Fig. 672.
Aceratophallus dux Chamb.
Gonopoden.

3. **A. dux** Chamb. 1914 *A. d.*, Chamberlin in: Tr. Amer. ent. Soc., *v.* 40 p. 193 t. 2 f. 11.

Rückenmitte erdbraun, die ganzen Seitenflügel und die Beine ockerfarben. Länge 25—31 mm, Breite 3,6—5 mm, Clypeus zerstreut beborstet, zu jeder Seite der Scheitelfurche 2 borstentragende Grübchen. Hinter dem abgerundeten Vordereck der Seitenflügel ein winziges Zähnchen. Seitenrandwulst scharf gegen die übrige Fläche abgesetzt, auf den porentragenden nur wenig dicker als auf den porenlosen. Hintereck erst auf den letzten Segmenten als immer länger werdender Zahn den Hinterrand überragend. Glänzend, die Rückenmitte fein lederartig runzelig, die Oberseite der Seitenflügel dicht und fein granuliert. Sternite dicht und lang beborstet. Gonopoden (Fig. 672): der Praefemurfortsatz ist sehr breit, ganz abgerundet und trägt auf der Vorderseite eine Gruppe hakiger Borsten. Der relativ schlanke Rinnenast ist nach außen gebogen und wird vom Praefemurfortsatz um ein gutes Stück überragt; sein Endrand ist in kleine Läppchen eingeschnitten. Die grubig eingesenkte Medialseite des Telopodit ist bis etwa zur Mitte mit zarten Borsten besetzt.

Costa Rica: Juan Vinas, Acajutla, San Salvador.

7. Gen. **Zeuctodesmus** Poc.

1909 *Z.*, Pocock in: Biol. Centr.-Amer., Diplop. p. 185.

20 Segmente, Körper breit. Poren auf den Segmenten 5, 7, 9, 10, 12, 13, 15—19, nahe dem Rande und dem Hintereck. Gonopoden sehr klein, Hüfte und Telopodit starr miteinander verbunden, Praefemur lang, ohne Samengrube; Telopodit am Ende in 2 Äste geteilt, von denen der eine beborstet ist, Praefemoralfortsatz, der andere der Rinnenast ist. Gonopodenöffnung quer oval, ohne medianen Vorsprung. Seitenflügel groß, breit und lang übereinandergreifend, Hintereck je weiter caudal um so spitzer, Vorder- und Seitenrand schmal wulstig gesäumt, die Umgebung der Poren ein wenig verdickt. Sternite mäßig breit und lang, 5.—19. mit 4 spitzkegeligen Fortsätzen. Beine mäßig lang. Schwänzchen kegelig.

Mexico.

Typus und einzige Art:

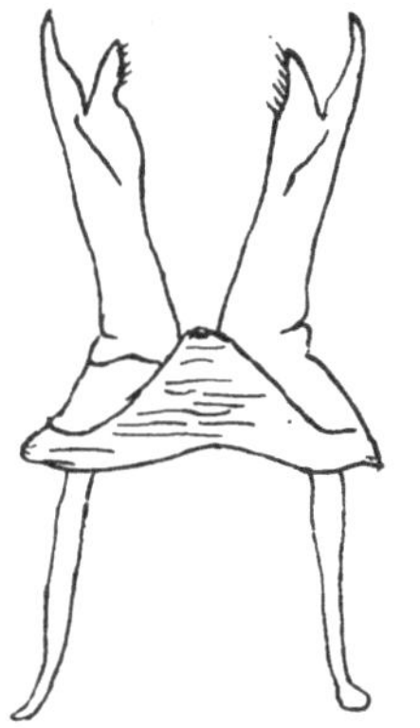

Fig. 673. **Zeuctodesmus caeruleus** Poc. Gonopoden (Pocock, 1909).

1. **Z. caeruleus** Poc. 1909 *Z. c.*, Pocock in: Biol. Centr.-Amer., Diplop. p. 186 t. 14 f. 5.

Heller oder dunkler preußischblau mit einem gelben Fleck auf der Oberseite der Seitenflügel. Kopf und Antennen schwärzlich. Labrum, Beine und Sternite rostrot, die Beine manchmal grünlich. Länge ♂ 25 mm, ♀ 27 mm, Breite ♂ 7 mm, ♀ 7,5 mm. Rückenmitte glatt, Seitenflügel granuliert (Fig. 673).

Mexico, Amula in Guerrero.

8. Gen. **Holistophallus** Silv.

1909 *H.*, Silvestri in: Boll. Mus. Torino, *v.* 24 nr. 615 p. 2.

20 Segmente. Porenformel normal. Gonopoden in einer Grube liegend, Hüfte und Telopodit starr miteinander verbunden. Keine Samengrube. Ein mehr oder weniger deutlich abgegliederter Ast entspricht wahrscheinlich einem Acropodit. Gonopodenöffnung durch einen vorderen medianen Vorsprung in 2 kreisrunde Löcher geteilt. 2. Antennenglied das längste, 3., 5. und 6. Glied gleich lang. Halsschild viel breiter als der Kopf. Seitenflügel groß, breit,

aneinanderschließend, schwach abfallend, glattrandig, der Seitenrand schmal wulstig gesäumt. Sternite nicht sehr breit, beborstet, neben der Basis der vorderen Beine etwas aufgetrieben, neben den hinteren fast kegelig. Analsegment konisch. Beine lang, schlank, Tarsus des 1.—5. Paares des Männchens mit Bürste.

Mexico.

Typus und einzige Art:

1. **H. peregrinus** Silv. 1909 *H. p.*, Silvestri in: Boll. Mus. Torino, *v.* 24 nr. 615 p. 4 f. I—III, 1, 2.

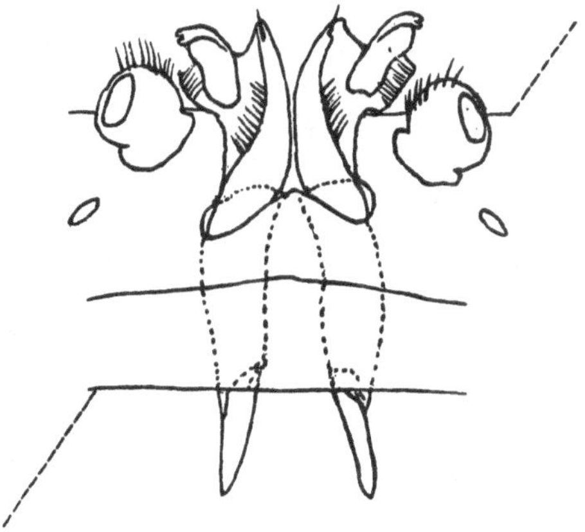

Fig. 674.
Holistophallus peregrinus Silv. Gonopoden (Silvestri, 1909).

Schieferfarben, Medianteil der Metazoniten, hinterer Seitenteil der Seitenflügel, Kopf, Bauch und Beine gelblichweiß. Länge 36 mm, Breite 8,5 mm, Prozonit 4,1 mm. Rücken glatt. Vordereck der Seitenflügel abgerundet. Hintereck spitz, besonders die hintersten breit 3eckig. Ende des Gonopoden 3ästig, der eine der Äste ist breit lamellös und scheint an der Basis abgegliedert zu sein; die beiden anderen sind kurze Lamellen, die eine basal zurückgebogen (Fig. 674).

Mexico: Tabasco.

9. Gen. **Atopogonus** Carl

1926 *A.*, J. Carl in: N. Caledonia, *v.* 4 III p. 386.

20 Segmente. Poren auf den Segmenten 5, 7, 9, 12, 13, 15—19. Körper rund mit stark gewölbtem Rücken, 2. Segment mit Seitenleisten, die anderen Segmente ohne solche. Halsschild, Metazoniten und Analsegment dicht grob granuliert, auf jedem Granulum ein Börstchen. Antennen kurz und dick. Sternite sehr schmal mit tiefer Kreuzfurche. Schwänzchen dick zylindrisch. Gonopoden: Hüften auf einer kurzen Strecke miteinander verbunden, Telopodit in der Verlängerung der Hüfte liegend und auf derselben wenig beweglich eingelenkt, in sich ungegliedert, ohne Samengrube und ohne Samenrinne. Ein basalwärts gerichteter Teil entspricht wohl einem Tibiotarsus.

Neu-Caledonien.

Typus und einzige Art:

1. **A. baccatus** Carl 1926 *A. b.*, J. Carl in: N. Caledonia, *v.* 4 III p. 387 f. 20—28.

Trübgelb. Länge 15 mm, Breite 2 mm. Kopf mit Ausnahme des Clypeus dicht fein granuliert. Antennen sehr kurz, 6. Glied das längste. Das 2. Tergit springt seitlich mit einem gerundeten, scharfrandigen Lappen schräg gegen die Backen vor und bildet dadurch eine Art Seitenflügel (Fig. 675), die anderen Segmente ohne solche, an ihrer Stelle eine Reihe größerer Körner. Metazoniten sehr dicht grob granuliert, die Granula auf der Rückenmitte gleichmäßig, in den Seiten groß und klein, auf den größeren eine kurze flache, nach hinten gekrümmte Borste. Zwischen den Granula dichte, kleine,

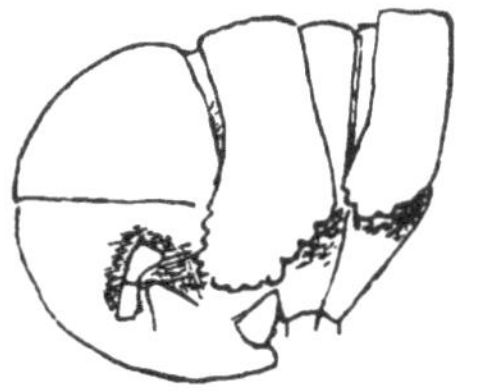

Fig. 675.
Atopogonus baccatus Carl.
Vorderende von der Seite (J. Carl, 1926).

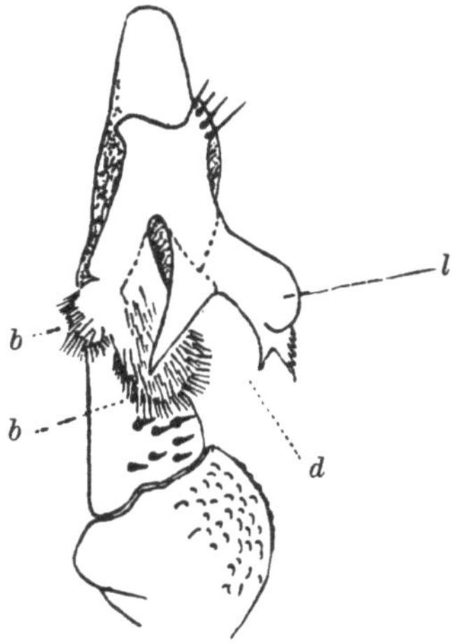

Fig. 676.
Atopogonus baccatus Carl.
Gonopode (J. Carl, 1926).

runde Grübchen. Flanken der vorderen und hintersten Segmente deutlich granuliert, der mittleren fast glatt. Gonopoden (Fig. 676): das Telopodit besteht aus einem bandförmigen Stamm, der am Ende, von außen betrachtet, Löffelform annimmt und von welchem in scharfem Winkel ein basalwärts gerichtetes, gegabeltes Endstück abgeht; von den beiden Gabelästen teilt sich der eine in 2 am Rande fein zerschlitzte Bänder *(b, b)*, der andere in eine starke Dornspitze *(d)* und einen flachen, ebenfalls mit Spitzen besetzten Lappen *(l)*. An der Stelle der scharfen Knickung stehen einige längere Borsten und am Grunde des Telopodit lateral einige winzige Stiftborsten.

Neu-Caledonien: Gipfel des Mt. Humboldt, 1600 m, Mt. Canala, Ignambi Wald.

10. Gen. **Strongylodesmus** Sauss.

1859 *S.*, Saussure in: Linn. ent., *v.* 13 p. 327 | 1860 *S.*, Saussure in: Mém. Soc. Genève, *v.* 15 p. 337 | 1898 *S.*, Attems in: Denk. Ak. Wien, *v.* 67 p. 412 | 1909 *S.*, Pocock in: Biol. Centr.-Amer., Diplop. p. 172.

20 Segmente. Poren auf den Segmenten 5, 7—19. Gonopoden: Hüfte und Telopodit deutlich gegeneinander abgesetzt, ob gelenkig ist fraglich. Telopodit kurz und dick, der Hauptmasse nach aus dem großen bis zum Ende beborsteten Praefemur bestehend, das Femur und der Rinnenast ohne Grenze mit dem Praefemur verschmolzen, vom Tibiotarsus keine Spur. Am Grunde des Telopodit eine große, runde, ziemlich scharf begrenzte Samengrube, von der die Samenrinne ausgeht, die auf einen schlanken Rinnenast übergeht. Rücken flach, Seitenflügel groß, hoch angesetzt, horizontal, Seitenrand wulstig verdickt, auf den porenlosen Segmenten ringsum schmal gesäumt. Hintereck nur auf den Segmenten 17—19 breit zahnförmig und

spitz. Antennen lang und schlank. Halsschild so breit wie das 2. Tergit. Sternite breiter als lang. Schwänzchen kegelig. Beine sehr lang und schlank.

Mexico.

2 Arten.

Typus: *S. cyaneus* Sauss.

Übersicht über die Arten:

Am Grunde des Rinnenastes keine Zähne, der Rinnenast ist schlank und nach hinten geklappt	1. **S. cyaneus**
Am Grunde des Rinnenastes 2 kurze Zähne, der Rinnenast ist eine einwärts gekrümmte Sichel	2. **S. geddesi**

1. **S. cyaneus** Sauss. 1859 *S. c.*, Saussure in: Linn. ent., *v.* 13 p. 327 | 1860 *S. c.*, Saussure in: Mém. Soc. Genève, *v.* 15 p. 337 t. 3 f. 20 | 1898 *S. c.*, Attems in: Denk. Ak. Wien, *v.* 67 p. 413 | 1903 *S. c.*, J. Carl in: Rev. Suisse Zool., *v.* 11 p. 555 t. 16 f. 10, 11 | 1909 *S. c.*, Pocock in: Biol. Centr.-Amer., Diplop. p. 173.

Farbe im Leben azurblau oder grünlich, im Alkohol weingrün. Länge 47 mm, Breite 7 mm. Rücken flach, Seitenflügel hoch angesetzt, horizontal, ziemlich weit voneinander entfernt. Halsschild sehr kurz, so breit wie das 2. Tergit, seitlich nicht zugespitzt, mit 4 Rändern. Seitenflügel 2—6 rechtwinklig, 7—14 mit abgerundetem Vordereck und rechtwinkligem Hintereck, 15.—18. mit immer längerem und spitzerem Hintereck. Poren auf der Oberseite auf rautenförmigen Buckeln. Vordere Segmente und Seitenflügel der folgenden sehr fein granuliert. Gonopoden (Fig. 677): Hüfte kurz und gedrungen, am Ende nur mit wenigen kurzen Borsten. Der dicke Zylinder des Telopodit, d. i. Praefemur und ohne Grenze damit verwachsenes Femur, setzt sich in einen dünnen, kurzen, basalwärts umgeschlagenen Rinnenast fort.

Mexico: Ost-Cordilleren, Orizaba, Moyoapan.

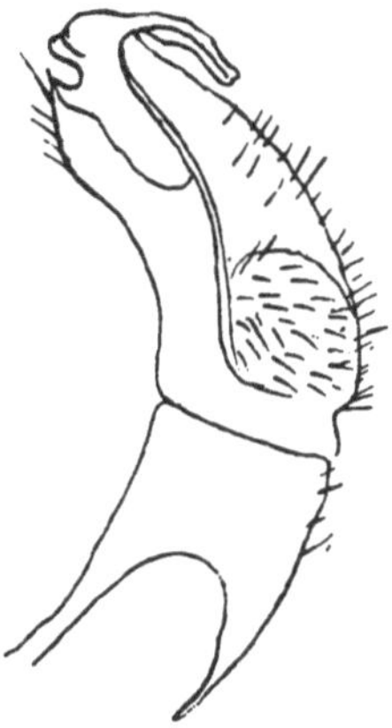

Fig. 677.
Strongylodesmus cyaneus Sauss.
Gonopode (J. Carl, 1903).

2. **S. geddesi** Poc. 1909 *S. g.*, Pocock in: Biol. Centr.-Amer., Diplop. p. 173 t. 13 f. 5.

Kopf samt Antennen und Rumpf blaß olivgrün, Seitenflügel und Beine

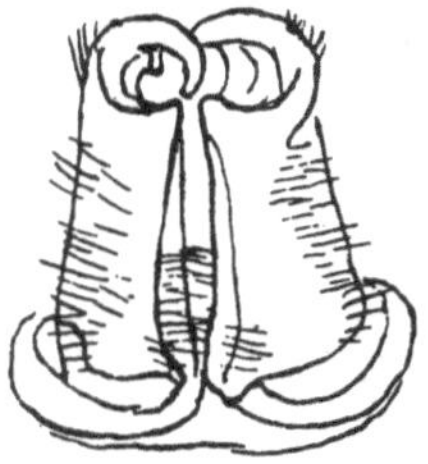

Fig. 678.
Strongylodesmus geddesi Poc.
Gonopoden (Pocock, 1909).

gelb. Länge 41 mm, Breite 5 mm. Rücken flach, Seitenflügel hoch angesetzt, horizontal, Vordereck gerundet mit einem kleinen Zähnchen, Vorder- und Hinterrand des 2.—16. konvex, Hintereck anfangs rechtwinklig, vom 7. an kurzzackig, das 18. und 19. 3eckig dornförmig. Rücken der Metazoniten gleichmäßig dicht granuliert mit Ausnahme der Seitenflügelränder und Wülste; längs des Hinterrandes der Rückenmitte eine undeutliche Querreihe kleiner Tuberkeln. Flanken granuliert, Prozoniten glatt. Gonopoden (Fig. 678): Telopodit kurz und dick, am Ende schalenförmig ausgehöhlt, am Rande der Höhlung 2 kleine dornförmige Zähnchen; der Rand setzt sich in einen großen, breiten, im Halbkreis medianwärts gekrümmten Rinnenast fort.

Mexico.

11. Gen. **Duoporus** O. F. Cook

1901 *D.*, O. F. Cook in: P. ent. Soc. Washington, *v.* 4 p. 403.

Segmentzahl ?. Poren nur auf dem 5. Segment. Rücken stark gewölbt, glatt. Seitenflügel mäßig breit, in der Mitte angesetzt, glattrandig, schmal gesäumt, der Hinterrand eingebuchtet, das Hintereck lang und spitz. Sternite glatt, mit 4 Spitzkegeln. Die männlichen Genitaldrüsen münden auf langen spitzen Kegeln der Hüfte des 2. Beinpaares. Gonopoden: Hüfte und Telopodit scheinen gelenkig miteinander verbunden zu sein, das Telopodit ist eine einfache Sichel, im übrigen sind die Gonopoden noch unbekannt und die Stellung der Gattung hier nur Vermutung, begründet hauptsächlich durch die Länge der Genitalfortsätze des 2. Beinpaares des Männchens.

Mexico.

Typus und einzige Art:

1. **D. baretti** O. F. Cook 1901 *D. b.*, O. F. Cook in: P. ent. Soc. Washington, *v.* 4 p. 404 | 1909 *D. b.*, Pocock in: Biol. Centr.-Amer., Diplop. p. 172.

Blaß purpurfarben. Länge 12—14 mm, Breite 1,9—2 mm. Die übrige Beschreibung nichtssagend, keine Abbildungen.

Mexico: Cuernavaca.

12. Gen. **Pammicrophallus** Poc.

1909 *P.*, Pocock in: Biol. Centr.-Amer., Diplop. p. 183.

Segmentzahl ?. Porenformel ?. Gonopodenöffnung sehr klein, Stützen sehr lang und schmal. Hüfte und Telopodit in einer Linie liegend und mehr oder weniger starr verbunden, Telopodit schlank, transversal ungegliedert, ob eine Samengrube vorhanden ist, geht weder aus der Beschreibung noch den Abbildungen hervor. Seitenflügel groß, seitlich wulstig verdickt, Vorder- und Hinterrand nicht schulterartig vortretend.

Mexico.

2 Arten.

Typus: *P. ornatus* Poc.

Übersicht über die Arten:

Gonopodentelopodit schlank, mit 2 schlanken, ungefähr gleich langen Ästen endigend. Ränder der Gonopodenöffnung vorn und hinten erhoben	1. **P. ornatus**
Gonopodentelopodit seitlich verbreitert, das Ende zusammengedrückt und einfach. Gonopodenöffnung nur hinten erhoben	2. **P. pictus**

1. **P. ornatus** Poc. 1909 *P. o.*, Pocock in: Biol. Centr.-Amer., Diplop. p. 184 t. 14 f. 3.

Dunkelbraun oder bläulich, die Seitenflügel und meist auch ein medianer Fleck gelb. Länge ♂ 18 mm, ♀ 25 mm, Breite ♂ 4 mm, ♀ 4,2 mm. Halsschild so breit wie das 2. Tergit. Seitenflügel gut entwickelt, nur die vordersten übereinandergreifend, horizontal hinten etwas in die Höhe gerichtet, Hintereck des 2. und 3. abgerundet, die weiteren mehr und mehr vorgezogen, aber alle stumpf, Vorderrand gerade, immer mehr etwas schräg nach hinten, aber nie stark, Vordereck stumpf gerundet mit einem kleinen Zähnchen. Rücken glatt und glänzend, Flanken fast glatt. Gonopodenöffnung klein, unregelmäßig querelliptisch, der Vorder- und Hinterrand erheblich erhoben. Gonopoden (Fig. 679) sehr kurz und schlank, am Ende verjüngt und leicht hakig, vor der Spitze hinten ein kleiner Zahn, manchmal 2 kleinere Zähnchen.

Mexico: Omilteme in Guerrero.

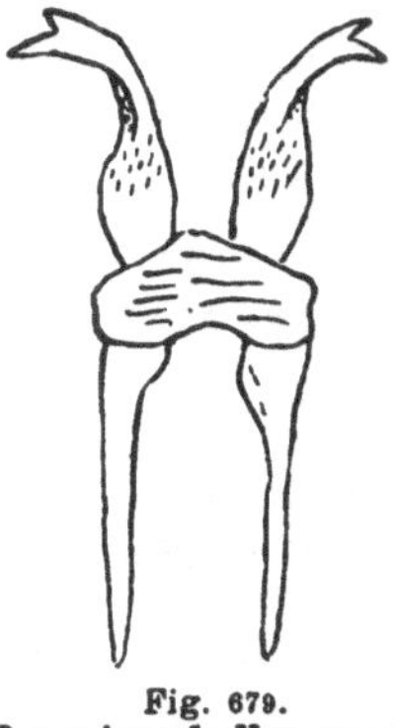

Fig. 679. **Pammicrophallus ornatus** Poc. Gonopoden (Pocock, 1909).

2. **P. pictus** Poc. 1909 *P. p.*, Pocock in: Biol. Centr.-Amer., Diplop. p. 185 t. 14 f. 4.

Farbe wie bei *P. ornatus*, aber die Antennen dunkler. Länge ♂ 22 mm, ♀ 23,5 mm, Breite ♂ 4 mm, ♀ 4,5 mm. Auch in der Gestalt dem *P. ornatus* gleichend, aber die Seitenflügel größer und ihr Rand weniger verdickt. Rand der Gonopodenöffnung nur hinten erhoben. Telopodit des Gonopoden sehr breit durch einen lamellösen Keil jederseits, das Ende ist nach außen und vorn gerichtet und endet mit einer Spitze.

Mexico: Omilteme in Guerrero.

13. Fam. **Macellolophidae** Verh.

1931 *M.*, K. W. Verhoeff in: Zool. Jahrb., Syst. *v.* 61 p. 435.

Die Lamellae linguales des Gnathochilarium sind zusammen nur halb so breit wie jeder der Stipites. Die Speichelrinne der Speicheldrüsen liegt nur in den vordersten $^{2}/_{5}$ über der Grenzfurche zwischen Stipes und Lamella lingualis, weiter hinten biegt sie schräg nach außen ab und liegt über dem Stipes. Alle 3 Tasterlappen liegen hinter dem Vorderrand des Gnathochilarium und sind von unten gesehen ober ihm verborgen. Der Zentralzapfen besteht aus 2 gelenkig verbundenen Teilen. Halsschild sehr groß, wie bei den Cryptodesmidae den Kopf überragend. Gonopodenhüften durch einen kleinen Knoten verbunden, mit Hüfthörnchen. Telopodit ohne Tibiotarsalteil, eine unverästelte Sichel.

Spanien.

1 Gattung mit 2 Arten.

1. Gen. **Macellolophus** Verh.

1931 *M.*, K. W. Verhoeff in: Zool. Jahrb., Syst. *v.* 61 p. 438.

20 Segmente. Poren auf den Segmenten 5, 7, 9, 10, 12, 13, 15—18, ziemlich groß, in der Außenkante der Seitenflügel gelegen. Die 3 Tasterpaare *(a, b, c)* des Gnathochilarium liegen über dem Vorderrand der Stipites *(St)* und Lamellae linguales *(Ll)*, bei der Ansicht von unten her verborgen (Fig. 680). Halsschild sehr groß, den Kopf von oben völlig verbergend und überragend. Antennenglieder länger als breit, ohne auffallende Einschnürungen, die Gruppen von Sinnesstäbchen des 5. und 6. Gliedes klein. Seiten-

flügel groß, schräg nach oben gebogen. Metazoniten fein granuliert, in der hinteren Körperhälfte sind einzelne Granula zu Knötchen vergrößert. Sternite ziemlich breit. Gonopodenhüften nur durch einen kleinen Knoten verbunden, ohne Innenfortsätze. Hüfthörnchen typisch ausgebildet. Telopodit einfach gebaut, schlank, ganz unverästelt, ohne Tibiotarsus.

Süd-Spanien.

2 Arten.

Typus: *M. excavatus* Verh.

Übersicht über die Arten:

- Halsschild größer, oben tief schaufelförmig ausgehöhlt. Seitenflügel an der Basis nur wenig eingeschnürt . . . 1. **M. excavatus**
- Halsschild weniger ausgehöhlt, nur an den Seiten aufgekrempt, vorn flach. Seitenflügel an der Basis vorn und hinten stark eingeschnürt . . . . 2. **M. hispanicus**

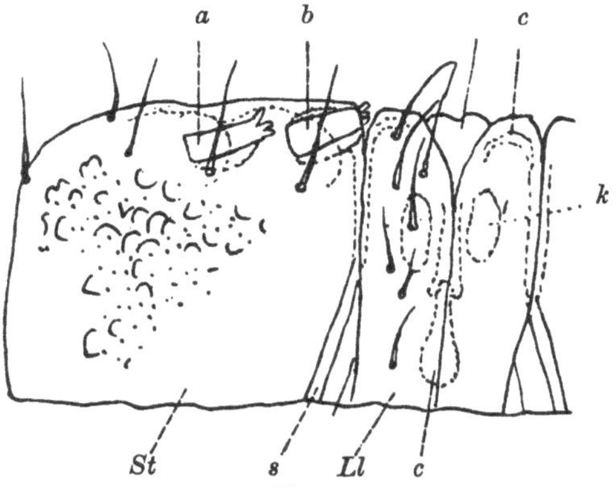

Fig. 680.
Macellolophus excavatus Verh.
Teil des Gnathochilarium (K. W. Verhoeff, 1931). *s* Kanal der Speicheldrüse, *c* Zentralzapfen, *k* Zäpfchenkappe.

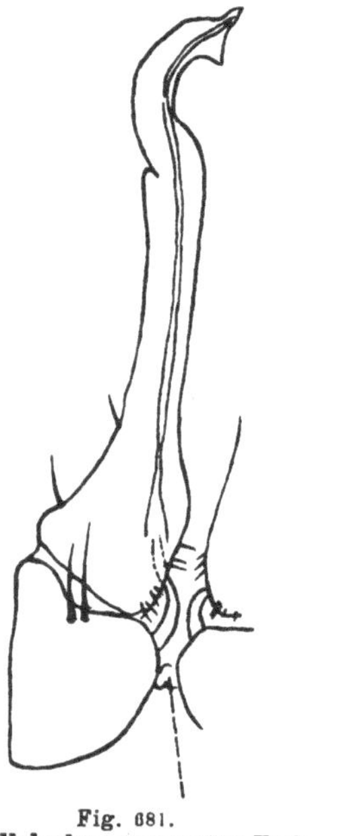

Fig. 681.
Macellolophus excavatus Verh.
Gonopode (K. W. Verhoeff, 1931).

1. **M. excavatus** Verh. 1931 *M. e.*, K. W. Verhoeff in: Zool. Jahrb., Syst. *v.* 61 p. 439 t. 7 f. 38—42, t. 8 f. 43—45.

Bräunlich, die Seitenflügel gelbbraun. Länge ♂ 21—22 mm, ♀ 25,5 bis 27 mm, Halsschild 3,4 mm breit. Halsschild fast dreimal so lang wie die folgenden Seitenflügel, mit fast rechtwinkligen Hinterecken, oben tief schaufelartig ausgehöhlt, vorn hutartig weit über den Kopf vorragend. Seitenflügel schräg nach oben gebogen in einer von hinten nach vorn zunehmenden Stärke, die des 2. Segmentes in einem Winkel von 50⁰. Hinterecken 2—8 stumpfwinklig, die weiteren rechtwinklig, 16.—18. 3eckig nach hinten vortretend, die des 19. abgerundet und etwas divergierend, vom Analsegment überragt. Rücken matt, fein granuliert und gerunzelt, in der Mitte gröber, in der hinteren Körperhälfte sind einzelne Granula zu Knötchen vergrößert, so 4 hinter der Mitte und 2 oder 4 vor der Mitte der Metazoniten. An vielen Stellen ist die Oberfläche mit einem feinen Gerinnsel bedeckt. Analsegment abgeplattet schaufelförmig Schuppe gerundet. Gonopodenöffnung querelliptisch, außen von einem Wulst flankiert. Telopodit ganz ungegliedert, Praefemur reichlich beborstet, ohne jeden Absatz, in den folgenden Teil mit wenigen langen Borsten übergehend. Das Endstück ist ein bogig medialwärts gekrümmter Rinnenast, vor dem spitzen Ende 3eckig erweitert (Fig. 681).

Süd-Spanien: Zabernes.

2. **M. hispanicus** Verh. 1931 *M. h.*, K. W. Verhoeff in: Zool. Jahrb., Syst. *v.* 61 p. 441.

Dem *M. excavatus* sehr ähnlich, von dem er sich hauptsächlich durch den Halsschild unterscheidet, der viel weniger ausgehöhlt, nur an den Seiten aufgekrempt, vorn flach ist. Der vordere Abfall gegen den Kopf ist daher nur niedrig und schmal. Die Seitenflügel sind an der Basis vorn und hinten so stark eingeschnitten, daß vorn eine zahnartige Ecke vorragt.

Süd-Spanien: Cartagena.

Familie von unsicherer systematischer Stellung:

14. Fam. **Pandirodesmidae** Silv.

1932 *P.*, Silvestri in: Amer. Mus. Nov., nr. 564 p. 11.

Das hintere Beinpaar jedes Doppelsegmentes ist bedeutend kürzer als das vordere Paar. Stigmen vom 5. Segment an am Ende von langen, schlanken Zylindern. An Stelle der Seitenflügel spitze Kegel. Gnathochilarium wie bei den meisten anderen Polydesmiden. — Männchen unbekannt.

1 Gattung.

1. Gen. **Pandirodesmus** Silv.

1932 *P.*, Silvestri in Amer. Mus. Nov., nr. 564 p. 11.

20 Segmente. Männchen mit 31 Beinpaaren. Tegument weich (immer?). Lamellae linguales zusammen ungefähr so breit wie einer der Stipites. Äußerer und mittlerer Tasterlappen schlank, den Rand des Gnathochilarium überragend wie bei den meisten anderen Polydesmiden. Antennen lang und schlank, das 5. Glied fast doppelt so lang wie das 6., die Glieder 1, 2 und 4—6 mit mehreren Macrochaeten, die Sinneszapfen des 5. und 6. Gliedes frei stehend, in einem größeren Feld, Endglied mit 4 Sinneskegeln. Halsschild klein, den Kopf nicht bedeckend. Tergite vom 1. an mit einem spitzen, schlanken Kegel jederseits. Am Hinterrand ein breiter, längsgestrichelter mit Börstchen besetzter Saum. Poren auf den Segmenten 5, 7, 9, 10, 12, 13, 15—19. Sternite sehr breit. Die Stigmen sitzen am Ende von langen, schlanken Zylindern (Fig. 683, *sa*, *sp*). Beine lang und schlank, das vordere Paar jedes Doppelsegmentes bedeutend länger als das hintere Paar, das Femur ist das längste Glied, Tibia am Ende verdickt und auf einer Tuberkel ein kurzes Trichobothrium tragend, Beine reichlich beborstet, die Borsten am Ende zerfasert. Analsegment kegelig, die gewöhnlichen Borstenreihen tragend, die Borsten mit Ausnahme der 2 paramedianen Paare auf langen, zitzenförmigen Warzen.

Britisch Guayana.

1 Art.

1. **P. disparipes** Silv. 1932 *P. d.*, Silvestri in: Amer. Mus. Nov., nr. 564 p. 11 f. 1—5.

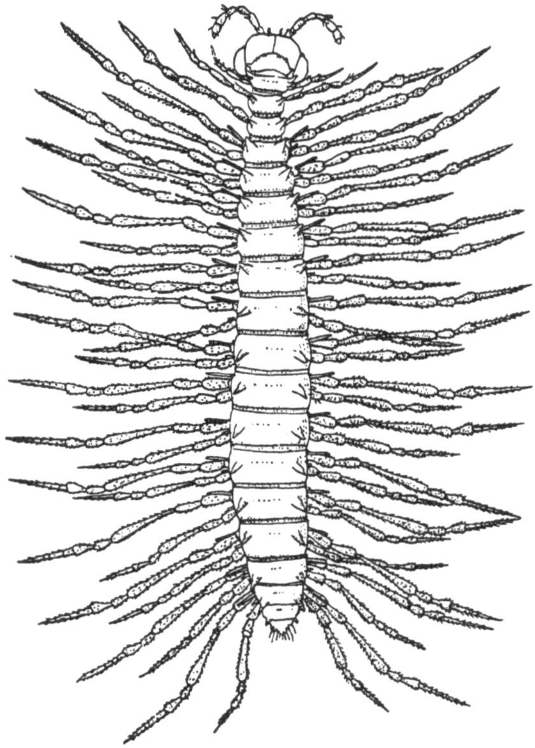

Fig. 682.
Pandirodesmus disparipes Silv. (Silvestri, 1932).

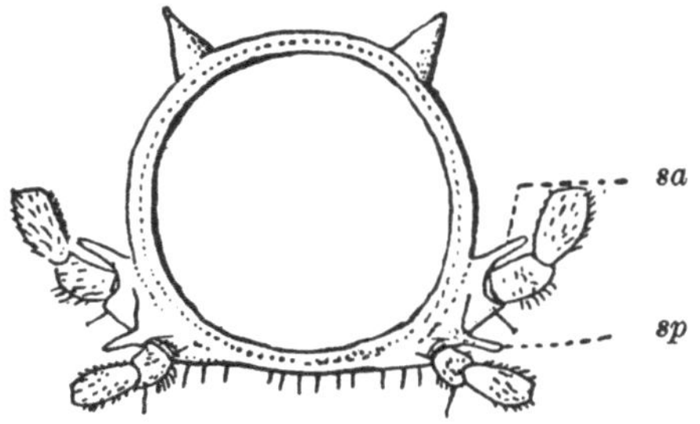

Fig. 683.
Pandirodesmus disparipes Silv. Segment (Silvestri, 1932).

Erdfarben. Länge 13 mm, Breite 2,1 mm. Halsschild halbelliptisch, mit 6 spitzkegeligen Tuberkeln. Auf dem 2. Segment steht der spitze Kegel des Tergit im Vordereck und ist schräg nach vorn gerichtet; auf den folgenden Segmenten rückt er mehr nach hinten und ist auf den hinteren Segmenten schräg nach hinten gerichtet. Neben ihm auf dem 2. Segment ein zweiter kleinerer Kegel (Fig. 682).

Britisch Guayana: Kamakusa.

Familiennamen, die keine Gültigkeit haben:

Ammodesmidae O. F. Cook
1896, O. F. Cook in: P. U. S. Mus., *v.* 18 p. 82 (1) | 1896, O. F. Cook in: Amer. Natural., *v.* 30 p. 414 (2).
(1) *Ammodesmus* O. F. Cook, (2) *Ammodesmus* O. F. Cook, *Cenchrodesmus* O. F. Cook.

Augodesmidae O. F. Cook
1896, O. F. Cook in: Ann. N. York Ac., *v.* 9 p. 4.
Augodesmus O. F. Cook, *Euryurus* C. L. Koch, *Polylepis* Bollm.

Bacillidesminae Verh.
1910, K. W. Verhoeff in: Zool. Anz., *v.* 36 p. 135.
Bacillidesmus Att.

Campodesmidae O. F. Cook
1896, O. F. Cook in: P. U. S. Mus., *v.* 18 p. 82 (1) | 1896, O. F. Cook in: Amer. Natural., *v.* 30 p. 414 (2).
(1) *Campodesmus* O. F. Cook, (2) *Campodesmus* O. F. Cook, *Tropidesmus* O. F. Cook.

Chatelaineidae O. F. Cook
1911, O. F. Cook in: P. U. S. Mus., *v.* 40 p. 472.
Chatelainea O. F. Cook

Chelodesmidae O. F. Cook
1895, O. F. Cook in: Ann. N. York Ac., *v.* 9 p. 4 (1) | 1898, Silvestri in: Boll. Mus. Torino, *v.* 13 nr. 324 p. 2 (2) | 1909, Pocock in: Biol. Centr.-Amer., Diplop. p. 160 (3) | 1936, Loomis in: Bull. Mus. Harward, *v.* 80 p. 110 (4).
(1) *Chelodesmus* O. F. Cook, *Leptodesmus* Sauss., *Odontopeltis* Poc., *Odontotropis* Humb. & Sauss., *Priodesmus* O. F. Cook, *Rhachodesmus* O. F. Cook, (2) *Epiporopeltis* Silv. (3) Subfamilien *Chelodesminae*, *Xystodesminae*, *Rhachidesminae*. (4) *Ellipodesmus* Chamb., *Aehromoporus* Loomis, *Amphelictogon* Chamb., *Chondrotropis* Loomis, *Beatadesmus* Loomis, *Quisquicia* Loomis, *Pterygiodesmus* Loomis, *Aplopododesmus* Loomis, *Pogonodesmus* Loomis, *Cyrtaphe* Loomis.

Chytodesmidae O. F. Cook
1896, O. F. Cook, Brandtia, nr. 5 p. 20 | 1911, O. F. Cook in: P. U. S. Mus., *v.* 40 p. 460 | 1936, Loomis in: Bull. Mus. Harvard, *v.* 80 p. 60.
(1) *Chytodesmus* O. F. Cook, |*Stictodesmus* O. F. Cook, *Docodesmus* O. F. Cook, *Tridesmus* O. F. Cook, (2) *Docodesmus* O. F. Cook, *Coccoelasma* Loomis, *Cyphotylus* Loomis, *Iomoides* Loomis, *Lobodesmus* Loomis.

Comodesmidae O. F. Cook
1896, O. F. Cook in: Amer. Natural., *v.* 30 p. 415 (1) | 1896, O. F. Cook, Brandtia, nr. 5 p. 25.
(1) *Comodesmus* O. F. Cook, *Thelydesmus* O. F. Cook, *Discodesmus* O. F. Cook, *Xyodesmus* O. F. Cook, *Cylindrodesmus* Poc. (2) *Comodesmus* O. F. Cook, *Inodesmus* O. F. Cook.

Cyclodesmidae Loomis
1936, Loomis in: Bull. Mus. Harvard, *v.* 80 p. 79.
Cyclodesmus Humb. & Sauss., *Lophocyclus* Loomis.

Cylindrodesmidae Poc.
1898, Pocock in: Ann. nat. Hist., ser. 7 *v.* 1 p. 328.
Cylindrodesmus Poc.

Dalodesmidae O. F. Cook
1896, O. F. Cook, Brandtia, nr. 5 p. 26.
Dalodesmus O. F. Cook.

Devilleinae Bröl.
1916. Brölemann in: Ann. Soc. ent. France, *v.* 84 p. 551.
Devillea Bröl.

Doratodesmidae O. F. Cook
1896, O. F. Cook, Brandtia, nr. 2 p. 7, nr. 5 p. 27.
Doratodesmus O. F. Cook.

Eoromidae Loomis
1936, Loomis in: Bull. Mus. Harvard, *v.* 80 p. 173.
Eoromus Loomis.

Euryurinae Poc.
1909, Pocock in: Biol. Centr.-Amer., Diplop. p. 113, 147.
Amplinus Att., *Polylepiscus* Poc., *Aphelidesmus* Bröl.

Haplosomidae Silv.
1895, Silvestri in: Ann. Mus. Genova, *v.* 34 p. 638 (1) | 1896, Silvestri, ibid., *v.* 36 p. 199 (2).
(1) *Haplosoma* Verh. (2) *Haplosoma* Verh., *Scytonotus* Karsch, *Poratia* O. F. Cook, *Paradoxosoma* Daday, *Brachydesmus* Heller.

Hercodesmidae O. F. Cook
1896, O. F. Cook, Brandtia, nr. 5 p. 20 | 1936 *H.*, Loomis in: Bull. Mus. Harvard, *v.* 80 p. 187.
(1) *Choridesmus* O. F. Cook, (2) *Styraxodesmus* Loomis, *Dilophops* Loomis.

Holistophallidae Silv.
1909, Silvestri in: Boll. Mus. Torino, *v.* 24 nr. 615 p. 2.
Holistophallus Silv.

Hylomidae Loomis
1924, Loomis in: J. Washington Ac. Sci., *v.* 14 p. 104.
Hylomus Loomis.

Hynidesmidae O. F. Cook
1896, O. F. Cook, Brandtia, nr. 5 p. 26.
Hynidesmus O. F. Cook.

Mastigonodesmidae Att.
1914, Attems in: Arch. Naturg., *v.* 80 ▲4 p. 184.
Mastigonodesmus Att., *Schedoleiodesmus* Silv.

Orthomorphinae Verh.
1934, K. W. Verhoeff in: Ark. Zool., *v.* 26▲ nr. 10 p. 10.
Orthomorpha Bollm., *Hedinomorpha* Verh., *Kansupus* Verh., *Kochliopus* Verh., *Mandarinopus* Verh.

Otodesmidae O. F. Cook
1896, O. F. Cook, Brandtia, nr. 5 p. 24.
Otodesmus O. F. Cook, *Trichopeltis* Poc.

Paradoxosomatidae Daday
1889, Daday in: Termész. Füzetek, *v.* 12 p. 133.
Paradoxosoma Daday, *Trachydesmus* Daday.

Peridontodesmini Bröl. (nec Pocock 1909)
1916, Brölemann in: Ann. Soc. ent. France, *v.* 84 p. 568.
Peridontodesmus Silv., *Pseudopolydesmus* Att., *Nearctodesmus* Silv., *Chaetaspis* Bollm., *Scytonotus* Karsch, *Eutrichodesmus* Silv., *Prosopodesmus* Silv.

Polydesmidae Silv.
1896, Silvestri in: Ann. Mus. Genova, *v.* 36 p. 192 | 1936, Loomis in: Bull. Mus. Harvard, *v.* 80 p. 152.

Viele Gattungen der Familien **Strongylosomidae, Polydesmidae, Leptodesmidae, Sphaerotrichopidae, Rhachidesmidae.**

Prionopeltinae Verh.

1934, K. W. Verhoeff in: Ark. Zool., *v.* 26 A nr. 10 p. 4 | 1936 *Prionopeltidae*, K. W. Verhoeff in: Rec. Ind. Mus., *v.* 38 p. 110 | 1937 *P.*, K. W. Verhoeff in: Zool. Anz., *v.* 120 p. 316.

Aphelidesmus Brol., *Brochopeltis* Verh., *Jonespeltis* Verh., *Polydesmopeltis* Verh., *Anoplodesmus* Poc., *Prionopeltis* Poc.

Prepodesmidae O. F. Cook

1896, O. F. Cook in: Amer. Natural., *v.* 30 p. 415.

Prepodesmus O. F. Cook, *Tylodesmus* O. F. Cook, *Cheirodesmus* O. F. Cook, *Anisodesmus* O. F. Cook, *Isodesmus* O. F. Cook, *Lipodesmus* O. F. Cook.

Stiodesmidae O. F. Cook

1896, O. F. Cook, Brandtia, nr. 5 p. 25 | 1936, Loomis in: Bull. Mus. Harvard, *v.* 80 *v.* 179.

(1) *Stiodesmus* O. F. Cook, *Psochodesmus* O. F. Cook, *Pronodesmus* O. F. Cook, *Myxodesmus* O. F. Cook, *Lophodesmus* Poc., (2) *Homodesmus* Chamb., *Penteporus* Loomis, *Psochodesmus* Poc., *Cynedesmus* O. F. Cook.

Strongylosominae Verh.

1934, K. W. Verhoeff in: Ark. Zool., *v.* 26 A nr. 10 p. 10.

Helicopodosoma Verh., *Helicopodosomella* Verh., *Otoplacosoma* Verh., *Brochopeltis* Verh.

Thelydesmidae O. F. Cook

1896, O. F. Cook, Brandtia, nr. 5 p. 26.

Thelydesmus O. F. Cook.

Trachelorhachidae Silv.

1898, Silvestri in: Boll. Mus. Torino, *v.* 13 nr. 324 p. 5.

Trachelorhachis Silv.

Trichopolydesminae Verh.

1910, K. W. Verhoeff in: Zool. Anz., *v.* 36 p. 135 (1) | 1915, Brölemann in: Bull. Soc. Afr. Nord, *v.* 7 p. 94 (2).

(1) *Trichopolydesmus* Verh. (2) *Trichopolydesmus* Verh., *Haplocookia* Bröl., *Archipolydesmus* Att., *Ophiodesmus* O. F. Cook, *Heterocookia* Silv., *Mastigonodesmus* Silv., *Eumastigonodesmus* Bröl., *Microdesmus* Verh.

Xyodesmidae O. F. Cook

1896, O. F. Cook, Brandtia, nr. 4 p. 15.

Xyodesmus O. F. Cook, *Scaptodesmus* O. F. Cook, *Thymodesmus* O. F. Cook, *Diaphorodesmus* Silv., *Cryptoporus* Por., *Hypodesmus* O. F. Cook, *Trachelodesmus* Peters, *Batodesmus* O. F. Cook, *Peridontodesmus* Poc.

Xystodesmidae O. F. Cook

1895, O. F. Cook in: Ann. N. York Ac., *v.* 9 p. 5.

Xystodesmus O. F. Cook, *Eurydesmus* Sauss., *Fontaria* Gray, *Pachydesmus* O. F. Cook, *Rhysodesmus* O. F. Cook, *Stenodesmus* Sauss.

Unsichere Gattungen, die in keine Familie eingereiht werden können:

Abatodesmus Silv.

1903 *A.*, Silvestri in: Boll. Mus. Torino, *v.* 18 nr. 433 p. 5.

A. chilensis Silv. 1903 *A. c.*, Silvestri in: Boll. Mus. Torino, *v.* 18 nr. 433 p. 5. Chile: Coipué.

Agathodesmus Silv.

1910 *A.*, Silvestri in: Zool. Anz., *v.* 35 p. 362.

A. steeli Silv. 1910 *A. s.*, Silvestri in: Zool. Anz., *v.* 35 p. 363.
Australien: Neu-Süd-Wales, Avoca.

Anisodesmus O. F. Cook

1896 *A.*, O. F. Cook in: P. U. S. Mus., *v.* 18 p. 99 | 1896 *A.*, O. F. Cook in: Amer. Natural., *v.* 30 p. 416.

Typus: *A. cerasinus* O. F. Cook

A. cerasinus O. F. Cook 1896 *A. c.*, O. F. Cook in: P. Ac. Philad., p. 260.
Liberia.

A. gracilis O. F. Cook 1896 *A. g.*, O. F. Cook in: P. Ac. Philad., p. 263.
Togo Kolonie.

A. konakri O. F. Cook 1896 *A. k.*, O. F. Cook in: P. Ac. Philad., p. 263.
Franz. Senegal: Konakri.

Augodesmus O. F. Cook

1896 *A.*, O. F. Cook in: Ann. N. York Ac., *v.* 9 p. 4.
Nom. nud., keine Species.

Bactrodesmus O. F. Cook

1896 *B.*, O. F. Cook in: Amer. Natural., *v.* 30 p. 417.

B. claviger O. F. Cook 1896 *B. c.*, O. F. Cook in: P. Ac. Philad., p. 260.
Liberia.

Campodesmus O. F. Cook

1896 *C.*, O. F. Cook in: P. U. S. Mus., *v.* 18 p. 82 | 1896 *C.*, O. F. Cook in: Amer. Natural., *v.* 30 p. 414.

C. carbonarius O. F. Cook 1896 *C. c.*, O. F. Cook in: P. Ac. Philad., p. 257.
Liberia.

Centrogaster Att.

1898 *C.*, Attems in: Denk. Ak. Wien, *v.* 67 p. 409.

C. sanctus (Karsch) 1881 *Polydesmus (Oxyurus) s.*, F. Karsch in: Arch. Naturg., *v.* 47 I p. 41 | 1898 *Centrogaster s.*, Attems in: Denk. Ak. Wien, *v.* 67 p. 409.
Santa Martha.

Chaetaspis Bollm.

1893 *C.*, Bollman in: Bull. U. S. Mus., *v.* 46 p. 68.

C. albus Bollm. 1893 *C. a.*, Bollman in: Bull. U. S. Mus., *v.* 46 p. 68.
Ver. Staaten Amer.: Bloomington, Indiana.

Cheirodesmus O. F. Cook

1896 *C.*, O. F. Cook in: Amer. Natural., *v.* 30 p. 416.

C. ater O. F. Cook 1896 *C. a.*, O. F. Cook in: P. Ac. Philad., p. 259.
Liberia.

C. discolor O. F. Cook 1896 *C. d.*, O. F. Cook in: P. Ac. Philad., p. 259.
Liberia: Mission Mühlenburg.

Chelodesmus O. F. Cook

1895 *C.*, O. F. Cook in: Ann. N. York Ac., *v.* 9 p. 4.

C. marxi O. F. Cook 1895 *C. m.*, O. F. Cook in: Ann. N. York Ac., *v.* 9 p. 4.
(Nur der Name, kein Fundort.)

Cotylotropis Carl

1926 *C.*, J. Carl in: N. Caledonia, *v.* 4 III p. 402.

C. hystrix Carl 1926 *C. h.*, J. Carl in: N. Caledonia, *v.* 4 III p. 402 f. 53.
Neu Caledonien: Koné, Ngoi Tal.

Cryptoporus Por.

1894 *C.*, Porat in: Bih. Svenska Ak., *v.* 20 nr. 5 p. 38 | 1896 *C.*, Silvestri in: Ann. Mus. Genova, *v.* 36 p. 135, 190, 191 | 1896 *C.*, O. F. Cook, Brandtia, nr. 4 p. 16 | 1899 *C.*, Attems in: Denk. Ak. Wien, *v.* 68 p. 312.

C. verrucosus Por. 1894 *C. v.*, Porat in: Bih. Svenska Ak., *v.* 20 nr. 5 p. 39 f. 10 | 1899 *C. v.*, Attems in: Denk. Ak. Wien, *v.* 68 p. 313.
Kamerun: N'Dian.

C. dentosus Por. 1894 *C. d.*, Porat in: Bih. Svenska Ak., *v.* 20 nr. 5 p. 40 f. 11.
Kamerun.

Dalodesmus O. F. Cook

1896 *D.*, O. F. Cook, Brandtia, nr. 5 p. 26.

D. tectus O. F. Cook 1896 *D. t.*, O. F. Cook, Brandtia, nr. 5 p. 26.
Zentral-Madagascar.

Enantiurodesmus Silv.

1898 *E.*, Silvestri in: An. Mus. Buenos Aires, *v.* 6 p. 59.

E. clavatus Silv. 1898 *E. c.*, Silvestri in: An. Mus. Buenos Aires, *v.* 6 p. 59.
Ecuador: Guayaquil.

Eudiporus Silv.

1930 *E.*, Silvestri in: Boll. Labor. Zool. Portici, *v.* 23 p. 7.

E. bruneri Silv. 1930 *E. B.*, Silvestri in: Boll. Labor. Zool. Portici, *v.* 23 p. 9 f. 1, 2.
Cuba: Grotte Bellamar bei Matanzas.

Helodesmus O. F. Cook

1896 *H.*, O. F. Cook in: P. Ac. Philad., p. 262.

H. porosus O. F. Cook 1896 *H. p.*, O. F. Cook in: P. Ac. Philad., p. 262.
West-Java.

Hypodesmus O. F. Cook

1896 *H.*, O. F. Cook, Brandtia, nr. 4 p. 17.

H. constrictus O. F. Cook 1896 *H. c.*, O. F. Cook, Brandtia, nr. 4 p. 17.
Bogotá.
Nom. nud.

Inodesmus O. F. Cook

1896 *I.*, O. F. Cook, Brandtia, nr. 5 p. 25 | 1934 *I.*, Loomis in: Smithson. Collect., *v.* 89 nr. 14 p. 64.

I. jamaicensis O. F. Cook 1896 *I. j.*, O. F. Cook, Brandtia, nr. 5 p. 25.
Nomen nudum. Kein Fundort angegeben.

I. peduncularis Loomis 1934 *I. p.*, Loomis in: Smithson. Collect., *v.* 89 nr. 14 p. 65 tf. 32 t. 4 f. 5, 6.
Paramaribo, Holländisch Guayana.

Isodesmus O. F. Cook

1896 *I.*, O. F. Cook in: P. U. S. Mus., *v.* 18 p. 99 | 1896 *I.*, O. F. Cook in: Amer. Natural., *v.* 30 p. 416.
Typus: *I. immarginatus* O. F. Cook

I. immarginatus O. F. Cook 1896 *I. i.*, O. F. Cook in: P. Ac. Philad., p. 260.
Liberia.

I. interruptus O. F. Cook 1896 *I. i.*, O. F. Cook in: P. Ac. Philad., p. 260.
Liberia.

Lepturodesmus Silv.

1898 *L.*, Silvestri in: An. Mus. Buenos Aires, *v.* 6 p. 67 | 1899 *L.*, Attems in: Denk. Ak. Wien, *v.* 68 p. 394.

L. meinerti Silv. 1898 *L. m.*, Silvestri in: An. Mus. Buenos Aires, *v.* 6 p. 67.
Venezuela: Caracas, Rio Catuche.

Lipodesmus O. F. Cook

1896 *L.*, O. F. Cook in: Amer. Natural., *v.* 30 p. 416.

L. sublaevis O. F. Cook 1896 *L. s.*, O. F. Cook in: P. Ac. Philad., p. 263.
Britisch Ost-Afrika: Karewia.

Lissodesmus Chamb.

1920 *L.*, Chamberlin in: Bull. Mus. Harvard, *v.* 64 p. 135.

L. modestus Chamb. 1920 *L. m.*, Chamberlin in: Bull. Mus. Harvard, *v.* 64 p. 135.
Tasmania.

Lyrodesmus O. F. Cook

1896 *L.*, O. F. Cook in: P. Ac. Philad., p. 259.

L. nigerrimus O. F. Cook 1896 *L. n.*, O. F. Cook in: P. Ac. Philad., p. 259.
Liberia.

Mesethodesmus Chamb.

1918 *M.*, Chamberlin in: Bull. Mus. Harvard, *v.* 62 p. 248.

M. haitianus Chamb. 1918 *M. h.*, Chamberlin in: Bull. Mus. Harvard, *v.* 62 p. 248.
Haiti.

Mimuloria Chamb.

1928 *M.*, Chamberlin in: Ent. News Philad., *v.* 39 p. 155.

M. missouriensis Chamb. 1928 *M. m.*, Chamberlin in: Ent. News Philad., *v.* 39 p. 155.
Missouri: St. Charles.

Odontokrepis Att.

1899 *O.*, Attems in: Denk. Ak. Wien, *v.* 68 p. 309.

O. flavescens Att. 1899 *O. f.*, Attems in: Denk. Ak. Wien, *v.* 68 p. 309.
Kamerun: Jaunde Station.

O. latus Verh. 1938 *O. l.*, K. W. Verhoeff in: Zool. Anz., *v.* 124 p. 169.
Kamerun.

O. nigrescens Att. 1899 *O. n.*, Attems in: Denk. Ak. Wien, *v.* 68 p. 310.
Kamerun: Jaunde Station.

Paurodesmus Chamb.

1920 *P.*, Chamberlin in: Bull. Mus. Harvard, *v.* 64 p. 136.

P. acutangulus Chamb. 1920 *P. a.*, Chamberlin in: Bull. Mus. Harvard, *v.* 64 p. 136.
Queensland: Kuranda.

Phymatodesmus Sauss. & Zhnt.

1902 *P.*, Saussure & Zehntner in: Hist. Madag., *v.* 27 Myr. p. 94.

P. sakalava Sauss. & Zhnt. 1902 *P. s.*, Saussure & Zehntner in: Hist. Madag., *v.* 27 Myr. p. 95 t. 5 f. 22.
Madagascar.

Prepodesmus O. F. Cook

1896 *P.*, O. F. Cook in: P. Ac. Philad., p. 258 | 1896 *P.*, O. F. Cook in: Amer. Natural., *v.* 30 p. 416.

P. minus O. F. Cook 1896 *P. m.*, O. F. Cook in: P. Ac. Philad., p. 258.
Liberia: Mühlenburg Mission.

P. pictus O. F. Cook 1896 *P. p.*, O. F. Cook in: P. Ac. Philad., p. 263.
Togo Kolonie.

Scytodesmus O. F. Cook

1896 *S.*, O. F. Cook in: P. U. S. Mus., *v.* 18 p. 99 | 1896 *S.*, O. F. Cook, Brandtia, nr. 3 p. 9 | 1896 *S.*, O. F. Cook in: Amer. Natural., *v.* 30 p. 416.

Typus: *S. kribi* O. F. Cook

S. kribi O. F. Cook 1896 *S. k.*, O. F. Cook in: P. Ac. Philad., p. 263.
Kamerun: Kribi.

S. connivens O. F. Cook 1896 *S. c.*, O. F. Cook, Brandtia, nr. 3 p. 10.
Togo Kolonie.

Serangodes Att.

1898 *S.*, Attems in: Denk. Ak. Wien, *v.* 67 p. 273.

S. strongylosomoides Att. 1898 *S. s.*, Attems in: Denk. Ak. Wien, *v.* 67 p. 273.
Neuseeland.

Stenauchenia Att.

1901 *S.*, Attems in: Mt. Mus. Hamburg, *v.* 18 p. 95.

S. braunsi Att. 1901 *S. b.*, Attems in: Mt. Mus. Hamburg, *v.* 18 p. 96.
Süd-Afrika: Port Elisabeth.

Tasmanodesmus Chamb.

1920 *T.*, Chamberlin in: Bull. Mus. Harvard, *v.* 64 p. 133.

T. hardyi Chamb. 1920 *T. h.*, Chamberlin in: Bull. Mus. Harvard, *v.* 64 p. 133.
Tasmania.

Thymodesmus O. F. Cook

1896 *T.*, O. F. Cook, Brandtia, nr. 4 p. 15.

T. pulvinar O. F. Cook 1896 *T. p.*, O. F. Cook, Brandtia, nr. 4 p. 15.
Kamerun.

Trachelodesmus Peters

1864 *T.*, Peters in: Monber. Ak. Berlin, p. 624 | 1896 *Hypodesmus*, O. F. Cook, Brandtia, nr. 4 p. 17 | 1914 *Trachelodesmus*, J. Carl in: Mém. Soc. Neuchâtel, *v.* 5 p. 930.

Typus: *T. arcticollis* Peters

T. arcticollis (Peters) 1864 *Polydesmus (Scytonotus) a.*, Peters in: Monber. Ak. Berlin, p. 519 | 1864 *Polydesmus (Trachelodesmus) a.*, Peters, ibid., p. 623.

T. constrictus Peters 1864 *T. c.*, Peters in: Monber. Ak. Berlin, p. 624 | 1914 *T. c.*, J. Carl in: Mém. Soc. Neuchâtel, *v.* 5 p. 930.
Bogotá.

T. uncinatus Att. 1899 *T. u.*, Attems in: Denk. Ak. Wien, *v.* 68 p. 252.
Venezuela: Puerto Cabello.

T. trachynotus Bröl. 1898 *T. t.*, Brölemann in: Ann. Soc. ent. France, *v.* 67 p. 278.
Kolonie Tovar.

T. angulatus Chamb. 1923 *T. a.*, Chamberlin in: Occas. Papers Mus. Zool. Michigan, nr. 133 p. 47 t. 18 f. 123—125.
Colombia: San Lorenzo.

T. ancylophor Chamb. 1923 *T. a.*, Chamberlin in: Occas. Papers Mus. Zool. Michigan, p. 49 t. 19 f. 126, 127.
Colombia: San Lorenzo.

Trichozonus Carl

1905 *T.*, J. Carl in: Mém. Soc. Españ., *v.* 1 p. 272.

T. escalerae Carl 1905 *T. e.*, J. Carl in: Mém. Soc. Españ., *v.* 1 p. 273.
Cabo San Juan.

Tropidesmus O. F. Cook

1896 *T.*, O. F. Cook in: Amer. Natural., *v.* 30 p. 414.

T. jugosus O. F. Cook 1896 *T. j.*, O. F. Cook in: Amer. Natural., *v.* 30 p. 414 | 1896 *T. j.*, O. F. Cook in: P. Ac. Philad., p. 257.
Liberia.

Tylodesmus O. F. Cook

1896 *T.*, O. F. Cook in: P. U. S. Mus., *v.* 18 p. 99 | 1896 *T.*, O. F. Cook in: Amer. Natural., *v.* 30 p. 416.

T. crassipes O. F. Cook 1896 *T. c.*, O. F. Cook in: P. Ac. Philad., p. 259.
Liberia.

T. amoebus O. F. Cook 1896 *T. a.*, O. F. Cook in: P. Ac. Philad., p. 259.
Liberia: Mission Mühlenburg.

Xyodesmus O. F. Cook

1896 *X.*, O. F. Cook in: Amer. Natural., *v.* 30 p. 415 | 1896 *X.*, O. F. Cook, Brandtia, nr. 4 p. 16.

X. planus O. F. Cook 1896 *X. p.*, O. F. Cook in: P. Ac. Philad., p. 262 | 1896 *X. p.*, O. F. Cook, Brandtia, nr. 4 p. 16.
Togo Kolonie.

Als „*Polydesmus*" unkenntlich beschriebene Arten, die nach ihrer Verbreitung und den sonstigen Angaben nicht in diese Gattung gehören:

P. acutangulus Newp. 1844 *P. a.*, Newport in: Ann. nat. Hist., *v.* 13 p. 266.
Philippinen.

P. aegyptiacus Peters 1864 *P. a.*, Peters in: Monber. Ak. Berlin, p. 537.
Ägypten.

P. beaumontii Le Guill. 1841 *P. B.*, Le Guillou in: Bull. Soc. philom., p. 85 | 1847 *P. B.*, P. Gervais in: Walckenaer & Gervais, Hist. Apt., *v.* 4 p. 101.
Borneo.

P. bifasciatus Newp. 1844 *P. b.*, Newport in: Ann. nat. Hist., *v.* 13 p. 266 | 1847 *P. b.*, P. Gervais in: Walckenaer & Gervais, Hist. Apt., *v.* 4 p. 103.
Philippinen.

P. bonikus Chamb. 1912 *P. b.*, Chamberlin in: Ann. ent. Soc. Amer., *v.* 5 p. 168 t. 10 f. 3.
Ver. Staaten Amer.: Madison, Washington.

P. branneri Bollm. 1888 *P. B.*, Bollman in: P. U. S. Mus., *v.* 10 p. 620 | 1893 *P. B.*, Bollman in: Bull. U. S. Mus., *v.* 46 p. 37.
Ver. Staaten Amer.: Tennessee.

P. capensis F. Brandt 1841 *P. c.*, J. F. Brandt, Recu. Mém., p. 140 | 1847 *P. c.*, P. Gervais in: Walckenaer & Gervais, Hist. Apt., *v.* 4 p. 99.
Kapland.

P. claviger Por. 1893 *P. setiger*, Porat (nec Wood) in: Bih. Svenska Ak., *v.* 18 nr. 7 p. 19 | 1894 *P. claviger*, Porat, ibid., *v.* 20 nr. 5 p. 31.
Kapstadt.

P. compactus Poc. 1895 *P. c.*, Pocock in: Ann. nat. Hist., ser. 6 *v.* 15 p. 357 t. 11 f. 6.
Tsu-Shima.

P. cruentatus L. Koch 1878 *P. c.*, L. Koch in: Verh. Ges. Wien, *v.* 27 p. 795.
Japan.

P. dasypus Gerv. 1847 *P. d.*, P. Gervais in: Walckenaer & Gervais, Hist. Apt., *v.* 4 p. 115.
Patria ignota.

P. dentatus (Ol.) 1792 *Iulus d.*, A. G. Olivier in: Enc. méth., Ins. *v.* 7 p. 417 | 1847 *Polydesmus d.*, P. Gervais in: Walckenaer & Gervais, Hist. Apt., *v.* 4 p. 113.
Cayenne.

P. dentiger Poc. 1895 *P. d.*. Pocock in: Ann. nat. Hist., ser. 6 *v.* 15 p. 358 t. 11 f. 7.
Japan: Ashinoju.

P. depressus (F.) 1775 *Iulus d.*, J. C. Fabricius, Syst. Ent., p. 393 | 1817 *Polydesmus d.*, Latreille in: Cuvier, Règne an., *v.* 4 p. 335 | 1847 *P. d.*, P. Gervais in: Walckenaer & Gervais, Hist. Apt., *v.* 4 p. 100.
Ost-Indien.

P. diadema Gerv. 1838 *P. d.*, P. Gervais in: Ann. Soc. ent. France, *v.* 7 p. 44 | 1839 *P. d.*, P. Gervais in: Rev. zool., *v.* 4 p. 280 | 1840 *P. d.*, H. Lucas in: Hist. An. artic., Myr. p. 534 | 1847 *P. d.*, P. Gervais in: Walckenaer & Gervais, Hist. Apt., *v.* 4 p. 97.
Gibraltar.

P. ehrenbergii Peters 1864 *P. E.*, Peters in: Monber. Ak. Berlin, p. 538.
Ägypten.

P. elegans Gray 1827 *P. e.*, J. E. Gray in: Griffith-Cuvier, An. Kingdom, t. 135 f. 6 | 1847 *P. e.*, P. Gervais in: Walckenaer & Gervais, Hist. Apt., *v.* 4 p. 114.
Patria ignota.

P. gabonicus H. Luc. 1858 *P. g.*, H. Lucas in: Arch. ent., *v.* 2 p. 442.
Ohne Fundort.

P. glabratus Perty 1823—31 *P. g.*, Perty in: Spix & Martius, Reise Bras., p. 210 t. 40 f. 7 | 1847 *P. g.*, P. Gervais in: Walckenaer & Gervais, Hist. Apt., *v.* 4 p. 113.
Südamerika vom Rio Negro bis Brasilien.

P. hamatus F. Brandt 1841 *P. h.*, J. F. Brandt, Recu. Mém., p. 141 | 1847 *P. h.*, P. Gervais in: Walckenaer & Gervais, Hist. Apt., *v.* 4 p. 114.
Patria ignota.

P. impressus Le Guill. 1841 *P. i.*, Le Guillou in: Bull. Soc. philom., p. 85 | 1847 *P. i.*, P. Gervais in: Walckenaer & Gervais, Hist. Apt., *v.* 4 p. 103.
Neu Guinea.

P. impurus H. C. Wood 1867 *P. i.*, H. C. Wood in: P. Ac. Philad., p. 43.
Texas.

P. integratus Por. 1894 *P. i.*, Porat in: Bih. Svenska Ak., *v.* 20 nr. 5 p. 30.
Kamerun.

P. laevigatus Por. 1893 *P. l.*, Porat in: Bih. Svenska Ak., *v.* 18 nr. 7 p. 17.
Kapstadt.

P. lateralis Eschz. 1823 *P. l.*, Eschscholtz in: Mém. Soc. Moscou, *v.* 6 p. 112 | 1847 *P. l.*, P. Gervais in: Walckenaer & Gervais, Hist. Apt., *v.* 4 p. 101.
Marianen Insel Guam.

P. leachii Gray 1827 *P. l.*, J. E. Gray in: Griffith, An. Kingdom, t. 135 f. 3.
Nord-Amerika.

P. minor Bollm. 1888 *P. m.*, Bollman in: Ent. Amer., *v.* 4 p. 2 | 1893 *P. m.*, Bollman in: Bull. U. S. Mus., *v.* 46 p. 74.
Arkansas.

P. moniliaris Koch 1847 *P. m.*, C. L. Koch in: Koch-Panzer, Krit. Revis., *v.* 3 p. 135 | 1863 *P. m.*, C. L. Koch, Myr., *v.* 2 p. 20 f. 143.
Pennsylvanien.

P. moorei Poc. 1895 *P. m.*, Pocock in: Ann. nat. Hist., ser. 6 *v.* 15 p. 356 t. 11 f. 4.
China: Dajeh Valley.

P. nitidus Bollm. 1887 *P. n.*, Bollman in: Ent. Amer., *v.* 3 p. 45 | 1893 *P. n.*, Bollman in: Bull. U. S. Mus., *v.* 46 p. 67.
Florida.

P. paludicola Poc. 1895 *P. p.*, Pocock in: Ann. nat. Hist., ser. 6 *v.* 15 p. 357 t. 11 f. 5.
China: Wo-Lee Lake.

P. parvulus Por. 1894 *P. p.*, Porat in: Bih. Svenska Ak., *v.* 20 nr. 5 p. 31.
Kamerun.

P. pensylvanicus C. L. Koch 1863 *P. p.*, C. L. Koch, Myr., *v.* 2 p. 18 f. 142.
Pennsylvanien.

P. piceus F. Brandt 1841 *P. p.*, J. F. Brandt, Recu. Mém., p. 132 | 1847 *P. p.*, P. Gervais in: Walckenaer & Gervais, Hist. Apt., *v.* 4 p. 101.
Manila.

P. pinetorum Bollm. 1888 *P. p.*, Bollman in: Ent. Amer., *v.* 4 p. 3 | 1893 *P. p.*, Bollman in: Bull. U. S. Mus., *v.* 46 p. 74.
Arkansas.

P. rosascens J. F. Brandt 1841 *P. r.*, J. F. Brandt, Recu. Mém., p. 130.
Brasilien.

P. roulini Gerv. 1847 *P. R.*, P. Gervais in: Walckenaer & Gervais, Hist. Apt., *v.* 4 p. 110.
Kolumbien.

P. rubromarginatus H. Luc. 1846 *P. r.*, H. Lucas in: Rev. zool., *v.* 9 p. 285 | 1849 *P. r.*, H. Lucas in: Expl. Algérie, *v.* 1 p. 329 t. 1 f. 7.
Oran. Tlemcen.

P. rugulosus Eschz. 1823 *P. r.*, Eschscholtz in: Mém. Soc. Moscou, *v.* 6 p. 112 | 1847 *P. r.*, P. Gervais in: Walckenaer & Gervais, Hist. Apt., *v.* 4 p. 112.
Brasilien.

P. serratus Hutt. 1878 *P. s.*, F. W. Hutton in: Tr. N. Zealand Inst., *v.* 10 p. 290.
Neu Seeland.

P. siculus Fanz. 1878 *P. s.*, Fanzago in: Atti Soc. Veneto-Trent., *v.* 6 p. 20
Messina.

P. stigma (F.) 1775 *Iulus s.*, J. C. Fabricius, Syst. Ent., p. 394 | 1817 *Polydesmus s.*, Latreille in: Cuvier, Règne an., *v.* 4 p. 335.
Tranquebar.

P. testi Bollm. 1888 *P. t.*, Bollman in: P. U. S. Mus., *v.* 10 p. 619 | 1893 *P. t.*, Bollman in: Bull. U. S. Mus., *v.* 46 p. 36.
Indianapolis.

P. thrax F. Brandt 1841 *P. t.*, J. F. Brandt, Recu. Mém., p. 131 | 1847 *P. t.*, P. Gervais in: Walckenaer & Gervais, Hist. Apt., *v.* 4 p. 96.
Thracien.

P. tridentatus (F.) 1781 *Iulus t.*, J. C. Fabricius, Spec. Ins., *v.* 1 p. 530 | 1787 *I. t.*, J. C. Fabricius, Mant. Ins., *v.* 1 p. 340 | 1790 *I. t.*, J. F. Gmelin-Linné, Syst. Nat., ed. 13 *v.* 5 p. 3019 | 1847 *Polydesmus T.*, P. Gervais in: Walckenaer & Gervais, Hist. Apt., *v.* 4 p. 105.
Nord-Amerika.

P. worthingtoni Hutt. 1878 *P. w.*, F. W. Hutton in: Tr. N. Zealand Inst., *v.* 10 p. 290.
Neu Seeland.

P. zebratus Gerv. 1836 *P. z.* + *zonatus*, P. Gervais in: Ann. Soc. ent. France, *v.* 5 p. 379 | 1847 *P. zebratus*, P. Gervais in: Walckenaer & Gervais, Hist. Apt., *v.* 4 p. 111.
Brasilien.

Alphabetisches Register

Nomenclator generum et subgenerum

von W. F. Reinig

Abatodesmus Silvestri 1903 in: Boll. Mus. Torino, *v.* 18 nr. 433 p. 5. Spec.: *A. chilensis.*

Acanthotarsius subgen. ad *Polydesmus* Latreille [1802] K. W. Verhoeff 1931 in: Zool. Jahrb., Syst. *v.* 61 p. 418. Spec.: *Polydesmus (A.) edentulus, robiniarum.*

Aceratophallus J. Carl 1902 in: Rev. Suisse Zool., *v.* 10 p. 608. Spec.: *A. unicolor.*

Achromoporus Loomis 1936 in: Bull. Mus. Harvard, *v.* 80 p. 112. Spec.: *A. coloratus, robustus, enneryensis, furcipes.*

Acutangulus Attems 1898 in: Denk. Ak. Wien, *v.* 67 p. 270, 408. Spec.: *A. coccineus.*

Aetheandra Loomis 1934 in: Smithson. Collect., *v.* 89 nr. 14 p. 35. Spec.: *A. multiplex.*

Agathodesmus Silvestri 1910 in: Zool. Anz., *v.* 35 p. 362. Spec.: *A. steeli.*

Agenodesmus Loomis 1934 in: Smithson. Collect., *v.* 89 nr. 14 p. 38. Spec.: *A. reticulatus.*

Agnurodesmus Silvestri 1910 in: Zool. Anz., *v.* 35 p. 358. Spec.: *A. verrucosus.*

Aipotropus Chamberlin 1920 in: Bull. Mus. Harvard, *v.* 64 p. 147. Spec.: *A. atopus, insignis, varians. lasemanus.*

Akamptogonus Attems 1914 in: Arch. Naturg., *v.* 80 A 4 p. 186, 221. Spec.: *A. nigrovirgatus, Novarrae, signatus.*

Akreiodesmus J. Carl 1932 in: Rev. Suisse Zool., *v.* 39 p. 505. Spec.: *A. minutus, simulans.*

Allawrencius K. W. Verhoeff 1939 in: Ann. Natal Mus., *v.* 9 p. 176, 190. Spec.: *A. nodulosus.*

Alocodesmus Silvestri 1896 in: Boll. Mus. Torino, *v.* 11 nr. 254 p. 5. Spec.: *A. angustatus.*

Ammodesmus O. F. Cook 1896 in: P. U. S. Mus., *v.* 18 p. 82 & 1896 in: Amer. Natural., *v.* 30 p. 414. Spec.: *A. granum.*

Amphelictogon Chamberlin 1918 in: Bull. Mus. Harvard, *v.* 62 p. 224. Spec.: *A. cubanus, rubripes, obscurus, dentatus, zygethus, pallidipes, guantanamanus, flavipes, juvenis, maculatus, manni, bahamiensis, couloni, subterraneus.*

Amphipeltis J. Carl 1914 in: Mém. Soc. Neuchâtel, *v.* 5 p. 903. Spec.: *A. nodosus.*

Amplinus subgen. ad *Pachyurus* A. Humbert & Saussure 1869 Attems 1899 in: Denk. Ak. Wien, *v.* 68 p. 281, 282. Spec.: *A. Klugii.*

Amynticodesmus Silvestri 1911 in: Zool. Anz., *v.* 38 p. 486. Spec.: *A. prelli.*

Anaulacodesmus Attems 1898 in: Denk. Ak. Wien, *v.* 67 p. 269, 320. Spec.: *A. levissimus.*

Aneumeritius subgen. ad *Polydesmus* Latreille [1802] K. W. Verhoeff 1931 in: Zool. Jahrb., Syst. *v.* 61 p. 418. Spec.: *Polydesmus (A.) tridentinus, rupicursor, hessei, collaris, polonicus, noricus, transsilvanicus.*

Anisodesmus O. F. Cook 1896 in: P. U. S. Mus., *v.* 18 p. 99 & 1896 in: Amer. Natural., *v.* 30 p. 416. Spec.: *A. cerasinus.*

Anoplodesmus Pocock 1895 in: Ann. Mus. Genova, *v.* 34 p. 797. Spec.: *A. anthracinus, striolatus, pinguis, obesus.*

Anthogonopus subgen. ad *Canacophilus* J. Carl 1926 J. Carl 1926 in: N. Caledonia, *v.* 4 III p. 399. Spec.: *Canacophilus (A.) acutangulus.*

Antichiropus Attems 1911 in: Fauna S.W.-Austral., *v.* 3 p. 168. Spec.: *A.*

variabilis, fossuliferus, sulcatus. monacanthus, Whistleri, minimus.

Aphelidesmus Brölemann 1898 in: Ann. Soc. ent. France, *v.* 67 p. 322. Spec.: *A. hermaphroditus, dealbatus, Goudoti, Roulini.*

Apheloria Chamberlin 1921 in: Canad. Ent., *v.* 53 p. 232. Spec.: *A. ainsliei.*

Aplopododesmus Loomis 1936 in: Bull. Mus. Harvard, *v.* 80 p. 139. Spec.: *A. longipes.*

Apomeritius subgen. ad *Polydesmus* Latreille [1802] K. W. Verhoeff 1931 in: Zool. Jahrb., Syst. *v.* 61 p. 419. Spec.: *Polydesmus (A.) falcifer, idriensis, rangifer, confinus.*

Apomus O. F. Cook 1911 in: P. U. S. Mus., *v.* 40 p. 468. Spec.: *A. pusillus.*

Aponedyopus K. W. Verhoeff 1939 in: Zool. Anz., *v.* 127 p. 117, 119. Spec.: *A. montanus.*

Aporodesminus Silvestri 1904 in: Fauna Haw., *v.* 3 p. 327. Spec.: *A. wallacei.*

Aporodesmus Porat 1894 in: Bih. Svenska Ak., *v.* 20 nr. 5 p. 41. Spec.: *A. gabonicus, crinitus, Knutsoni.*

Aporodesmus Pocock 1895 in: Ann. Mus. Genova, ser. 2 *v.* 14 p. 789. Spec.: *A. vincentii.*

Archandrodesmus J. Carl 1932 in: Rev. Suisse Zool., *v.* 39 p. 490. Spec.: *A. areatus, tuberculatus, ? riparius, kandyanus.*

Archipolydesmus Attems 1898 in: Denk. Ak. Wien, *v.* 67 p. 269, 418. Spec.: *A. maroccanus.*

Archypolydesmus [pro *Archipolydesmus* Attems 1898] Brölemann 1916 in: Ann. Soc. ent. France, *v.* 84 p. 570, 571.

Arionus Chamberlin 1923 in: Occas. Papers Mus. Zool. Michigan, nr. 133 p. 75. Spec.: *A. ulophilus.*

Asiomorpha K. W. Verhoeff 1939 in: Zool. Anz., *v.* 127 p. 117. Spec.: *A. coarctata.*

Asphalidesmus Silvestri 1910 in: Zool. Anz., *v.* 35 p. 362. Spec.: *A. leae.*

Astrolabius K. W. Verhoeff 1931 in: Zool. Jahrb., Syst. *v.* 61 p. 445. Spec.: *A. dorsilobus.*

Atopodesmus Chamberlin 1920 in: Bull. Mus. Harvard, *v.* 64 p. 153. Spec.: *A. parvus.*

Atopogonus J. Carl 1926 in: N. Caledonia, *v.* 4 III p. 386. Spec.: *A. baccatus.*

Atropisoma Silvestri 1897 in: Abh. Mus. Dresden, *v.* 6 nr. 9 p. 12. Spec.: *A. elegans.*

Attemsocyphus subgen. ad *Urodesmus* Porat 1894 K. W. Verhoeff 1936 in: Rec. Ind. Mus., *v.* 38 p. 118, 119. Spec.: *Urodesmus (A.) serratus.*

Augodesmus [nom. nud.] O. F. Cook 1896 in: Ann. N. York Ac., *v.* 9 p. 4.

Aulacoporus K. W. Verhoeff 1924 in: Ark. Zool., *v.* 16 nr. 5 p. 10, 11, 17. Spec.: *A. castaneus, affinis, yarrabahnus.*

Aulodesmus O. F. Cook 1896 in: P. U. S. Mus., *v.* 18 p. 83, 88. Spec.: *A. mossambicus, oxygonus, laxus, compactilis.*

Australiosoma Brölemann 1913 in: Rec. Austral. Mus., *v.* 10 p. 89. Spec.: *A. rainbowi, transverse-taeniatum, novarrae, etheridgei, bifalcatum, froggatti, kosciuscovagum.*

Bacillidesmus Attems 1898 in: Denk. Ak. Wien, *v.* 67 p. 271, 481. Spec.: *B. filiformis.*

Bactrodesmus O. F. Cook 1896 in: Amer. Natural., *v.* 30 p. 417.

Basicentrus subgen. ad *Polydesmus* Latreille [1802] Attems 1939 in: Tierreich, *v.* 70 p. 65. Spec.: *Polydesmus (B.) tridentinus, rupicursor, falcifer, hessei, rangifer.*

Batodesmus O. F. Cook 1896, Brandtia, nr. 4 p. 16. Spec.: *B. alutaceus.*

Beatadesmus Loomis 1934 in: Smithson. Collect., *v.* 89 nr. 14 p. 31. Spec.: *B. utowani.*

Bosniodesmus subgen. ad *Brachydesmus* Cam. Heller 1858 K. W. Verhoeff 1929 in: Zool. Jahrb., Syst. *v.* 57 p. 623. Spec.: *Brachydesmus (Bosniodesmus) reversus.*

Botrydesmus Loomis 1934 in: Smithson. Collect., *v.* 89 nr. 14 p. 62. Spec.: *B. lutosus.*

Brachycerodesmus J. Carl 1914 in: Mém. Soc. Neuchâtel, *v.* 5 p. 950. Spec.: *B. petersi.*

Brachydesmus Cam. Heller 1858 in: SB. Ak. Wien, *v.* 26 p. 318. Spec.: *B. subterraneus.*

Brachydesmus subgen. ad *Brachydesmus* Cam. Heller 1858 Attems 1927 in: Abh. Senckenb. Ges., *v.* 39 p. 259.

Brembosoma subgen. ad *Polydesmus* Latreille [1802] K. W. Verhoeff 1931 in: Zool. Jahrb., Syst. *v.* 61 p. 411. Spec.: *Polydesmus (B.) pellegrinense.*

Brochopeltis K. W. Verhoeff 1924 in: Ark. Zool., *v.* 16 nr. 5 p. 32. Spec.: *B. mjöbergii.*

Brölemannopus K. W. Verhoeff 1938 in: Zool. Jahrb., Syst. *v.* 71 p. 14. Spec.: *B. apexgaleae.*

Calymmodesmus J. Carl 1914 in: Mém. Soc. Neuchâtel, *v.* 5 p. 959. Spec.: *C. andinus.*

Campodesmus O. F. Cook 1896 in: P. U. S. Mus., *v.* 18 p. 82. Spec.: *C. carbonarius.*

Canacophilus J. Carl 1926 in: N. Caledonia, *v.* 4III p. 389, 390. Spec.: *C. sarasini, humboldti, rouxi, fastidiosus, lifouensis.*

Caraibodesmus Chamberlin 1918 in: Bull. Mus. Harvard, *v.* 62 p. 232. Spec.: *C. bruesi, insignis, pellus, tuberculatus, morantus. verrucosus, formosus, mammatus, ? sallei, ? magnus, ? mauriti.*

Carlodesmus K. W. Verhoeff 1939 in: Jena. Z., *v.* 73 p. 62. Spec.: *C. riparius.*

Carlopeltis K. W. Verhoeff 1938 in: Zool. Jahrb., Syst. *v.* 71 p. 3. Spec.: *C. alatus.*

Catapyrgodesmus Silvestri 1920 in: Rec. Ind. Mus., *v.* 19 p. 125. Spec.: *C. ceylonicus.*

Catharosoma pro: *Leiosoma* Silvestri 1897 Silvestri 1897 in: Abh. Mus. Dresden, *v.* 6 nr. 9 p. 12. Spec.: *C. paraguayense.*

Cenchrodesmus O. F. Cook 1896 in: Amer. Natural., *v.* 30 p. 414. Spec.: *C. volutus.*

Centrodesmus Pocock 1894 in: M. Weber, Ergeb. Reise Niederl. O.-Ind., *v.* 3 p. 369. Spec.: *C. typicus.*

Centrogaster M. Houttuyn 1782 in: Natuurk. Verh. Haarlem, *v.* 20 p. 333. Pisc. Teleost.

Centrogaster Attems 1898 in: Denk. Ak. Wien, *v.* 67 p. 270, 409. Spec.: *C. sanctus.*

Ceyloncarlia K. W. Verhoeff 1939 in: Jena. Z., *v.* 73 p. 63. Spec.: *C. kandyanus.*

Chaetaspis Bollman 1887 in: Ent. Amer., *v.* 2 p. 45. Spec.: *C. albus.*

Chaetomeskelus subgen. ad *Gnomeskelus* Attems 1926 K. W. Verhoeff 1939 in: Ann. Natal Mus., *v.* 9 p. 208. Spec.: *Gnomeskelus (C.) montivagus, setosus.*

Chatelainea O. F. Cook 1911 in: P. U. S. Mus., *v.* 40 p. 463. Spec.: *C. pterodesmoides.*

Cheirodesmus O. F. Cook 1896 in: Amer. Natural., *v.* 30 p. 416.

Chelodesmus O. F. Cook 1895 in: Ann. N. York Ac., *v.* 9 p. 4. Spec.: *C. marxi.*

Chilaphrodesmus Loomis 1934 in: Smithson. Collect., *v.* 89 nr. 14 p. 42. Spec.: *C. rubellus.*

Chiliosoma Brölemann 1916 in: Ann. Soc. ent. France, *v.* 84 p. 599. Spec.: *C. Porteri, digitatum.*

Chonaphe O. F. Cook 1904 in: Harriman Alaska Exp., *v.* 8 p. 55, 56. Spec.: *C. armata, eruca.*

Chondrodesmus Silvestri 1897 in: Boll. Mus. Torino, *v.* 12 nr. 305 p. 13. Spec.: *C. armatus.*

Chondromorpha Silvestri 1897 in: Ann. Soc. ent. Belgique, *v.* 41 p. 356 Spec.: *C. Severini.*

Chondropeltis subgen. ad *Chondrodesmus* Silvestri 1897 K. W. Verhoeff 1938 in: Zool. Jahrb., Syst. *v.* 71 p. 7 Spec.: *Chondrodesmus (Chondropeltis) voglii.*

Chondrotropis Loomis 1936 in: Bull. Mus. Harvard, *v.* 80 p. 120. Spec.: *C. niger, venustus, pictus.*

Chonodesmus O. F. Cook 1896, Brandtia, nr. 5 p. 23. Spec.: *C. alatus, regularis.*

Choridesmus O. F. Cook 1896 in: Amer. Natural., *v.* 30 p. 418. Spec.: *C. citus.*

Chromobrachydesmus subgen. ad *Brachydesmus* Cam. Heller 1858 Attems 1912 in: Verh. Ges. Wien, *v.* 61 p. 410, 419. Spec.: *Brachydesmus (C.) Apfel-*

becki, cernagoranus, cornuatus, dalmaticus, lapidivagus, lobifer.

Chytodesmus O. F. Cook 1896, Brandtia, nr. 5 p. 20. Spec.: *C. laqueatus.*

Cliodesmus Chamberlin 1923 in: Occas. Papers Mus. Zool. Michigan, nr. 133 p. 79. Spec.: *C. cryptopygus.*

Coccoelasma Loomis 1936 in: Bull. Mus. Harvard, *v.* 80 p. 167. Spec.: *C. incisura.*

Colobodesmus Brölemann 1905 in: Ann. Soc. ent. France, *v.* 74 p. 347. Spec.: *C. Biolleyi.*

Comodesmus O. F. Cook 1896 in: Amer. Natural., *v.* 30 p. 415.

Compsodesmus O. F. Cook 1896 in: Amer. Natural., *v.* 30 p. 417.

Congolina Attems 1938 in: Rev. zool. Afr., *v.* 31 p. 233. Spec.: *C. mirabilis.*

Cookia R. Lesson [1832], Ill. Zool., t. & expl. t. 15. Moll. Gastr.

Cookia nec *Cookia* R. Lesson [1832] Silvestri 1896 in: Natural. Sicil., n. ser. *v.* 1 p. 158. Spec.: *C. novator.*

Coonoorophilus J. Carl 1932 in: Rev. Suisse Zool., *v.* 39 p. 487. Spec.: *C. monstruosus.*

Cordyloporella subgen. ad *Paracordyloporus* Brölemann 1916 K. W. Verhoeff 1938 in: Zool. Anz., *v.* 124 p. 169. Spec.: *Paracordyloporus (C.) hirsutipes.*

Cordyloporus Attems 1898 in: Denk. Ak. Wien, *v.* 67 p. 270, 363. Spec.: *C. ornatus.*

Corypherepsis Attems 1914 in: Arch. Naturg., *v.* 80 A 4 p. 174, 177. Spec.: *C. laceratus.*

Corypholophus Attems 1937 in: Mém. Mus. Paris, n. ser. *v.* 6 p. 249. Spec.: *C. minutus.*

Cottodesmus K. W. Verhoeff 1936 in: Zool. Jahrb., Syst. *v.* 68 p. 356. Spec.: *C. crissolensis.*

Cotylotropis J. Carl 1926 in: N. Caledonia, *v.* 4 III p. 402. Spec.: *C. hystrix.*

Cryptocephalius K. W. Verhoeff 1939 in: Jena. Z., *v.* 73 p. 46, 65. Spec.: *C. niger.*

Cryptocephalopus K. W. Verhoeff 1937 in: Zool. Anz., *v.* 120 p. 314. Spec.: *C. jonesii.*

Cryptocorypha Attems 1907 in: Mt. Mus. Hamburg, *v.* 24 p. 116. Spec.: *C. stylopus.*

Cryptodesmoides Pocock 1895 in: Ann. Mus. Genova, *v.* 34 p. 789, 790. Spec.: *C. feae.*

Cryptodesmus subgen. ad *Polydesmus* Latreille [1802] Peters 1864 in: Monber. Ak. Berlin, p. 621. Spec.: *Polydesmus (C.) Olfersii, alatus, ? gabonicus.*

Cryptogonodesmus Silvestri 1898 in: An. Mus. Buenos Aires, *v.* 6 p. 59. Spec.: *C. clavidives.*

Cryptomauritius K. W. Verhoeff 1939 in: Jena. Z., *v.* 73 p. 46, 63. Spec.: *C. lawrencei.*

Cryptoporus V. Motschulsky 1858 in: Bull. Soc. Moscou, *v.* 31 p. 654. Col. Staphyl.

Cryptoporus P. Uhler 1877 in: Bull. U. S. geol. geogr. Surv. Terr., *v.* 3 p. 366, 381. Rhynch. Heteropt. Geocor.

Cryptoporus Porat 1894 in: Bih. Svenska Ak., *v.* 20 nr. 5 p. 29, 38. Spec.: *C. verrucosus, dentosus.*

Crypturodesmus Silvestri 1897 in: Boll. Mus. Torino, *v.* 12 nr. 277 p. 1. Spec.: *C. Targionii.*

Crypturodesmus subgen. ad *Trigonostylus* Brölemann 1898 Brölemann 1898 in: Ann. Soc. ent. France, *v.* 67 p. 276. Spec.: *T. (C.) verrucosus.*

Cubodesmus Chamberlin 1918 in: Bull. Mus. Harvard, *v.* 62 p. 237. Spec.: *C. ramsdeni, latior, proximus, pelopleurus, princeps, limoneus.*

Curodesmus Chamberlin 1922 in: P. U. S. Mus., *v.* 60 nr. 8 p. 55. Spec.: *C. guatemalensis.*

Cyclodesmus A. Humbert & Saussure 1869 in: Rev. Mag. Zool., ser. 2 *v.* 21 p. 149. Spec.: *C. aztecus.*

Cylindrodesmus Pocock 1889 in: P. zool. Soc. London, p. 558. Spec.: *C. hirsutus.*

Cyliocyrtus O. F. Cook 1898 in: P. U. S. Mus., *v.* 21 p. 458. Spec.: *C. asper.*

Cylionus O. F. Cook 1898 in: P. U. S. Mus., *v.* 21 p. 462. Spec.: *C. gracilis.*

Cynedesmus O. F. Cook 1896 in: Amer. Natural., *v.* 30 p. 419.

Cyphodesmus Peters 1864 in: Monber. Ak. Berlin, p. 530. Spec.: *C. mexicanus.*

Cyphomeskelus subgen. ad *Gnomeskelus* Attems 1926 K. W. Verhoeff 1939 in: Ann. Natal Mus., *v.* 9 p. 176. Spec.: *Gnomeskelus (C.) dentipes, rhodobates.*

Cyphotylus Loomis 1936 in: Bull. Mus. Harvard, *v.* 80 p. 170. Spec.: *C. prolatus.*

Cyphozonus J. Carl 1913 in: Rev. Suisse Zool., *v.* 21 p. 213. Spec.: *C. costatus.*

Cyrtaphe Loomis 1936 in: Bull. Mus. Harvard, *v.* 80 p. 142. Spec.: *C. alternata, continuata, lobipes.*

Cyrtodesmus P. Gervais 1847 in: Walckenaer & Gervais, Hist. Apt., *v.* 4 p. 92. Spec.: *C. velutinus, granosus.*

Dalodesmus O. F. Cook 1896, Brandtia, nr. 5 p. 26. Spec.: *D. tectus.*

Darlingtoniella Loomis 1938 in: Bull. Mus. Harvard, *v.* 82 p. 474. Spec.: *D. provecta.*

Dasyodontus Loomis 1936 in: Bull. Mus. Harvard, *v.* 80 p. 156. Spec.: *D. hispaniolus.*

Decaporodesmus Kenyon 1899 in: P. ent. Soc. Washington, *v.* 4 p. 299. Spec.: *D. motzoranginis.*

Dedalodesmus Silvestri 1927 in: Boll. Labor. Zool. Portici, *v.* 20 p. 318. Spec.: *D. bacilloides.*

Desmonus O. F. Cook 1898 in: P. U. S. Mus., *v.* 21 p. 463. Spec.: *D. earlei, pudicus.*

Detodesmus O. F. Cook 1896, Brandtia, nr. 5 p. 28. Spec.: *D. aurantiacus.*

Devillea Brölemann 1902 in: Ann. Soc. ent. France, *v.* 71 p. 452. Spec.: *D. tuberculata.*

Diaphorodesmus Silvestri 1896 in: Ann. Mus. Genova, *v.* 36 p. 197. Spec.: *D. dorsicornis.*

Dilophops Loomis 1934 in: Smithson. Collect., *v.* 89 nr. 14 p. 59. Spec.: *D. bullatus.*

Diporodesmus Silvestri 1918 in: Boll. Labor. Zool. Portici, *v.* 12 p. 305. Spec.: *D. afer.*

Discodesmus O. F. Cook 1896 in: Amer. Natural., *v.* 30 p. 415.

Docodesmus O. F. Cook 1896, Brandtia, nr. 5 p. 20. Spec.: *D. vincentii.*

Dodekaporus Attems 1898 in: Denk. Ak. Wien, *v.* 67 p. 268 & 1899, ibid., *v.* 68 p. 275. Spec.: *D. tananus.*

Dominicodesmus Chamberlin 1923 in: P. biol. Soc. Washington, *v.* 36 p. 189. Spec.: *D. geophilus.*

Doratodesmus pro *Doratonotus* Pocock 1894 O. F. Cook 1896, Brandtia, nr. 2 p. 6.

Doratonotus A. C. Günther 1862, Cat. Fish. Brit. Mus., *v.* 4 p. 67, 124. Pisc. Teleost.

Doratonotus Pocock 1894 in M. Weber, Ergeb. Reise Niederl. O.-Ind., *v.* 3 p. 370. Spec.: *D. armatus.*

Drakensius subgen. ad *Gnomeskelus* Attems 1926 K. W. Verhoeff 1939 in Ann. Natal Mus., *v.* 9 p. 207. Spec.: *Gnomeskelus (D.) tugelanus.*

Duboscquiellina Brolemann 1926 I in: Arch. Zool. expér., *v.* 65 p. 124. Spec.: *D. alba.*

Duoporus O. F. Cook 1901 in: P. ent. Soc. Washington, *v.* 4 p. 403. Spec.: *D. baretti.*

Dyseviulisoma pro *Duseviolisoma* Brolemann 1920 Attems 1929 in: Rev. zool. Afr., *v.* 17 p. 275.

Dyskolonius subgen. ad *Steganostigmus* J. Carl 1932 Attems 1939 in: Mém. Mus. Paris, n. ser. *v.* 6 p. 243. Spec.: *Steganostigmus (D.) uniramus.*

Ecuadopeltis K. W. Verhoeff 1938 in: Zool. Jahrb., Syst. *v.* 71 p. 3. Spec.: *E. dentatus.*

Elgonicola Attems 1938 in: Miss. sci. Omo, *v.* 5 fasc. 55 p. 311. Spec.: *E. Jeanneli.*

Ellipodesmus Chamberlin 1918 in: Bull. Mus. Harvard, *v.* 62 p. 242. Spec.: *E. simplex.*

Enantigonodesmus Silvestri 1898 in: An. Mus. Buenos Aires, *v.* 6 p. 62. Spec.: *E. planus.*

Enantiurodesmus Silvestri 1898 in: An. Mus. Buenos Aires, *v.* 6 p. 59. Spec.: *E. clavatus.*

Eneilissomus K. W. Verhoeff 1939 in: Jena. Z., *v.* 73 p. 44, 55. Spec.: *E. setiger.*

Entothalassinum Attems 1914 in: Arch. Naturg., *v.* 80 A 4 p. 188, 228. Spec.: *E. italicum, iadrense, bispanicum.*

Eoromus Loomis 1936 in: Bull. Mus. Harvard, *v.* 80 p. 175. Spec.: *E. aberrans.*

Epanerchodus subgen. ad *Polydesmus* Latreille [1802] Attems 1901 in: Mt. Mus. Hamburg, *v.* 18 p. 102. Spec.: *Polydesmus (E.) compactus, dentiger, Moorei, paludicola, tambanus, mammillatus, orientalis.*

Epiporopeltis Silvestri 1898 in: Boll. Mus. Torino, *v.* 13 nr. 324 p. 2. Spec.: *E. tuberculata.*

Eubrachydesmus subgen. ad *Brachydesmus* Cam. Heller 1858 Attems 1912 in: Verh. Ges. Wien, *v.* 61 p. 410. Spec.: *Brachydesmus (E.) amblyotropis, bosniensis, Brölemanni, carniolensis, Chyzeri, concavus, dimnicenus, doboiensis, dolinensis, exiguus, frangipanus, glabrimarginalis, hercegovinensis, inferus, insculptus, lapadensis, Latzeli, margaritatus, parallelus, peninsulae, proximus, reversus, silvanus, stygivagus, subterraneus, superus, troglobius, velebiticus, Verhoeffi, zawalanus.*

Eudasypeltis Pocock 1895 in: Ann. Mus. Genova, *v.* 34 p. 796. Spec.: *E. pusillus.*

Eudiporus Silvestri 1930 in: Boll. Labor. Zool. Portici, *v.* 23 p. 7. Spec.: *E. Bruneri.*

Eumastigonodesmus Brölemann 1916 in: Ann. Soc. ent. France, *v.* 84 p. 607. Spec.: *E. Boncii.*

Euporodesmus Chamberlin 1920 in: Bull. Mus. Harvard, *v.* 64 p. 157. Spec.: *E. solitarius.*

Eurydesmus Saussure 1860 in: Mém. Soc. Genève, *v.* 15 p. 335. Spec.: *E. angulatus.*

Eurymerodesmus Brölemann 1900 in: Mém. Soc. zool. France, *v.* 13 p. 101. Spec.: *E. hispidipes.*

Euryurus [nom. nud.] C. Rafinesque 1815, Anal. Nat., p. 135. Verm. ? Polych.

Euryurus C. L. Koch 1847 in: Koch-Panzer, Krit. Revis., *v.* 3 p. 59, 138. Spec.: *E. maculatus, margaritaceus, squamatus.*

Euryurus W. Marck 1863 in: Palaeontogr., *v.* 11 fasc. 2 p. 76. Crust. Dec. Macr.

Euryurus Gervais & Ameghino 1880, Mam. foss. Amér. Sud, p. 184, 185. Mam. Edent.

Eusphaeriodesmus Brölemann 1916 in: Ann. Soc. ent. France, *v.* 84 p. 605. Spec.: *E. angustus, robustus, prehensor, stylifer, ? oniscus.*

Eustaledesmus Silvestri 1920 in: Rec. Ind. Mus., *v.* 19 p. 132. Spec.: *E. parvus.*

Eutheatus pro *Euryurus* C. L. Koch 1847 Attems 1938 in: Tierreich, *v.* 69 p. 294. Spec.: *E. erythropygos.*

Eutrichodesmus Silvestri 1910 in: Zool. Anz., *v.* 35 p. 363. Spec.: *E. demangei.*

Eutubercularium Brölemann 1916 in: Ann. Soc. ent. France, *v.* 84 p. 605. Spec.: *E. sakalava.*

Eviulisoma Silvestri 1910 in: Ann. Mus. Genova, *v.* 44 p. 463. Spec.: *E. cavallii.*

Eviulisoma subgen. ad *Eviulisoma* Silvestri 1910 Brolemann 1920 in: Alluaud & Jeannel, Voy. Afr. Or., Myr. p. 163, 165. Spec.: *E. (E.) Jeannelli, Alluaudi, insulare.*

Evurodesmus Silvestri 1920 in: Rec. Ind. Mus., *v.* 19 p. 133. Spec.: *E. Biroi.*

Fontaria G. R. Gray 1832 in: E. Griffith, An Kingdom, *v.* 14 t. 135 f. 1—1b, *v.* 15 p. 787 (Index). Spec. *F. virginiensis.*

Fuhrmannodesmus J. Carl 1914 in: Mém. Soc. Neuchâtel, *v.* 5 p. 955. Spec.: *F. lividus.*

Gasatomus Chamberlin 1923 in: Zool. N. York, *v.* 3 p. 417. Spec.: *G. emersoni.*

Gigantowales K. W. Verhoeff 1937 in: Rec. Austral. Mus., *v.* 20 p. 134. Spec.: *G. chisholmi.*

Glomeridesmus P. Gervais 1844 in: Ann. Soc. ent. France, ser. 2 *v.* 2 Bull. p. XXVII. Spec.: *G. porcellus.*

Glomeridesmus Saussure 1860 in: Mém. Soc. Genève, *v.* 15 p. 278. Spec.: *G. mexicanus.*

Gnomeskelus Attems 1926 in: Kükenthal & Krumbach, Handb. Zool., *v.* 4 p. 146.

Gonodrepanum Attems 1914 in: Arch. Naturg., *v.* 80 A 4 p. 186, 230. Spec.: *G. coniferum, levisetum, drepanephorum, sanctum.*

Gonokollesis Attems 1928 in: Ann. S. Afr. Mus., *v.* 26 p. 253. Spec : *G. nanus.*

Gonomastis Attems 1930 in: Arch. Hydrobiol., Suppl. *v.* 8 p. 136. Spec.: *G. parvula.*

Guayapeltis K. W. Verhoeff 1938 in: Zool. Jahrb., Syst. *v.* 71 p. 4. Spec.: *G. nitidus.*

Guianonus Chamberlin 1923 in: Occas. Papers Mus. Zool. Michigan, nr. 133 p. 77. Spec.: *G. ectoporus.*

Gymnogonodesmus J. Carl 1922 in: Zool. Jahrb., Syst. *v.* 44 p. 569. Spec.: *G. virilis.*

Gypsodesmus O. F. Cook 1896 in: Amer. Natural., *v.* 30 p. 417.

Gyrophallus J. Carl 1914 in: Mém. Soc. Neuchâtel, *v.* 5 p. 953. Spec.: *G. imitans, simillimus, funiculus.*

Habrodesmus O. F. Cook 1896 in: P. U. S. Mus., *v.* 18 p. 97. Spec.: *H. laetus, hartmanni, aculeatus.*

Haplobrachidesmus subgen. ad *Brachydesmus* Cam. Heller 1858 Lohmander 1928 in: Trav. Mus. Kiew, *v.* 6 p. 531. Spec.: *Brachydesmus (H.) karawajewi.*

Haplobrachydesmus pro *Haplobrachidesmus* Lohmander 1928 Attems 1939 in: Tierreich, *v.* 70 p. 135.

Haplocookia Brölemann 1915 in: Bull. Soc. Afr. Nord, *v.* 6 p. 88. Spec.: *H. mauritanica.*

Haplocyclodesmus Attems 1939 in: Tierreich, *v.* 70 p. 368. Spec.: *Cyclodesmus (H.) crassartus.*

Haplogonosoma Brölemann 1915 in: Ann. Soc. ent. France, *v.* 84 p. 592. Spec.: *H. implicatum.*

Haplonatalius subgen. ad *Gnomeskelus* Attems 1926 K. W. Verhoeff 1939 in: Ann. Natal Mus., *v.* 9 p. 176. Spec.: *Gnomeskelus (H.) silvaticus, spinifer.*

Haplosoma K. W. Verhoeff 1894 in: Zool. Anz., *v.* 17 p. 7. Spec.: *H. Strubelli.*

Haplosomides Attems 1903 in: Zool. Jahrb., Syst. *v.* 18 p. 68. Spec.: *H. mölleri.*

Haplosomum pro *Haplosoma* Verhoeff 1894 Brölemann 1895 in: Zool. Anz., *v.* 18 p. 201.

Harpethrix Attems 1926 in: Kükenthal & Krumbach, Handb. Zool., *v.* 4 p. 146.

Hedinomorpha K. W. Verhoeff 1934 in: Ark. Zool., *v.* 26 A nr. 10 p. 13. Spec.: *H. hummelii.*

Helicopodosoma K. W. Verhoeff 1924 in: Ark. Zool., *v.* 16 nr. 5 p. 10, 11, 28. Spec.: *H. vittigerum.*

Helicopodosomella K. W. Verhoeff 1924 in: Ark. Zool., *v.* 16 nr. 5 p. 9, 11, 30. Spec.: *H. melas.*

Helicorthomorpha subgen. ad *Orthomorpha* Bollman 1893 Attems 1914 in: Arch. Naturg., *v.* 80 A 4 p. 191, 197. Spec.: *O. (H.) Holstii, moniliformis, ocellata, orthogona.*

Helodesmus O. F. Cook 1896 in: P. Ac. Philad., p. 262. Spec.: *H. porosus.*

Hercodesmus O. F. Cook 1896 in: Amer. Natural., *v.* 30 p. 419. Spec.: *H. aureus.*

Heterocookia pro *Cookia* Silvestri 1896 Silvestri 1898 in: Ann. Mus. Genova, *v.* 38 p. 667.

Heteropeltis J. Carl 1914 in: Mém. Soc. Neuchâtel, *v.* 5 p. 901. Spec.: *H. luctuosus.*

Heteropente Loomis 1933 in: Bull. Mus. Harvard, *v.* 75 p. 360. Spec.: *H. planifrons.*

Hexadesmus Loomis 1933 in: Bull. Mus. Harvard, *v.* 75 p. 362. Spec.: *H. lateridens.*

Hexodontia K. W. Verhoeff 1932 in: Zool. Jahrb., Syst. *v.* 62 p. 516. Spec.: *H. cordobana.*

Himantogonus J. Carl 1932 in: Rev. Suisse Zool., *v.* 39 p. 454. Spec.: *H. rufocinctus.*

Hingstonia J. Carl 1935 in: Rev. Suisse Zool., *v.* 42 p. 336. Spec.: *H. eremita.*

Hispaniodesmus K. W. Verhoeff 1910 in: Zool. Anz., *v.* 36 p. 144. Spec.: *H. panteli, bedeli.*

Holistophallus Silvestri 1909 in: Boll. Mus. Torino, *v.* 24 nr. 615 p. 2. Spec.: *H. peregrinus.*

Homodesmus Chamberlin 1918 in: Bull. Mus. Harvard, *v.* 62 p. 222. Spec.: *H. parvus.*

Hoplatessara K. W. Verhoeff 1928 in: Rec. Austral. Mus., *v.* 16 p. 89, 92, 98, 99. Spec.: *H. musgravii, clavigera.*

Hormobrachium subgen. ad *Polydesmus* Latreille [1802] Attems 1939 in: Tierreich, *v.* 70 p. 43. Spec.: *Polydesmus (H.) helveticus, subinteger, racovitzai, corsicus, harpagonifer, heroldi, dismilus, mistrei, germanicus, troglobius.*

Hylomus Loomis 1924 in: J. Washington Ac. Sci., *v.* 14 p. 105. Spec.: *H. draco.*

Hynidesmus O. F. Cook 1896, Brandtia, nr. 5 p. 26. Spec.: *H. lanifer.*

Hyperothrix Attems 1900 in: Zool. Jahrb., Syst. *v.* 13 p. 143. Spec.: *H. orophura.*

Hypodesmus O. F. Cook 1896, Brandtia, nr. 4 p. 15. Spec.: *H. constrictus.*

Hystrichodesmus Loomis 1938 in: Bull. Mus. Harvard *v.* 82 p. 477. Spec.: *H. cubensis.*

Icosidesmus subgen. ad *Polydesmus* Latreille [1802] A. Humbert & Saussure 1869 in: Verh. Ges. Wien, *v.* 19 p. 690. Spec.: *I. Hochstetteri.*

Idiurodesmus Silvestri 1924 in: Boll. Labor. Zool. Portici, *v.* 17 p. 172. Spec.: *I. Tristani.*

Inodesmus O. F. Cook 1896, Brandtia, nr. 5 p. 25. Spec.: *I. jamaicensis.*

Iomoides Loomis 1934 in: Smithson. Collect., *v.* 89 nr. 14 p. 49. Spec.: *I. hispida, glabra.*

Iomus O. F. Cook 1911 in: P. U. S. Mus., *v.* 40 p. 455. Spec.: *I. incisus, platanus, obliquus.*

Irazunus Attems 1933 in: Ann. Mus. Wien, *v.* 46 p. 260. Spec.: *I. reimoseri, minusculus.*

Ischnosphaeriodesmus subgen. ad *Eusphaeriodesmus* Brölemann 1916 Brölemann 1916 in: Ann. Soc. ent. France, *v.* 84 p. 561. Spec.: *Eusphaeriodesmus (I.) digitatus.*

Isodesmus O. F. Cook 1896 in: Amer. Natural., *v.* 30 p. 416 & 1896 in: P. U. S. Mus., *v.* 18 p. 99. Spec.: *I. immarginatus.*

Isotropidesmus Silvestri 1901 in: Boll. Mus. Torino, *v.* 16 nr. 398 p. 17. Spec.: *I. rudis.*

[**Iulus** [pro *Julus* Linné 1758] E. L. Geoffroy 1762, Hist. Ins., *v.* 2 p. 594] non bin.

Iulus [pro *Julus* Linné 1758] J. Fabricius 1775, Syst. Ent., p. 427.

Japonaria subgen. ad *Fontaria* G. R. Gray 1832 K. W. Verhoeff 1936 in: Tr. Sapporo Soc., *v.* 14 p. 155. Spec.: *Fontaria (J.) falcifera, attemsii, coarctata, acutidens.*

Jaxartes K. W. Verhoeff 1930 in: Zool. Anz., *v.* 91 p. 244. Spec.: *J. zachvatkini.*

Jonespeltis K. W. Verhoeff 1936 in: Rec. Ind. Mus., *v.* 38 p. 115. Spec.: *J. splendidus.*

Kalorthomorpha subgen. ad *Orthomorpha* Bollman 1893 Attems 1914 in: Arch. Naturg., *v.* 80 A 4 p. 189, 191, 195. Spec.: *O. (K.) gracilis, granosa, Greeni, Guerinii, Kükenthali, Nordenskiöldi, pekuensis, pygmaea, roseipes, simplex, trichonota.*

Kamerunomus K. W. Verhoeff 1938 in: Zool. Anz., *v.* 124 p. 172. Spec.: *K. granulatus.*

Kansupus K. W. Verhoeff 1934 in: Ark. Zool., *v.* 26 A nr. 10 p. 12, 17. Spec.: *K. svenhedini.*

Kapyrodesmus Attems 1939 in: Tierreich, *v.* 70 p. 322. Spec.: *K. mulegensis.*

Katantodesmus Attems 1898 in: Denk. Ak. Wien, *v.* 67 p. 267 & 1899 *v.* 68 p. 385. Spec.: *K. auriculatus, scapulatus, verrucosus.*

Kepolydesmus subgen. ad *Polydesmus* Latreille [1802] Chamberlin 1910 in: Ann. ent. Soc. Amer., *v.* 3 p. 246. Spec.: *Polydesmus (K.) anderisus, sontus.*

Kerkosoma subgen. ad *Brachydesmus* Cam. Heller 1858 K. W. Verhoeff

1929 in: Zool. Jahrb., Syst. *v.* 57 p. 622. Spec.: *Brachydesmus (K.) langhofferi.*

Kirgisdesmus subgen. ad *Turanodesmus* K. W. Verhoeff 1931 Lohmander 1933 in: Ark. Zool., *v.* 25A nr. 6 p. 9. Spec.: *Turanodesmus (K.) elevatus.*

Klimakodesmus J. Carl 1932 in: Rev. Suisse Zool., *v.* 39 p. 517. Spec.: *K. gravelyi.*

Kochliopus K. W. Verhoeff 1934 in: Ark. Zool., *v.* 26A nr. 10 p. 12, 20. Spec.: *K. trivittatus.*

Kronopolites Attems 1914 in: Arch. Naturg., *v.* 80 A 4 p. 187, 219. Spec.: *K. Swinhoei.*

Kukkalodesmus J. Carl 1932 in: Rev. Suisse Zool., *v.* 39 p. 482. Spec.: *K. exiguus.*

Kylindogaster K. W. Verhoeff 1939 in: Zool. Anz., *v.* 127 p. 276. Spec.: *K. nodulosa.*

Lampodesmus O. F. Cook 1896 in: Amer. Natural., *v.* 30 p. 417.

Lankadesmus J. Carl 1932 in: Rev. Suisse Zool., *v.* 39 p. 479. Spec.: *L. cognatus.*

Lasiodesmus Silvestri 1908 in: Bull. Amer. Mus., *v.* 24 p. 575. Spec.: *L. caraibicus.*

Lathrurodesmus Silvestri 1910 in: Zool. Anz., *v.* 35 p. 359. Spec.: *L. ortonedae.*

Lemuriocryptus K. W. Verhoeff 1939 in: Jena. Z., *v.* 73 p. 46, 57. Spec.: *L. montanus.*

Leptobrachydesmus subgen. ad *Brachydesmus* Cam. Heller 1858 K. W. Verhoeff 1929 in: Zool. Jahrb., Syst. *v.* 57 p. 622.

Leptodesmus subgen. ad *Polydesmus* Latreille [1802] Saussure 1859 in: Linn. ent., *v.* 13 p. 323. Spec.: *Polydesmus (L.) granulosus, subterraneus, carneus, aztecus, javanus.*

Leptodesmus subgen. ad *Leptodesmus* Saussure 1859 Attems 1931 in: Zool., *v.* 30 Lief. 3—4 (Heft 79) p. 8, 9. Spec.: *L. (L.) pulvillatus, clavaria, papillosus, stenomerus, deserticola, triseriatus, forceps, cerasinus, decipiens, bidens, furcilla, corrugatus, paulistus, kalobatus, carneus, jucundus, lativentris, appendiculatus, gibbus, uniconus, verhoeffi, ribauti, biconicus, virgulatus, deerrans, lamellosus, codicillus, dilatatus, broelemanni.*

Lepturodesmus Silvestri 1898 in: An. Mus. Buenos Aires, *v.* 6 p. 67. Spec.: *L. Meinerti.*

Leucotessara K. W. Verhoeff 1928 in: Rec. Austral. Mus., *v.* 16 p. 90, 92, 100. Spec.: *L. lucida.*

Leuritus Chamberlin 1923 in: Zool. N. York, *v.* 3 p. 411. Spec.: *L. termitophilus.*

Lifoudesmus Brolemann 1931 in: Arch. Zool. expér., *v.* 72 p. 300. Spec.: *L. Pruvotae.*

Ligiodesmus Pocock 1909 in: Biol. Centr.-Amer., Diplop. p. 114. Spec.: *L. pusillus.*

Lignydesmus O. F. Cook 1896, Brandtia, nr. 5 p. 28. Spec.: *L. rubriceps.*

Lipodesmus O. F. Cook 1896 in: Amer. Natural., *v.* 30 p. 416.

Lissodesmus Chamberlin 1920 in: Bull. Mus. Harvard, *v.* 64 p. 135. Spec.: *L. modestus.*

Lobiferodesmus Silvestri 1920 in: Rec. Ind. Mus., *v.* 19 p. 129. Spec.: *L. papuasicus, superans.*

Lobodesmus Loomis 1936 in: Bull. Mus. Harvard, *v.* 80 p. 164. Spec.: *L. granosus.*

Lophobrachydesmus subgen. ad *Brachydesmus* Cam. Heller 1858 Attems 1912 in: Verh. Ges. Wien, *v.* 61 p. 409, 422. Spec.: *Brachydesmus (L.) jubatus.*

Lophocyclus Loomis 1936 in: Bull. Mus. Harvard, *v.* 80 p. 102. Spec.: *L. passus, laxatus, munitus, pumilus.*

Lophodesmus Pocock 1894 in: M. Weber, Ergeb. Reise Niederl. O.-Ind., *v.* 3 p. 372. Spec.: *L. pusillus.*

Lophoscytus Attems 1914 in: Arch. Naturg., *v.* 80 A 4 p. 174, 177. Spec.: *L. lobulatus.*

Lyrodesmus O. F. Cook 1896 in: P. Ac. Philad., p. 259. Spec.: *L. nigerrimus.*

Macellolophus K. W. Verhoeff 1931 in: Zool. Jahrb., Syst. *v.* 61 p. 438. Spec.: *M. excavatus, hispanicus.*

Macrosternodesmus Brölemann 1908 in: Bull. Soc. ent. France, p. 94. Spec.: *M. palicola.*

Mandarinopus K. W. Verhoeff 1934 in: Ark. Zool., *v.* 26 A nr. 10 p. 13, 19. Spec.: *M. gracilipes.*

Maracayopus K. W. Verhoeff 1938 in: Zool. Jahrb., Syst. *v.* 71 p. 4. Spec.: *M. venezuelanus.*

Mastigonodesmus Silvestri 1897 in: Bull. Soc. ent. Ital., *v.* 29 p. 252. Spec.: *M. Destefanii.*

Mastodesmus J. Carl 1911 in: Rev. Suisse Zool., *v.* 19 p. 404. Spec.: *M. zehntneri.*

Mastuchus subgen. ad *Polydesmus* Latreille [1802] Attems 1939 in: Tierreich, *v.* 70 p. 70. Spec.: *Polydesmus (M.) stiphropus, noricus, xanthocrepis.*

Matabelopus K. W. Verhoeff 1938 in: Zool. Jahrb., Syst. *v.* 71 p. 12. Spec.: *M. rhodesianus.*

Mauritacantha K. W. Verhoeff 1939 in: Jena. Z., *v.* 73 p. 44, 48. Spec.: *M. montana, similis, fimbriata, lawrencei.*

Mauritiosoma K. W. Verhoeff 1939 in: Jena Z., *v.* 73 p. 44, 52. Spec.: *M. gibbosum.*

Mecistoparia Brolemann 1926 in: Arch. Zool. expér., *v.* 65 p. 127. Spec.: *M. lophotocrania, cristata.*

Megaloparia subgen. ad *Sphaeroparia* Attems 1909 Brolemann 1920 in: Alluaud & Jeannel, Voy. Afr. Or., Myr. p. 240. Spec.: *Sphaeroparia (M.) lignivora, uncinata, pygmaea.*

Melanodesmus J. Carl 1914 in: Mém. Soc. Neuchâtel, *v.* 5 p. 908. Spec.: *M. planus.*

Melaphe pro *Oxyurus* C. L. Koch 1847 O. F. Cook 1904 in: Harriman Alaska Exp., *v.* 8 p. 55. Spec.: *M. vestita.*

Merioceratium subgen. ad *Polydesmus* Latreille [1802] K. W. Verhoeff 1931 in: Zool. Jahrb., Syst. *v.* 61 p. 419. Spec.: *Polydesmus (M.) tatranus.*

Mesethodesmus Chamberlin 1918 in: Bull. Mus. Harvard, *v.* 62 p. 248. Spec.: *M. haitianus.*

Mesotropidemus [pro *Mesotropidesmus* Silvestri 1901] Silvestri 1901 in: Boll. Mus. Torino, *v.* 16 nr. 398 p. 15.

Mesotropidesmus Silvestri 1901 in: Boll. Mus. Torino, *v.* 16 nr. 398 p. [15], 17. Spec.: *M. dorsalis.*

Microdesmus A. C. Günther 1864 in: P. zool. Soc. London, 1864 p. 26. Pisc. Teleost.

Microdesmus K. W. Verhoeff 1901 in: Arch. Naturg., *v.* 67 I p. 223. Spec.: *M. albus, bosniensis.*

Microporus [pro *Mikroporus* Attems 1898] Attems 1899 in: Denk. Ak. Wien, *v.* 68 p. 403.

Microrhachis subgen. ad Rhachis H. Saussure 1859 J. Carl 1903 in: Rev. Suisse Zool., *v.* 11 p. 554, 556. Spec.: *Rhachis (M.) uncinata.*

Mikroporus Attems 1898 in: Denk. Ak. Wien, *v.* 67 p. 269, 414. Spec.: *M. granulatus.*

Mimuloria Chamberlin 1928 in: Ent. News Philad., *v.* 39 p. 155. Spec.: *M. missouriensis.*

Mjöbergodesmus K. W. Verhoeff 1924 in: Ark. Zool., *v.* 16 nr. 5 p. 10, 11, 15. Spec.: *M. annulatus.*

Monachodesmus Silvestri 1927 in: Boll. Labor. Zool. Portici, *v.* 20 p. 309. Spec.: *M. Feae.*

Myallosoma K. W. Verhoeff 1928 in: Rec. Austral. Mus., *v.* 16 p. 89, 91, 101. Spec.: *M. hamuligerum.*

Myrmecodesmus Silvestri 1910 in: Zool. Anz., *v.* 35 p. 359. Spec.: *M. formicarius.*

Myrmekia Attems 1898 in: Denk. Ak. Wien, *v.* 67 p. 269, 321. Spec.: *M. Karykina.*

Myxodesmus O. F. Cook 1896, Brandtia, nr. 5 p. 25 & 1896 in: P. Ac. Philad., p. 267. Spec.: *M. lobatus.*

Napodesmus O. F. Cook 1896 in: P. Ac. Philad., p. 265. Spec.: *N. costatus.*

Nasodesmus O. F. Cook 1896 in: Amer. Natural., *v.* 30 p. 417. Spec.: *N. cognatus.*

Nearctodesmus Silvestri 1910 in: Zool. Anz., *v.* 35 p. 364. Spec.: *N. cerasinus.*

Nedyopus Attems 1914 in: Arch. Naturg., *v.* 80 A 4 p. 188, 200. Spec.: *N. cingulatus, patrioticus, tambanus.*

Neoleptodesmus J. Carl 1903 in: Rev. Suisse Zool., *v.* 11 p. 554, 557. Spec.: *N. Sumichrastri, intermedius, aztecus.*

Nesodesmus Chamberlin 1914 in: Psyche, *v.* 21 p. 87. Spec.: *N. insulanus.*

Niponia K. W. Verhoeff 1931 in: Zool. Jahrb., Syst. *v.* 61 p. 436, 441. Spec.: *N. nodulosa.*

Niponiella F. Klapálek 1907 in: Rozpr. České Ak., *v.* 16 nr. 31 p. 11. Perl.

Niponiella K. W. Verhoeff 1936 in: Tr. Sapporo Soc., *v.* 14 p. 148.

Niponielle [pro *Niponiella* K. W. Verhoeff 1936] Attems 1937 in: Mém. Mus. Paris, n. ser. *v.* 6 p. 244.

Nipponia subgen. ad *Ibis* C. J. Temminck 1815 L. Reichenbach [1852], Av. Syst., p. XIV. Av. Cicon. Threskiornith.

Nomarchus subgen. ad *Polydesmus* Latreille [1802] Attems 1939 in: Tierreich, *v.* 70 p. 22. Spec.: *Polydesmus (N.) denticulatus, subscabratus, gallicus, coriaceus, incisus, hanseaticus, brevimanus, asthenestatus, clavator, fissilobus, taranus, polygamiae, mediterraneus, wardaranus, subulifer, schässburgensis, raffardi, pulcher, barberii, genuensis, phantasma.*

Octochaunus Attems 1937 in: Mém. Mus. Paris, n. ser. *v.* 6 p. 247. Spec.: *O. minusculus.*

Odontokrepis Attems 1898 in: Denk. Ak. Wien, *v.* 67 p. 270 & 1899 *v.* 68 p. 309. Spec.: *O. flavescens, nigrescens, erythropus.*

Odontopeltis pro *Rhacophorus* C. L. Koch 1847 Pocock 1894 in: J. Linn. Soc. London, *v.* 24 p. 509. Spec.: *O. subterraneus, Sallei, couloni, magnus, mauritii, Vincentii, morantus, verrucosus, formosus, mammatus.*

Odontotropis subgen. ad *Polydesmus* Latreille [1802] A. Humbert & Saussure 1869 in: Verh. Ges. Wien, *v.* 19 p. 692. Spec.: *Polydesmus (O.) clarazianus.*

Oligodesmus Attems 1898 in: Denk. Ak. Wien, *v.* 67 p. 271, 322. Spec.: *O. nitidus.*

Oncodesmus O. F. Cook 1896, Brandtia, nr. 5 p. 28. Spec.: *O. granosus.*

Oniscodesmus P. Gervais & Goudet 1844 in: Ann. Soc. ent. France, ser. 2 *v.* 2 p. XXVIII. Spec.: *O. oniscinus.*

Onomatoplanus Attems 1939 in: Tierreich, *v.* 70 p. 221. Spec.: *O. nodulosus, kometis.*

Ootacodesmus J. Carl 1932 in: Rev. Suisse Zool., *v.* 39 p. 468. Spec.: *O. humilis.*

Ophiodesmus O. F. Cook 1896 in: Ann. N. York Ac., *v.* 9 p. 5. Spec.: *O. verhoeffi.*

Ophrydesmus O. F. Cook 1896, Brandtia, nr. 5 p. 23. Spec.: *O. gede, scaurus, tengger, pugnus.*

Opisotretus Attems 1907 in: Mt. Mus. Hamburg, *v.* 24 p. 113. Spec.: *O. Kraepelini.*

Opisthoporodesmus Silvestri 1899 in: Termész. Füzetek, *v.* 22 p. 206. Spec.: *O. obtectus.*

Orodesmus O. F. Cook 1896 in: P. U. S. Mus., *v.* 18 p. 99. Spec.: *O. forceps, bicolor, unicolor, mastophorus, pectinatus, fischeri, effulgens.*

Orthomorpha pro *Paradesmus* Saussure 1859 Bollman 1893 in: Bull. U. S. Mus., *v.* 46 p. 159, 196. Spec.: *O. coarctata, beaumonti, pekinensis, flavolimbata, karschi, gracilis, dasys.*

Orthomorpha subgen. ad *Orthomorpha* Bollman 1893 Attens 1914 in: Arch. Naturg., *v.* 80 A 4 p. 188, 191. Spec.: *O. (O.) acuta, bipunctata, bivittata, coarctata, Comotti, constricta, hirtipes, javanica, Karschi, melanopleuris, miuhlana, miranda, nigricornis, Oatesii, pardalis, picta, subalba, vinosa, Weberi, Zehntneri, fuscocollaris, insularis, armata, artrorosea, bipulvillata, coriacea, festiva, semicarnea.*

Orthomorphella K. W. Verhoeff 1939 in: Zool. Anz., *v.* 127 p. 117. Spec.: *O. pecuensis, circofera.*

Otodesmus O. F. Cook 1896, Brandtia, nr. 5 p. 24. Spec.: *O. watsoni.*

Otoplacosoma K. W. Verhoeff 1924 in: Ark. Zool., *v.* 16 nr. 5 p. 9, 11, 31. Spec.: *O. bivittatum.*

Oxydesmus subgen. ad *Polydesmus* Latreille [1802] A. Humbert & Saussure 1869 in: Verh. Ges. Wien, *v.* 19 p. 671. Spec.: *O. flavomarginatus, tricuspidatus.*

Oxyurus C. Rafinesque 1810, Caratt. nuovi Gen., p. 19. Pisc. Teleost.

Oxyurus [pro *Oxyuris* C. Rudolphi 1803] J. Lamarck 1816, Hist. An. s. Vert., *v.* 3 p. 213. Verm. Nemat.

Oxyurus J. Lamarck 1817, Hist. An. s. Vert., *v.* 4 p. 128. Hym. Proctotrup.

Oxyurus W. Swainson 1827 in: Zool. J., *v.* 3 p. 354. Av. Pass.

Oxyurus C. L. Koch 1847 in: Koch-Panzer, Krit. Revis., *v.* 3 p. 60. Spec.: *O. vestitus, glabratus, cinerascens, pallidus, roseus.*

Pachydesmus O. F. Cook 1895 in: Ann. N. York Ac., *v.* 9 p. 5. Spec.: *P. crassicutis.*

Pagodesmus J. Carl 1932 in: Rev. Suisse Zool., *v.* 39 p. 499. Spec.: *P. biporus, eremitus, sulcifer.*

Paltophorus Attems 1937 in Rev. zool. Afr., *v.* 30 I p. 41, 54. Spec.: *P. mechowi, nigerianus, lisalanus, asper, dentatus, tridens, brevilobus, decorus, imperfectus, denticulatus, longipes, falcatus, arenaceus, gladiator.*

Pammicrophallus Pocock 1909 in: Biol. Centr.-Amer., Diplop. p. 171, 183. Spec.: *P. ornatus, pictus.*

Pandirodesmus Silvestri 1932 in: Amer. Mus. Nov., nr. 564 p. 1. Spec.: *P. disparipes.*

Paracordyloporus Brölemann 1916 in: Ann. Soc. ent. France, *v.* 84 p. 606. Spec.: *P. dilatatus, pulcher, alternatus, Porati.*

Paracordyloporus subgen. ad *Paracordyloporus* Brölemann 1916 K. W. Verhoeff 1938 in: Zool. Anz., *v.* 124 p. 169, 171. Spec.: *P. (P.) porati.*

Paradesmus subgen. ad *Polydesmus* Latreille [1802], H. Saussure 1859 in: Linn. ent., *v.* 13 p. 325. Spec.: *P. carolinensis, Picteti, Beaumontii.*

Paradoxosoma Daday 1889 in: Termész. Füzetek, *v.* 12 p. 135. Spec.: *P. granulatum.*

Pararhachistes Pocock 1909 in: Biol. Centr.-Amer., Diplop. p. 171, 177. Spec.: *P. elevatus, vertebratus.*

Parathelydesmus Silvestri 1927 in: Boll. Labor. Zool. Portici, *v.* 20 p. 316. Spec.: *P. longiseta.*

Parwalesoma K. W. Verhoeff 1937 in: Rec. Austral. Mus., *v.* 20 p. 139. Spec.: *P. castaneum.*

Paurodesmus Chamberlin 1920 in: Bull. Mus. Harvard, *v.* 64 p. 136. Spec.: *P. acutangulus.*

Pelmatotylus Attems 1938 in: P. zool. Soc. London, ser. B *v.* 108 p. 376. Spec.: *P. tristriatus.*

Pelodesmus O. F. Cook 1896 in: P. Ac. Philad., p. 266. Spec.: *P. fossor.*

Penteporus Loomis 1936 in: Bull. Mus. Harvard, *v.* 80 p. 180. Spec.: *P. crenellatus.*

Perapolydesmus Brölemann 1916 in: Ann. Soc. ent. France, *v.* 84 p. 607. Spec.: *P. progressus.*

Peridontodesmus Silvestri 1896 in: Ann. Mus. Genova, *v.* 36 p. 197. Spec.: *P. Woodianus.*

Peridysodesmus Silvestri 1910 in: Zool. Anz., *v.* 35 p. 357. Spec.: *P. trifidus, bifidus.*

Pernambucosoma O. Schubart 1939 in: Zool. Anz., *v.* 128 p. 78, 82. Spec.: *P. marthae.*

Peronorchus Attems 1907 in: Mt. Mus. Hamburg, *v.* 24 p. 110. Spec.: *P. parvicollis.*

Phaeodesmus O. F. Cook 1898 in: P. U. S. Mus., *v.* 20 p. 696, 706. Spec.: *P. longipes.*

Phenacoporus Attems 1914 in: Arch. Naturg., *v.* 80 A 4 p. 163, 165. Spec.: *Aporodesminus (P.) sumatranus, concolor, Weberi.*

Philocaffrus Attems 1926 in: Kükenthal & Krumbach, Handb. Zool., *v.* 4 p. 146.

Phygoxerotes K. W. Verhoeff 1939 in: Ann. Natal Mus., *v.* 9 p. 176, 192. Spec.: *P. nodulosus.*

Phymatodesmus Saussure & Zehntner 1902 in: Hist. Madag., *v.* 27 Myr. p. 94. Spec.: *P. sakalava.*

Physetoparia subgen. ad *Sphaeroparia* Attems 1909 Brolemann 1920 in: Alluaud & Jeannel, Voy. Afr. Or., Myr. p. 240. Spec.: *Sphaeroparia (P.) imbecilla.*

Pilochilus Chamberlin 1920 in: Bull. Mus. Harvard, *v.* 64 p. 151. Spec.: *P. cynephor, pallidior.*

Pixodesmus J. Carl 1926 in: N. Caledonia, *v.* 4 III p. 382. Spec.: *P. gracilis.*

Plagiotropidesmus Silvestri 1901 in: Boll. Mus. Torino, *v.* 16 nr. 398 p. 19. Spec.: *P. convexus.*

Platykapelus Attems 1938 in: P. zool. Soc. London, ser. B *v.* 108 p. 378. Spec.: *P. ornatus.*

Platyrhacus C. L. Koch 1847, Syst. Myr., p. 58, 131. Spec.: *P. scaber, rufipes, fuscus.*

Platytarropus K. W. Verhoeff 1939 in: Ann. Natal Mus., *v.* 9 p. 203. Spec.: *P. polydesmoides.*

Platytarrus Attems 1926 in: Kükenthal & Krumbach, Handb. Zool., *v.* 4 p. 145.

Pleonaraius Attems 1898 in: Denk. Ak. Wien, *v.* 67 p. 268, 274. Spec.: *P. pachyskeles.*

Plethodesmus J. Carl 1926 in: N. Caledonia, *v.* 4 III p. 384. Spec.: *P. biseriatus.*

Plusiogonodesmus Silvestri 1899 in: Termész. Füzetek, *v.* 22 p. 208. Spec.: *P. felix.*

Pocodesmus O. F. Cook 1896, Brandtia, nr. 5 p. 23. Spec.: *P. greeni.*

Pogonodesmus Loomis 1936 in: Bull. Mus. Harvard, *v.* 80 p. 137. Spec.: *P. pullus.*

Polydesmopeltis (= *Prionopeltis* Pocock 1895 e. p.) K. W. Verhoeff 1936 in: Rec. Ind. Mus., *v.* 38 p. 111. Spec.: *P. kelaarti, xanthotrichus.*

Polydesmopeltis subgen. ad *Polydesmopeltis* Verhoeff 1936 K. W. Verhoeff 1936 in: Rec. Ind. Mus., *v.* 38 p. 113. Spec.: *P. (P.) kelaarti.*

Polydesmus Latreille [1802], Hist. Crust. Ins., *v.* 3 p. 44. Spec.: *P. complanatus.*

Polylepis A. E. Grube 1878 in: Mém. Ac. St.-Pétersb., ser. 7 *v.* 25 nr. 8 p. 16. Verm. Polych.

Polylepis pro *Pachyurus* A. Humbert & Saussure 1869 Bollman 1893 in: Bull. U. S. Mus., *v.* 46 p. 160, 197. Spec.: *P. klugii, abstrusus.*

Polylepiscus Pocock 1909 in: Biol. Centr.-Amer., Diplop. p. 154. Spec.: *P. stolli, furcifer, actaeon, heterosculptus.*

Polyleporella pro *Polylepis* Bollman 1893 Attems 1938 in: Tierreich, *v.* 69 p. 289. Spec.: *P. granosa, fasciata, solomonis, xestoloma, erythrokrepis, elberti.*

Poratia O. F. & A. C. Cook 1894 in: Ann. N. York Ac., *v.* 8 p. 238. Spec.: *P. digitata.*

Poratia K. W. Verhoeff 1895 in: Zool. Anz., *v.* 18 p. 217. Spec.: *P. mutabile.*

Prepodesmus O. F. Cook 1896 in: P. Ac. Philad., p. 258 & 1896 in: Amer. Natural., *v.* 30 p. 416. Spec.: *P. tigrinus, minus, pictus.*

Priodesmus O. F. Cook 1896 in: P. U. S. Mus., *v.* 18 p. 53. Spec.: *P. acus, parae.*

Prionopeltis Hawle & Corda 1847, Prodr. Böhm. Tril., p. 121. Crust. Tril.

Prionopeltis Pocock 1895 in: Ann. Mus. Genova, *v.* 34 p. 828. Spec.: *P. planatus, taurinus, cervinus.*

Procoptodesmus Brolemann 1920 in: Alluaud & Jeannel, Voy. Afr. Or., Myr. p. 231. Spec.: *P. diffusus.*

Pronodesmus O. F. Cook 1896, Brandtia, nr. 5 p. 25 & 1896 in: P. Ac. Philad., p. 266. Spec.: *P. melas.*

Propolydesmus subgen. ad *Polydesmus* Latreille [1802] K. W. Verhoeff 1895 in: Zool. Anz., *v.* 18 p. 222. Spec.: *Polydesmus (P.) pectiniger.*

Propyrgodesmus Silvestri 1920 in: Rec. Ind. Mus., *v.* 19 p. 122. Spec.: *P. lobulatus.*

Prosopodesmus Silvestri 1910 in: Zool. Anz., *v.* 35 p. 360. Spec.: *P. jacobsoni.*

Prosthenurodesmus Silvestri 1927 in: Boll. Labor. Zool. Portici, *v.* 20 p. 321. Spec.: *P. pusillus.*

Pseudopolydesmus Attems 1898 in: Denk. Ak. Wien, *v.* 67 p. 270, 479. Spec.: *P. canadensis.*

Pseudoprionopeltis J. Carl 1902 in: Rev. Suisse Zool., *v.* 10 p. 595. Spec.: *P. cinereus, Martini.*

Pseudosphaeroparia J. Carl 1932 in: Rev. Suisse Zool., *v.* 39 p. 471. Spec.: *P. palnensis, nilgirensis, cardamomi.*

Pseudostrongylosoma K. W. Verhoeff 1924 in: Ark. Zool., *v.* 16 nr. 5 p. 10, 11, 22. Spec.: *P. sjöstedti.*

Psochodesmus O. F. Cook 1896, Brandtia, nr. 5 p. 25. Spec.: *P. crescentis.*

Pterodesmus O. F. Cook 1896 in: Amer. Natural., *v.* 30 p. 417. Spec.: *P. brownellii.*

Pterodesmus subgen. ad *Polydesmus* Latreille [1802] Saussure & Zehntner 1902 in: Abh. Senckenb. Ges., *v.* 26 p. 436. Spec.: *Polydesmus (P.) hova, sakalava.*

Pterygiodesmus Loomis 1936 in: Bull. Mus. Harvard, *v.* 80 p. 149. Spec.: *P. strumosus.*

Pycnotropis J. Carl 1914 in: Mém. Soc. Neuchâtel, *v.* 5 p. 932. Spec.: *P. polygonatus, taenia, flavocarinatus, melanostigma, Devillei.*

Pyrgodesmus Pocock 1892 in: J. Bombay Soc., *v.* 7 p. 155. Spec.: *P. obscurus.*

Pyrgodesmus Silvestri 1920 in: Rec. Ind. Mus., *v.* 19 p. 117. Spec.: *P. obscurus.*

Queenslandesmus K. W. Verhoeff 1924 in: Ark. Zool., *v.* 16 nr. 5 p. 36. Spec.: *Q. sjöstedti.*

Quisquicia Loomis 1936 in: Bull. Mus. Harvard, *v.* 80 p. 128. Spec.: *O. scitula, sallei, engonata, insignis, rubens.*

Rachis subgen. ad *Bulimus* G. Scopoli 1777 J. C. Albers 1850, Helic., p. 182. Moll. Gastr.

Rachis subgen. ad *Polydesmus* Latreille [1802] Saussure 1859 in: Linn. ent., *v.* 13 p. 326. Spec.: *Polydesmus (R.) viridis.*

Rachys [Nom. nud.] P. Dejean 1836, Cat. Col., ed. 3 p. 271. Col. Curc.

Rhachidomorpha subgen. ad *Polydesmus* Latreille [1802] Saussure 1860 in: Mém. Soc. Genève, *v.* 15 p. 326. Spec.: *Polydesmus (R.) tarascus.*

Rhachidomorphus [pro *Rhachidomorpha* H. Saussure 1860] A. Marshall 1873, Nomencl. zool., p. 390.

Rhachis pro *Rachys* [P. Dejean 1836] L. Agassiz 1846, Nomencl. zool., Index p. 320, 322. Col. Curc.

Rhachis pro *Rachis* J. C. Albers 1850 L. Pfeiffer 1856 in: Malak. Bl., *v.* 2 p. 161. Moll. Gastr.

Rhachis pro *Rachis* Saussure 1859 Saussure 1860 in: Mém. Soc. Genève, *v.* 15 p. 329. Spec.: *R. viridis.*

Rhachodesmus pro *Rhachis* H. Saussure 1859 O. F. Cook 1895 in: Ann. N. York Ac., *v.* 9 p. 4.

Rhacodesmus O. F. Cook 1896, Brandtia, nr. 2 p. 6. Spec.: *R. viridis.*

Rhexiphloeus pro *Trachyphloeus* Attems 1933 Attems 1940 in: Tierreich, *v.* 70 p. 460. Spec.: *R. electus.*

Rhopaloskelus K. W. Verhoeff 1939 in: Ann. Natal Mus., *v.* 9 p. 176, 186. Spec.: *R. biseriatus.*

Rhysodesmus O. F. Cook 1895 in: Ann. N. York Ac., *v.* 9 p. 5. Spec.: *R. limax.*

Riuerchodus subgen. ad *Epanerchodus* Attems 1901 K. W. Verhoeff 1938 in: Mt. Höhlen- und Karstforsch., p. 89. Spec.: *Epanerchodus (R.) subterraneus.*

Riukiupeltis K. W. Verhoeff 1939 in: Zool. Anz., *v.* 127 p. 121. Spec.: *R. jamashinai.*

Saerangodes P. Dejean 1834, Cat. Col., ed. 3 p. 208. Col. Tenebr.

Scaptodesmus O. F. Cook 1896, Brandtia, nr. 4 p. 15. Spec.: *S. porati.*

Schedoleiodesmus Silvestri 1898 in: Ann. Mus. Genova, *v.* 38 p. 691. Spec.: *S. Solarii.*

Schedypodesmus Silvestri 1898 in: An. Mus. Buenos Aires, *v.* 6 p. 61. Spec.: *S. convexus.*

Schizobrachydesmus subgen. ad *Brachydesmus* Cam. Heller 1858 K. W. Verhoeff 1926 in: Trav. Soc. Bulgare, *v.* 12 p. 74.

Schizomeritius subgen. ad *Polydesmus* Latreille [1802] K. W. Verhoeff 1931 in: Zool. Jahrb., Syst. *v.* 61 p. 419. Spec.: *Polydesmus (S.) phantasma.*

Schizotelopoditius subgen. ad *Polydesmus* Latreille [1802] K. W. Verhoeff 1934 in: Zool. Anz., *v.* 107 p. 151. Spec.: *Polydesmus (S.) falcifer, idriensis.*

Schizoturanius subgen. ad *Turanodesmus* K. W. Verhoeff 1931 K. W. Verhoeff 1931 in: Zool. Jahrb., Syst. *v.* 61 p. 418. Spec.: *Turanodesmus (S.) strongylosomoides.*

Scolopopleura Attems 1912 in: Ergeb. D. Zentr.-Afr.-Exp., *v.* 4 p. 302. Spec.: *S. spinosa.*

Scytalosoma K. W. Verhoeff 1910 in: Zool. Anz., *v.* 36 p. 136, 138. Spec.: *S. triassicum.*

Scytodesmus O. F. Cook 1896 in: P. U. S. Mus., *v.* 18 p. 99. Spec.: *S. kribi.*

Scytonotus C. L. Koch 1847 in: Koch-Panzer, Krit. Revis., *v.* 3 p. 57, 130. Spec.: *S. scabricollis, laevicollis, nodulosus.*

Semnosoma Silvestri 1903 in: Boll. Mus. Torino, *v.* 18 nr. 433 p. 2. Spec.: *S. Porteri, intricatum, subecarinatum.*

Serangodes pro *Saerangodes* P. Dejean [1834] L. Agassiz 1846, Nomencl. zool., Index p. 329. Col. Tenebr.

Serangodes Attems 1898 in: Denk. Ak. Wien, *v.* 67 p. 268, 273. Spec.: *S. strongylosomoides.*

Sholaphilus J. Carl 1932 in: Rev. Suisse Zool., *v.* 39 p. 484. Spec.: *S. albidus.*

Sichotanus Attems 1914 in: Arch. Naturg., *v.* 80 A 4 p. 187, 216. Spec.: *S. eurygaster.*

Sigodesmus O. F. Cook 1899 in: P. U. S. Mus., *v.* 21 p. 689, 722. Spec.: *S. contortus, monocerus, ruspolii, indigus, innotatus.*

Sisyrodesmus Attems 1912 in: Ergeb. D. Zentr.-Afr.-Exp., *v.* 4 p. 304. Spec.: *S. girafficeps.*

Skotodesmus J. Carl 1932 in: Rev. Suisse Zool., *v.* 39 p. 513. Spec.: *S. crepuscularis.*

Solaenaulus Attems 1939 in: Tierreich, *v.* 70 p. 165, 172. Spec.: *S. butteli, setosus.*

Spanobrachium subgen. ad *Polydesmus* Latreille [1802] Attems 1939 in: Tierreich, *v.* 70 p. 54. Spec.: *Polydesmus (S.) collaris, griseoalbus, transsilvanicus, longicornis, macilentus, tatranus, polonicus, strouhali, zonkowi, elchowensis, bureschi, escherichii.*

Sphaeriodesmus Peters 1864 in: Monber. Ak. Berlin, p. 529. Spec.: *S. mexicanus.*

Sphaeroparia Attems 1909 (Sep.) in: Ergeb. Schwed. Exp. Kilimandjaro, *v.* 3 nr. 19 p. 10. Spec.: *S. minuta.*

Sphaeroparia subgen. ad *Sphaeroparia* Attems 1909 Brolemann 1920 in: Alluaud & Jeannel, Voy. Afr. Or., Myr. p. 240. Spec.: *S. (S.) minuta-attenuata, lanceolata.*

Sphaerotrichopus Attems 1911 in: Fauna S. W.-Austral., *v.* 3 p. 179. Spec.: *S. ramosus.*

Steganostigmus J. Carl 1932 in: Rev. Suisse Zool., *v.* 39 p. 522. Spec.: *S. canonicus, patruelis, contortipes.*

Stegodesmus O. F. Cook 1896 in: P. Ac. Philad., p. 266. Spec.: *S. leonis.*

Stenauchenia Attems (1900) 1901 in: Mt. Mus. Hamburg, *v.* 18 p. 95. Spec.: *S. Braunsi.*

Stenitus Chamberlin 1923 in: Zool. N. York, *v.* 3 p. 414. Spec.: *S. guianaus.*

Stenodesmus H. Saussure 1859 in: Linn. ent., *v.* 13 p. 327. Spec.: *S. mexicanus.*

Stenonia Gray [1843] in: Todd, Cycl. Anat. Physiol., *v.* 3 p. 546.

Stenonia É. Desor 1858, Syn. Échinid., p. 333. Echinod. Echinid.

Stictodesmus O. F. Cook 1896, Brandtia, nr. 5 p. 20. Spec.: *S. creper.*

Stilodesmus [pro *Stylodesmus* O. F. Cook 1896] Silvestri 1927 in: Boll. Labor. Zool. Portici, *v.* 20 p. 282.

Stiodesmus O. F. Cook 1896 in: Amer. Natural., *v.* 30 p. 419. Spec.: *S. stratus.*

Streptogonopus Attems 1914 in: Arch. Naturg., *v.* 80 A 4 p. 188, 219. Spec.: *S. contortipes, Jerdani, Phipsoni.*

Strongylodesmus Saussure 1859 in: Linn. ent., *v.* 13 p. 327. Spec.: *S. cyaneus.*

Strongylosoma J. F. Brandt 1833 in: Bull. Soc. Moscou, *v.* 6 p. 205.

Strongylosomum pro *Strongylosoma* J. F. Brandt 1833 Brölemann 1895 in: Feuille Natural., ser. 3 *v.* 25 p. 147.

Stylobrachydesmus subgen. ad *Brachydesmus* Cam. Heller 1858 Attems 1912 in: Verh. Ges. Wien, *v.* 61 p. 409, 420. Spec.: *Brachydesmus (S.) Attemsi, Dadayi, ljubetensis, nemilanus, polydesmoides, spinosus, uncinatus.*

Styloceylonius K. W. Verhoeff 1936 in: Rec. Ind. Mus., *v.* 38 p. 120. Spec.: *S. lobatus.*

Stylodesmus O. F. Cook 1896 in: P. U. S. Mus., *v.* 18 p. 82 & 1896 in: Amer. Natural., p. 418. Spec.: *S. horridus.*

Styraxodesmus Chamberlin 1918 in: Bull. Mus. Harvard, *v.* 62 p. 222. Spec.: *S. furcatus.*

Sundanina Attems 1914 in: Arch. Naturg., *v.* 80 A 4 p. 187, 198. Spec.: *S. albicans, aphanes, Bataviae, carnea, flaviocoxis, gastrotricha, navicularis, Modiglianii, nigricornis, solitaria, subnigra.*

Synoptura Attems 1914 in: Arch. Naturg., *v.* 80 A 4 p. 174, 179. Spec.: *S. laminata.*

Tanydesmus O. F. Cook 1896, Brandtia, nr. 5 p. 23 & 1896 in: P. Ac. Philad., p. 264. Spec.: *T. ordinatus.*

Taphrodesmus Silvestri 1910 in: Zool. Anz., *v.* 35 p. 357. Spec.: *T. vestitus.*

Tasmaniosoma K. W. Verhoeff 1936 in: Zool. Anz., *v.* 114 p. 11. Spec.: *T. armatum.*

Tasmanodesmus Chamberlin 1920 in: Bull. Mus. Harvard, *v.* 64 p. 133. Spec.: *T. hardyi.*

Telopoditius subgen. ad *Turanodesmus* K. W. Verhoeff 1931 K. W. Verhoeff 1931 in: Zool.-Jahrb., Syst. *v.* 61 p. 418. Spec.: *Turanodesmus (T.) melanchthonius.*

Termitopteryx K. W. Verhoeff 1939 in: Jena. Z., *v.* 73 p. 46.

Thelydesmus O. F. Cook 1896 in: Amer. Natural., *v.* 30 p. 415. Spec.: *T. dispar.*

Thymodesmus O. F. Cook 1896, Brandtia, nr. 4 p. 15. Spec.: *T. pulvinar.*

Tidopterus Chamberlin 1923 in: Zool. N. York, *v.* 3 p. 420. Spec.: *T. sequens.*

Titanosoma K. W. Verhoeff 1910 in: Zool. Anz., *v.* 36 p. 137, 142. Spec.: *T. jurassicum.*

Tonodesmus Silvestri 1923 in: Bol. Soc. Españ., *v.* 23 p. 368. Spec.: *T. Bolivari.*

Trachelodesmus subgen. ad *Polydesmus* P. Latreille [1802] Peters 1864 in: Monber. Ak. Berlin, p. 623. Spec.: *T. arcticollis, constrictus.*

Trachelorhachis Silvestri 1898 in: Boll. Mus. Torino, *v.* 13 nr. 324 p. 5. Spec.: *T. rivicola.*

Trachydesmus Daday 1889 in: Termész. Füzetek, *v.* 12 p. 134. Spec.: *T. Simonii.*

Trachynotus J. Gravenhorst 1829, Ichneum., *v.* 1 Consp. p. 64 & *v.* 3 p. 718. Hym. Ichneum.

Trachynotus Latreille 1829 in: G. Cuvier, Règne an., ed. 2 *v.* 5 p. 14. Col. Tenebr.

Trachynotus pro *Trachinotus* [Lacépède 1802] L. Agassiz 1846, Nomencl. zool., Index p. 373, 374. Pisc. Teleost.

Trachynotus T. Bell 1862, Monogr. foss. malacost. Crust. Brit., *v.* 2 p. 2. Crust. Dec. Brach.

Trachynotus P. Kramer 1876 in: Arch. Naturg., *v.* 42 I p. 74. Arach. Acar. Uropod.

Trachynotus F. Dahl 1886 in: Schr. Ver. Schleswig-Holstein, *v.* 6 p. 95. Arach. Aran.

Trachynotus Timotheew 1899 (nec Kramer 1876) in: Trav. Soc. Nat. Charkow, *v.* 31 p. 275. Spec.: *T. dmitriewi.*

Trachyphloeus E. F. Germar 1817 in: Mag. Ent. Germar, *v.* 2 p. 341. Col. Curc.

Trachyphloeus Attems 1933 in: Ann. Mus. Wien, *v.* 46 p. 264. Spec.: *T. electus.*

Trematodesmus Loomis 1936 in: Bull. Mus. Harward, *v.* 80 p. 153. Spec.: *T. setiger.*

Trescolobus [pro *Treseolobus* Attems 1907] R. Shelford 1909 in: Zool. Rec., *v.* 44 (1907) Arach. p. 54.

Treseolobus Attems 1907 in: Mt. Mus. Hamburg, *v.* 24 p. 120. Spec.: *T. pilosus.*

Trichomorpha Silvestri 1897 in: Boll. Mus. Torino, *v.* 12 nr. 305 p. 11. Spec.: *T. elegans.*

Trichopeltis Pocock 1894 in: M. Weber, Ergeb. Reise Niederl. O.-Ind., *v.* 3 p. 374. Spec.: *T. bicolor.*

Trichopolydesmus K. W. Verhoeff 1898 in: Arch. Naturg., *v.* 64 I p. 363. Spec.: *T. eremitis.*

Trichozonus J. Carl 1905 in: Mém. Soc. Españ., *v.* 1 p. 272. Spec.: *T. Escalerae.*

Tridesmus O. F. Cook 1896, Brandtia, nr. 5 p. 21. Spec.: *T. sectilis.*

Trigonostylus Brölemann 1898 in: Ann. Soc. ent. France, *v.* 67 p. 273.

Spec.: *T. spinosus, crassisetis, verrucosus.*

Tropidesmus O. F. Cook 1896 in: Amer. Natural., *v.* 30 p. 414. Spec.: *T. jugosus.*

Tubercularium Attems 1898 in: Denk. Ak. Wien, *v.* 67 p. 269, 360. Spec.: *T. odontopezum.*

Turanodesmus K. W. Verhoeff 1931 in: Zool. Jahrb., Syst. *v.* 61 p. 417. Spec.: *T. almassyi, stummeri, strongylosomoides, melanchthonius.*

Turanodesmus subgen. ad *Turanodesmus* K. W. Verhoeff 1931 K. W. Verhoeff 1931 in: Zool. Jahrb., Syst. *v.* 61 p. 417. Spec.: *Turanodesmus (T.) almassyi, stummeri.*

Tylodesmus O. F. Cook 1896 in: Amer. Natural., *v.* 30 p. 416 & 1896 in: P. U. S. Mus., *v.* 18 p. 99. Spec.: *T. crassipes.*

Udodesmus O. F. Cook 1896 in: Amer. Natural., *v.* 30 p. 419. Spec.: *U. telluster.*

Ulodesmus O. F. Cook 1899 in: P. U. S. Mus., *v.* 21 p. 687, 689. Spec.: *U. micramma.*

Urodesmus Porat 1894 in: Bih. Svenska Ak., *v.* 20 nr. 5 p. 41, 42. Spec.: *U. erinaceus, sexcarinatus.*

Urodesmus subgen. ad *Urodesmus* Porat 1894 K. W. Verhoeff 1936 in: Rec. Ind. Mus., *v.* 38 p. 118. Spec.: *U. (U.) erinaceus, simplex.*

Usbekodesmus Lohmander 1933 in: Ark. Zool., *v.* 25 A nr. 6 p. 17, 23. Spec.: *U. redikorzevi.*

Vanhoeffenia Attems 1908 in: D. Südp. Exp., *v.* 9 p. 426. Spec.: *V. nodulosa.*

Walesoma K. W. Verhoeff 1928 in: Rec. Austral. Mus., *v.* 16 p. 90, 91, 92. Spec.: *W. helmsii.*

Walestessara subgen. ad *Hoplatessara* Verhoeff 1928 K. W. Verhoeff 1937 in: Rec. Austral. Mus., *v.* 20 p. 137. Spec.: *Hoplatessara (W.) cruciata.*

Xerodesmus O. F. Cook 1896, Brandtia, *v.* 1 p. 2. Spec.: *X. dratus.*

Xerodesmus Chamberlin 1923 (nec O. F. Cook 1896) in: P. Calif. Ac., ser. 4 *v.* 12 p. 403. Spec.: *X. mulegensis.*

Xyodesmus O. F. Cook 1896 in: Amer. Natural., *v.* 30 p. 415. Spec.: *X. planus.*

Xystodesmus O. F. Cook 1895 in: Ann. N. York Ac., *v.* 9 p. 5. Spec.: *X. martensii.*

Zeuctodesmus Pocock 1909 in: Biol. Centr.-Amer:, Diplop. p. 171, 185. Spec.: *Z. caeruleus.*

Zikadesmus Chamberlin 1927 in: Bull. Amer. Mus., *v.* 57 p. 247. Spec.: *Z. cavernicolens.*

Nachtrag zum 1. Band

Ad p. 22.

Die Zahl der Gattungen und Arten beträgt:

354 sichere und 114 unsichere Gattungen, 1451 sichere und 672 unsichere Arten.

Ad p. 32.

Die Tabelle der Strongylosomiden-Gattungen ist von 61 an durch folgende zu ersetzen:

61	Femur des 1. Beinpaares des Männchens völlig ohne Fortsatz. Rinnenast sehr groß und breit, 2ästig, Tibiotarsus des Gonopoden sehr klein (Australien)	54. Gen. **Mjöbergodesmus**
	Femur des 1. Beinpaares des Männchens unten vorgewölbt oder mit deutlichem Fortsatz — **62**	
62	Rinnenast des Gonopoden sehr groß, einen ganzen Kreis beschreibend. Tibiotarsus sehr klein	62. Gen. **Antichiropus**
	Rinnenast nie auch nur annähernd so stark eingerollt — **63**	
63	Femur des Gonopoden sehr kurz, Tibiotarsus groß, größer als der Rinnenast. Metazoniten mit schmalen, dorsal durch eine Furche begrenzten Seitenwülsten	57. Gen. **Leucotessara**
	Femur des Gonopoden immer gut entwickelt, bis lang und schlank — **64**	
64	Tibiotarsus des Gonopoden auf einen kleinen spitzen Dorn reduziert, der viel kleiner ist als der Rinnenast — **65***)	
	Tibiotarsus des Gonopoden eine längere schlanke Sichel oder größer als der Rinnenast — **66**	
65	Sehr schwache oder gar keine Seitenfurchen vorhanden. Die Poren liegen in oder knapp an den Längsfurchen, wenn solche vorhanden	60. Gen. **Aulacoporus**
	Deutliche, außen durch eine Furche begrenzte Seitenwülste vorhanden. Die Poren von der Furche entfernt	61. Gen. **Walesoma**
66	Seitenwülste und Längsfurchen fehlen ganz. Femur des Gonopoden lang und schlank mit 1 Nebenast am Ende	63. Gen. **Pseudostrongylosoma**
	Seitenwülste und Längsfurchen vorhanden. Femur des Gonopoden mäßig lang mit 2 kleinen Seitenästen am Ende	Gen. **Gigantowales**

---

*) Hierher auch Gen. **Parwalesoma** Verh.

p. 37, nach **Strongylosoma turcicum** Verh.

S. forcarti Lohm. 1939 *S. f.*, Lohmander in: Verh. Ges. Basel, *v.* 50 p. 127 f. 1—6.

Scheitel, Stirn und Backen braun bis hellbraun, vordere Oberwangen und Clypeus weißlichgelb, Antennen vorwiegend hellbraun, Endteil dunkler, Rumpf auffallend zweifarbig: Rücken gelblichweiß, in der Mitte eine Längsreihe großer, diffus abgegrenzter hellbrauner Flecken (1 länglicher Fleck auf jedem Metazonit), seitlich im Bereich der Poren dunkelbraun, Unterflanken hellbraun, Beine hellgelb. Vorderkopf reichlich beborstet, Segmente in der Quernaht beim Weibchen ziemlich stark, beim Männchen sehr stark eingeschnürt, der Rumpf daher rosenkranzförmig. Halsschild mit 3, die

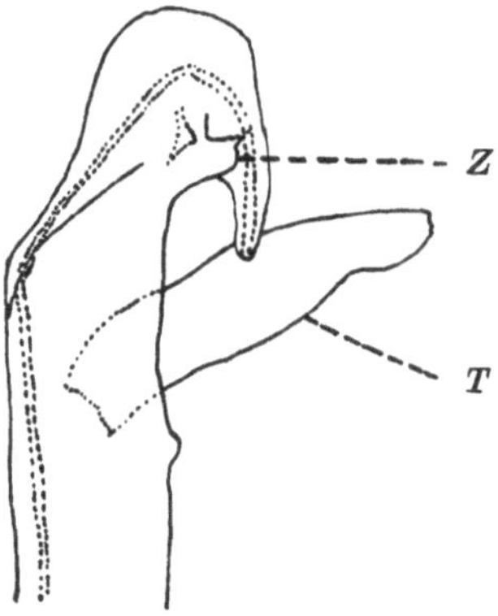

Fig. 684.
Strongylosoma forcarti Lohm. Gonopodenende (Lohmander, 1939).

übrigen Segmente mit 2 Querreihen ziemlich langer Borsten, besonders die Beborstung des Männchens ist auffallend lang. 2. Segment mit schmalen, vorn und hinten nur wenig rundlappig vortretenden Seitenleisten, die folgenden Segmente mit schwachen, bisweilen kaum angedeuteten Seitenbeulen, die dorsal durch eine vom Hinterrand bis zur Mitte reichende Furche begrenzt sind. Quernaht kräftig geperlt. Metazoniten glatt und glänzend. Flanken schwach längsgerunzelt, Querfurche beim Weibchen seicht, beim Männchen deutlicher. Pleuralkiele bis zum 7. oder 8. Segment vorhanden. Sternite beborstet. Sternit 5 des Männchens mit zungenförmigem, spitzem Fortsatz. Dorsalrand des Analsegmentes nicht gerade, das Schwänzchen bildet mit dem Ringteil einen stumpfen Winkel. Rinnenast breit, halbkreisförmig gebogen, das Ende verschmälert, mit einem 3eckigen Zahn *(Z)*. Tibiotarsus *(T)* bandartig, zusammengedrückt, breit, bis zum Ende nur wenig verschmälert (Fig. 684). Femur des 3. und 4. Beinpaares des Männchens mit beborstetem Drüsenhöcker.

Ost-Anatolien: Straße zwischen Samsun und Havza.

Kommt in der Tabelle zu *S. turcicum,* von dem er sich durch den breiten, bandartigen Tibiotarsus des Gonopoden (der bei *turcicum* ein schlanker Haken ist), das Profil des Analsegments (bei *turcicum* gerade) und die Länge der Borsten unterscheidet.

Ad p. 45.

Trachydesmus simonii Daday 1936 *T. attemsii,* K. W. Verhoeff in: Zool. Jahrb., Syst. *v.* 68 p. 365 | 1938 *T. a.,* Strasser, ibid., *v.* 71 p. 402.

Der angebliche 4. Fortsatz am Ende des Gonopoden, ein „hornartiger Fortsatz neben der Tibia“ ist kein selbständiger Ast, sondern nur ein Teil des Tibiotarsus.

Höhle bei Madonna del Carso, West-Istrien, Cherso.

Auf p. 54 nach **Kronopolites svenhedini** einzuschalten:

K. formosanus (Verh.) 1939 *Kansupus f.*, K. W. Verhoeff in: Zool. Anz., *v.* 127 p. 273 f. 1—3.

Fuchsgelb. Länge ♂ 24 mm. Die kurzen Seitenflügel treten vom 8. Segment an vorn und hinten zackig vor. Quernaht sehr fein gestrichelt. Tergite vorwiegend glatt und glänzend, hie und da mit Runzeln. Querfurche tief, bis an die die Wülste begrenzende Längsfurche reichend, die sich vorn gegen die Quernaht stark umbiegt. Pleuralkiele in der vorderen Körper-

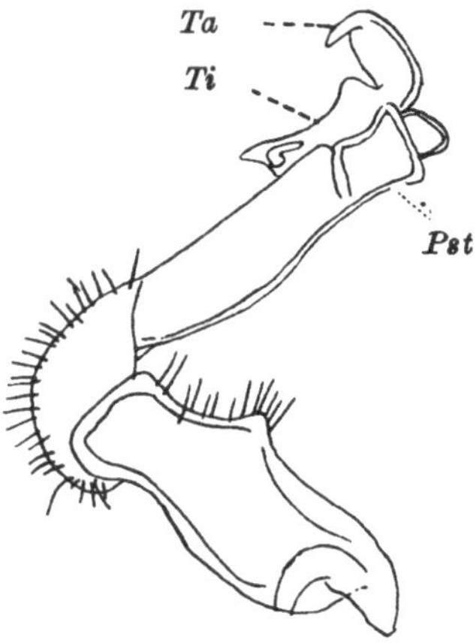

Fig. 685.
Kronopolites formosanus (Verh.). Gonopode (K. W. Verhoeff, 1939).

hälfte deutlich. Vordere Beine ohne Fortsatz und Drüsenhöcker. Sternite ohne Dornen. Tarsus und Endhälfte der Tibia der Beine 3—7 des Männchens unten reichlich beborstet. Gonopodenfemur gerade, endwärts nicht verbreitert. Tibiotarsus 2ästig, beide Arme *(Ti, Ta)* kurz und breit, der tibiale Ast *(Ti)* umscheidet den Rinnenast. Postfemur *(Pst)* deutlich abgegrenzt (Fig. 685).

Formosa: Taityn.

Unterscheidet sich von *K. svenhedini* durch die eckigen Seitenwülste (bei *svenhedini* sind sie gerundet) und den viel kürzeren und breiteren Tibialast des Gonopoden.

Ad p. 59.

Subgen. **Orthomorpha** Att. 1939 *Asiomorpha*, K. W. Verhoeff in: Zool. Anz., *v.* 127 p. 117. Typus ist *A. coarctata* (Sauss.). (*O. coarctata* ist Typus des Genus *Orthomorpha* und kann nicht zum Typus eines neuen Genus gemacht werden, das übrigens unhaltbar ist.)

Ad p. 80.

Subgen. **Kalorthomorpha** Att. 1939 *Orthomorphella* + *Orthomorpha*, K. W. Verhoeff in: Zool. Anz., *v.* 127 p. 117.

Ad p. 82.

Orthomorpha (K.) avia Verh. 1937 *O. a.*, K. W. Verhoeff in: Zool. Anz., *v.* 119 p. 33 f. 1.

Soll sich von *O. gracilis* unterscheiden: Durch fehlende oder nur höchst schwach angedeutete Kerbung der Nähte der Segmente, durch das am Hinterrand deutlicher und stumpfwinklig eingebuchtete Telson, durch den an seiner Basis viel schlankeren Rinnenast des Gonopoden, durch den Tibiotarsus des Gonopoden. — Die angegebenen Unterschiede genügen nicht zur artlichen Trennung.

Riu-Kiu-Insel Isigakisima.

Ad p. 126.

Centrodesmus discrepans Silv. 1895 *C. d.*, Silvestri in: Ann. Mus. Genova, *v.* 34 p. 745.

Sumatra (unkenntliche Art).

Ad p. 140.

Nedyopus tambanus mangaesinus Att. 1936 *N. t. m.*, K. W. Verhoeff in: Tr. Sapporo Soc., *v.* 14 p. 100.

Umgebung von Yokohama.

p. 171, nach Gen. **Sundanina** Att.

Aponedyopus Verh.

1939 *A.*, K. W. Verhoeff in: Zool. Anz., *v.* 127 p. 119.

Segmentzahl und Porenformel nicht angegeben, dürften also normal sein. Femur des Gonopoden stark gebogen, in der Grundhälfte bauchig vorgewölbt, am Ende mit einem dornartigen Fortsatz. Rinnenast und Tibiotarsus völlig gegen das Femur zurückgeschlagen, der Rinnenast entspringt vorn und wird vom Tibiotarsus umscheidet. Postfemur deutlich abgegrenzt (Verlauf der Samenrinne nicht angegeben). Metazoniten mit niedrigen Seitenwülsten, die dorsal durch eine Furche begrenzt sind. Vordere Beine des Männchens ohne Drüsenhöcker.

Japan.

Typus und einzige Art: *A. montanus* Verh.

1. **A. montanus** Verh. 1939 *A. m.*, K. W. Verhoeff in: Zool. Anz., *v.* 127 p. 119 f. 5—7.

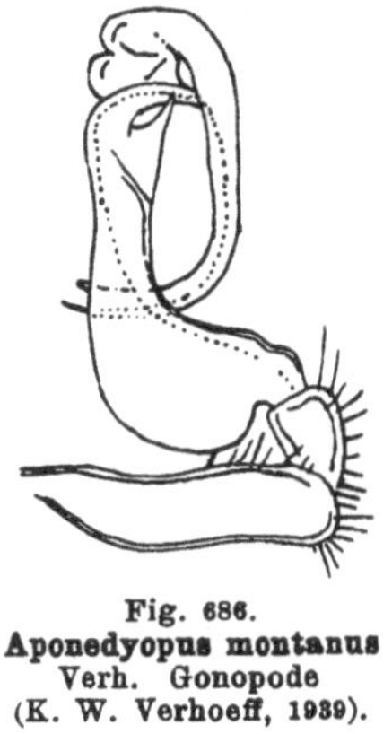

Fig. 686.
Aponedyopus montanus Verh. Gonopode
(K. W. Verhoeff, 1939).

Schwarz mit gelbem Kopf und Beinen. Länge 26 mm, Rücken glatt und glänzend. Die niedrigen Seitenwülste ragen hinten nicht vor, die großen Poren liegen in der Mitte des hinteren Teiles der Wülste, letztere oben durch eine gebogene, die Quernaht nicht erreichende Furche begrenzt. Die Querfurchen ziehen fast bis zu den Wülsten. Flanken glatt. Sternit zwischen den Hüften des 3. Beinpaares stumpfwinklig eingebuchtet, zwischen den Hüften des 4. Beinpaares mit einem runden Höcker. Tibiotarsus des Gonopoden sehr lang und schmal, völlig gegen das Femur herabgebogen und den Rinnenast umscheidend. Der dornartige Fortsatz am Ende des Femur ist gerade distal gerichtet (Fig. 686).

Nippon, am Fuße des Fujijama.

Die Gattung **Aponedyopus** kommt in der Tabelle zu Nr. 39:

Vordere Beine des Männchens ohne Drüsenhöcker:
- a) Femur des Gonopoden schlank, gerade. Tibiotarsus höchstens mäßig lang und schmal, gewöhnlich nicht stark herabgebogen. Quernaht geperlt . . . . . . Gen. **Sundanina**
- b) Femur des Gonopoden gebogen und in der Grundhälfte stark nach vorn vorgebaucht, Tibiotarsus sehr lang und schmal, völlig gegen das Femur zurückgeschlagen. Quernaht glatt . . . . Gen. **Aponedyopus**

Ad p. 174.

Habrodesmus O. F. Cook 1938 *Matabelopus*, K. W. Verhoeff in: Zool. Jahrb., Syst. *v.* 71 p. 12.

Ad p. 181.

Habrodesmus tesselatus exsiccatus Att. 1938 *H. t. e.*, Attems in: Rev. zool. Afr., *v.* 31 p. 228 f. 1, 2.

Schmutzig erdbraun, Breite 2 mm. Bis zum 15. Segment schwache, dorsal durch eine Furche begrenzte Seitenbeulen vorhanden, weiterhin weder Beulen noch Furchen. Quernaht glatt, Querfurche seicht. Metazoniten glatt, in der vorderen Hälfte einige dünne Borsten. Pleuralkiele bis zum 13. Segment. Sternit 5 des Männchens mit einem beborsteten Kegel vorn. Hintere Sternite mit einem Kegel neben jeder Hüfte. Gonopoden ähnlich denen von *H. tesselatus*, aber Tibiotarsus *(T)* am Ende breit eingeklappt. Femur ohne Dorn neben der Basis des Rinnenastes *(RA)* (Fig. 687).

Belgisch Kongo: Mahagi, Niarembe.

Bei *H. tesselatus* ist das Telopodit des Gonopoden am Ende nicht eingeklappt und hat einen Dorn neben der Basis des Rinnenastes.

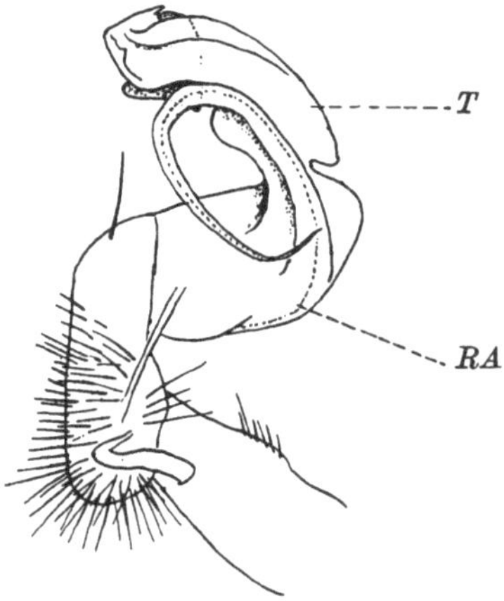

Fig. 687.
Habrodesmus tesselatus exsiccatus Att.
Gonopode.

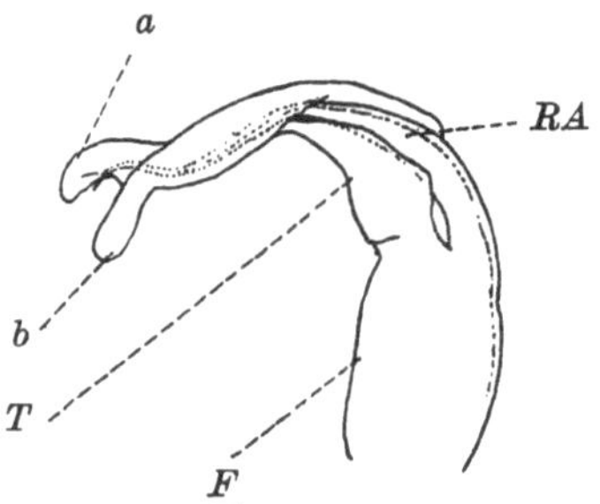

Fig. 688.
Habrodesmus biseriatus pictus Att.
Gonopodenende.
F = Femur.

Ad p. 187.

Habrodesmus biseriatus pictus Att. 1938 *H. b. p.*, Attems in: Rev. zool. Afr., *v.* 31 p. 229 f. 3, 4.

Metazoniten der vorderen Körperhälfte mit 3 Reihen sehr kleiner Borsten (bei *H. biseriatus* 2 Reihen), 1 Reihe vor, 2 Reihen hinter der Querfurche. Breite 2,8 mm. Beide Endäste des Gonopodentelopodit *(a, b)* sind gleich groß, die Kante des einen Astes (Tarsalast) hat eine Bucht und einen spitzen Vorsprung (beides fehlt bei *H. biseriatus*). Rinnenast länger, fast bis zum Ende des Telopodit reichend (bei *H. biseriatus* nur bis zur Gabelung in die Endäste) (Fig. 688).

Belgisch Kongo: Mahagi, Niarembe.

Ad p. 193.

Habrodesmus tricuspis Verh. 1938 *H. t.*, K. W. Verhoeff in: Zool. Jahrb., Syst. *v.* 71 p. 13 f. 8—12.

Schwarz mit rundlichem, gelbweißem Fleck in der Mitte der Tergite vor der Querfurche, ein 2. in der Mitte des Prozonit. Halsschild schwarz, mit gelbem Mittelfleck. Beine einfarbig schwärzlich. Einfache Seitenwülste, die nach hinten nicht herausragen. Zwischen den Hüften des 3. Beinpaares 2 büschelig beborstete und außen eingebuchtete Höcker. Femur des 6. und 7. Beinpaares mit kurzem, beborstetem Drüsenfortsatz, Andeutungen davon auch auf den Beinpaaren 5 und 4. Am Ende der Hüfte des 7. Beinpaares ein zapfenförmiger Fortsatz. Gonopodenfemur bogig gekrümmt, in der Endhälfte etwas verschmälert. Der starke hakig gebogene Tibiotarsus erreicht kaum die Mitte des Femur und läuft in eine Spitze aus, vor ihr außen ein spitzer, innen ein stumpfer Seitenfortsatz.

Argentinien: Gran Chaco, 100 km von Asuncion, zwischen Rio Paraguay und Rio Pilcomayo.

Sehr nahe verwandt, wenn nicht identisch mit *H. pseudomorphus* Silv.

Ad p. 195 zu unsichere Arten:

Habrodesmus venezuelanus Verh. 1938 *H. v.*, K. W. Verhoeff in: Zool. Jahrb., Syst. *v.* 71 p. 13 f. 13—15.

Sehr unvollständig beschrieben, eine Unterscheidung von *H. kallistus* nicht möglich.

Ad p. 195.

Synonym von **Catharosoma**

1938 Subgen. *Brölemannopus*, K. W. Verhoeff in: Zool. Jahrb., Syst. *v.* 71 p. 14.

Ad p. 202.

Eviulisoma (E.) debile Att. 1938 *E. d.*, Attems in: Rev. zool. Afr., *v.* 31 p. 236 f. 12, 13.

Kastanienbraun, Bauch und Beine heller braun. Breite 1,4 mm. Segment 2 mit feinen Seitenleisten, die folgenden Segmente ohne solche. Metazoniten glatt, unbeborstet, Quernaht mäßig tief, geperlt, Pleuralkiele auf den vorderen Segmenten gut ausgebildet, noch auf dem 15. Segment als feine Leisten sichtbar. Analschuppe 3zackig, die Borsten zwischen Mittelspitze und Seitenzacken. Sternite glatt, unbeborstet, auf dem Sternit 5 ist der Einschubring beim Weibchen ventral zu einem großen Knopf aufgetrieben, an den sich eine kleine Spitze am Vorderrand des Sternit anschließt. Sternit 6 mit tiefer Grube, die vorn taschenartig vertieft und durch eine bogige Kante begrenzt ist. Vordere Beine des Männchens ohne geschlossene Bürste. Gonopodenhüfte mit kurzem breitem Seitenkegel *(K)*. Praefemur *(Pf)* und Acropodit sehr deutlich gegeneinander abgesetzt. Femur äußerst kurz, mit einem großen, geraden, schlankkegeligen Fortsatz *(f)*. Der Rinnenast *(RA)* entspringt infolge der Kürze des Femur nahe dem Praefemur; er macht anfangs einen Bogen basalwärts und biegt dann in die vom Tibiotarsus gebildete Scheide, aus der seine Spitze wieder vorragt. Tibiotarsus *(T)* einfach gestaltet, zu einer Rinne zusammengebogen (Fig. 689).

Belgisch Kongo: Kivu, Tshibinda.

Kommt in der Tabelle zu **E. cavallii** Silv.:

Tibiotarsus des Gonopoden tief 2ästig. Breite 2,5 mm: **E. cavallii**
Tibiotarsus des Gonopoden einfach. Breite 1,4 mm: **E. debile.**

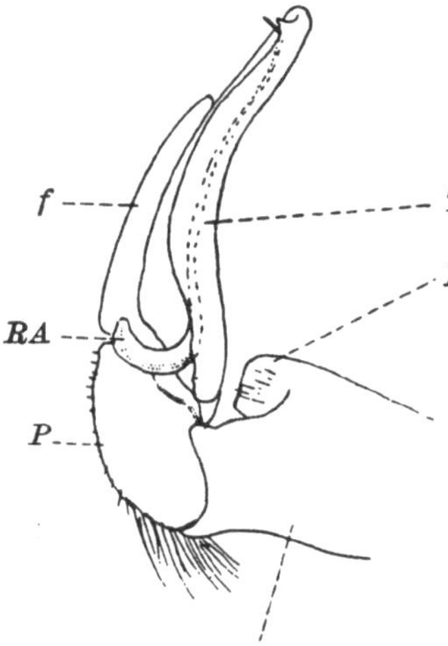

Fig. 689.
Eviulisoma (E.) debile Att.
Gonopode.

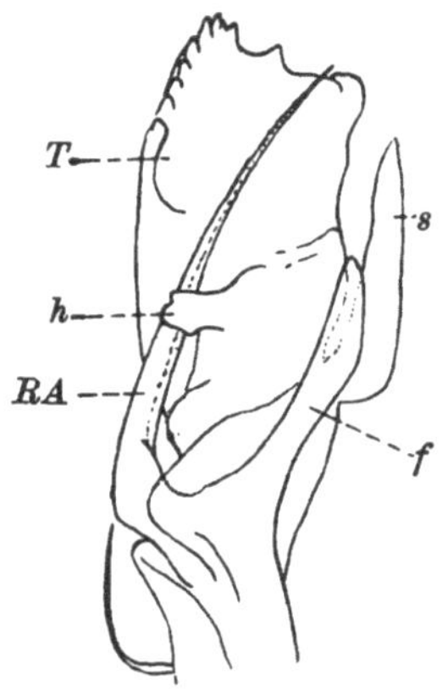

Fig. 690.
Eviulisoma (E.) cavallii egregium Att.
Gonopodenende,
h, s Seitenarme des Tibiotarsus.

Ad p. 204.

Eviulisoma (E.) cavallii egregium Att. 1938 *E. c. e.*, Attems in: Rev. zool. Afr., *v.* 31 p. 237 f. 14, 15 (Fig. 690).

Unterschied von *E. cavallii silvestre* Carl:

Hüfte des Gonopoden mit kurzem, stumpfem Höcker. Femoralfortsatz bis zum Ende des Telopodit reichend **E. (E.) cavallii silvestre**
Hüfte des Gonopoden mit großem Spitzkegel. Fortsatz des Femur *(f)* nur bis zur Mitte des Telopodit reichend . . . . **E. (E.) cavallii egregium**

Belgisch Kongo: Ituri, Mongbwalu.

Ad p. 218.

Die Tabelle von **Phaeodesmus** wird folgendermaßen verändert:

1 Rinnenast in 2 Äste geteilt. Pleuralkiele groß — **2**
Rinnenast einfach — **3**

2 Sternit 5 ohne Fortsatz. Femur der Beine 3—5 des Männchens mit Drüsenfortsatz. Tibiotarsus des Gonopoden am Ende gezähnt. Tibiotarsus und Rinnenast weniger stark eingebogen und geringelt (Angola) . . . . 2. **P. miles**
Sternit 5 mit Querlamelle. Nur Femur des 3. Beinpaares mit Drüsenfortsatz. Tibiotarsus des Gonopoden am Ende nicht gezähnt, Tibiotarsus und Rinnenast zusammen stark geknickt und gewunden (Belgisch Kongo) . . . . 6. **P. convolutus**

8 Pleuralkiele ungewöhnlich groß, den Seitenflügeln ähnlich. Hintere Sternite des Männchens ohne Spitzkegel . . . 3. **P. alatus**
Pleuralkiele höchstens mäßig groß. Hintere Sternite mit 4 Spitzkegeln — 4

Weiter wie bei 8 der Tabelle.

6. **Phaeodesmus convolutus** Att. 1938 *P. c.*, Attems in: Rev. zool. Afr., *v.* 31 p. 231 f. 6, 7.

Kopf, Antennen und Rücken dunkel kastanienbraun, Flanken der Prozoniten, Bauch und Zacken der Seitenbeulen gelblichbraun. Breite ♂ 2,7 mm, ♀ 3 mm, Länge ♀ 28 mm. 19. Segment mit kleinen spitzen Seitenzacken, sonst mit *P. miles* übereinstimmend. Sternit 5 des Männchens auf der ganzen Fläche kurz beborstet, vorn mit niedriger, breiter, quer abgestutzter Lamelle. Sternit 6 in 2 queren Streifen beborstet, vorn mit niedrigem Höcker, die folgenden Sternite nur in der hinteren Zone beborstet. Sternite 8—17 mit einem kleinen, nach hinten gerichteten Kegel neben jeder hinteren Hüfte. Femur des 3. Beinpaares mit zylindrischem Drüsenfortsatz, die folgenden Beinpaare ohne solchen. Gonopodenfemur endwärts allmählich verbreitert, am Ende mit einem quer nach hinten gerichteten, von breiter Basis in eine dünne Spitze auslaufenden, etwas gebogenen Seitenast *(f)*. Rinnenast und Tibia gemeinsam mit mehreren Knickungen und Windungen zusammengelegt. Der Rinnenast liegt nur zum Teil in der vom Tibiotarsus gebildeten Rinne, am Ende gabelt er sich in 2 dünne spitze Äste, von denen der längere die Samenrinne führt. Der Tibiotarsus hat nahe dem Grund einen schlank 3eckigen spitzen Seitenast *(a)*, bis nahe dem etwas verbreiterten und gerundeten Ende bleibt er gleich breit (Fig. 691).

Fig. 691. **Phaeodesmus convolutus** Att. Gonopode.

Belgisch Kongo: Kwango.

Ad p. 224 nach **Himantogonus** einzuschalten.

44a. Gen. **Congolina** Att.

1938 *C.*, Attems in: Rev. zool. Afr., *v.* 31 p. 233.

20 Segmente. Porenformel normal. Segment 2 mit schrägen Seitenleisten, die anderen Segmente nur mit Seitenfurchen, ohne Leisten oder Beulen. Sternit 5 des Männchens mit beborstetem Höcker. Femur aller Beine des Männchens ohne Drüsenhöcker, auf der Unterseite muldenartig vertieft. Gonopodenhüfte lang und schlank. Femur mit einem Fortsatz neben der Basis des Rinnenastes. Rinnenast in eine große Spirale eingerollt, gar nicht im Tibiotarsus verborgen, in eine dünne Spitze auslaufend. Tibiotarsus 2ästig, im Endteil (Tarsalteil) eine auffallende, tief gezähnte Platte.

Belgisch Kongo.

Typus und einzige Art: *C. mirabilis* Att.

1. **C. mirabilis** Att. 1938 *C. m.*, Attems in: Rev. zool. Afr., *v.* 31 p. 233 f. 8—11.

Kastanienbraun. Breite 2,7 mm. Quernaht glatt, hinter ihr einige Borsten. Querfurche auf den Segmenten 5—18 sehr seicht. 2.—11. Segment mit Pleuralkielen, die auf dem 2. Segment vorn spitzzackig, auf den anderen gebogene Leisten sind. Sternit 8—16 am Hinterrand mit 2 schlanken, nach hinten gerichteten Kegeln. Sternit 5 vorn mit dickem, beborstetem Höcker, Sternit 6 beborstet ohne Grube. Vordere Beine des Männchens mit dichter Bürste auf Tibia und Tarsus, die anderen Glieder bis zum 5. Paar unten dicht beborstet, vom 6. Paar an spärlich beborstet. Femur des 5. bis 7. Beinpaares unten muldenartig vertieft. Gonopodenhüfte lang und schlank, Femur kurz, neben der Basis des Rinnenastes ein dünner zarter Seitenast, der sich eng an den Grund des Rinnenastes anlegt. Rinnenast mit dicker Basis beginnend, allmählich in eine feine Spitze auslaufend, spiralig eingerollt, nicht im Tibiotarsus verborgen. Tibiotarsus 2ästig, der basale Tibialast *(b)* hammerförmig, der distale Tarsalast *(d)* hat eine große, in 9—10 Zähne eingeschnittene Platte (Fig. 692).

Belgisch Kongo: Albertville, Lubandye.

Congolina ist mit *Himantogonus* und *Atropisoma* verwandt, besonders mit ersterem Genus, bei diesem ist der Rinnenast noch länger und in eine viel längere Spirale eingerollt, die im Tibiotarsus verborgen ist. Die ersten 4 Segmente von *Himantogonus* haben Seitenleisten, die folgenden flache Beulen.

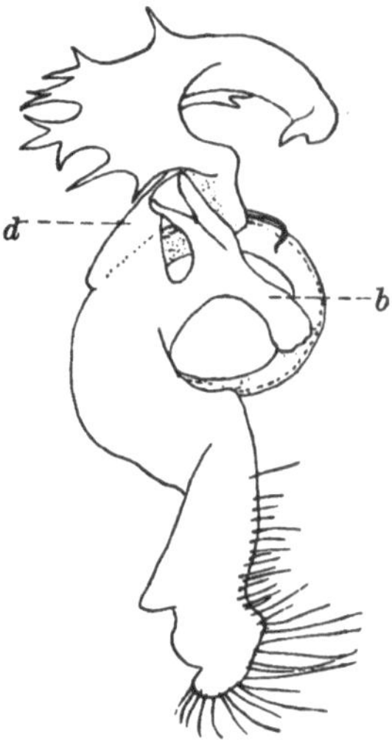

Fig. 692.
Congolina mirabilis Att.
Gonopodentelopodit.

Auf p. 233 vor **Australiosoma** einzuschalten.

Gen. **Riukiupeltis** Verh.

1939 *R.*, K. W. Verhoeff in: Zool. Anz., *v.* 127 p. 121.

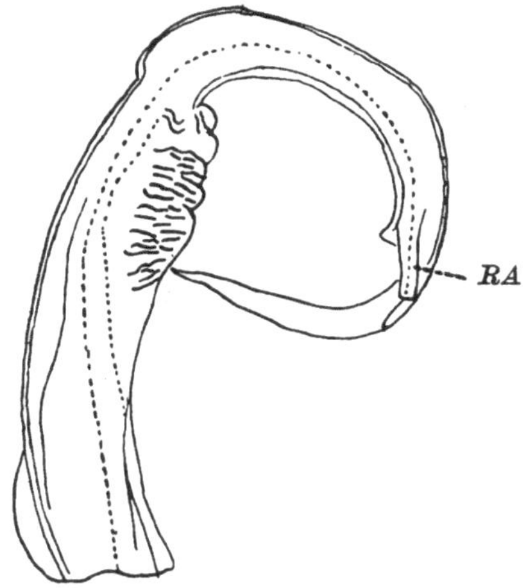

Fig. 693.
Riukiupeltis jamashinai Verh. Endhälfte des Gonopoden (K. W. Verhoeff, 1939).

Segmentzahl und Porenverteilung nicht angegeben. Femur des Gonopoden lang, ohne Seitenast. Praefemur scharf gegen das Femur abgesetzt.

Rinnenast und Tibiotarsus verwachsen auf langer Strecke, so daß der freie Teil des Rinnenastes nur sehr kurz ist. Tibiotarsus einfach, d. h. ohne Verästelung, Metazoniten mit Seitenflügeln. 1. Beinpaar des Männchens ohne Drüsenfortsatz. 3.—7. Beinpaar des Männchens auch ohne Drüsenfortsatz.

Riu-Kiu-Inseln.

Typus und einzige Art: *R. jamashinai* Verh.

R. jamashinai Verh. 1939 *R. j.*, K. W. Verhoeff in: Zool. Anz., *v.* 127 p. 125 f. 8, 9.

Rücken graugelb mit dunkelbraunen Querbinden in der vorderen Hälfte der Tergite. ♂ Länge 23 mm. Seitenflügel mit durch Furchen abgesetzten Randwülsten, in denen die gegen den Außenrand verschobenen Poren liegen. Quernaht glatt, hinter ihr eine feine Strichelung. Das Ende des Gonopoden bildet eine große Sichel, die zum größten Teil als Verwachsungsprodukt von Rinnenast und Tibiotarsus aufzufassen ist. Auf der Medialseite ein kleiner gerader freier Rinnenast *(RA)*. Der einfache Tibiotarsus läuft in eine Spitze aus. Das Ende des Femur ist durch eine faltige Stelle und lateral durch eine Einschnürung ausgezeichnet (Fig. 693).

Riu-Kiu-Insel Mijako.

Die Gattung **Riukiupeltis** kommt in der Tabelle zu Nr. 12:

{ Rinnenast und Tibiotarsus verwachsen auf langer Strecke, der freie Teil des Rinnenastes ist nur ganz kurz . . Gen. **Riukiupeltis**
{ Rinnenast und Tibiotarsus nicht verwachsen . . . . . . 12 der Tabelle

Ad p. 233.

Australiosoma Bröl. 1937 Subgen. *Walestessara,* K. W. Verhoeff in: Rec. Austral. Mus., *v.* 20 p. 137.

Ad. p. 234.

In der Tabelle von **Australiosoma** ist bei 3 einzuschalten:

3 { Kopf mit 2 Längswülsten vom Scheitel bis Labrum. Rinnenast einfach endigend. Tibiotarsus des Gonopoden ein kurzer breiter Schild . . . . **A. cruciatum**
{ Kopf ohne solche Wülste. Rinnenast am Ende in 3 Zipfel geteilt. Tibiotarsus eine Keule auf längerem Stiel — weiter wie bei 3.

Australiosoma cruciatum (Verh.) 1937 *Hoplatessara (Walestessara) cruciata,* K. W. Verhoeff in: Rec. Austral. Mus., *v.* 20 p. 137 f. 4, 5.

Rücken gelblichweiß, mit 3 vom Kopf bis zum Analsegment ziehenden schwarzen Längsbinden, die auf den Prozoniten breiter als auf den Metazoniten sind, Beine schwarz mit gelblicher Ringelung. Länge ♂ 48 mm. Rücken matt, dicht fein gerunzelt, die Seitenwülste deutlich entwickelt, auf den Segmenten 2, 3, (4) statt ihrer Seitenflügel von ohrartiger Gestalt; die meisten Seitenwülste ragen hinten nicht vor, nur auf Segment 15—17 hinten eine schwache Ecke. Die tiefen Seitenfurchen erreichen vorn die Nähte nicht. Poren im hintersten Drittel der Seitenwülste. Männchen mit 2 Längswülsten auf dem Kopf vom Scheitel bis zum Labrum, zwischen den Längswülsten einige grobe Längsrunzeln. Femur des 1. Beinpaares des Männchens mit kräftigem Zapfen. Zwischen den Hüften des 4. Beinpaares eine hohe abgerundete dreieckige Platte. Femur des Gonopoden äußerst kurz, gegen das Praefemur wenig abgesetzt. Rinnenast *(RA)* sehr lang und stark, hinter der Mitte blattartig erweitert und am Ende zurückgebogen. Die 2 Fortsätze (f_1, f_2)

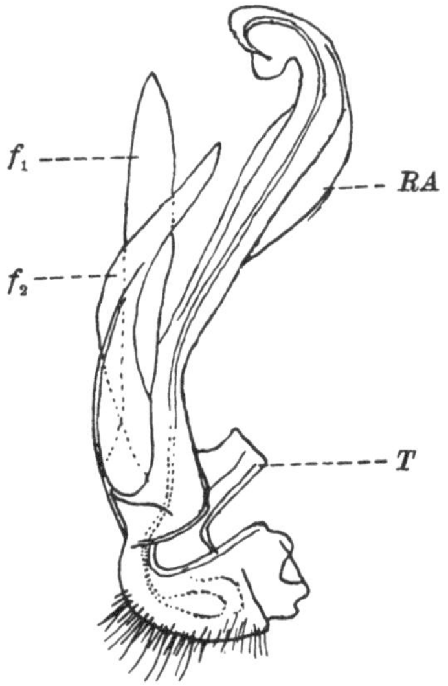

Fig. 694.
Australiosoma cruciatum (Verh.).
Gonopode, Tibiotarsus *(T)* entfernt
(K. W. Verhoeff, 1937).

Fig. 695.
Australiosoma cruciatum (Verh.).
Tibiotarsus des Gonopoden (K. W. Verhoeff, 1937).

am Ende des Femur kürzer als der Rinnenast (Fig. 694). Tibiotarsus ähnlich einer Muschelschale, ein dünner Stiel dann plötzlich erweitert, hinter der Mitte eine Grube und an der Basis ein gezähnter Höcker (Fig. 695).

New South Wales.

Ad. p. 252.

Leucotessara furculigera (Verh.) 1937 *Myallosoma f.*, K. W. Verhoeff in: Rec. Austral. Mus., *v.* 20 p. 146 f. 8—11.

Graugelb, Hinterrand der Tergite braun quergestreift. Breite 3 mm. Rücken glatt und glänzend. Kopf ohne Besonderheiten. Quernaht kräftig gekerbt. Querfurchen tief, von den Seitenfurchen nicht weit entfernt bleibend. Seitenwülste des 2. Segments hinten in 3eckige Zipfel vorragend, auch auf den Segmenten 3—7 hinten etwas eckig vortretend. (Vom einzigen Männchen nur die ersten 7 Segmente vorhanden), Seitenfurchen tief rinnenartig, von der Naht etwas entfernt bleibend. Poren hinter der Mitte, ohne Grube. Femur des 1. Beinpaares mit breiterem als langen Fortsatz, zwischen den Hüften des 4. Beinpaares eine breite, abgerundete, weit vorragende Platte. Praefemur und Femur des Gonopoden gleich lang, Femur erheblich kürzer als der Rinnenast, die Fortsätze am Ende des Femur

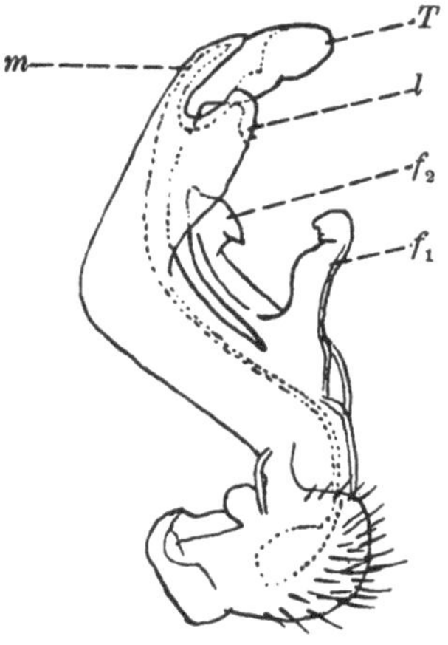

Fig. 696.
Leucotessara furculigera
(Verh.). Gonopode
(K. W. Verhoeff, 1937).

(f_1, f_2) Y-förmig verbunden, mit gemeinsamer Basis. Rinnenast in 2 Fortsätze zerfallend, im kürzeren stumpfen *(l)* mündet die Samenrinne, in den längeren spitzen *(m)* macht die Samenrinne eine Schleife hinein. Tibiotarsus *(T)* und Rinnenast auf längerer Strecke verwachsen. Der Tibiotarsus ragt als breite Lamelle über beide Rinnenastfortsätze hinaus (Fig. 696).

New South Wales.

Kommt in der Tabelle zu **L. hamuligera:**

Von den 2 Fortsätzen am Ende des Gonopodenfemur ist nur der eine zurückgebogen. Die Bucht zwischen den 2 Rinnenastfortsätzen eng und spitz. Der Tibiotarsus hat innen einen Längswulst, das abgeschrägte Ende ist gezähnt . . . . . . **L. hamuligera**

Beide Fortsätze des Femur sind hakig zurückgeschlagen. Die Bucht zwischen den 2 Fortsätzen des Rinnenastes ist breiter und mehr oval. Der Tibiotarsus hat innen ein feines gezähntes Blatt, das Ende ist glatt . . . . **L. furculigera**

Ad p. 266.

Gen. **Parwalesoma** Verh.

1937 *P.*, K. W. Verhoeff in: Rec. Austral. Mus., *v.* 20 p. 139.

(Segmentzahl?. Porenformel?.) Segmente vom 4. an ohne Seitenfurchen. Femur des 1. Beinpaares mit Drüsenfortsatz. (Sehr dürftige Beschreibung des Rumpfes.) Gonopodenfemur sehr lang, am Ende 1 Fortsatz, Rinnenast sehr groß, breit, am Ende löffelartig ausgehöhlt, die Mündung der Samenrinne am gebuchteten Rand des Löffels. Als Tibiotarsalrest wird ein kleiner Seitenlappen des Rinnenastes gedeutet.

Australien.

Typus und einzige Art: *P. castaneum* Verh.

1. **P. castaneum** Verh. 1937 *P. c.*, K. W. Verhoeff in: Rec. Austral. Mus., *v.* 20 p. 139 f. 6, 7.

Dunkelbraun ohne helle Zeichnung, Prozoniten mehr rötlichbraun, Beine braun. Länge ♂ 54 mm, ♀ 44 mm. 2. Segment mit geraden Seitenfurchen, begleitet von Seitenleisten. 3. und 4. Segment mit gebogenen Furchen, die anderen ohne Furchen. Querfurche sehr deutlich. Femur des Gonopoden schlank, kahl, am Ende verbreitert, mit kleinem, 3eckigem Zahn. Neben dem Rinnenast ein kräftiger spitzer Fortsatz. Rinnenast anfangs dünn, in der Mitte am breitesten, das Ende abgerundet und löffelförmig ausgehöhlt. Dem Femoralfortsatz gegenüber aber etwas weiter distal eine in 3 Spitzen ausgezogene Lamelle, die als Tibiotarsalrest gedeutet wird.

New South Wales.

Gen. **Gigantowales** Verh.

1937 *G.*, K. W. Verhoeff in: Rec. Austral. Mus., *v.* 20 p. 134.

(Segmentzahl?. Porenformel?.) Femur des Gonopoden gut entwickelt, mäßig lang, mit 2 langen Fortsätzen am Ende, Rinnenast groß, breit, ganz frei, Tibiotarsus *(T)* schlank säbelförmig, von mittlerer Größe. Eine scharfe Grenze zwischen Femur und den 4 Endästen nicht vorhanden. 1. Beinpaar des Männchens mit kurzem, beborstetem Zapfen auf dem Femur. Sternit zwischen den Hüften des 3. Beinpaares mit hoher Lamelle, Metazoniten mit Seitenwülsten, die auf dem 2. Segment hinten abgerundet sind, auf dem

3. ein kleines Eckchen bilden, auf dem 4.—12. hinten nicht vorragen, auf dem 13.—17. mit schwachem Vorsprung. Poren hinten in den Wülsten.

Australien.

Typus und einzige Art: *G. chisholmi* Verh.

1. **G. chisholmi** Verh. 1937 *G. c.,* K. W. Verhoeff in: Rec. Austral. Mus., *v.* 20 p. 134 f. 1—3.

Dunkelbraun mit 3,4 mm breiter gelblichweißer Rückenbinde vom Kopf bis zur Schwanzspitze. Länge 70 mm, Breite 7,5 mm. (Größte bekannte Strongylosomidenart.) Rücken matt, unregelmäßig gerunzelt. Querfurche gut ausgeprägt, von den Seitenfurchen entfernt bleibend. Gonopoden: Praefemur reichlich beborstet, erheblich kürzer als das nackte Femur, an der Grenze zwischen beiden außen eine abgekürzte Leiste, innen ein Zapfen. Femur gebogen, endwärts stark verbreitert, außen mit kräftiger Längsrippe. Tibiotarsus *(T)* säbelartig gebogen, schlank und spitz. Am Ende des Femur 2 spitze Fortsätze *(f_1, f_2)* von verschiedener Länge. Rinnenast *(RA)* groß, größer als die anderen Äste, in der Mitte stumpfwinklig vortretend, in der Endhälfte keulig verdickt, am Ende etwas eingekrümmt, innen mit Längsrippe, die Samenrinne mündet in einem kleinen Vorsprung des Endlappens (Fig. 697).

New South Wales.

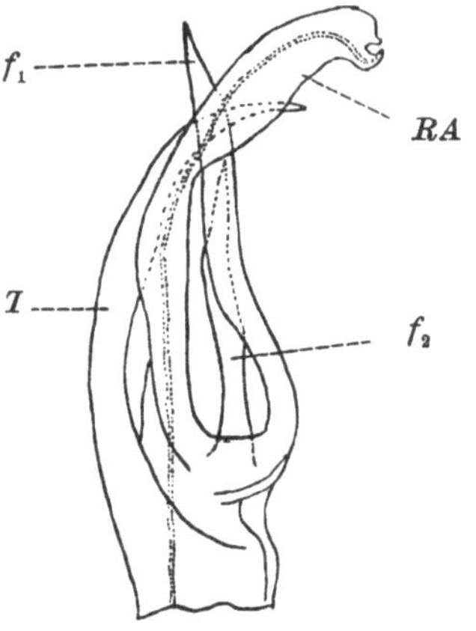

Fig. 697.
Gigantowales chisholmi Verh.
Teil des Gonopodentelopodit (K. W. Verhoeff, 1937).

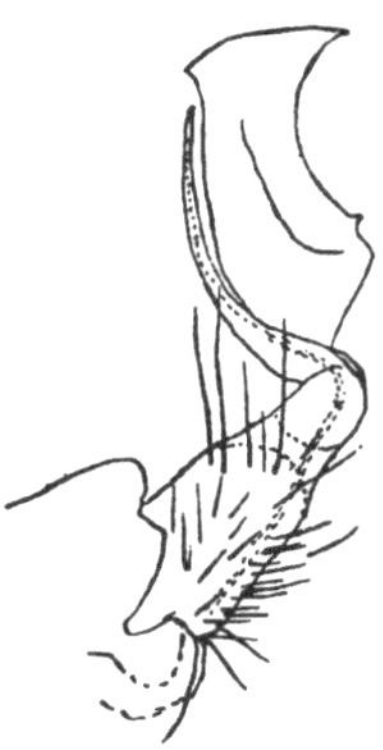

Fig. 698.
Chondrodesmus voglii Verh.
Gonopode (K. W. Verhoeff, 1938).

Nachtrag zum 2. Band.

Ad. p. 88 nach Nr. 24 (**C. falciphallus**) einzuschalten:

Chondrodesmus voglii Verh. 1938 *C. (Chondropeltis) v.,* K. W. Verhoeff in: Zool. Jahrb., Syst. *v.* 71 p. 7 t. 1 f. 5—7.

Rötlichbraun, Seitenflügel, Gliedmaßen, Vorderrand des Halsschildes und Schwänzchenspitze gelblichweiß. Länge 47—49 mm. Metazoniten ohne Querfurche, mit 2 Querreihen flacher warzenartiger Felderchen, die seitlich bis an die Basis der Seitenflügel reichen. Am Hinterrand der meisten Sternite, auch des 4.—7. Beinpaares, 2 3eckige kurze Zähne. Seitenflügel kräftig, schon vom 12. Segment an das Hintereck 3eckig zipfelig ausgezogen, Hinterrand mit 1—2 Knötchen. 3.—8. Beinpaar des Männchens ohne Auszeichnung. Hüften der Gonopoden durch einige kleine Grübchen und Knötchen aneinander angepaßt, hinten mit spitzem zahnartigem Hüftstab. Praefemur reichlich beborstet, Femur kahl, beide durch eine quere Einschnürung gegeneinander abgesetzt. Praefemurfortsatz groß, keulig. Acropodit eine einfache spitze Sichel (Fig. 698).

Venezuela: Caracas.

Von den anderen Arten der Gattung durch das Fehlen der Querfurche und das Vorhandensein von 2 Reihen warzenartiger Felderchen auf den Metazoniten unterschieden.

Ad p. 126.

Für Arten der Gattung **Alocodesmus** wurden folgende Genera aufgestellt:

1938 Gen. *Carlopeltis* K. W. Verhoeff in: Zool. Jahrb., Syst. *v.* 71 p. 3, *C. alatus* Att. p. 3,

1938 Gen. *Ecuadopeltis* K. W. Verhoeff, ibid., *E. dentatus* Att. p. 3,

1938 Gen. *Guayapeltis* K. W. Verhoeff, ibid., *G. nitidus* Att. p. 4,

1938 Gen. *Maracayopus* K. W. Verhoeff., ibid., *M. venezuelanus* Verh. p. 4.

Sie sind ebenso unhaltbar wie die früher von Carl aufgestellten und von Verhoeff wieder aufgenommenen Gattungen *Amphipeltis, Melanodesmus* und *Heteropeltis*. Alle enthalten nur je eine Art und sind Synonyma der Gattung *Alocodesmus*. *Amphipeltis nodosus, Ecuadopeltis dentatus* und *Melanodesmus planus* haben in den Grundzügen völlig übereinstimmende Gonopoden. Verhoeff unterschied sie nach ganz nebensächlichen Merkmalen, die nur Artmerkmale sind, wie Form der Seitenflügel, Skulptur der Metazoniten, Fehlen oder Vorhandensein eines Drüsenfortsatzes auf gewissen Beinpaaren des Männchens. Die Unterschiede in den Gonopoden beruhen darauf, daß der Praefemoralfortsatz, den Verhoeff fälschlich für einen Tibiotarsus hält, entweder einfach, d. i. ungegabelt, oder in 2—3 Äste gegabelt ist, und zwar in 2 sehr kurze Äste bei *nitidus*, in 2 längere Äste bei *serenus, alatus, luctuosus, venezuelanus*, in 3 Äste bei *angustatus* und *intermedius*. *A. alatus* unterscheidet sich von den anderen Arten dadurch, daß ein Tibiotarsus ganz fehlt. Das Verschwinden des Tibiotarsalrestes tritt im System so oft auf, daß es innerhalb einer Gattung nicht eine nähere Verwandtschaft der davon betroffenen Arten beweisen muß. Und ebenso unnatürlich und künstlich wäre ein System, das großen Wert darauf legen würde, ob der Fortsatz des Praefemur einfach oder einmal oder zweimal gegabelt ist.

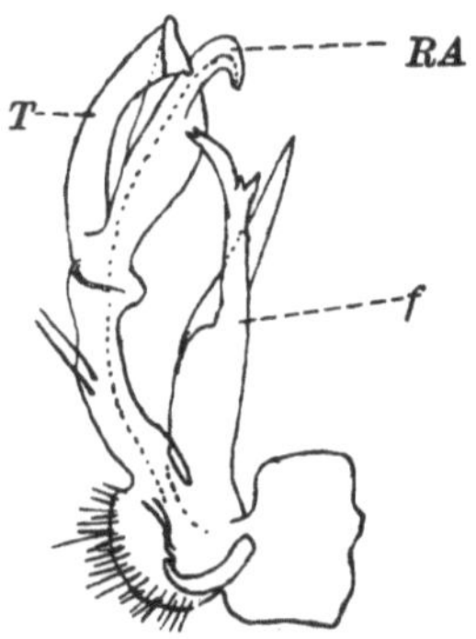

Fig. 699.
Alocodesmus venezuelanus (Verh.).
Gonopode (K. W. Verhoeff, 1938).

Ad. p. 136.

Alocodesmus venezuelanus (Verh.) 1938 *Maracayopus v.*, K. W. Verhoeff in: Zool. Jahrb., Syst. *v.* 71 p. 4 t. 1 f. 1—4.

Einfarbig graugelblich bis braungelblich. Länge ♂ 35—39 mm. Querfurche sehr deutlich, hinter ihr 2 Querreihen von 4—8 rundlichen etwas glänzenden Höckerchen, die nicht auf die Seitenflügel übergehen. Halsschild schmäler als das 2. Segment. Seitenflügel vom Halsschild an in spitze 3eckige Zipfel ausgezogen. Sternite der hinteren Körperhälfte mit einem Dorn neben jeder Hüfte, das hintere Paar stärker als das vordere, fehlen auf den hintersten Beinpaaren. Hüfte und Praefemur vom 3. Beinpaar an mit zerstreuten kleinen Zähnchen. Keine Drüsenhöcker. Sternit zwischen den Hüften des 3. Beinpaares mit 2 dicht beborsteten Zahnhöckern. Gonopoden: Fortsatz *(f)* des Praefemur völlig vom Femur getrennt, 2ästig. Femur lang, mit 2 großen Borsten in der Mitte. Tibiotarsus *(T)* so lang wie der Rinnenast *(RA)*, beide einfach (Fig. 699).

Venezuela: Maracay. südwestlich von Caracas.

Ad p. 157.

Die Tabelle der Gattung **Amphelictogon** ist durch folgende zu ersetzen:

1	Gonopodenacropodit einfach, ohne Tibiotarsalrest — **2**	
	Acropodit in Rinnenast und Tibiotarsalast gegabelt — **14**	
2	Acropodit medial ohne Zähnchen — **3**	
	Acropodit medial mit 1 oder 2 Zähnchen — **11**	
3	Fortsatz des Praefemur mit einer Anzahl Seitenzähnchen — **4**	
	Fortsatz des Praefemur ohne Seitenzähne — **6**	
4	Fortsatz des Praefemur mit einer gezähnten Seitenlamelle und im rechten Winkel abbiegendem, mit Seitenzähnchen besetztem Endarm. Metazoniten glatt. Acropodit im Halbkreis gebogen	7. **A. elrodi**
	Fortsatz des Praefemur ohne solche seitliche Lamelle — **5**	
5	Antennen und Beine größtenteils hellrot, porentragende und porenlose Segmente verschieden gefärbt, erstere überwiegend gelb, letztere braun. Acropodit des Gonopoden stark korkzieherartig gewunden	3. **A. obscurus**
	Antennen und Beine einfarbig gelb. Rücken gleichmäßig tiefbraun bis schwarz, Seitenflügel und ein schmaler Streif am Hinterrand gelb. Metazoniten fein granuliert. Acropodit im Kreis gebogen . .	6. **A. pallidipes**
6	Metazoniten dorsal mit polygonaler Felderung . . .	1. **A. cubanus**
	Metazoniten ohne Felderung — **7**	
7	Am Hinterrand der Seitenflügel 1 oder 2 Zähnchen — **8**	
	Am Hinterrand der Seitenflügel keine Zähnchen. Rücken dunkelbraun bis schwarz, ohne helle Medianbinde — **10**	
8	Farbe weißlich. Acropodit in eine Spirale eingerollt	8. **A. couloni**
	Körper gut pigmentiert — **9**	
9	Antennen und Beine rot. Rücken mit durchlaufender gelber Medianbinde	4. **A. rubripes**
	Antennen und Beine hellgelb. Rücken ohne gelbe Medianbinde	5. **A. flavipes**
10	Fortsatz des Praefemur gerade distal gerichtet, nur sehr schwach S-förmig gebogen. Rumpf fast ganz schwarz	14. **A. atricolor**
	Praefemurfortsatz stark basalwärts eingebogen. Rücken braun bis schwarz, Seitenflügel gelbweiß	2. **A. pinetorum**

11 (2)	Acropodit median mit 2 Zähnchen	11. **A. bidens**
		12. **A. strumosus**
	Acropodit median mit 1 Zähnchen — 12	
12	Farbe im allgemeinen weiß, manchmal etwas bräunlich überlaufen. Breite 4 mm	9. **A. subterraneus**
	Körper gut pigmentiert — 13	
13	Acropodit mehrfach im Knie gebogen aber nicht spiralig eingerollt. Breite 4,5 mm (Cuba)	13. **A. flexus**
	Ende des Acropodit einen Kreis beschreibend. Breite 2,2 mm (Andros)	10. **A. bahamiensis**
14 (1)	Tibiotarsus des Gonopoden sehr schlank, zylindrisch	16. **A. propinquus**
	Tibiotarsus des Gonopoden breiter lamellös	15. **A. guantanamanus**

Ad p. 158.

8. **Amphelictogon obscurus** Chamb. 1918 *A. o.*, Chamberlin in: Bull. Mus. Harvard, *v.* 62 p. 226 | 1938 *A. o.*, Loomis, ibid., *v.* 82 p. 464 f. 19.

Prozoniten aller Segmente dunkelbraun, Metazoniten der porenlosen fast ganz dunkelbraun, nur auf den Segmenten 2—4 gelbe Flecken in den Hinterecken der Seitenflügel. Metazoniten der porentragenden Segmente ganz gelb, nur auf den Segmenten 18 und 19 zum Teil dunkelbraun, Halsschild gelb, mit 2 dunklen Flecken. Analsegment vorn dunkel, hinten gelb. Fortsatz des Praefemur des Gonopoden mit einem großen stumpfen Widerhaken und distal davon mit einer Anzahl Seitenzähne (Fig. 700).

Cuba, Guantanamo, La Cabrera, El Ocujal.

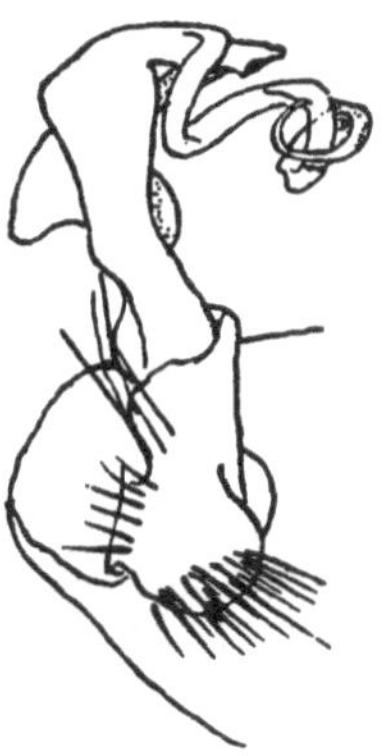

Fig. 700.
Amphelictogon obscurus Chamb.
Gonopode (Loomis, 1938).

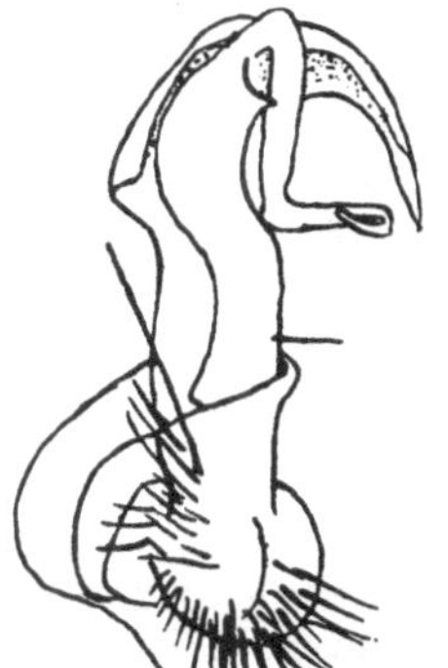

Fig. 701.
Amphelictogon strumosus Loomis.
Gonopode (Loomis, 1938).

Ad p. 161.

12. **A. strumosus** Loomis 1938 *A. s.*, Loomis in: Bull. Mus. Harvard, *v.* 82 p. 465 f. 20.

Kopf braun, Rücken der Pro- und Metazoniten breit gelb mit einem großen braunen Fleck jederseits auf dem Prozonit, der sich auf den Metazonit und die Basis des Seitenflügels nicht ganz bis zum Hinterrand fortsetzt; auf den ersten 4 Segmenten verschmälert sich die gelbe Mittelbinde nach vorn immer mehr. Bauch, Beine und Basalglieder der Antennen gelb. Länge ♂ 28 mm, ♀ 30 mm, Breite ♂ 3,5 mm, ♀ 4,5 mm. Fast alle Segmente mit einigen Knötchen auf den Seitenflügeln und Seiten des Rückens, einige der vorderen Segmente außerdem hier grob gerunzelt. Im Vordereck der Segmente 4—6 ein kleines Zähnchen, auf den mittleren Segmenten ein kleines Zähnchen am Hinterrand der Seitenflügel nahe der Basis. Seitenflügel klein im Vergleich mit anderen Arten. Hintereck eckig, nur auf den letzten Segmenten vorgezogen. 19. Segment fast ohne Seitenflügel. Poren ganz lateral, ohne Schwiele. Querfurche nur sehr schwach angedeutet. Gonopoden: Vor dem Knie des Telopodit dem Text nach 2, der Zeichnung nach 1 Zähnchen, Acropodit 3mal winklig gebogen, Fortsatz des Praefemur eine große Sichel, von breiter Basis dünn auslaufend (Fig. 701).

Cuba: Buenos Aires, Trinidad Mountains, Santa Clara Prov.

13. **A. flexus** Loomis 1938 *A. f.*, Loomis in: Bull. Mus. Harvard, *v.* 82 p. 468 f. 22.

Scheitel und Stirn dunkel kastanienbraun, Seiten und Labralregion heller. Halsschild fast ganz weiß, jederseits ein kleiner verwaschener brauner Fleck, die folgenden Segmente in der Mitte breit weiß, seitlich davon mit einem dunkelbraunen Fleck auf Pro- und Metazonit. Manche Individuen sind weniger pigmentiert bis ganz weiß. Länge 22 mm, Breite 4,5 mm. Seitenflügel schmal, besonders beim Weibchen, Hintereck vom 2. Segment an spitz und vortretend, Seitenflügel 19 relativ groß. Auf den Segmenten der Körpermitte sind die Hinterecken scharf aufwärts gebogen. Auf den Segmenten 2—7 oder weiter ein kleiner spitzer Zahn im Vordereck, auf den Segmenten 3 (5)—15 (16) ein Zahn am Beginn des Hinterrandes, der auf den Segmenten der Körpermitte groß und etwas gehoben ist. Median von ihm ein kleines zahnartiges Höckerchen nahe dem Rande. Oberseite des Seitenflügels und angrenzende Teile des Rückens mit einigen Knötchen, auf den hinteren Segmenten solche auch in der Mitte des Rückens. Metazoniten des Männchens mit schwacher Querfurche, Weibchen ohne solche. Poren in einer kleinen scharf abgesetzten Schwiele nach oben gerichtet. Gonopoden: Fortsatz des Praefemur eine schwach gebogene, in eine dünne Spitze auslaufende Sichel. Acropodit einfach, d. h. ohne Tibiotarsus, mit einem großen Zahn median, 3mal im Knie gebogen, spitz auslaufend (Fig. 702).

Fig. 702. **Amphelictogon flexus** Loomis. Gonopode (Loomis, 1938).

Cuba: Berge nördlich von Imias, Oriente Prov.

14. **A. atricolor** Loomis 1938 *A. a.*, Loomis in: Bull. Mus. Harvard, *v.* 82 p. 466 f. 21.

Fast ganz schwarz, nur die schmalen Ränder des Halsschildes vorn, der Seitenrandwulst und die Hinterecken der Seitenflügel bernsteinfarben. Länge ♀ 29 mm, Breite 4 mm, mäßig gewölbt, ♂ kleiner und fast ganz flach. 2.—7. (8.) Segment mit spitzem Zahn im Vordereck. Vom 2. Segment an sind die Hinterecken spitz und nach hinten vortretend, besonders auf den hinteren Segmenten. Hinterrand der Seitenflügel ohne Zähnchen, medialer Teil mit einigen Höckerchen. Poren schräg lateral im Randwulst ohne abgeschnürte Schwiele. Querfurche breit, seicht, beim Weibchen kaum sichtbar. Zwischen den Beinen des 3. Paares des Männchens 2 kleine Kegel, die 4 Endglieder der 4 letzten Beinpaare etwas stärker mit größerer Endkralle. Gonopoden: Fortsatz des Praefemur schlank, schwach S-förmig gebogen und ganz gerade distal gerichtet. Acropodit einfach, korkzieherartig gewunden (Fig. 703).

Cuba: El Yunque de Baracoa, Oriente Prov.

Fig. 703.
Amphelictogon atricolor Loomis.
Gonopode (Loomis, 1938).

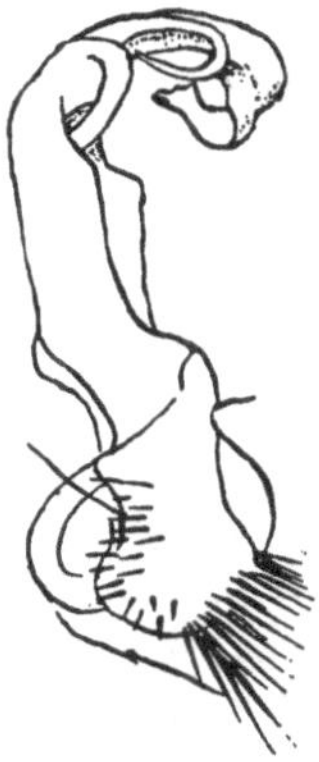

Fig. 704.
Amphelictogon guantanamanus Chamb.
Gonopode (Loomis, 1938).

15. **A. guantanamanus** Chamb. 1918 *A. g.*, Chamberlin in: Bull. Mus. Harvard, *v.* 62 p. 228 | 1938 *A. g.*, Loomis, ibid., *v.* 82 p. 462 f. 18.

Die von Loomis gegebene Abbildung des Gonopoden zeigt, daß das Telopodit in einen schlanken, stark gekrümmten Rinnenast und einen ebenfalls stark gekrümmten Tibiotarsus gegabelt ist. Fortsatz des Praefemur am Ende stark eingekrümmt ohne Seitenzähne. Vor dem Knie des Telopodit kein Zähnchen. Im übrigen ist die Beschreibung sehr unvollständig (Fig. 704).

Cuba: Guantanamo und Belig.

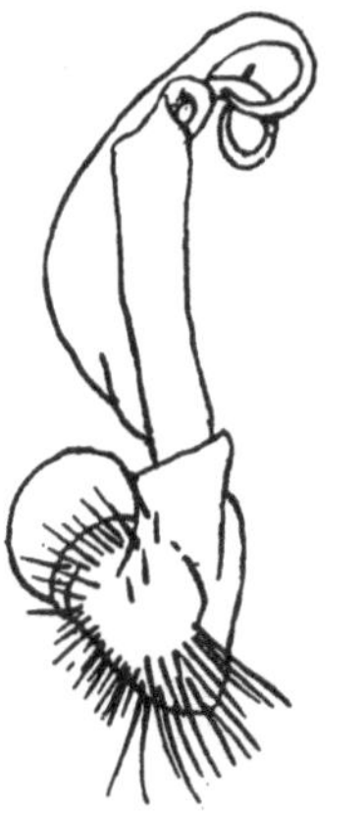

Fig. 705.
Amphelictogon propinquus Loomis.
Gonopode (Loomis, 1938).

16. **A. propinquus** Loomis 1938 *A. p.*, Loomis in: Bull. Mus. Harvard, *v.* 82 p. 460 f. 17.

Eine breite weiße Längsbinde vom Vorderrand des Halsschildes bis zur Spitze des Schwänzchens, zu den Seiten derselben dunkelbraun, Seitenflügel zum großen Teil dunkelbraun, manchmal ganz dunkel mit Ausnahme des Hinterreckes. Kopf dunkelbraun, Antennen hellrot. Länge ♀ 43 mm, Breite 6 mm, stark gewölbt, ♂ etwas kleiner und flach. Querfurche selten angedeutet. Im Vordereck der Segmente 2—4 ein spitzes Zähnchen. Segmente der Körpermitte mit 1 oder 2 Zähnchen am Hinterrand der Seitenflügel. Hinterecken spitz, auf den Segmenten der hinteren Körperhälfte stark vortretend, die des 19. Segments klein aber spitz. Oberseite der Seitenflügel mit einigen Körnchen, Rücken matt, glatt. Poren nach oben gerichtet, in einer Grube des im hinteren Teil breiten Randwulstes, ohne besondere Schwiele. Gonopoden: Fortsatz des Praefemur mit stark eingekrümmtem schlankem Ende. Telopodit gegabelt in 2 schlanke, kreisförmig gebogene Äste, Rinnenast und Tibiotarsus (Fig. 705).

Cuba: Pico Turquino, Rio Frio, Boniato Range, Oriente Prov.

Ad p. 176.

Japonaria (J.) coarctata acutidens Att. 1936 *Fontaria c. a.*, K. W. Verhoeff in: Tr. Sapporo Soc., *v.* 14 p. 160 t. 3 f. 12.

Ikaho bei Tokyo.

Ad p. 196.

Caraibodesmus criniger Loomis 1937 *C. c.*, Loomis in: Bull. Mus. Harvard, *v.* 80 p. 222.

Jamaica: Main Ridge, Blue Mountains.

Ad p. 197.

Gen. **Cubodesmus** Chamb.

1918 *C.*, Chamberlin in: Bull. Mus. Harvard, *v.* 62 p. 237 | 1938 *C.*, Loomis, ibid., *v.* 82 p. 470.

Loomis hat 1938 die Abbildungen der Gonopoden von 2 Arten veröffentlicht und dadurch die Einreihung der Gattung ermöglicht; sie kommt neben *Chonaphe* O. F. Cook und *Chondrotropis* Loomis zu stehen. Praefemur mit großem, gerade distal gerichtetem Fortsatz. Acropodit im ganzen distal gerichtet mit 3 Endspitzen, deren nähere Deutung nach den vorliegenden Angaben nicht möglich ist.

Cuba.

C. latior Chamb. 1918 *C. l.*, Chamberlin in: Bull. Mus. Harvard, *v.* 62 p. 239 | 1938 *C. l.*, Loomis, ibid., *v.* 82 p. 470 f. 23.

Rücken braun, Seitenflügel, Bauch, Beine und Antennen gelb. Länge 42 mm, Breite 7 mm. Hinterecken der Seitenflügel rechtwinklig, nur auf einigen der letzten Segmente vorgezogen, die Seitenflügel des Segments 18 überragen stark die des 19., Seitenflügel 2—4 meist mit einem Zähnchen. Fortsatz des Gonopodenpraefemur breit und ungefähr so lang wie das Acropodit. Das Ende eine Sichel mit breiter Basis ohne Vorsprung, wie er bei *C. prominens* vorhanden ist. Acropodit in 3 Äste geteilt (kein rechter Unterschied gegen *C. prominens*).

Cuba. Los Hondones, Guantanamo, La Hembita, La Union, Libano.

C. prominens Loomis 1938 *C. p.*, Loomis in: Bull. Mus. Harvard, *v.* 82 p. 471 f. 24.

Fig. 706.
Cubodesmus prominens Loomis.
Hinterende (Loomis, 1938).

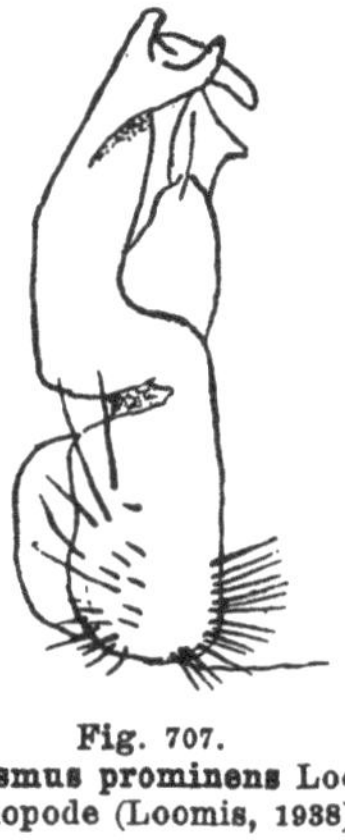

Fig. 707.
Cubodesmus prominens Loomis.
Gonopode (Loomis, 1938).

Dunkler als die anderen Arten, jedes Segment von vorn nach hinten von hellbraun bis fast schwarz werdend. Porenschwiele gelblich. Oberfläche fein chagriniert, ohne Felderreihen oder Tuberkeln. Seitenflügel ohne seitliche Zähne. Poren schräg nach oben und außen in einer breiten Schwiele, deren Hinterende abgerundet ist. Hintereck der porenlosen Segmente eckig nicht vortretend. Analschuppe mit stark verdickter fast knolliger Spitze. Gonopoden im wesentlichen wie bei *C. latior.* Fortsatz des Praefemur gerade distal gerichtet, mit einem 3eckigen Seitenzahn vor dem Ende. Acropodit in 3 kurze Äste geteilt (Fig. 706, 707).

Cuba: Oriente Prov., Los Llanos, El Yunque de Baracoa, Imias.

Ad p. 201.

Beatadesmus Loomis

1934 *B.*, Loomis in: Smithson. Collect., *v.* 89 nr. 14 p. 31.

B. utowani Loomis 1934 *B. u.*, Loomis in: Smithson. Collect., *v.* 89 nr. 14 p. 32.

Haiti: Beata Island.

Ad p. 296.

Eutheatus louisianae (Chamb.)

1918 *Euryurus l.*, Chamberlin in: Ann. ent. Soc. Amer., *v.* 11 p. 37.

Louisiana: Creston.

Ad p. 327.

Oxydesmus (O.) variabilis attemsii Verh. 1938 *O. v. a.*, K. W. Verhoeff in: Zool. Jahrb., Syst. *v.* 71 p. 51 t. 4 f. 52.

Von *O. variabilis* verschieden durch etwas keuligen Innendolch, geraden Außenlappen, etwas abweichende Gestalt und zahlreiche unregelmäßige Runzeln des Tibiotarsus.

Liberia: Felba und Millsburg.

Ad p. 335.

Oxydesmus (O.) gilvicauda Verh. 1938 *O. g.*, K. W. Verhoeff in: Zool. Jahrb., Syst. *v.* 71 p. 49 t. 4 f. 53, 54.
Liberia.

Ad p. 340.

Gen. **Kamerunomus** Verh.

1938 *K.*, K. W. Verhoeff in: Zool. Anz., *v.* 124 p. 172.

Metazoniten mit 5 Querreihen teilweise unregelmäßig gestellter glänzender Höckerchen auf mattem Grund. Analsegment nach hinten mehr verschmälert als bei *Oxydesmus.* Gonopoden ähnlich denen von *Oxydesmus*, aber Femur schlanker. Rinnenast mit Parsolaenomerit *(Ps).*

Kamerun.

Typus und einzige Art: *K. granulatus* Verh.

1. **K. granulatus** Verh. 1938 *K. g.*, K. W. Verhoeff in: Zool. Anz., *v.* 124 p. 173 f. 12.

Braun. Länge 45 mm. Rücken stark gewölbt. Seitenflügel nur mäßig breit. Von den Höckerchenreihen sind auf den vorderen Segmenten nur noch 4 Reihen mit etwas größeren und flacheren Höckerchen, auf dem 3. Segment 3, auf dem 2. Segment 2 Reihen und auf dem Halsschild keine vorhanden. Vom Halsschild an haben alle Segmente glänzende Seitenwülste vom Vorder- zum Hinterrand, schräg nach oben und außen gerichtet. Poren in der Mitte der Seitenwülste. Seitenrand mit 5—6 stumpfen Vorsprüngen. Hintereck auf den meisten Segmenten etwas eckig nach hinten vortretend, deutliche 3eckige Zipfel nur auf den Segmenten 18 und 19. Flanken mit

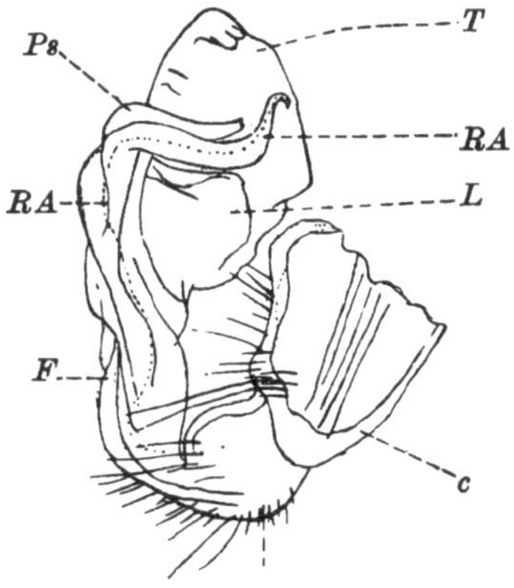

Fig. 708.
Kamerunomus granulatus Verh. Gonopode (K. W. Verhoeff, 1938).

vielen Knötchen. Hinterrand ohne Säge. Analschuppe mit 2 zitzenförmigen Vorsprüngen. Praefemur der meisten Beinpaare unten eckig vortretend. Gonopoden: Praefemur *(Pf)* stark beborstet, Femur *(F)* kahl, erheblich länger als das Praefemur. Rinnenast *(RA)* im rechten Winkel gegen das Femur abgesetzt, am Ende hakig gebogen. Tibiotarsus *(T)* muschelartig ausgehöhlt, im basalen Teil mit einer Lamelle *(L)* (Fig. 708).

Kamerun.

Ad p. 381.

Gen. **Paracordyloporus** Bröl.

Verhoeff (1938, Zool. Anz. *v.* 124 p. 169, 171) will diese Gattung in 2 Subgenera einteilen:

a) Subgen. **Paracordyloporus.**

Tibiotarsus des Gonopoden einfach, nur mit Nebenzacken. Metazoniten unterhalb der Seitenflügel am Hinterrand mit Zähnchensäge.

Für *P. porati* Verh.

b) Subgen. **Cordyloporella.**

Tibiotarsus in 2 starke Äste gegabelt. Metazoniten unterhalb der Seitenflügel am Hinterrand ohne Zähnchensäge.

Für *P. (C.) hirsutipes* Verh.

Typus der Gattung und demnach auch eines etwa aufzustellenden Subgenus *Paracordyloporus* ist *P. dilatatus* Carl; dieser hat einen tief gegabelten Tibiotarsus des Gonopoden und eine Zähnchensäge am Hinterrand der Metazoniten, paßt also in keines der Subgenera Verhoeffs. Bei *Paracordyloporus pulcher* Carl ist der Tibiotarsus ein dünner einfacher Ast, dagegen haben die Metazoniten am Hinterrand keine Zähnchensäge. Also der einfache und der gegabelte Tibiotarsus kommen beide bei Arten mit und bei solchen ohne Zähnchensäge vor, die Entwicklung beider Eigenschaften geht nicht parallel. Die Zähnchensäge kommt bekanntlich auch bei anderen Gattungen, siehe *Scolopopleura*, vor und eignet sich sicherlich nicht zur alleinigen Charakteristik eines Subgenus, ebensowenig ist die Gabelung oder Nichtgabelung des Tibiotarsus eine solche. Übrigens ist es gerade bei der von Verhoeff als Typus seiner Untergattung *Paracordyloporus* angeführten Art *P. porati* Verh. sehr zweifelhaft, ob die 2 Zacken am Grunde des Tibiotarsus nicht als rudimentärer 2. Gabelast anzusehen sind. Unzweifelhaft einfach ist der Tibiotarsus nur bei *P. pulcher* Carl. Die 2 Subgenera Verhoeffs sind somit einzuziehen.

Unsichere Arten:

Paracordyloporus occupatus nom. nov. 1938 *P. porati* (nec Carl), K. W. Verhoeff in: Zool. Anz., *v.* 124 p. 169 f. 9.

Farbe? Länge ♂ 37 mm, ♀ 49 mm. Vordere Segmente mit feiner Hinterrandsäge, auf den hinteren Segmenten ist sie kräftiger, dicht, die Zähne verschieden groß. Sternite?. Der Rinnenast krümmt sich mit seiner geißelartig dünnen und gebogenen Spitze gegen das Ende des Tibiotarsus und hat kurz vor dem Ende einen stachelartigen Nebenast. Tibiotarsus in der Grundhälfte stark angeschwollen und mit einem Zahn und Stachel bewaffnet (wahrscheinlich einem zweiten Gabelast entsprechend).

Kamerun.

Läßt sich wegen der unvollständigen Beschreibung nicht in die Tabelle einordnen.

P. hirsutipes Verh. 1938 *P. (Cordyloporella) h.*, K. W. Verhoeff in: Zool. Anz., *v.* 124 p. 171 f. 7, 8.

Länge ♂ 48 mm, Antennen und Beine lang, sonst keine Beschreibung des Rumpfes. Rinnenast mit stachelartigem Nebenast vor dem Ende (kommt allen Arten der Gattung zu), Tibiotarsus in 2 lange Äste gegabelt, einen einfachen und einen wieder gegabelten. Ganz unvollständige Beschreibung, läßt sich nicht einordnen.

Kamerun.

Ad p. 392.

Unsichere Art:

Scolopopleura pallida Verh. 1938 *S. p.*, K. W. Verhoeff in: Zool. Anz., *v.* 124 p. 172 f. 10, 11.

Kamerun.

Unterscheidung von *S. spinosa* und *limbata* nicht möglich.

Ad p. 399.

Paltophorus probus Att. 1938 *P. p.*, Attems in: Rev. zool. Afr., *v.* 31 p. 239 f. 16, 17.

Ad p. 409.

1. **Diaphorodesmus dorsicornis** Por. 1938 *D. d.*, K. W. Verhoeff in: Zool. Anz., *v.* 124 p. 167 f. 1—3.

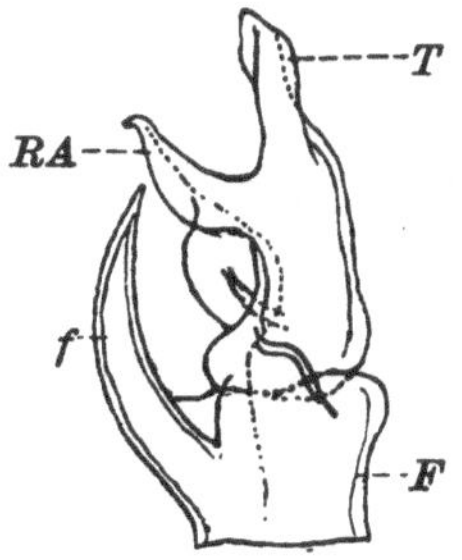

Fig. 709. Diaphorodesmus dorsicornis Por. Gonopodenende (K. W. Verhoeff, 1938).

Die 3 Paar spitzer Kegelchen der Segmente 2 bis 4 sind annähernd gleich stark, die des 4. Segments nicht an den Hinterrand gerückt. Auf dem 4. Segment vorn 6 spitze Zäpfchen, von denen die paramedianen die stärksten sind. Endast des Gonopodenfemur *(f)* nur leicht gekrümmt. Rinnenast *(RA)* vor dem Ende ohne Nebenlappen (Fig. 709).

Kamerun.

Diaphorodesmus attemsii Verh. 1931 *D. dorsicornis*, Attems (nec Porat) in: Zool., *v.* 30 Lief. 3—4 (Heft 79) p. 100 f. 147—151 | 1938 *D. d.*, Attems in: Tierreich, *v.* 69 p. 409 f. 451, 452 | 1938 *D. attemsii*, K. W. Verhoeff in: Zool. Anz., *v.* 124 p. 167 f. 1, 2.

Von den 3 Paar spitzen Kegeln der Metazoniten ist das des 4. Segments kleiner als die anderen und an den Hinterrand gerückt. Auf dem 4. Segment vorn nur 4 Zäpfchen, von denen keines durch Größe ausgezeichnet ist. Endast des Gonopodenfemur stark, fast hakig eingebogen. Rinnenast vor dem Ende mit fein gezähneltem Nebenlappen.

Kamerun.

Ad p. 424.

Die Tabelle der Gattung **Ulodesmus** ist durch folgende zu ersetzen:

1	Fortsatz des Sternit 6 des Männchens durch einen tiefen Einschnitt in 2 nebeneinanderliegende Höcker geteilt. In der Mitte der Spirale des Gonopodentelopodit (am Ende des Femur) nur 1 Zahn	1. **U. micramma**
	Fortsatz des Sternit 6 ungeteilt oder nur sehr seicht eingebuchtet — **2**	
2	Sternit 8 des Männchens mit 2 behaarten Kegeln, je einer neben jedem vorderen Bein — **3**	
	Sternit 8 des Männchens ohne solche Kegel — **5**	
3	Ende des Gonopodentelopodit geteilt in einen kurzen Tibiotarsus und einen längeren Rinnenast. Die Seitenflügel des 18. Segments überragen die des 19. Analklappenrandwulst dick — **4**	
	Gonopodentelopodit ungeteilt, ohne Tibiotarsus. Die Seitenflügel des 18. Segments reichen nur bis zur Mitte des 19. Segments. Halsschild so breit wie das 2. Segment. 2.—7. Beinpaar mit Tarsalpolstern. Randwulst der Analklappen schmal	6. **U. margatensis**
4	Telopoditende des Gonopoden zu einer Spirale eingerollt. Die 2 Fortsätze in der Mitte der Spirale sind dreieckig und gerade, neben ihnen kein Zahn. 2.—6. Beinpaar mit Tarsalpolstern. Halsschild merklich breiter als das 2. Segment	2. **U. biconus**
	Gonopodentelopodit besonders lang und ganz nach außen gestreckt. Die 2 Fortsätze in der Mitte der Spirale des Telopodit sind länger, schlanker und gebogen, neben ihnen ein dreieckiger Zahn (Verteilung der Tarsalpolster? Halsschild?)	7. **U. lawrenci**
5	In der Mitte der Gonopodenspirale (an der Stelle, die wahrscheinlich dem Ende des Hauptstammes des Femur entspricht) 2 Fortsätze. (Siehe Tabelle p. 425.)	4. **U. securifer** 3. **U. bispinosus** 5. **U. testaceus**
	An dieser Stelle nur 1 Fortsatz — **6**	
6	Der Fortsatz in der Mitte der Gonopodenspirale ist ein kleines glattes Häkchen, vor dem Ende des Telopodit ein gezähnelter breiter Lappen	8. **U. spiralipes**
	Der Fortsatz in der Mitte der Gonopodenspirale (am Femurende) ist ein mehrspitziger großer Lappen. Der breite Lappen am Ende des Telopodit ist glattrandig	9. **U. denticulatus**

7. **Ulodesmus lawrenci** Verh. 1938 *U. l.*, K. W. Verhoeff in: Ann. Natal Mus., *v.* 9 p. 197 f. 24—26.

Länge ♂ 42—43 mm. Lehmfarbig gelbbraun, Seitenflügel stark nach unten gebogen, mit einer glänzenden Längsschwiele, ihr Hintereck auf den Segmenten 2, 3, 4, 6 abgerundet, auf dem 5., 7. und folgenden mit Andeutung eines Eckchens, 16.—18. mit 3eckigen Zipfeln. 19. Segment kurz, mit rudimentären Seitenflügeln, auch das Analsegment tief eingeschoben. Poren in der Mitte des Seitenrandes in einer kleinen Grube. Analklappenrandwulst dick. Männchen vom 2. Segment an mit Tarsalpolstern (bis wo?). Sternit 6 zwischen den Hüften des 6. Beinpaares mit einer großen trapezförmigen, am Ende breit abgerundeten Platte. Sternit 8 des Männchens zwischen den Hüften der Beinpaare 9 und 10 mit 2 weit voneinander abstehenden, nach unten gerichteten Zapfen. Gonopodentelopodit nicht eine gleichmäßige Spirale bildend, sondern mehr knickartig gebogen, das Ende ganz nach außen weit herausgestreckt. Neben den 2 Fortsätzen *(a, b)* in der Mitte des Telopodit ein 3eckiger Zahn *(z)* (vom Autor fälschlich als Tibiotarsalrest erklärt). Das Ende gegabelt in einen hakigen Ast mit der Samenrinne und einen geraden schlanken Dorn (Tibiotarsalrest) (Fig. 710).

Zululand: Hluhluwe Reservat.

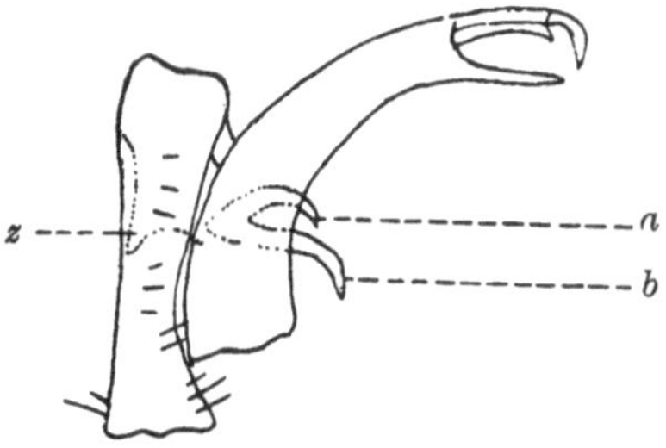

Fig. 710.
Ulodesmus lawrenci Verh.
Gonopodenende (K. W. Verhoeff, 1938).

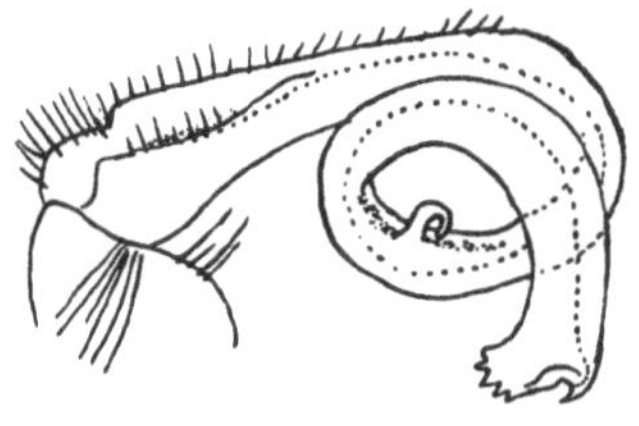

Fig. 711.
Ulodesmus spiralipes Verh.
Gonopode (K. W. Verhoeff, 1938).

8. **U. spiralipes** Verh. 1938 *U. s.*, K. W. Verhoeff in: Ann. Natal Mus., *v.* 9 p. 200 f. 27.

Länge ♂ 25 mm. Die sternale Platte des 6. Segments des Männchens in der Mediane etwas eingekerbt. Sternit 8 des Männchens ohne Zapfen. Sonst mit *U. lawrenci* übereinstimmend. Gonopoden: In der Mitte der Telopoditspirale ein schlankes glattes Häkchen, vor dem Ende eine breite gezähnelte Platte (Fig. 711).

Natal: Compensation Beach Umhlali.

9. **U. denticulatus** Verh. 1938 *U. d.*, K. W. Verhoeff in: Ann. Natal Mus., *v.* 9 p. 200 f. 28—30.

Länge ♂ 47 mm, ♀ 34 mm. Äußerlich *U. spiralipes* und *lawrenci* sehr ähnlich (alle Arten der Gattung sind einander ähnlich, aber es gibt immerhin kleine Unterschiede). Gonopoden ähnlich denen von *U. spiralipes*, der Fortsatz in der Mitte der Spirale ist groß, ein mehrspitziger Lappen, das Ende breit, glattrandig, gerundet, der kurze Ast mit der Samenrinne liegt versteckt (Fig. 712).

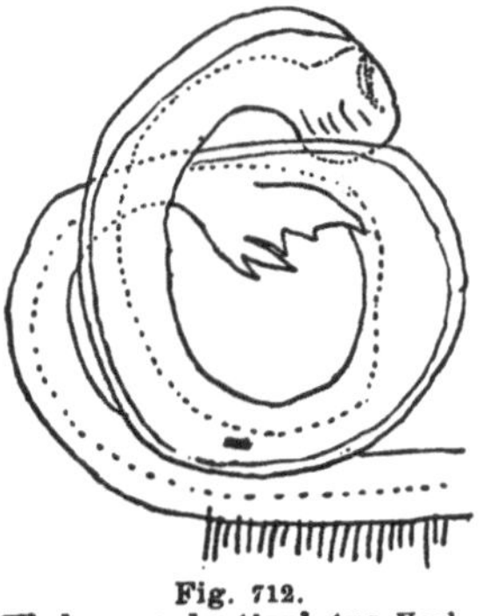

Fig. 712.
Ulodesmus denticulatus Verh.
Teil des Gonopoden
(K. W. Verhoeff, 1938).

Zululand: Nkandhla Wald.

Ad p. 431.

Aulodesmus tuberosus Att. 1938 *A. t.*, Attems in: Rev. zool. Afr., *v.* 31 p. 242 f. 19, 20.

Belgisch Kongo.

Ad p. 450.

Sigodesmus ruspolii (Silv.) 1896 *Aulodesmus R.*, Silvestri in: Ann. Mus. Genova, *v.* 37 p. 59 f. 1 | 1936 *Eurydesmus (Aulodesmus) r.*, P. Manfredi in: Atti Soc. Ital., *v.* 75 p. 243 f. 1.

Somaliland.

Nachtrag zum 3. Band.

Ad p. 17.

6. **Polydesmus (P.) hercegovinensis** Verh. Weiteres Syn.: 1937 *P. h.* var. *gladiatus*, K. W. Verhoeff in: Mt. Höhlen- und Karstforsch., p. 98.

Vodno Berg bei Skoplje.

Ad p. 38.

Polydesmus (Nomarchus) wardaranus Verh. wird besser zum Subgen. *Hormobrachium* gestellt, in dessen Tabelle er zu *dismilus* und *heroldi* kommt.

Tibiotarsus mit kleinem spitzem Mittelzahn	**P. (H.) dismilus** **P. (H.) heroldi**
Tibiotarsus mit einer großen runden Vorwölbung und 2 kleinen runden Wülsten	**P. (H.) wardaranus**

Ad p. 63.

Polydesmus (Spanobrachium) strouhali Verh.

Weiterer Fundort: Mauthen in Kärnten.

Ad p. 65.

Polydesmus (Basicentrus) fontium Verh. 1939 *P. (Schizotelopoditius) f.*, K. W. Verhoeff in: Zool. Anz., *v.* 126 p. 233 f. 9.

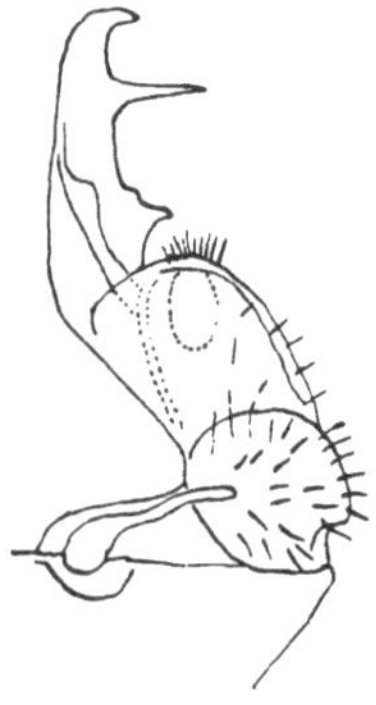

Fig. 713.
Polydesmus (B.) fontium Verh.
Gonopode (K. W. Verhoeff, 1939).

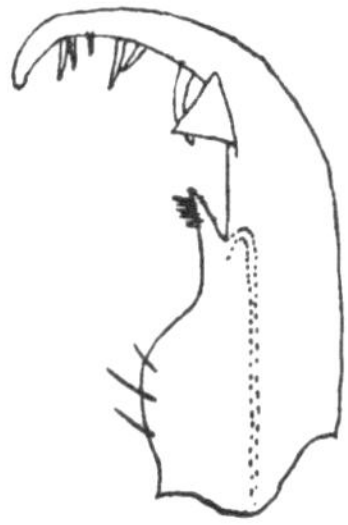

Fig. 714.
Polydesmus edentulus plöckenius Verh.
Gonopode (K. W. Verhoeff, 1939).

Dunkelbraun, 3., 4., 6., 8., 11., 14. Segment mit gelber Zeichnung. In der Skulptur mit *Polydesmus edentulus* übereinstimmend. Gonopoden: Kein Endomerit und kein Rinnenast, das Haarpolster sitzt dem Femur auf, der

Tibiotarsus entspringt ganz vorn, von der Stelle mit dem Haarpolster weit getrennt, so daß in dieser Beziehung Ähnlichkeit mit dem Subgenus *Propolydesmus* besteht. Nahe dem Grund des Tibiotarsus ein großer 3eckiger Zacken, und nahe dem Ende ein langer, gerader spitzer Zahn, von dem es fraglich ist ob Mittelzahn oder Subapicalzahn (Fig. 713).

Saualpe, 700 m.

Ad p. 74.

Polydesmus edentulus plöckenius Verh. 1939 *P. e. p.*, K. W. Verhoeff in: Zool. Anz., *v.* 126 p. 234 f. 10.

Endomerit ungewöhnlich kurz, kaum über das Haarpolster vorragend. Der 1. Stachel des Tibiotarsus einfach. Vordere Wölbung des Telopodit ganz ohne Zähnchen (Fig. 714).

Plöckenpaß.

Diese Subspecies kommt in der Tabelle p. 74 neben *P. edentulus edentulus* zu stehen, von der sie sich durch die Kürze des Endomerit unterscheidet, es ist recht zweifelhaft, ob sie sich bei weiteren Funden halten wird.

Die folgenden Subspecies lassen sich von *P. edentulus edentulus* nicht trennen.

P. edentulus karawankianus Verh. 1939 *P. e. k.*, K. W. Verhoeff in: Zool. Anz., *v.* 126 p. 234 f. 11.

Kärnten: Mauthenklamm, St. Veit, Eberstein, Burg Landskron, Goldeck.

P. edentulus dolomiticus var. **mauthenensis** Verh. 1939 *P. e. d.* var. *m.*, K. W. Verhoeff in: Zool. Anz., *v.* 126 p. 235.

Südlich Klagenfurt.

P. edentulus dolomiticus var. **draanus** Verh. 1939 *P. e. dolomiticus* var. *draanus*, K. W. Verhoeff in: Zool. Anz., *v.* 126 p. 236.

Bei Nötsch am Dobratsch.

Ad p. 96.

Brachydesmus (B.) carniolensis plitvicensis Verh. 1929 *B. troglobius plitvicensis*, K. W. Verhoeff in: Zool. Jahrb., Syst. *v.* 57 p. 627 t. 6 f. 28 | 1937 *B. t. lauranensis*, K. W. Verhoeff, ibid., *v.* 70 p. 136 t. 2 f. 17.

In der hinteren Wölbung des Gonopodentelopodit an der Grenze von Praefemur und Femur und auf dem Femur je eine runde Vorragung, beide durch eine runde Bucht getrennt; bei *B. carniolensis* fehlen diese Vorragungen. *B. troglobius plitvicensis* und *lauranensis* lassen sich kaum trennen.

Kroatien: Plitvice, Delnice. Istrien: Laurana.

Ad p. 114.

Brachydesmus (Stylobrachydesmus) spinosus Att.

Syn.: 1937 *B. (S.) spinosus karamani*, K. W. Verhoeff in: Mt. Höhlen- und Karstforsch., p. 96.

Höhle bei Lukuja bei Novo Mjesto Slovenien.

Ad p. 141.

Epanerchodus jägerskiöldi insularum Verh. 1937 *E. j. i.*, K. W. Verhoeff in: Zool. Anz., *v.* 120 p. 318 f. 5.

Länge 9,5 mm. Erdbraun. Ränder der Seitenflügel glatt. Im übrigen mit *E. jägerskiöldi* übereinstimmend. Neben dem hakigen Endast des Gonopodentelopodit ragt ein dreieckiger Zahn vor. Das große Kissen, in welchem die Samenrinne mündet, ist 3eckig vorgezogen (Fig. 715).

Ocima Insel bei Tokio.

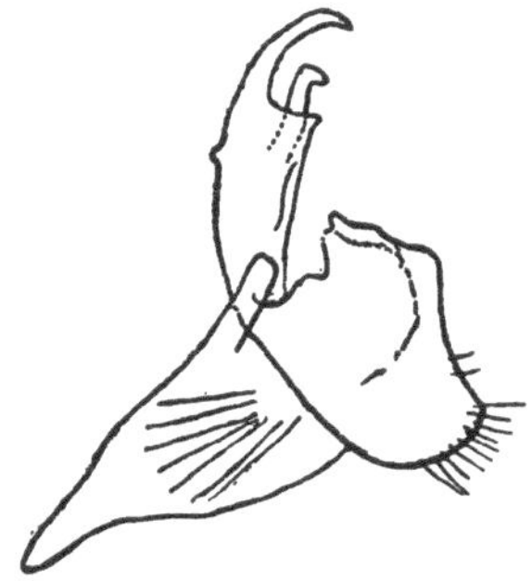

Fig. 715.
Epanerchodus (E.) jägerskiöldi insularum Verh. Gonopode, Lateralseite (K. W. Verhoeff, 1937).

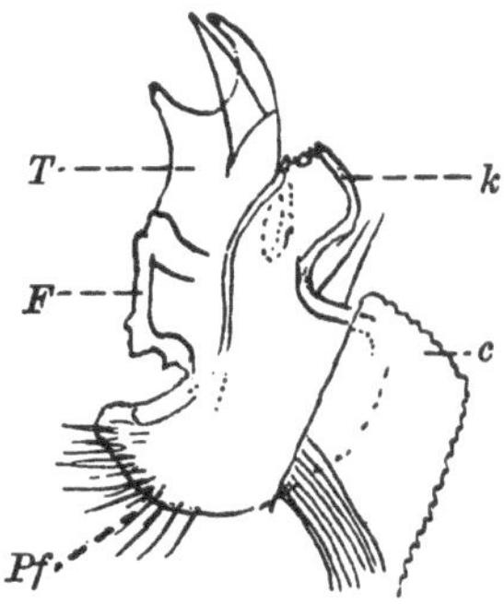

Fig. 716.
Epanerchodus (R.) subterraneus Verh. Gonopode (K. W. Verhoeff, 1938).

Subgen. **Riuerchodus** Verh.

1938 *R.*, K. W. Verhoeff in: Mt. Höhlen- und Karstforsch., p. 89.

♂ ♀ 20 Segmente. Körper pigmentlos. Poren vom Seitenrand abgerückt an der Basis der hinteren Zipfel. Vordere Beine des Männchens mit einfachen Borsten ohne basale Verdickung. Der angebliche Unterschied in den Gonopoden ist keiner, da eine Gabelung des Tibiotarsus auch bei *Epanerchodus* vorkommt.

Epanerchodus (R.) subterraneus Verh. 1938 *E. (R.) s.*, K. W. Verhoeff in: Mt. Höhlen- und Karstforsch., p. 90 f. 15—17.

Weiß, Länge ♂ 7,5 mm, ♀ 9,5 mm. 6. Antennenglied stark verdickt. Rücken glänzend, mit 3 Felderreihen, die sich auf die Seitenflügel fortsetzen. Borsten nur auf den vordersten und hintersten Segmenten. Die meisten Seitenflügel mit 3—4 deutlichen Zähnchen, Hinterecken schon im Vorderende spitz. Gonopode sehr gedrungen, Hüfte *(c)* außen mit großem halbkreisförmigem Lappen. Die Samenrinne biegt wie bei *Epanerchodus* basalwärts um, ihre Mündung konnte nicht genau beobachtet werden. Der Tibiotarsus *(T)* endet mit 3 Spitzen. Der als Postfemur gedeutete Teil *k* ist offenbar kein solcher (Fig. 716).

Höhle auf den Riu-Kiu-Inseln.

Ad p. 162 (**Vanhoeffeniidae**).

31. Gen. **Hystrichodesmus** Loomis

1938 *H.*, Loomis in: Bull. Mus. Harvard, *v.* 82 p. 477.

Männchen mit 20, Weibchen mit 21 Segmenten. Poren auf den Segmenten 5, 7, 8, 10, 11, 13, 14, 16—19 (20) am Außenrand der Seitenflügel zwischen 2. und 3. borstentragender Tuberkel. Halsschild schmäler als der Kopf, halbkreisförmig. Metazoniten mit 3 Reihen von Knötchen, die sehr lange Borsten tragen. Die Reihen setzen sich auf die Seitenflügel fort.

Seitenflügel gut entwickelt. Analsegment kegelig. Beine des Männchens ohne Besonderheiten. Morphologische Deutung der Gonopoden nicht gegeben und nach der Abbildung nicht möglich.

Cuba.

Typus und einzige Art: *H. cubensis* Loomis.

1. **H. cubensis** Loomis 1938 *H. c.*, Loomis in: Bull. Mus. Harvard, *v.* 82 p. 478 f. 27.

Dunkelrotbraun. Länge ♂ 8 mm, Breite 1,3 mm, ♀ etwas größer, ♂ flach, ♀ gewölbter. Antennen kurz und dick, 6. Glied das längste und dickste. Vordere Hälfte des Rumpfes spärlicher, hintere dichter beborstet und fein granuliert. Halsschild mit 4 Reihen von 12—14, 8, 4, 10—12 Tuberkeln, die sehr lange Borsten tragen. Seitenflügel dick, Seitenränder

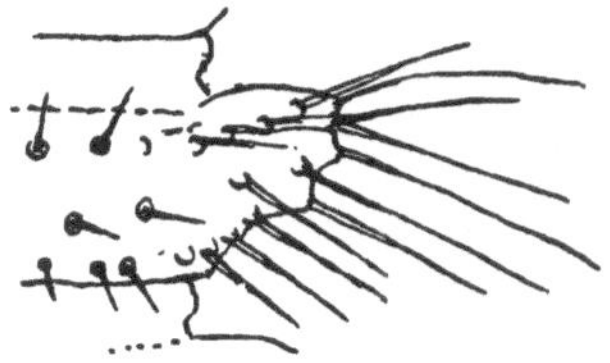

Fig. 717.
Hystrichodesmus cubensis Loomis. Rechte Hälfte des 12. Segments (Loomis, 1938).

nach hinten konvergierend, von den lateralen Borstenwarzen eingenommen. Quernaht tief eingeschnürt. Rücken der Metazoniten mit 3 Reihen von 14—16, 12, 16—20 borstentragenden Tuberkeln. Seitenflügel 19 nur ein niedriger Wulst. Keine Pleuralkiele. Analring mit 3 Reihen von 12, 10, 4 Borsten. Analklappenrand nicht aufgewulstet, Schuppe 3eckig. Sternite schmal (Fig. 717).

Cuba: Pico Turquino, Oriente Prov.

Auf p. 343 nach **Detodesmus** einzuschalten.

Gen. **Kylindogaster** Verh.

1939 *K.*, K. W. Verhoeff in: Zool. Anz., *v.* 127 p. 276.

19 Segmente. Halsschild fast so breit wie der Kopf. Seitenflügel des 2. Segmentes sehr groß, beträchtlich breiter als der Halsschild, diesen und den Kopf seitlich umfassend, fast senkrecht nach unten gerichtet. Umriß der Segmente sehr ähnlich dem von *Dedalodesmus* (Cryptodesmidae). Rücken der Metazoniten sehr stark gewölbt, die Seitenflügel fallen steil nach unten ab, so daß ihr Seitenrand unter dem Bauchniveau liegt. Die kurzen Beine werden von den Seitenflügeln ganz bedeckt und noch etwas überragt. Die meisten Tergite mit großen runden, in 2 Querreihen stehenden Höckern, die je eine Borste tragen. Auf den Segmenten 16—18 die beiden paramedianen Höcker der hinteren Reihe etwas vergrößert und über den Hinterrand vorragend. Auch auf den Segmenten 5 und 6 sind die beiden paramedianen Höcker beider Reihen größer als die anderen. Außerdem zahlreiche Rauhigkeiten und Fremdkörperinkrustation. Poren nur auf den Segmenten 16—18 festgestellt, in der Fläche, weit vom Seitenrand entfernt. Die Verteilung auf den anderen Segmenten unbekannt. Analring von oben gesehen mondsichelförmig, mit Querreihen von Warzen und einigen Warzen am Hinter-

rand. Die 4 Terminalborsten liegen auf der Bauchfläche. Analschuppe auffallend groß. Männchen unbekannt.

Riu-Kiu-Inseln.

Typus und einzige Art: *K. nodulosa* Verh.

1. **K. nodulosa** Verh. 1939 *K. n.,* K. W. Verhoeff in: Zool. Anz., *v.* 127 p. 277 f. 4—7.

♀ 4,5 mm lang. Hellbraun. Scheitel und Backen sehr dicht mit Wärzchen besetzt. Antennen kurz, den Kopf nicht überragend, 6. Glied am dicksten.

Fig. 718.
Kylindogaster nodulosa Verh.
6. Segment (K. W. Verhoeff, 1939).

Fig. 719.
Kylindogaster nodulosa Verh.
Hinterende (K. W. Verhoeff, 1939).

Die meisten Tergite mit 7 oder 8 in 2 Querreihen stehenden, borstentragenden Höckern, auf den Seitenflügeln des 2. Segmentes außerdem eine große mediane Warze und radiär dazu gestellt 5 kleinere an den Rändern, auf den übrigen Seitenflügeln 3—4 an Größe wenig verschiedene Warzen. Hinterrand der Tergite ohne besondere Auszeichnung. Analring mit 3 Querreihen von je 4 Warzen (Fig. 718, 719).

Höhle auf der Riu-Kiu-Insel Fukafugaza.

Nach Fertigstellung erschienen:

Habrodesmus pumilus Schubart 1939 *H. p.,* O. Schubart in: Zool. Anz., *v.* 128 p. 83.

Pernambuco: Recife, Beberibe. Serinhaem.

Gen. **Pernambucosoma** Schubart

1939 *P.,* O. Schubart in: Zool. Anz., *v.* 128 p. 78, 82.

P. marthae Schubart 1939 *P. m.,* O. Schubart in: Zool. Anz., *v.* 128 p. 78 f. 1—3.

Pernambuco: Recife, Magdalena. Recife, Torre. Fazenda Nova. Bom Castelho. Capoeira. Recife, Caxanga. Salgadinho. Sanharo. Rio Branco. Pan d'Alho.

Anoplodesmus saussurei mauritianus Verh. 1939 *A. s. m.,* K. W. Verhoeff in: Jena Z., *v.* 73 p. 66 t. 4 f. 39,

Mauritius.

Gen. **Carlodesmus** Verh.

1939 *C.,* K. W. Verhoeff in: Jena. Z., *v.* 73 p. 62.

Typus: *C. riparius* (Carl).

Gen. **Ceyloncarlia** Verh.

1939 *C.,* K. W. Verhoeff in: Jena. Z., *v.* 73 p. 63.

Typus: *C. kandyanus* (Carl).

Die Familie *Cryptodesmidae* wurde in 8 neue Subfamilien zerlegt auf Grund von 5 neuen Gattungen und unter Berücksichtigung von nur 6 der 84 bereits bekannten Gattungen. Die Subfamilien *Gonomastinae* und *Lophoscytinae* zusammen entsprechen der Subfamilie *Gonomastinae* Att., die anderen lassen sich mit der hier angewandten Systematik nicht in Einklang bringen.

Subfam. **Mauritacanthinae** Verh.

1939 *M.*, K. W. Verhoeff in: Jena. Z., *v.* 73 p. 44.

Gen. **Mauritacantha** Verh.

1939 *M.*, K. W. Verhoeff in: Jena. Z., *v.* 73 p. 44, 48.

M. lawrenci Verh. 1939 *M. l.*, K. W. Verhoeff in: Jena. Z., *v.* 73 p. 50 t. 2 f. 1—5.

Mauritius: Makkabuswald bei Les Mares. La Ponce.

M. montana Verh. 1939 *M. m.*, K. W. Verhoeff in: Jena. Z., *v.* 73 p. 52 t. 2 f. 6—9.

Mauritius: La Ponce.

M. fimbriata Verh. 1939 *M. f.*, K. W. Verhoeff in: Jena. Z., *v.* 73 p. 51 t. 2 f. 10—11.

Mauritius: Makkabuswald bei Les Mares. Grand Port. La Ponce.

M. similis Verh. 1939 *M. s.*, K. W. Verhoeff in: Jena. Z., *v.* 73 p. 52 t. 2 f. 12, 13.

Mauritius: La Ponce.

Gen. **Mauritiosoma** Verh.

1939 *M.*, K. W. Verhoeff in: Jena. Z., *v.* 73 p. 44, 52.

M. gibbosum Verh. 1939 *M. g.*, K. W. Verhoeff in: Jena. Z., *v.* 73 p. 54 t. 3 f. 14—18, t. 4 f. 37.

Mauritius: La Ponce.

Subfam. **Eneilissominae** Verh.

1939 *E.*, K. W. Verhoeff in: Jena. Z., *v.* 73 p. 44.

Gen. **Eneilissomus** Verh.

1939 *E.*, K. W. Verhoeff in: Jena. Z., *v.* 73 p. 44, 55.

E. setiger Verh. 1939 *E. s.*, K. W. Verhoeff in: Jena. Z., *v.* 73 p. 56 t. 3 f. 19—24.

Mauritius: Makkabuswald bei Les Mares.

Subfam. **Klimakodesminae** Verh.

1939 *K.*, K. W. Verhoeff in: Jena. Z., *v.* 73 p. 45.

Gen. **Klimakodesmus** Carl

Subfam. **Gonomastinae** Verh.

1939 *G.*, K. W. Verhoeff in: Jena. Z., *v.* 73 p. 45.

Gen. **Gonomastis** Att.

Subfam. **Lophoscytinae** Verh.

1939 *L.*, K. W. Verhoeff in: Jena. Z., *v.* 73 p. 45.

Gen. **Lophoscytus** Att.

Subfam. **Stylodesminae** Verh.

1939 *S.*, K. W. Verhoeff in: Jena. Z., *v.* 73 p. 46.

Gen. **Lemuriocryptus** Verh.

1939 *L.*, K. W. Verhoeff in: Jena. Z., *v.* 73 p. 46, 57.

L. montanus Verh. 1939 *L. m.*, K. W. Verhoeff in: Jena. Z., *v.* 73 p. 58 t. 3 f. 25—27, t. 4 f. 38.

Mauritius: La Ponce.

Subfam. **Cryptodesminae** Verh.

1939 *C.*, K. W. Verhoeff in: Jena. Z., *v.* 73 p. 46.

Gen. **Cryptomauritius** Verh.

1939 *C.*, K. W. Verhoeff in: Jena. Z., *v.* 73 p. 46, 63.

C. lawrencei Verh. 1939 *C. l.*, K. W. Verhoeff in: Jena. Z., *v.* 73 p. 63 t. 4 f. 32—35.

Mauritius: Grand Port. La Ponce.

Gen. **Cryptocephalius** Verh.

1939 *C.*, K. W. Verhoeff in: Jena. Z., *v.* 73 p. 46, 65.

C. niger 1939 *C. n.*, K. W. Verhoeff in: Jena. Z., *v.* 73 p. 65 t. 3 f. 28, 29, t. 4 f. 30, 31.

Mauritius: Grand Port.

Subfam. **Termitopteryginae** Verh.

1939 *T.*, K. W. Verhoeff in: Jena. Z., *v.* 73 p. 46.

Gen. **Termitopteryx** Verh., **Amynticodesmus** Silv.

Alphabetisches Verzeichnis der Familien und Subfamilien für alle 3 Bände

(Die geltenden Namen fett gedruckt)

Verzeichnis der Gattungen aller 3 Bände

Anm. Unter dem Gattungsnamen **Polydesmus** sind in der älteren Literatur zahlreiche Arten beschrieben, die heute zu den hier verzeichneten Gattungen gehören. Alle Seitenzahlen anzuführen, hätte keinen Zweck.

v. 1. *Orthomorpha* Bollm., ***Anoplodesmus*** Poc., *Chondromorpha* Silv., ***Aphelidesmus*** Bröl., ***Sundanina*** Att., ***Akamptogonus*** Att.

v. 2. *Leptodesmus* Sauss., ***Batodesmus*** O. F. Cook, *Chondrodesmus* Silv., *Trichomorpha* Silv., *Alocodesmus* Silv., ***Rhysodesmus*** O. F. Cook, *Pachydesmus* O. F. Cook, *Chonaphe* O. F. Cook, ***Amphelictogon*** Chamb., *Apheloria* Chamb., ***Eurymerodesmus*** Bröl., ***Melaphe*** O. F. Cook, *Caraibodesmus* Chamb., *Platyrhacus* C. L. Koch, ***Polyleporella*** Att., ***Eutheatus*** Att., *Pycnotropis* Carl, ***Amplinus*** Att., *Oxydesmus* Humb. & Sauss., *Orodesmus* O. F. Cook, *Cordyloporus* Att., ***Aulodesmus*** O. F. Cook.

v. 3. *Turanodesmus* Verh., *Brachydesmus* Heller, *Pseudopolydesmus* Att., ***Epanerchodus*** Att., *Perapolydesmus* Bröl., *Archypolydesmus* Att., *Scytonotus* C. L. Koch, *Lankadesmus* Carl, *Cryptogonodesmus* Silv., *Cryptodesmus* Peters, ***Aporodesmus*** Por., *Stictodesmus* O. F. Cook, ***Oniscodesmus*** Gerv. & Goud., *Icosidesmus* Carl, ***Peridontodesmus*** Silv., *Neoleptodesmus* Carl, ***Acutangulus*** Att., *Rhachidomorpha* Sauss.

Anm. 2. Als **Strongylosoma** sind Arten folgender Gattungen beschrieben: *Entothalassinum* Att., *Trachydesmus* Daday, *Orthomorpha* Bollm., *Nedyopus* Att., ***Helicorthomorpha*** Att., *Streptogonopus* Att., ***Eudasypeltis*** Poc., *Sichotanus* Att., ***Sundanina*** Att., ***Habrodesmus*** O. F. Cook, *Catharosoma* Silv., ***Eviulisoma*** Silv., ***Dyseviulisoma*** Brol., *Gonodrepanum* Att., *Haplogonosoma* Brol., ***Akamptogonus*** Att., ***Anaulacodesmus*** Att.

Kolibri 360 GmbH
Ferdinand-Jühlke-Straße 7
99095 Erfurt, Deutschland
produktsicherheit@kolibri360.de